前言

本书主要面向具有一定基础的开发者，下面简要介绍一下各章节的内容。

第 1 章将重点集中在 SQL Server 2005 的开发模式，包括应用程序的设计概念、数据库设计概念、语言、数据访问编程、管理编程、管理工具、数据库引擎等，主要介绍开发模式下各种角色所需要掌握的内容。

第 2 章重点讨论数学建模的知识，包括数学建模的理论基础、表和实体，重点探讨范式化设计中的各种概念。

第 3 章涵盖全文检索所需要掌握的内容。包括存储方式、索引定义、创建和删除各种索引（包括 XML 索引）、维护索引及全文检索的体系结构，最后介绍全文索引的设置方法与分类、全文查询语法等。

第 4 章介绍事务、锁和分布式查询方面的内容。包括事务、事务日志、锁与并发性、设置隔离层、快照隔离、处理死锁。另外还用大量篇幅介绍故障转移群集、分布式事务、分布式查询和分布式分区视图。

第 5 章快速介绍视图的开发过程，包括加密视图与索引视图。

第 6 章深入介绍约束的类型，并重点探讨键约束、CHECK 约束和默认约束同时讨论规则与默认值之间的关系。

第 7 章讨论脚本与批处理方面的内容，包括系统函数。通过本章的学习，你可以熟练编写出自己的批处理。

第 8 章讨论存储过程，本章通过简单的例子介绍了如何开发自己的存储过程，同时介绍存储过程中的流控制语句，特别重要的是，本章还用了大量篇幅讨论 OLE 存储过程的编写方法。

第 9 章讨论用户自定义函数的编写方法，特别注意 CLR 用户子函数的编写方法。

第 10 章涵盖触发器的内容，包括如何创建 DML、CLR 和 DDL 触发器。

第 11 章讨论 SQL 游标，本章介绍各种游标的使用与创建方法。

第 12 章重点介绍 SQL Server 2005 下的 XML 开发，包括 XML 基础、命名空间、DTD 和架构、转换、FOR XML 字句、XML 语法规则等。

第 13 章致力于 SQL Server 2005 高级查询，主要包括如何在 SQL Server 2005 中使用 XML、使用本级 XML Web 服务、SOAP 技术、公共语言运行时以及嵌套查询与关联查询等内容。

第 14 章介绍数据仓库，主要介绍数据仓库的组成、建模原则、概念模型、逻辑建模、数据仓库设计、实例构建过程与分析。

第 15 章是全书的示例汇总，介绍 SQL Server 2005 的经典例子——AdventureWorks 的设计、CLR 触发器、数据挖掘算法和 HTTP 访问等内容。

运行环境

本书讨论的所有内容几乎都提供有例子，而且列出所有代码，并在合适位置有图形显示。为能够运行示例并从中得到更好效果，系统需要如下配备：

- SQL Server 2005。
- Windows NT 4.0 和 SP5 补丁，最好使用 Windows Server 2003（Win9x 也可以工作，但在某些方面会失败）。

常用习惯

本书采用多种文本显示方式，帮助区分信息。下面列举一些常用方式做解释。

注意： 以楷体显示，并需要记住，而且与周围的文本有关。

➘ 背景信息、附加信息和参考内容以箭头项目显示。

- 关键词以黑体显示。
- 屏幕上显示的内容（例如菜单项）以相似字体显示在屏幕上。
- 所有对象名、函数名和其他细小内容均以代码风格显示。

书中仅操作步骤才使用（1）、（2）、（3）等编号，标题不采用此类样式。

代码或重要代码均以下列方式显示：

```
SELECT CustomerID,ContactName,Phone
FROM Customers
```

前面见过的或者无须再讨论的代码均不加背，例如：

```
SELECT ProductName FROM Products
```

在本书的编写、录入、排版以及修订过程中，得到宁义、翟新海、徐卸古、李瑞兴、彭东平、黄殿龙、李清杰、杨军、薛涛、杨前风、李卫东、马玉娟、阳亮、周雨、索向军等人的大力支持和帮助，在此一并表示感谢。

尽管笔者已经做了不懈努力，但书中难免仍有疏漏和不妥之处，诚望广大读者多提宝贵意见，批评指正。

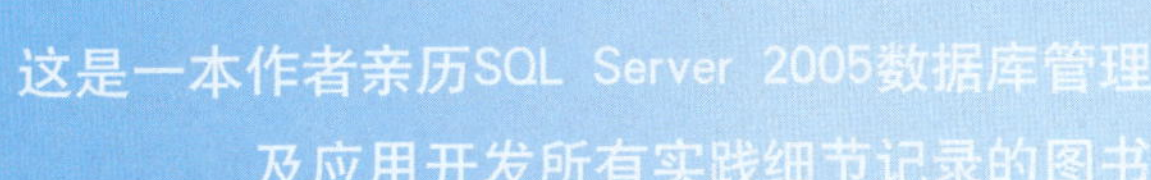

SQL Server 2005 开发者指南

北京希望电子出版社　总策划
蒲卫　吴豪　编　著

- 全面诠释SQL Server知识难点
- 细化数据库结构与范式设计
- 嵌入XML Web及分布查询技术
- 高效开发C/S、B/S应用程序

科学出版社
www.sciencep.com

内容简介

这是一本作者亲历 SQL Server 2005 数据库管理及应用开发所有实践细节记录的图书。

本书共分 15 章，内容包括 SQL Server 2005 的开发模式，数据建模，全文检索，事务、锁和分布式查询，视图，约束，脚本和批处理，存储过程，用户自定义函数，触发器，SQL 游标，XML 开发，高级查询以及数据仓库等。系统、全面地介绍了 SQL Server 2005 数据库管理及应用开发技术的所有细节。讲练结合，实用性强。

本书非常适用于已经具备 SQL Server 数据库管理技术和数据库应用开发的中、高级用户，同时也是 Web 数据库设计人员以及项目开发人员必须熟悉的后台数据库管理技能，能够帮助他们快速完成大型系统开发与应用设计。另外，也可作为普通高校、社会各行业技术人才的培训教材。

图书在版编目（CIP）数据

SQL Server 2005 开发者指南 / 蒲卫　吴豪 编著. —北京：科学出版社，2008

（数据库管理及应用超级技术）

ISBN 978-7-03-021717-2

Ⅰ. S…　Ⅱ. ①蒲…　②吴…　Ⅲ. 关系数据库—数据库管理系统，SQL Server 2005—指南　Ⅳ. TP311. 138-62

中国版本图书馆 CIP 数据核字（2008）第 056339 号

责任编辑：但明天　　/责任校对：马　君
责任印刷：双　青　　/封面设计：康　欣

科学出版社 出版
北京东黄城根北街 16 号
邮政编码：100717
http://www.sciencep.com

双青印刷厂 印刷

科学出版社发行　各地新华书店经销

*

2008 年 6 月第　一　版　　开本：787×1092 1/16
2008 年 6 月第一次印刷　　印张：46 1/4
印数：1—3000　　字数：1078 896

定价：66.00 元

目 录

1

SQL Server 2005 的开发模式

本章重点探讨 SQL Server 2005 数据库引擎下的开发模式，从而逐步揭开在 SQL Server 2005 上进行.NET 开发的神秘面纱。

为什么要先介绍数据库引擎呢？我们看一下图 1-1 中显示的内容。

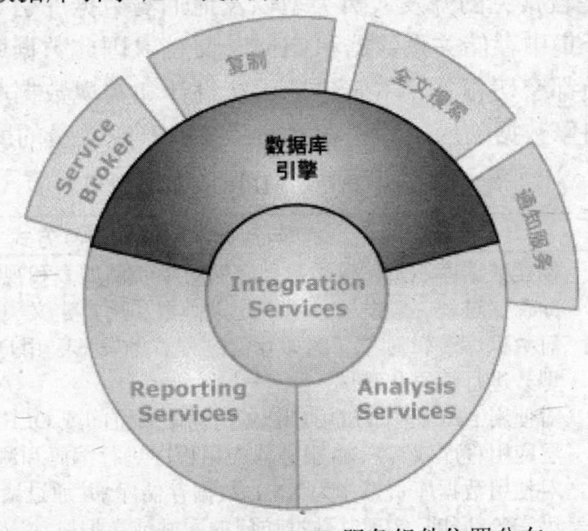

图 1-1　SQL Server 2005 服务组件位置分布

可以看出，数据库引擎在整个服务组件中处于非常重要的位置。数据库引擎下的开发模式与服务分割器、分析服务、报表服务等组件的开发模式具有许多共性，通过介绍数据库引擎的开发模式，可以得到管中窥豹的效果。

另外，数据库引擎是存储、处理和保证数据安全的核心服务。数据库引擎提供控制访问和进行快速地事务处理，满足企业中最需要占用数据的应用程序的要求。数据库引擎还为数据维护的高可用性提供了大量的支持。因此，我们将在本章介绍：

- 开发人员信息中心。
- 管理员信息中心。
- 结构设计师信息中心。
- 工作者信息中心。
- 设计与部署。
- 创建对象。

这些内容就是要介绍数据库开发人员、管理员、结构设计师和工作者在数据库开发中应具备哪些条件。

本章内容涉及的理论知识不是很深，但是这些内容具有较强的实用性和经验性，因此需要读者好好掌握，从而为自己充当数据库设计与使用阶段的不同角色打下良好的基础。

1.1 开发人员信息中心

在 SQL Server 2005 中，数据库引擎开发人员角色涵盖开发人员及与数据库引擎进行交互操作的全部人员。许多类型的开发人员（比如数据库设计人员或网站开发人员）都使用数据库引擎，他们都属于开发人员的范畴。在不同的单位，数据库开发人员和数据库管理员之间分配任务的方式也会有所不同。有些单位将某种类型的任务（例如数据库设计）分配给管理员，而其他单位则把相同的任务分配给开发人员。那么，开发人员和管理员这两个角色的职责到底该如何划分呢？从实际情况来说，开发人员角色与管理员角色很难区分，有时候这两个角色是相互交织的。

表 1-1 列出了一些较常见的开发人员类型以及他们与数据库引擎进行交互的方式。由于数据库引擎实例用于集中存储关系数据和 XML 文档，因此数据库引擎文档与任何需要使用该数据的开发人员都密切相关。本表包括了从设计和实现数据库的开发人员，到构建用户能够使用数据库引擎数据的应用程序和网站系统的开发人员的所有开发人员类型。

表 1-1 各类角色所使用的数据库引擎

开发人员类型	与数据库引擎的交互方式
数据库设计人员	构建数据库逻辑，设计数据存储对象（例如表和视图），编写逻辑对象（例如存储过程、触发器、用户定义函数和用户定义类型）的规范
数据库开发人员	对数据库逻辑对象（例如存储过程、触发器、用户定义函数和用户定义类型）进行编码和测试
数据访问开发人员	对使用 API（例如 SQL Client 托管命名空间或 OLE DB）访问关系数据的多层应用程序或客户端/服务器应用程序进行编码和测试
XML 开发人员	对使用数据库引擎作为 XML 数据存储库，并通过诸如 HTTP 端点和 XQuery 语言等功能，实现其数据访问的网站或数据驱动应用程序进行编码和测试
管理应用程序开发人员	对通过使用管理 API（例如 SMO 或 WMI 提供程序）或通过执行 T-SQL 语句实现数据库管理功能的应用程序进行编码和测试

数据库引擎管理员角色负责计划和管理数据库引擎实例的日常运行情况。具体而言，包含系统可用性、性能监视和优化、部署、升级、故障排除和配置等各个方面。中小型单位可能只有一个数据库管理员职位，该管理员承担所有管理员任务。大型单位可能会设置多个职位来分担管理员任务。表 1-2 列出了一些较常见的管理员类型以及他们与数据库引擎进行交互的方式。

表 1-2 管理员角色所使用的数据引擎

管理员类型	与数据库引擎的交互方式
数据库管理员	为一个或多个数据库引擎实例设计操作过程，并解决已发布的过程中未涵盖的异常情况
数据中心操作员	实施管理员定义的操作过程，监视系统运行状况，诊断并升级已发布的过程无法解决的异常情况
技术支持人员	向普通用户解释系统过程，或帮助用户解决系统出现的问题

1.1.1　应用程序设计概论

应用程序设计内容很多，主要包括：使用 T-SQL 元素、过程 T-SQL，用 SQL Native Client 建立应用程序，用集成的 CLR（Common Language Runtime）建立数据库对象，更改数据库中的数据，操作结果集，处理应用程序中的错误和消息，优化物理数据库设计及大容量导入、导出等内容。

1. T-SQL 元素

有关 T-SQL 语句的话题，我们已经在《SQL Server 2005 初学者指南》中进行了详细介绍，这里只就必要的进行一些补充，需要再介绍 T-SQL 中大多数语句都使用或受之影响的元素。

T-SQL 元素通常包括：标识符、数据类型、函数、表达式、运算符、注视和保留关键字等。

■ **标识符**

标识符指表、视图、列、数据库和服务器等对象的名称。SQL Server 2005 中的所有内容都可以有标识符，例如服务器、数据库和数据库对象（比如表、视图、列、索引、触发器、过程、约束及规则等）。大多数对象要求有标识符，但对有些对象（例如约束）的标识符是可选的。

对象标识符是在定义对象时创建的，随后用于引用该对象。例如，下列语句创建一个标识符为 TableX 的表，该表中有两列的标识符分别是 KeyCol 和 Description：

```
CREATE TABLE TableX
(KeyCol INT PRIMARY KEY,
Descriptionnvarchar(80))
```

此表还有一个未命名的约束，PRIMARY KEY 约束没有标识符。

标识符的排序规则取决于定义标识符时所在的级别。为实例级对象（如登录名和数据库名）的标识符指定的排序规则是实例的默认排序规则。为数据库对象（例如表、视图和列名）的标识符指定的排序规则是数据库的默认排序规则，此排序规则在安装数据库时进行设置，如图 1-2 所示。例如，对于名称差别仅在于大小写的两张表，可以在使用区分大小写排序规则的数据库中创建，而不能在使用不区分大小写排序规则的数据库中创建。

标识符有两类：常规标识符和分隔标识符。在 T-SQL 语句中使用常规标识符时不用将其分隔开，不符合常规标识符格式规则的标识符通常用分隔标识符（即双引号或者方括号）分隔。符合标识符格式规则的标识符可以分隔，也可以不分隔。在 T-SQL 语句中，必须对不符合所有标识符规则的标识符进行分隔。例如：

```
SELECT  *
FROM  [MyTable]
WHERE [order]=10
```

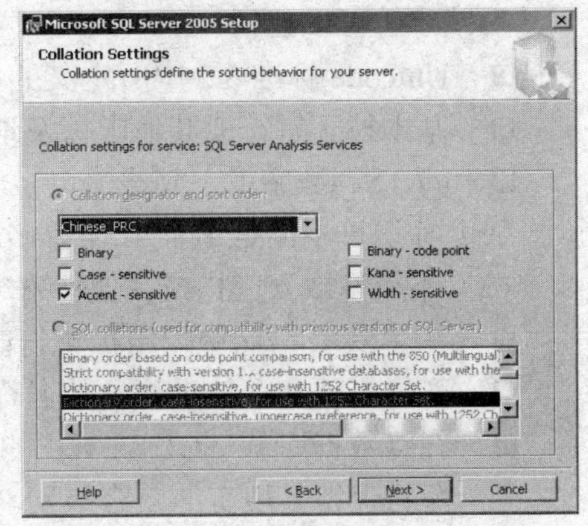

图 1-2　校验和排序设置

常规标识符和分隔标识符包含的字符数必须在 1～128 之间。对于本地临时表，标识符最多可以有 116 个字符。常规标识符格式规则取决于数据库兼容级别。可以使用 sp_dbcmptlevel 设置该级别。语法如下：

```
sp_dbcmptlevel [ [ @dbname = ] name ]
    [ , [ @new_cmptlevel = ] version ]
```

参数说明如下：

- [@dbname =] name 要为其更改兼容级别的数据库的名称。数据库名称必须符合标识符的规则，name 的数据类型为 sysname，默认值为 NULL。
- [@new_cmptlevel =] version 数据库要与之兼容的 SQL Server 的版本。version 的数据类型为 tinyint，默认值为 NULL，该值必须为下列值之一：

60 = SQL Server 6.0

65 = SQL Server 6.5

70 = SQL Server 7.0

80 = SQL Server 2000

90 = SQL Server 2005

例如，以下示例将 AdventureWorks 数据库的兼容级别更改为 80：

```
EXEC sp_dbcmptlevel 'AdventureWorks', '80';
GO
```

当兼容级别为 90 时，下列规则适用：

（1）第一个字符必须是下列字符之一。

- Unicode 标准 3.2 所定义的字母。Unicode 中定义的字母包括拉丁字符 a-z 和 A-Z，以及来自其他语言的字母字符。
- 下划线、@、#或者数字符号。

  在 SQL Server 中，某些位于标识符开头位置的符号具有特殊意义。以@符号开头的标识符表示局部变量或参数，以一个数字符号开头的标识符表示临时表或过程。以两个数字符号开头的标识符表示全局临时对象。

  某些 T-SQL 函数的名称以两个@@符号开头。为了避免与这些函数混淆，不应使用以@@开头的名称。

后续字符可以包括：

- Unicode 标准 3.2 中所定义的字母。
- 基本拉丁字符或其他国家及地区字符中的十进制数字。
- @、$、数字或下划线。

（2）标识符不能是 T-SQL 保留字。SQL Server 保留其保留字的大写和小写形式。

（3）不允许嵌入空格或其他特殊字符。

- 在 T-SQL 语句中使用标识符时，必须用双引号或括号分隔不符合规则的标识符。
- 变量名称和存储过程参数名称必须符合常规标识符的规则。
- 在将数据库从 SQL Server 的任何早期版本升级到 SQL Server 2005 之后，该数据库将保留其现有的兼容级别。

- 对于 SQL Server 2005 的所有安装，默认兼容级别均为 90。不能修改 master 数据库的兼容级别，但可以修改 model 数据库的兼容级别。这样你便可以用非默认兼容级别创建新数据库，包含索引视图的数据库的兼容级别不能更改为低于 80。
- sp_dbcmptlevel 存储过程只影响指定数据库的行为，而不影响整个服务器的行为。sp_dbcmptlevel 只提供与 SQL Server 的早期版本的部分兼容性。将 sp_dbcmptlevel 用作中间迁移助手，可解决相关兼容级别设置所控制的行为之间存在的版本差异问题。如果现有的 SQL Server 应用程序受到 SQL Server 2005 中的行为差异的影响，请将该应用程序进行转换，使之能正常运行，然后使用 sp_dbcmptlevel 将兼容级别更改为 90。数据库的新兼容性设置将在该数据库下次成为当前数据库（无论是在登录时作为默认数据库还是在 USE 语句中指定）时生效。

每个 sp_dbcmptlevel 调用都必须单独提交，sp_dbcmptlevel 不能从其他上下文中调用，例如：

- 存储过程。
- 用 EXEC(string) 语法执行的 Transact-SQL 字符串。
- Transact-SQL 语句批。

■ 数据类型

数据类型用于定义数据对象（比如列、变量和参数）所包含的数据的类型。

包含数据的对象都有一个相关联的数据类型，它定义对象所能包含的数据种类，例如字符、整数或二进制。具有数据类型的对象有：表和视图中的列，存储过程中的参数、变量，返回一个或多个特定数据类型数据值的 T-SQL 函数，具有返回代码（始终为 integer 数据类型）的存储过程。

为对象分配数据类型时，可以为对象定义 4 个属性：对象包含的数据种类、所存储值的长度或大小，数值的精度（仅适用于数字数据类型）和数值的小数位数（仅适用于数字数据类型）。T-SQL 具有的系统数据类型如表 1-3 所示。

表 1-3　T-SQL 支持的数据类型

bigint	binary	bit	char	cursor
datetime	decimal	float	image	int
money	nchar	ntext	numeric	nvarchar
real	smalldatetime	smallint	smallmoney	sql_variant
table	text	timestamp	tinyint	varbinary
varchar	uniqueidentifier	xml		

存储在 SQL Server 2005 中的所有数据必须与上述这些基本数据类型之一相兼容。cursor 数据类型是唯一不能分配给表列的系统数据类型，只能用于变量和存储过程参数。一些基本数据类型具有同义词（例如，rowversion 是 timestamp 的同义词，nationalcharactervarying 是 nvarchar 的同义词）。

你还可以创建两种用户定义数据类型：

- 可以从基本数据类型创建别名数据类型，它们提供了一种可以将更能清楚地说明对象中值的类型的名称应用于数据类型的机制，使程序员或数据库管理员能够更容易地理解用该数据类型定义的对象的用途。

```
--创建生日的类型可以为空
CREATE TYPE birthday
FROM  datetime NULL
GO
--创建一张使用新的用户定义数据类型的表
CREATE TABLE
Employee
(emp_id char(5),
emp_first_name char(30),
emp_last_name char(40),
emp_birthday birthday)
```

- CLR 用户定义数据类型基于托管代码中创建的数据类型，并以 SQL Server 程序集的形式上载。有关这一内容，将在 15.3 节中进行介绍。

■ **函数**

这里的函数指 SQL Server 2005 提供的可用于执行特定操作的内置函数，这里函数可用以下情况：

（1）在使用 SELECT 语句的查询选择列表中，以返回一个值。

```
SELECT  DB_NAME();
GO
```

（2）在 SELECT 或数据修改（SELECT 、INSERT、DELETE 或 UPDATE）语句的 WHERE 子句搜索条件中，以限制符合查询条件的行。

```
USE AdventureWorks;
GO
SELECT  SalesOrderID,ProductID,OrderQty
FROM  Sales.SalesOrderDetail
WHERE Quantity=
(SELECT  MAX(Quantity) FROM  [OrderDetails]);
GO
```

（3）在视图的搜索条件（WHERE 子句）中，以使视图在运行时与用户或环境动态地保持一致。

```
CREATE VIEW ShowMyEmploymentInfo AS
SELECT  FirstName,LastName
FROM  Person.Contact
WHERE ContactID=SUSER_SID();
GO
```

（4）在任意表达式中。

（5）CHECK 约束或触发器中，以在插入数据时查找指定的值。

```
CREATE TABLE SalesContacts
(SalesRepID INT PRIMARY KEY CHECK(SalesRepID=SUSER_SID()),
ContactName VARCHAR(50) NULL,
ContactPhone VARCHAR(13) NULL);
GO
```

（6）在 DEFAULT 约束或触发器中，以在 INSERT 语句未指定值的情况下提供一个值。

```
CREATE TABLE SalesContacts
(
SalesRepID INT PRIMARY KEY CHECK(SalesRepID=SUSER_SID()),
ContactName VARCHAR(50) NULL,
ContactPhone VARCHAR(13) NULL,
WhenCreated DATETIME DEFAULT GETDATE(),
Creator INT DEFAULT SUSER_SID()
);
GO
```

指定函数时应始终带上括号，即使没有参数也是如此。但是，与 DEFAULT 关键字一起使用的 niladic 函数例外，niladic 函数不带参数。

有时，用来指定数据库、计算机、登录名或数据库用户的参数是可选的。如果未指定这些参数，则默认将这些参数赋值为当前的数据库、主机、登录名或数据库用户。另外，函数可以嵌套。

在 SQL Server 2005 中，函数可分为严格确定、确定和非确定三类。

如果对于一组特定的输入值，函数始终返回相同的结果，则该函数就是严格确定的。

对于用户自定义函数，判断其是否确定的标准相对宽松。如果对于一组特定的输入值和数据库状态，函数始终返回相同的结果，则该用户自定义函数就是确定的。如果函数是数据访问函数，即使它不是严格确定的，也可以从这个角度认为它是确定的。

使用同一组输入值重复调用非确定性函数，返回的结果可能会不同。例如，函数 GETDATE()是非确定的，因为每调用一次返回的结果都不一样。SQL Server 对各种类型的非确定性函数进行了限制。因此，应慎用对待非确定性函数。

对于内置函数，确定性和严格确定性是相同的。对于 T-SQL 用户自定义函数，系统将验证定义，并防止定义非确定性函数。但是，数据访问或未绑定到架构的函数被视为非严格确定性函数。对于公共语言运行时（CLR）函数，函数定义将指定该函数的确定性、数据访问和系统数据访问等属性，但由于这些属性未经系统验证，因而函数将始终被视为非严格确定性函数。

如果函数缺少确定性，则其使用范围将受到限制。只有确定性函数才可以在索引视图、索引计算列、持久化计算列或 T-SQL 用户定义函数的定义中调用。

如果函数缺少严格确定性，则会阻碍有益的性能优化。特定的计划重新排序的步骤将被跳过，以适当地保留正确性。此外，用户定义函数的数量、顺序和调用时间随具体的实施而定，请不要依赖这些调用。内置 RAND 和 GETDATE 系列非确定性函数在运行时是确定的，除此之外，其数量、顺序和调用时间均取决于所选择的计划。

除此之外，函数可以分为很多种类，有关详细内容请参阅附录 A。

（1）如果有可能，尽量编写严格确定性函数，尤其是要使 T-SQL 函数成为绑定到架构的函数。

（2）将非确定性函数作为最后的选择。

（3）请不要在关键性能查询中使用非确定性函数。

（4）请不要依赖数量、顺序或调用时间，因为这些操作结果可能是随具体实施的操作而定的。

■ 表达式

表达式是标识符、值和运算符的组合，SQL Server 2005 可以对其求值以获取结果。访问或更改数据时，可在多个不同的位置使用数据。例如，可以将表达式用作要在查询中检索的数据的一部分，也可以用作查找满足一组条件的数据时的搜索条件。

表达式可以是：常量、函数、列名、变量、子查询、CASE、NULLIF 或 COALESCE，还可以用运算符对这些实体进行组合以生成表达式，还可以是计算，例如 price*1.5 或 price+sales_tax。在表达式中，请用单引号将字符和 datetime 值括起来。

■ 运算符

使用运算符可以执行算术、比较、串联或赋值操作。

- 永久或临时更改数据。
- 搜索满足指定条件的行或列。
- 在数据列之间或表达式之间进行判断。
- 在开始或提交事务之前，或者在执行特定代码行之前测试指定条件。

有关运算符的类型不进行详细说明，因为只要稍微具开发经验的人员都会有所认知。

■ 注释

注释是程序代码中不执行的文本字符串（也称为备注），用于对代码进行说明或暂时禁用正在进行诊断的部分 T-SQL 语句和批注。使用注释对代码进行说明，便于将来对程序代码进行维护。注释通常用于记录程序名、作者姓名和主要代码更改的日期，可用于描述复杂的计算或解释编程方法。

SQL Server 2005 支持两种类型的注释字符：

- --（双连字符）。可与要执行的代码处在同一行，也可另起一行。从双连字符开始到行尾的内容均为注释。对于多行注释，必须在每个注释行的前面使用双连字符。
- /*...*/（正斜杠、星号字符对）。可与要执行的代码处在同一行，也可另起一行，甚至可以在可执行代码内部。开始注释对/*与结束注释对*/之间的所有内容均视为注释。对于多行注释内容，必须使用开始注释字符对*来开始注释，并使用结束注释字符对*来结束注释。

多行/**/注释不能跨越批注，整个注释必须包含在一个批内。例如，在 SQL ServerManagementStudio 代码编辑器和 sqlcmd 实用工具中，GO 命令标明批的结束。当实用工具在一行的前两个字节中读到字符 GO 时，则把从上一 GO 命令开始的所有代码作为一个批发送到服务器。如果在/*和*/分隔符之间的一行行首出现 GO，则不匹配的注释分隔符将随每个批一起发送，从而导致语法错误。例如，以下脚本包含语法错误：

```
USE AdventureWorks;
GO
SELECT *FROM HumanResources.Employee;
/*The
GO
inthiscommentcausesthecommenttobebrokeninhalf*/
SELECT *FROM Production.Document;
GO
```

- 所有字母数字字符或符号均可用于注释中。SQL Server 忽略注释中的所有字符，而 SQL Server Management Studio 代码编辑器和 sqlcmd 将在多行注释中搜索前两个字符是 GO 的行。
- 批注中的注释没有最大长度限制，一条注释可以包含一行或多行。

■ **保留关键字**

SQL Server 2005 保留某些关键字供自己专用。例如，在 osql 或 SQL Server 代码编辑器会话中使用 T-SQL DUMP 关键字或 BACKUP 关键字，表示让 SQL Server 备份全部或部分数据库或者备份日志。

除 SQL Server 定义的位置以外，在其他任何位置上，比如 T-SQL 语句中使用保留关键字，均为非法。数据库中对象的名称不能与保留关键字相同。如果有这样的名称，则必须始终使用带分隔符的标识符来引用这个对象。尽管这个方法允许存在名称为保留关键字的对象，还是建议不要用与保留关键字相同的名称命名任何数据库对象。

通常由系统管理员、数据库管理员或数据库创建者负责检查 T-SQL 代码和数据库名称中的保留关键字。

请遵循避免使用保留关键字的命名约定。如果对象名称必须与某个保留关键字类似，则可以删除辅音或元音。例如，对所有用户定义数据库都执行 BACKUP 语句，且名为 backup 的过程。

2. 过程 T-SQL

若要执行使用单个 T-SQL 语句无法完成的进程，则可以将 T-SQL 语句以多种方式组合在一起：使用批处理、存储过程、触发器、脚本等。同时，可以使用控制流语句、变量和错误处理等处理多个 T-SQL 语句。

3. 用 SQL Native Client 建立应用程序

使用 SQL Native Client 建立应用程序时，请先安装 SQL Native Client，该工具在安装 SQL Server 2005 或 SQL Server 2005 工具包的同时进行安装，并被安装在%WINDOWS%\system32\路径下，主要包括：sqlncli.dll、sqlnclir.rll 和 sqlncli.chm 文件，其头文件和库文件（sqlncli.h 和 sqlncli.lib）被安装在%PROGRAMFILES%\Microsoft SQL Server\90\SDK 路径下。

使用 SQL Native Client 库文件进行应用程序开发，需要充分认识 SQL Native Client 的组件，并掌握如何使用 SQL Native Client 的连接字符串关键字，以及如何使用头文件和库文件。

SQL Native Client 的组件包括：

- Sqlncli.dll　该文件是包含所有 SQL Native Client 功能的动态链接库文件，而且包括 SQL Native Client OLE DB 提供商和 SQL Native Client ODBC 驱动程序。
- Sqlncli.chm　该文件是有关如何使用 SQL Native Client ODBC 驱动程序和 SQL Native Client OLE DB 提供商创建 SQL Server 数据源的帮助文件，实际是数据源向导帮助文件。
- sqlnclir.rll　SQL Native Client 库文件的伴随资源文件。
- sqlncli.h　该文件是 SQL Native Client 的头文件，包含要使用 SQL Native Client 所必备的所有新定义。该文件代替了 SQL Server 2000 下的 odbcss.h 和 sqloledb.h 头文件。需要注意的是，只有先定义了 sqloledb.h，才能在同一程序中同时引用 sqlncli.h 和 sqloledb.h。
- sqlncli.lib　在直接调用 bcp（大容量复制程序）功能时需要使用的库文件，它是 SQL Native Client ODBC 驱动程序的一部分。

为了使用 SQL Native Client 头文件，必需在 C/C++代码中使用 include 语句，以实现对 OLE DB 应用程序的链接。可以使用下列语句：

```
#define _SQLNCLI_OLE DB
include "sqlncli.h";
```

对 ODBC 应用程序链接，可以使用下列语句：

```
#define _SQLNCLI_ODBC
include "sqlncli.h";
```

以上两段代码的第一行语句都可以省略。除了 Visual Studio C++ 7.0 或更高版本能对 SQL Native Client 头文件和库文件进行编译以外，当前不支持其他版本对它们进行编译。

尽管 SQL Native Client 和微软数据访问组件（Microsoft Data Access Components，缩写为 MDAC）都提供对 SQL Server 数据库的本地数据访问，但它们之间存在一些区别。SQL Native Client 是为了展示 SQL Server 2005 的新特性而专门设计的，并维持了早期版本的向后兼容性。除此之外，MDAC 包含了使用 OLE DB、ODBC 和 ActiveXDataObjects(ADO) 的组件，而 SQL Native Client 只包含 OLE DB 和 ODBC（尽管 ADO 可以访问 SQL Native Client 的功能，但确实没有包含该组件）。它们之间的区别在于：

（1）SQL Native Client 是自包含的动态链接库文件（DLL），面向公共的接口保持在最小程度，不仅容易分发，而且提高了安全性。

（2）SQL Native Client 只支持 OLE DB 和 ODBC 接口。

（3）SQL Native Client OLE DB 提供商和 ODBC 驱动程序名与 MDAC 使用的不一样。

（4）SQL Native Client 不包含 MDAC 核心组件支持的用户访问功能特性，但不限于连接池、ADO 支持、内存管理和客户端游标的支持，这种功能的实现是通过操作系统安装的底层 MDAC 实现的。

（5）应用程序可以使用 SQL Native Client 的 OLE DB 核心服务，至于如何使用 OLE DB 游标引擎，则应使用与选项兼容的数据类型，因为游标引擎对 SQL Server 2005 的新数据类型一无所知。

（6）SQL Native Client 支持访问 SQL Server 7.0 以后的数据库。

（7）SQL Native Client 不包含 XML 集成。虽然 SQL Native Client 支持 SELECT …FOR XML 查询，但它不支持新的 SQL Server 2005 XML 数据类型。

（8）SQL Native Client 支持只用链接字符串属性配置客户端网络库文件。如果需要完整地配置网络库文件，则要用 SQL Server 配置管理器。

（9）SQL Native Client 与 odbcbcp.dll 不兼容。为了使用 SQL Native Client、ODBC 和 bcpAPI 的应用程序，必须重新编译为链接到 sqlncli.lib。

（10）有一些 MDAC 组件不支持 SQL Native Client，例如用于 ODBC 的 OLE DB 提供商。

（11）服务器返回给 SQL Native Client 的告警和错误的严重等级与过去没有发生什么变化。

（12）与 MDAC 相比，SQL Native Client 具有更严格的错误检查效果，这意味着一些不严格遵守 ODBC 和 OLE DB 要求的应用程序所产生的行为会不同，例如 SQLOLE DB 提供商不严格要求结果参数必须用@开始，但 SQL Native ClientOLE DB 提供商要求必须用@开始。

（13）在处理失败连接上存在不同。例如，MDAC 返回失败连接的缓存属性值，而 SQL Native Client 给调用程序返回一个错误。

（14）SQL Native Client 不产生 Visual StudioAnalyzer 事件，而产生 Windows 跟踪事件。

（15）SQL Native Client 不能与 Perfmon（Windows 的一个工具，只能用于 Windows 包含 MDAC SQL ODBC 驱动程序的 DSN）一同使用。

（16）当 SQL Native Client 连接到 SQL Server 2005 时，返回服务器错误号 16947 作为 SQL_Error 的值，该错误在更新或删除一个固定位置的行失败时发生。而对 SQL Server 2000 和以前的版本，当用 MDAC 连接到 SQL Server 时，服务器的错误号 16947 被返回为 SQL_SUCCESS_WITH_INFO 的一个告警。

（17）SQL Native Client 实现了 IDBDataSourceAdmin 接口（OLE DB 接口的一个可选项），而以前并没有实现，但只有该可选接口的 CreateDataSource 被得以实现。

（18）SQL Native ClientOLE DB 提供商在 TABLES 和 TABLE_INFO 架构行集中返回了同义词，而且包含 SYNONYM 的 TABLE_TYPE 集。

（19）在 SQL Server 2005 早期的版本中，返回值的数据类型不能是 varchar(max)、nvarchar(max)、varbinary(max)、xml、udt 或其他大对象类型，如果想返回这些类型，则要用 SQL Native Client。

（20）当你用 MDAC 应用程序连接到 SQL Server 2005 时，SQL Server 2005 提供的新数据类型 varchar(max)与 SQL Server 2000 下的 text 兼容，nvarchar(max)与 ntext 兼容，varbinary(max)与 image 兼容，udt 与 varbinary 兼容、xml 与 ntext 兼容，这些类型的映射影响了列元数据的返回值。

注意：元数据（metadata）是存储在系统表中记录描述信息的数据，例如采用系统函数、系统 sprocs、信息架构视图等。也就是说，如果系统瘫痪，仍然有机会恢复。后面会讨论一些特殊的不可避免也要使用系统表的情况，但通常最好远离系统表。

为了从 ADO 启用 SQL Native Client，应用程序需要在连接字符串中应用下列关键词：

```
Provider=SQLNCLI
DataTypeCompatability=80
```

下面的例子不仅建立了完全可以与 SQL Native Client 协同工作的 ADO 连接字符串，而且包括了启用多个活动的结果集（Multiple Active Result Sets，缩写为 MARS）特性：

```
Dim con As New ADODB.Connection

con.ConnectionString="Provider=SQLNCLI;"_
&"Server=(local);"_
&"Database=AdventureWorks;"_
&"IntegratedSecurity=SSPI;"_
&"DataTypeCompatibility=80;"_
&"MARSConnection=True;"
con.Open
```

下面的内容显示了如何使用 SQL Native Client OLE DB 提供商的 ADO。

首先，我们看一看如何使用 SQL Native Client OLE DB 提供商的 ADO 显示和提取一个 SQL Server AdventureWorks 示例数据库的 XML 列数据：

```
Dim con As New ADODB.Connection
Dim rst As New ADODB.Recordset
Dim sXMLResult As String

con.ConnectionString="Provider=SQLNCLI;"_
&"Server=(local);"_
&"Database=AdventureWorks;"_
&"IntegratedSecurity=SSPI;"_
&"DataTypeCompatibility=80;"

con.Open

'将提取的xml数据当作一个记录集
Set rst.ActiveConnection=con
rst.Source="SELECT  Additional Contact Info FROM  Person.Contact"_
&"WHERE AdditionalContactInfo IS NOT NULL"
rst.Open

'显示记录集中的数据
While(Notrst.EOF)
sXMLResult=rst.Fields("AdditionalContactInfo").Value
Debug.Print(sXMLResult)
rst.MoveNext
EndWhile

con.Close
Setcon=Nothing
```

注意： XML 列不支持记录集过滤，如果使用记录集过滤，则会产生错误。

其次，我们看一看如何检索 UDT 列的数据。该例子使用了一个命令对象，用于执行 SQL 查询，以返回 UDT，更新 UDT 数据，然后将新数据插回数据库中；该例子中假定在数据库中已经注册了 UDT Point。

```
Dim con As New ADODB.Connection
Dim cmd As New ADODB.Command
Dim rst As New ADODB.Recordset
Dim strOldUDT As String
Dim str NewUDT As String
Dim ary TempUDT() As String
Dim str TempID As String
Dim I As Integer

con.ConnectionString="Provider=SQLNCLI;"_
&"Server=(local);"_
&"Database=AdventureWorks;"_
&"IntegratedSecurity=SSPI;"_
&"DataTypeCompatibility=80;"

con.Open

'获得UDT值.
Setcmd.ActiveConnection=con
cmd.CommandText="SELECT ID,PntFROM dbo.Points.ToString()"
Setrst=cmd.Execute
strTempID=rst.Fields(0).Value
strOldUDT=rst.Fields(1).Value

'在UDT的每一个point上增加i
arytempUDT=Split(strOldUDT,",")
i=3
strNewUDT=LTrim(Str(Int(aryTempUDT(0))+i))+","+_
LTrim(Str(Int(aryTempUDT(1))+i))

'将新值插回数据库中
cmd.CommandText="UPDATE dbo.Points SET Pnt='"+strNewUDT+_
"'WHEREID='"+strTempID+"'"
cmd.Execute

con.Close
Setcon=Nothing
```

再次，我们看一看如何启用和使用 MARS。在该例子中，构造的连接字符串可以通过 SQL Native Client OLE DB 提供商启用 MARS，然后使用这一连接创建了两个记录集对象。

```
Dim con As New ADODB.Connection

con.ConnectionString="Provider=SQLNCLI;"_
&"Server=(local);"_
&"Database=AdventureWorks;"_
&"IntegratedSecurity=SSPI;"_
&"DataTypeCompatibility=80;"_
&"MARSConnection=True;"
con.Open

Dim recordset1 As New ADODB.Recordset
Dim recordset2 As New ADODB.Recordset

Dim recordsaffected As Integer
Setrecordset1=con.Execute("SELECT * FROM Table1",recordsaffected,adCmdText)
Setrecordset2=con.Execute("SELECT * FROM Table2",recordsaffected,adCmdText)

con.Close
Setcon=Nothing
```

在以前的 OLE DB 提供商版本中，以上代码会产生一个隐式连接以执行第二部分的代码，因为每个连接职能打开一个活动结果集。由于该隐式连接没有放到 OLE DB 连接池中，所以引起了额外的过量开销。使用 SQL Native Client OLE DB 提供商展示的 MARS 特性，你可以在一个连接中提取多个活动结果集。

4. 用集成公共语言运行时建立数据库对象

可以使用 SQL Server 2005 集成的.NET 框架的公共语言运行时（common language runtime，缩写为 CLR）建立数据库对象。有关这一部分内容由于涉及到较深的.NET 知识，因此，将在第 13 章进行详细描述。

1.1.2 数据库设计概念

一个较好的开发人员，除了掌握应用程序设计概念之外，还需要掌握数据库设计概念。有关数据库设计概念的内容有：同义词、用户架构分离、查询基础知识、查询优化、锁定和行版本控制、批处理执行环境和 MARS、表、已分区表和已分区索引、视图、存储过程、DML 触发器和用户定义函数。其中，部分内容我们已经在《SQL Server 2005 初学者指南》中提到过，因此在本书中一带而过，而尚未提到的部分内容，则将放到本书的后续章节进行探讨。

1. 同义词

SQL Server 2005 引入了同义词的概念。如果你用过 Oracle 开发过应用程序，那么对同义词的概念就不会太陌生。其定义与汉语中的定义类似，只不过内涵更窄。同义词是架构范围内的对象的另一名称。使用同义词的优点在于：通过使用同义词，客户端应用程序可以使用由一部分组成的名称来引用基对象，而不必使用由两部分、三部分或四部分组成的名称。

创建同义词的语法为：

```
CREATE SYNONYM [schema_name_1.]synonym_name FOR <object>
<object>::=
{
[server_name.[database_name].[schema_name_2].|database_name.[schema_nam
e_2].|schema_name_2.]object_name
}
```

下面逐一解释这些项。

schema_name_1：指定创建同义词所使用的架构。如果未指定 schema，则 SQL Server 2005 使用当前用户的默认架构。

- synonym_name　新同义词的名称。
- server_name　基对象所在服务器的名称。
- database_name　基对象所在数据库的名称。如果未指定 database_name，则使用当前数据库的名称。
- schema_name_2　基对象的架构的名称。如果未指定 schema_name，则使用当前用户的默认架构。
- object_name　同义词被引用基对象的名称。

注意： 创建同义词时不需要基对象存在，SQL Server 将在运行时检查基对象是否存在。

若要使用给定架构创建同义词，用户必须满足以下条件：

- 拥有此架构或具有 ALTER SCHEMA 权限。
- 具有 CREATE SYNONYM 权限。
- 是 db_owner 的成员。
- 是 db_ddladmin 固定数据库角色的成员。

同义词不仅可用来实现为本地或远程服务器上的另一个数据库对象（称为基对象）提供备选名称，还可用来提供一个提取层，该层防止客户端应用程序的基对象的名称或位置被更改。

例如，名为 Server1 的服务器上有 AdventureWorks 的 Employee 表。若要从另一台服务器 Server2 引用此表，则客户端应用程序必须使用由 4 个部分构成的名称 Server1.AdventureWorks.Person.Employee。另外，如果更改了表的位置（例如，更改到另一台服务器上），那么需要修改客户端应用程序以反映所做的更改。

若要解决这两个问题，你可以在 Server2 上为 Server1 上的 Employee 表创建一个同义词 EmpTable。这样，客户端应用程序只需使用由一个部分构成的名称 EmpTable 来引用 Employee 表。另外，如果 Employee 表的位置发生变化，则必须修改同义词 EmpTable 以指向 Employee 表的新位置。由于没有 ALTER SYNONYM 语句，因此必须先删除同义词 EmpTable，然后使用同样的名称重新创建该词，但必须指向 Employee 的新位置。

同义词从属于架构，并且与架构中的其他对象一样，其名称必须是唯一的。你可以为表 1-4 所示的数据库对象创建同义词，不支持由 4 个部分构成的函数基对象名称。

表 1-4　数据库对象

程序集(CLR)存储过程	程序集(CLR)表值函数
程序集(CLR)标量函数	程序集(CLR)聚合函数
复制筛选过程	扩展存储过程
SQL 标量函数	SQL 表值函数
SQL 内联表值函数	SQL 存储过程
视图	表（用户定义，包括本地和全局临时表）

同义词不能是另一同义词的基对象，且同义词不能引用用户定义的聚合函数。

同义词与其基对象之间只是按名称绑定，对基对象的存在性、类型和权限检查都在运行时执行。因此，可以修改或删除基对象，也可以先删除基对象，然后用与原始基对象同名的另一个对象来替换该基对象。例如，有一个引用 AdventureWorks 中的 Person.Contact 表的同义词 MyContacts。如果将 Contact 表删除，并用名为 Person.Contact 的视图替换该表，则 MyContacts 将引用 Person.Contact 视图。

注意：同义词的引用不是架构绑定的，因此可以随时删除同义词。但删除同义词后，会留下已删除同义词的无关联引用，而只有在运行时才会发现这些引用。

如果默认架构不是你的而你希望创建同义词，那么必须使用你拥有的架构的名称来限定同义词名称。例如，如果你拥有架构 x，但 y 是默认架构，那么使用 CREATE SYNONYM 语句时，必须在同义词名称前添加架构 x，而不是使用由一个部分构成的名称来命名同义词。

CREATE SYNONYM 权限是可授予的权限。要利用同义词访问对象，必须对同义词进行授权，只有同义词所有者、db_owner 的成员或 db_ddladmin 的成员才能授予同义词的有关权限。可以授予、拒绝和撤消对同义词的下列所有权限或任一权限：CONTROL、DELETE、EXECUTE、INSERT、SELECT 、TAKEOWNERSHIP、UPDATE 和 VIEWDEFINITION。

注意：不需要基对象的权限便可成功编译 CREATE SYNONYM 语句，因为基对象的所有权限检查被延迟到运行时进行。

例如，我们需要为 AdventureWorks 数据库中的基对象 Product 创建同义词，然后查询该同义词，需要执行以下代码：

```
USE tempdb;
GO
--为AdventureWorks中的Product表创建一个同义词
CREATE SYNONYM MyProduct
FOR AdventureWorks.Production.Product;
GO

--使用同义词查询Product表
USE tempdb;
GO
```

```
SELECT  ProductID,Name
FROM  MyProduct
WHERE ProductID < 5;
GO
```

如果要为驻留在名为 Server_Remote 的远程服务器上的基对象 Contact 创建同义词，则可以执行下列脚本：

```
EXEC sp_addlinkedserver Server_Remote;
GO
USE tempdb;
GO
CREATE SYNONYM MyEmployee FOR Server_Remote.AdventureWorks.HumanResources.Employee;
GO
```

2. 用户架构分离

我们在前面已经多次提到架构的概念，那么到底什么是架构呢？

架构是形成单个命名空间的数据库实体的集合。命名空间是一个集合，其中每个元素的名称都是唯一的。

例如，为了避免名称冲突，同一架构中不能有两个同名的表。两个表只有在位于不同的架构中时才可以同名。

注意：在讨论数据库工具时，架构还指目录信息，用于说明架构或数据库中的对象。在讨论分析服务时，架构指多维对象，例如多维数据集和维度。

所谓架构分离，就是在 SQL Server 2005 中切断数据库用户和架构之间的隐式连接。

将架构与数据库用户分离对管理员和开发人员的优点在于：

- 多个用户可以通过角色成员身份或 Windows 组成员身份拥有一个架构，这扩展了允许角色和组拥有对象的用户熟悉的功能。
- 极大地简化了删除数据库用户的操作。
- 删除数据库用户不需要重命名该用户架构所包含的对象。因而，在删除创建架构所含对象的用户后，不再需要修改和测试显式引用这些对象的应用程序。
- 多个用户可以共享一个默认架构以进行统一名称解析。
- 开发人员通过共享默认架构，可以将共享对象存储在为特定应用程序专门创建的架构中，而不是 DBO 架构中。
- 可以用比早期版本中的粒度更大的粒度来管理架构和架构包含的对象的权限。
- 完全限定的对象名称现在包含四部分 server.database.schema.object。

SQL Server 2005 还引入了默认架构的概念，用于解析未使用其完全限定名称引用的对象的名称。在 SQL Server 2000 中，首先检查的是调用数据库用户所拥有的架构，然后是 DBO 拥有的架构。在 SQL Server 2005 中，每个用户都有一个默认架构，用于指定服务器在解析对象的名称时将要搜索的第一个架构。可以使用 CREATE USER 和 ALTER USER 的 DEFAULT_SCHEMA 选项设置和更改默认架构，如果未定义 DEFAULT_SCHEMA，则数据库用户将把 DBO 作为其默认架构。

虽然 SQL Server 2000 包含 CREATE SCHEMA 语句，但实际上并不会像上面所定义的那样创建架构。在 SQL Server 2000 中，数据库用户和架构是隐式连接在一起的，每个数据库用户都是与该用户同名的架构的所有者，对象的所有者在功能上与包含它的架构所有者相同。因而，SQL Server 2000 中的完全限定名称的架构也是数据库中的用户。因此，从 SQL Server 2000 数据库中删除用户之前，管理员需要删除该用户所拥有的所有对象或更改这些对象的所有者。以包含此对象的 SQL Server 2000 数据库为例：

```
accounting.ap.george.reconciliation
```

此对象的所有者为用户 george。如果管理员需要删除用户 george，则必须先删除此对象或更改此对象的所有者。在后一种情况下，可以按如下方式将其重命名：

```
accounting.ap.sandra.reconciliation
```

转让对象的所有权也会更改其完全限定名称。引用 accounting.ap.george.reconciliation 的任何代码，必须经过更新以反映对名称所做的更改，而且许多实体的所有权都可以转让。

在 SQL Server 2005 中，架构独立于创建它们的数据库用户而存在。可以在不更改架构名称的情况下转让架构的所有权，并且可以在架构中创建具有用户友好名称的对象，明确指示对象的功能。例如，除了 accounting.ap.sandra.reconciliation 外，你还可以创建名为 accounting.ap.invoice.reconciliation 的架构。因为 invoice 不是用户，所以从数据库中删除用户后，无需更改此名称，这就简化了数据库管理员和开发人员的工作。

3. 批处理执行环境和 MARS

在 SQL Server 2005 中，可以启用连接以支持多个活动的结果集（MARS）。这些连接与默认的批处理执行环境相关联。这里需要注意批处理执行环境的组件构成：

- SET 选项值（包括 ANSI_NULLS、DATE_FORMAT、LANGUAGE 和 TEXTSIZE）。
- 安全上下文（批处理执行环境的用户或应用程序角色）。
- 数据库上下文（环境的当前数据库）。
- 执行状态变量（包括@@ERROR、@@ROWCOUNT、@@FETCH_STATUS 和 @@IDENTITY）。
- 顶级临时表。

为特定连接开始执行的每个新批处理接收默认环境的一个副本，无论何时执行批处理，对执行环境所做的所有更改都只限于该特定的批处理。执行完成后，执行设置将复制到默认环境中。如果一个批处理发出多个要按顺序执行的命令，那么观察到的行为将与 SQL Server 早期版本中涉及客户端和服务器的连接所表现出来的行为相同。

在 SQL Server 的早期版本中，任何给定时间只能执行一个批处理。因此，由批处理对批处理环境所做的更改对所有后续批处理都可见。

对于存储过程和函数，批处理的默认环境也是连接的默认环境，但当执行完成后，更改不会复制回连接的默认批处理执行环境。

例如，假设两个批处理按照如下方式执行：

```
--第一个批处理
SET ARITHABORT ON
SET ANSI_WARNINGS ON
```

```
SELECT  1/0
GO
--第2个批处理
SET ARITHABORT OFF
SET ANSI_WARNINGS OFF
SELECT  1/0
GO
```

假设为具有默认执行环境，SET ARITHABORT 设置为 OFF，且 ANSI_WARNINGS 设置为 ON 的连接启用 MARS。

如果两个批处理在连接下并发提交，那么它们将使用连接的默认批处理环境设置开始执行。在执行过程中，它们的环境将受到限制，以确保一个批处理中的环境更改不会影响另一个批处理中的更改。当批处理执行完成后，它将得到的环境复制回连接的默认环境。连接得到的默认环境取决于最后完成执行的一个批处理，它将成为执行的下一个批处理使用的环境。

4. 表

表是包含数据库中所有数据的数据库对象。表定义是一个列集合。数据在表中的组织方式与在电子表格中相似，都是按行和列的格式组织的。每一行代表一条唯一的记录，每一列代表记录中的一个字段。例如，在包含公司雇员数据的表中，每一行代表一名雇员，各列分别代表该雇员的信息，例如雇员编号、姓名、地址、职位以及家庭电话号码等。

保证表中数据完整性的机制，包括空值、约束、规则及默认值，从而保证数据的完整性。需要注意的是，我们要关心已分区表、临时表及系统表等几种特殊表的类型，它们在数据库中起着特殊的作用。

已分区表是将数据水平划分为多个单元的表，这些单元可以分布到数据库中的多个文件组中。在维护整个集合的完整性时，使用分区可以快速而有效地访问或管理数据子集，从而使大型表或索引更易于管理。在分区方案下，将数据从 OLTP 加载到 OLAP 系统中这样的操作只需几秒钟，而不是像在早期版本中那样需要几分钟或几小时。对数据子集执行的维护操作也将更有效，因为它们的目标只是所需的数据，而不是整个表。

如果表非常大或者有可能变得非常大，并且属于下列任一情况，那么分区表将很有意义。

- 表中包含或可能包含以不同方式使用的许多数据。
- 对表的查询或更新没有按照预期方式执行，或者维护开销超出了预定义的维护期。

已分区表支持所有与设计和查询标准表关联的属性和功能，包括约束、默认值、标识和时间戳值、触发器和索引。因此，如果要实现一台服务器本地的分区视图，你应该改为实现已分区表。有关有助于了解、设计和实现已分区表的信息，请参阅下一小节。

临时表有两种类型：本地表和全局表。在与首次创建或引用表时相同的 SQL Server 实例连接期间，本地临时表只对于创建者是可见的。当用户与 SQL Server 实例断开连接后，将删除本地临时表。全局临时表在创建后对任何用户和任何连接都是可见的，当引用该表的所有用户都与 SQL Server 实例断开连接后，将删除全局临时表。

SQL Server 将定义服务器配置及其所有表的数据存储在一组特殊的表中，这组表称为系统表。除非通过专用的管理员连接（DAC，只能在 Microsoft 客户服务的指导下使用），否则用户无法直接查询或更新系统表。通常在 SQL Server 的每个新版本中更改系统表。对于直接引用系统表的应用程序，可能必须经过重写才能升级到具有不同版本的系统表的 SQL Server 更新版本。可以通过目录视图查看系统表中的信息。

重要提示： SQL Server 2005 Database Engine 系统表已作为只读视图实现，目的是为了保证 SQL Server 2005 中的向后兼容性。无法直接使用这些系统表中的数据，建议通过使用目录视图访问 SQL Server 元数据。

5. 已分区表和已分区索引

已分区的表和索引中的数据将被水平分入可分散到数据库的多个文件组的单元中。分区可以使大型表和索引更易于管理并且更灵活。

大型表或索引经过分区后更容易进行管理。因为这样你可以快速、高效地管理和访问数据子集，同时维护数据集合的完整性。通过分区，从 OLTP 向 OLAP 系统加载数据这样的操作只需几秒钟，而不是像未分区时那样需要数分钟或数小时。由于对数据子集执行的维护操作只是针对所需数据而不是整个表，因此效率也提高了。

提示： SQL Server 2005 Enterprise Edition 和 Developer Edition 支持已分区表和已分区索引。

已分区表和已分区索引的数据将被划分为分布于一个数据库中多个文件组的单元。数据是按水平方式分区的，因此多组行映射到单个的分区。对数据进行查询或更新时，表或索引将被视为单个逻辑实体。单个索引或表的所有分区都必须位于同一个数据库中。

已分区表和已分区索引支持与设计、查询标准表及索引相关的属性和功能，包括约束、默认值、标识和时间戳值以及触发器。因此，想要实现一个服务器本地的已分区视图时，可能先要实现已分区表。

决定是否实现分区主要取决于表当前的大小或将来的大小，如何使用表以及对表执行用户查询和维护操作的完善程度。

通常，如果某个大型表同时满足下列两个条件，则可能适于进行分区：

- 该表包含（或将包含）以多种不同方式使用的大量数据。
- 不能按预期对表执行查询或更新，或者维护开销超过了预定义的维护期。

例如，如果对当前月份的数据主要执行 INSERT、UPDATE 和 DELETE 操作，而对以前月份的数据主要执行 SELECT 查询，则按月份对表进行分区时，表的管理可能要容易些。如果对表的常规维护操作只针对一个数据子集，那么此优点尤为明显。如果该表没有分区，那么就需要对整个数据集执行这些操作，这样就会消耗大量资源。分区后，就可以对单月的只写数据执行维护操作（例如重新生成索引或对索引进行碎片整理），而仍可对只读数据进行在线访问。

再假设要将该表中一个月的只读数据移至数据仓库表中以进行分析。分区后，可以快速将数据子集分散到临时区域中以进行离线维护，然后将这些数据作为分区添加到现有的已分区表（假定这些表都位于同一个数据库实例里）中。类似这样的操作通常只需几秒钟，而不是像未分区时那样需要数分钟或数小时。

在 SQL Server 2005 里，数据库中的所有表和索引都视为已分区表或索引，即使这些表和索引只包含一个分区。实际上，分区构成了表和索引的物理结构中的基本组织单位，意味着表和索引的逻辑与物理结构是由单个分区表及索引的多个分区镜像组成。

下面的示例创建了一个分区函数，将表或索引分为 4 个分区。然后，创建用于指定保存 4 个分区的文件组的分区架构。最后，此示例创建使用此分区架构的表。此示例假定数据库中已经存在文件组。

```
CREATE PARTITION FUNCTION myRangePF1 (int)
AS RANGE LEFT FOR VALUES (1, 100, 1000) ;
GO
CREATE PARTITION SCHEME myRangePS1
AS PARTITION myRangePF1
TO (test1fg, test2fg, test3fg, test4fg) ;
GO
CREATE TABLE PartitionTable (col1 int, col2 char(10))
ON myRangePS1 (col1) ;
GO
```

根据 PartitionTable 的 col1 列的值，将分区按照表 1-5 的方式分配。

表 1-5　分区表

文件组	test1fg	test2fg	test3fg	test4fg
分区	1	2	3	4
值	col 1 <= 1	col1 > 1 AND col1 <= 100	col1 > 100 AND col1 <= 1,000	col1 > 1000

6. 视图

视图对大家已经不是很陌生了，这里需要强调的是创建视图的规则。

在创建视图前，请考虑如下准则：

- 只能在当前数据库中创建视图。但是，如果使用分布式查询定义视图，则新视图所引用的表和视图可以存在于其他数据库甚至其他服务器中。
- 视图名称必须遵循标识符的规则，而且对每个架构都必须唯一。此外，该名称不得与该架构包含的任何表的名称相同。
- 你可以对其他视图创建视图。SQL Server 2005 允许嵌套视图，但嵌套不得超过 32 层。根据视图的复杂性及可用内存，视图嵌套的实际限制可能低于该值。
- 不能将规则或 DEFAULT 定义与视图相关联。
- 不能将 AFTER 触发器与视图相关联，只有 INSTEADOF 触发器可以与之相关联。
- 定义视图的查询不能包含 COMPUTE 子句、COMPUTE BY 子句或 INTO 关键字。
- 定义视图的查询不能包含 ORDER BY 子句，除非在 SELECT 语句的选择列表中还有一个 TOP 子句。
- 定义视图的查询不能包含指定查询提示的 OPTION 子句。
- 定义视图的查询不能包含 TABLESAMPLE 子句。

- 不能为视图定义全文索引。
- 不能创建临时视图，也不能对临时表创建视图。
- 不能删除参与到使用 SCHEMABINDING 子句创建的视图中的视图、表或函数，除非该视图已被删除或更改而不再具有架构绑定。另外，如果对参与具有架构绑定的视图的表执行 ALTERTABLE 语句，而这些语句又会影响该视图的定义，则这些语句将会失败。
- 尽管查询在引用一个已配置全文索引的表时，视图定义可以包含全文查询，但仍然不能对视图执行全文查询。

在下列情况下，必须指定视图中每列的名称：

- 视图中的任何列都是从算术表达式、内置函数或常量派生而来。
- 视图中有两列或多列原应具有相同名称（通常由于视图定义包含联接，因此来自两个或多个不同表的列具有相同的名称）。
- 希望为视图中的列指定一个与其源列不同的名称（也可以在视图中重命名列）。无论重命名与否，视图列都会继承其源列的数据类型。此规则在视图基于包含外部联接的查询时不适用，因为列可能从不支持空值转而支持空值。
- 其他情况下，无需在创建视图时指定列名。SQL Server 会为视图中的列指定与定义视图的查询所引用的列相同的名称和数据类型。选择列表可以是基表中列名的完整列表，也可以是其部分列表。

若要创建视图，则必须获得数据库所有者授予你创建视图的权限，如果使用架构绑定创建视图，你必须对视图定义中所引用的表或视图具有适当权限。

默认情况下，由于行通过视图进行添加或更新，当其不再符合定义视图的查询的条件时，它们即从视图范围中消失。例如，创建一个定义视图的查询，该视图从表中检索员工的薪水低于$30 000 的所有行。如果员工的薪水涨到$32 000，则因其薪水不符合视图所设条件，查询时视图不再显示该特定员工。但是，WITHCHECKOPTION 子句强制所有数据修改语句均根据视图执行，以符合定义视图的 SELECT 语句中所设条件。如果使用该子句，则对行的修改不能导致行从视图中消失。任何可能导致行消失的修改都会被取消，并显示错误。

可以对敏感性视图的定义进行加密，以确保不让任何人得到它的定义，包括视图的所有者。

1.1.3 语言

开发人员应该熟练掌握 T-SQL 语言（这部分内容将在第 3 章进行详细讨论），同时应该熟练掌握如何查询 XML 数据类型的 XQuery 语言的子集，此 XQuery 实现符合 2004 年 7 月的 XQuery 工作草案。该语言正在由 W3C 开发，所有主要数据库供应商和 Microsoft 也参与此开发。由于 W3C 规范在成为 W3C 建议之前还可能进行修订，因此此实现可能与最终的建议有所不同。有关 XQuery 子集的语义和语法，我们将在第 6 章进行详细讨论。

1.1.4　数据访问编程

在数据访问编程方面，开发人员应熟练掌握如何用 SQL Native Client 进行编程，同时需要熟练掌握数据库引擎的.NET 编程框架，这一内容我们将在本书后面的章节中进行详细探讨。

1.1.5　管理编程

开发人员该如何管理编程呢？实际上，一个较好的开发人员，应该知道 DDL 触发器、事件通知、SMO（SQL ServerManagementObjects，SQL Server 管理对象）以及 WMI。下面分别展开讨论。

1. DDL 和 DML 触发器

■ **DDL 触发器**

什么是DDL触发器？DDL触发器是一种特殊的触发器，它在响应数据定义语言（DDL）语句时触发。它们可以用于在数据库中执行管理任务，例如审核以及规范数据库操作。

像常规触发器一样，DDL 触发器将激发存储过程以响应事件。但与 DML 触发器不同的是，它们不会为响应针对表或视图的 UPDATE、INSERT 或 DELETE 语句激发。相反，它们会为响应多种数据定义语言语句激发，这些语句主要是以 CREATE、ALTER 和 DROP 开头的语句。DDL 触发器可用于管理任务，例如审核和控制数据库操作。

DDL 触发器用于：

- ❑ 要防止对数据库架构进行某些更改。
- ❑ 希望数据库中发生某种情况以响应数据库架构中的更改。
- ❑ 要记录数据库架构中的更改或事件。

仅在运行触发 DDL 触发器的 DDL 语句后，DDL 触发器才会激发，但 DDL 触发器无法作为 INSTEAD OF 触发器使用。

以下示例说明了如何使用 DDL 触发器来防止数据库中的任一表格被修改或删除：

```
CREATE TRIGGER safety
ON DATABASE
FOR DROP_TABLE,ALTER_TABLE
AS
PRINT '必须删除"safety"触发器才能删除或修改表!'
ROLLBACK;
```

仅在响应由 T-SQL DDL 语法指定的 DDL 事件时，DDL 触发器才会激发，但不支持执行类似 DDL 操作的系统存储过程。

在响应当前数据库或服务器中处理的 T-SQL 事件时，可以激发 DDL 触发器。触发器的作用域取决于事件，什么是 DDL 触发器的作用域呢？

所谓 DDL 触发器的作用域就是指 DDL 触发器的作用范围，也就是说，在响应当前数据库或服务器中处理的 T-SQL 事件时，哪些事件可以激发 DDL 触发器。

例如，每当数据库中发生 CREATETABLE 事件时，都会触发为响应 CREATETABLE 事件创建的 DDL 触发器。每当服务器中发生 CREATELOGIN 事件时，都会触发为响应

CREATE LOGIN 事件创建的 DDL 触发器。

在上面的示例中，每当数据库中发生 DROPTABLE 或 ALTERTABLE 事件时，都将触发 DDL 触发器 safety。

在下面的示例中，如果当前服务器实例中发生 CREATELOGIN、ALTERLOGIN 或 DROPLOGIN 事件，则 DDL 触发器将显示消息。该触发器使用 EVENTDATA 函数来检索相应的 T-SQL 语句的文本。

```
    CREATETRIGGERddl_trig_login
    ONALLSERVER
    FORDDL_LOGIN_EVENTS
    AS
    PRINT'LoginEventIssued.'
    SELECT EVENTDATA().value('(/EVENT_INSTANCE/TSQLCommand/CommandText)[1]',
'nvarchar(max)')
    GO
    DROPTRIGGERddl_trig_login
    ONALLSERVER
    GO;
```

选择触发 DDL 触发器的特定 DDL 语句部分中提供的一些链接，通过这些链接可以找到将 T-SQL 语句映射到为它们指定的作用域的列表。

数据库范围内的 DDL 触发器都作为对象存储在创建它们的数据库中。可以在 master 数据库中创建 DDL 触发器，这些 DDL 触发器的行为与在用户设计的数据库中创建的 DDL 触发器一样。可以从创建 DDL 触发器的数据库上下文中的 sys.triggers 目录视图中或者通过指定数据库名称作为标识符（例如 master.sys.triggers）来获取有关这些 DDL 触发器的信息。

服务器范围内的 DDL 触发器作为对象存储在 master 数据库中。不同的是，可以从任何数据库上下文中的 sys.server_triggers 目录视图中获取有关数据库范围内的 DDL 触发器的信息。

对于影响局部或全局临时表和存储过程的事件，不会触发 DDL 触发器。

可以创建响应以下语句的 DDL 触发器：

- 一个或多个特定 DDL 语句。
- 预定义的一组 DDL 语句。

可以安排在运行一个或多个特定 T-SQL 语句后触发 DDL 触发器。在前面的示例中，当发生 DROPTABLE 或 ALTERTABLE 事件后触发触发器 safety。

并非所有的 DDL 事件都可用于 DDL 触发器中，有些事件只适用于异步非事务语句。例如，CREATEDATABASE 事件不能用于 DDL 触发器中，应为这些事件使用事件通知。

可以在执行属于一组预定义的相似事件的任何 T-SQL 事件后触发 DDL 触发器。例如，如果希望在运行 CREATETABLE、ALTERTABLE 或 DROPTABLEDDL 语句后触发 DDL 触发器，则可以在 CREATETRIGGER 语句中指定 FORDDL_TABLE_EVENTS。运行 CREATETRIGGER 后，事件组涵盖的事件都添加到 sys.trigger_events 目录视图中。

在设计 DDL 触发器之前，我们必需了解上述的 DDL 触发器的作用域，并确定触发触发器的 T-SQL 语句或语句组。

■ DML 触发器

你可以设计以下类型的 DML 触发器：

- AFTER 触发器　在执行 INSERT、UPDATE 或 DELETE 语句操作之后执行 AFTER 触发器。指定 AFTER 与指定 FOR 相同，它是 SQL Server 早期版本中唯一可用的选项。AFTER 触发器只能在表上指定。
- INSTEAD OF 触发器　执行 INSTEAD OF 触发器代替通常的触发动作，还可为带有一个或多个基表的视图定义 INSTEAD OF 触发器，而这些触发器能够扩展视图可支持的更新类型。
- CLR 触发器　可以是 AFTER 触发器。

2. 事件通知

事件通知是一种特殊的数据库对象，用以响应各种 T-SQL 数据定义语言语句和 SQL 跟踪事件，还可以将有关服务器和数据库事件的信息发送到 Service Broker。

事件通知可以用来执行以下操作：

- 记录和检索发生在数据库上的更改或活动。
- 执行操作以异步方式而不是同步方式响应事件。

可以将事件通知用作替代 DDL 触发器和 SQL 跟踪的编程方法。

与 DDL 触发器不同，事件通知可以用于数据库应用程序中，以响应事件而不用使用中间事务定义的任何资源。不管事务是否提交，它们都在事务的作用域外异步运行。

与 SQL 跟踪不同，事件通知可以用于执行 SQL Server 中的操作，以便响应 SQL 跟踪事件。

当创建事件通知时，将打开 SQL Server 和指定的目标服务之间的一个或多个 Service Broker 会话。通常会话保持为打开状态，只要事件通知作为一个对象存在于服务器实例中。在某些出错情况下，会话可以在删除事件通知之前关闭，而这些会话从不在事件通知之间共享。每个事件通知都有自己的排他会话，显式结束会话将阻止目标服务接收更多消息，下一次事件通知激发时，会话将不会重新打开。

事件信息被作为 XML（它提供有关事件发生的时间、受影响的数据库对象和涉及 T-SQL 批语句的信息以及其他信息）类型的变量发送到 Service Broker。

与 SQL Server 一起运行的应用程序，可以使用事件数据来跟踪进度并做出决定。例如，下列事件通知每次都在 AdventureWorks 示例数据库中发出 ALTER TABLE 时，将通知发送到某个服务。

```
USE AdventureWorks
GO
CREATE EVENT NOTIFICATION Notify ALTER_T1
ONDATABASE
FORALTER_TABLE
TOSERVICE'//AdventureWorks.com/ArchiveService',
'8140a771-3c4b-4479-8ac0-81008ab17984';
```

1.1.6 工具

SQL Server 2005 可用的工具很多，但作为开发人员，需要掌握 SQL Management Studio、数据库邮件、服务分割器、通知服务和 SQLCMD 的使用方法。由于 SQL Management Studio、服务分割器和通知服务等内容已经在《SQL Server 2005 初学者指南》中进行了探讨，所以本章仅讨论数据库邮件和 SQLCMD 的相关内容。

1. SQLCMD

使用 sqlcmd 实用工具可以在命令提示符处输入 T-SQL 语句、系统过程和脚本文件。此实用工具使用 OLE DB 执行 T-SQL 批处理。

在常规模式和 sqlcmd 模式下，SQL Server Management Studio 使用.NET SQL Client 执行。从命令行运行时，sqlcmd 将使用 OLE DB 访问接口。由于可以应用不同的默认选项，因此在 SQL Server Management Studio sqlcmd 模式下以及在 sqlcmd 实用工具中执行相同的查询时，可能会获得不同的行为。

使用 sqlcmd 语法的语法为：

```
sqlcmd[
{{-Ulogin_id[-Ppassword]}|-E}
]
[-Sserver_name[\instance_name]][-Hwksta_name][-ddb_name]
[-ltime_out][-ttime_out][-hheaders]
[-scol_separator][-wcolumn_width][-apacket_size]
[-e][-I]
[-ccmd_end][-L[c]][-q"query"][-Q"query"]
[-merror_level][-V][-W][-u][-r[0|1]]
[-iinput_file][-ooutput_file]
[-f<codepage>|i:<codepage>[<,o:<codepage>]
[-k[1|2]]
[-ydisplay_width][-Ydisplay_width]
[-p[1]][-R][-b][-v][-A][-X[1]][-x]
[-?]
]
```

显然，这中间有很多参数需要进行具体说明，详见附录。

2. 数据库邮件

数据库邮件是一种通过 SQL Server 2005 数据库引擎发送电子邮件的企业解决方案。通过使用数据库邮件，数据库应用程序可以向用户发送电子邮件。邮件中可以包含查询结果，还可以包含来自网络中任何资源的文件。数据库邮件旨在实现可靠性、灵活性、安全性和兼容性。

1.2 管理员信息中心

SQL Server 2005 比 SQL Server 2000 更讲究协同作战，而且人员的分工非常明确，从而能完成大型系统设计及开发。

数据库引擎的管理员需要了解数据库引擎的相关概念，并掌握如何使用数据库引擎，同时要熟悉 T-SQL 和 SMO，并掌握相关工具。

1.2.1 概念

怎样管理数据库引擎，如何查看数据库元数据，如何进行数据库元数据的可见性配置，怎样才能监视事件，怎样编写数据库文档和脚本？这些概念听起来很复杂，但实际掌握起来并不难。

1. 管理数据库引擎

虽然 SQL Server 2005 中的高性能数据库引擎有很多自我优化配置选项，但是数据库管理员仍必须配置某些方面，例如指向组织中的其他服务器的链接和有效的数据库备份策略，这就是管理数据库引擎的内容。

SQL Server 2005 可以作为服务在 Windows Server 2003 操作系统中运行。服务是一种在系统后台运行的应用程序，通常提供一些核心操作系统功能，例如 Web 服务、事件日志或文件服务。运行的服务可以不在计算机桌面上显示用户界面。SQL Server Database Engine、SQL Server 代理和一些其他 SQL Server 组件都作为服务运行，这些服务通常会在操作系统启动时自动启动。但是，也有些服务默认情况下不会自动启动，这取决于安装过程中如何进行指定。管理员需要了解如何管理各种 SQL Server 服务。登录到 SQL Server 实例之前，需要了解如何启动、停止、暂停、恢复和重新启动 SQL Server 实例。登录成功之后，就可以执行各种任务，例如管理服务器或查询数据库。

SQL Server 2005 服务器管理由多种管理任务组成。

在大多数情况下，你无需重新配置服务器。服务器组件的默认设置使你得以在 SQL Server 安装结束后便可立即运行，但是在下列情况下，需要进行服务器管理：添加新的服务器，设置特定的服务器配置，更改网络连接，或者设置服务器配置选项以提高 SQL Server 性能。为了保持应用程序的可用性，尽可能地减少用户所感受到的停机时间，我们需要介绍几个提高服务器或数据库可用性的 SQL Server 2005 高可用性解决方案。

■ **故障转移群集**

故障转移群集可对整个 SQL Server 实例的高可用性提供支持，它由具有两个或多个共享磁盘的一个或多个节点（服务器）组成。每个 Microsoft 群集服务（MSCS）的群集组（称为资源组）中均安装有应用程序（比如 SQL Server）和 Notification Service。在任何给定的时间点，每个资源组仅属于群集中的一个节点。应用程序服务具有与节点名称无关的虚拟名称，因此它将作为虚拟服务器来引用。应用程序可以通过引用虚拟服务器的名称的方法连接到虚拟服务器，并不需要知道虚拟服务器的宿主是哪个节点。

SQL Server 虚拟服务器将像单个计算机一样显示在网络中，不过它还具有一种功能，在当前节点不可用时，可以在节点之间进行故障转移。例如，在发生非磁盘硬件故障、操作系统故障或进行计划的操作系统升级时，可以在故障转移群集的一个节点上配置 SQL Server 实例，使其故障转移到磁盘组中的任意其他节点。故障转移群集不能防止磁盘故障。但你可以使用故障转移群集来减少系统停机时间，提供较高的应用程序可用性。SQL Server 2005 企业版和开发版均支持故障转移群集。标准版也支持故障转移群集，但使用受到限制。有关如何实现故障转移群集，我们在后续章节还要继续介绍。

■ **数据库镜像**

数据库镜像实际上是一个软件解决方案，可提供几乎瞬时的故障转移，以提高数据库的可用性。数据库镜像用来维护相应的读写数据库（称为主体数据库）的单个热备份数据库（或镜像数据库）。通过还原但不恢复主体数据库的完整备份，可以创建镜像数据库。客户端不能访问镜像数据库，但是为了进行报告，可以创建镜像数据库的数据库快照来间接地使用镜像数据库。数据库快照为客户端提供了快照创建时对数据库中数据的只读访问。

每个数据库镜像配置均包含一个主体服务器（包含主体数据库）、一个镜像服务器（包含镜像数据库）和一个见证服务器，其中见证服务器是可选的。镜像服务器不断地使镜像数据库随主体数据库一起更新，从主体数据库到镜像数据库的故障转移是真正瞬时完成的。

数据库镜像所带来的可用性等级，比以前使用 SQL Server 所能达到的可用性等级有了大幅提升，并提供了故障转移群集这一易于管理的可选方案。数据库镜像与日志传送相比，其优点在于：它是一种同步的“无数据丢失”配置，是本地支持的简单的故障转移策略。SQL Server 2005 企业版支持数据库镜像，标准版也支持数据库镜像，但是有一些限制。

Microsoft 支持策略不适用于 SQL Server 2005 的数据库镜像功能。根据默认设置，数据库镜像当前已被禁用，但通过使用跟踪标识 1400 作为启动参数，可以启用该功能，该功能仅供评估使用。有关跟踪标志的详细信息，请参阅跟踪标识（T-SQL）。）不要在生产环境中使用数据库镜像，Microsoft 支持服务不支持使用数据库镜像的数据库或应用程序。在 SQL Server 2005 中包括数据库镜像文档仅供评估使用，SQL Server 2005 支持和升级文档策略不适用于数据库镜像文档。

■ **日志传送**

与数据库镜像一样，日志传送是数据库级操作。日志传送可用来维护相应的读写数据库（称为主数据库）的“暖”备用数据库（称为辅助数据库）。通过还原但不恢复主数据库的完整备份，可以创建辅助数据库。

日志传送配置包括一个主服务器（包含主数据库）、一个或多个辅助服务器（每个服务器包含一个辅助数据库）和一个监视服务器。每个辅助服务器从“主数据库”的日志备份以固定的时间间隔更新辅助数据库。在发生从主数据库到其中一个辅助数据库的故障转移之前，必须手动完全更新辅助数据库。在还原期间，辅助数据库具有有限的可用性，因此它们可能不能用于进行报告。

日志传送具有支持多个备用数据库的灵活性。如果需要多个备用数据库，那么可以单独使用日志传送或将其作为数据库镜像的补充。当这些解决方案被一起使用时，当前数据库镜像配置的主体数据库同时也是日志传送配置的主数据库。而且，日志传送允许用户将延迟时间定义为：从主服务器备份主数据库日志到辅助服务器必须还原日志备份之间的时间。SQL Server 2005 企业版、标准版和工作组版均支持日志传送。

■ **复制**

复制使用的是发布－订阅模式，即由主服务器（发布服务器）向辅助服务器（订阅服务器）发布数据。复制可在这些服务器间提供实时的可用性和可伸缩性。它支持筛选，以便为订阅服务器提供数据子集，同时还支持分区更新。订阅服务器处于在线状态，并且可用于报告或其他功能，而无需进行查询恢复。SQL Server 提供了 3 种复制类型：快照、事务以及合并；事务复制的滞后时间最短，在要求高可用性的情况下最常用。

SQL Server 2005 的所有版本都支持复制。SQL Server Express 或 SQL Server Mobile 不提供复制发布功能。

表 1-6 提供了选择不同高可用性解决方案的优点与局限性。

表 1-6　高可用性解决方案的优缺点

解决方案	优点	局限性
故障转移群集	自动检测和故障转移 手动故障转移 透明客户端重定向	需要在服务器实例作用域内进行操作 硬件需经过认证 备用部分不具有报告功能 仅利用数据库的单个副本 不能防止磁盘故障
数据库镜像	自动检测和故障转移 手动故障转移 透明客户端重定向	需要在数据库作用域内操作 利用数据库的单个副本和复制副本。如果需要其他副本，那么除了数据库镜像之外，还可以对数据库使用日志传送 需使用标准服务器 只能使用数据库快照对镜像服务器进行有限的报告 同步操作时，为了提供零工作丢失，将在主体数据库上延迟提交
日志传送	支持多个服务器实例上的多个辅助数据库 允许用户将延迟时间定义为：从主服务器备份主数据库日志到辅助服务器必须还原日志备份之间的时间	
复制	在数据库作用域中进行操作，支持在数据库中进行筛选，以便为辅助数据库提供数据子集 支持多个冗余数据库副本 支持在多个数据库间实现实时的可用性和可伸缩性，支持分区更新 支持辅助数据库对报告或其他功能的完全可用性，而无需查询恢复。	

在最简单的情况下，SQL Server 客户端可以与 SQL Server 实例驻留在同一计算机上。通常，一个客户端通过网络可以连接到一个或多个远程服务器。SQL Server 的客户端/服务器体系结构允许通过网络无缝地管理多个客户端和服务器。默认的客户端配置可以满足大多数情况。SQL Server 客户端可以包括各种应用程序，例如 OLE DB 使用者、ODBC 应用程序和 DB-Library 客户端。

无论哪种类型的应用程序，管理客户端的主要操作都包括配置它与 SQL Server 服务器组件的连接。根据你的实际要求，客户端管理的范围可以小到输入服务器名称，大到生成自定义配置项库，以便满足各种多服务器环境。

SQL Native Client 的.dll 包含网络库并由安装程序安装。在新的 SQL Server 安装过程中不会启用网络协议，而升级安装会启用以前启用的协议。用于管理 SQL Server 客户端的工具有：SQL Server 配置管理器、外围应用配置器工具（SAC）、安装程序和 ODBC 数据源管理器。SQL Server 提供了一组用于完成大容量导入和导出操作的通用工具和命令，例如大容量复制程序（bcp）命令、两个 T-SQL 语句[BULKINSERT 和 INSERT...SELECT *FROM OPENROWSET(BULK...)]。

Microsoft SQL Server 2005 提供了高性能的备份和还原功能。SQL Server 备份和还原组件提供了重要的保护手段，以保护存储在 SQL Server 数据库中的关键数据。实施计划妥善的备份和还原策略可保护数据库，避免由于各种故障造成的损坏而丢失数据。通过还原一组备份并恢复数据库来测试你的策略，为有效地应对灾难做好准备。

备份是数据的副本，用于在系统发生故障后还原和恢复数据。备份使你能够在发生故障后还原数据。通过适当的备份，可以从多种故障中恢复，包括媒体故障、用户错误（例如，误删除了某个表）、硬件故障（例如，磁盘驱动器损坏或服务器报废）和自然灾难。

此外，数据库备份对于例行的工作（例如，将数据库从一台服务器复制到另一台服务器、设置数据库镜像、政府机构文件归档和灾难恢复）也很有用。

图 1-3 说明了由于灾难或其他原因而丢失数据后，从数据库的完整备份还原数据的简单情形。

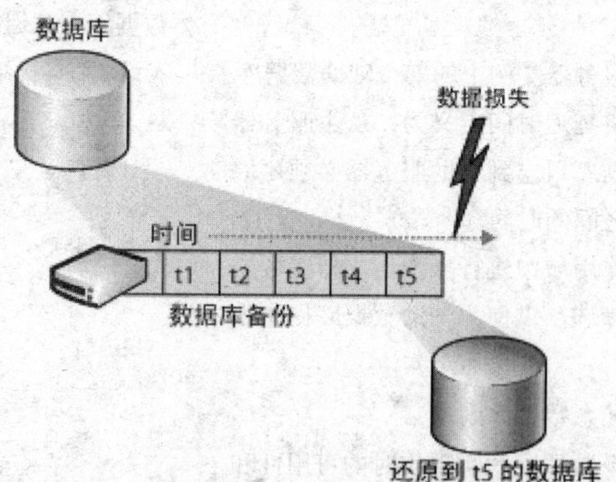

图 1-3　备份还原图示

此示例说明了备份和还原的最简单形式，即只将数据库恢复到其最近一次的备份。备份点和故障点之间的所有更新都将全部丢失，但是通过添加日志备份，通常可将数据库还原到故障点，而不会丢失数据（如果使用的 SQL Server 版本支持时点恢复）。14.9 节会详细介绍这一内容。

SQL Server 代理是一种 Windows 服务，它执行安排的管理任务，即作业。SQL Server 代理使用 SQL Server 来存储作业信息，作业包含一个或多个作业步骤，每个步骤都有自己的任务，例如备份数据库。SQL Server 代理可以按照计划运行作业，也可以在响应特定事件时运行作业，还可以根据需要运行作业。例如，如果希望在每个工作日下班后备份公司的所有服务器，那么就可以使该任务自动执行。将备份安排在星期一到星期五的 22:00 之后运行，如果备份出现问题，那么 SQL Server 代理可记录该事件并通知你。

- 安装完 SQL Server 2005 之后，SQL Server 代理服务的默认状态为禁用，除非用户明确地选择自动启动该服务。

若要进行自动管理，请按下列步骤进行操作：

（1）确定哪些管理任务或服务器事件定期执行，以及这些任务或事件是否可以通过编程方式进行管理。如果任务涉及一系列可预见的步骤，并且在特定时间或响应特定事件时执行，则该任务非常适合自动化。

（2）使用 SQL Server Management Studio、T-SQL 脚本或 SQL 管理对象(SMO)定义一组作业、计划、警报和操作员。

（3）运行已定义的 SQL Server 代理作业。

- 对于默认的 SQL Server 实例，SQL Server 服务将被命名为 SQL Server Agent。对于命名实例，SQL Server 代理服务将被命名为 SQLAgent$instancename。

监视数据库的目的是评估服务器的性能。有效监视包括定期拍摄当前性能的快照来隔离导致问题的进程，以及连续收集数据来跟踪性能趋势。SQL Server 和 Windows 操作系统提供实用工具，使你可以查看数据库的当前状态并跟踪性能的状态变化。

监视 SQL Server 使你可以执行下列操作：

（1）确定是否可以提高性能。例如，通过监视常用查询的响应时间，可以确定是否需要更改表的查询或索引。

（2）评估用户活动。例如，通过监视尝试连接到 SQL Server 实例的用户，可以确定安全设置是否充分，以及是否需要测试应用程序或开发系统。例如，通过在执行 SQL 查询时对其进行监视，可以确定这些查询是否编写正确并生成预期的结果。

（3）解决任何问题或调试应用程序组件（如存储过程）。

监视操作非常重要，因为 SQL Server 在动态环境中提供服务。应用程序中的数据在变化，用户需要的访问类型也在变化，而用户连接的方式同样在变化。甚至，访问 SQL Server 的应用程序的类型也可能在变化，而 SQL Server 能够自动管理系统级资源（比如内存和磁盘空间），因此对广泛系统级手动优化的需要已降至最低。但是，管理员可以通过监视来标识性能趋势来确定是否有必要进行更改。

2. 监视事件

SQL Server 提供 SQL 跟踪和事件通知来监视数据库引擎中发生的事件。

通过记录指定事件，SQL 跟踪可以帮助你解决性能问题，审核数据库活动，收集用于测试环境的示例数据，调用 T-SQ 语句和存储过程以及为性能分析工具收集数据。可以通

SQL Server Profiler 或在命令行输入的 T-SQL 系统存储过程语句来访问 SQL 跟踪。

运行时，SQL 跟踪在数据库引擎中的事件发生时捕获事件。捕获的事件是你选择在某进程中进行监视的事件类实例，此进程称为一个 trace。每个事件类都包括一个事件名称和多个数据列（用于描述特定情况下发生的事件类的属性）。跟踪中指定事件类的某个事件发生时，SQL 跟踪将把事件名称和关联数据记录到跟踪文件中。

通常，通过 SQL Server Profiler 访问 SQL 跟踪，还可以使用 T-SQL 系统存储过程来访问 SQL 跟踪。SQL Server Profiler 可以使用 SQL 跟踪的全部事件捕获功能，并添加跟踪表信息、将跟踪定义保存为模板、提取查询计划和死锁事件作为单独的 XML 文件以及重播跟踪结果以进行诊断和优化的能力。

事件通知将有关 SQL 跟踪捕获的许多相同事件的信息发送到 Service Broker 服务，但事件通知与跟踪不同，它可用于在 SQL Server 内响应事件执行操作。由于事件通知异步执行，因此这些操作不占用即时事务定义的任何资源。

3. 编写数据库文档和脚本

使用 SQL Server 2005，可以通过生成一个或多个 SQL 脚本，编写现有数据库结构（称为架构）文档。在 SQL Server Management Studio 查询编辑器中或使用任何文本编辑器，可以查看 SQL 脚本。

生成为 SQL 脚本的架构可用于执行下列操作：

- ❑ 维护备份脚本，该脚本使用户能够重新创建所有用户、组、登录和权限。
- ❑ 创建或更新数据库开发代码。
- ❑ 从现有的架构创建测试或开发环境。
- ❑ 培训新雇员。

SQL 脚本包含用于创建数据库及其对象的语句的描述。可以从现有数据库中的对象生成脚本，然后通过在该数据库中运行脚本来将这些对象添加到其他数据库。实际上，这样做重新创建了完整的数据库结构以及所有的单个数据库对象。

所生成对象的架构可以保存在单个 SQL 脚本文件中，或者保存在多个文件中，其中每个文件只包含一个对象的架构，还可以将所生成的单个对象（或一组对象）的架构保存到一个或多个 SQL 脚本文件中。可以生成的 SQL 脚本文件示例包括：

- ❑ 保存到单个 SQL 脚本文件中的完整数据库。
- ❑ 保存到一个或多个 SQL 脚本文件中的数据库的一个、几个或所有表只有表的架构。
- ❑ 保存到一个 SQL 脚本文件中的表和索引架构，保存到其他 SQL 脚本文件中的存储过程，以及保存到另一个 SQL 脚本文件中的默认设置和规则。

你可以使用生成 SQL Server 脚本向导或对象资源管理器创建脚本，它将引导你完成创建脚本的各个步骤，并允许你同时选择要创建脚本的各种对象。该向导提供各种用于创建脚本的选项，包括是否包含权限、排序规则、约束等。为大量对象创建脚本时，请使用该向导。具体步骤为：

（1）在对象资源管理器中，展开“数据库”，右键单击某个数据库，指向“任务”，然后单击“生成脚本”。

（2）按照向导中的步骤，创建数据库对象的脚本。

你还可以使用对象资源管理器快速创建整个数据库的脚本，也可以使用默认选项创建单个数据库对象的脚本。可以在查询编辑器窗口中对文件或剪贴板创建脚本，如果要生成整个数据库的脚本，则请按以下步骤执行：

（1）在对象资源管理器中，连接到 SQL Server 数据库引擎实例，然后展开该实例。

（2）展开“数据库”，右键单击要创建脚本的数据库，指向“编写数据库脚本为”，再指向“创建到”，然后单击“新查询编辑器窗口”。

1.2.2　使用数据库引擎

使用数据库引擎的过程包括：将 SQL Server 2000 系统表映射到 SQL Server 2005 系统视图，配置 SQL Server 安装，自动化管理任务，动态管理视图和函数，查询性能，备份与还原入门，优化备份和还原性能，优化大容量导入性能，分离和附加数据库，如何使用复制数据库向导升级至 SQL Server 2005，如何使用分离和附加来升级数据库（T-SQL），Integration Services 概述，大容量导入和大容量导出概述等，其中间有些内容很简单，有些内容很复杂。有些内容已经介绍过，而有些内容还没有介绍，本节只讨论其中的部分问题。

实际上，对于管理员来说，使用数据库引擎主要是对数据库进行升级的过程。由于 SQL Server 2005 基于 2000 发生了很大的变化，所以 2000 下的系统表也分别映射为 2005 下的一个或多个系统表，例如 sysprocesses 就被映射为 2005 下的 sys.dm_exec_connections、sys.dm_exec_sessions 和 sys.dm_exec_requests。

配置 SQL Server 安装的过程，主要是用使用图形化工具和命令提示实用工具进一步配置 SQL Server。

SQL Server 允许你自动执行管理任务，若要自动进行管理，你需要先定义可预测的管理任务，然后再指定每个任务发生的条件。使用自动管理来处理日常事务和事件，使你有时间执行其他管理功能。

使用动态管理视图和函数，可返回监视服务器实例的运行状况、诊断故障以及优化性能的服务器状态信息。动态管理视图和函数分为两种类型：

- 服务器范围内的动态管理视图和函数。此类型需要具有该服务器的 View Server State 权限。
- 数据库范围内的动态管理视图和函数。此类型需要具有该数据库的 View Database State 权限。

查询动态管理视图或函数，需要对对象具有 SELECT 权限以及 View Server State 或 View Database State 权限，这样你可以有选择地限制用户或登录名对动态管理视图和函数的访问。为此，首先在 master 中创建用户，然后拒绝该用户对不希望被访问的动态管理视图或函数的 SELECT 权限。此后，无论该用户的数据库上下文如何，用户都将无法选择这些动态管理视图或函数。

- 由于 DENY 的优先级高，如果用户被授予 VIEW SERVER STATE 权限但拒绝 View Database State 权限，则该用户只能查看服务器级别信息，但不能查看数据库级别信息。

所有动态管理视图和函数都存在于 sys 架构中，并遵循 dm_*命名约定。当使用动态管理视图或函数时，必须使用 sys 架构作为视图或函数名称的前缀。例如，若要查询

dm_os_wait_stats 动态管理视图，请运行以下查询：

```
SELECT  wait_type,wait_time_ms
FROM  sys.dm_os_wait_stats
GO
```

在对 SQL Server 实例开始执行 T-SQL 查询、批处理、存储过程、触发器、已准备好的语句或动态 SQL 语句之前，它已由 SQL Server 数据库引擎查询优化器编译为查询计划，然后执行该计划以生成结果集。编译的查询计划存储到称为计划缓存的 SQL Server 内存的一部分。通过查看查询执行计划或处理应用程序所使用缓存查询计划的方式，可以分析查询性能来提高性能。

数据库分离和附加

可以分离数据库的数据和事务日志文件，然后将它们重新附加到同一个或其他 SQL Server 实例。如果要将数据库更改到同一计算机的不同 SQL Server 实例或要移动数据库，那么分离和附加数据库会很有用。

分离数据库是指将数据库从 SQL Server 实例中删除，但使数据库在其数据文件和事务日志文件中保持不变。之后就可以使用这些文件将数据库附加到任何 SQL Server 实例，包括分离该数据库的服务器。要注意的是，如果存在下列任何情况，则不能分离数据库。

- 已复制并发布数据库。如果进行复制，则数据库必须是未发布的。必须通过运行 sp_replicationdboption 禁用发布后，才能分离数据库。
- 数据库中存在数据库快照。必须首先删除所有数据库快照，然后才能分离数据库。
- 数据库处于可疑状态。在 SQL Server 2005 中，无法分离可疑数据库，必须将数据库置入紧急模式，才能对其进行分离。有关将数据库置入紧急模式的详细信息，请使用 Alter Database 的相关语句。
- 如果无法使用 sp_replicationdboption，那么可以通过运行 sp_removedbreplication 删除复制。
- 不能分离或附加数据库快照。

分离数据库的方法有两种：使用 sp_detach_db（T-SQL）或从 SQL Server 管理向导下进行分离，通常使用后一种方法，因为其操作更简便。

分离数据库时，生成的错误会阻止完全关闭数据库和重新生成事务日志。收到错误消息后，请执行下列更正操作：

（1）重新附加与数据库关联的所有文件，而不仅仅是主文件。

（2）解决导致生成错误消息的问题。

（3）再次分离数据库。

你可以附加复制的或分离的 SQL Server 数据库。在 SQL Server 2005 中，数据库包含的全文文件随数据库一起附加。

通常，附加数据库时会将数据库重置为它分离或复制时的状态。在 SQL Server 2005 中，附加和分离操作都会禁用数据库的跨数据库所有权链接（Cross DBOwnership Chaining）选项。此外，附加数据库时，TRUST WORTHY 均设置为 OFF。有关将 TRUST WORTHY 设置为 ON 的信息，请使用与 ALTER DATABASE 相关的语句。

附加数据库时，所有数据文件（MDF 文件和 NDF 文件）都必须可用。如果任何数据文件的路径不同于首次创建数据库或上次附加数据库时的路径，则必须指定文件的当前路径。

如果所附加的主数据文件为只读，则数据库引擎会假定数据库也是只读的。

当加密的数据库首次附加到 SQL Server 实例时，数据库所有者必须通过执行下面的语句来打开数据库的主密钥：

```
OPEN MASTER KEY DECRYPTION BY PASSWORD='password'
```

建议通过执行下面的语句来对主密钥启用自动解密：

```
ALTER MASTER KEY ADD ENCRYPTION BY SERVICE MASTER KEY
```

附加日志文件的要求在某些方面取决于数据库是读写的还是只读的：对于读写数据库，通常可以附加新位置中的日志文件。

在某些情况下，重新附加数据库需要数据库的现有日志文件，因此请务必保留所有分离的日志文件，直到在不需要这些日志文件的情况下成功地附加数据库。如果读写数据库具有单个日志文件，并且没有为该日志文件指定新位置，那么附加操作将在旧位置中查找该文件。如果找到了旧日志文件，则无论数据库上次是否完全关闭，都将使用该文件。但是，如果未找到旧文件日志，数据库上次是完全关闭且现在没有活动日志链，则附加操作将尝试为数据库创建新的日志文件。

如果所附加的主数据文件为只读，则数据库引擎会假定数据库也是只读的。对于只读数据库，日志文件在数据库主文件中指定的位置上必须可用。因为 SQL Server 无法更新主文件中存储的日志位置，所以无法创建新的日志文件。

分离再重新附加只读数据库后，会丢失差异基准信息，这会导致 master 数据库与只读数据库不同步，之后所做的差异备份可能导致意外结果。因此，如果对只读数据库使用差异备份，那么在重新附加数据库后，应通过进行完整备份来建立当前差异基准。

附加数据库的方法可以有两种：CREATE DATABASE（T-SQL）或使用 SQL Server 管理向导来实现。

在 SQL Server 2005 中，可以使用分离和附加操作来将用户数据库从 SQL Server7.0 或 SQL Server2000 升级到更高版本。但是，存在下列限制：

- 使用 SQL Server 7.0 或 SQL Server 2000 创建的 master、model 或 msdb 数据库的副本，不能附加到 SQL Server 2005 中。
- 包含创建索引操作的 SQL Server 7.0 日志文件，不能附加到 SQL Server 2000 或 SQL Server 2005 中。

对于附加复制的而不是分离的重复数据库：如果将该数据库附加到同一服务器实例的升级版本中，则必须在附加完成后执行 sp_vupgrade_replication 来升级复制数据库。有关详细信息，请参阅 sp_vupgrade_replication（T-SQL）；如果将该数据库附加到不同的服务器实例中（而不管其版本），则必须在附加完成后执行 sp_removedbreplication 来删除复制数据库。

使用复制数据库向导升级数据库时，请遵循下列要求：

- 升级之前，将数据库置于单用户模式，并确保当前没有应用程序或服务试图访问该数据库。请勿使用只读模式，因为这会导致出现错误。
- 在此操作过程中，不能重命名数据库。

使用复制数据库向导对数据库进行升级的步骤为：

（1）使用 SQL Server Management Studio 中的对象资源管理器连接到任何 SQL Server 数据库引擎实例。

（2）展开“数据库”文件夹，右键单击一个数据库，指向“任务”，再单击“复制数据库”。

（3）完成向导中的步骤。

为了确保升级后的数据库具有最佳性能，请在 SQL Server 2005 服务器上对升级后的数据库运行 sp_updatestats（更新统计信息）。

《SQL Server 2005 初学者指南》已对这些内容进行了详细讨论，在此不再一一描述。

1.3 结构设计师信息中心

在 SQL Server 2005 中，数据库引擎结构设计师与应用程序结构设计师和系统结构设计师协同工作，设计支持企业处理要求的数据存储基础结构。数据库引擎结构设计师决定数据存储系统使用的技术，并协调企业内数据驱动系统和网站之间的交互和互操作性。数据库引擎结构设计师是一个解决方案级的决策者，他对数据驱动项目做出一些设想并确定范围，职务为数据结构设计师或数据库结构设计师等。

结构设计师应了解如何设计和创建数据库，并在 SQL Server 中使用 XML，同时掌握如何在 SQL Server 2005 中使用本机 WEB XML 服务。数据库结构定义的好坏，直接关系到今后编程工作量的大小。要想成为一个较好的结构设计师，需要充分利用范式化设计思想，熟练掌握各种工具和数据库基础知识。

1.4 工作者信息中心

在 SQL Server 2005 中，数据库引擎信息工作者是一个域专家，他了解数据库中存储的数据之间的关系，并能够将数据转换成业务信息。信息工作者很少直接与主联机事务处理（OLTP）数据库交互，而是使用与数据库相关联的应用程序进行交互。当信息工作者与数据库直接交互时，通常是为了对辅助报表数据库执行临时查询或报告，或者是为了使用与工作组或个人应用程序一同发布的较小的数据库。

数据库工作者应掌握如何使用数据库引擎（例如访问和更改数据库数据、在 SQL Server 中使用 XML、用可视化数据库设计工具设计数据库关系图、表、查询和视图等），熟练掌握相关的 T-SQL 语句，并知道在 SQL Server 中如何使用 XML、使用工具等内容。这些内容中，除了有关 XML 语言的相关知识没有介绍之外，其他的都已介绍过，这里不再描述了。

1.5 设计与部署

通过前面介绍的内容，接下来我们要讨论如何对数据库进行设计与部署。在这一节中，首先要讨论如何设计数据库。

若要设计数据库，则必须先理解你希望建模的业务函数，还要理解要用来表示这些业务函数的数据库概念和功能。要确保准确地设计用来进行业务建模的数据库，因为实现数据库后再做大的更改将耗费大量时间。另外，设计良好的数据库执行情况更好。

1.5.1 开发数据库计划

创建数据库的第一步是制订计划，此计划既可以在实现数据库时用作指南，也可以在数据库实现后用作数据库的功能说明。数据库设计的复杂性和细节，由数据库应用程序的复杂性和大小以及用户数来决定。

数据库应用程序的性质和复杂性以及计划数据库的过程，可能会变化很大。数据库可以相对简单，例如供单人使用的数据库；也可以很大、很复杂，例如用于为成千上万的顾客处理所有银行事务的数据库。对于前一种情况，数据库设计可能只需要在一些草稿纸上写几个备注即可。对于后一种情况，设计可能是长数百页的正式文档，其中包含有关数据库的各种可能细节。

计划数据库时，不管其大小和复杂性如何，都要进行下列基本步骤：

（1）收集信息。

（2）标识对象。

（3）建立对象模型。

（4）标识每个对象的信息类型。

（5）标识对象之间的关系。

收集信息指在创建数据库之前，必须对期望数据库执行的操作有一个透彻地理解。如果数据库用于替换基于纸张的或手动执行的信息系统，则现有的系统将会为你提供所需的大部分信息。你应该与系统中所涉及的每个人进行交流，以确定他们所做的工作以及他们需要从数据库中获得的内容。了解他们希望新系统完成的工作，以及找出现有系统的问题、限制和瓶颈也很重要。应收集客户结算单、库存清单、管理报表以及属于现有系统的其他任何文档的副本，这些信息对于设计数据库和界面非常有用。

在收集信息的过程中，必须标识将由数据库管理的主要对象或实体。对象可以是一个有形的实体（例如一个人或一个产品），也可以是一个无形的项目（例如某项业务事务、公司中的某个部门或某个付薪周期）。通常会有少数主对象，标识这些主对象后，将显示相关项。数据库中的各个不同项都应有相对应的表。

SQL Server 2005 附带的 AdventureWorks 示例数据库中的主对象是一辆自行车。此公司业务中与自行车相关的对象是制造自行车的雇员，销售用来制造自行车的零部件经销商、购买自行车的顾客以及对顾客执行的销售事务，其中每个对象都是数据库中的一个表。在第 15 章中，我们将对该例子进行详细讨论。

标识系统中的对象后，应使用该系统的一种直观表示方式来记录这些对象。在数据库实现期间，可以使用数据库模型作为参考。

鉴于此目的，数据库开发人员将使用各种工具进行数据库设计，这些工具在技术复杂性方面差别很大，既可以是简单的铅笔和草稿纸，也可以是字处理和电子表格程序，甚至可以是专门为数据建模工作创建的软件程序。无论决定使用哪一种工具，最重要的是使该工具保持最新。

将数据库中的主对象标识为候选表后，下一步是标识必须为每个对象存储的信息类型，这些类型是对象表中的列。数据库表中的列包含几个常见的信息类型：

- 原始数据列　这些列用于存储有形信息（例如名称），由数据库外部的源确定。
- 分类列　这些列用于对数据进行分类或分组，并存储限定选择范围的数据（例如真/假、已婚/单身和副总裁/主管/组长）。
- 标识符列　这些列用于提供一种机制来标识存储在表中的每个项。这些列的名称中经常会有一个 ID 或编号，例如 employee_id、invoice_number 和 publisher_id。标识符列是用户和内部数据库处理访问表中某一行数据时使用的主要组件。有时，可以在表中使用真实的对象 ID（例如社会保障号），但在大多数情况下，可以在定义表时为行创建可靠的假 ID。
- 关系列或引用列　这些列用于建立一个表中的信息与另一个表中相关信息之间的链接。例如，用于跟踪销售事务的表通常具有指向 customers 表的链接，以便将完整的客户信息与销售事务相关联。

关系数据库的一种优势是，能够联系或关联数据库中各个项目的有关信息。可以单独存储孤立的信息类型，但数据库引擎可以在需要时组合数据。在设计过程中，标识对象之间的关系需要查看多个表，确定它们的逻辑相关方式，并添加关系列以建立一个表与另一个表之间的链接。

例如，AdventureWorks 数据库的设计者在数据库中创建了产品表和产品型号表。Production.Product 表包含每个产品的有关信息，其中包括名为 ProductID 的标识符列和有关产品名、产品价格及产品颜色、大小和重量的数据列。该表包含分类列（例如 Class 或 Style），使得产品可以按这些类型分组。每个产品还具有产品型号，但该信息存储在另一个表中。因此，Production.Product 表中的 ProductModelID 列仅用于存储产品型号的 ID。如果添加了一行产品数据，则相应的 ProductModelID 值必须存在于 Production.ProductModel 表中。

1.5.2 联机事务处理和决策支持

许多应用程序属于两种主要的数据库应用程序类别：

- 联机事务处理（OLTP）。
- 决策支持。

这两种应用程序的特征对设计数据库有很大的影响。

联机事务处理数据库应用程序是管理不断变化的数据的最佳选择。这些应用程序通常涉及很多用户，他们同时执行更改实时数据的事务。尽管用户的各个数据请求通常只涉及少量记录，但这些请求有许多是同时发生的，这种数据库的常见示例是航空订票系统和银行事务系统。在这种应用程序中，主要的问题是并发性和原子性。

数据库系统中的并发性控制确保两个用户不能同时更改相同的数据，或者一个用户不能在另一个用户完成数据操作之前更改该部分数据。例如，如果你正在告诉一位航空订票代理要预订某一航班上最后一个座位，该代理开始用你的姓名预订该座位，这时其他代理则不能再告诉其他乘客还可以预订该座位。

原子性确保事务中的所有步骤都作为一个组成功地完成。如果一个步骤失败，则不应完成其他步骤。例如，银行事务涉及两个步骤：从你的经常账户中取出资金，然后打入你的存款账户。如果从你的经常账户中取出资金的步骤成功完成，那么就需要确保将该资金打入你的存款账户或重新打回你的经常账户。

在进行事务处理系统数据库的设计时，应能够改进下列方面：

- 很好的数据放置　对于 OLTP 系统，输入/输出瓶颈是一个尤为关心的问题，原因在于修改整个数据库中数据的用户很多。设计数据库时，应确定数据可能的访问模式，并将经常访问的数据放在一起。使用文件组和 RAID（独立磁盘冗余阵列）系统对此会有所帮助。
- 缩短事务　以便将长期锁减至最少并改善并发性　在事务期间，避免用户交互。无论何时，只要有可能，就通过运行单个存储过程来处理整个事务。在事务内对表的引用顺序可能会影响并发性。将对经常访问的表的引用置于事务的末尾，以便将控制锁的持续时间减至最短。
- 联机备份　OLTP 系统的常见特点是连续操作，操作中的中断时间保持为绝对地最少。也就是说，它们一天 24 小时，一周 7 天进行操作。尽管 SQL Server 2005Database Engine 可以在数据库正在使用时对其进行备份，但是应将备份过程安排在活动不频繁时进行，以使对用户的影响减至最小。
- 数据库的高度规范化　减少冗余信息，以加快更新速度并改善并发性。减少数据还可以加快备份的速度，因为只需要备份更少的数据。
- 很少或没有历史数据或聚合数据　可以将很少引用的数据归档到单独的数据库中，或者从经常更新的表中移出，放到只包含历史数据的表中。这将使表尽可能地小，从而缩短备份时间，改善查询性能。
- 小心使用索引　每次添加或修改行时，必须更新索引。若要避免对经常更新的表进行过多的索引，则索引范围应保持较窄。可以使用数据库引擎来设计索引。
- OLTP 系统需要最佳的硬件配置，以处理较大的并发用户数目和快速响应时间

决策支持数据库应用程序最适于不更改数据的数据查询。例如，公司可以定期地按日期、销售地区或产品汇总其销售数据，并将该信息存储在单独的数据库中，以供高级管理人员分析时使用。若要做出业务决策，则用户必须能够基于各种条件，通过查询数据快速地确定销售趋势。然而，他们不必更改这些数据。决策支持数据库中的表建立了大量索引，通常要对原始数据进行预处理和组织，以支持要使用的各种查询。因为用户并不更改数据，所以不存在并发性和原子性问题；又因为数据只定期更改，所以可以在非工作时间和低流量时间对数据库进行大容量更新。

决策支持系统数据库的设计应能够改进下列方面：

- 大量索引：决策支持系统只需要很少的更新，但数据量很大。可使用大量索引提高查询性能。
- 数据库的非规范化：引入预聚合或汇总数据以满足常见的查询要求，并缩短查询响应时间。
- 使用星型架构或雪花架构来组织数据库内的数据。

这一话题在后续章节还要进行讨论。

1.5.3　规范化

数据库的逻辑设计（包括各种表和表间关系）是优化关系数据库的核心。设计好逻辑数据库，可以为优化数据库和应用程序性能打下基础。逻辑数据库设计得不好，则会影响

整个系统的性能。

规范化逻辑数据库设计包括使用正规的方法来将数据分为多个相关的表。有几个具有较少列的窄表是规范化数据库的特征，有少量具有较多列的宽表是非规范化数据库的特征。

通常，合理的规范化会提高性能。如果包含有用的索引，那么 SQL Server 查询优化器可有效地在表间选择快速、有效的链接。

规范化的优点有：

- 使排序和创建索引更加迅速。
- 聚集索引的数目更大。
- 索引更窄、更紧凑。
- 每个表的索引更少，这可提高 INSERT、UPDATE 和 DELETE 语句的性能。
- 空值更少，出现不一致的机会更少，这可增加数据库的紧凑性。

随着规范化的不断提高，检索数据所需的链接数和复杂性也将不断增加。表间的关系链太多、太复杂可能会影响性能。合理的规范化通常很少包括经常性执行且所用联接涉及 4 个以上表的查询。

有时，逻辑数据库设计已经固定，全部进行重新设计是不现实的。尽管如此，将大表有选择性地进行规范化处理，分为几个更小的表是可能的。如果是通过存储过程来对数据库进行访问，则在不影响应用程序的情况下架构可能发生更改。如果不是这种情况，那么可以创建一个视图，以便从应用程序隐藏架构的更改。

1.5.4 数据完整性

强制数据完整性可保证数据库中数据的质量。例如，如果输入了 employee_id 值为 123 的雇员，则该数据库不应允许其他雇员使用具有相同值的 ID。如果想将 employee_rating 列的值范围设定为从 1～5，则数据库不应接受值 6。如果表有一个存储雇员部门编号的 dept_id 列，则数据库应只允许接受有效的公司部门编号的值。

对表进行计划有两个重要步骤：标识列的有效值和确定如何强制列中数据的完整性。数据完整性分为下列类别：

- 实体完整性。
- 域完整性。
- 引用完整性。
- 用户定义完整性。

实体完整性将行定义为特定表的唯一实体。实体完整性通过索引、UNIQUE 约束、PRIMARYKEY 约束或 IDENTITY 属性，强制表的标识列或主键的完整性。

域完整性指特定列的项的有效性。你可以强制域完整性限制类型(通过使用数据类型)、限制格式（通过使用 CHECK 约束和规则）或限制可能值的范围（通过使用 FOREIGNKEY 约束、CHECK 约束、DEFAULT 定义、NOTNULL 定义和规则）。

在输入或删除记录时，引用完整性保持表之间已定义的关系。在 SQL Server 2005 中，引用完整性可以通过 FOREIGNKEY 和 CHECK 约束，以外键与主键之间或外键与唯一键之间的关系为基础。引用完整性确保键值在所有表中一致，这类一致性要求不引用不存在的值。如果一个键值发生更改，则整个数据库中，对该键值的所有引用要进行一致的更改。

强制引用完整性时，SQL Server 将防止用户执行下列操作：

（1）在主表中没有关联的记录时，将记录添加或更改到相关表中。

（2）更改主表中的值，这会导致相关表中生成孤立记录。

（3）从主表中删除记录，但仍存在与该记录匹配的相关记录。

例如，对于 AdventureWorks 数据库中的 Sales.SalesOrderDetail 和 Production.Product 表，引用完整性基于 Sales.SalesOrderDetail 表中的外键（ProductID）与 Production.Product 表中的主键（ProductID）之间的关系，此关系可以确保销售订单从不引用 Production.Product 表中不存在的产品，如图 1-4 所示。

用户定义完整性使你可以定义不属于其他任何完整性类别的特定业务规则。所有完整性类别都支持用户定义完整性，包括 CREATETABLE 中所有列级约束和表级约束、存储过程以及触发器。

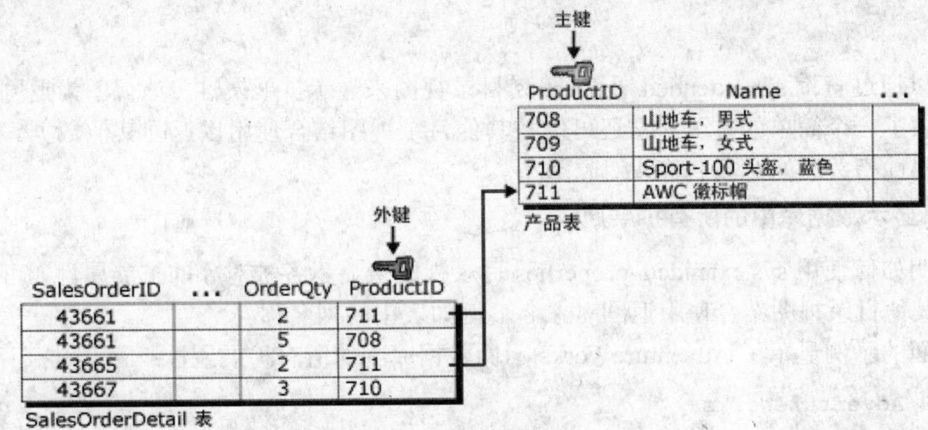

图 1-4　引用完整性示意图

1.5.5　查看扩展属性

可以在 SQL 语句中使用 fn_listextendedproperty 内置函数或 sys.extended_properties 目录视图显示数据库对象的扩展属性，还可以使用 SQL Server Management Studio 对象资源管理器查看扩展属性。例如，可以返回表或表中所有列的扩展属性。

下列示例说明了如何在 SELECT 语句中使用 fn_listextendedproperty 函数来显示各种对象的扩展属性。

1. 显示数据库的扩展属性

下面示例显示了数据库本身设置的所有扩展属性：

```
USE AdventureWorks;
GO
SELECT objtype,objname,name,value
FROM fn_listextendedproperty(default,default,default,default,default,default,default);
GO
```

2. 显示表中所有列的扩展属性

下面示例显示了包含在 Production 架构中的 ScrapReason 表中的列的扩展属性：

```
USE AdventureWorks;
GO
SELECT objtype,objname,name,value
FROM   fn_listextendedproperty(NULL,'schema','Production','table','ScrapReason',
'column',default);
GO
```

3. 显示架构中所有表的扩展属性

下面的示例显示了包含在 Sales 架构中的所有表的扩展属性：

```
USE AdventureWorks;
GO
SELECT objtype,objname,name,value
FROM       fn_listextendedproperty(NULL,'schema','Sales','table',default,
NULL,NULL);
GO
```

可以通过查询 sys.extended_properties 目录视图来显示扩展属性，该视图为返回扩展属性值提供了一个简单的方法，它还可以与其他目录视图结合使用以返回其他数据。例如，与扩展属性相关联的对象名称或对象类型。

4. 显示数据库中的所有扩展属性

说明如何使用 sys.extended_properties 目录视图来显示各种对象的扩展属性，可以通过查询与其他目录视图结合使用返回对象名，例如表中的列名称。

下面的示例显示了 AdventureWorks 示例数据库中的所有扩展属性：

```
USE AdventureWorks;
GO
SELECT class,class_desc,major_id,minor_id,name,value
FROM sys.extended_properties;
GO
```

5. 显示数据库中所有索引的扩展属性

下面的示例显示了 AdventureWorks 示例数据库中索引的所有扩展属性：

```
USE AdventureWorks;
GO
SELECT class,class_desc,major_id,minor_id,ep.name,s.name AS [IndexName],value
FROM sys.extended_properties AS ep
INNER   JOIN   sys.indexes   AS   s   ON   ep.major_id=s.object_id   AND
ep.minor_id=s.index_id
WHERE class=7;
GO
```

6. 显示表中列的扩展属性

下面的示例显示了 AdventureWorks 示例数据库中所有表中的所有列的扩展属性：

```
USE AdventureWorks;
GO
SELECT major_id,minor_id,t.name AS [TableName],c.name AS [ColumnName],value
```

```
AS [ExtendedProperty]
    FROM sys.extended_properties AS ep
    INNER JOIN sys.tables AS t ON ep.major_id=t.object_id
    INNER JOIN sys.columns AS c ON ep.major_id=c.object_id AND ep.minor
_id=c.column_id
    WHERE class=1;
    GO
```

7. 使用对齐资源管理器显示扩展属性

可以使用 SQL Server Management Studio 中的对象资源管理器显示、添加和删除扩展属性，但只能显示选定对象的扩展属性。若要使用对象资源管理器显示对象的扩展属性，则请执行下列操作：

（1）在对象资源管理器中，右键单击数据库对象并选择“属性”。

（2）从“属性”对话框中选择“扩展属性”。扩展属性将显示在“属性”窗格中。可以在此对话框中删除现有属性并添加新属性。

1.6 小　结

本章讲述了数据库引擎的开发人员、管理人员、接收设计师、工作者等角色需要掌握的知识，同时介绍了如何进行系统作战，并讨论了数据库设计与部署的步骤，其中指定开发数据库计划、决定采用 OLTP 还是决策支持的应用程序、规范化、完整性及查看扩展属性等问题，这些内容使读者在实际开发过程中能充当合适的角色。

有关数据库引擎所设计的内容还很多，限于篇幅，无法一一进行介绍。下一章开始讨论 SQL Server 2005 的开发。

2

数学建模

在第 1 章，笔者用了大量篇幅讨论了 SQL Server 2005 数据库的开发模式，我们在本章要讨论如何建立数据库模型的问题。

为什么要探讨数学建模的知识呢？在数据库设计中，如果你能够先根据业务需求建好数学模型，并对此进行仿真，往往能起到事半功倍的效果，同时保证后续开发的继承性和延续性。显然，有关数学建模的知识，可以用厚厚的一本书来阐释，本章只是介绍其皮毛。

本章先讨论数学建模的基本概念和一些常见的建模方法，然后讨论有关范式化设计的问题。本书讨论的数学建模知识基本上都是在联机事务处理（Online Transaction-Processing，或者叫 OLTP）环境下进行的。笔者将在全书中用点时间讨论 OLTP 和其更具面向分析的 OLAP（Online Analytical Processing，在线分析处理）之间的差别。需要指出的是，在大部分例子中，你会看到最常见的 OLTP 数据库的表优化设计，这种方式的数据库设计属于第三范式下数据库布局的范畴。

那么，什么是范式呢？简单说来，它就是将数据分成逻辑、非重复的格式，并且容易组合成一个整体。我们将在本章对此进行深入讨论。除了范式化（它将数据变成标准格式）之外，我们还要验证 OLTP 和 OLAP 数据库的功能。一旦你掌握了这些知识，你就会明白怎样构造自己的表，怎样让自己设计的表更符合范式化设计标准，而且你也会明白为什么要构造这些表，因为构造表的过程是系统设计中非常关键的一个过程。

注意：本章内容对部分读者而言，可能是最难掌握的章节之一。笔者强烈推荐你仔细研读本章，充分掌握其中的内容，从而为今后设计自己的数据库打下坚实的基础。

2.1 数学建模理论基础

当你深入学习数据库的时候，你可能听到了逻辑与物理模型的概念。在这一节中，我们将探讨这两者之间的差别。

物理模型可能是很容易掌握的一种，它本质上是你要处理的事情。你可以把你能执行 CREATE 语句的任何东西当作部分物理模型。实际上——如果要在 SQL Server 的物理模型上运行任何语句，那么这些语句必须是物理模型的一部分。

有人说，逻辑模型是处理一系列不同事情的一种方式——特别是物理模型。这意味着，当你在实现逻辑模型时，你就可以创建 DLL（Data Definition Language，数据定义语言——可以是 CREATE、ALTER 和 DROP 语句）。

2.1.1 数学建模的由来

在过去学习数学的过程中，我们往往采用一种“学数学、算数学”的方法进行处理，往往是为了算而学，这种方法并不是真正“用数学”的方法。因为数学知识的灵活运用，可以提高我们在各行各业的应用水平和研发水平，这就是用数学。

比如，用 1kg 面和 1kg 馅，可以包 100 个饺子（汤圆）。现在有 1kg 的面，多于 1kg 的馅，那应该多包几个（小的），还是少包几个（大的）呢？如果按常理，我们就是随便包几个，也不需要经过计算，但是，如果要用数学模型的思想，就需要重新考虑了。下面阐述建立这个模型的步骤。

（1）根据上面的前提条件，可以提问，圆面积为 S 的面皮，包成体积为 V 的汤圆。若分成 n 个皮，每个圆面积为 s，包成体积为 v，那么 V 与 nv 到底是什么关系呢？如图 2-1 所示：

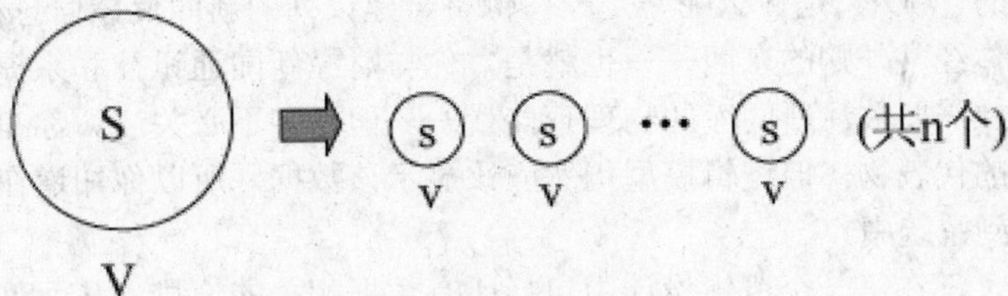

图 2-1　$V < nv$，$V = nv$，$V > nv$？

（2）我们要进行两个假设。首先要假设皮的厚度是一样的，然后要假设汤圆（饺子）的形状是一样的。

（3）建立模型。

$S = ns$

$S = k_1R^2$，$V = K_2R^3$　R-大皮的半径

$s = k_1 r^2$，$v = k_2 r^3$　　r-小皮的半径

由此可以推导出：

$V = v^{1/2}$　(nv)

因为 $n > 1$，所以 $V > nv$（$n > 1$）

（4）由此可以定量分析出 V 比 nv 大 $v^{1/2}$ 倍，50 个汤圆（饺子）可以包 1.4kg 馅。

这是一个非常简单的数学模型。

笔者认为，数学建模本身是将物理现实进行抽象，形成数学逻辑模型并进行演绎和推理的过程。有了数学建模的基础，建立好数据库设计的模型，并进行仿真，就具备了实际研制的理论基础，从而避免在实际设计和编写代码的过程中少走弯路。从 20 世纪 60 年代，西方已经产生了数学建模的相关课程，而我国的数学建模课程直到 20 世纪 90 年代才开展。

2.1.2 逻辑模型的目的

理解逻辑模型的第一件事情是理解它们具有与物理模型不同的目标。逻辑模型可以完成以下工作：

- 允许建立复杂的、与数据相关的业务问题的摘要，还提供了识别实体的高级开端。
- 允许使用这些摘要有效地就业务规则和与数据相关的内容展开通信。

- ❑ 表现了数据的格式（在你开始介绍实体真正工作之前）。
- ❑ 作为你的工程中数据要求部分的重要文档

因为逻辑模型不严格限制在创建数据库的准确语法中，所以它们给你提供物理模型不具备的灵活性。你可以给不同的逻辑模型附加对话框和规则，而不必考虑特定的 RDBMS 是否支持这些规则。简而言之，它让你在开始设计更特定的实现之前简化许多因素。

这样做的好处是逻辑模型允许你将所有数据规则封装在一个位置，而不用考虑实际的规则在哪里执行。你会频繁碰到不能在数据库中灵活地执行规则的地方。规则可能与数据相关，但由于一些约束或要求，你需要在客户端和中间层使用更多的过程代码。对于逻辑模型——你可以包括数据相关的规则。

例如，有些东西可以在逻辑模型中，但不能在物理模型中。假设你经营一家在线证券公司，显然，你需要跟踪你的用户账户余额和交易额——那将在逻辑模型和物理模型中。但你给客户提供的"额外"是什么呢？是一些像资金建议列的新闻反馈信息和链接的信息。这些信息可以是你经常外购的东西——也就是，你与财经新闻通讯社联系提供新闻反馈信息。该新闻通讯社需要关注新闻库的物理存储量——但你却不必关注。你在物理模型中不应该有消息反馈的代表物，但逻辑模型仍然应该显示该数据，所以你知道在哪里把数据作为一个整体填入到系统中。

无论哪种源，都在第一个逻辑设计中包括所有数据相关的信息，从而创建系统中一条或多条数据摘要。这些摘要可以给客户提供你实际希望存储什么以及你相信采用哪种规则的信息。早点使用这样的表示方法（通常）可以打开特殊的通信渠道，节省项目宝贵的时间和费用。即使客户不太了解数据，通常也可以看到最高层的关系图，而且说出"哪里需要买东西？"的话。通常，你可以巧妙地解释为何如此称呼他们并标示在图上。但是，在其他时间里，你会发现没有逻辑模型是多么可怕的事情。笔者不了解你，但是笔者宁愿在工程开始就意识到这一点。逻辑模型（在绝对地与客户共享以后）有助于避免工程部署时出现这样可怕的问题。

开发者与客户共享逻辑设计（最好有一个）是非常重要的一件事情。你可以告诉客户如何读逻辑模型（这也应该包含有关起因的好文档和实体目的以及关系模型），从而减少时间和成本上的浪费。

笔者还没有碰到任何一个有实际经验的开发者从来没有（而且可能比这更多）遇到较晚系统所导致的尴尬境地。改变代码非常昂贵，但是，当你需要在工程中改变你的数据库时，改变代码仅是"小巫见大巫"。如果你没有良好的抽象数据库（3-层或 n-层设计），那么，在数据库中进行的每一个变化都牵连到成堆的代码。换句话说，数据库的小的变化可以潜在地导致许多开销——可能会在访问数据库的代码中发生成千上万的变化（根据系统而定）。

简而言之，沟通非常重要，而逻辑模型应该是与客户通信的工具组的重要部分。搭建良好的数学逻辑模型，有助于减轻你的工作量，从而对整个系统设计起到指导作用。

2.1.3 数学模型和数学建模

模型是为了一定目的，对客观事物的一部分进行简缩、抽象、提炼出来的原型的替代物。模型集中反映了原型中人们需要的那一部分特征。我们常见的模型有：实物模型，如玩具、照片、飞机、火箭模型等；物理模型，如水箱中的舰艇、风洞中的飞机等；符号模型，如地图、电路图和分子结构图等。

我们在现实中也经常碰到数学模型。例如，最简单的航行问题，甲乙两地相距 750 公里，船从甲顺水航行到乙需要 30 小时，从乙到甲逆水行驶需要 50 小时，问船的速度是多少。此时，我们用 x 表示船速，y 表示水速，则可以列出下列方程：

$$(x+y)\times 30=750 \quad (1)$$

$$(x-y)\times 50=750 \quad (2)$$

根据（1）、（2）式，算出 x = 20，y = 5，因此可以回答船速为 20km/h。这就是一个简单的数学模型。

由航行问题可以看出，该数学模型的建立步骤为。

（1）作出简化假设（假设船速和水速为常数）。

（2）用符号表示有关量（x，y 表示船速和水速）。

（3）用物理定律（匀速运动的举例等于速度乘以时间）列出数学式（二元一次方程）。

（4）求解得到数学解答（x = 20，y = 5）。

（5）回答原问题（船速每小时 20km）。

那么，到底什么是数学模型呢？建立数学模型有没有具体的方法和规律呢？

数学模型可以定义为：对于一个现实对象，为了一个特定目的，根据其内在规律，作出必要的简化假设，运用适当的数学工具，得到的一个数学结构。而数学建模则是指建立数学模型的全过程（包括表述、求解、解释、验证等）。可以用图 2-2 表示数学建模的全过程。

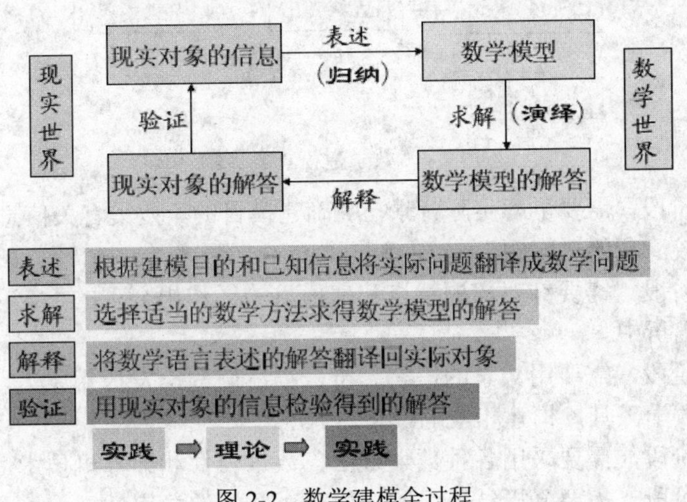

图 2-2　数学建模全过程

随着电子计算机的飞速发展，以及数学以空前的广度和深度向一切领域渗透，使得数学建模作为数学方法解决实际问题的第一步，越来越受到人们的重视。数学建模不仅在一般工程领域中仍然大有用武之地，而且在高新技术领域中几乎成为必不可少的工具。数学建模的具体应用如图 2-3 所示。

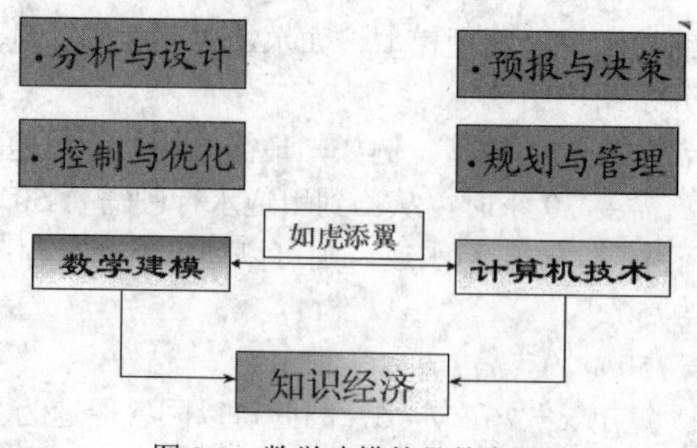

图 2-3　数学建模的具体应用

2.1.4　数学建模的方法和步骤

数学建模的基本方法通常有机理分析和测试分析两种。机理分析就是根据对客观事物的认识，找出反映内部机理的数量规律。测试分析就是将研究对象看做“黑箱”，通过对量测数据的统计分析，找出与数据拟和最好的模型。机理分析建立模型结构，测试分析确定模型参数。机理分析没有统一的方法，主要通过实例研究得到一些规律。本书提到的数学建模大部分都是指机理分析。

一般说来，数学建模的一般步骤如图 2-4 所示。

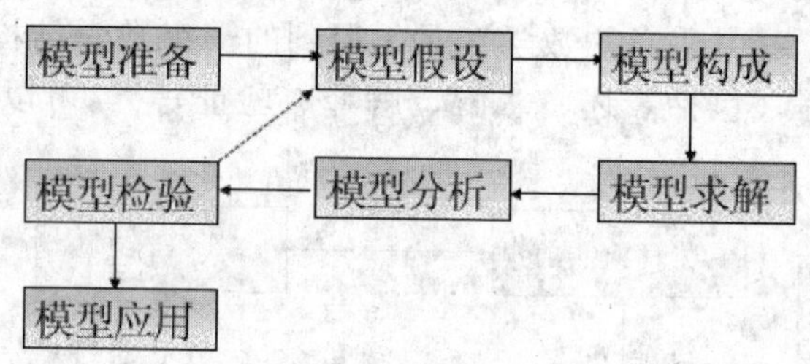

图 2-4　数学建模一般步骤

在模型准备阶段，需要了解实际背景，明确建模目的，搜集有关信息，掌握对象特征，从而形成一个比较清晰的“问题”。

在模型假设阶段，需要针对问题特点和建模目的，作出合理的、简化的假设，并在合理与简化之间作出折中。

在模型构成阶段，需要用数学的语言、符号描述问题，发挥想象力，使用类比法，并尽量采用简单的数学工具，构建相应的模型。

在模型求解阶段，需要采用各种数学方法、数学软件和计算机技术，求出模型的解。

在模型分析阶段，需要分析结果误差、模型对数据的稳定性。

在模型检验阶段，需要与实际现象、数据比较，检验模型的合理性、适用性。最后才能进入模型应用。

因此，在数学建模阶段，需要发挥想象力，具有较强的洞察力和准确的判断力，从而保证建模的成功性。

实际建模的方法可分为：高等数学方法建模、量纲分析法建模、微积分方法建模（静态优化模型）、微分方程建模（动态建模）、微分方程稳定性方法建模（稳态模型）、差分方程建模、层次分析法建模、冲量过程建模等方法，由于这些内容涉及数学知识很广，而且超出了本书范围，故不一一详述。

2.1.5 关系数据库数学建模的组成

关系数据库数学建模的过程通常包含了完成以下 3 个主要部分的重要任务：

- 结构。
- 约束。
- 规则。

这三者之间的组合应该完全描述了系统中数据的要求，但它们可能不会完全被转换为物理模型。逻辑模型中的一些标识问题可能需要在一些过程形式中实现（如在一个中间层组件中）。其他时间中，整个逻辑模型可以通过 RDBMS 的各种特性来实现。

这是一个真正的重点，而且笔者想再次强调——仅仅因为它在你的逻辑模型中，并不意味就在物理数据库中。逻辑模型应该考虑所有数据的要求——甚至那些不可能应用于 RDBMS 中实现的要求（例如，可能从第三方数据源检索的数据——可能在 XML 文档或一些存储媒体中）。让所有东西都存在于逻辑模型中，允许你在这样的方式下规划物理设计，从而可以确保你解决所有的数据问题——不仅是驻留在物理数据库中的数据。

1. 结构

结构是逻辑设计中处理实际存储数据概念的部分。当我们在处理数据库的结构时，我们将讨论实体（大部分实体将被转换成存储数据的表），特定的列需要维护数据原子性。

2. 约束

从逻辑模型的角度说，约束比目前我们所用的“约束”词意义要广。到目前为止，当我们使用单词约束的时候，是说限制数据为某种值的特定功能集。

从逻辑角度说，约束是定义了数据是“什么”的问题——也就是，什么数据有效。逻辑模型包括约束，这就是说它包括：

- 数据类型（注意，这实际是从需要存在的列的概念或者列名应该是什么的概念分离出来的想法）。
- 到目前为止，我们所使用的约束形式——也就是，检查约束、外部键，甚至主键，以及唯一性约束（变更键）。这些约束提供了数据库中可以存在的数据逻辑定义。该区域也包括像域表一类的东西（这将参考使用外部键）——限制了特定“域”列表中列的值。

3. 规则

如果约束是在数据中是“什么”的概念，那么规则就是数据中“什么时候和多少”的概念。

当你定义逻辑规则的时候，就定义了诸如“你在这上面需要一个值吗？”（这等于问你是否允许空值）以及“我们允许多少这些值？”（这定义了数据集的势——到底接受多少个）规则。

再次值得注意的是，这些问题不能在数据库的物理部分执行——我们可以决定将约束放在客户端来处理所有的事情——无论需要在哪里实现请求，它应该是理解逻辑数据模型的一部分。只有我们知道了所有说明的问题（无论在哪里说明），才能得到数据的完整模型。

使用报表模型向导创建报表模型时，将按照数据源视图（.dsv）文件中的指定，基于数据库中的项自动生成实体集合。

若要控制实体在报表生成器中的行为，可使用模型设计器设置实体及其所包含项的属性。你可以指定像继承、实例选择和排序这样的实体行为。例如，可以设置一个实体的属性，以便该实体继承其他实体的属性；也可以设置特定的行为，强制报表生成器用户必须使用筛选列表从实体实例中选择数据。此外，还可以控制像对齐、格式设置和排序方向这样的模型项行为。例如，如果属性包含货币数据，则可以设置此类数据的格式，使其自动设置为区域性指示的货币格式。报表生成器用户无需在报表内设置此类数据的格式。

创建报表模型后，可能会需要对其进行修改，以方便用户使用。默认情况下，实体和文件夹是按字母顺序列出的，但是你也可以根据所预期的用户使用其中数据生成报表的方式，重新排列这些实体和文件夹。例如，如果你认为大多数报表生成器用户使用 Products 实体的频率较高，则可能会需要将该实体移至模型项列表的顶部。

如果基础架构发生更改，则可以创建一个新的实体，以在模型中反映所做的更改。创建新实体时，你需要使用 Binding 属性将其绑定到数据库的表或列。将实体绑定到数据库之后，就可以通过右键单击实体向其中添加角色、源字段、文件夹或表达式。

笔者在本书最后还要讨论有关如何建立模型的知识。

2.2 表和实体

表是具有相同通用属性（attributes）的实例数据集合。这些数据实例组织为数据行和列的形式。一张表应该提供“实际”的数据集合，并提供与其他表有关系(relationships)的信息。各种实体（表）和关系（它们怎样协同工作）的素描通常指一个实体关系图表——或者叫 ER 关系图。有时将“实体关系图表”进一步缩写为 ERD（Entity Relationship Diagram）。

实体包含源字段（属性）、角色、文件夹和表达式。当运行模型设计器时，将自动在实体中为你创建角色和源字段。创建模型后，即可向实体中添加其他字段、角色、文件夹或表达式。显然，数据库表不是无关紧要的，而是数据库的核心对象。

源字段是绑定到数据库中某个列的字段。源字段一般引用的都是单项。例如，Product Name 是一个源字段，包含一个公司制造的各个产品的名称。经过一段时间后，你的数据库架构可能会更改，因此你可能需要向模型中添加新的源字段来反映数据库中的更改。

通过各种关系连接两张或多张表，可以使你能根据需要在这些表的组合数据中临时创建其他表(前一章已经对此进行过深入讨论)。关系实体集合以成组的方式存放在数据库中。

表达式是根据一系列函数、运算符或常量计算值的字段。表达式通常会引用多个字段并返回单个值。例如，你可以使用表达式来显示公司中每个雇员的 2004 年的平均销售额。你可能会需要创建表达式以不同的方式显示数据库中的数据，例如，将 First Name 字段和 Last Name 字段的内容组合，创建一个名为 Name 的新字段；或者，也可能会需要创建表达式以反映数据库架构的更改。

2.3 实现“范式化”

范式是现代 OLTP 数据库设计的基础模型。它首先沿用了关系数据库的概念。范式和关系数据库的概念源自 E.F.Codd（IBM 公司）1969 年的专著。当时，Codd 首先提出了数据库“由一系列可以返回表的非过程化操作操纵的无序表组成”的概念，这种概念在当时并没有引起计算机领域的研究人员的太大重视。在随后的几十年里，经过像 Sybase 和 Oracle 这样的公司的研究和发展，以及 ANSI 的不懈努力，最终形成了真实的关系数据库产品，从而使关系数据库最终变成了当今占主流地位的数据库产品。

实现数据的“范式化”的关键在于：

- 次序不是很重要。
- 一张基表应能以非过程化方法与其他表相关（实际上，Codd 称表为“关系”）。
- 通过关联这些基表，应该能创建一个满足需要的虚拟表。

范式化设计是“关系”数据库设计的一个分支。

在编程过程中，范式化的概念已经成为被滥用的且有点被误解的概念之一。人人都以为自己理解了这一概念，而且许多人至少在学术中做到了这一点。不幸的是，不少数据库设计者对此像走过场——在某种程度上，他们像“真正”的数据库系统设计师。实际上，他们也仅知道什么是范式。范式其实就是大型数据库设计的一张图纸，有时需要尽量让数据满足范式化设计的要求，但有时又需要故意使数据不满足范式化设计的要求。即使在范式化处理过程中，通常也有多种途径得到技术上的范式化数据库。

注意，范式化是一种理论，而且也仅是一种理论。一旦你选择了是否采用范式化策略，就决定了数据库拥有的内容——满怀希望地期待它可能是你设计出的最好数据库。不要沉迷于书本知识，最好根据实际情况进行处理，书本的知识只能教给你一种方法，而更深入的内容还需要你在实际设计的过程中进行领悟和创新。笔者在这里介绍的内容只能是告诉你相关的概念。为了得到最佳的解决方案，你需要掌握这些概念，但并不要求你按照笔者的想法去设计自己的数据库。下面，笔者开始讨论范式的形式和作用。

我们首先从 6 种范式的形式说起。对那些已经接触过数据库和范式化设计的人来说，或许你对有 6 种范式感到惊奇。你可能听到完整的范式化设计通常归结为 3 种形式——难道不止这 3 种吗？本书重点讨论常用的 3 种形式，但为了后续的需要，我们还将对其他 3 种形式做简要介绍。

我们已经看到了怎样创建主键，并看到了在表中使用主键的原因，这就是：如果你只想返回一行，就需要能唯一定义该行。范式化的概念在很大程度上是围绕行的主键定义和主键所依赖的列展开的。在范式化设计中，最常见的说法是：

键，乃至整个键，什么也不是，就是一个键。

这是指第三种范式的最简短解释。如果有人说所有的列仅依赖于整个键(不多也不少)，那么他所说的就是指第三范式。

下面，我们看一看各种标准范式，并了解看看每种范式是怎样工作的。

2.3.1 准备工作

在设法把数据转换成第一范式化格式之前，实际还需要进行适当的准备。从关系数据库意义上的词来说，在将表考虑为实体之前，你就需要考虑以下几件事情：

- 表应该描述一个实体。
- 所有行必须唯一，而且必须有一个主键。
- 列和行的顺序不受影响。

开始是要定义拥有的实体。这些内容有些非常明显，而有些则不明显，许多内容将展示在范式化进程中并得到提炼。至少，我们需要仔细检查并定义所有明显的实体。

如果你熟悉面向对象的编程方法，那么你在对象模型中将会把最符合逻辑的上层实体比作对象。

下面考虑一个非常简单的模型——销售模型。开始，我们不考虑各种可变性，甚至不考虑拥有的列——相反，我们只考虑系统中将要定义的基本实体。

首先，我们考虑最基本的处理。在处理过程中，我们想为每一个原子单位创建一个实体，从而能够维护数据。

那么，第一个要传递的实体就是订单。

如果你在范式化设计上具有丰富的经验，那么你的第一印象可能是从一开始就产生一些实体。但现在，我们只采用这个实体，看看范式化处理进程如何给我们提供所需要的结果。

假定你已经掌握了有关实体概念，下一步要指出哪个列产生主键。记住，主键为每一行提供了唯一标识。

我们可以仔细看看列的清单并提供键的候选人（key candidates)。候选键的清单应该包括唯一标识实体中每一行的所有列，另外，规则可以指出哪一列能成为主键（这就是许多人在设计数据库时包含了相同基本信息的原因之一)。如果找不到候选键，就要采用组合的方法形成一个候选键（记住 Identity 和 rowguid()列吗)。

例如，我们看看 AdventureWorks 数据库中创建 Sales.SalesOrder 表（包括 Orders、OrderNo、CustomerNo、CustomerName、CustomerAddress、CustomerCity、CustomerState、CustomerZip、OrderDate、ItemsOrdered、Total 等字段）的常见方法。

因为这是一张订单表，一个订单号就意味着一个订单，所以要用 OrderNo 作为主键。

我们现在已经拥有了基本实体。这个实体并不关心列的顺序（根据传统而言，表的组成通常将第一列作为主键，但从技术角度说，并不需要这样做)。在表的基本组成中，没有哪一列关心行的顺序。表面上，表描述的对象仅是一个实体。简而言之，我们准备开始范式化设计进程（实际上，我们已经开始了)。

2.3.2 第一范式

第一范式（The first normal form，简称 1NF）完全是定义消除数据重复组并保证数据的原子性（atomicity，该数据是自包含的且是独立的）。它在高层创建主键，把重复数据组移到新表中，再为那些表创建新键等。另外还把每条数据分成由列组成的单行数据。

在更传统的平面设计中，重复数据非常常见（因为多种信息都在一列中），但这会导致以下问题：

- 那时，磁盘存储非常昂贵。多次存储数据意味着浪费空间。目前数据存储的成本已经不再昂贵，所以这已经不是一个问题。
- 重复数据意味着要移动更多的数据，从而导致大的 I/O 流量。这意味着性能受阻，因为后台的大量数据块必须通过数据总线和网络移动。即使当今的数据传输技术速度非常快，在性能上也会有负面影响。
- 应该成为重复数据行之间的数据通常不一致，并产生某种自相矛盾或缺乏完整性的数据。
- 如果你想从组合数据列中查找信息列，那么首先不得不采用一种方式解析该列的数据（这种工作相当慢）。

现在，表中已经有很多列了，而且你可以很轻松地加入一些列。然而，当你想了解订单时，最好是可以从一个地方查询所有结果。

下面探究一下这到底意味着什么，让我们看看表中的一些数据。注意，笔者为了使结果能用书面表示，所以有意删减了一些列，但笔者认为你仍然能看懂。

Order No	Order Date	Customer No	Customer Name	Customer Address	ItemOrdered
1	8/8/06	33444	张三	北京市宣武大街 3 号	卫星调制解调器 150 个，单价 50000.00 元；串口服务器 150 个，单价 3000.00 元；视频通信终端 200 套，单价 60000.00 元
2	8/9/06	33555	张三	北京市宣武大街 3 号	LNB（低噪声放大器）200 个，单价 3000.00 元，保质期 2 年；BUC（功率放大器）200 个，；价 20000.00 元，保质期 2 年
3	8/10/06	33666	李四	北京市海淀区复兴路 5 号	SUN 工作站一台，估价 10 万元
4	8/11/06	33777	王五	北京市丰台区丰台路 3	网线 2 箱（600 米/箱），总价 1000.00 元

如果继续对该表实行范式化，我们还需要处理一系列问题。虽然我们已经拥有了一个功能主键（主键已经存在于关系系统中很久了），但在第一范式中仍然要处理：

- 存在数据重复组（客户信息），需要将该数据分成不同的表。
- 订购项目（ItemOrdered）列不包含本质上是原子的数据。

我们可以从该表中分离出几列开始：

OrderNo(PK)	OrderDate	CustomerNo	ItemsOrdered
1	8/8/06	33444	卫星调制解调器 150 个，单价 50000.00 元；串口服务器 150 个，单价 3000.00 元；视频通信终端200套，单价60000.00元
2	8/9/06	33555	LNB（低噪声放大器）200 个，单价 3000.00 元，保质期 2 年；BUC（功率放大器）200 个，单价 20000.00 元，保质期 2 年
3	8/10/06	33666	SUN 工作站一台，估价 10 万元
4	8/11/06	33777	网线2箱（600 米/箱），总价1000.00元

然后放到本表中：

CustomerNo(PK)	CustomerName	CustomerAddress
33444	张三	北京市宣武大街 3 号
33555	张三	北京市宣武大街 3 号
33666	李四	北京市海淀区复兴路 5 号

在新表和老表之间，有很多事情需要注意：

- 在新表中必须有一个主键以确保每一行数据唯一。Customers 表有两个候选键——客户号（CustomerNo）和客户名称（CustomerName）。客户号就是为了这种目的而创建的，而且似乎是个逻辑选择——毕竟，完全可以想象同一个客户名可以对应多个客户。
- 尽管我们从 Orders 表中移出了数据，但仍然需要在新 Customers 表中引用 Orders 表中的数据。这就是为什么在订单表中仍然需要客户号（主键）列的原因。最后，当我们建立引用时，我们将创建一个外部键约束，强迫所有订单拥有一个有效客户编号。
- 对这家卫星运营公司而言，可以省略实例信息。这就是在重复组中移动数据的目的——只存储一次。这样既节省了空间又避免了冲突值。
- 只移动重复组数据。我们仍然可以看到多条相同订单日期的记录，但它实际不在一个组中——它仅是该表中没有适当边界的相关随机数据。

我们在前面已经处理了重复数据，下面准备讨论第一范式的第二种非常规行为。如果看一看 ItemsOrdered 列，你就会看到实际有许多存在差别的数据：

- 从一个到多个独立零件号。
- 有关这些零件数量的重量信息。

如果维持零件号、重量和价格信息列不变，那它们就是原子信息，但一旦把它们组合到一起，就不再是原子体了。

无论相信与否，有时事情就是以这种方式处理的。乍一看，似乎这是一件非常简单的事情——纸发票通常只有一块大地方用于书写客户需要的内容，而且基于计算机的系统通常是纸的克隆，就像有人制造一样。

下面我们将继续分解——而且，要根据单价添加一些新信息。问题是，一旦我们将这些信息分解，主键就不再能唯一定义行信息了——行仍然唯一，但主键不再唯一。

Order No(PK)	Order Date	Customer No	PartNo	Qty	UnitPrice	PartName
1	8/8/06	33444	10001	150	50000.00	功放
1	8/8/06	33444	10002	100	3000.00	低噪放大器
1	8/8/06	33444	10003	30	2000.00	串口服务器
2	8/9/06	33555	10001	200	3000.00	功放
2	8/9/06	33555	10003	200	2000.00	串口服务器
3	8/10/06	33666	10002	3	3000.00	低噪放大器
4	8/11/06	33777	10002	5	3000.00	低噪放大器

现在，我们在表中添加流水号（line item number）作为主键的一部分，从而可以再次唯一定义行。

Order No(PK)	ItemNo	Order Date	Customer No	PartNo	Qty	UnitPrice	PartName
1	1	8/8/06	33444	10001	150	50000.00	功放
1	2	8/8/06	33444	10002	100	3000.00	低噪放大器
1	3	8/8/06	33444	10003	30	2000.00	串口服务器
2	1	8/9/06	33555	10001	200	3000.00	功放
2	2	8/9/06	33555	10003	200	2000.00	串口服务器
3	1	8/10/06	33666	10002	3	3000.00	低噪放大器
4	1	8/11/06	33777	10002	5	3000.00	低噪放大器

我们也可以不创建另一列，而将 PartNo 作为主键的一部分。结果导致在同一张订单中不能让同一个零件号出现两次。

在这一点上，我们满足了第一范式的标准。我们没有数据重复组，而且所有列都是原子体。我们还有一列的数据不得不存在重复的问题（对该主键来说，因为它对所有行相同），随后将会简要处理。

2.3.3 第二范式

范式化的下一个阶段是第二范式（2NF）。第二范式进一步减少了重复数据的范围（不一定分组）。

第二范式有两个规则：

- 表必须满足第一范式的规则（范式化是一个建筑块的处理过程——如果你没有准备好前两种范式，就不能拥有第三范式）。
- 每个列必须依赖整个键。

该例子存在一个问题——实际上，在该区域中有一对规则。我们要再看一看第一范式下的 SalesOrder 表——每一列都依赖整个键吗？难道仅需要这部分键吗？

Order No(PK)	ItemNo	Order Date	Customer No	PartNo	Qty	UnitPrice	PartName
1	1	8/8/06	33444	10001	150	50000.00	功放
1	2	8/8/06	33444	10002	100	3000.00	低噪放大器
1	3	8/8/06	33444	10003	30	2000.00	串口服务器
2	1	8/9/06	33555	10001	200	3000.00	功放
2	2	8/9/06	33555	10003	200	2000.00	串口服务器
3	1	8/10/06	33666	10002	3	3000.00	低噪放大器
4	1	8/11/06	33777	10002	5	3000.00	低噪放大器

答案是既对也不对。有两列仅依赖于 OrderNo 列——不是 ItemNo 列。这两列是 OrderDate 和 CustomerNo；无论有多少行条目，这两列对整个订单而言都一样。处理这些问题需要创建另一张表。在这一点上，我们刚好第一次碰到头表（header）与明细表（detail）的概念。

实际上，实体有时仍然需要分成两张表，因此是两个实体。头表在关系上是两张表的父表。它包含的信息只需要保存一次，而明细表存储的信息则可能在多个实例中。头表通常保存了原始表名，而明细表通常以头表开头并添加了一些明细信息（如 SalesOrderDetail）。头表的每一条记录通常至少有一条明细记录，也可能有多条明细记录。这是我们下一节要了解的一种关系（一对多的关系）。

所以，我们再次分离表，讨论相关内容。因为要保持列的容量，所以我们实际上将从明细表开始。从这一点看，我们称这张表为订单明细表（SalesOrderDetail）。

Order No(PK)	ItemNo	PartNo	Qty	UnitPrice	PartName
1	1	10001	150	50000.00	功放
1	2	10002	100	3000.00	低噪放大器
1	3	10003	30	2000.00	串口服务器
2	1	10001	200	3000.00	功放
2	2	10003	200	2000.00	串口服务器
3	1	10002	3	3000.00	低噪放大器
4	1	10002	5	3000.00	低噪放大器

尽管你可以把它当作两张表之间的新表，但我们还需要头表，让它保存订单名（SalesOrderHeader）。

OrderNo(PK)	OrderDate	CustomerNo
1	8/8/06	33444
2	8/9/06	33555
3	8/10/06	33666
4	8/11/06	33777

所以，现在我们已经拥有了第二范式的例子。所有列都依赖于整个键。笔者相信你在听到仍然有一两个问题时不会感到惊讶——下面将处理这两个问题。

2.3.4 第三范式

这是最后一种相关形式。技术层的范式化已经超出了范围，但没有人认为它超出了学术范围。下面简要看看这一内容。

在讨论第二范式的结尾时，笔者曾提到仍然有问题——还没有讨论第三范式（3NF）。第三范式处理使所有表不依赖于其他表的问题——但是它是一种标准的形式。第三范式有三个规则：

- 表必须建立在 2NF 上（曾经告诉过你，这是一个建筑块）。
- 没有列依赖于其他非键列。
- 不能拥有衍生数据。

在已经了解了第二范式的基础上，我们下面看一看其他两条规则。

首先，除了主键列以外，我们还要依赖其他列吗？实际上，有一些列虽不再依赖于表的主键，但依赖 PartNo。Weight 和 Description 列都依赖于 PartNo 列——我们再次需要分离成另一张表。

首先，我们需要创建一个保存部分信息的新表[称为产品（Products）表]。这个新表将保存 SalesOrderDetail 表的信息，而且这些信息依赖于 PartNo 列的程度比依赖于 OrderID 列或 ItemNo 列的程度多得多。

PartNo (PK)	Description	Rule
1	LNB	Ku-波段
2	LNB	C-波段
3	BUC	Ku-波段
4	DN200	数字时钟

然后我们可以标出 SalesOrderDetail 表的除外部键之外的所有键。

OrderNo (PK)	LineItem (PK)	PartNo	Qty	UnitPrice	TotalPrice
1	1	10001	150	50000.00	7500000.00
1	2	10002	100	3000.00	300000.00
1	3	10003	30	2000.00	60000.00
2	1	10001	200	3000.00	600000.00
2	2	10003	200	2000.00	400000.00
3	1	10002	3	3000.00	9000.00
4	1	10002	5	3000.00	15000.00

这张表关心的是编号为 1 的问题（交叉列依赖性），但没有处理衍生数据。我们已经拥有了一个 TotalPrice 列，它所包含的数据实际就是用 Qty 列乘以 UnitPrice 列而得到的。这在范式化设计中是绝对没有的。

衍生数据是不顾数据范式化最通用的一种形式。为什么？因为速度！一个 WHERE TotalPrice > $100 的查询运行速度比 WHERE Qty * UnitPrice > 50 的速度要快得多。

SQL Server 新增了支持“计算”列的功能（用其他列定义的计算结果作为虚拟列）。在 SQL Server 2005 中，微软已经添加了支持计算列索引。这样处理的明显意义在于我们现在可以“物化”计算数据。这是什么意思？它意味着 SQL Server 甚至可以不计算空闲的计算列——相反，它只在将行存储于索引中时计算一次，此后便使用预计算列。实际上这样做非常快。

所以，要实现第三范式，我们只需要删除 TotalPrice 列，并在需要时计算就可以了。

2.3.5 其他范式

至少从学术角度来说，还需要一些其他形式，它们被当作范式模型的一部分。这些形式包括以下内容：

- Boyce-Codd（实际仅被当作第三范式的一种变化形式）　这种形式设法指出有多个层叠候选键的情况。这种范式只能发生在以下几种情况。
  a. 所有的候选键都是组合键（也就是说，组合键的一列不止一个）。
  b. 不止一个候选键。
  c. 每一个候选键至少有一列与其他候选键在一起。

这是一种典型的任何解决方案都能工作的情况，而且几乎从来不会超出学术范围。

- 第四范式　这种形式设法处理多值依赖性问题。这是独立行没有列依赖于除主键和整个主键（满足第三范式）的情况。但是，这是非常少有的主键中的列单独依赖主键中的其他列的情形，而且通常不能解决实际问题。因此，在数据库世界中，它们通常被忽略了，而且在这里也不会重点讨论。
- 第五范式　处理非丢失和丢失分解。本质上，这是你可以分解某种关系的情形，但此时你不能从逻辑上把它重新组织成原始形式。这种情况非常少，而且在很大程度上都是学术角度的问题，而且在这里不会进一步讨论。
- 第六范式——或者叫域键范式（Domain-Key Normal Form）　只有消除了修改异常可能性（从而在一个地方修改数据，就会将变化传播到每个地方，不会与系统的其他数据不同步），才能产生这种标准形式。实际上，这是不可能的。

当然，这仅是快速浏览——而且在这部分就是这样安排的。在现实世界中，你需要了解这些形式，原因在于给朋友留下很深印象（证明你知道“所有形式”），或者在一些数据库权威提到这几种范式时，你不会什么也不知道。

2.4 关　系

“关系”是关系数据库设计模型的一个重要组成部分。专家说成功设计“关系”的关键在于知道角色的两部分，且每人都理解他们所处的关系规则和边界。要说明的是，数据库术语中的关系与人的关系是一样的道理。角色表示两个实体之间彼此相关。除基数信息外，角色的属性还确定了两个实体相互间的行为方式。角色可以是一对一的关系、一对多的关系或多对多的关系。例如，Store Location 实体与 Address 实体具有一对一的关系，因此，对于每个商店位置，只有一个地址。Customer 实体与 Sales Orders 实体具有一对多的关系；这意味着每个客户均有多个销售订单。查找角色表示一个实体的标识属性是用户从另一个实体访问时唯一感兴趣的数据。

使用报表生成器，在浏览数据时，用户可以在资源管理器窗格中查看两个实体间的关系。主要有 3 种映射关系：

- 一对一。
- 一对多。
- 多对多。

根据一侧的关系是否为空，这几种形式都会有些变化。例如，就一对一关系而言，可能只有 0 或一对一关系。

2.4.1　一对一

这就是实际情况。一对一的关系指在一张表中的一条记录确实在另一张表中有一条匹配记录。

我们稍稍改动前面的例子，演示一对一关系。假定我们拥有客户——如前所述！但是，这次，假定我们有一个非常大的公司，而且该公司有子公司。父公司想跟踪所有客户，并能跟踪每个客户购买的总数——所有子公司的客户购买数量。

即使所有的子公司用完了总公司的服务器资源，仍然存在使各子公司运行在自身数据库之中的好机会。跟踪所有客户信息并促进信息组合的一种方法应该是创建父公司拥有的主要客户数据库。然后子公司开始维护自己的客户表，但应与父公司的客户表保持一对一的关系。父公司中创建的客户记录也按照你的需要在子公司中创建一条记录。子公司中创建的客户记录也需要在父公司数据库中创建一个复制品。

第二个例子——一个曾频繁应用于 SQL Server 7.0 以前版本的例子——可以在一行中插入许多信息的状态。记住 SQL Server 最大行的大小是 8060 字节的非 BOLB 型数据。6.5 版为 1962 字节，所以一般不会超过 8060 字节这一长度，但仍然可以存储非常大的列或甚至少量非常宽的列。有关该问题的一种处理方式是实际根据两张表中匹配的行创建两张不同表的组合体，然后满足最大行的要求。

SQL Server 没有实现真实的一对一的关系的继承方法。你可以说，表 A 需要在表 B 中有一条映射记录，但当你在表 B 中添加记录时，必须在表 A 中有一条匹配记录，这样你就产生了矛盾——到底哪张表的记录先产生？是先有鸡还是先有蛋？如果需要在 SQL Server 中加强这种关系，最好能让所有记录都用存储过程添加。存储过程可以拥有在表中都插入或都不插入的逻辑功能。无论是外部键约束还是触发器都不能处理这种循环关系。

0 或一对一

SQL Server 能够处理 0 或一对一关系的实例。这种情况本质上与一对一的情况相同，差别在于关系的一侧可以选择有或没有匹配记录。

返回到父公司与子公司的例子。当父公司需要每个子公司记录的匹配记录时，你宁愿创建一个父公司需要有每个子公司记录的匹配记录、子公司不需要从父公司得到信息的关系。例如，你可以让子公司拥有完全不同的客户（如铁路和建筑公司）。父公司想知道来源于所有业务的所有客户，但建筑公司可能不关心铁路公司的客户。此时，你最好让 0 或一个建筑公司的客户与父公司的客户记录相匹配。

可以在 SQL Server 中通过以下方式强制执行 0 或一对一的关系：

- 唯一的键或主键与外部键约束之间的组合。外部键约束可以强制在“一张”表中（或者叫例子中的父公司）至少有一条记录，但它不能确定仅有一条记录存在（可能不止一条记录），使用主键或唯一性约束可以确保实际限制在一条记录上。
- 触发器。注意触发器需要在两张表中都有。

SQL Server 之所以能处理 0 或一对一而不是一对一的关系应归功于“鸡生蛋还是蛋生鸡”的问题。在一个真正的一对一的关系中，不能给任何表插入数据，因为在另一张表中的记录还没有存在——这是一个无法解决的矛盾。但是，利用 0 或一对一，可以首先在需要的表中插入记录（一条）；其次，根据需要在可选表中插入（0 或一）记录。对“一对一或多”也存在这一问题，而且也有“一对 0、一或多”的关系问题。

2.4.2 一对一或多

这是平均每天都要接触的外部键关系的一种形式。通常，这种形式能在头表和明细表关系中找到。有关这方面最大的一个例子是订单状态。在没有记录属于头表的情况下（如果不知道谁订购了该物品，那么拥有这样的订单有好处吗？），SalesOrderDetail（关系的一侧或多侧）将没有任何意义。同样地，如果没有实际订购商品，该订单也将毫无意义。

但是，这也给我们产生了相同问题，就是没有一对一的关系。这仍然是鸡生蛋还是蛋生鸡的关系——到底谁先产生？在 SQL Server 中，完全实现这种关系的唯一方式再次是通过存储过程限制插入或删除所有数据。

一对零、一或多

这大概是另一个最普通的、平均每天都要运行的外部键关系。实现的唯一差别是引用字段（表中具有外部键约束的列）允许为空——也就是说，事实上允许在一张表中拥有记录，但不一定意味着你在参照表中就有匹配的记录。

我们可以在 AdventureWorks 数据库的 SalesPerson 表和 SalesOrderHeader 表的关系中看到这种例子。SalesOrderHeader 表跟踪了哪个发货员发送了订单——但，如果订单是客户发送的，那该怎么办？如果是发货员，那么我们需要将其限制在认同的发货员清单中，但也完全有可能没有发货员。

这种形式的关系通常设置了叫做域关系（domain relationship）的关系。域是不许被选择的依赖表的限制值清单——域清单外的所有东西都被当作无效的选项。组成域清单的表所拥有的行通常是指域表或查找表。几乎你创建的所有数据库都至少有一个或多个域表。发货员表就是一个域表——拥有该表的目的不但是存储发货员的名字和电话号码，而且是限制 Orders 表中可能的发货员清单。

在 SQL Server 中，可以通过两种方法加强这种关系：

- 外部键约束　在作为“多”侧关系的表中简要声明一个外部键约束，而且引用表和列将作为关系的“一”侧（因为你必须在外部键的引用列上有主键或唯一性约束，所以假定你在引用表中只有一个这样的“一”侧）。
- 触发器　实际上，对所有早期的 SQL Server，这是引用完整性的唯一选项。你实际需要添加两个触发器——一侧关系需要一个。在关系的“多”侧表中添加一个触发器并检查该表中被插入或改变的任何行在其所依赖的表中有一个匹配行（关系的“一”侧）。然后，你在另一张表中添加删除和更新触发器——该触发器检查从引用表中删除（或更改）的记录，确保该数据不成为孤儿（所以它可以没有引用）。

通常，使用外部键约束速度更快——尤其在非常规情况下。也就是说，在需要用触发器执行的任何方式下（或者需要一些其他的特殊约束），触发器仍然是你最好的选择。

2.4.3　多对多

在这种类型的关系中，关系的两侧都可以有许多记录相匹配（不止一条）。例如产品和订单之间的关系。一个给定的订单可能在订单上有许多不同的产品。同样地，任何给定的产品可以被多次订购。但是，我们仍然想关联问题中的表——例如，确保一个订单订购我们知道的产品（该产品在 Product.Products 表中存在）。

SQL Server 物理上没有完成多对多关系的直接方式，所以我们要用中间表组织这种关系。一些表总是偶然地被创建为范式化处理的标准部分——其他表则纯粹是为了建立这种关系。这种形式的“中介”表通常成为链接表或相关表。下面看看这两种实例。

首先，看一看在范式化进程中创建的多对多关系。例如 SalesOrderDetail 表，它在 SalesOrderHeader 和 Products 表中创建了一个多对多的关系。我们可以将一个产品与多个订单的一部分相关，也能以其他方式使一个订单与该订单上的所有产品关联。

我们下面看一看第二个例子——临时创建了一张关联表，用于显示多对多的关系。我们采用用户及系统用户可以拥有的权限组的例子予以说明。

首先，我们看一看下面这样的权限表：

PermissionID	Description
1	Read
2	Insert
3	Update
4	Delete

然后添加一张 Users 表：

UserID	Full Name	Password	Active
1	吴豪	Nklmdnld	1
2	汪海波	Requiafsla	1

现在问题产生了——我们怎样定义哪个用户拥有哪些权限呢？第一倾向大概是在用户表中添加一个叫做权限的列：

UserID	Full Name	Password	Permissions	Active
1	吴豪	Nklmdnld	1	1
2	汪海波	Requiafsla	3	1

表面看来，这只是二次分离，而亟待解决的问题是——当用户拥有多个权限时，结果会怎样？

在早期、平面设计的日子里，就是将所有权限组合成一个单元，像：

UserID	Full Name	Password	Permissions	Active
1	吴豪	Nklmdnld	1,2,3	1
2	汪海波	Requiafsla	1,2,3,4	1

这种行为违背了第一范式，也就是说在任何列中的内容必须是原子的。另外，这样将使速度变得非常慢，因为你不得不从程序上分开单元中的每一个独立值。

这两张表（Users 表和 Permissions 表）确实拥有多对多的关系——我们只需要一种方法在数据库中建立这种关系，即添加关联。再次，在大多数情况下，这张表不在数据库中添加新数据，而是建立其他两张表之间的行的相关关系。

利用新列（称为用户权限），我们现在可以用权限混合匹配用户。

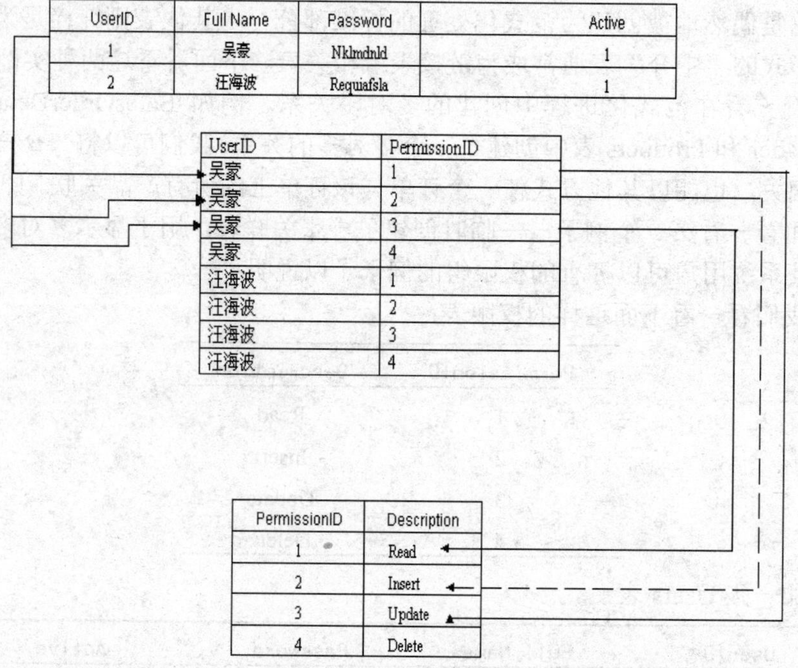

图 2-5 用户权限匹配图

注意：不论是哪个例子，实现的引用完整性都相同——每个基表（保存基础数据和多对多的关系）与相关表都拥有一对多的关系。这可以用触发器或外部键约束完成。

2.5 关系图

在好的数据库设计中，实体关系图是一个非常重要的工具。在这个工具中，你通常可以用少量脚本轻松创建小型数据库，而且基于没有描绘任何内容直接实现。但是，要想让大型数据库运行速度快，仅凭想象的事情是不能解决问题的。实体关系图（ERD）解决了许多这样的问题，它允许你快速形象化地理解实体和关系。

你可以使用服务器资源管理器创建新的数据库关系图。数据库关系图以图形方式显示数据库的结构。使用数据库关系图可以创建和修改表、列、关系和键。此外，还可以修改索引和约束。步骤如下：

（1）在数据库引擎下的对象浏览器下，选择 Database→database diagrams 节点上右击鼠标，选择 New Database Diagram，实现新建关系图的过程，如图 2-6 所示。

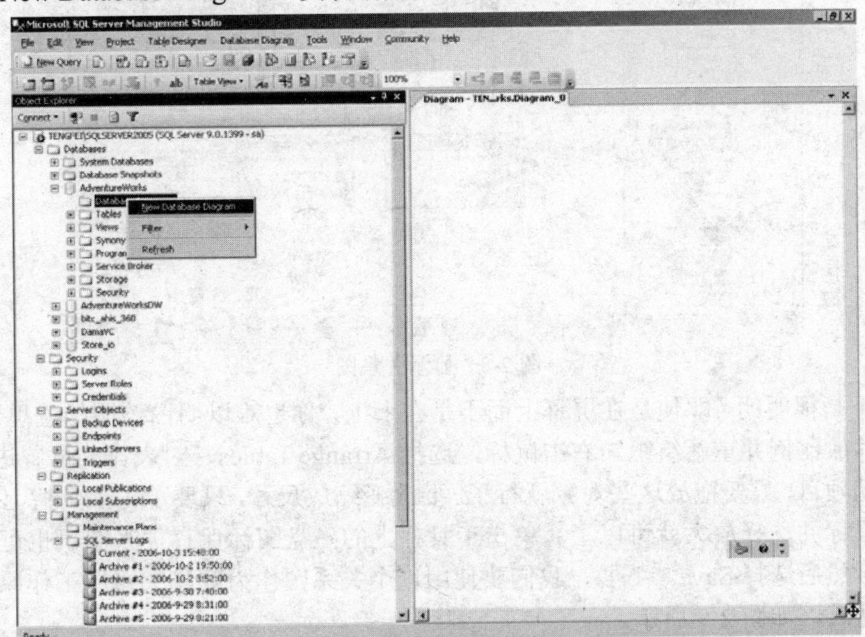

图 2-6　在数据库引擎中新建关系图

（2）在 Add Table 对话框中增加表，如图 2-7 所示。

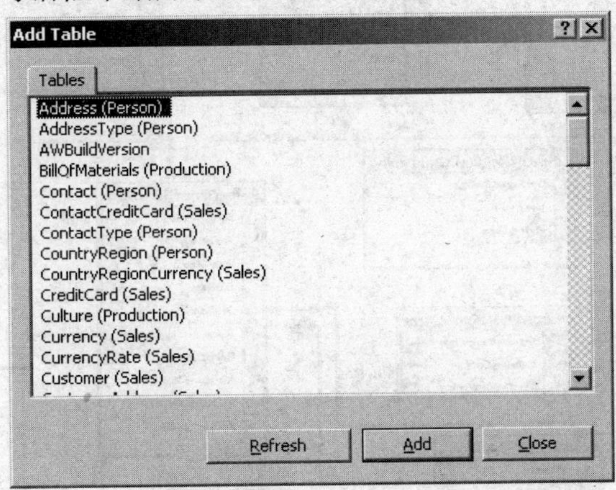

图 2-7　在创建数据库关系图向导中选择被增加的表

该对话框允许选择在关系图中包含哪些表。如果滚动左边的滚动条，你就会看到相应的表，在表名右边的括号中显示了对应的所有者。

只要在该关系图设计窗口中右击鼠标，并选择 Add Related Tables，SQL Server 就会建立并显示关系图，如图 2-8 所示。

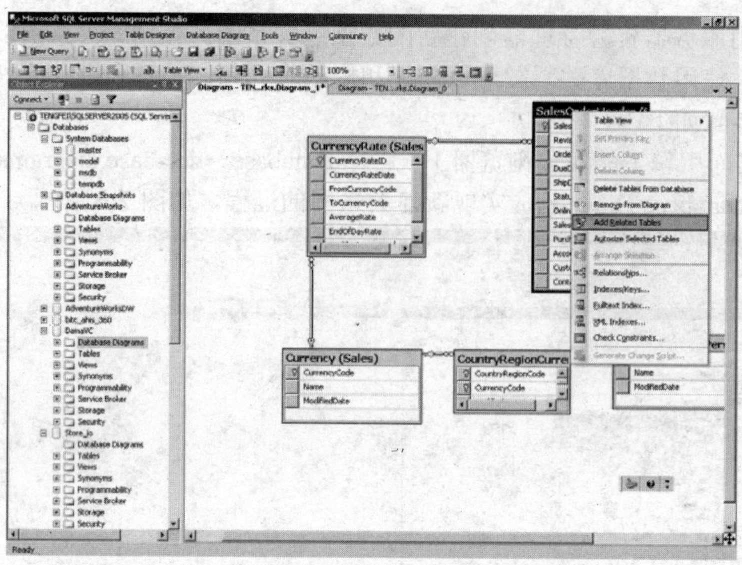

图 2-8　显示关系图

该图不是很明朗（即使是在屏幕上而不是在书上，你也难以明白该图的意思），所以笔者要改变缩放比例并重新组织。右击鼠标，选择 Arrange Tables，对表排列位置进行重排。要四处移动项目，只要拖放这些对象就行了。要改变缩放尺寸，只要单击工具栏上的 Zoom，或者右击鼠标并选择放大就可以了。单击工具栏上的磁盘图标保存关系图，也可以右击一个空白区域然后选择 Save。下面，我们要使用这个关系图作为解释关系图工作原理的起点并创建一些表，如图 2-9 所示。

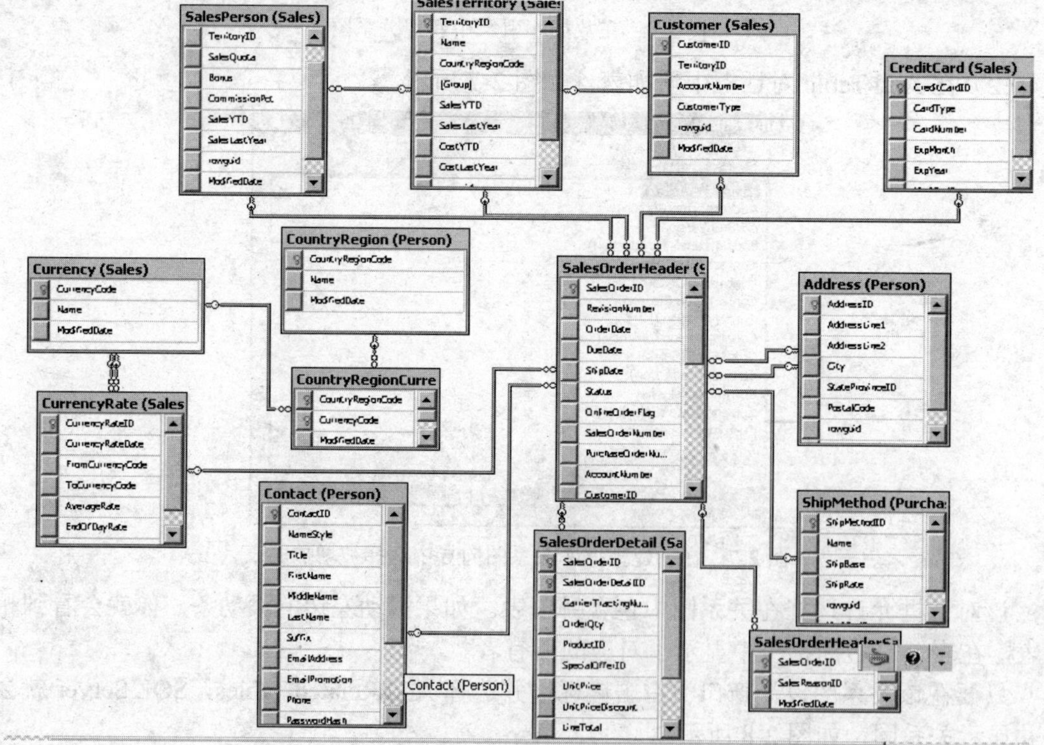

图 2-9　重排关系图

1. 表

在创建关系图时，我们已经看到每张表拥有自己的窗口，而且可以被移动。主键作为一个非常小的键符号显示在名字左边，如图 2-10 所示。

这就是表的一个默认视图——你可以选择多个这样的视图，从而允许你编辑表的准确关联。要检查表视图的选项，只要在你感兴趣的表上单击右键就可以了，如图 2-11 所示。

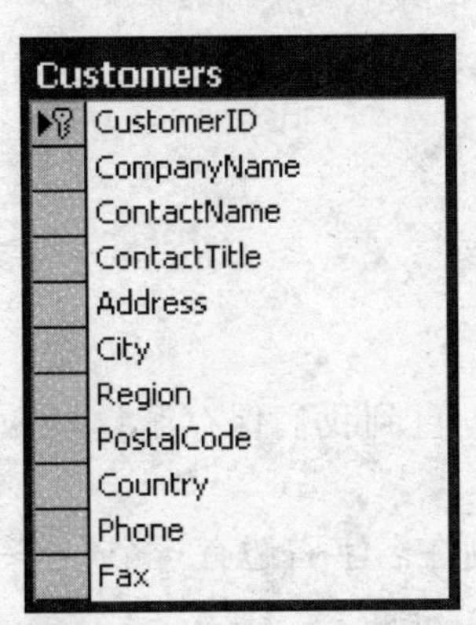

图 2-10　关系图中表的主键

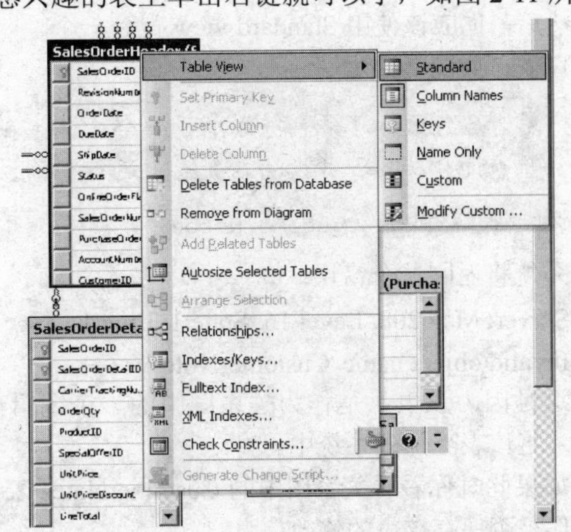

图 2-11　检查关系图中的表项

默认情况下，该菜单只有名字，但你应该对选择 Standard 感兴趣——这是你想在关系图右边编辑列属性时要用到的内容。

（1）添加和删除表

你可以用下列某一种方式在关系图中添加一张新表：

- 如果你拥有数据库中存在的一张表（不在关系图中），但现在想把该表添加到关系图中，只要在关系图窗口的工具栏下单击 Add table 按钮就可以了。数据库将会提供所有表清单——只要选择你想要添加的表，系统就会将它与其他所有表的关系显示在关系图中。如果仍然使用 SQL Server 7.0 版，那么你会发现，即使已经显示在关系图中的表也可以在清单上找到，但你不能再次将该表添加到关系图中。在 SQL Server 2005 下，该缺陷已经得到了修补，所以一旦该表在关系图中被使用，就不会再显示在清单中。
- 如果想完全添加一张新表，只要在关系图窗口工具栏上单击 New Table 按钮，在关系图中右击并选择 New Table，新对话框会要求你提供新表名，而且该表将被添加到 Standard view 的关系图中。简单地编辑所需的列名属性、数据类型等等，就能在数据库中拥有一张新表。

用一点时间指出几个问题。

首先，不要忘记在表上添加主键。SQL Server 不会自动添加主键，也不会提示你要添加主键（Access 数据库会）。要添加主键，你必需选择该表中存在的列。右击鼠标并选择 Set Primary Key 选项。

其次，我们要知道新表不是实际添加到数据库中的，直到你选择保存时，才存储到数据库中——在编辑过程中，这一原则也是正确的。

下面继续在数据库中添加一张表以显示它是怎样工作的。

首先在关系图窗口的工具栏下单击 New Table 按钮，当系统提示时，输入 CustomerNotes 名。然后，你应该使用 Standard view 得到一个新窗口表，如图 2-12 所示。

customernotes *

Column Name	Data T...	Allow Nulls
customerid	int	☐
notedate	datetime	☑
employeeid	int	☑
note	varbin...	☑
		☐

图 2-12　使用 Standard view 得到新窗口表

注意：笔者已经添加了多列并添加了一个主键。在你保存该表前，让我们验证一下——打开查询分析器，并设法在新表上运行查询。

```
SELECT * FROM CustomerNotes
```

系统将返回一个错误：

Server: Msg 208, Level 16, State 1, Line 1

Invalid object name 'CustomerNotes'.

这是因为该表只是作为关系图中的一个编辑项存在——直到我们保存了这些改变之后，才将该表添加到系统中。

如果此时你看看关系图中的 CustomerNotes 表，就会看到在名字右边有一个*号——它告诉你是否保存该表的修改信息。

现在，切换到 EM 并在关系图窗口中的空白处右击鼠标（不在一张表或关系上）。注意，出现了两个保存选项：

- Save　将变化既保存到关系图中又保存到数据库中。
- Save Change Script　将变化保存到脚本中，从而保证在随后的时间中可以运行

只选择 Save　你会得到确认提示（毕竟，你是在改变数据库，所以没有“撤消”这个选项），如图 2-13 所示。

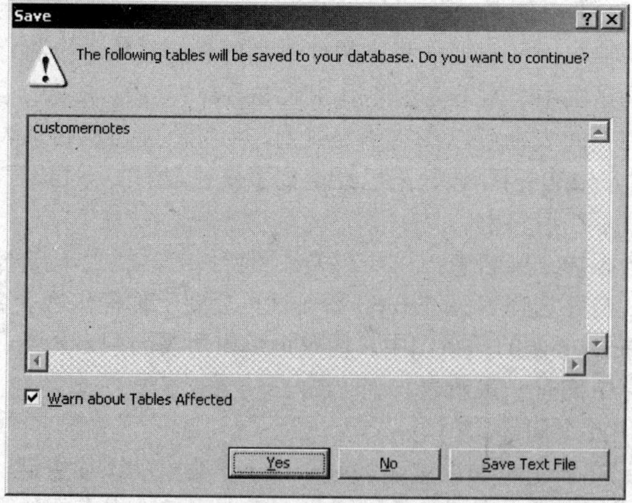

图 2-13　确认提示

继续确认这种改变，然后尽量在 CustomerNotes 表上运行查询操作，这次将不会产生

错误信息，因为该表已经被创建（你不会得到任何返回行，但该查询确实运行了）。

此时，你可以注意到 CustomerNotes 表标题栏中的*号已经消失了。这里的星号告诉你，该表上有未保存的修改信息。因为我们刚才已经保存了所有修改信息，所以星号消失了。

我们已经在数据库中得到了 CustomerNotes 表，但现在我们注意一个问题——声明主键的方法，每一个客户有且只能有一条注释记录。更可能地，随着时间推移，我们将在该客户上保存越来越多的注释。这意味着我们需要改变主键，而且根据我们的需求保留了一对选项。

- 将日期作为主键的一部分。原因有两点：
  - a．首先，我们要跟踪哪个员工占用了这条记录——如果两个员工希望同时添加注释，那该怎么办？当然，我们可以把 EmployeeID 添加到主键中，从而解决该问题。
  - b．其次，如果一个员工不想在同一天添加两条分开的注释，该怎么办？（因此，这是一个 datetime 字段，只要它们不在同一时间内插入两条记录——照笔者说的做就行了，这比实际的需要更复杂）。此时，即使将 EmployeeID 添加到键中，也无济于事。
- 为了有利于键结构，添加另一列。我们也可以增加标识列确保唯一性——这意味着主键不涉及其他事情，但并不总是这样（尽管这意味着我们需要维护更多索引），而且它允许我们拥有每个客户不受数量限制的相关记录。

下面利用这种方法添加一个新列，这个列将在表中叫做 Sequence。

传统上，主键通常是表的第一列。如果我们想用脚本来完成，大概可以执行一条 ALTEER TABLE 语句及 ADD 列——在列清单末尾添加一个新列。如果我们希望重新对列排序，则必需复制出表的所有数据，删除旧表的关系，然后删除旧表，并创建含有所需要的列和列顺序的新表，然后重建关系并将数据复制回来（一个很长的枯燥处理过程）。但是，利用达芬奇工具，SQL Server 完全可以代替这些工作。

要在表中间插入一行，只需要在插入行的下一行右击鼠标并选择 Insert Column。该工具就能为你插入新行，如图 2-14 所示。

随后，我们可以添加新列，也可以选择 CustomerID 和 Sequence 列设置主键，右击鼠标，选择 Set Primary Key，如图 2-15 所示。

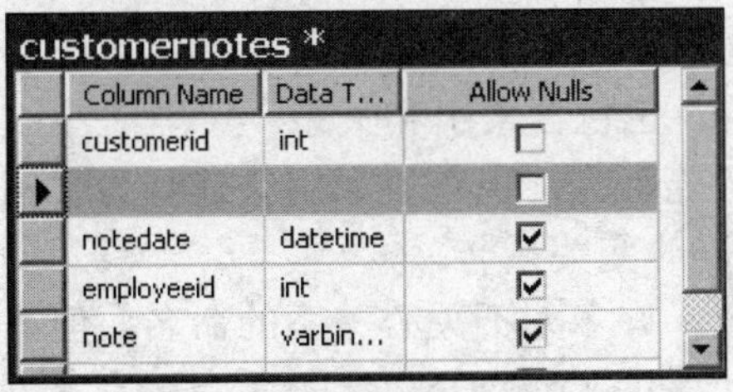

图 2-14　插入新行

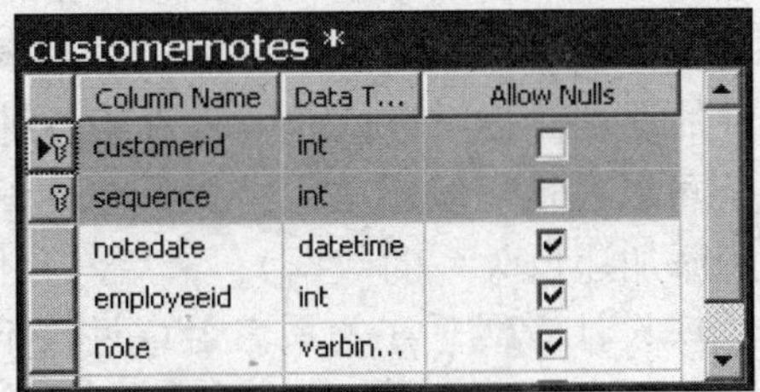

图 2-15　设置主键

保存 CustomerNotes，就能拥有一张具有理想列顺序的表。可以使用 sp_help 予以验证：

```
USE AdventureWorks;
GO
EXEC sp_help 'CustomerNotes';
GO
```

我们得到了期待的列顺序：

```
….
CustomerID
Sequence
NoteDate
EmployeeID
Note
….
```

改变列顺序是数据库关系图设计工具的优势之一。

如果你在实际数据上操作，就要使用脚本选项而不是当前数据库连接实现这一变化。在练习之前，你完全可以采用这一方式先在测试数据库上实现。在做这种修改之前，要确保完全备份了数据库，并确保有足够空间移入表的所有列——它会把数据作为变化的一部分复制到新表中，而且不会因为缺少空间而进行扩大。

你可以利用关系图设计工具修改表的属性、列、关系、索引、键及 CHECK 约束等，在此不进一步描述，读者自行练习。

2. 关系

在达芬奇工具上列出的下一个要讨论的特性是关系线，如图 2-16 所示。

图 2-16 关系线

带有🔑键的一侧是关系的一侧。而带有∞符号的一侧代表多侧。达芬奇工具没有关系线专门用于代表：

- 关系为 0 也可能存在（仍然采用同一条线表示）。
- 一对一关系。
- 多对多关系。

另外，在关系图中实际显示的唯一关系是使用外部键约束声明的。任何用触发器强加的关系——无论是哪种类型——都不会使关系线出现。

再看一看 AdventureWorks 关系图，在 Customer 表和 SalesOrderHeader 表之间右击关系线，就会得到删除关系的提示，如果对准表右击鼠标，则会显示关系标签（名称）或查看各种属性的选项。你可以以此编辑表的各种设置，也包含索引和关系。

我们可以在这里编辑关系特性，包括编辑级连行为，也可以禁用级连行为（例如，如果我们想添加违反关系的数据）。最后，我们可以改变关系名。

数据库设计者似乎在关系名上意见极不一致。许多人不关心关系的命名，但笔者坚持使用动词短语来描述关系——例如，在 Customer/SalesOrderHeader 关系中，笔者可能会用 CustomerHasOrders 或其他相同名字进行命名。这虽然不是一件很严重的事情——通常不会使用该名字——但笔者发现在查看一个长对象清单或查看连接多页之间不相关实体的特别复杂的 ER 关系图时非常有帮助。

如果在一个混合版本环境下，你就会发现 SQL Server 2005 与 2000 版本下的对话框有所不同，最明显的差别是增加了级连行为，但还不止这些。组合框的关系名前面还添加了一个新图标。名字前面带有键符号的关系指示了当前表（在 Tables 标签页的 Selected table 下面的一张表）是引用表。名字前有∞符号的关系指示了当前表是参照表（有外部键约束定义的表)。

(1) 在关系图工具中添加关系。

只要拖动就可以了。唯一的技巧是要在你预定的位置开始和结束拖动，并在开始拖动之前选择你感兴趣的列。

我们在新创建的 CustomerNotes 表（在上一节中已经创建好）和 Customer 表之间添加关系——毕竟，如果是客户注释，大概要确定是在一个有效客户上注释。要完成这项工作，只要单击鼠标并将灰色区域放到左边的 Customer 表的 CustomerID 列中，然后拖动鼠标，直到指向 CustomerNotes 表中的 Customer ID 列为止。现在应该弹出一个熟悉的确认相关表之间映射列的对话框，图 2-17 所示。

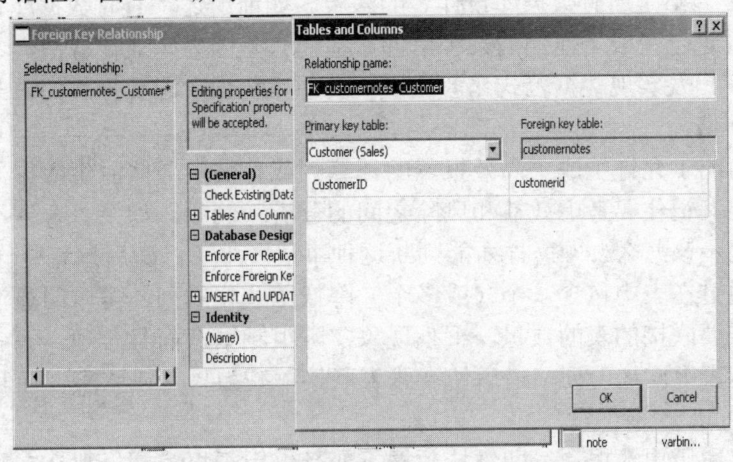

图 2-17　确认相关表之间映射列的对话框

如果所有列名并没有立即出现，也不要担心——只要单击表中你想要改变列的组合框并选择正确列。假设要将默认的 FK_ CustomerNotes_Customer 关系名改变为 CustomerHasNotes，只要单击 OK 按钮，就可以看到关系图中新关系行——如果在该关系上停留片刻，我们就可以看到关系名和特性的提示，如图 2-18 所示。

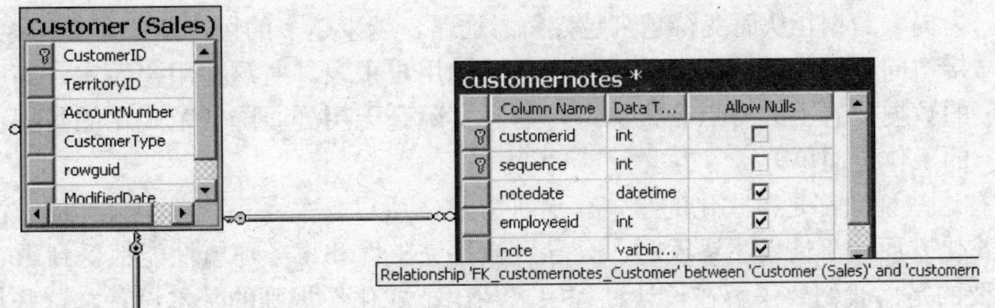

图 2-18　关系图工具提示

有一种方法可以改变关系线的方向——使外部键“无效”。在前面中，我们简要了解了这一内容，在表属性的 Relationships 标签页中，我们只要不选择 Enforce relationship for INSERTs and UPDATEs 方框，就能实现这一功能。但当我们这样处理时，关系线将会改变方向，从而使你明白约束已经无效，这时，关系线看起来如图 2-19 所示。

图 2-19　关系线改变方向

如果看见了这些内容，第一个问题应该是“为什么要使它无效？”可能这是故意的，那需要你确定。

每个数据源视图都有一个显示该数据源视图的整个架构的 <所有表> 关系图。若要处理一部分架构，可以创建附加关系图。

2.6 调整数据库的范式化

因为笔者在本章后面要详细处理这个问题，所以此处只做简要讨论，但要记住，不要使数据完全彻底地脱离范式化。

范式化设计并不是所有数据库设计者的法宝。如前所述，有时数据库设计者对范式化敷衍了事，而且这也变成了他们的某种信仰，他们只是因为范式化缘故而不是从设计好数据库的实际角度出发实现数据范式化。这里，要想系统地考虑数据库的范式化设计问题，需要思考下列事情：

- 如果声明了允许生成更高效报表的计算列或存储了一些派生数据，则尽一切可能提交它。记住要考虑效益和风险之间的分析（例如，如果“合计”数据与派生数据不同步该怎么办？怎样才能判断这种事情发生了，随后该怎样修补？）。
- 有时通过在表中包含一个（或多个）降低范式化的列，可以明显消除或截短检索信息需要联接的表的数量。下列现象实际很频繁，而且合理。笔者曾经处理过在普通基表上增加一列，最后使 9 张表联接缩减为只有 3 张表，而且缩减了 90%的查询时间。
- 如果保留历史数据——即维持数据不变且仅用于报表——那么完整性问题将变成一个要考虑的非常小的问题。一旦数据被写到只读区并被验证，就不会有数据范式化中描述的异步问题。在这一点上，它可以使“平坦”（降低范式化的，De-normalize）数据很好地（而且快速地）写入到一些表中，从而加快事情处理速度。
- 连接的表越少，用户在处理自己的报表时就越高兴。用户将利用他们使用的工具去提取数据，从而变得越来越熟练。通常，越来越多的用户变成了 DBA 并要求直接访问数据库，从而能够设计和自己的用户报表。对这些用户而言，高度范式化的数据库看上去有点令人惊奇，而且实际毫无用处。降低范式化的数据会使用户的工作更简单。

所有这些说法都是范式化的事情。这种方法之所以是关系系统典型设计的方法，是因为当范式化方面的事情发生错误时，会导致数据完整性和事务环境性能都受到影响。

重要的是，我们要了解在设计过程中“超出范式化”规则的基本设置。这些规则很简单，只要考虑到就行了。注意，虽然范式化是数据库设计的一件最重要的事情，但不是唯一的事情。

2.6.1 保持简化

基于常规而不采用以前使用的方法也能使数据库设计趋于简化。有时，笔者看到有些想法非常有用，但也有一些想法没有多大用处，还有一些两者都不是——可能是新观点，但一点用处也没有。

在提出创造性观点之前，笔者需要澄清一些概念——不是接受“因为我们总是以这种方法处理事情”的方法，而且要认识到这种努力和尝试会起作用。

在数据库中尽量避免一些比实际需要更复杂的事情。通常最简单的方法（但不是永远）不仅会使编辑结果更简单，而且会使运行速度加快。在满足功能的基础上，越简单越好！

2.6.2 选择数据类型

为了保持最小列表的观点，选择你需要的结果，但也仅选择你所需要的结果。

例如，如果你想存储月份（比如数字 1～12）——就可以在一个字节中使用 tinyint 类型完成。但笔者为什么在数据库的存储月份的字段中只声明一个 int（只有 4 个字节）呢？如果从来不需要 Unicode，就不要使用 nchar 或 nvarchar，与 non-Unicode 比较，这些数据类型会多占用两个字节。

这是需要考虑的一种存储空间问题。笔者从个人角度提出这个问题会引起争论，因为除了 SCSI 硬盘仍然价格很高外，现在的磁盘价格很便宜。但是，即使你不关心硬盘的价格问题，也要考虑网络带宽的问题。如果为每一行记录多增加 100 字节，那么传送 100 条记录结果时，就需要 10KB 的额外数据开销，而且会造成网络阻塞。这还没有说服力吗？现在，假设有 100 个用户每小时执行 50 个事务——这将导致每小时有 50MB 的网络带宽浪费。

最后，在数据库中发生的大多数事情将会重复发生——这意味着很小的错误将会产生滚雪球效应，而且会变得越来越严重。

2.6.3 有关存储的错误

每次在建立数据库时，你都会遇到很多问题，“我们需要这些信息吗？”这里有一个小小建议——如果有疑问，就保留它。你会看到，通常你不能找回已经消失的数据。

例如，有人会问：“你能提供一张去年我们已经支付的不合并的公司报表吗？”

因此，你存储了哪个业主是公司而哪个不是公司的信息了吗？如果服从 US 的说法（1099 号报告），那么最好就要提供，从而你能处理该问题，客户进而会问，“很好，你能在年末根据他们的地址打印出来吗？”

太糟糕了——笔者敢打赌你没有保存地址，或者至少没有存储修改地址的日期。简而言之，你不知道系统的用户将要问到什么问题——尽量掌握这些问题。要记住，你不必在网络线路上把不需要的数据传来移去（看看选择数据类型上的注释）。如果你是为了后续的需要而存储数据，那么如果不需要，就不要在应用程序中放置 SELECT 语句（实际上，无论什么原因，这都应成为你存储数据的方针）。因此，在设计数据库时，必须考虑充足的要素，要保证数据采集的完整性。

如果你认为这些数据可有可无，则需要与代理人商量。有时，你需要合法地承担起保留数据的责任，而有时只要合法，则最好删除这些信息。

2.6.4 良构数据库

在关系数据库设计理论中，规范化规则指出了在设计良构（well-formed）数据库中必须出现或不出现的某些属性。关于规范化规则的完整讨论不属于本主题的范畴。不过，有几个可帮助获得合理的数据库设计的规则：

- 表应该有一个标识符。数据库设计理论的基本原理是：每个表都应有一个唯一的行标识符，可以使用列或列集将任何单个记录同表中的所有其他记录区别开来。每个表都应有一个 ID 列，任何两个记录都不能共享同一 ID 值。作为表的唯一行标识符的列是表的主键。在 AdventureWorks 数据库中，每个表有一个标识列作为主键列。例如，VendorID 是 Purchasing.Vendor 表的主键。
- 表应只存储单一类型实体的数据。试图在表中存储过多的信息会影响对表中的数据进行有效、可靠的管理。在 AdventureWorks 示例数据库中，销售订单和客户信息存储在不同的表中。虽然可在单独的表中创建包含有关销售订单和客户信息的列，但是此设计会导致出现几个问题。必须在每个销售订单中另外添加和存储客户信息、客户姓名和地址。这将使用数据库中的其他存储空间。如果客户地址发生变化，必须更改每个销售订单。另外，如果从 Sales.SalesOrderHeader 表中删除了客户最近的销售订单，该客户的信息将会丢失。
- 表应避免可为空值的列。表中的列可定义为允许空值。空值表示没有值。虽然在个别情况下，允许空值可能是有用的，但是应尽量少用。这是因为需要对它们进行特殊处理，从而会增加数据操作的复杂性。如果某一表中有几个可为空值的列，并且列中有几行包含空值，则应考虑将这些列置于链接到主表的另一表中。通过将数据存储在两个不同的表中，主表的设计会非常简单，而且仍能够满足存储此信息的临时需要。
- 表不应有重复的值或列。数据库中某一项目的表不应包含有关特定信息的一些值。例如，AdventureWorks 数据库中的某产品可能是从多个供应商处购买的。如果 Production.Product 表有一列为供应商的名称，这就会产生问题。一个解决方案是将所有供应商的名称存储在该列中。但是，这使得列出各个供应商变得非常困难。另一个解决方案是更改表的结构来为另一个供应商的名称再添加一列。但是，这只允许有两个供应商。此外，如果一本书有 3 个供应商，则必须再添加一列。如果你发现需要在单个列中存储多个值，或者一类数据（例如 TelephoneNumber1 和 TelephoneNumber2）对应于多列，则应考虑将重复的数据置于链接回主表的另一个表中。AdventureWorks 数据库有一个用于存储产品信息的 Production.Product 表和一个用于存储供应商信息的 Purchasing.Vendor 表，还有第三个表 Purchasing.ProductVendor。第三个表只存储产品的 ID 值和产品供应商的 ID 值。这种设计允许产品有任意多个供应商，而无需修改表的定义，也无需为单个供应商的产品分配未使用的存储空间。

2.7 更多的关系图和关系

2.7.1 一组关系类型

在讨论更深的关系图的概念之前，我们想讨论两种关系：可确定的和不确定的关系。

1. **确定的关系**

对一部分读者，笔者确信术语“确定的关系”可能会使你回忆起曾经拥有的一些男朋友或女朋友——这不是那种关系。相反，这里处理的关系是通过外部键来定义的。

确定的关系是列或被引用的列（记住，可以不止一个）用作所有的或部分的参照（子）表的主键。因为主键充当了表中行的标识，所以子表的所有或部分主键都依赖于父表——子表可以被人为，至少部分是被父表“确定的”。

2. **不确定的关系**

不确定的关系是指在被建立的外部键不充当参照（子）表的主键时的关系。这在你参照域表时非常普遍——被引用表的本质核心目的是限制参照域在可能选择的集合之中。

2.7.2 实体盒

IE 和 IDEF1X 与 SQL Server 自身的关系图之间的主要差别之一是实体盒（entity box）。实体盒大致与一张表相当（取决于是否要处理逻辑模型或物理模型）。通过引入实体盒的概念，你应能轻松地识别实体名、主键和实体属性（有效列）。另外，关系图可以揭示像数据类型属性或是否定义了外部键的其他一些信息，如图 2-20 所示。

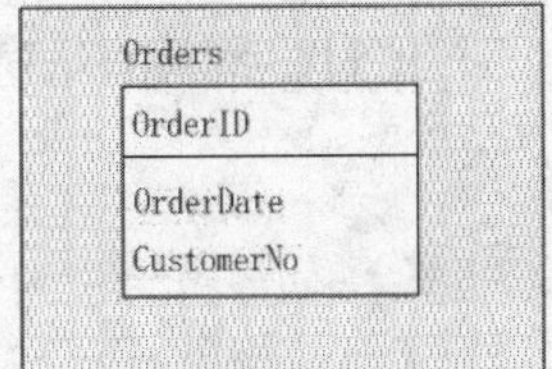

图 2-20　订单表实体盒

实体名保留在盒子顶部的外面。然后，整个盒子的上部区域（但在自己的独立盒中）有一个主键 OrderID（我们将简要介绍主键不止一列的例子），最后是 OrderDate 的属性及 CustomerNo 实体。

订单实际的实体盒有许多新的变化：

- 数据类型（已经打开了适当的选项）。
- 外部键（如果有的话——再次打开了这个选项显示外部键）。
- 主键有多列（在线上的所有信息都是主键的一部分）。
- 这次，实体是一个圆角[这告诉我们，该表至少通过一张其他表进行识别（记住识别的关系吗）]。

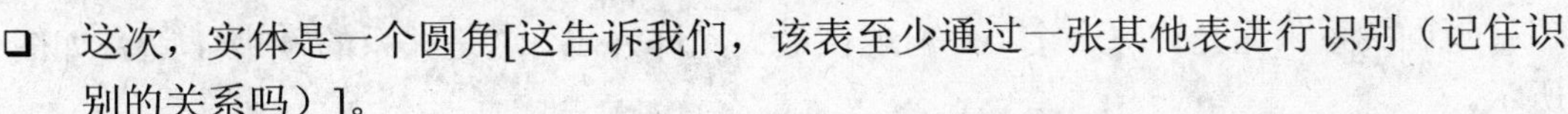

取决于实体关系图工具，数据类型可以立即在实体关系图中定义。当我们绘制了形成关系的线以后（我们随后要简要介绍），就可以定义还可以显示出来的外部键。对大部分 ER 工具，你甚至可以告诉工具自动定义外部键关系中引用字段作为参照表的部分（也可能是全部）主键。

2.7.3 关系线

有两种关系线，而且完全与关系类型相匹配：

- 实线显示了识别的关系。
- 虚线显示了非识别的关系。

识别的关系是列参照了另一张表充当参照表的部分或全部主键的关系。在非识别的关系中，外部键列与参照表中的主键没有任何关系。

2.7.4 终止符

这是更令人感兴趣的地方。这里讨论的终止符（terminator）当然不是你在科幻电影中看见的那种——它们是我们在关系线上放置的结束点。

线上的终止符将像实体一样揭示数据库的众多特性。它们可以告诉我们有关关系特性的更多信息，包括关系集的势（cardinality，表内的行数或索引内的唯一值个数）。

在大部分基本表单中，集的势是关系两边的记录数。当我们说它是一对多的关系时，就是在显示集的势。但是，集的势可以更具体，而不仅仅是我们通常使用的 0、1 或多个常用的命名惯例。集的势可以说明详细信息，而且通常在关系图中有两个参数和一个冒号，如：

- 1:M。
- 1:6（这虽然满足一对多的标准，但也更精确地说明了在关系的多边最多可以有 6 条记录）。

下面看一组部分终止符并学习其意义。

提示： 此处使用的终止符符合 IE 关系图方法学。这是另一个广泛使用的关系图标准 IDEF1X（虽然笔者看到它比 IE 要少）。虽然其实体盒非常类似于 IE，但在关系线上的终止符则完全不同。

终止符上半部分显示了关系的前一半。此时，具有 0 个对应关系。对下半部分，显示了关系的后一半——此时是多个。这个例子具有关系的 0、1 或多边，如图 2-21 所示。

我们在关系的结尾不允许存在 NULL 值——这是一个一或多个结尾的关系，如图 2-22 所示。

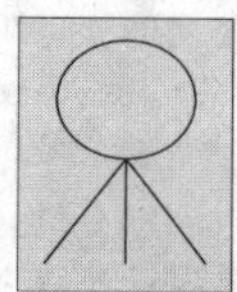

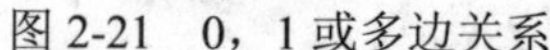

图 2-21　0，1 或多边关系

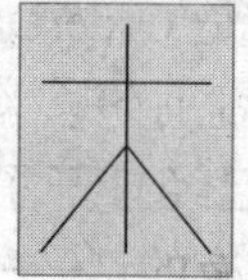

图 2-22　不允许空值的 1 或多边关系

返回关系末尾允许对一个 0，但现在最大允许为 1。这是关系的 0 或 1 边，如图 2-23 所示。

而且这是一种严格约束的关系——这是一个关系的 1 边，如图 2-24 所示。

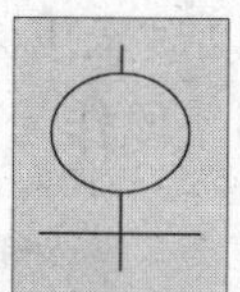

图 2-23　0 或 1 边关系

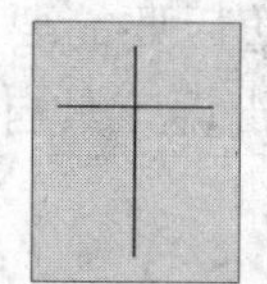

图 2-24　1 边关系

这些关系图有助于我们进行数据库系统设计。

2.8　处理基于文件的信息

BLOB（二进制大对象，Binary Large Objects）的速度很慢——非常慢而且很大。

从它们允许把行的大小分成 8KB 来说，BLOB 具有很好的意义（BLOB 可以设置为 2GB）。问题是它们的速度非常慢，运行 BLOB 的速度甚至比蜗牛爬行的速度还要慢！

虽然我们非常讨厌缓慢的速度，但是你仍然需要存储大块文本或二进制信息。正常情况下，你最好使用 BLOB——但我们也有不这样处理的选择方式。相反，我们可以把数据存储为文件来代替。

因此有些人会问，“数据库不是比文件系统访问数据快吗？”答案非常简单，“不对！”在本章结束之前有一个例外，但是，总体上使用文件系统的速度更快。

笔者要警告你，在这一点上要特别注意，为了熟悉这一要求，你需要计划自己的客户端——这不是“只有数据库服务器”类要做的事情。实际上，我们将从数据库服务器上移走许多数据，并把它放到中间层和文件系统中。

下面通过介绍我们需要在服务器文件系统上做的事情开始。唯一需要做的事情是确保我们至少有一个存储信息的目录。根据应用程序的特性，我们也需要在中间层对象上有一个允许在需要时创建附加目录的逻辑。

所有 Windows 操作系统都有限制在目录下存储文件个数的能力。因此，要考虑要存储多少个文件。如果存在许多（也就是说，超过 500），就希望在存储 BLOB 的对象中创建一个机制，从而可以基于需要创建新目录，或者基于其他逻辑标准创建新的目录。

业务组件将负责复制 BLOB 信息到你要存储的文件中。如果它已经存在一些定义的文件格式，就省事了——只要运行与复制命令相等的语言（我们将会简要复习一下），你就步入正轨了。如果是流数据，就需要以逻辑的格式（如 COM 结构存储）在存储信息的组件中放置逻辑，以便以后检索。

在这种实现中安全性是一大问题。因为在 SQL Server 外部的文件中存储了信息，这就意味着也需要在 SQL Server 的外部进行安全保护。相反，你不得不依赖于网络的安全性。

有许多的令人恐慌的事情进入了你的脑海中。首先，如果有人从存储所有数据的目录中读出数据，难道不意味着他们可以看到在那里存储的其他文件吗？对，确实是这样（你可以改变 NT 下每个文件的安全性来处理这件事情，但实际将非常麻烦——在 web 应用程序下，需要应用像 ISAPI DLL 一类的东西）。第二，因为你不得不给别人提供复制文件到目录中的权利，所以，如果有人直接更改该文件而不使用数据库，难道就没有风险吗（潜在地引起数据库与文件不同步）？绝对有！

这些问题以及你可能提出的其他许多问题的答案存在于数据访问层（假定这里是 n-层方法）。使用 MTS，你可以让终端用户访问组件运行在不同的安全性下。这意味着你可以创建用户能访问数据的情形——但只有在他们使用了数据访问组件来完成这项任务时（它们自身没有访问目录的权利——实际上，他们甚至不知道文件存储在哪里）。

SQL Server 然后在哪里完成了这一任务呢？它跟踪了你存储信息的地方。理论上，在首要位置把这些信息存储到数据库中的原因是它与你将要存储为行的部分其他一些信息相关，但不是以 BLOB 的形式保存行中的实际数据，你现在要存储文件路径。该存储进程看起来如下：

（1）决定你要存储的名称。

（2）复制文件到你将要存储的位置。

（3）以 varchar(255)的形式保存全文件名和路径（这也刚好是 Windows NT 目录下名字的最大长度）及该行数据的其余部分。

（4）要检索数据并从表中检索数据目录，就需要运行查询，只有在这时候，才能检索实际 BLOB 数据存储的路径。

（5）从文件系统中检索数据。

通常，该方法运行起来大约比使用 BLOB 的形式要快 2~3 倍。但是，在使用这种方法的时候有一些例外的规则：

- 保存的 BLOB 相对较小（只有 64KB）。
- 数据是文本或具有过滤器的 MS Search 的其他格式，并希望能执行全文检索。

如果 BLOB 的大小小于 64KB，那么该数据也能适合一个数据页，这明显减少了处理 BLOB 时的过量开销。虽然文件系统方法仍然可能会快一点，但是益处会大大减少，从而没有什么意义。如果在这种场合速度至关重要，那么笔者能建议的就是实验。

如果你想执行全文检索，你最好存储大块文本为 SQL Server 中的 TEXT 数据类型（是 BLOB）。如果文本被存储为二进制格式并可用于 MS Search（或者如果你不顾一切要编写自己的查询），那么你就可以存储文件为 image 数据类型，而且 MS Search 将自动使用过滤器建立全文索引。不要困惑，仍然能在文本文件中执行全文检索，但是如果你想从相同行中得到非 BLOB 格式的数据，你就不得不做一些基本的编码工作来保持交互关系。另外，你可能需要在中间层编写程序，并利用索引服务器（它支持 SQL Server 的全文检索）。

必要时要基于文件系统信息执行全文检索，可以通过直接查询看一看访问索引服务器。有关远程查询的内容显示，我们可以访问任何 OLE DB 数据源——索引服务器（Index Server）的服务有一个 OLE DB 提供程序，并可以用在链接服务器的目标上或者在 OPENQUERY 上。但是，糟糕的是，这样在索引服务器上执行的索引服务器查询不在相同的物理盒上，因此 SQL Server 不会工作。唯一的方法是让索引服务器存在于 SQL Server 的本地系统上，但在另一个系统上拥有编目文件。这样的问题是在编目处理时网络开销过大且不让卸载编目的工作（这影响了可升级性）。

2.9 子 类

子类（subcategory）是一个给我们提供可以使用的另一种类型的关系（有时叫做“超级类型”或“子类型”关系）的逻辑结构。在模型的物理端，子类通过使用已经讨论过的关系混合类型来实现（在结束本章之前我们要详细说明）。

子类处理了首先看起来不同但实际具有共性的实体。

理解子类概念的最好方法是显示一个子类。要完成这一任务，我们要介绍公司中文档的例子。

文档（document）具有所有其他普通文档的一些公共属性。例如：

- 标题。
- 作者。
- 创建日期。
- 最后修改日期。
- 存储位置。

一定还有更多属性。注意这里并非指每个文档都有相同标题，而是说每一个文档都有一个标题。每个文档都有一个作者（可能实际不止一个，但是，对这个例子，我们假定限于一个）。每个文档都在一些日期中创建。你掌握了具体的形象描述——我们在处理文档概念的属性，不是文档的特殊实例。

但是，有一些不同类型的文档。从合法表单（假设抵押文档）到政府备忘录，到报告卡片——有许多文档类型。它们都可以当作是文档。下面考虑一些例子：

对第一个例子，我们要看一看租赁（lease）问题。租赁具有我们在文档分类中可以期望找到的所有特性，但也有租赁特有的信息。租赁具有下面这样的一些信息：

- 租借者。
- 承租者。
- 期限（租赁的时间）。
- 价格（是以每周还是每月）。
- 安全抵押。
- 起始日期。
- 终止日期。
- 买卖权（通常提供了一组附加条款的扩展性价格）。

事实至少是所有这些属性并不排除它仍然是文档。我们可以提出更多的例子，并保持合法的文档倾向——下面从一个离婚的（divorce）文档开始。它具有这样的属性：

- 原告（请求离婚的人）。
- 被告（原告的配偶）。
- 离婚日期。
- 原告提出离婚的日期。
- 被认为是最后离婚的日期。
- 赡养费（如果有的话）。
- 抚养费（如果有的话）。

我们也可以有一定数量的销售清单（a bill of sale）。销售清单包括这样的属性：

- 销售日期。
- 销售数量。
- 销售人。
- 购买人。
- 担保时间（如果有的话）。

再次，离婚和销售清单都具有自己的属性，没有改变它们是文档属性的事实。

在各种情况下——租借、离婚和销售——我们都有文档类的子类。文档如果不属于子类的话，就几乎没有意义。同样地，只在超级类中而没有父类信息的子类实例也没有任何意义，如文档。

2.9.1　子类的类型

子类分成两种独立的种类——排斥类和非排斥类。

当我们将子类作为简单子类（不说“排斥”）时，我们通常指一个非排斥子类。此时，我们在一张表中有一条记录代表超级类（以前例子中的文档），而且至少在一个子类上有匹配的记录。

这种子类迄今为止我们很少有机会看见它们出现的符号表示，如图 2-25 所示。

即使在这里和文档的例子中有 3 个子类，也不要将这些种类的子类限制数量作为官方的种类——没有官方限制数量。你可以只有一个子类或 10 个子类——它通常没有多大差别。

更常见的情况是我们存在排斥子类（exclusive subcategory）。排斥子类就像子类一样，只有一个例外——对超级类中的每条记录，在任何子类中只有一条匹配的记录。每个子类都被认为是相互排斥的，所以与超级类匹配的记录就像在一个子类表中的行一样存在。

排斥子类的关系图看起来有点零散，如图 2-26 所示。

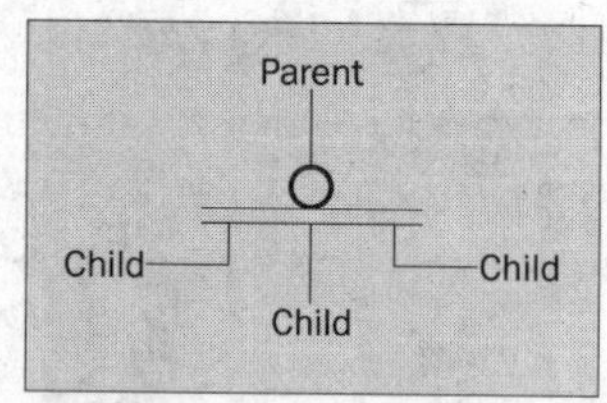

图 2-25　非排斥子类符号

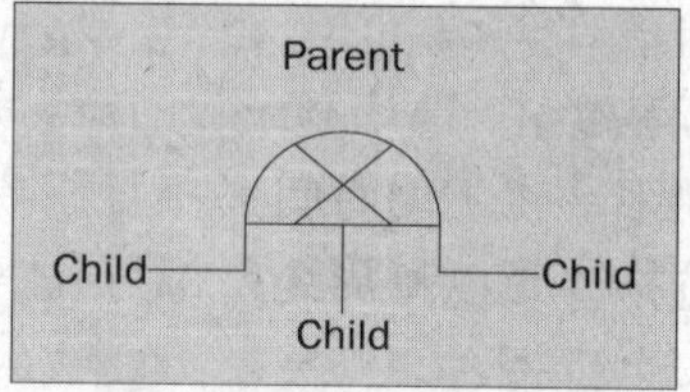

图 2-26　排斥子类

2.9.2 实现子类

子类允许你在一个地方存储所有相似的结构，这是一个相当好的优点。在介绍这一概念之前，我们将采用两种方法介绍文档模型的实现：

（1）添加所有的属性到一列中，对不满足指定文档类型的特定记录信息就让所有列为空

（2）让每种类型的文档都有分离表。文档类型之间本质相同的列将在每张表中重复（每一张表存储了自身文档信息的副本，就像在特定表中应用记录一样）

使用子类的概念，我们可以存储所有的文档，无论是哪种类型，这样它们都从一个地方开始。你要在系统中查找所有文档信息的查询操作现在可以在一张表上实现，而不用在 3 张不同表上使用 UNION 操作符实现（可能更多，也可能更少）。不用说，使用子类实现这种情况可以在其他选项上提供十分强大的性能。

有一种情况——需要你提供一些机制指出文档的其余信息。所有文档的查询可能会提供要查找的指定文档的基本信息，但是当你期望得到该文档的其余信息时（在该文档类型中是唯一的事情），你的程序如何知道要从哪个子类表中搜索匹配的记录呢？要完成这一任务，只要在子类中添加一个显示哪个子类对应哪个记录的字段。在这个例子中，我们可能会在文档表中添加称为 DocumentType 的另一列。我们从这种类型上会知道到底是哪些其他表需要查找更多信息的匹配记录。更进一步，我们可以使用域表来实现这一方案，即限制表中 DocumentType 列的值为我们具有子类的那种类型——而且是该表的一个外部键。

注意：虽然我们在这里讨论数据的物理存储和检索，但没有原因说明为什么不能使用存储过程或视图（或者两者同时）来检索摘要信息。例如，可以使用存储过程把文档信息放在一起然后链接成适当子类。

除了为文档类型建立指针以外，我们还需要决定是否处理简单子类或排斥子类。在文档的例子中，我们已经设计了一个排斥子类。可以有许多文档，但是不能拥有一个文档既是租约又是离婚协议（一个非排斥子类允许任何形式的子类混合）。即使我们在租约选项中有一个买卖选项，但在练习购买选项时应该为销售清单创建独立的文档。

因此，现在准备实现该逻辑模型，如图 2-27 所示。

我们有一个叫做文档（Document）的实体。这些文档是特定的类型，这些类型被限制在一个域中——DocumentType 设置了域的边界。另外，每种类型都表现了自己的实体或子类。在它中间的符号（半圆中带有 X 的符号），告诉你这 3 个子类在属性上是相互排斥的（你有一个，而且在文档的每一个实例中只能有一个）。

这是返回并反映原始逻辑模型作用的最好的地方。如前所述，逻辑模型在其他事情中提供了与业务规则和查找的数据通信的一种方法。此时需要进行解释，有人（大概是客户）会认为我们说的租约、离婚和销售的概念是主题中的所有类——它们实际是相同的事情。读者会说，“等等——不，它们实际不是同一回事。”或者说“哦，我明白了——你知道，我们也有意向书和授权书——它们几乎相同，对吗？”这些信息不会节省你大量的时间和金钱。

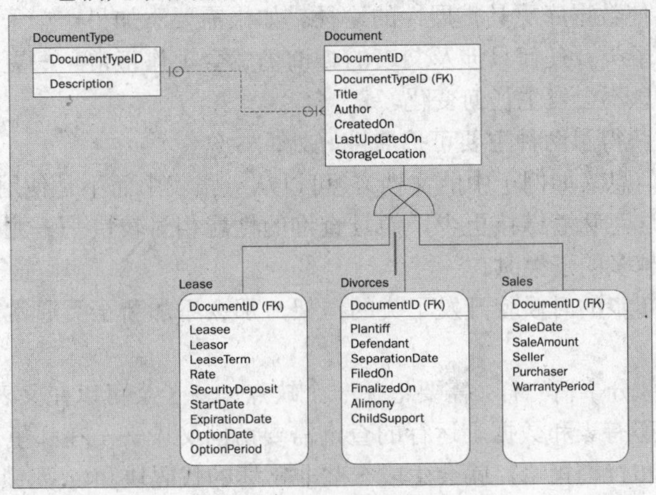

图 2-27　逻辑模型

2.9.3　子类的物理实现

在物理端，没有任何东西像逻辑模型中那样整洁而又干净。实际上，我们在物理端要做的所有事情是实现一组 1 对 0 或 1 的关系。但是，我们确实将它们作为单个、多表关系的一部分绘制出来，如图 2-28 所示。

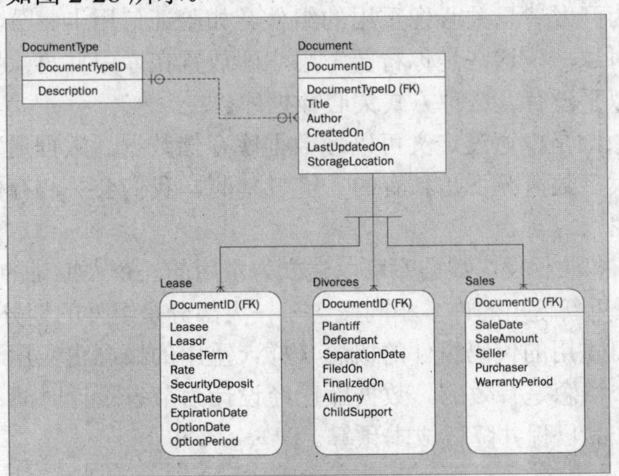

图 2-28　单个、多表关系

唯一的难点是具有排斥子类（这实际是再普通不过了）。此时，你还需要在子类表中放置一些逻辑（以触发器的形式），确保插入的任何行在其他子类中不存在另一个匹配的行。例如，需要在 Leases 上放置一个触发器，查询 Divorces 和 Sales 表带有相同 DocumentID 的记录。如果找到了一个，那么触发器将用合适的错误消息插入拒绝记录并回滚。

2.9.4 把子类添加到扩展性中

子类是决定成功的数据库设计有影响的概念之一。如果在合适的时候使用，就可以明显缩减查询的时间，并明显简化相关的但不同的信息聚集在一起的处理过程（尽管这不是子类的唯一优点）。

子类可以提供使数据库更具扩展性的途径。如果需要添加另一个子类，就需要处理的唯一查询指定新的子类。任何只涉及父表的查询仍然会工作正常——更多情况下，它们在新的子类上检索信息不会发生任何变化。

简而言之，你获得了两种主要可扩展性好处：

- 超级类的信息（如例子中的文档），可以从一张表中而不是使用 UNION 操作符进行扫描。这意味着链接更少，而且查询的性能相对较快——尤其在表增长较大或具有越来越多的子类时。
- 如果你在起步的时候就开发了类的框架，那么添加新子类通常占用的时间比开发的时候少。

现在，就像大部分事情一样，需要记住一个缺点——子类可以在父表上创建瓶颈效应。在整个类集包括的所有表和数据上运行的查询需要访问父表——在那里思考锁定的意义。如果你不关心索引和查询策略，就会生成一些非常坏的代码块和/或死锁问题。这就是说，利用智能计划和编写的查询，这通常不是一个问题。如果父表的空间彻底变成了一个问题，SQL Server 也提供了使用分布式分区视图来衡量该表的选择权。

2.10 数据库重用

这一内容可能从来不被人关心，但你可以创建可重用的数据库。为什么笔者说这从来没有被关心呢？因为开发者只关心像重用的组件。如验证信用卡、分发邮件、流进或流出二进制信息这样的对象——这些是你将要考虑立即放置在库中并再次重用的对象。但是，出于某种原因，你似乎没有以这种方式关心数据库。

这样做的一个原因是，通过定义可以使数据库存储数据。数据通常被认为是公司或行业上唯一的，而且大多数情况下是私有的。笔者猜测，我们会关心存储数据的容器也作为私有的吗？谁知道呢？

但是，与流行的想法相反，数据库可以建立为重用的。令人惊奇的是，要这样做，只要采用使代码组件可以重新使用的许多相同概念——大部分是组件的划分和公共接口的使用。

就像怎样执行可重用的代码组件的概念一样，重用的概念也应用于数据库，所以在成本和时间方面，这个概念是有效的。数据库已经设计为节省设计时间和与之相关的成本，这可以有助于缩短产品日程并降低成本预算。

注意：在试图重新使用现有的数据库结构之前要确保确实有好处。像笔者在编程中实现的重用一样，非常可能使你重用试图采用错误工具来完成工作。

2.10.1　候选的重用数据库

可以重用的数据库是他们可以分解成不同的主题（就像组件实际被分成功能块一样）。每个主题都具有共性。例如财务数据库，你可以分离成与账务功能区中匹配的独立主题区：

- 收益。
- 应收款（相应地可能被分区成发票和现金收据）。
- 库存清单。
- 应付款。
- 总分类账。
- 现金管理（出纳账）。

该清单还可以细分。你也可以采用更细的层次并创建许多数据库下的如人员、商业实体（曾经注意到客户与卖主多么相似）、订单——有许多事情具有基本可以重用的结构。你还可以将它们归结为自己的“最小数据库”，然后把它们放在一起组合成一个大的逻辑模型（使用 sprocs、视图或数据访问层的其他组件连接在一起）。

2.10.2　分解

这是逻辑与物理模型实际启动显示其内容的地方。当我们处理数据库并试图让其重用的时候，我们通常让一个逻辑数据库（包含了所有不同的主题区）包含许多物理数据库。有时我们直接参照其他物理工具选择具体的实现逻辑设计方案。其他时候，我们可以选择一种好方法隐藏我们已经实现的数据库——可以在其中创建大量的“虚拟”数据库，它不保存任何数据，但保存从合适的物理数据库中引用数据的视图。

这里强调一下，该处理过程本质上就像在面向对象编程中的封装。通过使用视图，我们隐藏了用户看见的实际数据库的实现。这意味着我们可以移走数据库中的一个主题区并用一个完全不同的设计来代替它，这样做的唯一技巧是将新的设计映射到视图中。从这一点看，可以让客户应用程序和用户忘记在实现中改变。

将事情拆分成物理数据库和/或虚拟化的数据库给你产生了某种限制，而且这些限制有助于从整体中分离出一个在另一个环境中能重新使用的主题。

一些要做的事情是：

- 最小化或省略直接引用其他的功能区。如果你已经执行了新视图的方法，就应只通过视图将每个物理拆分的数据库连接成一个逻辑整体。
- 不要使用外部键约束——必要时用触发器代替。外部键约束不能跨越数据库，但触发器可以。

2.10.3　重用代价

所有这些重用性来源于代价。在设计中为了处理重用而进行的大量调整在性能上有负作用。一些负作用是：

- 外部键约束整体比触发器快，但触发器是强制跨越多个数据库范围的引用完整性的唯一方法。

- ❑ 使用视图意味着在所有查询上运行两层优化（一个是到达低层的查询，而且掉进初始的陷阱中，另一个是排序最好的方法并提供最后的结果）——这是更多的过量开销并使速度变慢。
- ❑ 如果不使用虚拟数据库方法（一个数据库具有与所有其他数据库匹配的视图），那么维护许多数据库之间的用户权限是一个问题。

简而言之，除非你在多个服务器之间处理了分离的数据，否则不要希望其运行速度比单个数据库模型还要快。

从减少开发时间和成本的角度来说，重用数据库很有意义，但你需要权衡性能损失和效益之间的平衡。

2.11 分区实现扩展性

我们已经在 SQL Server 2005 中实现了从多张物理表创建一张逻辑表的非凡能力——分区视图（partitioned views）。这就是说，逻辑表中的数据被分区，从而被存储在定义良好的物理表中。但是，数据分区的概念比分区视图存在的时间要长。实际上，记住在一个服务器上保留主要的账务系统，而且你的订单条目和库存系统在另一个服务器上，这就是一种形式的分区——你确信处理两种行为的能力分布在多个服务器之间。

拥有链接服务器的概念非常简单，最早在 7.0 版本中出现，并实际得到分区，从而进入 SQL Server 领域。虽然我们没有能力对单个表分区，但是将负荷非常高的系统分区成一组表，定位在一个服务器上、而另一组表完全定位在不同的服务器上，这种方法比较常见。

问题是，怎样分区数据将是实际需要解决的大问题。这种倾向将是采用超级简化的方法，也就是说，只要基于分区列的可能值平均进行分区就行了。该方法很好，但也有两大原因导致其不足：

- ❑ 数据很少分配到很好、均匀分布的堆。通常，预测分布情况需要很多的研究和采样工作。
- ❑ 一旦存储，实际就很少考虑数据使用的方法。
- ❑ 分区数据的方法比决定每一个分区接收数据需要的工作量要多——更重要的是，在说明系统整体执行的情况下它们之间存在巨大的差别。记住：
- ❑ 表很少存在于虚幻之中。在大部分时间中，你将用系统的特定表的数据联接到其他数据上——“其他”分区的数据怎样兼容（从性能的角度来说）？
- ❑ 在整个系统性能中，网络带宽似乎是一个巨大的瓶颈效应——在设计分区的时候怎样考虑？

因此，记住下面的一些规则：

- ❑ 将要一起使用的数据存储在一起。也就是说，如果某种表频繁地要在查询中一起使用，那么就分区这些表，从而使这些数据可能被返回为驻留在相同服务器中的查询部分。显然，你将无法保证随时都满足这种需求，但是，仔细考虑并辨认怎样使用数据，你就会发现可以安排大部分查询发生在本地的一个服务器上。例如，对给定的订单，所有的相关订单的明细行将在同一服务器上。

- 在设计应用程序时，你就应完全清楚分区——也就是说，你应该编写执行查询的子程序代码，从而这些查询知道哪些分区最可能有它们的数据。

该数据可以在多个机器之间分区：如果应用程序请求的数据库服务器是正在使用的服务器，再不需要将请求转发到另一个服务器，这不是很好吗？

如果你决定采用一个分区系统，那么你实际必须了解将要计划处理的负载。怎样分区数据将会对系统怎样很好地处理负载有巨大影响。记住，花点时间计划出分区架构。当你已经决定了要做什么的时候，就测试！测试！再测试！

2.12 小 结

数据库设计是一个巨大的概念，而且许多优秀的书都把它作为核心内容。本质上不可能在一两章中讨论完有关数据库设计的所有概念。

但是，在本章中，我们已经有了一个坚实的开端，看到了除 3 种范式化之外的其他范式。此处，我们已经避免了重复信息，而且数据完全取决于键——简而言之，数据取决于"键、整个键，而且不取决于其他内容，仅取决于键"。虽然我们已经看见了范式化的过程，但范式化并不总是正确的答案——降低数据的范式化策略可以使用户简化数据库，而且加速了报表的查询速度。最后，我们已经看到了数据库设计中一些非范式化相关的概念，以及在数据库设计中怎样设计关系图。

我们还学习了在提交到物理数据库设计之前的少量建模知识，如果读者有兴趣，可以专门查阅数据建模的相关内容，从而帮助我们理解数据库规则和要求。我们也学习了基于信息存储大文件的变更方法，使用这种变更方法通常增加了数据交互量。我们详细讨论了子类，它应该在数据库设计策略中充当非常重要的角色，我们也学习了数据库重用性的概念。最后，我们检查了在分区数据时需要思考的一些事情。直率地说，在设计中要思考的事情实际上是没有限制的，但是，值得高兴的是，现在有一些新工具可以使你在数据库设计上做出正确的选择。

我们在下一章还要讨论更多的设计信息。我们将检查本书中迄今为止的 OLAP 概念具有比 OLTP 更多的优势，同时将看到 OLAP 需要的环境与 OLTP 环境存在很大的差别。那时，你将明白为什么需要将 OLTP 和 OLAP 作为两个完全独立的问题，而且你会屈从于用户以一种解决方案去解决所有的需求。

3

全文检索

全文检索是 SQL Server 2005 中的一个重要功能，也是目前广为应用的一种技术。要想完整介绍全文检索的功能，就必须介绍有关索引的知识。

索引是数据库计划和系统维护中的一个重要组成部分，正确添加索引能大量削减查询执行的时间，从而可以加快数据库的查询速度，但太多的无计划索引实际上增加了运行查询的时间。索引既已成为 SQL Server 最容易被人误解的对象之一，也成了难以被管理的对象之一。本章将从开发者和管理员的角度对索引进行深入探讨，从而使读者全面掌握全文检索的知识。

如果使用早期没有全文检索功能的普通 T-SQL，则查询文本信息的选项在某种程度上会受到限制。实际上，早期的 T-SQL 只有一组查询文本信息的选项：

- 使用 LIKE 子句。缺点是效率低，除非查询模式用明确的值开始，否则不能应用索引结构。如果你的查询语句用一个通配符（%或_）开始，那么 SQL Server 将不知道索引从何处开始，因此，索引变得没有价值。
- 使用一些其他形式的模式匹配，比如 PATINDEX 或 CHARINDEX。这通常更没有效率，但它允许我们完成用 LIKE 不能完成的工作。

对全文检索而言，我们获得了检索文本的能力——尤其是保持了选择单词的列表，可以找到哪个词并知道在哪一行中。另外，我们现在还可以不局限于模式匹配算法，甚至可以采用模糊查询。查询的范围取决于所需的精确度，即使要查找的单词处于大文本块的很难以查找的位置，SQL Server 也能快速找到包含该单词的行。

SQL Server 2005 可以实现不一定要在原始文本格式上建立全文索引的功能。全文检索也支持微软索引服务器（Microsoft Index Server）支持的文档类型——这意味着你可以用图形数据类型存储（比如 Word、Excel、PowerPoint 和其他支持的文件），而且仍然可以在这些数据上执行全文检索！SQL Server 2000 支持 5 种文件类型：

- Word(*.doc)。
- Excel(*.xls)。
- PowerPoint(*.ppt)。
- Text(*.txt)。
- HTML(*.htm 或*.html)。

除了支持嵌入式过滤外，也可以购买或下载许多第三方软件（如 Adobe，Acrobat 的标记）对索引服务器进行过滤（这再次与全文检索相关，而且使用了相同的过滤器）。实际上，建立索引服务器过滤器支持新的文档是由 API 发行，甚至在必要时也可以书写由自己定义的后缀的其他文档。

因为现在支持索引服务器文件后缀（例如，可以建立 XML 文档格式的后缀，在图形数据类型中使用后缀存储文档），我们现在还可以使用 FTS（full-text search）加速查询存储量大的包含某种数据的 XML 文档。无论如何，它不是理想的查询模型（在 XML 文档中搜索现有的文本串，而不是查询关系数据存储中的单独列），但它仍然具有一些可能性。

因此，除了介绍索引和存储结构以外，本章中，我们将介绍所有这些 FTS 特性。全文检索是与迄今为止 SQL Server 提供的功能不同的一种技术，部分存在于 SQL Server 之中，而部分则利用非 SQL Server 技术的独立部件。我们将检查唯一针对全文索引和检索的一些问题，并探究用于全文查询的特殊语法。

在这些章节中，我们会介绍：

- 全文检索（Full-Text Search，FTS）体系结构。
- 管理全文索引和目录。
- 全文检索语法。
- 全文检索的特殊性。

提示： 在 SQL Server7.0 版本的时候，FTS 工程和功能不是被默认安装的，需要选择定制安装并选择 FTS。对于 SQL Server 2005，FTS 则是默认安装的。

3.1 SQL Server 存储方式

SQL Server 7.0 以前的版本把数据物理地存储到磁盘上，这种方法已经使用了近 20 年了。虽然某些技术被说成是时间考验的技术，但这种特定的技术既不适用于 NT 存储也不适用于安全系统，更不是为创建 Windows 9x 兼容产品而做出的好选择。如果微软希望为 SQL Server 7.0 或后续版本提供一些功能，那么它不得不做一些变动。

当今许多 SQL Server 用户并没有认识到 SQL Server 7.0 以前的版本与 Sybase 有着深深的根源。甚至在 NT 出现之前，微软和 Sybase 就形成了协作机构，共同研发 OS/2 上的 SQL Server 产品。在 6.0 版本出现之后（顺便提一句，它来源于 4.21 版本），Sybase 和微软决定分头前进。微软保持 SQL Server 的 NT 版本，而 Sybase 保持 UNIX 版本和其他所有非 NT 版本（然后它推出了自己的 NT 版本）。

在分开之前，微软已经决定向企业数据库管理市场进军。本质上，它想迎头赶上 Oracle、Informix 和 DB2，但它感觉到自己没有产品能完成这项任务，所以就开始了一个完全绝对的重写过程。

重写一个像 SQL Server 这样的关键系统不仅风险不小，而且速度也不快。尤其是不得不处理向后兼容问题，还需要增加一些新功能（用户不会因为你完全重写系统就购买你的产品，因此需要以新功能的形式推出）。因此，微软决定推出一个中间版本——SQL Server 6.5。该版本修补了 6.0 版下的一系列 bug（因此增加了一些新的 bug），另外增加了一些复制（性能不是特别好）、微软分布式事务协调者（Microsoft Distributed Transaction Coordinator，简称 MS DTC）以及 ANSI 的许多兼容性变化（最显著的是新的 JOIN 语法）等功能。

随后，微软推出了 SQL Server 7.0。在开发这个产品时，微软四处寻找世界上最好的、最著名的 RDBMS 系统设计者。该开发团队是一个从 Oracle、IBM、Informix、SAP 以及更多的公司挖来的令人惊奇的人才组合。因为需要一个全新的方法，所以微软想尽办法找到能提供该想法的人。到 SQL Server 7.0 推出时，他们已经彻底重新设计并创建了存储工程、关系工程和查询工程——简而言之，他们已经重新编写了所有的内容。现在，即使有另一个新版本出现，它也不会再留下 6.5 时代的代码了。

花这么长的时间介绍历史有何用途？通过学习开发历史，以及 6.5 版本下的存储，希望你为理解新版本的各种差别打下良好的基础。SQL Server 已经有一个非常强大的安装基础，即使在 SQL Server 2000 推出之后，6.5 版也占了整个 SQL Server 安装的很大的比重，而且笔者猜想你在许多年后可能还会查看 4.x 和 6.x 版下开发的应用程序的遗留代码。也就是说，这里有必要介绍一下 6.5 版和更早的版本，以及 7.0 版，讨论它们怎样处理存储问题。

3.1.1 各种版本的存储共性

即使 SQL Server 存储的历史发现了很多变化，实际上它们还是有很多共同之处。基本上，它们的共性在于存储数据的逻辑方式。无论在新版或旧版中，都可以将数据看作存储在某种层次结构中。

该层次非常简单，层次中的某些对象是要直接处理的，因此很容易理解。其他对象存储在表面之下，而且有时不能直接访问，所以通常不易被理解。下面逐个进行分析。

1. 数据库

这是一个非常容易理解的对象。笔者听到不少人说自己知道这个对象，可能是这样。但是，因为数据库是存储定义的最高层（对一个给定的服务器而言），而且在新、旧版本中都是一个普通的存储范例，所以在这里将它作为唯一实体被指出来。新、旧版本之间的最大差别在于，它们如何定义数据库的存储空间。尽管不能显式地在数据库层加锁，但数据库层确实是能够加锁的最高层。

锁是系统使用的控制和进行位置标记的某种东西。使用 SQL Server 进行开发时（无论是哪种数据库），你会发现在系统中理解和管理锁是绝对重要的。

有关锁的内容将在下一章中作进一步讨论。

2. 扩展盘区

扩展盘区（extent）是表和索引分配空间的最基本的存储元，它由 8 张相邻的数据页（pages）组成。版本不同，扩展盘区的大小也不同（在 SQL Server 6.5 中是 16KB，但对 7.0 及以后的版本，则是 64KB）。在 7.0 版中，在数据库下创建第一张表时，系统只分配两张数据页。在表中插入新行时，系统就开始分配新页，直到表占用了 8 页为止。从这一点看，一次增加的空间从来不会少于 8 页扩展盘区。在 SQL Server 2000 中，系统甚至不会在创建时分配最初的两页，只有插入第一行数据时才开始分配新页。

对熟悉操作系统存储原理的人来说，很难理解基于扩展盘区而不是实际空间进行空间分配的概念。而对那些确实熟悉聚集存储概念的人来说，可以将扩展盘区理解为类似于聚集。

> **注意：** 一旦扩展盘区满，那么下一条记录将不止占用该记录占用的空间，而是占用一个新扩展盘区。许多刚刚接触 SQL Server 的人总是错误地估计空间，一部分原因就在于 SQL Server 每次分配一个扩展盘区，而不是每次分配一条记录占用的空间。
>
> 通过预先分配空间，SQL Server 节省了为每条记录分配新空间的时间。
>
> 扩展盘区是可以加锁的资源，但是只有分配了新扩展盘区或释放空间后，才能对扩展盘区加锁。

看上去，仅因为在当前分配的扩展盘区上多添加了一条记录就要占用一个新扩展盘区有些浪费，但这种方式浪费的空间不是太多。我们仍然可以整理（尤其在碎片很多的环境下），这是读者要绝对明白的内容之一。

占用所有空间的优点在于，SQL Server 节省了一些过量开销。SQL Server 只在需要新扩展盘区时才处理分配额外空间，而不是每写一行就要考虑空间分配问题。

不要将扩展盘区占用的空间与数据库占用的空间混为一谈。无论在数据库上分配哪种空间（或者在 7.0 版本以前叫设备），都可以看到磁盘驱动器上的可用空间减少，而扩展盘区仅仅在整个空间上轮流分配数据库的保留空间时是这样。

扩展盘区也是一个可以加锁的资源，如果你有一个扩展盘区锁，就对扩展盘区中的所有数据拥有锁。该扩展盘区中的数据可以是相同表中的一部分，但只要不在上锁的扩展盘区中，该数据就仍然可用（数据上没有锁）。

3. 页

页与扩展盘区相似，就是数据库上分配的一个单元，它是特定扩展盘区下的分配单元。虽然这些页的大小（以及这些页的扩展盘区）根据版本（以前的版本或 7.0）的不同而不同，但是每个扩展盘区都有 8 页。

页是到达实际数据行之前的最后一层，尽管每个扩展盘区的页数固定，但是每页上的行数则不固定——行的多少由行的大小而定，行数是可变的。你可以将页看作存放表和索引行数据的容器。一行数据不允许拆分到两个页之间。

除了个别行以外，页还由许多内容组成：页头（page header）、实际行数据和行偏移量（row offsets）。页构成的示意图如图 3-1 所示。

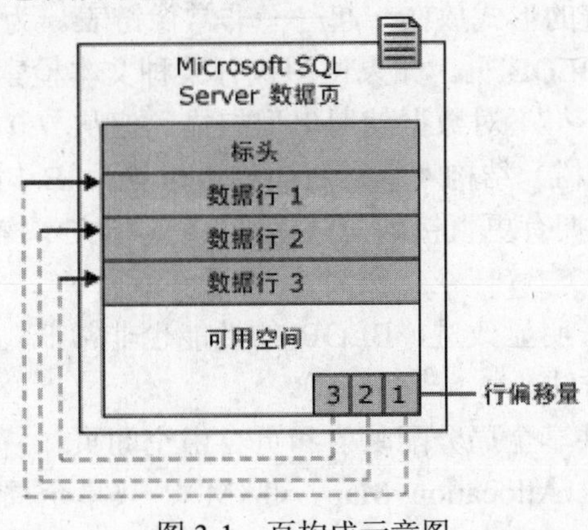

图 3-1　页构成示意图

每插入一行就得在末尾放置行偏移量，显示该页从哪里开始是特定行的数据。

有几种不同的页类型：

- ❑ 数据。
- ❑ 索引。
- ❑ 大二进制对象（Binary Large Object，BLOB）。用于图像，也用于大多数的 text 和 ntext 数据。
- ❑ 全局分配映射表（Global Allocation Mag，GAM）和共享全局分配映射表（Shared Global Allocation Mag，SGAM）。
- ❑ 页自由空间（Page Free Space，PFS）。
- ❑ 索引分配映射（Index Allocation Map，IAM）。

（1）数据页

数据页(data pages)的意义很明显，除了 BLOB 型数据没有使用行中的文本(text in row)选项定义之外，它们就是表中的实际数据。当某列中的行包含 BLOB 数据时，常规数据都存储在数据页中——BLOB 通常由一个找到 BLOB 页的 16 字节二进制信息指针和 BLOB 页组成。当你在行选项中使用了文本，并且文本短到可以放在可用的页空间中时，那么你就可以把文本和数据存放在一起（否则，你就会再次用到 16 字节的指针）。

（2）索引页

索引页（Index Pages）的概念也很直接，它们既拥有一个非聚集索引的非叶层页和叶层页（本章的后面会解释其含义），也拥有聚集索引的非叶层页。学习完本章后，你会对这些索引类型的意义更清晰了。

（3）BLOB 页

BLOB 页用于存储大二进制对象。对于 SQL Server，BLOB 页指存储在 image 字段中的数据，也包括大量的 text 和 ntext 数据。BLOB 页与数据存储页不同之处在于，BLOB 页没有任何行。一个 BLOB 数据可以为 2GB，所以它们必须存储在多于一页的地方——无论哪个版本都有这个问题。SQL Server 将为存储整个 BLOB 分配足够的页，但不保证这些页彼此相邻；这些页可以放在数据文件上的任何位置。

如前所述，行的非 BLOB 数据与该行相关的 BLOB 数据以指针的形式连接。在 SQL Server 7.0 中，指针的特性以及 SQL Server 浏览 BLOB 数据的方式都有所改变。在 6.5 和以前的版本中，BLOB 页以链的形式放在一起——非常像链表。为了找到 BLOB 部分的页，需要从头开始并逐页导航 BLOB 页。如果试图执行某种文本检索或二进制检索，那么这种安排将是致命的，逼迫你不得不对数据使用串型扫描。但从 7.0 版开始，页结构被改变为平衡树（Balanced Tree，B-树）结构（本章后面将再讨论）。B-树提供了很多分支结构，因此对于 BLOB 而言，可以拥有更直接的访问途径。；这与文本操作能执行的快速性相比是决然不同的。

即使在 7.0 版中得到了明显改进，BLOB 的性能也非常低，所以在进行高级设计时，需要考虑选择具体的存储方法。

（4）全局分配映射、共享全局分配映射和页自由空间页

全局分配映射（Global Allocation Map，GAM）、共享全局分配映射（Shared Global Allocation Map，SGAM）和页自由空间（Page Free Space，PFS）页类型包括指出使用了和

没有使用哪个扩展盘区和哪个页。本质上，这些页存储了显示可用空间的记录。进行高质量的开发或系统管理，不一定需要理解这些页类型，而且这些内容超出了本书的范围。但是，如果你渴望了解这些知识（或者到了如饥似渴的地步），则可以在联机帮助手册中找到更多的信息——只要在索引中查找GAM就可以了。

（5）页拆分

页满之后需要拆分，这意味着不止分配一个新页，也意味着将现有页大约一半的数据移到新页中。

使用聚集索引时，我们要进行异常处理。如果有聚集索引且被插入的下一行记录将被物理地当作表的最后一行记录，那么就创建新页并在新页中插入新行，但不会引起重新调整现有数据的现象。在了解索引的过程中，你将看到更多有关页拆分的例子。

现在我们已经学习了SQL Server不同版本的一些共同点，下面看一看其特殊性。

3.1.2　7.0以前的存储方式

因为本书重点讨论SQL Server 2005，所以除7.0版和超出该版本之外的存储过程，笔者不会对 6.5 以下的版本作详细讨论。但是，如果要能处理许多遗留服务器，那么我们仍然需要熟悉SQL Server以前的版本——不是指大量的遗留代码能处理而7.0版不能处理。

在7.0以后的版本中，数据库绝对是高层可用空间的分配问题。因为6.5不以该方式工作，所以笔者在这里提到该问题。6.5版拥有自己的空间分配范围，而且我们将看到这样会导致存储数据的方式有很大区别。

1. device（设备）

6.5以前的版本就具有device的概念。Device有点像预先分配空间，这里指SQL Server让操作系统（记住，这将追溯到Sybase的日子里，所以要讨论一对不同的操作系统）留出磁盘空间以构成命名存储空间。SQL Server负责存储哪些数据到该空间中，可以是一个数据库，也可以是一个数据库和日志，还可以是多个数据库和日志——只要在device上留有空间，任何混合的数据和日志都可以。其缺点是，需要说明给每一个数据库或日志分配了多少device。如果数据库的空间超出了运行范围，那么就需要分配附加空间。如果在device上没有剩余空间，就需要扩展device空间或创建新的device，并将数据库的一部分放到新device中。

device最大的缺点是，需要以最初创建device相同的名称、大小和顺序进行备份恢复。对许多商家而言，虽然他们有一系列的好备份，但不知道device名称、大小或创建的顺序，这将是一件非常不幸的事。如果你缺少与原来创造device结构一样的信息，则将导致备份没有任何作用。

这应归于“很早以前”的文件，如果你有6.5的服务器并碰到“我们不知道device名称，也不知道什么时候创建”的device问题，那么可以查询系统表（sysdevices、sysobjects和sysdatabase）得到需要的信息，只要仍然有原始的master数据库就可以了。

2. 数据库

因为SQL Server 6.5以及早期的版本都使用了device，所以与7.0版相比，数据库的概念是一个相对简单的事。在创建数据库时，什么都根据数据库和日志进入到哪种device以及要占用多少空间而定。简而言之，你只与逻辑 device 打交道，而不与 7.0 和 2000 中引用的物理组件（此时指物理文件，而不是逻辑 device）接触。实际上，我们不得不处理两种不同的情况（device 和数据库），这是一件非常痛苦的事情。7.0 以后的数据库，虽然定义过程很复杂，但与 6.5 以前的 device 及数据库组合的概念相比，实际上已简化了事情的处理过程。

在大多数处理方法中，从存储的观点看，7.0 以前的数据库与 7.0 以后的数据库工作方式一样。数据库完全由扩展盘区、页以及其他内容组成。数据库是可以加锁的资源——除了实际创建数据库以外，它们没有什么变化，而且 6.5 下的数据库工作在 device 上而不是文件上。

3. 扩展盘区和页

在 6.5 以前的版本中，扩展盘区有 8 页，与后来的版本相同，但一页只有 2KB，所以最多能到 16KB。创建表意味着至少要创建一个扩展盘区——那时扩展盘区限制了表处理。

BLOB 数据存储在特殊页中，但任何 BLOB 页都只指向一条记录的数据。一条记录可以有多页 BLOB 数据与之相关，反之则不成立——如果 BLOB 信息只有 10 字节大小，也占用整个 2KB 页。

SQL Server 6.5 和早期的 SQL Server 使用链方法存储 BLOB 信息。从最早的 I/O 观点看出，这实际是一个有益的方法，但在字符串处理方面性能极差。

所有的扩展盘区和页都是可以加锁的资源。

4. 行

行区域要处理的根本差别在于区域大小和可锁性。

行不跨页（除了 BLOB 数据之外）的规则意味着行最大可以是 2KB（1962 字节；2048 字节中的其他字节包含了页头和行偏移信息）。

行只是一个准可锁资源。在 SQL Server 6.5 和以前的版本中，你可以看到许多关于行层加锁不可用的信息。虽然这对 6.0 和以前版本的数据库是正确的，但 6.5 版确实有一个行层锁的限制，该限制只对 INSERT 语句有效。默认情况下，插入行层锁被关闭。实际上，大多数人没有认识到已经添加了行层锁。那些知道行层锁的人通常不使用它，因为行层锁需要在 INSERT 语句中使用一些特殊语法。简而言之，可以在行层进行加锁处理，但只对插入有效，且只有在该选项打开并使用特定语法时才真正有效。

3.1.3 7.0 及以后的存储方式

1. device

已经没有 device 了，这是一个很好的决策。现在，要么不需要以前版本中的 device，要么把需要的功能嵌入到数据库和/或数据库文件中。

2. 数据库

在 7.0 版中，我们看到数据库已经成为物理空间需要声明的核心。除此之外，其他情况与 6.5 相同，数据库仍然是可以加锁的资源。

对那些学习过 6.5 或更早版本的人来说，需要明白在 7.0 以后的 server 上删除数据库也将删除物理文件，这与 6.5 中删除 device 的工作方式发生了明显变化。

3. 文件

文件大概与 7.0 和以后版本的 device 最接近。但是，如果你注意到笔者在这里提供的事情（有层次），就会认识到我们是在数据库之后而不是之前讨论文件的。

对于 device，我们可以拥有多个数据库：它以其他方式与文件一起工作。也就是说，一个数据库拥有多个文件，但一个文件不能拥有多个数据库。

默认情况下，数据库有两个相关联的文件：

基本物理数据库文件。这是数据最后存储的地方，该文件的扩展名为.mdf（这是推荐的形式，并非必须。但笔者认为以其他方式作为扩展名容易引起混淆）。

数据库文件的某种分支——日志。第 11 章将对此进行深入讨论，但你需要明白，日志驻留在自身文件中（它应该用.ldf 扩展作为文件名的后缀）。如果没有日志，数据库将不能运作。日志是上一次数据被提交后数据库中所发生的事情的串型记录。那么数据库并不是真正的完整数据集，日志也不是。然而，如果启动数据库并开始应用日志（添加所有的行为），那么你就拥有了完整数据集。

并不要求这些文件的位置彼此相关，我们可以（实际非常理想）将每个文件放置在分开的物理设备上。这不仅允许在一个文件中执行操作而不影响其他文件，也创造了丢失数据库文件不会导致丢失数据的好场所——可以从备份中恢复并重新应用日志文件（该日志文件在另一个 device 上是安全的）。同样，即使丢失了日志文件，也拥有直到最后一个检查点（checkpoint，下一章会介绍）为止的有效数据库。

4. 扩展盘区

自 6.5 以来，扩展盘区已经发生了很多变化。在 7.0 版以前，一个或多个扩展盘区只有一张表，现在已经有了一些变化。

扩展盘区是管理空间的基本单位，一个扩展盘区是 8 个物理上连续的页（即 64KB），这意味着 SQL Server 数据库中每 MB 有 16 个扩展盘区。

为了使空间分配更有效，SQL Server 不会将所有扩展盘区分配给包含少量数据的表。SQL Server 有两种类型的扩展盘区：

- 混合扩展盘区。
- 统一扩展盘区。

混合扩展盘区中可以有 8 个不同对象（在扩展盘区的 8 张不同页上，可以存在 8 个不同对象）。新表和索引首先从混合扩展盘区开始，一旦它们拥有至少 8 页，就移到统一扩展盘区中。

统一扩展盘区就是指扩展盘区中的每一页都来自同一对象。表 3-1 的例子显示混合扩展盘区和统一扩展盘区怎样分配数据。

表 3-1　混合、统一扩展分区的数据分配

Page	Shared Extent	Uniform Extent
1	MyTable1	MyTable1
2	1st Index on MyTable1	MyTable1

续表

Page	Shared Extent	Uniform Extent
3	2nd Index on MyTable1	MyTable1
4	MyTable2	MyTable1
5	MyTable3	MyTable1
6	1st Index on MyTable3	MyTable1
7	4th Index on MyTable1	MyTable1
8	1st Index on MyTable2	MyTable1

与以前的方法相比，这种新的处理方式有如下好处：

- 节省空间。如果 SQL Server 仍然使用 6.5 下的“每个扩展盘区只能存储一张表或一个索引”的规则，那么在混合扩展盘区用法中列出的表上的 8 个对象将占用新系统中 8 倍的空间。考虑一下，如果 SQL Server 拥有 64KB 的扩展盘区，那么就意味着对每个混合扩展盘区而言会节省 400KB 多空间（对 8 个扩展盘区而言，就是 8×64KB 减去 8 页中实际使用的 8×8KB）。
- 赢得了速度。更少的扩展盘区意味着可以减少扩展盘区之间切换的次数，这也意味着读的次数更少。读的次数减少意味着执行读的时间减少，也意味着执行时间减少。

但是，大的扩展盘区和页也增加了碎片（fragmentation）的危险性。碎片使驻留数据少而空白页多。这意味着，对于更小的记录，增加了页和扩展盘区之间切换带来的过量开销。数据库的删除操作总是导致产生碎片，我们在本章介绍填充因子的概念时会进一步讨论该问题，如图 3-2 所示。

图 3-2　扩展盘区

5. 页

与以前的版本相比，7.0 以后的版本发生的另一个巨大变化是页。这些变化包括：

- 现在的大小是 8KB 而不是 2KB。
- BLOB 页现在可以用作多于一行的数据。
- BLOB 页链接的方法已经有所改变。

只要数据是 text 或 ntext 类型（需要在表的 CREATE 语句中特别声明），数据页就可以储存 BLOB 数据。

根据经验，页最大可以是 8KB。“给定行不在多页间扩展”规则仍然有效，所以页的增大意味着存储数据行的潜力增大。另外，页越大，页数量的变化越小，所以逻辑读的次数减少。这通常意味着在 I/O 上的时间和努力都减少，性能更好。

但是大页也有其缺点。首先，即使 SQL Server 知道了数据在哪一页上，也要为查找特定的行而筛选更多的行（微软已经在该问题上应用了一些方法）。更重要的是，因为一页中含有大量的行数据，所以对页加锁需要包括大量的行数据。在介绍锁的概念时，我们将讨论这样做有什么缺点。

现在，我们可以在同一个 BLOB 页上存储多于一行的 BLOB 数据。实际上，数据都是以常用的 BLOB 格式存储在该页上，而且形式不同，可以混合使用 text、ntext 和 image 数据。

在 7.0 版中，微软改变了存储方法，使用了 B-树（Balanced Tree）结构。对那些不熟悉 B-树的人（大概大多数人都是这样）来说，我们将在处理索引的时候详细介绍这一概念。其工作方式可以简要解释为文本指针与真实数据行存储在一起。文本指针不指向实际的数据，但通过根结构可以找到数据。该根结构是指向真实数据的第一个位置，如果 BLOB 数据太大，则根结构就需要指向调用的中间节点。如果 B-树大于 32KB，就必须采用树拆分，而且需要通过附加层才能找到最终的数据。因为 BLOB 越来越大，所以树枝层节点的数量也越来越多——B-树变大。

与你期待的一样，使用这一设计方法有一个目的。事实是，文本操作在这种结构下速度较快，因此 SQL Server 可以通过遍历 B-树浏览结构中的特殊点。在 6.5 版中，你不得不按顺序一页一页地向后翻找，直到找到需要的页为止。

6. 行

在 7.0 版的重写过程中，微软在这个方面有了一次飞跃，这就是围绕行所做的改变。最大的变化是：

- 行最大可以到 8KB。
- 现在所有的语句都支持行层锁。在 6.5 版下，只能在 INSERT 语句中拥有行层锁，而且只有你知道解锁的正确步骤。

从 SQL Server 2000 开始，我们也拥有了在行层使用各种锁的能力。例如，在 7.0 版中要求一个行锁，但我们不会显式说明需要一个排它锁（再次声明，更多的内容将在下一章中介绍），现在可以实现了。

（1）大的行尺寸

从 7.0 版开始，行可以略微小于 8KB（更精确地说是 8060 字节）。该数字大约是 6.5 版下的 4 倍，它在表和数据库设计上有更深远的影响。

在 6.5 版下，需要将表拆分成一对一的关系，这一点也不奇怪，因为这样可以保证有足够的存储空间。为了查找一张表中的数据，从需要执行链接的数据库复杂性和性能成本来说都存在问题。虽然在 7.0 版以后的版本仍然存在某种问题，但现在可能更少。大的行尺寸的另一个好处是许多字段类型的最大长度也随之增加。例如，在 6.5 版中，对一个非 BLOB 字符类型，最大的长度是 255 个字符，这存在严重问题：即使在普通形式下，也难以处理多于 255 个字符的描述。现在，我们允许 8060 个字符，通常可以避免使用 text 字段，该字段比 char、varchar、nchar 或 nvarchar 都要慢而且难以使用。

在 SQL Server 2005 中，虽然行不能跨页，但其部分可以移出行所在的页，因此行实际可能非常大。页的单个行中的最大数据量和开销是 8060 字节（8KB）。但不包括用 Text/Image 页类型存储的数据。在 SQL Server 2005 中，包含 varchar、nvarchar、varbinary 或 sql_variant 列的表不受此限制的约束。当表中的所有固定列和可变列的行的总大小超过限制的 8060 字节时，SQL Server 将从最大长度的列开始动态将一个或多个可变长度列移动到 ROW_OVERFLOW_DATA 分配单元中的页。每当插入或更新操作将行的总大小增大到超过限制的 8060 字节时，将会执行此操作。把列移动到 ROW_OVERFLOW_DATA 分配单元中的页后，将在 IN_ROW_DATA 分配单元中的原始页上维护 24 字节的指针。如果后续操作减小了行的大小，那么 SQL Server 会动态将列移回到原始数据页。

除了限制 8060 个字符外，也限制最多可以有 1024 列（在 6.5 版下只有 250 个列）。实际上你会发现，在超出 8060 个字符限制之前，很不容易超出列范围的限制。1024 列给你提供的平均列宽度是 8 字节，在很多用法上，你很容易超过这个数。这件事情的处理方法是进行测量并得到统计信息——在存储大量不同数据样本的地方进行测量。现在，即使是应用程序也很少碰到 1024 列的限制。

（2）行层锁。

笔者已经多次提到，要用一章讨论加锁，但现在笔者想指出其重要性。在行层加锁意味着只控制该行，而不是对该页或扩展盘区中的所有行加锁，第 11 章将讨论这一重要问题。现在，笔者希望你能理解行层加锁的概念不仅应用于实际数据，而且也可以应用于本章讨论的索引行。

3.2 索引定义

索引通常是以字母顺序安排的一些特定数据的（例如作者、主题或关键词）清单（作为著作目录信息或文学题材的引用）。索引是与表或视图关联的磁盘上结构，可以加快从表或视图中检索行的速度。索引包含由表或视图中的一列或多列生成的键，这些键存储在一个结构（B 树）中，使 SQL Server 可以快速有效地查找与键值关联的行。

笔者将采用数据库中的一个简单方法，说明利用索引可以快速提取数据。

该定义中的字母顺序随数字规则的变化而变化。例如，SQL Server 有一系列不同的排序规则选项，这些选项有：

- 二进制　按字母顺序排序（例如，在 ASCII 中，空格是用数字 32 代表的，而字母 D 是 68，但字母 d 则是 100）。因为每个数据都是数字的，所以这是最快的选项。不幸的是，这并不是常用方法，该排序会在 WHERE 从句的比较中带来很大问题。
- 字典顺序　这种排序与你在字典中看到的和所期望的一样，你可以使用一系列选项设置是否区分大小写、区分重音和字符集。

我们让 SQL Server 区分大小写就非常容易理解了，这样字母 A 就不会等于 a 了。同样，如果我们让 SQL Server 不区分大小，那么字母 A 就等于 a。在讨论区分重音时就有点令人混淆了——也就是说，SQL Server 注意读音符号，因此字母 a 不同于字母á，也不同于字母à。许多人困惑的是，为什么排序规则顺序不仅影响数据相等性，而且影响排序次序（它以索引的方式存储数据）。

我们通过表 3-2 的例子看看一组排序规则选项的相等性，并看看它们怎样影响排序次序和相等信息。

表 3-2　排序规则选项

排列顺序	比较值	索引存储顺序
字典顺序，不区分大小写，不区分重音（默认情况）	A = a = à = á = â = Ä = ä = Å = å	a, A, à, â, á, Ä, ä, Å, å
字典顺序，不区分大小写，不区分重音，大写优先	A = a = à = á = â = Ä = ä = Å = å	A, a, à, â, á, Ä, ä, Å, å
字典顺序，区分大小写	A　a, Ä　ä, Å　å, a　à　á　â　ä　å, A　Ä　Å	A, a, à, á, â, Ä, ä, Å, å

需要指出的是，在索引中发生的事情取决于你建立的数据排序规则信息。从 SQL Server 2000 开始，可以在数据库和列上改变排序规则，所以你可以控制该层得到理想的效果。但早期版本（即使是 7.0）的排序规则都是在服务器上设置的，而且仅此而也。对于这些安装，如果使用区分大小写安装，那么会发生一些本质性变化。假设你的服务器区分大小写，如果计划支持早期的 SQL Server，那么就需要确信系统文档能支持该工作。假设你是一个独立软件生产商（Independent Software Vendor，ISV），而且销售自己的产品，现在假设你的客户在现有的服务器上安装了该产品（看上去像件非常合理的事情），但现有的服务器刚好是一个老服务器，而且被设置为区分大小写，那么你最好给用户提供技术支持，否则会被用户抱怨。

一旦你设置好以前版本的 SQL Server 的排序规则，那么要改变该顺序将是件非常痛苦的事情，所以在设置之前要确信排序规则的顺序。SQL Server 使排序非常简单，如果要在开发周期过程中改变排序规则顺序，则需要讨论。

3.2.1　B-树

在 SQL Server 中，索引是按平衡树（B-树）结构进行组织的。索引 B-树中的每一页称为一个索引节点。B-树的顶端节点称为根节点，索引中的底层节点称为叶节点。根节点与叶节点之间的任何索引级别统称为中间级。在聚集索引中，叶节点包含基础表的数据页。根节点和叶节点包含含有索引行的索引页，每个索引行包含一个键值和一个指针，该指针指向 B-树上的某一中间级页或叶级索引中的某个数据行。每级索引中的页均被链接在双向链接列表中。平衡树的概念（B-树）当然不是 SQL Server 中建立的概念。实际上，B-树在索引系统中和数据库领域之外应用也相当广泛。

B-树的目的在于：在查找特定的信息时，提供一致性并降低成本。名字中“平衡”的意义相当明显：B-树就是少数特例除外的自身简单平衡，这意味着每次都有一半数据在树枝的一边，而剩下的一半在另一边。在这一点上，名字中“树”的意义相当明显（提示：树、树枝——看见这个趋势了吗）。这里采用树是因为，如果将绘制的结构翻转过来，那么该图就变成了树图。

B-树首先从根节点（root node）开始（树上的其他情况依此类推，但这不是最后一个节点）。如果只有少量数据，那么根节点就可以直接指向数据的实际位置，如图 3-3 所示。

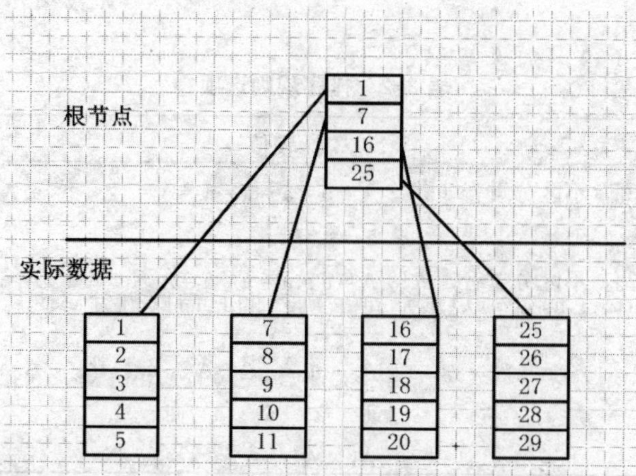

图 3-3　根节点可以直接指向数据的实际位置

因此，我们从根上查找记录，直到找到一个比起始值要小的记录的最后一页为止，然后得到该节点的指针，并且继续查找下一节点，直到找到需要的行为止。

大多数情况下，根节点需要指向太多的数据，可以让根节点指向中间节点——或者叫非叶层节点（non-leaf level node）。非叶层节点是根节点与数据物理存储的节点间的节点。非叶层节点能指向其他的非叶层节点，或者指向叶层节点（leaf level nodes，笔者保证这是参考树的最底层）。叶层节点是包含实际物理数据的参考信息节点。叶更像浏览树的整体，在叶层得到的节点是索引的最终结果——从这里，我们就可以直接访问有数据的真实数据节点，如图 3-4 所示。

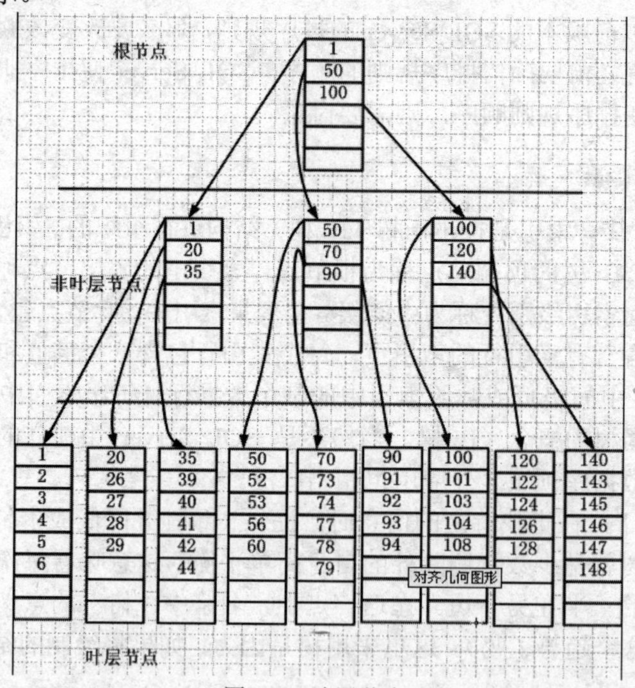

图 3-4　叶层节点

再次说明，我们从根节点开始，然后移到等于或小于要查找的最高值的节点，并查找下一层。重复该处理过程，查找相等或小于要查找值的最高值节点，循环往复，一层层地沿着树结构往下进行，直到叶层为止。从那里得到数据的物理位置，然后可以快速浏览该数据。

在读节点的过程中，所有这些在等式两旁工作都正常，但在插入时有一些缺陷。回想起 B-树结构中的 B 代表“平衡”，你也可能会想起笔者提到 B-树是平衡的，因为每次运行树时有一半数据在树枝的一侧，而另一半数据在另一侧。因为在这种方式下增加数据将导致 B-树不平衡，所以 B-树有时是自平衡的（self-balancing）。

当数据被添加到树上时，节点最后都会满，而且需要拆分。因此，在 SQL Server 中，节点等同于页——这叫做页拆分（page split）。

发生页拆分时，数据自动来回移动以保证树平衡。第一半数据保留在旧页上，而其余数据则被移到新页中——所以你大约有 50-50 的拆分，而且可以保持树平衡，如图 3-5 所示。

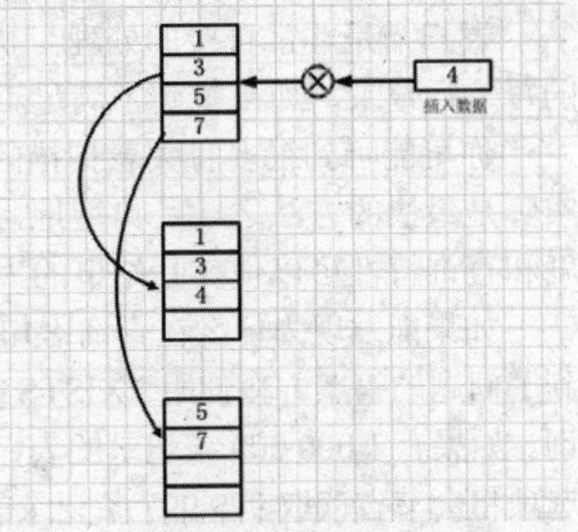

图 3-5　页分裂保持树平衡

如果你进一步考虑拆分处理，就认识到拆分导致了额外开销。不止插入一页，而是：

- 创建新页。
- 从现有页上将行移到新页上。
- 在其中的一页上添加新行。
- 在父节点上添加另一个条目。

但过量开销远不止这些，因为我们处于树管理中，所以可能有级连行为。当你创建新页时（因为拆分的缘故），你需要在父节点上创建另一个条目。父节点中的该条目也可能引起该层的页拆分，而且处理过程将全部再次开始。实际上，这种可能性在所有方式下都有所扩展，甚至影响根节点。

如果拆分根节点，那么实际是以创建两个附加页结束。因为只有一个根节点，所以形成根节点的页被分成了两页，从而变成了树的新中间层，这样就创建了全新的树节点，而且会有两个条目（一个是老根节点的条目，而另一个是拆分页的条目）。

无须多说，在系统性能上，页拆分对系统存在不良影响，而且服务器上的个性化处理行为似乎需要占用几秒钟（在页拆分和重写时）。

本章下面还要讨论如何预防页拆分。

虽然叶层页拆分是一件非常普通的事情，但发生在中间节点上的页拆分不会很频繁。当表增长时，每一层索引都要经历页拆分。但是，因为对应于下一层节点的多个条目只有一个中间节点，所以树的深度越深，页拆分的数量就越少。对于叶层拆分，仍然必须在下一个最底层已经存在拆分，这意味着树上的页拆分本质上是累积的（而且需要昂贵的性能代价）。

SQL Server 有大量的索引（随后会简要讨论），但在某种程度上都使用了 B-树法。实际上，B-树的灵活性导致了结构非常相似。当然，我们仍然会看到一些明显差别，而且这些差别对系统性能有影响。

对于 SQL Server 索引，节点树以页的形式出现，实际可以对根节点、非-叶层、叶层和树结构，甚至对 SQL Server 和数据库都应用这种概念。

3.2.2 访问数据的原理

广义上，SQL Server 只有两种提取数据的方式：

- 使用表扫描。
- 使用索引。

SQL Server 使用哪种方法运行特定的查询，这由可用哪种索引、需要查询哪些列、进行了哪种联接和表的大小而定。

1. 使用表扫描

表扫描是非常直接的处理。执行表扫描时，SQL Server 从表的物理起点开始查找表中的每一行记录，如果找到了满足查询条件的行，就将这些行放到结果集中。

你可能听到很多有关表扫描的不足之处，这通常是正确的。但在某些实例中，表扫描实际是最快的方法之一。典型地，该方法从一张较小的表中提取数据时速度很快。表的宽度和查询特性可以使实际结果的大小发生很大变化。

如果能发现为什么在查询语句的 WHERE 从句中使用 EXISTS 提高了性能，那么你就找到了问题的答案。在使用 EXISTS 操作符时，只要找到了匹配的记录，SQL Server 就停止查询。如果有 1 000 000 条记录的表，而且在第三条记录中找到了匹配记录，那么使用 EXISTS 选项将会节省读取 999 997 条记录的时间。NOT EXISTS 关键词的工作方式与此相同。

2. 使用索引

当 SQL Server 决定使用索引时，处理过程实际上与表扫描方式相似，但更快捷。

在查询优化处理中，优化器首先查看所有可用的索引，并选择一个最好索引（这是基于在联接中指定的信息和 WHERE 从句，并结合 SQL Server 在索引组成上保存的统计信息而决定的）。一旦选择了这个索引，SQL Server 就操纵树结构指向与标准相匹配的数据指针，并再次提取需要的记录。其差别在于数据是排序的，所以索引查询工程知道何时到达了查询范围的末尾，然后可以结束查询，或者根据需要移到数据的下一范围。

如果你已经提前学习了有关查询的知识，就会注意到它与 EXISTS 选项有相似之处。EXISTS 关键词允许找到匹配记录就跳出查询。使用索引得到的性能与表扫描得到的性能相似（甚至更好），因为查询数据的处理方式很相似。也就是说，服务器能知道何时没有相关信息并立即停止查询。但使用索引效果更好，因为我们不必限制在布尔状态上（要查询的数据是否存在——是还是否）。我们可以在范围的开始和结束都应用相同的概念，利用索引查找数据有利于限制数据范围。另外，我们还可以执行快速数据查询（称为搜索，seek），而不用在整表中猎取。

不要因为笔者对两者的比较而将索引中的 EXISTS 选项完全替换为 EXISTS 操作符（或者反之亦然）。这两者不是互斥的，它们可以一起使用，而且通常都是这样。这里同时提到这两者是因为它们在工作原理上有相似性，而且得到表的最终物理结果后都会退出。

3.2.3 索引类型和索引遍历

尽管名义上 SQL Server 中只有两种类型的索引（聚集和非聚集），但实际上，从内部角度来说，有 4 种不同的类型：

- 聚集索引。
- 非聚集索引（包含两种形式）。
- 堆上的非聚集索引。
- 聚集索引上的非聚集索引。

存储物理数据的方式在聚集和非聚集索引之间变动。SQL Server 遍历 B-树，得到最终结果的方法也在这 4 种索引之间变动。

所有的 SQL Server 索引都有叶层页和非叶层页。像在讨论 B-树时提到的那样，叶层拥有定义记录的关键，而非叶层页引导到叶层。

索引要么建立在聚集表上，要么建立在堆（heap）上。

除了从内部角度考虑之外，在 SQL Server 2005 中，还增加了以下两种特殊的索引：

- 全文索引。
- XML 索引。

笔者在下面会进行详细介绍。

（1）聚集表。

聚集表（clustered table）是具有聚集索引的表。虽然我们已经简要讨论了聚集索引，但它们意味着表中的数据以指定顺序存储。独立行通过簇-键（cluster-key）唯一定义；簇-键指定义了聚集索引的列。

问题是，“如果聚集索引不唯一，那该怎么办？”也就是说，如果索引不是唯一索引，聚集索引怎么能唯一定义行呢？答案是隐藏的——SQL Server 强迫所有的索引都唯一，即使没有用这种方式定义。幸运的是，它用一种并不影响使用索引的索引方式唯一定义行。如果你希望插入重复行，则仍然可以，但 SQL Server 将在内部添加一个前缀以确保行是唯一定义的。

（2）堆。

堆（heap）是不含有任何聚集索引的表，它基于组合该行的扩展盘区、页和行偏移（放置在页的最顶端）而建立唯一标识符或行 ID（RID）。在没有可用簇键的情况下（非聚集索引）才需要 RID。

1. 聚集索引

聚集（聚集）索引对特定表是唯一的，即一张表中只能有一个聚集索引。表不一定要有聚集索引，但你会发现，使用它作为第一索引是最普通的选择类型之一。在了解索引类型时，各种原因就变得更明显了。聚集索引基于数据行的键值在表内排序和存储这些数据行。每个表只能有一个聚集索引，因为数据行本身只能按一个顺序存储。

聚集索引的特殊之处在于，叶层聚集索引就是实际数据。也就是说，数据根据索引排序标准重新排序，然后以相同物理顺序存储。这意味着，一旦得到了索引的叶层，你就得到了数据。系统根据聚集索引的正确物理顺序插入数据，并根据需要插入记录的位置，改变被创建的新页。

如果需要在索引结构的中间插入记录，那么就会发生标准页拆分。原有页的最后一半记录被移到新页上，并在新页或原有页的合适位置插入新记录。

如果新记录逻辑上处于索引结构的末尾，则就创建新页，但只有新记录被添加到新页中，如图 3-6 所示。

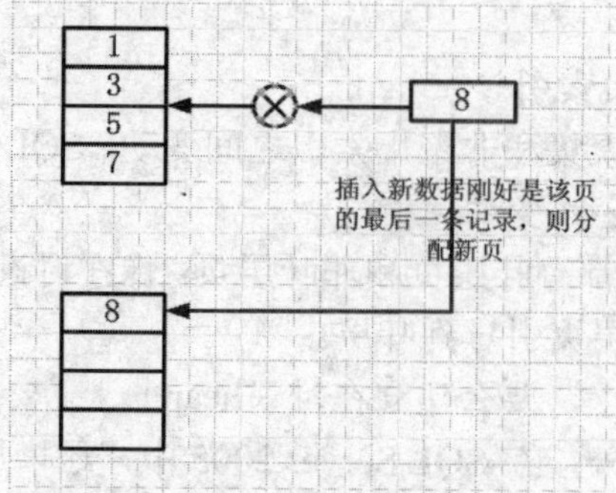

图 3-6　新记录被添加到新页中

2. 遍历树

如前所示，即使 SQL Server 中的索引也是存储在 B-树中的。理论上，B-树在树枝的每个可能方向总有一半的保留信息。下面看一看聚集索引的 B-树结构，如图 3-7 所示。

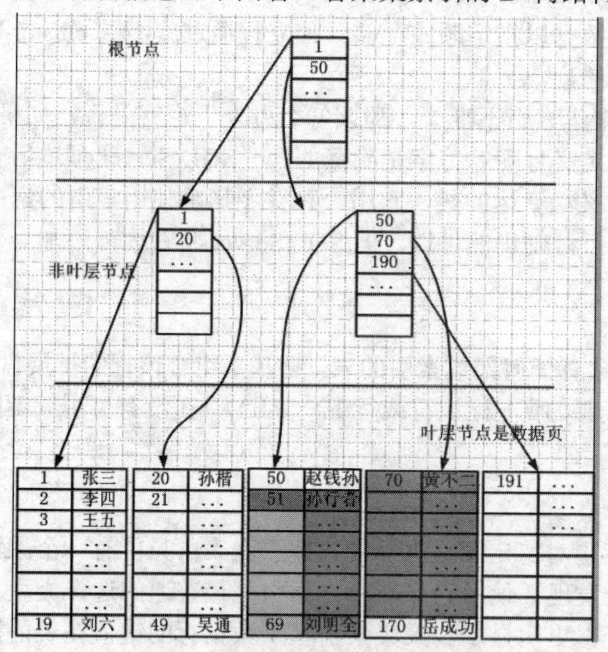

图 3-7　聚集索引的 B-树结构

可以看到，本质上它与本章前面讨论的常用 B-树一样。在这种情况下，我们在一定范围内查找（某种聚集索引擅长的地方）数字 158～400，需要完成以下操作：

（1）查找第一条记录，包括该页的所有剩余记录。我们知道需要该页的剩余数据，因为上级节点的信息使我们知道，我们还需要一些其他页上的数据。因为这是一个排序的清单，所以可以确保其连续性。这意味着，如果下一页有记录，那么就应该被包含进来，而且必须包含该页的其余信息。在没有验证的情况下，我们可以从那些页开始输出数据。

（2）首先从根节点开始遍历。SQL Server 能基于 sysindexes 系统表中保存的条目信息定位根节点。

数据库中的每一个索引在 sysindexes 中都有一个条目。系统表是数据库的一部分（与在 master 数据库中相反），而且存储了数据库的所有索引信息以及这些索引基于哪一列的信息。

（3）通过查找充当根节点的页，可以指出需要检查的下一页（图中指第二层的第二页）。根据我们在树上采取的每一个步骤，我们得到的数据子集将越来越小。

（4）得到叶层索引。在聚集索引中，到达索引的叶层就意味着我们得到了理想行和理想数据。

笔者难以强调直接的重要性，对于聚集索引，当你完全遍历索引时，就意味着已经完全遍历了数据。当我们学习非聚集索引时，将看到这样会产生多少性能差异，尤其是非聚集索引建立在聚集索引上会更明显。

每个表几乎都对列定义了聚集索引来实现下列功能：

- 可用于经常使用的查询。
- 提供高度唯一性。

创建 PRIMARY KEY 约束时，将在列上自动创建唯一索引。默认情况下，此索引是聚集索引，但是在创建约束时，可以指定创建非聚集索引。

- 可用于范围查询。

如果未使用 UNIQUE 属性来创建聚集索引，那么数据库引擎将向表中自动添加一个 4 字节 uniqueifier 列。必要时，数据库引擎将向行自动添加一个 uniqueifier 值，使每个键唯一。此列和列值供内部使用，用户不能查看或访问。

在创建聚集索引之前，应先了解数据是如何被访问的。考虑对具有以下特点的查询使用聚集索引：

- 使用运算符（例如 BETWEEN、>、>=、< 和 <=）返回一系列值。使用聚集索引找到包含第一个值的行后，便可以确保包含后续索引值的行物理相邻。例如，如果某个查询在一系列销售订单号间检索记录，那么 SalesOrderNumber 列的聚集索引可以快速定位包含起始销售订单号的行，然后检索表中所有连续的行，直到检索到最后的销售订单号。
- 返回大型结果集。
- 使用 JOIN 子句。一般情况下，使用该子句的是外键列。
- 使用 ORDER BY 或 GROUP BY 子句。在 ORDER BY 或 GROUP BY 子句中指定的列的索引，可以使数据库引擎不必对数据进行排序，因为这些行已经排序，这样可以提高查询性能。

一般情况下，定义聚集索引键时使用的列越少越好。考虑具有下列一个或者多个属性的列：

- 唯一或包含许多不重复的值。例如，雇员 ID 唯一地标识雇员。EmployeeID 列的聚集索引或 PRIMARY KEY 约束，将改善基于雇员 ID 号搜索雇员信息的查询的性能。另外，可以对 LastName、FirstName、MiddleName 列创建聚集索引，因为经常以这种方式分组和查询雇员记录，而且这些列的组合还可提供高区分度。
- 按顺序被访问。例如，产品 ID 可以唯一地标识 AdventureWorks 数据库的

Production.Product 表中的产品。在其中指定顺序搜索的查询（例如 WHERE ProductID BETWEEN 980 and 999），将从 ProductID 的聚集索引受益，这是因为行将按该键列的排序顺序存储。

- 由于保证了列在表中是唯一的，所以定义为 IDENTITY。
- 经常用于对表中检索到的数据进行排序。按该列对表进行聚集（即物理排序）是一个好方法，它可以在每次查询该列时节省排序操作的成本。

聚集索引不适用于具有下列属性的列：

- 频繁更改的列。这将导致整行移动，因为数据库引擎必须按物理顺序保留行中的数据值。这一点要特别注意，因为在大容量事务处理系统中数据通常是可变的。
- 宽键。宽键是若干列或若干大型列的组合，所有非聚集索引将聚集索引中的键值用作查找键。为同一张表定义的任何非聚集索引都将增大许多，因为非聚集索引项包含聚集键，同时也包含为此非聚集索引定义的键列。

创建聚集索引时，可以指定若干索引选项。因为聚集索引通常都很大，所以应特别注意下列选项：

- SORT_IN_TEMPDB。
- DROP_EXISTING。
- FILLFACTOR
- ONLINE。

笔者在 3.3 节中会介绍部分选项的使用方法。

3. 堆上的非聚集索引

堆上的非聚集索引与聚集索引的工作方式相似。但是，它们之间存在一些明显的差别：叶层不是数据。相反，它是你可以得到数据的指针层。如前所述，该指针以 RID 的形式出现，由索引指向的特定扩展盘区、页和行偏移量组成。尽管叶层不是实际的数据（相反，它有 RID），但只是比聚集索引多一步——因为 RID 拥有行位置的所有信息，所以我们可以直接访问数据。

不要误解“只是多一步”意味着只存在细微差别，堆上的非聚集索引运行的速度与聚集索引的速度一样快。就聚集索引而言，数据以索引的顺序物理存放。这意味着对一定范围的数据，当你发现该行拥有数据头时，就有好机会，因为该页的其他行也有数据头（这就是说，因为数据和数据头存储在一起，所以你从物理上已经得到了下一条记录）。就堆而言，数据除了以索引的方式链接外，不再以其他方式链接。从物理角度看，这绝对不是一种排序。从物理读的角度看，系统已经从所有的文件中提取了记录。实际上，极有可能（或者更可能）要从相同页上多次分开提取数据——SQL Server 不知道它必须返回到该物理位置，因为数据之间并没有链接。就聚集索引而言，系统知道物理排序，所以能一次访问一页并收集该页的所有数据。

要公正地对待堆上和聚集索引上的非聚集索引，已经被读过一次的页仍然驻留在高速缓存中的机会非常高，因此被提取的速度也非常快。当然，在提取数据时也增加了一些额外的逻辑操作。

这是聚集索引中处理的相同查询，这次查询在堆上的非聚集索引中进行，如图 3-8 所示。

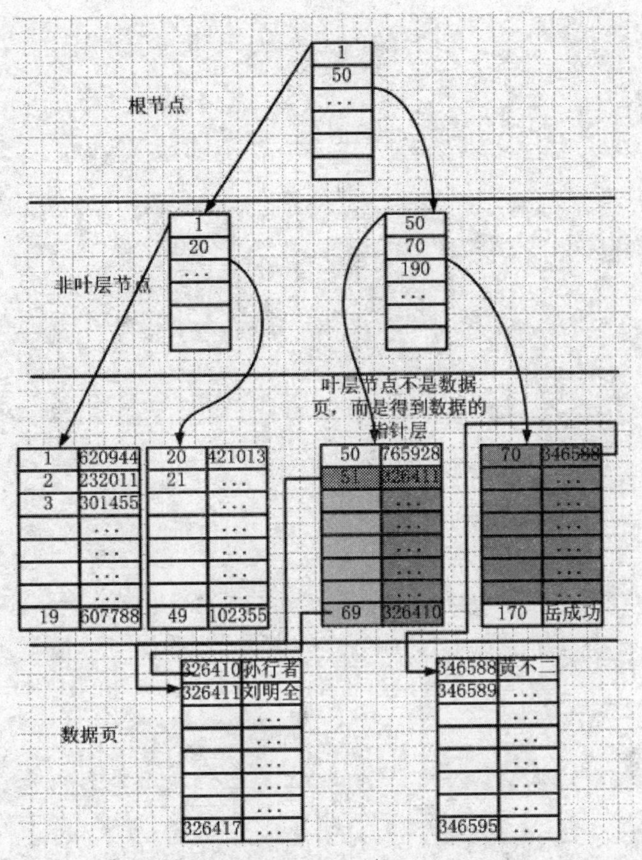

图 3-8　在堆上的非聚集索引中进行查询

大多数索引遍历的完成过程与以前一样。从相同的根节点开始，通过遍历树，处理越来越多的焦点页，直到到达索引的叶层为止。这就是差别，就聚集索引而言，可能立即停止，但对非聚集索引，需要做更多的工作。如果非聚集索引建立在堆上，那么只需多遍历一层。我们从叶层页上得到行标识，并由此进行遍历——此时才是真实数据点。

4. 聚集表上的非聚集索引

聚集表上的非聚集索引仍然有许多相似性——但也有差别。就像堆上的非聚集索引，索引的非叶层看上去与聚集索引相似。只有等我们到了叶层，才能看见差别。

在叶层，聚集表上的非聚集索引与其他两种索引结构相比，简直是天壤之别——我们还需要了解另一种索引结构。对于聚集索引，当到达叶层时，我们就可以找到实际数据。对于堆上的非聚集索引，我们还没有找到真实数据，但找到了直接访问数据的标识符（只多了一步）。对于聚集表上的非聚集索引，我们找到了簇键（cluster-key）。也就是说，我们找到了足够的信息，并可以利用聚集索引，如图 3-9 所示。

这里是两种完全不同的查找方法。在关系表的例子中，从一定范围的查询开始，在索引中进行了单个查询，而且浏览非聚集索引并能找到满足标准的数据连续范围（LIKE 'T%'）。对这种形式的查找，我们能立即进入索引中的特定场所，这种查找方法称为搜索（seek）。

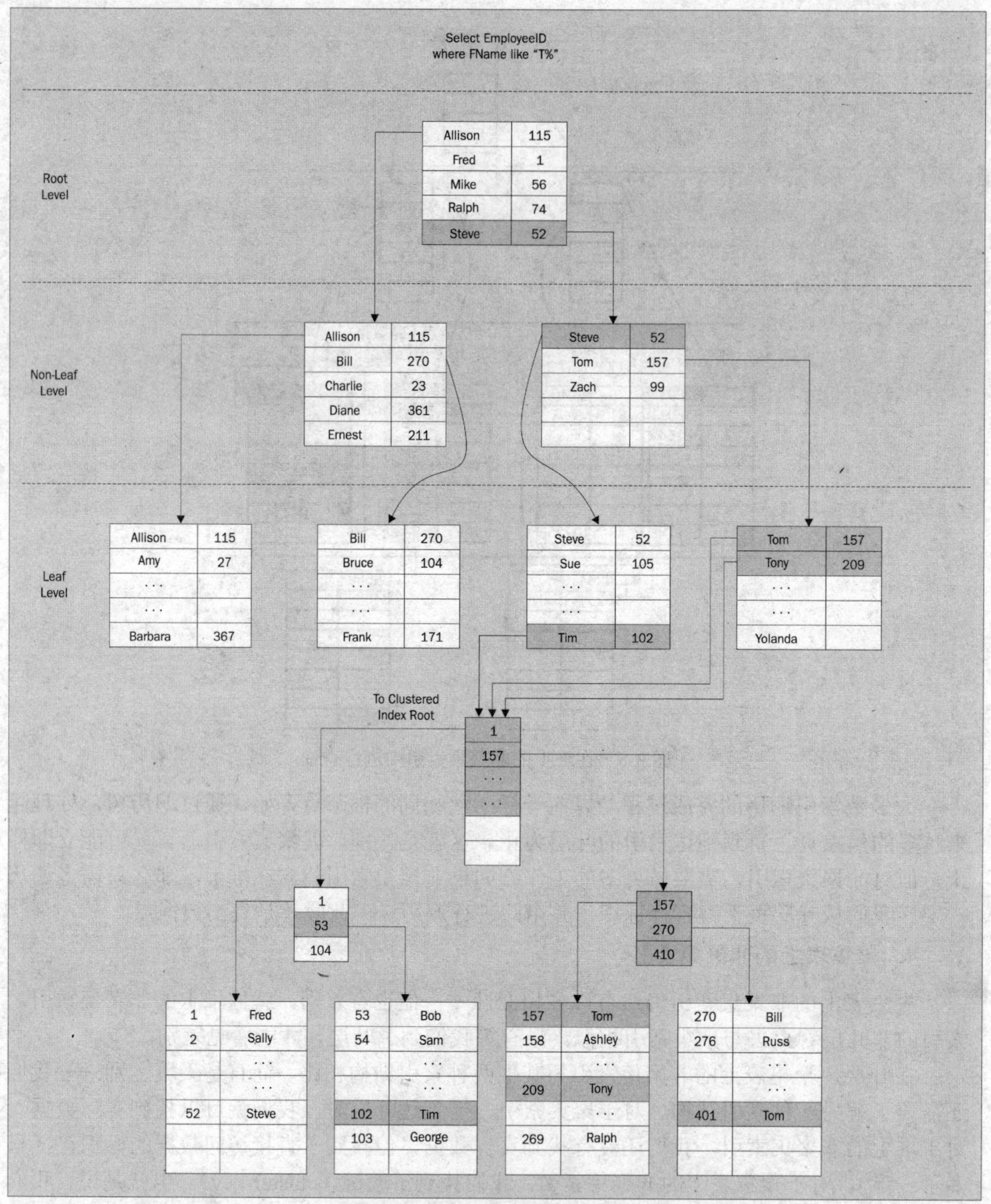

图 3-9 聚集表上的非聚集索引

然后开始第二种查询，这种查询利用聚集索引。第二种形式的查询非常快，问题是必须多次发生。可以看到，SQL Server 从第一个查询的索引中提取清单（所有名字都以 T 开头的清单），但这个清单与连续模式的簇键在逻辑上并不匹配，需要单独查找每条记录，如图 3-10 所示。

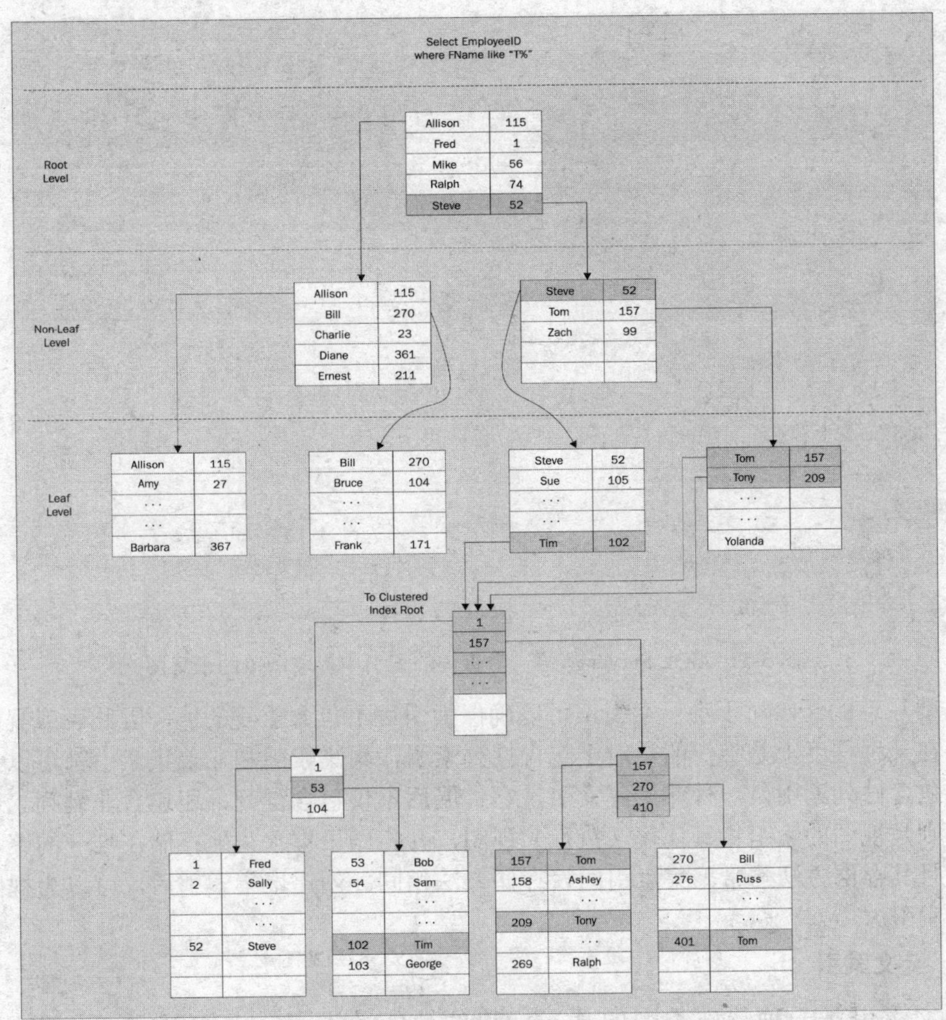

图 3-10　根据聚集表上的非聚集索引进行的查询

无需多说，如果一开始就能使用聚集索引就好了，因为这种多查询条件带来了过量开销。第一个索引查询——通过非聚集索引的查询——需要逻辑读的次数少。

例如，如果笔者有一张每条记录占用 1000 字节的表，而且要进行一次与图中非常相似的查询（也就是说，能返回 5 条或 6 条记录），那么从非聚集索引中得到这些信息只需要 8～10 条逻辑读的开销。但是，这只得到了笔者准备在聚集索引中查找的行。这种查询在读一条记录时，大约需要 3～4 倍的逻辑开销，或者 15~24 倍的额外读过程，也可能没有这么严重，从图 3-11 的方式来看：逻辑读的时间最少是 3、最大是 24，大约增加了 800%的工作量。

现在再设想，假设非聚集索引的值不止 5～6 条记录，而是 5000～6000 条，或者是 500 000～600 000 条记录，其代价将相当庞大。

你不要被与聚集索引相比较的过量开销所吓倒，这不是让你不使用索引，而是要你认识到，从读的角度来说，非聚集索引没有聚集索引效率高（在有些实例的插入操作中，这将是一个很好的选择）。任何种类的索引通常都是以最快的方式查询（也有例外）。本章下面还要介绍使用哪种索引，并介绍为什么要使用索引。

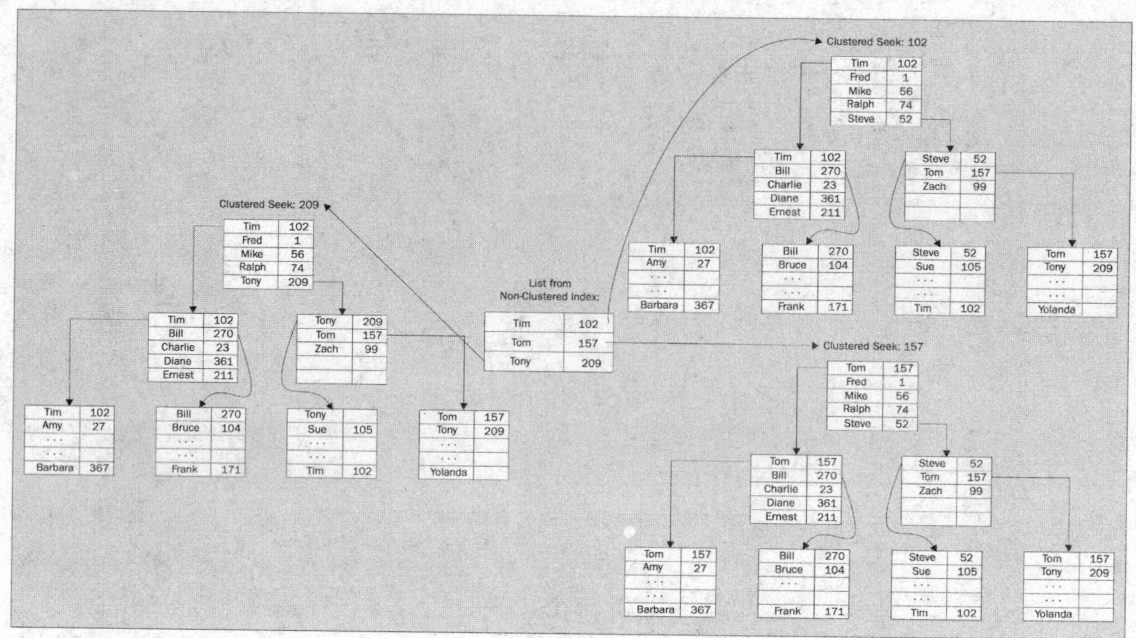

图 3-11　SQL Server 从第一个查询的索引中提取清单的示意图

需要注意的是，对于唯一索引，可以确保索引键不包含重复的值，因此表或视图中的每一行在某种程度上是唯一的。对于包含性列索引，聚集索引和非聚集索引都可以是唯一索引。包含性列索引是一种非聚集索引，它扩展后不仅包含键列，还包含非键列。对于索引视图则是视图的索引将具体化（执行）视图，并将结果集永久地存储在唯一的聚集索引中，而且其存储方法与带聚集索引的表存储方法相同。创建聚集索引后，可以为视图添加非聚集索引。

5. 全文索引

全文索引是一种特殊类型的基于标记的功能性索引，由 SQL Server 全文引擎 (MSFTESQL) 服务创建和维护。创建全文索引的过程与创建其他类型的索引的过程差别很大。MSFTESQL 不是基于某一特定行中存储的值来构造 B-树结构，而是基于要索引的文本中的各个标记来创建倒排、堆积且压缩的索引结构。

创建和维护全文索引的过程称为索引填充。MSFTESQL 支持下列全文索引填充：

- 完全填充。
- 基于更改跟踪的填充。
- 基于增量时间戳的填充。

完全填充一般发生在首次填充全文目录或全文索引时，随后可以使用更改跟踪填充或增量填充来维护这些索引。

在全文目录的完全填充过程中，会对该目录涉及的所有表中的所有行创建索引项。如果请求为某个表完全填充，则会对该表中的所有行创建索引项。

如果不希望全文索引在创建（使用 CREATE FULLTEXT INDEX 语句以及 CHANGE TRACKING OFF 选项）后填充，则必须指定 NO POPULATION。只有在用户使用 START FULL、INCREMENTAL 或 UPDATE POPULATION 子句执行 ALTER FULLTEXT INDEX

命令后，才会填充索引。

对基于更改跟踪的填充，SQL Server 会记录设置了全文索引的表中修改过的行，这些修改内容会被传播到全文索引。

可以通过在 CREATE FULLTEXT INDEX 语句中指定 WITH CHANGE_TRACKING 选项来启动更改跟踪。使用更改跟踪时，可以指定如何将更改传播到全文索引。

提示：更改跟踪填充要求对相应的全文进行了初步填充。

若要自动将更改传播到全文索引，请在 CREATE FULLTEXT INDEX 语句中使用 AUTO 选项。

通过指定 MANUAL 选项，可以按计划手动传播更改或通过使用 SQL Server 代理来传播更改，也可以自行手动传播更改。

提示：更改跟踪需要少量的开销。如果不希望 SQL Server 跟踪更改，请使用 CHANGE TRACKING OFF 选项。

对基于增量时间戳的填充，增量填充在全文索引中更新上次填充的当时或之后添加、删除或修改的行。增量填充要求索引表必须具有 timestamp 数据类型的列，如果时间戳列不存在，则无法执行增量填充。对于不含时间戳列的表请求，增量填充会导致完全填充操作。

如果影响表全文索引的任意元数据自上次填充以来发生了变化，那么增量填充请求将作为完全填充来执行，这包括更改任意列、索引或全文索引的定义。

收到某个增量填充请求后，该请求将被发送到 SQL 收集器。SQL 收集器负责扫描基表，检查是否存在自上次填充以来修改过的行，然后 SQL 收集器将这些行分为各个批。每一批（包含用来标识批中每一行的关键信息）均被发送到 Microsoft Full-Text Engine for SQL 服务，然后 MSFTESQL 服务将这些批路由到筛选器后台程序，最后 SQL 协议处理程序提取批中的每一行并对其创建索引。

填充结束时，SQL 收集器会记录一个新的时间戳值，此值等于 SQL 收集器所观察到的最大时间戳值。以后再启动增量填充时，就会使用此值。

6. XML 索引

XML 实例作为二进制大型对象（BLOB）存储在 XML 类型列中，这些 XML 实例可以很大，并且存储的 xml 数据类型实例的二进制表示形式最大可以为 2GB。如果没有索引，那么运行时将拆分这些二进制大型对象以计算非常耗时的查询。请看以下查询：

```
    WITH    XMLNAMESPACES    ('http://schemas.microsoft.com/sqlserver/2004/07
/adventure-works/ProductModelDescription' AS "PD")

    SELECT CatalogDescription.query('
      /PD:ProductDescription/PD:Summary
    ') as Result
    FROM Production.ProductModel
    WHERE     CatalogDescription.exist      ('/PD:ProductDescription/@Product
ModelID[.="19"]') = 1
```

为了选择满足 WHERE 子句中条件的 XML 实例，表 Production.ProductModel 的每行中的 XML BLOB 将在运行时拆分，然后计算 exist() 方法中的表达式 （/PD:ProductDescription/@ProductModelID[.="19"]）。此运行时拆分有可能开销较大，这取决于存储在列中的实例的大小和数目。

如果在应用程序环境中经常查询 XML BLOB，则对 XML 类型列创建索引很有用，但是在数据修改过程中维护索引会带来开销。

XML 索引分为两个类别：

- 主 XML 索引。
- 辅助 XML 索引。

XML 类型列的第一个索引必须是主 XML 索引。使用主 XML 索引时，支持 3 种类型的辅助索引，这些类型包括 PATH、VALUE 和 PROPERTY。根据查询类型的不同，这些辅助索引可能有助于改善查询性能。

7. 主 XML 索引

主 XML 索引是 XML 数据类型列中的 XML BLOB 的已拆分和持久的表示形式。对于列中的每个 XML BLOB，索引将创建几个数据行。该索引中的行数大约等于 XML BLOB 中的节点数。

每行存储以下节点信息：

- 标记名（比如元素名称或属性名称）。
- 节点值。
- 节点类型（比如元素节点、属性节点或文本节点）。
- 文档顺序信息（由内部节点标识符表示）。
- 从每个节点到 XML 树的根的路径，搜索此列可获得查询中的路径表达式。
- 基表的主键。基表的主键复制到了主 XML 索引中，用于向后和基表进行联接，并且基表的主键中的最大列数限制为 15。

此节点信息用于计算和构造指定查询的 XML 结果。出于优化的目的，标记名和节点类型信息的编码为整数值，而且 Path 列使用同样的编码。另外，路径以相反的顺序存储，以便在仅知道路径后缀的情况下能够匹配路径。例如：

//ContactRecord/PhoneNumber，其中只有最后两个步骤是已知的。

或者：

/Book/*/Title，其中通配符 (*) 是在表达式中间指定的。

查询处理器将主 XML 索引用于涉及 XML 数据类型方法的查询，并从主 XML 索引本身返回标量值或 XML 子树（此索引存储重新构造 XML 实例所需的所有信息）。

例如，以下查询将返回 ProductModel 表中的 CatalogDescription xml 类型列中存储的摘要信息。只有当目录说明中还存储有 <Features> 说明时，该查询才会返回此产品样式的 <Summary> 信息。

```
WITH  XMLNAMESPACES  ('http://schemas.microsoft.com/sqlserver/2004/07/
adventure-works/ProductModelDescription' AS "PD")
SELECT CatalogDescription.query('
  /PD:ProductDescription/PD:Summary
```

```
') as Result
FROM Production.ProductModel
WHERE CatalogDescription.exist ('/PD:ProductDescription/PD:Features') = 1
```

关于主 XML 索引，为 exist() 方法中指定的表达式按顺序搜索与每个 XML BLOB 相对应的索引中的行，而不是拆分基表中的每个 XML 实例。如果路径是在索引中的 Path 列中找到的，则从主 XML 索引检索 <Summary> 元素及其子树，并将其转换为 XML，作为 query() 方法的结果。

请注意，检索完整的 XML 实例时不使用主 XML 索引。例如，以下查询从表中检索整个 XML 实例，该实例介绍了特定产品样式的生产说明。

SELECT ManuInstructions FROM ProductModelWHERE ProductModelID=7

8. 辅助 XML 索引

为了增强搜索性能，可以创建辅助 XML 索引。有了主 XML 索引才能创建辅助索引。辅助索引的类型如下：

- PATH 辅助 XML 索引。
- VALUE 辅助 XML 索引。
- PROPERTY 辅助 XML 索引。

如果查询通常对 XML 类型列指定路径表达式，则 PATH 辅助索引可以提高搜索的速度。如上所述，当查询在 WHERE 子句中指定 exist()方法时主索引非常有用。如果添加 PATH 辅助索引，则还可以提高此类查询的搜索性能。

虽然主 XML 索引避免了在运行时拆分 XML，但是它不会为基于路径表达式的查询提供最好的性能。由于是按顺序在与 XML 相对应的主 XML 索引中的所有行中搜索大 XML 实例，所以按顺序搜索可能会很慢。这种情况下，对主索引中的路径值和节点值生成辅助索引可以有效地提高索引搜索的速度。在 PATH 辅助索引中，路径值和节点值是允许在搜索路径时使用更高效的查找功能的键列。查询优化器可以将 PATH 索引用于如下表达式：

/root/Location

仅指定一个路径。

或者：

/root/Location/@LocationID[.="10"]，

其中路径和节点值均已指定。以下查询介绍了适用 PATH 索引的情形：

```
WITH   XMLNAMESPACES   ('http://schemas.microsoft.com/sqlserver/2004/07
/adventure-works/ProductModelDescription' AS "PD")

SELECT CatalogDescription.query('
  /PD:ProductDescription/PD:Summary
') as Result
FROM Production.ProductModel
WHERE     CatalogDescription.exist     ('/PD:ProductDescription/@Product
ModelID[.="19"]') = 1
```

在该查询中，exist() 方法中的路径表达式 /PD:ProductDescription/@ProductModelID

和值 "19" 对应于 PATH 索引的键字段。这便允许在 PATH 索引中直接查找，并为主索引中的路径值提供比按顺序搜索更好的搜索性能。

如果查询是基于值的查询，例如 /Root/ProductDescription/@*[. = "Mountain Bike"] 或 //ProductDescription[@Name = "Mountain Bike"]，而且没有完全指定路径或路径包含有通配符，则生成基于主 XML 索引中的节点值所创建的辅助 XML 索引可以更快地获得结果。

VALUE 索引的键列是主 XML 索引的节点值和路径。如果你的工作负荷涉及查询 XML 实例中的值，但不知道包含这些值的元素名称或属性名称，那么 VALUE 索引非常有用。例如，以下表达式受益于 VALUE 索引：

- //author[LastName="someName"]，其中 <LastName> 元素的值已知，但是 <author> 父级可以出现在任何地方。
- /book[@* = "someValue"]，其中查询将查找包含值为 someValue 的属性的 <book> 元素。

以下查询将返回 Contact 表中的 ContactID。WHERE 子句指定一个筛选器，该筛选器查找 AdditionalContactInfo XML 类型列中的值。只有当相应的其他联系信息 XML BLOB 包含具体的电话号码时，才会返回联系 ID。由于 <telephoneNumber> 元素可以显示在 XML 中的任意位置，因而路径表达式指定 descendent-or-self 轴：

```
    WITH XMLNAMESPACES (

'http://schemas.microsoft.com/sqlserver/2004/07/adventure-works/ContactInfo'
.AS CI,
    'http://schemas.microsoft.com/sqlserver/2004/07/adventure-works/Contact
Types' AS ACT)

    SELECT ContactID
    FROM   Person.Contact
    WHERE
AdditionalContactInfo.exist('//ACT:telephoneNumber/ACT:number[.="111-111-111
1"]') = 1
```

在这种情况下，已知 <number> 的搜索值，但是它可以作为 <telephoneNumber> 元素的子级在 XML 实例中的任意位置出现，这种查询特别适用基于特定值的索引查找。

从单个 XML 实例检索值的查询适用于 PROPERTY 索引。当使用 XML 类型的 value() 方法检索对象属性并且知道对象的主键值时，会发生这种情况。

PROPERTY 索引是对主 XML 索引的列（PK、Path 和节点值）创建的，其中 PK 是基表的主键。

例如，对于产品样式 19，以下查询使用 value() 方法来检索 ProductModelID 和 ProductModelName 属性值。使用 PROPERTY 索引代替主 XML 索引或其他辅助 XML 索引，可以使执行速度更快。

```
    WITH    XMLNAMESPACES    ('http://schemas.microsoft.com/sqlserver/2004/07
/adventure-works/ProductModelDescription' AS "PD")
```

```
    SELECT        CatalogDescription.value('(/PD:ProductDescription/@Product
ModelID)[1]', 'int') as ModelID,
    CatalogDescription.value('(/PD:ProductDescription/@ProductModelName)[1]
', 'varchar(30)') as ModelName
    FROM Production.ProductModel
    WHERE ProductModelID = 19
```

除了稍后在本主题中介绍的区别之外，对 XML 类型列创建 XML 索引和对非 XML 类型列创建索引类似。下面介绍创建和删除索引的方法。

3.3　创建和删除索引

你可能注意到在本节的标题上没有列出 ALTER 选项，这是因为索引没有 ALTER 语句。可以创建或删除，但不能改变，必须先删除索引，然后再重新创建。

可以用两种方式创建索引：

- 通过显式 CREATE INDEX 命令。
- 在创建约束时作为一个隐式对象。

每种方式都有可以做和不可以做的特点，下面分别看一看这两种方式。

3.3.1　CREATE INDEX 语句

CREATE INDEX 语句与字面意思相同，它基于陈述列在特定表或视图上创建索引。在 SQL Server 7.0 版以前，表是唯一可以创建索引的对象，视图不包含自身的数据（它们只指向表中的数据），所以实际上没有可建索引的对象。从 SQL Server 2000 开始，拥有索引视图的能力。这样做的优点是，在整个索引中，本质上对视图进行了物化。

下面列出了创建索引的语法，而且介绍了目前还没有讨论的许多项目。

```
CREATE [UNIQUE] [CLUSTERED|NONCLUSTERED]
INDEX <index name> ON <table or view name>(<column name> [ASC|DESC] [,...n])
[WITH
[PAD_INDEX]
[[,] FILLFACTOR = <fillfactor>]
[[,] IGNORE_DUP_KEY]
[[,] DROP_EXISTING]
[[,] STATISTICS_NORECOMPUTE]
[[,] SORT_IN_TEMPDB]
]
[ON <filegroup>]
```

不严格地说，该语句与我们已经多次见过的 CREATE <object type> <object name>的语法相同（而且会看到更多）。其主要差别在于，有一部分没有见过的中间参数。

我们不得不在 CREATE 语句上添加一些额外从句，处理索引不是独立对象的情况。它不得不与表或视图在一起，而且需要用 ON 阐述所在表中的列。

在 ON <table or view name>（<column name>）从句中，任何内容都是可选的。可以混合匹配使用这些选项。其中的一些选项很少使用，但另一些（比如 FILEFACTOR）则可以对系统的性能和行为产生明显影响，所以我们需要逐个了解。

1. ASC/DESC

这两个选项允许选择索引作升序和降序排序。默认是 ASC，这就是你能猜到的升序排序。在 SQL Server 2000 中能进行这样的处理还是一件非常新的事情，如果希望保持兼容性，就不要使用该选项（删除它就可以了）。

问题是，为什么要用升序和降序？你可以看到，如果你想反转排序顺序，SQL Server 只能向后查找索引，但往往并非如此。如果只处理一列，或所有列的排序方法相同，则以相反顺序查找索引也能正常工作；如果你希望在索引中混合排序，该怎么办？也就是说，需要一列以升序排列，而另一列以降序排列呢？因为索引列都存储在一起，所以对一列用相反方式的索引进行查询也会颠倒附加列的次序。如果显式地说明该列为升序而另一列为降序，则在物理数据上将第二列数据进行了翻转，没有原因改变你访问数据的方法。

例如，假设要根据雇佣日期的顺序报告出职工清单，从最近的时期开始（以降序排序），但也想用他们的姓排序（升序）。在以前的版本中，SQL Server 不得不做两次操作：一次为第一列而另一次为第二列。通过允许控制数据的物理排序，我们可以得到组合列的灵活方式。

通常，你想维持原状（记住向后兼容性），但也有例外：

- 多列间需要混合升序和降序。
- 向后兼容性不是问题。

2. WITH

WITH 是一个非常容易的选项，它仅告诉 SQL Server，你真正需要提供后面的一个或多个选项。

3. PAD_INDEX

在语法列表中，第一个出现的就是该选项，但那时很少有人能够理解什么是 PAD_INDEX。简而言之，它决定了第一次创建索引时索引的非叶层页占满的程度（作为一个百分值）。因为百分比值由 FILEFACTOR 选项指定，所以不需要在 PAD_INDEX 上描述具体的百分比。缺少 FILEFACTOR 的 PAD_INDEX 并没有多大意义（这就是为什么很少有机会看到 FILEFACTOR 先出现的原因）。我们进一步了解页拆分、碎片和本章的填充因子后，该选项的意义就越来越清晰了。

4. FILLFACTOR

SQL Server 第一次创建索引时，默认是尽可能填满页，但要少两条记录。可以设置 FILLFACTOR 为 1～100 之间的任何值。一旦创建索引成功，这个值就作为页填充的百分比。记住，进行页拆分时，数据在两页之间仍然是 50～50 的方式分配，除了常规方式的重建索引以外，不能基于填充百分比进行控制（《SQL Server 2005 初学者指南》的第 7 章提到，你应该为此建立一个维护调度表）。

当需要调整页的密度时，要使用 FILLFACTOR。我们会简要讨论页密度问题，现在用下面几种方式设置 FILLFACTOR：

- 如果是一个 OLTP 系统，则 FILLFACTOR 越低越好。

- 如果是一个 OLAP 或其他稳定系统（根据变化而言，很少有添加和删除操作），就需要 FILLFACTOR 尽可能大。

如果有一些中间事务速度以及许多报表类型的查询，那么可能设置一个中间值（不大也不小）。

如果你不提供一个值，那么 SQL Server 将填充比满页少两行的数据，最少是一页一行（例如，如果行宽为 8000 个字符，那么你只能在一页插入一行，此时就不使用少两行的规律了）。

5. IGNORE_DUP_KEY

IGNORE_DUP_KEY 选项使唯一性约束与其应该拥有的功能存在轻微不同。

正常情况下，唯一性约束或唯一索引不允许有重复值，如果事务试图基于唯一列创建重复值，那么该事务将被回滚并被拒绝。但是，一旦设置了 IGNORE_DUP_KEY 选项，就具有某种混合行为。虽然你仍然会收到一个错误信息，但该错误只是告警信息，仍然没有被插入记录。

最后一行仍然没有插入记录（the record is still not inserted）是 IGNORE_DUP_KEY 的一个严格概念。对事务而言，回滚不是问题（该错误是一个告警错，而不是一个严厉错误），但已经拒绝了重复行。

为什么要这样做？因为它是存储唯一值的一种方式，但不会影响插入重复值的事务。任何插入重复值的处理都不会在意是否正在插入重复行（因为没有逻辑错误），相反该处理可以沿着该路线继续上升到一个高度，“行，只要知道其中有一行像这样就很令人高兴，我并不关心该行是不是自己要插入的特定行”。

6. DROP_EXISTING

如果你指定 DROP_EXISTING 选项，那么在建成新索引之前会删除问题中任何具有名字的现有索引。当你将它与聚集索引一同使用并删除和重新创建现有索引时，该选项的作用更加明显了。如果你重建对应的现有索引，那么 SQL Server 会知道它不需接触非聚集索引。但是，为了调节行位置之间的差别，显式删除和创建索引将包括两次重新创建所有的非聚集索引。如果使用 DROP_EXISTING 改变了索引结构，则只需重建 NCI（非聚集索引）一次，而不是两次。此外，你不能简单地删除或重新创建约束创建的索引，例如执行某种填充因子。DROP_EXISTING 是这方面的一个解决方案。

7. STATISTICS_NORECOMPUTE

SQL Serve 7.0 试图自动操作表和索引上的更新统计信息。如果你选择 STATISTICS_NORECOMPUTE 选项，就说明你将负责统计信息的更新。为了关闭这个选项，你需要运行 UPDATES STATISTICS 命令，但不使用 NORECOMPUTE 选项。

笔者强烈推荐使用这个选项。为什么？因为索引上的统计信息是查询优化器用于指出索引对查询有多大帮助的信息。当表中的数据不停地改变时，索引上的统计信息会经常发生变化。当你结合了这两个因素后，就应看到不更新统计信息意味着查询优化器不会基于过时日期信息运行查询。保留自动统计信息特性意味着用户经常更新统计信息（该信息更新的特性和频率由表更新的特性和频率决定）。相反，关闭自动统计信息意味着要么超出时间范围，要么需要手工设置运行 UPDATE STATISTICS 命令的调度表。

8. SORT_IN_TEMPDB

SORT_IN_TEMPDB 选项是 SQL Server 2005 中的一个新选项，而且只有 tempdb 保存在与保存新索引信息的数据库分开的物理驱动器上时才有意义。该选项更多的是管理功能，所以笔者将对该主题进行详细的讨论，看看该选项到底是什么，以及为什么只有 tempdb 处于独立物理 device 上才有意义。

当 SQL Server 建造索引的时候，系统将不得不执行多次读以兼顾各种索引构建的步骤：

（1）读取所有数据，并为每一行数据建造一个相应的叶行。就像真实数据与最终索引的关系那样，这些数据进入页中是为了中间存储。这些中间页不是最后的索引页，而是保留一块临时存储数据的缓冲区，每次都填满排序缓冲数据。

（2）可以分开运行这些中间页，将它们合并到索引最终的叶层页中。

（3）非叶层页在叶层页中占有一席之地。

一方面，如果没有使用 SORT_IN_TEMPDB 选项，那么中间页将被写入数据库存储的相同物理文件中，这意味着读数据处理过程与写数据处理过程有冲突。这两者将导致磁头移动的位置与另一个需要的位置不相符，后果是磁头将经常来回移动——需要消耗时间。

另一方面，如果使用 SORT_IN_TEMPDB 选项，那么中间页将写入到 tempdb 而不是数据库自身的文件中。如果它们是在独立的物理硬盘上，则意味着在索引建造的读和写操作中没有竞争。记住，只有 tempdb 与数据库文件在不同物理硬盘上才起作用；否则只在名称上产生变化，I/O 之间的竞争仍然是一个因素。

注意：如果你打算使用 SORT_IN_TEMPDB，则要确保 tempdb 有足够空间可以存储大文件。

9. ON <filegroup>

SQL Server 通过使用 ON <filegroup>选项提供了存储索引与拆分数据的选项，其优点在于：

- 索引需要的空间可以扩展到其他硬盘中。
- 索引操作的 I/O 不使提取物理数据成为负担。

3.3.2 创建约束时暗含的索引

笔者称这种索引为偶然的索引。这不是说索引不应该在这里存在，如果你想用约束创建索引，那么索引就必须存在。笔者看到，在系统中仅有的索引都是以这种形式创建的，这是一种糟糕的现象。通常，这暗示着系统管理者或设计者事实上忘记了索引的概念。

但是，你会发现一种奇怪的现象：系统管理员或设计者知道怎样创建索引，但并不知道怎样说明系统中已经存在哪些索引以及这些索引到底干什么。在双重索引时，该现象尤为典型。只要它们有不同名字，SQL Server 会很高兴地为你创建这些索引。

当以下两个索引之一被添加到表中时，就创建了暗含索引：

- 主键。
- 唯一性约束（或者叫变更键）。

我们已经看见了有关方面的大量 CREATE 语法，所以不在这里做更多的讨论。需要注意的是，除 CLUSTERED 或 NONCLUSTERED 和 FILLFACTOR 之外，创建索引时不允许任何选项作为创建约束的暗含索引。

3.3.3 XML 索引

下面介绍创建 XML 索引的过程，这些内容包括：

- 创建主 XML 索引。
- 创建辅助 XML 索引。
- 修改 XML 索引。
- 删除 XML 索引。

1. 创建主 XML 索引

若要创建主 XML 索引，请使用 CREATE PRIMARY XML INDEX Transact-SQL DDL。XML 索引不完全支持非 XML 索引的所有选项。

创建 XML 索引时请注意下列事项：

- 若要创建主 XML 索引，含有被索引的 XML 列的表（称为基表）必须具有主键的聚集索引。这就确保如果对基表进行了分区，便可以使用相同的分区架构和分区函数对主 XML 索引进行分区。
- 如果存在 XML 索引，则不能修改基表的聚集主键。在修改主键之前，必须删除表的所有 XML 索引。
- 可以为单个 XML 类型列创建主 XML 索引，但不能为作为键列的 XML 类型列创建任何其他类型的索引。但是，可以将 xml 类型列包含在非 XML 索引中，表中的每个 xml 类型列可以有自己的主 XML 索引。一个 XML 型列只允许有一个主 XML 索引。
- XML 索引和非 XML 索引存在于相同的命名空间中。因此，同一表的 XML 索引和非 XML 索引不能具有相同的名称。
- 对于 XML 索引，IGNORE_DUP_KEY 选项和 ONLINE 选项始终设置为 OFF。你可以将这些选项指定为 OFF，不支持对主 XML 索引使用索引选项 STATISTICS_ONLY。
- 将用户表的文件组和分区信息应用于 XML 索引。用户无法为 XML 索引分别指定这些信息。
- DROP_EXISTING 索引选项可以删除主 XML 索引并创建一个新的主 XML 索引，或者删除辅助 XML 索引并创建一个新的辅助 XML 索引。但是，它不能不删除辅助 XML 索引来创建一个新的主 XML 索引，反之亦然。
- 主 XML 索引名称与视图名称有相同的限制。

不能为视图中的 XML 类型列创建 XML 索引，不能为 XML 类型列的表值变量或 XML 类型变量创建 XML 索引。

- 若要使用 ALTER TABLE ALTER COLUMN 选项，则将 XML 类型列从非类型化的 XML 更改为类型化的 XML，或者从类型化的 XML 更改为非类型化的 XML，则列不应存在 XML 索引。如果确实存在，则在尝试更改列类型之前必须删除该索引。

- 创建 XML 索引时，必须将选项 ARITHABORT 设置为 ON。若要使用 XML 数据类型方法查询、插入、删除或更新 XML 列中的值，则必须在连接上设置相同的选项。如果没有设置，则 XML 数据类型方法将会失败。

提示：有关 XML 索引的信息可以在目录视图中找到。但是，不支持 sp_helpindex。本主题后面给出的示例说明了如何查询目录视图来查找 XML 索引信息。

在以下示例中，XML 索引是针对 XML 类型列创建的：

```
DROP TABLE T
go
CREATE TABLE T (Col1 INT PRIMARY KEY, XmlCol XML)
GO
-- Create Primary XML index
CREATE PRIMARY XML INDEX PIdx_T_XmlCol
ON T(XmlCol)
GO
-- Verify the index creation.
-- Note index type is 3 for xml indexes
-- note the type 3 is index on XML type
SELECT *
FROM sys.xml_indexes
where object_id = object_id('T')
AND name='PIdx_T_XmlCol'
-- Drop the index
DROP INDEX PIdx_T_XmlCol ON T
```

删除表后，也将自动删除其所有的 XML 索引。但是，如果 XML 列存在 XML 索引，则不会从表中删除该列。在此示例中，XML 索引是针对类型 XML 列创建的。

再例如，下列语句创建了一张 TestTable 的表：

```
CREATE TABLE TestTable(
 Col1 int primary key,
 Col2 xml (Production.ProductDescriptionSchemaCollection))
GO
```

此时，可以为 Col12 创建主 XML 索引：

```
CREATE PRIMARY XML INDEX PIdx_TestTable_Col2
ON TestTable(Col2)
GO
```

这样，就创建了一个主 XML 索引。

2. 创建辅助 XML 索引

使用 CREATE XML INDEX DDL 可以创建辅助 XML 索引并指定所需的辅助 XML 索引类型。

创建辅助 XML 索引时请注意下列事项：

- 除了 IGNORE_DUP_KEY 和 ONLINE 之外，允许对辅助 XML 索引使用所有适用于非聚集索引的索引选项。对于辅助 XML 索引，这两个选项必须始终设置为 OFF。
- 辅助索引的分区方式类似于主 XML 索引。
- DROP_EXISTING 可以删除用户表的辅助索引，并为用户表创建其他辅助索引。

你可以查询 sys.xml_indexes 目录视图来检索 XML 索引信息。请注意，在 sys.xml_indexes 目录视图中的 seconday_type_desc 列中，包含辅助索引的类型：

SELECT　*

FROM　　sys.xml_indexes

seconday_type_desc 列中返回的值可以是 NULL、PATH、VALUE 或 PROPERTY。对于主 XML 索引而言，返回的值为 NULL。

以下示例说明了如何创建辅助 XML 索引，还显示了有关创建的 XML 索引的信息：

```
CREATE TABLE T (Col1 INT PRIMARY KEY, XmlCol XML)
GO
-- Create primary index
CREATE PRIMARY XML INDEX PIdx_T_XmlCol
ON T(XmlCol)
GO
-- Create secondary indexes (PATH, VALUE, PROPERTY)
CREATE XML INDEX PIdx_T_XmlCol_PATH ON T(XmlCol)
USING XML INDEX PIdx_T_XmlCol
FOR PATH
GO
CREATE XML INDEX PIdx_T_XmlCol_VALUE ON T(XmlCol)
USING XML INDEX PIdx_T_XmlCol
FOR VALUE
GO
CREATE XML INDEX PIdx_T_XmlCol_PROPERTY ON T(XmlCol)
USING XML INDEX PIdx_T_XmlCol
FOR PROPERTY
GO
```

你可以查询 sys.xml_indexes 来检索 XML 索引信息。seconday_type_desc 列包含辅助索引类型。

```
SELECT  *
FROM    sys.xml_indexes
你还可以在目录视图中查询索引信息：
SELECT *
FROM sys.xml_indexes
WHERE object_id = object_id('T')
```

你可以添加示例数据，然后查看 XML 索引信息：

```
INSERT INTO T VALUES (1,
'<doc id="123">
```

```
    <sections>
    <section num="2">
    <heading>Background</heading>
    </section>
    <section num="3">
    <heading>Sort</heading>
    </section>
    <section num="4">
    <heading>Search</heading>
    </section>
    </sections>
    </doc>')
    GO
    -- 检查XML索引信息
    SELECT *
    FROM   sys.dm_db_index_physical_stats (db_id(), object_id('T'), NULL, NULL,
'DETAILED')
    GO
    -- 使用主XML索引
    DECLARE @index_id int
    SELECT  @index_id = i.index_id
    FROM    sys.xml_indexes i
    WHERE   i.name = 'PIdx_T_XmlCol' and object_name(i.object_id) = 'T'

    SELECT *
    FROM sys.dm_db_index_physical_stats (db_id(), object_id('T') , @index_id,
DEFAULT, 'DETAILED')
    go
    ---使用从XML索引(例如PATH从索引PIdx_T_XmlCol_PATH
    DECLARE @index_id int
    SELECT  @index_id = i.index_id
    FROM    sys.xml_indexes i
    WHERE  i.name = 'PIdx_T_XmlCol_PATH' and object_name(i.object_id) = 'T'

    SELECT *
    FROM sys.dm_db_index_physical_stats (db_id(), object_id('T') , @index_id,
DEFAULT, 'DETAILED')
    go

    -- 给一章特殊表所用所有从XML索引
    SELECT i.name, object_name(i.object_id), stats.*
    FROM    sys.dm_db_index_physical_stats  (db_id(),  object_id('T'),  NULL,
DEFAULT, 'DETAILED') stats
    JOIN sys.xml_indexes i ON (stats.object_id = i.object_id and stats.index_id
= i.index_id)
    WHERE secondary_type is not null
```

```
-- 删除从索引
DROP INDEX PIdx_T_XmlCol_PATH ON T
GO
DROP INDEX PIdx_T_XmlCol_VALUE ON T
GO
DROP INDEX PIdx_T_XmlCol_PROPERTY ON T
GO
-- 删除主索引
DROP INDEX PIdx_T_XmlCol ON T
-- 删除表T
DROP TABLE T
Go
```

3. 修改 XML 索引

ALTER INDEX Transact-SQL DDL 用于修改现有的 XML 索引和非 XML 索引。但是，并非所有的 ALTER INDEX 选项都适用于 XML 索引。修改 XML 索引时，以下选项不可用：

- 对于 XML 索引，重新生成和设置选项 IGNORE_DUP_KEY 无效。对于辅助 XML 索引，重新生成选项 ONLINE 必须设置为 OFF。在 ALTER INDEX 语句中，不允许 DROP_EXISTING 选项。重新生成索引时，连接选项必须如设置选项（XML 索引）中所述进行设置。
- 对用户表中的主键约束进行的修改，不会自动传播到 XML 索引中。用户必须首先删除 XML 索引，然后再重新创建它们。
- 如果指定了 ALTER INDEX ALL，则它将应用于非 XML 索引和 XML 索引。指定的索引选项可能对两种索引无效。在这种情况下，整个语句将失败。

在以下示例中，创建了 XML 索引，然后通过将选项 ALLOW_ROW_LOCKS 设置为 OFF 来修改该索引。当 ALLOW_ROW_LOCKS 为 OFF 时，不会锁定行，并且可以使用页级锁和表级锁，获得对指定索引的访问权限。

```
CREATE TABLE T (Col1 INT PRIMARY KEY, XmlCol XML)
GO
-- Create Primary XML index
CREATE PRIMARY XML INDEX PIdx_T_XmlCol
ON T(XmlCol)
GO
-- note the type 3 is index on XML type
SELECT *
FROM sys.xml_indexes
where object_id = object_id('T')
AND name='PIdx_T_XmlCol'

-- modify and set an index option
ALTER INDEX PIdx_T_XmlCol on T
SET (allow_row_locks = off)
```

4. 删除 XML 索引

DROP INDEX Transact-SQL 语法可用于删除现有的主（或辅助）XML 索引和非 XML 索引。但是，任何 DROP INDEX 选项都不会应用于 XML 索引。如果删除主 XML 索引，则会删除任何现有的辅助索引。

以后将逐步停止使用带有 TableName.IndexName 的 DROP 语法，并且 XML 索引不支持该语法。

5. 禁用和启用 XML 索引

默认情况下，启用 XML 索引。如果禁用 XML 索引，则对 XML 列运行的查询不使用 XML 索引。若要启用 XML 索引，请将 ALTER INDEX 和选项 REBUILD 一起使用。例如：

```
CREATE TABLE T (Col1 INT PRIMARY KEY, XmlCol XML)
GO
CREATE PRIMARY XML INDEX PIdx_T_XmlCol ON T(XmlCol)
GO
ALTER INDEX PIdx_T_XmlCol on T DISABLE
Go
-- verify index is disabled
SELECT *
FROM sys.xml_indexes
WHERE object_id = object_id('T')
AND name='PIdx_T_XmlCol'
-- rebuild the index
ALTER INDEX PIdx_T_XmlCol on T REBUILD
Go
```

6. 使用 DROP_EXISTING 索引选项创建 XML 索引

在以下示例中，XML 索引是针对列（XmlColx）创建的。然后，针对不同的列（XmlColy）创建同名的另一个 XML 索引。由于指定了 DROP_EXISTING 选项，所以将删除（XmlColx）现有的 XML 索引并创建新的（XmlColy）XML 索引。

```
DROP TABLE T
go
CREATE TABLE T(Col1 int primary key, XmlColx xml, XmlColy xml)
go
-- create XML index on XmlColx
CREATE PRIMARY XML INDEX PIdx_T_XmlCol
ON T(XmlColx)
go
-- Create same name XML index on XmlColy
CREATE PRIMARY XML INDEX PIdx_T_XmlCol
ON T(XmlColy)
WITH (DROP_EXISTING = ON)
-- Verify the index is created on XmlColy.d
SELECT sc.name
```

```
FROM   sys.xml_indexes si inner join sys.index_columns sic
ON     sic.object_id=si.object_id and sic.index_id=si.index_id
INNER  join sys.columns sc on sc.object_id=sic.object_id
AND    sc.column_id=sic.column_id
WHERE  si.name='PIdx_T_XmlCol'
AND    si.object_id=object_id('T')
```

此查询返回为其创建指定的 XML 索引的列名称。

3.4　选择创建索引的时机

3.4.1　可选择性

索引，尤其是非聚集索引，具有较强的可选择性。可选择性为列中值的唯一百分比。列中值的唯一百分比越高，可选择性就越高，那么索引的作用就越大。

如果回想一下“非聚集索引”一节，尤其是“聚集索引的非聚集索引”一节，你就会回忆起非聚集索引上的查询实际上只是一个开端，为了找到真实数据，你仍然要用另一个循环查找聚集索引。即使是堆上的非聚集索引，也需要在结束时执行多次物理独立读操作。

如果你查找非聚集索引，将在聚集索引中产生多次额外查询，那么最好还是使用表扫描。此时性能可能会以指数幂增长。如果你的索引列中没有 90%～95%的区域是唯一的，那么就不值得考虑采用非聚集索引创建的循环处理。

聚集索引本质上比这样处理的影响要小，因为一旦你从数据的范围开始查找，无论是否唯一，就得到了数据位置，不必读取额外的索引页。聚集索引仍然可能有用途很大的地方。

可选择性规则的另一个例外情况是处理外部键。如果你的表有一列是外部键，那么从所有的可能性看，该列上有索引会使你受益。为什么是外部键而不是其他列呢？因为外部键总是连接参考表的目标。不考虑选择性的索引可以形成非常精确的联接性能，因为它们允许合并联接（merge join）。合并链接从每张表中提取行并进行比较，看它们是否与联接标准（你联接的标准）匹配。因为在两张表中的相关列上都有索引，所以在这些行上查找就非常快。

这里要指出的是，可选择性不是万能的，但值得思考。如果问题中的列不是外部键，那么极可能第二个问题就是 “这样使用的频率是多少？” 这是需要考虑的问题。

3.4.2　成本

记住，虽然索引在读数据时加快了读取速度，但实际在修改数据时付出的代价仍然很高。索引的维护需要成本，每次修改数据时，也需要更新数据的相关索引。

插入一个新行时，你必须在表的每个索引上建立一个新条目。要记住，我们采用删除和插入来处理更新问题，所以你不得不更新索引。在删除记录时，必须更新所有索引，不仅针对数据。你每创建一个索引，就是创建更多的不得不被更新的条目块。

> 注意：这里说的条目不止一条。记住，B-树有多层条目。每次修改叶层的时候，就有可能导致发生页拆分，而且一个或更多的非叶层页也必须参照合适的叶层页进行修改。

有时（实际上非常频繁）不用创建特别大的索引。有时，最好是基于系统的重要事务和表选择索引。事务编码中有 WHERE 从句吗？它使用了哪个列？要排序吗？

3.4.3 选择聚集索引

记住只能有一个聚集索引，所以需要确定到底在什么地方创建聚集索引。

默认情况下，创建主键的同时就创建了聚集索引。通常，这是拥有聚集索引的最佳位置，但并不总是这样（在某些情况下会造成严重的危害），如果你维持原状，就不能在其他地方使用聚集索引。这里要指出的是，不要仅仅接受该默认设置。你在定义主键的时候要思考：确实想让它成为聚集索引吗？

如果你决定改变一些设置，也就是说，希望声明一些索引作为聚集，就需要在创建表时添加 NONCLUSTERED 关键词。例如：

```
CREATE TABLE MyTableKeyExample(
   Column1   intIDENTITY
     PRIMARY KEY NONCLUSTERED,
   Column2   int
)
```

一旦创建了索引，改变索引的唯一办法就是删除并重新创建，所以你必须设置正确。

记住，如果要改变聚集索引列，SQL Server 需要对整个表彻底重新排序（对于聚集索引，表的排序次序和索引的顺序一样）。现在，考虑你有一张 5000 个字符宽度并有 1 000 000 条记录的表，这是需要重排的可怕数据量。许多问题就产生了：

- 需要占用多长时间？可能很长，但实际找不到很好的方法估计这个时间。
- 你有足够的空间吗？需要指出的是，为了求助于聚集索引，你大约平均需要表占用空间的 1.2 倍额外空间（工作空间加上新索引）。如果处理大表，那么这个空间将非常大，确信你有足够的空间完成该项任务。顺便提一下，所有这些行为都发生在数据库中，所以这也受数据库的最大空间及增长选项影响。
- 是否使用 SORT_IN_TEMPDB 选项？如果 tempdb 是在一个与主数据库拆分的物理阵列上而且有足够的空间，那么答案就应该使用。

1. PROS

当需要频繁访问列时，聚集索引就是查询的最好方式。典型地，这种查询用在 BETWEEN 语句或者<or>符号中。使用 GROUP BY 的查询和 MAX、MIN 以及 COUNT 聚集，也是使用范围和喜欢聚集索引的好例子。聚集在这些地方大有用武之地，因为能直接在物理数据的特殊点上搜索，并一直读，直到到达末尾为止，所以这种查询的效率非常高。

基于蔟键排序数据（使用 ORDER BY）时，聚集的作用也非常优秀。

2. CONS

不创建聚集索引的情况有两种：一种是有一个更好的地方使用聚集索引。这虽然有点重复，但没有使用聚集索引，因为有人完成了这项任务（这里通常指主键），确信你没有更好的其他列适合于第一的位置。

但是，当你执行无序插入时，聚集索引可能没有用。记住页拆分的概念了吗？这就是可能占用很多时间的地方。

假设你在创建一个账务系统。你想在凭证文件的主键上利用凭证号的概念，但也想让这些凭证号能显示它是哪种凭证（实际上可以帮助会计查找错误），所以你想出了一些新方案：在所有凭证前加前缀，显示这些凭证来源于哪个子系统。看起来像：

ARXXXXXX	Accounts Receivable Transactions
GLXXXXXX	General Ledger Transactions
APXXXXXX	Accounts Payable Transactions

这里的 XXXXXX 是一个连续数字。

这看起来是一个不错的想法，所以你采用它，并让默认聚集索引放在主键上。

乍一看，这个设置很好。你将得到唯一值，而且会计也会喜欢能基于凭证号推断问题从哪里来。聚集索引似乎很有意义，因为它们总是在凭证 ID 范围内查询。

然而，事情并非如此简单！思考一下插入操作。对于聚集索引，我们最初具有一个好机制，尽量避免过量的页拆分。新记录被插入后就成为表中的最后一条记录，即使有页拆分，也只有这条记录进入到新页中，SQL Server 不会移动任何老的数据。现在我们把事情弄得一团糟了。

总分类账（又叫 GL）上插入的新记录将继续进入文件的末尾（GL 是最后的字母，而且数字是连续的），这很好。但应收账款（AR）和应付账款（AP）凭证存在主要问题，它们将进行非连续性插入。当 AP000025 插入后，在该页上没有空间了，SQL Server 将查看表中的 AR000001，而且知道这不是一个连续的插入。在 AP000025 被插入之前，从原有页上来的一半记录已经被复制到新页中。

这种过量开销是交错的。记住，我们正在处理聚集索引，而且该聚集索引是数据，该数据是按索引顺序排列。这意味着，在把索引移到新页的过程中，你已移动了数据。现在假设你在一个典型的 OLTP 环境下（OLTP 更像一个账务系统）运行该账务系统，还有一组及时录入的销售发货单或客户订单的数据条目。你可能要让页拆分经常发生，而且每次操作系统移动数据时，都将看到该表的用户有一个简短的停顿。

幸运的是，有几种方法避免这种问题：

- 插入时选择连续的簇键。你可以为此创建一个标识列，或者采用另一列，无论在什么系统中，都让该列的凭证逻辑连续。
- 在该表中决定不使用聚集索引。例如上面的例子所示，这通常是最好的选择，因为堆上的非聚集索引执行插入操作，通常比簇键非聚集索引的速度要快得多。

如前所述，可以采用连续簇键避免页拆分，但要付出代价。连续簇键的缺点是并发性（两个或更多的人试图同时得到相同的对象）。它用于平衡你需要什么，正在做什么，以及在其他地方对你有什么价值。

在决定使用或不使用索引之前，需要思考的事情是怎样完成它。

3.4.4 列顺序问题

正因为索引上有两列，所以这并不意味着指向某一列的索引对任何查询都有用。

只有查询中使用了索引中列出的第一列时，才认为索引有用。优点是不必对每一列都有一对一的匹配关系，而只要第一列有。自然，匹配的列越多（按顺序），性能越好，但只在第一次创建时能明确定义不使用的状况。

请按如下方式思考问题：假设你在使用一个电话本，而且都是按姓索引，然后按名排序。如果知道你想给张三打电话，那么这种排序方法有什么优点吗？另一方面，如果已经知道其姓为吴，那么索引字段就会受到局限。

认为包含所有列的索引在任何情况下都会有帮助，这是笔者看见在索引结构中容易犯的常见错误之一。你所做的事情就是在第二次存储所有数据，如果查询的 JOIN、ORDER BY 或 WHERE 从句没有涉及索引的第一列，那么整个查询就不必考虑索引了。

3.4.5 删除索引

如果你经常重新分析该情况并增加索引，就不要忘记删除索引。记住在插入时产生的过量开销，只考虑自己需要的索引而不考虑不需要的索引是没有多大意义的。经常问问自己，可以删除这些索引吗？

删除索引的语法与删除表的语法几乎一样。需要指出的是，在删除的过程中，需要验证表和视图上的索引名：

```
DROP INDEX <table or view name>.<index name>
```

这样就可以了。

3.5 维护索引

作为开发者，我们通常在产品发布以后忘记了自己的产品。对许多软件而言，抛弃一些东西对你总有好处：卖掉该产品，然后开始开发下一个产品或者下一个版本。但是，对数据库驱动工程而言，实际上不可能抛弃该产品。交付之后，你应该对该产品负责。因此，我们必须考虑维护计划的问题。

从维护索引的角度来说，实际上要处理两个问题：

- 页拆分。
- 碎片。

这两个问题都与页密度相关，虽然这些征兆本质不同，但问题的解决工具都一样，而且都可以解决。

3.5.1 碎片

我们已经讨论了有关页拆分的事情，但还没有真正接触碎片（fragmentation）。笔者不是讨论通常所说的 O/S 文件的碎片和整理碎片工具，因为它们对数据库碎片没有帮助。

当你的数据库增长、页拆分和最后删除数据时，就产生了碎片。虽然从增长点看 B-树结构实现平衡不是一件坏事，但在删除数据时，你并不需要提供整个 B-树。最后，你可能会陷入一种状况，就是在该页上只有一条记录，而在其他页上只有一些记录，从而导致许多数据页只保留了非常小的一部分数据。

我们需要思考的第一个问题是：浪费空间。记住 SQL Server 一次分配一个扩展盘区。如果一页上只有一条记录，那么仍然占用了一个扩展盘区。

第二个问题更令人痛苦：记录扩展到了所有空间中，引起了提取数据时的额外开销。不是将数据加载到一页上并提取需要的 10 条记录，SQL Server 为了得到相同的信息不得不加载 10 张独立拆分页。这不仅是读该行时引起的效果，SQL Server 不得不读取这些页，更多的页就等于在读操作上需要花费更多的工作量。

也就是说，虽然数据库碎片没有用处，但 OLTP 系统喜欢碎片。因为没有数据的页可以在插入数据时，不用担心页拆分问题。

高碎片等于可读性能差，但也等于插入性能好。正如你期待的那样，这意味着 OLAP 系统不喜欢碎片，而 OLTP 系统喜欢碎片。

3.5.2　定义碎片与页拆分的可能性

SQL Server 提供了帮助我们定义数据库中页和扩展盘区满程度的命令。我们可以使用这些信息，决定想在数据库维护上做些什么。该命令实际上是数据库一致性检查（Database Consistency Checker）的选项，或者叫 DBCC。

语法很简单：

```
DBCC SHOWCONTIG
    [({<table name>|<table id>|<view name>|<view id>}
      [, <index name>|<index id>])]
    [WITH {ALL_INDEXES|FAST [, ALL_INDEXES ]|TABLERESULTS [, ALL_INDEXES]}]
      [ , { FAST | ALL_LEVELS } ]
```

```
DBCC SHOWCONTIG ([<table object id>], [<index id>])
```

该版本添加了直接描述表名或视图名的能力。以前，我们不得不提供表 ID 和索引 ID 值，而不是表名或索引名。如果你是在一个排它的 SQL Server 2005 环境下，那么你可以跳过这个小小的帮助程序，并看看 SHOWCONTIG 的实际功效（就在程序的后面）。如果你只是为了好奇，那么该代码确实能在 SQL Server 2005 下运行，你不需要它。

对 SQL Server 2005 以前的版本，我们不得不对该表使用 OBJECT_ID(<object name>)函数，而且不得不从 sysindexes 中得到索引 ID。笔者通常把 SHOWCONTIG 作为运行脚本的一部分封装在一起，或者对某些系统，笔者只将其封装在频繁使用的存储过程中。例如，要从 WorkOrder 表中的 PK_WorkOrder_WorkOrderID 索引上提取信息，可以运行下面的脚本。

```
USE AdventureWorks
GO

-- 定义存储变量
DECLARE @ID int,
@IdxID int,
@IndexName  varchar(128)

-- 设置要查找的值
SELECT @IndexName = 'PK_WorkOrder_WorkOrderID'
SET @ID = OBJECT_ID(N'AdventureWorks.Production.WorkOrder')
-- 得到索引的ID
SELECT @IdxID = IndID
FROM sysindexes
WHERE id = @ID
   AND name = @IndexName
```

```
-- 得到实际要查找的信息
DBCC SHOWCONTIG (@id, @IdxID)
GO
```

最后，我们将看一看系统存储过程产生的结果，这种方式可以预先安装在 SQL Server 2000 系统上，而且只需要提供表名和索引名作为传递参数，存储过程会完成剩下的任务。输出内容的意义并不明了：

```
DBCC SHOWCONTIG scanning 'WorkOrder' table...
Table: 'WorkOrder' (414624520); index ID: 1, database ID: 6
TABLE level scan performed.
- Pages Scanned................................: 798
- Extents Scanned..............................: 100
- Extent Switches..............................: 99
- Avg. Pages per Extent........................: 8.0
- Scan Density [Best Count:Actual Count].......: 100.00% [100:100]
- Logical Scan Fragmentation ..................: 0.00%
- Extent Scan Fragmentation ...................: 1.00%
- Avg. Bytes Free per Page.....................: 2820.0
- Avg. Page Density (full).....................: 65.16%
DBCC execution completed. If DBCC printed error messages, contact your system
administrator.
```

部分内容可能很明显，我们还是看一看每一行的意义，见表 3-3。

表 3-3　提取索引信息

陈　述	意　义
页扫描（Pages Scanned）	表（对聚集索引）或索引的页数
扩展盘区扫描 （Extents Scanned）	表或索引的扩展盘区数。最小是页数的 8 倍，然后递归增长。相同数量页的扩展盘区越多，碎片的程度越高
扩展盘区切换 （Extent Switches）	转移表或索引的列时，DBCC 从一个扩展盘区移动到另一个扩展盘区的次数。这是另一种碎片，相同数量页的切换次数越多，则碎片就越多
每个扩展盘区的平均页 （Avg.Pages per Extent）	每个扩展盘区的平均页数。完全被填满的扩展盘区将有 8 页
扫描密度（Scan Density，理想数：实际数（Best Count:Actual Count）	如果一切链接正常，那么理想数就是扩展盘区变化的理想数字。实际数是扩展盘区变化的数字。扫描密度是理想数用实际数相除得到的百分比
逻辑扫描碎片 （Logical Scan Fragmentation）	通过扫描索引叶层页检查出的的序页的百分比，只有适当的扫描与聚集表相关。无序页的下一页显示在索引分配映射（index allocation map,IAM）中，与被叶层页中的下一页指针所指向的页不同
扩展盘区扫描碎片 (Extent Scan Fragmentation)	告诉我们物理上不相近的扩展盘区是否在逻辑上相近。这意味着索引的叶层页不按物理顺序排列（尽管可以按逻辑排序），而且这属于扩展盘区百分比有多大的问题

（续表）

陈 述	意 义
每页平均自由的字节数（Avg.Bytes free per page）	页扫描的平均自由字节数。如果具有很大的行，那么该数字就很大。例如，如果行的大小是 4040 字节，那么每一页就只能控制一行，而且你将平均具有大约 4020 字节的空闲字节数。可能空闲字节数还会更多，但是不能少于给定行的大小
完全平均页密度（Avg.Page density[full]）	平均页密度（像一个百分比）。这个值考虑了行的大小，而且是一个页有多满的精确显示。该百分比值越高，则页越满

现在的问题是，一旦我们拥有了该输出结果，该怎样使用这些信息呢？答案当然根据具体值而定。

使用 SHOWCONTIG 的输出结果，可以对数据库是否满、碎片或者其中的一些事情（后者更像我们希望看到的）有一个很好的看法。如果运行一个 OLAP 系统，就可以看到页满程度变大——碎片降低。对于一个 OLTP 系统，希望的结果则刚好相反（尽管只有一点）。

我们怎样考虑该问题呢？要回答该问题，我们需要查看重建索引和填充因子的概念。

DBREINDEX 和 FILLFACTOR

如上所述，SQL Server 提供了控制叶层页满程度的选项，如果我们选择了该选项，就要用另一选项处理非页层页。不幸的是，这是一个主动选项：一旦应用了该选项，就要根据需要重建索引并重新应用该选项。

要重建索引，可以先删除索引并再创建（如果这样处理，那么使用 DROP_EXISTING 选项将是一个不错的主意），也可以利用 DBREINDEX。DBREINDEX 是另一个 DBCC 命令，语法如下：

DBCC DBREINDEX (<'database.owner.table_name'>[, <index name>
[, <*fillfactor*>]]) [WITH NO_INFOMSGS]

执行该命令可以完全重建需要的索引。如果你提供一个没有索引名的表，那么它就会为需要的表重建所有索引。数据库中没有重建所有索引的命令。

重建索引调整了索引中的所有信息，而且重建了一个填充百分比。如果索引是聚集索引，那么也可以辨认物理数据。

默认重新组成满页需要减少两条记录。就像 CREATE TABLE 语法一样，可以设置 FILLFACTOR 为 0～100 之间的任何值。一旦数据库重建成功，该数字就是页满时的百分比。记住，在页拆分时，你的数据仍然在两页之间以 50-50 分配——除了重建索引外，不能基于常规控制填充百分比。

如果使用 0 作为匹配填充百分比，就有一些不同。它将比 100%少两条记录，这有点欺骗性，对吗？

如果我们需要调整页密度，则可以使用 FILLFACTOR。因为我们已经讨论过，对 OLTP 系统有许多插入操作，低页密度比较理想（所以是低的 FILLFACTORs），这有利于避免页拆分。对于 OLAP 系统，高页密度比较理想（读的页减少，由于插入的记录少，所以没有页拆分的风险）。

如果我们想对早期的 WorkOrder 表重建索引作为主键，而且填充因子是 65，就可以执行下面的 DBCC 命令：

DBCC DBREINDEX('Production.WorkOrder', PK_WorkOrder_WorkOrderID, 65)

然后可以重新运行 DBCC SHOWCONTING 查看最终结果：

```
DBCC SHOWCONTIG scanning 'Order Details' table...
Table: 'Order Details' (325576198); index ID: 1, database ID: 6
TABLE level scan performed.
- Pages Scanned................................:13
- Extents Scanned..............................:2
- Extent Switches..............................:1
- Avg. Pages per Extent........................:6.5
- Scan Density [Best Count:Actual Count].........:100.00% [2:2]
- Logical Scan Fragmentation ..................:0.00%
- Extent Scan Fragmentation ...................:50.00%
- Avg. Bytes Free per Page.....................:2957.2
- Avg. Page Density (full).....................:63.46%
DBCC execution completed. If DBCC printed error messages, contact your system
administrator.
```

这里需要注意，Avg.Page Density 发生了变化。该数字没有达到 65%，因为 SQL Server 不得不处理页和行的大小，但尽可能接近该值。

需要注意 DBREINDEX 和 FILLFACTOR 中的几件事情：

- 如果没有提供 FILLFACTOR，那么将用 DBREINDEX 设置以前建造索引时使用的值。如果从来没有指定该值，那么填充因子能比组成满页少两条记录的页（通常太满了）。
- 如果提供 FILLFACTOR，那么该值就是索引的默认 FILLFACTOR。
- 虽然 DBREINDEX 可以激活，但笔者强烈反对这样做，它锁住了资源并会引发许多问题，这是一个永无止境的事。

3.6 全文检索体系结构

我们已经使用了大量的篇幅探讨有关索引和存储结构的问题，下面开始探讨全文检索（Full Text Search，FTS）的问题。我们首先要探讨有关全文检索的体系结构。

FTS 体系结构是某种容易使人混淆的东西。当你认识到如何与其他东西放在一起实现 FTS 的时候，此种混淆就不足为奇了。

使用全文搜索可以快速、灵活地为存储在 SQL Server 数据库中的文本数据的基于关键字的查询创建索引。与仅适用于字符模式的 LIKE 谓词不同，全文查询将根据特定语言的规则对词和短语进行操作，从而针对此数据执行语言搜索。

在 SQL Server 2005 中，全文搜索用于提供企业级搜索功能。由于在性能、可管理性和功能方面的显著增强，全文搜索可为任意大小的应用程序提供强大的搜索功能。

在对大量非结构化的文本数据进行查询时，使用全文搜索获得的性能优势会得到充分的表现。对数百万行文本数据执行的 LIKE 查询，可能需要花费几分钟时间才能返回结果；但对同样的数据，全文查询只需要几秒或更少的时间，具体取决于返回的行数。

可以对包含 char、varchar 和 nvarchar 数据的列创建全文索引。也可以对包含格式化二进制数据（例如存储在 varbinary(max) 或 image 列中的 Microsoft Word 文档）的列创建全文索引，但不能使用 LIKE 谓词来查询格式化的二进制数据。

若要对一个表创建全文索引，那么该表必须具有一个唯一且非空的列。例如，请考虑 Adventure Works 中 Document 表的全文索引，在该表中，DocumentID 列是主键列。全文索引指与 DocumentID 为 3 相关的行，在 DocumentSummary 列中，词编号为 24 和 44 的位置找到了词 instruction。此索引结构支持对包含索引词的所有项进行高效搜索，并支持高级搜索操作，例如短语搜索和邻近搜索。Document 表 AdventureWorks 的结构如表 3-4 所示。

表 3-4　AdventureWorks 表结构

列	数据类型	为空性	说明
DocumentID	int	非空	Document 行的主键
Title	nvarchar(50)	非空	文档的标题
FileName	nvarchar(400)	非空	文档的目录路径和文件名称
FileExtension	nvarchar(8)	非空	指示文件类型的文件扩展名。例如，.doc 或 .txt
Revision	nvarchar(5)	非空	文档的修订号
ChangeNumber	int	非空	工程更改批准号
Status	tinyint	非空	1 = 等待批准 2 = 已批准 3 = 过时
DocumentSummary	nvarchar(max)	空	文档概要
Document	varbinary(max)	空	完整文档文件
ModifiedDate	datetime	非空	行的上次更新日期和时间

在处理全文查询时，搜索引擎将满足搜索条件的行的键值返回给 SQL Server。如果要使用全文查询来查找包含词 Instruction 的文档，则将从全文索引获得 DocumentID 值 3、4、6、7 和 8。SQL Server 随后使用这些键返回匹配的行。

要认识的第一件事情是，FTS 的核心不是 SQL Server 的一部分。实际上，它是一种共享技术，最初来源于微软索引服务器和站点服务器（Site Server），该技术利用 MSSearch 实现。MSSearch 是检查原始文本数据和聚集单词清单时最优秀的技术，它要维护的是组合单独词和短语以及 MSSearch 碰见它们的位置。对于索引服务器，这将是文件位置；对于单点检索，这是文件位置和网页 URL 之间的混合体，而对于 FTS，SQL Server 中的单词清于单与行数据相关。

在 SQL Server 中，FTS 结合了 RDBMS 结构和 MSSearch 文件基础存储结构。为了针对 SQL Server 表执行全文检索查询，必须在该表上建立全文检索索引：通过在 SQL Server 中传递文本流到 MSSearch 引擎来完成处理过程，流中的单词被分类，相关的单词构成了每个分类条目和行之间查找的源，如图 3-12 所示。

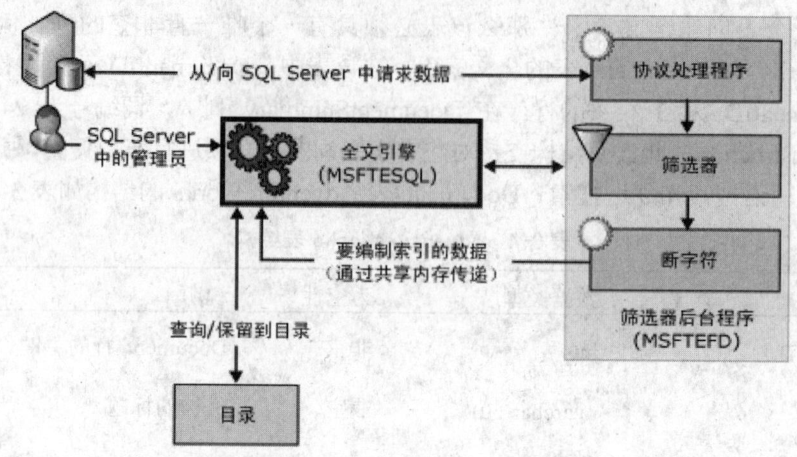

图 3-12　全文检索执行原理图

图中 MSFTESQL（Full-Text Engine for SQL Server）服务负责进行下列操作：

- 填充全文索引。
- 管理全文索引和全文目录。
- 帮助对 SQL Server 数据库中的表进行全文搜索。

MSFTEFD（Microsoft Full-Text Engine Filter Daemon）由负责从表中访问、筛选数据以及进行断字和词干分析的组件组成。

筛选器的任务是从文档中提取文本化信息流，并舍弃所有非文本化信息和格式化信息。筛选器将生成文本字符串和属性/值对，并依次将它们传递给索引引擎。

筛选器可从特定的文档格式（比如 Word 文档或文本文件）中提取文本化信息。例如，提供了 Microsoft Office 筛选器，此筛选器可以从 Word、Excel 和 PowerPoint 文件中提取文本和属性。其他筛选器用于处理 HTML 或电子邮件，还可以使用第三方筛选器。

SQL 协议处理程序：在 SQL Server 2005 中，SQL 协议处理程序的工作是从指定数据库中的表内访问数据。

断字符用于在查询或抓取的文档中确定字符流中的字符边界位置。

默认情况下，表本身不具有全文搜索功能。表具有文本或字符数据类型并不保证其具有全文索引，如果想拥有全文索引，就得创建索引。甚至在创建了全文索引之后，索引中也没有什么内容，为了让索引起作用，你需要开发索引。

整个过程是要查找索引指定的列并建立将要使用的单词清单。但是，就像 SQL Server 中的标准索引那样，只有索引中指定的列才会成为索引的一部分。但是，不像 SQL Server 中的常规索引，每张表只允许一个全文索引，如果想让每一列都参与全文查询，就需要保证它们都是索引的一部分。

差别不仅仅在于此——实际还有许多。主要的差别包括：

- 存储位置　SQL Server 索引存储为主数据库文件的一部分。但是，全文索引存储在全文目录（Full-Text Catalog）中。这使得很容易将全文目录存储在数据库的其他物理设备中（这对性能有帮助），但也意味着数据库备份不包括该数据库的全文索引（备份确实包括正常的 SQL Server 索引）。

- 创建全文索引的方法　使用 T-SQL、SQL-DMO 或 WMI（也可以使用数据库引擎，但只使用了 SQL-DMO）中的 CREATE INDEX 命令创建 SQL Server 的索引。全文索引通过使用特殊系统存储过程创建（还可以使用 EM，但它使用特殊的系统 sprocs）。
- 更新的方法　SQL Server 索引是在正常改变 SQL Server 基础数据的情况下自动更新的。但是，只有在需要时才更新全文索引。

这就是对全文结构（Full-text Architecture）简要介绍。在介绍本章的其余部分时，我们将把它与 SQL Server 中执行的更“标准”的方法相比较，这些差别就会更明显了。

3.7 设置全文索引和分类

如上所述，SQL Server 中的每张表可以有 0 或 1 个全文索引。这些全文索引存储在一个文件中，叫做全文目录（full-text catalog）。这是 SQL Server 数据库和系统文件的扩展，一个目录可以存储多个全文索引，索引必须来源于相同的数据库。但是，你会希望在多个目录中存储一个数据库的索引，因此可以在独立的调度表上管理那些索引。

3.7.1 授予数据库全文搜索能力

默认情况下，数据库不具有 FTS 能力。SQL Server 不允许创建全文目录或索引，直到你能在数据库中执行 FTS 为止。

要完成这一任务，可以利用 sp_fulltext_database 特殊系统存储过程。该语法非常简单：

```
EXEC sp_fulltext_database [@action =] '{enable|disable}'
```

enable 选项为当前的数据库打开全文索引。如果当前数据库已经具备全文目录，就删除它（包括删除目录的表之间的相关性）。

对后一点要特别小心，因为没有提示和警告。当前数据库中处理的全文索引立即（而且不可被恢复）被删除了，并进行新的开端。这意味着你在两种方式下要小心：一是确信真正想做什么；二是当你执行 sproc 时，确认当前连接的数据库就是正确的数据库。

disable 选项为当前数据库关闭了全文检索操作，并删除了当前目录和索引。

例如，启用 adventureworks 数据库上的全文检索：

```
USE adventureworks
EXEC sp_fulltext_database @action = 'Enable'
```

这样就完成了该功能。

> **注意：** SQL Server 并不确认已经成功启用了全文检索功能。但是，如果存在问题，那么系统会产生某种错误消息。

3.7.2 创建全文目录

使数据库能执行全文操作的第一个逻辑步骤是：至少要创建一个存储全文索引的目录。因为全文索引必须驻留在全文目录中，所以在试图创建索引时，你必须创建好全文目录。

要创建全文目录，可以使用 sp_fulltext_catalog 这个特殊的系统存储过程。从技术角度来说，该存储过程完成了管理目录需要做的所有事情。不像许多 T-SQL 语句，我们不使用完全不同的命令管理或更新对象。相反，我们只需要一个具有混合参数的存储过程就能满足特定的情况。

通用语法是：

EXEC sp_fulltext_catalog [@ftcat =] '<*name of catalog*>',
[@action=] {create|drop|start_incremental|start_full|stop|rebuild}'
[,[@path =] '<*root directory*>']

存储过程中的 3 个参数如表 3-5 所示。

表 3-5　创建全文目录命令的参数

参　数	描　　述
@ftcat	完成的功能就是所说的功能。如果你对@action 参数使用 CREATE 选项，就要用作全文目录名
@action	基本上就是“想要做什么？”的参数。因为 sp_fulltext_catalog 可以完成我们需要完成的工作，所以我们使用该参数显示这次要执行的行为。它有 6 种选项： create 谁能实现这一点呢？这意味着我们希望创建一个全文目录。当使用了该选项以后，数据库中一定不能存在@ftcat 参数指定的名字，否则创建失败 Drop 选择该选项，全文目录就会消失。在试图删除它之前必须删除目录中的所有索引，否则删除操作失败 Start_incremental 该选项启动增量创建目录操纵处理（将其当作索引来处理）——我们随后将探讨增量创建与完整创建 Start_full 该选项启动一个完整创建的目录操纵处理。现有的操纵索引将被删除（如果有的话），并重新创建它。再次声明，随后将简短讨论完整创建 Stop 停止正在进行的所有操纵进程 Rebuild 有效地删除和重新创建特定的目录。该目录处于完全为空的状态（没有导入），如果你希望在 rebuild 之后导入目录，就必须再次显式调用 sp_fulltext_catalog 并指定 START_FULL 选项
@path	该选项指定了包含目录（catalog）的根目录路径。如果没有指定路径，就是安装 SQL Server 的路径，即...\MSSQL\FTDATA 目录

现在准备讨论有关全文目录的内容，下面从一个持有全文索引的目录开始：

```
USE adventureworks
EXEC sp_fulltext_catalog @ftcat = 'adventureworksFullText', @action = 'CREATE'
```

在这里，SQL Server 仍然不会返回任何消息提示该行为已经完成。

创建目录结束以后，我们要暂停讨论目录，随后再回到 sp_fulltext_catalog 的其他选项中去。

3.7.3 给独立的表启用全文检索功能

我们已经能在数据库中执行全文检索并创建了目录，现在万事具备了，对吗？错！迄今为止完成的这些烦琐的准备工作只是为了能在预期的哪张表上启用全文操作。因此，现在应该是指出想在哪张表上运行全文查询并在哪些表上创建全文索引的时候了。

你可以猜测到，我们会使用另一个系统存储过程创建实际的索引，该过程叫做 sp_fulltext_table，其语法如下：

EXEC sp_fulltext_table [@tabname =] '[<*owner*>.]<*table*>', [@action =]
'{create|drop|activate|deactivate|start_change_tracking|
stop_change_tracking|start_background_updateindex|
stop_background_updateindex|update_index|start_full|start_incremental|stop}'
[,[@ftcat =] '<fulltext catalog>',[@keyname =] '<index name>']

下面简要介绍一下该命令的每个参数，如表 3-6 所示。

表 3-6 启动全文检索命令参数

参数	描述
@tabname	表名。可选择性的，两部分的名字以 owner.object 的形式出现，假设该表存在于当前数据库中。如果在数据库中没有这样的对象，那么就返回错误信息
@action	再次是"想要做什么的问题"。该参数具有一个很长的可选择列表参数——我们随后会探讨每一个参数
@ftcat	创建索引的全文目录名。只有在@action 的选项是 create 时才提供该参数；否则就不要修改该参数
@keyname	该表的单列唯一键名。通常是主键，如果有组合键，也可以使用 UNIQUE 约束一起使用该列（需要为该目的添加标识列或相似的机制）

@action 参数具有多个选项，如表 3-7 所示。

表 3-7 @action 参数的值

参数值	描述
create	为@tabname 中指定的表启用 FTS
drop	禁用该表的全文检索，并从目录中删除全文索引
activate	如果已经禁用表的全文无效，那么该选项重新启用全文检索。如果跟踪被改为打开状态，那么下一次调度表导入操作开始启动时，该选项也会启动
deactivate	禁止该表参与 FTS 行为，但保留导入的数据，以备下一次使用
start_change_tracking	如果表包含了时间戳列（需要增量更新），那么该选项将启动全文索引的增量导入。如果不存在时间戳列，就启动全文索引的完整导入。如果表中刚好没有 BLOB 列，那么就自动重新导入（增量或完整，只要合适就行，可能立即开始，也可能在下一个调度导入操作运行的时候开始，根据其他设置而定）
stop_change_tracking	停止改变跟踪。不会影响已经进展的导入操作，但基于变化消除了自动导入
start_background_updateindex	根据变化跟踪结果找到的变化，立即导入索引，立即在索引中添加更新的数据
stop_background_undateindex	立即停止导入处理

（续表）

参数值	描述
update_index	引起还没有应用到全文索引中的跟踪的变化立即开始应用
start_full	为目标索引立即开始完全导入
start_incremental	为目标索引立即开始增量导入
stop	停止进展中的导入

既然我们已经有了这样有趣的选项，就让我们在 Employees 表上添加一个全文索引吧。我们将添加这个索引到 AdventureworksFullText 目录中，而且应用 EmployeeID 列上的主键作为唯一键。唯一的问题是，虽然知道列名，但不知道索引名（而这实际真正需要）。要得到这些信息，我们快速浏览一下 Employees 表上的索引：

```
USE adventureworks

EXEC sp_helpindex [HumanResources.Employee]
```

注意：在上面的语句中使用了方括号。

结果有 5 条索引，如表 3-8 所示。

表 3-8　浏览表字段

索引名	索引描述	索引键
AK_Employee_LoginID	PRIMARY 上的非聚集、唯一索引	LoginID
AK_Employee_NationalIDNumber	PRIMARY 上的非聚集唯一索引	NationalIDNumber
AK_Employee_rowguid	PRIMARY 上的非聚集唯一索引	rowguid
IX_Employee_ManagerID	PRIMARY 上的非聚集索引	ManagerID
PK_Employee_EmployeeID	PRIMARY 上的聚集、唯一主键	EmployeeID

因此，PK_Employee_EmployeeID 索引是提供的引用全文索引的唯一列。现在我们准备创建该索引：

```
USE Adventureworks

EXEC sp_fulltext_table @tabname = 'HumanResources.Employee',
   @action = 'create',
   @ftcat = 'AdventureworksFullText',
   @keyname = 'PK_Employee_EmployeeID'
```

SQL Server 还是没有提供任何确认信息，只是在错误发生时才提示。

在这一点上，实际很容易思考我们所做的事情：我们可以运行全文查询并且生活会变得很好，但仍然丢失了一些东西——索引上的列。不像 T-SQL 中，我们定义的列是创建索引的索引部分，创建全文索引的过程实际是考虑如何把将要使用的目录与表中用于定义每一行的唯一索引关联起来。只有在表创建之后，我们才可以添加索引并让索引确实可用。

怎样添加列呢？再次坚持已经一直使用的命名架构，而且使用叫做 sp_fulltext_column 的系统存储过程。语法如下：

sp_fulltext_column [@tabname =] '[<owner>.]<table>',
[@colname =] '<column name>',
[@action =] '{add|drop}'
[,[@language =] '<language>']
[,[@type_colname =] '<type column name>']

表 3-9　创建表字段

参数	描述
@tabname	存在全文索引的表名
@colname	希望添加或删除索引的列名
@action	是否添加列或删除列
@language	用在索引列上的本地语言的局部 ID。默认是中性语言
@type_colname	这应该是在@colname 命名的列存储数据的文档类型（.doc、.pdf、.xls 等）的列名。它只应用于计划使用索引服务器过滤合适文档类型的图像数据

我们将对上面的例子做一些延伸。让我们在 Employees 表上创建的全文索引中添加列：

```
USE Adventureworks

EXEC sp_fulltext_column @tabname = 'HumanResources.Employee',
    @colname = 'Title',
    @action = 'add'
```

现在仍然没有得到确认添加列成功的消息（或者非常少）。

此时，全文索引几乎已经准备好了，剩下的工作是进行组装并步入正轨。在完成这一想法的时候，笔者要做一个小小的练习，看一看具体的工作原理。这样，如果产生问题了，则还有机会进行研究。

即使我们没有学习查询语法，也可以运行下面的查询语句：

```
SELECT EmployeeID, Title
FROM HumanResources.Employee
WHERE CONTAINS(*, 'Production')
```

结果会返回 0 行。

这样发生了下列情况：

- 该查询应返回 Adventureworks 数据库中 Employee 表下 Title 列包含 Production 的所有行。
- 尽管查询的结果不同，但 Adventureworks 中的 Notes 列确实含有 Production 单词的行。

为什么返回的结果是 0 行呢？你大概可以指出这一完整练习的目的，我们还没有组装索引。因为在表上激活全文索引，所以全文检索命令会工作正常。但是，我们还没有组装索引，所以就没有返回任何行。对这一点要特别小心，原因很明显，我们确实有匹配行却没有返回结果，但这些匹配行还没有组装全文索引。

3.7.4 索引组装

普通的 SQL Server 索引由于 SQL Server 的特性和数据存储的方式，使得全文索引部分超出了 SQL Server 的范畴。因此，在使用要表示的数据最新之前，需要进行干预。

组装过程来源于 3 种（更像 21/2 种），下面分别介绍：

- 完全　顾名思义，利用这种组装，SQL Server 基本忘记了以前知道的数据，而且开始了重新组装。每一行都被重新扫描，并且在杂乱中重建索引。
- 增量　在这一选项下，为了跟踪因最后的组装而改变的列，SQL Server 应用了时间戳类型列。在这种场合下，SQL Server 只需要记录某些方式下发生变化的行。这个选项需要表中具有时间戳列，任何不会引起时间戳变化的更新操作（没有记录日志的操作，通常是 BLOB 行为）都不会被检测到，除非在相同的行上改变了其他一些内容。
- 变化跟踪　它跟踪因最后的组装而进行的实际变化，该选项实际是修改以前两个选项。全文组装对 CPU 和内存非常直观，而且可以使服务器陷入困境，权衡立即更新的概念与能够在服务器的高峰期之后更新的概念。

除非你使用了变化跟踪，否则只有在你明确启动过程或者依照建立的组装调度表才会发生全文索引的组装。变化跟踪提供了两个选项：计划传播（Scheduled Propagation）和后台更新（Background Update）。前者在调度间隔中应用跟踪变化，后者本质上总是运行在后台，只要变化发生后，才尽可能应用这一变化。

显然，第一次创建了全文索引或改变了索引中参与列表之后，就需要完全重新组装索引（以前空索引的增量变化将意味着不得不扫描每一行）。我们可以在目录上或表层执行这种重新组装。典型地，你将在表层上为新添加的或改变的索引执行重新组装，并在执行程序维护时重新组装目录层。

利用这种想法，现在应准备组装在 Employee 表上创建的全文索引。因为这既是一个新索引，又是一个新目录，所以在现有目录的哪一层重新组装都没有问题。对于这种场合，笔者将把它当作在已经存在的其他索引中的目录上添加一个索引一样，将在表层执行重新组装。

在表层的重新组装过程利用了我们已经看见的相同 sproc，即 sp_fulltext_table。我们将在 Employee 表上运行该过程，使用完全组装。

```
EXEC sp_fulltext_table @tabname = 'HumanResources.Employee',
  @action = 'start_full'
```

注意：我们没有包括全文目录和键名选项，只是在创建全文索引时使用，最后也不应使用它们。

给定数据集的最小值，这种组装运行将很快发生，可能在 1 分钟之内。不要让它欺骗了你。全文组装需要高速 CPU 和大量的内存，会给服务器带来极大的负载，并需要很长时间来处理。笔者涉及的一个用于 SQL Server 7.0 完全组装的工程间歇性地运行了长达 26 小时之久。SQL Server 2000 的效率更高一点，但仍然是一个非常漫长的运行进程，在开始组装工作时要记住这一点！

完成组装之后，我们准备重新运行上一节提供的查询例子：

```
SELECT EmployeeID, Title
FROM HumanResources.Employee
WHERE CONTAINS(*, 'Production')
```

这次返回了 11 行记录集：

```
1    Production Technician - WC60
7    Production Supervisor - WC60
8    Production Technician - WC10
10   Production Technician - WC10
13   Production Technician - WC10
14   Production Supervisor - WC50
15   Production Technician - WC10
16   Production Supervisor - WC60
17   Production Technician - WC10
18   Production Supervisor - WC60
19   Production Technician - WC10
……
(180 row(s) affected)
```

现在已经产生了一个全文索引，而且它工作了！接下来应该讨论我们刚运行的查询要干什么以及其他可用的选项了。

3.8 全文查询语法

本章已经提示多次，FTS 具有自己的查询语法。它添加了特殊命令，扩展了 T-SQL，而且清晰地显示了我们希望全文工程支持查询，而不是常规的 SQL Server 工程。

幸运的是，在全文检索工程中要涉及 4 个基本语句：CONTAINS、CONTAINSTABLE、FREETEXT 和 FREETEXTTABLE。它们实际分成每两个语句的重叠类，如表 3-10 所示。

表 3-10　全文检索的条件

	条件	意思
条　件	CONTAINS	FREETEXT
等级表	CONTAINSTABLE	FREETEXTTABLE

条件谓词非常像 EXISTS 操作符，本质上是为每一行提供一个简单的行是否满足查询条件的是非判断。一方面，查询的 WHERE 子句使用了这些条件。另一方面，两个等级表查询不提供条件。相反，它返回表格结果集（可以联接），包含找到的匹配所有行的关键值（这是联接的），也包括显示匹配程度的等级。

下面详细介绍这 4 个关键词。

3.8.1 CONTAINS

该术语基于特定词或短语查找匹配值。默认情况下，它在查找一个确切的匹配值（也就是，swim 必须是 swim，而不是 swam），但是也可以使用修正形式查找词尾变化的匹配值（具有相同词根的词，比如 swim 和 swam），CONTAINS 辨认某种关键词。

现在，我们要使用简单形式的 CONTAINS。在学习了 4 个语句的基础后，我们要介绍高级特性（因为它们共享了某种修改形式，我们会立即看到这些内容）。

基本语法如下：

CONTAINS({<column>|*} , '<search condition>')

你可以命名特定的列或使用*，此时的条件是比较索引列上的匹配值。在最简单的形式下，查询条件只包含一个单词或短语。

这里指出两件事情。首先，记住你将只返回全文索引上包含的列的结果。我们在 Employees 表上创建的索引，意味着该检索只包含 Title 列。在检索中不包括像 LastName 这样的列，因为它们不包含在索引中。其次，检索条件可以比我们在这里显示的条件更复杂，但我们将在基本操作之后讨论这一步骤。

让我们回到用于证明组装的查询练习中：

SELECT EmployeeID, Title

FROM HumanResources.Employee

WHERE CONTAINS(*, 'Production')

我们曾经提到，在这里想说索引中的任何列（[即 EmployeeID 和 Title 列下（*号表示在检索中包含所有列）]的所有行都包括了单词 Production。

如果实际选出 Titles 列，那么你就会看到每一行确实有一个匹配值。显而易见，CONTAINS 的默认行为是确实匹配的行为。

3.8.2 FREETEXT

FREETEXT 是 CONTAINS 的孪生兄弟。实际上，它们的语法几乎一样。

FREETEXT({<column>|*} , '<search condition>')

唯一的差别是返回的结果。FREETEXT 在更大程度上是不精确匹配，它更感兴趣的是单词的意义，而不是精确的逐个字母的拼写。

下面看一看上一节中 Production 查询的例子，但这次使用 FREETEXT，而不是 CONTAINS：

```
SELECT EmployeeID, Title
FROM HumanResources.Employee
WHERE FREETEXT (*, 'Production')
```

执行该语句，虽然得到的结果与采用 CONTAINS 得到的结果一样，但我们要明白的是：FREETEXT 查询得到了包含单词复数的行，而 CONTAINS 只能得到包含单词单数的行。尽管 Adventureworks 没有提供最好的例子，但 FREETEXT 可以处理像 swin、swam 以及其他单词的变化之类的事情。

3.8.3 CONTAINSTABLE

CONTAINSTABLE（用指出匹配的行的话来说）与 CONTAINS 工作方式相同，差别是如何处理结果。

语法相似，只是在定义 CONTAINSTABLE 时将操作哪张表和匹配的随意性限制上有点变化：

CONTAINSTABLE (<table>, {column|*}, '<contains search condition>' [, <top 'n'>])

CONTAINS 返回了 WHERE 子句中适合使用的相应简单布尔型值，CONTAINSTABLE 返回了一张表，完全是查询短语与返回的行如何匹配的结果。

运行一个查询，但这次采用 CONTAINSTABLE：

```
SELECT *
FROM CONTAINSTABLE(HumanResources.Employee, *, 'Production')
```

这返回了两行（就像 CONTAINS 一样），但返回值提供的信息有所不同：

KEY　　　RANK
1　16
7　16
8　16
10　16
13　16
14　16
15　16
16　16
17　16
18　16
16
……

这个结果给我们提供了两列：

- 键（KEY） 全文索引必须能与索引表中单个列的键相关吗？被 CONTAINSTABLE 返回的 KEY 确实与该键列相关。也就是说，称为 KEY 的列中的输出值在索引表中有唯一行，就像被键标识了一样。
- 等级（RANK）　0～1000 的值，显示返回查询结果的匹配程度。该值越高，则匹配程度越好。

要利用 CONTAINSTABLE，只要将初始表连接到 CONTAINSTABLE 的结果中即可。例如：

```
SELECT Rank, EmployeeID, Title
FROM CONTAINSTABLE(HumanResources.Employee, *, 'Production') AS ct
JOIN HumanResources.Employee AS e
        ON ct.[KEY] = e.EmployeeID
```

注意：在 KEY 列名周围使用了方括号。因为 KEY 也是一个关键词。记住命名规则，如果在列或表名中使用了关键词（大家不应该这样做），就需要放在方括号中。

结果返回了初始的 180 行，但这次得到了下列表中的额外信息：

Rank　　EmployeeID　　Title
16　1　　Production Technician - WC60

```
16  7   Production Supervisor - WC60
16  8   Production Technician - WC10
16  10  Production Technician - WC10
16  13  Production Technician - WC10
16  14  Production Supervisor - WC50
16  15  Production Technician - WC10
16  16  Production Supervisor - WC60
16  17  Production Technician - WC10
……
```

此时，Rank 中的值相同，但是提供了更多的值，我们可以像这样完成:

- 基于一些任意的 RANK 值过滤。例如，可以基于分数只返回匹配最好的记录。
- 根据 RANK 排序（按等级，最可能是从最高到最低）。

3.8.4 FREETEXTTABLE

就像 FREETEXT 是 CONTAIN 的孪生兄弟一样，FREETEXTTABLE 是 CONTAINSTABLE 的孪生兄弟。FREETEXTTABLE 用 CONTAINSTABLE 中提供的表格形式组合了更多与 FREETEXT 匹配的单词。

可以组合一些以前的例子来看一看 FREETEXTTABLE 的效果，如下所示:

```
SELECT Rank, EmployeeID, Title
FROM FREETEXTTABLE(HumanResources.Employee, *, 'Production') AS ft
JOIN HumanResources.Employee AS e
    ON ft.[KEY] = e.EmployeeID
```

该语句返回了用最初的 FREETEXT 查询得到的记录，但是具有 CONTAINSTABLE 中的等级。

```
Rank    EmployeeID   Title
-------------------------------------------------
0   1    Production Technician - WC60
0   7    Production Supervisor - WC60
0   8    Production Technician - WC10
0   10   Production Technician - WC10
0   13   Production Technician - WC10
0   14   Production Supervisor - WC50
0   15   Production Technician - WC10
0   16   Production Supervisor - WC60
0   17   Production Technician - WC10
0   18   Production Supervisor - WC60
……
```

注意：尽管等级最低(0 代表得到的最低值)，但仍然返回了这些记录。它们满足了 FREETEXT 或 FREETEXTTABLE 的匹配规则，但是匹配程度比较低。

3.8.5 处理短语

所有的全文检索关键词都可以处理短语的概念。但是，在怎样解释和处理短语上有一些不同。

我们从最基本的例子开始，首先采用简单的短语，比如 Production Technician - WC40。

```
SELECT EmployeeID, Title
FROM HumanResources.Employee
WHERE CONTAINS(*, '"Production Technician - WC40"')
```

注意：该短语包含了双引号，需要把短语当成一个单元来考虑的时候都要这样处理。但是，这次得到了一行结果。

27 Production Technician - WC40
31 Production Technician - WC40
45 Production Technician - WC40
56 Production Technician - WC40
63 Production Technician - WC40
68 Production Technician - WC40
81 Production Technician - WC40
91 Production Technician - WC40
93 Production Technician - WC40
Production Technician - WC40
……

只要我们将短语放在双引号中（通常需要在查询短语上使用单引号），CONTAINS 就会检查与短语确切匹配的行。

问题是全文检索怎样处理某种关键词。这包括以下操作：

- 与（AND）。
- 非（NOT）。
- 或（OR）。

每个关键词都像在其他编程语言中使用的关键词一样，如果在短语中间使用它，那么它仍然会被当作关键词，并会在短语中间操作其他单词。

但是，所有的自由文本命令并不完全一样。FREETEXT 忽略了关键词并将它们当作原来的词。例如，再试一下上面的查询，这次只用 FREETEXT 代替 CONTAINS：

```
SELECT EmployeeID, Title
FROM HumanResources.Employee
WHERE FREETEXT(*, '"Production Technician of - WC40"')
```

系统会提示：

Informational: The full-text search condition contained noise word(s).

(0 row(s) affected)

原因在哪里？查询条件中包含了噪音单词（noise word），有关噪音单词这一概念，我们将在 3.9 节中还要详细介绍。

记住 FREETEXT 本质上没有 CONTAINS 精确。

3.8.6 近似（Proximity）

全文检索也允许使用近似条件。当前，支持的近似条件列表术语是一个失败的术语 NEAR。NEAR 工作的方式与字面意思相同，就是说在 NEAR 关键词一侧的条件必须相互接近。微软已经告诉我们，单词之间应该为多近才被当作为 NEAR，但指出了通常要 8～10 个单词。

从技术上讲，近似关键词清单中有一个更好的单词，但它一点也不是一个单词，而只是一个符号。如果选择的话，你可以使用波浪号来代替 NEAR 关键词，它的效果与 NEAR 相同。从个人角度说，笔者建议从可读性的原因出发，不要使用该符号（并没有太多的读者能认出这是什么业务），但大部分人至少能猜测 NEAR。

NEAR 的工作与其他全文查询操作符一样，只不过 NEAR 查询的等级不一样，就像在查询中包括什么和不包括什么一样，而且会获得较高的等级值。

不要惊讶看见了一条记录与你查询的标准接近而得到了比离查询标准远得多的低等级值。记住，即使在使用 NEAR 关键词时，接近只是 SQL Server 用于衡量等级的众多标准之一，其他因素（比如单词匹配的百分比、事例值以及更多的因素）也有一定的作用。

3.8.7 前缀条件

除了作为意义上的标识之外（就像对 FREETEXT 一样），全文检索产品还允许你利用“开始用”或前缀条件（Prefix Term）。利用前缀条件就像单词或短语的第一部分后面采用 * 一样简单，它们之间唯一的联系是，无论是否在搜索一个独立的单词或短语，都必须把单词或短语以及前缀放在双引号中（除了常用的单引号之外）。

要在这里演示一下，可以使用前缀条件运行一个非常简单的查询。

```
SELECT EmployeeID, Title
FROM HumanResources.Employee e
WHERE CONTAINS(*, 'Prod*')
```

这将返回 0 行，因为全文检索认为你要查找的是精确的条件 grad*——包括了*号。现在，如果使用双引号：

```
SELECT EmployeeID, Title
FROM HumanResources.Employee e
WHERE CONTAINS(*, '"Prod*"')
```

这时，将得到具有单词 prod 的所有行：

```
EmployeeID          Title
---------- ------------------- -------------------------
1    Production Technician - WC60
7    Production Supervisor - WC60
8    Production Technician - WC10
10   Production Technician - WC10
```

13　Production Technician - WC10
14　Production Supervisor - WC50
15　Production Technician - WC10
16　Production Supervisor - WC60
17　Production Technician - WC10
18　Production Supervisor - WC60
19　Production Technician - WC10

记住，在使用前缀条件时要使用双引号。

3.8.8 权重

等级是非常优秀的，如果要检索标准中的一个单词比其他单词都重要，该怎么办？

为了处理需要提供一个或多个单词的优先权，全文检索给我们提供了 ISABOUT()函数和 WEIGHT 关键词。语法如下：

ISABOUT(<weighted term> WEIGHT (<weight value>), <weighted term> WEIGHT (<weighted term>),…n)

例如，员工的头衔不同，对应的权重也不同。已经决定产品人员值中两个普通员工，权重为 2。相应地，一个工具设计人员的权重为 4，一个设计者的权重为 8。可以使用下列的代码得到一个等级列表：

```
SELECT Rank,EmployeeID,Title
FROM HumanResources.Employee e
JOIN CONTAINSTABLE(HumanResources.Employee, Title, 'ISABOUT (Production
WEIGHT (.2), Tool WEIGHT (.4),
Designer WEIGHT (.8) )' ) ct
    ON e.EmployeeID = ct.[KEY]
ORDER BY Rank DESC
```

现在看一看结果：

Rank	EmployeeID	Title
183	4	Senior Tool Designer
183	5	Tool Designer
183	263	Senior Tool Designer
183	265	Tool Designer
3	1	Production Technician - WC60
3	7	Production Supervisor - WC60
3	8	Production Technician - WC10
3	10	Production Technician - WC10
3	13	Production Technician - WC10
3	14	Production Supervisor - WC50
3	15	Production Technician - WC10

……

笔者已经在权重（WEIGHT）之间使用了 0.0～1.0 的十进制值。本质上，笔者只选择了该范围的比例值，结果显示了相应条件的人员。

3.8.9 词尾变化

实际不是真正应用到 FREETEXT 上，因为 FREETEXT 是固有的词尾变化。到底什么是词尾变化呢？词尾变化基本上是告诉 SQL Server：一个单词的不同形式具有相同的意义。语法如下：

FORMSOF(INFLECTIONAL, <*term*>[, <*term*>[, …n]])

如果我们希望返回单词 graduate 或 degree 的所有形式，无论是名词或者动词，或者是单数还是复数，都可以书写下列代码。

```
SELECT EmployeeID,Title
FROM HumanResources.Employee
WHERE CONTAINS (Title, 'FORMSOF (INFLECTIONAL, graduate, degree)')
```

实际情况是，返回结果的内容并非所有行中都具有单词 degree 或 graduate。相反，它们通常具有那些单词的某种形式，例如 degrees 或 graduated。

3.8.10 对等级的简单总结

不要过分关注你看见的 FREETEXTTABLE 和 CONTAINSTABLE 的 Rank 列返回值。笔者已经说过这些数字是怎样得来的，而且笔者偶尔还拼命查找全文检索的管理方法以回答这一问题（因此为你回答了这一问题）。答案通常是同样的："我们用于计算数字的方法是商业机密，我不能说"，而且是相似的回答。

作为一个使用 Rank 信息的开发者，你需要关注其属性相关性。一个带有等级为 X 值的行则比另一行满足一个或多个下面的条件：

- 具有你要查找的单词的更多实例。
- 如果你提供多个单词，那么会以你指定的相同顺序找到，或者彼此都很接近。
- 它与大小写匹配更精确。
- 它是与词尾变化匹配相反的一个精确匹配。

这就是起点，确信微软用于决定 Rank 值时有很多这样的事情，但是他们没有与笔者共享。

3.9 噪音单词

在不同语言中，有一重要的单词就是噪音单词（FTS 更多地支持美国英语）。大多数语言具有某种重复出现而意义很少的单词。例如，英语语言中的前置词（比如 to、in、for 等）、代词（you、she、he 等）、冠词（the、a、an）以及连接词（and、but、or）都只是在许多句子中出现的一些单词的例子，但其意义相对不那么重要。

如果 SQL Server 关注那些单词，而且确实基于这些单词查询，那么我们会被淹没在 SQL Server 提供的结果之中。通常，表中的每一行都将被返回！该问题的解决方案就是用噪音单词（noise word）清单，这是 SQL Server 考虑匹配时忽略的单词列表。

默认情况下，噪音单词清单存储在下面路径的文本文件中：

\Program Files\Microsoft SQL Server\MSSQL.1\MSSQL\FTData

对美国英语，文件名叫 noise*.txt。支持许多其他语言的噪音文件也可以在相同的子目录下找到。使用哪一个噪音单词文件则由服务器设置语言的默认全文语言（default full-text language）选项决定。你也可以在列的层次上使用 sp_fulltext_column，而不用顾及到默认语言。

你可以在这个清单上添加或删除单词，从而适合你的应用程序的特定需要。例如，如果在行业中销售拖拉机拖车设备，就想在噪音单词列表中添加像 hauling（拖动）这样的单词。更可能的是，大部分客户在名字中具有该单词，所以在查询时几乎没有作用。要完成这一点，只要在 noise.eng 中添加单词 hauling 就可以了（或者适合于你安装的语言噪音单词文件），而且单词 hauling 在下一个查询中将被忽略。

从噪音清单中删除和添加单词是一个双关语。当你在清单中添加单词时，意味着包括用户或多或少期待返回该单词的查询将不再返回到结果中。出于同样的原因，根据单词使用的频率，能戏剧性地缩减处理的时间和目录大小。

还要清楚一点，虽然全文检索是活动的，但它在操作系统层的噪音单词文件上有锁，这意味着你需要关闭 FTS 才能进行噪音单词变化。

3.10 语　言

SQL Server 的全文检索不仅支持美国英语。实际上，它不限于英语，还包括美国和英国的英语，以及其他语言：中文（简体和繁体）、荷兰语、法语、德语、意大利语、日文、韩文、西班牙语（现代）以及瑞典语等。

实际上，SQL Server 2005 支持的语言有十多种，在此不一一列出。

默认情况下，查询的能力是语言的中立者，MSSearch 对特定的语言一点也不感兴趣。如果运行在 SQL Server 的本地化版本上，那么默认全文语言选项就被设置为上面列出的某种语言，因为本地 SQL Server 是经过适当本地化的。如果没有语言与本地化的 SQL Server 和上面的某种语言相匹配，那么将默认为语言中立者。

笔者没有什么运行的基准，如果你要运行的所有检索是特定语言的，那么说改变语言中立者为特定的语言会很有意义，而且会适当加速性能。像笔者说的那样，不提供什么基准，但是做更少的工作通常意味着花费更少的时间。

3.11 sp_fulltext_service

为什么这个过程文件值得单独一提，而其他的过程文件不可以呢？因为其他过程文件彼此相互适合，但这一个则完全不同。sp_fulltext_service 是关于在查询服务中改变不同片的元数据的，它还做一些清理工作。

语法如下：

```
sp_fulltext_service [@action=]
'resource_usage|clean_up|connect_timeout|data_timeout'
[, [@value=]'NULL|<numeric value>']
```

看一看这些参数的可能值，见表 3-11 所示。

表 3-11　全文检索命令的参数

参数	描述
Resource_usage	这个名字有点让人误导。乍一看，有人会认为这与内存或磁盘用途有关，但它实际上与 Windows 2000/NT 的优先推进概念相关。这两个版本的操作系统都具有优先权的概念，它实际将影响任何特定的进程，与系统中运行的其他进程相比较，该优先权会影响要占用 CPU 的多少 如果你使用该选项，就必须为@value 参数提供 1～5 的值。默认值是 3（正常优先权）。1 意味着运行全文的优先权最低，5 意味着系统非常致力于运行全文检索
Clean_up	在 MSSearch 没有激活时，该选项处理了改变全文相关的元数据。例如，当 MSSearch 因为某种原因而被关闭时，你可以从索引中选择移走列或删除整个列。使用 clean_up 选项，检索服务将查找不再与 SQL Server 数据相关的目录或列，然后移走这些列
Connect_timeout/data_timeout	这两个选项彼此非常接近。无论什么时候 MSSearch 需要执行导入，就需要从 SQL Server 中提取数据。Connect_timeout 行为设置了声明错误之前 MSSearch 服务等待连接到 SQL Server 上的时间长度。Data_timeout 行为设置了 SQL Server 在产生错误之前等待特定的数据请求。 如果使用了该选项，就必须提供 1～32 767 之间的数字（这等于 MSSearch 将为你指定的行为等待的秒数）

3.12 小　结

索引是 SQL Server 或其他数据库环境下的基本话题，而且是一些不应小看的问题。它们可以使你得到理想的性能，也会导致性能下降。

在索引中要考虑的事情有：

- 聚集索引通常比非聚集索引要快（有时也非常接近，但也有例外）。
- 只有在列上放置非聚集索引，才能得到高水准的可选择性（也就是 95%或者更多的唯一行）。
- 所有的数据操纵语言（INSERT、UPDATE、DELETE、SELECT）均可以从索引中受益，但插入、删除和更新（记住，它们使用了删除和插入方法）语句通常因索引而变慢。索引对查询部分有帮助，但任何修改数据的操作都将带来额外开销（除了要维护真实数据外，还要维护索引）。
- 索引占用空间。
- 只有索引中的第一列与查询相关，才使用索引。
- 索引既有正作用，也有负作用。要知道为什么要建造索引，而在不需要索引的时候不建造索引。

当你思考索引的时候，要考虑以下几个问题：

（1）在该表上有很多插入或修改吗？如果有，就让索引保持最小。这种表通常通过查询主键上的单条记录进行修改，这也是你在表上要建立的唯一索引。如果插入是不连续的，就要考虑不用聚集索引。

（2）这是一张报表吗？也就是说，没有很多插入操作。报表以许多不同方式运行吗？这种情况下，索引越多越好。频繁使用信息的聚集索引，目标的是最可能在一定范围内提取数据。OLAP 中通常会看见比 OLTP 环境多几倍的索引数。

（3）在数据上有高水准的数据选择吗？如果有，那么总是 WHERE 从句的目标，就可以添加索引。

（4）删除了不再需要的索引吗？如果没有，为什么没有删除呢？

（5）是否已经建立了维护方案？如果没有，为什么没有建立呢？

记住，索引视图将索引和视图放在一起，不仅有利于在特定视图上查询，而且可以在一个索引视图参考的表上直接执行选择查询。

全文检索作为 SQL Server 技术的一个独立运行业务，而且占用了独立的内存。确信在计划系统需要多少内存时记住这些业务，而且在确定 SQL Server 服务使用的内存数时也要考虑。默认情况下，SQL Server 服务会设置最大内存使用数等于比系统 RAM 数量少 1MB，这意味着它没有给 MSSearch 留下多少。怎样在两种服务之间平衡实际的 RAM，将在很大程度上取决于全文查询和非全文查询的大小，所以很难进行详细讨论。另外，如果你运行在全文检索服务器下，你就希望调整操作系统的虚拟内存大小等于物理内存标准的 1.5～3 倍。

当你应用全文检索时，考虑在服务器上放置组合处理负载，而且在它与查询结果需要以多快速度反映变化之间予以平衡。如果可能，则延迟全文索引重新组装的时间，直到系统的非高峰期才进行。

全文检索是基于参照任何字符列的上下文的非常有力和快速的方式。本质上，它具有比 LIKE 子句更高的效率和功能，但带来了空间和处理时间上的过多开销。

事务、锁和分布式查询

事务和锁是数据库中最容易被误解的两个概念。事务是原子化的，即某种东西应该充当单元的概念。在数据库上，它是应该被视作一个整体的一个或多个语句的最小分组。

锁是一种机制，阻止进程在该对象上执行一些与已经存在的行为相冲突的行为。也就是说，如果其他人首先访问了一个对象，那么你就不能对该对象做某种处理。你能做什么和不能做什么取决于其他用户所做的事情，这也是描述做什么的方式，所以系统知道第二个进程行为是否与第一个进程兼容。例如，1、2、10、100、1000 号或者是无论什么系统可以处理的用户连接数量，只要他们都只希望基于只读访问记录通常都可以在同一时间中共享相同的数据。想象它是一个瓷器店，很多人都可以看里面的商品（即使是相同的商品），但不可以同时去拿一件相同的瓷器。如果多个人在同一时间中做相同的事情，那么大家就可能把它打碎。这就是为什么店主通常特别关注商品，而且通常由他们决定谁首先拿它。

如果每时每地都可以只在一台机器上运行，是否会很好？当然，每个人都要具有计算机的带宽，从而使自己就像在本机上工作一样，但安全性会成为一个很糟糕的问题，这也是我们讨论分布式查询的起点。

实际上，我们根本不希望所有的应用程序都运行在同一台计算机上，有时非常有必要采用多个服务器。在分开的服务器上操作的原因包括地理需要、负荷（对一台机器来说太重）、冗余度等。我们可以让这些服务器独立工作，但通常是为了避免引起太多的麻烦而把它们分开。

你可以把分布式事务当作需要在多个服务器之间保持相同的可靠性的事务（如我们已经讨论过的使用一个 SQL Server）。

除了继续支持分布式事务之外，SQL Server 7.0 版还增加了在服务器之间产生查询信息的功能——重新用短语表达数据源，这对许多提供商来说更简单（坦白说，以其他方式工作时完全需要有坚强的毅力）。现在可以在 SQL Server 上执行异源（混合数据源）连接。这意味着你可以在 SQL Server A 与 SQL Server B 之间查询信息，利用 OLEDB 数据源把这些信息连接在一起——包括 Excel、Access、dBase 和 Active Directory 等任何具有 OLEDB 提供商的数据源都可以。

SQL Server 2005 提供了设置这些远程服务器的能力，从而可以在多个表和多个服务器之间扩展数据，而且让所有服务器看起来像一个服务器。为了提高整个系统的性能，微软对 SQL Server 2005 做了大量工作，不仅从 TPC（Transaction Performance Council）得到了每个事务的编号，而且利用称为分布式分区视图的“虚拟表”的概念获得了这些事务编号。通俗地说，这意味着创建一组表并在这些表上建立视图，使得操纵这些表或视图就像在一张表上操作一样。

下面开始讨论这些内容。

4.1 事　务

通常，在处理数据时，我们希望确定如果一件事情发生，则另一件事情也会发生，或者两者都不发生。实际上，可以实现 20 件事情（或者更多）一起发生或 1 件也不发生。下面看一个经典的例子。

假设你是一个银行家，张三希望把￥1000.00 的支票转换成储蓄。当然，你很喜欢这项任务，所以会处理他的请求。

在这件事情背后，会发生这样一些事情：

```
UPDATE checking
SET Balance = Balance - 1000
WHERE Account = '张三'
UPDATE savings
SET Balance = Balance + 1000
WHERE Account = '张三'
```

提示：这是一个非常简单的问题，但主要是：你需要执行两条不同的语句，每一条语句用于同一个账户。

如果执行了第一条语句而没有执行第二条语句，那么会发生什么呢？显然，张三会损失 1000 元！从操作员的角度来说，这在短期内似乎很好（自己赚了 1000 元），但时间不长，银行就会关门！

如果执行了第一条语句，就必须执行第二条语句。这实际上不是我们想当然的方式——所有的事情都会变成一团糟：从硬件故障到发生诸如违背数据完整性规则这类简单事情。幸运的是，有一种方式可以实现这一目的——我们可以从本质上忘记第一条语句曾经发生过。如果有一件事情没有发生，那么至少可以强制认为什么事都没有发生——至少在事务（transaction）的范围内是这样。

因此，事务是单个的工作单元。如果某一事务成功，则在该事务中进行的所有数据修改均会提交，成为数据库中的永久组成部分。如果事务遇到错误且必须取消或回滚，则所有数据修改均被清除。

为了理解事务的概念，需要定义非常确定的边界。事务必须有精确的起点和终点。实际上，SQL Server 中的每条 SELECT、INSERT、UPDATE 和 DELETE 语句都是明显的事务。即使只发出了一条语句，也认为该语句产生事务——将执行有关该语句的所有事情，或者一条也不会执行。实际上，在默认情况下，这就是事务的长度——一条语句。

但是，如果我们希望让多条语句成为一体，要么都执行、要么什么也不执行，那该做什么？如上面银行的例子。此时，需要一种标记事务的起点和终点、成功与失败的方法。可以采用许多 T-SQL 语句“标记”事务中的这些点。

- 开始（BEGIN）一个事务，设置事务的起点。
- 提交（COMMIT）一个事务，使事务成为数据库永久的、不能撤消的一部分。
- 回滚（ROLLBACK）一个事务，本质上说是我们希望忘记曾经发生的事情。

❑ 保存（SAVE）一个事务，建立一定的标志以允许我们只做部分回滚。

在将这些操作放到我们第一个事务中之前，让我们先逐个地看一看它们。

4.1.1 事务开始

BEGIN TRAN 可能是事务处理中最容易理解的概念之一。其核心目的在于表示这一点是单元的起点。如果因为某些原因不能或不想提交事务，那么这一点就是将所有数据库操作回滚到的起点。就数据库而言，任何超出该点范围的没有被提交的事情本质上都会被忘记。

语法是：

BEGIN TRAN[SACTION] [<transaction name>|<@transaction variable>]

4.1.2 提交事务

COMMIT TRAN 是完整的事务的结束。在你发出 COMMIT TRAN 时，系统就认为该事务是持久的。也就是说，事务的影响现在是永久的，而且即使系统失败也持续下去（只要大家有备份或者数据库文件没有被物理破坏）。“撤消”事务完成的事情的唯一方法是执行一条新事务，从功能上来说，该事务是第一个事务的反转。

COMMIT 的语法看起来与 BEGIN 的语法非常相似：

COMMIT TRAN[SACTION] [<transaction name>|<@transaction variable>]

4.1.3 事务回滚

ROLLBACK 使事务返回到起点。从相关的 BEGIN 语句开始发生的所有事情本质上都会被忘记，除非返回到保存点（save points），使用语法基本一样（除了有一个保存点之外）：

ROLLBACK TRAN[SACTION] [<transaction name>|<save point name>|
<@transaction variable>|<@savepoint variable>]

4.1.4 SAVE TRAN

SAVE TRAN 本质上就是创建一个新书签。可以给书签创建一个名字（可以有多个）。创建该“书签”之后，你可以在回滚中引用该书签，其好处在于可以回滚到代码中的期望的场合——只要命名相应的保存点。这样，如果你有一个非常长的进程，那么它在最后产生错误时就非常有用。例如，你可以使用 WAITFOR 并等待下一次尝试（例如，如果问题是一个死锁——两个事务在同一条记录上发生抢占现象，那么第二次就会让你的事务通过）。

语法非常简单：

SAVE TRAN[SACTION] [<save point name>| <@savepoint variable>]

记住，回滚时清除保存点——也就是说，即使你有 5 个保存点，一旦你执行了 ROLLBACK，那么这 5 个保存点都会消失。你可以重新设置新的保存点，而且回滚到那些点上，但无论是哪个保存点都会在回滚时消失。

第一次碰到保存点时，它们是一个令人混淆的领域。联机手册上显示，回滚到保存点之后，必须运行事务到一个逻辑结果（技术上这是正确的）。令人混淆的地方是联机手册显示，必须在不使用任何保存点的情况下执行回滚或提交。但事实不是这样，你只是不能使用在 ROLLBACK 之前声明的保存点，在这之后声明的保存点还是可以使用的。

SQL Server 以按表 4-1 进入事务模式。

表 4-1　SQL Server 执行事务模式

事务顺序	描述
自动提交事务	每条单独的语句都是一个事务。
显式事务	每个事务均以 BEGIN TRANSACTION 语句显式开始，以 COMMIT 或 ROLLBACK 语句显式结束
隐式事务	在前一个事务完成时新事务隐式启动，但每个事务仍以 COMMIT 或 ROLLBACK 语句显式完成
批处理级事务	只能应用于多个活动结果集（MARS），在 MARS 会话中启动的 Transact-SQL 显式或隐式事务变为批处理级事务。当批处理完成时没有提交或回滚的批处理级事务自动由 SQL Server 进行回滚

4.2　事务日志

在试图指出 SQL Server 跟踪数据库的方式之前，必须明确事务日志的概念。要知道，你考虑的数据库只是所有数据的很小一部分。除了在很短的时间内将所有的东西都写入到磁盘上之外，数据库中的数据不仅由物理数据库文件中的数据组成，而且包含从最后于检查点开始被提交给日志的任何事务。

事务日志（transaction log）是数据库的一个重要组件，如果系统出现故障，它将成为最新数据的唯一源头。删除或移动事务日志以前，必须完全了解此操作带来的后果。每个 SQL Server 2005 数据库都具有事务日志，用于记录所有事务以及每个事务对数据库所做的修改。

事务日志支持以下操作：

- 恢复个别的事务。
- 在 SQL Server 启动时恢复所有未完成的事务。
- 将还原的数据库、文件、文件组或页前滚至故障点。
- 支持事务性复制。
- 支持备份服务器解决方案。

在数据库的正常操作中，执行得最多的行为是“记录”到事务日志中，而不是直接写到数据库中。检查点（checkpoint）是强制将数据库当前使用的脏页写入到磁盘中的周期性操作。脏页（dirty page）是在读入到缓存之后被修改的日志或数据页，但是还没有将修改的内容写入到磁盘中。如果没有检查点，日志就会满，而且/或使用所有的可用磁盘空间。该进程的工作方式如图 4-1 所示。

这个流程并不意味着你必须做一些特殊事情才能从缓存中取出数据，SQL Server 为你处理了所有任务。这里提供这些信息只是为了使你容易理解日志的工作原理，以及处理事务需要的步骤。无论数据是否在缓存中，都可以使性能有较大变化，所以在你寻找最佳性能时，理解何时记录日志和数据何时进出缓存会有很大帮助。

注意：将数据读入到一个已经满了的缓存中不是需要检查点的唯一原因。

可以在下列情况下发出检查点。

- 由手工语句，使用 CHECKPOINT 命令。
- 在正常关闭服务器时（除非使用了 WITH NOWAIT 选项）。

- ❑ 当改变任何一个数据库的选项时（例如，只有单个用户、只有 dbo 等）。
- ❑ 对 SQL Server 2005 来说，当使用简单恢复（Simple Recovery）选项而且日志满了 70%时，或者对 7.0 版本或更早的版本而言，设置了 Truncate Log On Checkpoint 数据库选项，而且日志满了 70%时。
- ❑ 当自最后一个检查点开始之后的（通常是调用日志的 active 部分）日志中的数据数量超过了服务器在 recovery interval 选项中说明的时间内可以恢复的数量时。

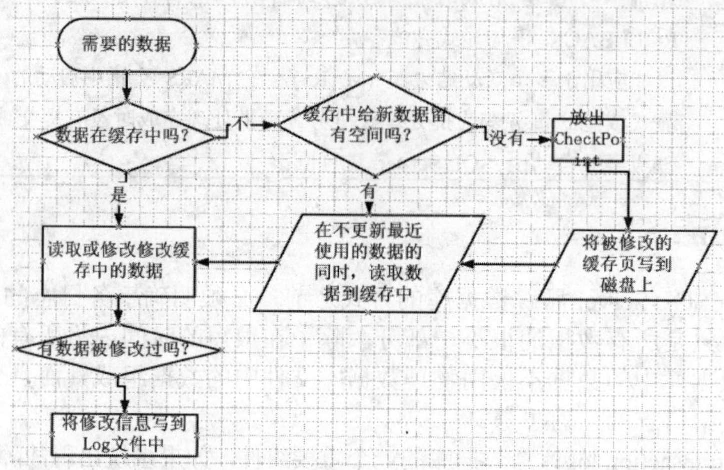

图 4-1　写日志进程

下面进行更详细的分析。

（1）使用 CHECKPOINT 命令。

数据库发布检查点的一种方式（可能是最少常用的方式），是用手工完成的。你可以在任何时候完成，只要通过录入下面的词就可以了：

CHECKPOINT

就这么简单。

在检查点的领域中，SQL Server 可以很好地管理自己，因此发出手工检查点没有多大意义。

作者有时在开发周期中打开数据库的 Simple Recover 选项时会（在一个产品数据库中你不希望激活该选项）使用这种方式。在数据库的开发阶段执行长时间运行并很快填充日志的行为也不常见。虽然笔者总是发出合适的命令以截短日志，但是 CHECKPOINT 本身就非常短而且很快，当激活 Simple Recovery 选项时能达到同样的效果。

（2）正常服务器关闭时

你是否曾经对为什么有时 SQL Server 用太长的时间关闭数据库而感到奇怪？除了释放内存和其他不得不卸载系统的析构函数例程以外，SQL Server 还必须在关闭进程之前首先发出一个检查点。这意味着你在关闭数据库之前不得不等待将日志中已经提交的数据写入到数据库中。检查点也发生在停止服务器时。

- ❑ 使用服务管理器。
- ❑ 使用 SQL Server Management Studio。
- ❑ 在命令提示符下运行 NT 的 net stop mssqlserver 命令。
- ❑ 使用 Windows Server 2003 的管理工具（Administrative Tools）菜单下的服务

（Services）选项（或者采用 Windows NT 控制面板下的“服务”图标），选中 MSSQLSERVER 服务，并单击“停止”按钮。

如果这样选择，就有一种方法可以获得延迟。要使用它，就必须在 T-SQL 中使用 SHUTDOWN 命令关闭数据库。要消除与检查点相关的延迟（以及检查点本身），只要在关闭语句中添加 WITH NOWAIT 短语就可以了：

SHUTDOWN [WITH NOWAIT]

注意：笔者强烈推荐不要使用这条语句，除非有一些程序需要关闭服务器。它将导致重新启动的时间很长，而且比在服务器上恢复数据库的时间还要长。

（3）改变数据库选项时。

任何时候发出检查点，都改变了数据库选项，不管是怎样改变选项（使用 sp_dboption 或 ALTER DATABASE）的。在实际改变数据库之前发出检查点。

（4）使用简单恢复或者激活 Truncate Log on Checkpoint 选项（7.0 和早期的版本）时。

如果你使用 Simple Recover 选项（对 SQL Server 2000 或 2005）或者已经打开了 Truncate On Checkpoint 数据库选项（7.0 和以前的版本），那么 SQL Server 将自动在日志存满了 70%以上时发出检查点命令。在开发阶段，使用该选项很普通，但建议不要在产品服务器上使用。

（5）当恢复的时间将超过恢复间隔（Recovery Interval）选项的设置值时。

我们在前面曾简短地了解过（而且下面说得更详细），每次启动 SQL Server 时，SQL Server 都执行了一个调用恢复。当运行恢复处理的估计时间会超过数据库的恢复间隔选项设置的时间数值时，SQL Server 就会自动发出检查点。默认的恢复间隔值为 0，这意味着 SQL Server 为你决定恢复的间隔（实际上，这意味着大约 1 分钟）。

4.2.1　失败和恢复

每次当 SQL Server 启动时都进行恢复。SQL Server 捕获了数据库文件，然后应用（通过将它们写入到物理数据库文件中）上一次事务以后的日志中所有提交的任何变化信息。日志中的任何没有相应提交的变化信息都被回滚，也就是说，它们在本质上都被忘记了。

看一看这项工作是怎样依赖于数据库中发生的事务的。假设跨越日志的事务有 5 个，如图 4-2 所示。

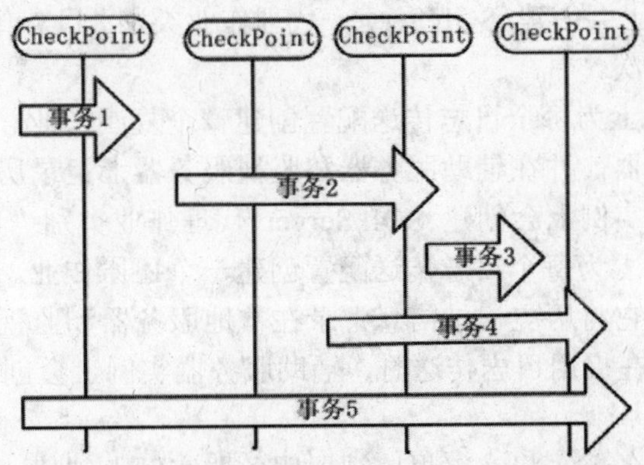

图 4-2　SQL Server 启动时所进行的恢复依赖于数据库中发生的事务

逐个看一看这些事务发生了什么变化。

1. **事务 1**

绝对没有发生任何事情。该事务已经通过了检查点，而且已经完全被提交到了数据库中。没有必要恢复，因为读入到数据缓存中的数据已经反映了提交的事务。

2. **事务 2**

尽管该事务存在于发布检查点时，但是事务还没有被提交（事务仍然在进行）。没有提交的事务不会实际参与到检查点中。因此，将会"向前滚动" 该事务。这就是一个需要将所有的相关页读回到缓存中的方式，然后使用日志中的信息重新运行在该事务中运行的所有语句。当这一事件结束以后，事务应该看起来与系统失败以前一样。

3. **事务 3**

可能看起来不是一部分，但该事务确实与事务 2 需要完成的操作相同。还有，因为在最后一个检查点时没有完成事务 3，所以它也不会参与到检查点中，就像事务 2 一样。唯一的区别是在那时事务 3 甚至还没有，但是，从恢复的角度来说，这不存在差别，提交发生点就是所有的区别。

4. **事务 4**

在系统失败时，还没有完成该事务，因此，必须回滚它。从一行数据的角度来说，它永远也不会发生。用户不得不重新录入任何数据，而且任何进程都需要从头开始。

5. **事务 5**

这个事务与事务 4 没有差别。它看起来有点不同，因为事务已经运行很长时间了，但没有差别。在系统失败时，事务没有被提交，因此必须被回滚。

4.2.2 日志传送

日志传送由 4 个操作组成：备份作业、复制作业、还原作业和警报作业，它们由专门的 SQL Server 代理作业进行处理。

在主服务器实例上为每个主数据库创建一个备份作业。它执行备份操作，将历史记录信息记录到本地服务器和监视服务器上，并删除旧备份文件和历史记录信息。在启用日志传送时，主服务器实例上会创建 SQL Server 代理作业类别"日志传送备份"。默认情况下，此作业每两分钟运行一次。

在辅助服务器实例上为每个日志传送配置创建一个复制作业。此作业将备份文件从主服务器复制到辅助服务器，并在辅助服务器和监视服务器上记录历史记录信息。在启用日志传送时，辅助服务器实例上会创建 SQL Server 代理作业类别"日志传送复制"。

在辅助服务器实例上为每个日志传送配置创建一个还原作业。此作业将复制的备份文件还原到辅助数据库。它将历史记录信息记录在本地服务器和监视服务器上，并删除旧文件和旧历史记录信息。在启用日志传送时，辅助服务器实例上会创建 SQL Server 代理作业类别"日志传送还原"。

如果使用了监视服务器，将在警报监视器服务器实例上创建一个警报作业。此警报作业由使用监视器服务器实例的所有日志传送配置中的主数据库和辅助数据库所共享。对警报作业进行的任何更改（例如，重新计划作业、禁用作业或启用作业）会影响所有使用监视服务器的数据库。如果在指定的阈值内未能成功完成备份和还原操作，此作业将引发主数据库和辅助数据库警报（你必须指定警报编号）。你必须为这些警报配置一个操作员来接收日志传送失败的通知。在启用日志传送时，监视服务器实例上会创建 SQL Server 代理作业类别“日志传送警报”。

如果未使用监视服务器，将在本地主服务器实例和每个辅助服务器实例上创建一个警报作业。如果在指定的阈值内未能成功完成备份操作，主服务器实例上的警报作业将引发错误。如果在指定的阈值内未能成功完成本地复制和还原操作，辅助服务器实例上的警报作业将引发错误。

4.2.3 隐式事务

主要是为了与其他主要的 RDBMS 系统（如 Oracle、DB2）兼容，SQL Server 支持隐式事务的概念。隐式事务不需要 BEGIN TRAN 语句。相反，它们将从第一条语句开始自动执行，然后一直继续，直到碰到了 COMMIT TRAN 或者 ROLLBACK TRAN 语句。然后从下一条语句开始下一个事务。

理论上，这样做的目的确保了每一条语句是事务的一部分。SQL Server 也希望每一条语句成为事务的一部分，但默认情况下需要使用不同的方法。如果没有 BEGIN TRAN，SQL Server 就假设你有一个只有一条语句的事务，而且自动为你开始和结束事务。对一些其他系统，你会找到隐式事务的方法。那些系统将假设任何一条语句都只是事务的开始，而且因此需要利用 COMMIT 或 ROLLBACK 来显式地结束每一个事务。

默认情况下，IMPLICIT_TRANSACTIONS 选项处于关闭状态（而且连接处于自动提交事务的模式），你可以使用下面的命令打开该选项：

```
SET IMPLICIT_TRANSACTIONS ON
```

在这之后，下列任何一条语句都将初始化事务：

- CREATE。
- ALTER TABLE。
- GRANT。
- REVOKE。
- SELECT。
- UPDATE。
- DELETE。
- INSERT。
- TRUNCATE TABLE。
- DROP。
- OPEN。
- FETCH。

事务将一直进行，直到碰到 COMMIT 或 ROLLBACK 为止。注意隐式事务选项只会影响当前的连接，其他任何用户仍然保持该选项为关闭状态，除非他们也执行了 SET 语句。

隐式事务是一个危险地带，而且强烈推荐你保持该选项处于关闭状态，除非有非常特别的原因需要打开它（如为了保持与另一个系统中编写的代码兼容）。这里有一个常用的场合：用户说“我对最后半小时的数据感兴趣，而且不显示改变的信息。”你运行 DBCC OPENTRAN（看一下管理一章），而且发现有一个事务已经等待一段时间了，你将猜测发生了什么。用户把事务打开了，而且直到提交事务为止也不会出现他或她的改变信息。他们可能已经使用一个显式的 BEGIN TRANS 语句完成了该工作，但也可能执行了一些代码打开了隐式事务，而且没有关闭该事务。一个糟糕的情况是，在这种开放的事务下，数据库将逐级出现越来越多的锁，而且最后将变得不可使用。

4.2.4 检查点

在前面，我们已经简要讨论了有关检查点的内容，但是，要想充分理解事务日志，还必须进一步介绍有关检查点的详细知识。

检查点将脏数据页从当前数据库的缓冲区高速缓存刷新到磁盘上。这最大限度地减少了数据库完整恢复时必须处理的活动日志部分。在完整恢复时，需执行两种操作。

- 前滚系统停止之前尚未刷新到磁盘上的日志记录修改信息。
- 回滚与未完成的事务（如没有 COMMIT 或 ROLLBACK 日志记录的事务）相关联的所有修改。

检查点在当前数据库中执行下列操作。

- 将记录写入标记检查点起点的日志文件。
- 将为检查点记录的信息存储在检查点日志记录链内。检查点记录中记录的一条信息是第一条日志记录的 LSN，该 LSN 必须存在才能进行成功的数据库范围的回滚。这个 LSN 称为最小恢复 LSN（MinLSN，即最小恢复日志序号），它是下列 LSN 中的最小 LSN：第一是检查点起点的 LSN。第二是最早的活动事务起点的 LSN。第三是尚未传递给分发数据库的最早的复制事务起点的 LSN。检查点记录中记录的另一条信息是所有已经修改数据库的活动事务的列表。
- 如果数据库使用简单恢复模式，则标记在 MinLSN 前重用的空间。
- 将所有脏日志和数据页写入磁盘。
- 将标记检查点结束的记录写入日志文件。
- 将这条链起点的 LSN 写入数据库启动页。

下列情况下将出现检查点。

- 显式执行 CHECKPOINT 语句。用于连接的当前数据库中出现检查点。
- 在数据库中执行了最小日志记录操作，例如，在使用大容量日志恢复模式的数据库中执行大容量复制操作。
- 已经使用 ALTER DATABASE 添加或删除了数据库文件。
- 对简单恢复模式的更改是此操作过程中发生的日志截断进程的一部分。
- 通过 SHUTDOWN 语句或通过停止 SQL Server（MSSQLSERVER）服务，同时也停止了 SQL Server 实例。任一方法都将对 SQL Server 实例中的每个数据库执行检查点操作。
- SQL Server 实例在每个数据库内定期生成自动检查点，以减少实例恢复数据库所需的时间。

- 进行了数据库备份。
- 执行了需要关闭数据库的活动。例如，AUTO_CLOSE 设置为 ON 并且关闭了数据库的最后一个用户连接，或者执行了需要重新启动数据库的数据库选项更改。

SQL Server 数据库引擎将生成自动检查点。自动检查点之间的间隔基于使用的日志空间量以及自上一个检查点以来经历的时间。如果只在数据库中进行了很少的修改，自动检查点之间的时间间隔可能变化很大并且很长。如果修改了大量数据，自动检查点也会经常出现。

将根据 Recovery Interval 服务器配置选项为服务器实例上的所有数据库计算自动检查点之间的间隔。此选项指定数据库引擎在系统重新启动时恢复数据库所用的最长时间。数据库引擎将估计在执行恢复操作期间自己在 Recovery Interval 内能够处理多少条日志记录。

自动检查点之间的间隔也取决于恢复模式。

- 如果数据库使用的是完整恢复模式或大容量日志恢复模式，只要日志记录数达到数据库引擎估计在 recovery interval 选项指定的时间内能够处理的记录数，就会生成自动检查点。
- 如果数据库使用的是简单恢复模式，只要日志记录数达到下面两个值中较小的那个值，就会生成自动检查点：第一，日志已满 70%。第二，日志记录数达到数据库引擎估计在 recovery interval 选项指定的时间内能够处理的记录数。

如果数据库使用的是简单恢复模式，自动检查点将截断事务日志中没有使用的部分。但是，如果数据库使用的完整恢复模式或大容量日志恢复模式，自动检查点则不会截断日志。有关详细信息，将在 4.2.5 节中介绍。

现在，CHECKPOINT 语句提供了一个可选的 checkpoint_duration 参数，它指定完成检查点所需的秒数。

在实际应用检查点的同时，我们要注意活动日志方面的内容。

日志文件中从 MinLSN 到最后写入的日志记录这一部分称为日志的活动部分，或者称为“活动日志”。这是进行数据库完整恢复所需的日志部分。永远不能截断活动日志的任何部分。所有的日志记录都必须从 MinLSN 之前的日志部分截断。

图 4-3 显示了具有两个活动事务的结束事务日志的简化版本。检查点记录已压缩成单个记录。

图 4-3　活动日志

LSN 148 是事务日志中的最后一条记录。在处理 LSN 147 处记录的检查点时，Tran 1 已经提交，而 Tran 2 是唯一的活动事务。这就使 Tran 2 的第一条日志记录成为执行最后一个检查点时处于活动状态的事务的最旧日志记录。这使 LSN 142（Tran 2 的开始事务记录）成为 MinLSN。

显然，活动日志必须包括所有未提交事务的每一部分。如果应用程序开始执行一个事务但未提交或回滚，将会阻止数据库引擎推进 MinLSN，这可能会导致两种问题。

- 如果系统在事务执行了许多未提交的修改后关闭，以后重新启动时，恢复阶段所用的时间将比 recovery interval 选项指定的时间长得多。
- 因为不能截断 MinLSN 之后的日志部分，日志可能变得很大。即使数据库使用的是简单恢复模式，这种情况也有可能出现，在简单恢复模式下，每次执行自动检查点操作时通常都会截断事务日志。

另外，日志读取器代理监视为事务复制配置的每个数据库的事务日志，并将标记为要复制的事务从事务日志复制到分发数据库中。活动日志必须包含标记为要复制但尚未传递给分发数据库的所有事务。如果不及时复制这些事务，它们可能会阻止截断日志。下面介绍有关日志截断的内容。

4.2.5 截断

如果从来没有从事务日志中删除日志记录，逻辑日志就会一直增长，直到填满容纳物理日志文件的磁盘上的所有可用空间。为了减小逻辑日志的大小，应定期截断事务日志。在 SQL Server 的最早版本中，截断日志意味着将进行数据库恢复或还原不再需要的日志记录物理删除。但是，在近来的版本中，截断过程只是做标记，以便重新使用旧日志记录使用过的空间。此空间中的日志记录将最终被新的日志记录覆盖。截断并不减小物理日志文件的大小，而是减小逻辑日志文件的大小并释放磁盘空间以供重新使用。有关收缩物理日志文件大小的信息，请参阅 12.2.6 节的内容。

事务日志的活动部分（活动日志）永远不能截断。日志的活动部分是用于恢复数据库的那部分日志，必须始终存在于数据库中。日志活动部分起点处的记录由最小恢复日志序号 (MinLSN) 标识。MinLSN 之前的日志记录仅用于维护事务日志备份序列。

所选的数据库恢复模式决定了 MinLSN 之前必须有多少事务日志保留在数据库中，如下所示。

- 在简单恢复模式中，不维护事务日志序列。MinLSN 之前的所有日志记录可以随时被截断，但在处理 BACKUP 语句时除外。
- 在完全恢复模式和有日志记录的大容量恢复模式中，维护事务日志备份序列，直到备份完事务日志后才能截断 MinLSN 之前的逻辑日志部分。有关详细信息，请参阅4.2.7节。

一般说来，日志截断在下列情况下发生。

- 在未指定 NO TRUNCATE 的 BACKUP LOG 语句完成之后。
- 在每次处理检查点时(如果数据库使用的是简单恢复模式)。其中包括 CHECKPOINT 语句产生的显式检查点和系统生成的隐式检查点。例外情况是如果检查点发生在 BACKUP 语句仍活动时，则不截断日志。有关自动检查点间隔的详细信息，请参阅 4.2.4 节。

下面介绍一个有关日志截断的例子。

事务日志在内部分成若干部分，称为“虚拟日志文件”。虚拟日志文件是可以重新使用的空间的单位。截断事务日志后，将覆盖包含 MinLSN 的虚拟日志文件之前的日志记录，同时生成新的日志记录。有关虚拟日志文件的详细信息，请参阅 4.2.8 节。

图 4-4 显示了一个有 4 个虚拟日志的事务日志。创建数据库后没有截断过日志。逻辑日志从第 1 个虚拟日志的前端开始，且从未使用过虚拟日志 4 中超过逻辑文件末端的部分。

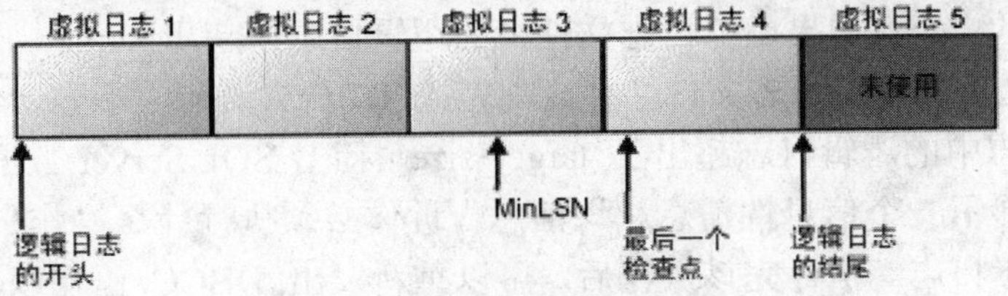

图 4-4　事务日志无截断的情况

图 4-5 说明日志截断后的情形。包含 MinLSN 记录的虚拟日志的始端之前的空间已标记为重新使用。

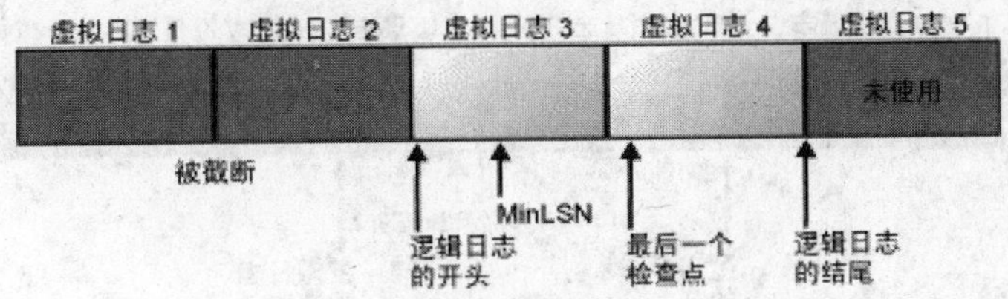

图 4-5　事务日志有截断的情况

4.2.6　收缩事务日志

当事务日志文件不断增加以后，有可能会成为编程程序运行的一个负担，因此，我们有必要对日志文件进行收缩，从而减小物理文件的大小。在下列情况下，日志文件的物理大小将减小。

- 执行 DBCC SHRINKDATABASE 语句时。
- 执行引用日志文件的 DBCC SHRINKFILE 语句时。
- 自动收缩操作发生时。

首先，可通过日志截断操作收缩日志。日志截断不会减小物理日志文件的大小。但是，它却能减小逻辑日志的大小，并将不包含任何逻辑日志的虚拟日志标记为不活动。日志收缩操作会删除足够多的不活动虚拟日志，将日志文件减小到要求的大小。

减小是以虚拟日志文件为单位进行的。例如，如果有一个 600 MB 的日志文件分为 6 个 100 MB 的虚拟日志，则该日志文件的大小只能按 100 MB 递减。文件可以减小为 500 MB 或 400 MB，但不能减小为 433 MB 或 525 MB。

日志文件的大小是由数据库引擎在创建或扩展日志文件时动态选择的，有关详细信息，请参阅 4.2.8 节。

包含逻辑日志的虚拟日志文件不能释放。如果某个日志文件中的所有虚拟日志文件均包含逻辑日志，则直到截断操作在物理日志的末端将虚拟日志标记为不活动时，才能收缩该文件。

在收缩任何文件时，必须从文件的末端开始释放空间。在收缩事务日志文件时，将从日志文件的末端释放足够的虚拟日志文件，以便将日志减小到用户所要求的大小。用户指定的 target_size 将调整为下一个最大的虚拟日志文件边界。例如，如果用户为包含 100 MB

虚拟日志文件的 600 MB 的示例文件指定 325 MB 的 target_size，则最后两个虚拟日志文件将被删除，新的文件大小为 400 MB。

DBCC SHRINKDATABASE 或 DBCC SHRINKFILE 操作会立即尝试将物理日志文件收缩为所要求的大小。如果虚拟日志文件中的逻辑日志未超出 target_size 标记，则释放 target_size 标记之后的虚拟日志文件，并成功完成 DBCC 语句，不显示任何信息。

如果虚拟日志中的逻辑日志超出了 target_size 标记，SQL Server 数据库引擎将释放尽可能多的空间并显示一个信息性消息。该消息告诉你必须执行什么操作来从文件尾部的虚拟日志中删除逻辑日志。执行完该操作后，可以重新发出 DBCC 语句以释放剩余的空间。

例如，当运行 target_size 为 275 MB 的 DBCC SHRINKFILE 语句时，假设有一个包含 6 个虚拟日志文件的 600 MB 日志文件，其中有一个逻辑日志从第 3 个虚拟日志开始，到第 4 个虚拟日志结束的，如图 4-6 所示。

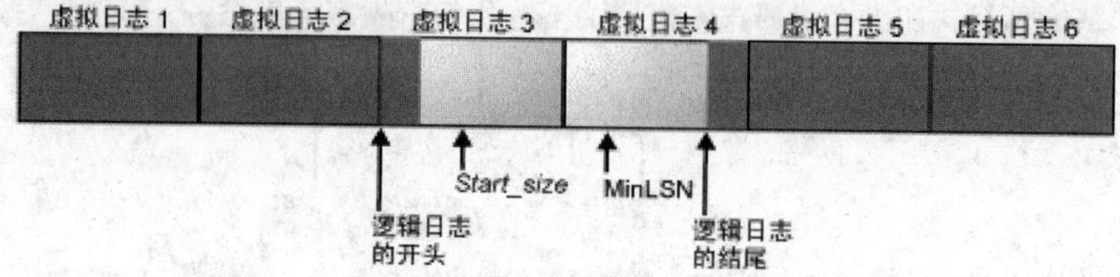

图 4-6　用 DBCC SHRINKFILE 命令收缩事务日志

第 5 个和第 6 个虚拟日志文件将立即释放，因为它们不包含逻辑日志。但是，若要符合指定的 target_size，还应释放第 4 个虚拟日志文件，但由于它包含了逻辑日志的尾部，所以不能释放。在释放了第 5 个和第 6 个虚拟日志文件之后，数据库引擎将用虚记录填充第 4 个虚拟日志文件的剩余部分。这会强制地使日志文件的尾部成为第 1 个虚拟日志文件的尾部。在大多数系统中，第 4 个虚拟日志文件中的所有事务都将在数秒内提交。这意味着日志的整个活动部分将移动到第 1 个虚拟日志文件。现在该日志文件类似于图 4-7 所示。

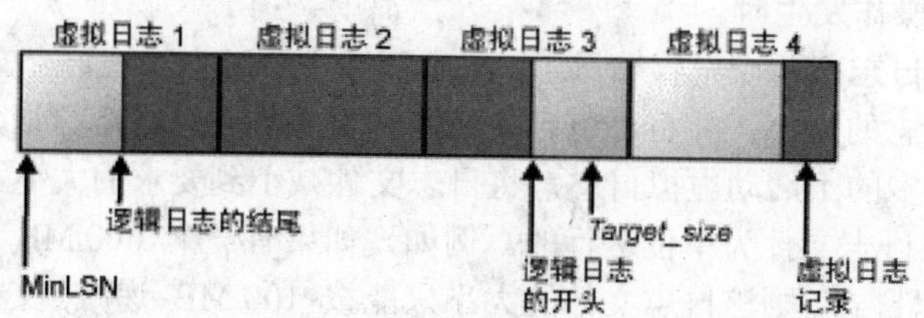

图 4-7　收缩后的事务日志

DBCC SHRINKFILE 语句还显示一个信息性消息，指出它不能释放所要求的全部空间，并告诉你可以执行 BACKUP LOG 语句来释放剩余的空间。日志的活动部分移动到第 1 个虚拟日志文件之后，BACKUP LOG 语句将截断第 4 个虚拟日志文件中的整个逻辑日志，如图 4-8 所示。

由于第 4 个虚拟日志文件不再包含任何逻辑日志，此时便可以运行 target_size 为 275 MB 的相同的 DBCC SHRINKFILE 语句了。第 4 个虚拟日志文件将被释放，物理日志文件的大小将减小到所要求的大小。

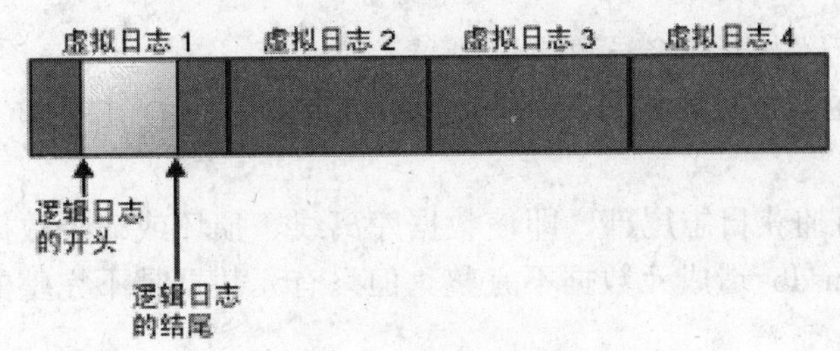

图 4-8　不能释放所要求的空间图示

4.2.7 使用事务日志备份

下面的内容有助于你理解备份和应用事务日志的概念，这一内容仅与使用完整恢复模式或大容量日志恢复模式的数据库有关，这部分内容将在 14.9.5 节中介绍。

在完整恢复模式和大容量日志恢复模式下，执行常规事务日志备份对于恢复数据至关重要。使用事务日志备份，可以将数据库恢复到故障点或特定的时间点。

一般情况下，事务日志备份比完整备份使用的资源少。因此，可以比完整备份更频繁地创建事务日志备份，减少数据丢失的风险。事务日志备份有时比完整备份大。例如，假设数据库的事务率很高，从而导致事务日志迅速增大。在这种情况下，应该更频繁地创建事务日志备份。

有 3 种类型的事务日志备份。

- 纯日志备份，仅包含相隔一段时间的事务日志记录，而不包含任何大容量更改。
- 大容量操作日志备份，包括由大容量操作更改的日志和数据页。不支持时点恢复。
- 尾日志备份，从可能已破坏的数据库创建，用于捕获尚未备份的日志记录。在失败后创建尾日志备份可以防止工作损失，并且，尾日志备份可以包含纯日志或大容量日志数据。

只有当启动事务日志备份序列时，完整备份或完整差异备份才必须与事务日志备份同步。每个事务日志备份的序列都必须在执行完整备份或完整差异备份之后启动。在 SQL Server 2005 中，可以在进行第一次完整备份后备份日志，此时完整备份已在运行中。

执行常规事务日志备份至关重要。除了允许你还原备份事务外，日志备份将截断日志以删除日志文件中已备份的日志记录。即使不经常备份日志，日志文件也会填满。

连续的日志序列称为“日志链”，日志链从数据库的完整备份开始。通常情况下，只有当第一次备份数据库或者从简单恢复模式转变到完整或大容量恢复模式时，需要进行完整备份，才会启动新的日志链。

到底如何使用日志备份？

若要将数据库还原到故障点，必须保证日志链是完整的。完整的日志链要求事务日志备份序列未断开，从完整备份或部分备份（也可以是完整差异备份或部分差异备份）的结尾到恢复点之间都是连续的。失败后，需要备份日志尾部来防止工作损失。通常情况下，在还原数据库之前必须存在尾日志备份。大多数情况下，在完整恢复模式或大容量日志恢复模式下，SQL Server 2005 要求先备份日志尾部，然后还原当前附加在服务器实例上的数据库。“尾日志备份”可捕获尚未备份的日志（日志尾部），是恢复计划中的最后一个相关备份。除非 RESTORE 语句包含 WITH REPLACE 或 WITH STOPAT 子句，否则，还原数据库而不先备份日志尾部将导致错误。

通常，使用 BACKUP 语句的 NORECOVERY 或 NO_TRUNCATE 选项来进行尾日志备份。

尾日志备份可捕获日志尾部，即使数据库离线、损坏或缺少数据文件。这样可能会由还原信息命令和 msdb 造成元数据不完整。但只有元数据是不完整的，而捕获的日志是完整且可用的。

如果尾日志备份包含不完整的元数据，backupset 表中的 has_incomplete_metadata 将被设置为 1。此外，在 RESTORE HEADERONLY 的输出中，HasIncompleteMetadata 也会被设置为 1。

backupfilegroup 表中的每一行对应备份时的一个文件组。但是，如果尾日志备份中的元数据不完整，会丢失与文件组有关的大部分信息。

backupfilegroup 表中大多数列的值为 NULL，只有以下几列有意义。

- backup_set_id。
- filegroup_id。
- type。
- type_desc。
- is_readonly。

若要备份日志尾部，请在 BACKUP LOG 语句中使用 NO_TRUNCATE 选项。使用 NO_TRUNCATE 选项相当于同时指定 COPY_ONLY 和 CONTINUE_AFTER_ERROR。

使用 NO_TRUNCATE 或 CONTINUE_AFTER_ERROR 进行的日志备份可能会含有不完整的元数据。

如果数据库处于紧急模式，则不允许使用 BACKUP 语句，甚至连带有 NO_TRUNCATE 或 CONTINUE_AFTER_ERROR 选项的 BACKUP LOG 语句也不许用。尝试进行备份会导致错误。

可以将 NO_TRUNCATE 选项与 NORECOVERY 选项一起使用。NORECOVERY 选项可在备份操作结束时将数据库变为还原状态。若要执行最佳日志备份，应跳过日志截断，然后将数据库变为还原状态，并使用 NORECOVERY 选项与下列选项之一：COPY_ONLY、CONTINUE_AFTER_ERROR 或 NO_TRUNCATE。

使用 NORECOVERY 选项时，除非还给定了 NO_TRUNCATE 或 CONTINUE_AFTER_ERROR 选项，否则数据库必须在线。除非指定了 NORECOVERY 选项，否则数据库将保持在线状态。

除非给定了 NO_TRUNCATE 或 COPY_ONLY 选项，否则日志将被截断。

还原数据库时，需要还原在还原最新数据备份之后创建的那些日志备份。还原日志备份将前滚事务日志中记录的更改，使数据库恢复到开始执行日志备份操作时的状态。通常情况下，在还原最新数据或差异备份后，需要还原一系列日志备份直到到达恢复点。然后恢复数据库，回滚开始恢复时不完整的所有事务，并使数据库在线。恢复数据库后，不得再还原任何备份。

如果丢失了日志备份，可能就无法将数据库还原到上次备份之后的某个时间点。因此 Microsoft 建议存储一系列完整备份的日志备份链。如果最新的完整备份不可用，则可以还原较早的完整备份，然后还原自较早的完整备份以后创建的所有事务日志备份。为了将事务日志损坏的风险程度减到最低，Microsoft 建议将事务日志放在容错存储器上。可以考虑生成日志备份集的多个副本，例如，将日志备份到磁盘，然后将磁盘文件复制到其他设备（如单独的磁盘或磁带）。

如果日志备份丢失或已损坏，可以通过创建完整备份或完整差异备份并备份事务日志来启动新的日志链。但是请保留日志备份丢失之前的事务日志备份，以便在你要将数据库还原到这些备份中的某个时间点时使用。

4.2.8　事务日志物理体系结构

数据库中的事务日志映射在一个或多个物理文件上。从概念上讲，日志文件是一系列日志记录。从物理上讲，日志记录序列被有效地存储在实现事务日志的物理文件集中。

SQL Server 数据库引擎在内部将每一物理日志文件分成多个虚拟日志文件。虚拟日志文件没有固定大小，且物理日志文件所包含的虚拟日志文件数不固定。在创建或扩展日志文件时，数据库引擎动态选择虚拟日志文件的大小。数据库引擎尝试维护少量的虚拟文件。在扩展日志文件后，虚拟文件的大小是现有日志大小和新文件增量大小之和。管理员不能配置或设置虚拟日志文件的大小或数量。

虚拟日志文件唯一可以影响系统性能的情况是：虚拟日志文件是由较小的 Size 和 Growth_increment 值定义的。如果这些日志文件由于许多微小增量而增长到很大，则它们将具有很多虚拟日志文件。这会降低数据库启动以及日志备份和还原操作的速度。建议为日志文件指定一个与最终所需大小接近的 Size 值和一个相对较大的 Growth_increment 值。

事务日志是一种回绕的文件。例如，假设有一个数据库，它包含一个分成 4 个虚拟日志文件的物理日志文件。当创建数据库时，逻辑日志文件从物理日志文件的始端开始。新日志记录被添加到逻辑日志的末端，然后向物理日志的末端扩张。若进行截断操作，虚拟日志中最小恢复日志序列号 (MinLSN) 之前的日志记录会被删除。示例数据库中的事务日志的外观与图 4-9 所示相似。

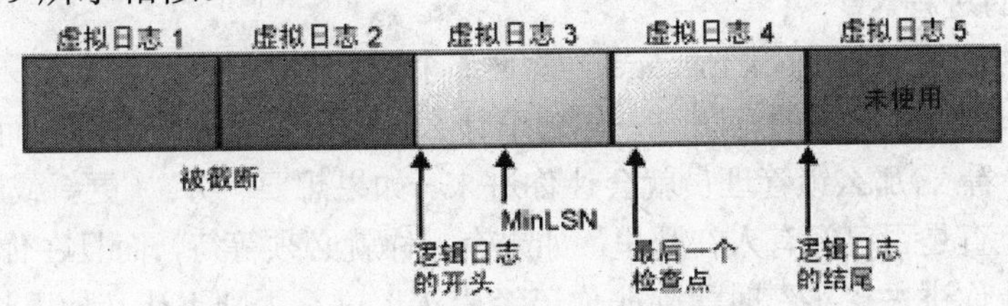

图 4-9　示例数据库中的事务日志

当逻辑日志的末端到达物理日志文件的末端时，新的日志记录将回绕到物理日志文件的始端，如图 4-10 所示。

这个循环不断重复，只要逻辑日志的末端不到达逻辑日志的始端。如果经常截断旧的日志记录，始终为到下一个检查点前创建的所有新日志记录保留足够的空间，则日志永远不会填满。但是，如果逻辑日志的末端真的到达了逻辑日志的始端，将发生以下两种情况之一。

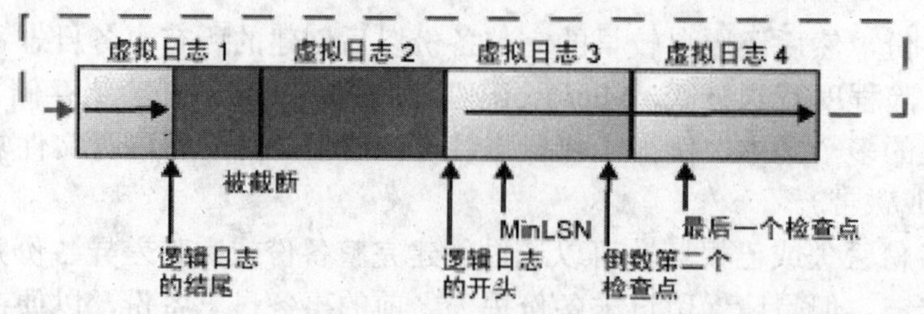

图 4-10　事务日志回绕

- ❑ 如果对日志启用了 FILEGROWTH 设置且磁盘上有可用空间，则文件就按 growth_increment 指定的数量扩展，并且新的日志记录将添加到扩展中。有关 FILEGROWTH 设置的详细信息，请参阅 ALTER DATABASE (Transact-SQL)。
- ❑ 如果未启用 FILEGROWTH 设置，或保存日志文件的磁盘的可用空间比 growth_increment 中指定的数量少，则会出现 9002 错误。

如果日志包含多个物理日志文件，则逻辑日志在回绕到首个物理日志文件始端之前，将沿着所有物理日志文件移动。

4.3　锁和并发性

并发性（concurrency）是任何数据库系统中的一个主要问题。它描述了两个或多个用户都想在同一时间里作用于同一个对象的概念。每一个用户的交互行为的特性可能都不同（更新、删除、读和插入），而且处理控制对象的竞争问题的理想方式取决于问题中的所有用户在做什么，以及他们的行为有多重要。你同时可以成功运行的用户更多——更明确地说是事务更多，那么并发程度就越高。

在 OLAP 环境下，并发性通常是我们处理数据时的第一件事情，而且它是本书提出的大部分数据库概念的焦点（OLAP 通常是事后的想法——它不必是这种方式，但实际是这样）。处理这种并发性问题对系统的性能很重要。在数据库中处理并发性的基础是一个称为加锁（locking）的进程。

SQL Server 的锁管理员（lock manager）就是那个瓷器店的店主。当你进入 SQL Server“商店”以后，锁管理员就要问你的意图——你想干什么。如果说“随便看看”而且没有其他人已经在那里“随便看看”，那么锁管理员就会让你进来。如果想要“买”（更新或删除）一些东西，那么锁管理员将检查是否已经有人在那里。如果有，你就必须等待，而且在你之后来的每个人都必须等待。当让你进去“买”时，除非你已经“买”过，否则不让其他人进来。

通过这种方式，SQL Server 能够帮助你避免混合了并发性所产生的不同问题。我们将检查并发性的问题，并看一看怎样设置阻止每个问题的事务绝缘层（transaction isolation level），但现在，要看一看什么可以加锁，什么不可以加锁，以及哪些锁是可用的。

4.3.1　锁可以阻止的问题

锁能阻止 4 种主要问题。

- ❑ 肮脏读。
- ❑ 不可重复读。
- ❑ 幻影。

- 丢失更新。

每一条都代表一系列不同的问题，而且能被混合的解决方案所处理，该方案通常包括对事务绝缘层的合理设置。为了在你以后再查阅本章时能有所帮助，笔者将讨论哪个事务绝缘层适合于其中的哪个问题。我们将简要讨论一个完整的隔离层，但现在，首先要确定我们都理解了所有这些问题。

1. 肮脏读

当事务读另一个尚未完成的事务记录时发生肮脏读（Dirty reads）。如果第一个事务正常完成了，就不可能有这样的问题。但是，如果回滚了第一个事务，那该怎么办？从数据库的角度看，大家将会得到永远不会发生的事务信息。

下面来看一个例子，见表 4-2。

表 4-2　未完成事务所产生的肮脏读

事务 1 命令	事务 2 命令	逻辑数据库	未提交数据库	事务 2 显示
BEGIN TRAN		3		
UPDATE col = 5	BEGIN TRAN	3	5	
SELECT anything	SELECT @var = col	3	5	5
ROLLBACK	UPDATE anything	3		5
	SET whatever = @var			
Oops – problem!!!				

事务 2 现在已经使用了一个无效的值！如果你试图返回并审核查找该数字从何而来，那么就会没有办法跟踪，而且很令人头痛。

幸运的是，如果你使用了 SQL Server 默认的事务隔离层就不会发生这种问题了[（称为读提交（READ COMMITTED），将在“设置隔离层”中讨论该内容）。

当第二个事务选择其他事务正在更新的行时，会发生未提交的依赖关系问题。第二个事务正在读取的数据还没有提交并且可能由更新此行的事务所更改。

再例如，一个编辑人员正在更改电子文档。在更改过程中，另一个编辑人员复制了该文档（该副本包含到目前为止所做的全部更改）并将其分发给预期的用户。此后，第一个编辑人员认为目前所做的更改是错误的，于是删除了所做的编辑并保存了文档。分发给用户的文档包含不再存在的编辑内容，并且这些编辑内容应视为从未存在过。如果在第一个编辑人员保存最终更改并提交事务之前，任何人都不能读取更改的文档，则可以避免此问题。

2. 不可重复读

很容易将这种读法与肮脏读混合在一起。

在一个事务中两次读记录会引起不可重复读，而且不同的事务改变了元数据。对这一点来说，让我们返回到银行的例子中。记住我们不希望账户的值低于 0 元，见表 4-3。

表 4-3　两次读记录

事务 1	事务 2	变量	考虑的哪些内容在表中	表中的值
BEGIN TRAN		NULL		125
SELECT @Var = value FROM table	BEGIN TRAN	125	125	125
	UPDATE value, SET value = value – 50			75
IF @Var >=100	END TRAN	125	125	75
UPDATE value, SET value = value – 100		125	125 (waiting for lock to clear)	75
(Finish, wait for lock to clear, then continue)		125	75	Either: -25 (If there isn't a CHECK constraint enforcing > 0) Or: Error 547 (If there is a CHECK)

我们还有一个问题。事务 1 预先扫描以确保该值有效，而且事务可以通过（在账户上有足够的钱）。问题是，在 UPDATE 之前，事务 2 影响了事务 1。如果在表上没有 CHECK 约束来阻止负数值，那么确实会将其设置为-25——即使在逻辑上我们使用 IF 语句阻止了该行为。

只能用两种方法阻止该问题。

- 创建 CHECK 约束并监视 547 号错误
- 将隔离层(ISOLATION LEVEL)设置为 REPEATABLE READ 或者 SERIALIZABLE

CHECK 约束看上去非常明显。这里要认识的是利用该方法让一些事情可反映激活，而不是主动激活。但是，很多时候，我们都具有不重复读的潜力，所以这将是笔者通常坚持的选择。

我们将充分关注隔离层，但现在，足以说明有个好机会：将其设置为 REPEATABLE READ 或者 SERIALIZABLE 会引起与它解决时相同的（或更多的）令人头痛的问题，但这仍然是一个选项。

当第二个事务多次访问同一行而且每次读取不同的数据时，会发生不一致的分析问题。不一致的分析与未提交的依赖关系类似，因为其他事务也是正在更改第二个事务正在读取的数据。但是，在不一致的分析中，第二个事务读取的数据是由已进行了更改的事务提交的。此外，不一致的分析涉及多次（两次或更多）读取同一行，而且每次信息都被其他事务更改，因此我们称为不可重复读。

再例如，编辑人员两次读取同一文档，但在两次读取之间，作者重写了该文档。当编辑人员第二次读取文档时，文档已更改。原始读取不可重复。如果在编辑人员完成最后一次读取文档之前，作者不能更改文档，则可以避免此问题。

3. 幻影

这里讨论的“幻影”指神秘显示的记录，就像没有被你发出的 UPDATE 或 DELETE 语句所影响一样。在操作系统正常操作中，这合乎情理，而且不需要精心描述加以说明。有一个经典的例子说明了这是怎样发生的。

假设你在经营一家餐厅。如果你是那种典型的公司，那么可能有一部分的员工工作在劳动法规定的“最低工资”下。政府决定将最低工资从每小时的￥5.00 提高到￥5.50，而且你希望在 EmployeePayHistory 表上运行一个更新操作，以便让每小时低于￥5.50 的员工都是新的最低薪水。你会说没有问题，而且会写出一个非常简单的语句。

```
UPDATE HumanResources.EmployeePayHistory
SET Rate = 15.50
WHERE Rate < 15.50

ALTER TABLE HumanResources.EmployeePayHistory
    ADD ckWage CHECK (Rate >= 15.50)
GO
```

这是件轻而易举的事情，对吗？不对！你将得到一个错误信息。

快速运行一个 SELECT 语句以检查低于￥5.50 的值，而且确信大家能找到一个。可能问题很快就来了，“那是怎样来的呢？笔者采用的 UPDATE 语句应该修补了这一问题！”确实运行了 UPDATE 语句，而且它运行良好——大家只是得到了幻影。

幻影读的实例很少，而且需要发生在正确环境下。简短地说，有人在你运行 UPDATE 语句的同时执行了 INSERT 语句。因为它是一个全新的行，所以它没有被锁住，而且会运行良好。

该问题的唯一解决方法是在 SERIALIZABLE 上设置隔离层，在这种情况下，任何对表的更新者必须在 WHERE 从句之外，否则它们将被锁在外面。

当对某行执行插入或删除操作，而该行属于某个事务正在读取的行的范围时，会发生幻读问题。由于其他事务的删除操作，事务第一次读取的行的范围显示有一行不再存在于第二次或后续读取内容中。同样，由于其他事务的插入操作，事务第二次或后续读取的内容显示有一行并不存在于原始读取内容中。

再例如，一个编辑人员更改作者提交的文档，但当生产部门将其更改内容合并到该文档的主副本时，发现作者已将未编辑的新材料添加到该文档中。与不可重复读的情况相似，如果在编辑人员和生产部门完成对原始文档的处理之前，任何人都不能将新材料添加到文档中，则可以避免此问题。

4. 丢失更新

当将一个更新操作成功地写入数据库，但它偶尔被其他事务覆盖时，会发生丢失更新。可能大家会说，“这怎么会发生呢？”

当两个事务读一条完整的记录，然后一个事务将更新的信息写回到记录中，而另一个事务更新信息也写回到记录中时，会发生丢失更新。大家看一看以下例子。

假设你是公司的信贷分析家，而且得知客户 X 已经达到了贷款的限定额，并且想要扩展，所以你调出他们的客户信息看一看。你看到他们已经有了￥5000 的贷款限制，而且他们似乎总是按时付款。

当大家再看时，张三（信贷部的另一个人）提取了客户 X 的记录并录入了地址的改变信息。她提取的记录也显示了￥5000 的贷款限制。

此时，你决定继续并将客户 X 的贷款限定额提高为￥7500，并且敲了回车。数据库中现在对客户 X 的信贷限制是￥7500。

张三现在完成了她的地址更新，但她使用了与你使用的相同的编辑屏幕——也就是说，她更新了整个记录。记住她的屏幕上显示的信贷限制了吗？￥5000。糟糕了，数据库现在再次显示客户 X 的信贷限制是￥5000，你的更新记录已经丢失了。

该问题的解决方案取决于你的代码识别出还有一个连接在你读数据和更新数据之间修改了你的记录，这种识别会随你所使用的访问方法而改变的。

（1）使用 ADO 检测更新。

使用 ADO 很容易检测其他人已经更新了事情——你什么也不用做。但不完全是这样，你只需要设置一个错误处理器。当你发出 Update 或 UpdateBatch 方法，并且更新了记录集中的多条记录时，ADO 将产生一个错误。实际上，它可以检测特定列是否已经被改变——如果你正在要更新的列不是被改变的列，那么就可以更新它而不会产生错误或问题。

很多书都专门讨论了关于 ADO 的内容，所以笔者不打算在这里深入讨论，但是要记住它具有一些好性能。

（2）使用非 ADO 访问方法检测更新。

其他一些数据访问模型也有它们自己的方法来帮助你在编辑数据之前检测其中的变化，但是最常见的方法是利用 Rowversion（以时间戳的形式）数据类型。

记住时间戳是基于服务器行为的一个数，而且保证在任何一个给定数据库中它都是唯一的（实际上你不可能在相同的服务器上找到副本，但微软只许诺是在数据库层）。更唯一的是，表中的 Rowversion 数据类型中的列是自动更新的，无论何时改变行数据都是这样。因此检查改变的内容不是一个问题，你只要用其余的数据读入时间戳就行了，而且，在更新该行之前，要确保时间戳没有被改变。如果已经改变了时间戳，那么其他人已经进入了该行，而且你将希望放弃更新操作——通常由用户决定是看确切的变化，还是刷新到新数据之后再重新开始。

当两个或多个事务选择同一行，然后基于最初选定的值更新该行时，会发生丢失更新问题。每个事务都不知道其他事务的存在。最后的更新将覆盖由其他事务所做的更新，这将导致数据丢失。

例如，两个编辑人员制作了同一文档的电子副本，每个编辑人员独立地更改其副本，然后保存更改后的副本，这样就覆盖了原始文档。最后保存其更改副本的编辑人员覆盖另一个编辑人员所做的更改。如果在一个编辑人员完成并提交事务之前，另一个编辑人员不能访问同一文件，则可避免此问题。

4.3.2 可以加锁的资源

SQL Server 数据库引擎具有多粒度锁定，允许一个事务锁定不同类型的资源。为了尽量减少锁定的开销，数据库引擎自动将资源锁定在适合任务的级别。锁定在较小的粒度（例如行）可以提高并发度，但开销较高，因为如果锁定了许多行，则需要持有更多的锁。锁定在较大的粒度（例如表）会降低了并发度，因为锁定整个表限制了其他事务对表中任意部分的访问。但其开销较低，因为需要维护的锁较少。

数据库引擎通常必须获取多粒度级别上的锁才能完整地保护资源。这组多粒度级别上的锁称为锁层次结构。例如，为了完整地保护对索引的读取，数据库引擎实例可能必须获取行上的共享锁以及页和表上的意向共享锁。

SQL Server 有 11 种可以加锁的不同资源，而且它们构成了一个层次结构。锁的级别越高，则它具有的间隔尺度（granularity）就越少（也就是说，在一些级连行为中，你选择越来越多的对象进行加锁，是因为包含它们的对象已经被加锁了）。这包括按照 granularity 的降序。

（1）数据库。

整个数据库都是加锁的，这通常发生在数据库架构变化的时候。

（2）分配单元（ALLOCATION_UNIT）。

（3）元数据锁（METADATA）。

（4）应用程序专用的资源（APPLICATION）。

（5）数据库文件（FILE）。

（6）表。

整个表是加锁的。这包括与包含实际数据行（每一行）的表相关的所有数据关联的对象以及与有问题的表相关联的所有索引中的所有键。

（7）堆或 B 树（HOBT）。

保护索引或没有聚集索引的表中数据页堆的锁。

（8）扩展盘区（EXTENT）。

整个扩展盘区都是加锁的。记住整个扩展盘区是由 8 页组成的，所以扩展盘区的锁意味着该锁控制了整个扩展盘区、该扩展盘区中的 8 个数据或索引页，以及这 8 页上的所有行数据。

（9）页。

该页上的所有数据或索引键都是加锁的。

（10）键。

在特定键或索引的键序列上有锁。相同索引页上的其他键可能不受影响。

（11）行和行标识。

这可能是 SQL Server 7.0 中添加的最值得称赞的特性。尽管技术上将锁是放在行标识（内部 SQL Server 结构）上，但它本质上是对整个行加锁。

4.3.3　锁增加和锁对性能的影响

许多年来，使用 SQL Server 的开发者都已经要求过对行加锁。在 7.0 版本以前，granularity 只在页层锁。这意味着，如果你设置锁处理一行数据，那么实际上影响了同一页上的其他所有行的可用性。这产生了很多争论的问题，阻止了用户访问没有被使用的记录，因为记录所在的页包含另一条正在被其他用户访问的记录。

微软有一个经典的市场答案，并且像微软市场的大部分工作一样，他们在现实中有一些基础。行层加锁问题的答案可能如下所示：

“与对一行加锁相比，锁一页占用的资源要少。如果锁住该页，就不需要检查页中的每一行是否被加锁——如果该页是加锁的，那么行就是加锁的。更进一步说，如果只对该页加锁，那么就不会浪费内存、CPU 和用以跟踪被加锁的页上的一行的其他相关资源——只要跟踪该页就可以了。”

这种论点没有包含大家竭力争论的与表中不同的两行相关的问题。然用从思考性能和理解概念上来说，这中间仍然有很多中肯的意见。

锁增加（escalation）就是意识到当锁定的项目数少时，维护 granularity 的较好级别（例如一个行锁代替一个页锁）的意义更明显。但是，当你让越来越多的项目上锁以后，与维护这些锁相关的开销就会使性能变差，这会引起加锁时间过长（因此产生了争论的问题——锁在该位置的时间越长，那么某人就越想要特定的记录）。当你思考一下以后，就会认识到可能某些地方要有一个平衡行为，而且这就是锁管理员通过增加锁来完成的。当所维护的锁的数量达到了一定极限时，就将锁增加到下一个更高层，而且不必紧密地管理较低的锁（自由的资源，而且有助于加快速度）。

注意增加锁是基于锁的数量而不是用户的数量。重要的是，你可以执行大量的更新，从而方便对表单独加锁——行锁会导致页锁，然后增加为表锁。这意味着大家可以潜在地每隔一个用户锁在表外。如果查询使用了多张表，那么实际上非常有可能将每个人都锁在所有的表外。

当然你不愿将其他所有的用户都锁在所有对象的外面，有很多次你都仍然想执行存在这种效果的更新操作。除了尽可能保持查询目的以外，很少有机会能进行锁增加。假设你已经认识到会发生锁增加，所以笔者确信你已经考虑了查询的可能分支。

锁升级是将许多较细粒度的锁转换成数量更少的较粗粒度的锁的过程，这样可以减少系统开销，但却增加了并发争用的可能性。

当 Microsoft SQL Server 数据库引擎获取低级别的锁时，它还将在包含更低级别对象的对象上放置意向锁。

- 当锁定行或索引键范围时，数据库引擎将在包含行或键的页上放置意向锁。
- 当锁定页时，数据库引擎将在包含页的更高级别的对象上放置意向锁。

除了在表上放置意向对象锁（OBJECT 锁）外，还请求在以下对象上放置意向堆或 B 树锁（HOBT 锁）：

- 非聚集索引，如果页是非聚集索引页。
- 聚集索引，如果页是聚集索引页。这包括具有聚集索引的表中的数据页。
- 数据页的堆，如果页是不具有聚集索引的表中的数据页。

数据库引擎可以为同一语句执行行锁定和页锁定，以最大程度地减少锁的数量，并降低需要进行锁升级的可能性。例如，数据库引擎可以在非聚集索引上放置页锁（如果在索引节点中选择了足够的连续键来满足查询），而在数据上放置行锁。

升级锁时，数据库引擎将尝试将表上的意向锁更改为对应的全锁，例如，将意向排他锁（IX 锁）更改为排他锁（X 锁），或将意向共享锁（IS 锁）更改为共享锁（S 锁）。如果锁升级尝试成功并获取全表锁，将释放事务在堆或索引上所持有的所有堆或 B 树锁、页锁（PAGE 锁）、键范围锁（KEY 锁）或行级锁（RID 锁）。如果无法获取全锁，当时不会发生锁升级，而数据库引擎将继续获取行、键或页锁。

数据库引擎不会将行锁或键范围锁升级到页锁，而是将它们直接升级到表锁。同样，页锁始终升级到表锁。

如果由于并发事务持有相冲突的锁而导致锁升级尝试失败，每当事务又获取 1,250 个锁时，数据库引擎就会重试一次锁升级。

每个升级事件主要在单个 Transact-SQL 语句级别上操作。当事件启动时，只要活动语句满足升级阈值的要求，数据库引擎就会尝试升级当前事务在活动语句所引用的任何表中持有的所有锁。如果升级事件在语句访问表之前启动，则不会尝试升级该表上的锁。如果锁升级成功，只要表被当前语句引用并且包括在升级事件中，上一个语句中事务获取的、在事件启动时仍被持有的锁都将被升级。

例如，假定某个会话执行下列操作：

（1）开始一个事务。

（2）更新 TableA。这将在 TableA 中生成排他行锁，直到事务完成后才会释放该锁。

（3）更新 TableB。这将在 TableB 中生成排他行锁，直到事务完成后才会释放该锁。

（4）执行连接 TableA 和 TableC 的 SELECT 语句。查询执行计划要求先从 TableA 中检索行，然后才从 TableC 中检索行。

SELECT 语句在从 TableA 中检索行时（此时还没有访问 TableC）触发锁升级。

如果锁升级成功，只有会话在 TableA 中持有的锁才会升级。这包括来自 SELECT 语句的共享锁和来自上一个 UPDATE 语句的排他锁。由于决定是否应进行锁升级时只考虑会话在 TableA 上为 SELECT 语句获取的锁，所以一旦升级成功，会话在 TableA 上持有的所有锁都将被升级到该表上的排他锁，而 TableA 上的所有其他较低粒度的锁（包括意向锁）都将被释放。

不会尝试升级 TableB 上的锁，因为 SELECT 语句中没有 TableB 的活动引用。同样，也不会尝试升级 TableC 上尚未升级的锁，因为发生升级时尚未访问该表。

在下列任一时刻都会启动锁升级。

- 当单个 Transact-SQL 语句在单个表或索引上获取 5000 个锁时。
- 当数据库引擎实例中的锁的数量超出了内存或配置阈值时。

当 Transact-SQL 语句在表或索引的单个引用上获取 5000 个锁时，将触发锁升级。该语句必须在同一个堆或索引上获取 5000 个锁才会发生锁升级。例如，如果该语句在一个索引上获取 3000 个锁，在同一表中的另一个索引上获取 3000 个锁，这种情况下不会触发锁升级。同样，除非该语句在表或索引的单个引用上获取 5000 个锁，否则不会触发锁升级。例如，如果语句在表上具有自联接，并且表的每个引用都只获取了表中的 3,000 个锁，这种情况下不会触发锁升级。

只有触发升级时已经访问的表才会发生锁升级。假定单个 SELECT 语句是一个联接，按照以下顺序访问 3 个表：TableA、TableB 和 TableC。该语句在 TableA 的聚集索引中获取 3000 个行锁，在 TableB 的聚集索引中获取 5000 个行锁，但尚未访问 TableC。当数据库引擎检测到该语句已经在 TableB 中获取 5000 个行锁时，它将尝试升级会话在 TableB 中持有的所有锁。它还尝试升级会话在 TableA 中持有的所有锁，但因为 TableA 上锁的数量小于 5000，所以升级不会成功。但它不会尝试在 TableC 中进行锁升级，因为发生升级时尚未访问该表。

每当锁的数量大于锁升级的内存阈值时，每获取 1250 个新锁，数据库引擎就会定期为锁升级选择语句。内存阈值取决于 locks 配置选项的设置。

- ❑ 如果 locks 选项设置为默认设置 0，当锁对象使用的内存是数据库引擎使用的内存的 40%（不包括 AWE 内存）时，将达到锁升级阈值。用于表示锁的升级结构的长度大约为 100 个字节。此阈值是动态的，因为数据库引擎动态获取并释放内存以适应各种工作负荷。
- ❑ 如果 locks 选项设置为非 0 值，则锁升级阈值是 locks 选项的值的 40%（或者更低，如果存在内存不足的压力）。

数据库引擎可以为升级选择任何会话中的活动语句，而且，只要实例中使用的锁内存保持在阈值之上，每获取 1250 个新锁，它就会为升级选择语句。

发生锁升级时，为堆或索引选择的锁必须足够强，才能满足限制性最强的较低级别的锁的要求。

例如，假定会话执行下列操作。

（1）开始一个事务。

（2）更新包含聚集索引的表。

（3）发出引用同一个表的 SELECT 语句。

UPDATE 语句将获取下列锁：

- ❑ 已更新数据行上的排他锁（X 锁）。
- ❑ 包含那些行的聚集索引页上的意向排他锁（IX 锁）。
- ❑ 聚集索引上的 IX 锁和表上的 IX 锁。

SELECT 语句将获取下列锁：

- ❑ 所读取的所有数据行上的共享锁（S 锁），除非行已被来自 UPDATE 语句的 X 锁保护。
- ❑ 包含那些行的所有聚集索引页上的意向共享锁，除非页已被 IX 锁保护。
- ❑ 在聚集索引或表上不会获取锁，因为它们已被 IX 锁保护。

如果 SELECT 获取了触发锁升级的足够锁并且升级成功，表上的 IX 锁将被转换为 X 锁，而所有行、页和索引锁都将被释放。更新和读取操作都受表上的 X 锁保护。

在大多数情况下，数据库引擎使用默认的锁定和锁升级设置进行操作时提供的性能最佳。如果数据库引擎实例生成大量锁并且频繁进行锁升级，请考虑通过下列方法减少锁定：

- ❑ 对于读取操作，使用不会生成共享锁的隔离级别。
- ❑ 当 READ_COMMITTED_SNAPSHOT 数据库选项为 ON 时，使用 READ COMMITTED 隔离级别。
- ❑ 使用 SNAPSHOT 隔离级别。
- ❑ 使用 READ UNCOMMITTED 隔离级别。此隔离级别只能用于对脏读进行操作的系统。
- ❑ 使用 PAGLOCK 或 TABLOCK 表提示，使数据库引擎使用页、堆或索引锁而不是行锁。但是，使用此选项增加了用户阻止其他用户尝试访问相同数据的问题，对于并发用户较多的系统，不应使用此选项。

还可以使用跟踪标志 1211 和 1224 来禁用所有或某些锁升级。

4.3.4 锁模式

除了要思考在什么资源层加锁之外，你也要考虑查询需要获得什么样的锁模式。正是因为有大量的资源要加锁，所以也有大量的锁模式（Lock Modes）。

一些模式之间是互斥的（这意味着它们不能在一起工作）。一些模式本质上只是修改其他模式。模式是否可以在一起工作取决于它们是否是兼容的（Compatiable）（在本章的后面要仔细看一看锁之间的兼容性）。

就像了解可以加锁的资源一样，下面逐个看一看锁的模式。

1. 共享锁

这是最基本的一类锁。共享锁（Shared Lock）用在只需要读取数据的时侯——也就是你不需要改变任何值。一个共享锁与其他的共享锁是兼容的。虽然共享锁不管其他种类的锁，但是其他锁并不都喜欢共享锁。

共享锁告诉其他锁你不在那里。它们没有太多的用途，但也不能忽视它们。共享锁做的一件事就是阻止用户执行肮脏读。

2. 排它锁

排它锁（Exclusive Locks）与它的字面意思一样。排它锁与其他锁都是不兼容的。如果其他锁存在，它们就不能成功，而当排它锁仍然激活时，它们也不允许在资源上创建任何形式的新锁。这阻止两个人同时更新、删除或者其他任何事情。

3. 更新锁

更新锁（Update Locks）是共享锁和排它锁之间的混合体。更新锁是一种特殊的占位符。为了进行更新，你需要验证 WHERE 从句以指出哪一行需要被更新。这意味着你只需要共享锁，直到你实际进入行物理更新时为止。在物理更新时，你需要一个排它锁。

更新锁指示了你具有一个共享锁，在完成数据的初始化扫描之后，它会变成一个排它锁以指出确实需要更新的内容。这承认了在更新时有两种截然不同的阶段。

- 首先，指出哪些内容满足 WHERE 从句的标准（哪些要被更新）的一个阶段。这是具有更新锁的更新查询的一部分。
- 其次，在该阶段，如果你实际决定执行更新，那么就将锁升级为排它锁。否则，将锁转换为共享锁。

优点是它不会形成死锁（Deadlock）。死锁本身不是一类锁，但它是一种已经形成的自相矛盾的状况。如果因为另一个锁控制了资源，一个锁不能完成它需要做的清除任务，那么就产生了死锁，问题是资源本身坚持等待锁清除第一个事务。

如果没有更新锁，那么随时都会突然出现死锁。两个更新查询将运行在共享模式下。查询 A 完成了自身的查询并准备进行物理更新，它想要增加排它锁，但是它不能进行，因为查询 B 结束了本身的查询。查询 B 然后结束了查询，但它也需要做物理更新。为了完成这项任务，查询 B 必须增加到排它锁，但它不能，是因为查询 A 仍然在等待。这就产生了堵塞。

相反，更新锁阻止了其他更新锁的建立。随即，第二个事务试图得到更新锁，将把它们放到一个等待状态，等待锁的超时——该锁没有被授权。如果第一个锁在锁超时到达之前清除，那么将把锁授给新的查询，而且进程将继续。如果不是这样，就产生一个错误。

更新锁只与共享锁和意向共享锁兼容。

4. 意向锁

意向锁（Intent Lock）是一个真正的占位符，而且用于处理对象层次结构的问题。假设你在一行上建立了锁，但有人想在页或扩展盘区建立一个锁或修改表。你不想让另一个事务通过进入更高的层次结构而绕过你的事务，对吧？

如果没有意向锁，那么高层对象甚至不知道在底层有锁。意向锁改进了性能，因为 SQL Server 只在表的一层需要检查意向锁（而且不检查表的每一行或页），以决定是否一个事务能安全锁定整个表。意向锁来源于 3 种不同的种类。

- 意向共享锁（Intent Shared Lock） 已经或将要建立在层次结构中的较低层上的共享锁。例如，页将有一个建立在它上面的页层共享锁。这种类型的锁只应用于表和页。
- 意向排它锁（intent exclusive lock） 这与意向共享锁相同，但是在较低层项目上有一个排它锁。
- 共享意向排它锁（shared with intent exclusive lock） 已经或将要在对象层次结构下面建立的共享锁，但是意向是修改数据，所以在某些点上它将成为意向排它的。

5. 架构锁

有两种风格：

- 架构修改锁（schema modification lock，又叫 Sch-M） 在对象上改变架构。在 Sch-M 锁期间，没有查询或其他的 CREATE、ALTER 或者 DROP 语句能运行在该对象上。
- 架构稳定性锁（schema stability lock，又叫 Sch-S） 这与共享锁非常相似。该锁的核心目的是阻止 Sch-M，因为对对象上或其他的查询或者 CREATE、ALTER、DROP 语句而言，已经有了锁。这种类型的锁与其他所有类型的锁都兼容。

6. 大容量更新锁

大容量更新锁（bulk update lock，又叫 BU）实际就是表锁的变体，但存在稍微的不同（但很重要）。大容量更新锁允许并行加载数据——也就是说，该表锁对其他所有“正常”（T-SQL 语句）行为是上锁的，但可以同时执行多个 BULK INSERT 或者 bcp 操作。

4.3.5 锁的兼容性

表 4-4 显示了资源锁模式的兼容性（以增加锁能力进行排列）。现有的锁是以列的形式显示的，更新锁以行的形式显示需要的锁。

表 4-4 资源锁的兼容性

请求模式	IS	S	U	IX	SIX	X
意向共享锁（IS）	YES	YES	YES	YES	YES	NO
共享锁（S）	YES	YES	YES	NO	NO	NO
更新锁（U）	YES	YES	NO	NO	NO	NO
意向排它锁（IX）	YES	NO	NO	YES	NO	NO
共享意向排它锁（SIX）	YES	NO	NO	NO	NO	NO
排它锁（X）	NO	NO	NO	NO	NO	NO

还包括：

- 除了 Sch-M 以外，Sch-S 与所有的锁兼容。
- Sch-M 与所有锁的模式都不兼容。
- BU 只与架构的稳定性和其他的大容量更新锁兼容。

4.3.6 说明特定锁的类型

在查询或也许在整个事务中，你有时会希望控制锁。你可以利用优化器提示（Optimizer hints）来完成。

优化器提示显式地告诉 SQL Server 将锁增加到特定层。它们刚好被包括在将要影响的表名的下边（在 SQL 语句中），而且采用表 4-5 的方式进行设计。

表 4-5　优化器提示

优化器提示	描　述
SERIALIZABLE/HOLDLOCK	一旦通过事务中的语句建立了锁，那么该锁就直到该事务结束为止才释放（通过 ROLLBACK 或 COMMIT 命令）。如果插入的记录与建立的锁中的查询标准中的 WHERE 从句不匹配，插入操作也将被阻止（没有幻影）。这是最高层的隔离层，而且绝对保证数据的连贯性
READUNCOMMITTED/NOLOCK	得不到锁（甚至共享锁也得不到），而且不会尊重其他锁。虽然是一个非常快速的选项，但它可以产生肮脏读，也会产生其他问题
READCOMMITTED	默认的提示。尊重所有锁，但只要不再需要问题中的对象就释放控制锁。执行与 READ COMMITTED 隔离层相同的隔离层
REPEATABLEREAD	一旦通过事务中的语句建立锁，就一直存在，直到事务结束为止才释放（通过 ROLLBACK 或 COMMIT）。该优化器可以插入新数据
READPAST	不是等待锁消失，而是跳过所有被锁的行。这种跳过只限于行锁（仍然要等待页、扩展盘区和表锁）而且只可以与 SELECT 语句一起使用
ROWLOCK	在 SQL Server 7.0 中引入，这告诉 SQL Server 插入时使用行层锁，而不是使用页锁。如果优化器同样选择了更少的 granularity 的锁策略，那么就强制锁的初始层为行层。如果锁的数量达到了系统锁的门限，那么它不阻止锁逐渐增加到那些具有较少 granularity 的级别
PAGLOCK	无论优化器采用了哪种选择，都使用页层锁。这样做的好处是可以进入两种方式：有时页锁比行锁更适合资源转换；但在其他的时候，你希望当优化器已经选择了表锁的时候最小化竞争
TABLOCK	强制使用完全表锁，而不是锁管理员已经使用的锁。可以真正加速已知的锁扫描，但是，如果其他的用户修改了表中的数据，则产生了大的竞争问题
TABLOCKX	与 TABLOCK 相似，但创建了排它锁——根据 TRANSACTION ISOLATION LEVEL 的设置，在语句或事务持续的时间内，将其他所有用户锁在表外
UPDLOCK	使用更新锁代替共享锁。在处理死锁的战争中，这是一个得到充分使用的工具，因为它仍然允许其他用户得到共享锁，但确保在结束语句或事务之前（假设在继续并更新行之后）没有建立数据修改（或其他更新锁）
XLOCK	它的根在 TABLOCKX 中，并且这是 SQL Server 2000 中的一个新内容。其优点是，你第一次可以说明排它锁而不用考虑我们所选择的 granularity（或者不选择）。

其中的大部分提示有时会非常有用，但是，在你开始使用这些提示之前，要确定你也了解了本章后面讨论的隔离层的概念。

使用优化器提示的语法非常简单——只要将表名添加在后面，或者如果要使用别名的话，就将其添加在别名后：

…

FROM <table name> [AS <alias>] [[WITH] (<hint>)]

所以，要将它这放到一些例子中，这些都是合理的，但所有的提示将在 Orders 表上生成一个锁（而不是可能的键或行锁）：

```
SELECT * FROM Sales.SalesOrderHeader AS ord WITH (TABLOCKX)
SELECT * FROM Sales.SalesOrderHeader AS ord (TABLOCKX)
SELECT * FROM Sales.SalesOrderHeader WITH (TABLOCKX)
SELECT * FROM Sales.SalesOrderHeader (TABLOCKX)
```

现在，从多张表的角度看一看。就锁定而言，下面的查询将完成与上面的查询相同的任务——它们将在 Sales.SalesOrderHeader 表上形成一个独占表锁。但是，需要注意的是，它们不会将任何一类特殊锁放到 Sales.SalesOrderDetail 表——SQL Server 锁管理员仍然完全控制这张表：

```
SELECT *
FROM Sales.SalesOrderHeader AS ord WITH (TABLOCKX)
JOIN Sales.SalesOrderDetail AS od
  ON ord.SalesOrderID = od.SalesOrderID
SELECT *
FROM Sales.SalesOrderHeader AS ord (TABLOCKX)
JOIN Sales.SalesOrderDetail AS od
  ON ord.SalesOrderID = od.SalesOrderID
SELECT *
FROM Sales.SalesOrderHeader WITH (TABLOCKX)
JOIN Sales.SalesOrderDetail AS od
  ON ord.SalesOrderID = od.SalesOrderID
SELECT *
FROM Sales.SalesOrderHeader (TABLOCKX)
JOIN Sales.SalesOrderDetail AS od
  ON ord.SalesOrderID = od.SalesOrderID
```

这里也可以做完全不同的事情，而且将一个完全不同的提示放在 Sales.SalesOrderDetail 表上，具体选择完全取决于你。

1. 使用 sp_lock

有时你希望知道系统中的哪些锁是激活的。如果你问问已经是 DBA 的好朋友，那么他可能告诉你"没有问题，使用 sp_lock。下面来看一看 sp_lock。

下面将在查询分析器中打开两个不同的查询窗口，并且使用一个刚刚用于演示优化器提示的查询。（所以这里只使用一个演示程序，但是，它工作正常，而且可能就是你实际检查事情的形式）。

在第一个查询分析器窗口中，我们建立查询为：

```
SELECT *
FROM Sales.SalesOrderHeader AS ord (TABLOCKX)
JOIN Sales.SalesOrderDetail AS od
  ON ord.SalesOrderID = od.SalesOrderID
```

现在，在第二个窗口中，建立 sp_lock 系统存储过程：

EXEC sp_lock

确保两个窗口都是可见的。执行第一个窗口（查询），然后，在第一个命令仍然在执行时（如果你有一个快速系统，那么就需要你的速度相当快），切换到第二个窗口，并且执行 sp_lock。sp_lock 返回的结果如表 4-6 所示。

表 4-6　sp-look 存储过程

spid	dbid	ObjId	IndId	Type	Resource	Mode	Status
51	4	0	0	DB		S	GRANT
53	8	0	0	DB		S	GRANT
54	1	1115151018	0	TAB		IS	GRANT
54	8	0	0	DB		S	GRANT

其中一部分内容非常容易理解。Type 字段告诉我们它是否是表、数据库、行、页、扩展盘区，等等。Mode 字段告诉我们它是否是一个共享、更新、排它，等等。前面带有“I”的显示它是一个意向锁。最后它告诉我们状态——这个锁实际上已经被授权，尽管它仍然是悬而未决的。

现在事情变得更难了——什么对象上确实有这些锁呢？有这方面的信息，但你需要知道怎样得到它。你需要查询 master 数据库（或者使用 DB_NAME()函数）中的 sysdatabases 表来译解 dbid（数据库 ID），并且通过分别查询合适的数据库中的 sysobjects 和 sysindexes 表来译解 ObjId（对象 ID）和 IndId（索引 ID）。可以使用 OBJECT_NAME()来决定 ObjeId。

2. 使用数据库引擎决定锁

了解锁的最好方式大概就是使用数据库引擎。数据库将以两种不同的方式显示锁——通过进程 ID 或通过对象。

要使用数据库引擎显示锁，只要导航到服务器上的 Manager | Activity Monitor 节点，如图 4-11 所示。

只要展开你感兴趣的节点（要么是进程 ID，要么是对象），你就会看到各种锁。

大概这个显示工具的最大优点是当双击数据库引擎的右边面板的特定锁时，就会显示该锁，并会出现一个对话框，而且告诉你进程 ID 最后运行的语句。在处理死锁问题时，这个工具非常方便。

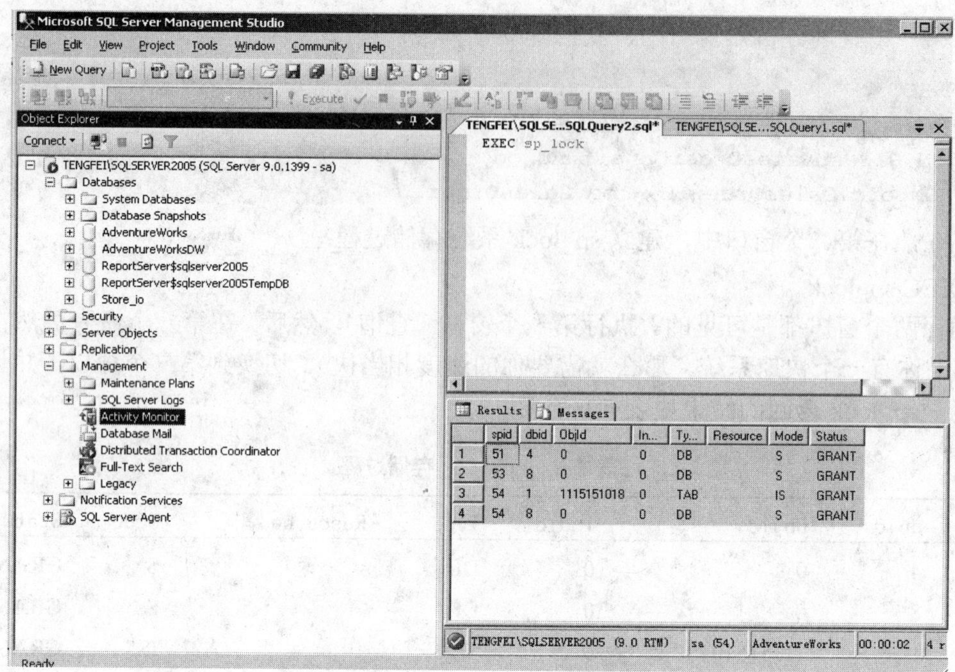

图 4-11　在数据库引擎中显示锁

4.4 设置隔离层

我们已经了解了由不同锁策略所解决的各种问题，也了解了可利用的锁以及它们怎样影响资源的可用性。现在可以更详细地来了解这些进程管理块该如何一起协作以确保整个数据完整性的，以保证得到你预期的结果。

要理解的事务和锁之间关系的第一件事，就是它们彼此之间是紧密地联接在一起的。默认情况下，一旦创建了与数据修改相关的任何锁，那么在事务过程中就一直持续该锁。如果有一个长事务，这就意味着可能在很长时间里，你的锁会阻止其他事务访问已经加锁的对象。

这只是默认情况，实际上你可以设置 4 种不同的隔离层。

- READ COMMITED（默认）。
- READ UMCOMMITED。
- REPEATABLE READ。
- SERIALIZABLE。

由并发事务所作的修改必须与任何其他并发事务修改隔离。事务识别数据是数据所处的状态，要么是另一并发事务修改它之前的状态，要么是第二个事务修改它之后的状态，事务不会识别中间状态的数据，称为可串行性。因为它能够重新装载起始数据，并且重播一系列事务，以使数据结束时的状态与原始事务执行的状态相同。

它们之间切换的语法非常简单：

```
SET TRANSACTION ISOLATION LEVEL <READ COMMITTED|READ UNCOMMITTED
    |REPEATABLE READ|SERIALIZABLE>
```

隔离层的变化只影响当前的连接，所以不要担心它会对其他用户造成不利影响（或者其他用户影响你）。

下面更详细地了解一下默认情况（READ COMMITED）。

1. READ COMMITED

利用 READ COMMITED，只要创建共享锁的语句执行完，就会自动释放你所创建的任何共享锁。也就是说，如果你启动一个事务，先运行多条语句，然后运行一条 SELECT 语句，再运行多条语句，那么只要 SELECT 语句完成，则会释放与 SELECT 语句相关的锁；而 SQL Server 不会等到事务结束。

行为查询（UPDATE、DELETE 和 INSERT）有点不同。如果事务执行了一个修改数据的查询，那么锁会持续到事务结束（以免你需要回滚）。

通过保持这个默认层，利用 READ COMMITTED，你可以确定自己具有足够的数据完整性以阻止肮脏读。但是，不可重复的读和幻影仍然会发生。

2. READ UNCOMMITED

READ UNCOMMITED 是所有隔离层选择中最危险的一个，但从速度上来说其具有最高的性能。

将隔离层设置为 READ UNCOMMITED 就告诉 SQL Server 不设置任何锁，而且不尊重任何锁。利用这个隔离层，就可能发生我们前面讨论的任何并发性问题（最显著的是肮脏读）。

为什么有人会冒肮脏读的危险呢？当查看 Usenet 上的新闻组后，笔者发现该问题会定期出现。相当数量的人都会很惊奇，但实际上有很好的理由要采用这种隔离层，而且在报告时经常使用。

在一个 OLAP 环境下，锁既是你的保护者，又是你的敌人。它们维护了数据的完整性，但通常也阻止或阻塞了你得到希望提取的数据。例如，管理层希望定期运行报告，但是录入数据的人通常被阻止或延迟数据的录入，因为由管理员报告控制该锁。

使用 READ UNCOMMITED，你就可以避开这个问题——至少对不需要提取数据的报告。例如，假设销售管理员希望知道迄今为止的销售量。实际上，我们说他是一个微观管理员，而且每天多次问到相同的问题。

如果刚好是一个长时间运行的报告，那么由于锁的问题，他的运行很有可能会导致其他用户受损。好在这是一个非常模糊的报告，确切的数据可能毫无价值。管理员实际是在查找大致的数量。

拥有了 READ UNCOMMITED 隔离层，我们就不需要设置任何锁，所以不会妨碍其他事务。我们的数据将有点不可信（因为存在肮脏读的危险），但不需要知道确切的数字，而且我们知道即使不回滚肮脏读，该数字也将是精确的。

你可以在查询中添加 NOLOCK 来调用优化器提示，从而得到与 READ UNCOMMITED 相同的效果。设置隔离层的好处是，你不必为查询中的每一张表都使用提示，或者在多个查询中使用提示。使用 NOLOCK 优化器提示的好处是，你不需要将隔离层设置回默认的隔离层（像 READ UNCOMMITED 中所做的那样）。

3. REPEATABLE READ

REPEATABLE READ 增加了隔离层，而且通过阻止肮脏读（默认情况已经这样做了）和不可重复读提供了并发问题的额外保护。

阻止不可重复读是最大的优点，但是保持有共享锁直到事务的结束会阻塞用户访问对象，因此降低了生产力。笔者喜欢使用其他的数据完整性选项（如 CHECK 约束和错误处理），而不是采用这个选择，但它不失为一个可用的选项。

与 REPEATABLE READ 等效的优化器提示是 REPEATABLEREAD（是相同的，但中间没有空格）。

4. SERIALIZABLE

SERIALIZABLE 是隔离层的要塞，它阻止了所有形式的并发，除了丢失更新之外，甚至阻止了幻影。

当你将隔离层设置为 SERIALIZABLE 时，就是说对你的事务使用的表进行的任何 UPDATE、DELETE 或 INSERT 操作都不必满足该事务中的任何语句的 WHERE 从句。本质上，如果用户将做一些令事务感兴趣的事情，那么它就必须等到完成你的事务为止。

也可以在查询中使用 SERIALIZABLE 或 HOLDLOCK 优化器提示来模仿 SERIALIZABLE 隔离层。还是像 READ UNCOMMITED 和 NOLOCK 之间存在争论一样，不用每次都设置的选项，也不用记住将隔离层改回的选项是最大的问题。

表面上，继续采用 SERIALIZABLE 隔离层会显示你要做所有事情的方法。实际上，它把一致性的最高层提供给了数据库。也就是说，更新处理工作的方式与多个用户一次同时处理一个事务的方式一样（进程是串行的）。

但是，就像生活中的许多事情一样，其间存在一种平衡。从实践的意义来说，连贯性和并发性是一个极端对立面。使用 SERIALIZABLE 可以阻止其他用户到达他们需要的对象，这也等于并发性较低。这种对立也是正确的，但增加并发性（例如采用 REPEATABLE READ）会减少数据库的一致性。

关于这一点，笔者建议坚持采用默认值（READ COMMITTED），除非你有特殊原因不得不这样做。

5. 关于隔离层和 MTS/COM+

下面开始讨论微软事务服务器（Microsoft Transaction Server）和它的后续产品 COM+ 的主题。讨论这两种事务管理者超出了本书的范围，但笔者从未看见过讨论改变 SQL Server 的默认行为，所以在这里花点时间讨论一下。

当你使用 MTS/COM+时，要认识到这两个事务管理器都改变了 SQL Server 上所使用的默认隔离层，这一点很重要。MTS 和 COM+都将隔离层设置为 SERIALIZABLE，而不是相对竞争自由 READ COMMITTED。从纯数据完整性的角度来看，这样最安全，但也可能因并发性问题而导致严重破坏系统。

不幸的是，在 ADO 中没有方法改变它。API 有能力克服它的唯一是以 OLE DB 的格式出现，这意味着两件事情：

- 你可能要在 C++中编写它（VB 不能直接编写 OLE DB API）。
- 即使你是具有一定经验的 C++开发人员，也可能很痛苦（OLE DB 不是件好玩的事情）。

从 VB 的角度看，解决问题的唯一方法是在查询中使用优化器提示，记住这种做法会导致在其他平台不可用（提示不满足 ANSI 标准）。

4.5 快照隔离

4.5.1 隔离级别

事务指定一个隔离级别，该隔离级别定义一个事务必须与其他事务所进行的资源或数据更改相隔离的程度。隔离级别从允许的并发副作用（例如，脏读或幻读）的角度进行描述。

事务隔离级别控制：

- 读取数据时是否占用锁以及所请求的锁类型。
- 占用读取锁的时间。
- 引用其他事务修改的行的读取操作。

读取操作需要确定：

- 是否在该行上的排他锁被释放之前阻塞其他事务。
- 是否检索在启动语句或事务时存在的行的已提交版本。
- 是否读取未提交的数据修改。

选择事务隔离级别不影响为保护数据修改而获取的锁。事务总是在其修改的任何数据上获取排他锁，并在事务完成之前持有该锁，不管为该事务设置了什么样的隔离级别。对于读取操作，事务隔离级别主要定义保护级别，以防受到其他事务所做更改的影响。

较低的隔离级别可以增强许多用户同时访问数据的能力，但也增加了用户可能遇到的并发副作用（例如脏读或丢失更新）的数量。相反，较高的隔离级别减少了用户可能遇到的并发副作用的类型，但需要更多的系统资源，并增加了一个事务阻塞其他事务的可能性。应平衡应用程序的数据完整性要求与每个隔离级别的开销，在此基础上选择相应的隔离级别。最高隔离级别（可序列化）能够保证事务在每次重复读取操作时能准确地检索到相同的数据，但需要通过执行某种级别的锁定来完成此操作，而锁定可能会影响多用户系统中的其他用户。最低隔离级别（未提交读）可以检索其他事务已经修改但未提交的数据。在未提交读中，所有并发副作用都可能发生，但没有读取锁定或版本控制，所以开销最少。

SQL-99 标准定义了下列隔离级别，SQL Server 数据库引擎支持所有以下隔离级别：

- 未提交读（隔离事务的最低级别，只能保证不读取物理上损坏的数据）。
- 已提交读（数据库引擎的默认级别）。
- 可重复读。
- 可序列化（隔离事务的最高级别，事务之间完全隔离）。

4.5.2 行版本控制

SQL Server 2005 还支持使用行版本控制的两个事务隔离级别。一个是已提交读隔离的新实现，另一个是新事务隔离级别（快照）。

- 将 READ_COMMITED_SNAPSHOT 数据库选项设置为 ON 时，已提交读隔离使用行版本控制提供语句级别的读取一致性。读取操作只需要 SCH-S 表级别的锁，不需要页锁或行锁。将 READ_COMMITED_SNAPSHOT 数据库选项设置为 OFF（默认设置）时，已提交读隔离的行为与在 SQL Server 的早期版本中相同。两个实现都满足已提交读隔离的 ANSI 定义。

- 快照隔离级别使用行版本控制来提供事务级别的读取一致性。读取操作不获取页锁或行锁，只获取 SCH-S 表锁。读取其他事务修改的行时，读取操作将检索启动事务时存在的行的版本。将 ALLOW_SNAPSHOT_ISOLATION 数据库选项设置为 ON 时，将启用快照隔离。默认情况下，用户数据库的此选项设置为 OFF。

表 4-7 显示了不同隔离级别允许的并发副作用。

表 4-7　不同隔离级别的并发副作用

隔离级别	脏读	不可重复读取	幻影
未提交读	是	是	是
已提交读	否	是	是
可重复读	否	否	是
快照	否	否	否
可序列化	否	否	否

实际上，行版本控制是 SQL Server 中的常规框架，可以用于以下方面：

- 生成触发器中插入的和删除的表。对任何由触发器修改的行都将生成副本。包括由启动触发器的语句修改的行，以及由触发器进行的任何数据修改。
- 支持多个活动的结果集(MARS)。如果 MARS 会话发出一条数据修改语句（例如 INSERT、UPDATE 或 DELETE）时存在活动的结果集，则对受修改语句影响的行都将生成副本。
- 支持指定 ONLINE 选项的索引操作。
- 支持基于行版本控制的事务隔离级别。

新实现的已提交读隔离级别，使用行版本控制提供语句级的读取一致性。

新快照隔离级别，提供事务级的读取一致性。

tempdb 数据库必须具有足够的空间用于版本存储区。在 tempdb 已满的情况下，更新操作将停止生成版本，并继续执行。因为所需的特定行版本不再存在，所以读取操作可能会失败，这将影响诸如触发器、MARS 和联机索引的操作。

已提交读和快照事务的行版本控制的使用过程分为两个步骤：

将 READ_COMMITTED_SNAPSHOT 或 ALLOW_SNAPSHOT_ISOLATION 数据库选项设置为 ON。

在应用程序中设置相应的事务隔离级别。当 READ_COMMITTED_SNAPSHOT 数据库选项设置为 ON 时，设置已提交读隔离级别的事务使用行版本控制。

当 ALLOW_SNAPSHOT_ISOLATION 数据库选项设置为 ON 时，事务可以设置快照隔离级别。

当 READ_COMMITTED_SNAPSHOT 或 ALLOW_SNAPSHOT_ISOLATION 数据库选项设置为 ON 时，SQL Server 2005 数据库引擎向使用行版本控制操作数据的每个事务分配一个事务序列号（XSN）。事务在执行 BEGIN TRANSACTION 语句时启动。但是，事务序列号在执行 BEGIN TRANSACTION 语句后的第一次读/写操作时开始增加，事务序列号在每次分配时都增加 1。

当 READ_COMMITTED_SNAPSHOT 或 ALLOW_SNAPSHOT_ISOLATION 数据库选项设置为 ON 时，将维护所有在数据库中执行的数据修改的逻辑副本（版本）。特定的事务每次修改行时，数据库引擎实例都存储以前提交的 tempdb 中行的图像版本。每个版本都标记有进行此更改的事务的事务序列号，已修改行的版本使用链接列表链接在一起，最新的行值始终存储在当前的数据库中并链接至版本存储区 tempdb 中存储的版本。

修改大型对象 (LOB) 时，只有已更改的片段才会复制到 tempdb 中的版本存储区。

行版本将保持足够长的时间，以满足在基于行版本控制的隔离级别下运行的事务的要求。数据库引擎跟踪最早的可用事务序列号，并定期删除带有比最早使用的可用序列号更低的事务序列号的所有行版本。

两个数据库选项都设置为 OFF 时，只对由触发器或 MARS 会话修改的行或由联机索引操作读取的行生成副本，这些行版本将在不再需要时被释放。后台线程会定期执行以删除陈旧的行版本。

对于短期运行的事务，已修改行的版本将可能保存在缓冲池中，而不会写入 tempdb 数据库的磁盘文件中。如果只是临时需要副本行，那么它将只是简单地从缓冲池中删除而不会引发 I/O 开销。

当在基于行版本控制的隔离下运行的事务读取数据时，读取操作不会获取正被读取的数据上的共享锁（S 锁），因此不会阻塞正在修改数据的事务。另外，锁定资源的开销随着所获取的锁的数量的减少降至最低。使用行版本控制的已提交读隔离和快照隔离，旨在提供副本数据的语句级或事务级读取一致性。

当使用快照隔离级别的事务启动时，数据库引擎实例将记录所有当前活动的事务。当快照事务读取具有版本链的行时，数据库引擎按照该链检索行，其事务序列号为：

- 最接近但低于读取行的快照事务序列号。
- 不在快照事务启动时活动的事务列表中。

由快照事务执行的读取操作将检索在快照事务启动时已提交的每行的最新版本。这提供了在事务启动时存在的数据的事务级一致性快照。

使用行版本控制的已提交读事务以大致相同的方式运行。不同之处在于选择行版本时，已提交读事务不使用其自身的事务序列号。每次启动语句时，已提交读事务将读取为数据库引擎实例发出的最新事务序列号。这是用于为该语句选择正确的行版本的事务序列号，使已提交读事务可以查看每个语句启动时存在的数据的快照。

在使用行版本控制的已提交读事务中，使用阻塞性扫描（其中读取数据值时将在数据行上采用更新锁（U 锁）完成选择要更新的行，这与不使用行版本控制的已提交读事务相同。如果数据行不符合更新标准，则在该行上将释放更新锁并且将锁定下一行并对其进行扫描。

在快照隔离下运行的事务对数据修改采用乐观方法：直到数据被修改时才获取数据上的锁。不需要获取锁就可以选择要更新的行。当数据行符合更新标准时，快照事务将验证未被并发事务（在快照事务开始后提交）修改的数据行。如果数据行已在快照事务以外修改，则将出现更新冲突，同时快照事务也将终止。更新冲突由数据库引擎处理，无法禁用更新冲突检测。

当快照事务访问以下任意项目时，在快照隔离下运行的更新操作将在已提交读隔离下内部执行：

- 具有外键约束的表。
- 在其他表的外键约束中被引用的表。
- 引用多个表的索引视图。

即使是在这些条件下，更新操作仍将继续验证数据是否未经其他事务修改。如果数据已被其他事务修改，则快照事务将遭遇更新冲突并终止。

表 4-8 概括了使用行版本控制的快照隔离与已提交读隔离之间的差异。

表 4-8　快照隔离与已提交隔离的差异

属性	已提交读快照隔离级别	快照隔离级别
必须设置为 ON 以便启用所需支持的数据库选项	READ_COMMITTED_SNAPSHOT	ALLOW_SNAPSHOT_ISOLATION
会话如何请求特定类型的行版本控制	使用默认的已提交读隔离级别，或运行 SET TRANSACTION ISOLATION LEVEL 语句来指定 READ COMMITTED 隔离级别。这可以在事务启动后完成	需要执行 SET TRANSACTION ISOLATION LEVEL 来在事务启动前指定 SNAPSHOT 隔离级别
由语句读取的数据的版本	在每条语句启动前提交的所有数据	在每个事务启动前提交的所有数据
如何处理更新	从行版本恢复到实际的数据，以选择要更新的行并使用选择的数据行上的更新锁。获取要修改的实际数据行上的排他锁。没有更新冲突检测	使用行版本选择要更新的行。尝试获取要修改的实际数据行上的排他锁，如果数据已被其他事务修改，则出现更新冲突，同时快照事务也将终止
有更新冲突检测	无	集成支持，无法禁用

数据库管理员可以通过在 ALTER DATABASE 语句中使用 READ_COMMITTED_SNAPSHOT 和 ALLOW_SNAPSHOT_ISOLATION 数据库选项来控制行版本控制的数据库级别设置。

将 READ_COMMITTED_SNAPSHOT 数据库选项设置为 ON 后，用于支持该选项的机制将立即激活。设置 READ_COMMITTED_SNAPSHOT 选项时，数据库中只允许存在执行 ALTER DATABASE 命令的连接。在 ALTER DATABASE 完成之前，数据库中不允许有其他打开的连接。

下面的 Transact-SQL 语句将启用 READ_COMMITTED_SNAPSHOT：

```
ALTER DATABASE AdventureWorks
    SET READ_COMMITTED_SNAPSHOT ON;
```

如果 ALLOW_SNAPSHOT_ISOLATION 数据库选项设置为 ON，则数据库中数据已修改的所有活动事务完成之前，SQL Server Database Engine 实例不会为已修改的数据生成行版本。如果存在活动的修改事务，则 SQL Server 将把该选项的状态设置为

PENDING_ON。所有修改事务完成后，该选项的状态更改为 ON。在该选项完全处于 ON 状态之前，用户无法在数据库中启动快照事务。数据库管理员将 ALLOW_SNAPSHOT_ISOLATION 选项设置为 OFF 后，数据库将跳过 PENDING_OFF 状态。

下面的 Transact-SQL 语句将启用 ALLOW_SNAPSHOT_ISOLATION：

```
ALTER DATABASE AdventureWorks
    SET ALLOW_SNAPSHOT_ISOLATION ON;
```

表 4-9 列出并说明了 ALLOW_SNAPSHOT_ISOLATION 选项的各个状态，同时使用 ALTER DATABASE 和 ALLOW_SNAPSHOT_ISOLATION 选项，不会妨碍当前正在访问数据库数据的用户。

表 4-9　快照隔离状态

状态	说明
OFF	未启用对快照隔离事务的支持。不允许执行快照隔离事务
PENDING_ON	对快照隔离事务的支持处于转换状态（从 OFF 到 ON），打开的事务必须完成。不允许执行快照隔离事务
ON	已启用对快照隔离事务的支持，允许执行快照事务
PENDING_OFF	对快照隔离事务的支持处于转换状态（从 ON 到 OFF），此后启动的快照事务无法访问此数据库。更新事务仍会导致此数据库中出现版本控制开销。现有快照事务仍可以访问此数据库，不会遇到任何问题。直到数据库快照隔离状态为 ON 时处于活动状态的所有快照事务完成后，状态 PENDING_OFF 才变为 OFF

使用 sys.databases 目录视图可以确定两个行版本控制数据库选项的状态。

对用户表和存储在 master 和 msdb 中的某些系统表的任何更新都会生成行版本。

在 master 和 msdb 数据库中，ALLOW_SNAPSHOT_ISOLATION 选项自动设置为 ON，并且不能禁用。

在 master、tempdb 或 msdb 数据库中，用户不能将 READ_COMMITTED_SNAPSHOT 选项设置为 ON。

下列举例说明使用行版本控制的快照隔离事务和已提交读事务的行为差异。

4.5.3　快照隔离事务示例

此示例中，在快照隔离下运行的事务将读取数据，然后由另一事务修改此数据。快照事务不阻塞由其他事务执行的更新操作，它忽略数据的修改继续从版本化的行读取数据。但是，当快照事务尝试修改已由其他事务修改的数据时，快照事务将生成错误并终止。

在会话 1 上：

```
USE AdventureWorks;
GO

--在数据库上启用快照隔离
ALTER DATABASE AdventureWorks
    SET ALLOW_SNAPSHOT_ISOLATION ON;
```

```
GO

-- 启动一个快照事务
SET TRANSACTION ISOLATION LEVEL SNAPSHOT;
GO

BEGIN TRANSACTION;
    -- 返回员工ID为4的假期
        SELECT EmployeeID, VacationHours
        FROM HumanResources.Employee
        WHERE EmployeeID = 4;
```

在会话 2 上：

```
USE AdventureWorks;
GO

-- 启动一个事务
BEGIN TRANSACTION;
-- 给员工ID为4的人减去一天假期，
-- 显然这种更新不会被会话1阻止，因为在快照隔离层下没有申请共享锁

    UPDATE HumanResources.Employee
        SET VacationHours = VacationHours - 8
        WHERE EmployeeID = 4;

-- 验证该员工有40小时假期
    SELECT VacationHours
        FROM HumanResources.Employee
        WHERE EmployeeID = 4;
```

在会话 1 上：

```
-- 重新运行该SELECT语句，这次显示该员工还有48小时假期。
-- 该快照事务仍然从行版本中读取数据
SELECT EmployeeID, VacationHours
        FROM HumanResources.Employee
        WHERE EmployeeID = 4;
```

在会话 2 上：

```
-- 提交事务，这次提交修改的数据
COMMIT TRANSACTION;
GO
```

在会话 1 上：

```
    -- 重新执行SELECT语句
-- 即使在其他修改数据的事务被提交之后，这次仍然会显示该员工还有48小时假期
```

```
SELECT EmployeeID, VacationHours
       FROM HumanResources.Employee
       WHERE EmployeeID = 4;

--由于在快照事务的外围修改了数据，
--因此任何由于该快照事务引起的数据变化都会导致快照事务失败。
--该语句会产生一条3960号错误，而且该事务将会被终止
    UPDATE HumanResources.Employee
       SET SickLeaveHours = SickLeaveHours - 8
       WHERE EmployeeID = 4;

-- 从会话1中撤销对数据库的改变，但不会导致会话2撤销改变
-- This will not undo the change from session 2.
ROLLBACK TRANSACTION
```

4.5.4 使用通过行版本控制的已提交读示例

在本示例中，使用行版本控制的已提交读事务与其他事务并发运行。已提交读事务的行为与快照事务的行为有所不同，与快照事务相同的是，即使其他事务修改了数据，已提交读事务也将读取版本化的行。然而，与快照事务不同的是，已提交读将执行下列操作：

- 在其他事务提交数据更改后，读取修改的数据。
- 能够更新由其他事务修改的数据，而快照事务不能。

在会话 1 上：

```
USE AdventureWorks;
GO

-- 在数据库上启用READ_COMMITTED_SNAPSHOT
-- 要想让该语句执行成功，该会话必须是AdventureWorks 上的唯一联接
ALTER DATABASE AdventureWorks
    SET READ_COMMITTED_SNAPSHOT ON;
GO

-- 启动一个读提交事务
SET TRANSACTION ISOLATION LEVEL READ COMMITTED;
GO

BEGIN TRANSACTION;
    -- 该语句将会返回该员工有48小时假期
    SELECT EmployeeID, VacationHours
        FROM HumanResources.Employee
        WHERE EmployeeID = 4;
```

在会话 2 上：

```
USE AdventureWorks;
GO
```

```
-- 启动一个事务
BEGIN TRANSACTION;
    -- 给ID为4的员工减去一天的假期，更新操作不会被会话1所阻止，
    --因为在读提交快照下不需要共享锁S
    UPDATE HumanResources.Employee
        SET VacationHours = VacationHours - 8
        WHERE EmployeeID = 4;

-- 验证该员工现在只有40小时的假期
    SELECT VacationHours
        FROM HumanResources.Employee
        WHERE EmployeeID = 4;
```

在会话 1 上：

```
    --重新执行SELECT语句——这次仍然显示该员工具有48小时假期。
    --因为读提交事务仍然在从行版本控制下读取数据，而起其他事务还没有提交已经变化的数据
SELECT EmployeeID, VacationHours
        FROM HumanResources.Employee
        WHERE EmployeeID = 4;
```

在会话 2 上：

-- 提交事务

```
COMMIT TRANSACTION;
GO
```

在会话 1 上：

```
    -- 从新执行SELECT语句，现在显示该员工只有40小时的假期
    -- 在读提交模式下，该事务读取的是已经提交的数据，
    --这一点与快照隔离下读取行版本控制不同
    SELECT EmployeeID, VacationHours
        FROM HumanResources.Employee
        WHERE EmployeeID = 4;

    -- 该语句将导致快照事务失败，但仍然能使读提交快照成功执行
    UPDATE HumanResources.Employee
        SET SickLeaveHours = SickLeaveHours - 8
        WHERE EmployeeID = 4;

-- 从会话1中撤销对数据库所做的修改
-- 但不会撤销会话2所做的改动
ROLLBACK TRANSACTION;
GO
```

通过结合游标并发设置的锁定行为、该游标 SELECT 中指定的任何锁定提示，以及事务隔离级别选项，可以确定事务锁定行为。

4.6 处理死锁

现在你已经了解了锁，而且已经了解了事务。既然你已经掌握了这两部分内容，那么我们可以继续讨论令人讨厌的死锁问题。

如上所述，死锁（aka "A 1205"）本身不是一类锁，而是一种由其他锁形成的自相矛盾的状况。不管喜欢与否，你都会定期碰到这个问题（尤其在刚刚开始时），而且错误号是1205，所以你会听到不少数据库开发者用这个数字来代表特定问题。

由于另一个锁控制了该资源而使这个锁不能完成它需要清除的任务，就会发生死锁，反之亦然。当这发生时，有人就不得不打赢这场战争，所以 SQL Server 选择了死锁作为牺牲品。然后回滚死锁牺牲品的事务并通过 1205 号错误显示该事件发生了，其他事务可以按正常情况继续进行（实际上，并不知道这里存在问题，只是看见增加了执行时间）。

4.6.1 怎样指出存在死锁

每 5 秒种 SQL Server 就会检查一次当前所有事务，以查看它们等待的哪些锁还没有被授予。当它进行这项操作时，本质上就明确了存在该请求。它将再次检查所有开放的锁请求的状态，如果以前的锁还没有被授予，那么它就采用一个锁请求的循环链来递归检查所有开放的事务。如果发现了这样一个链，那么就将选择一个或多个死锁牺牲品。

4.6.2 怎样选择死锁牺牲品

默认情况下，根据所含的事务成本选择死锁牺牲品，占用最少的回滚时间的事务将被选择（换句话说，SQL Server 不得不做最少的事情来撤销死锁）。但是，可以通过将连接的 DEADLOCK_PRIORITY 设置为 LOW 来解决这个问题。语法非常简单：

```
SET DEADLOCK_PRIORITY <LOW|NORMAL>
```

如果你将 DEADLOCK_PRIORITY 设置为 LOW，那么当前连接的任何事务都将有权作为死锁牺牲品。如果有一个死锁，而且只有一个具有低优先权的连接，那么就选择该事务。如果有两个事务具有相同优先权，那么就将在这两个连接中选择标准成本最少的方法。

NORMAL 指定了默认的死锁处理机制。如果没有很好地加以使用，那么 DEADLOCK _PRIORITY 就可能有问题。因为 SET 选项应用于整个连接中，连接时运行的其他任何事务也将坚持该优先权设置。因此，笔者要澄清该设置没有缺陷，你可以确保在退出存储过程之前改变回选项的设置。如果你有多个退出点，那么要确定在每一个退出点之前都要复位该选项。

4.6.3 避免死锁

在复杂系统中，不可能 100%地避免死锁。实际上，你总是可以整个地消除死锁。也就是说，使系统尽可能地减少死锁。

要减少或消除死锁，可以执行下面的简单规则：

- ❑ 以相同的顺序使用对象。
- ❑ 使一个批处理中的事务尽量较短。
- ❑ 必要时使用最低的事务隔离层。

❑ 在相同的事务中，不允许无止境的中断（用户间的相互作用，批处理拆分）。

在控制环境下，使用捆绑连接（下面会简要阐述）。

下面分别了解每一种规则。

1. 以相同的顺序使用对象

在笔者认为基本的几条规则中，这一条是最容易出问题的规则。使用这个规则的好处是几乎不用花费你太多时间。早在设计过程中，你就决定了希望怎样访问数据库对象——包括顺序，而且它也成了你编写工程中的每个查询、过程或触发器时的好习惯。

考虑一下：如果问题是有两个连接，它们都具有对方所想要的，那么就暗示大家在游戏中处理该问题太晚了。下面看一个简单的例子。

有两张表：Suppliers 和 Products。有两个进程使用这两张表，进程 1 接受库存录入、用新的现有产品数量更新 Products，然后用已经购买的产品总数更新 Suppliers 表；进程 2 记录销售，它更新 Suppliers 表中的产品销售的数量，然后更新 Products 的库存数量。

如果同时运行这两个进程，那么大家就是在自找麻烦。进程 1 将抢夺 Products 上的排它锁，进程 2 则抢夺 Suppliers 表上的排它锁，然后进程 1 想抢占 Suppliers 表上的锁，但它被迫等待进程 2 清除它现有的锁。同时，进程 2 想在 Products 表上创建锁，但它被迫等待进程 1 清除它现有的锁。现在就有了矛盾：两个进程都在彼此等待。SQL Server 不得不选择一个死锁作为牺牲品。

现在重新安排这种场合，将进程 2 修改为首先减少 Products 表中的库存数量，然后更新 Suppliers 表中的产品销售的数量。这与第一种方式组织的进程的功能相等，而且采用这种新方式执行，也不需要付出多大代价。效果将是惊人的：没有死锁（至少在这两个进程中没有）！下面看一看发生了什么。

当我们同时运行这两个进程时，进程 1 将抢夺 Products 表上的排它锁（因此，是同样的）。进程 2 然后也想抢夺 Products 表上的锁，但是被迫等待进程 1 结束（注意还没有对 Suppliers 表做任何事情）。进程 1 结束了对 Products 表的访问，但是没有释放锁，因为该事务还没有完成。进程 2 仍然等待清除 Products 表上的锁，现在进程 1 开始抢占 Suppliers 表上的锁。进程 2 继续等待清除 Products 表上的锁。进程 1 结束了并提交了或根据需要回滚了，但在任何一种情况下，都释放了所有的锁，现在进程 2 能在 Products 表上得到锁了，而且不受干扰地继续其他的事情。

交换这两个查询的运行顺序就避免了潜在的死锁问题。尽可能保持事情的相同顺序，并且你会比处理死锁的情况付出的代价要少。

2. 使事务尽可能短

这是另一个基本规则，而且应该成为一种本能。有些事情你并没有真正经过思考，但有些事情是经过考虑的。

这是一个根本不用付出任何代价的规则。将你需要的规则放在事务中，而且阻止其他事情进入——就这么简单。为什么这项工作不是尖端科学——事务开放的时间越长，接触的事情就更多（在事务中），然后你更有可能希望运行其他某个进程，该进程需要正在使用的一个或多个对象（减少并发性问题）。如果让事务尽量短，那么就能最小化引起死锁的对象数，同时减少了在该对象上加锁的时间。

让事务放在一个批处理中可以最小化事务期间的网络阻塞，减少完成事务和释放锁可能需要的时间。

3. 使用最低的事务隔离层

这个规则不是最基本的，而且需要严格地加以思考。不用惊奇为什么平时不经常考虑它了，需要考虑的事情可能是不可能考虑的事情，但一定要考虑它。

已经可以利用几个不同的隔离层，默认的是 READ COMMITED。与高层隔离层相比，使用低的隔离层在较短的期间内控制了共享锁，因此减少了锁竞争的问题。

4. 不允许无止境的事务

这可能是最普通的一个规则，但也是常常被违背的一个规则。

我们用于阻止丢失更新（大型机术语）的方法之一，就是抢夺并控制锁，直到我们使用完毕为止。笔者禁不住要告诉大家这样做的问题很多。

假设有这种场合（现实生活的例子）：服务部的一些人喜欢使用更新（排它锁）屏幕而不是显示（共享锁）屏幕来查看数据。他们继续寻找一个工作顺序，现在他的同伴问他是否想去吃午饭。他回答“当然！”，然后该业务办事员出去吃了一顿时间相当长（1.5~2 小时）的午餐。对这条记录感兴趣的每个人都因为该办事员的午餐而被锁在门外了。

提示： 等一等，还有更糟糕的。在大型机时代，你经常看到排队的概念（实际上可能非常有效）。现在有人为这个工作顺序提交了一个打印任务（将其进行排队），它在队列中等待记录锁的清除。因为在队列环境下，所有公司的每一个打印任务现在都堆积在第一个打印任务的后面（在清除之前将等待该办事员的午餐结束）。

这是一个非常极端的例子，但希望它清楚地说明了这一点。当你开始一些无止境的进程时，不要创建仍然开放的锁。通常我们讨论用户的交互（像上面的午餐），但也可能是一个无止境的等待进程。

5. 捆绑连接

不得不讨论捆绑连接，因为它有点像一罐蠕虫。一旦打开它，你就再也不能恢复原样了。极少使用这种捆绑连接，而且不是因为胆怯。

不是因为它没有用途，只是因为它更难理解、速度更快，所以你需要很好地加以管理。笔者认为这通常是一个好的解决方案。

那么什么是捆绑连接呢？捆绑连接是关联在一起的连接，而且允许它们共享同一组锁，意思是两个事物可以一前一后工作而不用担心彼此之间存在死锁或堵塞。另一方面说明本质上是自己在处理大部分共同发生的事情，锁不再使你感到安全。

如果坚持使用它们，那么就要记住你要处理连接之间极其复杂的关系问题；如果要维护系统中的数据完整性，那么你需要更仔细地管理这些连接。

4.7 故障转移群集

SQL Server 2005 中的故障转移群集为整个 SQL Server 实例提供高可用性支持。例如，你可以将故障转移群集的一个节点上的 SQL Server 实例配置为：在发生硬件错误、操作系统错误或计划升级时，将故障转移到此群集中的任何其他节点。

故障转移群集是一个或多个节点（服务器）与两个或多个共享磁盘的组合，即资源组。一个资源组及其网络名称、构成群集应用程序或服务器的 Internet 协议 (IP) 地址的组合称为虚拟服务器。SQL Server 虚拟服务器在网络中就像单个计算机一样，不过它还具有一种功能，在当前节点不可用时，可以在节点之间进行故障转移。故障转移群集显示为常规应用程序或服务器，但它具有提高可用性的附加功能。服务器群集本身和群集服务器上安装的 SQL Server 实例都可以视为虚拟服务器。

在故障转移群集方案中，对多个 SQL Server 2005 实例的支持各不相同，因此你可以在群集中创建多个虚拟服务器，但每个虚拟服务器只能安装一个 SQL Server 实例。

使用故障转移群集可以执行下列操作：

- 从群集 SQL Server 配置中的任何节点管理故障转移群集。
- 允许一台虚拟服务器故障转移到虚拟服务器故障转移群集配置中的任何其他节点。
- 为故障转移群集配置 Analysis Services。
- 使用 Microsoft Search 服务与故障转移群集执行全文查询。

必须按照具体的安装步骤进行操作，才能使用故障转移群集。若要安装、配置和维护 SQL Server 故障转移群集，则请使用 SQL Server 安装程序。还可以使用安装程序将现有 SQL Server 7.0 或 SQL Server 2000 32 位实例升级到 SQL Server 2005 故障转移群集。使用故障转移群集中的 SQL Server 安装程序，可以执行下列操作：

- 在故障转移群集内的多个节点上安装 SQL Server，此操作只受操作系统所支持节点数的限制。
- 若要安装 SQL Server 2005 故障转移群集，则必须通过运行 SQL Server 安装程序来创建和配置虚拟服务器。
- 在不影响其他群集节点的情况下，通过虚拟服务器配置添加或删除节点。
- 为每个虚拟服务器指定多个 IP 地址。使用 SQL Server 2005，可以为每个服务器指定多个 IP 地址，并可以使用所有可用的网络 IP 子网。SQL Server 2005 使你只能为每个网络指定一个 IP 地址，这可以在一个子网出现故障时提供其他网络连接。

4.8 分布式事务

为了利用 SQL Server 的所有基本事务功能（BEGIN、SAVE、ROLLBACK、COMMIT），该事务必须仅处理运行事务的服务器的本机对象。

但是，SQL Server 确实提供了选择事务的另一个方法，用于需要绝对保证同时在不可靠连接的两端提交数据的场合（即使在同一城市，电话线的性能也很容易下降，如果线路是从维吉尼亚到马来群岛，那么明显需要一个安全网络）。这就是所谓的 MS DTC（Distributed Transaction Coordinator），它不仅协调 SQL Server，而且协调微软事务服务器两阶段提交协议 MTS（Microsoft Transaction Server）。MS DTC 不仅可以描述为“收票员”，而且可以描述为不同服务器和不同 RDBMS 之间的事务协调器。

MS DTC 利用了 2PC（two-phase commit protocol）。顾名思义，2PC 具有两个截然不同

的保证一个显示为提交的事务确实在两边都提交了的阶段：准备和提交。

4.8.1　准备阶段

在事务的准备阶段，服务器（技术上就是该服务器的事务管理器，对 SQL Server 而言，该服务器就是 DTC）是发送一条命令到包含该事务的其他服务器上的事务需求之源。其他服务器不一定是 SQL Server，可以是其他提供事务管理并支持 MTS（当前支持的 X/Open 和 OLE 事务）使用的协议的任何事务管理器，这是当前所有数据源的主流。

当远程服务器接收到准备命令时，那些服务器必定要在它们的终端创建与该事务相关的操作——包括确保事务的持久性和原子性。当每个远程服务器完成了准备阶段以后，它们就给发送方服务器返回准备成功或失败的信息。

4.8.2　提交阶段

假设事务中包含的所有远程服务器都返回成功的消息，那么就可以处理事务了。发送方服务器会发出指示继续前进并提交事务的消息，然后再次返回事务成功或失败的消息。假设所有的远程服务器都返回提交命令成功的消息，那么发送方服务器将报告事务完成。

如果某个服务器未能在这个处理过程中发送所需的应答，那么整个事务将被终止，而且如果与所需条件相差甚远则要回滚。

如果任何一个远程服务器未能响应准备阶段的 DTC（例如作为两个服务器之间连接失败的结果），那么已经发出了读完提交的信号的其他远程服务器就会有问题。可以通过强迫放弃有问题的事务来解决这一问题。

不幸的是，启动分布式事务与启动常规事务有点不同，但其优点在于调用分布式事务工程的命令似乎与常规的 SQL Server 事务工程有些相似，如表 4-10 所示。

表 4-10　事务命令

本地命令	分布式命令
BEGIN TRAN	BEGIN DISTRIBUTED TRAN
SAVE TRAN	(不支持)
ROLLBACK TRAN	ROLLBACK TRAN
COMMIT TRAN	COMMIT TRAN

请注意，所有事项几乎一样，只需在 BEGIN 语句中再添加一个关键词。除了不支持保存事务之外，该命令语法几乎完全相同。

但是，也需要明白它们之间存在的差异。

- 分布式事务不能嵌套。
- 如果发出了分布式查询，那么局部事务可以使用带有远程 proc trans 选项的 sp_configure 设置优先权。
- 为了一起使用 MS DTC 和分布式事务，MS DTC 必须运行在本地 SQL Server 上。
- 为了使事务处理成功，远程服务器必须支持事务。DTC 试图为你管理这一功能，甚至提供了不继承一些基本实例的转换，但有些实例对给定数据源不是可选项。
- 与其他可用的选项相比，分布式事务产生了过量开销，因此应该把分布式事务用做最后的手段（使用它们是因为必须使用，没有别的原因）。

除此之外，分布式事务与常规事务相同。

4.9 分布式查询

SQL Server 2005 增加了很多新功能，具有很强的处理查询分布式数据的能力。如果你用过 Access，那么就会觉得它们很相似。

这些功能包括：

- 仅通过查询服务器名限制的对象直接链接其他服务器并引用其他对象。
- 动态打开一个查询（无需使用连接服务器），并用该查询结果集联接另一个查询结果集中的其他对象。
- 利用通行查询打开链接服务器上的查询以避免某种兼容性问题。

下面将逐一介绍这些功能。

4.9.1 创建连接服务器

这部分内容可能很枯燥，但很有用。

本质上创建连接服务器（linked server）是通知 SQL Server 与另一个独立服务器交互，这也是使服务器如何成为另一个服务器的客户端。你可能认为笔者在执行一些荒诞不经的行为。

要创建一个连接服务器，需要两个步骤：

- 把新的连接服务器的名字和联系信息告诉给 SQL Server。
- 为新服务器提供登录映射信息。

1．使用 sp_addlinkedserver

要添加一个链接服务器，必须执行 sp_addlinkedserver 的特定存储过程，这个特定 sproc 存储了在哪里，怎样连接另一个数据源的信息？尽管实际只需要一个参数，但它可以接受 7 个参数。其语法如下：

```
sp_addlinkedserver [@server =] '<server>'
    [, [@srvproduct =] '<product name>']
[, [@provider =] '<provider name>']
[, [@datasrc =] '<data source path>']
[, [@location =] '<location>']
[, [@provstr =] '<connection string>']
[, [@catalog =] '<database or equivalent for datasource>']
```

各参数的意义如表 4-11 所示。

表 4-11　连接数据库命令参数

参　数	是否必须	描　述
@server	是	要创建的链接服务器的内部名称。这是查询中引用该链接服务器时使用的名字。例如 NorthwindRemote.Northwind.dbo.Orders
@srvproduct	否	为下面的@provider 参数的用户容易使用的名字。例如，SQL Server OLEDB 提供商或 Oracle OLEDB 提供商

（续表）

参　数	是否必须	描　　述
@provider	否	OLEDB 提供商的名字（PROGID）。例如，SQLOLEDB 是 SQL Server 提供商的 OLEDB 名称，而 MSDAORA 是 Oracle OLEDB 提供商的名称
@datasrc	否	由 OLEDB 提供商所解析的数据源名。对 Access，这就是.mdb 文件的完整路径。对 Oracle 和 SQL Server 而言，这就是服务器名。对 ODBC 提供商，这就是 ODBC 数据源
@location	否	数据源位置，由 OLEDB 提供商解析（确切的意义会有所改变）
@provstr	否	OLEDB 提供商需要的连接串信息
@catalog	否	由 OLEDB 提供商解释该目录。对大部分提供商，该参数用于改变连接的默认数据库（在采用牢固登录时，你会将这一个连接设置为当前连接）

笔者已经查阅了这方面的大量文档，其中半数以上的文档提供了对这些参数的错误解释。你按参数位置进行传递就不是什么大问题，如果你要按名称传递这些参数，那么就会出现问题。这里列出的参数名是直接从 sp_addlinkedserver 系统 sproc 中取出的，估计它们会永久保留这些名字。

注意： 即使只需要一个参数（将用于引用内部的服务器名），没有其他参数的 sproc 也可能一无是处；最重要的是 aprovider 和 adatasrc。如果使用 OLEDB 为 ODBC 提供商，那么 aprovstr 参数也是非常重要的。

2. 删除链接服务器

删除连接服务器的条目非常简单，只要执行 sp_dropserver sproc 命令，并提供你希望删除的连接服务器名就可以了。

3. 使用 sp_addlinkedsrvlogin

为了提供与真实服务器的链接，你必须提供远程服务器上使用的用户信息的映射信息。SQL Server 使用 sp_addlinkedsrvlogin 系统存储过程，给我们提供了一个简单合理的方式来处理这个问题。它接受 5 个参数，如表 4-12 所示。

表 4-12　系统存储过程参数

参数	是否必须	描　　述
@rmtsrvname	是	在 sp_addlinkedserver 中定义的远程服务器名
@useself	否	如果为 True，则直接通过远程服务器映射所有当前用户的信息。此时与剩下的参数无关
@locallogin	否	为其创建映射的用户名。当连接上文的第一个参数命名的服务器时，你所指定的所有登录 ID 都将是下两个参数所提供的的登录 ID 的别名和口令
@rmtuser	否	当@locallogin 中提供的用户对@rmtsrvname 提供的服务器执行已链接查询时，提供了希望使用的别名
@rmtpassword	No	对应@rmtuser 中的口令

在@useself 是 True 时，所有参数都将被设置为默认值。也就是说，如果你不设置任何

种类的已链接服务器的登录信息，那么 SQL Server 仍然使用当前的用户登录 ID 和口令与远程服务器联系，就像在本地系统上一样。

这是使用 NT 集成安全性的闪光点，假设管理 1000 个用户的用户名和口令（这一数字并不太大），现在假设所有的 1000 个用户都要链接到 10 个服务器上。这样就需要维护 10 000 个登录验证，对吗？错。实际上，你将要维护 19,000 个登录条目。10 000 个本地登录到每一个服务器，加上 9 个链接服务器为每个用户设置的登录项，即另外的 9 000 个。

当然，可以在每一个服务器上确保它们具有相同的登录 ID，而且每个服务器上的口令也一样；然后将@useself 选项始终设置为 True。但是，你会发现保持所有的这些口令同步将是一件烦琐的事情。

可喜的是，SQL Server 的完整性和 NT 的安全性比过去好得多。如果只使用 NT 的安全性，那么就不得不考虑 NT 上用户的 ID 和口令。通过为每个 SQL Server 设置相关的附加登录信息，就可以避免所有的这些工作了。

（1）删除连接服务器上的登录信息

删除由 sp_addlinkedsrvlogin 创建的条目很容易，只要使用 sp_droplinkedsrvlogin 命令，sproc 并提供连接服务器的名和本地登录 ID 就可以了。

（2）查看已经拥有的信息

为了验证连接服务器是否存在（或者检查出已经存在的服务器），请使用 sp_linkedservers 系统存储过程。其语法如下：

```
EXEC sp_linkedservers
```

没有参数，所以很容易。

4.9.2 使用连接服务器

例如，我们要链接到另一个 SQL Server 上。假设你不得不在家中运行该例子（如果你像笔者这样，在工作中学到更多的新内容，但从来没有机会正式练习本书中的例子），但家里可能没有多台可供测试用的机器，所以注意该例子会循环到初始状态。换句话说，如果在下面的代码段中的@datasrc 字段中使用自己的服务器名，那么你会如期进行循环，而且会工作正常，但限制了测试的目的。

下面通过代替链接服务器定义的例子开始。记住，这是告诉 SQL Server 在哪里找到我们创建的本地名。

```
EXEC sp_addlinkedserver @Server = 'MyLocalServer',
   @srvproduct = 'SQLServer OLEDB Provider',
   @provider = 'SQLOLEDB',
   @datasrc  = 'TENGFEI'
```

要验证增加的新服务器，只需使用 sp_linkedservers 即可。

EXEC sp_linkedservers

这样就可以看到链接查询已经建立的服务器。

如果回到本地服务器（例如在 TENGFEI 上运行），就可以在这里停止——自己的登录会在本机器上工作正常。实际上，只要远程服务器（此时是 TENGFEI）具有本机相匹配的当前用户登录和口令（记住，如果没有使用 sp_addlinkedsrvlogin，当前登录信息就自动传递到连接服务器上），这个例子就非常有用了。

下面展示了测试命令：

```
SELECT CustomerID, AccountNumber
FROM [TENGFEI\SQLSERVER2005].AdventureWorks.Sales.Customer
WHERE CustomerID < 100
```

注意： 因为笔者希望进入链接服务器而不是本地服务器，所以需要显式地提供服务器名。如果不提供完全限制名，那么查询分析器就假设你希望链接到本地服务器上。也就是说，我们可以看到实际所获取的数据。

```
CustomerID   CompanyName
---------   -----------------------------------------------
1  AW00000001
2  AW00000002
3  AW00000003
4  AW00000004
5  AW00000005
6  AW00000006
7  AW00000007
8  AW00000008
9  AW00000009
10 AW00000010
11 AW00000011
12 AW00000012
13 AW00000013
14 AW00000014
15 AW00000015
16 AW00000016
17 AW00000017
18 AW00000018
19 AW00000019
20 AW00000020
21 AW00000021
22 AW00000022
23 AW00000023
24 AW00000024
......
```

除此之外，我们也可以从两个不同服务器上的链接信息，查明这两个服务器都是链接的。

```
SELECT mnw.CustomerID, nw.SalesOrderID
FROM [TENGFEI\SQLSERVER2005].AdventureWorks.Sales.Customer mnw
JOIN AdventureWorks.Sales.SalesOrderHeader nw
   ON mnw.CustomerID = nw.CustomerID
WHERE mnw.CustomerID LIKE '10%'
```

所得结果如下所示：

```
CustomerID   SalesOrderID
----------   ----------------------------------------------
10 47411
10 48350
10 49467
10 50698
10 53527
10 58972
10 65206
10 71841
100    51818
100    57188
100    63290
100    69560
101    46950
101    47979
101    49048
101    50200
……
```

这个例子处理了最简单的情况，所以我们最好在显示环境下检测一下。

在这种场合下，假设你实际链接了本地服务器。实际上，除了看到你能链接到服务器上之外不会有任何提示。事实上，你始终需要链接一些其他服务器，它具有自己的登录信息。要知道如何处理这个问题，我们需要在远程服务器上添加另一个用户。即使你的远程服务器与本地服务器是同一个（如果你愿意，采用家庭测试），至少为了测试的目的，也希望创建一个可以映射的不同用户，然后用一些特殊的许可权测试该用户，并看一看它是怎样工作的。

首先，我们必须创建一个用户并提供与 AdventureWorks 用户默认情况稍微不同的许可权设置。

```
EXEC sp_addlogin {XE "sp_addlogin stored procedure"}{ XE "stored procedures:system, sp_addlogin" } 'rmtuser','rmtpass'

USE AdventureWorks

EXEC sp_adduser { XE "sp_adduser stored procedure" }{ XE "stored procedures:system, sp_adduser"} 'rmtuser'
EXEC sp_addrolemember { XE "sp_addrolemember stored procedure"}{ XE "stored procedures:system, sp_addrolemember"} 'db_denydatawriter','rmtuser'
```

这是有助于设置和管理系统中用户的所有存储过程，笔者不打算详细描述它们是怎样工作的（我们将在第 14 章中讨论这些内容）。如果你觉得确实需要知道它们是如何工作的，就可以直接跳到第 14 章，否则请运行以前的代码段测试已经添加的用户。

你现在应该在 AdventureWorks 数据库中添加了一个叫 rmtuser 的新用户，它具有属于 Public（默认）组的每个人所享有的相同权限，保存这个用户的工作也属于 db_denydatawriter，这意味着他们不能对 AdventureWorks 数据库做任何更新操作。

在我们应用其余部分之前，先验证一下：我们有权进行更新。

```
SELECT SalesOrderID,ProductID,OrderQty,UnitPrice
FROM [TENGFEI\SQLSERVER2005].AdventureWorks.Sales.[SalesOrderDetail]
WHERE SalesOrderID = 43659

UPDATE [TENGFEI\SQLSERVER2005].AdventureWorks.Sales.[SalesOrderDetail]
SET OrderQty = OrderQty + 5
WHERE SalesOrderID = 43659
AND ProductID = 777

SELECT SalesOrderID,ProductID,OrderQty,UnitPrice
FROM [TENGFEI\SQLSERVER2005].AdventureWorks.Sales.[SalesOrderDetail]
WHERE SalesOrderID = 43659
```

在运行代码段的时候，非常可能得到一个显示 SET 选项没有被适当设置的错误提示，特别是关于 ARITHABORT 的选项。如果碰到这个问题，那么你肯定会感到困惑。对不起，笔者没有方法使它更简单，因为 SQL Server 将告诉你，事实上没有数据源问题。你可能会发现，无论如何设置 ARITHABORT，实际情况都不会改变。如果发生了这种情况，那么你需要关注 arithabort db 选项，可以使用 sp_dboption 设置该选项。如果发现 sp_dboption 仍然无法工作，那么就查找是 SCHEMABOUND 的对象（比如索引视图），并要求在创建这些对象的时候采用 ARITHABORT 选项。你需要在设置数据库选项改变之前，删除那些对象（尽管 SQL Server 不会给你提供任何错误或者在删除对象之前提供警告）。

下面将显示执行该操作以前和以后订单的样式：

```
OrderID        ProductID OrderQty    UnitPrice
--------  --------- --------   -------------
43659  776 1   2024.994
43659  777 3   2024.994
43659  778 1   2024.994
43659  771 1   2039.994
43659  772 1   2039.994
43659  773 2   2039.994
43659  774 1   2039.994
43659  714 3   28.8404
43659  716 1   28.8404
43659  709 6   5.70
43659  712 2   5.1865
43659  711 4   20.1865

(12 row(s) affected)
(1 row(s) affected)
OrderID        ProductID OrderQty    UnitPrice
----------------------------------------------------------
43659  776 1   2024.994
```

```
43659 777 8  2024.994
43659 778 1  2024.994
43659 771 1  2039.994
43659 772 1  2039.994
43659 773 2  2039.994
43659 774 1  2039.994
43659 714 3  28.8404
43659 716 1  28.8404
43659 709 6  5.70
43659 712 2  5.1865
43659 711 4  20.1865

(12 row(s) affected)
```

该记录非常好地证明了我们当前具有记录更新权限，即使我们没有显式地为远程服务器提供任何用户。现在可以确信，它已经通过了现存的用户和登录信息，相同的信息（登录 ID 和口令）存在于远程服务器上（此时就是这样，因为远程服务器和本地服务器是同一台机器），而且问题中的登录 ID 具有更新权限。

现在请执行一下 sp_addlinkedsrvlogin，将当前用户映射到不同角色中：

```
EXEC sp_addlinkedsrvlogin [TENGFEI\SQLSERVER2005], FALSE, 'sa', 'rmtuser',
'rmtpass'
```

如果使用了不同于 sa 的登录名登录到 SQL Server（例如，可能是使用 NT 的安全性），那么就需要用合适的登录代替上面的 sa。

现在重新运行查询：

```
SELECT SalesOrderID,ProductID,OrderQty,UnitPrice
FROM [TENGFEI\SQLSERVER2005].AdventureWorks.Sales.[SalesOrderDetail]
WHERE SalesOrderID = 43659

UPDATE [TENGFEI\SQLSERVER2005].AdventureWorks.Sales.[SalesOrderDetail]
SET OrderQty = OrderQty + 5
WHERE SalesOrderID = 43659
AND ProductID = 777

SELECT SalesOrderID,ProductID,OrderQty,UnitPrice
FROM [TENGFEI\SQLSERVER2005].AdventureWorks.Sales.[SalesOrderDetail]
WHERE SalesOrderID = 43659
```

事情已经发生变化了，但发生了哪些改变呢？即使用 sa 在本地登录，也不是连接服务器上使用的登录 ID。相反，连接服务器现在使用了 rmtuser 的安全环境，我们使用的 sp_addlinkedsrvlogin 登录与 sa 用户相匹配。

值得注意的是，没有办法更新现存的连接服务器登录。唯一方法就是删除当前的实例并创建一个全新的实例。

你也可以执行驻留在远程服务器上的存储过程，这无需太多的技巧，你只要在运行 EXEC 语句时提供具有完全限制名的 sproc。

在开始使用 sproc 之前，我们需要启用远程程序调用（Remote Procedure Calls，RPC）服务，这是利用两个服务器中的一个或两个选项实现的。RPC 选项使 RPC 能从远程服务器调用到本地服务器上，而且 rpc out 选项使 RPC 能从本地服务器输出到远程服务器。下面将同时启用这两个选项：

```
EXEC sp_serveroption 'TENGFEI\SQLSERVER2005', 'rpc', TRUE
EXEC sp_serveroption 'TENGFEI\SQLSERVER2005', 'rpc out', TRUE
```

以下示例配置与另一个 SQL Server 实例（即 SEATTLE3）相对应的连接服务器，使其排序规则与本地 SQL Server 实例兼容。

```
USE master;
EXEC  sp_serveroption  'TengFei\SQLServer2005',  'collation  compatible',
'true';
```

实际操作其实很简单。

要删除连接服务器，请使用 sp_dropserver 命令。例如，要从本地 SQL Server 实例删除远程服务器 ACCOUNTS 以及所有关联的远程登录名，请执行下列命令：

```
sp_dropserver 'ACCOUNTS', 'droplogins';
```

4.9.3　从远程服务器上收集元数据

迄今为止所有的事情都进展良好，但连接服务器必能提供一些你可能无法预测的情况（或者，不能记起这些情况的特征），那么应该如何处理这种状况呢？

为了提取元数据而使用的大部分系统 sprocs 不适用于远程数据源。表 4-13 展示了有关连接服务器提取信息的主要 sprocs 清单。

表 4-13　连接服务器 sprocs 清单

Sproc 名	语　法	描　述
sp_linkedservers	sp_linkedservers	列出本地系统上当前具有连接服务器项的所有服务器
sp_catalogs	sp_catalogs [@server_name =] <linked server>	列出连接服务器上存在的所有数据库（目录是 ANSI 术语，而且也非常适合，不一定意味着与数据库一样）
sp_tables_ex	sp_tables_ex [@table_server =] *<linked server>* [, @table_name =] *<table>* [, @table_schema =] *<owner>* [, @table_catalog =] *<database>* [, @table_type =] *<table type>*	列出在所请求的服务器和目录下的所有的表

（续表）

Sproc 名	语　法	描　述
sp_columns_ex	sp_columns_ex [@table_server =] *<linked server>* [, @table_name =] *<table>* [, @table_schema =] *<owner>* [, @table_catalog =] *<database>* [, @column_name =] '*<column>*'] [, @ODBCVer = '*<ODBCVer>*']	列出了服务器的所有列和数据类型。如果省略这些参数，那么将包括参数的所有值。切勿省略目录名。此命令可以在没有该参数的情况下运行——但可能永不终止（时间非常长），而且不会响应停止请求
sp_table_privileges_ex	sp_table_privileges_ex [@table_server =] '*<linked server>*' [, [@table_name =] '*<table name>*'] [, [@table_schema =] '*<owner>*' [, [@table_catalog =] '*<database>*']	提供连接服务器的特定表上已经建立的安全许可权清单
sp_columnprivileges_ex	sp_column_privileges_ex [@table_server =] '*<linked server>*' [, [@table_name =] '*<table name>*'] [, [@table_schema =] '*<owner>*'] [, [@table_catalog =] '*<database>*'] [, [@column_name =] '*<column name>*']	提供连接服务器中的表的列层许可权
sp_primarykeys	sp_primarykeys [@table_server =] '*<linked server>*' [, [@table_name =] '*<table name>*'] [, [@table_schema =] '*<owner>*'] [, [@table_catalog =] '*<database>*']	提供要查询的表中充当主键的列名
sp_forignkeys	sp_foreignkeys [@table_server =] '*<linked server>*' [, [@pktab_name =] '<primary key table>'] [, [@pktab_schema =] '*<primary key owner>*'] [,[@pktab_catalog =] *<primary key database>*'] [, [@fktab_name =] '*<foreign key table>*'] [, [@fktab_schema =] '<foreign key owner>'] [, [@fktab_catalog =] '*<foreign key database>*']	该列类似于 sp_primarykeys，但针对外部键而不是主键。因此，你可能可以看到返回的所有不同的键值（因为可能存在多个键值），而 sp_primarykeys 的所有输出都只与一个键相关

（续表）

Sproc 名	语　法	描　述
sp_indexes	sp_indexes [@table_server =] '<*linked server*>' [, [@table_name =] '<*table name*>'] [, [@table_schema =] '<*owner*>'] [, [@table_catalog =] <*database*>'] [, [@table_catalog =] '<*database*>'] [, [@index_name =] '<*index name*>'] [, [@is_unique =] '<*is unique*>']	如果指定某个需要查询的表，则列出该表上一个或多个索引，否则就列出所有表中的索引。也可以通过是否设置了唯一约束条件（唯一的索引或主键）来限制列出的清单的内容

你可以混合匹配这些 sprocs，从而得到链接服务器上架构的各种信息。

实际上，极有可能只希望对非 SQL Server 数据源使用这些 sprocs，或者在需要以编程的方式获取某种数据的时候使用它们。除了这些需要外，笔者确信你会发现这样很容易，不需要再提供更多的信息，在数据库引擎中注册链接服务器，并从那里开始检查。

4.9.4 创建、使用通道查询

有时需要直接发送命令到链接服务器上，而无需本地服务器执行任何操作。原因很多，最常见的情况是，需要发出一条对远程服务器完全有效但无法通过 SQL Server 查询分析器的命令（即该命令在远程服务器上合法，但在本地服务器上不合法）。使用这种命令的好处是，如果命令生成了结果集，则该结果集可以像表一样被连接起来。

要执行这种通道查询，我们可以利用 OPENQUERY 命令，对给定的链接服务器执行指定的传递查询，该服务器是 OLE DB 数据源。OPENQUERY 可以在查询的 FROM 子句中引用，就好像它是一个表名。OPENQUERY 也可以作为 INSERT、UPDATE 或 DELETE 语句的目标表进行引用，这取决于 OLE DB 访问接口的功能。尽管查询可能返回多个结果集，但 OPENQUERY 只返回第一个。

在使用中，该语法的用法看起来有点奇怪，其工作方式如下所示：

```
OPENQUERY (<linked server name>,<'query string'>)
```

下面先通过使用 SQL 本机客户端 OLE DB 访问接口（SQLNCLI）在 SQL Server 实例中创建链接服务器 TengFei_SQLServer2005，然后利用该链接服务器建立查询通道。

```
EXEC sp_addlinkedserver
   @server='TENGFEI_SQLServer2005',
   @srvproduct='',
   @provider='SQLNCLI',
```

```
  @datasrc='TengFei\SQLServer2005'
Go
SELECT *
FROM OPENQUERY([TENGFEI_SQLServer2005], 'SELECT CustomerID, AccountNumber
                     FROM AdventureWorks.Sales.Customer
                     WHERE CustomerType = ''I''')
```

也可以将本地服务器对象与所得结果联接到一起，甚至可将其与另一个通道查询联接到一起。

```
SELECT ptq.CustomerID, ptq. AccountNumber, o.SalesOrderID, o.OrderDate
FROM OPENQUERY([TengFei_SQLServer2005], 'SELECT CustomerID, AccountNumber
                     FROM AdventureWorks.Sales.Customer
                     WHERE CustomerType = ''I''') ptq
JOIN AdventureWorks.Sales.SalesOrderHeader o
  ON ptq.CustomerID = o.CustomerID
WHERE YEAR(o.OrderDate) = 2003
```

该功能非常出色，尤其是在你处理一个更不正规的数据源（比如 Active Directory 或 Index Server）时。

注意：顺便说一下，在操作中可以有多个 WHERE 子句。第一个子句带有通道查询，可以在该字句中将 WHERE 与通道查询一起执行，并在它可用于联接之前影响与通道相关的记录集。第二个属于外部查询，而且是运行在此特定查询中的最后一个过滤器。

你也可以在行为语句(INSERT、UPDATE、DELETE)中包含通道查询，关键在于 OLEDB 提供商是否允许使用该查询。SQL Server 允许该程序，其他的数据库也允许使用该查询。比如 Access。只要以正确的格式提供就可以（有些被认为是可更新的，有些则不是）。

请多练习使用该查询。在某些特殊情况下，这些查询以及近似相关的少数例子（随后将讨论）才可以解决问题。

4.9.5 在远程数据源上使用特别查询

通道查询和链接服务器都非常好，它们本质上指持续连接的某种东西（它不是持续连接，无论是否建立了连接，对查询来说都是相对不可见的，所以从查询的角度看，它显示为一个持续连接）。但有时这不符合实际，偶尔你需要一些在其他动态的情况下配合很好的东西。在查询非常特殊的情况下，必要时需要手工创建连接，OPENQUERY 与这种情况紧密相关。

最灵活的、也最单调乏味的查询选项是由 OPENROWSET 命令得到，它使用对外部访问接口的查询替换源数据查询。INSERT、SELECT FROM PREDICTION JOIN 和 SELECT FROM NATURAL PREDICTION JOIN 语句都支持 OPENROWSET，该语法像 sp_addlinkedserver、sp_addlinkedsrvlogin 和 OPEN 之间的桥梁，而且它实际是这三者所共有的部分内容。语法如下：

```
OPENROWSET
(
  <'provider name'>,
```

```
    <'data source'>;<'login ID'>,<'password'>,<'provider string'>,
    <'query'>
)
```

就像通道查询一样，上述命令应该返回一个可以用作联接的表格式结果，否则就更像一张表。不同的是这里没有存储链接服务器的任何信息，只要继续运行，即可获得这些信息。

这是我们创建的最后一个通道查询，并重新作为一个特殊的查询。

```
EXEC sp_configure '[Ad Hoc Distributed Queries]', 1;
Go
SELECT ptq.CustomerID, ptq. AccountNumber, o.SalesOrderID, o.OrderDate
FROM OPENROWSET('SQLOLEDB', 'TENGFEI_SQLServer2005'; 'rmtuser'; 'rmtpass',
 'SELECT CustomerID, AccountNumber
                          FROM AdventureWorks.Sales.Customer
                          WHERE CustomerType = ''I''') ptq
JOIN AdventureWorks.Sales.SalesOrderHeader o
  ON ptq.CustomerID = o.CustomerID
WHERE YEAR(o.OrderDate) = 2003
```

请执行该查询。

应用的所有规则几乎一样，只要 OLEDB 提供商支持，你就可以对 OPENROWSET 结果执行行为查询，你也可以在结果上执行联接。

4.9.6 其他分布式查询的注意事项

运行分布式查询时需要注意一些事项，其中最大的问题是：

- 一些行为不能在远程服务器上完成。
- 校验兼容性。
- 与远程服务器共享名字。

下面将简要介绍这些内容。

1. 一些行为不能通过链接来执行

一些行为不能通过链接服务器来执行，包括：

- DDL 语句（CREATE、DROP、ALTER）或者任何应用了其中某个语句都无法执行（例如，SELECT INTO）。在大多数实例中，你可以使用 OPENROWSET（它就是传递你提供的任何代码，只要它对于另一终端有效，就应该能正常工作）来消除这些语句。但笔者建议你不要这样做，因为其异常处理功能很差。
- 某些情况下的 ORDER BY 语句。只要你的查询不包含 BLOB 字段，ORDER BY 语句就能工作正常。无论该 BLOB 是不是 ORDER BY 语句的一部分（你甚至不能在本地服务器上这样处理，至少要采取一些技巧才能令其正常工作），如果 BLOB 是查询的一部分，那么查询中就不能有 ORDER BY。
- 任何与 BLOB 相关的语句（READTEXT、WRITETEXT、UPDATETEXT）。

提示：你应该不会经常碰到这种情况，所以无需过分担心，但仍然要清楚这些问题确实存在。

2. 校验兼容性

默认情况下，校验兼容性选项处于关闭状态。这个有用的选项告诉 SQL Server 本地服务器和远程服务器，在排序和区分重音时都执行相同规则。处理起来似乎有一定难度，但可以。

正常情况下（没有校验兼容性设置），本地 SQL Server 需要将所有的数据返回到本地服务器上（直到数据到达了本地服务器，才开始应用 WHERE 子句），这是因为本地服务器必须确定采用本地规则执行查询（因为这是查询的来源）。但是，如果本地服务器知道远程服务器采用相同的规则（具有相同的校验顺序），那么就把比较测试留给远程服务器完成。

这样的好处非常明显。首先，因为比较操作发生在远程服务器上，所以只有满足比较标准的数据需要被返回到本地服务器，这意味着网络上传输的数据大大减少。第二是完全分布式工作的概念。如果远程服务器可以处理一部分分析工作，那么就为本地服务器上分担了一部分负担，它可以在等待的时候执行其他操作。因为 SQL Server 可以异步运行查询，所以分布式因素有利于加速查询。

要启用校验兼容性，请使用 sp_serveroption 系统 sproc。其语法如下：

```
EXEC sp_serveroption '<server name>', 'collation compatible', 'true'
```

（1）把远程服务器当作链接服务器

你可能会一直将链接服务器用作远程服务器。它只是一种等同形式，它是本地服务器的分离盒中的远程服务器。但是在 SQL Server 中，我们也有了远程服务器的概念，这是一种用作复制的服务器（在第 7 章中已提供了相关内容），远程服务器以连接服务器的相同方式用系统进行注册。因为你把一个服务器配置为远程服务器，所以没有配置为链接服务器（只有连接服务器具有本章汇总讨论的所有远程查询）。要全面地讨论远程服务器为时尚早，但现在足以说明你可以配置一个远程服务器，使它就像链接服务器一样工作。

（2）用数据库引擎添加链接服务器

可以想象，在数据库中添加链接服务器要简单一些（你不能为此编写脚本，所以记住 sp_addlinkedserver）。

可以在服务器的服务器对象节点（Server Objects）中找到连接服务器。只要右击链接服务器（Linked Server）子节点，并选择新链接服务器（New Linked Server...），就会得到图 4-12 所示的对话框。

该信息与 sp_addlinkedserver 匹配得很好。如果你希望链接到一个 SQL Server 上，那么只要选中该选项框，而且其他大部分参数框都会变成灰色（SQL Server 已经知道怎样填写它们）。如果你希望链接除 SQL Server 之外的一些事物，就请选择其他数据源（Other Data Source）并选择合适的 OLEDB 提供商。

利用图 4-12 所示的标签也可以添加服务器登录信息。

同样，你能执行所有可以用 sp_addlinkedsrvlogin 完成的事情，但是不能对 EM 编写脚本。如果你需要安装脚本，就不应考虑使用 EM 了。

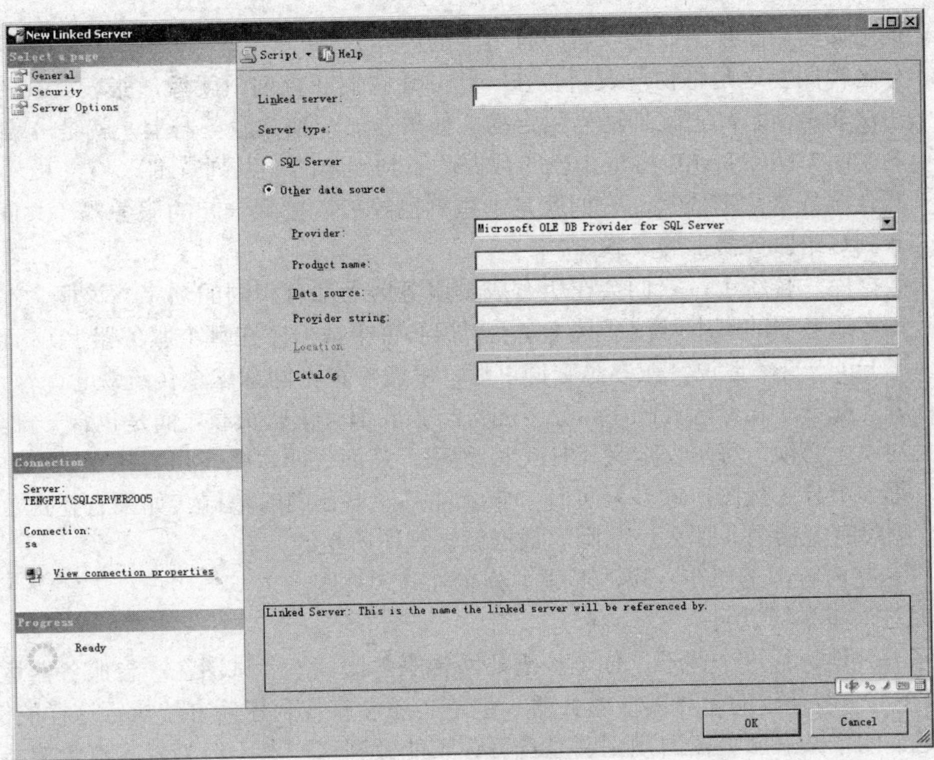

图4-12 建立新的连接服务器

4.10 分布式分区视图

现在，大概你听到（或读过）术语分布式分区视图（Distributed Partitioned View）的次数比自己关心它的次数要多。但是，你还没有真正看见关于“怎样创建它”和“怎样使用它”的问题和答案。如果你希望知道基本的分布式分区视图，那么现在就是时候了。什么是分布式分区视图？究竟为何要将其与联合服务器（Federated Servers）术语放在一起讨论呢？下面探讨这个问题以及相关内容。

在这个简单的术语中，分布式分区视图与其他视图没有多大差别，它是基于查询驻留在某个物理表中的真实数据而建立的虚拟表。分布式分区视图与其他普通视图的最大区别在于，它暗含了特定部分的名字。

- 分布的　通常访问位于多个服务器之间的数据，这是由链接的服务器操纵的。
- 分区的　视图提供访问的数据被分成可预测的物理责任块。也就是说，一张表负责一块由视图提供的整个数据（分区），而且一张或多张其他表负责剩余的数据。这种分区使用CHECK约束强制执行，不会在由哪张表负责哪块数据上出现问题。分布式分区视图可以查找基表中的元数据，说明哪块数据来源于哪张表。

下面看一看应用分布式分区视图时分成多块的关系图，进一步了解该视图的工作机制。该例图中有：

- 查询　从编程的观点看，查询明显遗忘了数据是如何物理存储的。对于查询，分布式分区视图看上去非常像一张表。唯一的联系是视图可以是或者不是可更新的，这由如何创建视图而定（后面有更多的内容）。

- 分区视图　这是将物理表联合在一起并让它们在查询中就像一张表。视图的实际语法非常简单，它就是适当限定的（如果在一个独立服务器上，就是 4 部分限定名）用 UNION ALL 将每张表的数据联系到一起的一系列查询。
- 联合服务器　本质上，它们就是一系列已经被链接到一起的服务器，共同承担分布到这组服务器上的负载。
- 数据库　传统上，它们会在所有成员服务器上都有相同的名字。该概念在编写查询多服务器的脚本时较容易（你不用担心哪个数据库在哪个服务器上），而且减少了 bug。直率地说，在熟悉它们以后，笔者不得不同意这个传统观念。
- 表　在分布式分区视图中，分区的每一张表都有一些负载，而是包含一部分数据。
- 约束　必须为每张表定义 CHECK 约束，从而说明每张表可以接受的数据。对于每一个分区视图，最多只可有一张表能接受该范围的数据（如果有一定范围的数据没有表接受，那么该范围的数据就被视图所拒绝）。

所有这些内容都工作在一起，形成了分布式分区视图。

下面进一步举例说明。

为了有效地运行这个例子，你至少需要两台服务器。笔者试图在一台服务器运行该例子(就像在上一节使用的闭环链接服务器)，但笔者还没有找到任何方法执行这样的例子(实际上，这证明了共享服务器的规则明显告诉你不能做到这一点，但笔者一直希望能找到一条方法)。

另外，你需要运行开发版（Developer Edition）或者两个系统下的 SQL Server。在标准版和桌面版的 SQL Server 下，不支持可更新的分布式分区视图。

假设一下 Northwind 公司具有世界范围的广告活动，而且期待数据库中的客户数量达到几百万。我们关心的是当达到这样大的容量时，怎样在服务器上放置负载的问题。当然，也关心提取客户信息时的查询时间。下面将通过添加另一个服务器，决定将数据分布到两台服务器之间而不是将它们保存到一台服务器上。

记住，尽管我们对这个特定的例子只使用了两台服务器，但也可以是 3 台、5 台、25 台——多少台都行。两台是这个例子的最小数量。

我们要做的第一件事情是决定怎样对数据分区，我们知道要将数据分布到两台服务器上（已经说道了这一点）。为此，我们将假设客户相对均匀分布，而且试图用 50-50 将它们大致分开。因为没有多少客户具有以数字作为起始字符的 CustomerID，所以我们将选择 M 开头作为分区点。也就是说，任何名字以 M 开头或者在该字母之后（按字母顺序）的客户将被保存到一张表，而其他人将被保存到另一张表。

我们需要设置彼此看得见的服务器作为连接服务器。另外，我们需要创建用于添加表和约束的数据库，还要设置服务器选项——松散架构校验性（LAZY SCHEMA VALIDATION）——该选项有助于提高性能，它告诉查询优化器不要从一台服务器/表中查找信息，除非查询优化器已经决定该数据来源于该服务器/表。

这是设置第一台服务器的一些代码，要记住，必要时请改变服务器名。

```
-- CREATE the database on the local server
CREATE DATABASE NorthwindDistributed
```

```
GO

/* 创建我们将要在本地服务器上使用的表
** 注意CHECK约束限制了该表的范围在一系列特定的值上
**
*/

USE NorthwindDistributed
CREATE TABLE dbo.Customers
(CustomerID char(5),
 CompanyName nvarchar(40),
 CONSTRAINT PKCustomerID
   PRIMARY KEY (CustomerID),
 CONSTRAINT CKIDRange
   CHECK (CustomerID BETWEEN '0' AND 'LZZZZ') )
-- 设置链接服务器
EXEC sp_addlinkedserver @Server = 'FederatedServer',
   @srvproduct = 'SQLServer OLEDB Provider',
   @provider = 'SQLOLEDB',
   @datasrc  = 'ARISTOTLE'
-- 如果远程用户不存在，则添加
IF NOT EXISTS (SELECT 'True' FROM master.dbo.syslogins WHERE Name = 'rmtuser')
   EXEC sp_addlogin 'rmtuser','rmtpass'
USE NorthwindDistributed

EXEC sp_adduser 'rmtuser'

EXEC sp_addrolemember 'db_owner','rmtuser'

EXEC sp_addlinkedsrvlogin @rmtsrvname =  FederatedServer,
    @useself = FALSE,
    @rmtuser = 'rmtuser',
    @rmtpassword = 'rmtpass'

EXEC sp_serveroption @SERVER = FederatedServer,
         @OPTNAME = 'lazy schema validation',
         @OPTVALUE = 'TRUE'
```

现在我们需要使用几乎相同的代码来设置第二台服务器。

```
-- 在本地服务器上创建数据库
CREATE DATABASE NorthwindDistributed
GO

/* 创建将要在本地服务器上使用的表。
** 注意CHECK约束限制该表在一系列特殊值的范围内，
** 这些值与我们在另一个服务器的表中看见的值不一样
```

```
*/

USE NorthwindDistributed
CREATE TABLE dbo.Customers
(CustomerID char(5),
 CompanyName nvarchar(40),
 CONSTRAINT PKCustomerID
   PRIMARY KEY (CustomerID),
 CONSTRAINT CKIDRange
   CHECK (CustomerID BETWEEN 'M' AND 'ZZZZZ') )

-- 设置连接服务器
EXEC sp_addlinkedserver @Server = 'FederatedServer',
   @srvproduct = 'SQLServer OLEDB Provider',
   @provider = 'SQLOLEDB',
   @datasrc  = '216.254.48.186'
-- 如果远程用户不存在，则添加
IF NOT EXISTS (SELECT 'True' FROM master.dbo.syslogins WHERE Name = 'rmtuser')
   EXEC sp_addlogin 'rmtuser','rmtpass'

USE NorthwindDistributed

EXEC sp_adduser 'rmtuser'

EXEC sp_addrolemember 'db_owner','rmtuser'
EXEC sp_addlinkedsrvlogin @rmtsrvname =  FederatedServer,
    @useself = FALSE,
    @rmtuser = 'rmtuser',
    @rmtpassword = 'rmtpass'

EXEC sp_serveroption @SERVER = FederatedServer,
        @OPTNAME = 'lazy schema validation',
        @OPTVALUE = 'TRUE'
```

实际上，上面所有操作都是初级的，我们需要确定在创建实际的分布式分区视图之前先完成了这些事情。利用这种方法，现在可以创建实际的视图。

```
USE NorthwindDistributed
GO

CREATE VIEW AllCustomers
AS
SELECT *
FROM Customers

UNION ALL
```

```
SELECT *
FROM FederatedServer.NorthwindDistributed.dbo.Customers
```

值得注意的是，你会在两台服务器上创建同名的视图，因此使所有的视图在服务器之间更加透明。此时，我们实际可以在两台服务器上运行相同的代码，如果运行于多个服务器之间，则极有可能导致在各台服务器上的视图存在轻微不同（由于需要引用不同服务器名）。

现在请执行一些查询来进行测试。我们首先在分布式分区视图上插入一些数据：

```
INSERT INTO AllCustomers
   SELECT CustomerID, CompanyName
   FROM Northwind.dbo.Customers
```

这将把当前 Northwind Customers 表中的所有行插入 CustomerID 和 CompanyName 列（根据你已经完成的多少，大约会是 91 行）。当然，我们可能已经创建了包含所有匹配列的表和视图，但为了简明起见和节省硬盘空间，省略了具体创建过程。

在运行第一条需要一个事务（INSERT、UPDATE、DELETE）语句的时候，你非常可能产生一条不能嵌套事务的错误信息。如果确实如此，那么只要运行 SET XACT_ABORT ON 语句就会让 SQL Server 自动放弃事务中存在运行错误的事务，而且要求分布式分区视图工作正确。

现在运行 3 个查询，看看有什么结果：

```
-- 通过显示所有被插入的客户开始
SELECT * FROM AllCustomers
-- 现在看一看物理存储在本地服务器上的行记录
SELECT * FROM NorthwindDistributed.dbo.Customers
```

```
-- 当然，也要看一看物理存储在远程服务器上的行记录
SELECT * FROM FederatedServer.NorthwindDistributed.dbo.Customers
```

第一个查询获得了插入的所有行记录：

```
CustomerID              CompanyName
------------------------------------------------------
ALFKI                   Alfreds Futterkiste
ANATR                   Ana Trujillo Emparedados y helados
ANTON                   Antonio Moreno Taquería
…
…
…
WHITC                   White Clover Markets
WILMK                   Wilman Kala
WOLZA                   Wolski  Zajazd

(91 row(s) affected)
```

我们看一看下面的表，事情就会更加有趣了。可以看到，分布式分区视图所做的事情，它们完全处理了需要将一张逻辑表分成多个物理表的所有任务。

后面开始出现大约前一半的用户，所有 L 之前的字母开头的用户（包含 L）。

```
CustomerID   CompanyName
------------ ------------------------------------------
ALFKI Alfreds Futterkiste
ANATR Ana Trujillo Emparedados y helados
ANTON Antonio Moreno Taquería
…
…
…
LILAS LILA-Supermercado
LINOD LINO-Delicateses
LONEP Lonesome Pine Restaurant

(48 row(s) affected)
```

最后一个查询得到了其余的用户。

```
CustomerID   CompanyName
--------------  ----------------------------------------
MAGAA Magazzini Alimentari Riuniti
MAISD Maison Dewey
MEREP Mère Paillarde
…
…
…
WHITC White Clover Markets
WILMK Wilman Kala
WOLZA Wolski  Zajazd

(43 row(s) affected)
```

笔者再次强调，在实际生活中，数据可以分布在多个服务器之间。实际上，微软寄给事务性能委员会（TPC）的早期 SQL Server 2000 是基于 8~12 台联合服务器的，你能从数据分区上得到多少好处，很大程度上依赖于数据分区上运行的查询及分区设计方案。

我们已经讨论了基本分布式分区视图，希望你已经得到了主要细节。在分布式分区视图中还有一些问题——一些已经讨论过了，一些还没有讨论过的，所以概要论述一下。

1. 常见问题和建议

- 如果视图上运行的语句是事务的一部分，则不要忘记 SET XACT_ABORT。
- 使用 sp_serveroption 打开 LAZY SCHEMA VALIDATION。视图可以在没有它的时候工作，但性能显然不同。利用 LAZY SCHEMA VALIDATION，SQL Server 轻易不会从基层表/服务器中提取元数据，直到它的确需要为止。如果在事务中设计的服务器数较少，则可以节省很多时间和带宽。
- 使用相同的名字在联合的每台服务器上创建功能相同的分布式分区视图。不管终端用户连接的是哪台服务器，都有助于使视图更加透明。

- 视图中引用的所有表必须使用相同的 ANSI_PADDING 设置创建好。也就是说，如果在创建的视图中打开了一张表的 ANSI_PADDING，那么该表的每一个视图都必须打开该选项。
- 在视图中，不能多次引用表的特定实例。
- 在视图中，不能多次引用特定列。
- 如果计划在视图上执行 INSERT 或 UPDATE 语句，那么在视图上就不能存在时间戳列。
- 视图必须至少有一个分区列。我们稍后会讨论有关规则的更多信息，而且在分区上有更多建议。
- 除了检查约束之外，所有基表的结构彼此相同。虽然它们在技术上不同。如果希望尝试使用这样的混合结构，那么你很快就会讨厌这样处理，因为分布式分区视图中数据类型的具体位置和显式兼容性都很重要。

2. 围绕 INSERT 的问题

- 如果一张或多张基础表具有标识列，就不能执行 INSERT。
- 如果插入的值没有放到 CHECK 约束定义的一张基础表中，就不允许该插入操作。
- 在视图中必须为每一列指定显式值，即使该值允许为空（但你必须显式地提供 NULL 作为值），也不能使用 DEFAULT 关键词。

3. 围绕 UPDATE 的问题

这些规则好像与我们已经看见的 INSERT 语句的规则相同，下面是一些新规则：

- 当基础表包含了标识列时，可以在视图上执行更新操作，但不能更新标识列本身。
- 如果基础表具有时间戳数据类型，就不允许更新。

4. 分区列的规则

笔者会推迟讨论怎样选择分区，有关这一内容将在第 14 章中讨论，但围绕列的一些规则，可以使数据按具体类别分区。也就是说，如果你希望按分区计划工作，就需要注意这些规则。

- 分区列必须组成基础表所有或部分主键。
- 只可以使用建立范围或数据特定布尔集（<，>，=，>=，<=，BETWEEN，AND 和 OR。请注意，没有!=和=）的操作符。
- 用于分区的列必须在每张表的相同固定位置。

记住，许多规则适用于前面讨论的 INSTEAD OF 触发器，但需要考虑开销问题，而且你会找到更小规模的解决方案，因为你为了更改分区而必须改变部分的代码（而不是改变 CHECK 约束并将数据移到合适的服务器/表中）。

4.11 小　结

事务和锁都是 SQL Server 工作的基础，也是最大化 SQL Server 中的解决方案和开发基础。

通过使用事务，可以确保在一个单元发生时，你需要的所有事情都会发生，或者都不发生。SQL Server 使用锁确保了我们尽可能避免了并发性问题（你从来不会完全避开它，但令人惊奇的是你可以提出非常多的计划）。将两者结合起来使用，你可以通过数据库工业上的 ACID 测试。如果一个事务是 ACID 的，那么它就具有：

- ❑ 原子性（atomicity） 事务要么全执行、要么不执行。
- ❑ 一致性（consistency） 已经坚持了所有的约束和其他数据完整性规则，而且已经完全更新了所有的相关对象（数据页、索引页）。
- ❑ 隔离性 每个事务都与其他事务完全隔离，其他不同事务的行为不能干预某个事务的行为。
- ❑ 持久性（durability） 当事务完成以后，其影响将在系统中永久存在。数据是安全的，即功率的储运损耗或其他非磁盘系统失败，不会导致只写入一半数据。

简而言之，使用事务和锁可以减少死锁，确保数据完整性，改进整个系统的效率。

分布式事务是跨越了本地系统操作边界的事务。对于 SQL Server，它们由 MS DTC 管理（除了包含在 SQL Server 中，也与 MTS 一起安装）。分布式事务利用了两个阶段（2PC）的提交，确保连接时的原子性和持续性。本地开始的事务，可以自动“逐步增加”为分布式。

SQL Server 7.0 添加了利用分布式事务的新方式。给开发者提供了利用连接服务器提供半永久性连接的选择，而且在需要更多特殊的查询时可以使用 OPENROWSET。

在分布式分区视图——负责把数据扩展到多张表、数据库和服务器中，让所有物理不同的表连接到一起，构成具有更高可扩展性的逻辑表，这正是下一章将讨论的内容。

5 视图

到目前为止，笔者已经多次提到了视图的知识。在本章中，我们将对视图进行实质性的讨论。

很多人特别喜欢使用视图，但也有些人从来不用视图。这是两种不良习惯，学习完本章后，我们可以用视图来完成以下工作。

- 降低用户读取数据库数据的复杂性。
- 阻止选择保密列。
- 在数据库中添加索引以加速查询性能。

视图的核心在于它仅是一个被存储的查询。其最大特点是使你可以混合及匹配基表（或其他视图）中的数据，从多方面考虑，其功能就像另一张基表。你既可以创建一个只从表中选择一些列的简单查询，也可以创建一个连接多张表并让这些表显示为一张表的复杂查询。

视图是一个虚拟表，其内容由查询定义。同真实的表一样，视图包含一系列带有名称的列和行数据。视图在数据库中并不是以数据值存储集形式存在，除非是索引视图。行和列数据来自于定义视图的查询所引用的表，并且在引用视图时动态生成。

对其中所引用的基础表来说，视图的作用类似于筛选。定义视图的筛选可以来自当前或其他数据库的一个或多个表，或者其他视图。分布式查询也可用于定义使用多个异类源数据的视图。例如，如果有多台不同的服务器分别存储你的单位在不同地区的数据，而你需要将这些服务器上结构相似的数据组合起来，那么这种方式就很有用。

通过视图进行查询没有任何限制，而且通过它们进行数据修改时的限制也很少。

图 5-1 显示了在两个表上建立的视图。

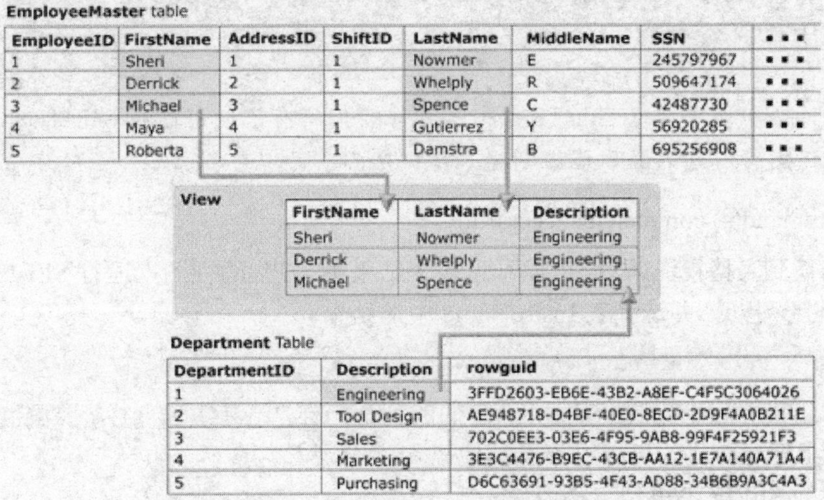

EmployeeMaster table

EmployeeID	FirstName	AddressID	ShiftID	LastName	MiddleName	SSN	...
1	Sheri	1	1	Nowmer	E	245797967	...
2	Derrick	2	1	Whelply	R	509647174	...
3	Michael	3	1	Spence	C	42487730	...
4	Maya	4	1	Gutierrez	Y	56920285	...
5	Roberta	5	1	Damstra	B	695256908	...

View

FirstName	LastName	Description
Sheri	Nowmer	Engineering
Derrick	Whelply	Engineering
Michael	Spence	Engineering

Department Table

DepartmentID	Description	rowguid
1	Engineering	3FFD2603-EB6E-43B2-A8EF-C4F5C3064026
2	Tool Design	AE948718-D4BF-40E0-8ECD-2D9F4A0B211E
3	Sales	702C0EE3-03E6-4F95-9AB8-99F4F25921F3
4	Marketing	3E3C4476-B9EC-43CB-AA12-1E7A140A71A4
5	Purchasing	D6C63691-93B5-4F43-AD88-34B6B9A3C4A3

图 5-1　在两张表上创建视图

5.1 简单视图

视图语法的最基本形式与 CREATE 语句相似：

CREATE VIEW <view name>
AS
<SELECT statement>

当然，上面的语法只代表创建视图的语法的一部分，但它仍然是最常用的形式。下面是扩展语法：

CREATE VIEW [schema_name.]<view name> [(<column name list>)]
[WITH [ENCRYPTION] [,SCHEMABINDING] [, VIEW_METADATA]]
AS
<SELECT statement>
WITH CHECK OPTION

我们将逐一介绍该语句的各部分功能，并介绍一个极其简单的视图创建过程，即使用一个简单的 SELECT 语句来创建视图。当需要频繁地查询列的某种组合时，简单视图非常有用。此视图的数据来自 AdventureWorks 数据库的 HumanResources.Employee 和 Person.Contact 表。这些数据提供有关 Adventure Works Cycles 的雇员的姓名和雇用日期信息。对于负责跟踪工作年限的人员，可创建此视图，但不能授予此人访问这些表中所有数据的权限。

```
USE AdventureWorks ;
GO
IF OBJECT_ID ('hiredate_view', 'view') IS NOT NULL
DROP VIEW hiredate_view ;
GO
CREATE VIEW hiredate_view
AS
SELECT c.FirstName, c.LastName, e.EmployeeID, e.HireDate
FROM HumanResources.Employee e JOIN Person.Contact c on e.ContactID =
c.ContactID ;
GO
```

注意：在查询分析器中执行 CREATE 语句，就像我们所有已经用过的 CREATE 语句一样。不返回任何行，它只显示已经创建了该视图。

The command(s) completed successfully.

现在切换到表格视图，从而可以看见多个结果集。在你的视图上运行 SELECT 语句（就像在一张表上一样），并选择表 InstruName 中的结果。

```
SELECT * FROM hiredate_view
```

返回的结果看起来相同。实际上，它们的列都一样，结果集也一样。要澄清 SQL Server 怎样在视图上运行查询，可以看一看其他语句。

视图中的 SELECT 语句定义为：

```
    SELECT c.FirstName, c.LastName, e.EmployeeID, e.HireDate
    FROM HumanResources.Employee e JOIN Person.Contact c on e.ContactID =
c.ContactID ;
```

如果你运行：

```
    SELECT * FROM hiredate_vw
```

就从本质上告诉 SQL Serve，运行语句：

```
    SELECT c.FirstName, c.LastName, e.EmployeeID, e.HireDate
    FROM HumanResources.Employee e JOIN Person.Contact c on e.ContactID =
c.ContactID
```

将返回所有行和列。

我们已经创建了某种常用的视图，这样处理的优点在于，减少了复杂性。目前，很多工具可以简化用户的工作。

默认情况下，不用对视图作特殊处理。在这里运行视图就像从命令行运行一样——没有经过优化。这意味着在数据与被传送的数据之间需要添加一层或多层的过量开销，也意味着视图不可能与直接运行 SELECT 语句一样快。

下面从隐藏被保密数据的角度来演示视图到底能完成哪些任务。在这个例子里，我们首先返回 Store_IO 数据库中。由于财务处理的需要，我们需要在库存管理软件中包含会计记账的部分内容，因此我们需要创建两张表，分别用来记录会计记账主记录和会计记账明细记录。这两张表的结构如表 5-1 和表 5-2 所示。

表 5-1　tallymaster 表

字段英文名	字段类型与长度
tally no	Int
tally date	Datetime
append rcpt num	Smallint
tabler	Varchar(12)
tabler no	Int
checker	Varchar(12)
tally type	Varchar(1)
tally indicator	Varchar(1)
attach no	smallInt
bzh	Varchar(2)

表 5-2　Tallydetail 表

字段英文名	字段类型与长度
tally no	Int
tabler	Varchar(12)
tabler no	Int
tally sub no	SmallInt

（续表）

字段英文名	字段类型与长度
subj code	Varchar(10)
summary	Varchar(128)
unit code	Varchar(10)
dept code	Varchar(10)
item code	Varchar(10)
debit or credit	Varchar(1)
col id	Varchar(1)
amount	money

其创建语句如下：

```
Use Store_IO
create table dbo.tallymaster (
   tally_no             int            NULL,
   tally_date           datetime          NOT NULL,
   append_rcpt_num         smallint          NOT NULL,
   tabler               varchar(12)     NOT NULL,
   tabler_no            int               NOT NULL,
   checker                 varchar(12)     NULL,
   tally_type           varchar(1)       NOT NULL,
   tally_indicator         varchar(1)      NOT NULL,
   attach_no            smallint        NULL,
   bzh                   varchar(3)     NOT NULL,
   constraint pk_tallymaster
          primary key  (tabler, tabler_no))

create table dbo.tallydetail (
   tally_no             int       NULL,
   tabler               varchar(12) NOT NULL,
   tabler_no            int NOT NULL,
   tally_sub_no         int   NOT NULL,
   subj_code            varchar(10)  NOT NULL,
   summary                 varchar(48)  NULL,
   unit_code            varchar(12)   NULL,
   dept_code            varchar(8)    NULL,
   item_code            varchar(8)    NULL,
   debit_or_credit         varchar(1)    NOT NULL,
   col_id               varchar(1)       NULL,
   amount               money          NULL,
   constraint pk_tallydetail
      primary key
         (tabler,  tabler_no,tally_sub_no))
```

在查询分析器下，我们执行下列插入语句：

```
INSERT INTO dbo.tallymaster
(   tally_no,
    tally_date,
    append_rcpt_num,
    tabler,
    tabler_no,
    checker,
    tally_type,
    tally_indicator,
    attach_no,
    bzh )
VALUES
    (   NULL, '2004-02-03', 3, '会计A', 1, NULL, '1', '0',  NULL, '001')

INSERT INTO dbo.tallydetail
(   tally_no,
    tabler,
    tabler_no,
    tally_sub_no,
    subj_code,
    summary,
    unit_code,
    dept_code,
    item_code,
    debit_or_credit,
    col_id,
    amount)
VALUES
    (   NULL, '会计A', 1, 2, '11111', '报销张三差旅费', NULL,NULL,NULL, '0', '1',300)

INSERT INTO dbo.tallydetail
(   tally_no,
    tabler,
    tabler_no,
    tally_sub_no,
    subj_code,
    summary,
    unit_code,
    dept_code,
    item_code,
    debit_or_credit,
    col_id,
    amount)
VALUES
    (   NULL, '会计A', 1, 1, '11112', '报销张三差旅费',NULL,NULL,NULL, '1',
'1',300)
```

```
INSERT INTO dbo.tallymaster
(   tally_no,
    tally_date,
    append_rcpt_num,
    tabler,
    tabler_no,
    checker,
    tally_type,
    tally_indicator,
    attach_no,
    bzh )
VALUES
    (   NULL, '2004-02-04', 2, '会计B',1, NULL, '1', '0',NULL, '002')

INSERT INTO dbo.tallydetail
(   tally_no,
    tabler,
    tabler_no,
    tally_sub_no,
    subj_code,
    summary,
    unit_code,
    dept_code,
    item_code,
    debit_or_credit,
    col_id,
    amount)
VALUES
    (   NULL,'会计B',1,1,'11113','报销李四购买耗材费用',NULL,NULL,NULL,'0','1',500)

INSERT INTO dbo.tallydetail
(   tally_no,
    tabler,
    tabler_no,
    tally_sub_no,
    subj_code,
    summary,
    unit_code,
    dept_code,
    item_code,
    debit_or_credit,
    col_id,
    amount)
VALUES
    (   NULL, '会计B', 1, 2, '11114', '报销李四购买耗材费用',NULL,NULL,NULL, '1',
'1',500)
```

根据会计制度规定，这两张表中的数据大部分是机密数据（例如金额，可能是商业机密），不能为常人所知，而只能被一些具有特权的人了解，所以我们要保护其中的一些信息，因此我们必须基于“需要知道”限制用户的访问权限。虽然所有人都可以访问，但想把未限制的列显示给一组人，而不让这些人看见表结构或数据，该怎么办？解决方案之一是保留只包含必要列的独立表 tallydetail_append，使其他人无法知道其中的金额，如表 5-3 所示。

表 5-3 tallydetail_append 表

字段英文名	字段类型与长度
tally no	Int
tabler	Varchar(12)
tabler no	Int
tally sub no	SmallInt
subj code	Varchar(10)
summary	Varchar(128)
debit or credit	Varchar(1)
col id	Varchar(1)

从表中可以看到，这满足了我们的需要（屏蔽了金额字段），但会带来相当严重的问题：

- 使用了两倍磁盘空间。
- 如果更新了一张表，而没有更新另一张表，则会产生严重的数据不同步问题。
- 无论何时插入、更新或删除行，都将带来双倍的 I/O 操作（不得不在两个地方读和写数据，而不是一个地方）。

视图为该问题提供了一个简单的相对上乘的解决办法，使用视图只需存储数据一次（在基表或多表中）即消除了上面描述的问题。我们不需要建立一张完全独立的表，只要建立一张图，而且该视图拥有与表几乎完全相同的功能。

当前的 tallymaster 和 tallydetail 是两张空表，需要添加一些数据，可以在查询分析器中执行相应的 insert 语句，就能填充适当的数据（请注意，财务制度要求凭证按日期的顺序递增，而且序号连续）。执行下列语句，在 Store_IO 数据库中添加视图：

```
USE Store_IO
GO

CREATE VIEW dbo.tallydetail_vw
AS
SELECT   tally_no,
Tabler,
tabler_no,
tally_sub_no,
subj_code,
summary,
debit_or_credit,
col_id
FROM dbo.tallydetail
```

现在需要进行授权，让每个人都可以访问 Tallydetail 表中的数据，无论是直接还是间接地。具有“需要知道”权限的用户现在可以直接访问 Tallydetail 表，但仍然拒绝其他用户直接访问该表。然而，没有“需要知道”权限的用户现在可以访问视图 Tallydetail_vw 了。如果他们想访问它，就可以像在表上一样执行下列语句：

```
SELECT *
FROM Tallydetail_vw
```

提示：这里不得不提到如何对我们创建的对象进行命名。笔者在这里使用了_vw 后缀，这样可以很容易地看到这个对象是一张视图而不是一张表。为了隐蔽的缘故，我们也可以故意不用_vw。这种处理意味着使用不同的名字（Tallydetail 已经是基表名），但以这种方式处理，会有很多用户不知道视图和表之间的差别。

视图作为过滤器

我们已经介绍了如何创建一个视图的全过程，即只要使用一条简单的 SELECT 语句就行了。怎样在视图中过滤查询结果呢？以前我们对表过滤数据是使用 WHERE 从句，现在对视图也不例外。

让我们从上一节中提取 Tallydetail_vw 视图，而且让它显示记录会计 A 所登记的所有凭证。要完成这项任务，只需要作两个修改就可以了。

（1）我们要提取会计 A 的所有凭证。

（2）要像其他查询一样，WHERE 从句包含的列不需要包含在 SELECT 列表中，只要包含在视图里，我们没有必要将会计 A 的名字全部显示在视图列表中。

记住这两点，让我们稍微改变一下旧视图的创建语句，建立一个新视图。

```
CREATE VIEW dbo.CurrentTallydetail_vw
AS
SELECT   tally_no,
          tabler_no,
          tally_sub_no,
          subj_code,
          summary,
          debit_or_credit,
          col_id
FROM dbo.tallydetail
WHERE tabler = '会计A'
```

除了改变名字和添加 WHERE 从句之外，我们已经在 SELECT 列表中省去了 tabler 列。

下面在 Tallydetail 表上直接运行 SELECT 语句，限制 SELECT 来列出我们关心的信息，测试一下该视图的工作原理。

```
SELECT   tally_no,
         tabler_no,
         tally_sub_no,
         subj_code,
         summary
FROM dbo.tallydetail
```

该语句返回了表中所有行的某些列：

```
tally_no    tabler_no   tally_sub_no subj_code  summary
----------- ----------- ------------ ----------
NULL        1           1            11112      报销张三差旅费
NULL        1           2            11111      报销张三差旅费
NULL        1           1            11113      报销李四购买耗材费用
NULL        1           2            11114      报销李四购买耗材费用

(4 row(s) affected)
```

现在选择视图：

```
SELECT  tally_no,
        tabler_no,
        tally_sub_no,
        subj_code,
        summary
FROM dbo.CurrentTallydetail_vw
```

结果更小：

```
tally_no    tabler_no   tally_sub_no subj_code  summary
----------- ----------- ------------ ----------
NULL        1           1            11112      报销张三差旅费
NULL        1           2            11111      报销张三差旅费

(2 row(s) affected)
```

从第一个结果中抛弃了某些人的信息，与预期效果一样。

5.2 更复杂的视图

不要听到笔者说“复杂”就感到畏惧。实际上，视图中最难的事情也比 SQL 上的其他事情要简单。

这里希望处理的复杂视图，实际上就是在视图上添加联接、摘要，以及重命名列。

SQL Server 7.0 以前的视图可以联接的数量是受限制的。这对视图来说有什么作用？用处非常大。

如前所述，视图就是一个存储的查询。对 SQL Server 7.0 以前的版本，查询是视图的一部分（而且对该问题是所有的查询），并限制最多 16 个联接。但还不止这些，当使用视图运行查询时，视图内部的联接也受 16 个联接的限制。这意味着，如果想联接 4 个视图，那么每个视图只可以联接 5 张表，而且到 20 个联接就超出了限制。7.0 和以后的版本限制在 256 张表，这样就不会超过了。

可以执行多个查询并在查询中创建包含一些联接的临时工作表，理解这个限制。最后，联接工作表得到最终结果。需要明白的是，采用如此漫长的途径来得到验证结果会使性能大受影响。

视图的基本用途是提取数据，也就是我们在本章开始描述的消除复杂性。假设我们正在建立一个使主管会计方便检查账务信息的视图。笔者不是贬低会计主管，他们可能在处理会计分录、会计预算、决算等方面可能有很丰富的知识，但是要让他们写出自己需要的复杂查询，那简直比登天还难！

我们回到 Store_IO 数据库中，会计主管希望能用一个简单查询告诉自己，哪笔账已经进行了审核，而且指出是谁审核的？此时我们需要创建一个主管会计能执行简单查询的视图，记住是在 Store_IO 中创建的视图：

```
USE store_IO
GO
CREATE VIEW tallycheckeddetail_vw
AS
SELECT   tm.tally_no,
   tm.tally_date,
   tm.append_rcpt_num,
   tm.tabler,
   tm.tabler_no,
   tm.checker,
   tm.tally_type,
   tm.tally_indicator,
   td.tally_sub_no,
   td.subj_code,
   td.summary,
   td.unit_code,
   td.dept_code,
   td.item_code,
   td.debit_or_credit,
   td.col_id,
   td.amount
FROM     dbo.tallymaster AS tm
INNER JOIN dbo.tallydetail AS td
ON tm.tabler = td.tabler
AND
      tm.tabler_no = td.tabler_no
```

现在进行选择：

```
SELECT *
FROM tallycheckeddetail_vw
```

应该获得一组记录（4 条），但也得到了一些简单且容易理解的排序信息。不需要更多的训练，主管会计（或者可能是具有主管会计权限的用户）就能立即查到需要的结果了。

用户不需要知道怎样联接这两张表，这些工作都隐藏在视图中。相反，为了完成该任务，他们只需要熟练的技能就可以了。

但是，我们可以使查询结果更为理想。假设只需要一个返回昨天登记的记账凭证的视图，我们可以在查询上做小小的改动。

```
USE Store_IO
GO

CREATE VIEW dbo.Yestodaytallycheckeddetail_vw
AS
SELECT  tm.tally_no,
   tm.tally_date,
   tm.append_rcpt_num,
   tm.tabler,
   tm.tabler_no,
   tm.checker,
   tm.tally_type,
   tm.tally_indicator,
   td.tally_sub_no,
   td.subj_code,
   td.summary,
   td.unit_code,
   td.dept_code,
   td.item_code,
   td.debit_or_credit,
   td.col_id,
   td.amount
FROM    dbo.tallymaster AS tm
INNER JOIN dbo.tallydetail AS td
ON tm.tabler = td.tabler
AND
      tm.tabler_no = td.tabler_no
WHERE CONVERT(varchar(12),tm.tally_Date,101) =
      CONVERT(varchar(12),DATEADD(day,-1,GETDATE()),101)
```

因为 Store_IO 数据库中的所有日期都是原来的日期，所以该视图不会返回数据，让我们添加一些测试行。依次执行下面的所有脚本：

```
USE Store_IO

INSERT INTO dbo.tallymaster
(  tally_no,
   tally_date,
   append_rcpt_num,
   tabler,
   tabler_no,
   checker,
   tally_type,
   tally_indicator,
   attach_no,
   bzh )
VALUES
```

```
    (   NULL, DATEADD(day,-1,GETDATE()), 2, '会计C',1, NULL, '1', '0',NULL, '002')

  INSERT INTO dbo.tallydetail
  (   tally_no,
      tabler,
      tabler_no,
      tally_sub_no,
      subj_code,
      summary,
      unit_code,
      dept_code,
      item_code,
      debit_or_credit,
      col_id,
      amount)
  VALUES
    (   NULL, '会计C', 1, 1, '11115', '报销王五购买耗材费用', NULL,NULL,NULL, '0', '1',160)

  INSERT INTO tallydetail
  (   tally_no,
      tabler,
      tabler_no,
      tally_sub_no,
      subj_code,
      summary,
      unit_code,
      dept_code,
      item_code,
      debit_or_credit,
      col_id,
      amount)
  VALUES
    (   NULL, '会计C', 1, 2, '11116', '报销王五购买耗材费用',NULL,NULL,NULL, '1', '1',160)
```

笔者将在本章解释上面的所有脚本和批处理，但是现在为了在 Store_IO 的视图中得到值，需要运行上面的所有脚本。查询分析器显示的结果应该为：

```
(1 row(s) affected)


(1 row(s) affected)


(1 row(s) affected)
```

需要明白，如果你使用的是查询分析器的表格模式，那么上面的一些信息只出现在 Message 标签页中。

现在，我们在视图上运行一个查询并看看其结果：

```
SELECT tabler, tabler_no, tally_Date FROM dbo.Yestodaytallycheckeddetail_vw
```

可以看到实际显示了相应的记录：

```
tabler      tabler_no   tally_Date
----------- ----------- -----------
会计C        1          2004-02-08 17:13:47.220
会计C        1          2004-02-08 17:13:47.220

(2 row(s) affected)
```

5.2.1 在视图中使用内置函数

虽然上面的联接比我们迄今为止所完成的任何一个联接都要大，但仍然十分直观。我们继续在新表中添加表、联接的列并匹配表中已经命名的列。与往常一样，列名不一定相同，但它们应该拥有与其他列相关的数据。

因为这是一个相对复杂的联接，所以我们要看一看为了支持该视图，需要在查询中做些什么。

WHERE 从句是非常有用的关键词：

```
WHERE CONVERT(varchar(12),tm.tally_Date,101) =
      CONVERT(varchar(12),DATEADD(day,-1,GETDATE()),101)
```

这是一个简单比较，但我们使用了许多函数。

只希望用 tallymaster 表中的 Tally_Date 比较 GETDATE()（当前的日期）上一天的日期，这是一个非常正常的想法，日期相减都使用 DATEADD 函数。DATEADD 可以增加（减去负数）需要处理的时间数，你只要告诉该函数想要处理哪个日期，而且要增加什么单位的时间（天、星期、年或分钟等）。从表面上看，你应该能够利用 GETDATE()函数得到当天日期并使用 DATEADD 减去一天。问题是 GETDATE()包含了当天的当前时间，所以我们将从前一天得到返回结果，该值刚好是这一天的相同时间，而且精确到 3.3333 毫秒——不可能会匹配。在比较之前，我们需要进一步使用 CONVERT 函数，使等式两边的时间格式不仅相同，而且在少一天的情况下相等。因此，视图将会显示前一天登记的记账凭证的信息。

除此之外，视图定义中可以包含内置函数。使用函数时，必须为派生列指定一个列名。例如：

```
USE AdventureWorks ;
GO
IF OBJECT_ID ('SalesPersonPerform', 'view') IS NOT NULL
DROP VIEW SalesPersonPerform ;
GO
CREATE VIEW SalesPersonPerform
AS
SELECT TOP 100 SalesPersonID, SUM(TotalDue) AS TotalSales
FROM Sales.SalesOrderHeader
WHERE OrderDate > '12/31/2000'
GROUP BY SalesPersonID
ORDER BY TotalSales DESC ;
GO
```

5.2.2 利用视图修改数据

在介绍 INSTEAD OF 触发器之前，我们先介绍一下怎样利用视图修改数据。

如上所述，从使用的角度看，视图的作用更像一张表（显然，创建方法不同）。我们看一看其中的差别。

对于 SQL Server 2000，我们可以在视图上成功地运行 INSERT、UPDATE 和 DELETE 语句。但是，利用视图修改数据时需要记住以下几件事情：

- 如果视图包含了联接，那么在大多数情况下，除非使用 INSTEAD OF 触发器，否则不能 INSERT 或 DELETE 数据。在某些情况下（只更新与单张表相连的更新列），UPDATE 可以在没有 INSTEAD OF 触发器下工作，但需要按计划执行，否则很快就会碰到问题。
- 如果视图只引用了一张表，那么你可以采用默认值或使用视图中展示的提供了表的所有必要字段的视图来插入数据，而不必使用 INSTEAD OF 触发器提供值，前提条件是必须提供默认值。即使是单表视图，如果没有在视图中提供默认值并允许 INSERT 操作，那么也必须使用 INSTEAD OF 触发器。
- 在限制范围内，可以限制插入、不插入或不更新视图。

增加 INSTEAD OF 触发器，使利用视图来改变数据的方法发生了很大变化。如果你需要维持与 SQL Server 7.0 或以前版本的兼容性，就要在更新、插入或删除视图时特别小心。在 SQL Server 2000 之前的视图中，可以对数据执行 INSERT、UPDATE 和 DELETE 操作，但要处理更严格的限制。

现在笔者已经多次提到了 INSTEAD OF 触发器，而且在本章结束之前还要讨论它。问题是目前还没有讨论触发器的意义和内容，但是考虑到该触发器与视图的相关性，笔者不得不提前讨论有关 INSTEAD OF 触发器的内容。值得注意的是，在没有理解哪些对象（表和视图）上可以创建该触发器之前，我们不打算对此进行实质性讨论。

本章处理的事情是视图的常见性概念，而不是讨论 INSTEAD OF 触发器。虽然本章不专门介绍 INSTEAD OF 触发器，但有必要理解该触发器。第 10 章将专门介绍 INSTEAD OF 触发器的实质性内容。

1. 处理含联接数据的视图

如果视图拥有多张表，那么在许多场合下使用视图来修改数据往往超出了常规的范围。除非使用了 INSTEAD OF 触发器，否则无法修改联接多张表的视图的数据。因为它在键的安排上产生了一些不确定因素，所以微软过去不支持在含有多张表上执行这种处理。从 SQL Server 2000 开始，你就可以使用 INSTEAD OF 触发器检查更改的数据了，而且你可以显式地告诉 SQL Server 执行什么操作。

现在，我们解释一下前面所说的“常规”的具体意思。这里的常规是指：如果基础查询中含有多张表，那么技术上不能使用视图更新数据；如果在企业管理器中打开视图，那么该实例将阻碍这一操作的准确性。这意味着，在 EM 中更新数据时，SQL Server 不考虑视图而直接更新表。我们在下一节讨论 WITH CHECK OPTION 时，将看到这种“直接更新表”的操作会产生一些问题（也称为 bugs）。

2. 所需的字段必须出现在视图中或拥有默认值

默认情况下，如果你使用视图来插入数据（在基础查询下，必须限制单表查询或者至少必须限制插入值仅影响一张表，并为所有需要的列提供值），那么必须为所有的字段（不允许为空的字段）提供一些值。请注意是“提供一些值”，而不是指必须提供 SELECT 列表中的所有值，默认值覆盖了该清单会更好。需要明白的是，为了通过视图来执行 INSERT 操作，任何没有默认值和不接受 NULL 值的列都必须出现在视图中。解决该问题的唯一方法就是采用 INSTEAD OF 触发器。

3. 限制插入到视图中的值——WITH CHECK OPTION

WITH CHECK OPTION 是 SQL Server 中鲜为人知的功能之一。规则非常简单：为了使用视图来更新或插入数据，结果行必须有资格显示在视图结果中。重申一下，插入的或更新的行必须满足视图的 SELECT 语句下隐藏的所有 WHERE 条件。

例如，我们继续在 Store_IO 数据库上创建一个仅显示会计摘要内容为报销的记账凭证的视图。我们需要对 Tallydetail 表中的 summary 字段进行限制，从而实现这一目的（一定要使用 Store_IO 数据库）。

```
Use Store_IO

Go

CREATE VIEW dbo.CurrentTallydetailwipeoff_vw
AS
SELECT   tally_no,
tabler_no,
tally_sub_no,
subj_code,
summary,
debit_or_credit,
col_id
FROM tallydetail
WHERE summary LIKE '报销%'
WITH CHECK OPTION
```

在该视图上运行 SELECT *，执行完毕后，刚好得到表的全部记录（因为表中的所有行都满足标准）：

```
tally_no tabler_no tally_sub_no subj_code summary debit_or_credit col_id
----------- ----------- ------------ ---------- ------------- ------
NULL     1     1   11112               报销张三差旅费         1    1
NULL     1     2   11111               报销张三差旅费         0    1
NULL     1     1   11113               报销李四购买耗材费用    0    1
NULL     1     2   11114               报销李四购买耗材费用    1    1
NULL     1     1   11115               报销王五购买耗材费用    0    1
NULL     1     2   11116               报销王五购买耗材费用    1    1
```

```
(6 row(s) affected)
```

现在设法采用视图来更新其中的一行记录。除了不以“报销”开头外，可以将摘要修改为任何其他值。

```
UPDATE dbo.CurrentTallydetailwipeoff_vw
SET summary = '下拨经费'
WHERE tally_sub_no = 1
```

SQL Server 立即指出操作失败，因为视图上有约束条件。

```
Server: Msg 550, Level 16, State 1, Line 1
The attempted insert or update failed because the target view either specifies WITH CHECK OPTION or spans a view that specifies WITH CHECK OPTION and one or more rows resulting from the operation did not qualify under the CHECK OPTION constraint.
```

The statement has been terminated.

这是一种提示，因为我们的更新不满足 WHERE 从句的条件，所以系统不接受该数据。但是，如果刚好在基表中更新该行：

```
UPDATE dbo.tallydetail
SET summary = '下拨经费'
WHERE tally_sub_no = 1
SQL Server就会提示任务完成：
(3 row(s) affected)
```

该限制只应用于视图，而不针对基表。在少数情况下，它会变得很方便。假定希望允许一些用户在表中插入或更新数据，但只有满足某种条件的更新或插入数据操作才起作用，我们可以在基表上增加 CHECK 约束，轻松地解决这一问题，但这并非一直都是理想的解决办法。

假定我们已经添加了第二个要求，仍然希望其他用户在没有满足这些条件的情况下向表中插入数据，那么 CHECK 约束将不能辨别用户。通过将视图与 WITH CHECK OPTION 放在一起，可以指出视图上受限制的用户，并让没有限制的用户使用基表或视图。

确认一下，该约束在 INSERT 上也起作用。下面运行一个违反 WHERE 条件的 INSERT 命令：

```
INSERT INTO dbo.CurrentTallydetailwipeoff_vw
(tally_no,
tabler_no,
tally_sub_no,
subj_code,
summary,
debit_or_credit,
col_id)
VALUES
(NULL,3,3, '11117', '预收病人医药费',1,1)
```

结果“终止”错误，与以前一样：

```
    Server: Msg 550, Level 16, State 1, Line 1
    The attempted insert or update failed because the target view either specifies
WITH CHECK OPTION or spans a view that specifies WITH CHECK OPTION and one or
more rows resulting from the operation did not qualify under the CHECK OPTION
constraint.
    The statement has been terminated.
```

再例如：以下示例显示名为 SeattleOnly 的视图，此视图引用了 5 张表，并允许进行数据修改，以便仅适用于居住在西雅图的雇员。

```
    USE AdventureWorks ;
    GO
    IF OBJECT_ID ('SeattleOnly', 'V') IS NOT NULL
    DROP VIEW SeattleOnly ;
    GO
    CREATE VIEW SeattleOnly
    AS
    SELECT c.LastName, c.FirstName, a.City, s.StateProvinceCode
    FROM Person.Contact c JOIN HumanResources.Employee e ON c.ContactID =
e.ContactID
    JOIN HumanResources.EmployeeAddress ea ON e.EmployeeID = ea.EmployeeID
    JOIN Person.Address a ON ea.AddressID = a.AddressID
    JOIN Person.StateProvince s ON a.StateProvinceID = s.StateProvinceID
    WHERE a.City = 'Seattle'
    WITH CHECK OPTION ;
    GO
```

以下示例将使用名称分别为 SUPPLY1、SUPPLY2、SUPPLY3 和 SUPPLY4 的表。这些表对应于位于 4 个国家/地区的 4 个办事处的供应商表，从而演示视图使用分区数据的例子。

```
    --创建表并插入数据.
    CREATE TABLE SUPPLY1 (
    supplyID INT PRIMARY KEY CHECK (supplyID BETWEEN 1 and 150),
    supplier CHAR(50)
    );
    CREATE TABLE SUPPLY2 (
    supplyID INT PRIMARY KEY CHECK (supplyID BETWEEN 151 and 300),
    supplier CHAR(50)
    );
    CREATE TABLE SUPPLY3 (
    supplyID INT PRIMARY KEY CHECK (supplyID BETWEEN 301 and 450),
    supplier CHAR(50)
    );
    CREATE TABLE SUPPLY4 (
    supplyID INT PRIMARY KEY CHECK (supplyID BETWEEN 451 and 600),
    supplier CHAR(50)
    );
    GO
```

```
INSERT SUPPLY1 VALUES ('1', 'CaliforniaCorp');
INSERT SUPPLY1 VALUES ('5', 'BraziliaLtd');
INSERT SUPPLY2 VALUES ('231', 'FarEast');
INSERT SUPPLY2 VALUES ('280', 'NZ');
INSERT SUPPLY3 VALUES ('321', 'EuroGroup');
INSERT SUPPLY3 VALUES ('442', 'UKArchip');
INSERT SUPPLY4 VALUES ('475', 'India');
INSERT SUPPLY4 VALUES ('521', 'Afrique');
GO
--创建组合所有供应商表的视图.
CREATE VIEW all_supplier_view
AS
SELECT *
FROM SUPPLY1
UNION ALL
SELECT *
FROM SUPPLY2
UNION ALL
SELECT *
FROM SUPPLY3
UNION ALL
SELECT *
FROM SUPPLY4;
```

5.3 利用 T-SQL 编辑视图

利用 T-SQL 编辑视图时要记住，该操作将完全代替现有的视图。使用 ALTER VIEW 和 CREATE VIEW 语句之间的唯一差别是：

- ALTER VIEW 期待找到现有的视图，而 CREATE 不需要。
- ALTER 保留已经为视图建立的许可权。
- ALTER VIEW 保留任何依赖信息。

第二条差别相当大。如果你执行 DROP，然后使用 CREATE，就几乎拥有使用 ALTER VIEW 语句的相同效果。问题在于，你需要为可以和不可以使用视图的人重建许可权。

5.4 删除视图

没有什么比这更容易的了：

DROP VIEW <view name>,[<view name>,[…n]]

只要执行上面的语句，就可以删除一个视图。

5.5 在数据库引擎中创建和编辑视图

对那些不知道自己在干什么的人来说，这将是数据库引擎非常有用的一个功能。建造视图是一个快照，而且为了实现该过程，你不需要知道有关查询的所有知识。

要了解该过程，我们可以利用引擎打开 database 节点的 Store_IO 数据库子节点，然后在 Views 上右击鼠标，如图 5-2 所示。

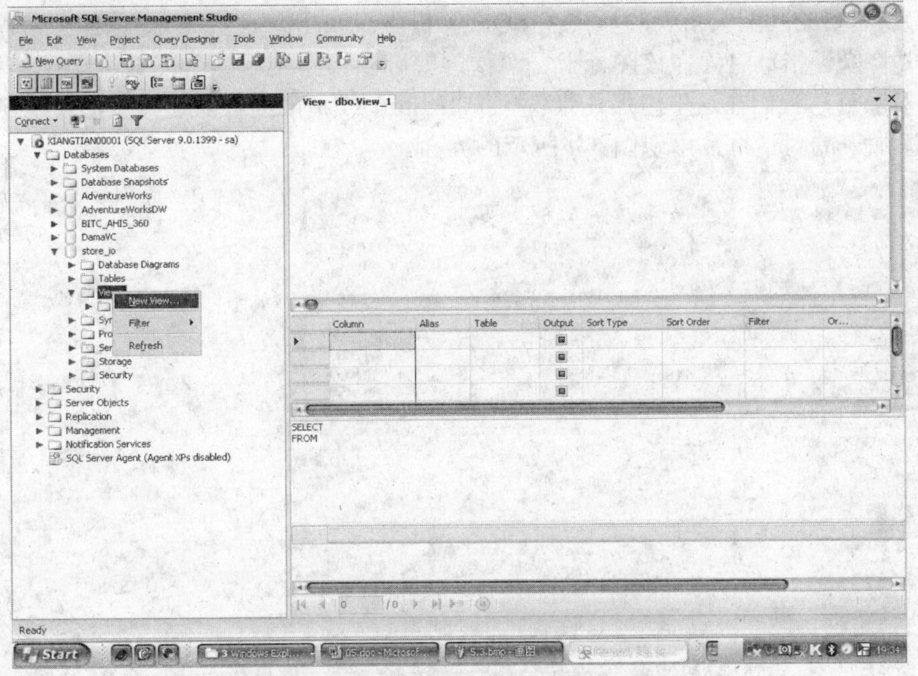

图 5-2　在数据库引擎中对准视图右击鼠标

现在选择新的视图，如图 5-3 所示。

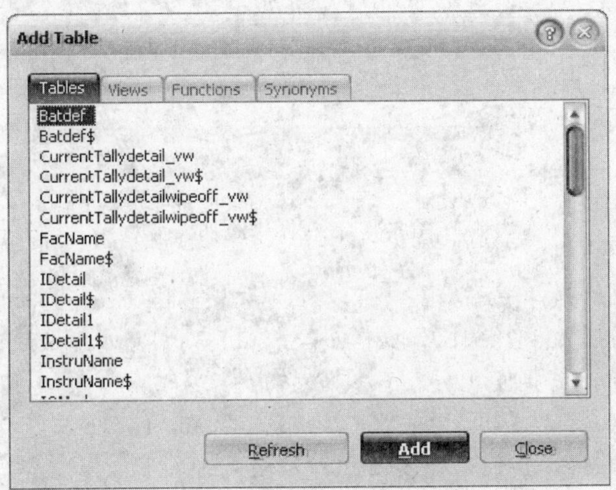

图 5-3　创建新视图

视图创建器有 4 个窗格，每个窗格都可以单独关闭。

- 关系表窗格。
- 表格窗格。
- SQL 窗格。
- 结果窗格。

对那些已经用过 Access 的人来说，关系表窗格与 Access 中的查询工作方式一样，可以添加和删除表，甚至可以定义关系。每一个被添加的表、检查列和所定义的关系都将自动以 SQL 需要的匹配关系表的形式在 SQL 窗格中反映出来。要定义工具栏上的每一个图标，只要将鼠标指针悬浮在该图标上一两秒，就可以得到显示每个按钮功能的文字提示。

为了示范，我们在这里添加几张表（按下 Shift 或 Alt 键可以选择多张表或视图），然后关闭添加表的对话框，出现图 5-4 所示的界面。

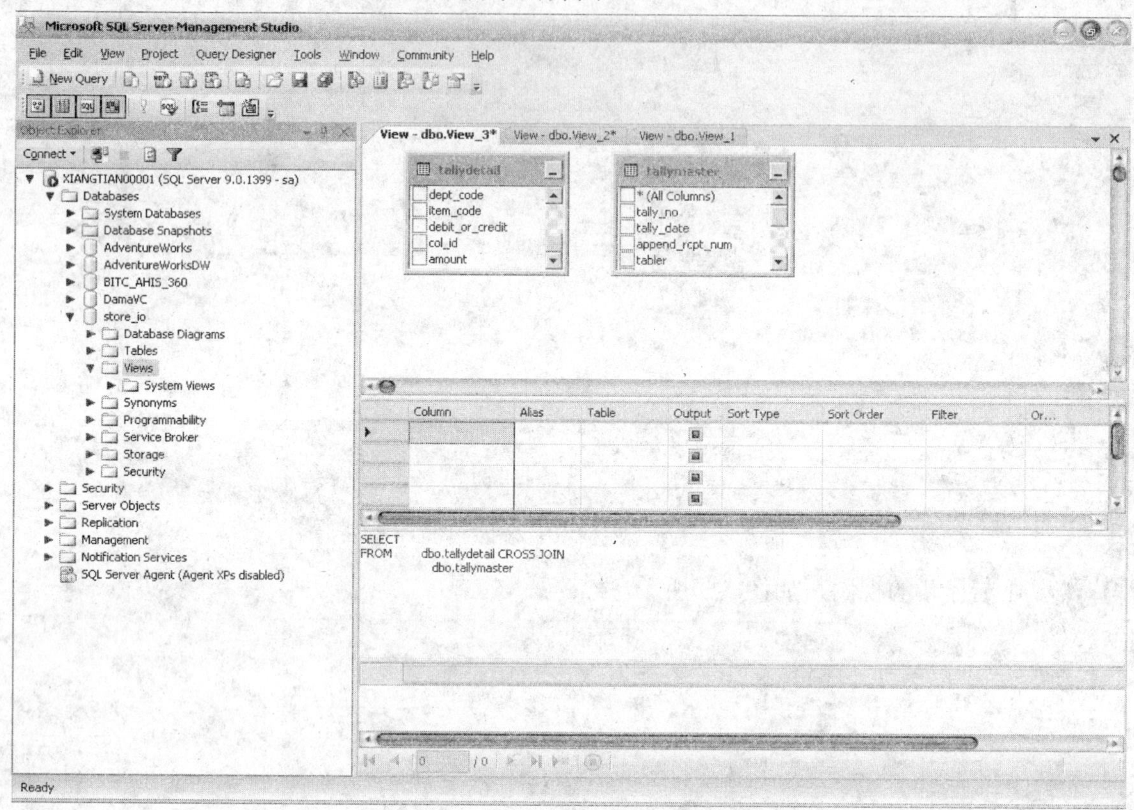

图 5-4　在视图中添加表

提示： 要在创建视图的窗口中添加表，可以在关系表窗格（图 5-3 的最上一个窗格）中右击鼠标，并选择 Add Table，也可以单击 Add Table 工具栏按钮（最右边的一个）。对于 SQL Server 7.0 版本，为了添加表，关系表窗格必须是激活的窗格。如果有疑问，只要在关系表窗格中间单击鼠标就可以了，Add table 工具栏按钮将变成 Enabled 状态。在 2000 中，我们已经不用担心窗格是否处于激活状态。

如果你关闭了表格、SQL 或结果窗格，那么可以通过菜单下的按钮将它们再包含进来，只要单击对应的图标就可以了。如果需要选择列，则只要在被包含进来的列前面打上√就可以了；如果上面有表格窗格，那么在选择的时候你就可以看到每一列都显示在表格窗格中；如果打开了 SQL 窗格，那么你就会看见显示的 SQL 代码。

实际上，我们正在创建与第一次复杂视图一样的相同视图（tallycheckeddetail_vw）。在 EM 下，我们还可以像使用 SQL 完成的功能一样增加计算列，即手工在 SQL 窗格中录入等

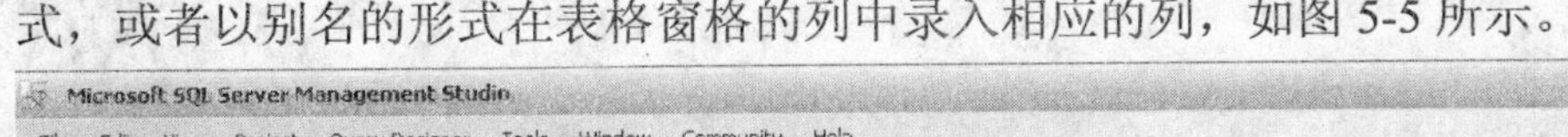

式，或者以别名的形式在表格窗格的列中录入相应的列，如图 5-5 所示。

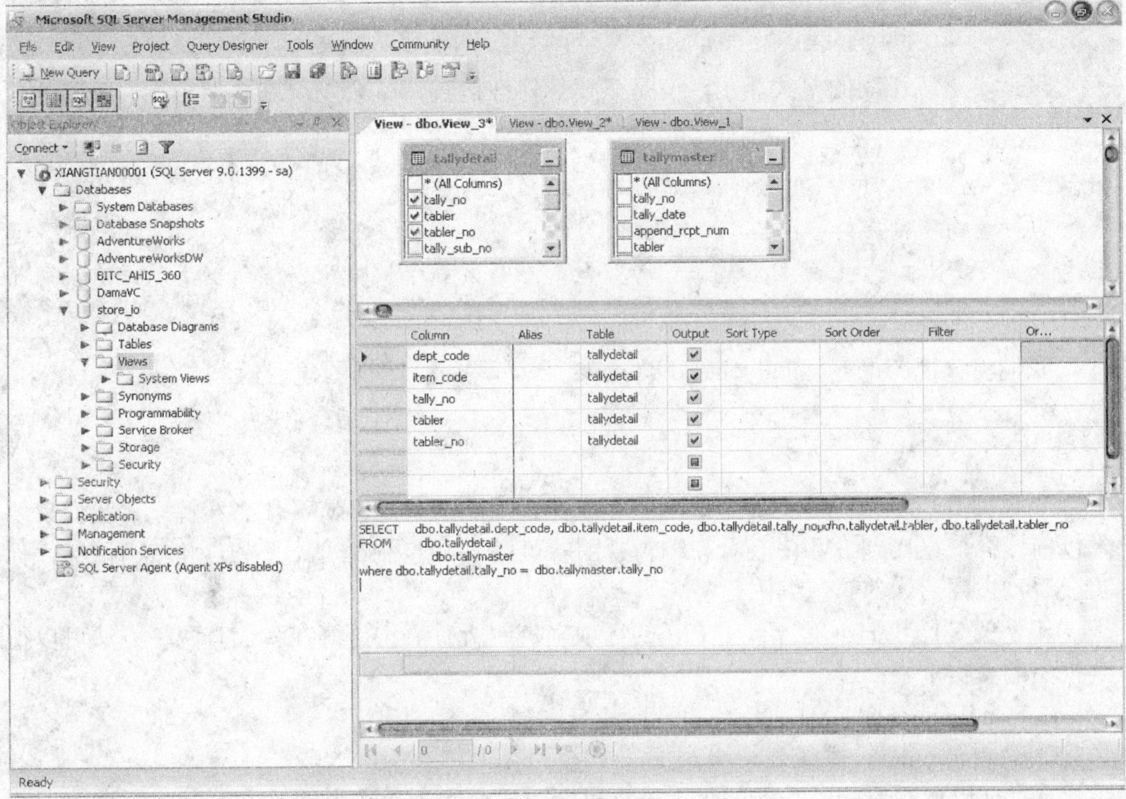

图 5-5　录入视图的设置条件

完成所有任务后，视图产生器将提供下列 SQL 代码：

```
SELECT dbo.tallymaster.tally_no,
dbo.tallymaster.tally_date,
     dbo.tallymaster.append_rcpt_num,
     dbo.tallymaster.tabler,
     dbo.tallymaster.tabler_no,
     dbo.tallymaster.checker,
     dbo.tallymaster.tally_type,
     dbo.tallymaster.tally_indicator,
     dbo.tallydetail.tally_sub_no,
     dbo.tallydetail.subj_code,
     dbo.tallydetail.summary,
     dbo.tallydetail.unit_code,
     dbo.tallydetail.dept_code,
     dbo.tallydetail.item_code,
     dbo.tallydetail.debit_or_credit,
     dbo.tallydetail.col_id, dbo.tallydetail.amount
FROM dbo.tallymaster
INNER JOIN
     dbo.tallydetail
```

```
  ON   dbo.tallymaster.tabler = dbo.tallydetail.tabler
  AND
       dbo.talmaster.tabler_no = dbo.tallydetail.tabler_no
```

虽然不是以相同的格式显示，但是只要你仔细检查，就会发现基本上与我们手写的代码相同！

提示：如果你在学习 T-SQL 语法时曾经有困难，你就可以使用这个工具来产生查询语法进行查询。只要将一些表放进或拖出关系表窗格，从每一张表中选择你需要的列，通常 SQL Server 都会为你建立一个查询，然后就可以使用视图建造器上的语法，从而学会下一次该怎样创建这样的语句。

我们将该视图保存为 tallycheckeddetail2_vw，然后关闭视图建造器。

5.6 审 核

当你拥有一个视图但不确定该视图完成什么功能的时候，该干什么？首先，我们只要像以前一样，直接到 EM 中查看和编辑视图就可以了。选中 Views 子节点并双击鼠标，你将会看到视图后面的彩色编码。

不幸的是，我们不能一直用 EM 的选项来控制所有语句，好在我们有两种方法可以得到视图的真实定义：

- sp_helptext。
- syscomments 系统表。

sp_helptext 很有用，当新的版本推出以后，它会因为系统表的改变而自动更新。

注意：我们不能在视图中使用 ORDER BY 从句。ORDER BY 从句的特殊情况是，只要你使用了 TOP 谓词，就可以使用 ORDER BY。使用 ORDER BY 从句的限制只适用于视图中的编码。当你在查询中引用该视图时，仍然可以使用 ORDER BY 从句。

现在尝试另一种方法：使用 syscomments。除了使用系统表引发的向后兼容性问题之外，使用 syscomments（以及很多系统表）还带来了与对象 ID 的所有编码之间的争议。

提示：对象 ID 是 SQL Server 跟踪的内部方式，它们是整型值，而不是对象使用的名字。

幸运的是，你可以连接到 sysobjects 表，从而了解这一概念。

```
SELECT sc.text
FROM syscomments sc
JOIN sysobjects so
  ON sc.id = so.id
WHERE so.name = 'tallycheckeddetail_vw'
```

再次得到了相同的代码块（实际上，所有的 sp_helptext 也是运行这个相同的查询）：

```
text
-----------------------
CREATE VIEW tallycheckeddetail_vw
AS
SELECT   tm.tally_no,
```

```
    tm.tally_date,
    tm.append_rcpt_num,
    tm.tabler,
    tm.tabler_no,
    tm.checker,
    tm.tally_type,
    tm.tally_indicator,
    td.tally_sub_no,
    td.subj_code,
    td.summary,
    td.unit_code,
    td.dept

(1 row(s) affected)
```

笔者竭力劝告你，尽可能避免使用系统表，但笔者希望你知道该选项。

5.7 加密视图

如果你在设计商业软件产品，就会对保护源代码感兴趣。视图是我们进行加密的第一个地方。要想对视图加密，不得不使用 WITH ENCRYPTION 选项。如果你习惯于使用 WITH CHECK OPTION 从句，就知道该选项有两个技巧：

- WITH ENCRYPTION 在视图的名称之后，但在 AS 关键词之前。
- WITH ENCRYPTION 不使用 OPTION 关键字。

记住，如果你使用 ALTER VIEW 语句，那么就可以完全代替现有视图（除了许可权之外），这意味着加密也被代替。如果你想改变视图为加密状态，则需要在 ALTER VIEW 语句中使用 WITH ENCRYPTION 从句。

我们在 Store_IO 中创建的 tallycheckeddetail_vw 视图上执行 ALTER VIEW 语句。如果还没有创建 tallycheckeddetail_vw 视图，那么就将 ALTER 改变为 CREATE（不要忘记在 Store_IO 上运行该语句）。

```
USE Store_IO

GO
ALTER VIEW dbo.Tallycheckeddetail_vw
WITH ENCRYPTION
AS
SELECT   tm.tally_no,
   tm.tally_date,
   tm.append_rcpt_num,
   tm.tabler,
   tm.tabler_no,
   tm.checker,
   tm.tally_type,
   tm.tally_indicator,
   td.tally_sub_no,
```

```
        td.subj_code,
        td.summary,
        td.unit_code,
        td.dept_code,
        td.item_code,
        td.debit_or_credit,
        td.col_id,
        td.amount
    FROM     dbo.tallymaster AS tm
    INNER JOIN dbo.tallydetail AS td
    ON tm.tabler = td.tabler
    AND
          tm.tabler_no = td.tabler_no
```

现在在 Tallycheckeddetail_vw 上运行 sp_helptext：

```
EXEC sp_helptext Tallycheckeddetail_vw
```

SQL Server 立即提示不能完成要求的任务：

```
The object comments have been encrypted.
```

你可能会立即想到 syscomments 表：

```
SELECT sc.text FROM syscomments sc
JOIN sysobjects so
  ON sc.id = so.id
WHERE so.name = 'Tallycheckeddetail_vw'
```

但这样也不会得到更好的结果：

```
text
---------------------------------------------
□    □抷켙解莨啵□  挂□ 㕢□荧▯▯텀끞휠□탖쉚□                    お
뎳봞ệ冇□簑羾岈 ɔ 瞺햶□蠬쌕 쉬립袁ᆳ傷▯ 숏□훑켐□□★節              セ
评□笔▯ 뢣컺陇□关□㈀믅□襲▯ 区辛□ □□部□श 魂□□锡□□픉耀□赳畐风□癱硪ṅ쐣□偫봉誎 □픓뙂□馨□□
堦蓑Ā□哮鼪炜禍ỿ材쁑□菓 垸妶□敳淙獨戝쌤诓 铕□뤯뗾□ □ □□鍊卷□亠 □蕻□□쥐 擊扛觌恀▯▯ 翺
□□□胖□婚龚酏瞑□□ v ε □ □ 犞斨 뾆□□□□砼□榢  貌□闻□□□念赉 傸□□□흸뵏銽凳烝跔豽□□
잰ᄁ□暨肫□ □ग Q □ □菩□魈 焠 ໂ 骢莵□ ◻ □蹺摇쀛 □�□□□□

(1 row(s) affected)
```

实际上，即使我们看见了这些乱码，也不知道它们到底完成什么样的功能，所以该视图已经被我们成功地加密了。

注意： 为了简明缘故，笔者认为，你一定可以看出，该数据没有任何用途。

简而言之，你的代码不仅安全而且很充分。即使是在 EM 中产生的，你也会发现它没有用处。

提示：在使用 WITH ENCRYPTION 选项之前，要确保存储了你的源代码。一旦被加密，就没有方法可以取回代码了。如果没有将代码存储在另一个地方而需要改变该代码，那么你会发现自己需要重新编写这些代码。

以下示例使用了 WITH ENCRYPTION 选项，并显示计算列、重命名列以及多个列:

```
    USE AdventureWorks ;
    GO
    IF OBJECT_ID ('PurchaseOrderReject', 'V') IS NOT NULL
    DROP VIEW PurchaseOrderReject ;
    GO
    CREATE VIEW PurchaseOrderReject
    WITH ENCRYPTION
    AS
    SELECT PurchaseOrderID, ReceivedQty, RejectedQty, RejectedQty / ReceivedQty
AS RejectRatio
    FROM Purchasing.PurchaseOrderDetail
    WHERE RejectedQty / ReceivedQty > 0
    AND DueDate > '06/30/2001' ;
    GO
```

5.8　架构绑定

架构绑定本质上接管了视图依赖的对象（表或其他视图），而且将它们捆绑到视图中。这样处理的明显意义是，没有人可以改变这些对象（CREATE, ALTEER），除非先删除架构绑定视图（schema-bound view）。

为什么希望这样处理呢？有一些很简单的原因:

- 通过变更基础对象阻止了视图成孤立。假设有人执行了 DROP 操作或者一些其他操作（甚至删除列可能会使视图简明），但没有注意到你的视图，结果就太糟糕了。如果视图是架构绑定的，那么就阻止了这件事情的发生。
- 要允许索引视图的存在。如果你想在视图上建造索引，就必须使用 SCHEMABINDING 选项（从现在开始，将采用一定篇幅来讨论索引视图）。

如果要创建一个自己的视图架构来绑定用户定义函数（而且有时 UDF 必须是架构绑定的），那么视图也必须是架构绑定的。

在建立视图的时候，你要记住这些内容。

5.9　使用 VIEW_METADATA

对 DB-LIB、ODBC 和 OLE-DB 的客户端而言，该选项具有使视图看起来像真实表的效果。如果没有这个选项，则返回到客户端 API 的元数据就是视图依赖的基本表的数据。

提供这些元数据信息要求允许更新客户端游标（指向客户端应用程序的管理）。如果你想支持这些游标，则要使用 INSTEAD OF 触发器。

5.10 索引视图

这是 SQL Server 2005 中一个崭新的内容，但不幸的是，仅在企业版中支持这种视图（开发版和评估版也支持，但不允许你在产品系统中使用这些版本）。简单地说，这是一个非常好的功能。到目前为止，在视图上创建索引似乎仍然是一个非常可笑的概念，如果没有真实数据，怎么能对数据实施索引呢？记住，视图是一个虚拟表。也就是说，它只是在基表中执行的查找数据的一种方法，它没有自己的真实数据。正如笔者所说，直到最近才有人提供了一个更好的想法。

大概值得重申的是，只有企业版、开发版和评估版的 SQL Server 支持索引视图（Indexed View）。其他版本（标准版和个人版）允许在视图上创建索引（移植到其他版本的时候，要避免语法错误），但在查询计划中，查询优化器不会使用索引视图。

在引用视图的时候，查询中组成视图的逻辑本质上被合并到调用查询中。至关重要的是，调用查询将变得更复杂。实际上，视图在这方面的影响导致非常高的过量开销（而且由视图表示的数据决定）。此外，人们常以视图中联接表的形式在查询中添加附加的联接。

这个痛苦的问题通常使笔者希望利用许多年前 AS/400 上使用的一个概念。问题中的概念指联接文件，它允许在多张表上建造索引，该索引建立在所有参与表的数据上。联接表可以有效地充当联接表中没有过量开销的单元，索引本质上组成了表与表之间快速简便的访问关系，而不是每次运行在数据组合集上的一种查询处理。

从用户的角度看，在许多方式下，SQL Server 现在有一些与 Oracle 的物化视图相等的东西。索引视图本质上是一个具有一系列唯一值的物化为聚类索引形式的视图，其优点在于，可以根据后面的视图和提取的信息提供一个快速查询。在第一个索引之后（必须是唯一一组值下的聚集索引），SQL Server 也可以用第一个索引的簇键作为参考点，在视图上创建附加索引。这就是说，没有什么是自由产生的。有关何时能和何时不能在视图上建造索引，有一些限制：

- 视图必须使用 SCHEMABINDING 选项。
- 如果视图引用任何 UDF，那么这些用户自定义函数也必须是架构绑定的。
- 视图一定不要引用任何其他视图，只有表和 UDF。
- 在视图中引用的所有表和 UDF 必须应用传统的两部分（一点也不允许是二部分或四部分）命名方法（例如 dbo.Customers，BillyBob.SomeUDF），而且视图必须有相同所有者。
- 视图必须与视图引用的所有对象存在于同一数据库中。
- 在创建索引的时候，必须打开 ARITHABORT 选项（使用 SET 命令）。

为了创建一个样例索引视图，我们要从本章前面创建的 Tallycheckeddetail_vw 对象做一些改动开始。

```
ALTER VIEW dbo.Tallycheckeddetail_vw
WITH SCHEMABINDING
AS
SELECT   tm.tally_no,
   tm.tally_date,
   tm.append_rcpt_num,
```

```
        tm.tabler,
        tm.tabler_no,
        tm.checker,
        tm.tally_type,
        tm.tally_indicator,
        td.tally_sub_no,
        td.subj_code,
        td.summary,
        td.unit_code,
        td.dept_code,
        td.item_code,
        td.debit_or_credit,
        td.col_id,
        td.amount
    FROM    dbo.tallymaster AS tm
    INNER JOIN dbo.tallydetail AS td
    ON tm.tabler = td.tabler
    AND
          tm.tabler_no = td.tabler_no
```

这里需要注意几点：

- 我们不得不让视图使用 SCHEMABINDING 选项。
- 为了利用 SCHEMABINDING 选项，不得不对引用的对象（此时就是所有表）采用两部分命名。

在此，最好不要使用计算列。虽然你可以用非聚集表达式建立索引视图，但查询优化器会忽略这些表达式。应用这种视图的唯一方式是，使用直接查询提示。

这才是真正的开始——我们还没有一个索引视图。相反，我们拥有的是可以建立索引的视图。当我们创建索引的时候，视图上创建的第一个索引必须既要聚集又要唯一。

```
SET ARITHABORT ON

CREATE UNIQUE CLUSTERED INDEX ivTallycheckeddetail
ON dbo.Tallycheckeddetail_vw(tabler,  tabler_no,  tally_sub_no)
```

一旦执行该命令，我们就产生了一个聚集视图。但是，此时也会产生一个小问题，而且该问题变得更明显。

下面通过运行一个简单的 SELECT 语句来测试该视图。

```
SELECT * FROM dbo.Tallycheckeddetail_vw
```

如果执行该语句，表面看起来一切正常，但试图展示图形显示计划（Display Estimated Execution Plan 是一个工具提示，你会在工具栏的右侧发现图标）时，会出现一些小问题，如图 5-6 所示。

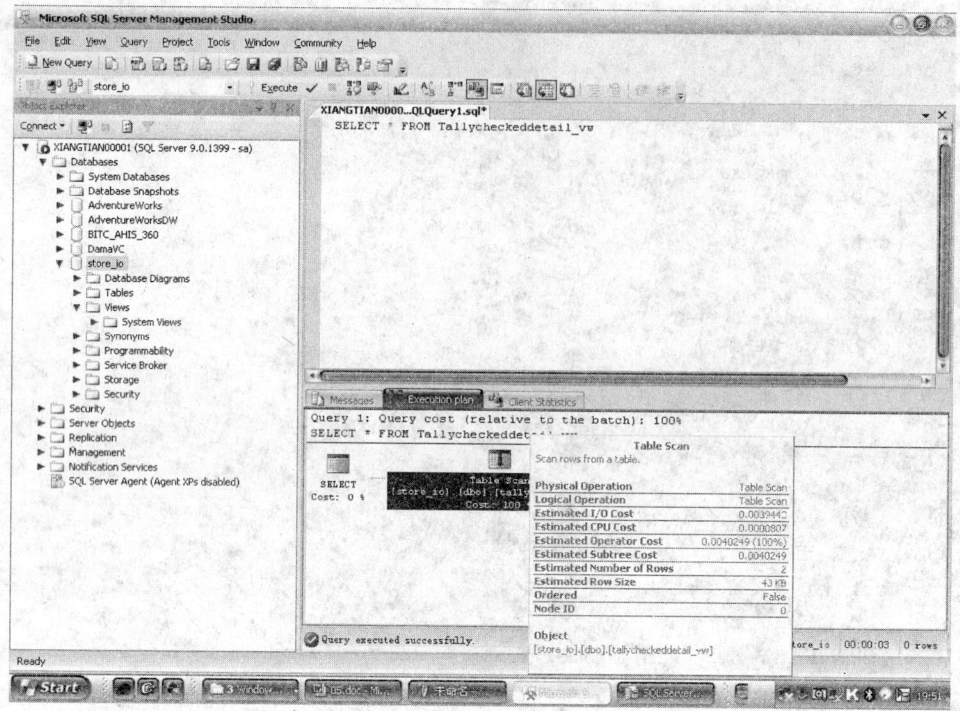

图 5-6　显示估计执行计划

在前面提到了一些小问题，证据就在显示板上。如果查看该图，就会看到我们还没有使用索引。

这里的问题是表的大小。Store_IO 数据库没有足够的数据，优化器在运行时间和工作量之间进行权衡，从而查找出一个更好的计划。例如，如果你掌握的计划可以在不到 1 秒的时间内完成，那么你用 2 秒钟思索这种计划有什么意义呢？

> 在决定创建索引的时候，记住有多少数据与一直查找一个更好的计划将要付出多大代价这两问题——不仅对索引视图。对于小型数据集，很有可能 SQL Server 将完全忽视索引以利于完成第一个计划。此时，你付出了维护索引的代价（使 INSERT、UPDATE 和 DELETE 执行速度变慢），但在 SELECT 中没有受益。

为了查看其中的差别，我们需要做充分的准备以后再进行验证。这些内容已经超出了本书的范围，读者可以自行练习。

5.11　设计视图准则

前面所描述的内容都是有关设计视图的内容。实际上，在创建视图前，我们需要考虑如下准则：

- 只能在当前数据库中创建视图。如果使用分布式查询定义视图，则新视图所引用的表和视图可以存在于其他数据库甚至其他服务器中。
- 视图名称必须遵循标识符的规则，且对每个架构都必须唯一。此外，该名称不得与该架构包含的任何表的名称相同。
- 你可以对其他视图创建视图。Microsoft SQL Server 2005 允许嵌套视图，但嵌套不得超过 32 层。根据视图的复杂性及可用内存，视图嵌套的实际限制可能低于该值。

- ❑ 不能将规则或 DEFAULT 定义与视图相关联。
- ❑ 不能将 AFTER 触发器与视图相关联，只有 INSTEAD OF 触发器可以与之关联。
- ❑ 定义视图的查询不能包含 COMPUTE 子句、COMPUTE BY 子句或 INTO 关键字。
- ❑ 定义视图的查询不能包含 ORDER BY 子句，除非在 SELECT 语句的选择列表中还有一个 TOP 子句。
- ❑ 定义视图的查询不能包含指定查询提示的 OPTION 子句。
- ❑ 定义视图的查询不能包含 TABLESAMPLE 子句。

不能为视图定义全文索引定义。

包含的列数不超过 1024 列。

- ❑ 不能创建临时视图，也不能对临时表创建视图。
- ❑ 不能删除参与到使用 SCHEMABINDING 子句创建的视图中的视图、表或函数，除非该视图已被删除或更改而不再具有架构绑定。另外，如果对参与具有架构绑定的视图的表执行 ALTER TABLE 语句，而这些语句又会影响该视图的定义，则这些语句将会失败。
- ❑ 尽管查询引用一个已配置全文索引的表时，视图定义可以包含全文查询，但仍然不能对视图执行全文查询。

下列情况下必须指定视图中每列的名称。

- ❑ 视图中的任何列都是从算术表达式、内置函数或常量派生而来。
- ❑ 视图中有两列或多列原应具有相同名称（通常由于视图定义包含联接，因此来自两个或多个不同表的列具有相同的名称）。
- ❑ ❑ 希望为视图中的列指定一个与其源列不同的名称（也可以在视图中重命名列）。无论重命名与否，视图列都会继承其源列的数据类型。

注意：此规则在视图基于包含外部联接的查询时不适用，因为列可能从不支持空值都支持空值。

其他情况下，无需在创建视图时指定列名。SQL Server 会为视图中的列指定与定义视图的查询所引用的列相同的名称和数据类型。选择列表可以是基表中列名的完整列表，也可以是其部分列表。

若要创建视图，必须获得数据库所有者授予你创建视图的权限。如果使用架构绑定创建视图，必须对视图定义中所引用的表或视图具有适当权限。

默认情况下，由于行通过视图进行添加或更新，当其不再符合定义视图的查询条件时，它们即从视图范围中消失。例如，创建一个定义视图的查询，该视图从表中检索员工的薪水低于$30 000 的所有行。如果员工的薪水涨到$32 000，因其薪水不符合视图所设条件，查询时视图不再显示该特定员工。但是，WITH CHECK OPTION 子句强制所有数据修改语句均根据视图执行，以符合定义视图的 SELECT 语句中所设条件。如果使用该子句，则对行的修改不能导致行从视图中消失。任何可能导致行消失的修改都会被取消，并显示错误。

可以对敏感视图的定义进行加密，以确保不让任何人得到它的定义，包括视图的所有者。

你可以通过视图修改基础基表的数据，修改方式与通过 UPDATE、INSERT 和 DELETE

语句或使用 bcp 实用工具以及 BULK INSERT 语句修改表中数据一样。但以下限制应用于更新视图而不可应用于表：

- 任何修改（包括 UPDATE、INSERT 和 DELETE 语句）都只能引用一个基表的列。
- 视图中被修改的列必须直接引用表列中的基础数据，它们不能通过其他方式派生。
- 聚合函数（AVG、COUNT、SUM、MIN、MAX、GROUPING、STDEV、STDEVP、VAR 和 VARP）。
- 计算不能通过表达式并使用列计算出其他列。使用集合运算符（UNION、UNION ALL、CROSSJOIN、EXCEPT 和 INTERSECT）形成的列得出的计算结果不可更新。
- 正在修改的列不受 GROUP BY、HAVING 或 DISTINCT 子句的影响。

注意：以下一限制中的某些并不应用于分区视图，而所有限制都不应用于通过 INSTEAD OF 触发器应用的更新。

上述限制应用于视图的 FROM 子句中的任何子查询，就像其应用于视图本身一样。通常，SQL Server 2005 必须能够明确跟踪从视图定义到一个基表的修改。例如，以下视图不可更新：

```
CREATE VIEW TotalSalesContacts
AS
SELECT C.LastName,
SUM(O.TotalDue) AS TotalSales
FROM Sales.SalesOrderHeader O, Person.Contact C
WHERE C.ContactID = O.ContactID
GROUP BY LastName
```

对 TotalSalesContacts 的 LastName 列所做的修改是不可接受的，因为该列已受到 GROUP BY 子句的影响。如果有多个具有相同姓氏的实例，则 SQL Server 将无法得知要 UPDATE、INSERT 或 DELETE 哪一个实例。同样，尝试修改 TotalSalesContacts 的 TotalSales 列将返回错误，因为此列是由聚合函数派生而来的，SQL Server 无法直接跟踪此列到其基表（SalesOrderHeader）。

另外还将应用以下附加准则：

- 如果在视图定义中使用了 WITH CHECK OPTION 子句，则所有在视图上执行的数据修改语句都必须符合定义视图的 SELECT 语句中所设置的条件。如果使用了 WITH CHECK OPTION 子句，那么修改行时需注意不让它们在修改完成后从视图中消失。任何可能导致行消失的修改都会被取消，并显示错误。
- INSERT 语句必须为不允许为空值并且没有 DEFAULT 定义的基础表中的所有列指定值。
- 在基础表的列中修改的数据，必须符合对这些列的约束，例如为空值、约束及 DEFAULT 定义等。如果要删除一行，则相关表中的所有基础 FOREIGN KEY 约束必须仍然得到满足，删除操作才能成功。
- 不能使用由键集驱动的游标更新分布式分区视图（远程视图），此项限制可通过在基础表上而不是在视图本身上声明游标得到解决。

- 不能对视图中的 text、ntext 或 image 列使用 READTEXT 和 WRITETEXT 语句。

如果以上限制使你无法直接通过视图修改数据，请考虑以下选项：

- 使用具有支持 INSERT、UPDATE 和 DELETE 语句的逻辑的 INSTEAD OF 触发器。有关详细信息，请参阅设计第 10 章。
- 使用修改一个或多个成员表的可更新分区视图。有关详细信息，请参阅第 1 章和第 16 章。

要查看有关现有视图的相关信息，可以采取以下几种方式：

- SQL Server 管理向导。
- Sys.views 目录视图。
- sp_helptext 系统存储过程。
- sys.sql_dependencies 目录视图。

例如，可以使用 sys.views 查看 AdventureWorks 数据库中可用的视图信息。

```
USE AdventureWorks
GO
SELECT * FROM sys.views
```

你可以使用 sp_helptext 系统存储过程来查看未加密视图的信息。如果你使用该存储过程查看加密视图的信息，则会出现错误。下列语句将返回视图 HumanResources.vEmployee 的定义：

```
USE AdventureWorks
GO
EXEC sp_helptext 'HumanResources.vEmployee'
```

在删除视图或表之前，你可以使用 sys.sql_dependencies 目录视图，检查是否存在其他视图依赖于该视图。如果存在被引用表或被引用视图，则系统将在 sys.sql_dependencies 视图中包含一条记录。

下面的例子可以查看 AdventureWorks 数据库上直接依赖于 HumanResources.Employee 表的所有数据库对象：

```
USE AdventureWorks
GO
SELECT DISTINCT OBJECT_NAME(object_id) as Name
FROM sys.sql_dependencies
WHERE referenced_major_id =
OBJECT_ID(N'AdventureWorks.HumanResources.Employee')
```

5.12 小　结

在笔者见过的大多数数据库中，视图倾向于成为使用最多或最少的工具。一些人喜欢使用视图提取相似信息（在这样处理的时候，他们通常忘记了自己在添加另一个处理层）。其他人则似乎忘记了视图甚至是一个选项。从个人角度说，像大多数事情一样，当视图刚好是要使用的工具时，最好使用它——不早也不晚。在视图中要记住的事情如下：

- 不要基于视图建立视图。相反，从第一个视图中采集合适的信息到新视图中。
- 记住，使用 WITH CHECK OPTION 的视图提供了不能用标准 CHECK 约束提供的灵活性。
- 在不想让别人看见源代码时，你可以对视图进行加密。要么因为商业产品，要么因为安全性。
- 在 SQL Server 7.0 以前，最多可以联接 16 张表，包含视图的查询需要在那些视图中包括表作为表数量的一部分。
- 使用 ALTER VIEW 完全代替了现有视图，但没有代替许可权。这意味着，如果想要加密并限制更改的视图有效，那么你必须在 ALTER 语句中包含 WITH ENCRYPTION 和 WITH CHECK OPTION 从句。
- 使用 sp_helptext 显示视图支持的代码，避免使用系统表。
- 对产品查询，需要最小化可以访问视图的用户；他们增加了额外的负荷并影响了性能。

视图的普通用途包括：

- 过滤行。
- 保护重要数据。
- 减少数据库的复杂性。
- 将多个物理数据库抽象成一个逻辑数据库。

笔者将在下一章介绍有关约束、默认值和默认规则方面的知识。

6

约 束

笔者曾多次提到有关约束的概念，本章要进行重点讨论。对熟悉 SQL Server 的人来说，笔者还是建议要对 SQL Server 2005 的这一明显变化予以了解，因为它添加了我们期待已久的许多内容。

我们已经多次提到什么是约束，下面回顾一下有关约束的定义。

约束就是限制。将约束放置在列或表上，可以确保数据满足某种完整性规则。

笔者曾在《SQL Server 2005 初学者指南》中讨论过有关数据完整性的问题，而且明确该问题不是使用数据库的程序的责任。这样处理的优点在于，通过对各种数据源的数据库插入、更新和删除数据，既可以保证在独立应用程序中（此时只有一个程序访问数据库），也可以保证从程序的不同地方访问相同表。另外，数据库管理员（这意味着你既是用户又是管理员）偶尔会为了处理用户产生的问题而更改数据。在更复杂的场合，你可能会碰到从几百条路径更改一小点数据的情况，这时最好不要干预数据库自身的行为。

数据库管理已经将数据完整性的责任归结为数据库本身的责任。虽然在将数据插入到数据库中时，仍然会有许多事情使你陷入困境，但现在数据库处理问题所采用的方法主动响应而不是被动响应。现在开发的许多程序都允许进入数据库的许多问题被提前捕获，但数据库知道拒绝这些数据（尽管程序允许该数据通过）。这是如何完成的呢？最基本的方法就是采用约束（数据类型和触发器是维护数据完整性的成员）。下面进行讨论。

在本章中，我们将会看到 3 种不同类型的高层约束：

- 实体约束（Entity constraints）。
- 域约束（Domain constraints）。
- 引用完整性约束（Referential integrity constraints）。

在更特殊的地方，我们将看到实现这些约束的特殊方法，包括：

- 主键约束（PRIMARY KEY constraints）。
- 外部键约束（FOREIGN KEY constraints）。
- 唯一性约束[（也叫变更键 alternate keys）]。
- CHECK 约束（CHECK constraints）。
- 默认约束（DEFAULT constraints）。
- 规则（Rules）。
- 默认值（与默认约束相似，但不尽相同）。

SQL Server 2005 的新功能支持引用完整性行为的两个最普通要求——级联更新和级联（CASCADE）删除。在很长时间内，这已经成为 SQL Server 中省略的最值得炫耀的特性之一，但在这一版本中要特别小心。在介绍外部键约束时，我们会详细讨论 CASCADE 行为。

同时，我们也要简要介绍实现数据完整性规则的一种方法：触发器和存储过程（后续章节会介绍更多内容）。

6.1 约束类型

实现约束的方法有多种，但都归结为这 3 种类型：实体、域或引用完整性约束。

6.1.1 域约束

域约束（Domain Constraints，也可以叫列约束）处理一列或多列。这里讨论的内容是假定特定列或特定的一组列满足特定标准。当你插入或更新一行时，应用的约束对表中其他行没有影响，只对自己感兴趣的列的数据有影响。实际上，它指定了对列有效的一组数据，并决定这些值是否可为空。

例如，如果我们希望定义一个 UnitPrice 列只含有大于或等于 0 的数据，那么它就是一个 Domain Constraints。不满足约束的 UnitPrice 列的行数据将会被拒绝。为了保证整个列满足该约束（无论它有多少行），可以是将完整性规则强加于该列之上。在这里，域指列，而约束则指域约束。

在处理 CHECK 约束、规则、默认值和默认约束时，我们将看到这种类型的约束。通常可用域约束来进行完整性校验，并限制列上允许的数据类型、格式和范围。

6.1.2 实体约束

实体约束（entity constraints，也可以叫表约束）是完全针对独立行而言的。这种类型的约束实际并不关心把列作为一个整体，它只关心特定行，而且每一行在列或组合列上需要用唯一值的约束作为范例。

有人会说，唯一值列就意味着域约束，这是不正确的。我们并不是说该列要满足特定格式，或者这个值大于或小于某值，这里说的是这一行，同样的值不能存在于其他行之中。

在处理主键和唯一性约束时，我们将看到这种类型的约束。

6.1.3 引用完整性约束

当一列的值要匹配另一列的值时，需要创建引用完整性约束（referential integrity constraints）。在相同表中，或者在不同表中。

假设我们要为药品进行属性分类，而且接受各条药品的信息。为了支持分类统计查询，我们需要该分类具有完整定义。实际上我们不想让西药变成中草药，这就是引用完整性的产生原因，它允许我们建立一个叫做域表（domain table）的东西。域表是一张表，其核心目的是提供接受值的限制清单。此时，我们可以建立一张表，如表 6-1 所示。

表 6-1　药品表

ClassID	ClassName
1	西药
2	中成药
3	中草药

接下来可以引用域表中的 ClassID 列建立一张或多张表。使用引用完整性，任何定义为 DrugClassName 表的参照表比（如 DrugName 表）将拥有一个与 DrugClassName 表中的 ClassID 列匹配的列。在参照表中插入的每一列，都将拥有域清单（它将拥有 DrugClassName 表中的相应行）中的值。

在本章后面的外部键约束中，我们将看到有关这方面的更多内容。

6.2 约束名

在认真思考约束的本质之前，我们讨论一下有关命名约束的问题。

对本章中将要处理的每一种不同类型的约束，你可以选择不提供名字。也就是说，可以采用 SQL Server 提供的名字，但是 SQL Server 创建的名字用处不大。

例如，SQL Server 产生的名字有点像 PK_Sites_145C0A3E。这是 SQL Server 为 DamaVC 数据库的 Sites 表产生的主键名，这个主键在本章后面将要被创建。PK 代表主键（这是最有用的部分），Sites 代表在 Sites 表上，其他内容是为了确保唯一性而随机产生的。如果通过脚本创建主键，就只能得到这种类型的命名。如果通过企业管理器创建该表，就可以得到一个 PK_Sites 名的主键。

这还不是太坏的情况，其他约束名的帮助信息就更少了。例如，在本章后面使用 CHECK 约束将产生 CK_News_22AA2996 这样的名字。此时，我们可以知道这是一个 CHECK 约束，但不知道 CHECK 的功能是什么。

因为我们在一张表上可以有多个 CHECK 约束，所以你会对同一张表上同时存在下列约束名感到困惑。

- CK_News_22AA2893
- CK_News_25869646
- CK_News_267ABA7E

无需说明，如果你需要编辑这些约束中的一个，那么你很难指出哪一个约束具体针对哪一个。

从个人角度来说，用约束类型并配合显示其完成任务的从句组合体作为约束名，或者采用它的列名作为约束名。例如，为了确保用户不能低于收费标准而形成一个约束，可以使用 CKPriceExceedsCost 作为约束名，或者在一列上用像 CKZoneZip 这样简单命名，以确保邮政编码列满足适当的格式。

像本书中处理命名一样，怎样命名并不重要。重要的是：

- 一致性。
- 可理解性。
- 在满足上面的规则下尽可能短。
- 所做的事情满足一致性吗？

6.3 键约束

在数据库开发中，你常听到 4 种不同类型的常用键：主键、外部键、变更键和翻转键。在本章中，我们只关注前 3 种键，因为它们在数据库中提供了约束。

基本上，翻转键只是不在表（主键、外部键和唯一键）中应用某种约束的索引。翻转键不是加强数据的完整性，几乎就是数据排序的一种变换方式。

键是数据库设计和管理的基础概念之一，要牢固地掌握它。这将是本书中的最重要概念之一，要进行严格定义。

6.3.1 主键约束

在实际定义主键约束之前，我们简要讨论一下关系数据库。关系数据库是基于能将数据相关而创建的，因此在关系数据库中对多数表来说（也有例外，但很少），每一行拥有一个唯一标识是十分严格的。唯一标识允许你将该记录与数据库其他表中的记录精确相关，所以形成了两张表之间的关系。

这是一个相当重要的概念。在那些环境下，我们一次处理一条记录。我们通常要打开整张表，并且一次向前查找一条记录，直到找到了要找到的记录为止。

主键是每一行记录的唯一标识，它们必须包含唯一值（因此不能是 NULL 值）。由于它在关系数据库中的重要性，所以主键是所有键和约束中最基本的键。

不要对主键感到困惑，它使用 GUID 唯一标识了表中的每一行， GUID 是在时间和空间上最普通的用于标识某种东西（远不止行）的工具。 虽然 GUID 当然可以用作主键，但也招致一些过量的开销。在只处理表的内容时，常常不能被调用。实际上，在数据库环境下，GUID 特别有用的地方就是作为处理重复值或其他分布式数据的主键。

一张表最多只能拥有一个主键。如前所述，很少有不想在一张表上拥有一个主键的时候。

笔者在这里提到很少，意味着非常少。严格地说，一张不含有主键的表超出了关系数据的概念，这意味着不能保证与特定记录相关，该表中的数据不再有任何区别。

在这种情况下，你可以拥有逻辑相同但实际不同的罕见的多行记录，但这不意味着不想要主键。尽管此时使用 GUID 的意义不是很明显，但这种方法大多数采用标识列实现。

确保声明为主键一部分的列的唯一性，而且唯一值充当了表中每一行的标识。怎样创建一个主键呢？创建主键的方式有两种：可以在 CREATE TABLE 语句中创建主键，也可以使用 ALTER TABLE 命令创建主键。

在 SQL Server 6.0 版之前，还有一种方法创建主键，这种方法使用 sp_primarykey 存储过程。此种方法已经过时了，笔者在此进行提示是以免你在某些代码中看见该存储过程时感到惊讶。

表通常具有包含唯一标识，其中每一行的值的一列或一组列，这样多列称为表的主键（PK），用于强制表的实体完整性。在创建或修改表时，你可以通过定义 PRIMARY KEY 约束来创建主键。

一个表只能有一个 PRIMARY KEY 约束，并且 PRIMARY KEY 约束中的列不能接受空值。由于 PRIMARY KEY 约束可以保证数据的唯一性，因此经常对标识列定义这种约束。

如果为表指定了 PRIMARY KEY 约束，则 SQL Server 2005 Database Engine 将通过为主键列创建唯一索引来强制数据的唯一性。当在查询中使用主键时，此索引还可用来对数据进行快速访问。因此，所选的主键必须遵守创建唯一索引的规则。

唯一索引规则可通过以下方式实现：

（1）PRIMARY KEY 或 UNIQUE 约束。

在创建 PRIMARY KEY 约束时，如果不存在该表的聚集索引，而且未指定唯一非聚集索引，则将自动对一列或多列创建唯一聚集索引。主键列不允许空值。

在创建 UNIQUE 约束时，默认情况下将创建唯一非聚集索引，以便强制添加 UNIQUE 约束。如果不存在该表的聚集索引，则可以指定唯一聚集索引。

（2）独立于约束的索引。

可以为一个表定义多个唯一非聚集索引。

（3）索引视图。

若要创建索引视图，请对一个或多个视图列定义唯一聚集索引。视图的执行（具体化）和结果集的存储都是在索引叶级别进行的，结果集的存储方式与表数据在聚集索引中的存储方式相同。

如果对多列定义了 PRIMARY KEY 约束，则一列中的值可能会重复，但来自 PRIMARY KEY 约束定义中所有列的任何值组合必须唯一。

如图 6-1 所示，Purchasing.ProductVendor 表中的 ProductID 和 VendorID 列构成了针对此表的复合 PRIMARY KEY 约束，以确保 ProductID 和 VendorID 的组合是唯一的。

主键

ProductID	VendorID	AverageLeadTime	StandardPrice	LastReceiptCost
1	1	17	47.8700	50.2635
2	104	19	39.9200	41.9160
7	4	17	54.3100	57.0255
609	7	17	25.7700	27.0585
609	100	19	28.1700	29.5785

ProductVendor 表

图 6-1　表中的主键

当进行联接时，PRIMARY KEY 约束将一个表与另一个表关联。例如，若要确定哪些供应商供应哪些产品，可以在 Purchasing.Vendor、Production.Product 和 Purchasing.ProductVendor 表之间使用一个三向联接。因为 ProductVendor 包含 ProductID 和 VendorID 列，所以可以通过与 ProductVendor 的联系来访问 Product 和 Vendor 表。

1. 在创建表时创建主键

我们复习一下上一章的 CREATE TABLE 语句，这里对其中的两条语句进行适当的修改。

```
USE Store_IO

CREATE dbo.TABLE IDetail
(
   INo        int            identity    NOT NULL ,
   IitemNo    int                 NOT NULL,
   Idate  SmallDatetime          NOT NULL,
   ISource    varchar(4)          NOT NULL,
   IMode  varchar(2)             NOT NULL,
   IstrumCodevarchar(4)          NOT NULL,
   ISerialNo varchar(20)   NULL,
```

```
    IUnit  varchar(8)       NOT NULL,
    IAmount   int               NOT NULL,
    IMemo  varchar(512)     NULL,
    IAuthor   varchar(12)       NOT NULL,
    ISManager varchar(12)   NOT NULL,
    IHandler  varchar(12)   NOT NULL,
CONSTRAINT IDetail_PK PRIMARY KEY (INo,IitemNo));
```

现在看来语句似乎有点老掉牙了，但它提供了一个非常重要的部分——主键约束。假设我们要定义 Ino 和 IitemNo 作为主键，为什么是 Ino 和 IitemNo 列而不是其他列呢？我们在第 2 章介绍了什么可以组成一个很好的主键，现在只要简短地思考一下就明白了：你希望两张入库单具有同一个入库编号吗？显然不，因此把 INo 用作入库单的标识之一，其意义相当明显了。另外，一张入库单上有多条商品的入库记录，显然我们要将流水号当作入库记录的标识之一。实际上，这样的系统已经使用了很多年，所以重新讨论这一点是毫无意义的。

在 CREATE TABLE 语句中包含主键约束，可以采用上面定义多列的方法，也可以采用下面的方法，即在希望成为主键部分的列的右边添加约束信息。

```
USE Store_IO

CREATE TABLE dbo.IDetail
(
      INo    int            identity    NOT NULL
PRIMARY KEY ,
     IitemNo int                 NOT NULL,
   IDate   SmallDatetime       NOT NULL,
   ISource   varchar(4)          NOT NULL,
   IMode  varchar(2)           NOT NULL,
   IstrumCodevarchar(4)        NOT NULL,
   ISerialNo varchar(20)   NULL,
   IUnit  varchar(8)       NOT NULL,
   IAmount   int               NOT NULL,
   IMemo  varchar(512)     NULL,
   IAuthor   varchar(12)       NOT NULL,
   ISManager varchar(12)   NOT NULL,
   IHandler  varchar(12)   NOT NULL);
```

注意：如果你想试验该代码，那么首先要使用 DROP TABLE Customer 命令删除现有的表。另外，该例子实际是改变了一列（所做的一切是删除逗号）并在该列的第二行添加了一些代码。简而言之，我们只要添加一个非常简单的关键词（虽然这是两个词，但作为一个词使用），就拥有了自己的主键。特别重要的是，作为 identity 列的列，必须是 int、 bigint、smallint、tinyint 或 decimal 及 numeric，而且尾数长度为 0。如果在一列的右边添加关键词 PRIMAYR KEY，则该表只能用一列作为主键；如果用多列作主键，则必须使用 CONSTRAINT IDetail_PK PRIMARY KEY （列名）的语句。

```
USE Store_IO

CREATE TABLE dbo.IDetail1
(
INo       int             identity        NOT NULL
PRIMARY KEY,
IitemNo   int                 identity NOT NULL
PRIMARY KEY,
   Idate  SmallDatetime        NOT NULL,
   ISource   varchar(4)         NOT NULL,
   IMode  varchar(2)           NOT NULL,
   IstrumCodevarchar(4)        NOT NULL,
   ISerialNo varchar(20)   NULL,
   IUnit  varchar(8)       NOT NULL,
   IAmount   int               NOT NULL,
   IMemo  varchar(512)     NULL,
   IAuthor   varchar(12)       NOT NULL,
   ISManager varchar(12)   NOT NULL,
   IHandler  varchar(12)   NOT NULL);
```

系统会提示：

```
C Server: Msg 8110, Level 16, State 1, Line 7
Cannot add multiple PRIMARY KEY constraints to table 'IDetail1'.
Server: Msg 2744, Level 16, State 1, Line 7
Multiple identity columns specified for table 'IDetail1'. Only one identity
column per table is allowed.
```

2. 在一张现有表上创建主键

现在提出的问题是：如果一张表已经存在，而且想要设置主键，该完成哪些任务？也非常简单，我们以 IDetail 表为例：

```
USE Store_IO

ALTER TABLE dbo.Store_Idetail
  ADD CONSTRAINT PK_Idetail
  PRIMARY KEY (INO,ItemNo)
```

ALTER 命令告诉了 SQL Server:

- 正在给表添加一些内容（如果这样选择，就可以从表中删除一些内容）。
- 在表中添加什么（一个约束）。
- 想对约束怎样命名（允许你随后直接访问约束）？
- 约束类型（主键）。
- 应用约束的列。

6.3.2 外部键约束

外部键是确保数据完整性并显示表之间关系的一种方法。在一张表上添加一个外部键，实际就是在创建定义外部键的表[参照表（referencing table）]和外部键引用的表[引用表

（referenced table）]之间的信赖关系。添加完外部键后，插入到参照表中的任何记录要么在引用表的引用列中有记录，要么外部键列的值必须设置为 NULL。

假设我们在 Store_IO 数据库中创建另一张叫做 InstruName 的表，并对 Idetail 表进行修改。在这个修改语句中需要注意，我们将同时使用主键和外部键。在继续设计的过程中，你将要看到主键是表的非常严格的一部分。除了要说明参照之外，在脚本中添加外部键的方式通常与创建主键的方式相同。该语法放在单列上，或者放在我们放置外部键约束的多列上，如下所示：

```
<column name> <data type> <nullability>
FOREIGN KEY REFERENCES <table name>(<column name>)
    [ON DELETE {CASCADE|NO ACTION}]
    [ON UPDATE {CASCADE|NO ACTION}]
```

创建 InstruName 表的代码如下：

```
USE Store_IO

CREATE TABLE dbo.InstruName
(
IIstrumCode  Varchar(4)
       CONSTRAINT UPKCL_ISTN PRIMARY KEY CLUSTERED,
IIstrumName  Varchar(16),
InputCode Varchar(6)
)
```

修改后创建 Idetail 表的完整语法如下：

```
USE Store_IO

CREATE TABLE dbo.IDetail
(
     INo     int           identity    NOT NULL ,
       IitemNo   int                   NOT NULL,
   IDate  SmallDatetime        NOT NULL,
   ISource   varchar(4)         NOT NULL,
   IMode   varchar(2)          NOT NULL,
   IstrumCodevarchar(4)         NOT NULL
                FOREIGN KEY REFERENCES InstruName (IIstrumCode),
   ISerialNo varchar(20)   NULL,
   IUnit  varchar(8)       NOT NULL,
   IAmount    int              NOT NULL,
   IMemo  varchar(512)      NULL,
   IAuthor    varchar(12)       NOT NULL,
   ISManager varchar(12)   NOT NULL,
   IHandler  varchar(12)   NOT NULL,
         CONSTRAINT IDetail_PK PRIMARY KEY (INo,IitemNo));
```

实际被引用的列必须有一个主键或唯一性约束（本章后面将要讨论有关唯一性约束的内容）。

值得注意的是，一张表上既可以有主键又可以有外部键，而且主键和外部键可以存在于同一列上。

一旦成功地运行了上面的代码，你就可以运行 sp_help，而且在 sp_help 信息约束部分下应该看到报告的新约束。如果你想得到更多内容，则可以运行 sp_helpconstraint，该语法很简单。

EXEC sp_helpconstraint <table name>

在新的 Idetail 表上运行 sp_helpconstraint，你就会得到返回表的所有约束的名字、标准和状态的信息。此时，Idetail 表拥有一个外部键约束和一个主键约束。

当你在该表上运行 sp_helpconstraint 时，单词 Clustered 就会立即显示在 PRIMARY KEY 后面，这意味着它拥有聚集索引。

不像主键，我们不要将外部键限制在一张表上。我们可以在每张表上拥有 0～253 个外部键。唯一的限制是给定列只能拥有唯一一个外部键。可以用多个列共享一个外部键，给定列是外部键引用的目标，也能被许多表引用。

1. 在现有表上添加外部键

像主键或者约束一样，我们有时也想给现有表添加外部键，这种情况的处理与增加主键的情况相似。

我们在 Idetail 表上添加另一个外部键，限制产品来源（Isource）字段（将保存产品是从哪个厂家入库的），以保证 Idetail 表中定义的来源是有效的，方便以后进行分类统计。要完成该任务，我们需要能唯一定义被引用表的目标记录。实际上，Isource 来源于表 FacName，创建 FacName 的完整语句如下：

```
USE Store_IO

CREATE TABLE dbo.FacName
(
SerialNo  Varchar(4)
   CONSTRAINT UPKCL_ISN PRIMARY KEY CLUSTERED,
HosFacName   Varchar(60),
Attribute Varchar(1)
)
```

如前所述，你可以参照一个主键或唯一约束列完成该任务。此时，我们要充分利用在 FacName 表上安放的主键。

```
ALTER TABLE dbo.Idetail
  ADD CONSTRAINT FK_IdetailFromFac
  FOREIGN KEY (ISource) REFERENCES FacName(SerialNo)
```

再次在 Idetail 表上执行 sp_helpconstraint，你就可以看到已经添加了一些新约束。

注意： 虽然我们添加了两个外部键时，但在 sp_helpconstraint 结果的下面仍然只有一行（如果你选择了 Results in Grid，就在 messages 标签页下），说没有外部键引用该表（No foreign keys reference this table）。这告诉我们，虽然在该表中确实有外部键引用其他表，但没有其他表引用该表。如果你想看到其中的差别，那么只要在 InstruName 或 FacName 表上运行 sp_helpconstraint，就可以看到这些表都被新的 Idetail 表引用了。

2. 使一张表变成自参照

如果要引用的列不在其他表中，而实际就在要建立参照的表中，该怎么办？一张表既可以是参照表又可以是引用表吗？猜猜看！实际上，虽然这不是一种常见的情况，但它确实是一个常规应用。

在建立自引用约束之前，我们需要引用一个基于标识列的字段（非空），在添加外部键之前，需要在该表中至少添加一行记录，这是非常严格的，为什么？问题是，在核查并执行了外部键之后，我们已经选择并填充了标识值。当核查发生时，你还没有一个值引用第一行的值。这里的另一个选项是继续创建外部键，但在添加第一行记录时使外部键失效。我们随后会讨论使约束失效的知识。

这是一张基于标识参照列的表，添加约束之前，我们需要在表中添加一个基本行。假设我们创建了一张在院病人记录表，其创建语法为：

```
create table inpadm.pats_in_hospital
  (
  patient_id            varchar(10)     NOT NULL,
  visit_id              int             NOT NULL,
  ward_code             varchar(8)      NOT NULL,
  dept_code             varchar(8)      NOT NULL,
  bed_no                int          NOT NULL,
  admission_date_time         smalldatetime NOT NULL,
  adm_ward_date_time          smalldatetime   NOT NULL,
  diagnosis             varchar(80) NOT NULL,
  patient_condition           varchar(1)   NOT NULL,
  nursing_class             varchar(1) NOT NULL,
  doctor_in_charge          varchar(8) NOT NULL,
  operating_date            smalldatetime   NULL,
  billing_date_time             smalldatetime   NULL,
  prepayments               decimal(10,2)   NULL,
  total_costs               decimal (10,2),
  total_charges             decimal (10,2)   NULL,
  guarantor             varchar(8)   NULL,
  guarantor_org             varchar(40)   NULL,
  guarantor_phone_num           varchar(16)   NULL,
  bill_checked_date_time        samlldatetime   NULL,
  settled_indicator             varchar(1)   NULL,
CONSTRAINT IDetail_PK PRIMARY KEY (patient_id, visit_id))
```

现在，我们在该表中增加一条记录：

```
INSERT INTO inpadm.Inp_details
  (
  patient_id,
  visit_id,
  ward_code,
  dept_code,
  bed_no,
```

```
    admission_date_time,
    adm_ward_date_time,
    diagnosis,
    patient_condition,
    nursing_class,
    doctor_in_charge,
    operating_date,
    billing_date_time,
    prepayments,
    total_costs,
    total_charges,
    guarantor,
    guarantor_org,
    guarantor_phone_num ,
    bill_checked_date_time,
    settled_indicator
    )
VALUES
    (
    '1000000000',
    '1',
    '221401',
    '331122',
    99,
    '2004-01-01',
    '2004-01-01',
    '支气管炎',
    '正常',
    '三级',
    '张三',
    '2004-01-01',
    '2004-02-05',
    215.57,
    215.57,
    215.57,
    '王五',
    '北京王府井',
    '010-88332645',
    '2004-02-05',
    '0'
    )
```

既然我们在表中有了基本行，就可以添加外部键了。在 ALTER 状态，这与任何其他外部键定义一样。可以试验下面的语句：

```
ALTER TABLE inpadm.Inp_details
   ADD CONSTRAINT FK_PatientGuaranter
   FOREIGN KEY (guarantor) REFERENCES Employees(PatientID)
```

这与 CREATE 语句有点差别，唯一技巧是可以省去（但不是一定要）FOREIGN KEY

短语并仅使用 REFERENCES 从句。此时，我们已经设置了 Inp_details 表。如果前面用的是潦草的语句创建的话，那么这里就是完整的脚本（特别注意在 guarantor 列上的外部键）。

```
create table inpadm.pats_in_hospital
(
patient_id              varchar(10)     NOT NULL,
visit_id                int             NOT NULL,
ward_code               varchar(8)      NOT NULL,
dept_code               varchar(8)      NOT NULL,
bed_no                  int             NOT NULL,
admission_date_time         smalldatetime NOT NULL,
adm_ward_date_time          smalldatetime   NOT NULL,
diagnosis               varchar(80) NOT NULL,
patient_condition           varchar(1)  NOT NULL,
nursing_class               varchar(1) NOT NULL,
doctor_in_charge            varchar(8) NOT NULL,
operating_date          smalldatetime   NULL,
billing_date_time           smalldatetime   NULL,
prepayments             decimal(10,2)   NULL,
total_costs             decimal (10,2)   NULL,
total_charges               decimal (10,2)   NULL,
guarantor               varchar(8)   NULL
                    REFERENCES pats_in_hospital (PatientID),
guarantor_org               varchar(40)   NULL,
guarantor_phone_num         varchar(16)   NULL,
bill_checked_date_time      samlldatetime   NULL,
settled_indicator           varchar(1)   NULL,
CONSTRAINT IDetail_PK PRIMARY KEY (patient_id, visit_id))
```

值得注意的是，如果你设法在此删除 FacName 表（以运行上面的第二个例子），就会产生错误。为什么？当在 Idetail 表中完成了对 FacName 表的引用时，这两张表就变成了架构绑定的事情。也就是说，FacName 表现在知道在该表上存在依赖关系。SQL Server 不让你删除被其他表引用的表。在 SQL Server 允许删除 FacName 表之前，你不得不先删除 Idetail 表上的外部键。

另外，进行自引用外部键约束不允许我们插入基本行，只有当放置外部键约束的列允许 NULL 时才能完成该任务，这非常重要。在这种方式下，可以使该列的第一行拥有 NULL 并避免需要基本行。

3. 级联更新和删除

熟悉其他数据库平台（比如 Oracle 或者 Access 数据库，但不熟悉 SQL Server 数据库）的读者，可能对级联更新和删除的概念比较熟悉。如果你对大型 RDBMS 系统感到陌生或者仅熟悉早期版本的 SQL Server，那么级联就是一个新概念（CASCADE 行为是 SQL Server 2005 中的一个新功能）。

我们在开始深入了解这个内容之前，有必要认识外部键是双向的。也就是说，它不仅限制了子表存在于父表中的值，而且无论我们在父表中做了什么，外部键都检查子行（这样处理避免了孤儿记录）。对 SQL Server 而言，默认行为是，如果子行存在，就限制删除父行。但是，我们有时要自动删除参照记录而阻止删除引用记录，这种概念应用于更新记录，此时我们希望参照记录自动引用新的更新记录。

进行这种自动删除和更新的处理称为级联（cascading）。这种处理在删除操作上尤其重要，它能处理相关的许多层数据（一条记录依赖另一条记录，而且依赖其他的记录等等）。令人惊奇的是，在 SQL Server 2005 以前，这种处理不是从 SQL Server 宣布的引用完整性（甚至 Access 中都有这个概念）中继承来的。幸运的是，SQL Server 现在有了级联的概念，而且我们不必再回头看过去的代码。

技术上，SQL Server 6.0 有一种方式可以预先得到 CASCADE 行为——需要为引用完整性使用触发器，而不是“陈述的”引用完整性（外部键）。我们将在第 10 章详细介绍触发器，它本质上是被动触发而不是主动触发，因此其执行效果不是很好。另外，有一些事例不会激活触发器（最显著的是，大容量复制和大容量插入），也就不会执行你的引用完整性了。

在 SQL Server 中怎样实现 CASCADE 行为呢？我们需要修改在声明外部键时所使用的语法，我们只是添加了在本节开始省略的 ON 从句。

下面通过在 Store_IO 数据库上添加新表来进行验证。我们分别增加出库主记录和出库明细记录，而且使出库主记录 Odetail 表按顺序存储单行记录。下面是创建 omaster 和 Odetail 的完整语法：

```
create table dbo.Omaster
(
document_no          varchar(10)      NOT NULL,
storage              varchar(8)       NOT NULL,
export_date          smalldatetime    NOT NULL,
receiver                 varchar(40) NOT NULL,
account_receivable       money        NULL,
account_payed            money        NULL,
additional_fee           money        NULL,
export_class             varchar(8)       NOT NULL,
sub_storage              varchar (8)      NOT NULL,
account_indicator        smallint         NOT NULL,
memos                    varchar (20)     NULL,
operator                 varchar (8)      NOT NULL,
constraint pk_omaster        primary key (document_no))

create table dbo.odetail
(
document_no              varchar (10)     NOT NULL,
item_no                  int              NOT NULL,
drug_code                varchar (10)     NOT NULL,
drug_spec                varchar (20)     NOT NULL,
units                    varchar (8)      NOT NULL,
batch_no                 varchar(16)      NOT NULL,
expire_date              smalldatetime            NOT NULL,
firm_id                  varchar(10)      NOT NULL,
import_document_no       varchar(10)      NOT NULL,
purchase_price           money    NULL,
```

```
    retail_price              money   NULL,
    package_spec              varchar (20)    NOT NULL,
    quantity                  int             NOT NULL,
    package_units                 varchar(8)  NOT NULL,
    sub_package_1                 Decimal(12,2)   NULL,
    sub_package_units_1           varchar (8)     NULL,
    sub_package_spec_1            varchar (20)    NULL,
    sub_package_2                 decimal(12,2)   NULL,
    sub_package_units_2           varchar(8)  NULL,
    sub_package_spec_2            varchar(20) NULL,
    CONSTRAINT  PKODetail
         PRIMARY KEY    (document_no, item_no),
        CONSTRAINT  FKODetail
         FOREIGN KEY    (document_no)
            REFERENCES   Omaster(document_no)
            ON UPDATE    NO ACTION
            ON DELETE    CASCADE)
```

我们这次拥有完整语法了，所以下面逐块介绍。

在深入了解外部键在这方面的问题之前，我们要注意主键是怎样工作的。不是在键的后面立即放置声明，笔者决定将其声明为一个独立约束项。这样做有助于定义多列主键（因此不能声明为列约束），而且澄清了整个 CREATE TABLE 语句。同样，笔者本可以立即在列的后面声明外部键，也可以像这里处理的一样作为一个独立约束项，稍后将要讨论这方面的内容。

请注意外部键也是主键的一部分。在子表中不是罕见的，而且关联表总是这样。记住，每个约束都是独立的，可以独立添加、修改或者删除这些约束。

下面看一看如何声明外部键：

```
    FOREIGN KEY     (document_no)
       REFERENCES   Omaster(document_no)
```

我们已经声明了 document_no，它由外部列而定。在这种情况下，它就是独立表（Omaster）的 document_no 列。如前所述，必要时也可以采用相同表中的列。

在创建外部键引用了定义该外部键的本表，此时需要注意一件事情：这种功能外部键不允许声明为 CASCADE 行为，而且这种限制是为了避免循环更新或删除。也就是说，第一行导致更新其他行，反过来要更新第一行。结果将形成永无止境的循环。

现在到了级联问题的核心问题，我们需要看一下 ON 从句：

ON UPDATE   NO ACTION

ON DELETE   CASCADE

我们已经定义了两种不同的引用完整性行为（referential integrity actions）。你或许会猜测到，引用完整性行为是唤醒定义的引用完整性规则时发生的事情。在父记录被更新（在 Omaster 表中）的情况下，我们说过不希望级联更新子表中的记录。为了演示，笔者已经选择了 CASCADE 删除。

注意：NO ACTION 是默认值，所以在编码中指定该项可选。

下面尝试在 ODetail 表中插入一条记录：

```
INSERT INTO dbo.ODetail
(   document_no,
item_no,
drug_code,
drug_spec,
units,
batch_no,
   expire_date,
firm_id   ,
import_document_no,
purchase_price,
   retail_price,
package_spec,
quantity,
package_units,
sub_package_1,
sub_package_units_1,
sub_package_spec_1,
sub_package_2,
sub_package_units_2,
sub_package_spec_2  )
VALUES
  (   '0000000001', 1  , '1110010101', '200mg', '片', '12033456',
  '2006-01-01', '000001', '0000000001',12.19,15.30, '/',
  100, '瓶',NULL,NULL,NULL,NULL,NULL,NULL)
```

除非你已经修改过你的数据，否则会产生错误：

```
Server: Msg 547, Level 16, State 1, Line 1
INSERT statement conflicted with COLUMN FOREIGN KEY constraint 'FKODetail'.
The conflict occurred in database 'Store_IO', table 'Omaster', column
'Document_No'.
The statement has been terminated.
```

为什么？我们在 Omaster 表中还没有插入任何数据。既然在 Omaster 表中还没有记录，又怎能在该表中引用一条记录呢？

这将展示有关关系数据库的争议——相关链。相关链是一种状态，在这种状态下，依次相关其他一些内容，也可以被其他一些内容相关，等等。实际上，你在这不能做任何工作，这就是数据库工作中出现的情形。你不得不从链的顶部开始，根据需要向下插入。幸运的是，需要的记录通常已经存在于一个或两个相关层中。

为了将记录插入到 ODetail 表中，必须在 Omaster 表中存在记录。我们看一看具体步骤。

```
INSERT INTO dbo.Omaster
VALUES
  ('0000000001','西药库', '2006-01-01', '天坛医院',30.19,
30.19,10.55, '发放出库', '一号库房',1, NULL, '张三')
```

我们现在拥有一条记录，检索一下结果，确保在表中插入了该记录，见表 6-2。

表 6-2　药品记录表

字　段	值
document_no	0000000001
storage	西药库
export_date	2004-01-01 10:01:33
receiver	天坛医院
account_receivable	30.19
account_payed	30.19
additional_fee	10.55
export_class	发放出库
sub_storage	一号库房
account_indicator	1
memos	NULL
operator	张三

可见，我们拥有一条 Document_NO 为 0000000001 的（根据所做的实验不同，这个编号数字可能不同）记录。下面要在下一个 INSERT（最后插入到 ODetail 中）语句中使用该数字，即为 0000000001 插入入库记录。

```
INSERT INTO dbo.ODetail
(   document_no,
item_no,
drug_code,
drug_spec,
units,
batch_no,
   expire_date,
firm_id   ,
import_document_no,
purchase_price,
   retail_price,
package_spec,
quantity,
package_units,
sub_package_1,
sub_package_units_1,
sub_package_spec_1,
sub_package_2,
sub_package_units_2,
sub_package_spec_2  )
VALUES
  (   '0000000001', 1  , '1110010101', '200mg', '片', '12033456',
```

```
    '2006-01-01', '000001', '0000000001',12.19,15.30, '/',
    100, '瓶',NULL,NULL,NULL,NULL,NULL,NULL)
```

这次，一切都很顺利。

值得注意的是，如果还具有引用其他表的外部键，则需要对这些表提前插入数据。

此时，我们已经准备插入记录到 ODetail 表中。为了后面实现 CASCADE，实际上我们要在这里插入的记录不止一条，而是两条。

```
INSERT INTO dbo.ODetail
(   document_no,
item_no,
drug_code,
drug_spec,
units,
batch_no,
   expire_date,
firm_id    ,
import_document_no,
purchase_price,
   retail_price,
package_spec,
quantity,
package_units,
sub_package_1,
sub_package_units_1,
sub_package_spec_1,
sub_package_2,
sub_package_units_2,
sub_package_spec_2  )
VALUES
   (    '0000000001', 2  , '1110010102', '200mg', '片', '12033457',
   '2006-01-01', '000001', '0000000001',22.19,25.30, '/',
   100, '瓶',NULL,NULL,NULL,NULL,NULL,NULL)

INSERT INTO dbo.ODetail
(   document_no,
item_no,
drug_code,
drug_spec,
units,
batch_no,
   expire_date,
firm_id    ,
import_document_no,
purchase_price,
   retail_price,
package_spec,
```

```
quantity,
package_units,
sub_package_1,
sub_package_units_1,
sub_package_spec_1,
sub_package_2,
sub_package_units_2,
sub_package_spec_2 )
VALUES
  (  '0000000001', 3 , '1110010103', '200mg', '片', '12033456',
  '2006-01-01', '000001', '0000000001',21.36,26.30, '/',
  100, '瓶',NULL,NULL,NULL,NULL,NULL,NULL)
```

用 SELECT 语句证实一下：

```
SELECT OrderID, PartNo FROM dbo.ODetail
```

这次，系统返回了预期的 3 条记录。

一切数据都已就绪，下面让我们看一看该数据上的级联效果。我们要从 Omaster 表上删除一行记录，然后看看在 ODetail 表中会发生什么。

```
USE Store_IO

-- 首先，看一看两张表中的行
SELECT *
FROM dbo.Omaster

SELECT *
FROM dbo.ODetail

--删除Omaster的记录
DELETE dbo.Omaster
WHERE Omaster = '0000000001'

-- 最后，再看一看两张表中的数据，并看一看CASCADE的效果
SELECT *
FROM dbo.Omaster

SELECT *
FROM dbo.ODetail
```

结果如下：

```
document_no      storage     export_date                 receiver
-------------------------------------------------------------------------------
'0000000001'     西药库       2006-01-01 00:00:00         天坛医院

(1 row(s) affected)

document_no      item_no     drug_code      drug_spec
-------------------------------------------------------------------------------
```

```
0000000001          1          1110010101     200mg
0000000001          2          1110010102     200mg
0000000001          3          1110010103     200mg

(3 row(s) affected)


(1 row(s) affected)
document_no          storage   export_date          receiver
-----------------------------------------------------------------------------------------

(0 row(s) affected)

document_no       item_no       drug_code       drug_spec
-----------------------------------------------------------------------------------------

(0 row(s) affected)
```

注意： 即使我们只在 Omaster 表上执行了一条 DELETE 命令，该命令也级联了 Odetail 表的对应记录。这两张表的记录都被删除了，如果我们已经用 CASCADE 更新定义了表并更新了相关记录，那么更新后的相关记录也会传播到子表中。

值得注意的是，CASCADE 行为影响的深度可以无限制。例如，如果我们还有一张表 A 用 CASCADE 行为引用了 ODetail 表中的行，则删除 Omaster 表中的记录也会导致删除 A 表中的记录。

实际上，这是 CASCADE 行为的一个危险区，很容易意识不到 DELETE 和 UPDATE 语句在数据库中执行的操作。由于这样或那样的原因，导致笔者不是很喜欢 CASCADE 行为。它使人们变得懒惰，而且在类似于删除数据这样的事情上，级联通常不是一件好事，但级联有自己的作用。

4. 外部键要考虑的其他事情

在处理外部键时，我们还要考虑一些事情。我们在全书中还要反复地对此进行讨论，现在只讨论以下两点：

- 什么构成了外部键需要的值。
- 外部键是怎样构成双向的。

（1）什么构成了外部键需要的值。

根据外部键的自身特性，在列或有外部键定义的列上可以选择：

- 用与引用表相关列匹配的值填充该列。
- 什么值也不填充，保留该值为空。

通过简单定义参照列为 NOT NULL，你可以决定完全需要外部键（限制用户为上面的第一个选项）。因为 NULL 值在该列上无效，而且外部键需要非空值在引用表中有匹配值，所以需要知道每一条记录在引用表中都有相匹配的记录。换句话说，需要引用。

除了用户有选择不提供值的权利外，还允许参照列拥有 NULL 值，即使在引用表中没有与 NULL 相匹配的记录，也允许插入值。

（2）外部键是怎样构成双向的

在讨论 CASCADE 行为时，我们曾经讨论了这方面的话题，但在定义外部键时，笔者无法充分强调它们在两张表上都产生了限制。到目前为止，我们已经就参照表数据进行过讨论，一旦定义了外部键，则引用表必须符合下列规则：默认情况下，如果某条记录引用了其他从属表，就不能删除该记录或更新引用表中的引用列；如果你想删除或更新这样的记录，就要为删除或更新操作设置 CASCADE 行为。

下面举例说明“不能删除或更新引用记录”的思想。

我们刚才为 Odetail 表定义了一个外部键，如果我们对 Omaster 还定义了一个外部键引用了 FacName 表的 SerialNo 列，那么情况会如何呢？例如，假设我们有一个 SerialNo 为 0101 的厂家在一两年内给本单位提供了大量药品，而因某种原因给该厂家退回了大量药品，随后该厂家破产了。你的目的大概倾向于从 FacName 表中删除该厂家记录，但这样做会产生一个非常严重的问题：我们会在 Omaster 表中产生孤儿（Orphaned）记录。在 Omaster 表和 Idetail 中仍然含有大量发货方，收货方 Receiver 为 0101 的记录。如果允许从 FacName 表中删除 SerialNo 为 0101 的记录，那么你再也不能说明这些药品的来源和去向了：Omaster 和 Idetail 表中的 Receiver 和 Isource 列再也没有什么价值了。

现在，我们进一步看看这个例子。现在假设该厂家没有破产，因为其药品供应量的增加，我们希望改变这个厂家的标识号。如果我们在 FacName 表中改变（通过 UPDATE 语句）这个标识号，但不在 Omaster 表中作相应的更新，那么我们将再次产生孤儿记录：在 Omaster 表中的 Receiver 列和 Idetail 中的 ISource 为 0101 的记录将没有相匹配的厂家。

假想有人继续插入了 FacName 为 0101 的新记录，在 Omaster 表中将会有一定数量的记录与一个没有不存在匹配的厂家相关联，此时我们将会得到错误数据。

默认情况下，SQL Server 不允许孤儿记录，除非已经从引用表中（此时是 Omaster 和 Idetail 表）删除或更新了相关记录，否则限制我们从参照表中删除或更新记录（此时是 FacName 表）。

实际上，简要讨论一下什么时候 CASCADE 行为有时不是一件坏事。一方面，根据数据完整性，如果在 Omaster 表中有相关信息，那么我们就不允许删除厂家信息，因为不能反向跟踪厂家信息将导致数据价值下降。另一方面，可能改变一个厂家标识号是完全合理的（为了一些非常奇怪的原因），我们可以级联更新 Omaster 表并使错误影响很小。在这里提到的另一个注意事项是，不要认为你对 UPDATE 和 DELETE 需要相同的 CASCADE 结论，应分别（仔细地）考虑。

可以看到，尽管我们在一张表上定义了外部键，实际上在两张表上都安放了限制（如果外部键是自引用的，那么这两个约束都设置在同一张表上）。

6.3.3 唯一性约束

这个内容相对比较简单。唯一性（UNIQUE）约束是主键非常重要的孪生物，在表的整个命名列（或组合列）中，它们需要一个唯一值。你通常听到唯一性约束指变更键，主要差别在于，它们被当作表中记录的唯一标识（尽管你可以以这种方式使用它），而且可以有更多的唯一性约束（记住每张表能且只能拥有一个主键）。

一旦建立了唯一性约束，那么命名列中的每个值都必须唯一。如果你要用一个在唯一性约束列中已经存在的值插入或更新一行记录，则 SQL Server 将报错并拒绝接收记录。

不像主键，唯一性约束不会自动阻止你拥有 NULL。表中的该列是否允许 NULL，则由你在该表的该列上设置的 NULL 选项而定。记住，如果你允许 NULL，则只能在表中插入一条 NULL 记录（尽管一个 NULL 与另一个 NULL 不相等，从唯一性约束的角度来说，它们也是重复值）。

因为这方面的内容没有更多新意（在主键中已经讨论了很多），所以我们直接看看具体代码。下面将在 Store_IO 数据库中创建另一张表，但这次我们要创建 Users 表。

```
CREATE TABLE dbo.users
(
  user_id  varchar(4) NOT NULL
      CONSTRAINT UPKCL_userind PRIMARY KEY CLUSTERED,
  user_name     varchar(20)    NOT NULL,
  ps_wrd       varchar(20)    NOT NULL,
  capacity      varchar(2)    NULL
                            UNIQUE
)
```

在 Users 表上运行 sp_helpconstraint，验证已经创建了具有适当约束条件的 Users 表。

在现有表中创建唯一性约束

再次与主键和外部键工作的方式非常相似，下面在 FacName 表上创建一个唯一性约束。

```
ALTER TABLE dbo.FacName
  ADD CONSTRAINT AK_FacNameSN
  UNIQUE (SerialNo)
```

sp_helpconstraint 验证了创建的约束与计划的约束相同，而且该列的约束是有效的。

此时，笔者采用 AK 作为变更键的约束名。非常像使用 PK 作为外部键，而用 FK 作为外部键。你通常可以看到，用 UQ 或仅用 U 前缀作为唯一性约束命名。

6.4 CHECK 约束

CHECK 约束的优点在于它不局限于特定列。它们可以与列相关，只要所有列在同一张表中。本质上可以与表相关就行了，从而可以进行列与列之间的核查，而且更新值或插入值都针对同一行。它们也可以核查组合列的值满足一个标准。

约束 WHERE 从句中使用了相同规则定义，标准 CHECK 约束的例子如表 6-3 所示。

表 6-3 约束规则

目　标	SQL
限制月份列为适当的数字	BETWEEN 1 AND 12
适当的 SN	LIKE '[0-9][0-9][0-9]-[0-9][0-9]-[0-9][0-9][0-9][0-9]'
限制特定的厂家列表	IN ('HP', 'Microsoft', 'Sybase')
单价必须为正数	UPrice >= 0
引用的另一列在相同表中	验收入库上账日期 >= 入库日期

实际上这里只谈到了 CHECK 约束的皮毛，CHECK 约束的种类是无止境的，几乎所有 WHERE 从句完成的任务都可以放置在这种约束下。更好的是，与变更约束（规则和触发器）相比，CHECK 约束的速度更快。

下面仍然在 Store_IO 数据库中建立 CHECK 约束，我们修改 Users 表，并核查 capacity 字段的有效数字。

```
ALTER TABLE dbo.Users
  ADD CONSTRAINT CN_UsersNO
  CHECK
  (capacity LIKE '[0-9]')
```

现在试图插入一条违背 CHECK 约束的记录，我们会得到一个错误消息。

```
INSERT INTO dbo.users
  (user_id, user_name,ps_wrd,capacity)
VALUES
  ('0001', '张三', '×××', 'A')
```

会产生如下结果：

```
 Server: Msg 547, Level 16, State 1, Line 1
 INSERT statement conflicted with COLUMN CHECK constraint 'CN_UsersNO'. The
conflict occurred in database 'Store_io', table 'users', column 'capacity'.
 The statement has been terminated..
```

如果我们使用满足 CHECK 约束标准的（任何包含当天日期的内容或更早的日期的数据）DateInSyste，则插入操作会工作正常。

6.5 默认约束

处理默认值的数据完整性工具有两种类型，默认约束是第一种类型。在本章后面的规则和默认值中，我们将了解到另一种默认类型。

像所有约束一样，默认（DEFAULT）约束是表定义的一个构成部分，它定义了在一个新行的插入中没有包含该列的数据，但在该列上定义默认约束时所处理的事情。你既可以定义它为一个字符（也就是说，为一个字符串列设置一个默认薪水值为 0，或者为不知道），也可以定义为一个系统值，比如 GETDATE()。

对于默认约束，我们需要理解以下几点：

- 默认值仅用于 INSERT 语句中，但在 UPDATE 和 DELETE 语句中通常被忽略。
- 如果在 INSERT 语句中提供了数据，则不使用默认值。
- 如果没有提供数据，则使用默认值。

默认值现在仅用于 INSERT 语句。对 SQL Server 的许多初学者而言，必须强调，这是非常令人困惑的。以这种方式思考一下：当你第一次插入记录时，除非自己提供了值或者默认约束，否则 SQL Server 将不会为该列提供值。如果你什么也没有提供，则 SQL Server 将插入一个 NULL（特别说明，这是指“不知道”）；如果该列定义为 NOT NULL，则 SQL Server 将拒绝接受记录。但是，当第一条记录被插入后，SQL Server 已经拥有了该列的一些值，如果你正在更新该列，则该列将拥有你提供的新值；如果问题中的列不是更新语句的一部分，那么 SQL Server 将维持现有列的数据不变。

如果为该列提供了值，就没有理由不使用默认值——提供的值将得到应用。

如果没有为该列提供值，通常使用默认值。现在看来，这非常简单，直到你考虑 NULL 是自己想要插入到该列的值时，问题才会变得复杂。如果你在默认定义时不给该列提供值，那么系统就使用默认值。如果你想插入一个 NULL，该怎么办？使用 NULL 作为插入语句的一部分。

值得注意的是，存在 UPDATE 命令不使用默认值的例外情况。如果你显式地说明想使用默认值，那么这种例外处理就会发生。通过使用关键词 DEFAULT 作为你想更新的列的值就能解决问题。

6.5.1　在创建表语句中定义默认约束

这可能会重复，但该种方式与我们迄今为止处理的所有其他列约束方式一样，只是在列定义结尾添加了约束。

例如，首先从删除本章前面创建的现有的 Users 表开始。这次，我们创建一个简单的包含默认值的表。

```
CREATE TABLE dbo.users
(
  user_id  varchar(4) NOT NULL
       CONSTRAINT UPKCL_userind PRIMARY KEY CLUSTERED,
  user_name      varchar(20)    NOT NULL,
  ps_wrd        varchar(20)    NOT NULL,
  capacity      varchar(2)    NULL
DEFAULT  '0'
)
```

运行 CREATE 脚本以后，你可以再次使用 sp_helpconstraint 显示已经完成的任务。接着插入一条新记录，这样可以测试默认值是怎样工作的。

```
INSERT INTO dbo.Users
   (user_id, user_name,ps_wrd)
VALUES
   ('0001', '张三', '×××')
```

然后在 Users 表上运行 SELECT 语句：

```
SELECT * FROM dbo.Users
```

因为我们没有给 DateInSystem 列提供值，所以给该列填充了默认值。

```
User_ID    User_Name ps_wrd       capacity
------------------------------------------------------------------
0001       张三           ×××          0

(1 row(s) affected)
```

6.5.2 在现有表上添加默认约束

虽然这种工作方式跟创建表几乎一样，但不是很直接。与以前一样，我们充分使用ALTER 和 ADD 语句来添加约束，但这次添加了 FOR 操作符，使 SQL Server 知道哪一列是 DEFAULT 值的目标列。

```
ALTER TABLE dbo.Users
  ADD CONSTRAINT CN_Usercapacity
    DEFAULT '0' FOR Capacity
```

除了主键以外，DEFAULT 约束与所有约束一样，我们可以在每张表上添加多个 DEFAULT 约束。

你可以根据选择混合使用所有种类的约束，但不要创建存在相互排斥的约束。例如，不要创建一个 col1>col2 的约束，同时创建另一个 col2>col1 约束。SQL Server 允许你这样做，直到运行时你才能看到这个问题。

6.6 禁用约束

有时我们出于一次或永久的原因需要清除约束检查。可能不用花太多的时间，你就能认识到 SQL Server 必须提供删除约束的方法，但也允许仅禁用外部键或 CHECK 约束而使其维持原样。

关闭数据完整性规则的概念看上去有点滑稽。有人会问，为什么要关闭确保没有坏数据的东西？这通常是因为已经存在坏数据。这种数据通常分为两类：

- 在创建约束时数据已经存在于数据库中。
- 在已经建立了约束后想添加数据。

不能使主键和唯一性约束无效。

6.6.1 在创建约束时忽略坏数据

在创建表同时创建约束的情况下，所有这些语法都能工作正常。但是，数据完整性规则是在这之后建立的。假设在设计数据库时忘记了要考虑一些问题，现在你在出库记录表中已经拥有了一些负的出库记录。你想添加一个不让负出库记录进入数据库中的规则，同时也希望使现有记录维持原样。

如果你想添加约束，但不应用于现有数据，可以在添加约束的 ALTER TABLE 语句后充分使用 WITH NOCHECK 选项。与往常一样，下面看一个例子。

在 Store_IO 数据库中创建的 ODetail 表上有一个 batch_no 字段，该字段用 char 数据类型创建，因为期待药品批号的长度相同。为了保证有足够空间，我们将该字段长度设置为16。但是，我们并不能保证插入到数据库中的记录实际与期待的标准格式相符。为了验证这一点，我们插入不满足预期格式的记录。

```
INSERT INTO dbo.ODetail
(   document_no,
item_no,
drug_code,
drug_spec,
```

```
units,
batch_no,
   expire_date,
firm_id   ,
import_document_no,
purchase_price,
   retail_price,
package_spec,
quantity,
package_units,
sub_package_1,
sub_package_units_1,
sub_package_spec_1,
sub_package_2,
sub_package_units_2,
sub_package_spec_2  )
VALUES
   (   '0000000001',
1,
'1110010101',
'200mg',
'片',
'120－345667891234',
   '2006-01-01',
'000001',
'0000000001',
12.19,
15.30,
'/',
100,
'瓶',
NULL,
NULL,
NULL,
NULL,
NULL,
NULL)
```

现在，我们添加一个约束以控制 batch_no 字段的格式。

```
ALTER TABLE dbo.ODetail
  ADD CONSTRAINT CN_ODetailBatchNo
  CHECK
  (Batch   LIKE   '[0-9][0-9][0-9][0-9][0-9]-[0-9][0-9][0-9][0-9][0-9]
[0-9][0-9][0-9][0-9][0-9]')
```

当我们运行该语句时，会产生一个问题。

```
Server: Msg 547, Level 16, State 1, Line 1
```

```
ALTER TABLE statement conflicted with COLUMN CHECK constraint '
CN_ODetailBatchNo'. The conflict occurred in database 'Store_IO', table 'ODetail',
column 'Batch_no'.
```

除非现有的数据满足约束标准，否则 SQL Server 不会创建约束。为了保证能够安装约束，我们需要纠正现有数据的错误，或者必须充分使用 ALTER 语句中的 WITH NOCHECK 选项。为此，我们只要添加 WITH NOCHECK 到语句中就行了，如下所示：

```
ALTER TABLE dbo.ODetail
   WITH NOCHECK
   ADD CONSTRAINT CN_ODetailBatchNo
   CHECK
   (Batch_No  LIKE  '[0-9][0-9][0-9][0-9][0-9]-[0-9][0-9][0-9][0-9][0-9]
[0-9][0-9][0-9][0-9][0-9]')
```

再次运行相同的 INSERT 语句（记住上次插入时没有问题），约束就会生效，而且被插入的数据将遭到拒绝。

```
Server: Msg 547, Level 16, State 1, Line 1
INSERT statement conflicted with COLUMN CHECK constraint ' CN_ODetailBatchNo'.
The conflict occurred in database 'Store_IO', table 'ODetail', column 'Batch_No'.
The statement has been terminated.
```

但是，如果我们修改 INSERT 语句，使它遵守约束并重新执行，则该行将被正常插入。

```
INSERT INTO dbo.ODetail
(   document_no,
item_no,
drug_code,
drug_spec,
units,
batch_no,
expire_date,
firm_id   ,
import_document_no,
purchase_price,
retail_price,
package_spec,
quantity,
package_units,
sub_package_1,
sub_package_units_1,
sub_package_spec_1,
sub_package_2,
sub_package_units_2,
sub_package_spec_2  )
VALUES
  (    '0000000001',
2,
```

```
'1110010101',
'200mg',
'片',
'12345－0123456789',
'2006-01-01',
'000001',
'0000000001',
12.19,
15.30,
'/',
100,
'瓶',
NULL,
NULL,
NULL,
NULL,
NULL,
NULL)
```

再次在 Customers 表上运行 SELECT，你会看到遵守 CHECK 约束标准和不遵守 CHECK 约束标准的数据。

```
SELECT document_no,
item_no, batch_no FROM dbo.ODetail

document_no      item_no           batch_no
---------------------------------------------
0000000001         1          120－345667891234
0000000001         2          12345-0123456789

(2 row(s) affected)
```

保留旧数据是为了以后引用，但限制所有新数据都必须满足新标准。

6.6.2 临时禁用现有约束

你现在理解了为什么能够添加新约束而不检查旧数据，但为什么要临时使现有约束无效呢？为什么要把已经知道是坏的数据添加到数据库中呢？原因与我们使用 WITH NOCHECK 选项相同，即早期数据。

早期数据不是根据你已经添加到数据库中的数据格式而来的，而是从遗留数据库或其他系统中得到的重要数据。无论什么原因，相同的问题仍然存在。你有一些现有数据与规则不匹配，但需要把它们放到表中。

当然，完成这种任务的一种方式是删除约束，添加期望的数据，然后使用 WITH NOCHECK 添加回约束。但这是一件多么痛苦的事情！幸运的是，不需要这样处理。我们可以运行一个带 NOCHECK 的 ALTER 语句，使问题中的约束关闭。下面的代码使上一节添加的 CHECK 约束无效：

```
ALTER TABLE dbo.ODetail
  NOCHECK
  CONSTRAINT CN_ODetailBatchNo
```

现在，我们可以再次运行 INSERT 语句（如果约束有效，则执行下列语句不会在表 ODetail 中插入新的数据）。

```
INSERT INTO dbo.ODetail
(   document_no,
item_no,
drug_code,
drug_spec,
units,
batch_no,
expire_date,
firm_id   ,
import_document_no,
purchase_price,
retail_price,
package_spec,
quantity,
package_units,
sub_package_1,
sub_package_units_1,
sub_package_spec_1,
sub_package_2,
sub_package_units_2,
sub_package_spec_2  )
VALUES
  (    '0000000001',
3,
'1110010101',
'200mg',
'片',
'1234501234567890',
'2006-01-01',
'000001',
'0000000001',
12.19,
15.30,
'/',
100,
'瓶',
NULL,
NULL,
NULL,
NULL,
```

```
NULL,
NULL)
```

我们能再次在表中插入不合规范的数据。

但现在你或许会问：怎样知道约束是有效还是无效？为了验证约束是有效还是无效，我们要伪造一条记录并试图插入到表中，这是一件十分单调的事情。与大多数（但不是所有）矛盾论一样，SQL Server 提供了一个显示约束状态的过程，表明状态是有效还是无效，你已经见过该过程，就是 sp_helpconstraint。在 ODetail 表上执行该过程非常简单：

```
EXEC sp_helpconstraint dbo.ODetail
```

在本书中显示该结果有点冗长，但该过程产生的第二个结果集包含 Status_enabled 列。无论该列指定的状态是什么都可信，当前状态应该是无效的。

当我们再次准备使约束有效时，只要使用 CHECK 代替 NOCHECK 发出相同命令就能使约束有效。

ALTER TABLE dbo.ODetail

```
CHECK
CONSTRAINT CN_ODetailBatchNo
```

如果你运行 INSERT 语句来验证约束能否再次正常工作的话，就会看到一条熟悉的错误信息。

```
Server: Msg 547, Level 16, State 1, Line 1
INSERT statement conflicted with COLUMN CHECK constraint 'CN_ODetailBatchNo'.
The conflict occurred in database 'Store_IO', table 'ODetail', column 'batch_no'.
The statement has been terminated.
```

当然，我们的另一个选择是再次运行 sp_helpconstraint，检查 status_enabled 列。如果显示的结果是 Enabled，那么约束就再次起作用了。

6.7 规则和默认值

规则（rules）和默认值存在的时间比 CHECK 和 DEFAULE 约束存在的时间要长。它们是早期 SQL Server 之外的概念，而且绝对不是没有好处。

这就是说，为了向后兼容性和精通遗留代码的原因，笔者需要用足够长时间来对其进行解释。规则和默认值与 ANSI 不兼容（是因为可携性问题而产生的），而且它们不能像约束一样执行。如果这还不够的话，那么联机手册将其描述为一种向后兼容的特性——如果有人问是否这种特性在将来还被支持，那么这不容乐观。笔者不会建议你开始通盘审核并代替你已经安放的原有编码，但在任何新产生的代码中，建议你应该使用约束。

让规则和默认值从约束开始的原因是其本身特性。约束只是表的一种特性，它们本身并不存在，但规则和默认值是实际存在的。虽然约束在表定义中定义，但是规则和默认值是独立定义的，并在事后“绑定到表上。

规则和默认值的独立对象特性提供了重新使用而不需要重新定义的能力。实际上，规则和默认值不但可以绑定到表上，而且可以绑定到数据类型中，以提高自己的能力，形成功能更好的用户定义数据类型。

6.7.1 规则

规则与 CHECK 约束非常相似。笔者已经描述的唯一区别在于，规则限于一次工作在一列上。我们可以将相同规则绑定在一张表的多列上，但规则将在每一列上独立工作，而且一点也不知道其他列。定义 outputquantity<= Storagequantity 的约束不会代替规则工作（它引用多列），而 LIKE（[0-9][0-9][0-9]）则会起作用（它仅用于什么列绑定了规则）。

下面定义一个规则，从而可以看到其中的差别。

```
CREATE RULE OutputNoRule
    AS @opno > 0
```

注意：我们比较的内容以变量显示，无论选中的列是什么，都使用该值代替 aopno 值。在这个例子中，无论我们的规则被绑定到哪一列上，都不得不产生一个大于 0 的值。

你可以使用 sp_helptext 查看具体的规则。

```
EXEC sp_helptext OutputNoRule
```

可以看到确切的规则定义如下：

```
Text
------------------------------------
CREATE RULE OutputNoRule
        AS @opno > 0
```

虽然我们有了规则，但它什么也没做。如果我们设法在 ODetail 表中插入记录，那么仍然可以立即插入一条记录而不会超出数据类型的限制。

为了激活规则，我们需要充分使用特殊的 sp_bindrule 存储过程。我们希望将 outputnorule 绑定到 ODetail 表中的 quantity 列上，该语法如下：

sp_bindrule <*'rule'*>, <*'object_name'*>, [<*'futureonly_flag'*>]

*'rule'*部分就是要绑定的规则，Object_name 就是要被绑定规则的对象（列或者用户定义的数据类型）。唯一不固定的参数是 futureonly_flag，该参数只有在将规则绑定到用户定义数据类型时应用，默认时处于关闭状态。但是，如果将其设置为 True 或者传入 1，那么绑定的规则仅用于绑定用户定义数据类型的新列。任何具有旧格式数据类型的列将继续使用原有格式。

因为我们已经在该列上绑定了这种规则 ，所以语法仅需要前面的两个参数。

```
sp_bindrule 'OutputNoRule', 'Odetail.quantity'
```

仔细看一看 object_name 参数，我们已经用.分开 ODetail 和 quantity。为什么要这样？因为直到你将规则绑定到特定的表中才能将其与表相关，所以需要阐述规则绑定的表和列。如果不使用 tablename.column 的命名结构，那么 SQL Server 将假设必须采用用户定义数据类型命名。如果它没有找到且没有将规则绑定到数据类型上，就会返回一条令人困惑的信息。

```
Server: Msg 15105, Level 16, State 1, Procedure sp_bindrule, Line 185
You do not own a data type with that name.
```

此时，试图用一个违背规则的负值插入或更新 Employees 记录都会产生错误。

如果我们想从一列上删除规则，则要使用 sp_unbindrule。

```
EXEC sp_unbindrule 'ODetail.quantity'
```

Futureonly_flag 参数依然是一个可选项，但不应用于特殊例子。如果你使用 sp_unbindrule 将 futureonly_flag 打开，而且它用于用户定义数据类型（而不是一个特定的列），那么这种解开操作将只应用于这种数据类型的将来用途，即运用该数据类型的现有列将使用该规则。

删除规则

如果你想从数据库中完全删除规则，则可以使用删除表时非常熟悉的 DROP 语法。

DROP RULE <rule name>

6.7.2　默认值

使用规则与 CHECK 约束相比，默认值是默认约束的一个更相似的孪生兄弟。实际上，它们的工作方式相同，差别在于：规则附在表上，而默认值（对象，不是约束）用于支持用户定义数据类型。

对大多数人而言，要掌握默认值与默认约束的概念有些困难。毕竟，它们几乎有相同的名字。如果我们引用默认值，那么就指基于对象的默认值（本节正在讨论），或者作为实际默认值的缩写（如果我们没有提供显式值，就使用默认值）。如果引用默认约束，那么我们就指讨论非对象基础下的解决方案，该解决方案是表定义的一个组成部分。

定义默认值的方法与规则的工作方法相似：

```
CREATE DEFAULT <default name>
AS <default value>
```

要定义 1 作为出库数量的默认值，可以按如下处理：

```
CREATE DEFAULT outputquantity
  AS 1
```

再次声明，如果没有将默认值绑定到其他对象上，就毫无意义了。我们要使用 sp_bindefault 绑定默认值，这是另一个过程名，与执行 sp_bindrule 过程的语法相同：

```
EXEC sp_bindefault ' outputquantity ', 'ODetail.quantity'
```

要从表上取消绑定默认值，使用 sp_unbindefault：

```
EXEC sp_unbindefault ' ODetail.quantity '
```

记住futureonly_flag也应用了该存储过程，只是在这里没有使用。

删除默认值

如果你想从数据库中完全删除默认值，那么可以使用在删除表和规则时相同的 DROP 语法。

DROP DEFAULT <default name>

6.7.3　对表和数据类型使用给定规则或默认值

如果要删除或改动规则或默认值，则可能首先要看一看哪些表和哪些数据类型使用了规则或默认值。SQL Server 使用 sp_depends 系统存储过程来处理该问题，语法如下：

```
EXEC sp_depends <object name>
```

Sp_depends 提供了取决于你需要的信息对象的所有对象清单。

从 SQL Server 6.0 版开始，使用 sp_depends 再也不能确保所有对象都取决于一个父对象。基本上，遵守命名解决方案意味着你可以创建依赖于其他对象的对象（主存储过程），即使在第二个对象（依赖的目标）被创建之前。例如，即使在所说的对象被创建之前，SQL Server 也会允许你创建一个引用一张表的存储过程（即使所说的表没有被创建）。此时，SQL Server 不能将该表作为依赖表列出来，即使你添加了该表。即便使用了 sp_depends，也不会得到任何相关清单。

6.8 维护数据完整性的触发器

我们会另辟一章来讨论触发器。但是，任何有关约束、规则和默认值的讨论，如果不提到触发器，就是不完整的。

触发器常见的用途是实现数据完整性规则。因为我们已经提到了这一章，所以这里不会对此进行深入讨论，而只说触发器在维护数据完整性方面，可以完成约束或规则永远预料不到的事情。缺点（而且你也知道有一个缺点）是它们招致了过量负荷，而且因此变得非常慢。从特性上说，它们本质上是过程（这就是它们的作用），但它们也能在其他事情完成以后发生，而且只能用作相关的就近手段。

6.9 比　较

现在，你已经拥有所有选择，但怎样才能指出哪一个是正确的呢？一些约束相对独立（主键和外部键、唯一性约束）：要么都使用，要么一个也不用，其他约束相互之间则可以交叠使用，这样你会犹豫到底使用什么。本书中将讨论每一种方式的优点和缺点时，已经提示过你，如果将它们联系在一起，则可能意义会更大。

如果你在实现一个非常有生命力的逻辑模型，那么主要是使用规则和默认值，而且也会使用用户定义数据类型。此时，规则和默认值能提供大量功能，而且方便管理没有大量的编程开销。你要明白的是，将来某一天，它们都会消失，可能不会很快，但肯定会。

表 6-4　一些约束的比较

限　制	优　点	缺　点
约束	速度快，可以引用其他列，在命令发生之前发生，与 ANSI 兼容	必须为每张表重新定义，不能引用其他表，不能与数据类型绑定在一起
规则、默认值	独立对象，可以重复使用，可以与数据类型绑定在一起，在命令发生之前发生	稍微有点慢，不能引用交叉列，不能引用其他表，实际只意味着向后兼容性
触发器	最终的灵活性，可以参考其他列和其他表	在命令发生之后发生，产生高的过量开销

触发器用于没有选择约束的时侯。像约束一样，它们都附在表上，而且对每一张已创建的表都必须重新定义，它们可能为维护数据完整性做很多事情。实际上，如果需要，它们甚至可以代替外部键（笔者不在这里解释，在 SQL Server 中，还有一些 ANSI 定义的引用完整性行为只能由触发器支持）。在本书的随后章节中，我们将对此进行详细讨论。

剩下的是约束，它应该是数据完整性解决方案的选择。它们速度很快，而且不难创建。缺点是因为受限（除了外部键以外，都不能引用其他表），如果你拥有公共约束逻辑，重复定义是单调而又令人乏味的工作。

无论你使用了哪种完整性解决方案（键、触发器、约束、规则和默认值），都需要记住的一件事情是——均衡。

在数据库中添加的任何新事物都将导致新的过量开销，所以在数据库上添加这些对象之前，你要确保这些对象有一个值，避免像冗余完整性实现一类的事情（例如，笔者曾经在数据库上既有外部键又有触发器维护引用完整性规则）。确信在安放下一个约束之前，知道放置了哪些约束，而且确信你知道它怎样完成什么任务。

表 6-5 显示了完整性的类型，以及应用约束类型和适用的目标及具体描述。

表 6-5　完整性约束

完整性类型	约束类型	适用目标	描　述
域约束	DEFAULT	列	INSERT 语句中没有提供值时，指定列的默认值。对默认对象，推荐使用 DEFAULT 约束
	CHECK	列	指定列中可接受的数据值。对规则约束，推荐使用 CHECK 约束
	FOREIGN	表	基于另一张表的列的值，指定可接受更新的数据值
	NULL	列	指定一列的值是否可以为 NULL 值
实体约束	PRIMARY	表	标识每一行的唯一性——确保用户不录入重复值，并创建一个索引以加强性能。主键中不允许为 NULL 值
	UNIQUE	列	避免可选键（非主键）的重复值，并确保创建一个索引以提高性能。允许空值
引用完整性约束	FOREIGN KEY	表	定义同一张或其他表的主键与一列或组合列值相匹配
	CHECK	列	基于同一张表的其他列，指定本列可接受的数据值

6.10 小　结

本章描述的不同类型的数据完整性机制是一个合理数据库的核心之一。大概 RDBMS 的最大功能就是数据库能够负责数据完整性，而不用相关应用程序来完成。即使特别查询也受数据规则支配，而且在考虑数据完整性问题上，可以同等对待多个应用程序。

我们将在下一章介绍批处理和脚本。在本章中，我们运行了 INSERT 在 Tallymaster 表中插入行，然后 TallyDetail 表使用了新插入的行信息。批处理和脚本将把我们带向存储过程——最接近 SQL Server 自身的脚本。

7

脚本和批处理

有人会问：什么是脚本和批处理？实际上，我们在前面已经编写了 SQL 脚本，我们所写的每条 CREATE、ALTER 和 SELECT 语句都是脚本（如果运行单条语句）或者部分是脚本（如果运行多条语句）。难以让人接受的是，这些脚本都只有一行。

SQL 脚本基本上是同一种形式，只有将所有语句连接成一个长脚本，事情才更有意义。

脚本通常有统一目标。也就是说，脚本的所有命令通常完成同一个目的。例如，创建数据库的脚本（可能用于系统安装），系统维护的脚本。有多条命令的脚本，通常要一起运行。

我们将在本章介绍脚本，并讨论批处理（batches）的概念——它可以控制 SQL Server 如何对命令进行分组。此外，我们将介绍 OSQL 命令行的用途，并讨论它与脚本的关系。

7.1 编写脚本

技术上，除非将该脚本存储在一个文件中并反复使用，才能成为脚本。SQL 脚本存储为文本文件格式。在 SQL Server 7.0 以前，笔者知道许多人是在写字板中而不是在 ISQL/W 中书写脚本，现在都是在新的 ISQL/W（查询分析器，但仍然用 isqlw.exe 来执行）中编写，该工具可以帮助你编写代码。我们利用 SQL Server 7.0 中添加的查询分析器，不仅可以使编写的代码自动成为彩色编码，而且可以查看没有被执行的分析，显示关系表查询计划，从而使各项工作都变得更加容易。SQL Server 2005 还采用了调试跟踪器、临时编码、对象浏览器和更多的工具。即使你选择不使用查询分析器，也应该了解一下这种 SQL 编辑工具。

脚本通常被视作一个单元。也就是说，要么执行整个脚本中的所有语句，要么一条语句什么也不执行。脚本通常使用系统函数和局部变量，例如下面的脚本：

```
USE Store_IO
--创建出库主记录表
GO
IF EXISTS(SELECT NAME FROM DBO.SYSOBJECTS
      WHERE NAME =  'dbo.odetail')
   DROP TABLE dbo.odetail
GO

GO
IF EXISTS(SELECT NAME FROM DBO.SYSOBJECTS
      WHERE NAME = 'dbo.omaster')
   DROP TABLE dbo.omaster
```

```
GO


create table dbo.Omaster
    (
    document_no           int    IDENTITY NOT NULL,
    storage               varchar(8)       NOT NULL,
    export_date           datetime     NOT NULL,
    receiver              varchar(40)  NOT NULL,
    account_receivable        money          NULL,
    account_payed         money    NULL,
    additional_fee            money          NULL,
    export_class          varchar(8)       NOT NULL,
    sub_storage             .  varchar  (8)  NOT NULL,
    account_indicator         smallint      NOT NULL,
    memos                 varchar  (20)    NULL,
    operator              varchar  (8)     NOT NULL,
          constraint pk_omaster    primary key  (document_no))
```

--创建出库从记录表

```
create table dbo.odetail
    (
    document_no                int            NOT NULL,
    item_no                    int                NOT NULL,
    drug_code              varchar  (10)    NOT NULL,
    drug_spec              varchar  (20)    NOT NULL,
    units                  varchar  (8)     NOT NULL,
    batch_no               varchar(16)      NOT NULL,
    expire_date                datetime NOT NULL,
    firm_id                     varchar(10)      NOT NULL,
    import_document_no         varchar(10)  NOT NULL,
    purchase_price             money    NULL,
    retail_price           money  NULL,
    package_spec           varchar  (20)    NOT NULL,
    quantity               int              NOT NULL,
    package_units              varchar(8)  NOT NULL,
    sub_package_1              Decimal(12,2)    NULL,
    sub_package_units_1            varchar  (8)  NULL,
    sub_package_spec_1             varchar  (20)     NULL,
    sub_package_2              decimal(12,2)    NULL,
    sub_package_units_2            varchar(8)   NULL,
    sub_package_spec_2             varchar(20) NULL,
    CONSTRAINTPKODetails
      PRIMARY KEY(document_no, item_no),
     CONSTRAINT   FKODetails
      FOREIGN KEY(document_no)
```

```
        REFERENCES   Omaster(document_no)
        ON UPDATE    NO ACTION
        ON DELETE    CASCADE)
```

--定义一个变量

```
DECLARE @Ident int
--将omaster表的身份标识列是否允许手工插入的选项打开
SET IDENTITY_INSERT omaster ON
```

--在出库主记录中插入一条数据

```
INSERT INTO dbo.Omaster
(document_no,
   storage,
   export_date,
   receiver,
   account_receivable,
   account_payed,
   additional_fee,
   export_class,
   sub_storage,
   account_indicator,
   memos,
   operator)
VALUES
   (10,'西药库', '2006-01-01', '天坛医院',30.19,
   30.19,10.55, '发放出库', '一号库房',1, NULL, '张三')
```

--将标识值赋给变量@Ident

```
SELECT @Ident = @@IDENTITY
--将omaster表的身份标识列是否允许手工插入的选项关闭
SET IDENTITY_INSERT Omaster OFF
```

--给明细记录表插入两条记录

```
INSERT INTO ODetail
(   document_no,
item_no,
drug_code,
drug_spec,
units,
batch_no,
   expire_date,
firm_id   ,
import_document_no,
purchase_price,
   retail_price,
package_spec,
quantity,
```

```
package_units,
sub_package_1,
sub_package_units_1,
sub_package_spec_1,
sub_package_2,
sub_package_units_2,
sub_package_spec_2  )
VALUES
   (   @Ident, 1 , '1110010101', '200mg', '片', '12033456',
   '2006-01-01', '000001', '0000000001',12.19,15.30, '/',
   100, '瓶',NULL,NULL,NULL,NULL,NULL,NULL)

INSERT INTO dbo.ODetail
(   document_no,
item_no,
drug_code,
drug_spec,
units,
batch_no,
   expire_date,
firm_id   ,
import_document_no,
purchase_price,
   retail_price,
package_spec,
quantity,
package_units,
sub_package_1,
sub_package_units_1,
sub_package_spec_1,
sub_package_2,
sub_package_units_2,
sub_package_spec_2  )
VALUES
   (   @ident, 3 , '1110010103', '200mg', '片', '12033456',
   '2006-01-01', '000001', '0000000002',21.36,26.30, '/',
   100, '瓶',NULL,NULL,NULL,NULL,NULL,NULL)
```

--选择最近的标识值

```
SELECT '刚插入的入库单号是: ' + CONVERT(varchar(8),@Ident)
```

以上命令涵盖了我们在脚本中要完成的一定范围内的事情。我们使用了系统函数和局部变量、USE 语句、INSERT 语句以及赋值和常规的 SELECT 语句，它们联合在一起共同完成在数据库中创建表，并插入一个完整出库单的任务。

SQL Server 的全局变量（而且在文档中多处出现）并不是一个真正的变量（不能在这些变量中存储任何数据），更准确地说是指系统函数或无参数系统函数。本书使用术语系统函数。应该认识到，要消除老习惯很难，所以笔者和其他人在实际处理中所指的 SQL Server 的全局变量是返回值的系统函数，你可以查阅@@<variable name>提取返回值。有关如何使用独立全局变量（或称为系统函数）的内容，我们将在下面讨论。

批处理是包含一个或多个 Transact-SQL 的语句组，从应用程序一次性地发送到 SQL Server 2005 进行执行。SQL Server 将批处理的语句编译为一个可执行单元，称为执行计划。执行计划中的语句每次执行一条。

编译错误（比如语法错误）可使执行计划无法编译，因此未执行批处理中的任何语句。

运行时错误（比如算术溢出或违反约束）会产生以下两种影响之一：

- 大多数运行时错误将停止执行批处理中当前语句和它之后的语句。
- 某些运行时错误（如违反约束）仅停止执行当前语句，而继续执行批处理中其他所有语句。

在遇到运行时错误之前执行的语句不受影响，唯一例外是，批处理在事务中而且错误导致事务回滚。在这种情况下，回滚运行时错误之前所进行的未提交的数据修改。

假定在批处理中有 10 条语句，如果第五条语句有一个语法错误，则不执行批处理中的任何语句。如果编译了批处理，而第二条语句在执行时失败，则第一条语句的结果不受影响，因为它已经执行。

以下规则适用于批处理：

- CREATE DEFAULT、CREATE FUNCTION、CREATE PROCEDURE、CREATE RULE、CREATE TRIGGER 和 CREATE VIEW 语句不能在批处理中与其他语句组合使用。批处理必须以 CREATE 语句开始，跟在该批处理后的其他语句将被解释为第一个 CREATE 语句定义的一部分。
- 不能在同一个批处理中更改表，然后引用新列。
- 如果 EXECUTE 语句是批处理中的第一句，则不需要 EXECUTE 关键字。如果 EXECUTE 语句不是批处理中的第一条语句，则需要 EXECUTE 关键字。

关于安全性：批处理文件可能包含以纯文本存储的凭据。在批处理执行期间，凭据可能会回显到用户屏幕上。

7.1.1 USE 语句

USE 语句设置连接当前数据库，这会影响我们使用完整限定对象名的数据库部分的默认值。在上面的特定例子中，虽然没有在哪个数据库表上执行 INSERT 或 SELECT 语句。但是，因为我们已经在 INSERT 和 SELECT 语句前包含了 USE 语句，所以它们将使用该数据库（此时就是 Store_IO）。如果没有 USE 语句，则只能寄希望于执行脚本的人确定执行脚本的当前数据库就是自己所要选择的数据库。

不要理解为你应该在脚本中一直包含 USE 语句，这由脚本的目的决定。如果你希望形成一个通用目的脚本，则最好省略 USE 语句。

通常，如果在脚本中命名特定数据库中的表（也就是说，非系统表），那么就希望使用 USE 命令。笔者发现，如果所编写的脚本的目的是用来修改特定数据库的，那么这样做会大有益处。不少开发人员希望在用户数据库中创建大量的表，结果却都创建在 master 数据库中了。

下面用 DECLARE 语句声明变量。虽然前面已经简要讨论了 DECLARE 语句，但现在要作进一步扩展。

7.1.2 声明变量

DECLARE 语句的语法非常简单：

```
DECLARE @<variable name> <variable type>[,
        @<variable name> <variable type>[,
        @<variable name> <variable type>]]
```

可以一次仅声明一个变量，也可以一次声明多个变量。很少看到有人每声明一个变量就使用一次 DECLARE 语句，我们可以使用逗号拆分多个声明的变量。对你来说，不管选择哪种方法，变量的值都为空，除非显式地给变量设置一些其他值。

在这种情况下，我们已经定义了一个叫@ident 的整型局部变量。技术上，我们可以不声明这个变量。相反，可以直接使用@@IDENTITY。@@IDENTITY 是一个系统函数，它总是不断变化，而且提供了当前连接的最后标识值。对于大部分系统函数，你应该形成一个良好的习惯，显式地将@@IDENTITY 值放在一个局部变量中，这样可以确保它不会发生意外变化，最好养成一个良好的习惯。

笔者喜欢将系统函数值放在自己的变量中。在这种方式下，笔者可以安全地使用这些值，而且知道只有自己改变了这些值，它们才会发生变化。这创造了一种很容易在需要的时候改变系统值的情况，而且消除了系统传递值的不可预测性。

1. 在变量中设置值

我们已经声明了变量，但怎样改变这些变量的值呢？当前有两种方式可以设置变量值，一种方式是使用 SELECT 语句，另一种方式是使用 SET 语句。从功能的角度上说，除了 SELECT 语句可以得到列的源值之外，它们所完成的功能基本相同。

有充足的理由表明，SET 现在是 ANSI 标准的一部分，所以我们允许 SET 语句的存在。但是，笔者难以找到 SELECT 语句在功能上有什么错误，甚至 ANSI 也认为 SELECT 语句可行。也就是说，虽然存在两种典型的方法，但还是存在一些差别。

（1）使用 SET 设置变量

在更多的过程语言中，SET 常用作设置变量值的一种流行方法。例如：

```
SET @discount = 1
  SET @sellprice = @discount * 1.1
```

要直接赋值，可以使用一个显式值或使用另一个变量。不能在查询中用 SET 语句给变量赋值。例如：

```
USE Store_IO

DECLARE @sellprice  money

SET @sellprice = MAX(retail_price) FROM dbo.odetail
SELECT @sellprice
```

这会产生错误：

```
USE Store_IO

DECLARE @sellprice money

SET @sellprice = (SELECT MAX(retail_price) FROM dbo.ODetail)
SELECT @sellprice
```

这样就可以正常工作。

尽管后一种语法可以正常工作，但习惯上不会使用这种编码。笔者不能确定为什么不采用这种方法，但猜想可能是因为可读性。你希望 SELECT 语句与提取表的数据相关，而且 SET 是一个相当简单的变量分配。

（2）使用 SELECT 设置变量

当存储在变量中的源信息来源于查询时，通常使用 SELECT 语句给变量赋值。例如，在上面的最后一个例子中，使用 SELECT 就是最典型不过了。

```
USE Store_IO

DECLARE @sellprice money

SELECT @sellprice = MAX(retail_Price) FROM dbo.ODetail
SELECT @sellprice
```

这个语句更清晰一些（在完成相同任务时，它更简洁）。习惯上：

- 给变量简单赋值时，使用 SET。此时已经知道变量值是显式值或一些其他变量。
- 如果基于查询给变量赋值，就使用 SELECT。

在本书的许多地方你会看到，笔者不会违背上面的习惯。使用 SET 给变量赋值首先出现在 SQL Server 7.0 版中，笔者必须承认还没有完全适应这一用法。虽然如此，但这似乎是微软和 SQL Server 团体真正共同推出的方法，所以强烈推荐你坚定不移地采取这种正确的方法。

2. 系统函数简介

可以使用 30 个没有参数的系统函数，有一些函数需要你特别关注，我们把这些函数列在表 7-1 中。

表 7-1　SQL Server 系统函数

变　量	目　的	注　释
@@CURSOR_ROWS	指出在当前连接上最近一次打开的游标有多少行记录	SQL 7 可以异步操纵游标和大型键集。要清楚一点，如果该游标仍然在处理导出中的事宜，则该变量的值就会随时改变
@@DATEFIRST	返回当前设置为一周的第一天到底是哪一天（也就是说，是星期天还是星期一）	由系统设置
@@DBTS	返回当前数据库最近使用的时间戳	该值不仅随你使用的表而变化，而且根据数据库的变化而变化。 该值比@@IDENTITY 的“全局”性更强——会反映数据库中任意时间戳的变化，不仅针对当前连接

（续表）

变　量	目　的	注　释
@@ERROR	返回当前连接上最后执行的 T-SQL 语句返回的错误号。如果没有错误发生，就返回 0	每执行一条新语句就复位一次。如果需要保留该值，那么在希望保留错误代码的语句执行完毕之后，就应立即将该值移到局部变量中
@@FETCH_STATUS	与 FETCH 一同使用	Fetch 语句成功，则返回 0；如果超出游标指定的范围，则返回-1；如果丢失（或删除了）行，则返回-2。典型地假设返回不为 0 的值，这意味着到达游标的末尾——返回值-2 意味着丢失了一条记录
@@IDENTITY	返回插入的最近标识值，作为最近 INSERT 或 SELECT INTO 语句的结果	如果没有产生标识值，则被置为 Null。即使由于运行语句失败而缺少标识值，这也是正确的。如果采用一条语句执行多个插入，那么只返回最后一个标识值
@@LANGID 和 @@LANGUAGE	返回当前使用的语言或语言 ID	对区域化情况很方便
@@LOCK_TIMEOUT	在系统将暂停阻塞的资源之前，该系统函数以毫秒的形式返回当前的时间数	默认是系统连接，但除非你手工设置，否则返回值就是-1。如果你想改变当前连接的这一变量值，那么可以使用 SET_TIMEOUT
@@NESTLEVEL	返回嵌套存储过程的当前嵌套层	对非嵌套的存储过程，则返回 1，而每增加一个嵌套层，返回值都会增加 1。不能使用超过 32 层的嵌套。
@@OPTIONS	返回已经使用 SET 命令设置的选项信息	因为只得到一个返回值但可以有多个选项设置，所以 SQL Server 使用了二进制标志显示设置了什么值。为了测试是否设置了你感兴趣的选项，你必须把它与位逻辑操作符和选项值联合在一起使用
@@REMSERVER	只在存储过程中使用。返回调用存储过程的服务器值	如果你希望 sproc 根据调用自己的远端服务器（通常是地理位置）分别执行不同任务，那么使用该函数非常方便
@@ROWCOUNT	最有用的系统函数之一。返回最近一条语句影响的行数	通常用于非运行错误检查。例如，如果你试图使用 WHERE 从句删除一行且不影响其他行，就暗示着会发生一些未预料事情。此时可以采用手工报错
@@SERVERNAME	返回运行脚本的本地服务器名	可以使用 sp_addserver 改变该值，然后重新启动 SQL Server，但很少需要这样做
@@STRANCOUNT	返回活跃事务数，对当前连接，本质上就是事务嵌套层	除非你使用了 savepoint，否则，ROLLBACK TRAN 语句将把@@TRANCOUNT 减到 0。BEGIN TRAN 使@@TRANCOUNT 加 1；COMMIT TRAN 使@@TRANCOUNT 减 1
@@VERSION	返回 SQL Server 的当前版本，也包括日期、处理器和 O/S 结构	不幸的是，这不会将信息返回为结构化字段，所以，如果想使用它测试特定信息，就不得不分析该值

可能你不明白这些函数中的一些术语，不要担心！在随后的时间中，它们将变得越来越清晰，而且你还可以再回头来查阅该表，以得到一些必要的参考信息。记住，这就是你可以找到系统行为的当前状态的所有主信息的源头。

7.1.3 使用@@IDENTITY

@@IDENTITY 是所有系统函数中最重要的函数之一。还记得第 6 章返回标识值的所有方式吗？标识列不需要我们提供值，SQL Server 将自动插入一个数字值。

回顾一下本章前面的例子，即在 dbo.Omaster 表中执行插入操作的过程。

假如我们把其中的两条语句省略：

```
……
--将omaster表的身份标识列是否允许手工插入的选项关闭
SET IDENTITY_INSERT dbo.Omaster ON
……
--将omaster表的身份标识列是否允许手工插入的选项关闭
SET IDENTITY_INSERT Omaster OFF
```

那么在执行上面的脚本时，系统就会给我们提示。

```
Server: Msg 544, Level 16, State 1, Line 1
Cannot insert explicit value for identity column in table 'dbo.omaster' when
IDENTITY_INSERT is set to OFF.
```

为什么？因为我们采用了标识列，而标识列通常是系统自动添加数据的字段，而且该数据只能是，要么一直增加，要么一直减少。为了实现手工在标识列中插入需要的数据，我们必须将标识列的插入权限设置为 ON，才能进行赋值。否则在插入数据之前，就立即得到了@@IDENTITY 值。问题是没有为该表提供键值，在插入数据的时候，该值就自动产生了。现在我们希望在 Odetail 表中插入一条记录，但需要知道 Omaster 表中相关记录的主键值（记住，ODetail 表有一个外部键引用 Omaster 表）。因为 SQL Server 产生的值代替了我们提供的值，所以我们要用一种方法来提取该值，用于脚本中随后的依赖性插入操作。因为@@IDENTITY 是最后运行的语句，所以它提供了这个自动产生的值。

如果我们在这个例子中没有将@@IDENTITY 移到局部变量中，系统就会轻易地抛弃该值。在下一个 INSERT 查询中，该值就会显式地发生变化。笔者已经形成了一个习惯，总是将该值放到局部变量，从而可以在需要保存备份时避免偶然错误。例如，假设我们还有一个 INSERT 依赖于在 Omaster 表上执行的前一个 INSERT 的标识值，如果我们没有将该值放入局部变量中，那么执行下一个 INSERT 时它就会丢失，因为下一个值会覆盖它，所以 ODetail 没有标识列意味着@@IDENTITY 会被设置为空。把@@IDENTITY 值放到局部变量中，使笔者在输出该值语句的地方为随后引用保留了值。

下面创建一组表来证实这一点。

```
USE master
GO
   CREATE DATABASE DAMAVC
   ON
   ( NAME = DAMAVC,
```

```
     FILENAME = 'c:\program files\microsoft sql server\mssql\data\DAMAVC.mdf' )
GO

USE DAMAVC

CREATE TABLE [dbo].[Sites] (
   [SiteID] [int]   IDENTITY  NOT NULL ,
   [SiteName] [varchar] (50) COLLATE Chinese_PRC_CI_AS NOT NULL ,
   [SiteNameEn] [varchar] (50) COLLATE Chinese_PRC_CI_AS NOT NULL ,
   [LogPassword] [varchar] (20) COLLATE Chinese_PRC_CI_AS NOT NULL ,
   [SiteType] [int] NOT NULL ,
   [GroupID] [int] NOT NULL ,
   [CanPoint] [int] NOT NULL ,
   [CanMulti] [int] NOT NULL ,
   [CanModified] [int] NOT NULL ,
   [BornRank] [int] NOT NULL ,
   [ChatColor] [varchar] (20) COLLATE Chinese_PRC_CI_AS NOT NULL ,
   [URL] [varchar] (128) COLLATE Chinese_PRC_CI_AS NOT NULL ,
   [URLindex] [int] NOT NULL ,
   [Province] [varchar] (30) COLLATE Chinese_PRC_CI_AS NOT NULL ,
   [Contact] [varchar] (250) COLLATE Chinese_PRC_CI_AS NOT NULL ,
   [LOGO] [varchar] (50) COLLATE Chinese_PRC_CI_AS NOT NULL ,
   [Longitude] [varchar] (30) COLLATE Chinese_PRC_CI_AS NOT NULL ,
   [Latitude] [varchar] (30) COLLATE Chinese_PRC_CI_AS NOT NULL ,
   [CableLen] [int] NOT NULL
) ON [PRIMARY]

CREATE TABLE [dbo].[Groups] (
   [GroupID] [int] NOT NULL ,
   [GroupName] [varchar] (50) COLLATE Chinese_PRC_CI_AS NOT NULL
) ON [PRIMARY]

CREATE TABLE [dbo].[News] (
   [NewsId] [int] IDENTITY (1, 1) NOT NULL ,
   [NewsTitle] [varchar] (80) COLLATE Chinese_PRC_CI_AS NOT NULL ,
   [NewsKeyword] [varchar] (80) COLLATE Chinese_PRC_CI_AS NULL ,
   [NewsType] [varchar] (20) COLLATE Chinese_PRC_CI_AS NOT NULL ,
   [NewsFileType] [varchar] (50) COLLATE Chinese_PRC_CI_AS NOT NULL ,
   [NewsFilePostfix] [varchar] (10) COLLATE Chinese_PRC_CI_AS NOT NULL ,
   [NewsTime] [datetime] NOT NULL ,
   [NewsEnabled] [int] NOT NULL ,
   [NewsProvider] [int] NOT NULL ,
   [Checker] [int] NULL ,
   [CheckTime] [datetime] NULL ,
   [Deleted] [int] NOT NULL ,
   [ActDate] [datetime] NULL ,
```

```
    [Forever] [int] NOT NULL
) ON [PRIMARY]
GO

CREATE TABLE [dbo].[tbl_Lecture] (
    [LectureId] [int] IDENTITY (1, 1) NOT NULL ,
    [NoticeSiteID] [int] NOT NULL ,
    [NoticeSiteName] [varchar] (20) COLLATE Chinese_PRC_CI_AS NOT NULL ,
    [Year] [int] NOT NULL ,
    [Month] [int] NOT NULL ,
    [Day] [int] NOT NULL ,
    [LectureDate] [datetime] NULL ,
    [StartHour] [int] NOT NULL ,
    [StartMinute] [int] NOT NULL ,
    [EndHour] [int] NOT NULL ,
    [EndMinute] [int] NOT NULL ,
    [SiteID] [int] NULL ,
    [Lecturer] [varchar] (80) COLLATE Chinese_PRC_CI_AS NOT NULL ,
    [LecturerTitle] [varchar] (40) COLLATE Chinese_PRC_CI_AS NULL ,
    [LecturerDetails] [varchar] (2048) COLLATE Chinese_PRC_CI_AS NULL ,
    [ExpertId] [int] NOT NULL ,
    [Content] [varchar] (1024) COLLATE Chinese_PRC_CI_AS NOT NULL ,
    [Audience] [varchar] (256) COLLATE Chinese_PRC_CI_AS NOT NULL ,
    [Score] [int] NOT NULL ,
    [Book] [varchar] (128) COLLATE Chinese_PRC_CI_AS NULL ,
    [Comment] [varchar] (512) COLLATE Chinese_PRC_CI_AS NULL ,
    [PostTime] [datetime] NOT NULL
) ON [PRIMARY]
```

这里创建的是一张表用来存储站点信息，它拥有代表主键的一个标识列。我们还拥有 3 张其他表，它们分别用来存储站点分组信息、站点发布新闻站点举行讲座。显然，后两张表都需要从 Sites 表中得到自己的键。首先需要在 Sites 表中插入记录，然后提取产生的标识值，从而可以在其他表中利用该值。

下面再准备一个小测试程序。

```
/*****************************************
* 该脚本证明只要发生另一个INSERT操作，
* 标识值就会丢失
****************************************** */

DECLARE @Ident   int  -- 这是一个存储变量
-- 我们将用它显示
-- 怎样可以将系统函数值放在一个安全的地方。

INSERT INTO [dbo].[Groups] (
    [GroupID],
    [GroupName])
```

```
VALUES(1, '第一组')

INSERT INTO [dbo].[Sites] (
    [SiteName],
    [SiteNameEn],
    [LogPassword],
    [SiteType],
    [GroupID],
    [CanPoint],
    [CanMulti],
    [CanModified],
    [BornRank],
    [ChatColor],
    [URL],
    [URLindex],
    [Province],
    [Contact],
    [LOGO],
    [Longitude],
    [Latitude],
    [CableLen])
VALUES(  0   , '网管中心', 'hub', 123,  2   ,1, 1,  1,  1,  12,
     '#225566', 600, '北京市', '张三', '插入数据','116.46',    '37.92',
    60)

SET @Ident = @@IDENTITY
PRINT '刚才得到的 @@IDENTITY 值是:  ' +
      CONVERT(varchar(2),@Ident)
PRINT '当前的 @@IDENTITY 值是 ' + CONVERT(varchar(2),@@IDENTITY)
/* 在第一条INSERT上使用@@IDENTITY时，我们能
**得到合适值，因为在最初的INSERT与这个INSERT之间没有其他操作。
** 你会看到，对这条INSERT语句之后的INSERT语句，我们就不会如此幸运了。*/

INSERT INTO [dbo].[News] (
     [NewsTitle],
    [NewsKeyword],
    [NewsType],
    [NewsFileType],
    [NewsFilePostfix],
    [NewsTime],
    [NewsEnabled],
    [NewsProvider],
    [Checker],
    [CheckTime],
    [Deleted],
    [ActDate],
```

```
        [Forever])
    VALUES
        ('准备网络测试的通知', '入网测试', '文字新闻', 'text/plain', '.txt',
        '2003-4-15 9:45:15',1, @@IDENTITY, NULL,NULL,  1,NULL, 0)

    INSERT INTO [dbo].[tbl_Lecture]
    (
        [NoticeSiteID],
        [NoticeSiteName],
        [Year],
        [Month],
        [Day],
        [LectureDate],
        [StartHour],
        [StartMinute],
        [EndHour],
        [EndMinute],
        [SiteID],
        [Lecturer],
        [LecturerTitle],
        [LecturerDetails],
        [ExpertId],
        [Content],
        [Audience],
        [Score],
        [Book],
        [Comment],
        [PostTime]
    )
    VALUES
    (  3   , '网管中心'   ,2002,3,  13,  '2002-3-13 ',   15, 0,  16, 0,
        @@IDENTITY,   '郭苏 (神经内科中心) ', ' 神经内科揭密', '从医50余年，有丰富的临
床经验，在防治脑血管病、癫痫、各种头痛等方面有较深的研究，近20年来获国家科技进步奖及军队科
技进步奖共19项。发表论文近60篇。',  67, '不宁腿综合症的发病机制诊断与治疗',    '内科医师',
        0, ' http://172.16.5.120/10_jn/jinangen/zjjz/6.htm ', '讲义将在济南总院
主页上发布',   '2002-3-12 17:24:06 ')
    PRINT '最初的@@IDENTITY值是 ' +      CONVERT(varchar(2),@Ident)
    IF (SELECT @@IDENTITY) IS NULL
      PRINT '当前的 @@IDENTITY 是'
    ELSE
      PRINT '当前的 @@IDENTITY值是:  ' + CONVERT(varchar(2),
    @@IDENTITY)
```

在脚本中，我们所要做的事情是：如果直接依赖@@IDENTITY 而不将该值放入到一个安全的位置会发生什么？当我们执行上面的脚本时，一切似乎正常，直到执行最后一个 INSERT 为止。最后一条语句试图直接利用@@IDENTITY，但前面的 INSERT 语句已经改

变了@@IDENTITY 的值。虽然我们的插入操作成功了，但这两个@@IDENTITY 的值显然不一样。

```
(1 row(s) affected)


(1 row(s) affected)

刚才得到的 @@IDENTITY 值是:  4
当前的 @@IDENTITY 值是 4

(1 row(s) affected)


(1 row(s) affected)

最初的@@IDENTITY值是 4
当前的 @@IDENTITY值是:  2
```

我们做一个小小的修改（保存最初的@@IDENTITY 值）：

```
/*****************************************
* 该脚本显示使用变量以后，
* identity的值就被保存在变量中
****************************************** */
/*****************************************
* 该脚本证明只要发生另一个INSERT操作，
* 标识值就会丢失
****************************************** */

DECLARE @Ident   int  -- 这是一个存储变量
-- 我们将用它显示
-- 怎样可以将系统函数值放在一个安全的地方。

INSERT INTO [dbo].[Groups] (
    [GroupID],
    [GroupName])
VALUES(1, '第一组')

INSERT INTO [dbo].[Sites] (
    [SiteName],
    [SiteNameEn],
    [LogPassword],
    [SiteType],
    [GroupID],
    [CanPoint],
    [CanMulti],
    [CanModified],
```

```
    [BornRank],
    [ChatColor],
    [URL],
    [URLindex],
    [Province],
    [Contact],
    [LOGO],
    [Longitude],
    [Latitude],
    [CableLen])
VALUES(   0   , '网管中心', 'hub', 123,  2   ,1, 1,  1,  1,  12,
    '#225566', 600, '北京市', '张三', '插入数据','116.46',    '37.92',
    60)

SET @Ident = @@IDENTITY
PRINT '刚才得到的 @@IDENTITY 值是: ' +
     CONVERT(varchar(2),@Ident)
PRINT '当前的 @@IDENTITY 值是 ' + CONVERT(varchar(2),@@IDENTITY)
/* 在第一条INSERT上使用@@IDENTITY时，我们能
**得到合适值，因为在最初的INSERT与这个INSERT之间没有其他操作。
** 你会看到，对这条INSERT语句之后的INSERT语句，我们就不会如此幸运了。*/

INSERT INTO [dbo].[News] (
    [NewsTitle],
   [NewsKeyword],
   [NewsType],
   [NewsFileType],
   [NewsFilePostfix],
   [NewsTime],
   [NewsEnabled],
   [NewsProvider],
   [Checker],
   [CheckTime],
   [Deleted],
   [ActDate],
   [Forever])
VALUES
   ('准备网络测试的通知', '入网测试', '文字新闻', 'text/plain', '.txt',
   '2003-4-15 9:45:15',1, @@IDENTITY, NULL,NULL, 1,NULL, 0)

INSERT INTO [dbo].[tbl_Lecture]
(
   [NoticeSiteID],
   [NoticeSiteName],
   [Year],
   [Month],
```

```
    [Day],
    [LectureDate],
    [StartHour],
    [StartMinute],
    [EndHour],
    [EndMinute],
    [SiteID],
    [Lecturer],
    [LecturerTitle],
    [LecturerDetails],
    [ExpertId],
    [Content],
    [Audience],
    [Score],
    [Book],
    [Comment],
    [PostTime]
)
VALUES
(  3  , '网管中心'   ,2002,3,  13,  '2002-3-13 ',   15, 0,  16, 0, @Ident,
    '郭苏（神经内科中心）', ' 神经内科揭密', '从医50余年，有丰富的临床经验，在防治脑
血管病、癫痫、各种头痛等方面有较深的研究，近20年来获国家科技进步奖及军队科技进步奖共19项。
发表论文近60篇。',  67, '不宁腿综合症的发病机制诊断与治疗', '内科医师',  0,          '
http://172.16.5.120/10_jn/jinangen/zjjz/6.htm ', '讲义将在济南总院主页上发布',
'2002-3-12 17:24:06 ')
PRINT '最初的@@IDENTITY值是 ' +     CONVERT(varchar(2),@Ident)
IF (SELECT @@IDENTITY) IS NULL
  PRINT '当前的 @@IDENTITY 是'
ELSE
  PRINT '当前的 @@IDENTITY值是: ' + CONVERT(varchar(2),
@@IDENTITY)
```

在这个例子中，虽然我们是通过两个不同的站点编号来进行演示，但很容易说明问题的存在，明显可以看出前后两个站点号插入的记录存在差别。现在，假设 News 表没有标识列，那么就很容易导致在表中插入伪造的数据，甚至还不知道错误已经发生了；至少产生了严重的数据完整性问题。

7.1.4　使用@@ROWCOUNT

在已经运行的许多查询中，我们总能轻松地指出一条语句影响了多少条记录，这是查询分析器告诉我们的。例如，运行语句：

```
USE Store_IO

SELECT * FROM dbo.Sites
```

可以看到 Categories 表中的所有行，但也看见了被查询影响的行数（此处就是表中的所有行）。

(8 row(s) affected)

如果想用编程的方法知道有多少行被影响，该怎么办？就像@@IDENITY，当运行你的脚本时，如果你想知道发生了什么，那么@@ROWCOUNT 就是一个无价之宝，但这次该值代表了影响了多少行，而不是标识值。

下面用个例子检测一下：

```
USE Store_IO
GO
-- 注意是单个@符号
DECLARE @RowCount int

SELECT * FROM Sites

SELECT @RowCount = @@ROWCOUNT

PRINT '@@ROWCOUNT的值为：' + CAST(@RowCount AS varchar(5))
```

再次显示了所有行，注意我们得到新的一行：

```
@@ROWCOUNT 的值为：1
```

在存储过程中，我们会看到这一结果很有用途。现在，我们只要认识到这些消息提供了语句完成任务的一种方法，而且不仅仅限制在 SELECT 语句上；UPDATE、INSERT 和 DELETE 语句也设置该值。

如果浏览这个例子，那么你就会注意到，与处理@@IDENTITY 一样，笔者选择把这个函数值放到一个控制变量中。在最近的下一条语句中，@@ROWCOUNT 将被设置为新值。如果你要利用@@ROWCOUNT 值进行多重行为处理，就应把它放到一个存储变量中。

7.1.5 其他系统函数

下面将介绍 SQL Server 2005 中记载的系统函数。尽管其中有一些函数比另一些函数更有用，但是每一个函数都有其自身价值。

不管你是习惯于以前 SQL Server 版本的还是其他（比如 Sybase）数据库中的这些函数，使用这些函数时都要特别小心。

1. @@CONNECTIONS

返回自上一次启动 SQL Server 以来尝试连接的次数。这是自上一次启动 SQL Server 以来所有连接尝试的次数。这里要记住的是我们在讨论尝试，而不是实际连接，而且我们讨论的连接与用户对立。

无论是否连接成功，每次尝试都使连接计数器增加，唯一条件是必须尝试连接服务器。如果因为 NetLib 或其他一些网络问题连接不通，那么 SQL Server 甚至不知道需要增加该计数器。只有服务器看见连接尝试时，该计数器才记录，无论尝试成功与否都没有关系。

要理解我们讨论的是连接而不是登录尝试，这一点也很重要。根据应用程序，你可以创建多个到服务器的连接，但可能只要求一次用户信息。实际上，EQ 也是这样做的。当你单击新窗口时，它自动基于相同的登录信息创建另一个连接。

与其他许多全局变量一样，该函数可以更好地利用系统存储过程 sp_monitor。该存储过程在一条命令中产生了有关连接数、CPU 忙、SQL Server 写的总次数的信息。

2. @@CPU_BUSY

返回自上一次启动 SQL Server 以后，CPU 处于活跃状态的时间（以毫秒为单位）。这个数字基于系统定时器的精度。可以改变，因此而改变精度。

这是又一个自启动服务器之后一类的函数，意味着在应用程序运行时，你不能一直指望该计数器增加，但可以根据这个数字指出 SQL Server 占用 CPU 的百分比。实际上，如果迫切需要这个信息的话，则宁可进入性能监视器得到该数字。在大部分应用程序中，该函数没有多少实际用途。

3. @@CURSOR_ROWS

在当前连接打开的最后一个游标中的行数。这是游标，而不是临时表。

记住，每次打开新游标时都会复位该数字。如果需要一次打开多个游标，而且需要知道第一个游标中的行数，那么就需要在打开下一个指针之前，将该数字值移到一个保存变量中。

在处理游标时，能用该函数设置计数器以控制 WHILE 循环，但笔者建议不要进行这种练习。@CURSOR_ROW 中包含的值取决于指针类型和 SQL Server 是否异步地填充游标。使用@FETCH_STATUS 将更可靠，而且至少更容易使用。

如果返回值是大于 –1 的负数，那么一定是在处理异步游标，而且负数的绝对值是迄今为止在游标中创建的记录数。如果值是 –1 ，那么表明该游标是动态的，所以行数经常会变化。返回值为 0 表示没有打开的游标已经被打开，也可能表示不再打开最后一个打开的游标。最后，正数显示了游标中的行数。

要创建异步游标，只要将 sp_configure 游标阈值设置为大于 0 就可以了。当游标超过阈值时，异步地将剩余记录放到游标中，以返回游标。

4. @@DATEFIRST

返回对应于系统当作一周的第一天或一周中某天的数字值。

在 US，默认值是 7，即星期天，该值转换如下所示：

- 1 星期一（大部分国家的第一天）。
- 2 星期二。
- 3 星期三。
- 4 星期四。
- 5 星期五。
- 6 星期六。
- 7 星期天。

在处理本地化问题时，这非常容易，你可以适当地列出任何日历或你拥有的周所依赖信息的某一天。

使用 SET DATEFIRST 函数可以改变这一设置。

5. @@DBTS

返回当前数据库上次使用的时间戳。

乍一看，该函数似乎非常像@@IDENTITY，因为它使你有机会得到系统上次设置的值（这次，是上次的时间戳，而不是上次的标识值）。要注意：

- 该值会随着数据库的变化而变化，不是你所使用的工作表。
- 反映数据库中任何时间戳的变化，不仅是当前连接的时间戳的变化。

因为你不能指望该值真的是上次使用的值（有人可能已经做了一些会改变它的事情），所以笔者认为该函数实际用途很少。

6. @@ERROR

返回当前连接上运行的最后一次 T-SQL 语句的错误代码。如果没有错误，那么返回值就是 0。

如果要编写存储过程或触发器，那么@ERROR 是必不可少的系统函数，你的生活中不能没有它。

对@ERROR 函数而言，要记住的是其适用范围就是一条语句。如果想在一个给定语句之后用该函数检查错误，那么就需要测试下一条语句，或者需要将该值移到存储变量中。

可以使用 master 数据库中的 sysmessages 系统表来查看所有系统错误的清单。要创建自己定制的错误，可以使用 sp_addmessage。

7. @@FETCH_STATUS

返回上一个游标 FETCH 操作的状态指示器。如果你在使用游标，你就会使用@@FETCH_STATUS，该函数使你知道导航到游标中的一条记录的尝试是否成功。根据 SQL Server 在上一个 FETCH 操作的成功与否返回一个常量，如果失败，则指出原因。该常量是：

- 0 成功。
- -1 失败。通常因为超出了游标集的开头或结尾。
- -2 失败。没有找到提取的行，通常因为在创建游标集与导航到当前行期间已经删除了该行。只能发生在滚动的非动态游标中。

为了便于阅读，笔者通常使用@@FETCH_STATUS 提前设置一些常量。例如：

```
DECLARE @NOTFOUND int
DECLARE @BEGINEND int

SELECT @NOTFOUND = -2
SELECT @BEGINEND = -1
```

可以在游标循环的 WHILE 语句条件中使用这些常量代替行整数，这可以使代码的可读性变得更好。

8. @@IDENTITY

返回当前连接创建的上一个标识值。如果正在使用标识列，然后在另一张表中引用其为外部键，那么你就会发现自己一直都在使用该函数。可以创建父记录（通常具有需要提取的标识），然后选择@@IDENTITY，从而了解需要用什么值与子记录相关。

如果用标识值在多张表中执行插入操作，那么就要记住，@@IDENTITY 值只用于插入的上个标识值。在这之前的任何标识值都丢失了，除非你在每一个插入之后将该值移入到存储变量中。还要注意的是，如果插入的上一列没有标识列，那么将把@@IDENTITY

设置为 NULL。

9. @@IDLE

返回自上一次启动以后 SQL Server 已经是空闲状态的毫秒数（根据系统计时器的精度而定）。你可以将该函数当作@@CPU_BUSY 的反函数。本质上，它说明了 SQL Server 在多长时间中什么事情也没做。如果有人发现编程使用了该函数，就请给笔者发 E-mail。

10. @@IO_BUSY

返回自上一次启动以后，SQL Server 进行输入、输出操作所花的毫秒时间数（根据系统计时器的精度而定）。在每次启动 SQL Server 时复位该值。

11. @@LANGID 和@@LANGUAGE

分别返回当前使用的语言 ID 和名称。它们在指出是否在本地化安装产品，以及在本地安装时采用哪种默认语言等方面非常方便。

对于 SQL Server 当前支持的语言的完整列表，可以运行 SELECT * ON syslanguages 表或使用系统存储过程 sp_helplanguage 进行调用。

12. @@LOCK_TIMEOUT

以毫秒为单位返回超时系统等待阻塞资源之前的当前时间数。如果资源（页、行、表或无论什么）被阻塞，则停止进程并等待清除阻塞，这决定了取消语句之前需要等待的时间。

除非有人在系统层修改它（使用 sp_configure），否则等待的默认时间是 0（这等于不确定）。无论系统默认值被设置为多少，你都将从这个全局存储过程中得到 –1 值，除非你已经使用 SET LOCK_TIMEOUT 手工设置了当前连接值。

13. @@MAX_CONNECTIONS

返回 SQL Server 允许的同时存在的用户连接的最大数。不要把它误认为是 EM 中的最大连接数（Maximum Connections）。这是基于许可的，如果你已经选择了每位许可，那么它会显示一个很高的数字。

注意：用户连接的实际数字也取决于你所使用的 SQL Server 版本、应用程序及硬件限制。

14. @@MAX_PRECISION

返回当前为十进制和数字数据类型的设置的精度级别。默认是 38 位，但在启动 SQL Server 时，可以使用/P 选项来改变该值。可以从命令行下启动 SQL Server 并添加/P 选项，或者通过 Windows NT/2000 服务程序添加到 MSSQLServer 服务的 Startup 参数中。

15. @@NESTLEVEL

返回嵌套存储过程的当前嵌套层。第一个运行的存储过程（sproc）的@@NESTLEVEL 值为 0。如果该 sproc 调用了另一个 sproc，那么就说在第一个 sproc 中嵌套第二个 sproc（而且@NESTLEVEL 值增加为 1）。同样，第二个 sproc 可以调用第三个 sproc，最大可以到 32 层深度。如果超过了 32 层深度，那么不仅会终止事务，而且应该重新修改自己的程序设计。

16. @@OPTIONS

返回使用 SET 命令应用的选项信息。因为你只得到一个返回值，但可以具有许多选项设置，所以 SQL Server 使用二进制标志显示所设置的值，见表 7-2 所示。为了测试你感兴趣的事情是否被设置，必须将该选项值与位运算操作符一同使用。例如：

```
IF (@@OPTION & 2)
```

如果结果为 True，那么你知道当前连接已经打开了 IMPLICIT_TRANSACTIONS。

表 7-2 OPTIONS 选项值

位	设置操作	描　述
1	DISABLE_DEF_CNST_CHK	临时与延期的约束检查
2	IMPLICIT_TRANSACTIONS	在语句被执行时隐式启动事务
4	CURSOR_CLOSE_ON_COMMIT	在执行 COMMI 行之后控制游标行为
8	ANSI_WARNINGS	聚集截断和 NULL 的警告
16	ANSI_PADDING	控制添加固定长度变量
32	ANSI_NULLS	在使用等号操作符时处理 null 值
64	ARITHABORT	在查询执行过程中发生溢出或被 0 除时终止查询
128	ARITHIGNORE	在查询执行过程中发生溢出或被 0 除时返回 NULL
256	QUOTED_IDENTIFIER	在求表达式值时，区分单引号和双引号之间的差别
512	NOCOUNT	关闭在每条语句的末尾返回的 row(s) affected 消息
1024	ANSI_NULL_DELT_ON	改变会话行为，从而不使用 ANSI 对可空性的兼容性。新表创建的列或添加到老表中但没有显式设置 null 选项的列，都被定义为不允许 null 值。与 ANSI_NULL_DFLT_OFF 互斥
2048	ANSI_NULL_DFLT_OFF	改变会话行为，从而不使用 ANSI 对可空性的兼容性。没有显式说明可空性的新列都被定义为不允许 null 值。与 ANSI_NULL_DFLT_OFF 互斥
4096	CONCAT_NULL_YIELDS_NULL	当将一个字符串连接 NULL 时，返回 NULL
8192	NUMERIC_ROUNDABORT	当表达式发生丢失精度的行为时，产生错误

17. @@PACK_RECEIVED 和@@PACK_SENT

分别返回自上次启动时 SQL Server 从网络上读输入包（写到网络上的输入包）的数量。基本上，这是一个网络问题的解决工具。

18. @@PACKET_ERRORS

返回自上一次启动 SQL Server 时，到 SQL Server 的连接上发生的网络包错误数。基本上是一个网络问题解决工具。

19. @@PROCID

返回当前运行存储过程的存储过程 ID。当进程运行并使用了大量资源时，基本上就是一个网络问题的解决工具，主要用于 DBA 功能。

20. @@REMSERVER

返回调用存储过程的服务器值(因为它以登录记录的方式出现)，只在存储过程中使用。当希望 sproc 根据调用该 sproc 的远程服务器（通常从地理位置）来响应地改变执行方式，这非常方便。

21. @@ROWCOUNT

返回上一条语句所影响的行数。这是最有用的全局变量之一，常见用途是检查非运行时错误，即程序中的逻辑错误，但 SQL Server 将不会看到任何问题。例如，你想基于条件执行更新，但你发现它影响了 0 行。如果客户端提交了对特定行的修改，然后它期待该行与给定的标准匹配；0 行表示已经出错了。如果在不返回行的语句上测试该全局变量，那么也将返回 0。

22. @@SERVERNAME

返回运行脚本的本地服务器名。如果安装了多个 SQL Server 实例（为每一个客户端使用了独立 SQL Server 安装的 web 驻留服务将是一个很好的例子），并且自安装之后没有改变本地服务器名，那么@@SERVERNAME 将返回表 7-3 所示的本地服务器名信息。

表 7-3　服务器名信息

实　例	服务器信息
默认实例	<Servername>
命名实例	<Servername\instancename>
虚拟服务器，默认实例	<Virtualservername>
虚拟服务器，命名实例	<virtualservername\instancename>

23. @@SERVICENAME

返回 SQL Server 在其下运行的注册键名。只返回 Windows NT/2000 下的注册键名，而且（不管在哪种情况下）都应该总是返回 MSSQLService，除非已经改动了注册表。如果运行在 Win9x 上，则将不会返回任何东西（Win9x 没有服务，所以 SQL Server 不能像这样运行）。

24. @@SPID

返回当前用户进程的服务器进程 ID（SPID）。如果运行 sp_who，那么这就等于你看见的相同进程 ID。更好的是你可以说出当前连接的 SPID，DBA 可以用该 SPID 监视（并且必要时还可以终止）那个任务。

25. @@TEXTSIZE

返回 SET 语句的 TEXTSIZE 选项的当前值，它以字节为单位，说明了在处理文本或图象数据时 SELECT 语句所返回的最大长度。默认值为 4096 字节（4KB），你可以使用 SET TEXTSIZE 语句修改该值。

26. @@TIMETICKS

返回每个滴答声响的毫秒数，这随着计算机的不同而不同，而且还是另一个在程序中没有实际用途的函数。

27. @@TOTAL_ERRORS

返回自上一次启动以后 SQL Server 遇见的磁盘读/写错误数。不要将该错误混淆为运行时错误或者与@@ERROR 有任何关系，这是关于物理 I/O 的问题。这是另一个在实际编程中没有用途的函数。主要用途是包含在系统诊断脚本中。一般说来，笔者将使用性能监视来代替它。

28. @@TOTAL_READ 和@@TOTAL_WRITE

分别返回自上一次启动以后 SQL Server 读/写磁盘的总数量。这些名字在这里有点误导，因为它不包括从缓冲区中读/写的数量，它们只是物理 I/O。

29. @@TRANCOUNT

返回活跃事务数，本质上是事务嵌套层数。

当你在处理事务时，这是一个很有用的函数。正常情况下，笔者对嵌套事务不是很着迷，但有时很难避免。因此，了解你在事务嵌套的哪一层就变得很重要了（例如，如果你不在一个事务中，那么你可能只会有启动事务的逻辑）。

如果不在事务中，那么@@TRANCOUNT 就是 0。我们看一个简单例子：

```
SELECT @@TRANCOUNT As TransactionNestLevel  --This will be zero at this point

BEGIN TRAN
SELECT @@TRANCOUNT As TransactionNestLevel  --This will be one at this point
  BEGIN TRAN
    SELECT @@TRANCOUNT As TransactionNestLevel --This will be two at this
point
  COMMIT TRAN
SELECT @@TRANCOUNT As TransactionNestLevel  --This will be back to one
--at this point
ROLLBACK TRAN
SELECT @@TRANCOUNT As TransactionNestLevel  --This will be back to zero
--at this point
```

注意：在这个例子中，如果最后一条语句是 COMMIT 语句，那么末尾的@@TRAN COUNT 也会为 0。

30. @@VERSION

返回 SQL Server 的当前版本号，也包括处理器类型和 OS 结构。例如：

```
SELECT  @@VERSION
```

产生了：

```
Microsoft SQL Server 2005 - 9.00.1399.06 (Intel X86)
    Oct 14 2005 00:33:37
    Copyright (c) 1988-2005 Microsoft Corporation
    Enterprise Edition on Windows NT 5.2 (Build 3790: Service Pack 1)
(1 row(s) affected)
```

不幸的是，这没有将信息返回到任何种类的结构字段安排中，如果你想使用它测试特定信息，就必须分析它。

考虑使用 xp_msver 系统过程予以代替，这样可以很轻松地从结果中提取特定信息的返回信息。

7.2 批处理

批处理（batch）是一组 T-SQL 语句形成的逻辑单元。因为批处理中的所有语句组合成一个可执行计划，所以必须一起分析所有语句并通过语法校验，否则该批处理不会被执行。但是要注意，这并不能阻止运行错误（run-time error）的发生。在运行错误事件中，运行错误发生前执行的语句仍然有效。如果语句分析失败，那么就不运行；如果在运行过程中失败，那么产生错误前的语句都已经被执行。

目前我们运行的所有脚本都是由一个批处理组成，即使本章分析的脚本也是一个批处理。要将脚本分成多个批处理，可以利用 GO 语句。

- 必须另起一行（甚至在同一行上注释也不行）。下面要讨论一种异常情况，但在这里只需要考虑 GO 语句必须另起一行。
- 使从脚本开始或最后一个 GO 语句（这是非常接近的）后的所有语句都被编译在一个执行计划中，并以独立于其他批处理的方式发送到服务器上。
- 不是一条 T-SQL 命令，但是可以被各种 SQL Server 命令应用程序（OSQL、ISQL 和查询分析器）认可。

7.2.1 另起一行

GO 命令必须另起一行。技术上，你可以在 GO 命令后的同一行开始一个新的批处理，但可读性极差。T-SQL 语句不能先于 GO 语句，否则 GO 语句将常被错误地解释，并引起解析错误或未预料到的结果。例如，在 WHERE 从句后使用 GO 语句：

```
SELECT * FROM dbo.Sites WHERE SiteID = 1 GO
```

语句就变得让人混淆：

Server: Msg 170, Level 15, State 1, Line 1

Line 1: Incorrect syntax near 'GO'.

7.2.2 独立执行批处理

因为每个批处理都是独立进行处理，所以一个批处理中的错误不会影响另一个批处理的运行。例如：

```
/********************************************
* 该脚本显示使用变量以后，
* identity的值就被保存再变量中
******************************************** */
/********************************************
* 该脚本证明只要发生另一个INSERT操作，
* 标识值就会丢失
******************************************** */

-- 声明一个存储变量，但该变量只在此语句种起作用
```

```
GO
DECLARE @Ident   int

--该语句不会发生错误，因为没有调用变量
GO
INSERT INTO [dbo].[Groups] (
    [GroupID],
    [GroupName])
VALUES(1, '第一组')

--该语句也不会产生错误，因为它没有调用变量
GO
INSERT INTO [dbo].[Sites] (
    [SiteName],
    [SiteNameEn],
    [LogPassword],
    [SiteType],
    [GroupID],
    [CanPoint],
    [CanMulti],
    [CanModified],
    [BornRank],
    [ChatColor],
    [URL],
    [URLindex],
    [Province],
    [Contact],
    [LOGO],
    [Longitude],
    [Latitude],
    [CableLen])
VALUES(   0    , '网管中心', 'hub', 123,  2   ,1, 1,  1,  1,  12,
    '#225566', 600, '北京市', '张三', '插入数据','116.46',    '37.92',
   60)

--该语句会产生错误，因为调用的变量没有提前声明
GO
SET @Ident = @@IDENTITY
PRINT '刚才得到的 @@IDENTITY 值是： ' +
     CONVERT(varchar(2),@Ident)
PRINT '当前的 @@IDENTITY 值是 ' + CONVERT(varchar(2),@@IDENTITY)
/* 在第一条INSERT上使用@@IDENTITY时，我们能
**得到合适值，因为在最初的INSERT与这个INSERT之间没有其他操作。
** 你会看到，对这条INSERT语句之后的INSERT语句，我们就不会如此幸运了。*/

--该语句不会产生错误，因为没有调用变量
```

```
GO
INSERT INTO [dbo].[News] (
     [NewsTitle],
    [NewsKeyword],
    [NewsType],
    [NewsFileType],
    [NewsFilePostfix],
    [NewsTime],
    [NewsEnabled],
    [NewsProvider],
    [Checker],
    [CheckTime],
    [Deleted],
    [ActDate],
    [Forever])
VALUES
    ('准备网络测试的通知', '入网测试', '文字新闻', 'text/plain', '.txt',
    '2003-4-15 9:45:15',1, @@IDENTITY, NULL,NULL, 1,NULL, 0)

--下列语句会提示错误，因为调用了一个没有被声明的变量
GO
INSERT INTO [dbo].[tbl_Lecture]
(
    [NoticeSiteID],
    [NoticeSiteName],
    [Year],
    [Month],
    [Day],
    [LectureDate],
    [StartHour],
    [StartMinute],
    [EndHour],
    [EndMinute],
    [SiteID],
    [Lecturer],
    [LecturerTitle],
    [LecturerDetails],
    [ExpertId],
    [Content],
    [Audience],
    [Score],
    [Book],
    [Comment],
    [PostTime]
)
VALUES
```

```
    ( 3  , '网管中心'  ,2002,3,  13,  '2002-3-13 ',  15, 0,  16, 0, @Ident,
     '郭苏（神经内科中心）', ' 神经内科揭密', '从医50余年，有丰富的临床经验，在防治脑
血管病、癫痫、各种头痛等方面有较深的研究，近20年来获国家科技进步奖及军队科技进步奖共19项。
发表论文近60篇。', 67, '不宁腿综合症的发病机制诊断与治疗', '内科医师', 0,          '
http://172.16.5.120/10_jn/jinangen/zjjz/6.htm ', '讲义将在济南总院主页上发布',
'2002-3-12 17:24:06 ')
    PRINT '最初的@@IDENTITY值是 ' +      CONVERT(varchar(2),@Ident)
    IF (SELECT @@IDENTITY) IS NULL
       PRINT '当前的 @@IDENTITY 是'
    ELSE
       PRINT '当前的 @@IDENTITY值是：  ' + CONVERT(varchar(2),
    @@IDENTITY)
```

如果这些批处理之间是相互依赖的，那么这些中间过程都将失败——否则，至少来说，在错误点之后的每件事都将失败——但并没有。如果你运行上面的脚本，就明白了：

Done with first Batch…

Server: Msg 137, Level 15, State 2, Line 2

Must declare the variable '@Ident'.

Done with third batch

可以看到，每个批处理在运行上都是独立的。记住，你可以建立一个批处理，在某种意义上，该批处理的执行依赖于第一个批处理的完成情况。在下一节讨论什么能和什么不能跨越批处理的时候，我们会看到这样的例子。

7.2.3 GO 命令

人们普遍将 GO 误解为 T-SQL 的一条语句。GO 只是一个被编辑工具（查询分析器、企业管理器、OSQL）认可的命令。如果使用第三方工具，就不一定会支持 GO 语句。

当编辑工具（Isql、Osql 或者查询分析器）遇到 GO 语句的时候，它将该语句作为终止批处理的标志，并将其封装，然后将这部分语句作为独立单元发送到服务器上——不包含 GO。这是正确的，服务器绝对不知道 GO 代表什么意义。

如果你试图使用 ODBC、OLE DB、ADO、DB-LIB 或者其他访问方法，在穿过式查询中执行 GO 命令，就会从服务器上返回错误消息。GO 很少作为结束当前批处理的工具标识符，但如果机会合适，则可以作为启动一个新批处理的标识符。

7.2.4 批处理中的错误

批处理中的错误分为两类：

- 语法错误。
- 运行错误。

如果查询分析器发现了语法错误（syntax error），就会立即取消批处理。因为在编译或执行批处理之前，需要检查批处理的语法，所以语法检查失败意味着不会执行批处理中的任何语句，无论语法错误在批处理中的哪个位置。

运行错误（run-time error）与语法错误有点不同。任何在运行错误发生之前执行的语句都已经被执行，所以这些语句是完整无缺的，除非该语句是一部分不提交的事务。任何

发生在运行错误之后的错误都由错误属性决定。通常，运行错误会导致批处理执行立即结束，不执行从错误发生点到批处理末尾之间的脚本。部分运行错误（如违背引用完整性的情况）只阻止执行违背规则的语句，批处理中的其他语句仍然会被执行。后一种场合是进行错误检查特别重要的场合，存储过程一章将详细讨论。

7.2.5　使用批处理的时机

使用批处理的目的有多种，但它们通常都有一个共同点，即用脚本完成必须发生的某些事。

1. 需要自己的批处理的语句

有几条命令必须从自身的批处理中拆分开来，这些命令包括：

- CREATE DEFAULT。
- CREATE PROCEDURE。
- CREATE RULE。
- CREATE TRIGGER。
- CREATE VIEW。

如果你想在单个脚本中将这些语句与其他语句组合在一起，那么就需要使用 GO 语句将这些语句分成自己的批处理。

注意：如果删除一个对象，那么你可能希望在自己的批处理中放置 DROP 或者至少希望有一个批处理含有其他 DROP 语句。为什么？如果你希望随后创建同名对象但不删除该对象，那么 CREATE 在分析批处理的时候就会失败。这意味着你需要在一个独立的并且优先的批处理中运行 DROP，从而在执行含有 CREATE 语句的批处理时不会出现错误。

2. 使用批处理建立优先权

大概使用批处理最可能的场合是需要建立优先权的时候，也就是你需要在下一个任务开始之前完全执行一个任务。大部分时间里，SQL Server 能很好地处理这一情况：首先执行脚本中的第一条语句，然后在第二条语句运行的时候，脚本中的第二条语句可以在合适的状态下响应服务器，但有时 SQL Server 也不能解决这类问题。

下面看一看创建一个包含一些表的数据库的例子。

```
CREATE DATABASE DAMAVC1
   ON
   ( NAME = DAMAVC1,
      FILENAME = 'c:\program files\microsoft sql server\mssql\data\
STORE_IO1.mdf' )

IF EXISTS(SELECT NAME FROM DBO.SYSOBJECTS
     WHERE NAME = 'dbo.omaster')
  DROP TABLE dbo.omaster
GO

create table dbo.Omaster
```

```
(
document_no          int    IDENTITY NOT NULL,
storage              varchar(8)      NOT NULL,
export_date          datetime    NOT NULL,
receiver             varchar(40) NOT NULL,
account_receivable      money        NULL,
account_payed        money   NULL,
additional_fee          money        NULL,
export_class         varchar(8)      NOT NULL,
sub_storage             varchar (8)  NOT NULL,
account_indicator       smallint     NOT NULL,
memos                varchar (20)    NULL,
operator             varchar (8)     NOT NULL,
       constraint pk_omaster    primary key (document_no))
```

执行该批处理，乍一看，一切正常：

The CREATE DATABASE process is allocating 0.75 MB on disk 'STORE_IO1'.

The CREATE DATABASE process is allocating 0.49 MB on disk 'STORE_IO1_log'.

```
(1 row(s) affected).
```

但是，事情并非如此。在 STORE_IO1 数据库中检查 INFORMATION_SCHEMA，你会注意到丢失了一些信息。

```
SELECT TABLE_CATALOG FROM INFORMATION_SCHEMA.TABLES WHERE TABLE_NAME =
  'dbo.omaster'
TABLE_CATALOG
----------------------------------------------------------------------
store_IO1


(1 row(s) affected)
```

为什么表被创建在一个错误的数据库中了？结果在于，运行 CREATE TABLE 语句时连接的当前数据库。此时，刚好是 Store_IO1 数据库，所以就在该数据库中创建表。

注意： 当你运行该语句时，可能你连接的数据库不是 Store_I01 数据库而是其他数据库，所以就会得到一个不同的结果。这种情况时，可以在任何数据库中创建，这就是为什么要使用 USE 语句的原因。

当你在思考该问题的时候，这似乎是件容易弥补的事情。只要利用 USE 语句，但在我们测试新的理论之前，不得不删除旧的数据库。

```
USE MASTER
DROP DATABASE STORE_IO1
```

接下来可以运行新的修改脚本：

```
CREATE DATABASE STORE_IO1
  ON
```

```
    ( NAME = STORE_IO1,
        FILENAME = 'c:\program files\microsoft sql server\mssql\data\
STORE_IO1.mdf' )

USE STORE_IO1
IF EXISTS(SELECT NAME FROM DBO.SYSOBJECTS
    WHERE NAME = 'dbo.omaster')
  DROP TABLE dbo.omaster
GO


create table dbo.Omaster
   (
   document_no          int    IDENTITY NOT NULL,
   storage              varchar(8)      NOT NULL,
   export_date          datetime    NOT NULL,
   receiver             varchar(40) NOT NULL,
   account_receivable       money       NULL,
   account_payed        money   NULL,
   additional_fee           money       NULL,
   export_class         varchar(8)      NOT NULL,
   sub_storage              varchar (8) NOT NULL,
   account_indicator        smallint    NOT NULL,
   memos                varchar (20)    NULL,
   operator             varchar (8)     NOT NULL,
         constraint pk_omaster    primary key (document_no))
```

不幸的是，该语句存在问题：

```
Server: Msg 911, Level 16, State 1, Line 6
Could not locate entry in sysdatabases for database 'STORE_IO1'. No entry
found with that name. Make sure that the name is entered correctly.
Server: Msg 2714, Level 16, State 6, Line 3
There is already an object named 'Omaster' in the database.
```

该分析设法验证你的代码，而且发现 USE 命令下引用的数据库并不存在。我们可以看见批处理的必要性。需要在试图使用新数据库之前，完全执行 CREATE DATABASE 语句：

```
CREATE DATABASE STORE_IO1
   ON
   ( NAME = STORE_IO1,
       FILENAME = 'c:\program files\microsoft sql server\mssql\data\
STORE_IO1.mdf' )

GO
USE STORE_IO1
IF EXISTS(SELECT NAME FROM DBO.SYSOBJECTS
    WHERE NAME = 'dbo.omaster')
  DROP TABLE dbo.omaster
```

```
create table dbo.Omaster
   (
   document_no          int    IDENTITY NOT NULL,
   storage              varchar(8)      NOT NULL,
   export_date          datetime    NOT NULL,
   receiver             varchar(40) NOT NULL,
   account_receivable      money        NULL,
   account_payed        money   NULL,
   additional_fee          money        NULL,
   export_class         varchar(8)      NOT NULL,
   sub_storage             varchar (8)  NOT NULL,
   account_indicator       smallint     NOT NULL,
   memos                varchar (20)    NULL,
   operator             varchar (8)     NOT NULL,
          constraint pk_omaster    primary key (document_no))
```

现在一切正常，而且结果显示也一样。

The CREATE DATABASE process is allocating 0.75 MB on disk 'STORE_IO1'.

The CREATE DATABASE process is allocating 0.49 MB on disk 'STORE_IO1_log'.

(1 row(s) affected)

在运行 INFORMATION_SCHEMA 查询时，事情得到了确认。

```
TABLE_CATALOG
-----------------------------------------------------------------------
```

STORE_IO1

(1 row(s) affected)

下面再看一个例子，它显示需要优先权。

当你使用更改列类型的 ALTER TABLE 语句或添加列的时候，并不能利用那些改变的结果，除非批处理已经实现了这些更改。

在 STORE_IO1 数据库中的 Omaster 表中添加一列，并希望在没有结束第一个批处理的时候，设法引用该列。

```
USE STORE_IO1

ALTER TABLE dbo.Omaster
   ADD Checker varchar(8)
INSERT INTO dbo.Omaster
(
   storage,
   export_date,
   receiver,
   account_receivable,
   account_payed,
```

```
    additional_fee,
    export_class,
    sub_storage,
    account_indicator,
    memos,
    operator,
checker)
VALUES
    ('西药库', '2006-01-01', '天坛医院',30.19,
    30.19,10.55, '发放出库', '一号库房',1, NULL, '张三', '李四')
```

我们将得到一个错误信息：SQL Server 不认识新的列名，并因此抱怨。

Server: Msg 207, Level 16, State 1, Line 1

Invalid column name 'checker'.

在 ADD Checker varchar(8)语句的后面添加一个简单的 GO 语句，就一切正常了。

（1 row(s) affected）

7.3 OSQL 命令

OSQL 通常称为 OH-Sequel，它是一个允许在 Windows NT 或 Win9x 的 DOS 命令提示下运行的脚本。这在执行转换或维护脚本的时候非常方便，也是捕获文本文件的一种快速方式（从 SQL Server 2000 开始，可以直接从 QA 中调用文本文件）。

OSQL 用一个新的 32 位引擎代替了旧的 ISQL。SQL Server 中仍然包含 ISQL 的目的在于向后兼容。

从命令行下运行 OSQL 语法包括大量可选择的选项，如下所示：

```
osql -U<login id> [-e] [-E] [-p] [-n] [-d<database name>]
[-Q "query text"] [-q "query text"] [-c<cmd terminator>]
[-h<headers>] [-w<column width>] [-s<column separator>]
[-t<time out>] [-m<error level>] [-I] [-L] [-?] [-r {0 | 1}]
[-H<workstation name>] [-P<password>] [-R] [-S<server name>]
[-i<input file>] [-o<output file>] [-u] [-a<packet size>]
[-b] [-O] [-l<time out>]
```

要记住，这些标志中的许多项（并非所有）区分大小写。例如，-Q 和-q 都能执行查询，但第一个在查询执行完毕后会退出 OSQL，而第二个则不会。运行 OSQL 时的另一件大事是，每个标志刚好有值与之匹配（标志值之间不放空格）。但也有例外，在引用参数参考值的时候，应在第一个引用值和标志之间放置空格。例如：

osql –URobV –PmyPassword –Q "My Query"

我们直接从命令提示符下执行一个快速查询。再次记住，这指从 Windows NT 命令提示符下或者在 Win9x 的 DOS 框中（不要在 QA 中尝试）执行的。

```
osql -U sa -Psa -Q "SELECT * FROM Store_IO1..Omaster"
```

其中–P 标志是显示密码。如果服务器配置了非空白密码（而且实际也应该如此），那么就需要在 –P 后立即提供密码，而且在 –P 和密码之间不能有空格。

如果从命令提示符下运行该语句，返回结果可能是：

```
C:\>osql -U sa -Psa -Q "SELECT * FROM Store_IO1..Omaster"
       document_no storage  export_date
       receiver                            account_receivable
       account_payed        additional_fee       export_class sub_storage
       account_indicator memos                  operator Checker
 ---------- -------- ------------------------ -------- --------
          1 西药库      2006-01-01 00:00:00.000
       天坛医院             30.1900
                    30.1900      10.5500 发放出库           一号库房
                      1 NULL                   张三        李四

(1 row affected)

C:\>
```

现在，我们快速创建一个文本文件，看看它在包含文件时是怎样工作的。在命令提示符下（或者 Win9x 的 DOS 框中），录入以下文本：

```
C:\>copy con excercisesql.sql
```

这将给我们带来一个空白行（没有任何提示），在这里可以录入：

```
SELECT * FROM Store_IO1..Omaster
```

按下 F6 键和回车键（这结束了创建文本文件），将得到下面的返回信息：

1 file(s) copied

这次，我们使用脚本文件重新试试前面的查询。只对命令提示符下的命令行做了小小的改动：

```
C:\Osql -Usa -Psa -i excercisesql.sql
```

应该得到前面运行查询时使用 –Q 相同的结果。主要差别在于，这次是从文件中得到命令的。该文件可以拥有很多命令，不是上千行，也有几百行。

这里还有很多其他参数，但最重要的是登录、口令和你们希望完成的事情（直接查询或输入文件）。

7.4 动态 SQL

所有这些保存在脚本中的代码不仅很好而且是一流的，直到运行的时候，你才知道需要执行哪种代码，该怎么办？

SQL Server 允许我们在一些场合下利用字符串处理快速建立自己的 SQL 语句，这种需要通常只有在运行中才能知道具体细节。语法如下：

```
EXEC ({<string variable>|'<literal command string>'})
```

或者：

```
EXECUTE ({<string variable>|'<literal command string>'})
```

当它与存储过程一同执行的时候，无论是使用 EXEC 还是 EXECUTE 都没有区别。

下面在 Store_IO1 数据库中创建一个虚构表，从中提取动态信息。

```
USE Store_IO1
GO

--创建该表。我们将从这里得到动态SQL语句的信息
CREATE TABLE dbo.DynamicSQLExample
(
  TableID   int   IDENTITY   NOT NULL
     CONSTRAINT PKDynamicSQLExample
                PRIMARY KEY,
  TableName varchar(128)     NOT NULL
)
GO

/* 操纵该表，此时，我们会在该数据库中获取每一个用户表对象。*/
INSERT INTO dbo.DynamicSQLExample
SELECT TABLE_NAME
  FROM Information_Schema.Tables
  WHERE TABLE_TYPE = 'BASE TABLE'
```

这将给我们产生下面的结果：

（2 row(s) affected）

我们要承认实际结果有所变动。这由你采用了本书的哪个例子、没有采用哪个例子，以及你主动采用了哪个例子和执行了一次 DROP 而定。

现在我们在当前数据库中已经拥有了所有表的清单。假设我们希望从一张表中选择数据，但希望在运行时使用该表的 ID 定义具体是哪张表。例如，笔者将从标号 ID 为 1 的表中提取所有数据。

```
/* 首先，声明了保存表名的变量。记住，
** 对象名可以长达128个字符
*/
DECLARE @TableName  varchar(128)

-- 现在，提取与ID在一起的表名
SELECT @TableName = TableName
  FROM dbo.DynamicSQLExample
  WHERE TableID = 1

-- 最后，将该值传递到EXEC语句中
EXEC ('SELECT * FROM ' + @TableName)
```

如果像上面一样，将表名放在 SynamicSQLExample 表中，那么 TableID 为 1 的表就等于 Catefories 表。如果这样做，那么你会得到下列结果（为了简洁，已经裁减了最右边的列）：

TableID　　TableName

```
----------- ---------------------------------------------
1            DynamicSQLExample
2            Omaster
```

EXEC 的限制

像大多数令人感兴趣的事情一样，使用 EXEC 时需要考虑：

- EXEC 运行在独立的范围下，而不是遇见性在调用 EXEC 代码的范围。也就是说，调用代码不能引用 EXEC 语句内部的变量，而且在变量溶解于 EXEC 语句的字符串中之后，EXEC 不能再引用调用编码中的变量。
- EXEC 具有当前用户相同的安全性，而不是调用对象所具有的安全性。
- EXEC 与调用的对象运行在相同的联接和事务中。
- 实际调用 EXEC 语句之前，必须在 EXEC 字符串上执行需要函数调用的 CASCADE 操作。
- EXEC 不能用在用户自定义函数中。

每条规则在掌握的时候都有点难度，下面分别看一看具体内容。

1. EXEC 的范围

决定 EXEC 语句的范围不是一件十分直观的事情。调用 EXEC 语句的实际语句行与运行 EXEC 语句的其他批处理或过程具有相同范围，但作为 EXEC 语句结果的执行代码存在于自己的批处理。与以前一样，最好举例说明。

```
USE Store_IO1

/* 首先，我们声明了两个变量，其中一个用于在EXEC中存放值，
**我们也希望另一个会返回一些什么,但实际却不会*/
DECLARE @InVar   varchar(50)
DECLARE @OutVar  varchar(50)

-- 设置字符串，用于放到EXEC命令中
SET @InVar = 'SELECT @OutVar = Operator FROM dbo.Omaster WHERE document_no = 1'

-- 现在运行它
EXEC (@Invar)

-- 现在，为了显示没有差别，我们运行没有输入变量的SELECT语句
EXEC ('SELECT @OutVar = Operator FROM dbo.Omaster WHERE document_no = 1')

-- @OutVar将为NULL，因为我们不能在该变量中放置任何值
SELECT @OutVar
```

现在，看一看这个脚本的输出：

Server: Msg 137, Level 15, State 1, Line 1
Must declare the variable '@OutVar'.
Server: Msg 137, Level 15, State 1, Line 1

Must declare the variable '@OutVar'.

```
------------------------------------------------
NULL

(1 row(s) affected)
```

SQL Server 产生了错误提示。在已经声明@OutVar 后，为什么还会得到一个必须声明的错误消息呢？因为我们是在外部范围声明的变量，而不是在 EXEC 中声明的。

让我们运行一个略有不同的脚本，看结果会发生什么变化。

```
USE Store_IO1

-- 这次，我们只需要一个变量，但它要足够长。
DECLARE @InVar   varchar(200)

/* 设置放入EXEC中的字符串。
** 这次，我们一次要放入多条语句，
** 它们会作为一个批处理全部执行。
*/
SET @InVar = 'DECLARE @OutVar varchar(50)
            SELECT @OutVar = Operator FROM Omaster WHERE document_no = 1
            SELECT ''输出变量值为： '' + @OutVar'

-- 现在运行它
EXEC (@Invar)
```

这次我们得到的结果与预期的结果非常相近：

```
----------------------------------------------------------------
输出变量值为： 张三
```

注意：笔者在相互之间使用了两个引号，这是为了显示实际希望得到引号而不是终止字符串。

我们有两种不同的操作范围，而且应该满足这两者的要求。不幸的是，在没有使用临时表的外部机构时，就没有在内部范围和外部范围之间传递信息的方法。如果决定在这两个范围之间使用临时表通信，那么就需要记住，在 EXEC 语句范围内创建的任何临时表，只能在 EXEC 语句的声明范围内存在。

在介绍触发器和过程的时候，我们还将再次显示这种临时表行为只存在于 EXEC 过程中。

（1）规则的例外。

EXEC 执行完毕后，可以看见在 EXEC 范围内发生的一件事情：系统函数。我们可以使用像@@ROWCOUNT 之类的函数，例如：

```
USE Store_IO1

EXEC('SELECT * FROM dbo.Omaster')
SELECT '记录数为： ' + CAST(@@ROWCOUNT as varchar)
```

产生结果为：

```
document_no storage export_date         receiver account_receivable
account_payed   additional_fee  export_class sub_storage account_indicator
memos     operator Checker
----------- -------- ----------- -- -------- --------
1          西药库       2006-01-01 00:00:00.000  天坛医院    30.1900   30.1900
10.5500    发放出库    一号库房  1          NULL       张三        李四

-----------------------------------------
记录数为： 1

(1 row(s) affected)
```

2. 安全关系和 EXEC

现在讨论这方面的问题有点难度，因为我们还没有讨论存储过程和安全性。但 EXEC 仍然属于 EXEC 命令的范围，而不属于存储过程，所以我们要在这里讨论（这是唯一与存储过程关联的部分，希望你们能接受）。

授予某人运行存储过程的权利，暗示着他也获得了在 sproc 中执行调用行为的权利。例如，假设有一个存储过程列出了去年雇佣的所有员工。如果有人有权执行过程，即使他没有直接访问 Employees 表的权利，也可以这样做了（得到返回结果）。我们在 sprocs 一章会讨论这方面的原因。

开发者通常假设这种相同的暗含权限对 EXEC 语句也有效——实际不是。EXEC 语句内部的任何引用都将运行在当前用户的安全性下，假设笔者具有运行 spNewEmployees 过程的权利，但没有访问 Employees 表的权限。如果 spNewEmployees 通过运行简单的 SELECT 语句就可以得到该结果，那么就万事具备了。但是，spNewEmployees 使用 EXEC 执行 SELECT 语句时，EXEC 将失败，因为笔者没有在 Employees 表上执行 SELECT 语句的权限。

因为我们还没有 sprocs 的更多信息，所以笔者避开这一话题，到讨论存储过程时再详细讨论。

3. 在级联和 EXEC 中使用函数

这实际上是一件更麻烦的事情。简单地说，在 EXEC 的自变量中，不能在 EXEC 字符串上运行函数。

4. EXEC 和 UDF

这是一个更难讨论的问题，因为我们还没有了解用户自定义函数。但是，只要你知道在 UDF 内不允许使用 EXEC 就足够了。

7.5 批处理示例

下面列举了几个应用批处理的实例，包括 Showplan、会话上下文信息值和 SQL 注入。

7.5.1 Showplan

Transact-SQL 批处理包含一个或多个语句。当对 Transact-SQL 批处理使用 Showplan SET 语句选项时，SQL Server 2005 到底怎样按照各个语句选项执行 SHOWPLAN 权限检查呢？

对于 USE 或 SET 语句，不按照任何 Showplan SET 选项（SHOWPLAN_TEXT、SHOWPLAN_ALL、SHOWPLAN_XML、STATISTICS PROFILE 或 STATISTICS XML）执行 SHOWPLAN 权限检查。对于生成预计的执行计划输出的 SHOWPLAN_TEXT、SHOWPLAN_ALL 和 SHOWPLAN_XML，将按照这些 Showplan SET 选项执行 USE 数据库名称语句，除此之外，不执行批处理中任何其他 Transact-SQL 语句。

批处理中，通过使用 USE 数据库名称语句设置上下文数据库。对包含 T-SQL 语句中引用对象（例如表或视图）的数据库执行 SHOWPLAN 权限检查，只有在 T-SQL 语句引用了上下文数据库中的对象时，才会对上下文数据库执行 SHOWPLAN 权限检查。

如果某个批处理包含 USE 数据库名称语句，则上下文数据库会发生变化。在这种情况下，则不对某个批处理中出现特定语句时有效的上下文数据库执行 SHOWPLAN 权限检查。

例如，在下面的批处理中，对两个 SELECT 语句所涉及的 AdventureWorks 数据库执行 SHOWPLAN 权限检查，但不对 master 或 tempdb 数据库（在 USE 语句中引用了这两个数据库）执行 SHOWPLAN 权限检查。

```
SET SHOWPLAN_XML ON
GO
USE tempdb
SELECT * FROM AdventureWorks.Person.Address
USE master
SELECT * FROM AdventureWorks.Person.Address
GO
```

对于 EXEC（命令字符串）或 EXEC（字符串）形式的动态 SQL 语句，不对该语句（包括嵌入字符串）执行 SHOWPLAN 权限检查。

对于执行 EXEC dbo.my_stored_procedure 形式的存储过程的动态 SQL 语句，不对 EXEC 语句本身执行 SHOWPLAN 权限检查。但是，由于是针对整个存储过程主体生成 Showplan，因此会对包含存储过程中语句引用的对象的数据库执行 SHOWPLAN 权限检查。

下面的示例说明了如何对动态 SQL 语句执行 SHOWPLAN 权限检查。将对 SELECT 语句所涉及的 AdventureWorks 数据库执行 SHOWPLAN 权限检查，而对 EXEC 语句本身、tempdb 数据库和 master 数据库则不执行 SHOWPLAN 权限检查。

```
SET SHOWPLAN_XML ON
GO
USE tempdb
EXEC ('USE master; SELECT * FROM AdventureWorks.Person.Address');
```

下面的示例使用了 SET STATISTICS XML，如果将批处理发送到 master 数据库，将不按照 SET 语句执行 SHOWPLAN 权限检查。对 USE tempdb 语句不会检查 SHOWPLAN 权限。但是，由于对 USE 语句执行 CONNECT 权限检查，因此用户必须已经存在于 tempdb 数据库中，并对 tempdb 数据库具有 CONNECT 权限。EXEC 语句不会生成任何 Showplan 输出，所以不对该语句执行 SHOWPLAN 权限检查。对 USE master 语句不会检查 SHOWPLAN 权限，但对 SELECT 语句所涉及的 AdventureWorks 数据库执行 SHOWPLAN 权限检查。

```
SET STATISTICS XML ON
GO
USE tempdb
EXEC ('USE master; SELECT * FROM AdventureWorks.Person.Address');
```

如果对生成语句执行错误或权限检查错误的 Transact-SQL 批处理使用某个 Showplan SET 语句选项，则上下文数据库取决于所用的 SET 选项。

- SHOWPLAN_TEXT、SHOWPLAN_ALL 和 SHOWPLAN_XML 开始执行批处理之前的有效上下文数据库仍为有效数据库。如果遇到语句执行或权限检查错误，则整个批处理中不会生成 Showplan 输出。必须成功地执行所有权限检查和语句，才会生成 Showplan 输出。
- STATISTICS PROFILE 和 STATISTICS XML 成功地执行最后一个语句时的有效上下文数据库仍为有效数据库。在成功执行了其中的语句，并检查了权限的批处理中，对于每个语句都生成 Showplan 输出。对批处理中成功执行和成功对其检查权限的每个语句，都生成 Showplan 输出。

会话上下文信息使应用程序最多能够设置 128 字节的二进制值，这些二进制值可以由在同一会话上运行的多个批处理、存储过程、触发器或用户定义函数引用。可以使用 SET CONTEXT_INFO 语句设置会话上下文值，并使用下列方法之一检索该值：

- CONTEXT_INFO 函数。
- sys.dm_exec_requests 中的 context_info 列、sys.dm_exec_sessions 动态管理视图以及 sys.sysprocesses 兼容视图。

7.5.2 会话上下文信息值

会话上下文信息不同于 Transact-SQL 变量，后者的作用域局限于当前 Transact-SQL 批处理、存储过程、触发器或用户定义函数。会话上下文信息可用于存储每个用户或应用程序当前状态所特有的信息，这些信息随后可用于控制 Transact-SQL 语句中的逻辑。

CONTEXT_INFO 函数是检索当前会话上下文的首选方法。当然，也可以从 sys.dm_exec_requests 中的 context_info 列或 sys.dm_exec_sessions 动态管理视图中检索所有当前会话和批处理的会话上下文值。若要从这些视图中选择，需要具有 SELECT 和 VIEW SERVER STATE 权限。使用 CONTEXT_INFO 函数时，不需要这些权限。

会话上下文信息的主要用途是设置一个能够在同一会话的多个批处理之间保持持久性的值。下列示例显示了如何设置一个能够在运行多个批处理之后引用的值。

```
-- Set context information at start.
SET CONTEXT_INFO 0x125666698456;
```

```
GO
-- Perform several nonrelated batches.
EXEC sp_helpfile;
GO
USE AdventureWorks;
GO
SELECT Name
FROM Production.Product
WHERE Name LIKE (N'Metal%')
ORDER BY ProductID;
GO
-- Select the context information set several batches earlier.
SELECT CONTEXT_INFO();
GO
```

如果尚未对当前会话执行 SET CONTEXT_INFO，那么会话上下文信息将报告下列会话值：

- CONTEXT_INFO 函数返回 NULL。
- 对于与当前会话和请求关联的行，系统视图中的 context_info 列的值将被设置为 128 字节的二进制零。
- 执行 SET CONTEXT_INFO 之后，可以立即从下列源中获取新值。

```
SELECT CONTEXT_INFO() AS MyCtxInfo;
```

- 与当前批处理相关联的 sys.dm_exec_requests 行中的 context_info 列。

```
SELECT context_info AS MyCtxInfo
FROM sys.dm_exec_requests
WHERE session_id = @@SPID
  AND request_id = CURRENT_REQUEST_ID();
```

- 与当前会话相关联的 sys.sysprocesses 行中的 context_info 列。

```
SELECT context_info AS MyCtxInfo
FROM sys.sysprocesses
WHERE spid = @@SPID;
```

新值不会传播到 sys.dm_exec_sessions 视图，直到包含 SET CONTEXT_INFO 语句的批处理运行完毕。完成该批处理后，新值将被放置在与当前会话关联的行中。

```
SELECT context_info AS MyCtxInfo
FROM sys.dm_exec_sessions
WHERE session_id = @@SPID;
```

下列示例显示，新的会话上下文信息值何时在系统视图或 CONTEXT_INFO 函数中可见。

```
-- 批处理启动前，设置会话上下文信息值
SET CONTEXT_INFO 0x9999
GO
-- 在批中设置新的会话上下文信息值
SET CONTEXT_INFO 0x8888
```

```
-- 在批中的sys.dm_exec_requests视图显示新的会话上下文信息值
SELECT context_info as RequestCtxInfoInBatch
FROM sys.dm_exec_requests
WHERE session_id = @@SPID
   AND request_id = CURRENT_REQUEST_ID();

-- 在批中的CONTEXT_INFO 函数显示新的会话上下文信息值
SELECT CONTEXT_INFO() AS FuncCtxInfoInBatch;

-- 在批中的sys.dm_exec_sessions视图仍然显示老的会话上下文信息值
SELECT context_info AS SessCtxInfoInBatch
FROM sys.dm_exec_sessions
WHERE session_id = @@SPID;

-- sys.sysprocesses视图在批中显示新的会话上下文信息值
SELECT context_info AS ProcsCtxInfoInBatch
FROM sys.sysprocesses
WHERE spid = @@SPID;

-- 结束批.
GO

-- 显示sys.dm_exec_sessions视图现在返回新值
SELECT context_info AS SessCtxInfoAfterBatch
FROM sys.dm_exec_sessions
WHERE session_id = @@SPID;
```

多个活动的结果集（MARS）使应用程序能够同时在同一连接上运行多个批处理或请求。当 MARS 连接上的一个批处理运行 SET CONTEXT_INFO 时，可以立即从下列源中获取新的上下文值：

- ❑ 从设置该值的相同批处理所运行的 CONTEXT_INFO 函数中。
- ❑ 从与设置该值的批处理相关的 sys.dm_exec_requests 视图的行中。

新的上下文值不会传播到下列源中，直到设置该值的批处理完成运行。

- ❑ 其他批处理（而不是设置该值的批处理）运行的 CONTEXT_INFO 函数，其只在设置该值的批处理完成之后启动的批处理中返回新值。
- ❑ 与设置该值的批处理相关联的 sys.dm_exec_sessions 视图的行。

这些示例是使用 SQL Server Management Studio 代码编辑器和 sqlcmd 实用工具的 GO 命令定义批处理边界的脚本。

以下示例创建一个视图。因为 CREATE VIEW 必须是批处理中的唯一语句，所以需要用 GO 命令将 CREATE VIEW 语句与其周围的 USE 和 SELECT 语句隔离。

```
USE AdventureWorks;
GO
CREATE VIEW dbo.vProduct
```

```
AS
SELECT ProductNumber, Name
FROM Production.Product;
GO
SELECT *
FROM dbo.vProduct;
GO
```

以下示例说明将几个批处理组合成一个事务。BEGIN TRANSACTION 和 COMMIT 语句分隔事务边界。BEGIN TRANSACTION、USE、CREATE TABLE、SELECT 和 COMMIT 语句都包含在它们各自的单语句批处理中；所有的 INSERT 语句包含在一个批处理中。

```
BEGIN TRANSACTION
GO
USE AdventureWorks;
GO
CREATE TABLE dbo.mycompanies
(
 id_num int IDENTITY(100, 5),
 company_name nvarchar(100)
)
GO
INSERT mycompanies (company_name)
   VALUES (N'A Bike Store');
INSERT mycompanies (company_name)
   VALUES (N'Progressive Sports');
INSERT mycompanies (company_name)
   VALUES (N'Modular Cycle Systems');
INSERT mycompanies (company_name)
   VALUES (N'Advanced Bike Components');
INSERT mycompanies (company_name)
   VALUES (N'Metropolitan Sports Supply');
INSERT mycompanies (company_name)
   VALUES (N'Aerobic Exercise Company');
INSERT mycompanies (company_name)
   VALUES (N'Associated Bikes');
INSERT mycompanies (company_name)
   VALUES (N'Exemplary Cycles');
GO

SELECT id_num, company_name
FROM dbo.mycompanies
ORDER BY company_name ASC;
GO
COMMIT;
GO
```

下列脚本说明两个问题。首先，变量 @MyVar 在第二个批处理中定义而在第三个批处理中引用，而且第二个批处理中有注释的开始但没有结尾。第三个批处理有注释的结尾，当 sqlcmd 读取 GO 命令时，它将第一个批处理发送到 SQL Server 2005，由于/*没有与之匹配的*/而产生语法错误。

```
USE AdventureWorks;
GO
DECLARE @MyVar INT
/* Start of the split comment.
GO
End of the split comment. */
SELECT @MyVar = 29;
GO
```

若要执行字符串，我们建议使用 sp_executesql，而不要使用 EXECUTE 语句。因为 sp_executesql 支持参数替换，所以比 EXECUTE 的适用范围更广；而且 sp_executesql 会生成 SQL Server 2005 更有可能重用的执行计划，所以比 EXECUTE 更有效。

7.5.3 自包含批处理

sp_executesql 或 EXECUTE 语句执行字符串时，字符串被作为其自包含批处理执行。SQL Server 将 Transact-SQL 语句或字符串中的语句编译到执行计划中，该执行计划独立于包含 sp_executesql 或 EXECUTE 语句的批处理的执行计划。

下列规则适用于自包含批处理：

- 在执行 sp_executesql 或 EXECUTE 语句之前，不会将 sp_executesql 或 EXECUTE 字符串中的 Transact-SQL 语句编译到执行计划中。执行字符串之前，不会分析或检查其错误。执行时才对字符串中引用的名称进行解析。
- 已执行的字符串中的 Transact-SQL 语句不能访问包含 sp_executesql 或 EXECUTE 语句的批处理中声明的任何变量。包含 sp_executesql 或 EXECUTE 语句的批处理，不能访问已执行字符串中定义的变量或局部游标。
- 如果已执行的字符串中包含更改数据库上下文的 USE 语句，则对数据库上下文的更改将持续到 sp_executesql 或 EXECUTE 语句完成运行。

运行下列两个批处理说明了这些方面的问题：

```
/*显示没有访问批中调用的变量*/
DECLARE @CharVariable CHAR(3);
SET @CharVariable = 'abc';
/* 因为@CharVariable变量超出范围，因此执行sp_executesql失败*/
sp_executesql N'PRINT @CharVariable';
GO

/* sp_executesql执行结束后，显示数据库上下文信息值设置的结果*/
USE master;
GO
sp_executesql N'USE AdventureWorks;'
GO
```

```
/* 由于数据库上下文信息值已返回到master ，因此下列语句执行失败*/
SELECT * FROM Sales.Store;
GO
```

sp_executesql 支持替换 Transact-SQL 字符串中指定的任何参数的参数值，但是 EXECUTE 语句不支持。因此，sp_executesql 生成的 Transact-SQL 字符串比 EXECUTE 语句生成的更相似。SQL Server 查询优化器可能将 sp_executesql 的 Transact-SQL 语句与以前所执行的语句的执行计划相匹配，从而节省编译新的执行计划的开销。

使用 EXECUTE 语句时，必须将所有参数值转换为字符或 Unicode，并使其成为 Transact-SQL 字符串的一部分，如下面的示例所示：

```
DECLARE @IntVariable INT;
DECLARE @SQLString NVARCHAR(500);
/* Build and execute a string with one parameter value. */
SET @IntVariable = 275;
SET @SQLString = N'SELECT * FROM AdventureWorks.Sales.Store WHERE 
SalesPersonID = ' +
                CAST(@IntVariable AS NVARCHAR(10));
EXEC(@SQLString);
/* Build and execute a string with a second parameter value. */
SET @IntVariable = 276;
SET @SQLString = N'SELECT * FROM AdventureWorks.Sales.Store WHERE 
SalesPersonID = ' +
                CAST(@IntVariable AS NVARCHAR(10));
EXEC(@SQLString);
```

如果重复执行语句，那么即使只有提供的参数值不同，每次执行时也必须生成全新的 Transact-SQL 字符串。这会在下面几方面产生额外开销：

- 不断更改字符串文本（特别是复杂 Transact-SQL 语句）中的参数值，会影响 SQL Server 查询优化器将新的 Transact-SQL 字符串与现有执行计划相匹配的功能。
- 每次执行时均必须重新生成整个字符串。
- 每次执行时必须将参数值（非字符或 Unicode 值）转换为字符或 Unicode 格式。

sp_executesql 可以单独使用 Transact-SQL 字符串来设置参数值。

```
DECLARE @IntVariable INT;
DECLARE @SQLString NVARCHAR(500);
DECLARE @ParmDefinition NVARCHAR(500);

/* Build the SQL string one time. */
SET @SQLString =
    N'SELECT * FROM AdventureWorks.Sales.Store WHERE SalesPersonID = 
@SalesID';
/* Specify the parameter format one time. */
SET @ParmDefinition = N'@SalesID int';

/* Execute the string with the first parameter value. */
```

```
SET @IntVariable = 275;
EXECUTE sp_executesql @SQLString, @ParmDefinition,
                      @SalesID = @IntVariable;
/* Execute the same string with the second parameter value. */
SET @IntVariable = 276;
EXECUTE sp_executesql @SQLString, @ParmDefinition,
                      @SalesID = @IntVariable;
```

此 sp_executesql 示例能够实现前面的 EXECUTE 示例的功能，但与前一示例相比具有下列优点：

- 因为 Transact-SQL 语句的实际文本在两次执行之间未更改，所以查询优化器能够将第二次执行中的 Transact-SQL 语句与第一次执行时生成的执行计划相匹配。因此，SQL Server 不必编译第二条语句。
- Transact-SQL 字符串只生成一次。
- 整型参数按其本身格式指定。不需要转换为 Unicode。

在 SQL Server 早期版本中，唯一可以重用执行计划的方式是将 Transact-SQL 语句定义为存储过程并让应用程序执行该存储过程，这会产生管理应用程序的额外开销。使用 sp_executesql 有助于减少此开销，同时使 SQL Server 重用执行计划。多次执行 Transact-SQL 语句并且只更改了提供给 Transact-SQL 语句的参数值时，可以使用 sp_executesql，而不要使用存储过程。因为 Transact-SQL 语句本身保持不变，仅参数值发生更改，所以 SQL Server 查询优化器可能重用第一次执行时生成的执行计划。

下面的示例为服务器上的每个数据库（4 个系统数据库除外）生成并执行 DBCC CHECKDB 语句。

```
USE master;
GO
SET NOCOUNT ON;
GO
DECLARE AllDatabases CURSOR FOR
SELECT name FROM sys.databases WHERE database_id > 4
OPEN AllDatabases

DECLARE @DBNameVar NVARCHAR(128)
DECLARE @Statement NVARCHAR(300)

FETCH NEXT FROM AllDatabases INTO @DBNameVar
WHILE (@@FETCH_STATUS = 0)
BEGIN
  PRINT N'CHECKING DATABASE ' + @DBNameVar
  SET @Statement = N'USE ' + @DBNameVar + CHAR(13)
    + N'DBCC CHECKDB (' + @DBNameVar + N')' + N'WITH PHYSICAL_ONLY'
  EXEC sp_executesql @Statement
  PRINT CHAR(13) + CHAR(13)
  FETCH NEXT FROM AllDatabases INTO @DBNameVar
END
```

```
CLOSE AllDatabases
DEALLOCATE AllDatabases
GO
SET NOCOUNT OFF;
GO
```

要执行的 Transact-SQL 语句包含绑定的参数标记，SQL Server ODBC 驱动程序使用 sp_executesql 来实施 SQLExecDirect。但有一个例外，如果是执行时数据参数，则不能使用 sp_executesql，这使得用标准 ODBC 函数或基于 ODBC 定义的 API（比如 RDO）的应用程序，可以利用 sp_executesql 具有的优点。定位于 SQL Server 2005 的现有 ODBC 应用程序，不需要重写就可以自动获得性能提升。

SQL Native Client ODBC 提供程序也使用 sp_executesql 来直接执行带有绑定参数的语句。使用 OLE DB 或 ADO 的应用程序时，无需重写就可以利用 sp_executesql 具有的优点。

7.5.4 SQL Injection

SQL Injection 是一种攻击方法，它可以将恶意代码插入到以后传递给 SQL Server 供分析和执行的字符串中。任何构成 SQL 语句的过程都应进行注入漏洞检查，因为 SQL Server 将执行其接收到的所有语法的有效性查询。

SQL Injection 的主要形式包括直接将代码插入与 SQL 命令串联并执行的用户输入变量。一种间接的攻击会将恶意代码注入到要在表中存储或作为元数据存储的字符串，在存储字符串随后串连到一个动态 SQL 命令中时，将执行该恶意代码。

基本的攻击是提前终止文本字符串，然后追加一个新的命令。由于插入命令可能在执行前追加其他字符串，因此攻击者将用注释标记--来中止注入的字符串。执行时，此后的文本将被忽略。

以下脚本阐释了一个简单的 SQL Injection 攻击，此脚本通过串联硬编码字符串和用户输入的字符串而生成一个 SQL 查询。

```
var Shipcity;
ShipCity = Request.form ("ShipCity");
var sql = "select * from OrdersTable where ShipCity = '" + ShipCity + "'";
```

用户将被提示输入一个城市名称。如果用户输入 Redmond，则查询将由以下这样的脚本组成：

```
select * from OrdersTable where ShipCity = 'Redmond'
```

用户输入如下内容，会怎样呢？

```
Redmond'; drop table OrdersTable--
```

此时，查询将由如下所示的脚本组成：

```
select * from OrdersTable where ShipCity = 'Redmond';drop table OrdersTable--'
```

“分号”字符表示一个查询的结束和另一个查询的开始，--字符序列则表示当前行余下的部分是一个注释，应该忽略。如果更改后的代码语法正确，则服务器将执行该代码。SQL Server 在处理此语句时，将首先选择 OrdersTable 中的所有记录(其中 ShipCity 为 Redmond)，然后删除 OrdersTable。

只要注入的 SQL 代码语法正确，就无法用编程方式来检测篡改。因此，必须验证所有用户输入，并仔细检查在服务器中执行构造 SQL 命令的代码。下面讨论一些编写代码的最佳做法。

始终通过测试类型、长度、格式和范围来验证用户输入。实现对恶意输入的预防，请注意应用程序的体系结构和部署方案。记住，为了在安全环境下运行而设计的程序，可能被复制到不安全的环境中。以下建议应被视为最佳做法：

- 对应用程序接收的数据不做任何有关大小、类型或内容的假设。
- 如果是一个用户在需要邮政编码的位置无意或恶意地输入了一个 10 MB 的 MPEG 文件，那么应用程序会做出什么反应？
- 如果在文本字段中嵌入了一个 DROP TABLE 语句，那么应用程序会做出什么反应？
- 测试输入的大小和数据类型，强制执行适当的限制，有助于防止有意造成的缓冲区溢出。
- 测试字符串变量的内容，只接受所需的值。拒绝包含二进制数据、转义序列和注释字符的输入内容，有助于防止脚本注入，防止某些缓冲区溢出攻击。
- 使用 XML 文档时，根据数据的架构对输入的所有数据进行验证。
- 廖不直接使用用户输入内容来生成 Transact-SQL 语句。
- 使用存储过程来验证用户输入。
- 在多层环境中，所有数据都应该在验证之后才允许进入可信区域。未通过验证的数据应被拒绝，并向前一层返回一个错误。
- 实现多层验证。对无目的的恶意用户采取的预防措施可能对专业黑客无效。最佳做法是在用户界面验证输入，然后在所有跨信任边界的后续点上验证输入。例如，在客户端应用程序中验证数据，可以防止简单的脚本注入。但是，如果下一层假设其输入已被验证，则任何可以跳过客户端的黑客都可能不受限制地访问系统。
- 绝不串联未验证的用户输入，字符串串联是脚本注入的主要输入点。
- 在可能据以构造文件名的字段中，不接受字符串 AUX、CLOCK$、COM1～COM8、CON、CONFIG$、LPT1～LPT8、NUL 以及 PRN。

如果可能，拒绝包含表 7-4 所列字符的输入。

表 7-4　拒绝包的特殊字符

输入字符	在 Transact-SQL 中的含义
;	查询分隔符
'	字符数据字符串分隔符
--	注释分隔符
/* ... */	注释分隔符。服务器不对 /* 和 */ 之间的注释进行处理
Xp_	目录扩展存储过程的名称的开头，比如 xp_cmdshell

SQL Server 中的 Parameters 集合提供了类型检查和长度验证，如果使用 Parameters 集合，则输入将被当成文字值而不是可执行代码进行处理。使用 Parameters 集合的另一个好处是，可以强制执行类型和长度检查。范围以外的值将触发异常。以下代码片断阐释了如何使用 Parameters 集合：

```
SqlDataAdapter myCommand = new SqlDataAdapter("AuthorLogin", conn);
myCommand.SelectCommand.CommandType = CommandType.StoredProcedure;
SqlParameter parm = myCommand.SelectCommand.Parameters.Add("@au_id",
    SqlDbType.VarChar, 11);
parm.Value = Login.Text;
```

在上述示例中，@au_id 参数被当成文字值而不是可执行代码进行处理。将对此值进行类型和长度检查。如果 @au_id 值不符合指定的类型和长度约束，则将引发异常。

如果存储过程使用了未筛选的输入，则可能容易受 SQL Injection 攻击。例如，以下代码容易受到攻击：

```
SqlDataAdapter myCommand =
new SqlDataAdapter("LoginStoredProcedure '" +
                              Login.Text + "'", conn);
```

如果使用存储过程，则应使用参数作为存储过程的输入。

如果不能使用存储过程，则你仍可使用参数，即在动态 SQL 中使用参数集合。如下所示：

```
SqlDataAdapter myCommand = new SqlDataAdapter(
"SELECT au_lname, au_fname FROM Authors WHERE au_id = @au_id", conn);
SQLParameter parm = myCommand.SelectCommand.Parameters.Add("@au_id",
                        SqlDbType.VarChar, 11);
Parm.Value = Login.Text;
```

筛选输入可以删除转义符，有助于防止 SQL 注入。但是，由于可引起问题的字符数量很大，因此这并不是一种可靠的防护方法。以下代码片段可搜索字符串分隔符：

```
private string SafeSqlLiteral(string inputSQL)
{
  return inputSQL.Replace("'", "''");
}
```

请注意，如果要使用 LIKE 子句，则还需对通配符字符进行转义。

```
s = s.Replace("[", "[[]");
s = s.Replace("%", "[%]");
s = s.Replace("_", "[_]");
```

有一种常见的错误概念，即当多个 SQL 语句串联起来向服务器进行成批传输时，不能使用参数。事实上，只要参数名不重复，都可以使用参数。保证每个名称唯一性的方法很简单，就是在 SQL 文本串联过程中，为每个参数名称添加一个数字或其他唯一值。

7.6 小 结

理解脚本和批处理是理解 SQL Server 编程的基础。脚本和批处理的概念建立在各种函数之上，包含从编写完全创建数据库的脚本到编程创建存储过程和触发器。

局部变量的范围只限于一个批处理，即使你已经在相同的脚本中声明了变量，而在一个新的批处理中引用之前没有重新声明（而且要赋值），那么也会产生一个错误消息。

大约有 30 个系统函数。我们提供了一些最有用的系统函数清单，但还有更多。对那些不确定的系统函数，可以参考联机帮助。不需要声明系统函数，而且它们总是可用的。有一些函数适用于整个服务器，而另一些返回值专指当前联接。

你可以使用批处理在不同脚本之间建立优先权，第一个批处理首先从脚本的开头开始，然后在脚本的末尾或第一个 GO 语句的位置结束，无论是哪一个先出现。下一个批处理（如果有下一个的话）将从第一个结尾行开始并继续到脚本的结尾或下一个 GO 语句。再次申明，谁先出现谁就是第二个末尾。进程一直运行到脚本的末尾，第一个批处理首先从脚本的顶部开始执行；第二个批处理紧接着执行，如此等等。每个批处理中的命令都必须通过查询分析器的有效性检验，否则不会执行批处理；但系统仍然会独立分析并执行其他批处理（如果它们通过了分析器的分析）。

最后，我们了解了怎样动态创建和执行 SQL，这给我们提供了机会处理不是 100%可预测的场合，也提供了机会，即处理需要创建的语句就是一些数据的场合。

在后面章节中，我们利用脚本和批处理的概念，进一步介绍存储过程和触发器，这是 SQL Server 离实际编程最接近的对象。

8 存储过程

存储过程（stored procedure），有时也称为 sproc，实际上就是某种脚本（更准确地说是一个批处理），它存储于数据库中而不是在独立的文件中。另外，sproc 具有输入参数、输出参数和返回值，而脚本没有，但它们之间的差别还远不止这些。

SQL Server 目前仍然采用 T-SQL 作为唯一编程语言，这使得用户在考虑真正编程时缺少了某种过程化动力。T-SQL 在数据定义、操纵和访问上的能力远比 C/C++、Java、Delphi 或者其他工具要强，但其能力也仅限于数据访问和数据管理。

本章并不关心 T-SQL 的缺点，重点讨论如何充分利用 T-SQL 的优点。我们将讨论参数、返回值、控制流、循环结构，以及基本的和高级的错误跟踪，等等。简而言之，这是探讨了许多主题之后的一个大章节，所有内容都独立成一节，希望你能分步了解，逐层深入，并最终掌握有关 sproc 的知识。下面开始介绍创建 sproc 的基本知识。

8.1 创建存储过程

创建存储过程与创建数据库中其他对象一样，但需要使用 AS 关键词。我们在介绍视图的时候曾经见过 AS 关键词。创建存储过程的基本语法如下：

```
CREATE { PROC | PROCEDURE } [schema_name.] <procedure_name> [ ; number ]
  [ { @parameter [ type_schema_name. ] data_type }
    [ VARYING ] [ = default value ] [ [ OUT [ PUT ]
  ] [ ,...n ]
[ WITH <procedure_option> [ ,...n ]
[ FOR REPLICATION ]
AS { <sql_statement> [;][ ...n ] | <method_specifier> }
[;]
 其中：
<procedure_option> ::=
  [ ENCRYPTION ]
  [ RECOMPILE ]
  [ EXECUTE_AS_Clause ]

<sql_statement> ::=
{ [ BEGIN ] statements [ END ] }

<method_specifier> ::=
EXTERNAL NAME assembly_name.class_name.method_name

GO
```

可以看到，仍然具有基本的 CREATE <Object Type > <Object Name>语法，而且该语法是每个 CREATE 语句的主体。唯一令人奇怪的是，在 PROCEDURE 和 PROC 之间的选择。虽然这两个选项都能正常工作，但与往常一样，笔者推荐你对自己所选择的选项要维持连贯性和一致性（从个人角度来说，笔者喜欢 PROC）。Sproc 的名字必须与《SQL Server 2005 初学者指南》中的命名规则一致。过程名之后是一个参数列表，这些参数都是可选项，稍后再进行详细说明。最后出现在 AS 关键词之后的是你的实际代码。

基本存储过程的例子

了解基本存储过程语法的最好方法是看一看怎样创建最基本的 sprocs，查看其返回一张表上的所有行的所有列的存储过程。简而言之，处理一张表的数据的所有事情。

现在，笔者希望执行一个能返回表的所有数据的查询。如果你不知道如何编写语句，那么笔者建议你返回到《SQL Server 2005 初学者指南》中，查阅相关知识，然后建立查询语句。为了创建执行这个基本查询的 sproc，我们仅在 sproc 语法的代码区域中添加几行语句：

```
USE AdventureWorks;
GO
IF OBJECT_ID ( 'HumanResources.usp_GetAllEmployees', 'P' ) IS NOT NULL
    DROP PROCEDURE HumanResources.usp_GetAllEmployees;
GO
CREATE PROCEDURE HumanResources.usp_GetAllEmployees
AS
    SELECT LastName, FirstName, JobTitle, Department
    FROM HumanResources.vEmployeeDepartment;
GO
```

不是太难，对吧？有人会奇怪为什么将 GO 关键词放在 CREATE 之前（如果只是运行一个简单的 SELECT 语句，就不需要该关键词），这是因为大多数非表 CREATE 语句不能与其他代码共享批处理。实际上，即使与 CREATE TABLE 语句放在一起，删除 GO 也会变得相当危险。此时，如果删除 Go 语句并将 USE 命令与 CREATE PROC 语句放在一起使用，那么不仅不会产生任何操作，而且会产生错误。

我们执行一下该存储过程，看看结果如何：

```
EXECUTE HumanResources.usp_GetAllEmployees;
GO
-- 或者
EXEC HumanResources.usp_GetAllEmployees;
GO
-- 如果存储过程是批中的第一条语句，也可以按下列方式执行
HumanResources.usp_GetAllEmployees;
```

如果运行嵌入在 sproc 中的 SELECT 语句，那么我们就会得到理想的结果。

```
LastName FirstName      JobTitle                    Department
-------------------------------------------------- ----------------
Gilbert    Guy Production Technician - WC60      Production
```

```
Brown	Kevin	Marketing Assistant	Marketing
Tamburello	Roberto	Engineering Manager	Engineering
Walters	Rob	Senior Tool Designer	Tool Design
D'Hers	Thierry	Tool Designer	Tool Design
Bradley	David	Marketing Manager	Marketing
Dobney	JoLynn	Production Supervisor - WC60	Production
Ellerbrock	Ruth	Production Technician - WC10	Production
Erickson	Gail	Design Engineer	Engineering
Johnson	Barry	Production Technician - WC10	Production
Goldberg	Jossef	Design Engineer	Engineering
Duffy	Terri	Vice President of Engineering	Engineering
Higa	Sidney	Production Technician - WC10	Production
Maxwell	Taylor	Production Supervisor - WC50	Production
Ford	Jeffrey	Production Technician - WC10	Production
Brown	Jo	Production Supervisor - WC60	Production	0

……

(290 row(s) affected)
```

你刚刚编写了第一个 sproc，该存储过程从视图中返回所有雇员（提供姓和名）、职务以及部门名称，此存储过程不使用任何参数。当然，多数情况下 sproc 都是非常容易而且很直接，虽然 sproc 编程没有多数数据库人员想象的那么难（工作保守），但确实有很多可能发生的事情，所有的工作才刚刚开始。

8.2 利用 ALTER 改变存储过程

这里要指出的是，从 ALTER 语句完成的任务来看，视图和 sproc 的工作方式一样。

在使用 T-SQL 编辑 sproc 时，请记住自己正在完全替代现有的存储过程。使用 ALTER PROC 和 CREATE PROC 语句之间的不同点有：

- ALTER PROC 期待找到一个现有的过程，而 CREATE 则不需要。
- ALTER PROC 保留了该存储过程的授权。它在系统对象中保存了相同的对象 ID，而且允许保持依赖性。例如，如果过程 A 调用了过程 B，并且你删除和重新创建了过程 B，那么你再也看不见这两个过程之间的依赖性了。如果使用 ALTER 语句，则这种依赖关系仍然存在。
- ALTER PROC 保留了对其他调用了被更改的 sproc 的对象的依赖信息。

最后两点的区别很大。

如果你执行 DROP 并使用 CREATE，那么你就得到与使用 ALTER PROC 几乎相同的效果。但有一点例外：如果 DROP 并且 CREATE，那么就需要完全重新建立能否使用 sproc 的授权。

8.3 删除 sproc

这是一个非常简单的操作，只要执行下列语句：

DROP PROC|PROCEDURE <sproc name>

然后就删除了 sproc。

8.4 参数化

存储过程提供了某种过程能力，而且改进了系统的性能（随后要进行更多的讨论）。但是，如果它不能接受让其进行操作的某种数据的话，那么在大多数环境下就没有用处。例如，如果不告诉存储过程要删除哪个厂家，那么拥有 spDeleterFacname 存储过程就没有什么意义，所以需要使用输入参数。同样，想从 sproc 返回信息，不仅是表数据的一个或多个记录集，也包含一些更直接的信息。例如，我们希望更新表中的许多记录，并希望知道到底更新了多少条记录。通常，很难以记录集的格式返回我们需要的结果，因此必须使用输出参数。

一方面，从 sproc 的外部看，我们可以用位置或引用表传入参数；另一方面，从 sproc 的内部看，不管以哪种方式传递参数，尽管它们的声明方式都一样。

声明参数

声明参数需要以下的 2～4 条信息：

- 参数名。
- 数据类型。
- 默认值。
- 方向。

语法是：

```
@parameter_name [AS] datatype [= default|NULL] [VARYING] [OUTPUT|OUT]
```

参数名具有一系列非常简单的规则。首先，必须以@符号开始。其次，命名规则与第 2 章中讨论的命名规则相同，但不能在参数名中间嵌入空格。

数据类型与参数名非常像，必须在你需要变量的时候声明它，而且必须是有效的 SQL Server 数据类型。

声明数据类型时需要记住，声明 CURSOR 类型的参数必须使用 VARYING 和 OUTPUT 选项。但是，使用这种类型的参数并不多见。本章将详细介绍输出参数。在第 11 章中，我们会详细讨论输出游标的内容。

注意： 也可以将 OUTPUT 缩写为 OUT。

默认值是我们首先要了解的参数与变量存在分歧的地方。通常，变量将被初始化为 NULL，而参数则不是。实际上，如果需要定义一个没有提供默认值的参数，那么就需要在调用 sproc 时提供一个初始值。

如果你需要为参数提供默认值，那么只需要在数据类型后面添加一个=号，然后提供默认值就可以了。一旦这样处理后，sproc 用户就可以决定不为该参数提供值，或者决定提供自己需要的值。

下面创建另一个 sproc，只是这次我们要利用一些输入参数。

```
USE AdventureWorks;
GO
IF OBJECT_ID ( 'HumanResources.usp_GetEmployees', 'P' ) IS NOT NULL
   DROP PROCEDURE HumanResources.usp_GetEmployees;
GO
CREATE PROCEDURE HumanResources.usp_GetEmployees
   @lastname varchar(40),
   @firstname varchar(20)
AS
   SELECT LastName, FirstName, JobTitle, Department
   FROM HumanResources.vEmployeeDepartment
   WHERE FirstName = @firstname AND LastName = @lastname;
GO
```

如果从查询分析器（Query Analyzer）执行该过程，那么系统会提示你输入参数。我们可以按照如下方式执行该存储过程：

```
EXECUTE HumanResources.usp_GetEmployees 'Ackerman', 'Pilar';
-- 或者
EXEC HumanResources.usp_GetEmployees @lastname = 'Ackerman', @firstname =
'Pilar';
GO
-- 或者
EXECUTE HumanResources.usp_GetEmployees @firstname = 'Pilar', @lastname =
'Ackerman';
GO
-- 如果该存储过程是批中的第一条语句，也可以采用以下方法执行
HumanResources.usp_GetEmployees 'Ackerman', 'Pilar';
```

看一看结果：

```
LastName FirstName     JobTitle                            Department
------------------------------------------------- ----------------
Ackerman      Pilar Shipping and Receiving Supervisor      Shipping and Receiving
(1 row(s) affected)
…
```

足以确定，我们可以运用带参数的存储过程。

因为我们没有为任何参数提供默认值，所以认为需要这些参数。这意味着，为了成功运行该 sproc，我们必须提供这些参数值。可以在只提供一个或不提供参数的情况下，再次执行该过程来证明这一点：

```
EXECUTE HumanResources.usp_GetEmployees 'Ackerman'
```

SQL Server 很快就为我们提供了下列错误信息：

```
    Msg 201, Level 16, State 4, Procedure usp_GetEmployees, Line 0
    Procedure or Function 'usp_GetEmployees' expects parameter '@firstname',
which was not supplied.
```

1. 提供默认值

如果要使一个参数是可选的，就必须提供默认值。只要在逗号之前及数据类型之后添加等号和要使用的默认值就可以了。

我们再建立一个 sproc，只是这次需要提供属性。

```
    USE AdventureWorks;
    GO
    IF OBJECT_ID ( 'HumanResources.usp_GetEmployeesDefaultJob', 'P' ) IS NOT
NULL
        DROP PROCEDURE HumanResources.usp_ GetEmployeesDefaultJob';
    GO
    CREATE PROCEDURE HumanResources.usp_ GetEmployeesDefaultJob'
        @lastname varchar(40),
        @firstname varchar(20) ,
    @JobTitle varchar(5) = 'Buyer'
    AS
        SELECT LastName, FirstName, JobTitle, Department
        FROM HumanResources.vEmployeeDepartment
        WHERE  FirstName  =  @firstname  AND  LastName  =  @lastname  and
Jobtitle=@JobTitle;
    GO
```

在这种特定情况下，我们将默认值设置为 Buyer，实际上这个值可以是与我们要为其建立默认值参数的数据类型相兼容的任何值。值得注意的是，不要为这 3 个参数都建立默认值。我们可以让一个具有默认值，而其余两个则没有。也就是说，我们可以自行决定需要哪些参数（没有默认值），不需要哪些参数（具有默认值）。

2. 使用通配符参数

在存储过程中，你可以使用通配符参数来处理条件类似的记录，以下存储过程只从视图中返回指定的一些雇员（提供名和姓）及其职务和部门名称。此存储过程模式与所传递的参数相匹配。如果未提供参数，则使用预设的默认值（以字母 D 打头的姓）。

```
    USE AdventureWorks;
    GO
    IF OBJECT_ID ( 'HumanResources.usp_GetEmployees2', 'P' ) IS NOT NULL
        DROP PROCEDURE HumanResources.usp_GetEmployees2;
    GO
    CREATE PROCEDURE HumanResources.usp_GetEmployees2
        @lastname varchar(40) = 'D%',
        @firstname varchar(20) = '%'
    AS
        SELECT LastName, FirstName, JobTitle, Department
        FROM HumanResources.vEmployeeDepartment
```

```
    WHERE FirstName LIKE @firstname
        AND LastName LIKE @lastname;
GO
```

usp_GetEmployees2 存储过程可以按多种组合执行。下面只显示了几个组合：

```
EXECUTE HumanResources.usp_GetEmployees2;
-- 或者
EXECUTE HumanResources.usp_GetEmployees2 'Wi%';
-- 或者
EXECUTE HumanResources.usp_GetEmployees2 @firstname = '%';
-- 或者
EXECUTE HumanResources.usp_GetEmployees2 '[CK]ars[OE]n';
-- 或者
EXECUTE HumanResources.usp_GetEmployees2 'Hesse', 'Stefen';
-- 或者
EXECUTE HumanResources.usp_GetEmployees2 'H%', 'S%';
```

3. 创建输出参数

有时，我们希望向调用 sproc 的对象传递一些非记录集信息。例如，假设我们正在一张表中执行插入操作（像我们在上一个例子中所做的那样），但是计划使用插入的记录做一些额外工作，该怎么办呢？

或更具体地说，可能我们在 Store_IO 的 Omaster 表中插入一条新记录，但我们也需要在 ODetail 表中插入明细记录。为了保持数据之间的相互关系，我们不得不在 ODetail 表中插入记录之前知道 Omaster 记录的标识。这里建立的 Sproc 与 spInsertFacname 所完成的任务基本一样，但它需要有几个与表中的不同列相匹配的参数，最重要的是，它将有一个保存插入所产生的标识值的输出参数。根据创建及修改 Omaster 的相关语句，我们可以编写如下脚本：

```
USE Store_IO
GO

CREATE PROC dbo.spInsertOmaster
   @OIdent          int       OUTPUT,
@storage              varchar(8),
   @export_date          datetime,
   @receiver             varchar(40),
   @account_receivable      money =0.00,
   @account_payed           money    =0.00,
   @additional_fee          money    =0.00,
   @export_class         varchar(8),
   @sub_storage             varchar (8),
   @account_indicator       smallint,
   @memos                varchar (20)    =NULL,
   @operator             varchar(8),
    @checker                 varchar(8)       =NULL
AS
```

```
    /* 产生新的记录 */
    INSERT INTO dbo.Omaster
    VALUES
       (
    @storage,
    @export_date,
    @receiver,
    @account_receivable,
    @account_payed,
    @additional_fee,
    @export_class,
    @sub_storage,
    @account_indicator,
    @memos,
    @operator,
     @checker
 )

/* 将标识值从最新插入的记录中移到输出变量中
*/
SELECT @OIdent = @@IDENTITY
```

现在，再执行一次该存储过程，只是这次我们将通过引用的方法而不是根据直接提供值设置参数值。要了解输出参数是如何工作的，我们需要在执行存储过程的脚本中编写少量的测试代码。

```
USE Store_IO
GO

DECLARE  @MyIdent  int

EXEC dbo.spInsertOmaster
   @storage = '西药库',
   @export_date = '2006-06-01',
   @receiver = '内科病区',
   @export_class = '发放出库',
   @sub_storage = '一号库房',
   @account_indicator = 0,
   @operator = '张三',
@checker = '李四',
@OIdent = @MyIdent OUTPUT

SELECT @MyIdent AS '标识值'

SELECT Document_no, Storage, receiver, export_Date, operator
FROM dbo.Omaster
WHERE Document_NO = @MyIdent
```

我们没有提供所有的参数。其中一些是可以选择的，而且我们决定删除一些参数，它们将采用默认值。如果我们已经调用了 sproc 并利用固定参数传递值，那么就不得不在参数列表中注明每一个位置，直到最后一个需要提供的参数值为止。

让我们看看结果，记住你的标识值可能与本书的不一样，这取决于你在 Orders 表中所做的修改。

```
(1 row(s) affected)

标识值
-----------
3

(1 row(s) affected)

Document_no Storage  receiver export_Date        operator
----------- ----------------- --------
3           西药库     内科病区   2006-06-01 00:00:00.000      张三

(1 row(s) affected)
```

第一个 row(s) affected 行实际是从 sproc 返回的，它插入了一行记录。第二个结果集为我们提供了已经插入的标识值（对笔者而言，该值是 3），这就证明了我们的标识值是通过输出参数传递出 sproc 的。最后，我们从 Omaster 表中的那一行上选择了几列，证明真正将我们所期待的数据插进了该行。

你需要注意 sproc 本身和它在脚本中的用途之间的一些事情：

- 在 sproc 声明中，输出参数需要 OUTPUT 关键词。
- 调用 sproc 时必须使用 OUTPUT 关键词，就像你声明 sproc 时一样。这为 SQL Server 提供了有关哪个参数所需的特殊处理的高级告警信息，但即使忘记包含 OUTPUT 关键词也不会产生运行错误（不会得到有关信息），自然不会将输出参数值移到你的变量中（否则，该值更可能是一个 NULL 值）。这意味着你将得到计算机术语上最可怕的东西，不可预测的结果。
- 输出结果的变量名不一定要与 sproc 的内部参数名相同。例如，在以前的 sproc 中，内部参数叫做@OIdent，但传递值的变量叫做@MyIdent。
- 需要 EXEC（或者 EXECUTE）关键词，因为调用该过程不是批处理中的第一件事情（如果过程调用是批处理中的第一条语句，就可以省略 EXEC）。从个人角度来说，笔者推荐你在任何情况下都使用该关键词。

以下示例将创建 usp_GetList 存储过程，此过程将返回价格不超过指定数值的产品的列表。此示例显示，如何使用多个 SELECT 语句和多个 OUTPUT 参数。OUTPUT 参数允许外部过程、批处理或多条 Transact-SQL 语句在过程执行期间访问设置的某个值。

```
USE AdventureWorks;
GO
IF OBJECT_ID ( 'Production.usp_GetList', 'P' ) IS NOT NULL
```

```
    DROP PROCEDURE Production.usp_GetList;
GO
CREATE PROCEDURE Production.usp_GetList @product varchar(40)
    , @maxprice money
    , @compareprice money OUTPUT
    , @listprice money OUT
AS
    SELECT p.name AS Product, p.ListPrice AS 'List Price'
    FROM Production.Product p
    JOIN Production.ProductSubcategory s
      ON p.ProductSubcategoryID = s.ProductSubcategoryID
    WHERE s.name LIKE @product AND p.ListPrice < @maxprice;
-- Populate the output variable @listprice.
SET @listprice = (SELECT MAX(p.ListPrice)
        FROM Production.Product p
        JOIN  Production.ProductSubcategory s
          ON p.ProductSubcategoryID = s.ProductSubcategoryID
        WHERE s.name LIKE @product AND p.ListPrice < @maxprice);
-- Populate the output variable @compareprice.
SET @compareprice = @maxprice;
GO
```

执行 usp_GetList，返回价格低于 $700 的 Adventure Works 产品（自行车）的列表。OUTPUT 的参数 @cost 和 @compareprices 都可用于流控制语言，以便在消息窗口中返回消息。

OUTPUT 变量必须在创建过程或使用变量时定义。参数名和变量名不一定要匹配；除非使用 @listprice = variable 的形式，否则数据类型和参数位置必须匹配。

```
DECLARE @compareprice money, @cost money
EXECUTE Production.usp_GetList '%Bikes%', 700,
    @compareprice OUT,
    @cost OUTPUT
IF @cost <= @compareprice
BEGIN
    PRINT 'These products can be purchased for less than
    $'+RTRIM(CAST(@compareprice AS varchar(20)))+'.'
END
ELSE
    PRINT 'The prices for all products in this category exceed
    $'+ RTRIM(CAST(@compareprice AS varchar(20)))+'.'
```

下面是部分结果集：

```
Product                                            List Price
-------------------------------------------------- ------------------
Road-750 Black, 58                                 539.99
Mountain-500 Silver, 40                            564.99
```

```
Mountain-500 Silver, 42                              564.99
...
Road-750 Black, 48                                   539.99
Road-750 Black, 52                                   539.99

(14 row(s) affected)

These items can be purchased for less than $700.00.
```

4. 使用 WITH RECOMPILE 选项

如果为过程提供的参数不是典型的参数，并且新的执行计划不应被缓存或存储在内存中，则 WITH RECOMPILE 子句会很有用。

```
USE AdventureWorks;
GO
IF OBJECT_ID ( 'dbo.usp_product_by_vendor', 'P' ) IS NOT NULL
    DROP PROCEDURE dbo.usp_product_by_vendor;
GO
CREATE PROCEDURE dbo.usp_product_by_vendor @name varchar(30) = '%'
WITH RECOMPILE
AS
    SELECT v.Name AS 'Vendor name', p.Name AS 'Product name'
    FROM Purchasing.Vendor v
    JOIN Purchasing.ProductVendor pv
      ON v.VendorID = pv.VendorID
    JOIN Production.Product p
      ON pv.ProductID = p.ProductID
    WHERE v.Name LIKE @name;
GO
```

5. 使用 WITH ENCRYPTION 选项

以下示例将创建 HumanResources.usp_encrypt_this 存储过程。

```
USE AdventureWorks;
GO
IF OBJECT_ID ( 'HumanResources.usp_encrypt_this', 'P' ) IS NOT NULL
    DROP PROCEDURE HumanResources.usp_encrypt_this;
GO
CREATE PROCEDURE HumanResources.usp_encrypt_this
WITH ENCRYPTION
AS
    SELECT    EmployeeID,    Title,    NationalIDNumber,    VacationHours,
SickLeaveHours
```

```
    FROM HumanResources.Employee;
GO
```

如以下示例所示，WITH ENCRYPTION 选项可阻止返回存储过程的定义。

运行 sp_helptext：

```
EXEC sp_helptext 'HumanResources.usp_encrypt_this';
```

下面是结果集：

The text for object 'HumanResources.usp_encrypt_this' is encrypted.

直接查询 sys.sql_modules 目录视图：

```
USE AdventureWorks;
GO
SELECT definition FROM sys.sql_modules
WHERE object_id = OBJECT_ID('HumanResources.usp_encrypt_this');
```

下面是结果集：

definition

NULL

(1 row(s) affected)

6. 使用延迟名称解析

以下示例将创建 usp_proc1 过程，该过程使用延迟名称解析。尽管引用的表在编译时不存在，但仍能创建存储过程。执行过程时表必须存在。

```
USE AdventureWorks;
GO
IF OBJECT_ID ( 'dbo.usp_proc1', 'P' ) IS NOT NULL
    DROP PROCEDURE dbo.usp_proc1;
GO
CREATE PROCEDURE dbo.usp_proc1
AS
    SELECT column1, column2 FROM table_does_not_exist
GO
```

若要验证是否已创建了存储过程，请运行以下查询：

```
USE AdventureWorks;
GO
SELECT definition
FROM sys.sql_modules
WHERE object_id = OBJECT_ID('dbo.usp_proc1');
```

下面是结果集：

definition

CREATE PROCEDURE usp_proc1

```
AS
  SELECT column1, column2 FROM table_does_not_exist

(1 row(s) affected)
```

7. 使用 EXECUTE AS 子句

以下示例显示使用 EXECUTE AS 子句指定执行存储过程的安全上下文。在此示例中，选项 CALLER 指定此过程可在调用它的用户上下文中执行。

```
USE AdventureWorks;
GO
IF OBJECT_ID ( 'Purchasing.usp_vendor_info_all', 'P' ) IS NOT NULL
   DROP PROCEDURE Purchasing.usp_vendor_info_all;
GO
CREATE PROCEDURE Purchasing.usp_vendor_info_all
WITH EXECUTE AS CALLER
AS
   SELECT v.Name AS Vendor, p.Name AS 'Product name',
     v.CreditRating AS 'Credit Rating',
     v.ActiveFlag AS Availability
   FROM Purchasing.Vendor v
   INNER JOIN Purchasing.ProductVendor pv
     ON v.VendorID = pv.VendorID
   INNER JOIN Production.Product p
     ON pv.ProductID = p.ProductID
   ORDER BY v.Name ASC;
GO
```

8. 创建 CLR 存储过程

虽然笔者要到第 13 章才完整地介绍 CLR，但这里有必要介绍有关 CLR 的存储过程。以下示例将创建 GetPhotoFromDB 存储过程，此过程引用 HandlingLOBUsingCLR 程序集中的 LargeObjectBinary 类的 GetPhotoFromDB 方法。创建存储过程前，需要在本地数据库中注册 HandlingLOBUsingCLR 程序集。

```
CREATE ASSEMBLY HandlingLOBUsingCLR
FROM
'\\MachineName\HandlingLOBUsingCLR\bin\Debug\HandlingLOBUsingCLR.dll'';
GO
CREATE PROCEDURE dbo.GetPhotoFromDB
(
    @ProductPhotoID int,
    @CurrentDirectory nvarchar(1024),
    @FileName nvarchar(1024)
)
AS EXTERNAL NAME HandlingLOBUsingCLR.LargeObjectBinary.GetPhotoFromDB;
GO
```

9. 使用 OUTPUT 游标参数

OUTPUT 游标参数用来将存储过程的局部游标传递回执行调用的批处理、存储过程或触发器。

首先，创建以下过程：在 titles 表上声明并打开一个游标：

```
USE AdventureWorks;
GO
IF OBJECT_ID ( 'dbo.currency_cursor', 'P' ) IS NOT NULL
    DROP PROCEDURE dbo.currency_cursor;
GO
CREATE PROCEDURE dbo.currency_cursor
    @currency_cursor CURSOR VARYING OUTPUT
AS
    SET @currency_cursor = CURSOR
    FORWARD_ONLY STATIC FOR
      SELECT CurrencyCode, Name
      FROM Sales.Currency;
    OPEN @currency_cursor;
GO
```

接下来，运行以下批处理：声明一个局部游标变量，执行上述过程以将游标赋值给局部变量，然后从该游标提取行。

```
USE AdventureWorks;
GO
DECLARE @MyCursor CURSOR;
EXEC dbo.currency_cursor @currency_cursor = @MyCursor OUTPUT;
WHILE (@@FETCH_STATUS = 0)
BEGIN;
     FETCH NEXT FROM @MyCursor;
END;
CLOSE @MyCursor;
DEALLOCATE @MyCursor;
GO
```

8.5 流控制语句

流控制（control-of-flow）语句是当今编程语言中真正用到的语句。难以想象，如果不能根据条件改变命令的执行，该如何编写代码。T-SQL 提供了用于控制流情况的几种典型的选择方式，包括：IF…ELSE、GOTO、WHILE 及 WAITFOR。

也有 CASE 语句（在其他语言中是 SELECT CASE、DO CASE 和 SWITCH/BREAK），但它与你在其他语言中所期待的流控制层语句不一样。

8.5.1 IF...ELSE 语句

IF...ELSE 语句与它在其他语言中的工作方式大致相同，尽管有人认为它们与 C 语言中的应用方式非常接近。其基本语法如下：

```
IF <Boolean Expression>
    <SQL statement> | BEGIN <code series> END
[ELSE
    <SQL statement> | BEGIN <code series> END]
```

该表达式的值可以由任何计算结果为布尔型的表达式求得。

> 注意：我们在使用该语句时往往会导致不合理地使用 NULL 值。笔者多次发现，在调试存储过程时往往存在下列语句。
>
> IF @var = NULL
>
> 这一语句可能在大多数系统上是正确的（下面可以看到），而且会忽略所有的 NULL 值，但更可能不正确。相反，需要这样编写该语句：
>
> IF @var IS NULL
>
> 不要忘记 NULL 不等于任何东西，甚至不等于 NULL。要用 IS 代替等号。
>
> 有一点例外，系统的 NULL 是否等于空，取决于你是将 ANSI_NULLS 选项设置为 ON 或 OFF。默认值是 ON，此时你会看见上面所描述的行为。你也可以将 ANSI_NULLS 设置为 OFF，以改变上面的行为。强烈推荐不要这样处理，因为设置为 OFF 后将违背 ANSI 标准（而且这明显是错误的）。
>
> 系统只将 IF 后面紧跟的语句当作是有条件的（每个 IF 都有一个条件）。可以使用 BEGIN...END 包含多个语句来作为流控制的一部分，这些内容都将在本章后面加以讨论。

让我们创建上一个查询的新版本，并处理有人提供 Export_Date（比我们想要接受的值要早）的情况。

下面列举一个采用 IF…ELSE 语句进行判断的例子。我们需要进行一个简单测试，在该测试中需要使用 DATEDIFF 函数。该函数的语法如下：

```
DATEDIFF(<datepart>, <startdate>, <enddate>)
```

DATEDIFF 比较两个日期，本例中的日期比较是指记账日期和当前日期进行比较。它可以从年到毫秒比较所提供的时间数据的任何部分。这里，我们用一个简单的 dd 代表天就足够了，并将其放置在 IF 语句中。

```
DATEDIFF(<datepart>, <startdate>, <enddate>)
```

主管会计希望凭证登记完毕后，3 天以后才登记入账，这样就可以留出充足的时间对记账凭证进行审核。也就是说，当前日期要比登记凭证日期大 3 天以后，再改变插入到 bzh 字段的值。

既然我们已经采用 IF 语句得到了想要的结果，下面就编写一个新的 spInserttallymaster 过程文件。在这里，我们引用了前面创建的 TallyMaster 表。

```
USE Store_IO
GO

CREATE PROC dbo.spInsertValidatedTallyMasterbzh
    @tally_no               int       = NULL,
   @tally_date              datetime,
   @append_rcpt_num         smallint,
   @tabler                  varchar(12),
   @tabler_no           int,
   @checker                 varchar(12)    = NULL,
   @tally_type              varchar(1),
   @tally_indicator         varchar(1),
   @attach_no           smallint,
   @bzh                      varchar(3)   output

AS

/* 测试，查看登记的日期是否超过3天，如果不是，则将bzh用000代替，表示未入账*/
IF DATEDIFF(dd, @Tally_Date, GETDATE()) < 4
   SELECT @bzh = '000'

/* 产生新记录 */
INSERT INTO dbo.TallyMaster
VALUES
(
    @tally_no,
   @tally_date,
   @append_rcpt_num,
   @tabler,
   @tabler_no,
   @checker,
   @tally_type,
   @tally_indicator,
   @attach_no,
   @bzh
)
```

现在，我们采用一个脚本对该存储过程进行测试。

```
USE Store_IO
GO

DECLARE   @Mybzh   varchar(3)
EXEC dbo.spInsertValidatedTallyMasterbzh
   @tally_date = '2007-09-05',
   @append_rcpt_num = 4,
   @tabler = '记账会计A',
```

```
   @tabler_no = 21,
   @tally_type = '1',
   @tally_indicator = '0',
   @attach_no = 1,
    @bzh = @Mybzh OUTPUT

SELECT @Mybzh AS '标志号值'

SELECT
tally_date,
   tabler,
   tabler_no,
   checker,
   tally_type,
   tally_indicator,
   attach_no,
   bzh
FROM dbo.TallyMaster
WHERE bzh = @Mybzh
```

如果你的机器系统时间是 2007 年 09 月 13 日，那么执行结果将如下所示：

```
1 row(s) affected)

标志号值
----
000

(1 row(s) affected)

tally_date    tabler tabler_no checker tally_type tally_indicator attach_no bzh
----------------------------- --------------- --------- ----
2007-09-05 00:00:00.000    记账会计 A    21    NULL    1    0    1    000

(1 row(s) affected)
```

可见，IF 语句给满足条件的变量赋值了。否则，由于 bzh 不能为空，而我们又没有给它手工赋值，就不可能在数据库中插入记录。

1. ELSE 从句

我们现在能够改变数据了，但还没有处理完实际遇到的所有情况。实际上，在处理 IF 条件的大部分时间里，我们不仅需要执行条件为真的语句，而且还需要处理条件为假时的另一个分支语句或 ELSE 条件。

你会碰到一些不能准确计算布尔值的情况。也就是说，结果未知（例如，与一个 NULL 值比较），此时我们将这些未知结果的表达式视作 FALSE。

ELSE 语句与其在其他语言中的工作方式一样。确切的语法可能有所变动，但核心还是一样。如果 IF 从句的条件不成立，就执行 ELSE 从句的语句。

再对前面的例子作一点扩展。假使你的机器系统始终仍然是 2009 年 09 月 13 日，那么我们在查询分析器中执行下列脚本，会出现什么结果呢？

```
USE Store_IO
GO

DECLARE  @Mybzh  varchar(3)
EXEC dbo.spInsertValidatedTallyMasterbzh
   @tally_date = '2009-09-13',
   @append_rcpt_num = 4,
   @tabler = '记账会计A',
   @tabler_no = 21,
   @tally_type = '1',
   @tally_indicator = '0',
   @attach_no = 1,
    @bzh = @Mybzh OUTPUT

SELECT @Mybzh AS '标志号值'

SELECT
tally_date,
   tabler,
   tabler_no,
   checker,
   tally_type,
   tally_indicator,
   attach_no,
   bzh
FROM dbo.TallyMaster
WHERE bzh = @Mybzh
```

系统会给出令我们吃惊的消息：

```
Server: Msg 515, Level 16, State 2, Procedure spInsertValidatedTallyMasterbzh, Line 21
Cannot insert the value NULL into column 'bzh', table 'Store_io.dbo.tallymaster'; column does not allow nulls. INSERT fails.
The statement has been terminated.
标志号值
----
NULL

(1 row(s) affected)

tally_date   tabler   tabler_no checker tally_type tally_indicator attach_no bzh
-------------------------------- --------- ----

(0 row(s) affected)
```

我们没有得到预期的插入值，为什么？因为我们登记记账凭证的时间为 2007 年 09 月 13 日，比当前系统时间相差 7 天，它不可能满足该存储过程中的条件，而我们又没有给不允许为 NULL 的 bzh 字段提供值，所以系统将不可能在表中插入数据。但是，如果我们将上面的存储过程做如下修改：

```
USE Store_IO
GO
DROP PROC dbo.spInsertValidatedTallyMasterbzh
GO

CREATE PROC spInsertValidatedTallyMasterbzh
    @tally_no              int        = NULL,
   @tally_date             datetime,
   @append_rcpt_num        smallint,
   @tabler                 varchar(12),
   @tabler_no           int,
   @checker                varchar(12)    = NULL,
   @tally_type             varchar(1),
   @tally_indicator        varchar(1),
   @attach_no           smallint,
   @bzh                     varchar(3)   output

AS

/* 测试，查看登记的日期是否超过3天，如果不是，则将bzh用000代替，表示未入账*/
/* 测试，查看登记的日期是否超过3天，如果是，则将bzh用001代替，表示未入账*/

IF DATEDIFF(dd, @Tally_Date, GETDATE()) < 4
  SELECT @bzh = '000'
ELSE
  SELECT @bzh = '001'

/* 产生新记录 */
INSERT INTO dbo.TallyMaster
VALUES
(
    @tally_no,
   @tally_date,
   @append_rcpt_num,
   @tabler,
   @tabler_no,
   @checker,
   @tally_type,
   @tally_indicator,
   @attach_no,
   @bzh
)
```

那么就可以一切正常了。

如果我们出于某种目的，希望存储的日期所包含的时间都显示为 00:00:00.000，从而比较日期（没有时间），那么我们该怎么办呢？

这里需要完成的是转换过程文件，以确保将所有日期都存储为日期，但没有时间。当前的过程不会这样工作，因为它将插入整个日期，包括时间。但为了证实这一点，我们还要看下面的例子：

```
USE Store_IO
GO

DECLARE   @Mybzh   varchar(3)
DECLARE   @MyDate   smalldatetime

SELECT @MyDate = GETDATE()

EXEC dbo.spInsertValidatedTallyMasterbzh
   @tally_date = @MyDate,
   @append_rcpt_num = 4,
   @tabler = '记账会计A',
   @tabler_no = 22,
   @tally_type = '1',
   @tally_indicator = '0',
   @attach_no = 1,
    @bzh = @Mybzh OUTPUT

SELECT @Mybzh AS '标志号值'

SELECT
tally_date,
   tabler,
   tabler_no,
   checker,
   tally_type,
   tally_indicator,
   attach_no,
   bzh
FROM dbo.TallyMaster
WHERE bzh = @Mybzh
```

当我们插入数据以后，日期格式就与我们期待的格式一样了：

```
(1 row(s) affected)

标志号值
----
000

(1 row(s) affected)
```

```
tally_date tabler    tabler_no checker tally_type tally_indicator attach_no bzh
-------------------------- --------------- --------- ----
2007-09-05 00:00:00.000    记账会计 A    21        NULL        1     0     1        000
2007-09-13 00:00:00.000    记账会计 A    22        NULL        1     0     1        000

(2 row(s) affected)
```

所以我们得到的是二选一的情况。要么将标志号设置为 000，要么把标志号设置为 001。考虑到时间的比较，我们对其中的语句做了部分调整。不幸的是，SQL Server 没有提供一个时间自动转换函数，本书提供的这种方法，也是笔者学习所得。

（1）从日期时间字段中截去时间。

为了截取日期，我们可以按块划分，然后在没有时间的情况下重新组装，或者利用 CONVERT 函数将其转换成一个没有时间的日期，然后再将其转换回来。

CONVERT()是在 SQL Server 上可用的函数之一。最初，它是在数据类型之间转换数据的唯一函数。但现在，已经很少在脚本中使用 CONVERT，因为 CAST()具有很多与其一样的功能，CAST 服从 ANSI 标准，而 CONVERT 则不服从，但 CONVERT 仍然具有一些不能被 CAST 替代的特殊日期格式的兼容性。

CONVERT 的语法为：

```
CONVERT(<target data type>, <expression to be converted>, <style>)
```

前两个参数是自然明显的，但最后一个则不是。只在处理日期的时候应用它，并且其目的在于告诉 SQL Server 需要将日期转换为什么格式。普通日期格式的例子包括：1 代表标准的美国 mm/dd/yy 格式，而 12 代表标准的 ISO 格式（yymmdd）。在任何格式中添加 100 都将在日期机制中增加一个世纪（例如，4 位数字表示年的标准 US 格式为 mm/dd/yyyy，风格代码为 101）。

例如，关于 GETDATE 函数而言，它看起来应如下所示：

```
SELECT CONVERT(datetime,(CONVERT(varchar,GETDATE(),112)))
```

可将日期转换成 ANSI 日期格式并再次返回结果：

```
--------------------------------
2007-09-13 00:00:00.000

(1 row(s) affected)
```

（2）在过程中应用 ELSE 语句。

既然我们已经指出了怎样将日期划分成块，那么就该将它移到实际的过程中。这次我们要利用 ALTER 命令来修改一个存储过程而不是创建一个独立存储过程。记住，即使使用 ALTER 语句，我们也必须完全重新定义该存储过程。

```
USE Store_IO
GO

ALTER PROC dbo.spInsertValidatedTallyMasterbzh
   @tally_no            int             = NULL,
   @tally_date                 datetime,
```

```
    @append_rcpt_num        smallint,
    @tabler                 varchar(12),
    @tabler_no           int,
    @checker                varchar(12)    = NULL,
    @tally_type             varchar(1),
    @tally_indicator        varchar(1),
    @attach_no           smallint,
    @bzh                     varchar(3)   output

AS

DECLARE   @InsertedTallyDate   smalldatetime

/* 测试提供的日期是否超过3天,
** 如果是，则维持原值不变,
** 否则，将时间截短为0时0分0秒。*/

IF DATEDIFF(dd, @Tally_Date, GETDATE()) < 4
SELECT @bzh = '000'
ELSE
   SELECT @bzh = '001'

SELECT @InsertedTallyDate   =
     CONVERT(datetime,(CONVERT(varchar,@Tally_Date,112)))
/* 产生新记录 */
INSERT INTO dbo.TallyMaster
VALUES
(
    @tally_no,
   @InsertedTallyDate,
   @append_rcpt_num,
   @tabler,
   @tabler_no,
   @checker,
   @tally_type,
   @tally_indicator,
   @attach_no,
   @bzh
)
```

现在，如果我们重新运行早期的批处理：

```
USE Store_IO
GO

DECLARE   @Mybzh   varchar(3)
DECLARE   @MyDate    smalldatetime
```

```
SELECT @MyDate = GETDATE()

EXEC dbo.spInsertValidatedTallyMasterbzh
   @Tally_Date = @MyDate,
   @append_rcpt_num = 4,
   @tabler = '记账会计A',
   @tabler_no = 23,
   @tally_type = '1',
   @tally_indicator = '0',
   @attach_no = 1,
    @bzh = @Mybzh OUTPUT

SELECT @Mybzh AS '标志号值'

SELECT
tally_date,
   tabler,
   tabler_no,
   checker,
   tally_type,
   tally_indicator,
   attach_no,
   bzh
FROM dbo.TallyMaster
WHERE bzh = @Mybzh
```

就会得到下面的结果：

```
(1 row(s) affected)

标志号值
----
000

(1 row(s) affected)

tally_date tabler tabler_no checker tally_type tally_indicator attach_no bzh
------------------------------ -------------- --------- ----
2007-09-05 00:00:00.000    记账会计 A    21    NULL  1    0    1    000
2007-09-13 00:00:00.000    记账会计 A    22    NULL  1    0    1    000
2007-09-13 00:00:00.000    记账会计 A    23    NULL  1    0    1    000

(3 row(s) affected)
```

现在可以根据用户提供的特定值来处理插入过程中的不同情况了。

如果仔细回顾一下，你就会注意到，在该版本的 sproc 中，笔者采用了 IF…ELSE 语句，从而使处理一些事情的方法得到了改进，还可以为凭证日期声明变量。

笔者的目的是为了改变输入参数值。除了为输出变量的特殊目的值而改变参数值以外，不应该改变参数值。为什么？因为：一方面，我们在某种情况下不想让人们查看所声明的变量；另一方面，为了调试的目的，最好尽可能保留输入值，从而在需要调试的时候，可以很容易地利用各个输入值的代码来验证输出值。也就是说，可以简明地说明一切是否工作正常。

2. 将代码组合成块

有时你需要将一组语句当作一条语句（如果你执行一条语句，就执行了所有语句，否则一条也不执行）。例如，在默认情况下，IF 语句只将紧随其后的语句作为条件代码的一部分。如果有一个需要运行多条语句的条件，该怎么办？如果你必须为条件成立时运行的每条代码都产生独立的 IF 语句，那么就太惨了。

值得庆幸的是，SQL Server 给我们提供了将代码组合成块并将它们放在一起考虑的方法。块从 BEGIN 语句开始，然后继续，直到 END 语句。它看起来应如下所示：

```
IF <Expression>
BEGIN    -- 代码的第一块从这里开始——只有当表达式为
-- TRUE时才执行
   …
   …
   --此处仍然是TRUE语句的一部分
   IF <Expression>   --只有满足该IF语句的条件时才执行这块代码
      BEGIN
         --只有外部语句和内部语句都满足时才执行这段代码
         附加语句
      END
         --当内部条件不满足，但满足外部条件时，执行下列语句，
--但下列语句仍然是第一部分的代码块
      附加语句
END   --First block of code ends here
ELSE
BEGIN
   --当语句条件为FALSE，执行下列语句
  …
  …
   --仍然是条件语句为FALSE时的执行语句
END
```

请注意嵌套代码块的能力。在每种情况下，都将内部块当作外部块的一部分。笔者从来没有听说过对 BEGIN…END 之间所嵌套的层数有限制，但建议你嵌套的层数尽可能少。很明显，即使你特别关心代码的格式，也要使嵌套深度的实际限制维持可读性。

为了证实这一点，下面对前面的凭证插入存储过程再作一些修改。这次，当我们检查改变存储过程调用者所提供的信息的代码时，我们只为用户提供一点有用信息，这可以看作是为系统出错信息的处理提供预备知识。

我们将插入的数据改变为某种与用户提供的数据不同的数据，然后告诉用户：系统正在做什么样的处理。我们将使用 PRINT 语句输出已经完成的任务的详细信息。在 IF…ELSE 语句中，我们添加了 PRINT 语句作为部分代码，从而可以使该信息比较醒目。请注意，PRINT 语句不产生任何错误，只是提供原文信息，而不管错误状态。

我们将在错误处理一节中作进一步讨论上述有关内容。

```
USE Store_IO
GO

ALTER PROC dbo.spInsertValidatedTallyMasterbzh
   @tally_no              int              = NULL,
   @tally_date               datetime,
   @append_rcpt_num          smallint,
   @tabler                   varchar(12),
   @tabler_no             int,
   @checker                  varchar(12)    = NULL,
   @tally_type               varchar(1),
   @tally_indicator          varchar(1),
   @attach_no             smallint,
   @bzh                       varchar(3)   output

AS

DECLARE   @InsertedTallyDate   smalldatetime

/* 测试提供的日期是否超过3天，
** 如果是，则维持原值不变，
** 否则，将时间截短为0时0分0秒。*/

IF DATEDIFF(dd, @Tally_Date, GETDATE()) < 4
BEGIN
   SELECT @bzh = '000'
   SELECT @InsertedTallyDate   = @tally_date
PRINT '凭证未入账'
   PRINT '登记凭证的日期比当前日期小3天.'
   PRINT '凭证标记已经被设置为000'
END
ELSE
BEGIN
   SELECT @InsertedTallyDate   =
      CONVERT(datetime,(CONVERT(varchar,@Tally_Date,112)))
SELECT @bzh = '001'
      PRINT '凭证入账日期将被截断，'
PRINT '因为它满足凭证入账的条件'
END

INSERT INTO dbo.TallyMaster
VALUES
(
    @tally_no,
   @InsertedTallyDate,
```

```
    @append_rcpt_num,
    @tabler,
    @tabler_no,
    @checker,
    @tally_type,
    @tally_indicator,
    @attach_no,
    @bzh
)
```

现在，我们执行测试批处理，并得到了一个稍微不同的结果。首先，测试批处理使用了当前的日期。

```
USE Store_IO
GO

DECLARE  @Mybzh  varchar(3)
DECLARE  @MyDate   smalldatetime

SELECT @MyDate = GETDATE()

EXEC dbo.spInsertValidatedTallyMasterbzh
   @tally_date = @MyDate,
   @append_rcpt_num = 5,
   @tabler = '记账会计A',
   @tabler_no = 24,
   @tally_type = '1',
   @tally_indicator = '0',
   @attach_no = 1,
    @bzh = @Mybzh OUTPUT

SELECT @Mybzh AS '标志号值'

SELECT
tally_date,
   tabler,
   tabler_no,
   checker,
   tally_type,
   tally_indicator,
   attach_no,
   bzh
FROM dbo.TallyMaster
WHERE bzh = @Mybzh
```

现在可以看到：不仅根据实际的数据截短了值，而且也得到了显式信息，结果为：

```
标志号值
----
```

```
000

(1 row(s) affected)

tally_date              tabler    tabler_no   checker       tally_type tally_indicator attach_no bzh
--------------------------------------------------------- -------
2007-09-05 00:00:00.000   记账会计 A 21   NULL   1   0    1 000
2007-09-13 00:00:00.000   记账会计 A 22   NULL   1   0    1 000
2007-09-13 00:00:00.000   记账会计 A 23   NULL   1   0    1 000
2007-09-13 23:13:00.000   记账会计 A 24   NULL   1   0    1 000

(4 row(s) affected)
```

接着，我们运行手工反馈原有日期的老版本的测试批处理：

```
USE Store_IO
GO

DECLARE   @Mybzh   varchar(3)
DECLARE   @MyDate    smalldatetime

SELECT @MyDate = GETDATE()

EXEC dbo.spInsertValidatedTallyMasterbzh
   @tally_date = '2007-01-01 12:23AM',
   @append_rcpt_num = 4,
   @tabler = '记账会计A',
   @tabler_no = 25,
   @tally_type = '1',
   @tally_indicator = '0',
   @attach_no = 1,
    @bzh = @Mybzh OUTPUT

SELECT @Mybzh AS '标志号值'

SELECT
tally_date,
   tabler,
   tabler_no,
   checker,
   tally_type,
   tally_indicator,
   attach_no,
   bzh
FROM dbo.TallyMaster
WHERE bzh = @Mybzh
```

我们再次看见了数据发生改变的显示信息：

```
凭证入账日期将被截断,
因为它满足凭证入账的条件

(1 row(s) affected)

标志号值
----
001

(1 row(s) affected)

tally_date tabler    tabler_no checker tally_type tally_indicator attach_no bzh
----------------- -------------- --------- ----
2007-01-01 00:00:00.000    记账会计 A   25    NULL    1    0    1   001

(1 row(s) affected)
```

8.5.2 CASE 语句

根据所用语言的不同，在某一些情况下，CASE 语句等同于多个不同语句中的一条语句。过程编程语言中有许多语句与 CASE 语句的工作方式相似，与流控制语句相比，在 T-SQL 中使用 CASE 语句的最大缺点是置换操作符太多。

可以用多种方法来编写 CASE 语句，而且可以包含输入表达式或布尔表达式。第一种方法是使用输入表达式与每一个 WHEN 从句中所使用的值相比较，SQL Server 文档将其称为简单 CASE。

```
CASE <input expression>
WHEN <when expression> THEN <result expression>
[...n]
[ELSE <result expression>]
END
```

第二种方法是给每个 WHEN 从句提供一个表达式，这个表达式的值为 TRUE/FALSE，这种 CASE 语句称为搜索 CASE。

```
CASE
WHEN <Boolean expression> THEN <result expression>
[...n]
[ELSE <result expression>]
END
```

用 CASE 语句的最大方便之处大概是，你可以用它内嵌一个 SELECT 语句（也就是说，CASE 语句作为 SELECT 语句的一部分），这种处理方法非常有用。

下面我们开始对简单 CASE 语句和搜索 CASE 语句进行讨论。

1. 简单的 CASE 语句

简单 CASE 含有一个等于布尔结果的表达式。例如：

```
USE Store_IO
GO


SELECT TOP 10 tabler_No, tabler_No % 10 AS '最后一位数字是: ', Position =
```

```
CASE tabler_no % 10
   WHEN 1 THEN '1'
   WHEN 2 THEN '2'
   WHEN 3 THEN '3'
   WHEN 4 THEN '4'
   ELSE '其他数字'
END
FROM dbo.tallymaster
```

对那些不太熟悉它的人来说，%操作符有点陌生。%操作符是取模（modulus）。取模非常像除法操作，但它只提供余数。因此，16%4 = 0（4 可以整除 16），但 16%5 = 1（16 被 5 除，余数为 1）。在这个例子中，因为是被 10 除，所以使用取模运算是为了提供所求的数字的最后一位。

让我们看一看这个结果：

```
tabler_No    最后一位数字是:      Position
----------- ----------- --------
21           1              1
22           2              2
23           3              3
24           4              4
25           5              其他数字

(5 row(s) affected)
```

注意： 一旦列表中有一个匹配值，就会调用 THEN 从句。因为已经有了 ELSE 语句，所以会将任何一个与以前的值不匹配的值分配到 ELSE 中。如果删除 ELSE，那么将为这些值提供空值。

下面再看一个例子，它将演示在 CASE 语句中使用 WHEN 语句。

```
USE Store_IO
GO

SELECT TOP 10 tabler_no % 10 AS "最后一位数字为",
     "与5的距离" = CASE tabler_no % 10
     WHEN 5 THEN '相等'
     WHEN 4 THEN '=1'
     WHEN 6 THEN '=1'
     ELSE '超过1'
  END
FROM dbo.tallymaster
ORDER BY tabler_no DESC
```

在这个例子的每个步骤都使用了等式，而且它仍然可以工作。

```
最后一位数字为      与 5 的距离
----------- -----
5             相等
4             =1
3             超过 1
```

```
2           超过 1
1           超过 1

(5 row(s) affected)
```

只要求得的表达式的特定值与输入表达式的类型兼容，就可以进行分析，从而可以正确应用 THEN 语句了。

2. Searched CASE 语句

这个语句与简单 CASE 语句的工作方式一样，只有两点不同：

- ❑ 没有输入表达式（记住这是 CASE 和第一个 WHEN 语句之间的部分）。
- ❑ WHEN 表达式的值必须是布尔型（而在简单 CASE 例子中，我们已经看到使用了简单布尔值）。

这类 CASE 语句的最大优点是，我们可以完全改变构成表达式的基础成分，可以根据不同的环境混合、匹配列表达式。

与往常一样，理解其工作原理的最好方式是用例子来说明。

```
USE Store_IO
GO

SELECT TOP 10 tabler_no % 10 AS "最后一位数字",
     "与5的距离" = CASE
     WHEN (tabler_no % 10) < 5 THEN '最后一位小于5'
     WHEN (tabler_no % 10) = 6 THEN '最后一位是6'
     WHEN ABS(tabler_no % 10 - 5) <= 1 THEN '<= 1'
     ELSE '超过1'
  END
FROM dbo.tallymaster
ORDER BY tabler_no DESC
```

这与简单 CASE 例子完全不同，但它仍然可以工作。

```
最后一位数字      与 5 的距离
----------- ------------
5           <= 1
4           最后一位小于 5
3           最后一位小于 5
2           最后一位小于 5
1           最后一位小于 5

(5 row(s) affected)
```

在 SQL Server 怎样求值方面有一些注意事项：

- ❑ 即使两个条件求得的值都是 TRUE，也只使用第一个条件。但不需要 break 语句，总是在条件满足后自行终止。
- ❑ 可以在条件表达式中混合和匹配使用的字段。
- ❑ 只要表达式最后的结果等于布尔型值，就可以执行任何形式的表达式。

值得注意的是，采用存储过程在某些情况下可以避免使用游标。

8.5.3 利用 WHILE 循环

WHILE 语句是 22 种缓存语句之一，它是一个流控制语句，所以需要在这里加以说明。同时，在 SQL 中很少使用 WHLIE 语句（除了在处理游标的时候），所以这里说明该语句非常有意义。

我们将对这两点都加以说明，同时介绍一下在非游标结构中使用 WHILE 的例子。

WHILE 语句与它在其他语言中的工作方式非常相似。本质上，WHILE 语句每次运行到循环顶部的时候都要测试条件。如果条件仍然成立，那么再次执行循环，如果条件不成立，就退出。

语法如下所示：

```
WHILE <Boolean expression>
     <sql statement> |
[BEGIN
     <statement block>
     [BREAK]
     <sql statement> | <statement block>
     [CONTINUE]
END]
```

虽然可以只执行一条语句（就像在 IF 语句中处理一样），但是我们几乎永远都会看到在 WHILE 后面跟有 BEGIN…END 之间包含的一个完整的语句块的情况。

BREAK 语句是不等到循环底部的出现并重新计算表达式就跳出循环的一种方式。

传统意义通常认为使用 BREAK 不是一种最好的选择，笔者也倾向于这种观点。如果合理，笔者会避免使用这种方式。大多数情况下，可以通过删除一条或两条语句来得到相同的结果，这样做的好处是代码的可读性更好。如果只有一个入口和一个出口的话，就更容易处理循环结构（或者这种情况下的任何结构），而使用 BREAK 违背了这个概念。

所有的说法都一样，有时为了避免使用 BREAK 而重新规定代码的格式实际会让事情变得糟糕。另外，已经有人为了不使用 BREAK 语句而使代码变得更短，这也不是一个好办法。

CONTINUE 语句是与 BREAK 语句刚好相反的语句。简而言之，它告诉循环返回到起点。无论是在循环的哪个位置，都立即返回到循环的顶端并重新计算表达式的值（即使表达式不再为 TRUE）。

下面我们继续采用一个简单的例子来感受一下。如前所述，WHILE 循环很少出现在非游标的情况下，所以下面的例子是一个例外情况。

我们将要做的事情是使用 WHILE 循环和 WAITFOR 命令来创建一个监视处理（在下一部分中将要看一看 WAITFOR 的说明）。我们将每天自动更新一次统计信息：

```
WHILE 1 = 1
BEGIN
   WAITFOR TIME '01:00'
   EXEC dbo.sp_updatestats
   RAISERROR('更新数据库的统计信息', 1, 1) WITH LOG
END
```

在每晚的1:00更新数据库中的每张表的统计信息，并对SQL Server日志和Windows NT应用日志编写日志信息。如果你想要检查并看其是否工作，就让该程序整夜运行并在第二天早上检查日志。

注意： 这样一个无限循环并不是正常安排任务日程表的处理方式。如果你希望某件事情每天都运行，那么就在EM中建立一个任务。除了使连接在整个时间内都保持开放之外（在上面的例子是一直开放的），我们也可以根据脚本的成功或失败来获得跟随该行为的能力。当然，你也可以通过E-mail或网络传送有关完成状态的消息。

8.5.4 WAITFOR语句

通常，你不希望一些事情立即发生或者只是不让它在此时发生，但你也不希望必须等待执行该任务。没有问题，使用WAITFOR语句并且让SQL Server等待就行了。语法非常简单：

```
WAITFOR
    DELAY <'time'> | TIME <'time'>
```

WAITFOR 语句的执行与字面意思相同，也就是说它等待参数的发生。可以为要发生的事情指定明确的时间，也可以指定在事情完成之前要等待的时间。

1. DELAY 参数

DELAY 参数可以指定等待的时间，但不能指定天数，只能是小时、分钟和秒，最大允许时间是24小时。例如：

```
WAITFOR DELAY '01:00'
```

将运行在WAITFOR之前的任何代码，然后到达WAITFOR语句，并停止一小时，之后继续执行代码中的下一条语句（无论下一条语句是什么都会执行）。

2. TIME 参数

TIME参数指等到指定的具体日期时间为止。同样，不能指定日期的种类，只能是一天中的时间，而且要使用24小时的时钟。同时，给定了一天时间限制中的最大延迟数。例如：

```
WAITFOR TIME '01:00'
```

将运行WAITFOR之前的代码，然后到达WAITFOR语句，而且等待到达早上1：00，之后将继续执行代码中的WAITFOR的下一条语句（无论下一条语句是什么都会执行）。

8.6 存储过程返回值

你会看到，使用两种方法可以从存储过程中返回值。我们不仅要讨论如何返回实际数据，比如标识值或过程所影响的行数等，而且要继续讨论使用返回值的方式以及它们的实际用途，这决定过程的执行状态。

以前有人教导笔者利用输出参数的技巧就是利用返回值，这是一种有效的方法，而且也是一个捷径。

当你需要返回真实的错误代码时，利用返回值作为调用子程序的一种方式会给返回的真实代码带来麻烦。简而言之，不要采用这种处理方法。

返回值确实完全反映过程执行的成功或失败，甚至包含成功或失败的程度或特性。对

C 编程者来说，这是一个相当简单的相关策略，将函数的返回值作为成功代码是一种普通的练习，利用任何非 0 值显示某种问题。如果你坚持在 SQL Server 中使用默认返回值，那么将发现这种规则也是正确的。

怎样使用 RETURN

实际上，无论我们是否提供返回值，程序都将接收一个返回值。默认情况下，当过程执行成功的时候，SQL Server 返回一个 0 值。

如果要将返回值从存储过程传递到调用的代码中，我们只要使用 RETURN 语句即可。

RETURN [<integer value to return>]

注意返回值必须是整数。

RETURN 语句的最大特点是：一旦执行之，那么系统就无条件地从过程中退出。也就是说，无论在过程的哪个位置执行了 RETURN 语句以后，再也不会执行该过程中的语句了。

无条件退出，并不是说无论 RETURN 语句在代码中的哪个位置都会被执行。相反，在过程中可以有许多 RETURN 语句，而且只有在执行代码符合正常条件的时候，才会执行该命令。一旦执行了该命令，就再也不可扭转了。

下面通过编写一个简单的测试程序来证明 RETURN 语句的这一效果。

```
USE Store_IO
GO

CREATE PROC dbo.spReturnexample
AS
   DECLARE @ShowMessage        varchar(50)
   DECLARE @ShowOtherMessage   varchar(50)

   SELECT @ShowMessage = 'RETURN语句的前一行'
   PRINT @ShowMessage
   RETURN
   SELECT @ShowOtherMessage = '该语句未被执行'
   PRINT @ShowOtherMessage
RETURN
```

我们现在已经拥有了一个过程，但需要一个小脚本来进行测试。我们可以看到：

- 要显示的内容。
- RETURN 语句返回的值。

为了捕捉 RETURN 语句的返回值，需要在 EXEC 语句中分配一个变量。例如，下面的代码将把所有返回值返回到@ReturnVal 中。

```
EXEC @ReturnVal = spMySproc
```

现在将该语句放到一个更有用的脚本中进行过程测试。

```
DECLARE @Return int

EXEC @Return = spReturnexample
SELECT @Return
```

很简短，当运行该程序的时候，我们将看到 RETURN 语句确实终止了代码，而且在其之前的所有语句都被执行了。

```
RETURN 语句的前一行

-----------
0

(1 row(s) affected)
```

我们也得到了过程的返回值，它是 0。即使我们没有说明一个特定的返回值，也能返回 0，因为默认值通常都是 0。

思考几分钟：如果默认返回值是 0，那么就意味着默认返回值也是“没有错误”，这会产生一些严重的问题。需要指出的是，我们通常需要显式地定义返回值，你当然有理由要求返回期望的值，而不是偶然产生的值。

下面对该过程稍加修改，以验证可以用期望的整数值作为返回值：

```
USE Store_IO
GO

ALTER PROC dbo.spReturnexample
AS
   DECLARE @ShowMessage        varchar(50)
   DECLARE @ShowOtherMessage   varchar(50)

   SELECT @ShowMessage = 'RETURN语句的前一行'
   PRINT @ShowMessage
   RETURN 100
   SELECT @ShowOtherMessage = '该语句未被执行'
   PRINT @ShowOtherMessage
RETURN
```

现在重新运行测试脚本，我们将在返回值中得到哪个改变的结果。

```
RETURN 语句的前一行

-----------
100

(1 row(s) affected)
```

8.7 异常处理

如果你的代码不会产生错误，而且从来不会产生运行错误，就不需要进行这样的处理，对吗？错。这只是软件工程的理想世界，实际上是不可能这样理想的。幸运的是，我们可以处理这件事情。不幸的是，我们对自己拥有的工具不是很满意，但我们有办法可以得到大部分结果，而且在 SQL 中有方法隐藏不充分的异常处理。

SQL Server 中有几种常见的错误类型：

- 创建运行错误并终止代码继续执行的错误。
- SQL Server 知道但不创建运行错误以至终止代码运行的错误，这也可以称为内嵌（inline）错误。
- 本质上更符合逻辑的错误。

在 SQL Server 中进行异常处理时，要理解的第一件事情是系统中没有可用的“异常处理器”机制。如果错误发生，那么在该场合下将不可能继续运行该代码，因为所得结果将是错误结果。足以产生运行错误的严重错误给 SQL Server 带来了两方面的问题：一方面，所有当前数据访问的对象模型都传递了错误消息；另一方面，在客户端应用程序中存在这样的错误都可以进行适当处理。

8.7.1 处理内嵌错误

内嵌错误是一种令人讨厌的错误，而且一直会让 SQL Server 继续运行，但是并不能得到我们期望的成功结果。例如，假设要在 Odetail 表中插入记录，但在 Omaster 表中没有相对应的记录。

```
INSERT INTO dbo.ODetail
(   document_no,
item_no,
drug_code,
drug_spec,
units,
batch_no,
   expire_date,
firm_id   ,
import_document_no,
purchase_price,
   retail_price,
package_spec,
quantity,
package_units,
sub_package_1,
sub_package_units_1,
sub_package_spec_1,
sub_package_2,
sub_package_units_2,
sub_package_spec_2  )
VALUES
   (   '0000000002', 1  , '1110010101', '200mg', '片', '12033456',
   '2006-01-01', '000001', '0000000001',12.19,15.30, '/',
   100, '瓶',NULL,NULL,NULL,NULL,NULL,NULL)
SQL Server不会为我们执行这个插入操作，因为在Order Details
```

表中有一个引用 Orders 表中的 PRIMARY KEY（主键）的 FOREIGN KEY（外部键）约束。因为在 Orders 表中没有一条记录的 OrderID 是 999999，所以试图插入到 Order Details 表中的记录违背了这种约束并拒绝执行。

Server: Msg 547, Level 16, State 1, Line 1
INSERT statement conflicted with COLUMN FOREIGN KEY constraint 'FKODetail'. The conflict occurred in database 'Store_IO', table 'Omaster', column 'Document_No'.
The statement has been terminated.

错误号是 547，这是我们可以利用的。

1. 利用@@ERROR

在讨论脚本的过程中我们已经注意到它了，现在对这个特定的系统函数作更详细的讨论。

复习一下，@@ERROR 包含了最后一条 T-SQL 语句执行的错误号。如果值为 0，那么表示没有错误发生。

每次都用新的语句@@ERROR 来获取警告位。这意味着，如果想要延迟分析值，或者想多次再使用该值，就需要将该值移入到其他地方存储起来，为此需要定义一个局部变量。

下面利用前面的 INSERT 例子再演示一次。

```
USE Store_IO
GO

DECLARE   @Error   int

-- 模拟的INSERT ——在Store_IO中没有0000000002的Document_no
INSERT INTO dbo.ODetail
(   document_no,
item_no,
drug_code,
drug_spec,
units,
batch_no,
expire_date,
firm_id   ,
import_document_no,
purchase_price,
retail_price,
package_spec,
quantity,
package_units,
sub_package_1,
sub_package_units_1,
sub_package_spec_1,
sub_package_2,
sub_package_units_2,
sub_package_spec_2  )
VALUES
   (   '0000000002', 1  , '1110010101', '200mg', '片', '12033456',
   '2007-01-01', '000001', '0000000001',12.19,15.30, '/',
   100, '瓶',NULL,NULL,NULL,NULL,NULL,NULL)
```

```
-- 将错误代码放到安全保存地，注意，在该语句之后，
-- @@Error将被复位为应用于该语句的错误号
SELECT @Error = @@ERROR

-- 输出空格分隔线
PRINT ''

-- 存储变量值就是我们所期待的值
PRINT '@Error的值是：' + CONVERT(varchar, @Error)

-- @@ERROR的值已经被复位——它返回到了0
PRINT '@@ERROR的值为： ' + CONVERT(varchar, @@ERROR)
```

现在执行该脚本，可以检测出@@ERROR 是如何被影响的。

erver: Msg 547, Level 16, State 1, Line 1
INSERT statement conflicted with COLUMN FOREIGN KEY constraint 'FKODetails'. The conflict occurred in database 'Store_io', table 'dbo.Omaster', column 'document_no'.
The statement has been terminated.

@Error 的值是：547
@@ERROR 的值为： 0

很快就显示了@@ERROR 保留该值的问题。本质上，只有第一个错误语句的信息。SQL Server 已经丢弃了该信息，但并没有终止代码的执行。实际上，过程访问信息的唯一部分就是错误号，该错误号驻留在@@ERROR 中，用于下一条 T-SQL 语句。在下一条语句之后，该错误就消失了。

注意： @Error 和@@ERROR 是两个完全不同的变量，而且可以独立引用。这不是因为大小写的区别（取决于服务器是怎样配置的，区分大小写会影响变量名），而是因为范围的区别。@和@@是变量名的一部分，所以前面的@符号就将彼此区分开了。

2. 在过程中使用@@ERROR

下面返回到处理 IF…ELSE 语句时所采用的 spInsertDateValidateOrder 存储过程。我们在过程中使用的所有例子都运行良好。当然，它们确实是这样，它们是受到很好控制的例子。但是，这并不是现实世界的真实情况。实际上，你从来不会知道用户会怎样攻击你的代码。现实世界是，我们都认为编程人员已经想好了所有的事情，最后都操作在开始的几分钟内就会发现，用户已经打破了原有的设想（也可以说他们又想到了其他一些事情）。

为了测试，我们可以立即修改该存储过程文件。

```
USE Store_IO
GO


DECLARE  @Mybzh   varchar(3)
DECLARE  @MyDate    smalldatetime


SELECT @MyDate = NULL
```

```
EXEC dbo.spInsertValidatedTallyMasterbzh
    @Tally_Date = @MyDate,
    @append_rcpt_num = 4,
    @tabler = '记账会计A',
    @tabler_no = 3,
    @tally_type = '1',
    @tally_indicator = '0',
    @attach_no = 1,
     @bzh = @Mybzh OUTPUT

SELECT @Mybzh AS '标志号值'

SELECT
tally_date,
   tabler,
   tabler_no,
   checker,
   tally_type,
   tally_indicator,
   attach_no,
   bzh
FROM dbo.TallyMaster
WHERE bzh = @Mybzh
```

这似乎只是做了简单的修改，但却对过程文件产生了很大的破坏。

```
凭证入账日期将被截断，
因为它满足凭证入账的条件
```

Server: Msg 515, Level 16, State 2, Procedure spInsertValidatedTallyMasterbzh, Line 39

Cannot insert the value NULL into column 'tally_date', table 'Store_io.dbo.tallymaster'; column does not allow nulls. INSERT fails.

The statement has been terminated.

标志号值

001

(1 row(s) affected)

tally_date tabler tabler_no checker tally_type tally_indicator attach_no bzh

-- ------- ----

tally_date	tabler	tabler_no	checker	tally_type	tally_indicator	attach_no	bzh
2007-09-13 00:00:00.000	会计 A	1	NULL	1	0	NULL	001
2007-09-13 00:00:00.000	会计 A	25	NULL	1	0	1	001

(2 row(s) affected)

没有插入行记录，也不应该插入行记录。由于 tally_date 不能为空，所以也不应该将不符合条件的记录插入到数据库中。

最糟糕的是，我们得到了普通人看不懂的消息，而且我们需要测试@@ERROR 的值以及相应的反映。

我们可以利用 IF…ELSE 语句和@@ERROR（如果能立即测试该值并只需要测试一次）或者局部变量（在该变量中，已经移入了以前的@@ERROR 的值）来完成。

从个人角度来说，笔者喜欢让代码具有一致性，所以笔者总是将该值移到局部变量中并进行所有的测试工作，即使只需要测试一次，也这样进行。不得不承认，笔者是这么做的少数人中的一个。当你不需要占用太多内存（特殊变量）的时候，采用这种方法需要额外的赋值语句（将@@ERROR 移到局部变量中）。这种过量开销非常小，为了让你每次能读懂代码并看到相同的效果，笔者通常乐意这么做。

另外，仍然选出插入的行并没有多少意义，因为该部分内容不相关，所以笔者想跳过该部分。

为了处理这种引用完整性问题，我们对过程做一些修改，并省略不能应用于这种错误情况的代码。

```
USE Store_IO
GO

ALTER PROC dbo.spInsertValidatedTallyMasterbzh
   @tally_no              int            = NULL,
   @tally_date               datetime,
   @append_rcpt_num          smallint,
   @tabler                   varchar(12),
   @tabler_no             int,
   @checker                  varchar(12)    = NULL,
   @tally_type               varchar(1),
   @tally_indicator          varchar(1),
   @attach_no             smallint,
   @bzh                        varchar(3)   output

AS

-- 声明变量
DECLARE   @Error              int
DECLARE   @InsertedTallyDate   smalldatetime

/* 测试提供的日期是否超过3天，
** 如果是，则维持原值不变，
** 否则，将时间截短为0时0分0秒。*/

IF DATEDIFF(dd, @Tally_Date, GETDATE()) < 4
BEGIN
   SELECT @bzh = '000'
   SELECT @InsertedTallyDate   = @tally_date
PRINT '凭证未入账'
   PRINT '登记凭证的日期比当前日期小3天.'
   PRINT '凭证标记已经被设置为000'
END
```

```
ELSE
BEGIN
   SELECT @InsertedTallyDate   =
      CONVERT(datetime,(CONVERT(varchar,@Tally_Date,112)))
SELECT @bzh = '001'
      PRINT '凭证入账日期将被截断，'
PRINT '因为它满足凭证入账的条件'
END

INSERT INTO dbo.TallyMaster
VALUES
(
     @tally_no,
    @InsertedTallyDate,
    @append_rcpt_num,
    @tabler,
    @tabler_no,
    @checker,
    @tally_type,
    @tally_indicator,
    @attach_no,
    @bzh
)

-- 将它放入局部变量中，并检查错误条件
SELECT @Error = @@ERROR

IF @Error != 0
BEGIN
    --出错处理

   IF @Error = 547
   -- 问题是约束限制，
   --输出一些信息以引导用户查找最可能的问题。
   BEGIN
      PRINT '提供的数据违背了数据完整性规则，'
      PRINT '检查是否有数据违背表的定义，'
      PRINT '检查完毕后再进行尝试！'
   END
   ELSE
   --这是未预料到的一些出错情况，
   --告诉用户，我们不知道输出该错误
   BEGIN
      PRINT '未知错误，请与系统管理员联系！'
      PRINT '错误号为：' + CONVERT(varchar, @Error)
   END
```

```
    -- 不管是什么错误，我们都将返回调用代码，
    --所以在必要时可以在那一级进行处理。
    RETURN @Error
END


RETURN
```

现在再次运行测试脚本，但还有一点不足以运行测试过程：需要接受返回值，从而知道具体发生的情况。另外，如果不能插入行，由于我们不需要将刚插入的行返回到查询中，所以将在错误事件中跳过这一处理。

```
USE Store_IO
GO

DECLARE   @Mybzh   varchar(3)
DECLARE   @MyDate    smalldatetime
DECLARE   @RetValue    smalldatetime

SELECT @MyDate = NULL

EXEC dbo.spInsertValidatedTallyMasterbzh
    @Tally_Date = @MyDate,
    @append_rcpt_num = 4,
    @tabler = '记账会计A',
    @tabler_no = 3,
    @tally_type = '1',
    @tally_indicator = '0',
    @attach_no = 1,
     @bzh = @Mybzh OUTPUT

SELECT @Mybzh AS '标志号值'



IF @RetValue = 0
    SELECT
tally_date,
    tabler,
    tabler_no,
    checker,
    tally_type,
    tally_indicator,
    attach_no,
    bzh
FROM dbo.TallyMaster
WHERE bzh = @Mybzh
```

```
    ELSE
        PRINT '返回值为: ' + CONVERT(varchar, @RetValue)
```

实际上，没有多大变化，只有几行。虽然如此，这与存在错误时的行为还是有点不同。运行该脚本，将会得到与前面错误检查时不同的结果。

凭证入账日期将被截断，
因为它满足凭证入账的条件
Server: Msg 515, Level 16, State 2, Procedure spInsertValidatedTallyMasterbzh, Line 41
Cannot insert the value NULL into column 'tally_date', table 'Store_io.dbo.tallymaster'; column does not allow nulls. INSERT fails.
The statement has been terminated.
未知错误，请与系统管理员联系！
错误号为：515
标志号值

001

(1 row(s) affected)

系统无法插入数据，都提供了相应的错误信息。目前的大多数数据库编程语言虽然没有异常处理程序，但确实都能处理错误。

8.7.2 容错处理

有时你会产生一种错误，而此时 SQL Server 并没有真正有效的方式知道该错误到底是什么，下面就来单独讨论一下这种情况。另外，如果你想在错误发生之前阻止错误的发生，就需要检查程序并提前加以处理。

仍然采用本章已经使用的主要存储过程，假设系统已提供了本质上符合逻辑的业务规则，但不一定在数据库上实现。例如，我们已经在数据库中不允许空值，如何做到提前预知没有提供值的记录呢？到底怎样处理才能满足要求呢？

为了完成这项任务，并避免错误信息含糊不清，我们需要对提供的参数进行了解。如果参数仍然为空，那么我们知道要么没有提供一个值，要么所提供的值为空（这是我们不再允许的），然后采取相应的处理措施。这样，问题就来了：如果是一个空值，该怎样查看测试结果呢？很简单，与查询中的 WHERE 从句所处理的情况一样。

```
IF @tally_Date IS NULL
    <abort the INSERT and print a message>
```

下面对这个非常熟悉的过程进行修改。

```
USE Store_IO
GO

ALTER PROC dbo.spInsertValidatedTallyMasterbzh
    @tally_no             int            = NULL,
    @tally_date                datetime,
    @append_rcpt_num           smallint,
    @tabler                    varchar(12),
```

```
   @tabler_no            int,
   @checker                 varchar(12)    = NULL,
   @tally_type              varchar(1),
   @tally_indicator         varchar(1),
   @attach_no            smallint,
   @bzh                      varchar(3)   output

AS

-- 声明变量
DECLARE   @Error                int
DECLARE   @InsertedTallyDate   smalldatetime
/* 我们将在这里声明常量。
** 从传统意义上说，SQL Server实际并没有常量，
** 但笔者只是使用了标准变量加以代替。
** 这有助于代码的可读性更好
** ——尤其是你在客户端将它们匹配为常量时。*/
DECLARE   @INVALIDDATE   int
/* 既然已经声明了常量，
** 我们就需要对它们进行初始化。
** 注意SQL Server忽略了在变量和=符号之间的空格
** 如果我们本应该有许多常量，那么放置空格的原因就很明显了
** ——常量值放在一行是为了可读性
*/
SELECT @INVALIDDATE = -100

/* 测试提供的日期是否超过3天，
** 如果是,则是未入账凭证.
** 如果不是，则表示已入账凭证，或凭证数据无效。
** */

IF DATEDIFF(dd, @Tally_Date, GETDATE()) < 4
BEGIN
   SELECT @bzh = '000'
   SELECT @InsertedTallyDate   = @tally_date
PRINT '凭证未入账'
   PRINT '登记凭证的日期比当前日期小3天.'
   PRINT '凭证标记已经被设置为000'
END
ELSE
BEGIN
   SELECT @InsertedTallyDate   =
      CONVERT(datetime,(CONVERT(varchar,@Tally_Date,112)))
SELECT @bzh = '001'
      PRINT '凭证入账日期将被截断，'
PRINT '因为它满足凭证入账的条件'
```

```
END
/*测试记账日期是否为NULL值*/
IF @tally_date IS NULL
BEGIN
   PRINT '凭证日期无效，'
   PRINT '所提供的日期为NULL. 请纠正数据格式.'
   RETURN @INVALIDDATE
END
INSERT INTO dbo.TallyMaster
VALUES
(
     @tally_no,
   @InsertedTallyDate,
   @append_rcpt_num,
   @tabler,
   @tabler_no,
   @checker,
   @tally_type,
   @tally_indicator,
   @attach_no,
   @bzh
)

-- 将它放入局部变量中，并检查错误条件
SELECT @Error = @@ERROR

IF @Error != 0
BEGIN
    --出错处理

  IF @Error = 547
  -- 问题是约束限制，
  --输出一些信息以引导用户查找最可能的问题。
  BEGIN
     PRINT '提供的数据违背了数据完整性规则，'
     PRINT '检查是否有数据违背表的定义，'
     PRINT '检查完毕后再进行尝试！'
  END
  ELSE
  --这是未预料到的一些出错情况，
  --告诉用户，我们不知道输出该错误
  BEGIN
     PRINT '未知错误，请与系统管理员联系！'
     PRINT '错误号为：' + CONVERT(varchar, @Error)
  END
  -- 不管是什么错误，我们都将返回调用代码，
```

```
    --所以在必要时可以在那一级进行处理。
    RETURN @Error
  END


  RETURN

  我们继续采用前面的数据来进行测试。
  USE Store_IO
  GO

  DECLARE   @Mybzh   varchar(3)
  DECLARE   @MyDate    smalldatetime
  DECLARE   @RetValue    smalldatetime

  SELECT @MyDate = NULL

  EXEC dbo.spInsertValidatedTallyMasterbzh
     @Tally_Date = @MyDate,
     @append_rcpt_num = 4,
     @tabler = '记账会计A',
     @tabler_no = 3,
     @tally_type = '1',
     @tally_indicator = '0',
     @attach_no = 1,
      @bzh = @Mybzh OUTPUT

  SELECT @Mybzh AS '标志号值'

  IF @RetValue = 0
     SELECT
  tally_date,
     tabler,
     tabler_no,
     checker,
     tally_type,
     tally_indicator,
     attach_no,
     bzh
   FROM dbo.TallyMaster
   WHERE bzh = @Mybzh

   ELSE
     PRINT '返回值为： ' + CONVERT(varchar, @RetValue)
```

这次，在运行的时候得到一个错误消息。

```
凭证入账日期将被截断，
因为它满足凭证入账的条件
凭证日期无效，
所提供的日期为 NULL. 请纠正数据格式.
标志号值
----
001

(1 row(s) affected)
```

注意：这不是 SQL Server 错误。就 SQL Server 而言，一切都工作正常。这里的错误信息是我们自己提供的，从而可以使用户看到这个信息后就一目了然。

8.7.3 手工提示错误

有时我们发现 SQL Server 实际并不知道的一些错误，但我们希望它知道。例如，大概在以前的例子中，我们不希望返回-100。相反，希望能在客户端产生运行错误，而客户端能够唤醒异常处理并进行相应的处理。要完成这一点，就需要在 T-SQL 中使用 RAISERROR 命令。语法非常简单：

```
RAISERROR (<message ID | message string>,<severity>,<state>
[,<argument>
[,<...n>]])
[WITH option[,...n]]
```

1. 消息 ID/消息串

你提供的消息 ID（message ID）或者消息串决定了发送到客户端的消息。

使用消息 ID 创建一个手工提示错误，该错误包含你指定的 ID 与 master 数据库中的 sysmessages 表中找到的 ID 相关的消息。

如果你希望看一看 SQL Server 已经预先定义了哪些信息，那么可以执行 SELECT * FROM master..sysMessages，该语句将包含你使用 sp_addmessage 存储过程或通过 EM 手工添加到系统中的任何信息。

也可以仅用特别的文本形式提供消息串，这样可以不用在 sysmessages 中产生永久的消息。例如：

```
RAISERROR ('注意：这是一个错误！', 1,1)
```

产生一个非常简单的错误消息：

```
Msg 50000, Level 1, State 50000
注意：这是一个错误!
```

注意：即使我们没有分配消息号，该消息号也是 50 000，这是对特殊错误的默认错误值，可以使用 WITH SETERROR 选项覆盖它。

2. 错误严重等级

对那些已经熟悉 NT 的人来说，错误严重等级是一件非常熟悉的事情，它是对该错误有多严重的指示。对 SQL Server 而言，错误严重等级代码意味着一些其他意义。本质上，它们可以在信息级别（错误严重等级 1～18）到系统级（19～25）之间变动。如果你提供一个错误严重等级为 19 的错误或者更高（系统层），那么也必须指定 WITH LOG 选项，20 或者更高的等级号会自动终止用户的联接。

实际上，SQL Server 的变化范围比 NT 还要大，甚至比联机帮助上说明的还要大，如表 8-1 所示。

表 8-1　错误等级描述

错误严重等级	解　释
1-9	纯粹是信息，但返回消息中的特定错误代码。不管在 RAISERROR 中设置了什么，都将提供相同值作为错误代码（不要问为什么，就是这样处理的）
10	也是信息，但不会在客户端产生错误，而且除了提供错误文本以外，不会提供特定错误信息
11-16	这些值会终止存储过程的执行，而且在客户端产生错误。从这一点向前看，该状态显示的值就是你所设置的值
17	通常，只有 SQL Server 使用该错误严重等级。基本上，它指示了 SQL Server 已经用尽了所有资源（例如 tempdb 满）且不能满足需要
18-19	这些都是严重错误，而且暗示需要系统管理员注意的潜在原因。对于 19，需要使用 WITH LOG 选项，如果使用了 OS 系列，则事件将显示在 NT 或 Win2k 的事件日志中
20-25	本质上，这是一个致命错误，连接被终止。对于 19，我们必须使用 WITH LOG 选项，如果可以使用的话，消息将显示在事件日志中

3. 状态

状态（state）是一特定值，它能辨认在代码中的多个位置处发生的相同错误，该概念是使你有机会为确实发生的错误发送位置标志。

状态值可以是 1～127 之间的任意值。如果你利用微软技术支持解决一个错误，那么他们明显有一些不可思议的知识没有与我们分享。有人告诉笔者，如果向微软寻求技术支持，那么他们就可能问到并利用这种状态信息。

4. 错误参数

一些预先定义的错误可以接受参数，通过改变错误的指定属性，允许错误做动态修改。你也可以指定错误消息的格式以接受参数。

当你希望在某种静态错误信息中利用动态信息的时候，则需要规定信息的固定部分的格式，以使为参数化的部分留有足够的空间。可以用占位符（placeholder）处理。如果你熟悉 C/C++，会马上认出参数占位符，它与 printf 函数非常相似。如果你不熟悉 C，就更需要对此进行了解。所有占位符都以%符号开始，并为传递给它们的任何消息编写代码，如表 8-2 所示。

另外，还有一些选项可以用额外的标志和宽度信息给这些占位符添加前缀，如表 8-3 所示。

表 8-2 占位符类型及描述

占位符类型指示	值的类型
D	带符号整数。注意联机帮助也显示 i 是一个很好的选择，但让其按预期情况进行工作时存在问题
O	无符号八进制
P	游标
S	字符串
U	无符号整型
X 或 x	无符号十六进制

表 8-3 占位符前缀标志

标 志	作 用
-（直线或减号）	左对齐，只有在提供固定长度的时候才有差别
+（加号）	如果参数是有符号的数字类型，那么该符号就指示正数或负数特性
0	告诉 SQL Server 在数字值的左边添加 0，直到满足长度选项中说明的长度为止
#（）	只应用于八进制和十六进制值。告诉 SQL Server 根据其是十进制或十六进制而使用合适的前缀（0 或 0x）
' '	如果是正数，则在数字值的左边添加空格

最后，你也可以设置宽度、精度和长/短状态参数：

- 宽度　通过简单提供一个整数值，显示我们想要为参数值保留多大空间，从而进行设置。你也可以指定一个*号，这时 SQL Server 将自动根据设置的精度值来决定宽度。
- 精度　决定输出数字数据的最大小数位。
- 长/短　当参数类型是整数、八进制或十六进制时，通过使用 h（short，短）和 I（long，长）来设置。

例如：

```
RAISERROR ('数据范围应该在 %d 和 %d之间',
        16, 1, 8, 1,1)
```

如果你执行该语句，那么会得到一些看起来与引号中的内容不同的结果。

erver: Msg 50000, Level 16, State 1, Line 2
数据范围应该在 8 和 1 之间

将提供的特定值按顺序插入到占位符中，并按指定重新编排了最后值的格式。

5. WITH <option>

在枚举一个错误时，可以混合使用 3 种选项：

- LOG。
- SETERROR。
- NOWAIT。

（1）WITH LOG（采用日志）。

告诉 SQL Server 将错误记录到其错误日志和 NT 应用程序日志中(后者只应用于在 NT 上的安装)，这种选项用于错误严重等级是 19 或者更高的错误严重等级。

（2）WITH SETERROR（采用 SETERROR）。

默认情况下，RAISERROR 命令不用你产生的错误值来设置@@ERROR。相反，@@ERROR 影响 RAISERROR 命令的成功与失败。SETERROR 克服了这一点并设置@@ERROR 的值等于你的错误 ID。

（3）WITH NOWAIT）（不等待）。

立即向客户端通报错误。

8.7.4 添加定制错误消息

我们可以使用特定的系统存储过程来将消息添加到系统中，该过程叫作 sp_addmessage，语法如下所示：

```
sp_addmessage [@msgnum =] <msg id>,
[@severity =] <severity>,
[@msgtext =] <'msg'>
[, [@lang =] <'language'>]
[, [@with_log =] [TRUE|FALSE]]
[, [@replace =] 'replace']
```

所有参数都与它们在 RAISERROR 中的执行情况基本一致，除了附加的语言和替代参数以及在 WITH LOG 选项上有稍微不同之外。

1. @lang

该参数说明了该消息所应用的语言，优点是你可以为 syslanguages 中支持的任何语言提供消息的不同版本。

2. @with_log

这与它在 RAISERROR 中的工作方式相同，如果你将其设置为 TRUE，那么在错误产生时，将自动把错误消息记录到 SQL Server 错误日志和 NT 应用程序日志中（后者仅应用于 NT 下运行的程序）。技巧是，通过将该参数值设置为 TRUE 而不是使用 WITH LOG 选项设置来记录该消息。

在联机帮助上要特别小心这一点。根据你怎样读取该信息，很容易解释为应该设置@with_log 成一个字符串常量 WITH_LOG，而你应该设置为 TRUE。大概更容易让人混淆的是：REPLACE 选项看起来也有点相同，而且必须将它设置为字符串型常量而不是 TRUE。

3. @REPLACE

如果你在编辑一条现有的消息而不是创建一条新消息，那么就必须将@replace 参数设置为 REPLACE。如果省略这一点，那么一旦消息已经存在就会出错。

通过应用程序来创建并使用一组附加信息，可以在很大程度上反复使用，但更重要的是，它可以明显改进应用程序的可读性。如果你的数据库的每个应用程序都利用定制的错误代码列表，那么你就可以很轻松地建立一个包含适当错误列表的常量文件（例如一个源文件或包含库文件的文件)，甚至可以创建一个具有一些或全部错误的常用处理方法的包含库。简而言之，如果你在相同环境下建立多个 SQL Server 应用程序，那么考虑使用对所有应用程序都通用的一组错误。

4. 使用 sp_addmessage

如前所述，sp_addmessage 创建消息的方式与使用 RAISERROR 中创建特定消息的方式相同。

例如，添加定制消息以告诉用户有关记账日期的问题：

```
sp_addmessage
   @msgnum = 60000,
   @severity = 10,
   @msgtext = '%s 不是一个有效的日期.
你必须提供一个不为空的日期.'
```

执行该过程文件，系统将确认附加的新消息：

(1 row(s) affected)

当你运行 sp_addmessage 时，无论正在使用哪种数据库，都将实际消息添加到了 master 数据库的 sysmessages 表中。其意义在于，如果将数据库移植到新的服务器上，则需要再次在新服务器上添加消息（旧消息仍然在旧服务器上的 master 数据库中）。因此，强烈推荐将所有定制消息存储在脚本的某个位置，这样就可以将它添加到新系统中。

5. 删除现有的定制消息

要删除定制消息，可以使用：

```
sp_dropmessage <msg num>
```

6. 使用输出错误陷阱

现在是将我们已经讨论的所有部分放在一起使用的时候了。

首先，我们要在新的错误 60 000 上试验 sp_dropmessage，需要添加返回的信息，从而可以在该例子中利用这些数据。

我们要再次修改过程文件，从而可以利用我们知道的新错误特性。当修改完毕后，我们就能在客户端产生一个陷阱运行时错误，从而在那里可以采取适当的行为进行处理。

我们需要完成的所有任务就是修改 PRINT 语句，以便拥有一个 RAISERROR。

```
USE Store_IO
GO

ALTER PROC dbo.spInsertValidatedTallyMasterbzh
    @tally_no           int            = NULL,
   @tally_date             datetime,
   @append_rcpt_num        smallint,
   @tabler                 varchar(12),
   @tabler_no          int,
   @checker                varchar(12)     = NULL,
   @tally_type             varchar(1),
```

```
   @tally_indicator        varchar(1),
   @attach_no           smallint,
   @bzh                       varchar(3)   output

AS

-- 声明变量
DECLARE   @Error                  int
DECLARE   @InsertedTallyDate   smalldatetime
DECLARE   @INVALIDDATE              varchar(12)
/* 我们将在这里声明常量。
** 从传统意义上说，SQL Server实际并没有常量，
** 但笔者只是使用了标准变量加以代替。
** 这有助于代码的可读性更好
** ——尤其是你在客户端将它们匹配为常量时。*/

/* 既然已经声明了常量，
** 我们就需要对它们进行初始化。
** 注意SQL Server忽略了在变量和=符号之间的空格
** 如果我们本应该有许多常量，那么放置空格的原因就很明显了
** ——常量值放在一行是为了可读性
*/
SELECT @INVALIDDATE = -100

/* 测试提供的日期是否超过3天,
** 如果是,则是未入账凭证.
** 如果不是，则表示已入账凭证，或凭证数据无效。
** */

IF DATEDIFF(dd, @Tally_Date, GETDATE()) < 4
BEGIN
   SELECT @bzh = '000'
   SELECT @InsertedTallyDate   = @tally_date
PRINT '凭证未入账'
   PRINT '登记凭证的日期比当前日期小3天.'
   PRINT '凭证标记已经被设置为000'
END
ELSE
BEGIN
   SELECT @InsertedTallyDate   =
      CONVERT(datetime,(CONVERT(varchar,@Tally_Date,112)))
SELECT @bzh = '001'
      PRINT '凭证入账日期将被截断，'
PRINT '因为它满足凭证入账的条件'
END
/*测试记账日期是否为NULL值*/
```

```
IF @tally_date IS NULL
BEGIN
   PRINT '凭证日期无效，'
   PRINT '所提供的日期为NULL. 请纠正数据格式.'
   --RAISERROR没有日期数据类型，所以首先要对它进行转换
   SELECT @INVALIDDATE = CONVERT(varchar, @Tally_Date)
   RAISERROR (60000,1,1, @INVALIDDATE) WITH SETERROR
   RETURN @@ERROR
END
INSERT INTO dbo.TallyMaster
VALUES
(
     @tally_no,
   @InsertedTallyDate,
   @append_rcpt_num,
   @tabler,
   @tabler_no,
   @checker,
   @tally_type,
   @tally_indicator,
   @attach_no,
   @bzh
)

-- 将它放入局部变量中，并检查错误条件
SELECT @Error = @@ERROR

IF @Error != 0
BEGIN
    --出错处理

   IF @Error = 547
   -- 问题是约束限制，
   --输出一些信息以引导用户查找最可能的问题。
   BEGIN
      PRINT '提供的数据违背了数据完整性规则，'
      PRINT '检查是否有数据违背表的定义，'
      PRINT '检查完毕后再进行尝试！'
   END
   ELSE
   --这是未预料到的一些出错情况，
   --告诉用户，我们不知道输出该错误
   BEGIN
      PRINT '未知错误，请与系统管理员联系！'
      PRINT '错误号为：' + CONVERT(varchar, @Error)
   END
```

```
    -- 不管是什么错误，我们都将返回调用代码，
    --所以在必要时可以在那一级进行处理。
    RETURN @Error
END


RETURN
```

8.8　过程的用途

既然我们已经了解了如何创建一个过程，那么我们应该问的问题就是为什么要使用过程。其中一些原因非常基本，如果我们对 RDBMS 不熟悉，那么就不会想到其他的一些原因。过程的主要用途包括：

- 形成需要过程行为调用的处理。
- 安全性。
- 性能。

8.8.1　创建可调用的处理

如笔者证实的那样，过程是存储在数据库中的某种脚本。其优点在于它是数据库对象，从而可以多次调用它。在执行过程之前，不需要手工从文件中加载它。

Sprocs 可以调用其他的 sprocs[叫做嵌套（nesting）]。对 SQL Server 2000 而言，可以执行 32 层嵌套，使你能够重复使用不同的 sprocs，就像传统的过程语言使用子程序一样。一个 sproc 调用另一个 sprocs 的语法与从脚本中调用 sproc 的语法相同。例如，创建一个最小的过程，执行与本章中使用最多的测试脚本完成的相同功能如下所示：

```
USE Store_IO
GO

CREATE PROC dbo.spTestInsert
     @mytabler_no  int,
@MyDate   smalldatetime
AS
DECLARE   @RetValue     int
DECLARE   @mybzh    varchar(3)
EXEC @RetValue = spInsertValidatedTallyMasterbzh
    @Tally_Date = @MyDate,
   @append_rcpt_num = 4,
   @tabler = '记账会计A',
   @tabler_no = @mytabler_no,
   @tally_type = '1',
   @tally_indicator = '0',
   @attach_no = 1,
    @bzh = @Mybzh OUTPUT

 IF @RetValue = 0
```

```
    SELECT
  tally_date,
    tabler,
    tabler_no,
    checker,
    tally_type,
    tally_indicator,
    attach_no,
    bzh
 FROM dbo.TallyMaster
 WHERE bzh = @Mybzh

 ELSE
   PRINT '返回值为： ' + CONVERT(varchar, @RetValue)
```

现在只调用存储过程提供一个好的日期，然后提供一个不好的日期（测试异常处理）。首先，好的日期是：

```
DECLARE @Today datetime
DECLARE @tablerinsertedno int

SELECT @Today = GETDATE()
SELECT @tablerinsertedno = 26
EXEC dbo.spTestInsert
   @mytabler_no = @tablerinsertedno,
@MyDate = @Today
```

使用当天的日期得到预期的结果：

凭证未入账
登记凭证的日期比当前日期小 3 天.
凭证标记已经被设置为 000

(1 row(s) affected)

…

然后产生一个坏的日期：

```
EXEC dbo.spTestInsert
   @mytabler_no = @tablerinsertedno,
@MyDate = NULL
```

其次，产生了我们期待的结果，此时是一个错误消息。

凭证入账日期将被截断，
因为它满足凭证入账的条件
凭证日期无效，
所提供的日期为 NULL. 请纠正数据格式.
Msg 60000, Level 1, State 60000
(null) 不是一个有效的日期.
你必须提供一个不为空的日期.
返回值为： 60000

注意：局部变量只作用于本存储过程，而且对每一个 sproc 都是局部的。我们可以在不同的存储过程中定义同名的局部变量，但它们彼此相互独立工作。

8.8.2 安全使用 sproc

许多人没有认识到可以将 sprocs 用作安全性工具。与视图相似，我们可以创建一个过程，该过程无需为用户赋予该表的权限而返回该表的记录集。授予某人执行过程的权利意味着他可以执行 sproc 中的任何行为，假设在 sprocs 的上下文中发生行为。也就是说，如果使某人有权执行返回 tallymaster 表中的所有记录的 sproc，但不访问真实的 tallymaster 表，那么该用户仍然可以得到 tallymaster 表提供的数据，假设用户通过 sproc 得到数据（试图直接访问表则不会成功）。

这里能用手工处理的是：我们让某人能够利用 sproc 修改数据，但只给他提供该表的读权限。他可以通过 sproc 修改表中提供的数据（这可能是在强制一些业务规则），而不冒意外修改数据的风险，还可以用 Excel、Access 或者其他可以建立自己的定制报表的工具直接与 SQL Server 链接。

通过 Access 或 Excel 设置用户直接与产品数据库链接是最不能相信而且是非常愚蠢的事情之一。虽然你可以加强用户的实用能力，但从他们所使用的资源以及他们执行的长时间运行的查询来看，这将给系统带来严重的资源耗费。

如果你必须给用户授予直接访问权限，那么可以考虑使用复制、备份和恢复来创建一个完全独立的数据库副本以备他们使用，这将帮助你确保不会出现记录锁定，使系统陷入困境的查询和其他一大堆问题。

8.8.3 sprocs 及其性能

通常，sprocs 可以提高系统性能但并没有保证。实际上，如果没有做到智能化设计 sproc，那么在 sprocs 中创建的一些进程本质上将降低进程的性能。

性能从哪里来呢？

我们首先从运行 CREATE PROC 过程开始。系统首先分析查询，以确保必须运行哪些代码。与直接运行脚本的差别是：CREATE PROC 命令可以利用推迟的名称解析（deferred name resolution），它忽略了我们可能有一些不存在的对象的事实，这为我们提供了以后创建这些对象的机会。

创建了 sproc 以后，sprocs 就等待着第一次被执行。那时，系统会对 sprocs 进行优化，并编译一个查询计划，然后将其缓存在系统中。在以后运行 sproc 时，除非我们专门说明了使用 WITH RECOMPILE 选项，否则系统将使用缓存的查询计划而不是创建一个新的查询计划。这意味着无论何时，使用 sproc 都可以跳过很多优化和编译处理。这种改进实际上节省时间的多少，取决于批处理的复杂性、批处理中包含的表的大小和每张表上的索引数量。通常，节省的时间看起来很小（可以这样说，大多数场合大概都是 1 秒），但这种差别实际上可以按百分比增加（1 秒与 2 秒相比，仍然快了 100%）。当我们需要多个调用或者循环的时候，这种差别会变得更厉害。

sproc 何时导致系统性能恶化

最重要的事情之一大概是认识 sprocs 的缺点，除非手工进行干预（使用 WITH RECOMPILE 选项），否则系统将基于第一次运行优化 sprocs，或者当更新包括在任一查询中的表上的统计程序时优化 sprocs。

“优化一次，使用多次”的策略节省了 sprocs 的时间，但这是一个双关语。如果我们的查询本质上是动态的（查询是建立在使用 EXEC 命令的基础上），然后可以在第一次运行的时候优化 sproc，最后仅发现永远不能以这种方式运行。简而言之，可能使用了错误的缓存计划。

不要以为只有过程中的动态查询才能引起这种情况。比如，网页搜索过程中就会出现类似的情况。

假设一个网页允许我们混合及匹配多种搜索标准。例如，我们希望在 Store_IO 数据库中添加一个过程，以支持网页允许用户基于以下条件搜索订单：

- tabler。
- tabler_no。
- bzh。
- tally_date。

允许用户提供任何的混合信息，利用所提供的每条新消息都使查询更加受限而且理论上更快。

我们可能采用的方法就是利用多个查询，并根据用户提供的条件选择运行正确的查询。我们第一次执行 sproc 时，将运行一些 IF…ELSE 语句并选择运行正确的查询。不幸的是，对于我们运行 sproc 的特定时间而言，这是一个正确的查询（而且不知道所占百分比是多少）。第一次运行 sproc 之后，sprocs 选择了一种不同的查询运行方式，任何时候都基于第一次运行的查询计划进行。简而言之，查询性能实际将受到损失。

我们可以选择使用 sproc 的安全性和代码优点的划分，但仍然要忽略预编译代码。不使用正确的查询计划就可以解决这个问题，因为我们确定一个新计划就是为此创建的。要完成这一任务，我们可以利用 WITH RECOMPILE 选项，而且可以用两种不同的方式包含该选项。

首先，我们可以在运行时包含 WITH RECOMPILE，简单地将其包含在执行脚本中。

```
EXEC dbo.spTestInsert
   28, '2007-09-13'
   WITH RECOMPILE
```

这告诉 SQL Server 抛弃现有的执行计划，并创建一个新的执行计划，而且只有这一次。也就是说，只有这次执行 sproc 时使用 WITH RECOMPILE 选项。

我们也可以选择在 sproc 中包含 WITH RECOMPILE 选项，从而更加持久。如果以这种方式处理事情，那么就在 CREATE PROC 或者 ALTER PROC 语句的 AS 语句前添加 WITH RECOMPILE 选项。

如果利用这种选项来创建 sproc，那么无论运行时选择了什么其他选项，每次运行系统时都会重新编译 sproc。

8.9　扩展存储过程（XPs）

有时，基本的 T-SQL 和 SQL Server 的其他特性不会为你提供需要的结果。通常，你需要与 SQL Server 外部的某些设备进行通信，但也希望提供 T-SQL 中没有的过程化功能。此时，可以使用扩展存储过程。

标准 sprocs 命名规则是通常以 sp 开头，而扩展存储过程通常使用 XP 来显示它们之间的差别。最重要的是，扩展存储过程只能存在于 master 数据库中，因此存在许多影响：

- 如果在运行 XPs 的时候，master 数据库不是当前的数据库，那么必须完全限定 XPs（例如，master..xp_sendmail）。
- 如果删除应用程序的数据库，就需要在新的服务器上重新运行脚本以建立 XPs（现有的 XPs 将会遗留在原有服务器的 master 数据库中）。
- 执行 XPs 的权利在 master 数据库中授予，而不是在应用数据库中。

实际是以某种形式的底层编程语言在 SQL Server 的外部创建 XPs。当前系统实际支持的语言只有 C/C++，SQL Server API 不支持 Visual Basic。XPs 运行在 SQL Server 的过程中（以相同内存空间），并且速度更快。

目前很少使用 XPs，因为总有某种选择方法能解决实际问题，但它不仅更易于编写代码，而且更能适应当今的现代结构。现在可以将过去用 XP 创建的大多数过程都创建为客户端 COM 对象。

XPS 是一个广泛的话题，而且需要特别理解 C++。因为它们非常复杂而且只应用于 SQL Server 的一小部分用户中，我们认为 XPs 的内容已经超出了本书的范围，所以只讨论一组有用的例子。

8.9.1　xp_cmdshell

你可以在 SQL Server 中使用 xp_cmdshell 运行 O/S 命令，因为这不需要特殊的设置，所以我们快速看一个例子。语法如下所示：

```
xp_cmdshell <'command_string'> [,no_output]
```

如果在 Windows 2000 的 DOS 提示符下或在 NT 的命令框中，那么 *command_string* 就是你在命令行中录入的内容。No_output 参数阻止返回其他任何应该被返回的结果（这使我们执行命令时没有反馈结果，有些时候会使用户感到迷惑不解）。

如果我们希望运行一个快速的路径列举出主 SQL 的路径，那么需要通过 xp_cmpshell 运行一个简单命令。

```
EXEC master..xp_cmdshell 'Dir "C:\Program Files\Microsoft SQL
Server\MSSQL"'
```

查询分析器中的 Results 面板将快速显示相同的内容，就像我们在命令提示符下操作一样：

```
output
------------------------
 驱动器 C 中的卷没有标签。
 卷的序列号是 3B4A-1101
NULL
 C:\Program Files 的目录
```

NULL
找不到文件
NULL

(7 row(s) affected)

我们也可以运行符合命令提示符逻辑的其他命令，包括任何可以执行的我们想要执行的命令。

记住这个 XP。笔者通常对 XP 加锁，因为有与之相关的潜在安全性风险。通常，我们会为 SQL Server 服务在其下运行的帐号提供网络中运行的许多授权。现在，记住 xp_cmpshell 运行在 SQLAgentCmdExec 的安全上下文中，即 SQLAgentCmdExec 是用于运行 SQL Server 任务的一个特殊账号。这意味着，如果你不小心，那么无权用户就可以利用 xp_cmpshell 进行访问。这会造成多么糟糕的结果呢？让我们证实这一点。

可以想象到，当 DBA 一直发现文件被移走、删除或者全新的文件被添加到服务器中时，他该有多苦恼。谁能这样做呢？他们如何能这样做呢（除了前面所陈述的 DBA 以外，没有人有这种权利）？有人实际通过 xp_cmpshell 发出了真实的命令，给 DBA 开了个玩笑。笔者最后不得不告诉他堵住这个枪眼。

在这个例子中，虽然该事情无伤大雅，但这样很容易删除或更改一些非常重要的文件。在打开 xp_cmpshell 之前，要思考该问题。

8.9.2 xp_msver

这是一个鲜为人知但很方便的工具，要记在脑中。与其字面意思一样，它返回版本信息。除此之外，它还返回了其他许多信息。

笔者听到很多人说：嘿，为什么要为此使用一个扩展 sproc？难道@@VERSION 没有提供相同的信息吗？答案可以是“是”，也可以是“不是”。在 xp_msver 中提供的大量信息（但不是全部）也可以只在@@VERSION 全局变量上执行 SELECT 得到。不幸的是，全局变量返回一个字符串，而不是结果集。缺点在于我们不能有效地查询，为了得到版本和安装信息而建立一个查询是一件痛苦的事情。你可以通过 xp_msver 来验证。

```
EXEC master..xp_msver
```

结果如表 8-4 所示。

表 8-4 xp_msver 验证结果

索引	名字	内在值	字符值
1	ProductName	NULL	Microsoft SQL Server
2	ProductVersion	524288	8.00.194
3	Language	1033	English (United States)
4	Platform	NULL	NT INTEL X86
5	Comments	NULL	NT INTEL X86
6	CompanyName	NULL	Microsoft Corporation
7	FileDescription	NULL	SQL Server Windows NT
8	FileVersion	NULL	2000.080.0194.00

（续表）

索　引	名　字	内在值	字符值
9	InternalName	NULL	SQLSERVR
10	LegalCopyright	NULL	© 1988-2000 Microsoft Corp. All rights reserved.
11	LegalTrademarks	NULL	Microsoft® is a registered trademark of Microsoft Corporation. Windows(TM) is a trademark of Microsoft Corporation
12	OriginalFilename	NULL	SQLSERVR.EXE
13	PrivateBuild	NULL	NULL
14	SpecialBuild	65536	NULL
15	WindowsVersion	143851525	5.0 (2195)
16	ProcessorCount	1	1
17	ProcessorActiveMask	1	00000001
18	ProcessorType	586	PROCESSOR_INTEL_PENTIUM
19	PhysicalMemory	128	128 (133746688)
20	Product ID	NULL	47315-111-1111111-12375

通过查询特定的名字和值，我们可以编程检查服务器的特性（例如，为了验证所安装的系统满足系统的要求）。例如：

```
CREATE TABLE #VersionTable
(
   [Index] int
     PRIMARY KEY,
   Name varchar(30),
   Internal_Value int,
   Character_Value varchar(250)
)
GO

INSERT INTO #VersionTable
EXEC master..xp_msver

DECLARE @Version int

SELECT @Version = (SELECT Internal_Value
                         FROM #VersionTable
                         WHERE Name = 'ProductVersion')
IF (@Version) >= 524288
   PRINT 'Running SS2K Beta 2 or Later'
ELSE
   IF @Version >= 458752
     PRINT 'Running 7.0 RTM or Later'
   ELSE
```

```
        PRINT 'Running Pre 7.0 RTM Version'

    DROP TABLE #VersionTable
```

如果在 SQL Server 2000 中运行该脚本，将得到下面的结果：

(20 row(s) affected)

Running SS2K Beta 2 or Later

对于 SQL Server 7.0，可以得到：

(20 row(s) affected)

Runninng 7.0 RTM or Later

有人会问：它是怎样知道在哪个版本中寻找哪个值的呢？答案非常简单：试出来的。基本上，应该根据自己的需要进行实验。

8.10 系统存储过程

如本书前面讨论的那样，需要注意 SQL Server 中包含了大量“嵌入式”存储过程，这些存储过程通常不是特定于数据库的。也就是说，你可以通过名字调用这些存储过程，而不需要考虑当前的数据库。

不特定于数据库特性的概念可能在某种程度上吸引了你，所以你可能要问：可以创建自己的系统 sprocs 吗？

当创建系统存储过程的时候，有一些事情与创建正常的用户存储过程不同：

- ❑ 它们都是用 sp_开头的。
- ❑ 它们都驻留在 master 数据库中。

笔者先不介绍在索引上执行 DBCC SHOWCONTIG 的脚本，这一内容在第 3 章已经讨论过。在这里，笔者将讲述如何将该脚本创建为系统存储过程，从而可以使你轻易地监视系统中的索引。下面快速地看一看具体的代码：

```
USE master
GO

CREATE PROC dbo.sp_showcontig @TableName sysname, @IndexName sysname
AS
-- 声明存储变量
DECLARE @ID int,
   @IdxID int

-- 设置要查找的内容
SET @ID = OBJECT_ID(@TableName)
-- 得到索引id值
SELECT @IdxID = IndID
FROM dbo.sysindexes
WHERE id = @ID
```

```
   AND name = @IndexName

-- 得到实际要查找的信息
DBCC SHOWCONTIG (@id, @IdxID)
GO
```

请注意我们将一对变量修改成了参数。除此之外，实际上不需要对原有脚本进行任何特殊的修改就可以创建存储过程。笔者在 master 数据库中创建该存储过程并确保为用 sp_开头加以命名，该工具使用起来非常方便。

下面测试确实可以在任何地方运行：

```
USE Store_IO

EXEC dbo.sp_showcontig [tallymaster], PK_tallymaster
```

将得到预期的结果：

```
DBCC SHOWCONTIG scanning 'tallymaster' table...
Table: 'tallymaster' (597577167); index ID: 0, database ID: 9
TABLE level scan performed.
- Pages Scanned................................: 2
- Extents Scanned..............................: 2
- Extent Switches..............................: 1
- Avg. Pages per Extent........................: 1.0
- Scan Density [Best Count:Actual Count].......: 50.00% [1:2]
- Extent Scan Fragmentation ...................: 50.00%
- Avg. Bytes Free per Page.....................: 7651.0
- Avg. Page Density (full).....................: 5.47%
DBCC execution completed. If DBCC printed error messages, contact your system administrator.
```

记住以下事情：

- 因为系统存储过程驻留在 master 数据库中而不是应用程序数据库中，所以需要将它们作为备份计划的单独一部分。
- 节俭地使用系统存储过程。你永远不可能知道微软何时决定改变系统 sprocs 的工作方式，甚至命名了一个我们采用了相同名字的存储过程！因此，你最好只在实际需要查询一个用于多个数据库的过程实例的时候才使用它。

8.11 递归

递归（recursion）不是编程中经常使用的一件事情，但存在一件事情，当我们需要它的时候，似乎没有什么可以替代这种技巧。作为一个“刚好的情况”，简要浏览递归似乎更适宜。

递归的简单版本是一段代码调用其自身的情况。一些调用自身的代码称为递归。这里的危险是不言而喻的，如果它一旦调用了自身，那么如何阻止它重复地调用自己呢？答案就是你。也就是说，你需要确定：如果要递归调用代码，那么就需要提供递归检查以确保从合适的位置结束递归。

笔者本希望将使用的例子都既简洁又原始，但并非这样。实际上，笔者要使用的例子是一个传统的递归例子。

到底什么是一个传统的例子呢？阶乘。对那些学过数学的人来说（或者是他们最后一次讨论递归），阶乘可以用以下方式得到一个数：有一个数，连续用比它少 1 的值乘以它，然后下一个值比前一个值少 1，一直进行下去，直到 1。例如，5 的阶乘是 120——就是 5×4×3×2×1。

看一看这样的一个递归过程的实现：

```
CREATE PROC dbo.spFactorial
@ValueIn int,
@ValueOut int OUTPUT
AS
DECLARE @InWorking int
DECLARE @OutWorking int
IF @ValueIn != 1
BEGIN
     SELECT @InWorking = @ValueIn - 1

     EXEC spFactorial @InWorking, @OutWorking OUTPUT

     SELECT @ValueOut = @ValueIn * @OutWorking
END
ELSE
BEGIN
     SELECT @ValueOut = 1
END
RETURN
GO
```

当我们运行这个 CREATE 脚本的时候，将会得到一个如下显示的消息提示：

> Cannot add rows to sysdepends for the current stored procedure because it depends on the missing object 'spFactorial'. The stored procedure will still be created.

无论 SQL Server 何时创建对象，它都一直存储依赖信息，所以它知道哪些对象依赖于其他的什么对象。此时，过程依赖于其本身，但 SQL Server 怎样能将依赖信息设置在一个不存在的过程上呢？

我们需要做的事情就是接受一个值（该值就是想要阶乘的数字），并提供一个返回值（计算的阶乘值）。令人惊奇的是，存储过程不在一步中就做完计算阶乘需要的所有运算。相反，它只采用阶乘中有用的一个数，然后返回并调用其自身。第二个调用将只处理有用的一个数字，然后再调用其本身。可以一直进行下去，直到达到 32 层递归的界限。一旦 SQL Server 达到了 32 层递归界限，它将产生一个错误并结束处理。

下面用一个小脚本来测试该递归过程：

```
DECLARE @WorkingOut int
DECLARE @WorkingIn int
SELECT @WorkingIn = 7
EXEC dbo.spFactorial @WorkingIn, @WorkingOut OUTPUT
```

```
PRINT CAST(@WorkingIn AS varchar) + '的阶乘是：  ' + CAST(@WorkingOut
AS varchar)
```

这将得到预期的结果 120：

7 的阶乘是： 5040

我们可以对@workingIn 使用不同的值，而且工作一切正常，除了两点之外：

- 当阶乘超过 int 数据类型的大小（甚至更大）时，算法溢出。
- 32 层递归界限。

可以通过放入一个大的数字来测试算法溢出，即任何比 13 大的数字都可以。

需要对过程进行一些修改，才能测试出 32 层递归界限。这次，将确定一个数字的阶加（triagular），这与阶乘非常相似，除了使用加法而不使用乘法以外。因此，5 的阶加是 15（5+4+3+2+1）。下面创建一个新的过程测试这一点。大部分都与阶乘的过程相同，只是做了一些小变化。

```
CREATE PROC dbo.spTriangular
@ValueIn int,
@ValueOut int OUTPUT
AS
DECLARE @InWorking int
DECLARE @OutWorking int
IF @ValueIn != 1
BEGIN
       SELECT @InWorking = @ValueIn - 1
       EXEC spTriangular @InWorking, @OutWorking OUTPUT

       SELECT @ValueOut = @ValueIn + @OutWorking
END
ELSE
BEGIN
       SELECT @ValueOut = 1
END
RETURN
GO
```

可以看到，这里没有大的变化。相似的是，只要改变过程调用和测试脚本中的 PRINT 文本即可。

```
DECLARE @WorkingOut int
DECLARE @WorkingIn int
SELECT @WorkingIn = 7
EXEC spTriangular @WorkingIn, @WorkingOut OUTPUT

PRINT CAST(@WorkingIn AS varchar) + '的阶加是：  ' + CAST(@WorkingOut
AS varchar)
```

用 7 代替@ValueIn 运行，将得到期待的结果 28：

```
7 的阶加是： 28
```

但是，如果用 33 代替@ValueIn 运行，那么将产生一个错误：

```
Server: Msg 217, Level 16, State 1, Procedure spTriangular, Line 11
Maximum stored procedure, function or trigger nesting level exceeded (limit 32).
```

笔者本希望告诉你在这方面有一个大的工作区，但是除非你能够在某种程度上分割你的递归调用（运行 32 层的递归调用，然后从所有的调用堆栈中返回，然后再次运行），否则你就没有那么幸运了。记住，可以重写大部分递归函数，使其变成一个更标准的循环结构，它并没有任何严格的限制。在强迫自己使用递归之前，先要确信我们不能使用循环。

8.12 OLE 存储过程

Transact-SQL 包括一些系统存储过程，这些存储过程允许在 Transact-SQL 批处理、存储过程和触发器中引用 OLE 自动化对象。这些系统存储过程作为扩展存储过程而运行，并且通过存储过程执行的 OLE 自动化对象在 SQL Server 数据库引擎实例的地址空间中的运行方式与扩展存储过程的运行方式相同。

OLE 自动化存储过程使 Transact-SQL 批处理能够引用 SQL-DMO 对象和自定义 OLE 自动化对象，例如公开 IDispatch 接口的对象。使用 Visual Basic 创建的自定义进程内 OLE 服务器，必须有一个用于 Class_Initialize 子例程和 Class_Terminate 子例程的错误处理程序（使用 On Error GoTo 语句指定）。Class_Initialize 子例程和 Class_Terminate 子例程中未处理的错误，可能导致不可预知的错误，例如数据库引擎 实例的访问冲突。建议使其他子例程也有错误处理程序。

当使用 Transact-SQL 中的 OLE 自动化对象时，第一步就是调用 sp_OACreate 系统存储过程，在数据库引擎 实例的地址空间中创建对象实例。

创建了对象实例后，调用下列存储过程以使用与该对象相关的属性、方法和错误信息：

- sp_OAGetProperty　获取属性值。
- sp_OASetProperty　设置属性值。
- sp_OAMethod　调用方法。
- sp_OAGetErrorInfo　获取最新的错误信息。

当不再需要对象时，调用 sp_OADestroy 释放使用 sp_OACreate 创建的对象实例。

OLE 自动化对象通过属性值和方法返回数据，而 sp_OAGetProperty 和 sp_OAMethod 以结果集的形式返回这些数据值。

OLE 自动化对象的作用域是一个批处理，对该对象的所有引用，都必须包含在单个批处理、存储过程或触发器中。

引用对象时，SQL Server 自动化对象支持从引用的对象遍历至它包含的其他对象。例如，在使用 SQL-DMO SQLServer 对象时，可以引用该服务器上包含的数据库和表。

使用 OLE 自动存储过程选项可以指定是否能在 Transact-SQL 批处理中实例化 OLE 自动化对象，也可以使用外围应用配置器工具来配置此选项。有关详细信息，请参阅外围应用配置器。

可以将 OLE 自动存储过程 选项设置为以下值：

- 0　禁用 OLE 自动存储过程，SQL Server 2005 新实例的默认值。

- 1 启用 OLE 自动存储过程。

当启用 OLE 自动存储过程时，对 sp_OACreate 的调用将会启动 OLE 共享执行环境。

可以使用 sp_configure 系统存储过程来查看和更改 OLE 自动存储过程 选项的当前值。以下示例显示了如何查看 OLE 自动存储过程的当前设置：

```
EXEC sp_configure 'OLE自动存储过程';
GO
```

以下示例显示了如何启用 OLE 自动存储过程：

```
sp_configure 'show advanced options', 1;
GO
RECONFIGURE;
GO
sp_configure 'OLE Automation Procedures', 1;
GO
RECONFIGURE;
GO
```

8.12.1 创建 OLE 对象实例

创建 OLE 对象的语法如下：

sp_OACreate { progid | clsid } , objecttoken OUTPUT [, context]

如果启用 OLE 自动化过程，则调用 sp_OACreate 将启动 OLE 自动化共享执行环境。

已创建的 OLE 对象在 Transact-SQL 语句批处理结束时会自动破坏。

1. progid

要创建的 OLE 对象的编程标识符（ProgID）。此字符串说明该 OLE 对象的类，其形式为'OLEComponent.Object'。

OLEComponent 是 OLE 自动化服务器的组件名称，Object 是 OLE 对象的名称，指定的 OLE 对象必须有效并且必须支持 IDispatch 接口。

例如，SQLDMO.SQLServer 是 SQL-DMO SQLServer 对象的 ProgID。SQL-DMO 的组件名称为 SQLDMO，SQLServer 对象是有效的，并且同所有 SQL-DMO 对象一样，SQLServer 对象支持 IDispatch。

2. clsid

要创建的 OLE 对象的类标识符（CLSID）。此字符串说明该 OLE 对象的类，其形式为'{nnnnnnnn-nnnn-nnnn-nnnn-nnnnnnnnnnnn}'。指定的 OLE 对象，必须有效并且必须支持 IDispatch 接口。

例如，{00026BA1-0000-0000-C000-000000000046} 是 SQL-DMO SQLServer 对象的 CLSID。

3. objecttoken OUTPUT

返回的对象令牌，并且必须是数据类型为 int 的局部变量。该对象令牌用于标识所创建的 OLE 对象，用于调用其他 OLE 自动化存储过程。

4. context

指定要运行新创建的 OLE 对象的执行上下文。如果指定，则该值必须为下列值之一：

- 1 = 仅使用进程内（.dll）OLE 服务器。
- 4 = 仅使用本地（.exe）OLE 服务器。
- 5 = 同时允许使用进程内 OLE 服务器和本地 OLE 服务器。

如果未指定，则默认值为 5，而且该值将作为调用 CoCreateInstance 的 dwClsContext 参数传递。

如果允许使用进程内 OLE 服务器（通过使用上下文值 1 或 5 或者不指定上下文值），则该服务器可以访问 SQL Server 拥有的内存和其他资源。进程内 OLE 服务器可能会破坏 SQL Server 的内存或资源并导致不可预知的结果，比如 SQL Server 访问违规。

当上下文值指定为 4 时，本地 OLE 服务器不能访问任何 SQL Server 资源，因而不能破坏 SQL Server 的内存或资源。

此存储过程的参数按位置指定，而不是按名称指定。

0（成功）或非零数字（失败）是由 OLE 自动化对象返回的 HRESULT 的整数值。

需要注意的是，执行 OLE 存储过程时，必须具有 sysadmin 固定服务器角色的成员身份。

以下示例通过使用 SQL-DMO SQLServer 对象的 ProgID 创建该对象：

```
DECLARE @object int
DECLARE @hr int
DECLARE @src varchar(255), @desc varchar(255)
EXEC @hr = sp_OACreate 'SQLDMO.SQLServer', @object OUT
IF @hr <> 0
BEGIN
   EXEC sp_OAGetErrorInfo @object, @src OUT, @desc OUT
   SELECT hr=convert(varbinary(4),@hr), Source=@src, Description=@desc
    RETURN
END
```

以下示例通过使用 SQL-DMO SQLServer 对象的 CLSID 创建该对象：

```
DECLARE @object int
DECLARE @hr int
DECLARE @src varchar(255), @desc varchar(255)
EXEC @hr = sp_OACreate '{00026BA1-0000-0000-C000-000000000046}',
   @object OUT
IF @hr <> 0
BEGIN
   EXEC sp_OAGetErrorInfo @object, @src OUT, @desc OUT
   SELECT hr=convert(varbinary(4),@hr), Source=@src, Description=@desc
    RETURN
END
```

8.12.2 获取 OLE 对象的属性值

获取 OLE 对象的语法如下：

```
sp_OAGetProperty objecttoken , propertyname
    [ , propertyvalue OUTPUT ]
    [ , index...]
```

也可用 sp_OAMethod 来获取属性值。其参数如下：

- objecttoken　以前使用 sp_OACreate 创建的 OLE 对象的对象令牌。
- propertyname　要返回的 OLE 对象的属性名。
- propertyvalue OUTPUT　返回的属性值。如果指定此参数，则必须是相应数据类型的局部变量。

如果属性返回 OLE 对象，则 propertyvalue 必须是数据类型为 int 的局部变量。对象令牌保存在该局部变量中，并且此对象令牌可用于其他 OLE 自动化存储过程。

如果属性返回单个值，则为 propertyvalue 指定一个局部变量，在该局部变量中返回属性值；或者不指定 propertyvalue，以单列、单行结果集的形式向客户端返回属性值。

属性返回数组时，如果指定了 propertyvalue，则将其设置为 NULL。

如果指定了 propertyvalue，但是属性没有返回值，则会出现错误。如果属性返回二维以上的数组，也将出现错误。

- index　索引参数。如果指定了此参数，则 index 必须为具有适当数据类型的值。

有些属性包含参数，这些属性称为索引化属性，相应的参数被称为索引参数。一个属性可有多个索引参数，此存储过程的参数按位置（而不是名称）指定。

0（成功）或非零数字（失败）是由 OLE 自动化对象返回的 HRESULT 的整数值。

有关 HRESULT 返回代码的详细信息，请参阅 OLE 自动化返回代码和错误信息。

如果属性返回一维或二维数组，那么该数组将作为结果集返回给客户端：

- 一维数组作为单行结果集返回给客户端，其中的列数与数组中的元素数目相等。换言之，该数组以列的形式返回。
- 二维数组作为结果集返回给客户端，其中的列数与数组第一维中的元素数目相同，行数与数组第二维中的元素数相同。换言之，该数组以（列、行）的形式返回。

当属性返回值或方法返回值是数组时，sp_OAGetProperty 或 sp_OAMethod 将向客户端返回结果集，但输出参数不能是数组。这些过程可扫描数组中的所有数据值，以确定用于结果集中各列的相应 SQL Server 数据类型和数据长度。对于某个特定的列，这些过程将使用显示该列中的所有数据值所需要的数据类型和长度。

如果一列中的所有数据值具有相同的数据类型，则此数据类型将用于整个列。当列中的数据值为其他数据类型时，将基于表 8-5 选择整个列的数据类型。

表 8-5　列数据本身及其他运用值的数据类型

	int	float	money	datetime	varchar	nvarchar
int	int	float	money	varchar	varchar	nvarchar
float	float	float	money	varchar	varchar	nvarchar
money	money	money	money	varchar	varchar	nvarchar
datetime	varchar	varchar	varchar	datetime	varchar	nvarchar
varchar	varchar	varchar	varchar	varchar	varchar	nvarchar
nvarchar	nvarchar	nvarchar	nvarchar	nvarchar	nvarchar	nvarchar

要求具有 sysadmin 固定服务器角色的成员身份。

下面的示例将获取 HostName 属性（以前创建的 SQLServer 对象的属性），并将其存储在局部变量中。

```
DECLARE @property varchar(255)
EXEC @hr = sp_OAGetProperty @object, 'HostName', @property OUT
IF @hr <> 0
BEGIN
   EXEC sp_OAGetErrorInfo @object
    RETURN
END
PRINT @property
```

以下示例将获取 HostName 属性（先前创建的 SQLServer 对象的属性），并将其作为结果集返回给客户端。

```
EXEC @hr = sp_OAGetProperty @object, 'HostName'
IF @hr <> 0
BEGIN
   EXEC sp_OAGetErrorInfo @object
    RETURN
END
```

8.12.3 调用 OLE 对象的方法

调用一个 OLE 对象的语法如下：

```
sp_OAMethod objecttoken , methodname
    [ , returnvalue OUTPUT ]
     [ , [ @parametername = ] parameter [ OUTPUT ] [ ...n ] ]
```

也可用 sp_OAMethod 来获取属性值。其参数如下：

- ❑ objecttoken　以前使用 sp_OACreate 创建的 OLE 对象的对象令牌。
- ❑ methodname　要调用的 OLE 对象的方法名。
- ❑ returnvalue OUTPUT　OLE 对象的方法的返回值。如果指定此参数，则必须是相应数据类型的局部变量。

如果此方法返回单个值，则可以为 returnvalue 指定一个局部变量，在该局部变量中返回方法返回值，也可以不指定 returnvalue，以单列、单行结果集的形式将方法返回值返回给客户端。

如果方法返回值为 OLE 对象，则 returnvalue 必须是数据类型为 int 的局部变量。对象令牌保存在该局部变量中，并且此对象令牌可用于其他 OLE 自动化存储过程。

如果方法返回值是数组，并且指定了 returnvalue，则此参数将设置为 NULL。

如果出现下列任意一种情况，则产生错误：

- ❑ 指定 returnvalue，但是方法并不返回值。
- ❑ 方法返回二维以上的数组。
- ❑ 方法返回一个数组作为输出参数。
- ❑ [@parametername =] parameter [OUTPUT]　一个方法参数。如果指定了此参数，则 parameter 必须为具有相应数据类型的值。

若要获取输出参数的返回值，parameter 必须为具有相应数据类型的局部变量，并且必须指定 OUTPUT。如果指定的是常量参数，或者未指定 OUTPUT，则输出参数的任何返回值均被忽略。

如果指定了此参数，则 parametername 必须是 Visual Basic 命名参数的名称。请注意，@parametername 并非 Transact-SQL 局部变量。系统将删除符号@，并将 parametername 作为参数名传递给 OLE 对象。指定了所有位置参数后，才能指定命名参数。

- n　指示可以指定多个参数的占位符。

> **提示:** @parametername 可以是命名参数，因为它是指定方法的一部分，并且将直接传递给对象，此存储过程的其他参数是按位置（而不是名称）指定的。

0（成功）或非零数字（失败）是由 OLE 自动化对象返回的 HRESULT 的整数值。

有关 HRESULT 返回代码的详细信息，请参阅 OLE 自动化返回代码和错误信息。

如果方法返回值是一维或二维数组，那么该数组将作为结果集返回给客户端：

- 一维数组作为单行结果集返回给客户端，其中的列数与数组中的元素数目相等。换言之，该数组以（列）的形式返回。
- 二维数组作为结果集返回给客户端，其中的列数与数组第一维中的元素数目相同，行数与数组第二维中的元素数相同。换言之，该数组以（列、行）的形式返回。

当属性返回值或方法返回值是数组时，sp_OAGetProperty 或 sp_OAMethod 将向客户端返回结果集，但输出参数不能是数组。这些过程可扫描数组中的所有数据值，以确定用于结果集中各列的相应 SQL Server 数据类型和数据长度。对于某个特定的列，这些过程将使用显示该列中的所有数据值所需要的数据类型和长度。

如果一列中的所有数据值具有相同的数据类型，那么此数据类型将用于整个列。当列中的数据值为其他数据类型时，将基于表 8-6 选择整个列的数据类型。

表 8-6　列类型转换

	int	float	money	datetime	varchar	nvarchar
int	int	float	money	varchar	varchar	nvarchar
float	float	float	money	varchar	varchar	nvarchar
money	money	money	money	varchar	varchar	nvarchar
datetime	varchar	varchar	varchar	datetime	varchar	nvarchar
varchar	varchar	varchar	varchar	varchar	varchar	nvarchar
nvarchar	nvarchar	nvarchar	nvarchar	nvarchar	nvarchar	nvarchar

调用 OLE 对象的方法要求具有 sysadmin 固定服务器角色的成员身份。

以下示例将调用先前创建的 SQLServer 对象的 Connect 方法。

```
EXEC @hr = sp_OAMethod @object, 'Connect', NULL, 'my_server',
   'my_login', 'my_password'
IF @hr <> 0
BEGIN
   EXEC sp_OAGetErrorInfo @object
    RETURN
END
```

下面的示例将获取 HostName 属性（以前创建的 SQLServer 对象的属性），并将其存储在局部变量中。

```
DECLARE @property varchar(255)
EXEC @hr = sp_OAMethod @object, 'HostName', @property OUT
IF @hr <> 0
BEGIN
   EXEC sp_OAGetErrorInfo @object
    RETURN
END
PRINT @property
```

8.12.4 获取 OLE 自动化错误信息

获取 OLE 自动化错误信息的语法如下：

```
sp_OAGetErrorInfo [ objecttoken ]
      [ , source OUTPUT ]
   [ , description OUTPUT ]
   [ , helpfile OUTPUT ]
   [ , helpid OUTPUT ]
```

对每个 OLE 自动化存储过程（sp_OAGetErrorInfo 除外）的调用均会重新设置错误信息，因此 sp_OAGetErrorInfo 只能获取最近一次 OLE 自动化存储过程调用的错误信息。请注意，由于 sp_OAGetErrorInfo 不重新设置错误信息，因此可以多次调用该过程以获取相同的错误信息。

表 8-7 中列出了 OLE 自动化错误及其常见原因。

表 8-7　OLE 自动化错误

错误及 HRESULT	常见原因
变量类型错误 (0x80020008)	作为方法参数传递的 Transact-SQL 值的数据类型与方法参数的 Visual Basic 数据类型不匹配，或者已将 NULL 值作为方法参数传递
未知名称 (0x8002006)	找不到指定对象的指定属性名或方法名
类字符串无效 (0x800401f3)	没有将指定的 ProgID 或 CLSID 注册为 SQL Server 实例的 OLE 对象。必须先注册自定义 OLE 自动化服务器，才能使用 sp_OACreate 将其实例化。此操作可通过进程内（.dll）服务器的 regsvr32.exe 实用工具或本地（.exe）服务器的 /REGSERVER 命令行开关来完成
服务器执行失败 (0x80080005)	指定的 OLE 对象已注册为本地 OLE 服务器（.exe 文件），但无法找到或启动该 .exe 文件
无法找到指定的模块 (0x8007007e)	指定的 OLE 对象已注册为进程内 OLE 服务器（.dll 文件），但无法找到或半截该 .dll 文件
类型不匹配（0x80020005）	用于存储返回的属性值或者方法返回值的 Transact-SQL 局部变量的数据类型与属性或方法返回值的 Visual Basic 数据类型不匹配。或者，要求属性或方法返回值，但该属性或方法未返回值
sp_OACreate 的“context”参数的数据类型或值无效(0x8004275B)	上下文参数值应为 1、4 或 5 之一

有关处理 HRESULT 返回代码的详细信息，请参阅 OLE 自动化返回代码和错误信息。

1. objecttoken

先前使用 sp_OACreate 创建的 OLE 对象的对象标记，或者为 NULL。如果指定了 objecttoken，则返回该对象的错误信息。如果指定为 NULL，则返回整个批处理的错误信息。

2. source OUTPUT

错误信息的源。如果指定了此参数，则此参数必须为 char、nchar、varchar 或 nvarchar 局部变量。必要时，将截断返回值以适合局部变量的要求。

3. description OUTPUT

错误说明。如果指定该参数，则该参数是 char、nchar、varchar 或 nvarchar 类型的局部变量。必要时，将截断返回值以适合局部变量的要求。

4. helpfile OUTPUT

OLE 对象的帮助文件。如果指定了此参数，则此参数必须为 char、nchar、varchar 或 nvarchar 局部变量。必要时，将截断返回值以适合局部变量的要求。

5. helpid OUTPUT

帮助文件上下文 ID。如果指定该参数，则该参数必须是 int 类型的局部变量。

此存储过程的参数按位置（而不是按名称）指定。0（成功）或非零数字（失败）是由 OLE 自动化对象返回的 HRESULT 整数值。有关 HRESULT 返回代码的详细信息，请参阅 OLE 自动化返回代码和错误信息。

如果未指定输出参数，那么错误信息将作为结果集返回给客户端，见表 8-8。

表 8-8　返回结果信息

列　名	数据类型	说　明
Error	binary(4)	错误号的二进制表示形式
Source	nvarchar(nn)	错误的源
说明	nvarchar(nn)	错误的说明
Helpfile	nvarchar(nn)	错误源的帮助文件
HelpID	int	错误源帮助文件中的帮助上下文 ID

执行该存储过程，必须要求具有 sysadmin 固定服务器角色的成员身份。

以下示例将显示 OLE 自动化错误信息：

```
DECLARE @output varchar(255)
DECLARE @hr int
DECLARE @source varchar(255)
DECLARE @description varchar(255)
PRINT 'OLE Automation Error Information'
EXEC @hr = sp_OAGetErrorInfo @object, @source OUT, @description OUT
IF @hr = 0
BEGIN
   SELECT @output = '  Source: ' + @source
```

```
    PRINT @output
    SELECT @output = '  Description: ' + @description
    PRINT @output
END
ELSE
BEGIN
    PRINT '  sp_OAGetErrorInfo failed.'
    RETURN
END
```

8.12.5 破坏已创建的 OLE 对象

语法如下：

sp_OADestroy objecttoken

如果未调用 sp_OADestroy，则在批处理结束时将自动破坏已创建的 OLE 对象。

参数 objecttoken 是以前使用 sp_OACreate 创建的 OLE 对象的对象令牌，0（成功）或非零数字（失败），是由 OLE 自动化对象返回的 HRESULT 的整数值。有关 HRESULT 返回代码的详细信息，请参阅 OLE 自动化返回代码和错误信息。

执行此方法要求具有 sysadmin 固定服务器角色的成员身份。

以下示例将破坏先前创建的 SQLServer 对象：

```
EXEC @hr = sp_OADestroy @object
IF @hr <> 0
BEGIN
   EXEC sp_OAGetErrorInfo @object
    RETURN
END
```

8.13 小 结

从能够成为 SQL Server 开发者的角度出发，这仍然是本书中最重要的一章。

Sprocs 是 SQL Server 中的代码主干，我们可以创建重复使用的代码，并同时改进性能和提高灵活性。可以使用大量的在其他编程语言中熟悉的编程结构，但 sprocs 并不是万能的。

Sprocs 的主要优点如下：

- 通常有更好的性能。
- 可能作为安全的绝缘层（控制如何访问和更新一个数据库）。
- 可重复使用的代码。
- 代码划分（可以封装业务逻辑）。
- 根据运行时建立的动态性，具有灵活的可执行性。

Sprocs 的缺点包括：

- 在各平台之间是不可通用的（例如，Oracle 具有完全不同的一类 sprocs 实现）。
- 在一些环境下会死锁到执行计划中（实际损害了性能）。

虽然 sprocs 并不是万能的解决方案，但仍然是 SQL Server 编程的基石。在下一章中，我们将全面了解一下 UDF。

用户自定义函数

现在是讨论用户自定义函数的时候了，在新版本中UDF是一个新话题，它是一个非常好的数据库工具。

实际上，笔者已经介绍了有关UDF（User Defined Functions，用户自定义函数）的大部分知识。它们与存储过程非常相似，具有某种独立运行的行为和能力。

本章不仅要介绍UDF的概念，而且要讨论不同类型的UDF，以及它们与存储过程之间的差别，当然也要讨论UDF的应用场合。

在 SQL Server 中使用UDF有以下优点：

- 允许模块化程序设计　只需创建一次函数并将其存储在数据库中，以后便可以在程序中调用任意次。UDF可以独立于程序源代码进行修改。
- 执行速度更快　与存储过程相似，Transact-SQL 用户定义函数通过缓存计划并在重复执行时重用它来降低 Transact-SQL 代码的编译开销，这意味着每次使用UDF时均无需重新解析和重新优化，从而缩短了执行时间。和用于计算任务、字符串操作和业务逻辑的 Transact-SQL 函数相比，CLR 函数具有显著的性能优势。
- 减少网络流量　基于某种无法用单一标量的表达式所表示的复杂约束来过滤数据的操作，可以表示为函数。然后，此函数便可以在 WHERE 子句中调用，以减少发送至客户端的数字或行数。

在 SQL Server 2005 中，用户定义函数可以使用 Transact-SQL 或任何 .NET 编程语言来编写。有关在函数中使用 .NET 语言的详细信息，请参阅 CLR User-Defined Functions。

所有UDF都具有相同的由两部分组成的结构：标题和正文。函数可以接受零个或多个输入参数，返回标量值或表。

标题定义：

- 具有可选架构/所有者名称的函数名称。
- 输入参数名称和数据类型。
- 可以用于输入参数的选项。
- 返回参数数据类型和可选名称。
- 可以用于返回参数的选项。

正文定义了函数将要执行的操作或逻辑，它包括以下两者之一：

- 执行函数逻辑的一个或多个 Transact-SQL 语句。
- .NET 程序集的引用。

下面的示例显示的是简单的 Transact-SQL 用户定义函数，并标识了此函数的主要组件。此函数计算所提供的日期，并返回值，该值指明此日期在一周中的位置。

```
CREATE FUNCTION dbo.GetWeekDay          -- function name
(@Date datetime)                        -- parameter name and data type
RETURNS int                             -- return value data type
AS
BEGIN                                   -- begin body definition
RETURN DATEPART (weekday, @Date)        -- performs the action
END;
GO
```

下面的示例显示了在 Transact-SQL 语句中使用的函数。

```
SELECT dbo.GetWeekDay(CONVERT(DATETIME,'20020201',101)) AS DayOfWeek;
```

下面是结果集：

```
DayOfWeek
---------
6
(1 row(s) affected)
```

9.1 UDF 基本概念

用户自定义函数（更像一个存储过程）是一组有序的被预先优化的 T-SQL 语句，并且能够作为一个独立工作单元被调用，它与 sprocs 之间的主要区别在于如何返回结果。由于支持各种不同种类的返回值，所以 UDF 比 sprocs 的限制要多一些。

既然已经说了什么是 UDF，所以笔者认为应该花点时间说说什么不是 UDF。UDF 显然不是 sproc 的代替品，它们只是一种新选项，为我们提供以前从来没有的新的一类代码灵活性。

使用 Sproc，你可以输入参数，也可以得到返回的参数值。你可以返回一个值，但这个值实际是指示了成功或失败而不是返回数据。你也可以返回一个结果集，如果没有将这些结果集插入到某类表中（通常是临时表），则不能实际使用这些结果集。

如果使用 UDF，你就可以采用输入参数，但不能采用输出参数。相反，输出参数的概念已经被一个更强健的返回值所替代。如果使用系统函数，则可以返回一个标量值。令人高兴的是，返回值不是像 sproc 那样只能返回整数数据类型。相反，它不仅可以返回 SQL Server 中的大部分数据类型（下一节会详细讨论），而且可以返回一张表。这是一个非常强大的功能，本章后面会详细讨论。

总体说来，有两种 UDF：

- 返回标量值的 UDF。
- 返回表的 UDF。

下面看一看创建 UDF 的常用语法：

```
CREATE FUNCTION [schema_name.]function_name
    ( [ <@parameter name> <scalar data type> [ = <default value>]
      [ ,...n ] ] )
```

```
RETURNS {<scalar type>|TABLE}
    [ WITH {ENCRYPTION|SCHEMABINDING|}]
AS
BEGIN
    [<function statements>]
      {RETURN <type as defined in RETURNS clause>|RETURN (<SELECT statement>)}
END
```

这是一个很难解释的语句，因为选择语法部分取决于大家在 CREATE 语句中所做的选择。这里的最大问题是，大家到底返回一张表还是一个标量数据类型，所以先分别看一看每种类型。

9.2 返回标量值的 UDF

这类 UDF 最初是不少人期待微软提供的唯一类型，这种类型的 UDF 更像 SQL Server 的嵌入式函数，这类自定义函数将给调用脚本或过程返回一个标量值。需要注意的是，嵌入在 SQL Server 中的函数（比如 GETDATE()或 USER()）通常会返回多个标量值。

如前所述，UDF 的最大优点之一是不会限制只能返回整数值。相反，它可以是任何有效的 SQL Server 数据类型，但 BOLB、游标和时间戳除外。即使你希望返回一个整数值，UDF 也可能非常具有吸引力，原因在于：

- 不像 sprocs 那样，返回值的全部用途是充当一个有意义的数据。对 sprocs 来说，返回值用来显示成功或失败，并在事件失败以后提供一些与失败有关的特定信息。
- 可以在查询中执行嵌入式 UDF（例如，将其作为 SELECT 语句的一部分），但不可以这样处理 sproc。

让我们来创建一个简单的 UDF，从而了解它的应用与 sproc 应用之间的差别。从代码看，这是一个最简单的 UDF，但你将看到怎样使用 sprocs 与 UDF。

最常见的功能要求之一是，希望看到在特定的一天中某一字段的一条记录。问题是，时间字段具有特定一天中的时间信息，这会阻碍它与特定日期进行比较。实际上，在前面章节中，我们已经在一些比较中看到了这一问题。

返回到在前一章中创建的 Store_IO 数据库，假设我们希望了解当天出库的所有记录，首先增加一些具有当天日期的出库单主记录，但我们只提取已经存在于各自表中的出库编号（如果没有记录，就需要在引用之前插入一些伪造的行记录）。下面是一个小循环可以在 Omaster 表中添加多行记录。

```
USE Store_IO

DECLARE @Counter  int


SET @Counter = 2
WHILE @Counter <= 22
BEGIN
  INSERT INTO dbo.Omaster
VALUES
  (@Counter,'西药库', DATEADD(mi,@Counter,GETDATE()), '天坛医院',30.19,
```

```
    30.19,10.55, '发放出库', '一号库房',1, NULL, '张三')
  SET @Counter = @Counter + 1
  END
```

这样就插入了 21 行，每一行都插入了当天的日期，但每一条记录之间相差 1 分钟。

如果你在午夜运行该脚本，那么一些行可能会变成第二天的记录，所以要小心，但这个程序对那些不经常在夜间工作的人来说还是非常好的。

我们现在准备运行一个简单查询，看一看当天有哪些出库单。执行下面的语句：

```
SELECT *
FROM dbo.Omaster
WHERE Export_Date = GETDATE()
```

不幸的是，该查询不会返回任何数据，这是因为 GETDATE()以毫秒为单位得到了当前的时间，而不是日期，这意味着任何基于 GETDATE()的查询不大可能给大家返回数据，即使在同一天中发生（对 smalldatetime 而言，应该发生在相同的分钟内，而且对一个完全的 datetime 字段而言，应该发生在同一毫秒内）。

典型的解决方案是，将日期转换成字符串然后返回，这样做的目的是为了截取时间信息，然后进行比较。

看起来如下所示：

```
SELECT *
FROM dbo.Omaster
WHERE  CONVERT(varchar(12),  Export_Date,  101)  =  CONVERT(varchar(12),
GETDATE(), 101)
```

这次，我们将得到带有 Export_Date 列中的当天日期的行记录，无论出库单发生在哪一天。不幸的是，代码的可读性不是最好。如果你需要比较一系列日期，那么这种方式会很难看的。

因此，我们需要采用其他的方法来处理这件事。下面用一个简单的 UDF 来完成相同功能。首先，我们需要创建真实的函数。这是用新的 CREATE FUNCTION 命令来完成的，而且其格式与 sproc 有点相似。例如，我们可以将这个函数编写为：

```
CREATE FUNCTION dbo.DayOnly(@Date datetime)
RETURNS varchar(12)
AS
BEGIN
  RETURN CONVERT(varchar(12), @Date, 101)
END
```

从 GETDATE()中返回的日期是以参数形式传递进来的，而且将转换日期的任务包含在函数体中，同时返回了截取的日期。

要看一看这个函数的行为，可以重新编写查询的格式。

```
SELECT *
FROM dbo.Omaster
WHERE dbo.DayOnly(Export_Date) = dbo.DayOnly(GETDATE())
```

我们得到了与前面一样的结果。虽然这是一个非常简单的查询，但新代码的可读性要更好。需要注意的是，这里需要对象的所有者（架构）。出于某种原因，SQL Server 不会像解析其他对象那样解析函数。

正如你期待的那样，UDF 除了可读性更好外还有很多优点。你可以在 UDF 中嵌入查询并将它们用作子查询的一种封装方法，而且可以将你返回离散值所做的任何过程化操作都封装在 UDF 中，然后嵌入到查询中使用。

为了演示下面的例子，我们需要创建一张价表 Price，用以存储出库商品的价格。

```
USE Store_IO
create table dbo.price_list
   (
   item_class            varchar(1)     NOT NULL,
   item_code             varchar(10)     NOT NULL,
   item_name             varchar(40)    NOT NULL,
   item_spec             varchar(20)     NOT NULL,
   units                 varchar(8)     NOT NULL,
   price                 decimal(9,3)     NOT NULL,
   prefer_price          decimal(9,3)    NULL,
   foreigner_price           decimal(9,3)    NULL,
   performed_by          varchar(8)     NULL,
   fee_type_mask         decimal(1)     NULL,
   subj_code             varchar(3)     NOT NULL,
   memo                  varchar(40)     NULL,
   start_date            datetime     NOT NULL,
   stop_date             datetime     NULL,
   operator              varchar(8)     NOT NULL,
   enter_date            datetime     NOT NULL,
   CONSTRAINT PriceList_PK PRIMARY KEY (   item_class,
                                      item_code,
                                      item_spec,
                                      units,
                                      start_date)
   )
```

然后，我们从价表中选择平均价格。

```
USE Store_IO
SELECT item_name,
   Price,
   (SELECT AVG(Price) FROM Price_List) AS Average, Price - (SELECT AVG(Price)
FROM
Price_List)
      AS Difference
FROM dbo.Price_List
WHERE Item_Class='F'
```

你可以在 Price_List 表中插入适当的数据，然后再执行上面的脚本。

再试一次，只是这次我们将平均值和差值封装在两个函数中。第一个封装的任务是计算平均值，而第二个则计算差值。

```
CREATE FUNCTION dbo.AveragePrice()
RETURNS money
WITH SCHEMABINDING
AS
BEGIN
   RETURN (SELECT AVG(Price) FROM dbo.Price_List)
END
GO

CREATE FUNCTION dbo.PriceDifference(@Price money)
RETURNS money
AS
BEGIN
   RETURN @Price - dbo.AveragePrice()
END
```

可以将一个 UDF 嵌入在另一个 UDF 中。

注意： 在函数中使用 WITH SCHEMABINDING 选项的方式与在视图中使用的方式相同。如果使用架构捆绑的方式建立函数，必须先删除架构捆绑功能，否则就不能更改或删除函数依赖的任何对象。这里，架构捆绑并不是必须的，但笔者希望指出其用途，并准备一些例子以备本章后面使用。

现在使用新函数代替原来的子查询模型运行查询。

```
USE Store_IO
SELECT Item_name,
   Price,
   dbo.AveragePrice() AS Average,
   dbo.PriceDifference(Price) AS Difference
FROM dbo.Price_List
WHERE Item_Class='F'
```

可见产生了用子查询得到的相同结果，但没有告警。

注意： 除了可读性问题以外，这样处理也增加了重复使用的好处。对一个像这样小的例子来说，它们的好处可能看起来不大，但当函数变得更复杂的时候，它就会节省很多执行时间。

9.3 返回表的 UDF

SQL Server 的用户自定义函数不限于只返回标量值，还可以返回一些更令人感兴趣的东西——表。了解了用户自定义函数可能效果以后，笔者会继续讨论并增加所返回的表。对大部分情况而言，返回的表与其他表一样有用。你可以在它上面执行 JOIN，甚至可以在结果上应用 WHERE 条件，这实际是一个非常好的成员。

要使用表作为返回值并不是很难，就 UDF 而言，表就像其他的 SQL Server 数据类型一样。要演示这一点，可以建立一个相对简单的例子，但我们需要借助以前的几张表。

```
USE DAMAVC
GO
CREATE TABLE [dbo].[News] (
    [NewsId] [int] IDENTITY (1, 1) NOT NULL ,
    [NewsTitle] [varchar] (80) COLLATE Chinese_PRC_CI_AS NOT NULL ,
    [NewsKeyword] [varchar] (80) COLLATE Chinese_PRC_CI_AS NULL ,
    [NewsType] [varchar] (20) COLLATE Chinese_PRC_CI_AS NOT NULL ,
    [NewsFileType] [varchar] (50) COLLATE Chinese_PRC_CI_AS NOT NULL ,
    [NewsFilePostfix] [varchar] (10) COLLATE Chinese_PRC_CI_AS NOT NULL ,
    [NewsTime] [datetime] NOT NULL ,
    [NewsEnabled] [int] NOT NULL ,
    [NewsProvider] [int] NOT NULL ,
    [Checker] [int] NULL ,
    [CheckTime] [datetime] NULL ,
    [Deleted] [int] NOT NULL ,
    [ActDate] [datetime] NULL ,
    [Forever] [int] NOT NULL
) ON [PRIMARY]


GO
CREATE TABLE [dbo].[Sites] (
    [SiteID] [int] NOT NULL ,
    [SiteName] [varchar] (50) COLLATE Chinese_PRC_CI_AS NOT NULL ,
    [SiteNameEn] [varchar] (50) COLLATE Chinese_PRC_CI_AS NOT NULL ,
    [LogPassword] [varchar] (20) COLLATE Chinese_PRC_CI_AS NOT NULL ,
    [SiteType] [int] NOT NULL ,
    [GroupID] [int] NOT NULL ,
    [CanPoint] [int] NOT NULL ,
    [CanMulti] [int] NOT NULL ,
    [CanModified] [int] NOT NULL ,
    [BornRank] [int] NOT NULL ,
    [ChatColor] [varchar] (20) COLLATE Chinese_PRC_CI_AS NOT NULL ,
    [URL] [varchar] (128) COLLATE Chinese_PRC_CI_AS NOT NULL ,
    [URLindex] [int] NOT NULL ,
    [Province] [varchar] (30) COLLATE Chinese_PRC_CI_AS NOT NULL ,
    [Contact] [varchar] (250) COLLATE Chinese_PRC_CI_AS NOT NULL ,
    [LOGO] [varchar] (50) COLLATE Chinese_PRC_CI_AS NOT NULL ,
    [Longitude] [varchar] (30) COLLATE Chinese_PRC_CI_AS NOT NULL ,
    [Latitude] [varchar] (30) COLLATE Chinese_PRC_CI_AS NOT NULL ,
    [CableLen] [int] NOT NULL
) ON [PRIMARY]
```

```
GO
CREATE FUNCTION dbo.fnSiteNameList()
RETURNS TABLE
AS
RETURN (SELECT siteid,
            sitename
        FROM dbo.sites)
GO
```

函数 fnSiteNameList 返回了站点名称表 sites 中的站点编号和站点名称。

在这一点上，我们准备使用函数就像使用表一样，唯一例外是（正如在标量函数中讨论的），我们必须使用由两部分组成的命名约定。

```
SELECT *
FROM dbo.fnSiteNameList()
```

结果有点长，所以笔者删减了中间部分，但你应该了解结果的全部内容，见表 9-1。

表 9-1　sites 表列

siteid	sitename
0	主　站
1	测试站
58	西京医院
……	……
4	医学图书馆
6	二五二医院
7	和平医院
8	济南总医院

现在，添加一些更令人感兴趣的东西。我们在这张表上要做的事情非常容易——实际上确实很容易，即采用视图。如果我们希望参数化一张视图，该怎么办？如果我们只希望显示已经发布了一定数量的新闻的站点，又该怎么办？我们可以采用与另一张表或者另两张表联接在一起的视图，但有点乱，而且我们不得不在视图中包含不必要的列（销售量），然后使用 WHERE 从句。代码可能如下所示：

```
--创建视图
go
CREATE VIEW vNewsCount
AS
   SELECT s.siteid,s.sitename,
      (select count(*) from news group by newsprovider) As 'newscount'
   FROM sites s
   JOIN news n
      ON n.newsprovider = s.siteid
   GROUP BY s.siteid,s.sitename
GO
```

这将产生我们所要求的东西，但有一些条件不能满足要求。首先，视图本身的内容不能进行参数化，所以我们不得不在查询中包含WHERE从句。其次，需要提供特定的SELECT清单以过滤出NewsCount列（记住，我们希望显示发布新闻数超过一定量的站点，但不需要实际的发布数据），如果我们运行下列语句：

```
SELECT siteid, sitename FROM dbo.vNewsCount
WHERE newscount > 25
```

系统会提示：

Server: Msg 512, Level 16, State 1, Line 1
Subquery returned more than 1 value. This is not permitted when the subquery follows =, !=, <, <= , >, >= or when the subquery is used as an expression.

显然，由于我们在子查询中返回了多个值，所以系统不允许执行这样的操作。但是，我们不能再使用count(*)，因为系统不支持这种用法。为简单起见，我们可以将所有的语句封装在一个函数中。

```
USE DAMAVC
GO
CREATE FUNCTION dbo.fnNewsCount(@NewsQty bigint)
RETURNS TABLE
AS
RETURN (SELECT s.siteid,s.sitename
       FROM dbo.sites s
       JOIN dbo.news n
       ON n.newsprovider = s.siteid
  GROUP BY s.siteid,s.sitename
       HAVING sum(newsenabled) > @NewsQty)
GO
```

现在已经设置得很好了，要执行它，我们只需要调用函数并提供参数就可以了。

```
SELECT *
FROM dbo.fnNewsCount(10)
```

结果将如下所示：

```
siteid      sitename
----------- ------------------------------------------------
19          二〇八医院
17          二五三医院
16          二五一医院
62          二一一医院
7           和平医院
37          沈阳总医院
14          四〇四医院
22          西藏总医院
10          一〇七医院
11          一五〇医院
66          一一五医院
0           主　站
```

```
(12 row(s) affected)
```

我们得到了理想的结果：没有 WHERE 从句，没有过滤 SELECT 清单，而且不需要采用老的“剪切和粘贴”技巧来重复使用该脚本。另外，需要特别注意的是：当你采用 sproc 和 EXEC 命令得到相似的结果的时候，不能直接将 sproc 的结果与另一张表联接。

要演示这一点，下面进一步采用一个例子。假设领导希望你列出发布新闻数超过 10 条的站点和新闻标题。采用存储过程，你无法联接这些结果，所以情况会变得很糟糕（笔者曾想采用多个单步进程处理这一问题，但其性能不是很好），但利用函数就没有问题了。

```
SELECT DISTINCT s.SiteName, n.NewsTitle
FROM dbo.fnNewsCount(10) AS a
JOIN dbo.news AS n
  ON n.NewsProvider = a.Siteid
JOIN dbo.sites AS s
  ON s.siteid = n.NewsProvider
```

我们将得到相应的站点名称以及他们发布的新闻标题。

```
SiteName          NewsTitle
------------------------------------------------
二〇八医院          神经系统恶性症候群和长期氯氮平治疗之间的关系
二〇八医院          GDNF 的持续释放有望用于帕金森病的治疗
二〇八医院          SEN 病毒感染及其与输血相关性肝炎的关系
二〇八医院          护理学常用的研究方法
二〇八医院          护士素质的基本内容
二〇八医院          图像存储
二〇八医院          医院创伤信息系统的构成
二〇八医院           3-羟-3-甲基戊二酰辅酶 A 还原酶抑制剂氯伐他汀
二〇八医院           医患共学十六大　为兵服务更贴心
二〇八医院          “神五”回家（八）
主　站              关于召开站点建设协调会的通知
主　站              关于准备二期站点技术培训的通知
主　站              关于准备进行二期站点技术培训的通知
主　站              欢迎使用交流园地栏目
主　站              紧急通知
主　站              九月份远程讲座各站点听课次数统计表
主　站              九月份远程讲座各站点听课人数统计表
主　站              九月份远程讲座听课站点百分比
主　站              九月份远程讲座站点听课率
主　站              老站点 LNB&ODU 图示
主　站              老站点 ODU&LNB 图示
主　站              请大家尽快下载专杀“冲击波”病毒的杀毒软件
主　站              远程医学信息网管理暂行规定
主　站              远程医学信息网建设与应用暂行规定
主　站              远程医学信息网近期工作要求
主　站              远程医学信息网运行管理工作制度
主　站              上报网管规定修改意见
主　站              视频测试
主　站              填写站点参数
主　站              网管中心检修通知
主　站              网管中心设备检修通知
```

```
主  站        威海培训课程安排表
主  站        威海培训日程安排表
主  站        远程讲座调整通知
主  站        远程讲座各站点收看情况
主  站        远程讲座各站点收看情况表二
主  站        远程讲座各站点收看情况表六
主  站        远程讲座各站点收看情况表三
主  站        远程讲座各站点收看情况表四
主  站        远程讲座各站点收看情况表五
主  站        远程讲座各站点收看情况表一
主  站        远程讲座各站点听课人数统计二
主  站        远程讲座各站点听课人数统计一
主  站        远程讲座人数统计表
主  站        远程讲座人数统计表二
主  站        远程讲座人数统计表三
主  站        远程讲座人数统计表一
主  站        远程专家讲座时间推迟
主  站        远程医疗会诊管理暂行办法
主  站        2003 年 8 月份卫星教育节目目录
主  站        2003 年 8 月份远程讲座安排
主  站        2003 年 9 月份远程讲座安排
主  站        2003 年 9 月卫星教育节目安排
主  站        2003 年 9 月远程讲座安排 
……
(1801 row(s) affected)
```

可以看到，表或视图可以联接到函数上。唯一的差别是我们允许对其进行参数化。

这是一个非常有用的功能，但是有时我们需要使用多个 SELECT 语句，而不仅仅是参数化的视图。实际上，与我们使用一些标量函数时一样，为了得到预期的结果，可能需要执行多个语句。UDF 很好地支持了这种概念。实际上，它们可以返回使用多条语句创建的表，正如在单语句函数中的功能一样。唯一不同的是，必须为所返回的值命名和定义元数据（与临时表一样）。

例如，我们将处理关系数据库领域中一个非常普遍的问题——继承。假设你有一张 Tallymaster 表，该表本身具有一定的间接关系，该关系通过 Checker 列将每位记账会计与他们的审核会计及主管会计相关联。也就是说，你通过将 Checker 列与另一个 Tabler 列相关，从而知道谁管理谁。这种场合的一个非常常见的需求就是能够创建报表树，即形成一张能体现某个主管会计手下的所有人的清单。

乍一看，这是一个非常容易的形式。如果我们期望知道张三审核的所有人，那么可以编写一个查询将 Tallymaster 联接到其自身上。例如：

```
Use Store_IO

SELECT TMA.Tabler, TMA.Checker
FROM dbo.TallyMaster AS TMA
JOIN dbo.TallyMaster AS TMB
   ON TMB.Tabler = TMA.Checker
WHERE TMB.Checker = '张三'
```

再一看，这条语句好像确实满足了我们的要求。真是这样吗？

实际上，这条语句存在很多问题。问题是我们想知道张三的审核链中的所有人。而不仅仅是张三审核的人。例如，如果张三审核会计 A，而会计 A 又审核会计 B，那么上面的查询显然不能查找出会计 B。因此，这一查询结果还缺少不少记录。

一些学习更快的人或者一些有经验的人现在会说：嘿，没有问题！笔者将再次联接回 TallyMaster 表！你可以这样处理这样小的数据集，或者继承层的数量是固定的场合，但是，如果继承层的数量不固定，该怎么办？

我们真正需要的是一个返回所有继承层次的函数，可以采用一个传统的递归例子完成这一任务。在上一章中，已经看到了利用 spFactorial 和 spTriagular 存储过程的这样一个例子，本章就不再举例说明了。

记住，UDF 将具有 sprocs 的相同递归深度。也就是说，只能进行 32 层递归，因此在代码中要尽可能避开这种错误。

确定性与不确定性

如果不讨论确定性，那么讨论 UDF 的覆盖面将是不完整的。在 SQL Server 2000 之前，确定性不是最重要的，随着对视图和计算列索引的添加，它已经变成了一个重要的角色。如果 SQL Server 在某些对象上建立索引，就必须能够确定性地定义要对哪个项目索引。

用户自定义函数可以是确定性的，也可以是非确定性的。确定性不是由任何一种参数定义的，而是希望让函数做什么而决定的。如果给定一组特定的有效输入，且函数每次都确定地返回相同值，那么该函数就是确定性的。确定性的内嵌函数的例子是 SUM()。3 加 5，再加 10 总是等于 18，每次都用那些值作为输入调用该函数。但是，GETDATE()是非确定性的，每次调用时它都发生改变。

考虑确定性的函数，必须满足 4 个标准：

- 函数必须是架构捆绑的。函数所依赖的所有对象都将存在记录依赖性，而且在没有删除依赖函数的时候，不允许修改那些对象。
- 函数中引用的所有其他函数（无论它们是用户定义的还是系统定义的）也必须是确定性的。
- 不能引用函数本身之外定义的表（可以使用表变量和临时表，只要表变量和临时表是在函数范围内定义的）。
- 在函数内部不能使用扩展存储过程。

确定性的重要性显示了你是否希望在视图或计算列上建立索引。只有当视图或计算列的结果是确定性的，才允许建立视图或计算列上的索引。这意味着，如果视图或计算列引用一个非确定性的函数，那么在视图或列上就不允许存在索引。这种情况并不意味着世界末日的来临，但在使用一个函数的视图或索引上创建索引之前，你要思考一下该函数是确定性的还是非确定性的。

这会产生一个问题：怎样指出函数是确定性的还是非确定性的呢？除了检查我们上面描述的规则之外，我们还可以让 SQL Server 说明该函数是否为确定性的，它存储在对象的 IsDeterministic 属性中。

要检查出这一点，可以利用 OBJECTPROPERTY 函数。例如，可以检查出本章前面使用的 DayOnly 函数的确定性。

```
USE Store_IO

SELECT OBJECTPROPERTY(OBJECT_ID('DayOnly'), 'IsDeterministic')
```

产生的结果可能会让你感到惊讶（也可能不会），该函数的响应是非确定性的：

```
-----------
0

(1 row(s) affected)
```

再看一下确定性函数的要求清单，看看你是否能指出该函数为什么不能满足要求。

如果在你的系统中该函数不是确定性的，那么我们采取某种方法进行修补。我们所需完成的任务就是在函数中添加 WITH SCHEMABINGDING 选项，从而得到更好的结果：

```
ALTER FUNCTION DayOnly(@Date datetime)
RETURNS varchar(12)
WITH SCHEMABINDING
AS
BEGIN
  RETURN CONVERT(varchar(12), @Date, 101)
END
```

现在重新运行 OBJECTPROPERTY 查询：

```
-----------
1

(1 row(s) affected)
```

太好了，它是一个确定性函数。

但是，我们可以用在 pubs 数据库中建立的 AveragePrice 函数来作比较，它看起来如下所示：

```
USE Store_IO
GO

CREATE FUNCTION dbo.AveragePrice()
RETURNS money
WITH SCHEMABINDING
AS
BEGIN
  RETURN (SELECT AVG(Price) FROM dbo.Price_List)
END
在这个函数中，我们从开始就使用了架构捆绑，所以再看一看OBJECTPROPERTY:
SELECT OBJECTPROPERTY(OBJECT_ID('AveragePrice'), 'IsDeterministic')
```

尽管是架构捆绑的，但这个函数仍然是非确定性的，因为该函数引用的表不是函数本身的（创建在函数内部的临时表或表变量）。

值得一提的是，与 AveragePrice 同时创建的 PriceDifference 函数也是非确定性的。首先，我们没有将其变成架构捆绑的，但更重要的是，它引用了 AveragePrice。如果引用了一个非确定性函数，那么你正在创建的函数也是非确定性的。

9.4 创建系统函数

系统存储过程和系统函数是非常方便的，但它们都有一个特定优点：不需要完全限定就可以在任何数据库中使用。即使它们存在于 master 数据库中，也可以从其他数据库或函数中调用它们，就像存在于那些数据库中一样。

许多 SQL 编程人员已经充分感受到了能够创建自己的系统存储过程的好处，因此你也希望能创建自己的系统函数，即从任意一个数据库中可以调用的函数，而且不需要限定源数据库甚至架构名的函数（记住，常规的 UDF 是架构绑定的）。

要创建系统定义的 UDF，必须按以下步骤进行：

- 在 master 数据库中创建。
- 使用前缀 fn_。
- 使用 sp_changeobjectowner 将所有者改变为 system_function_schema。

一旦这样做了，就应该可以在 SQL Server 上从任意一个数据库中调用你的函数。例如，我们复习一下第一个函数。最初，它看起来应如下所示：

```
CREATE FUNCTION DayOnly(@Date datetime)
RETURNS varchar(12)
WITH SCHEMABINDING
AS
BEGIN
   RETURN CONVERT(varchar(12), @Date, 101)
END
```

再次运行该函数，但是将 CREATE 数据库改为 master（包括 fn_），而且将所有者关系改变为 system_function_schema。

```
USE master
GO

CREATE FUNCTION dbo.fn_DayOnly(@Date datetime)
RETURNS varchar(12)
WITH SCHEMABINDING
AS
BEGIN
   RETURN CONVERT(varchar(12), @Date, 101)
END
GO

EXEC dbo.sp_changeobjectowner 'fn_DayOnly', 'system_function_schema'

USE Northwind
GO

SELECT fn_DayOnly(GETDATE())
```

这将产生当前的日期，即使你是在与创建该函数的数据库不同的数据库中，并且没有所有者限制。

系统通常会提供一个 sp_changeobjectowner 系统存储过程产生的警告。这个警告很正常，它仅是提醒你，当你改变对象的所有者的时候，就改变了四部分名称的一部分（server.database.owner.object）。因为改变了名称，所以总是要冒一定的风险，有可能一些代码超出了完全限定的范畴，这样的引用会因为部分名称的改变而不能再找到该对象了。

创建之后删除系统函数

创建完自己的系统函数以后，可以在随后的时间中删除它。你会发现，如果改变了所有者名字以后要删除函数，将会从 SQL Server 得到一个不存在的错误，而且也不会删除该函数，因为 SQL Server 不喜欢你删除系统函数的想法。

要删除一个已经创建的系统函数，就必须使用 sp_configure 打开服务器的 allow updates 选项。

警告： 首先，打开该选项非常危险，它能使你轻松地从系统表中删除行，最终可能使服务器丧失这一功能，或者删除你实际需要的函数或过程。这种行为一旦发生，要想恢复的唯一方法就是重新安装 SQL Server，笔者建议在完成了需要完成的任务后，一定要确信关闭了该选项。

其次，不要把所有的东西都添加为系统过程或函数，一定要先进行认真的思考和计划。

要删除新创建的系统函数，只要简单地执行以下脚本：

```
USE master
GO

EXEC sp_configure 'allow updates', 1
GO

RECONFIGURE WITH OVERRIDE
GO

DROP FUNCTION dbo.system_function_schema.fn_DayOnly
GO

EXEC sp_configure 'allow updates', 0
GO

RECONFIGURE WITH OVERRIDE
```

然后就可以了。

9.5 CLR 用户自定义函数

在 SQL Server 2005 中，你可以使用.NET 语言编写用户自定义函数，比如 VB.NET 或 Visual C#。实际上，用户自定义函数就是包含参数、执行计算或其他行为并返回结果的程序。

这种类型的函数有两种：单值函数（返回一条记录）和表值函数（返回一组行记录）。

9.5.1 单值函数

单值函数（scalar-valued function，SVF）返回一条记录，比如字符串、整型或位值。在 SQL Server 2005 中，你可以使用.NET 编程语言创建单值用户自定义函数，这些函数可以在 T-SQL 或其他代码中调用。

.NET 框架的 SVF 是通过在.NET 框架下组合成类来实现的。此时，SVF 的输入参数和返回类型可以是 SQL Server 支持的单值数据类型，但不包含 rowversion、text、ntext、image、timestamp、table 和游标。SVF 返回的数据类型必须是 SQL Server 数据类型或者是实现方法的返回数据类型。表 9-2 显示的是 SQL Server 的数据类型，以及与之相对应的用于 SQL Server 的 CLRSystem.Data.SqlTypes 命名空间，还有微软.NET 框架中的本地 CLR 替代物。

表 9-2 SQL Server 数据类型

SQL Server 数据类型	CLR 数据恶劣行（SQL Server）	CLR 类型（.NET 框架）
varbinary	SqlBytes, SqlBinary	Byte[]
binary	SqlBytes, SqlBinary	Byte[]
varbinary(1), binary(1)	SqlBytes, SqlBinary	byte, Byte[]
image	无	无
varchar	无	无
char	无	无
nvarchar(1), nchar(1)	SqlChars, SqlString	Char, String, Char[]
nvarchar	SqlChars, SqlString SQLChars 易于传输和访问，而 SQLString 易于执行字符串操作	String, Char[]
nchar	SqlChars, SqlString	String, Char[]
text	无	无
ntext	无	无
uniqueidentifier	SqlGuid	Guid
rowversion	无	Byte[]
bit	SqlBoolean	Boolean
tinyint	SqlByte	Byte
smallint	SqlInt16	Int16
int	SqlInt32	Int32
bigint	SqlInt64	Int64
smallmoney	SqlMoney	Decimal
money	SqlMoney	Decimal
numeric	SqlDecimal	Decimal
decimal	SqlDecimal	Decimal
real	SqlSingle	Single

（续表）

SQL Server 数据类型	CLR 数据恶劣行（SQL Server）	CLR 类型（.NET 框架）
float	SqlDouble	Double
smalldatetime	SqlDateTime	DateTime
datetime	SqlDateTime	DateTime
sql_variant	无	Object
用户自定义类型(UDT)	无	绑定到用户定义类型的相同类
table	无	无
cursor	无	无
timestamp	无	无
xml	SqlXml	无

在.NET 中，要实现.NET 框架的 SVF 时，可以通过 SqlFunction 定制属性指定函数的附加信息。SqlFunction 属性显示是否可以访问该函数，修改数据，是不是确定的以及是否包含浮点操作。

单值用户定义函数可以是确定性的，也可以是不确定的。

下面的例子显示简单的 SVF 访问数据并返回一个整型值。

C#代码为：

```
using Microsoft.SqlServer.Server;
using System.Data.SqlClient;

public class T
{
    [SqlFunction(DataAccess = DataAccessKind.Read)]
    public static int ReturnOrderCount()
    {
        using (SqlConnection conn
            = new SqlConnection("context connection=true"))
        {
            conn.Open();
            SqlCommand cmd = new SqlCommand(
                "SELECT COUNT(*) AS 'Order Count' FROM SalesOrderHeader",
conn);
            return (int)cmd.ExecuteScalar();
        }
    }
}
```

VB 的代码为：

```
Imports Microsoft.SqlServer.Server
Imports System.Data.SqlClient

Public Class T
```

```
    <SqlFunction(DataAccess:=DataAccessKind.Read)> _
    Public Shared Function ReturnOrderCount() As Integer
        Using conn As New SqlConnection("context connection=true")
            conn.Open()
            Dim cmd As New SqlCommand("SELECT COUNT(*) AS 'Order Count' FROM
SalesOrderHeader", conn)
            Return CType(cmd.ExecuteScalar(), Integer)
        End Using
    End Function
End Class
```

第一行代码引用了 Microsoft.SqlServer.Server 访问属性，并引用 System.Data.SqlClient 访问 ADO.NET 命名空间(也就是说，该命名空间包含了 SqlClient 和用于 SQL Server 的.NET 框架数据提供商。

紧接着，该函数接收了 Microsoft.SqlServer.Server 命名空间中的 SqlFunction 定制属性，此属性显示读取服务器数据时该函数是否使用进程中的提供商。SQL Server 不允许 UDF 更新、插入或者删除数据。SQL Server 可以不用进程中的提供商而进行 UDF 的执行优化操作，这是通过设置 DataAccessKind 为 DataAccessKind.None 来证明的。下一行的目标方法是公共的，也是静态的（在 VB .NET 中共享的）。

随后，处于 Microsoft.SqlServer.Server 命名空间中的 SqlContext 类，可以设置已经存在的 SQL Server 实例联接访问 SqlCommand 对象。尽管此处并没有使用，但当前事务的上下文信息可以通过 System.Transactions 应用程序接口（API）。对于写过客户端应用程序的人来说，这个函数体是非常简单的。

[C#]

```
using(SqlConnection conn = new SqlConnection("context connection=true"))
{
   conn.Open();
   SqlCommand cmd = new SqlCommand(
       "SELECT COUNT(*) AS 'Order Count' FROM SalesOrderHeader", conn);
   return (int) cmd.ExecuteScalar();
}
```

[VB]

```
Using conn As New SqlConnection("context connection=true")
   conn.Open()
   Dim cmd As New SqlCommand( _
       "SELECT COUNT(*) AS 'Order Count' FROM SalesOrderHeader", conn)
   Return CType(cmd.ExecuteScalar(), Integer)
End Using
```

通过初始化 SqlCommand 对象，可以指定合适的命令文本。在前面的例子中，我们计算了 SalesOrderHeader 表中的行数。紧接着，调用了 cmd 对象的 ExecuteScalar 方法。基于该查询，返回了一个整型值。最后，给调用者返回定购记录数。

如果将这一代码保存在 FirstUdf.cs 文件中，则可以编译为：

[C#]

```
csc.exe /t:library /o:FirstUdf.dll FirstUdf.cs
```

[VB]

```
vbc.exe /t:library /o:FirstUdf.dll FirstUdf.vb
```

t:library 显示了生成的是库文件，而不是可执行文件，可执行文件不能在 SQL Server 中进行注册。

下列例子对此进行编译，并注册函数，实现查询。

```
CREATE ASSEMBLY FirstUdf FROM 'FirstUdf.dll'
CREATE FUNCTION CountSalesOrderHeader() RETURNS INT
AS EXTERNAL NAME FirstUdf.T.ReturnOrderCount
SELECT dbo.CountSalesOrderHeader()
```

注意：T-SQL 中的函数名并不需要与目标公共静态方法的名字相匹配。

9.5.2 表值函数

表值函数（TVF）是返回表的用户自定义函数。SQL Server 2005 允许你定义 TVF，并通过 IEnumberable 或 IEnumerator 对象返回数据。

对于 TVF，返回表不能包括时间戳类型的列，也不能包括非标准的字符串类型列（比如 char、varchar 和 text），同时不支持 NOT NULL 约束。

需要注意的是，T-SQL 的 TVF 将函数调用结果放在中间表中，因此可以在结果上支持约束和唯一索引，这些特性在结果集非常大的时候非常有用。相反，CLR 的 TVF 提供了一种流的选择，它不需要物化单表的所有结果集。管理函数返回的 IEnumerable 对象可以通过调用 TVF 的查询执行计划直接调用，而且假定该结果是增长的。该流模式确保了提取了第一行记录后就可返回，而不需要把所有表提取完。

可以通过在微软的.NET 框架编译成类的方法实现 TVF，但是代码中必须实现 IEnumerable 接口，该接口是在.NET 框架中定义的。.NET 的类型已经在 IEnumerable 接口中以数组和集合的形式实现，其输出参数应该采用可引用的参数，但是 VB 与 VC#下的输出参数并不一样，你必须指定<Out()>代表输出参数。如下所示：

```
Visual Basic

Imports System.Runtime.InteropServices
…
Public Shared Sub FillRow ( <Out()> ByRef value As SqlInt32)
```

定义 CLR TVF 的语法与在 T-SQL 定义 TVF 相似，要包含 EXTERNAL NAME 从句，例如：

```
CREATE FUNCTION GetEmpFirstLastNames()
RETURNS TABLE (FirstName NVARCHAR(4000), LastName NVARCHAR(4000))
EXTERNAL  NAME  MyDotNETAssembly.[MyNamespace.MyClassname].  GetEmpFirst
LastNames;
```

TVF 中提供的数据应与进一步的查询格式相关，例如：

```
select * from function();
select * from tbl join function() f on tbl.col = f.col;
select * from table t cross apply function(t.column);
```

下面是一个 TVF 的示例：

[C#]

```
using System;
using System.Data.Sql;
using Microsoft.SqlServer.Server;
using System.Collections;
using System.Data.SqlTypes;
using System.Diagnostics;

public class TabularEventLog
{
    [SqlFunction(FillRowMethodName = "FillRow")]
    public static IEnumerable InitMethod(String logname)
    {
        return new EventLog(logname, Environment.MachineName).Entries;
    }

    public static void FillRow(Object obj, out SqlDateTime timeWritten, out
SqlChars message, out SqlChars category, out long instanceId)
    {
        EventLogEntry eventLogEntry = (EventLogEntry)obj;
        timeWritten = new SqlDateTime(eventLogEntry.TimeWritten);
        message = new SqlChars(eventLogEntry.Message);
        category = new SqlChars(eventLogEntry.Category);
        instanceId = eventLogEntry.InstanceId;
    }
}
```

[VB]

```
Imports System
Imports System.Data.Sql
Imports Microsoft.SqlServer.Server
Imports System.Collections
Imports System.Data.SqlTypes
Imports System.Diagnostics
Imports System.Runtime.InteropServices

Public Class TabularEventLog
    <SqlFunction(FillRowMethodName:="FillRow")> _
    Public Shared Function InitMethod(ByVal logname As String) As IEnumerable
        Return New EventLog(logname, Environment.MachineName).Entries
```

```
        End Function

        Public Shared Sub FillRow(ByVal obj As Object, <Out()> ByRef timeWritten
As SqlDateTime, <Out()> ByRef message As SqlChars, <Out()> ByRef category As
SqlChars, <Out()> ByRef instanceId As Long)
            Dim eventLogEnTry As EventLogEntry = CType(obj, EventLogEntry)
            timeWritten = New SqlDateTime(eventLogEnTry.TimeWritten)
            message = New SqlChars(eventLogEnTry.Message)
            category = New SqlChars(eventLogEnTry.Category)
            instanceId = eventLogEnTry.InstanceId
        End Sub
    End Class
```

一旦编译了上面的 TVF，你就可以在 T-SQL 中进行声明了。如下所示：

```
      CREATE ASSEMBLY tvfEventLog
    FROM'D:\assemblies\tvfEventLog\tvfeventlog.dll'
    WITH PERMISSION_SET = UNSAFE
    GO
    CREATE FUNCTION ReadEventLog(@logname nvarchar(100))
    RETURNS TABLE
    (logTime            datetime,Message            nvarchar(4000),Category
nvarchar(4000),InstanceId bigint)
    AS
    EXTERNAL NAME tvfEventLog.TabularEventLog.InitMethod
    GO
```

你可以采用下列代码进行测试：

```
    -- select the top 100 events
    SELECT TOP 100 *
    FROM dbo.ReadEventLog(N'Security') as T
    go

    -- select the last 10 login events
    SELECT TOP 10 T.logTime, T.Message, T.InstanceId
    FROM dbo.ReadEventLog(N'Security') as T
    WHERE T.Category = N'Logon/Logoff'
    go
```

9.5.3 调用 CLR 用户定义聚集函数

在 T-SQL SELECT 语句中，你可以调用 CLR 用户定义聚集，但必须遵守下列规则：

- 当前用户必须具有用户自定义聚集的 EXECUTE 权限。
- 用户定义聚集必须以 schema_name.udagg_name 的形式调用。
- 用户定义聚集的参数类型必须与聚集的 input_type 匹配或可隐式转换。
- 用户定义聚集的返回类型必须与聚集的 CREATE AGGREGATE 语句的 return_type 匹配。

下面的例子将从表的一列中返回字符串值。

[C#]

```
using System;
using System.Data;
using Microsoft.SqlServer.Server;
using System.Data.SqlTypes;
using System.IO;
using System.Text;

[Serializable]
[SqlUserDefinedAggregate(
    Format.UserDefined, //use clr serialization to serialize the intermediate
result
    IsInvariantToNulls = true, //optimizer property
    IsInvariantToDuplicates = false, //optimizer property
    IsInvariantToOrder = false, //optimizer property
    MaxByteSize = 8000) //maximum size in bytes of persisted value
]
public class Concatenate : IBinarySerialize
{
    /// <summary>
    /// The variable that holds the intermediate result of the concatenation
    /// </summary>
    private StringBuilder intermediateResult;

    /// <summary>
    /// Initialize the internal data structures
    /// </summary>
    public void Init()
    {
        this.intermediateResult = new StringBuilder();
    }

    /// <summary>
    /// Accumulate the next value, not if the value is null
    /// </summary>
    /// <param name="value"></param>
    public void Accumulate(SqlString value)
    {
        if (value.IsNull)
        {
            return;
        }

        this.intermediateResult.Append(value.Value).Append(',');
    }
```

```
        /// <summary>
        /// Merge the partially computed aggregate with this aggregate.
        /// </summary>
        /// <param name="other"></param>
        public void Merge(Concatenate other)
        {
            this.intermediateResult.Append(other.intermediateResult);
        }

        /// <summary>
        /// Called at the end of aggregation, to return the results of the
aggregation.
        /// </summary>
        /// <returns></returns>
        public SqlString Terminate()
        {
            string output = string.Empty;
            //delete the trailing comma, if any
            if (this.intermediateResult != null
                && this.intermediateResult.Length > 0)
            {
                output = this.intermediateResult.ToString(0, this.intermediate
Result.Length - 1);
            }

            return new SqlString(output);
        }

        public void Read(BinaryReader r)
        {
            intermediateResult = new StringBuilder(r.ReadString());
        }

        public void Write(BinaryWriter w)
        {
            w.Write(this.intermediateResult.ToString());
        }
    }
```

[VB]

```
    Imports System
    Imports System.Data
    Imports Microsoft.SqlServer.Server
    Imports System.Data.SqlTypes
    Imports System.IO
```

```
Imports System.Text

<Serializable(), SqlUserDefinedAggregate(Format.UserDefined, IsInvariant
ToNulls:=True,  IsInvariantToDuplicates:=False,  IsInvariantToOrder:=False,
MaxByteSize:=8000)> _
Public Class Concatenate
    Implements IBinarySerialize

    ''' <summary>
    ''' The variable that holds the intermediate result of the concatenation
    ''' </summary>
    Private intermediateResult As StringBuilder

    ''' <summary>
    ''' Initialize the internal data structures
    ''' </summary>
    Public Sub Init()
        Me.intermediateResult = New StringBuilder()
    End Sub

    ''' <summary>
    ''' Accumulate the next value, not if the value is null
    ''' </summary>
    ''' <param name="value"></param>
    Public Sub Accumulate(ByVal value As SqlString)
        If value.IsNull Then
            Return
        End If

        Me.intermediateResult.Append(value.Value).Append(","c)
    End Sub
    ''' <summary>
    ''' Merge the partially computed aggregate with this aggregate.
    ''' </summary>
    ''' <param name="other"></param>
    Public Sub Merge(ByVal other As Concatenate)
        Me.intermediateResult.Append(other.intermediateResult)
    End Sub

    ''' <summary>
    ''' Called at the end of aggregation, to return the results of the
aggregation.
    ''' </summary>
    ''' <returns></returns>
    Public Function Terminate() As SqlString
        Dim output As String = String.Empty
```

```
        'delete the trailing comma, if any
        If Not (Me.intermediateResult Is Nothing) AndAlso Me.intermediate
Result.Length > 0 Then
            output = Me.intermediateResult.ToString(0, Me.intermediate
Result.Length - 1)
        End If

        Return New SqlString(output)
    End Function

    Public Sub Read(ByVal r As BinaryReader) Implements IBinarySerialize.Read
        intermediateResult = New StringBuilder(r.ReadString())
    End Sub

    Public Sub Write(ByVal w As BinaryWriter) Implements Ibinary
Serialize.Write
        w.Write(Me.intermediateResult.ToString())
    End Sub
End Class
```

一旦你将该代码编译成 MyAgg.dll，就可以用下列方法将该聚集注册在 SQL Server 中。

```
CREATE ASSEMBLY MyAgg FROM 'C:\MyAgg.dll'
GO
CREATE AGGREGATE MyAgg (@input nvarchar(200)) RETURNS nvarchar(max)
EXTERNAL NAME MyAgg.Concatenat
```

例如，考虑下列表：

```
CREATE TABLE BookAuthors
(
  BookID   int         NOT NULL,
  AuthorName    nvarchar(200) NOT NULL
)
```

并插入下列行：

```
INSERT BookAuthors VALUES(1, 'Johnson')
INSERT BookAuthors VALUES(2, 'Taylor')
INSERT BookAuthors VALUES(3, 'Steven')
INSERT BookAuthors VALUES(2, 'Mayler')
INSERT BookAuthors VALUES(3, 'Roberts')
INSERT BookAuthors VALUES(3, 'Michaels')
```

执行下列查询：

```
SELECT BookID, dbo.MyAgg(AuthorName)
FROM BookAuthors
GROUP BY BookID
```

结果如表 9-3 所示。

表 9-3 表格

BookID	Author Names
1	Johnson
2	Taylor, Mayler
3	Roberts, Michaels, Steven

9.6 小 结

从许多方面来说，我们在本章中添加的内容一点也不新鲜。实际上，用户定义函数中的许多内容与已经在脚本和存储过程中见过的语句、变量以及常用编码练习是一样的。但是，UDF 仍然提供给我们一个精彩的功能领域，这是 SQL Server 以前不能使用的。我们现在可以封装更多的代码，甚至可以在查询中使用封装的函数。更多的是，我们现在还可以提供参数化的视图和动态创建的表。

在许多方式下，用户自定义函数是 SQL Server 中添加的所有新功能中最令人兴奋的功能。在思考它们的用途的时候，笔者已经开始认识到只了解了它们的皮毛。在 SQL Server 2008 中，猜测开发者将以笔者梦想的方式应用 UDF，而且非常有希望，你将是这些开发者之一。

10 触发器

本章将介绍触发器的所有特点，从多方面比较触发器的性能。本章内容包括：

- 触发器的定义。
- 使用触发器替代声明引用完整性。
- 使用触发器获得更灵活的引用完整性。
- 使用触发器创建灵活的数据完整性规则。
- 使用 INSTEAD OF 触发器创建一个灵活的可更新的视图。
- 触发器的其他常用用途。
- 控制触发器的触发顺序。
- 考虑性能。

讨论完这些内容之后，你就会了解触发器为什么会如此复杂（决定使用触发器的时机），同时你也可略知触发器的功能是多么强大而灵活。

但是，经过本章的洗礼，我们不应成为触发器的极端分子（笔者经常碰到这样的 SQL Server 使用者），不要认为触发器是万能的解决方案而一直使用它，也不要认为触发器是万万不能的而永远不使用它。触发器能完成很多任务，但也会带来许多问题。记住：只有在需要使用触发器的时候才使用触发器，在不需要使用它的时候不使用它。

触发器的常规用途包括：

- 维持引用完整性 虽然笔者推荐尽可能使用 DRI，但也有许多事情是 DRI 不能完成的（例如，数据库和服务器之间的引用完整性，更复杂类型的关系，等等）。
- 创建审核轨迹（Audit Trail） 写出不仅跟踪当前数据而且跟踪每条记录的历史变化的记录。
- 类似于 CHECK 约束的功能，但它可以在表、数据库甚至服务器上工作。
- 用你的语句替代用户的行为语句（通常用于能在复杂视图中插入数据）。

这只是其中的一些用途。下面看一看到底什么是触发器。

10.1 触发器定义与分类

触发器是放在特定表上的一些代码，但不像 sprocs 那样需要你显式调用 sprocs 的代码，只要触发器所在表上的对应事件发生，就会自动执行该触发器的代码。实际上，我们不能直接调用触发器，唯一的方法是在分配触发器的表上执行某种行为方可激活触发器。

触发器是响应特定事件的一种特殊存储过程。SQL Server 2005 提供了两种主要机制来强制执行业务规则和数据完整性：约束和触发器。触发器是一种特殊的存储过程，它在执行语言事件时自动生效。SQL Server 包括两大类触发器：DML 触发器和 DDL 触发器。

- ❑ 当数据库中发生数据操作语言（DML）事件时，将调用 DML 触发器。DML 事件包括在指定表或视图中修改数据的 INSERT、UPDATE 或 DELETE 语句。DML 触发器可以查询其他表，还可以包含复杂的 Transact-SQL 语句。将触发器和触发它的语句作为可在触发器内回滚的单个事务对待。如果检测到错误（例如，磁盘空间不足），则整个事务立即自动回滚。
- ❑ DDL 触发器是 SQL Server 2005 的新增功能。当服务器或数据库中发生数据定义语言（DDL）事件时，将调用这些触发器。DDL 触发器是一种特殊的触发器，它在响应数据定义语言语句时触发，可以用于在数据库中执行管理任务，例如审核以及规范数据库操作。

本章 10.1 节～10.9 节将重点探讨 DML 触发器，10.10 节将探讨 DDL 触发器。

Sprocs 可以直接被调用，同时还具有参数和返回值，而触发器则不行，触发器既没有参数也没有返回值，更不能被直接调用。

虽然触发器没有参数，但它们有一种能指出要在哪条记录上采取行为的机制（本章会继续解释）。虽然你可以使用 RETURN 关键词，但不能返回特定的返回值（因为没有直接调用触发器的代码，所以我们无法知道应该将返回值发送给谁）。

DML 触发器可以分为以下 3 种类型：

- ❑ AFTER 触发器　在执行了 INSERT、UPDATE 或 DELETE 语句操作之后即执行 AFTER 触发器。指定 AFTER 与指定 FOR 相同，它是 SQL Server 早期版本中唯一可用的选项。AFTER 触发器只能在表上指定。
- ❑ INSTEAD OF 触发器　执行 INSTEAD OF 触发器代替通常的触发动作。还可为带有一个或多个基表的视图定义 INSTEAD OF 触发器，而这些触发器能够扩展视图可支持的更新类型。
- ❑ CLR 触发器　可以是 AFTER 或 INSTEAD OF 触发器，还可以是 DDL 触发器。CLR 触发器将执行在托管代码（在 .NET Framework 中创建并在 SQL Server 中上载的程序集成员）中编写的方法，而不用执行 Transact-SQL 存储过程。

在什么事件上可以放置触发器呢？答案就是在 SQL 中执行的 3 种查询行为。根据查询行为的不同，我们可以将触发器分为以下 4 种类型：

- ❑ INSERT 触发器。
- ❑ DELETE 触发器。
- ❑ UPDATE 触发器。
- ❑ 以上几种类型的混合匹配触发器。

值得注意的是，有时即使你执行的行为看起来属于上面的一种类型，也不一定能激活触发器，关键看你的操作是否在日志行为中。例如，DELETE 语句是正常的记录日志行为，因此会触发 delete 触发器。但是，如果采用删除行的 TRUNCATE TABLE 语句，则只释放表使用的分配空间，却不会独立删除行的日志信息，从而不可能激活触发器。

以前，我们可以采用这种方式来通过 bcp（大容量复制程序）往表中插入数据（因为那时 bcp 不激活触发器）。现在，SQL Server 默认 bcp 行为是记录日志行为，当然它也会激活触发器。

10.2 创建 DML 触发器

创建触发器的语法与其他 CREATE 语法非常相似，但必须在一张表上创建，因为触发器不能单独存在。为了支持 INSTEAD OF 触发器并在视图上创建触发器（这两者在 SQL Server 2000 以前都不存在），现在的各种 CREATE TRIGGER 语法在复杂性方面都有所增加。

语法如下所示：

```
CREATE TRIGGER [schema_name.]<trigger name>
    ON <table or view name>
    [WITH ENCRYPTION]
    {{{FOR|AFTER} <[DELETE] [,] [INSERT] [,] [UPDATE]>} |INSTEAD OF}
    [WITH APPEND]
    [NOT FOR REPLICATION]
AS
    <sql statements
    …
    …
    …>
```

可见，上面的语法与 CREATE <object type> <object name>非常相似，我们只是添加了 ON 从句以指示在哪张表上建立触发器，以及何时和在何种条件下触发。

10.2.1 ON

这部分显示在哪个对象上创建触发器。记住，如果这是一种 AFTER 触发器（在定义触发器的时候使用 FOR 或 AFTER），那么 ON 从句后面必须是一张表；视图不支持 AFTER 触发器。

10.2.2 WITH ENCRYPTION

这个选项的作用与它在视图和 sprocs 上的作用一样，就是实现加密。如果在创建触发器的语句中添加了该选项，那么必然导致无人能看见你的代码（连你自己也不能），这一方法对设计商业销售软件非常有用。只要你出于安全性的考虑而不想让用户看见自己在修改或访问哪种数据，就可以使用该选项。显然，在加密之前，你应该保留该代码的备份，以备后用，从而在必要时可以重新创建触发器。

与视图和存储过程一样，在使用 WITH ENCRYPTION 选项的时候应切记：每次更改触发器时必须重新使用该选项。如果利用了 ALTER TRIGGER 语句且不包含 WITH ENCRYPTION 选项，那么该触发器就不再是加密的触发器了。

10.2.3 FOR | AFTER 与 INSTEAD OF 从句

从 SQL Server 2000 开始，你就可以运行 INSTEAD OF 触发器了。当然，你也可以选择使用（通常更适宜）以往的 FOR 触发器。FOR 触发器现在也可以使用 AFTER 关键词进行声明，而不一定要用 FOR 关键词。

无论你做出哪种选择，SQL Server 都把两张表放在一起，其中一张表保留被插入记录的副本（偶尔也叫做 INSERTED），而另一张表保留被删除记录的副本（叫做 DELETED）。我们随后会详细介绍如何使用这些工作表。现在要认识到的是，对 INSTEAD OF 触发器，这些工作表是在约束被检查之前创建的，这一行为与 7.0 版有所不同，你可以实际运行自己的代码代替用户的要求。这意味着我们可以在视图上清除模糊的插入操作（还记得第 5 章讨论视图中有 JOIN 时的插入操作存在这一问题吗），也意味着我们可以在约束被检查之前清除约束限制。

触发器使用 FOR 声明和 AFTER 声明的行为相同。它们与 INSTEAD OF 触发器的最大差别在于都在检查约束之后建立了自己的工作表。

INSTEAD OF 触发器可用于执行触发器触发之前的功能。

FOR（相应地，你也可以使用 AFTER）从句指示了你希望在哪种行为下激活触发器。你可以在 INSERT、UPDATE、DELETE 或混合这 3 种行为下激活触发器。例如， FOR 从句可以如下所示：

```
FOR INSERT, DELETE
```

…或：

```
FOR UPDATE, INSERT
```

…或：

```
FOR DELETE
```

正如我们在 ON 从句一节阐述的那样，使用 FOR 或 AFTER 定义的触发器，只能放在表上，而不能放在视图上（可以通过 INSTEAD OF 触发器了解这些内容）。

1. INSERT 触发器

FOR INSERT 触发器将在有人向表中插入新行时触发。SQL Server 对插入的每一条记录都会创建新行的一个副本，并将该记录插入到触发器范围内存在的特殊 INSERTED 表中。我们在本章会详细介绍这方面的例子。需要理解的事情是：INSERTED 表只在触发器工作时存在，而在触发器启动之前或触发器完成之后都视 INSERTED 表为不存在。例如：

```
CREATE TRIGGER [insrtWorkOrder] ON [Production].[WorkOrder]
AFTER INSERT AS
BEGIN
   SET NOCOUNT ON;

   INSERT INTO [Production].[TransactionHistory](
[ProductID],[ReferenceOrderID],[TransactionType],
     [TransactionDate],[Quantity],[ActualCost])
SELECT inserted.[ ProductID],inserted.[WorkOrderID],
 'W',GETDATE(),inserted.[OrderQty],0
FROM inserted;
END;
```

2. DELETE 触发器

除了没有创建 INSERTED 表之外，该触发器与 INSERT 触发器的工作方式相同。相反，被删除的每条记录的副本都被插入到另一张称为 DELETED 的表中，该表像 INSERTED 表一样，只在触发器工作时存在。例如：

```
CREATE TRIGGER [delCustomer] ON [Sales].[Customer]
AFTER DELETE AS
BEGIN
   SET NOCOUNT ON;

   EXEC master..xp_sendmail
      @recipients = N 'SalesManagers@Adventure-Works.com'
      @message = N'Customers have been deleted!! ';
END;
```

3. UPDATE 触发器

除了有点难以理解之外，大部分相同。声明为 FOR UPDATE 触发器的代码，将在修改表中的现有记录时触发。难以理解的是：没有这样一张 UPDATE 表。相反，SQL Server 将每条记录视作删除了的记录，然后重新插入新记录。声明为 FOR UPDATE 的触发器包含了不是一张而是两张特殊的表，即 INSTEADED 和 DELETED 表。当然，这两张表具有完全相同的记录数。例如：

```
CREATE TRIGGER [updtProductReview] ON [Production].[ProductReview]
AFTER UPDATE NOT FOR REPLICATION AS
BEGIN
   SET NOCOUNT ON;

   UPDATE [Production].[ProductReview]
   SET  [Production].[ProductReview].[ModifiedDate] = GETDATE()
   FROM inserted
   WHERE inserted.[ProductReviewID] =
   [Production].[ProductReview]. [ProductReviewID]
```

10.2.4 WITH APPEND

WITH APPEND 是一种古怪的东西，老实说你很可能用不上它，但在这里还是有必要讨论一下。

WITH APPEND 只应用于 SQL Server 6.5 的兼容模式下，可以使用 sp_dbcmptlevel 来设置。

SQL Server 6.5 和以前的版本不允许在同一张表上放置多个类型的触发器。例如，如果你已经定义了一个强制更新和插入时维持数据完整性的 trgCheck 触发器，就不能为级联更新创建一个单独的触发器。一旦创建了更新（或插入、删除）触发器，就不能再为同种行为创建另一个触发器。

这是一件令人痛苦的事情，意味着你不得不在一个触发器上组合多种不同的逻辑行为。有时，我们很难使两个完全不同的过程协调工作，即使能实现两个过程协调工作，最后编写出来的代码的可读性也非常差。

从 SQL Server 7.0 开始，这些规则发生了本质的变化。我们不用再担心一种行为查询需要有几个触发器，如果你乐意，那么你可以拥有多个触发器。如果你是运行在 SQL Server 6.5 的兼容模式下，就会遇到这样的问题：数据库仍然工作在对特定表的特定类型只能有一个触发器的模式下。

WITH APPEND 显式地告诉 SQL Server，即使已经在该表上有一类触发器，也能再在该表上添加一个触发器，只要适当的触发器行为（INSERT、UPDATE、DELETE）发生，它们就会激活这些触发器。

10.2.5 NOT FOR REPLICATION

这一选项的添加使触发器触发的规则发生了细微的变化。在适当的地方使用该选项，可以使与复制相关的任务即使修改了表也不会激活该触发器。通常是在修改原始表而且不再处理该行为的时候（进行内务处理、级连等）使用该选项。

10.2.6 AS

该关键词的作用与它在 sprocs 中的作用一样能够把你的代码将要开始的信息告诉给 SQL Server。下面我们将要编写与触发器相关的脚本。

10.3 使用触发器维护引用完整性规则

到目前为止，提供执行完整性检查的唯一方法就是使用 DRI（Declarative Referential Integrity，声明的引用完整性，），但这不是唯一的选项。实际上，直到 6.5 版本为止，DRI 在以前的版本中甚至还不是一个选项，那时执行完整性检查都是用触发器来完成的。

触发器仍然是维护引用完整性需要的一种最好选择。虽然它们的速度有点慢（稍后还有更多讨论），但人们认为它们在维护数据完整性上更灵活。正因如此，所以有几种关系（处理方法）只能通过触发器来执行。

使用触发器的关系的例子包括：

- 一对一的关系。
- 排斥关系。
- 需要跨越数据库或服务器边界的情况。

可能还有很多类似的例子，具体有多少取决于你的特定需求。这就是触发器的最大特点，它们有最大的灵活性。

10.3.1 维护简单的引用完整性

除了前面列出的所有技巧以外，触发器还可以用于完成 DRI 能完成的相同的、简单的引用完整性。一般而言，这不是我们所希望采取的方法，但有时又无法避免。

我们在这里要在 Omaster 和 Odetail 之间添加关系，这种关系能够确保在没有引用 Omaster 表中现有的 Document_No 的情况下，不能在 Odetail 表中添加订单。

首先，应确保现有数据库 Store_IO 中不存在原来的引用完整性：

```
USE STORE_IO
INSERT INTO dbo.ODetail
```

```
(   document_no,
item_no,
drug_code,
drug_spec,
units,
batch_no,
   expire_date,
firm_id   ,
import_document_no,
purchase_price,
   retail_price,
package_spec,
quantity,
package_units,
sub_package_1,
sub_package_units_1,
sub_package_spec_1,
sub_package_2,
sub_package_units_2,
sub_package_spec_2  )
VALUES
   (   4, 1   , '1110010101', '200mg', '片', '12033456',
   '2006-01-01', '000001', '0000000001',10.19,15.30, '/',
   100, '瓶',NULL,NULL,NULL,NULL,NULL,NULL)
```

一旦运行这个语句，我们就能获得预期的效果，但也产生了不希望得到的结果：已经插入了一条不满足 Document_No 约束的记录（直到数据库关注这一问题时，该约束还不存在）。

（1 row(s) affected）

现在，我们创建一个满足上面的条件的简单触发器。

```
use store_io
GO
CREATE TRIGGER OdetailHasOmaster
   ON dbo.Odetail
   FOR INSERT, UPDATE
AS
   IF EXISTS
     (
      SELECT 'True'
      FROM Inserted i
      LEFT JOIN dbo.Omaster OM
         ON i.document_no = OM.Document_no
      WHERE OM.Document_no IS NULL
     )
   BEGIN
     RAISERROR('出库单号无效',16,1)
     ROLLBACK TRAN
   END
```

上面的语句实际会处理两种不同的情况。首先，如果用户或 sproc 试图插入一条与 Document_No 不匹配的记录，那么插入操作就会失败。如果他们试图更新一条现有出库单编号不存在的出库明细，那么插入操作也会失败。我们正在用触发器执行像 DRI 在原始的 Store_IO 数据库中所完成的任务一样的一对 0、1 或多的关系。

既然我们已经用触发器取代了 DRI，现在就尝试用触发器来插入前面的数据。

```
INSERT INTO dbo.ODetail
(      document_no,
       item_no,
      drug_code,
      drug_spec,
      units,
      batch_no,
         expire_date,
      firm_id,
      import_document_no,
      purchase_price,
      retail_price,
      package_spec,
      quantity,
     package_units,
     sub_package_1,
      sub_package_units_1,
      sub_package_spec_1,
      sub_package_2,
      sub_package_units_2,
      sub_package_spec_2  )
VALUES
  ( 6, 1    , '1110010101', '200mg', '片', '12033456',
'2007-09-01', '000001', '0000000001',10.19,15.30, '/',
100, '瓶',NULL,NULL,NULL,NULL,NULL,NULL)
```

这次将返回一条错误信息：

```
Server: Msg 50000, Level 16, State 1, Procedure OdetailHasOmaster, Line 14
出库单号无效
```

是不是很精彩？但这个错误提示几乎没有信息，它没有告诉用户有关什么是有效 Document_no 的更多内容。

这是使用触发器而不使用 DRI 的一个好处，控制了如何读取错误信息。如果在客户/服务器环境下，这并不是一个大问题（你通常会使用一些资源文件来修改用户看见的错误信息），但是在一些实例中，你会喜欢仅将文本错误传递给最终用户。利用触发器，我们可以用定制信息轻松地处理这件事情，就像处理 sprocs 一样。

我们为上面的触发器录入一条定制信息：

```
sp_addmessage 60001, 16, '出错提示.表 %s 中的字段 %s 必须与
表 %s 中的 %s 字段一致。'
```

注意： 新的定制信息接受了两张表中对应于列名和相关字段的表名的 4 个参数。另外，如果我们在处理一个组合键（键中含有两个或更多字段），那么就需要为那些错误信息创建单独的信息，或者修改这些信息，使之具有更大的灵活性。

为了利用新错误信息，我们需要修改触发器。除了不需要使用 WITH APPEND 选项之外，ALTER TRIGGER 命令的语法与 CREATE TRIGGER 命令的语法一样。

```
Alter TRIGGER OdetailHasOmaster
  ON dbo.Odetail
  FOR INSERT, UPDATE
AS
  IF EXISTS
    (
     SELECT 'True'
     FROM Inserted i
     LEFT JOIN dbo.Omaster OM
       ON i.document_no = OM.Document_no
     WHERE OM.Document_no IS NULL
    )
  BEGIN
RAISERROR(60001,16,1,'Odetail','Document_no','Omaster','Document_no')
     ROLLBACK TRAN
  END
```

现在，再测试一下：

```
INSERT INTO dbo.ODetail
(        document_no,
          item_no,
          drug_code,
          drug_spec,
          units,
          batch_no,
          expire_date,
          firm_id    ,
          import_document_no,
          purchase_price,
          retail_price,
          package_spec,
          quantity,
          package_units,
          sub_package_1,
          sub_package_units_1,
          sub_package_spec_1,
          sub_package_2,
          sub_package_units_2,
          sub_package_spec_2   )
VALUES
  (   6, 1   , '1110010101', '200mg', '片', '12033456',
   '2007-09-01', '000001', '0000000001',10.19,15.30, '/',
   100, '瓶',NULL,NULL,NULL,NULL,NULL,NULL)
```

我们一定会获得新的错误消息：

Server: Msg 60001, Level 16, State 1, Procedure OdetailHasOmaster, Line 14

出错提示：表 Odetail 中的字段 Document_no 必须与表 Omaster 中的 Document_no 字段一致。

现在让我们看看其他方面。DRI 不仅处理插入到目的表中的记录，它还处理因为删除引用表而留下的孤儿记录（此时就是 Omaster），这是触发器的一个主要缺陷。为了确保在一对一的关系中不产生孤儿记录，我们需要阻止产生一对 0 的关系的插入或删除操作。对于触发器，这通常意味着在关系的两端都要安放触发器。

下面用添加触发器的方法来防止从 Omaster 表中删除记录。

```
Create TRIGGER OmasterHasODetail
   ON dbo.Odetail
   FOR DELETE
AS
   IF EXISTS
      (
       SELECT 'True'
       FROM Deleted d
       JOIN dbo.Omaster o
          ON d.document_no = o.document_no
      )

      BEGIN
         RAISERROR('出库主记录具有出库明细记录，删除操作失败！',16,1)
         ROLLBACK TRAN
      END
```

删除具有出库明细记录的出库主记录，看看有何结果：

```
DELETE Omaster
   WHERE Document_no = '112'
```

我们得到了预期的错误，而没有删除记录：

Server: Msg 50000, Level 16, State 1, Line -1074284106
出库主记录具有出库明细记录，删除操作失败!

其实很简单。唯一的技巧在于：只要是一对 0 或多对多的而不是一对多的关系，才能发生这一现象。此时，我们需要修改触发器为：只有被插入的表中的 Document_No 为 NOT NULL 时，才能进行测试查询。

注意：就像以前的触发器，我们应该为 DELETE 语句产生的错误创建一条定制信息，笔者把这个练习留给大家。

10.3.2 得到更灵活的引用完整性

以前的 DRI 只执行两种关系：一对一或多，或者一对零、一或多。另一个不能满足 DRI 常规要求的例子是排它子类关系（exclusive subcategory relationship）。在这种关系中，父表拥有的消息可能与许多子表相似，但是父表中的每行只有唯一一条记录与子表的一条记录相匹配，这显然不能用 DRI 来处理这个问题。

对于这类关系，我们只能使用触发器作为唯一解决方案。虽然你会听说使用 DRI 是为了获得更好的性能，但是 DRI 不能处理像子类这样的复杂成员。此时，采用触发器可以出色地完成任务。

1. 一对一关系

真正的一对一关系并不是你能找到的最普通的关系，但也并非没有听说这些关系。大概一对一关系最常用于建立两个单独系统的共同区域。

例如，假设你有一个跟踪自己与所有厂商进行交易的信息系统，为了实现更复杂的想法，假设你管理的设备是全院的设备库房，而这些设备库房又分为不同的分库房。此时，你可能为了独立核算的需要，不仅要对各分库房的机器上要存储记录，而且在你自己的服务器上也要存储相同的记录。

要实现这一系统，大概希望每个系统既使用相同的出库编号，也采用相同的流水号。你希望分库房不会增加你不知道的记录，而且他们的出库操作都隶属于你的管辖范围。

这是用一组全部与主系统的表具有一对一关系的副本表来实现的（主库房和分库房都有一份记录）。每个系统都得到了某些局部性能并控制自己的表，而且它们将在特定系统范围内管理该表，不过我们需要确定每个系统都在一公共区内工作。

例如，我们要假设 Store_IO 数据库有与之相关的第二个系统。首先，我们将创建与 Orders 表相关的第二张表。

```
create table dbo.Omaster1
   (
   document_no          int    NOT NULL,
   storage              varchar(8)       NOT NULL,
   export_date          datetime    NOT NULL,
   receiver             varchar(40) NOT NULL,
   account_receivable       money        NULL,
   account_payed        money   NULL,
   additional_fee           money        NULL,
   export_class         varchar(8)       NOT NULL,
   sub_storage              varchar (8)  NOT NULL,
   account_indicator        smallint     NOT NULL,
   memos                varchar (20)     NULL,
   operator             varchar (8)      NOT NULL,
         constraint pk_omaster1          primary key (document_no))
```

--创建出库从记录表

```
create table dbo.odetail1
   (
   document_no              int            NOT NULL,
   item_no                  int                NOT NULL,
   drug_code            varchar (10)     NOT NULL,
   drug_spec            varchar (20)     NOT NULL,
   units                varchar (8)      NOT NULL,
   batch_no             varchar(16)      NOT NULL,
```

```
    expire_date                datetime NOT NULL,
    firm_id                    varchar(10)     NOT NULL,
    import_document_no         varchar(10) NOT NULL,
    purchase_price             money   NULL,
    retail_price           money  NULL,
    package_spec           varchar (20)    NOT NULL,
    quantity               int             NOT NULL,
    package_units              varchar(8)  NOT NULL,
    sub_package_1              Decimal(12,2)    NULL,
    sub_package_units_1            varchar (8)  NULL,
    sub_package_spec_1             varchar (20)     NULL,
    sub_package_2              decimal(12,2)    NULL,
    sub_package_units_2            varchar(8)   NULL,
    sub_package_spec_2             varchar(20) NULL,
    CONSTRAINTPKODetails1
      PRIMARY KEY(document_no, item_no))
```

我们已经从 Document_No 列删除了 IDENTITY 选项，因为主系统中的 Omaster 和 Odetail 表将驾驭这两张表。

紧接着，从现存的 Orders 表中装入一些数据。

```
INSERT INTO dbo.Omaster1
SELECT * FROM dbo.Omaster
```

速度很快，系统立即将 Omaster 表中的记录插入到 Omaster1 中。但是，在一对一关系中，我们到底能处理一些什么样的事情呢？

我们既可以让一张表发生所有插入操作并将这些记录广播到其他表中真正的主表（因为我们将要在这里查看数据），也可以让两张表都接受插入操作并将这些记录信息广播到其他表上。

如前所述，我们将建立一种模型：Omaster 和 Odetail 是主表，Omaster1 和 Odetail1 是从表。我们希望 Omaster1 和 Odetail1 表拒绝插入任何在 Omaster 和 Odetail 表中不存在的记录。同样，我们需要在 Odetail 表中插入所有在 Odetail1 表中存在的记录，并在 Omaster 中插入 Omaster1 中存在的记录。要完成这一任务，实际需要创建 4 个触发器，即每张表上一个。

```
CREATE TRIGGER OdetailFeedsOdetail1
  ON dbo.Odetail
  FOR INSERT, UPDATE, DELETE
AS
  DECLARE @Count int
  SELECT @Count = COUNT(*) FROM DELETED

-- 检查是否有行被删除，如果有，则从从表中删除
  IF @Count  > 0
  BEGIN
    DELETE FROM dbo.Odetail1
      FROM DELETED i
      JOIN dbo.Odetail1 o1
```

```
         ON i.document_no = o1.document_no
   END

-- 如果出现错误，则回滚
   IF @@ERROR != 0
      ROLLBACK TRAN

   SELECT @Count = COUNT(*) FROM Inserted

-- 检查是否有插入操作，如果有，则复制到从表中。
   IF @Count > 0
   BEGIN
      INSERT INTO dbo.Odetail1
         SELECT i.*
         FROM Inserted i
         LEFT JOIN dbo.Odetail1 o1
            ON i.document_no = o1. document_no
         WHERE o1. document_no IS NULL
   END

-- 如果有问题，则回滚
   IF @@ERROR != 0
      ROLLBACK TRAN
```

这是第二个触发器：

```
CREATE TRIGGER OmasterFeedsOmaster1
   ON dbo.Omaster
   FOR INSERT, UPDATE, DELETE
AS
   DECLARE @Count int
   SELECT @Count = COUNT(*) FROM DELETED

-- 检查是否有行被删除，如果有，则从从表中删除
   IF @Count  > 0
   BEGIN
      DELETE FROM dbo.Omaster1
         FROM DELETED i
         JOIN dbo.Omaster1 o1
            ON i.document_no = o1.document_no
   END

-- 如果出现错误，则回滚
   IF @@ERROR != 0
      ROLLBACK TRAN

   SELECT @Count = COUNT(*) FROM Inserted
```

```
-- 检查是否有插入操作，如果有，则复制到从表中。
   IF @Count > 0
   BEGIN
      INSERT INTO dbo.Omaster1
         SELECT i.*
         FROM Inserted i
         LEFT JOIN dbo.Omaster1 o1
            ON i.document_no = o1. document_no
         WHERE o1. document_no IS NULL
   END

-- 如果有问题，则回滚
   IF @@ERROR != 0
     ROLLBACK TRAN
```

这是第三个触发器：

```
CREATE TRIGGER Odetail1DependsOnOdetail
   ON dbo.Odetail1
   FOR INSERT, UPDATE, DELETE
AS
   DECLARE @Count int

-- 除非已经从父表中删除该记录，否则不允许删除
   SELECT @Count = COUNT(*) FROM DELETED
   IF @Count > 0
   BEGIN
      IF NOT EXISTS
         (
          SELECT 'True'
          FROM Deleted d
          LEFT JOIN dbo.Odetail o
             ON d.document_no = o.document_no
          WHERE o.document_no IS NULL
         )
      BEGIN
         RAISERROR('该记录在Odetail中还有记录存在. 删除操作被取消.',16,1)
         ROLLBACK TRAN
      END
   END

-- 除非在父表中有匹配记录，否则不允许插入
   IF @@ERROR != 0
     ROLLBACK TRAN
   SELECT @Count = COUNT(*) FROM INSERTED
   SELECT '删除之前的记录数是：' + CONVERT(varchar,@Count)
```

```
  IF @Count > 0
  BEGIN
     IF EXISTS
        (
         SELECT 'True'
         FROM Inserted i
         LEFT JOIN dbo.Odetail o
            ON i.document_no = o.document_no
         WHERE o.document_no IS NULL
        )
     BEGIN
        RAISERROR('被插入的记录必须在Odetail中存在',16,1)
        ROLLBACK TRAN
     END
  END
  IF @@ERROR != 0
     ROLLBACK TRAN
```

这是第四个触发器：

```
CREATE TRIGGER Omaster1DependsOnOmaster
   ON dbo.Omaster1
   FOR INSERT, UPDATE, DELETE
AS
   DECLARE @Count int

-- 除非已经从父表中删除该记录，否则不允许删除
   SELECT @Count = COUNT(*) FROM DELETED
   IF @Count > 0
   BEGIN
      IF NOT EXISTS
         (
          SELECT 'True'
          FROM Deleted d
          LEFT JOIN dbo.Omaster o
             ON d.document_no = o.document_no
          WHERE o.document_no IS NULL
         )
      BEGIN
         RAISERROR('该记录在Omaster还存在. 删除操作被取消.',16,1)
         ROLLBACK TRAN
      END
   END

-- 除非在父表中有匹配记录，否则不允许插入
   IF @@ERROR != 0
      ROLLBACK TRAN
```

```
    SELECT @Count = COUNT(*) FROM INSERTED
    SELECT '删除之前的记录数是：' + CONVERT(varchar,@Count)
    IF @Count > 0
    BEGIN
      IF EXISTS
         (
         SELECT 'True'
         FROM Inserted i
         LEFT JOIN dbo.Omaster o
           ON i.document_no = o.document_no
         WHERE o.document_no IS NULL
         )
      BEGIN
         RAISERROR('被插入的记录必须在Omaster中存在',16,1)
         ROLLBACK TRAN
      END
    END
    IF @@ERROR != 0
      ROLLBACK TRAN
```

现在我们准备测试。首先向 Omaster 表中插入一条数据，然后确定这条记录也传播到 Omaster1 表中。

```
SET IDENTITY_INSERT omaster ON
INSERT INTO dbo.Omaster
(document_no,
   storage,
   export_date,
   receiver,
   account_receivable,
   account_payed,
   additional_fee,
   export_class,
   sub_storage,
   account_indicator,
   memos,
   operator)

VALUES
  (20,'西药库', DATEADD(mi,1,GETDATE()), '天坛医院',30.19,
   30.19,10.55, '发放出库', '一号库房',1, NULL, '张三')
SET IDENTITY_INSERT omaster ON
```

再从两张表中选择值：

```
SELECT Document_no, Storage FROM dbo.Omaster WHERE Document_no = 20
SELECT Document_no, Storage FROM dbo.Omaster1 WHERE Document_no = 20
```

尽管我们只在 Orders 表中插入了值，但在另一张表中也拥有该条记录：

```
Document_no Storage
----------- --------
20          西药库

(1 row(s) affected)

Document_no Storage
----------- --------
20          西药库

(1 row(s) affected)
```

现在，测试一组删除操作，首先从 Omaster1 表中删除记录。

```
DELETE from dbo.Omaster1
WHERE  Document_no = 20
```

产生错误如下所示：

```
Server: Msg 50000, Level 16, State 1, Procedure Omaster1DependsOnOmaster, Line 20
该记录在 Omaster 中还存在. 删除操作被取消。

-----------------------------------------------
删除之前的记录数是：0

(1 row(s) affected)
```

因为我们设置了必须先从主表上删除数据，所以这里拒绝在从表上执行的删除操作。

现在，我们仅改变最后一个 DELETE 查询，从主表删除这条记录。

```
DELETE dbo.Omaster
WHERE   Document_no = 20
```

结果提示：

```
-----------------------------------------------
删除之前的记录数是：0
(1 row(s) affected)
(1 row(s) affected)
(1 row(s) affected)
```

然后重新查询这两条记录：

```
SELECT Document_no, Storage FROM dbo.Omaster WHERE Document_no = 20
SELECT Document_no, Storage FROM dbo.Omaster1 WHERE Document_no = 20
Document_no Storage
----------- --------

(0 row(s) affected)

Document_no Storage
----------- --------

(0 row(s) affected)
```

请注意这只是一个一对一的关系的例子。

2. 排它子类

回到前面的设计问题，我们曾经讨论过排它子类（exclusive subcategories）的概念。排他子类的关系只能用触发器实现。

因为 Store_IO 在这种关系下不能提供我们需要的关系，所以我们要建立一个简单的例子。在这个例子中，我们有一个行为（activity）的概念，这种 Activity 具有一些共同的信息，看起来像：

```
CREATE TABLE dbo.Activity
(
  ActivityID    int   IDENTITY (1, 1)  NOT NULL,
  ActivityType      int                 NOT NULL,
  CONSTRAINT PK_Activity
    PRIMARY KEY  NONCLUSTERED (ActivityID)
)
```

西药和检查都是行为，而且都是排它子类的行为。也就是说，我们只能将该药品分为西药或检查，但不能既是西药又是检查。创建如下：

```
CREATE TABLE dbo.ActivityDrug
(
  ActivityID    int    NOT NULL,
  Drug_indct    bit    NOT NULL
  CONSTRAINT PK_ActivityDrug
    PRIMARY KEY  NONCLUSTERED (ActivityID)
)
GO

CREATE TABLE dbo.ActivityCheck
(
  ActivityID    int        NOT NULL,
  Check_indct       bit          NOTNULL
  CONSTRAINT PK_ActivityCheck
    PRIMARY KEY  NONCLUSTERED (ActivityID)
)
GO
```

现在我们准备处理执行排它子类的关系。首先，我们要在 ActivityDrug 表上添加一个触发器。虽然它看起来非常像标准的引用完整性触发器，但它能进一步核查确保没有任何“检查项目”记录。

```
CREATE TRIGGER  DrugIsExclusiveActivity
  ON dbo.ActivityDrug
  FOR INSERT, UPDATE
AS
--必须在Activity表中核查ActivityID
  IF EXISTS
```

```
      (
       SELECT 'True'
       FROM Inserted i
       LEFT JOIN dbo.Activity a
          ON i.ActivityID = a.ActivityID
       WHERE a.ActivityID IS NULL
      )
   BEGIN
      RAISERROR('药品项目必须具有对应的药品行为。',16,1)
      ROLLBACK TRAN
   END
--核查检查项目记录(确保一定没有检查项目)
   IF EXISTS
      (
       SELECT 'True'
       FROM Inserted i
       LEFT JOIN dbo.ActivityCheck ac
          ON i.ActivityID = ac.ActivityID
       WHERE ac.ActivityID IS NOT NULL
      )
   BEGIN
      RAISERROR('存在检查项目.',16,1)
      ROLLBACK TRAN
   END
```

现在，我们需要为“检查项目”建立一个几乎完全一样的触发器。

```
CREATE TRIGGER CheckIsExclusiveActivity
   ON dbo.ActivityCheck
   FOR INSERT, UPDATE
AS
--必须在Activity表中检查ActivityID
   IF EXISTS
      (
       SELECT 'True'
       FROM Inserted i
       LEFT JOIN dbo.Activity a
          ON i.ActivityID = a.ActivityID
       WHERE a.ActivityID IS NULL
      )
   BEGIN
      RAISERROR('检查项目必须具有对应的行为。',16,1)
      ROLLBACK TRAN
   END
--确保一定没有“药品项目”
   IF EXISTS
      (
```

```
      SELECT 'True'
      FROM Inserted i
      LEFT JOIN dbo.ActivityDrug ad
         ON i.ActivityID = ad.ActivityID
      WHERE ad.ActivityID IS NOT NULL
     )
   BEGIN
     RAISERROR('存在药品项目记录。',16,1)
     ROLLBACK TRAN
   END
```

首先插入一组记录：

```
DECLARE @Identity int

INSERT dbo.Activity
VALUES
   (1)

SELECT @Identity = @@IDENTITY

INSERT dbo.ActivityDrug
VALUES
   (@Identity, 0)

SELECT '药品项目的行为标识是' + CONVERT(varchar,@Identity)
```

工作开始了。两条记录都运行良好，而且得到一些分配了 ActivityID 的信息。现在我们要在 SoftballActivity 表上运行 INSERT 以得到期待的失败信息（因为在 FootballActivity 中已经存在了记录）。

```
INSERT dbo.ActivityCheck
VALUES
   (1,1)
```

请注意插入到第一列的值有所改变，用以前的命令填充该值时，则提示已经使用了相同的值。当你这样执行的时候，你会获得报告插入 ActivitySoftball 失败的错误消息。

```
Server: Msg 50000, Level 16, State 1, Procedure CheckIsExclusiveActivity, Line 28
存在药品项目记录。
```

这是用 DRI 永远无法完成的事情。

10.4 维护数据完整性规则

触发器既能实现外部键约束的关系，也能实现像 CHECK 约束甚至 DEFAULT 约束那样的相同功能。像触发器与 DRI 一样，需要根据实际情况确定何时使用触发器以及何时使用 CHECK 约束。如果 CHECK 约束能完成这项工作，那么可能它就是最好的选择（但并不总是这样）。有时候，如果不能用 CHECK 约束完成该工作，或者在检查处理中继承的一些内容使得效果更不理想，就要采用触发器。利用触发器替代 CHECK 约束的例子有：

- 业务规则需要引用另一张表的参考数据。
- 业务规则需要检查更新的中间数据（与前后的数据都不同）。
- 需要一个定制的错误消息。

这里只是讨论了一些皮毛。因为触发器的灵活性很高，所以决定什么时候使用触发器，完全取决于你什么时候需要完成某种特殊任务。

10.4.1　处理其他表的请求

虽然 CHECK 约束不仅快而且效率高，但它们不会按照你期望的方式完成所有工作。大概 CHECK 约束的最大缺点，就是它要显示你何时需要验证插到表中的数据。

要说明这一问题，我们需要回顾一下本章前面创建的 Store_IO 数据库中的 Omaster 和 ODetail 表。如果我们的表仍然有 DRI，那么它们之间的关系应具有外部键联系，而且是由 Odetail 引用 Omaster 中的 document_no 列。

在 DRI 下，可以确保除非在 Omaster 表中有匹配的 ProductID，否则不能在 ODetail 表中插入明细记录（出于本章的目的，我们已经把这个 DRI 删除了）。

因为我们已经删除了声明的引用完整性，所以我们要把处理约束之前的引用完整性快速添加回来。

```
CREATE TRIGGER ODetailIsOnOMaster
   ON dbo.Omaster
   FOR INSERT, UPDATE
AS
   IF EXISTS
      (
       SELECT 'True'
       FROM Inserted i
       LEFT JOIN dbo.Omaster OM
          ON i.Document_no = OM.Document_no
       WHERE OM.Document_no IS NULL
      )
   BEGIN
      RAISERROR('出库单编号必须是一个有效的数字！',16,1)
      ROLLBACK TRAN
   END
```

下面尝试一下不能用 CHECK 约束完成的业务要求。

门诊药局埋怨门诊收费处总是对一些已经停止采购的药品进行收费，从而使出库增加麻烦。他们希望拒绝在系统中插入这样的出库单记录。

我们不能使用 CHECK 约束来处理这件事，因为废止状态（Stop_date）在 Price_List 表中不为空。实际上，我们只要使用一个触发器就可以了。

```
CREATE TRIGGER ODetailCanNotOutput
   ON dbo.ODetail
   FOR INSERT, UPDATE
AS
```

```
IF EXISTS
   (
    SELECT 'True'
    FROM Inserted i
    JOIN dbo.Price_list p
       ON i.Drug_code = p.Item_Code
    WHERE p.Stop_date Is Not Null
   )
BEGIN
   RAISERROR('该产品已经不再进货，价表被废止！事务提交失败。',16,1)
   ROLLBACK TRAN
END
```

注意： 该触发器与我们以前在该表上创建的触发器完全不同，在 SQL Server 6.5 以前，我们不能编写另外的触发器，因为我们已经有一个插入或更新的触发器（此时，既有插入又有更新），所以我们不得不把所有的逻辑组合成一个触发器。现在，这大概不会成为问题，但是对复杂的触发器来说，它会使调试难度加大。值得庆幸的是，在 SQL Server 7.0 和 2000 中，我们可以继续添加额外的触发器。

接下来我们在 Odetail 表中插入一条已经停用的价表出库记录，这样就可以获得预期的效果。

Server: Msg 50000, Level 16, State 1, Line -1074284106
该产品已经不再进货，价表被废止！事务提交失败。

记住，如果愿意，我们也可以创建一个定制错误信息来代替使用 RAISERROR 命令时的特殊信息。

10.4.2 检查被更新的中间数据

有时，我们对过去或现在的值不感兴趣，只希望知道变化值是多少。虽然没有列或表提供这些变化信息，但我们可以利用触发器中的 Inserted 和 Deleted 表进行计算。

要证实这一点，我们需要借助一张库存表。库存表 StoreRec 的创建语法如下所示：

```
if exists (select * from dbo.sysobjects where id = object_id
(N'[dbo].[StoreRec]') and OBJECTPROPERTY(id, N'IsUserTable') = 1)
drop table [dbo].[StoreRec]
GO

CREATE TABLE [dbo].[StoreRec] (
   [INo] [varchar] (6) COLLATE Chinese_PRC_CI_AS NOT NULL ,
   [IitemNo] [varchar] (2) COLLATE Chinese_PRC_CI_AS NOT NULL ,
   [IDate] [datetime] NULL ,
   [ISource] [varchar] (4) COLLATE Chinese_PRC_CI_AS NULL ,
   [IMode] [varchar] (2) COLLATE Chinese_PRC_CI_AS NULL ,
   [IstrumCode] [varchar] (4) COLLATE Chinese_PRC_CI_AS NOT NULL ,
   [ISerialNo] [varchar] (20) COLLATE Chinese_PRC_CI_AS NULL ,
   [IUnit] [varchar] (8) COLLATE Chinese_PRC_CI_AS NULL ,
   [IAmount] [int] NULL ,
```

```
    [ONo] [varchar] (6) COLLATE Chinese_PRC_CI_AS NULL ,
    [OItemNo] [varchar] (2) COLLATE Chinese_PRC_CI_AS NULL ,
    [ODate] [datetime] NULL ,
    [Odir] [varchar] (4) COLLATE Chinese_PRC_CI_AS NULL ,
    [OMode] [varchar] (2) COLLATE Chinese_PRC_CI_AS NULL ,
    [IOIndic] [varchar] (2) COLLATE Chinese_PRC_CI_AS NULL,
CONSTRAINT   PKStoreRec
      PRIMARY KEY(INO,IitemNo, IstrumCode)
)
```

StoreRec 有一列叫 Iamount，标识入库的数量。最近，许多产品发放很快，而且 Store_IO 已经发放空了许多产品。为此，我们决定在产品上创建一个定量配给系统，防止一个出库单的出库数量超过库存数量的一半。

要完成以上任务，我们需要利用 Inserted 和 Deleted 表。

```
CREATE TRIGGER OutputIsRationed
   ON dbo.StoreRec
   FOR UPDATE
AS
   IF EXISTS
     (
       SELECT 'True'
       FROM Inserted i
       JOIN Deleted d
          ON i.IstrumCode = d.IstrumCode
       WHERE (d.Iamount - i.Iamount) > d.Iamount / 2
          AND d.Iamount - i.Iamount > 0
     )
   BEGIN
      RAISERROR('一次出库数量不能超过 50%% 。',16,1)
      ROLLBACK TRAN
   END
```

在测试之前，我们需要先分析一下自己正在干什么。

首先，我们要利用本章通篇使用的 IF EXISTS 语句，希望只要现有的数据满足测试条件就回滚。

其次，我们将 INSERTED 和 DELETED 表联接在一起，这提供了进行比较的机会。

WHERE 从句可能有点令人难以理解。第一行非常直接，它实现了业务要求：更新超过原有库存一半的 Iamount 列的事务会满足查询条件，但拒绝这种更新事务。

尽管紧接着的一行语句的意思不是很直接，但是就像编程中的所有事情一样，我们需要考虑边界条件，而且需要思考其他分支。这一行的目的在于考虑减少库存的出库单，我们不希望限制存放了多少设备或药品，所以只要考虑被更新后的库存数小于更新前的库存数。

如果同时满足这些条件（超过 50%，而且库存数是减少而不是增加），那么就报错。

请注意，在 RAISERROR 中使用了两个%符号而不是一个%号。因为%代表了参数的一个占位符，所以一个%不会显示何时产生了错误。在一行中放入两个%，可以使 SQL Server 输出一个百分号。

下面检查一下该触发器是怎样工作的。我们提取一条记录并完成一次更新操作，使减少的库存超过 50%，系统就会按照预定的计划产生错误。

```
Server: Msg 50000, Level 16, State 1, Line -1074284106
一次出库数量不能超过 50% 。
```

10.4.3 定制错误信息

在其他一些例子中，我们已经提到了这一点，但是要记住，当你希望控制错误信息或者给用户或客户应用程序传递错误号时，使用触发器非常方便。

例如，利用 CHECK 约束我们将得到标准 547 号错，而不是不可名状的解释。通常，从用户实际指出发生什么错误的角度出发，这样的错误提示不会给他们提供太大的帮助。实际上，客户应用程序通常没有足够信息为用户的行为作出智能化、有帮助的响应。

简而言之，虽然有时创建触发器会给你提供预期的数据完整性，但是它不会给你提供足够的处理信息。

10.5 其他常见用途

除了直接用于数据完整性以外，触发器还有其他一些用途。实际上，虽然这些用途是无限的，但这里有一些常见的例子：

- 更新摘要信息。
- 为报表提供降低范式化的数据。
- 设置条件标识。

10.5.1 更新摘要信息

有时我们喜欢保留有利于产生报表或者在检查条件时可以加速性能的合计信息，我们可以利用这种方法跟踪如聚集一类的事情。需要记住的是，每添加一个触发器就为不得不完成这些事务增加额外的工作量，这意味着我们在系统上增加了额外的负荷，而且增加了发生死锁的机率。

10.5.2 插入数据到降低范式化的表中

首先申明这不是大多数情况下你应该处理事情的方式。通常，这种形式的数据转换应该作为在夜间或者系统的非高峰期内运行的批处理的一部分。复制也是一个很好的解决方法，是采用复制还是采用触发器来解决这一问题，其关键取决于移动内容的特性。

也就是说，有时你需要报表中的数据是最新的。实现这一功能的途径是，可以修改所有 sprocs 和系统其他访问点，从而保证更新 OLTA 表的同时更新报表，也可以使用触发器传播所有的更新记录。

笔者在此不准备讨论特定的例子，因为只要将该数据而不是聚集数据复制到新表中就可以了。

使用这种方法的优点在于，总能确保在 OLTP 表上发生的变化是最新的。也就是说，不用保留独立表。虽然以降低范式化格式的形式保留数据可以大大改变查询的性能，但是在大部分场合下，其主要目标是从主 OLTP 数据库上清空报表并最小化并发性问题。如果更新所有的 OLTP 仍然不得不更新报表中的信息，那么我们所做的一切就是解决数据库的死锁问题或者其他的内部并发性问题。从 OLTP 的观点来看，我们增加了工作量而没有得到任何好处。

这里，我们要权衡赢得的报表性能是否值得降低 OLTP 系统的性能。

10.5.3　设置条件标志

这种情况主要用在聚集上，以维护一个变化而是不必须在全表中查询的某种条件的标识。查询标识是我们经常打破标准化规则的小事情之一（推测你不能存储从其他地方来的数据），它可以从本质上使系统的性能突然增加。

例如，假设我们要维护大量的出库产品的信息，比如接收方、厂家、出库方式等。现在假定在 Store_IO 数据库中我们至少有 200 种商品。我们希望能在定制的出库操作屏幕上显示一个信息标识，告诉操作员是否该设备有可用的额外信息标识。如果我们采用范式化数据库规则，就不得不在对应表中查看是否该表有与这个设备相匹配的记录。

不用做这种查询，我们可以在 InstruName 表上放置一个由 Yes/No 指示其他信息是否可用的位字段显示标识。我们将在另一张表 InstruInfo 上放置触发器更新 InstruName 表上的位标识。如果在 InstruInfo 中插入了记录，那么就把相应的产品位置标识为 TRUE。删除了 InstruInfo 的记录之后，我们要看一看它是否是最后一条记录。如果是，则将 InstruName 表的位置标识为 FALSE。

这看起来与聚集更相似，下面举例说明。

首先，我们需要修改 InstruName 表，使该表增加一个位标识字段和信息提示，并使其[IstrumCode]字段与 InstruName 表的[IIstrumCode]关联。

```
Use Store_IO
GO
CREATE TABLE dbo.InstruName (
   IIstrumCode varchar (4) NOT NULL  PRIMARY KEY,
   IIstrumName varchar (16)    NULL ,
   InputCode    varchar (6)    NULL ,
      InformationFlag bit  NOT NULL DEFAULT  0
      )

GO
CREATE TABLE dbo.InstruInformation
(
  InformationID   int            NOT NULL   IDENTITY
    PRIMARY KEY,
  IIstrumCode      varchar(4)            NOT NULL
    REFERENCES InstruName (IIstrumCode),
  Information    varchar(7500)   NOT NULL
)
```

接着添加触发器：

```
CREATE TRIGGER InformationBelongsToInstruName
  ON dbo.InstruInformation
  FOR INSERT, DELETE
AS
  DECLARE @Count   int

  SELECT @Count = COUNT(*) FROM Inserted

  IF @Count > 0
    BEGIN
      UPDATE dbo.InstruName
        SET InformationFlag = 1
        FROM Inserted i
        JOIN InstruName p
          ON i.IIstrumCode = p.IIstrumCode
  END

  IF @@ERROR != 0
    ROLLBACK TRAN

  SELECT @Count = COUNT(*) FROM Deleted
  IF @Count > 0
  BEGIN
    UPDATE dbo.InstruName
      SET InformationFlag = 0
      FROM Inserted i
      RIGHT JOIN InstruName p
        ON i.IIstrumCode = p.IIstrumCode
      WHERE i.IIstrumCode IS NULL
  END

  IF @@ERROR != 0
    ROLLBACK TRAN
```

你可以进行实际测试，系统会给你提供正确的信息。现在我们可以找出是否有 InstruInformation 刚好与前面的查询得到的设备基本信息相同，除非实际有一些数据超出了检索的范围，否则我们不会因为查询 InstruInformation 表而产生过量开销。

10.6 其他问题

你已经掌握了触发器的大部分知识。但是，如果你认为有关触发器的话题已经结束了，那就大错而特错了。如前所述，我们需要思考触发器产生的大量问题。下一节指出我们需要思考的大问题，同时提供有关触发器特性和可能性方面的其他信息。

10.6.1　触发器嵌套

嵌套触发器不能用你发出的语句直接激活，只能由另一个触发器发出的语句激活。

这实际可以引起一个事件链，即利用一个触发器激活另一个触发器，依次再激活另一个触发器，等等。触发器的激活深度取决于：

（1）是否系统中打开了嵌套触发器（这是系统范围的，而不是数据库层的选项；用 EM 或 sp_configure 设置该选项，而且默认是 ON）。

（2）嵌套限制最深为 32 层。

（3）默认情况下，触发器只能在每个触发器事务中触发一次。一旦触发，它将忽略作为相同触发器行为的结果的其他调用。一旦你执行了一条全新的语句(即使在同一事务中)，该进程就可以重新开始。

大多数环境下，虽然你希望使用嵌套触发器（这是默认情况），但是你要考虑在一个触发器激活触发器的循环中会发生什么问题。如果两次返回相同的表，那么将不会第二次触发触发器，而且我们认为的一些重要事情可能也不会发生。例如，可能会破坏引用完整性。值得注意的是，如果你在嵌套链的任何一个地方回滚，那么整个链都被回滚了。换句话说，整个嵌套的触发器链视作一个事务。

如果允许使用嵌套触发器，而且链中的一个触发器启动了一个无限循环，则将超出嵌套层限制，并且触发器将终止。

可以使用嵌套触发器执行一些有用的日常工作，比如保存前一个触发器所影响行的一个备份副本。例如，可以在 PurchaseOrderDetail 上创建一个触发器，以保存由 delcascadetrig 触发器所删除的 PurchaseOrderDetail 行的备份副本。delcascadetrig 触发器有效时，从 PurchaseOrderHeader 中删除 PurchaseOrderID 1965 将删除 PurchaseOrderDetail 中对应的行。为了保存数据，可以在 PurchaseOrderDetail 上创建一个 DELETE 触发器，该触发器可以将删除的数据保存到另一个单独创建的表（del_save）中。例如：

```
CREATE TRIGGER savedel
   ON Purchasing.PurchaseOrderDetail
FOR DELETE
AS
   INSERT del_save
   SELECT * FROM deleted
```

建议不要按与顺序相关的序列使用嵌套触发器，应使用单独的触发器级联数据修改。

由于触发器在事务中执行，如果在一组嵌套触发器的任意层中发生错误，则整个事务都将取消，并且所有的数据修改都将回滚。在触发器中包含 PRINT 语句，可以确定错误的发生位置。

AFTER 触发器不会以递归方式自行调用，除非设置了 RECURSIVE_TRIGGERS 数据库选项。

有两种不同的递归方式：

- 直接递归　在触发器触发并执行一个导致同一触发器再次触发的操作时，将发生此递归。例如，应用程序更新了表 T3，从而触发了触发器 Trig3。Trig3 再次更新表 T3，从而再次触发了触发器 Trig3。

- 间接递归　触发器触发并执行一个触发同一表或另一表的另一触发器的操作时，将发生此递归。第二个触发器执行一个再次触发第一个触发器的操作。例如，应用程序更新了表 T1，从而触发了触发器 Trig1。Trig1 更新了表 T2，从而触发了触发器 Trig2。Trig2 转而更新了表 T1，从而再次触发了 Trig1。

当把 RECURSIVE_TRIGGERS 数据库选项设置为 OFF 时，仅防止直接递归。若要禁用间接递归，还应将 nested triggers 服务器选项设置为 0。

下面的示例说明使用递归触发器来解决自引用关系（也称为传递闭包）。例如，在表 emp_mgr 中定义了以下内容：

- 一个公司中的雇员（emp）。
- 每个雇员的经理（mgr）。
- 组织树中向每个经理汇报的雇员总数（NoOfReports）。

递归 UPDATE 触发器可以用于在插入新雇员记录时让 NoOfReports 列保持最新。INSERT 触发器更新经理记录的 NoOfReports 列，而该操作递归更新管理层向上的其他记录的 NoOfReports 列。

```
USE AdventureWorks;
GO
-- Turn recursive triggers ON in the database.
ALTER DATABASE AdventureWorks
   SET RECURSIVE_TRIGGERS ON
GO
CREATE TABLE emp_mgr (
   emp char(30) PRIMARY KEY,
    mgr char(30) NULL FOREIGN KEY REFERENCES emp_mgr(emp),
    NoOfReports int DEFAULT 0
)
GO
CREATE TRIGGER emp_mgrins ON emp_mgr
FOR INSERT
AS
DECLARE @e char(30), @m char(30)
DECLARE c1 CURSOR FOR
   SELECT emp_mgr.emp
   FROM   emp_mgr, inserted
   WHERE emp_mgr.emp = inserted.mgr

OPEN c1
FETCH NEXT FROM c1 INTO @e
WHILE @@fetch_status = 0
BEGIN
   UPDATE emp_mgr
   SET emp_mgr.NoOfReports = emp_mgr.NoOfReports + 1 -- Add 1 for newly
   WHERE emp_mgr.emp = @e                              -- added employee.
```

```
   FETCH NEXT FROM c1 INTO @e
END
CLOSE c1
DEALLOCATE c1
GO
-- This recursive UPDATE trigger works assuming:
--   1. Only singleton updates on emp_mgr.
--   2. No inserts in the middle of the org tree.
CREATE TRIGGER emp_mgrupd ON emp_mgr FOR UPDATE
AS
IF UPDATE (mgr)
BEGIN
   UPDATE emp_mgr
   SET emp_mgr.NoOfReports = emp_mgr.NoOfReports + 1 -- Increment mgr's
   FROM inserted                              -- (no. of reports) by
   WHERE emp_mgr.emp = inserted.mgr           -- 1 for the new report.

   UPDATE emp_mgr
   SET emp_mgr.NoOfReports = emp_mgr.NoOfReports - 1 -- Decrement mgr's
   FROM deleted                               -- (no. of reports) by 1
   WHERE emp_mgr.emp = deleted.mgr            -- for the new report.
END
GO
-- Insert some test data rows.
INSERT emp_mgr(emp, mgr) VALUES ('Harry', NULL)
INSERT emp_mgr(emp, mgr) VALUES ('Alice', 'Harry')
INSERT emp_mgr(emp, mgr) VALUES ('Paul', 'Alice')
INSERT emp_mgr(emp, mgr) VALUES ('Joe', 'Alice')
INSERT emp_mgr(emp, mgr) VALUES ('Dave', 'Joe')
GO
SELECT * FROM emp_mgr
GO
-- Change Dave's manager from Joe to Harry
UPDATE emp_mgr SET mgr = 'Harry'
WHERE emp = 'Dave'
GO
SELECT * FROM emp_mgr
GO
```

以下是更新前的结果。

```
emp                          mgr                          NoOfReports
---------------------------- ---------------------------- -----------
Alice                        Harry                        2
Dave                         Joe                          0
Harry                        NULL                         1
Joe                          Alice                        1
Paul                         Alice                        0
```

以下是更新后的结果。

```
emp                          mgr                          NoOfReports
---------------------------- ---------------------------- -----------
Alice                        Harry                        2
Dave                         Harry                        0
Harry                        NULL                         2
Joe                          Alice                        0
Paul                         Alice                        0
```

10.6.2 触发器递归

递归触发器很少。实际上，默认关闭所有递归触发器，这是处理刚才描述的嵌套触发器并希望在第二次嵌套时发生更新操作的一种方法。递归不是嵌套，它是数据库层的选项，可以用 sp_dboption 系统过程进行设置。

什么是递归触发器？当触发器的最后行为会引起相同的触发器激活时，我们就说该触发器是递归的。这种行为可以是直接的行为（由设置触发器的表上的查询行为引起），也可以是间接的行为（由嵌套处理引起）。

递归触发器的危险在于，我们会进入某种无意识的循环。因此，我们需要在必要时用某种形式的递归检查代替终止进程。

使用 server trigger recursion 选项，可以指定是否允许服务器级触发器递归激发。当此选项设置为 1（ON）时，将允许服务器级触发器递归激发。当设置为 0（OFF）时，则服务器级触发器不能递归激发。此设置只能防止直接递归，若要禁用间接递归，请将 nested triggers 选项设置为 0。该选项的默认值为 1（ON），该设置更改后立即生效，而不需要重新启动服务器。

10.6.3 触发器不改变结构

这里有一个传统的好/坏的新闻。

从容易改变结构的角度来说，触发器是非常有用的。实际上，以前笔者经常在开发中使用触发器完成引用完整性（当笔者极可能改变数据库设计思想时），在产品开发完毕的时候将它改为 DRI。

当你希望删除一张表并重新使用 DRI 创建该表时，必须在删除表之前先删除所有约束。从删除多个约束、进行修改到再添加约束的角度看，这是非常奇怪的现象。我们试图删除想要删除的东西，以确保修改的脚本可以运行；然后确保再添加了所有被删除的约束，这是一个非常苛刻的行为。触发器关心这一点是因为它们除了关心能否运行外什么也不关心。

但是还有问题——当它们运行的时候。这意味着甚至可以在没有意识到破坏了许多触发器的情况下改变结构。直到第一次这些触发器试图定位要求的对象发生了错误时，你才会明白这有问题。那时，你将很难找到你所做的事情和为什么要这样做。

两者之间都有争论，不管应用哪种办法，都要记住这种争论。

10.6.4 关闭触发器

就像 CHECK 约束一样，有时希望关闭完整性来做一些违背约束的事情，但有一定的理由需要这样处理（比如导入数据）。

这样做的另一个原因是，在我们的数据已经 100%有效时，需要执行某种批量插入（再次是导入数据）。此时，我们希望关闭触发器以减少过量开销并加速插入处理。

我们可以使用 ALTER TABLE 语句来将触发器关闭和打开。语法如下：

```
ALTER TABLE <table name>
    <ENABLE|DISABLE> TRIGGER <ALL|<trigger name>>
```

可以想到，这里要警告：不要忘记重新使触发器可以工作！

最后，如果为了导入某种数据要关闭触发器，那么强烈推荐踢出所有的用户并进入单用户模式，或只有 dbo 的模式，或只有 dbo 的单用户模式，从而保证在触发器关闭后没有其他的人在后面操作。

10.6.5　触发器的触发顺序

在 SQL Server 7.0 下，允许多个触发器，但我们无法控制这些触发器触发的顺序。对 SQL Server 2000 来说，我们可以进行限量控制。对给定的表（不是视图，因为触发顺序只能在 AFTER 触发器上指定，而视图只能接受 INSTEAD OF 触发器），你既可以选择一个触发器最先触发（也只有一个），又可以选择一个触发器最后触发，其他触发器则没有触发顺序优先权。也就是说，除了这些触发器都在 FIRST 触发器（如果有）之后并在 LAST 触发器（如果有）之前触发之外，不能保证这些触发器触发的先后顺序。

创建第一触发或最后触发的触发器与创建其他触发器的过程一样。创建触发器之后，你可以使用特殊的系统存储过程 sp_settriggerorder 指定触发的优先权。

sp_settriggerorder 的语法看起来像：

```
sp_settriggerorder[@triggername =] '<trigger name>',
    [@order =] '{FIRST|LAST|NONE}',
    [@stmttype =] '{INSERT|UPDATE|DELETE}'
```

对于特定的行为（INSERT、UPDATE 或 DELETE）只能将一个触发器当作第一，同样地，对特定的行为只能有一个触发器可以被当作最后。任何数量的触发器都可以被认为是 None。也就是说，没有特定触发顺序的触发器数量是不受限制的。

问题是：为什么要关心触发器触发的顺序呢？通常我们并不关心，但在其他时候，为了得到重要的逻辑或好的性能，需要我们这样考虑。下面详细讨论这句话的涵义。

1. 出于逻辑考虑控制触发顺序

为什么需要一个触发器在另一个触发器之前触发呢？最常见的原因在于，前面的触发器为后面的触发器提供触发的基础。在 SQL Server 6.5 以前，我们必须考虑这样的问题，对特定表只允许存在一个特种触发器（UPDATE、DELETE 或 INSERT），这意味着让一件事发生在另一件事情之前不是问题。因为将所有的逻辑组合成了一个触发器，所以你只需将首先发生的事情放在代码的第一位而最后发生的事情放在最后一位就可以了。

SQL Server 7.0 版本的出现使事情喜忧各半，不再需要把所有的逻辑挤在一个触发器中。这是一件非常好的事情，因为可以将逻辑不同的代码物理地分成独立的触发器代码，使得管理相应的代码更容易，也允许不激活部分代码（记住前几节中用 NO CHECK 所做的事情）而使其他部分代码继续有效。然而，如果你希望继续用以往的方法拆分你的代码，那么你将失去所有代码在一个触发器上的逻辑顺序。

通过赢得至少是触发顺序上的基层控制，我们可以拥有某种最好的结果。我们可以逻辑地分隔 sprocs，但仍然需要维护优先权的顺序以保证谁最先运行、谁最后运行。

2. 出于性能考虑控制触发顺序

在性能上，FIRST 触发器是唯一最先运行的触发器。如果有多个触发器，但只有一个可能会产生回滚（例如，要强制实现约束不能处理的复杂数据完整性规则），那么你会希望考虑使用这样的一个 FIRST 触发器，它可以确保大部分可能引起回滚的原因在事务中执行更多的行为之前就已经完成。在检测到回滚前做的事情越多，需要回滚的数据就越多。在执行其他行为之前，尽可能决定发生回滚的可能性。

10.7 INSTEAD OF 触发器

在 SQL Server 2000 中，这是一个全新的触发器。虽然它可以在表上工作，但是 INSTEAD OF 触发器的主要目的是允许在视图上更新，这在以前是不可能的。

本质上，INSTEAD OF 触发器是一段用于拦截在表或视图上产生行为的代码。我们可以选择继续完成用户的要求，也可以完成一些完全不同的事情。

INSTEDA OF 触发器源于 3 种不同的风格：INSERT、UPDATE 和 DELETE，对每种行为，我们在每张表或视图上有且只能有一个触发器。

10.7.1 INSTEAD OF INSERT 触发器

INSTERT OF INSERT 触发器允许我们检查将进入表或视图的数据，决定在物理插入数据之前想要完成的事情。这种触发器主要用在视图上，在实际物理插入之前得到数据，意味着插入成功或失败的区别。

例如，我们创建一个可更新视图，特别是在 INSTEDA OF INSERT 触发器之前，将接受插入操作，我们原来不能这样处理。

此时，我们将使用第 5 章中创建的一个视图。我们需要在 Store_IO 数据库中创建一个副本。

```
USE Store_IO
GO
CREATE VIEW dbo.tallycheckeddetail_vw
AS
SELECT  tm.tally_no,
       tm.tally_date,
       tm.append_rcpt_num,
       tm.tabler,
       tm.tabler_no,
       tm.checker,
       tm.tally_type,
       tm.tally_indicator,
       td.tally_sub_no,
       td.subj_code,
       td.summary,
       td.unit_code,
       td.dept_code,
```

```
        td.item_code,
        td.debit_or_credit,
        td.col_id,
        td.amount
FROM    dbo.tallymaster AS tm
INNER JOIN dbo.tallydetail AS td
ON tm.tabler = td.tabler
AND
      tm.tabler_no = td.tabler_no
```

当前状态下，这是一个不可更新视图。SQL Server 如何知道哪些数据进入了表中呢？当然，你可以产生一个直接起作用的更新语句，但并非所有表都采用主键。更糟糕的是，如果想插入数据该怎么办？

我们需要在复杂的情况下提供更多的指令，这就是 INSTEAD OF 触发器的优点所在。

看一看一个记账明细的例子：

```
SELECT *
FROM dbo.tallycheckeddetail_vw
WHERE Tabler_no = 1
```

这样返回了 6 行：

```
NULL   2007-09-05 00:00:00.000 3会计A    1    NULL     1    0    1    11112    下
拨经费  NULL    NULL    NULL    1    1    300.0000
NULL   2007-09-13 00:00:00.000 3会计A    1    NULL     1    0    2    11111    报
销张三差旅费 NULL    NULL    NULL    0    1300.0000
NULL   2007-09-13 00:00:00.000 2会计B    1    NULL     1    0    1    11113    下
拨经费  NULL    NULL    NULL    0    1    500.0000
NULL   2007-09-13 00:00:00.000 2会计B    1    NULL     1    0    2    11114    报
销李四购买耗材费用   NULL    NULL    NULL 1    1    500.0000
NULL   2007-09-13 17:13:47.220 2会计C    1    NULL     1    0    1    11115    下
拨经费  NULL    NULL    NULL    0    1    160.0000
NULL   2007-09-13 17:13:47.220 2会计C    1    NULL     1    0    2    11116    报
销王五购买耗材费用   NULL    NULL    NULL 1    1    160.0000
```

现在，证明一下 INSTEAD OF 触发器没有工作，尝试插入一条新 TallyDetail 记录：

```
INSERT INTO dbo.tallycheckeddetail_vw
(   tally_no,
    tabler,
    tabler_no,
    tally_sub_no,
    subj_code,
    summary,
    unit_code,
    dept_code,
    item_code,
    debit_or_credit,
    col_id,
    amount)
```

```
    VALUES
       (    NULL, '会计D', 1, 2, '11116', '报销王五购买耗材费用',NULL,NULL,NULL, '1',
'1',160)
```

与我们期待的一样，它没有起作用。

Server: Msg 4405, Level 16, State 2, Line 1
View or function 'dbo.tallycheckeddetail_vw' is not updatable because the modification affects multiple base tables.

这是使用 INSTEAD OF 触发器的好机会。在这里，我们需要提前决定要处理哪种问题（此时，就是插入新 TallyDetail 记录），并希望对此做些什么。

我们将把所有插入当成试图添加一个记账明细。假设凭证主记录已经存在（如果你想变得更复杂一点，可以不采用这个假设），同时让 Tabler 和 Tabler_no 字段可用。触发器的代码如下所示：

```
    CREATE TRIGGER trTallydetailInsert ON dbo.tallycheckeddetail_vw
    INSTEAD OF INSERT
    AS
    BEGIN
        -- 检查INSERT实际是否试图提供我们插入的行
        -- (WHERE从句可以过滤所有的数据)
        IF (SELECT COUNT(*) FROM Inserted) > 0
        BEGIN
            INSERT INTO dbo.Tallydetail
                SELECT
    i.tally_no,
       i.tabler,
       i.tabler_no,
       i.tally_sub_no,
       i.subj_code,
       i.summary,
       i.unit_code,
       i.dept_code,
       i.item_code,
       i.debit_or_credit,
       i.col_id,
       i.amount
                FROM Inserted AS i
                JOIN dbo.TallyMaster AS TM
                    ON i.Tabler = TM.Tabler
                   AND  i.tabler_no = TM.tabler_no
            -- 如果在Inserted中有记录，但没有记录可以与TallyMaster表连接，
    -- 那么就一定没有匹配的记账主记录
            IF @@ROWCOUNT = 0
                RAISERROR('没有匹配的记账主记录，无法执行插入操作',10,1)
        END
    END
```

让我们再次插入记录：

```
INSERT INTO dbo.tallycheckeddetail_vw
(   tally_no,
    tabler,
    tabler_no,
    tally_sub_no,
    subj_code,
    summary,
    unit_code,
    dept_code,
    item_code,
    debit_or_credit,
    col_id,
    amount)
VALUES
    (   NULL, '会计D', 1, 2, '11116', '报销王五购买耗材费用',NULL,NULL,NULL, '1',
'1',160)
```

结果产生了更多的错误，但这些错误发生了本质性变化。

```
Server: Msg 233, Level 16, State 2, Line 1
The column 'tally_date' in table 'dbo.tallycheckeddetail_vw' cannot be null.
Server: Msg 233, Level 16, State 1, Line 1
The column 'append_rcpt_num' in table 'dbo.tallycheckeddetail_vw' cannot be null.
Server: Msg 233, Level 16, State 1, Line 1
The column 'tally_type' in table 'dbo.tallycheckeddetail_vw' cannot be null.
Server: Msg 233, Level 16, State 1, Line 1
The column 'tally_indicator' in table 'dbo.tallycheckeddetail_vw' cannot be null.
```

这次，错误信息不再是视图上含糊不清的事情，而是被插入的独立行的可接受性。视图决定了是否该行可以包含 NULL 或者并非基于它们的基列。如果基表上的列不接受 NULL 值，那么视图也不会接受，假定任何包含可以返回空值的计算或函数都可以接受 NULL 值。我们在怎样处理这个问题上有两种选择：

- 需要所有的插入语句包含 tally_date、append_rcpt_num、tally_type 和 tally_indicator 列，即使在视图中发生实际插入操作的时候不使用它们，我们也要这样处理。
- 修改视图以滤除 tally_date、append_rcpt_num、tally_type 或 tally_indicator 为 NULL 的行。

第一个选择非常简单，除了在 INSERT 语句中添加了一些东西外，我们基本上什么也没有做。我们可以使用任何值，而且没有差别，最后的插入不包含这些列，所以这个数据没有意义。

第二个选择稍微有点难。需要我们返回并修改视图，这里需要做的事情是利用 NULLIF() 函数进行处理。如果提供的两个值互相匹配，那么该函数就返回 NULL 值。

```
Alter VIEW dbo.tallycheckeddetail_vw
WITH SCHEMABINDING
AS
SELECT   tm.tally_no,
```

```
        NULLIF(tm.tally_date ,NULL) AS tallydate ,
        NULLIF(tm.append_rcpt_num ,NULL) AS append_rcpt_num,
        tm.tabler,
        tm.tabler_no,
        tm.checker,
        NULLIF(tm.tally_type ,NULL) AS  tally_type,
        NULLIF(tm.tally_indicator ,NULL) AS tally_indicator,
        td.tally_sub_no,
        td.subj_code,
        td.summary,
        td.unit_code,
        td.dept_code,
        td.item_code,
        td.debit_or_credit,
        td.col_id,
        td.amount
FROM    dbo.tallymaster AS tm
INNER JOIN dbo.tallydetail AS td
ON tm.tabler = td.tabler
AND
      tm.tabler_no = td.tabler_no
```

现在准备再次插入记录：

```
INSERT INTO dbo.tallycheckeddetail_vw
(   tally_no,
   tabler,
   tabler_no,
   tally_sub_no,
   subj_code,
   summary,
   unit_code,
   dept_code,
   item_code,
   debit_or_credit,
   col_id,
   amount)
VALUES
   (    NULL, '会计D', 1, 2, '11116', '报销王五购买耗材费用',NULL,NULL,NULL, '1',
'1',160)
```

这是你使上一条 INSERT 语句产生问题的机会。如果得到了一条显示 ARITHABORT 设置错误的信息，那么就运行 SET ARITHABORT ON 并重新执行插入操作。

这次一切都很顺利，所以重新运行 SELECT 语句证实一下。

```
SELECT *
FROM dbo.tallycheckeddetail_vw
WHERE Tabler_no = 1
```

原始数据现在包含了新的行：

```
NULL  2007-09-05 00:00:00.0003会计A  1  NULL  1  0  1  11112  下拨经费  NULL  NULL  NULL  1  1  300.0000
NULL  2007-09-13 00:00:00.0003会计A  1  NULL  1  0  2  11111  报销张三差旅费 NULL  NULL  NULL  0  1300.0000
NULL  2004-09-13 00:00:00.0002会计B  1  NULL  1  0  1  11113  下拨经费  NULL  NULL  NULL  0  1  500.0000
NULL  2007-09-13 00:00:00.0002会计B  1  NULL  1  0  2  11114  报销李四购买耗材费用  NULL  NULL  NULL 1  1  500.0000
NULL  2007-09-13 17:13:47.2202会计C  1  NULL  1  0  1  11115  下拨经费  NULL  NULL  NULL  0  1  160.0000
NULL  2007-09-13 17:13:47.2202会计C  1  NULL  1  0  2  11116  报销王五购买耗材费用  NULL  NULL  NULL 1  1  160.0000
NULL  2007-01-17 00:00:00.0003会计D  1  NULL  1  0  2  11116  报销王五购买耗材费用  NULL  NULL  NULL 1  1  160.0000
```

我们更改了以前违规的 4 列，使得 SQL Server 把它们看作接受 NULL 值。事实是它们将永远都不会接受 NULL 值（已经比较过一个值不接受 NULL 值为 NULL 值，它们怎么会相等呢），但 SQL Server 并不知道这一点，而且不会影响它。

记住，通过使用后一个方法（而不需要填充那些列），我们已经让用户感觉更容易了，但对 SQL Server 就难了。服务器现在执行了两种只有可用值的毫无价值的操作（两个 NULLIF 的比较），如果性能紧缺就要记住这一点。

10.7.2 INSTEAD OF UPDATE 触发器

我们已经看见了视图上的 INSERT 语句如何导致含糊不清的情况，也知道怎样利用 INSTEAD OF INSERT 触发器进行修补。但如果是要更新，那么该怎么办？

即使是在更新情况下，这些语句也会变得含糊不清。如果要在 tallycheckeddetail_vw 中更新 tally_no，难道就意味着希望改变凭证主记录还是凭证明细记录中的总凭证编号？答案当然取决于具体情况。

在以前的 SQL Server 中，我们别无选择。利用 INSTEAD OF UPDATE 触发器，我们现在可以解释用户希望 SQL Server 干什么并使它顺便完成该任务。

在处理 INSTEAD OF UPDATE 触发器之前，笔者警告你一定不要成为愚昧的传话筒。你会看到，有时 INSTEAD OF UPDATE 触发器不起作用，而且会做一些不切实际的事情（或者失败）。因此，在使用 INSTEAD OF UPDATE 触发器时，要记住：

- 它们不允许在表上定义引用完整性行为（如果你在外部键中有 CASCADE 行为）。
- 如果你完全允许更新操作，那么就要为所有的列提供某种处理（在上面的例子中，我们就违背了这种规则）。如果你没有指出每一列的列名，那么运行 UPDATE 语句的用户可能会命名那些列；实际上他们什么也没有做。虽然这样做似乎没有什么好处，但用户认为他们已经什么都做了，既便是某种还没有做的事情，这会产生问题。基本上，增加代码指出你要更新的列，然后使用本章稍后描述的 IF UPDATE 和 UPDATED_COLUMNS 函数测试其他列并返回相应的错误代码。

这是我们在实际使用中需要考虑的最大问题。

注意： 在引用参考完整性行为中的问题只适用于在基表上定义 INSTEAD OF 触发器。因为大部分的 INSTEAD OF 触发器都定义在视图上，所以我们不会经常遇到该问题。在基表上存在的引用完整性行为，不能约束在视图上定义 INSTEAD OF 触发器。

10.7.3 INSTEAD OF DELETE 触发器

最后，总是运行最少的一种 INSTEAD OF 触发器就是 INSTEAD OF DELETE 触发器了。与其他两类 INSTEAD OF 触发器相同，这种触发器总是单独允许视图删除一个或多个基表的数据。

继续采用上面的 Tallycheckeddetail_vw 例子，我们增加一些删除功能。这次我们要使它更复杂一点，想删除指定会计的所有记账记录，但是删除该记账明细的所有记录也就意味着该记账主记录没有任何明细项目，所以我们也要删除主凭证记录。

从上一节就知道（假设我们已经了解了），我们已经具有会计 A 录入的记录。在删除 TallyDetail 表的记录之前，我们需要先创建一个触发器。

```
CREATE TRIGGER trCustomerOrderDelete ON dbo.Tallycheckeddetail_vw
INSTEAD OF DELETE
AS
BEGIN

    --  检查DELETE是否实际试图提供我们删除的任何行
    --  （WHERE从句可以过滤所有的数据）

    IF (SELECT COUNT(*) FROM Deleted) > 0
    BEGIN
        DELETE dbo.tallydetail
            FROM dbo.tallydetail AS td
            JOIN Deleted AS d
                ON d.tabler = td.tabler

        DELETE dbo.tallymaster
            FROM dbo.tallymaster AS tm
            JOIN Deleted AS d
                ON tm.tabler = d.tabler
            LEFT JOIN tallydetail AS td
                ON td.tabler = d.tabler
            WHERE td.tabler IS NULL
    END

END
```

现在准备测试，首先从删除视图 Tallycheckeddetail_vw 的一行开始：

```
DELETE dbo.Tallycheckeddetail_vw
WHERE tabler = '会计A'
```

系统会提示：

```
(2 row(s) affected)

(1 row(s) affected)

(2 row(s) affected)
```

准备再次查询：

```
SELECT *
FROM dbo.tallycheckeddetail_vw
WHERE Tabler_no = 1
```

在 INSTEAD OF INSERT 触发器中插入的相关记录一定消失了：

```
    NULL   2007-09-13 00:00:00.000 2 会计B   1   NULL   1   0   1   11113   下
拨经费   NULL   NULL   NULL   0   1   500.0000
    NULL   2007-09-13 00:00:00.000 2 会计B   1   NULL   1   0   2   11114   报
销李四购买耗材费用   NULL   NULL   NULL 1   1   500.0000
    NULL   2007-09-13 17:13:47.220 2 会计C   1   NULL   1   0   1   11115   下
拨经费   NULL   NULL   NULL   0   1   160.0000
    NULL   2007-09-13 17:13:47.220 2 会计C   1   NULL   1   0   2   11116   报
销王五购买耗材费用   NULL   NULL   NULL 1   1   160.0000
    NULL   2007-01-17 00:00:00.000 3 会计D   1   NULL   1   0   2   11116   报
销王五购买耗材费用   NULL   NULL   NULL 1   1   160.0000
```

这样就实现了我们需要实现的功能。

需要注意的是，虽然我们不必思考带有 INSTEAD OF DELETE 触发器的单个列（我们删除的是行，而不是列），但我们需要知道定义 INSTEAD OF DELETE 触发器的表上存在的引用完整性行为。就像 INSTEAD OF UPDATE 触发器一样，INSTEAD OF DELETE 触发器不允许在表上存在引用完整性行为。

10.8　性能考虑

笔者已经就触发器的正面和反面、优点和缺点等方面进行了激烈的讨论，但尚未对触发器的灵活性进行过讨论。

如前所述，笔者建议在适当的时候使用它们。

1. 触发器是被动的而不是主动的

意指触发器发生在事情发生之后。当触发器激活的时候，那么整个查询就已经运行而且事务已经记录到日志中（但没有提交）。这意味着，如果触发器需要回滚，那么就不得不撤销已经完成的大量工作（思考一下，一定要理解这一想法），因此触发器对系统性能的影响程度取决于你的查询的大小。

为什么会是这样呢？将这一概念与约束比较就会发现，约束是主动的。也就是，它们在实际语句发生之前执行，即它们在所有主要工作完成之前阻止失败发生。这通常意味着约束的运行速度稍快一点，查询语句越复杂，速度越快。这种特殊的速度实际上只表示在回滚发生时的范围。

最后的结果是什么呢？如果你处理很少的回滚或复杂性对运行语句的影响比较小，那么在触发器和约束之间就不可能有太大的差别。

2. 触发器与激活它们的进程之间没有并发性问题

本章中总是使用 ROLLBACK 语句，即使我们不使用 BEGIN TRAN 也是这样，因为被触发的触发器总是隐式地作为相同事务的一部分。

如果触发的语句不是显式事务的一部分（就是具有 BEGIN TRAN 语句的事务），那么它将是自身的单条语句事务的一部分。在两种情况下，在触发器内部发出的 ROLLBACK TRAN 仍然会回滚整个事务。

这种部分相同事务的另一优点是，触发器继承了事务上已经获得的部分锁，这意味着我们不必为了获得该事务内其他语句的锁进行特殊处理。我们可以在事务范围内自由访问，而且看到该事务前面执行的语句已经修改过数据库。

10.8.1 IF UPDATE()和 UPDATED_COLUMNS

在 UPDATE 触发器中，我们经常通过查看感兴趣的列是否发生改变来限制触发器中实际执行的代码数量。要完成这个任务，可以利用 UPDATE()和 UPDATED_COLUMNS 函数。

1. UPDATE()函数

UPDATE()只适用于触发器范围，其核心目的是提供布尔型（True/false）的变量以显示是否更新特定的列，我们可以使用这个函数来决定是否需要运行特定的块代码。例如，是否只在更新特定列时才与该代码相关。

下面应用这一函数修改前面创建的触发器（在 Store_IOTriggers 上）。

```
Alter TRIGGER OutputIsRationed
  ON dbo.StoreRec
  FOR UPDATE
AS
  IF UPDATE(Iamount)
BEGIN
IF EXISTS
    (
     SELECT 'True'
     FROM Inserted i
     JOIN Deleted d
       ON i.IstrumCode = d.IstrumCode
     WHERE (d.Iamount - i.Iamount) > d.Iamount / 2
       AND d.Iamount - i.Iamount > 0
    )
  BEGIN
    RAISERROR('一次出库数量不能超过 50%% 。',16,1)
    ROLLBACK TRAN
  END
END
```

利用这个变化，我们限制了其余代码只在改变 Iamount 列（我们关心的列）时运行。用户可以改变任何其他列的值，但我们不关心。这意味着我们将执行更少的代码行，因此它比以前的触发器的速度更快。

2. UPDATED_COLUMNS()函数

这个函数与 UPDATE()函数的工作方式不尽相同，但有相同目的，它同样提供了一次性检查多个列的能力。为了做到这一点，该函数使用了与一个或更多字节的 varbinary 数据关联的位掩码，将独立的位与表中独立的列相关起来。

此时，位数据告诉我们第 2、第 3、第 6 列的数据被更新了，其他的则没有。

在不止 8 列的情况下，SQL Server 就在右边添加另一个字节并保持计数。

这次是第 2、第 9 和第 14 列的数据被更新了。

有人会问这样做到底有什么用途？要回答这一点，首先要了解布尔代数的一些内容。

要想利用这些信息，你需要把所有字节的二进制值加起来，把最左边的数字当作最没有意义的信息。如果你希望比较第 2、第 5 和第 7 列，那么就需要把每一位的二进制值相加：2 + 16 + 64。接着我们使用位逻辑运算符比较列的二进制值的总和与位掩码。

- |　代表位操作或（OR）。
- &　代表位操作与（AND）。
- ^　代表位操作或非（Exclusive OR）。

前面的内容虽然都是正确的，但很模糊，所以笔者打算举例说明具体涵义。

假设更新了一个包含 5 列的表。如果更新第 1、第 3 和第 5 列，那么 COLUMNS_UPDATE 使用的掩码包含 10101000，从 1 + 4 + 16 = 21 得到。可以使用：

- COLUMNS_UPDATE() > 0 找到是否有更新的列。
- COLUMNS_UPDATE() ^ 21 = 0 以找到所有指定的列是否被更新（此时是第 1、第 3 和第 5 列）。
- COLUMNS_UPDATE() & 21 != 21 找到我们感兴趣的所有列，但不关心其他列的状态。
- COLUMNS_UPDATE() | 21 != 21 找到除了我们感兴趣的列以外的列。

返回到前面的讨论并将这个运算方法应用到 Store_IO 中创建的 Tallycheckeddetail_vw 视图上的 INSTEAD OF UPDATE 触发器上。我们曾提到过尽量不要省略列名，因为用户可能认为更新已经发生而实际上该更新被忽略了。我们可以使用 COLUMNS_UPDATE()函数来检查所有要更新的其他列，如果试图更新未列出的列，就给用户报告错误。

对大多数人来说，布尔代数不是一件容易掌握的事情，所以要经过仔细测试。

下面的例子将利用 COLUMNS_UPDATE()函数来测试表的前 8 列。

```
USE AdventureWorks;
GO
IF EXISTS(SELECT TABLE_NAME FROM INFORMATION_SCHEMA.TABLES
   WHERE TABLE_NAME = 'employeeData')
   DROP TABLE employeeData
IF EXISTS(SELECT TABLE_NAME FROM INFORMATION_SCHEMA.TABLES
   WHERE TABLE_NAME = 'auditEmployeeData')
```

```
    DROP TABLE auditEmployeeData;
GO
CREATE TABLE employeeData (
    emp_id int NOT NULL,
    emp_bankAccountNumber char (10) NOT NULL,
    emp_salary int NOT NULL,
    emp_SSN char (11) NOT NULL,
    emp_lname nchar (32) NOT NULL,
    emp_fname nchar (32) NOT NULL,
    emp_manager int NOT NULL
    );
GO
CREATE TABLE auditEmployeeData (
    audit_log_id uniqueidentifier DEFAULT NEWID(),
    audit_log_type char (3) NOT NULL,
    audit_emp_id int NOT NULL,
    audit_emp_bankAccountNumber char (10) NULL,
    audit_emp_salary int NULL,
    audit_emp_SSN char (11) NULL,
    audit_user sysname DEFAULT SUSER_SNAME(),
    audit_changed datetime DEFAULT GETDATE()
    );
GO
CREATE TRIGGER updEmployeeData
ON employeeData
AFTER UPDATE AS
/*Check whether columns 2, 3 or 4 have been updated. If any or all columns
2, 3 or 4 have been changed, create an audit record. The bitmask is:
power(2,(2-1))+power(2,(3-1))+power(2,(4-1)) = 14. To test whether all columns
2, 3, and 4 are updated, use = 14 instead of >0 (below).*/

   IF (COLUMNS_UPDATED() & 14) > 0
/*Use IF (COLUMNS_UPDATED() & 14) = 14 to see whether all columns 2, 3, and
4 are updated.*/
      BEGIN
-- Audit OLD record.
      INSERT INTO auditEmployeeData
         (audit_log_type,
         audit_emp_id,
         audit_emp_bankAccountNumber,
         audit_emp_salary,
         audit_emp_SSN)
         SELECT 'OLD',
            del.emp_id,
            del.emp_bankAccountNumber,
            del.emp_salary,
            del.emp_SSN
         FROM deleted del
```

```
-- Audit NEW record.
      INSERT INTO auditEmployeeData
         (audit_log_type,
         audit_emp_id,
         audit_emp_bankAccountNumber,
         audit_emp_salary,
         audit_emp_SSN)
         SELECT 'NEW',
            ins.emp_id,
            ins.emp_bankAccountNumber,
            ins.emp_salary,
            ins.emp_SSN
         FROM inserted ins
   END;
GO

/*Inserting a new employee does not cause the UPDATE trigger to fire.*/
INSERT INTO employeeData
   VALUES ( 101, 'USA-987-01', 23000, 'R-M53550M', N'Mendel', N'Roland', 32);
GO

/*Updating the employee record for employee number 101 to change the salary
to 51000 causes the UPDATE trigger to fire and an audit trail to be produced.*/

UPDATE employeeData
   SET emp_salary = 51000
   WHERE emp_id = 101;
GO
SELECT * FROM auditEmployeeData;
GO

/*Updating the employee record for employee number 101 to change both the
bank account number and social security number (SSN) causes the UPDATE trigger
to fire and an audit trail to be produced.*/

UPDATE employeeData
   SET emp_bankAccountNumber = '133146A0', emp_SSN = 'R-M53550M'
   WHERE emp_id = 101
GO
SELECT * FROM auditEmployeeData
GO
```

下面的例子将利用该函数测试多于 8 列的情况：

```
USE AdventureWorks;
GO
DROP TRIGGER Person.tr1;
GO
CREATE TRIGGER tr1 ON Person.Contact
AFTER UPDATE AS
   IF ( (SUBSTRING(COLUMNS_UPDATED(),1,1)=power(2,(3-1))
      + power(2,(5-1)))
      AND (SUBSTRING(COLUMNS_UPDATED(),2,1)=power(2,(1-1)))
      )
   PRINT 'Columns 3, 5 and 9 updated';
GO

UPDATE Person.Contact
   SET Title=Title,
      MiddleName=MiddleName,
      EmailPromotion=EmailPromotion;
GO
```

10.8.2 保持触发器简洁

笔者认为这样做的理由相当明显。笔者经常看到一些臃肿、愚蠢的 sprocs 和触发器代码，不知是因为这些人太忙，还是他们认为这种方法就是最快的方法而不把它当作问题。

记住触发器是与你调用的语句所在事务的一部分，这意味着语句要到触发器结束时才完成。考虑一下：如果你在触发器中书写了要运行很长时间的代码，就意味着引起触发器触发的每一片代码相应地都运行时间很长。从试图指出为什么代码运行如此长时间的角度来说，这会引起心脏病。你编写了一个看上去非常高效的 sproc，但它的执行效果很糟糕。我们可能要花几周时间去查找 sproc 性能不好的原因，但实际是因为触发的触发器不好，而不是过程本身。

1. 在选择索引时不要忘记触发器

这是另一个常见的错误。我们查看了所有 sprocs 和视图，并指出了最好的混合索引，却忘记了我们在触发器中有明显的代码在运行。

如果查询需要长时间运行，则含导致系统耗时很长。在优化的时候，不要忘记优化触发器。

在 SQL Server 7.0 以前，对联接触发器的表的数量有一定限制，在 SQL Server 7.0 和以后的版本没有这个问题。在这之前，触发器一次最多可以联接 16 张表。如果工作在 SQL Server 6.5 以前的版本，那么要核实触发器访问表的数量。

2. 尽量不要在触发器中回滚

因为回滚是我们在触发器中通常希望完成的主要部分，所以这很难。

AFTER 触发器（这无疑是最典型的触发器）发生在大部分事情已经完成以后，这意味着回滚开销很大，这就是 DRI 在性能上的优点。如果在触发器中使用了多条 ROLLBACK TRAN 语句，就需要确定在执行激活触发器的语句之前预先找到错误。也就是说，SQL Server 不能预先处理这种情况，一定要我们进行预先处理。在错误发生前进行测试，而不要等到回滚的时候。

10.9　删除触发器

删除触发器是迄今为止最简单的事情。

DROP TRIGGER <trigger name> ON { DATABASE | ALL SERVER } [;]

执行该语句就可以删除触发器了。

10.10　调试触发器

如果你试图像使用 sproc 的调试器那样来使用触发器的调试器，那么你就会恍然大悟了，你找不到这样的调试器。因为调试触发器是一件痛苦的事情，而且几乎没有这样的调试器，所以笔者决定自己编写一个调试器。虽然不是很好，但能工作。

基本上，我们要做的是创建一个包装过程以关闭我们想要调试的触发器。它本质上是一个 sproc，其核心目的是给我们提供一种关闭语句的方法，并让我们利用调试器以单步跟踪触发器。

例如，你可以采用本章的最后一部分测试代码，并将其放置在 sproc 中，然后逐行观察调试器。

```
CREATE PROC spTestTriggerDebugging
AS
BEGIN
    -- 这条语句会起作用
    UPDATE dbo.Tallycheckeddetail_vw
    SET Iamount = 4

END
```

在数据库引擎的对象浏览器（Object Browser）中，右击这个 sproc 开始调试，如图 10-1 所示。

在对话框上单击 Execute（不需要输入任何参数）。首先，刚好处于调试器中 sproc 的开头，但单步运行以激活触发器，我们会得到一个令人惊奇的好结果！

在这里，使用调试器不是很难。当我们用 sprocs 查看的时候，它照样工作得很好。触发器变成了你调用堆栈的活动部分。

在你运行到这种触发器调试状态的时候要记住，以这种方式调试触发器是一件痛苦的事情，但总比什么都没有要好。

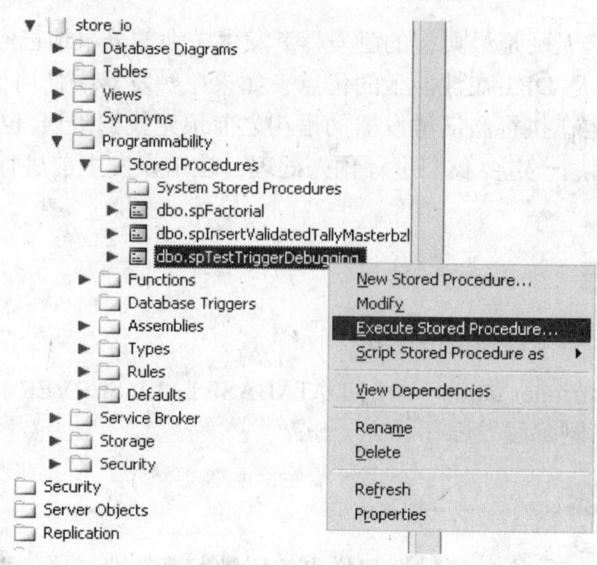

图 10-1　在数据库引擎中调试 sproc 并调试触发器

10.11　CLR 触发器

SQL Server 2005 提供了在 SQL Server 内创建数据库对象的功能，该数据库对象可以在 .NET Framework 公共语言运行时(CLR)里创建的程序集中进行编程。可以利用由 CLR 提供的大量编程模型的数据库对象，包括 DML 触发器、DDL 触发器、存储过程、函数、聚合函数和类型。

在 SQL Server 中创建 CLR 触发器（DML 或 DDL）包括以下步骤：

（1）以 .NET 语言将触发器定义为一类，然后使用适当的语言编译器编译该类，以便在 .NET Framework 中生成一个程序集。

（2）使用 CREATE ASSEMBLY 语句在 SQL Server 中注册程序集。

（3）创建用于引用已注册的程序集的触发器。

默认情况下，应关闭 SQL Server 执行 CLR 代码的功能。可以创建、更改和删除将引用托管代码模块的数据库对象，但不能在 SQL Server 中执行这些引用，除非使用 sp_configure (Transact-SQL) 启用了 clr_enabled 选项。

以下示例假定 SQL Server Database Engine 示例安装在本地计算机的默认位置，而且 HelloWorld.csproj 示例应用程序已编译。

```
DECLARE @SamplesPath nvarchar(1024)
SELECT @SamplesPath = REPLACE(physical_name,
    'Microsoft SQL Server\MSSQL.1\MSSQL\DATA\master.mdf',
    'Microsoft SQL Server\90\Samples\Engine\Programmability\CLR\')
FROM master.sys.database_files
WHERE name = 'master';
CREATE ASSEMBLY HelloWorld
FROM @SamplesPath + 'HelloWorld\CS\HelloWorld\bin\debug\HelloWorld.dll'
WITH PERMISSION_SET = SAFE;
```

以下示例将程序集 ComplexNumber 更新到保存其实现的 .NET Framework 模块的最新副本。

```
ALTER ASSEMBLY ComplexNumber
FROM 'C:\Program Files\Microsoft SQL Server\90\Tools\Samples\1033\Engine\Programmability\CLR\UserDefinedDataType\CS\ComplexNumber\obj\Debug\ComplexNumber.dll'
```

以下示例假定已在 SQL Server 实例中创建程序集 HelloWorld。

```
DROP ASSEMBLY Helloworld
```

10.12 DDL 触发器

像常规触发器一样，DDL 触发器将激发存储过程以响应事件。与 DML 触发器不同的是，它们不会为响应针对表或视图的 UPDATE、INSERT 或 DELETE 语句而激发。相反，它们会为响应多种（DDL）语句而激发。这些语句主要以 CREATE、ALTER 和 DROP 开头，DDL 触发器可用于管理任务，例如审核和控制数据库操作。

如果要执行以下操作，请使用 DDL 触发器：

- 要防止对数据库架构进行某些更改。
- 希望数据库中发生某种情况以响应数据库架构中的更改。
- 要记录数据库架构中的更改或事件。

仅在运行触发 DDL 触发器的 DDL 语句后，DDL 触发器才会激发。DDL 触发器无法作为 INSTEAD OF 触发器使用。

以下示例说明了如何使用 DDL 触发器来防止数据库中的任一表被修改或删除。

```
CREATE TRIGGER safety
ON DATABASE
FOR DROP_TABLE, ALTER_TABLE
AS
  PRINT 'You must disable Trigger "safety" to drop or alter tables!'
  ROLLBACK ;
```

仅在要响应由 Transact-SQL DDL 语法指定的 DDL 事件时，DDL 触发器才会被激发，但不支持执行类似 DDL 操作的系统存储过程。

在响应当前数据库或服务器中处理的 Transact-SQL 事件时，可以激发 DDL 触发器。触发器的作用域取决于事件。

若要获取 AdventureWorks 示例数据库中的 DDL 触发器示例，请打开 SQL Server Management Studio 对象资源管理器中的数据库触发器文件夹（位于 AdventureWorks 数据库的可编程性文件夹中）。右键单击 ddlDatabseTriggerLog 并选择“编写数据库触发器脚本为”。默认情况下，禁用 DDL 触发器 ddlDatabseTriggerLog。

在设计 DDL 触发器之前，必须：

- 了解 DDL 触发器的作用域。
- 确定触发触发器的 Transact-SQL 语句或语句组。

例如，每当数据库中发生 CREATE TABLE 事件时，都会触发为响应 CREATE TABLE 事件创建的 DDL 触发器。每当服务器中发生 CREATE LOGIN 事件时，也会触发为响应 CREATE LOGIN 事件创建的 DDL 触发器。

在下面的示例中，每当数据库中发生 DROP TABLE 或 ALTER TABLE 事件，都将触发 DDL 触发器 safety。

```
CREATE TRIGGER safety
ON DATABASE
FOR DROP_TABLE, ALTER_TABLE
AS
   PRINT 'You must disable Trigger "safety" to drop or alter tables!'
   ROLLBACK
;
```

在下面的示例中，如果当前服务器实例中发生 CREATE LOGIN、ALTER LOGIN 或 DROP LOGIN 事件，则 DDL 触发器将显示消息。该触发器使用 EVENTDATA 函数来检索相应的 Transact-SQL 语句的文本。

```
CREATE TRIGGER ddl_trig_login
ON ALL SERVER
FOR DDL_LOGIN_EVENTS
AS
    PRINT 'Login Event Issued.'
    SELECT EVENTDATA().value('(/EVENT_INSTANCE/TSQLCommand/CommandText )
[1]','nvarchar(max)')
GO
DROP TRIGGER ddl_trig_login
ON ALL SERVER
GO;
```

选择触发 DDL 触发器的特定 DDL 语句部分中提供了一些链接，通过这些链接可以找到将 Transact-SQL 语句映射到为它们指定的作用域的列表。

数据库范围内的 DDL 触发器都作为对象存储在创建它们的数据库中。可以在 master 数据库中创建 DDL 触发器，这些 DDL 触发器的行为与在用户设计的数据库中创建的 DDL 触发器一样，可以从创建 DDL 触发器的数据库上下文中的 sys.triggers 目录视图中，或者通过指定数据库名称作为标识符（例如 master.sys.triggers）来获取有关这些 DDL 触发器的信息。

服务器范围内的 DDL 触发器作为对象存储在 master 数据库中。不同的是，可以从任何数据库上下文中的 sys.server_triggers 目录视图中获取有关数据库范围内的 DDL 触发器的信息。

对于影响局部或全局临时表和存储过程的事件，不会触发 DDL 触发器。

可以创建响应以下语句的 DDL 触发器：

- 一个或多个特定 DDL 语句。
- 预定义的一组 DDL 语句。

可以安排在运行一个或多个特定 Transact-SQL 语句后触发 DDL 触发器。在前面的示例中，当发生 DROP TABLE 事件或 ALTER TABLE 事件后触发触发器 safety。

并非所有的 DDL 事件都可用于 DDL 触发器中，有些事件只适用于异步非事务语句。例如，CREATE DATABASE 事件不能用于 DDL 触发器中，应为这些事件使用事件通知。

下表列出了可以用来触发 DDL 触发器的 DDL 事件。请注意，每个事件都对应一个 Transact-SQL 语句，语句语法经过修改，在关键字之间包含了下划线。

CREATE_APPLICATION_ROLE	ALTER_APPLICATION_ROLE	DROP_APPLICATION_ROLE
CREATE_ASSEMBLY	ALTER_ASSEMBLY	DROP_ASSEMBLY
ALTER_AUTHORIZATION_DATABASE		
CREATE_CERTIFICATE	ALTER_CERTIFICATE	DROP_CERTIFICATE
CREATE_CONTRACT	DROP_CONTRACT	
GRANT_DATABASE	DENY_DATABASE	REVOKE_DATABASE
CREATE_EVENT_NOTIFICATION	DROP_EVENT_NOTIFICATION	
CREATE_FUNCTION	ALTER_FUNCTION	DROP_FUNCTION
CREATE_INDEX	ALTER_INDEX	DROP_INDEX
CREATE_MESSAGE_TYPE	ALTER_MESSAGE_TYPE	DROP_MESSAGE_TYPE
CREATE_PARTITION_FUNCTION	ALTER_PARTITION_FUNCTION	DROP_PARTITION_FUNCTION
CREATE_PARTITION_SCHEME	ALTER_PARTITION_SCHEME	DROP_PARTITION_SCHEME
CREATE_PROCEDURE	ALTER_PROCEDURE	DROP_PROCEDURE
CREATE_QUEUE	ALTER_QUEUE	DROP_QUEUE
CREATE_REMOTE_SERVICE_BINDING	ALTER_REMOTE_SERVICE_BINDING	DROP_REMOTE_SERVICE_BINDING
CREATE_ROLE	ALTER_ROLE	DROP_ROLE
CREATE_ROUTE	ALTER_ROUTE	DROP_ROUTE
CREATE_SCHEMA	ALTER_SCHEMA	DROP_SCHEMA
CREATE_SERVICE	ALTER_SERVICE	DROP_SERVICE
CREATE_STATISTICS	DROP_STATISTICS	UPDATE_STATISTICS
CREATE_SYNONYM	DROP_SYNONYM	
CREATE_TABLE	ALTER_TABLE	DROP_TABLE
CREATE_TRIGGER	ALTER_TRIGGER	DROP_TRIGGER
CREATE_TYPE	DROP_TYPE	
CREATE_USER	ALTER_USER	DROP_USER

CREATE_VIEW	ALTER_VIEW	DROP_VIEW
CREATE_XML_SCHEMA_COLLECTION	ALTER_XML_SCHEMA_COLLECTION	DROP_XML_SCHEMA_COLLECTION

服务器作用域的 DDL 语句如下：

ALTER_AUTHORIZATION_SERVER

CREATE_DATABASE	ALTER_DATABASE	DROP_DATABASE
CREATE_ENDPOINT	DROP_ENDPOINT	
CREATE_LOGIN	ALTER_LOGIN	DROP_LOGIN
GRANT_SERVER	DENY_SERVER	REVOKE_SERVER

可以在执行属于一组预定义的相似事件的任何 Transact-SQL 事件后触发 DDL 触发器。例如，如果希望在运行 CREATE TABLE、ALTER TABLE 或 DROP TABLEDDL 语句后触发 DDL 触发器，则可以在 CREATE TRIGGER 语句中指定 FOR DDL_TABLE_EVENTS。运行 CREATE TRIGGER 后，事件组涵盖的事件都将添加到 sys.trigger_events 目录视图中。

图 10-2 列出了可用于激发 DDL 触发器的事件组、事件组所涵盖的 Transact-SQL 语句，以及可以在其中对事件组进行编程的作用域（ON SERVER 或 ON DATABASE）。请注意事件组的包含性，由树结构所指明。例如，指定 FOR DDL_TABLE_EVENTS 的 DDL 触发器涵盖 REATE TABLE、ALTER TABLE 和 DROP TABLE Transact-SQL 语句，而指定 FOR DDL_TABLE_VIEW_EVENTS 的 DDL 触发器涵盖 DDL_TABLE_EVENTS、DDL_VIEW_EVENTS、DDL_INDEX_EVENTS 和 DDL_STATISTICS_EVENTS 下的所有 Transact-SQL 语句。

在 CREATE、ALTER、DROP、GRANT、DENY、REVOKE 或者 UPDATE 静态语句上，创建 DDL 触发器的语法如下：

```
CREATE TRIGGER trigger_name
ON { ALL SERVER | DATABASE }
[ WITH <ddl_trigger_option> [ ,...n ] ]
{ FOR | AFTER } { event_type | event_group } [ ,...n ]
AS { sql_statement  [ ; ] [ ...n ] | EXTERNAL NAME < method specifier >  [ ; ] }
其中
<ddl_trigger_option> ::=
    [ ENCRYPTION ]
    [ EXECUTE  AS 从句]

<method_specifier> ::=
    assembly_name.class_name.method_name
```

有关 CLR 的具体示例，笔者将在第 15 章介绍。

	服务器范围	数据库范围
DDL_SERVER_LEVEL_EVENTS (CREATE DATABASE, ALTER DATABASE, DROP DATABASE)	x	
DDL_ENDPOINT_EVENTS (CREATE ENDPOINT, ALTER ENDPOINT, DROP ENDPOINT)	x	
DDL_SERVER_SECURITY_EVENTS	x	
DDL_LOGIN_EVENTS (CREATE LOGIN, ALTER LOGIN, DROP LOGIN)	x	
DDL_GDR_SERVER_EVENTS (GRANT SERVER, DENY SERVER, REVOKE SERVER)	x	
DDL_AUTHORIZATION_SERVER_EVENTS (ALTER AUTHORIZATION SERVER)	x	
DDL_DATABASE_LEVEL_EVENTS		x
DDL_TABLE_VIEW_EVENTS		x
DDL_TABLE_EVENTS (CREATE TABLE, ALTER TABLE, DROP TABLE)		x
DDL_VIEW_EVENTS (CREATE VIEW, ALTER VIEW, DROP VIEW)		x
DDL_INDEX_EVENTS (CREATE INDEX, ALTER INDEX, DROP INDEX, CREATE XML INDEX)		x
DDL_STATISTICS_EVENTS (CREATE STATISTICS, UPDATE STATISTICS, DROP STATISTICS)		x
DDL_SYNONYM_EVENTS (CREATE SYNONYM, DROP SYNONYM)		x
DDL_FUNCTION_EVENTS (CREATE FUNCTION, ALTER FUNCTION, DROP FUNCTION)		x
DDL_PROCEDURE_EVENTS (CREATE PROCEDURE, ALTER PROCEDURE, DROP PROCEDURE)		x
DDL_TRIGGER_EVENTS (CREATE TRIGGER, ALTER TRIGGER, DROP TRIGGER)		x
DDL_EVENT_NOTIFICATION_EVENTS (CREATE EVENT NOTIFICATION, DROP EVENT NOTIFICATION)		x
DDL_ASSEMBLY_EVENTS (CREATE ASSEMBLY, ALTER ASSEMBLY, DROP ASSEMBLY)		x
DDL_TYPE_EVENTS (CREATE TYPE, DROP TYPE)		x
DDL_DATABASE_SECURITY_EVENTS		x
DDL_CERTIFICATE_EVENTS (CREATE CERTIFICATE, ALTER CERTIFICATE, DROP CERTIFICATE)		x
DDL_USER_EVENTS (CREATE USER, ALTER USER, DROP USER)		x
DDL_ROLE_EVENTS (CREATE ROLE, ALTER ROLE, DROP ROLE)		x
DDL_APPLICATION_ROLE_EVENTS (CREATE APPROLE, ALTER APPROLE, DROP APPROLE)		x
DDL_SCHEMA_EVENTS (CREATE SCHEMA, ALTER SCHEMA, DROP SCHEMA)		x
DDL_GDR_DATABASE_EVENTS (GRANT DATABASE, DENY DATABASE, REVOKE DATABASE)		x
DDL_AUTHORIZATION_DATABASE_EVENTS (ALTER AUTHORIZATION DATABASE)		x
DDL_SSB_EVENTS		x
DDL_MESSAGE_TYPE_EVENTS (CREATE MSGTYPE, ALTER MSGTYPE, DROP MSGYTPE)		x
DDL_CONTRACT_EVENTS (CREATE CONTRACT, DROP CONTRACT)		x
DDL_QUEUE_EVENTS (CREATE QUEUE, ALTER QUEUE, DROP QUEUE)		x
DDL_SERVICE_EVENTS (CREATE SERVICE, ALTER SERVICE, DROP SERVICE)		x
DDL_ROUTE_EVENTS (CREATE ROUTE, ALTER ROUTE, DROP ROUTE)		x
DDL_REMOTE_SERVICE_BINDING_EVENTS (CREATE REMOTE SERVICE BINDING, ALTER REMOTE SERVICE BINDING, DROP REMOTE SERVICE BINDING)		x
DDL_XML_SCHEMA_COLLECTION_EVENTS (CREATE XML SCHEMA COLLECTION, ALTER XML SCHEMA COLLECTION, DROP XML SCHEMA COLLECTION)		x
DDL_PARTITION_EVENTS		x
DDL_PARTITION_FUNCTION_EVENTS (CREATE PARTITION FUNCTION, ALTER PARTITION FUNCTION, DROP PARTITION FUNCTION)		x
DDL_PARTITION_SCHEME_EVENTS (CREATE PARTITION SCHEME, ALTER PARTITION SCHEME, DROP PARTITION SCHEME)		x

图 10-2　可用于激发 DDL 触发器的事件组

10.14　小　结

触发器是一个功能非常强大的工具，可以给系统带来数据完整性和整个操作的灵活性。也就是说，它们不应被人们轻视。如果使用得当，则触发器可以提高系统的性能，但反之则会带来祸害。调试触发器的工作非常困难（即使现在我们有调试器），写得不好的触发器不仅会影响触发器本身，而且会影响激活触发器的语句，所以一定要耐心调试。

至此你已经掌握有关触发器 90%的内容。记住，有很多工具可以自动产生触发器并满足特定的需求。

11 SQL 游标

迄今为止，我们已经讨论了如何处理数据集，这是背离过程化驱动语言处理事情的方法。实际上，当数据到达客户端的时候，大部分客户端总是不得不接受我们提供的数据集，然后进行逐行处理。它们要处理的是游标（Cursor）。

我们将在本章介绍：

- 游标的定义。
- 游标的使用范围。
- 游标的类型（灵敏性和滚动性）。
- 使用游标。

我们将在创建游标的时候探讨更多问题。

大概有人会问：用什么方法可以避免使用游标？如果每次在创建游标的时候都这样自问一下，那么你就步入设计的正轨了。但是，有时我们不能用其他方式进行处理，而只能使用游标。

11.1 定义游标

游标是提取数据集的一种方法，而且一次可以与该集合中的单条记录交互。它不像人们想象的那样频繁出现，但是通过修改或选择整个集合中的数据并不能得到你期望的结果。该集合是由一些具有共性的行产生（比如由 SELECT 语句定义），随后需要逐行处理这些数据。

游标中的结果集与正常的 SELECT 语句之间有许多不同之处：

- 声明游标与执行游标是相互分开的。
- 游标和结果集在声明中命名，然后通过名字引用游标。
- 一旦游标中设置的结果被打开，就一直开放到你关闭为止。
- 游标有一组用于操纵记录集的特殊命令。

虽然 SQL Server 具有处理游标的方法，但也有一些对象库可以创建游标：

- OLE DB（被 ADO 使用）。
- ODBC（被 RDO、DAO 使用，在某些情况下，也可以被 OLE DB/ADO 使用）。
- DB-Lib（被 VB-SQL 使用）。

客户应用程序总是使用这些库来访问单独的记录，每个库都提供操纵结果集和管理游标的语法。但是，每个库都共享相同一组基本的概念，所以一旦你学会了游标的一个对象模型，就学会了操纵所有游标的大部分方法。

每个数据访问 API（ADO、RDO、ODBC、OLE DB 等）都在游标中给客户端应用程序或组件返回数据，这是非 SQL 编程语言当前处理事情的唯一方法，也是这种游标与 SQL Server 游标之间的最大差别。你通常可以选择一组操作方式执行 SQL Server 游标，这也是 SQL Server 设计的处理方法。对基于 API 的游标，你只能使用游标，才能使服务器端不会存在争议。

客户端数据处理的部分将使用游标来完成，因为这是一种特定的行为，所以不用担心。相反，尽可能地提高服务器端的数据访问效率，如果要提高性能，就不要在服务器端使用游标。

11.2 游标范围

游标涉及内容很多，笔者认为最好先介绍一下基本的游标并建立这种游标。

在讨论实际语法之前，我们需要理解使用游标时要用到更多语句。实际上，它需要几条语句。主要包括：

- 声明。
- 打开。
- 应用/操纵。
- 关闭。
- 释放。

声明游标的基本语法如下：

DECLARE <*cursor name*> CURSOR
FOR <*select statement*>

请记住，这是最简单的语法，应尽可能使用默认模式创建游标。我们将在本章后面了解到更高级的游标。

游标名就像其他变量名一样，而且必须服从 SQL Server 相应的命名规则。SELECT 语句可以是任何返回结果集的有效 SELECT 语句，但是，注意一些结果集是不可被更新的（例如，如果使用 GROUP BY，那么需要更新分组的哪一部分呢？对计算字段来说也存在同样问题）。

我们开始建立一个相当简单的例子。首先，我们创建一张表：

```
CREATE TABLE [dbo].[FacName] (
   [SeriralNo] [varchar] (4) COLLATE Chinese_PRC_CI_AS NOT NULL ,
   [HosFacName] [varchar] (60) COLLATE Chinese_PRC_CI_AS NULL ,
   [Attribute] [varchar] (1) COLLATE Chinese_PRC_CI_AS NULL
   ) ON [PRIMARY]
```

在该表中插入适当的数据，然后声明一个游标。虽然现在不会使用这个游标，但你在后面将看到，它是一个建立管理索引的工具的开端。

```
DECLARE @var1 varchar(255)
DECLARE mycursor CURSOR FOR
   SELECT HosFacName FROM dbo.FacName
     WHERE Attribute = '1'
```

注意：这只是我们要建立游标的开端。需要注意的是，游标需要使用比常用 SELECT 语句多得多的语法。

我们已经声明了基于在数据库中选择所有表的 SELECT 语句的 MyCursor 游标，并声明了一个存放游标当前行的变量。

只声明游标还远远不够，还需要打开它：

```
OPEN MyCursor
```

这实际执行了 FOR 从句的主体查询，但我们仍然没有将数据放在合适的位置进行处理，因此需要处理一组事情。

- 获取第一条记录或者 FETCH（提取）。
- 根据需要，循环剩余的记录。

首先生成第一条 FETCH——该命令说明了希望提取一条特定的记录。我们还必须声明一个存放该值的变量。

```
FETCH NEXT FROM MyCursor INTO @Var1
```

既然我们已经拥有了第一条记录，就准备在游标上执行其他操作。

```
WHILE @@FETCH_STATUS = 0
BEGIN
   PRINT @Var1
   FETCH NEXT FROM MyCursor INTO @Var1
END
```

你或许记住了前面提到的全局变量@@FETCH_STATUS。每次提取一行，该变量就更新一次，并告诉我们提取工作进展到了哪一步。其可能值为以下 3 项。

- 0　提取成功，一切进展顺利
- -1　提取失败或此行不在结果集中，超出了游标中的最后一行（或在第一行之前），在本章的后面将看到更多例子
- -2　提取失败，被提取的行不存在，因为记录丢失（不是循环到了游标末尾，而是因为在游标打开时已经删除了该记录）。

本章后面将详细讨论这一内容。

一旦退出了循环，根据我们的目的就结束了对游标的处理，所以要关闭游标。

```
CLOSE MyCursor
```

但是，关闭游标并不释放与游标相关的内存，它只是释放了与游标相关的锁。为了确保完全释放了被游标使用的整个资源，需要释放游标。

```
DEALLOCATE MyCursor
```

为了便于理解，需要把这些语句放在一起。

```
DECLARE @Var1 varchar(255)
DECLARE MyCursor CURSOR FOR
   SELECT HOSFACNAME FROM dbo.FACNAME
      WHERE ATTRIBUTE = '1'
OPEN MyCursor
```

```
FETCH NEXT FROM MyCursor INTO @Var1
WHILE @@FETCH_STATUS = 0
BEGIN
  PRINT @Var1
  FETCH NEXT FROM MyCursor INTO @Var1
END
CLOSE MyCursor
DEALLOCATE MyCursor
```

创建游标以后，我们实际只不过运行了 SELECT 语句（在技术上，这种说法不正确，因为我们不能 PRINT 一条 SELECT 语句，但你可以）。不同的是，如果我们这样选择，就应该为每一行做完所有事情。下面通过一个小小的应用程序来演示。

不幸的是，在 SQL Server 中，尽管你有许多理由希望用单个语句重新建立系统中的所有索引，但至今还没有语句能完成这项工作。

唯一用于重新建造索引的工具是删除并重新创建索引，或者使用 DBCC DBERINDEX。后者的语法看起来，如下所示：

DBCC DBREINDEX ('<*table name*>' [, *index_name* [, *fillfactor*]])

用该语句重新创建所有表上的所有索引的问题是设计一次继续在一张表上工作。如果希望在一张表上创建所有索引，就可以省略索引名，但不能省略要建造所有索引的表名。

我们的游标可以通过动态建立 DBCC 命令来完成这个任务：

```
DECLARE @TableName varchar(255)
DECLARE TableCursor CURSOR FOR
  SELECT TABLE_NAME FROM INFORMATION_SCHEMA.TABLES
    WHERE TABLE_TYPE = 'BASE TABLE'
DECLARE @Command varchar(255)

OPEN TableCursor
FETCH NEXT FROM TableCursor INTO @TableName
WHILE @@FETCH_STATUS = 0
BEGIN
  PRINT '重新创建' + @TableName + '的索引。'
  DBCC DBREINDEX(@TableName)
  FETCH NEXT FROM TableCursor INTO @TableName
END
CLOSE TableCursor
DEALLOCATE TableCursor
```

现在已经完成了基于一组命令无法完成的任务。DBCC 命令需要一个参数，使提供记录集不会使其工作。在这里，我们使用了组合一组操作的概念利用单个数据点操作（游标中的数据）来解决该问题（SELECT 形成了游标的基础）。

为了混合使用这些基于组的操作和单独的数据点操作，必须执行一系列的步骤。首先，我们要声明游标和保存数据的变量（此时只有一个变量，但在本章后续内容中可以看到还需要更多的变量），然后打开游标（它没有打开），直到从数据库中取得数据为止。接着，通过操纵数据来使用游标。虽然此时只能向前操纵，但是我们也可以创建一个向前或向后滚动的游标。随后，关闭游标（立即在此刻释放锁），但继续为游标分配内存。最后，释放游标占用的内存。至此，游标占用的所有资源都可以被系统中的其他对象自由使用。

我们很快就有了第一个游标，但只是开始。在这个特定的例子中，还有更多的有关游标的内容。下面我们继续看一看给游标提供灵活性的一些强有力功能。

11.3 游标类型和扩展声明语法

游标有许多不同风格（本章要讨论所有这些类型）。默认是向前类（forward-only，你只能向前移动记录，不能向后），但游标也可以滚动和更新，它们也可以灵活地改变其他进程所产生的基础数据。

只向前、只读游标不仅是 SQL Server 的默认游标类型，而且是笔者已经碰到的所有游标的默认类型。与其他游标相比，这种游标的过量开销非常小，而且通常称为消防水管游标，因为与枚举数据速度相比，该游标速度非常快。消防水管游标通常不考虑其他基于游标的选项，但不要把它误解为其他操作上的性能选择。即使与大部分相同集的操作比较，消防水管游标的速度极其缓慢。

下面从游标的扩展语法开始，分别看一看其选项。

```
DECLARE <cursor name> CURSOR
[LOCAL|GLOBAL]
[FORWARD_ONLY|SCROLL]
[STATIC|KEYSET|DYNAMIC|FAST_FORWARD]
[READ_ONLY|SCROLL_LOCKS|OPTIMISTIC]
[TYPE_WARNING]
FOR <SELECT statement>
[FOR UPDATE [OF <column name >[,...n]]]
```

乍一看，它非常简单。实际上，在声明游标时需要考虑许多事情。笔者已经提到过，可能最重要的是逐行进行，是否真正需要用游标来完成这个任务？这些选项明显包含了其他意思，一旦你采用了其中的一个，那么他的选项通常会迅速开始依次排列。

下面逐步应用这些特定的语法，并对每一部分相关的重要概念进行讨论。

11.3.1 范围

局部（LOCAL）与全局（GLOBAL）选项决定了游标的范围，也就是说，连接和处理可以看见游标。大部分具有范围的项目都将采用默认的更加保守的方法，即指最小的范围（此时就是 LOCAL）。SQL Server 游标有点例外，默认情况下是 GLOBAL。在我们探讨 LOCAL 与 GLOBAL 范围之前，最好讨论一下本段中所说的局部和全局的意义。

在默认范围下，我们已经处理的事情是设置调用全局变量而不是局部变量。此外，在 SQL Server 中，全局相对于局部而言，通常指它可以被所有的连接而非当前连接所看见。但根据声明游标的目的，它指 所有处理在当前连接中是否（批处理、触发器和 sprocs）可以看见游标，还是只有当前的处理能看见，如图 11-1 所示。

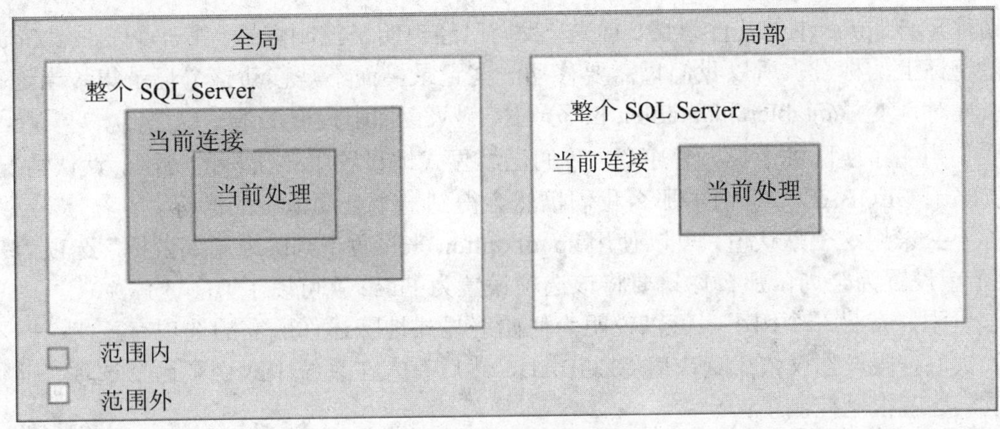

图 11-1　游标的范围

与你期待的一样，全局游标既有优点又有缺点。作为全局，意味着可以在一个 sproc 中创建游标，而且可以从独立的 sproc 中引用该游标，而不是一定要给它传递参数值。这类游标的缺点是，如果试图创建另一个同名游标，就会产生错误。

下面通过一个简短的例子来证实一下，这里要创建一个为我们生成游标的存储过程。

```
USE Store_IO
GO

CREATE PROCEDURE spTestCursorScope
AS

DECLARE @Counter     int,
       @tabler_no     int,
       @tabler   varchar(12)


DECLARE Mycur  CURSOR
GLOBAL
FOR
  SELECT tabler, tabler_no
  FROM dbo.tallymaster

SELECT @Counter = 1
OPEN Mycur
FETCH NEXT FROM Mycur INTO @tabler, @tabler_no
PRINT '第' + CONVERT(varchar,@Counter) + '行的子凭证号是' +
  CONVERT(varchar,@tabler_no) + '记账会计' + @tabler
WHILE (@Counter<=5) AND (@@FETCH_STATUS=0)
BEGIN
  SELECT @Counter = @Counter + 1
  FETCH NEXT FROM Mycur INTO @tabler, @tabler_no
  PRINT '第' + CONVERT(varchar,@Counter) + '行的子凭证号是' +
  CONVERT(varchar,@tabler_no) + '记账会计' + @tabler
END
```

请注意该 sproc 中的几件事情。首先，我们已经声明了控制变量。第一个变量@Counter只保持游标上的标号，所以我们只需要移动一些记录，而不是移动整个记录集。当逐行遍历结果集时，变量@tabler 和@tabler_no 分别控制从查询中提取的值。

我们声明了实际的游标。请注意，我们已经显式地设置了该游标的范围。默认情况下，如果省略了 GLOBAL 关键词，那么我们仍然会得到一个全局范围的游标。

你不必采用这个默认值，可以使用 sp_dboption 来设置"默认为局部游标"选项为 True（如果希望设置为全局，那么你只要将该选项设置为 False 就可以了）。

这里刚好有另一个例子，可以说明为何始终显式地陈述你所需的选项有意义——不要依靠默认值。假设你仅依靠默认值 GLOBAL，然后有人在系统中改变了这个选项，而你并不知道，这就很难控制了。

我们继续打开游标并逐步浏览几条记录。这次不是关闭或释放分配给游标的内存，只是让它在退出 sproc 时打开并可用。

需要注意的是，打开游标将导致大量的空间丢失现象，让游标像这样乱糟糟地打开会带来很大的痛苦。

笔者这样处理完全是为了演示范围的概念，但你必须注意这种用法。其危险性在于：你调用了这个 sproc 而没有认识到在其结束以后不能清除，导致了大量的内存开销。如果 sproc 外部没有清除游标（关闭并释放内存），那么结果可能会导致资源短缺，但仍然激活了游标。在再次调用相同的 sproc 的时候，仍有可能犯同样的错误（它试图声明并再次打开该游标，但该游标已经被声明并被打开了）。

观察定义游标的输出时，我们会看见一个更直接、更好的选择。此时，我们希望允许游标外部与游标内部进行交互。

前面已经枚举了几条记录并证明 sproc 正在运转，现在要退出 sproc 了（请记住，还没有关闭游标或释放游标的空间）。下面从 sproc 的外部引用游标。

```
EXEC sptestCursorScope

DECLARE @Counter      int,
      @tabler_no      int,
      @tabler   varchar(12)

SET @Counter=6

WHILE (@Counter<=10) AND (@@FETCH_STATUS=0)
BEGIN
    PRINT '第' + CONVERT(varchar,@Counter) + '行的子凭证编号是：' +
    CONVERT(varchar,@tabler_no) + '记账会计为：' + @tabler
    SELECT @Counter = @Counter + 1
FETCH NEXT FROM Mycur INTO @tabler, @tabler_no
END

CLOSE Mycur
DEALLOCATE Mycur
```

我们看一看这里发生了什么。

首先，我们执行了 sproc。因为我们已经看到，该 sproc 建立了游标并枚举了许多行，退出的时候仍然使游标处于打开状态。

紧接着，我们声明了在 sproc 中已经声明的相同变量。为什么我们不得不再次声明，但没有声明游标呢？因为只有游标默认为全局的。也就是说，只要 sproc 超出了范围，变量就消失了——不能再引用这些变量了，否则将得到变量未声明错误，因此必须重新声明。

下一个代码结构看上去与 sproc 中的几乎相同，即再次循环以枚举几条记录。

最后，一旦已经证明了游标仍然在 sproc 外处于激活状态，那么就关闭游标并释放空间。直到我们关闭游标时，才释放游标中结果集占用的 tempdb 内存空间，而且收回查询声明和游标变量占用的内存。

现在，继续在系统中创建 sproc（如果还没有创建）并执行脚本。你应该得到以下结果：

```
第 1 行的子凭证号是 1 记账会计会计 B
第 2 行的子凭证号是 1 记账会计会计 C
第 3 行的子凭证号是 1 记账会计会计 D
第 4 行的子凭证号是 4 记账会计记账会计 A
第 5 行的子凭证号是 22 记账会计记账会计 A
第 6 行的子凭证号是 23 记账会计记账会计 A

第 7 行的子凭证编号是：24 记账会计为：记账会计 A
第 8 行的子凭证编号是：25 记账会计为：记账会计 A
第 9 行的子凭证编号是：26 记账会计为：记账会计 A
```

可以看到，游标仍然处于开放状态，而且 sproc 外部的循环能够提取 sproc 内部代码留出的数据。

再看一看，如果要更改 sproc 为局部范围，会发生什么变化？

```
ALTER PROCEDURE sptestCursorScope
AS

DECLARE @Counter     int,
      @Tabler_no     int,
      @Tabler  varchar(12)


DECLARE Mycur cursor
LOCAL
FOR
   SELECT Tabler_no, Tabler
   FROM dbo.tallymaster

SELECT @Counter = 1
OPEN Mycur
FETCH NEXT FROM Mycur INTO @Tabler_no, @Tabler
PRINT '第' + CONVERT(varchar,@Counter) + '行的子凭证编号是：' +
    CONVERT(varchar,@Tabler_no) + '。记账会计是：' + @Tabler
```

```
WHILE (@Counter<=5) AND (@@FETCH_STATUS=0)
BEGIN
    SELECT @Counter = @Counter + 1
    FETCH NEXT FROM Mycur INTO @Tabler_no, @Tabler
    PRINT '第' + CONVERT(varchar,@Counter) + '行的子凭证编号是：' +
    CONVERT(varchar,@Tabler_no) + '。记账会计是：' + @Tabler
END
```

它看起来只有微小的变化，但再次执行这个脚本的时候，效果就非常明显了：

```
第 1 行的子凭证编号是：1 。记账会计是：会计 B
第 2 行的子凭证编号是：1 。记账会计是：会计 C
第 3 行的子凭证编号是：1 。记账会计是：会计 D
第 4 行的子凭证编号是：4 。记账会计是：记账会计 A
第 5 行的子凭证编号是：22 。记账会计是：记账会计 A
第 6 行的子凭证编号是：23 。记账会计是：记账会计 A

Server: Msg 16916, Level 16, State 1, Line 14
A cursor with the name 'Mycur' does not exist.
Server: Msg 16916, Level 16, State 1, Line 17
A cursor with the name 'Mycur' does not exist.
Server: Msg 16916, Level 16, State 1, Line 18
A cursor with the name 'Mycur' does not exist.
```

事情运行得就像以前一样，直到我们超出 sproc 的范围为止。当超出 sproc 范围后，就不能再引用该游标了，而且脚本运行产生了许多错误。在本章末尾，我们要看一看怎样才能拥有一个仍然能从创建该游标的过程外进行访问的局部游标。

这一节你应得出的最大结论是，需要思考游标的范围。它们的行为与 DECLARE 语句中的其他项不完全一样。

11.3.2 滚动性

像本章讨论的大部分概念一样，滚动性（scrollability）应用于非常多的游标模型。该概念实际很简单：可以操纵方向，或者限制游标只向前吗？默认是不可以的，你只能向前移动游标。

1. 只向前

只向前游标与字面意思相同。因为它是默认的方法，所以当你听到它也是到目前为止本章所使用的唯一游标时，你对此应该不会感到很惊讶。当你使用只向前游标时，唯一有效的操纵选项是 FETCH NEXT。在移到下一条记录之前，你需要处理提取的每一条记录，因为一旦该记录消失了，就再也不能返回到以前的记录了，除非关闭并重新打开游标。

2. 可滚动

可滚动的意思与其字面意思相同。你可以根据需要滚动游标向前或者向后，如果使用一个 API（ODBC、OLE DB、DB-Lib），那么通常可以根据处理的对象模型正确操纵特定的记录。实际上，利用 ADO，甚至能够容易使数据再分开并添加额外的过滤器。

滚动的基础是 FETCH 关键词。你可以使用 FETCH 向前或向后移动游标，也可以移动到特定的位置。FETCH 的主要参数如下：

- NEXT 移到下一条记录。
- PRIOR 移到前一条记录。
- FIRST 移到第一条记录。
- LAST 移到最后一条记录。

本章后面会更详细地讨论 FETCH，现在只要明白存在 FETCH 并且是控制游标集的语句即可。

下面通过一个简短的例子来解释一下可滚动游标，这只是对本章前面创建的存储过程做了小小的改动：

```
CREATE PROCEDURE spCursorScroll
AS

DECLARE @Counter      int,
        @Tabler_no     int,
        @Tabler   varchar(12)


DECLARE Mycur cursor
LOCAL
SCROLL
FOR
   SELECT Tabler_no, Tabler
   FROM dbo.tallymaster
SELECT @Counter = 1
OPEN Mycur
FETCH NEXT FROM Mycur INTO @Tabler_no, @Tabler
PRINT '第' + CONVERT(varchar,@Counter) + '行的凭证编号是：'+
      CONVERT(varchar,@Tabler_no) + '。记账会计是：' + @Tabler

WHILE (@Counter<=5) AND (@@FETCH_STATUS=0)
BEGIN
     SELECT @Counter = @Counter + 1
     FETCH NEXT FROM Mycur INTO @Tabler_no, @Tabler
     PRINT '第' + CONVERT(varchar,@Counter) + '行的凭证编号是：'+
     CONVERT(varchar,@Tabler_no) + '。记账会计是：' + @Tabler
END

WHILE (@Counter>1) AND (@@FETCH_STATUS=0)
BEGIN
     SELECT @Counter = @Counter - 1
     FETCH PRIOR FROM Mycur INTO @Tabler_no, @Tabler
     PRINT '第' + CONVERT(varchar,@Counter) + '行的凭证编号是：'+
     CONVERT(varchar,@Tabler_no) + '。记账会计是：' + @Tabler
END
```

```
CLOSE Mycur
DEALLOCATE Mycur
```

最大的差别是如下：

- 游标是用 SCROLL 选项声明的
- 添加一个新的操纵关键词 PRIOR 来代替 NEXT
- 关闭并释放 sproc 中游标占用的内存，而不是使用外部程序。

最感兴趣的是结果，这个结果并不需要什么奇特的测试脚本。简单执行它：

```
EXEC spCursorScroll
```

你会看到订单值是怎样向前和向后滚动的。

第 1 行的凭证编号是：1。记账会计是：会计 B
第 2 行的凭证编号是：1。记账会计是：会计 C
第 3 行的凭证编号是：1。记账会计是：会计 D
第 4 行的凭证编号是：4。记账会计是：记账会计 A
第 5 行的凭证编号是：22。记账会计是：记账会计 A
第 6 行的凭证编号是：23。记账会计是：记账会计 A
第 5 行的凭证编号是：22。记账会计是：记账会计 A
第 4 行的凭证编号是：4。记账会计是：记账会计 A
第 3 行的凭证编号是：1。记账会计是：会计 D
第 2 行的凭证编号是：1。记账会计是：会计 C
第 1 行的凭证编号是：1。记账会计是：会计 B

可见，我们不仅可以成功地向前滚动，也可以向后滚动。

只使用向前游标无疑是这两个选项的最好选择。思考一下过量开销：如果是只读，那么 SQL Server 实际只需要跟踪下一条记录，即按链接列表的方式。在其他方式下，你要重新配置游标，为了合理查找出需要的行，必须存储特定信息。如何准确地应用，取决于选择的特定游标选项。

一些类型的游标意味着滚动性，另一些类型的游标在改变数据上非常敏感。

11.3.3 游标类型

各种 API 通常将游标分成 4 种类型：

- 静态型。
- 键集驱动型。
- 动态型。
- 只快速向前型。

在各种 API 和对象模型之间，如何实现这 4 种类型（以及它们所调用的内容）有时会有所不同，但它们的常用特性通常都一样。

依据游标的滚动能力和灵敏性（sensitivity）可以区分游标的类型。我们已经看到了所有有关滚动性的内容，但在编程上，术语灵敏性大概听起来有点陌生。实际上，灵敏性的概念是在选择游标类型时要考虑的一个重要内容。

打开游标之后，游标的灵敏性声明了它是否注意数据库的变化，也声明了一旦检测到变化之后要处理哪些事情。看一看最极端的情况，静态型与动态型游标。一旦创建了静态型游标，那么就会忽略数据库中的变化。但是，只要游标是打开的，动态游标会非常清楚数据库中的每一种变化（插入记录、删除、更新、对其进行命名）。在了解每一种游标类型之后，就可以探讨灵敏性问题了。

1. 静态游标

静态游标是及时提供快照的一种方法。实际上，DAO 通常将它作为快照记录而不是静态记录。

创建静态游标之后，就在 tempdb 的临时表中创建了记录集。当记录集被创建以后，静态游标就不再发生改变。也就是说，它被固化了。一些对象模型会提供静态游标中的更新信息，而另一些则不会，但基本特性都相同：不能利用静态游标在数据库中书写更新值。

在深入讨论游标之前，需要明白在服务器端使用静态游标没有什么意义，不是说不存在，但确实很少。

在服务器端使用静态游标之前，要自问：

- 可以用临时表来完成吗？
- 可以完全在客户端完成吗？

记住 SQL Server 在 temdb 的专用表中保留了静态游标。如果那是 SQL Server 存储的方式，那么为什么不使用自己的临时表呢？有时候，这样处理无法提供你需要的数据（记录，而不是集操作）。但是，如果你只是刚刚接触快照的概念，而不是执行基于记录的操作，那么使用 SELECT INTO 建立自己的临时表会节省（自己的和 SQL Server 的）过量的开销。

如果工作在客户/服务器模式下，那么在客户端处理静态游标比较好。通过把整个操作移到客户端，你可以从根本上削减到服务器的网络交互次数。因为你知道游标不受数据库的变化所影响（毕竟，这不是你选择静态游标的理由），所以考虑在游标创建之后就再没有理由与服务器交互了。

下面看一个静态游标的例子，这个例子先创建静态游标，然后修改游标，并看一看会发生什么情况。我们在本章的剩下内容中还要了解每一个游标类型都要处理这些变化。

从建立一张测试表开始，然后创建游标并控制该游标，看看游标包含的内容。不要忘记，这里使用了 SELECT INTO，因此需要把 Store_IO 数据库的 SELECT INTO/BULK COPY 选项打开（sp_dboptions）。

```
USE Store_IO
/* 建立这次要处理的表*/
SELECT Tabler_no, Tabler
INTO CursorTable
FROM TallyMaster

-- 声明游标
DECLARE Mycur CURSOR
GLOBAL                          -- 从而可以在批处理的外面操作它
SCROLL                          -- 从而可以翻回来看一看其变化
STATIC                          -- 这是我们这次要测试的内容
FOR
SELECT Tabler_no, Tabler
FROM dbo.CursorTable
```

```
-- 声明两个存储变量
DECLARE @Tabler_no      int
DECLARE @Tabler   varchar(12)

-- 打开游标并提取第一条记录
OPEN Mycur
FETCH NEXT FROM Mycur INTO @Tabler_no, @Tabler

-- 现在循环所有的数据
WHILE @@FETCH_STATUS=0
BEGIN
    PRINT CONVERT(varchar(5),@Tabler_no) + '   ' +  @Tabler
    FETCH NEXT FROM Mycur INTO @Tabler_no, @Tabler
END
-- 做一些变化。我们会发现这不会影响游标。
UPDATE CursorTable
     SET Tabler = '会计E'
     WHERE Tabler_no = 1

-- 现在看一看表，显示实际确实进行了更新。
SELECT Tabler_no, Tabler
FROM CursorTable

-- 现在返回到顶部。我们可以这样处理，因为我们有一个可滚动游标
FETCH FIRST FROM Mycur INTO @Tabler_no, @Tabler

-- 再进行一次循环
WHILE @@FETCH_STATUS=0
BEGIN
    PRINT CONVERT(varchar(5),@Tabler_no) + '   ' +  @Tabler
    FETCH NEXT FROM Mycur INTO @Tabler_no, @Tabler
END

-- 现在是该关闭游标的时候了。
CLOSE Mycur

DEALLOCATE Mycur

DROP TABLE CursorTable
```

产生结果如下：

(9 row(s) affected)

1　会计 B
1　会计 C
1　会计 D

```
4     记账会计 A
22     记账会计 A
23     记账会计 A
24     记账会计 A
25     记账会计 A
26     记账会计 A

(3 row(s) affected)

Tabler_no     Tabler
----------- ------------
1              会计 E
1              会计 E
1              会计 E
4              记账会计 A
22             记账会计 A
23             记账会计 A
24             记账会计 A
25             记账会计 A
26             记账会计 A

(9 row(s) affected)

1     会计 B
1     会计 C
1     会计 D
4     记账会计 A
22     记账会计 A
23     记账会计 A
24     记账会计 A
25     记账会计 A
26     记账会计 A
```

在运行这个脚本的过程中，要注意很多事情。

首先，即使已经打开了表的结果集，我们仍然能更新其中的数据。因为此时已经创建了静态游标，就与实际记录断开连接，而且不再保留任何锁。

其次，尽管我们可以清晰地看到在实际表中确实发生了更新，但它并没有影响游标中的数据。同样，一旦该游标被创建，它就不再与原始数据相关。

值得注意的是，我们已经在 FETCH 关键词中使用了一些新的参数，这次希望使用 FETCH FIRST 返回到结果集的最顶端。

2. 键集驱动游标

当我们把键集与游标放在一起讨论的时候，我们不是信口开河。相反，我们正在讨论唯一标识了数据库中整行的一组数据。

键集驱动游标（Keyset-Driven Cursors）具有下列优点：

- 它们需要在正在讨论的表上具有唯一索引。
- 只有键集存储在 tempdb 中，而不是整个数据集。
- 它们对部分键集行（包括已经被删除的）很敏感，但是对创建游标后新增加的行不敏感。

- 键集游标可以用作执行数据更新的游标的基础。

假设名字为键集，而且笔者已经说过该键集唯一标识了每一行，此时必须有某种唯一索引来创建键集，相信你不会为此而震惊（通常是主键，但也显式定义为唯一索引）。

键存储在 tempdb 的专用表中。当你在游标中查找特定行时，SQL Server 使用这个键作为寻找、返回数据的一种方法。要注意的是，如果发出 FETCH，就基于键提取实际数据了。在提取特定行时，特定行的数据是最新的。缺点（或优点，取决于使用的游标类型）是使用已经创建的键集完成查找。一旦创建了键集，那么游标中就要包含所有行。在创建游标后新添加的行，即使它们满足 SELECT 语句中的 WHERE 条件，也不会被游标所包含。这取决于你选择的游标选项，已经成为游标的一部分的行，可以被游标操作所更新。

下面修改前面的脚本，以演示利用键集驱动游标时的灵敏性问题。

```
USE Store_IO
/* 建立这次要处理的表 */
SELECT Tabler_no, Tabler
INTO CursorTable
FROM dbo.tallymaster

-- 现在以主键的形式在该表上创建一个唯一索引
ALTER TABLE CursorTable
     ADD CONSTRAINT PKCursor
     PRIMARY KEY (Tabler_no)
-- 声明游标
DECLARE Mycur CURSOR
GLOBAL                  --可以在批处理外面操纵它
SCROLL                  --可以翻回来，以查看是否发生了变化
KEYSET                  -- 这是这次要测试的内容
FOR
SELECT Tabler_no, Tabler
FROM CursorTable
-- 声明两个存储变量
DECLARE @Tabler_no     int
DECLARE @Tabler   varchar(12)
-- 打开游标并提取第一条记录
OPEN Mycur
FETCH NEXT FROM Mycur INTO @Tabler_no, @Tabler
-- 现在进行循环
WHILE @@FETCH_STATUS=0
BEGIN
    PRINT CONVERT(varchar(5),@Tabler_no) + '   ' + @Tabler
    FETCH NEXT FROM Mycur INTO @Tabler_no, @Tabler
END
-- 做点变动。我们看到这次它确实影响了游标。
UPDATE CursorTable
      SET Tabler = '会计G'
```

```
        WHERE Tabler_no = 23
-- 现在，我们将删除一条记录，所以可以看到怎样处理
DELETE CursorTable
        WHERE Tabler_no = 25
-- 现在插入一条记录。我们将看到游标忘记了该记录。
INSERT INTO CursorTable
        (Tabler_no, Tabler)
VALUES
        (99999, 'IIIII')
-- 现在，看一看表，显示更新确实已经发生。
SELECT Tabler_no, Tabler
FROM CursorTable
-- 现在，返回到顶端。我们可以这样做是因为我们有一个可滚动游标。
FETCH FIRST FROM Mycur INTO @Tabler_no, @Tabler
/* 再进行一次循环。
** 这次，注意我们已经改变了要测试的目的。
** 因为在实际到达游标底端之前，我们有可能丢失（删除）行，所以需要对游标的状态
** 进行一些提炼测试。*/
WHILE @@FETCH_STATUS != -1
BEGIN
    IF @@FETCH_STATUS = -2
    BEGIN
        PRINT '记录丢失！可能该记录已经被删除'
    END
    ELSE
    BEGIN
        PRINT CONVERT(varchar(5),@Tabler_no) + '   ' + @Tabler
    END
    FETCH NEXT FROM Mycur INTO @Tabler_no, @Tabler
END
--清除游标。
CLOSE Mycur

DEALLOCATE Mycur

DROP TABLE CursorTable
```

执行上面的语句，系统会提示：

(9 row(s) affected)

Server: Msg 1505, Level 16, State 1, Line 1

CREATE UNIQUE INDEX terminated because a duplicate key was found for index ID 1. Most significant primary key is '1'.

Server: Msg 1750, Level 16, State 1, Line 8

Could not create constraint. See previous errors.

The statement has been terminated.

显然，系统中 tabler_no 不唯一，所以我们需要修改表中的数据，修改完毕后（使 tabler_no

唯一），删除 Cursortable 表再重新执行上面的语句。系统会提示：

```
9 row(s) affected)

1     会计 B
2     会计 C
3     会计 D
4     记账会计 A
22     记账会计 A
23     记账会计 A
24     记账会计 A
25     记账会计 A
26     记账会计 A

(1 row(s) affected)


(1 row(s) affected)


(1 row(s) affected)

Tabler_no     Tabler
----------- ------------
1              会计 B
2              会计 C
3              会计 D
4              记账会计 A
22             记账会计 A
23             会计 G
24             记账会计 A
26             记账会计 A
99999          IIIII

(9 row(s) affected)

1     会计 B
2     会计 C
3     会计 D
4     记账会计 A
22     记账会计 A
23     会计 G
24     记账会计 A
记录丢失！可能该记录已经被删除
26     记账会计 A
```

这些变化实际并不是很显著。我们已经前进了一步，并添加了需要的唯一索引。因为这是与从中得到信息的表匹配得最好的结果，所以笔者碰巧选择它作为主键，但它也可以是没有主键的唯一索引。我们也增加了一些信息，插入一行数据，所以可以清楚地看到键集没有包括刚被插入的行。

大概我们修改最大的事情就是在运行游标时最后的 WHILE 循环条件。从技术上讲，我们应该对两个循环都做修改，但在这个例子中第一次删除记录并没有危险，而且笔者希望在同一脚本中刚好看见这种差别。

这种改变是为了处理我们新添加的一些记录——可能会得到一条记录，最后却发现它已经丢失了。更有可能是有人删除了该记录。

下面看一下其中的关键内容。

在进行之前，所有的事情都保持良好。我们在第一个结果集中看见了与上次相同的几条记录，同时也看见了一组特别的被影响的信息，这是针对添加的 INSERT、UPDATE 和 DELETE 语句的；随后是第二个结果集。此时，我们就可以发现一些有趣的事情。

在第二个结果集中，我们看见了 UPDATE、INSERT 和 DELETE 语句的结果。就像我们考虑已经完成的任务那样，删除了 Tabler_no 为 23 的记录，而且已经插入了一条 Tabler_no 为 99999 的新凭证。这是表中的内容，但不会非常顺利地显示在游标中。

下一个结果集（最后一个）述说了在游标中提供结果与实际重新运行查询所提供结果之间的一些差别。此时，我们确实获得了几条记录——就像开始时一样，而且就像 SELECT 语句显示的真实表中的数据，这纯属巧合。

实际上，游标显示和表显示的内容有一些关键性差别。首先，结果集实际知道丢失了一条记录。游标继续显示键集中键的位置，但是当它开始查找数据的时候，数据并不存在。@@FETCH_STATUS 被设置为 –2 ，而且能测试并报告这一错误。SELECT 语句只显示存在哪些实际的数据，而不会记起哪些记录曾经存在。另一方面，INSERT 对游标来说完全是一个未知数。创建游标的时候，该记录不存在，所以游标不知道它存在，它就不会显示在结果集中。

在处理必须修改一些敏感数据但不必知道最新插入的每一行数据时，键集游标的用处非常大。它们根据你要寻找的结果集的特性和键集，无需将数据复制并存储到 tempdb，从而节省了大量开销——这会提高整个服务器的性能影响。

警告： 如果在一个没有唯一索引的表上声明一个 KEYSET 类型的游标，那么 SQL Server 将隐式地把该游标转换为 STATIC 类型。这种行为存在严重问题，但操作并没有停止，它并没有告诉你有关内容。默认情况下，你绝对不会得到有关该转换的任何报警。幸运的是，你可以在游标中使用 TYPE_WARNING 选项来监视这类事情。

3. 动态游标

你是否希望开展一个测验并让参与测试的人回答类似于“什么使动态游标这样特殊？”之类的问题呢？笔者假定这种争论可能性很小，但那些决定接受该问题的人可能立即有了答案：它们是动态的（dynamic）——对吗”确实是这样。

几乎差不多。因为动态游标从不会主动告诉你基础数据的变化，从这个意义上说，动态游标（Dynamic Cursors）缺乏动态性。让它们与动态意义非常接近的东西是它们对基础数据的所有变化都非常敏感。当然，与常规一样，所有这些特殊功能都需要昂贵的代价。

如果你希望在游标上添加被插入的记录，没有问题。如果你希望在游标的合适位置显示被更新的行，也没有问题。如果你希望从游标集中删除已经被删除的记录，更没有问题

（尽管不能实际说出某些记录已经被删除，因为你不希望采用键集游标类型看见丢失的记录）。但是，如果你希望具有并发性则就是大问题了（你让游标打开的时间很长，所以极有可能与其他用户发生冲突）。如果你希望让其开销小，则更是大问题（你就像使用每一条 FETCH 重新查询一样）。动态游标可能会大大影响性能，但实际就是这样。

无论怎样都应该避免使用动态游标。

为什么这样大肆宣传？为了理解动态游标拥有的一些效果，需要认识它们是怎样工作的。对于动态游标，在发出 FETCH 命令的时候，实际上每次都将重新建立游标。形成查询基础的 SELECT 语句完成了与 WHERE 从句相关的任务，而且可以重新运行。思考一下，在处理大型数据集的时候，进入脑海中的一个词就是糟糕，实际上非常糟糕。

从笔者开始研究 RDBMS 时，就有人说动态游标会大大影响性能，但笔者发现并不完全是这样。在基表并不大的时候，这个说法似乎很正确。考虑一下，你应能回答为何动态游标实际上比原始速度要快一点。

笔者猜测导致这一问题产生的原因在于，键集游标所使用的 tempdb。虽然每一条 FETCH 语句为了处理动态游标而不得不做很多工作，但是用于重新查询的数据通常在缓存中完成（取决于系统的大小和负载），这意味着动态游标在 RAM 中开始大量的工作。另一方面，键集游标存储在 tempdb 中，对大多数系统而言，该数据库都放在磁盘上（换句话说，速度非常缓慢）。

当表变得越来越大的时候，有很多的业务数据进出服务器，给 SQL Server 分配的内存也越来越小，而且键集驱动的游标也将比动态游标具有更多的优势。另外，原始速度也不是万能的，需要考虑并发性问题（本章将详细讨论并发性问题的选项），这一问题在动态游标中会变得越来越严重。因此，在服务器侧处理的数据非常少的时候，不要把速度问题完全归结到动态游标上。

下面继续对上面的脚本做一点修改，把 KEYSET 改为 DYNAMIC：

```
USE Store_IO
/* 建立这次要打交道的表 */
SELECT Tabler_no, Tabler
INTO CursorTable
FROM dbo.tallymaster
-- 现在以主键的形式在该表上创建一个唯一索引
ALTER TABLE CursorTable
    ADD CONSTRAINT PKCursor
    PRIMARY KEY (Tabler_no)
-- 声明游标
DECLARE Mycur CURSOR
GLOBAL              --可以在批处理外面操纵它。
SCROLL              --可以翻回来，看一看是否发生了变化。
DYNAMIC             -- 这是这次要测试的内容。
FOR
SELECT Tabler_no, Tabler
FROM CursorTable
-- 声明两个存储变量
```

```
DECLARE @Tabler_no      int
DECLARE @Tabler   varchar(12)
-- 打开游标并提取第一条记录
OPEN Mycur
FETCH NEXT FROM Mycur INTO @Tabler_no, @Tabler
-- 现在进行循环
WHILE @@FETCH_STATUS=0
BEGIN
    PRINT CONVERT(varchar(5),@Tabler_no) + '   ' +  @Tabler
    FETCH NEXT FROM Mycur INTO @Tabler_no, @Tabler
END
-- 进行一个变化。我们会看见，这次它确实影响了游标。
UPDATE CursorTable
      SET Tabler = '会计H'
      WHERE Tabler_no = 23
-- 我们删除一条记录。所以可以看见怎样处理它
DELETE CursorTable
      WHERE Tabler_no = 24
-- 现在插入一条记录。我们会看见游标忘记了这条记录。
INSERT INTO CursorTable
      (Tabler_no, Tabler)
VALUES
      (99999, '未知会计')
-- 现在，查看该表，显示表中确实进行了更新。
SELECT Tabler_no, Tabler
FROM CursorTable
-- 现在返回到顶部。我们可以这样做，因为我们拥有的是可滚动游标。
FETCH FIRST FROM Mycur INTO @Tabler_no, @Tabler

/* 再进行一次循环。
** 这次，注意我们改变了要测试的目的。
** 因为我们在到达游标的底部之前，有可能丢失（删除）行，
** 所以我们需要对游标的状态进行提炼测试。
*/
WHILE @@FETCH_STATUS != -1
BEGIN
    IF @@FETCH_STATUS = -2
    BEGIN
        PRINT '记录丢失，可以已经被删除！'
    END
    ELSE
    BEGIN
        PRINT CONVERT(varchar(5),@Tabler_no) + '   ' +  @Tabler
    END
    FETCH NEXT FROM Mycur INTO @Tabler_no, @Tabler
END
```

```
--清除游标。
CLOSE Mycur

DEALLOCATE Mycur

DROP TABLE CursorTable
```

结果显示：

```
(9 row(s) affected)

1    会计 B
2    会计 C
3    会计 D
4    记账会计 A
22   记账会计 A
23   记账会计 A
24   记账会计 A
25   记账会计 A
26   记账会计 A
(1 row(s) affected)


(1 row(s) affected)


(1 row(s) affected)

Tabler_no   Tabler
----------- ------------
1           会计 B
2           会计 C
3           会计 D
4           记账会计 A
22          记账会计 A
23          会计 H
25          记账会计 A
26          记账会计 A
99999       未知会计

(9 row(s) affected)

1    会计 B
2    会计 C
3    会计 D
4    记账会计 A
22   记账会计 A
23   会计 H
25   记账会计 A
26   记账会计 A
99999  未知会计
```

开始的两个结果集与以前的结果似乎一样，但第三个结果（最后一个）发生了变化：

- 没有显示失败的提取，即使我们删除了一条记录（没有通知）。
- 更新记录显示了更新（就像用键集完成的一样）。
- 插入的记录现在显示在游标集中。

动态游标是所有游标中最敏感的游标，它们为你基础数据的变化所影响。缺点是它们引发了一些特殊的并发性问题，而且在处理大型数据集的时候容易使系统满负荷。

从技术上讲，不像键集，动态游标可以操作一个非唯一索引，但应该尽可能避免这样做（在笔者的意见中，系统将阻止你这样做并产生错误）。在某种环境下，因为动态游标不能跟踪游标集的位置，所以很可能产生无限循环。避免这个问题的唯一切实有效的方法是，要么远离动态游标，要么只在具有唯一索引的表上使用游标。

4. 快速向前游标

快速（从游标的观点看，查询或者其他游标将使这种处理看起来像蜗牛）是这里最有效的词，这通常只用在只向前游标的消防水管游标中。笔者总是采用这种类比来暗示数据喷涌而出的方式，即一旦出来，就不能再把它收回去。简而言之，你只能随着数据浪移动。利用快速向前游标（FAST_FORWARD cursor），可以打开游标，而且除了处理数据以外，再也不干任何事情。向前移动，然后释放内存（注意没有说关闭它）。

可以安全地说，称这种游标为一种类型似乎有点用词不当。在应用到众多不同的环境时，这种游标将被自动转换为其他类型的游标，但在相互关系固定的情况下，笔者认为它更有点像键集驱动游标。一旦创建了游标的成员，就不再添加新的记录。被删除的行以丢失记录显示（@@FETCH_STATUS 为–2）。记住，如果游标被转换成其他东西（通过自动转换），那么它将采用新游标类型的行为。

比较糟糕的事情是，SQL Server 不会告诉你发生了哪种转换，除非你已经在游标声明中采用了 TYPE_WARNING 选项。

如前所述，在一些环境中，FAST_FORWARD 游标将被隐式地转换成另一种类型，见表 11-1 所示。

表 11-1　快速游标的类型转换

条　件	转换为
需要建立临时表的基础查询	静态
自然式分布的基础查询	键集
被声明为 FOR UPDATE 的游标	动态
如果条件存在，就将转换为键集驱动形式，但至少有一张基础表没有唯一索引	静态

笔者已经听说还有其他环境下可以实现游标转换，但没有看到这方面的文档，所以就没有再列出了。

如果你发现自己遇到了所有计算机相关的术语中最可怕的事情（不可预测的结果），就可以使用 sp_describe_cursor（系统存储过程）为游标列出当前所有被激活的选项。

值得注意的是，所有的 FAST_FORWARD 游标都是只读的。你可以显式地将游标设置为具有 FOR UPDATE 选项，但是像转换表 11-1 中所建议的那样，游标将会被隐式地转换为动态游标。

当游标被声明为 FORWARD_ONLY 时，什么是 FAST_FORWARD 游标具有而其他游标不具有的特性呢？FAST_FORWARD 游标将至少执行了下面两个技巧之一：

- 第一件事情是预先提取数据。也就是说，在打开游标的同时，它就自动提取了第一条记录。这意味着，如果在一个使用 ODBC 的客户/服务器环境下操作时，就节省了一个系统来回。不幸的是，这仅用于 ODBC 下。
- 第二件事情是要确信的一件事——游标自动关闭。因为运行的游标只向前，所以 SQL Server 能假定，一旦达到了记录的末尾就希望关闭游标。同样，这节省了一个来回并提高了少许的附加性能。

非常奇怪，被声明为 FAST_FORWARD 类型的游标不允许被声明为 FORWARD_ONLY（或者此时为 SCROLL）。在说明一个游标为 FAST_FORWARD 类型的时候，需要取缔滚动与只向前选项。

在声明游标结构的时候，选择游标类型是最重要的。在游标的实际输出任务上，这种选择的差别不是很明显，但是在性能上会有很大的差别。这些影响可以在改变敏感、并发性问题和更新能力中体现出来。

11.3.4 并发性选项

我们已经在第 4 章中初略了解到并发性问题。每当两个或更多个进程试图同时获取相同数据时，就需要处理并发性问题。在处理游标的时候，该问题变得有点棘手。

问题是多层的：

- 操作持续的时间可能很长（也意味着可能出现并发性问题的时间很多）。
- 在提取时读每一行，但有人在你试图更新之前要进行编辑。
- 可以通过无限时间的结果集向前和向后滚动（希望不是这样，但有可能会这样做）。

与所有并发性问题一样，这一问题在事务环境中（而不是在单个语句中）相当严重。事务持续的时间越长，就越有可能会发生并发性问题。

SQL Server 提供了处理这个问题的 3 个选项：

- READ_ONLY（只读）。
- SCROLL_LOCKS（在很多术语学中等于悲观的）。
- OPTIMISTIC（乐观的）。

这些选项都有自己的特点，所以我们要逐一介绍。

1. 只读锁（READ_ONLY）

在只读状况下，你不必担心游标是否将得到更新锁或排它锁，也不必担心是否在你忙于改变数据的时候有人编辑了数据，两者都简化了操作。

READ_ONLY 与字面意思相同。当你选择了这个选项以后，就不能更新数据，但也避免了大部分（但不是全部）并发性问题。

2. 滚动锁（SCROLL_LOCKS）

滚动锁等于在各种 API 下和对象模型中典型的悲观锁。在最简单的形式下，这意味着只要你编辑这些记录，就没有人可以编辑它。这种特定应用持续的时间长短取决于以下两个因素：

- 是否在一个事务中。
- 设置了哪种事务隔离层。

注意这与在事务和加锁一章中看见的更新锁不同。利用更新锁，我们可以阻止其他用户更新数据，这种锁与事务持续的时间相同。如果是在单个语句的事务中，那么只有等到被更新所影响的每一行记录都完成以后才释放锁。

悲观锁与更新锁的工作方式相同，只有一个明显的例外——锁持续的时间。对于悲观锁，时间的长短取决于游标是否参与到多条语句的事务中。假设那时游标不处于事务中，那么锁就仅保持在游标的当前记录中。也就是说，从提取第一条记录到被提取的下一条记录（或结果集的末尾）。一旦移到下一条记录，就从前一条记录上删除了该锁。

下面看一看本章一直使用的脚本片段：

```
USE Store_IO
/* 建立这次我们要打交道的表 */

SELECT Tabler_no, Tabler
INTO CursorTable
FROM dbo.Tallymaster
-- 现在以主键的形式在该表上创建一个唯一索引。
ALTER TABLE CursorTable
     ADD CONSTRAINT PKCursor
     PRIMARY KEY (Tabler_no)
/* 在我们进行SELECT INTO 时，IDENTITY属性更有了说服力*/
-- 声明游标
DECLARE Mycur CURSOR
GLOBAL               --可以在批处理外面进行操纵
SCROLL               --可以翻回来，并看一看是否发生了变化
DYNAMIC              --这次要测试的内容
SCROLL_LOCKS
FOR
SELECT Tabler_no, Tabler
FROM CursorTable
-- 声明两个存储变量
DECLARE @Tabler_no     int
DECLARE @Tabler   varchar(12)
-- 打开游标并提取第一条记录
OPEN Mycur
FETCH NEXT FROM Mycur INTO @Tabler_no, @Tabler
```

该脚本没有太大的变化（一表示在这一行代码中所做的改动），因为我们只添加了一行代码，剩下的修改是删除了一些行。

我们已经删除了一部分代码，并重新看看这个游标。值得注意的是，我们故意省略了一组关键的事情，尽管缺少这些语句会引起问题：

- 在游标上没有 CLOSE 语句，此时也没有释放内存。
- 甚至只获取了第一行记录，而不再向后移动。

保持游标打开状态是为了创建一种游标在较长时间内都处于打开状态的情形，从而为测试锁提供充足的时间。另外，只提取第一行是因为想确信只有一行处于活跃状态（以前也有过这样的事情，在开始运行其他可能冲突的语句之前，应该到了记录的末尾）。

执行上面的脚本，然后在激活的 Northwind 中打开一个完全独立的连接窗口，再在新的连接窗口中进行简单的测试。

```
SELECT * FROM CursorTable
```

如果你已经掌握了本节的内容，就会对下列结果感到惊奇。

```
Tabler_no     Tabler
----------- ------------
1             会计 B
2             会计 C
3             会计 D
4             记账会计 A
22            记账会计 A
23            记账会计 A
24            记账会计 A
25            记账会计 A
26            记账会计 A

(9 row(s) affected)
```

根据你所掌握的有关锁的知识（本章有关这部分的内容），可能期待上面的 SELECT 语句被当前记录上的锁所阻塞。但对悲观锁并不是这样，该锁只对游标的当前记录加锁，以阻止记录的更新。任何 SELECT 语句都可以看见游标的前后内容而不会出现任何问题。

在了解事情是如何工作之后，请返回到原始窗口并运行代码，以整理上面的内容，即返回到本章中一直研究的代码上。

```
--清除游标
CLOSE Mycur

DEALLOCATE Mycur

DROP TABLE CursorTable
```

不要忘记运行上面的清除代码！如果忘记，那么就使得在系统中存在一个开放的事务，直到连接终止才会清除该事务。SQL Server 在连接终止的时候，会清除所有的事务（通过对事务回滚），但是笔者已经看见了运行数据库一致性检查，并找到具有一些真实的过期事务，即使用者忘记清除这些事务。

3. 乐观锁

乐观锁（OPTIMISTIC_LOCK）是指当前游标上不设置任何滚动锁的场合。这种假设是，如果进行更新，就希望让别人仍然能得到你的数据。你是乐观的，因为本质上假设在提取数据到游标中和应用更新之间没有人编辑你的数据。

乐观主义并不一定是随遇而安放的，如果拥有许多记录却没有很多用户，那么两人试图同时编辑数据的机会就非常小了（根据业务处理的特性决定）。如果仍然采用这种乐观锁，那么也需要准备出现错误的可能性。也就是说，有人在你提取数据到游标中和实际更新数据库之间改变了数据。

如果刚好碰到了这种情况下，SQL Server 将发出一个错误，而且@@ERROR 的值是 16394。当这事发生以后，你要从游标中重新提取数据（从而知道发生了哪些改变）并回滚事务，或者试图再次更新。

11.3.5　检测游标类型转换

该操作非常简单：将选项 TYPE_WARNING 添加到游标中。如果在游标中进行了隐式转换，你就会得到通知。如果没有这一条语句，那么在发生转换时就不会有通知。如果转换没有按预期发生，则会导致不可预测的结果。

在这个例子中，我们将拿掉一些创建表的键的代码。记住，如果表上没有唯一索引，那么键集就被隐式地转换为静态游标。

```
USE Store_IO
/* 建立这次我们要打交道的表*/
SELECT Tabler_no, Tabler
INTO CursorTable
FROM dbo.tallymaster

-- 声明游标
DECLARE Mycur CURSOR
GLOBAL                  --在批处理外面进行操纵
SCROLL                  --翻回来，看一看是否发生了变化
KEYSET
TYPE_WARNING
FOR
SELECT Tabler_no, Tabler
FROM CursorTable

-- 声明两个存储变量
DECLARE @Tabler_no      int
DECLARE @Tabler   varchar(12)

-- 打开游标并提取第一条记录
OPEN Mycur
FETCH NEXT FROM Mycur INTO @Tabler_no, @Tabler

-- 现在进行循环
WHILE @@FETCH_STATUS=0
```

```
BEGIN
    PRINT CONVERT(varchar(5),@Tabler_no) + '   ' + @Tabler
    FETCH NEXT FROM Mycur INTO @Tabler_no, @Tabler
END

--清除游标
CLOSE Mycur

DEALLOCATE Mycur

DROP TABLE CursorTable
```

这里没有什么特殊的内容，笔者将把它当作对代码的一次完全重写，只是因为已经从原始的脚本中删除了一些东西并且相隔时间已久，我们需要重新熟悉这些代码。表和游标的创建过程与本章早期处理键驱动游标的过程相同。主要的变化是，代码块的移动不需要在游标声明中增加 TYPE_WARNING 选项。

现在得到了一些令人感兴趣的结果：

```
(9 row(s) affected)

Cursor created was not of the requested type.
1    会计 B
2    会计 C
3    会计 D
4    记账会计 A
22    记账会计 A
23    记账会计 A
24    记账会计 A
25    记账会计 A
26    记账会计 A
```

一切正常，只看见了一个仅表示警告的语句，这个结果可能与你期待游标转换所提供的内容不同。

这里的缺点是，你得到了一条发出的信息，但是没有错误。从编程角度看，本质上是无法让你接收这个消息，使得在产品环境下该选项没有用处。但它在调试一个游标并决定为何没有按照预期的方式进行的时候，都非常方便。

11.3.6 用于 SELECT

游标声明时 SELECT 是非常核心，即使在最基本的游标语法下也需要该部分，这是因为它是唯一决定数据放置在哪个游标里的从句。

几乎所有的 SELECT 语句都是有效的，甚至那些包含 ORDER BY 从句的语句。只要 SELECT 语句提供了一个结果集就可以，该选项产生问题的例子是像 CUBE 或 ROLLUP 这样的汇总选项。

11.3.7 用于 UPDATE

默认情况下，任何可更新的游标都是完全可更新的。也就是说，如果可以对一列编辑，那么也可以对其他列编辑。

FOR UPDATE <*COLUMN LIST*>选项允许你指定在该游标中只有某一列可以被编辑。如果包含该选项，那么只有在列清单中的列才允许被更新，任何没有显式提到的列则被视作只读。

11.4　用 FETCH 语句操作游标

笔者认为任何第一个创建 SQL 游标语法的人都可能非常喜欢它。他们可以决定自己要找的数据就是骨头，而 SQL Server 就扮演了一只忠实的猎犬。从这一点猜测，FETCH 关键词就产生了。

思考一下，你就会发现它是一个灵巧的术语。在这里，它告诉 SQL Server：去，取来！利用该关键词，忠实的猎犬（以 SQL Server 的格式）就开始搜寻特定的骨头（行）。在本章以前的例子中，我们已经尝到了 FETCH 语句的甜头，现在有必要介绍这个非常重要的语句了。

FETCH 的选项实际具有比你迄今为止看到的选项多得多。到目前为止，你已经看见了 FETCH 语句的 3 个不同选项：NEXT、PREVIOUS 和 FIRST。实际上，这只需要为游标操纵命令再添加一条语句，而且在这之后再添加一些变量作为完整集。

表 11-2 列出了操纵游标的每一条命令。

表 11-2　操作游标的选项

FETCH 选项	描　述
NEXT	在结果集中前移动一行，90%或更多的游标都需要使用该选项，在决定是否声明 FORWART_ONLY 的时候要记住这一点。当你试图做 FETCH NEXT 并且其移动结果超出最后一条记录时，@@FETCH_STATUS 的值将变为-1
PRIOR	与 NEXT 相反，只向前移动一行。如果在结果集的第一行上执行 FETCH PRIOR，那么@@FETCH_STATUS 的值将为-1，就像超出文件的末尾一样
FIRST	如果执行 FETCH FIRST，那么你将处于记录集的第一行。只有在结果集为空的时候，才使得@@FETCH_STATUS 的值为-1
LAST	与 FIRST 相反，FETCH LAST 移动到记录的最后一行。只有在结果集为空的时候，才会使@@FETCH_STATUS 的值为-1
ABSOLUTE	提供一个整数值，显示从游标开始偏移的行数。如果提供的值为负数，就表示从游标末尾开始偏移的行数。在动态游标中不支持该选项（因为游标中的成员在每个提取操作中都重新执行，可以知道自己在哪里）。在许多客户端访问对象模型中，这大约等于操纵特定的“绝对位置”
RELATIVE	当前行向前或向后移动的特定行数

我们在以前的游标中已经看见了其中一些选项，而另一些操纵选项的工作方式与它们相似。

11.5　在游标中改变数据

到目前为止，我们已经大致了解了如何在游标中直接改变数据。现在，该介绍在游标中更新和删除记录了。

因为需要处理特定的行而不是设置数据，所以我们需要用一些特殊的语法来让 SQL

Server 更新记录。幸运的是，这个语法早就产生了，就是执行 UPDATE 或 DELETE 语句。

通常情况下，我们将更新或删除游标中的表内数据。要完成这个任务，只需使用我们用过的 UPDATE 和 DELETE 语句就可以了，但要在后面添加一行语句：

```
WHERE CURRENT OF <cursor name>
```

该语法中没有什么内容需要特别说明。我们随后仍使用这一语法来创建一个游标：

```
USE Store_IO
/* 建立这次要打交道的表 */
SELECT Tabler_no, Tabler
INTO CursorTable
FROM dbo.TallyMaster

-- 现在以主键的形式在该表上创建一个唯一索引
ALTER TABLE CursorTable
     ADD CONSTRAINT PKCursor
     PRIMARY KEY (Tabler_no)

-- 声明游标
DECLARE Mycur CURSOR
SCROLL           --可以翻回来看一看是否发生了变化
KEYSET
FOR
SELECT Tabler_no, Tabler
FROM CursorTable

-- 声明两个存储变量
DECLARE @Tabler_no     int
DECLARE @Tabler   varchar(12)

-- 打开游标并提取第一条记录
OPEN Mycur
FETCH NEXT FROM Mycur INTO @Tabler_no, @Tabler
-- 现在进行整个循环
WHILE @@FETCH_STATUS=0
BEGIN
    IF (@Tabler_no % 2 = 0)    -- 偶数可以更新它
    BEGIN
        --做点修改。这次，我们要使用游标语法来进行处理
        UPDATE CursorTable
             SET Tabler = '偶数'
             WHERE CURRENT OF Mycur
    END

    ELSE                       -- 一定是奇数，所以我们要删除它
    BEGIN
        -- 现在，我们将删除一条记录，所以我们可以处理它
```

```
        DELETE CursorTable
               WHERE CURRENT OF Mycur
     END
     FETCH NEXT FROM Mycur INTO @Tabler_no, @Tabler
END

-- 现在返回到顶端。因为我们拥有一个可回滚游标
FETCH FIRST FROM Mycur INTO @Tabler_no, @Tabler

-- 再次进行循环。
WHILE @@FETCH_STATUS != -1
BEGIN
     IF @@FETCH_STATUS = -2
     BEGIN
          PRINT '记录丢失！可能该记录已经被删除！'
     END
     ELSE
     BEGIN
          PRINT CONVERT(varchar(5),@Tabler_no) + '   ' + @Tabler
     END
     FETCH NEXT FROM Mycur INTO @Tabler_no, @Tabler
END

--清除游标。
CLOSE Mycur

DEALLOCATE Mycur

DROP TABLE CursorTable
```

笔者将其作为一个全新的游标。我们已经进行了足够的删除、添加和更新操作，你应当可以在几秒钟内就能找到关键的事情，而不用逐行看一看可能缺少了什么。

我们再次使用了本书早期见到的模数操作符%，记住它只给我们提供了余数。因此，如果被 2 除的余数是 0，就知道该数是一个偶数。

这里的其他内容也没有什么高深之处，而且很快就可以得到一些结果：

```
(9 row(s) affected)
(1 row(s) affected)


(1 row(s) affected)


(1 row(s) affected)


(1 row(s) affected)
```

```
(1 row(s) affected)


(1 row(s) affected)


(1 row(s) affected)


(1 row(s) affected)


(1 row(s) affected)

记录丢失！可能该记录已经被删除！
2      偶数
记录丢失！可能该记录已经被删除！
4      偶数
22     偶数
记录丢失！可能该记录已经被删除！
24     偶数
记录丢失！可能该记录已经被删除！
26     偶数
```

可以看到多个 1 row(s) affected 的返回信息，用于反映被 UPDATE 和 DELETE 语句所影响的行。当进入枚举最后结果集的时候，你可以快速说明已经删除了所有的奇数号（这就是让代码所做的事情），而且利用新的 Tabler 更新了偶数号的行。

没有技巧——只有 WHERE 从句利用了 WHERE CURRENT 参数。

11.6 小 结

游标可以逐行访问数据，听起来采用这种想法是多么浪漫的事情。错，如果可以消除游标，笔者坚持采用集合操作。

事实上，集合操作不是万能的。游标是必须进行逐行处理时的解决方案。注意这里使用了必须，而且这是应该考虑的方法。在不能采用其他方法解决一些问题的时候，就需要考虑使用游标。

也就是说，要记住尽可能避免使用游标。游标会占用大量的资源，而且总是产生 100 倍或更糟糕的负面性能影响。它是一个极端的尝试，尤其是在你熟悉大型机或从 dBase 的背景的情况下，它们就是保持了逐行访问的方法！不要掉入这种陷阱！只有在其他选项不可用的情况下，才意味着要使用游标。

12

基于 XML 集成开发

本章将介绍有关 SQL Server 2005 与 XML 集成开发应用的内容。虽然 XML 与关系数据库系统完全不同，但它是世界需要的产物，而且因为数据仓库（Data Warehouse）已经成为数据库发展史上最重要的事物，所以笔者不得不介绍这些内容。你也可以使用 HTML、Java 或者 J2EE 来实现其中的部分功能，但笔者在此不对其他语言做详细介绍。

XML 可以用来建立包含结构化格式数据的文件。除了数据之外，你还可以包含一组定义数据架构的详细规则，这些规则是由 XML 文件的作者负责定义。例如，你可以建立一组规则，用来验证 Exchange E-mail 文件、SQL Server 数据库、Word 文件，或者任何存在于企业之中的数据模式。

本章将首先进行如下介绍：

- ❑ 什么是真正的 XML。
- ❑ 哪些技术与 XML 联系紧密。
- ❑ XML 和 SQL Server 交互的中间层在哪里。

笔者将尽可能地找出两者之间以哪些方法进行交互才能发挥最大的优势。显然，这些方法的共性，就是它们都通过某种 Web 行为实现。本章将大量利用 Web 的例子，而且它确实是很多方法中的好方法。

使用 XML 最好的时机就是将其用于行业与行业之间的通信中。如果两个行业就如何格式化 XML 达成统一，那么它们就可以交换信息。即使它们不能达成统一，只要它们能输入/输出 XML（通常有方法可以这样做）并在 XML 输出中都存在相同基本的内容，那么也可以在某种程度上将 XML 的样式设计成自己需要的格式。

这些行业之间将如何通信呢？可以采用 E-mail、FTP、HTTP、租用线路、卫星链路以及磁盘介质等。

实际上，还有成千上万种方法，在此不可能一一列举。

SQL Server 通过多种方式提供并接受 XML，可以直接在 URL 中进行 HTTP 访问，此外还提供了更多内容。ADO 2.6 库中已经添加了流功能，允许我们避免 ADO 记录集产生的相关过量开销，让实际 XML 直接流入客户端。

微软已经选择采用 SQL Server 的 XML 集成，并将其改为 Web 发布格式。就大部分产品的多年发布周期而言，XML 相关技术的变化简直太快了，这意味着将对 SQL Server 的 XML 集成方面的功能做常规的改变和扩展。

在本章中，我们还要了解可用的访问方法，而且就如何规范数据请求和更新的格式提供不同的选项。本章还要讨论的内容包括：

- 语法问题，包括 FOR XML 子句、OPENXML、XML 语法规则、元素、注释、CDATA、NAMESPACE 及 ENTITY 的语法等。
- 交互方法，包括 HTTP 访问和流访问。
- 封装请求的方法，包括直接查询、XML 模板和 XML 架构。

12.1 XML 基础

许多与数据库打交道的人认为：XML 就是某种 Web 技术，而不打算学习相关知识，这是一种错误倾向。

XML 最初是一种信息技术，并不是专指 Web 技术。相反，有人因为下面一些原因，把它当成了 Web 技术（通常不理解 XML 语言的人这样认为）：

- XML 是一种标记(markup)语言，而且在未经训练的人眼中，它看上去就是 HTML。
- XML 很容易转换（transformed）为 HTML，它已经变成保留页面信息部分的流行方法，还可以根据需要转换为 HTML，基于条件（比如哪种浏览器要查找该信息）进行独立的转换。
- 第一个广泛支持 XML 的产品是微软的 IE 浏览器。
- Internet 通常用于交换信息，而 XML 非常适合在 Internet 上应用。

像 HTML 一样，XML 是基于文本的标记语言。实际上，它们都起源于 SGML（Standard Generalized Markup Language，标准通用标记语言）。SGML 比 Internet 存在的时间要长，而且通常用在印刷行业或政府相关的文档中。在 SGML 中的 S 不代表英文单词，SGML 不是很直观，而且很难学会。另一方面，XML 比 SGML 更容易解释。

有人会问：在哪里能够获得 XML 标记的清单？实际上，你不能获得 XML 标记的清单，至少不能从你提问的角度来提供。XML 很少有标记是该语言的一部分。相反，它提供了定义标记的方法，而且用做其他工具定义的标记。XML 具有很大的灵活性，这包含了可以使用 DTD（Document Type Definition，文档类型定义）或 XML 架构（schema）为自己的 XML 设置规则。

提示： XML 架构的标准草案估计不可能在基本结构上发生太大的变化。XML 架构实际就是一个 XML 文档，该文档的核心目的就是为其他 XML 文档设置规则。

因为 XML 文档本身的规则很少，但必须是结构良好的。我们随后会看到有关结构良好的具体解释。虽然 XML 文档满足了良构标准，但并不意味着它一定就是有效的文档。有效的 XML 不但是良构的，而且要通过该文档引用的 DTD 或 XML 架构来限制 XML 文档；随后会简要介绍 DTD 和 XML 架构。

可以将用 XML 语言编写的文档转换为其他形式，即你可以轻松地把 XML 转换成一个完全不同的 XML 替代品，甚至可以是非 XML 格式形式。其用途在于，将 XML 转换为能够在 Web 上呈现的 HTML。因此，我们有必要对 HTML 与 XML 进行对比。简单说来，XML 是关于信息的，而 HTML 是关于表达的。

存储在 XML 中的信息用元素和属性来表示。元素通常使用开始标记和结束标记来创建（也有例外，我们随后会看到），并用区分大小写的名字（不允许包含空格）来标识。属性则是进一步描述元素的项目，并嵌入在元素的开始标记中。属性值必须与单引号或双引号配对。

要成为格式完整的文件，你的文件必须符合下列要求：

- 文件只包含一个根元素。
- 每个元素必须正确地套放。
- 每个属性只能有一个值。
- 所有属性的值都必须利用双引号或单引号来包围。
- 除非它们是空元素，否则每个元素都必须有起始卷标与结束卷标。
- 空元素的标识方法是利用一个标签后面接着正斜线/作为结束。
- 内容中不能直接使用隔离字符。要在文件内容中使用一些特殊字符，比如<、&与>，而且必须利用>、& 与<。
- 在文件内容中，双引号是利用&quo 来代表，而单引号则利用&apos 来代表。
- 文件中不能使用字符串<[[与]]>。
- 如果文件并未包含 DTD，则所有属性值在预设上都必须是 CDATA 类别。

对不熟悉 XML 语言的人来说，可能对上面的根元素、套放、属性等概念还不太理解，但只要你阅读完本章的内容，就没有问题了。

12.1.1　XML 文档的组成

下面介绍一些很有意义的名字，在深入讨论它们之前，我们先要介绍本章将使用的术语表。

在这里，我们提供了本章将出现的 XML 文档的所有重要部分的清单。文档的许多部分都是可选的，尽管有些是必选的。在某种情况下，采用一个选项意味着必须采用另一个选项。在其他情况下，文档的组成部分则彼此相对独立。

一般说来，一个标准的 XML 文档需要包含这样几部分的内容：文档本身、开始标记、声明、元素、节点、根节点以及属性。

我们将使用层次法并按照在给定的 XML 文档中出现的顺序来讲解这些组成部分，如图 12-1 所示。

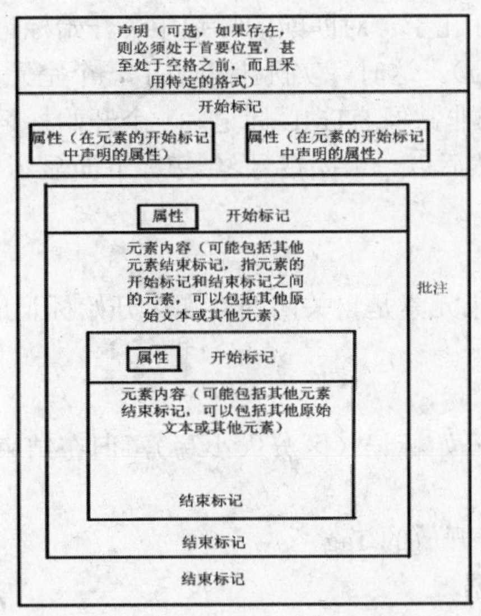

图 12-1　XML 文档的组成

1. 文档

文档包含从第一个字符开始到最后一个字符之间的所有字符。一个 XML 文档，既包含文档的结构，也包含特定的 XML 文档的内容。

2. 声明

声明是可选的。如果它存在，则必须处于文档的顶端。在声明之前，不能存在任何内容，甚至不允许空格存在（空格、回车、制表位，任何字符都不允许先行出现），即不允许包含任何字符。

声明是由问号和 XML 标记开始的特殊标记组成，问号表示该标记是一条预处理指令。例如：

```
<?xml version="1.0"?>
```

声明包括一个必备属性（进一步描述元素），即版本。上面的例子声明了其是一个 XML 文档，并说明它遵守 1.0 版本的 XML 规范。

该声明可以选择性地包含一个附加属性，即编码，它描述这个 XML 文档应用字符集的特性。XML 可以处理多种字符集，常见的是 UTF-16 和 UTF-8。UTF-16 是 Unicode 规范（这是允许使用目前的大部分字符的 16 位编码规范）。默认编码方法是 UTF-8，它与早期的 ASCII 标准兼容。完整的声明如下所示（注意这次使用了单引号，其目的在于说明我们可以使用单引号）：

```
<?xml version='1.0' encoding=' UTF-8'?>
```

提示： 首字母用 xml 开头的元素，在规范中受到严格限制，它们是为将来的语言扩展而预留的。

3. 元素

元素可以将某种描述信息粘合在一起，它可以是任何内容。元素为描述信息声明了准确的起点和终点。元素通常存在于一对匹配的标记中（开始标记和结束标记），但开始标记可以是自关闭的（self_closing）。这时，实际上声明了一个空元素。

XML 元素的结构看起来非常像 HTML 标记。一个开始标记将以单个开括号<开始，包含名字和一些可能的属性，然后以一个闭括号>结束。下面显示了一个标准元素标记，而标记中的内容则构成了元素：

```
< >
```

这个规则的例外是，如果元素是自关闭的，那么开始标记的关闭括号前就应该包含一个/符号。

```
< />
```

结束标记看起来像一个开始标记（区分大小写），但在结束元素名前用一个斜线/作为开始字符。

```
< >       <== 这是一个开放的 Tag
可以在这里录入一些数据
</ >    <== 这是一个关闭标记
```

这个元素包含一些数据。MSXML 的 DOM 声明了操作所有信息的详细方式，包括元素的内容。元素可以用来标记 XML 文件中的区段。XML 元素拥有下列格式：

```
<ElementName> Content </ElementName>
```

这就是一个很好的元素。内容部分将被包含在 XML 标签之中。

元素也可以包含属性作为元素的开始（而不是结束）标记。最后，元素还可以包含其他元素，如果要这样做，则内部元素必须在关闭外部元素之前已经关闭。

```
<外部元素>
   <内部元素>
   </内部元素>
</外部元素>
```

虽然 XML 标签通常包围住内容部分，但也可以建立不含内容的元素，即空元素。在 XML 中，空元素可以利用下面方式来呈现：

```
<ElementName />
```

请注意，<ElementName/>标记有时被称为单一元素。在 HTML 中，空标签是以<ElementName> ... </ ElementName>来表示的。

元素提供了文件中有关内容部分的信息，而且可以让应用程序用来识别每个内容区段，这样应用程序就可以根据需求来运用这些内容区段。元素可以决定每个内容区段属于哪些字段或文字块。利用元素，我们可以将数据的呈现、储存与传送全部予以自动化。元素可以巢状套迭，称之为巢状元素。在介绍良构的含义时，我们会简要介绍元素的内容。

4. 节点

当你制订 XML 文档中自然形成的层次结构时，它们与你所见过的所有层次关系的树型结构相似。树上的交叉点指节点，如图 12-2 所示。

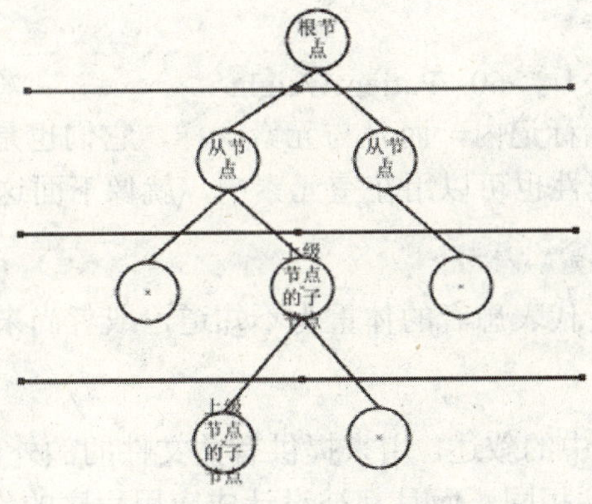

图 12-2　树模型结构

可以根据节点层和特定节点的属性值以及元素来管理 XML 文档的内容。

（1）根节点

什么叫根节点？XML 文档必须包含一个根节点（有且仅有一个）。根节点是文档中包含其他所有元素（如果有很多的话）的元素。你可以把根节点当成“连接该节点下的所有节点，并在特定 XML 文档范围内提供所有节点的结构的统一点”。那么，还有什么可混淆的呢？产生混淆的人通常分为两种情况：不知道需要具有单个根节点；不理解如何命名根节点。

因为常用语句通常是说必须有一个根节点，所以人们通常把它解释为自己必须有一个节点的名字叫根。实际上，你会发现大量的 XML 文档确实将根节点命名为根（root 或 ROOT）。事实上，根节点就像任何其他元素一样，具有完全相同的命名方案，只有一点例外：在这个文档中，该命名必须唯一。也就是说，在整个文档中，其他元素不能与根元素同名。

（2）从节点

从节点是根节点的直属子节点。一个根节点可以有多个从节点，也可以没有从节点。

（3）上级节点的子节点

可以看出，XML 节点的模型是以根节点为基础的树状结构，这样可以对子节点进行多层拓展。

5. 属性

属性只存在于元素的内容中，它是一种为元素加入描述性信息的机制。它们是进一步描述元素的方法，而且放在元素的开始标记内。

<SomeElement MyFirstAttribute="Hi There" MySecondAttribute="25">

无论在属性值中录入了什么类型的信息，该值都必须放在单引号或双引号之中。

提示： 默认情况下，XML 文档没有数据类型的概念。我们将在本章后面研究描述单个文档应用程序的规则与方法。那时，我们将会看到保证数据类型的一些方法，这就是你为此设置的规则，而不是 XML。

例如，在患者记录的 XML 文件中，我们并不知道患者的体重是以什么来计量的。要指出 PatientWeight 元素是以公斤为单位，那么必须为它加入一个 unit 属性，并且指定其值为公斤。

<PatientWeight unit="公斤">60</PatientWeight>

属性只能被包含在起始标记内，而且与元素一样，它们也是大小写不同的，而属性值必须包含在双引号之内。属性也可以用在空元素中，就像下面这个格式完整的范例：

```
<PatientWeight unit="公斤"/>
```

在这个范例中，它或者代表患者的体重为不知道，或者尚未填入系统中。

6. 批注

批注是嵌在 XML 文件中的叙述，用来提供有关文件的额外信息。在 XML 中，批注的使用语法与 HTML 中的批注相同，而且都被设计成应用程序的附加说明，在处理文件时，系统会自动将之忽略。如下所示：

```
<!--Comment text -->
```

归纳起来，可以将一个标准的 XML 文档理解为：XML 文档是包含声明、元素和属性的一种标记文档，它用与现实比较贴切的形象语言进行描述，从而为多个用户所调用。根节点是 XML 文档的基础部分，一个根节点可以有多个从节点，而从节点同样可以有很多子节点。你可以在一个 XML 文档中添加批注。

12.1.2 良构 XML

如何定义 XML 外观的部分规则就是关于 XML 文档是不是良构的规则。也就是说，什么元素可以，怎样声明它们，它们包含哪些部分。良构的 XML 文档，通常指该文档是形式良好的。

实际上，所有基于 SGML 的语言都有某种良构的概念，甚至 HTML 也有这样的概念，只是 HTML 更自由，浏览器忽略了很多错误。

如果你过去习惯于 HTML，那么你已经看见了迄今为止基于标记的语言的一些不足。XML 在什么可行和什么不可行上有更严格的规则，这些规则如下：

- 每个 XML 文档必须具有唯一的根节点。
- 每个开始标记必须与结束标记（区分大小写）配对，除非该开始标记是自关闭型标记。
- 标记相互之间不能跨越其他标记。
- 除了显示给 XML 分析器以外，不能使用限定符。如果你需要提供这些特殊的字符，则需要使用转义符（它随后被翻译成你需要的字符）。
- 元素的命名必须符合规则。

元素的名字必须由一个或多个非空格符组成。如果名字只有一个字符，那么该字符必须是一个字母、大写（A-Z）或小写（a-z）皆可。

名字只能由字母或底线作为起始。

从第二个字符起，任何字符都可以使用，包括定义在 Unicode 标准中的字符。

元素的名字是大小写不同的，因此 PatientName、PATIENTNAME 与 patientname 会被视为 3 个不同的元素。

例如，下面的元素命名就是良构的 XML 命名：

```
Fred
_Fred
Fredd123
FredGrus
```

而下面这些元素则会被判定违反格式完整的规则：

```
Fred 123
-Fred
123
```

其中，第一个元素名字包含了空格，第二个则是以破折号作为起始，而第三个则是因为使用数字而不是字母或下划线作为起始。

下面是一个良构的例子：

<?xml version="1.0" standalone="yes"?>

<html>
<head>

```
<title>网站管理</title>
<base target=""><!--Default link for page--></base>
</head>
</html>
```

注意： 我们无需在声明中存在一个结束标记。这是因为该声明是一条预处理指令——不是一个元素。本质上，在分析器可以真正开始处理 XML 业务之前，它告诉 XML 分析器必须知道的一些事情。

需要注意的是，当你在套放元素时，不能相互套放。下面这个元素结构就不是良构的，因为</Patient>结束标签出现在它所包围元素的标记之间。

```
<Patient>
<PatientName>John Smith</PatientName>
<PatientAge>108</PatientAge>
<PatientWeight>155 </Patient>
</PatientWeight>
```

XML 元素可以包含其他的元素，但元素必须是完全套放的：每个起始标签一定要有一个对应的结束标签。

在一个元素中，属性只能宣告一次。下面这个元素就不是良构的：

```
<PatientWeight unit="磅" unit="公斤">155</PatientWeight>
```

因为体重无法同时既为磅又为公斤，所以这不是良构的。

以上是要求 XML 文档成为良构的简要介绍，它已经覆盖了本书中将涉及的有限 XML 的基础知识。

12.1.3 确定元素和属性

这里要理解的第一件事情是，没有硬性、快速的规则可以决定什么是元素或属性。属性描述了元素的某种属性，一个元素的子元素或者子节点可以完成相同的事情。如何决定哪个应该是上级元素或子元素呢？为什么需要属性？这是出于均衡的考虑。因为当属性值具有一对一的关系且部分继承于元素时，属性具有很大意义。如果在元素和描述元素的属性之间存在一对多的关系，那么元素就具有更大的意义。

12.2 命名空间

虽然你可以自由创建标记，并从其他数据源上混合和映射数据，而且与自己的数据源映射，但在什么地方或哪个事件上使用哪个名称仍然存在冲突。例如，在应用程序建立的库文件中，一个称为 letter 名字的元素的结构、规则和意义（此时，一封信可能就是一个人写给另一个人的文档）与另一个应用程序中的 letter 描述字体（它可能与字符集和一系列的象形文字相关）就完全不同。

引申地说，XML 特性就是如此，以至世界各行业、各组织慢慢地认同了行业中描述各种信息的命名和结构习惯。库文件组织可能已经认同了书、剧本、电影、信件、散文等元素描述的格式。同时，操作系统和图形行业可能认同了图片、字体和文档设计中的元素格式。

现在假定有人要求我们编写一个需要呈现库内容的应用程序。显然，库文件的内容频繁地使用像字体这样的东西，那么在 XML 中引用一些叫 letter 对象的时候，你实际是引用一些对象处理字体呢，还是引用从一个人到另一个人的信息呢？这里就存在冲突，我们需要寻找解决问题的方法。

这就是引入命名空间的原因。命名空间描述了元素和属性域，而且描述了它们的结构。在库文件中支持书信的结构，将在库命名空间中描述。否则，图形行业更愿意用自己的命名空间来描述文字，因为它们与其行业相关。命名空间的信息存储在参考文献中，并可以用 URI（Uniform Resource Identifier）这特殊的名字（与 URL 没有差别）来查找，最后会合并到参考文献中。

当我们建立一个 XML 文档并引用库文件和图形结构时，只要为那些行业应用程序引用该命名空间即可。另外，我们通过命名空间限定了期望描述的元素及其属性的特性。通过使用命名空间来限定名字，可以确保即使文档具有结构不同但名字相同的元素，我们也完全有信心引用该文档的一部分，而不是引用错误的元素或属性。

要参考命名空间，我们只要在根上增加引用特殊属性（称为 xmlns）就可以了。该参考将提供局部名（我们希望如何引用命名空间）并解决参考文献的 URI。

XML 的另一个概念（上一个值得提到的元素）是元素内容。

元素可以包含属性层和嵌套元素之外的数据。虽然嵌套元素是元素内容（一个元素包含另一个元素）的一种形式，但是 XML 也允许在元素中包含行文本信息。例如，可以创建如下格式的 XML 文档：

```
<?xml version="1.0" encoding="UTF-8"?>
<root>
  <FacName SerialNo="1000" FacName="hxyy">
   <Note Date="2006-08-25T00:00:00">
   …
   </Note>
   <Note Date="2006-08-26T00:00:00">
   …
   </Note>
  </FacName>
</root>
```

像...这样，Note 元素的内容既不是元素也不是属性，但它们是有效的 XML 数据。

虽然 XML 中存在这样的数据，但 SQL Server 不以这种天然的格式输出数据。RDBMS 系统中的行/列方法，使自己在元素和属性上功能非常强大。要像上面的 Note 一样输出数据，就需要把数据转换成新的格式。本章随后会讨论有关数据转换的内容。

12.3 DTD 和 XML 架构

因为良构 XML 文档并不意味着它是有效的 XML。虽然我们已初步了解了 XML，但是还必须清楚，除非它已经在一些形式规范文档中经过有效性验证，否则任何 XML 都被视为无效（在笔者编写这本书的时候，技术上只有一种类型，稍后再讨论）DTD 和 XML 架构。

各种有效文档的基本假设也基本相同。DTD 和 XML 架构都尝试定义针对 XML 文档特定类的规则。这两种方法的实现存在一些差别，而且彼此都提供了对方所不具有的独特优点。

- DTD 这是一个早期的工具。DTD 应用在 SGML 中（XML 是一个 SGML 应用程序，你可以将 SGML 当作 XML 的扩展集，但是很难掌握），而且处理事情的方式已广为接受，目前已经有很多 DTD。

DTD 的缺点是对早期的解释。并非因为它是早期的工具就是一件坏事，而是此时 DTD 显然没有赶上文档技术的发展速度。DTD 不允许这种原始的事情作为严格的数据类型。

- XML 架构 具有截然不同的好处，优点在于其可以有效地建立复杂数据类型。这种类型基于一个或多个其他数据类型组合而成（包含其他复杂数据类型），或者需要特殊模式映射。例如，身份证号是数字，但你也可以通过 XML 架构采用特殊的格式。XML 架构也有优势，因为它是一个 XML 文档。这意味着书写 XML 文档使用的熟练技能同样可以应用于 XML 架构本身（尽管仍然要学很多技能），而且该架构是自我描述的，刚好让其在另一个 schema 上校验自己。

XML 架构本质上比 DTD 要好，当然 DTD 仍然具有好的测试性能。

12.3.1 DTD 架构

在结构上看，DTD 实际上非常简单，这里是一个相应的 DTD 例子。

```
<?xml version="1.0" encoding="UTF-8"?>
<schema targetNamespace=http://127.0.0.1/IPO
 xmlns="http://127.0.0.1/XMLSchema" xmlns:ipo=http://127.0.0.1/IPO
 elementFormDefault="unqualified" attributeFormDefault="unqualified">
   <annotation>
      <documentation>示例</documentation>
   </annotation>
   <complexType name="Address">
      <sequence>
         <element name="name" type="string" minOccurs="0"/>
         <element name="street" type="string"/>
         <element name="city" type="string"/>
      </sequence>
   </complexType>
   <complexType name="US-Address">
      <complexContent>
         <extension base="ipo:Address">
            <sequence>
               <element name="state" type="ipo:US-State"/>
               <element name="zip" type="positiveInteger"/>
            </sequence>
         </extension>
      </complexContent>
   </complexType>
```

```
    <complexType name="EU-Address">
        <complexContent>
            <extension base="ipo:Address">
                <sequence>
                    <element name="postcode" type="ipo:EU-Postcode"/>
                </sequence>
                <attribute name="export-code" type="positiveInteger" fixed="1"/>
            </extension>
        </complexContent>
    </complexType>
    <!—衍生地址 -->
    <simpleType name="中国">
        <restriction base="string">
            <enumeration value="北京"/>
            <enumeration value="大连"/>
            <enumeration value="广州"/>
            <enumeration value="上海"/>
        </restriction>
        <!-- and so on ... -->
    </simpleType>
    <simpleType name="EU-Postcode">
        <restriction base="string"/>
        <!—等等-->
    </simpleType>
    <!-- simple type definition for UK-Postcode -->
</schema>
```

12.3.2 XML 架构集合

实际上，你可以选择通过 XML 架构集合来将 XSD 架构与 xml 类型的变量或列关联。XML 架构集合存储导入的 XML 架构，然后用于执行以下操作：

- 验证 XML 实例。
- 类型化在数据库中存储的 XML 数据。

请注意，XML 架构集合是一个类似于数据表的元数据实体，你可以创建、修改和删除它们。语法为：

```
    CREATE XML SCHEMA COLLECTION [ <relational_schema>. ]sql_identifier AS
Expression
```

语句中指定的架构，将自动导入到新建的 XML 架构集合对象中。

其中，*relational_schema* 用来标识关系架构名称，如果不指定，则采用默认关系架构名。*sql_identifier* 是 XML 架构集合的 SQL 标识符。*Expression* 是字符串常量或，类型为 varchar、varbinary、nvarchar、nvarbinary 或 xml。

要创建 XML 架构集合，必须具有以下权限之一：

- 服务器上的 CONTROL 权限。
- 服务器上的 ALTER ANY DATABASE 权限。
- 数据库的 ALTER 权限。
- 数据库的 ALTER ANY SCHEMA 和 CREATE XML SCHEMA COLLECTION 权限。
- 关系架构上的 ALTER 或 CONTROL 权限，以及数据库中的 CREATE XML SCHEMA COLLECTION 权限。

例如，下列文本将在数据库中创建了一个 XML 架构集合。

```
-- 创建一个示例数据库，并加载XML架构集合
CREATE DATABASE SampleDB
GO
USE SampleDB
GO
CREATE XML SCHEMA COLLECTION ManuInstructionsSchemaCollection AS
N'<?xml version="1.0" encoding="UTF-16"?>
<xsd:schema
targetNamespace="http://schemas.microsoft.com/sqlserver/2004/07/adventure-wo
rks/ProductModelManuInstructions"
   xmlns
="http://schemas.microsoft.com/sqlserver/2004/07/adventure-works/ProductMode
lManuInstructions"
   elementFormDefault="qualified"
   attributeFormDefault="unqualified"
   xmlns:xsd="http://www.w3.org/2001/XMLSchema" >

    <xsd:complexType name="StepType" mixed="true" >
        <xsd:choice  minOccurs="0" maxOccurs="unbounded" >
            <xsd:element name="tool" type="xsd:string" />
            <xsd:element name="material" type="xsd:string" />
            <xsd:element name="blueprint" type="xsd:string" />
            <xsd:element name="specs" type="xsd:string" />
            <xsd:element name="diag" type="xsd:string" />
        </xsd:choice>
    </xsd:complexType>

    <xsd:element  name="root">
        <xsd:complexType mixed="true">
            <xsd:sequence>
                <xsd:element   name="Location"   minOccurs="1"   maxOccurs=
"unbounded">
                    <xsd:complexType mixed="true">
                        <xsd:sequence>
                            <xsd:element     name="step"      type="StepType"
minOccurs="1"maxOccurs="unbounded" />
                        </xsd:sequence>
                        <xsd:attribute  name="LocationID"  type="xsd:integer"
```

```
use="required"/>
                          <xsd:attribute  name="SetupHours"  type="xsd:decimal"
use="optional"/>
                          <xsd:attribute name="MachineHours" type="xsd:decimal"
use="optional"/>
                          <xsd:attribute  name="LaborHours"  type="xsd:decimal"
use="optional"/>
                          <xsd:attribute   name="LotSize"   type="xsd:decimal"
use="optional"/>
                      </xsd:complexType>
                  </xsd:element>
              </xsd:sequence>
          </xsd:complexType>
      </xsd:element>
   </xsd:schema>' ;
   GO
   -- 验证——在数据库中列出架构集合
   select *
   from sys.xml_schema_collections
   -- 验证——在数据库中列出命名空间
   select name
   from sys.xml_schema_namespaces

   -- 使用该命名空间，创建一个类型为xml变量。注意指定了集合名称
   DECLARE @x xml (ManuInstructionsSchemaCollection)
   GO
   --或者创建一个类型为 xml 的列
   CREATE TABLE T (
          i int primary key,
          x xml (ManuInstructionsSchemaCollection))
   GO
   -- 清除
   DROP TABLE T
   GO
   DROP XML SCHEMA COLLECTION ManuInstructionsSchemaCollection
   Go
   USE Master
   GO
   DROP DATABASE SampleDB
```

通过使用 ALTER XML SCHEMA COLLECTION（T-SQL）语句，可以将其他架构或架构组件导入到数据库中的现有集合对象上。例如：

```
DECLARE @MySchemaCollection nvarchar(max)
Set @MySchemaCollection  = N' copy the schema collection here'
CREATE XML SCHEMA COLLECTION MyCollection AS @MySchemaCollection
```

该例子中的变量是 nvarchar(max)型，该变量也可以是 xml 数据类型。此时，可以将其隐式转换为字符串。

存储在与架构关联的列或变量中的 XML 称为类型化 XML，因为该架构为实例数据提供了必要的数据类型信息，SQL Server 使用此类型信息来优化数据存储。

查询处理引擎也使用该架构进行类型检查，并优化查询和数据修改。此外，SQL Server 使用相关联的 XML 架构集合（在类型化 XML 情况下）来验证 XML 实例。如果 XML 实例符合架构，那么数据库允许该实例存储在包含其类型信息的系统中，否则将拒绝该实例。

SQL Server 提供各种 DDL 语句来管理数据库中的架构。但是，必须首先导入 XML 架构集合，然后才可以使用它。若要将 XML 架构集合导入数据库，则必须具有权限。

可以使用内部函数 xml_schema_namespace 来检索数据库中存储的架构集合。

通过创建 XML 架构集合并导入 XML 架构集合之后，架构组件将存储在元数据中。可以使用 xml_schema_namespace 内部函数来重新构造 XML 架构集合，此函数将返回 xml 数据类型的实例。

下面的查询将从 AdventureWorks 数据库的生产关系架构中检索 XML 架构集合 ProductDescriptionSchemaCollection。

```
    SELECT     xml_schema_namespace(N'Production',N'ProductDescriptionSchema
Collection')
    Go
```

如果仅希望查看 XML 架构集合中的一个架构，则可以对 xml_schema_namespace 返回的 xml 类型结果指定 XQuery。

```
    SELECT          xml_schema_namespace(N'RelationalSchemaName',N'XmlSchema
CollectionName').query('
    /xs:schema[@targetNamespace="TargetNameSpace"]
    ')
    go
```

以下查询将从 ProductDescriptionSchemaCollection XML 架构集合中检索产品担保和维护 XML 架构信息。

```
    SELECT     xml_schema_namespace(N'Production',N'ProductDescriptionSchema
Collection').query('
    /xs:schema[@targetNamespace="http://schemas.microsoft.com/sqlserver/200
4/07/adventure-works/ProductModelWarrAndMain"]
    ')
    Go
```

也可以将可选目标命名空间作为第三个参数，传递给 xml_schema_namespace 函数，以便从该集合中检索特定架构，如下查询所示：

```
    SELECT     xml_schema_namespace(N'Production',N'ProductDescriptionSchema
Collection',
N'http://schemas.microsoft.com/sqlserver/2004/07/adventure-works/ProductMode
lWarrAndMain')
    Go
```

使用 CREATE XML SCHEMA COLLECTION 在数据库中创建 XML 架构集合时，架构组件将存储在元数据中。请注意，仅存储 SQL Server 理解的架构组件，不存储任何注释、批注或非 XSD 属性。因此，使用 xml_schema_namespace 重新构造的架构功能上与原始架构相同，但外观不一定相同。例如，其显示的前缀与原始架构中的前缀不同。xml_schema_namespace 返回的架构使用 t 作为目标命名空间的前缀，并使用 ns1、ns2（依此类推）作为其他命名空间的前缀。

若要保留 XML 架构的相同副本，则应该将 XML 架构保存在文件或数据库表的 xml 类型列中，还可以使用 XML 架构集合类型化 XML 变量、参数和列。

XML 架构对加强数据类型很有好处。另外，它们本身是 XML 文档，这意味着你可以将其转换成一些其他限定格式。例如，很可能看到一些转换模板，用以转换 XML 架构，而该架构是根据新的规范兼容的工作草案编写的——时间会说明一切。

实际上，XML 架构与 12.3.1 节讨论的 DTD 具有异曲同工的作用。在 XML 架构中，我们可以：

- 更精确地控制所有元素具有的子元素数量。
- 建立顶级类型。

这些内容并不是很难，大家可以查阅相关的资料。

12.3.3 DTD、架构和性能

检索一个文档会给系统增加严重的开销（据说是 30%，但笔者并没有测试过）。记住，你可能希望思考如何让世界变得更好——合适的数据（这通常意味着有效性）和用户可以忍受的性能。

通常，只要你处理的数据来源于控制源，那么处理事情的一个好方法就是只在测试阶段应用 DTD 和架构。例如，你有一个产生 XML 的程序，如果你对其测试并不曾发现有效性错误，那么你的代码就可能提供了一个好的 XML 文档。仅考虑信任它并删除有效性（通过删除引用 DTD）。

提示： 这样可以对数据采取大量控制（下面会看到的基于 SQL Server 的查询）。但是，如果要处理的 XML 文档来源于其他数据源，那就要避免删除有效性。例如，你可能正在接受一个 XML 文档，并计划在 DMO 中分析该文档，然后更新系统上的一些内容。谁知道什么时候发送给你的信息需要改变呢？此时，保持有效性有助于更新那些破坏系统的数据。

12.4 转换 XSLT

XSLT（Extensible Stylesheet Language Transformation）是堆放到 XML 中的某种新增功能，它增加了 XML 的多种处理能力。使用 XSLT，可以将 XML 文档转换为多种其他格式。

为了设置通知的格式，内容格式化程序将对每个通知类使用一个或多个 XSLT 文件（随后还要介绍有关通知服务的内容）。你可以定义 XSLT 文件，以便将每个通知的中间 XML 数据转换为格式化消息。对于每个通知，分发服务器会将原始通知转换为 XML 文档。对于所有非摘要通知，XML 文档的格式如下所示：

```
<notifications>
   <notification>
      <FieldName>value</FieldName>
      <FieldName>value</FieldName>
      ...
   </notification>
</notifications>
```

这里包含了 XML 的一些很好的风格——保持层次性。此时，notification 元素的名称反映了应用程序定义中指定的通知字段的名称，元素的值为通知字段的值。通知数据由通知表通知字段和计算通知字段组成。例如，分发服务器可能为股票通知生成以下 XML 文档：

```
<notifications>
   <notification>
      <StockSymbol>AWKS</StockSymbol>
      <StockPrice>55.02</StockPrice>
   </notification>
</notifications>
```

对于摘要通知，还会在架构中添加其他 notification 元素。

```
<notifications>
   <notification>
      <FieldName>value</FieldName>
      ...
   </notification>
   <notification>
      <FieldName>value</FieldName>
      ...
   </notification>
</notifications>
```

中间 XML 中的所有值都是字符串，并且 XML 中通知字段的顺序是不确定的。中间 XML 中表示日期或数字的任何字段值都采用与通知的区域设置对应的格式。例如，英语（美国）区域设置采用的日期格式为 MM/DD/YYYY，而中国区域设置的日期格式为 YYYY/MM/DD。对通知内容进行其他翻译或转换，是应用程序开发人员的职责。

Notification Services 不验证 XSLT 文件，也不对转换强加任何限制。转换必须生成有效的 XML 文本或纯文本。有了这两个选项，几乎可以生成所有类型的文档。

如果要为上述通知数据生成 HTML 文档，则可创建以下 XSL 转换：

```
<?xml version="1.0" encoding="UTF-8" ?>
<xsl:stylesheet version="1.0" xmlns:xsl="http://local/2006/XSL/Transform">
   <xsl:template match="notifications">
   <html>
      <body>
         <xsl:apply-templates/>
         <i>Thank you for using SQL Server
           Notification Services.</i>
```

```
        </body>
    </html>
    </xsl:template>
    <xsl:template match="notification">
        <b><xsl:value-of select="StockSymbol" /></b>
            is now trading at: <b>
            $<xsl:value-of select="StockPrice" /></b><br/>
        <br/><br/>
    </xsl:template>
</xsl:stylesheet>
```

在 XML 组合 XSL 转换后，就能够看到它们之间的差别。

要转换的 XML 代码将采用 XSL 样式页，因为它也是 XML 的基本解决方案，自然它也有很多标记。

```
<?xml version="1.0"?>
<xsl:stylesheet  version="1.0"
 xmlns:xsl="http://local/2006/XSL/Transform"
 xmlns:fo="http://local/2006/XSL/Format"
 xmlns:axsl="http://local/2006/XSL/TransformAlias">

<xsl:namespace-alias stylesheet-prefix="axsl" result-prefix="xsl"/>

<xsl:template match="/">
  <axsl:stylesheet>
    <xsl:apply-templates/>
  </axsl:stylesheet>
</xsl:template>

<xsl:template match="block">
  <axsl:template match="{.}">
     <fo:block><axsl:apply-templates/></fo:block>
  </axsl:template>
</xsl:template>

</xsl:stylesheet>
```

不要拘泥于编码细节。相反，你应把重点放在使用 XSLT 可以做什么上面。我们将在后面直接给出 SQL 的一些应用实例，你就会对细节问题更明白了。

我们希望重点了解用于一定场合的 XSLT 基础知识，这至少会让你感受到 XSLT 是什么，然后决定自己是否需要学习更多的知识。

一些关键的 XSL 元素

为了复习，让我们看看后面要使用的几个关键标记，如表 12-1 所示。

表 12-1 一些 XML 标记

标 记	说 明
<xsl:template match=?????>	无论何时找到匹配都提供输出。如果存在多个映射，那么这些值将被输出多次
<xsl:value-of select="@?????">	查找当前节点的命名属性值，而且代替为当前标记
<xsl:apply-templates select="?????">	在选择参数下应用映射所有节点的模板
Format-number(value, format)	将数字值转换成指定格式表达式

12.5 FOR XML 子句

该子句位于当前可用的大部分不同集成模型的根部。除了 XML 映射模式（XML Mapping Schemas）和使用 XPath 以外，FOR XML 将告诉 SQL Server 这是你希望返回的 XML，而不是典型的结果集。本质上，它就是在现有 T-SQL SELECT 语句末尾添加的一个选项。

下面回顾一下第 3 章介绍的 SELECT 语句的语法。

```
SELECT <column list>
[FROM <source table(s)>]
[WHERE <restrictive condition>]
[GROUP BY <column name or expression using a column in the SELECT list>
[HAVING <restrictive condition based on the GROUP BY results>]
[ORDER BY <column list>]
[FOR XML {RAW|AUTO|EXPLICIT}[, XMLDATA][, ELEMENTS][, BINARY base64]]
[OPTION (<query hint>, [, …n])]
```

迄今为止，我们已经在很多难度很大的章节中使用了这一语法，只不过现在要重点讨论 FOR XML。

FOR XML 就 XML 的最终格式提供了 3 个初始选项：

- RAW　将结果集中的每一行数据返回为单个数据元素，同时存在元素 row，而且每一列将作为 row 元素的属性列出。即使你联接了多张表，RAW 输出的结果仍然带有与你在标准 SQL 查询中得到的行相同的元素号。
- AUTO　用表明数据来源的表名或表别名来标记每个元素。如果查询中的数据不止输出一张表，那么来源于每张表的数据将被拆分成独立的、嵌套的元素。如果使用了 AUTO，而且你希望以元素（而不是属性）的形式提供列数据，那么系统也支持附加选项 ELEMENTS。
- EXPLICIT　规定查询格式的最复杂选项，但可以高度控制 XML 的样式。利用该选项，你可以定义返回数据的层次，而且可以规定查询的格式，从而使每条数据属于理想的特定层次（相应地分配一个标签）。

注意： 这几个选项中没有一个选项提供了需要的根元素。如果你希望 XML 文档成为良构的，就需要针对根元素把结果放在一个合适的起始标记和结束标记中。这意味着你可以将多个 XML 查询连接成字符串，并将不同的结果放到一个 XML 文件中，从而建立更复杂的 XML。

除了上述 3 个主要格式选项之外，还有 3 个可选参数能够进一步修改 SQL Server 在 XML 查询中提供的输出。

- XMLDATA　该元素告诉 SQL Server，你希望在结果的前面执行一个 XML 架构，该架构将定义结构（包括数据类型）和 XML 数据采取的规则。记住这是一个架构，虽然非常相似，但在编写本书的时候该架构并不完全对应于 W3C 规范。
- ELEMENTS　该选项只在使用 AUTO 格式选项时可用。它告诉 SQL Server，你希望把数据中的列返回为嵌套元素而不是属性。
- BINARY BASE64　该选项告诉 SQL Server，将任何二进制列（binary、varbinary、image）编码为 base64 格式。如果使用了 AUTO 选项，就暗示着应用了 BINARY BASE64 选项（即使你不说明，SQL Server 也会使用该选项）。虽然没有暗示，但它是当前对 EXPLICIT 和 RAW 查询唯一有效的选项。最后，该方法将使这两个选项自动提供 URL 链接到二进制数据（除非你选择了 base64 编码），不过这尚未实现。

下面详细讨论这些选项。

12.5.1 RAW

实际上，这是一个不值得大惊小怪的选项。我们希望让该选项完成（而且是绝对最小限度地完成）相关数据行到 XML 数据元素的转换。该元素被命名为 row，比较富有创造性。如果你一直运行一个传统的 SELECT 语句就可以看出，无论该列以什么样的命名出现，选择列表的每一列都将被添加为属性。

提示： 属性被命名的缺点是，你需要确定每列要有一个名字。正常情况下，如果执行聚集或其他计算列而不采用别名，SQL Server 将不显示列标题。在处理 XML 查询时，什么都必须有名字，所以不要忘记给计算列提供别名。

下面让我们从一些非常简单的事情开始。假设我们要返回产品型号信息，可以采用下列语句：

```
USE AdventureWorks;
GO
SELECT ProductModelID, Name
FROM Production.ProductModel
WHERE ProductModelID=122 or ProductModelID=119;
```

但是，如何将这一结果转换成 XML 格式呢？只要简单地添加 3 个关键字就可以了。

```
USE AdventureWorks;
GO
SELECT ProductModelID, Name
FROM Production.ProductModel
WHERE ProductModelID=122 or ProductModelID=119
FOR XML RAW;
GO
```

如果我们运行标准 SQL 查询，那么与在结果集中看到的相反，输出结果将是一对一匹配的。

提示： 要清楚，如果你从查询分析器中剪切并粘贴该脚本到某 XML 分析器中，就可能因为一个错误而终止。查询分析器有一个坏习惯，就是一旦特定行的输出超过了某种长度，就插入回车。如果发生这种事情，为了让分析器认为该 XML 脚本是良构的，则需要手工删除回车。查询分析器会截短超过 Results 标签页中设置的长度（最大值 8192）的列。这些问题都存在于结果窗口中（窗格或文本），如果直接输出到一个文件，也存在这两个问题。这是工具的问题，而不是 SQL Server 本身的问题。如果你使用另一种方法来检索结果（HTTP 访问，ADO 中的 Stream 对象），那么就不会碰到这两个问题了。

针对查询产生的每一行数据，我们已经在 XML 中产生了一个元素，所有列的信息（无论该数据来源于哪张表）都表现为 row 元素的属性，这样做的缺点是，我们不能表现数据的真实层次特性。其优点是，涉及 XML DOM 的内容不是很深（如果这是你所使用的模型），因此占用较小的内存，而且执行效果更好，这完全取决于你怎样处理。

RAW 模式将查询结果集中的每一行转换为带有通用标识符<row>或可能提供元素名称的 XML 元素。默认情况下，行集中非 NULL 的列值都将映射为<row>元素的一个属性。如果将 ELEMENTS 指令添加到 FOR XML 子句中，则每列值都将映射为<row>元素的一个子元素。你可以选择在指定 ELEMENTS 指令的同时指定 XSINIL 选项，以便将结果集中的 NULL 列值映射为具有属性 xsi:nil="true"的一个元素。

要返回 base64 编码格式的二进制数据，需要在 FOR XML 子句中指定 BINARY BASE64 选项。在 RAW 模式下，如果不指定 BINARY BASE64 选项就检索二进制数据，则将导致错误。

你可以请求返回所产生的 XML 架构：当指定 XMLDATA 选项时，将返回内联 XDR 架构；当指定 XMLSCHEMA 选项时，则将返回内联 XSD 架构，该架构显示在数据的开头。在结果中，每个顶级元素都引用架构命名空间。

可以通过指定 ELEMENTS 指令来检索以元素为中心的 XML。例如：

```
USE AdventureWorks;
GO
SELECT ProductModelID, Name
FROM Production.ProductModel
WHERE ProductModelID=122 or ProductModelID=119
FOR XML RAW, ELEMENTS;
GO
```

可以选择指定 TYPE 指令以检索 xml 类型的结果。例如：

```
USE AdventureWorks;
GO
SELECT ProductModelID, Name
FROM Production.ProductModel
WHERE ProductModelID=122 or ProductModelID=119
FOR XML RAW, TYPE ;
GO
```

下列示例中的查询显示了如何与其他选项一起使用 FOR XML RAW 模式，其中许多查询都是根据 ProductModel 表中 Instructions 列标明的自行车生产说明 XML 文档指定的。

下面的查询将指定 ELEMENTS 指令，以便从查询结果生成以元素为中心的 XML。

```
USE AdventureWorks;
GO
SELECT ProductID, Name, Color
FROM Production.Product
FOR XML RAW, ELEMENTS;
GO
```

因为 Color 列的某些产品为空值，所以产生的 XML 将不生成相应的<Color>元素。通过添加 XSINIL 和 ELEMENTS 指令，即便是结果集中的 NULL 颜色值，也可为其生成<Color>元素。例如：

```
USE AdventureWorks;
GO
SELECT ProductID, Name, Color
FROM Production.Product
FOR XML RAW, ELEMENTS XSINIL;
```

下面的查询将返回说明文档结构的 XML-DATA 架构。例如：

```
USE AdventureWorks;
GO
SELECT ProductModelID, Name
FROM Production.ProductModel
WHERE ProductModelID=122 or ProductModelID=119
FOR XML RAW, XMLDATA
go
```

结果如下：

```
<Schema name="Schema1" xmlns="urn:schemas-microsoft-com:xml-data"
      xmlns:dt="urn:schemas-microsoft-com:datatypes">
  <ElementType name="row" content="empty" model="closed">
    <AttributeType name="ProductModelID" dt:type="i4" />
    <AttributeType name="Name" dt:type="string" />
    <attribute type="ProductModelID" />
    <attribute type="Name" />
  </ElementType>
</Schema>
<row xmlns="x-schema:#Schema1" ProductModelID="122" Name="All-Purpose Bike
Stand" />
<row xmlns="x-schema:#Schema1" ProductModelID="119" Name="Bike Wash" />
```

<Schema>被声明为命名空间。当在不同的 FOR XML 查询中请求多个 XML-Data 架构时，为了避免命名空间冲突，命名空间标识符（本例中为 Schema1）随每个查询执行而更改。命名空间标识符由 Scheman 组成，其中 n 是一个整数。

通过指定 XMLSCHEMA 选项，可以请求返回结果的 XSD 架构。例如：

```
USE AdventureWorks;
GO
SELECT ProductModelID, Name
FROM Production.ProductModel
WHERE ProductModelID=122 or ProductModelID=119
FOR XML RAW, XMLSCHEMA
GO
```

你可以将目标命名空间 URI 指定为 FOR XML 中 XMLSCHEMA 的可选参数，这将返回架构中指定的目标命名空间。每次执行查询时，此目标命名空间都保持不变。下面的查询是对上面查询的修改，它将命名空间 URI 'urn:example.com'作为一个参数。

```
USE AdventureWorks;
GO
SELECT ProductModelID, Name
FROM Production.ProductModel
WHERE ProductModelID=122 or ProductModelID=119
FOR XML RAW, XMLSCHEMA ('urn:example.com')
GO
```

下面的查询将返回 varbinary(max)类型列中存储的产品照片，查询中指定了 BINARY BASE64 选项，以返回 base64 编码格式的二进制数据。

```
USE AdventureWorks
GO
SELECT ProductPhotoID, ThumbNailPhoto
FROM Production.ProductPhoto
WHERE ProductPhotoID=1
FOR XML RAW, BINARY BASE64 ;
GO
```

对于结果集中的每一行，RAW 模式都生成一个元素<row>。可以通过将一个可选参数指定给 RAW 模式来为此元素指定另一个名称。下面的查询将为行集中的每一行返回一个<ProductModel>元素。

```
SELECT ProductModelID, Name
FROM Production.ProductModel
WHERE ProductModelID=122
FOR XML RAW ('ProductModel'), ELEMENTS
go
```

因为在查询中添加了 ELEMENTS 指令，所以该结果是以元素为中心的。

通过在 FOR XML 查询中指定 ROOT 选项，可以请求返回所产生的 XML 的一个顶级元素。下面的查询将为 ROOT 指令指定的参数提供根元素名称。

```
USE AdventureWorks;
GO
SELECT ProductModelID, Name
```

```
FROM Production.ProductModel
WHERE ProductModelID=122 or ProductModelID=119 or ProductModelID=115
FOR XML RAW, ROOT('MyRoot')
go
```

下面的查询包含 xml 类型的列，该查询将从 xml 类型的 Instructions 列的第一个位置开始检索产品型号 ID、名称和生产步骤。

```
USE AdventureWorks;
GO
SELECT ProductModelID, Name,
   Instructions.query('
declare   namespace   MI="http://schemas.microsoft.com/sqlserver/2004/07
/adventure-works/ProductModelManuInstructions"
   /MI:root/MI:Location[1]/MI:step
')
FROM Production.ProductModel
FOR XML RAW ('ProductModelData')
go
```

如果查询为 XQuery 返回的 XML 指定了列名（例如下面 SELECT 中指定的那样），则生产步骤将包含在具有指定名称的元素中。

```
USE AdventureWorks;
GO
SELECT ProductModelID, Name,
   Instructions.query('
declare   namespace   MI="http://schemas.microsoft.com/sqlserver/2004/07/
adventure-works/ProductModelManuInstructions"
   /MI:root/MI:Location[1]/MI:step
') as ManuSteps
FROM Production.ProductModel
FOR XML RAW ('ProductModelData')
go
```

下面的查询指定了 ELEMENTS 指令，返回结果以元素为中心。同时指定 ELEMENTS 指令和 XSINIL 选项，将返回<ManuSteps>元素，即使行集中的相应列为 NULL。

```
USE AdventureWorks;
GO
SELECT ProductModelID, Name,
   Instructions.query('
declare      namespace      MI="http://schemas.microsoft.com/sqlserver/
2004/07/adventure-works/ProductModelManuInstructions"
   /MI:root/MI:Location[1]/MI:step
') as ManuSteps
FROM Production.ProductModel
FOR XML RAW ('ProductModelData'), root('MyRoot'), ELEMENTS XSINIL
go
```

12.5.2 AUTO

AUTO 处理数据的方法与 RAW 不同。AUTO 试图给我们提供更好的格式，即基于表命名元素或者使用表的别名。另外，AUTO 认可了这个概念：将要在 XML 中提供的数据可能具有一些基础层次的概念。AUTO 模式可以确定基于查询返回的 XML 形状。在确定嵌套元素方式时，AUTO 模式试探法将比较相邻行中的列值。

在 SQL Server 2000 中，已经比较了所有类型的列（除了 ntext、text 和 image 以外）。而在 SQLServer 2005 中，仍没有比较 xml 类型的列，但是比较了(n)varchar(max)和 varbinary(max)类型的列。另外，在 SQL Server 2005 中已改进了派生表支持，以便可以用来在不同表的相同元素列下进行分组，但是将通过 AUTO 模式试探性方法来隐藏联接。

下面返回到上一节中的收货方收货单的示例中。这次，我们将利用 AUTO 选项，可以看到该输出与利用 RAW 得到的无格式输出之间的差别。

```
USE AdventureWorks;
GO
SELECT ProductModelID, Name
FROM Production.ProductModel
WHERE ProductModelID=122 or ProductModelID=119
FOR XML AUTO;
GO
```

明显的差别是元素名已经改变为数据源的表名或表的别名，笔者在此就不将输出结果一一列示了。

使用 AUTO 的缺点是，XML 数据模型结果的结尾稍微有点复杂。当前，AUTO 也不能与 GROUP BY 子句兼容。其优点是，能清晰地将数据分成一个层次模型，使得整个过程在元素明显存在断点时更容易，就像你在这里拥有双重排序报表。AUTO 模式将查询结果作为嵌套 XML 元素返回，这不能较好地控制从查询结果生成的 XML 形式。如果要生成简单的层次结构，那么 AUTO 模式查询很有用。

下面的例子检索特定客户的客户、订单和订单详细信息：

```
SELECT Cust.CustomerID,
       OrderHeader.CustomerID,
       OrderHeader.SalesOrderID,
       Detail.SalesOrderID, Detail.LineTotal,Detail.ProductID,
       Product.Name,
       Detail.OrderQty
FROM Sales.Customer Cust,
     Sales.SalesOrderHeader OrderHeader,
     Sales.SalesOrderDetail Detail,
     Production.Product Product
WHERE Cust.CustomerID = OrderHeader.CustomerID
AND   OrderHeader.SalesOrderID = Detail.SalesOrderID
AND   Detail.ProductID = Product.ProductID
AND   (Cust.CustomerID=117 or Cust.CustomerID=442)
ORDER BY OrderHeader.CustomerID,
```

```
        OrderHeader.SalesOrderID
    FOR XML AUTO
```

12.5.3 EXPLICIT

单词 explicit（直接地）是这个选项中令人感兴趣的一个选择，它简要地描述了你在创建查询时可能使用的语言。在准备阶段，EXPLICIT 选项花的时间很多，但在什么是元素、什么是属性上面有很好的力度控制，也使这种花费值得。

EXPLICIT 使你能够定义层次的每一层以及每一层将怎样查看。为了定义层次，要创建一个内部的通用表（universal table）。在很多方面，通用表就像在 SQL Server 中产生的其他结果集。它通常通过 UNION 语句与一个层次联合在一起产生，但是你可以在 UDF 中建立很多数据并产生一个 SELECT 语句，以生成最后的 XML。通用表和更传统的结果集之间的最大差别是，你必须在结果集中提供充足的元数据，以便 SQL Server 可以在你期望的架构中将结果集转换成 XML 文档。

什么是充足的元数据呢？笔者对此进行适当的解释。元数据描述了数据和应用程序的结构和意义，还描述了进程。特别要注意的是，元数据是一种抽象的概念，具有前后关系（context），而且可以用于开发环境下的多种目的。

元数据是抽象的。这种简明的行为描述了自然界的自然现象，产生了修饰抽象信息的元数据。例如，描述自然想象中的风、雨、雷、电就需要将其抽象为天气。是否可以进一步抽象，则由温度、湿度等而定。

在数据设计中，自然现象也描述为抽象的术语。人物、地点、事件就是将员工、客户和产品数据进行分组或设计等元数据。在软件设计中，表现或存储数据的应用程序和数据库结构，可以被抽象为对开发人员和系统设计人员有意义的元数据分类计划。一张表或表单可以起源于一个对象，也可以起源于一个类。

元数据可以存在多层抽象。你可以描述一个数据实例，然后描述这些描述信息，并继续描述随后的实际信息，直到某种程度的限制为止。通常，软件开发中使用的元数据描述可以拓展到 2～3 层抽象。例如，FacName 可以被描述为一个数据库的表名，一个数据表也可以被描述为一个数据库对象。最后，数据库表对象可以被描述为满足所有起源对象的集合特性的抽象类。元数据具有上下关系，数据与元数据之间通常用类型或实例来区分。元数据通常因为多种目的而存在。

为了利用 EXPLICIT，使返回结果与上一个例子中使用的 AUTO 查询接收的结果相同，我们需要建立一张具有充足的元数据的通用表。

提示： 这个特殊的例子刚好可以使用 AUTO 生成，笔者使用这个例子的目的是，比较与已经看见的事情在功能上的差别。但是，你在本节后面还会看到，EXPLICIT 允许我们完成 AUTO 或 RAW 所不能实现的特定格式。必须以特定的方式编写 EXPLICIT 模式查询，以便将有关所需的 XML 的附加信息（比如 XML 中的所需嵌套）显式指定为查询的一部分。根据所请求的 XML，编写 EXPLICIT 模式查询可能很繁琐。不过你会发现使用 PATH 模式（具有嵌套）相对于编写 EXPLICIT 模式查询而言更加简单。因为将所需的 XML 描述为 XPLICIT 模式查询的一部分，所以必须确保生成的 XML 格式正确而且有效。

在这个结果集中，应该注意几件事情：

- 在结果集中添加了两个特殊的元数据列（Tag 和 Parent），否则不会与数据相关（它们并非来源于表的列）。
- 坚持实际的列名使用特殊的格式（这刚好提供附加的元数据）。
- 该数据已经基于层次排序。

每个项目对最终结果都很关键，在开始看一个完整的例子之前，先看看我们需要具备建立该例子的哪些知识。为了解如何将查询生成的通用表处理为生成 XML 结果，假定你已经编写了一个生成此通用表的查询，如图 12-3 所示。

Tag	Parent	Customer!1!cid	Customer!1!name	Order!2!id	Order!2!date	OrderDetail!3!id!id	OrderDetail!3!pid!idref
1	NULL	C1	"Janine"	NULL	NULL	NULL	NULL
2	1	C1	NULL	01	1/20/1996	NULL	NULL
3	2	C1	NULL	01	NULL	OD1	P1
3	2	C1	NULL	01	NULL	OD2	P2
2	1	C1	NULL	02	3/29/1997	NULL	NULL

图 12-3 通用表

1. Tag 和 Parent

我们在前面已经看见了元素可以包含其他元素，但它们没有套放，这意味着 XML 实际是自然分层的（元素包含在其他元素中，这本质上就创建了父子关系）。Tag 和 Parent 是定义元素层次每一行之间关系的列，每一行被分配到某个标签层（随后将被分配一个元素名），这个层次进入了 Tag 列（像你期待的一样）。Parent 提供了显示层次中下一个更高层内容的引用信息，通过这种方式，SQL Server 知道该行需要在哪一层作为一个属性被嵌套或赋值（基于列名断定元素或属性，这些内容将在下一节讨论）。如果 Parent 为 NULL，那么 SQL Server 就知道这一行必定是最高层元素或者是这个元素的属性。

从图 12-3 可以看出，我们具有图 12-4 所示的数据。

Tag	Parent
1	NULL
2	1

图 12-4 用 Tag 和 Parent 定义的列

这样，第一行将与最高层元素相关（外部元素的属性或者是元素本身），而第二行将与嵌套在最高层元素中的元素相关（其 Parent 值为 1，与第一个 Tag 值相匹配）。

2. 列名

虽然 Tag 和 Parent 都具有整齐的划分点（它们都是自己的列），但是名字占用了许多元数据，我们区分一个截止点和下一个开始点的唯一方法是感叹号。

命名格式看起来如下所示：

<element name>!*<tag>*![*<attribute name>*]

[!{element|hide|ID|IDREF|IDREFS|xml|xmltext|cdata}]

下面是对格式各部分的说明：

- ElementName　所生成元素的通用标识符。如果将 ElementName 指定为 Customers，那么将生成<Customers>元素。
- TagNumber　分配给元素的唯一标记值。在两个元数据列（Tag 和 Parent）的帮助下，此值将确定所得到的 XML 中的元素的嵌套。
- AttributeName　提供要在指定 ElementName 中构造的属性名称。如果没有指定 Directive，则将发生这种行为。

如果指定了 Directive 并且它是 xml、cdata 或 element，则此值用于构造 ElementName 的子元素，并且此列值将添加到该子元素。

如果指定了 Directive，则 AttributeName 可以为空。例如 ElementName! TagNumber!!Directive。在这种情况下，列值直接由 ElementName 包含。

- Directive　可选，可以使用它来提供有关 XML 构造的其他信息。

Directive 有两种用途：一种是将值编码为 ID、IDREF 和 IDREFS。可以将 ID、IDREF 和 IDREFS 关键字指定为 Directive，这些指令将覆盖属性类型，使你能够创建文档内链接。

另一种用途是，可以使用 Directive 来指示如何将字符串数据映射到 XML。可以将 hide、element、elementxsinil、xml、xmltext 和 cdata 等关键字用作 Directive。hide 指令会隐藏节点，当仅为排序目的而检索值，但又不想让它们出现在所得到的 XML 中时，此指令非常有用。

element 指令生成的结果中包含元素而不是属性，包含的数据被编码为实体。例如，把<字符变成<。对于 NULL 列值，不会生成任何元素。如果要为 NULL 列值生成元素，则可以指定 elementxsinil 指令，这将生成具有属性 xsi:nil=TRUE 的元素。

除不发生实体编码外，xml 指令与 element 指令相同。请注意，可以将 element 指令与 ID、IDREF 或 IDREFS 结合使用，但不允许 xml 指令与除 hide 指令之外的任何其他指令结合使用。

cdata 指令通过将数据与 CDATA 部分包装在一起来包含数据，而不对内容进行实体编码。原始数据类型必须是文本类型，例如 varchar、nvarchar、text 或 ntext。此指令只适用于 hide，当使用此指令时，不能指定 AttributeName。

大多数情况下，允许在这两个组之间组合指令，但不允许在它们自身当中组合指令。

如果未指定 Directive 和 AttributeName（例如 Customer!1），则暗含一个 element 指令（比如 Customer!1!!element），并且列数据包含在 ElementName 中。

如果指定了 xmltext 指令，则列内容包装在与文档的其余部分集成在一起的单个标记中。提取由 OPENXML 存储在列中的溢出（未用完的）XML 数据时，此指令很有用。

如果指定了 AttributeName，则将由指定的名称替换标记名。否则，将通过把内容置于包容的起始位置（不经过实体编码）将属性追加到闭合元素属性的当前列表中。包含此指令的列必须是文本类型，比如 varchar、nvarchar、char、nchar、text 或 ntext。此指令只适用于 hide，在提取列中存储的溢出数据时，此指令很有用。如果内容的 XML 格式不正确，则未定义该行为。

下面是说明如何使用 EXPLICIT 模式的一些示例。

3. 检索雇员信息

下面的示例将检索每个雇员的 ID 和姓名。在 AdventureWorks 数据库中，可以从

Employee 表中获得 EmployeeID，也可以从 Contact 表中获得雇员姓名，而且可以使用 ContactID 列来联接表。

假定要让 FOR XML EXPLICIT 转换生成 XML，如下所示：

```
<Employee EmpID="1" >
  <Name FName="Guy" LName="Gilbert" />
</Employee>
...
```

因为层次结构中有两个级别，所以应编写两个 SELECT 查询并应用 UNION ALL。下面是检索<Employee>元素及其属性的值的第一个查询，该查询为<Employee>元素的 Tag 值赋予 1，为 Parent 赋予 NULL，因为它是一个顶级元素。

```
SELECT 1    as Tag,
      NULL as Parent,
      EmployeeID as [Employee!1!EmpID],
      NULL       as [Name!2!FName],
      NULL       as [Name!2!LName]
FROM  HumanResources.Employee E, Person.Contact C
WHERE  E.ContactID = C.ContactID
```

下面是第二个查询，它检索<Name>元素的值，为<Name>元素的 Tag 值赋予 2，为 Parent 标记值赋予 1，从而将<Employee>标识为父元素。

```
SELECT 2 as Tag,
      1 as Parent,
      EmployeeID,
      FirstName,
      LastName
FROM  HumanResources.Employee E, Person.Contact C
WHERE  E.ContactID = C.ContactID
```

可以使用 UNION ALL 组合这些查询，应用 FOR XML EXPLICIT，并指定所需的 ORDER BY 子句。必须首先按 EmployeeID，然后按姓名对行集进行排序，以便首先显示姓名中的 NULL 值。通过执行以下不带 FOR XML 子句的查询，可以看到会生成通用表。

下面是最终查询：

```
SELECT 1    as Tag,
      NULL as Parent,
      EmployeeID as [Employee!1!EmpID],
      NULL       as [Name!2!FName],
      NULL       as [Name!2!LName]
FROM  HumanResources.Employee E, Person.Contact C
WHERE  E.ContactID = C.ContactID

UNION ALL

SELECT 2 as Tag,
      1 as Parent,
```

```
        EmployeeID,
        FirstName,
        LastName
FROM   HumanResources.Employee E, Person.Contact C
WHERE  E.ContactID = C.ContactID
ORDER BY [Employee!1!EmpID],[Name!2!FName]
FOR XML EXPLICIT
```

下面是部分结果：

```
<Employee EmpID="1">
  <Name FName="Guy" LName="Gilbert" />
</Employee>
<Employee EmpID="2">
  <Name FName="Kevin" LName="Brown" />
</Employee>
...
```

第一个 SELECT 指定所得到的行集中的列名，这些名称形成两个列组。列名中 Tag 值为 1 的组将 Employee 标识为元素，将 EmpID 标识为属性。另一个列组的列中的 Tag 值为 2，它将<Name>标识为元素，将 FName 和 LName 标识为属性。

下表显示了查询生成的部分行集：

Tag	Parent	Employee!1!EmpID	Name!2!FName	Name!2!LName
1	NULL	1	NULL	NULL
2	1	1	Guy	Gilbert
1	NULL	2	NULL	NULL
2	1	2	Kevin	Brown
1	NULL	3	NULL	NULL
2	1	3	Roberto	Tamburello

...

下面说明了如何处理通用表中的行以生成所得到的 XML 树。

第一行将 Tag 值标识为 1，因此将标识列名（Employee!1!EmpID）中 Tag 值为 1 的列组；此列将 Employee 标识为元素名称。然后，将创建一个带有 EmpID 属性的<Employee>元素，并为这些属性分配相应的列值。

第二行的 Tag 值为 2，因此将标识列名（Name!2!FName 和 Name!2!LName）中 Tag 值为 2 的列组；这些列名将 Name 标识为元素名称。将创建一个带有 FName 和 LName 属性的<Name>元素，然后将为这些属性分配相应的列值。此行将 Parent 标识为 1，此元素将作为前面所创建的<Employee>元素的子元素添加。

对于行集中的其余行，重复此过程。对通用表中的行进行排序以使 FOR XML EXPLICIT，可以按顺序处理行集，并生成所需的 XML。

4. 指定元素指令

此示例与前面的示例类似，只是此示例生成以元素为中心的 XML，如下所示：

```
<Employee EmpID=...>
  <Name>
    <FName>...</FName>
    <LName>...</LName>
  </Name>
</Employee>
```

除在列名中添加了 ELEMENT 指令外，该查询将与示例 A 中的查询保持相同。因此，将<FName>和<LName>元素作为<Name>元素的子元素添加，而不是作为属性添加。因为 Employee!1!EmpID 列没有指定 ELEMENT 指令，所以将 EmpID 作为<Employee>元素的属性添加。

```
SELECT 1 as Tag,
       NULL as Parent,
       EmployeeID as [Employee!1!EmpID],
       NULL      as [Name!2!FName!ELEMENT],
       NULL      as [Name!2!LName!ELEMENT]
FROM  HumanResources.Employee E, Person.Contact C
WHERE  E.ContactID = C.ContactID
UNION ALL
SELECT 2 as Tag,
       1 as Parent,
       EmployeeID,
       FirstName,
       LastName
FROM  HumanResources.Employee E, Person.Contact C
WHERE  E.ContactID = C.ContactID
ORDER BY [Employee!1!EmpID],[Name!2!FName!ELEMENT]
FOR XML EXPLICIT
```

下面是部分结果：

```
<Employee EmpID="1">
  <Name>
    <FName>Guy</FName>
    <LName>Gilbert</LName>
  </Name>
</Employee>
<Employee EmpID="2">
  <Name>
    <FName>Kevin</FName>
    <LName>Brown</LName>
  </Name>
</Employee>
...
```

5. 指定 ELEMENTXSINIL 指令

这是 SQL Server 2005 增加的功能，当指定 ELEMENT 指令来检索以元素为中心的 XML

时，如果列具有 NULL 值，则 EXPLICIT 模式将不生成相应的元素。另外，也可以指定 ELEMENTXSINIL 指令，以请求为 xsi:nil 属性设置为 TRUE 值的 NULL 值来生成元素。

以下查询构造包括雇员地址的 XML。对于 AddressLine2 和 City 列，列名指定 ELEMENTXSINIL 指令，这将为行集中的 AddressLine2 和 City 列中的 NULL 值生成元素。

```
SELECT 1    as Tag,
       NULL as Parent,
       EmployeeID  as [Employee!1!EmpID],
       E.AddressID as [Employee!1!AddressID],
       NULL       as [Address!2!AddressID],
       NULL       as [Address!2!AddressLine1!ELEMENT],
       NULL       as [Address!2!AddressLine2!ELEMENTXSINIL],
       NULL       as [Address!2!City!ELEMENTXSINIL]
FROM   HumanResources.EmployeeAddress E, Person.Address A
WHERE  E.ContactID = A.ContactID
UNION ALL

SELECT 2 as Tag,
       1 as Parent,
       EmployeeID,
       E.AddressID,
       A.AddressID,
       AddressLine1,
       AddressLine2,
       City
FROM   HumanResources.EmployeeAddress E, Person.Address A
WHERE  E.AddressID = A.AddressID
ORDER BY [Employee!1!EmpID],[Address!2!AddressID]
FOR XML EXPLICIT
```

下面是部分结果：

```
<Employee xmlns:xsi="http://www.w3.org/2001/XMLSchema-instance"
        EmpID="1" AddressID="61">
  <Address AddressID="61">
    <AddressLine1>7726 Driftwood Drive</AddressLine1>
    <AddressLine2 xsi:nil="true" />
    <City>Monroe</City>
  </Address>
</Employee>
...
```

6. 使用 EXPLICIT 模式构造同级

假定要构造提供销售订单信息的 XML。请注意，<SalesPerson>和<OrderDetail>元素是同级。每个订单都有一个<OrderHeader>元素、一个<SalesPerson>元素和一个或多个<OrderDetail>元素。

```
<OrderHeader SalesOrderID=... OrderDate=... CustomerID=... >
  <SalesPerson SalesPersonID=... />
  <OrderDetail SalesOrderID=... LineTotal=... ProductID=... OrderQty=... />
  <OrderDetail SalesOrderID=... LineTotal=... ProductID=... OrderQty=.../>
      ...
</OrderHeader>
<OrderHeader ...</OrderHeader>
```

以下 EXPLICIT 模式查询将构造此 XML。请注意，查询将<OrderHeader>元素的 Tag 值指定为 1，将<SalesPerson>元素的此值指定为 2，将<OrderDetail>元素的此值指定为 3。因为<SalesPerson>和<OrderDetail>是同级，所以该查询将 Parent 标记值都指定为 1，从而标识<OrderHeader>元素。

```
SELECT  1 as Tag,
        0 as Parent,
        SalesOrderID  as [OrderHeader!1!SalesOrderID],
        OrderDate     as [OrderHeader!1!OrderDate],
        CustomerID    as [OrderHeader!1!CustomerID],
        NULL          as [SalesPerson!2!SalesPersonID],
        NULL          as [OrderDetail!3!SalesOrderID],
        NULL          as [OrderDetail!3!LineTotal],
        NULL          as [OrderDetail!3!ProductID],
        NULL          as [OrderDetail!3!OrderQty]
FROM   Sales.SalesOrderHeader
WHERE     SalesOrderID=43659 or SalesOrderID=43661
UNION ALL
SELECT 2 as Tag,
       1 as Parent,
        SalesOrderID,
        NULL,
        NULL,
        SalesPersonID,
        NULL,
        NULL,
        NULL,
        NULL
FROM   Sales.SalesOrderHeader
WHERE     SalesOrderID=43659 or SalesOrderID=43661
UNION ALL
SELECT 3 as Tag,
       1 as Parent,
        SOD.SalesOrderID,
        NULL,
        NULL,
        SalesPersonID,
        SOH.SalesOrderID,
        LineTotal,
```

```
       ProductID,
       OrderQty
FROM    Sales.SalesOrderHeader SOH,Sales.SalesOrderDetail SOD
WHERE   SOH.SalesOrderID = SOD.SalesOrderID
AND     (SOH.SalesOrderID=43659 or SOH.SalesOrderID=43661)
ORDER BY [OrderHeader!1!SalesOrderID], [SalesPerson!2!SalesPersonID],
         [OrderDetail!3!SalesOrderID],[OrderDetail!3!LineTotal]
FOR XML EXPLICIT
```

下面是部分结果：

```
<OrderHeader SalesOrderID="43659" OrderDate="2001-07-01T00:00:00" CustomerID="676">
  <SalesPerson SalesPersonID="279" />
  <OrderDetail SalesOrderID="43659" LineTotal="10.373000" ProductID="712" OrderQty="2" />
  <OrderDetail SalesOrderID="43659" LineTotal="28.840400" ProductID="716" OrderQty="1" />
  <OrderDetail SalesOrderID="43659" LineTotal="34.200000" ProductID="709" OrderQty="6" />
  ...
</OrderHeader>
<OrderHeader SalesOrderID="43661" OrderDate="2001-07-01T00:00:00" CustomerID="442">
  <SalesPerson SalesPersonID="282" />
  <OrderDetail SalesOrderID="43661" LineTotal="20.746000" ProductID="712" OrderQty="4" />
  <OrderDetail SalesOrderID="43661" LineTotal="40.373000" ProductID="711" OrderQty="2" />
  ...
</OrderHeader>
```

7. 指定 ID 和 IDREF 指令

下面的示例与检索雇员信息示例基本相同，唯一区别是：该查询指定了 ID 和 IDREF 指令，这些指令将覆盖<OrderHeader>和<OrderDetail>元素中 SalesPersonID 属性的类型，形成文档内链接，但需要使用架构来查看被覆盖的类型。因此，该查询将在 FOR XML 子句中指定 XMLDATA 选项来检索架构。

```
SELECT  1 as Tag,
        0 as Parent,
        SalesOrderID  as [OrderHeader!1!SalesOrderID!id],
        OrderDate     as [OrderHeader!1!OrderDate],
        CustomerID    as [OrderHeader!1!CustomerID],
        NULL          as [SalesPerson!2!SalesPersonID],
        NULL          as [OrderDetail!3!SalesOrderID!idref],
        NULL          as [OrderDetail!3!LineTotal],
        NULL          as [OrderDetail!3!ProductID],
        NULL          as [OrderDetail!3!OrderQty]
FROM    Sales.SalesOrderHeader
WHERE   SalesOrderID=43659 or SalesOrderID=43661

UNION ALL
```

```
SELECT 2 as Tag,
       1 as Parent,
        SalesOrderID,
        NULL,
        NULL,
        SalesPersonID,
        NULL,
        NULL,
        NULL,
        NULL
FROM   Sales.SalesOrderHeader
WHERE  SalesOrderID=43659 or SalesOrderID=43661
UNION ALL
SELECT 3 as Tag,
       1 as Parent,
        SOD.SalesOrderID,
        NULL,
        NULL,
        SalesPersonID,
        SOH.SalesOrderID,
        LineTotal,
        ProductID,
        OrderQty
FROM    Sales.SalesOrderHeader SOH,Sales.SalesOrderDetail SOD
WHERE   SOH.SalesOrderID = SOD.SalesOrderID
AND     (SOH.SalesOrderID=43659 or SOH.SalesOrderID=43661)
ORDER BY [OrderHeader!1!SalesOrderID!id], [SalesPerson!2!SalesPersonID],
         [OrderDetail!3!SalesOrderID!idref],[OrderDetail!3!LineTotal]
FOR XML EXPLICIT, XMLDATA
```

下面是部分结果。在架构中，ID 和 IDREF 指令已经覆盖了<OrderHeader>和<OrderDetail>元素中 SalesOrderID 属性的数据类型。如果删除这些指令，那么架构将返回这些属性的原始类型。

```
<Schema    name="Schema1"    xmlns="urn:schemas-microsoft-com:xml-data"
xmlns:dt="urn:schemas-microsoft-com:datatypes">
  <ElementType name="OrderHeader" content="mixed" model="open">
    <AttributeType name="SalesOrderID" dt:type="id" />
    <AttributeType name="OrderDate" dt:type="dateTime" />
    <AttributeType name="CustomerID" dt:type="i4" />
    <attribute type="SalesOrderID" />
    <attribute type="OrderDate" />
    <attribute type="CustomerID" />
  </ElementType>
  <ElementType name="SalesPerson" content="mixed" model="open">
    <AttributeType name="SalesPersonID" dt:type="i4" />
```

```
        <attribute type="SalesPersonID" />
      </ElementType>
      <ElementType name="OrderDetail" content="mixed" model="open">
        <AttributeType name="SalesOrderID" dt:type="idref" />
        <AttributeType name="LineTotal" dt:type="number" />
        <AttributeType name="ProductID" dt:type="i4" />
        <AttributeType name="OrderQty" dt:type="i2" />
        <attribute type="SalesOrderID" />
        <attribute type="LineTotal" />
        <attribute type="ProductID" />
        <attribute type="OrderQty" />
      </ElementType>
    </Schema>
    <OrderHeader  xmlns="x-schema:#Schema1"  SalesOrderID="43659"  OrderDate
="2001-07-01T00:00:00" CustomerID="676">
      <SalesPerson SalesPersonID="279" />
      <OrderDetail SalesOrderID="43659" LineTotal="10.373000" ProductID="712"
OrderQty="2" />
      ...
    </OrderHeader>
    ...
```

8. 指定 ID 和 IDREFS 指令

可以将元素属性指定为 ID 类型属性，然后使用 IDREFS 属性来引用它。这将启用文档内链接，与关系数据库中主键和外键关系类似。

下面的示例说明如何使用 ID 和 IDREFS 指令来创建 ID 和 IDREFS 类型的属性。因为 ID 不能是整数值，所以此示例中的 ID 值被转换。也就是说，它们是转换后的类型；ID 值中使用了前缀。

假定要如下所示构造 XML：

```
<Customer CustomerID="C1" SalesOrderIDList=" O11 O22 O33..." >
    <SalesOrder SalesOrderID="O11" OrderDate="..." />
    <SalesOrder SalesOrderID="O22" OrderDate="..." />
    <SalesOrder SalesOrderID="O33" OrderDate="..." />
    ...
</Customer>
```

<Customer>元素的 SalesOrderIDList 属性是一个多值属性，它引用<SalesOrder>元素的 SalesOrderID 属性。若要建立此链接，必须将 SalesOrderID 属性声明为 ID 类型，并且必须将<Customer>元素的 SalesOrderIDList 属性声明为 IDREFS 类型。因为一个客户可请求多个订单，所以使用 IDREFS 类型。

IDREFS 也有多个值，因此必须使用单独的 SELECT 子句来重复使用相同的标记、父级和键列信息，ORDER BY 必须确保组成 IDREFS 值的行的序列成组地显示在它们的父元素下。

下面是生成所需的 XML 的查询，该查询使用 ID 和 IDREFS 指令来覆盖列名（SalesOrder!2!SalesOrderID!ID、Customer!1!SalesOrderIDList!IDREFS）中的类型。

```
SELECT  1 as Tag,
        0 as Parent,
        C.CustomerID        [Customer!1!CustomerID],
        NULL               [Customer!1!SalesOrderIDList!IDREFS],
        NULL               [SalesOrder!2!SalesOrderID!ID],
        NULL               [SalesOrder!2!OrderDate]
FROM   Sales.Customer C

UNION ALL

SELECT  1 as Tag,
        0 as Parent,
        C.CustomerID,
        'O-'+CAST(SalesOrderID as varchar(10)),
        NULL,
        NULL
FROM   Sales.Customer C, Sales.SalesOrderHeader SOH
WHERE  C.CustomerID = SOH.CustomerID
UNION ALL
SELECT 2 as Tag,
       1 as Parent,
        C.CustomerID,
        NULL,
        'O-'+CAST(SalesOrderID as varchar(10)),
        OrderDate
FROM   Sales.Customer C, Sales.SalesOrderHeader SOH
WHERE  C.CustomerID = SOH.CustomerID
ORDER BY [Customer!1!CustomerID] ,
         [SalesOrder!2!SalesOrderID!ID],
         [Customer!1!SalesOrderIDList!IDREFS]
FOR XML EXPLICIT
```

9. 使用 hide 指令隐藏所得到的 XML 中的元素和属性

此示例说明如何使用 hide 指令。当希望查询返回一个属性以对该查询所返回的通用表中的行进行排序，但是不希望该属性出现在最终所得到的 XML 文档中时，该指令很有用。

以下查询将构造此 XML：

```
<ProductModel ProdModelID="19" Name="Mountain-100">
  <Summary>
    <SummaryDescription>
          <Summary> element from XML stored in CatalogDescription column
    </SummaryDescription>
  </Summary>
</ProductModel>
```

此查询将生成所需的 XML，并标识列名中 Tag 值为 1 和 2 的两个列组。此查询使用 xml 数据类型的 query()方法（xml 数据类型）来查询 xml 类型的 CatalogDescription 列，以便检索摘要说明。另外，此查询还使用 xml 数据类型的 value()方法（xml 数据类型），从 CatalogDescription 列中检索 ProductModelID 值。所得到的 XML 中不需要此值，但对生成的行集进行排序时需要此值。

列名[Summary!2!ProductModelID!hide]包括 hide 指令，如果 SELECT 语句中不包括此列，则不得不按[ProductModel!1!ProdModelID]和[Summary!2!SummaryDescription]对 xml 类型的行集进行排序，并且不能在 ORDER BY 中使用 xml 类型列。因此，将添加另一个[Summary!2!ProductModelID!hide]列，然后在 ORDER BY 子句中指定该列。

```
SELECT  1 as Tag,
        0 as Parent,
        ProductModelID     as [ProductModel!1!ProdModelID],
        Name              as [ProductModel!1!Name],
        NULL              as [Summary!2!ProductModelID!hide],
        NULL              as [Summary!2!SummaryDescription]
FROM    Production.ProductModel
WHERE   CatalogDescription is not null

UNION ALL

SELECT  2 as Tag,
        1 as Parent,
        ProductModelID,
        Name,
        CatalogDescription.value('
         declare  namespace  PD="http://schemas.microsoft.com/sqlserver/
2004/07/adventure-works/ProductModelDescription";
       (/PD:ProductDescription/@ProductModelID)[1]', 'int'),
        CatalogDescription.query('
         declare  namespace  pd="http://schemas.microsoft.com/sqlserver/
2004/07/adventure-works/ProductModelDescription";
         /pd:ProductDescription/pd:Summary')
FROM    Production.ProductModel
WHERE   CatalogDescription is not null
ORDER BY [ProductModel!1!ProdModelID],[Summary!2!ProductModelID!hide]
FOR XML EXPLICIT
go
```

结果如下：

```
<ProductModel ProdModelID="19" Name="Mountain-100">
  <Summary>
    <SummaryDescription>
      <pd:Summary
xmlns:pd="http://schemas.microsoft.com/sqlserver/2004/07/adventure-works/Pro
ductModelDescription" xmlns="">
        <p1:p xmlns:p1="http://www.w3.org/1999/xhtml">Our top-of-the-line
competition mountain bike. Performance-enhancing options include the innovative
```

```
HL Frame, super-smooth front suspension, and traction for all terrain. </p1:p>
        </pd:Summary>
      </SummaryDescription>
    </Summary>
  </ProductModel>
```

10. 指定 element 指令和实体编码

下面的示例说明 element 和 xml 指令之间的区别。element 指令会实体化数据，但 xml 指令不会。<Summary>元素是查询中分配的 XML<Summary>This is summary description</Summary>。

请看下面的查询：

```
SELECT  1 as Tag,
        0 as Parent,
        ProductModelID  as [ProductModel!1!ProdModelID],
        Name            as [ProductModel!1!Name],
        NULL            as [Summary!2!SummaryDescription!ELEMENT]
FROM    Production.ProductModel
WHERE   ProductModelID=19

UNION ALL

SELECT  2 as Tag,
        1 as Parent,
        ProductModelID,
        NULL,
       '<Summary>This is summary description</Summary>'
FROM    Production.ProductModel
WHERE   ProductModelID=19
FOR XML EXPLICIT
```

结果如下，结果中的摘要说明被实体化：

```
<ProductModel ProdModelID="19" Name="Mountain-100">
  <Summary>
    <SummaryDescription>&lt;Summary&gt;This is summary description&lt;/
Summary&gt;</SummaryDescription>
  </Summary>
</ProductModel>
```

此时，如果在列名中指定 xml 指令（比如 Summary!2!SummaryDescription!xml），而不是指定 element 指令，将收到未经实体化的摘要说明。

```
<ProductModel ProdModelID="19" Name="Mountain-100">
  <Summary>
    <SummaryDescription>
      <Summary>This is summary description</Summary>
    </SummaryDescription>
  </Summary>
</ProductModel>
```

以下查询使用 xml 类型的 query()方法（而不是分配一个静态 XML 值）从 xml 类型的 CatalogDescription 列中检索产品型号摘要说明。因为已知结果为 xml 类型，所以未应用实体化。

```
SELECT  1 as Tag,
        0 as Parent,
        ProductModelID  as [ProductModel!1!ProdModelID],
        Name            as [ProductModel!1!Name],
        NULL            as [Summary!2!SummaryDescription]
FROM    Production.ProductModel
WHERE   CatalogDescription is not null

UNION ALL

SELECT  2 as Tag,
        1 as Parent,
        ProductModelID,
        Name,
       (SELECT CatalogDescription.query('
            declare namespace pd="http://schemas.microsoft.com/sqlserver/
2004/07/adventure-works/ProductModelDescription";
          /pd:ProductDescription/pd:Summary'))
FROM    Production.ProductModel
WHERE   CatalogDescription is not null
ORDER BY [ProductModel!1!ProdModelID],Tag
FOR XML EXPLICIT
```

11. 指定 cdata 指令

如果指令被设置为 cdata，则不对包含的数据进行实体编码，而是将其放入 CDATA 部分。cdata 属性本身没有名称。

以下查询将产品型号摘要说明包装在 CDATA 部分中：

```
SELECT  1 as Tag,
        0 as Parent,
        ProductModelID  as [ProductModel!1!ProdModelID],
        Name            as [ProductModel!1!Name],
        '<Summary>This is summary description</Summary>'
            as [ProductModel!1!!cdata] -- no attribute name so ELEMENT assumed
FROM    Production.ProductModel
WHERE   ProductModelID=19
FOR XML EXPLICIT
```

结果如下：

```
<ProductModel ProdModelID="19" Name="Mountain-100">
   <![CDATA[<Summary>This is summary description</Summary>]]>
</ProductModel>
```

12. 指定 xmltext 指令

下面的示例说明如何在使用 EXPLICIT 模式的 SELECT 语句中使用 xmltext 指令处理溢出列中的数据。

请考察 Person 表，此表含有存储 XML 文档的未用完部分的 Overflow 列。

```
    CREATE TABLE Person(PersonID varchar(5), PersonName varchar(20), Overflow
nvarchar(200))
    INSERT INTO Person VALUES ('P1','Joe',N'<SomeTag attr1="data"
>content</SomeTag>')
    INSERT INTO Person VALUES ('P2','Joe',N'<SomeTag attr2="data"/>')
    INSERT INTO Person VALUES ('P3','Joe',N'<SomeTag attr3="data"
PersonID="P">content</SomeTag>')
```

下面的查询从 Person 表中检索列。对于 Overflow 列，没有指定 AttributeName，但是在提供通用表列名的过程中，将 directive 设置为 xmltext。

```
    SELECT 1 as Tag, NULL as parent,
         PersonID as [Parent!1!PersonID],
         PersonName as [Parent!1!PersonName],
         overflow as [Parent!1!!xmltext] -- No AttributeName; xmltext directive
    FROM Person
    FOR XML EXPLICIT
```

在所得到的 XML 文档中：

- 对于 Overflow 列，因为没有指定 AttributeName，而指定了 xmltext 指令，所以<overflow>元素中的属性被追加到封闭的<Parent>元素的属性列表中。
- 因为<xmltext>元素中的 PersonID 属性与相同元素级上检索到的 PersonID 属性冲突，所以忽略<xmltext>元素中的此属性，即使 PersonID 为 NULL，也是如此。通常情况下，属性将替代溢出中具有相同名称的属性。

结果如下：

<Parent PersonID="P1" PersonName="Joe" attr1="data">content</Parent>

<Parent PersonID="P2" PersonName="Joe" attr2="data"></Parent>

<Parent PersonID="P3" PersonName="Joe" attr3="data">content</Parent>

如果溢出数据包含子元素且指定了相同的查询，则 Overflow 列中的子元素将作为封闭的<Parent>元素的子元素添加。

例如，更改 Person 表中的数据，使 Overflow 列此时包含子元素。如下所示：

```
    TRUNCATE TABLE Person
    INSERT INTO Person VALUES ('P1','Joe',N'<SomeTag attr1="data">content</SomeTag>')
    INSERT INTO Person VALUES ('P2','Joe',N'<SomeTag attr2="data"/>')
    INSERT INTO Person VALUES
    ('P3','Joe',N'<SomeTag     attr3="data"     PersonID="P"><name>PersonName
</name></SomeTag>')
```

如果执行相同的查询，则<xmltext>元素中的子元素将作为封闭的<Parent>元素的子元素被添加。

```
SELECT 1 as Tag, NULL as parent,
      PersonID as [Parent!1!PersonID],
      PersonName as [Parent!1!PersonName],
      overflow as [Parent!1!!xmltext] -- no AttributeName, xmltext directive
FROM Person
FOR XML EXPLICIT
```

结果如下：

<Parent PersonID="P1" PersonName="Joe" attr1="data">content</Parent>
<Parent PersonID="P2" PersonName="Joe" attr2="data"></Parent>
<Parent PersonID="P3" PersonName="Joe" attr3="data">
  <name>PersonName</name>
</Parent>

如果使用 xmltext 指令指定了 AttributeName，则<overflow>元素的属性将作为封闭的<Parent>元素的子元素的属性被添加。为 AttributeName 指定的名称，将成为子元素的名称。

在下面的查询中，将 AttributeName(<overflow>)与 xmltext 指令一起指定。

```
SELECT 1 as Tag, NULL as parent,
      PersonID as [Parent!1!PersonID],
      PersonName as [Parent!1!PersonName],
      overflow as [Parent!1!overflow!xmltext] -- overflow is AttributeName
                    -- xmltext is directive
FROM Person
FOR XML EXPLICIT
```

结果如下：

<Parent PersonID="P1" PersonName="Joe">
  <overflow attr1="data">content</overflow>
</Parent>
<Parent PersonID="P2" PersonName="Joe">
  <overflow attr2="data" />
</Parent>
<Parent PersonID="P3" PersonName="Joe">
  <overflow attr3="data" PersonID="P">
    <name>PersonName</name>
  </overflow>
</Parent>

在下面的查询元素中，为 PersonName 属性指定 directive，这将导致 PersonName 作为封闭的<Parent>元素的子元素被添加，而<xmltext>的属性仍旧追加到封闭的<Parent>元素中。<overflow>元素、子元素的内容被预置到封闭的<Parent>元素的其他子元素中。

```
SELECT 1     as Tag, NULL as parent,
      PersonID   as [Parent!1!PersonID],
      PersonName as [Parent!1!PersonName!element], -- element directive
```

```
      overflow   as [Parent!1!!xmltext]
FROM Person
FOR XML EXPLICIT
```

结果如下：

<Parent PersonID="P1" attr1="data">content<PersonName>Joe</PersonName>
</Parent>
<Parent PersonID="P2" attr2="data">
<PersonName>Joe</PersonName>
</Parent>
<Parent PersonID="P3" attr3="data">
<name>PersonName</name>
<PersonName>Joe</PersonName>
</Parent>

如果 xmltext 列数据包含根元素属性，那么这些属性将不显示在 XML 数据架构中，并且 MSXML 分析器不验证所得到的 XML 文档片段。例如：

```
SELECT 1 as Tag,
      0 as Parent,
      N'<overflow a="1"/>' as 'overflow!1!!xmltext'
FOR XML EXPLICIT, xmldata
```

请注意，在返回的架构中缺少溢出属性 a。结果如下：

<Schema name="Schema2"
xmlns="urn:schemas-microsoft-com:xml-data"
xmlns:dt="urn:schemas-microsoft-com:datatypes">
<ElementType name="overflow" content="mixed" model="open">
</ElementType>
</Schema>
<overflow xmlns="x-schema:#Schema2" a="1">
</overflow>

12.5.4 OPENXML

我们已经用了大量篇幅来介绍如何把关系数据转换成 XML 文档，直觉上就是 SQL Server 必须允许你打开一个 XML 字符串，并把它像在 SQL 中那样以表格的形式表现出来。这个版本中确实增加了这种功能，可以与我们已经见过的 FOR XML 子句相配对。

OPENXML 就是一个打开字符串的行集函数，就像其他行集函数的工作方式一样（例如 OPENQUERY 和 OPENROWSET）。这意味着你可以联接一个 XML 文档，或者使用 INSERT...SELECT（或 SELECT INTO）语句把该函数用作输入数据源。最大的差别是，需要使用一组系统存储过程来准备文档，并在使用之后释放内存。

要设置文档，可以使用 sp_xml_preparedocument，该存储过程将字符串移到内存中并为了优化查询性能而进行预分析。XML 文档将一直驻留在内存中，直到你显式地说明删除或终止 sp_xml_preparedocument 调用的连接为止。其语法非常简单：

sp_xml_preparedocument @hdoc = <*integer variable*> OUTPUT,
[, @xmltext = <*character data*>]
[, @xpath_namespaces = <*url to a namespace*>]

注意：如果要提供命名空间 URL，则需要在两个结尾处把它放在<和>符号中（例如<root xmlns: sql ="run: schemas-microsoft-com: xml-sql">）。

该存储过程的参数意义如下：

- @hdoc　新创建的文档的句柄。如果你曾经编写过 Windows API（还有很多其他的例子，但这是最常用的一个），那么你以前就一定见过 h，它是匈牙利（Hungarian）符号的句柄。句柄是一个指示一段驻留内存的有效指针。此时，这就是我们要求 SQL Server 分析并提交 XML 文档的句柄。它是一个输出变量，在 sproc 返回以后，这里引用的变量将包含 XML 句柄——确信存储了它，因为在使用 OPENXML 时需要使用该输出变量。
- @xmltext　最原始的 XML 文档。
- @XPath_namespaces　XML 的命名空间，指定在 OPENXML 的行和列表达式中的命名空间的定义。默认值为<root xmlns:mp="urn:schemas-m icrosoft-com:xml-metaprop">。

当调用 sproc 并将句柄保留在文档中之后，就可以使用 OPENXML 了。其语法稍微有点复杂：

OPENXML(<handle>,<XPath to base node>[, <mapping flags>])
[WITH (<Schema Declaration>|<Table Name>)]

我们已经讨论了句柄——这是一个整数值，它接收 sp_xml_preparedocument 调用的输出参数。

当你调用 OPENXML 的时候，必须提供充当所有查询起点的的节点路径。架构声明中可以通过操纵此处设置的基本节点的相关性来引用 XML 文档的所有部分。

下面是相应的标志位，这些标志位有助于判断是否希望支持 OPENXML 结果中的元素或属性，见表 12-2。

表 12-2　OPENXML 结果标志位

字节值	描　述
0	除了不能与 2 或 8 组合使用外（2+0 仍然是 2），与 1 相同；这是默认值
1	除非与 2 一起组合，否则只用于属性。如果没有名字指定的属性，则返回 NULL。它也可以与 2 或 8 相加（或者两者都行）组合成一种行为，但该选项的优先权超过选项 2。如果 XPath 发现具有同样属性和元素的名字，就采用属性
2	除非组合了 1，否则只用于元素。如果没有该名字指定的元素，则返回 NULL。它也可以与 1 或 8 相加（或者两者都行）组合成一种行为，当它加 1 时，如果对应的属性存在，则把它映射为该属性；如果对应的属性不存在，则映射为元素。如果元素也不存在，则返回 NULL

（续表）

字节值	描　述
8	可以组合 1 或 2，该标志指明不应将消耗的数据复制到溢出属性@mp:xmltext 中（不得不使用 MetaProperty 模式来检索这个数据）。如果没有使用 MetaProperties 且大部分时间中都不会使用它，则推荐使用该选项，它减少了操作的少量开销（非常少）

最后讨论架构或表。如果你定义了一个架构但不熟悉 XPath，那么这部分就有一些技巧。幸运的是，这个特殊的 XPath 的用法不是很复杂，而且应该成为第二个相当快的属性（就像 Windows 下的目录）。

根据你声明架构的方式不同，会有一些变化。该定义声明为：

```
WITH (
<Column Name> <data type> [{<Column XPath>|<MetaProperty>}]
[,<Column Name> <data type> [{<Column XPath>|<MetaProperty>}]
    …
```

- ❑ Column Name　要检索的属性名或元素名，将作为建立 SELECT 列表、执行 JOIN 等时的引用名。
- ❑ data type　任何有效的 SQL Server 数据类型。因为 XML 可以具有与 SQL Server 中不相同的数据类型，必要时将自动执行转换，但这通常是可预测的。
- ❑ Column XPath　得到所需列的节点的 XPath 架构（与你为 OPENXML 函数起点建立的节点相关），无论是使用元素还是属性，都取决于上面描述的标志参数。如果省略这一参数，则 SQL Server 就假设你希望用当前节点作为 OPENXML 语句的起点。
- ❑ MetaProperties　可以在 OPENXML 查询中查阅的一组特殊变量，它们描述了你对 XML DOM 的哪一部分感兴趣。要使用它们，只要把它们放在单括号中并代替 Column Xpath 即可。

可用的 MetaProperties 包括：

- ❑ @mp:id　不要把这个元属性混淆为在 EXPLICIT 一节看见的 XML id。虽然这个属性执行了相似的功能，但它是 DOM 节点的唯一标识（在文档的范围内）。差别是，这个值由系统产生，你能确定它的存在。只要文档保留在内存中，就可以保证它指相同的 XML 节点。如果 id 是 0，则它就是根节点（例如下面所指的那样，它的@mp:parentid 属性将是一个 NULL）。
- ❑ @mp:parentid　与上一属性相同，但它是父节点。
- ❑ @mp:localname　提供节点的不完全限定名，它与前缀和命名空间 URI 一起命名元素或属性节点。
- ❑ @mp:parentlocalname　与上一元属性一样，但它是父节点。
- ❑ @mp:namespaceuri　提供当前元素的命名空间 URI。如果该属性的值为 NULL，则表示没有提供命名空间。
- ❑ @ mp:parentnamespaceuri　这与上个一样，但是父节点。
- ❑ ❑@mp:prefix　存储当前元素名的命名空间的前缀。
- ❑ @mp:prev　存储与节点相关的以前的同胞兄弟 mp:id。使用它，你可以在当前层说明一些元素的次序。例如，如果@mp:prev 的值为 NULL，那么你就处于树的该层的第一个节点上。

- @mp:xmltext 该 MetaProperty 用于处理并包含当前元素的 XML。

当然，你可以一直饶过所有这些参数而节省很多工作。如果你有一张直接与 XML 中指定起点的 XPath 相关的表（名字和数据属性），那么你就要用到它。如果你确实有这样的表，那么只要命名它，SQL Server 就会为你实现转换。

当你已经处理完所有 XML 时，需要调用 sp_xml_removedocument 来释放存储 XML 文档所占用的内存。其语法非常简单：

sp_xml_removedocument [hdoc =] *<handle of XML doc>*

提示： 一定要形成执行程序完毕后释放内存的习惯，这一点非常重要。虽然 SQL Server 随后会自动释放一些内存，但是你不能每次都指望 SQL Server。它将在你终止连接的时候才释放所有内存，如果你使用的是连接池呢？如果系统是在负载情况下，那么一些连接将永远不会消失。它是一个很容易实现的 sproc，所以每次都要这样处理。

如果你已经掌握了如何利用这个函数，则可以看一看一个非常重要的例子了。这是一个与 OPENXML 一起使用的简单的 SELECT 语句，该例子使用 sp_xml_preparedocument 来创建 XML 影像的一个内部表现方式，然后将具有 OPENXML 行集提供商的 SELECT 语句放在该 XML 文档上执行。

标志位被设置为 1，显示这是以属性为中心的匹配方式。因此，XML 属性被映射为行集中的列。Rowpattern 被指定为/ROOT/Customers 显示要处理<Customers>节点。

没有指定 ColPattern（列模式，可选），因为列名与 XML 属性名相匹配。OPENXML 行集提供商从 SELECT 语句提取的必要列（此时是所有列）中产生了一个两列的行集（CustomerID 和 ContactName）。

```
DECLARE @idoc int
DECLARE @doc varchar(1000)
SET @doc ='
<ROOT>
<Customer CustomerID="VINET" ContactName="Paul Henriot">
  <Order        CustomerID="VINET"        EmployeeID="5"        OrderDate=
"1996-07-04T00:00:00">
    <OrderDetail OrderID="10248" ProductID="11" Quantity="12"/>
    <OrderDetail OrderID="10248" ProductID="42" Quantity="10"/>
  </Order>
</Customer>
<Customer CustomerID="LILAS" ContactName="Carlos Gonzlez">
  <Order   CustomerID="LILAS"   EmployeeID="3"   OrderDate="   1996-08-
16T00:00:00">
    <OrderDetail OrderID="10283" ProductID="72" Quantity="3"/>
  </Order>
</Customer>
</ROOT>'
--Create an internal representation of the XML document.
```

```
EXEC sp_xml_preparedocument @idoc OUTPUT, @doc
-- Execute a SELECT statement that uses the OPENXML rowset provider.
SELECT    *
FROM      OPENXML (@idoc, '/ROOT/Customer',1)
          WITH (CustomerID  varchar(10),
               ContactName varchar(20))
```

结果显示如下：

```
CustomerID ContactName
---------- --------------------
VINET      Paul Henriot
LILAS      Carlos Gonzlez
```

如果设置标志位为 2，然后执行相同的 SELECT 语句，并显示以元素为中心的匹配方式，那么 XML 文档中的客户的 CustomerID 和 ContactName 值都被返回为 NULL，因为<Customers>元素没有子元素。

结果显示如下：

```
Here is the result set:
CustomerID ContactName
---------- -----------
NULL       NULL
NULL       NULL
```

再比如，指定列与 XML 属性之间的映射为 *ColPattern*。这一查询从 XML 文档中返回了客户 ID、订购日期和数量属性。*Rowpattern* 定义了<OrderDetails>元素，ProductID 和 Quantity 是<OrderDetails>元素的属性。但是，OrderID、CustomerID 和 OrderDate 是父元素（<Orders>）的属性。

可选的 *ColPattern* 显示：

- 行集中的 OrderID、CustomerID、OrderDate 与 XML 文档中定义的父节点的属性相匹配。
- 行集中的 ProdID 列映射为 ProductID 属性，而行集 Qty 列映射为 rowpattern 模式下定义的节点的 Quantity 属性。

尽管以元素为中心的映射方式是由标志位参数指定的，但在 ColPattern 指定的映射方式下，什么也不管同样实现映射。

```
declare @idoc int
declare @doc varchar(1000)
set @doc ='
<ROOT>
<Customer CustomerID="VINET" ContactName="Paul Henriot">
  <Order OrderID="10248" CustomerID="VINET" EmployeeID="5"
        OrderDate="1996-07-04T00:00:00">
    <OrderDetail ProductID="11" Quantity="12"/>
    <OrderDetail ProductID="42" Quantity="10"/>
  </Order>
```

```
</Customer>
<Customer CustomerID="LILAS" ContactName="Carlos Gonzlez">
  <Order OrderID="10283" CustomerID="LILAS" EmployeeID="3"
        OrderDate="1996-08-16T00:00:00">
    <OrderDetail ProductID="72" Quantity="3"/>
  </Order>
</Customer>
</ROOT>'
--Create an internal representation of the XML document.
exec sp_xml_preparedocument @idoc OUTPUT, @doc
-- SELECT stmt using OPENXML rowset provider
SELECT *
FROM   OPENXML (@idoc, '/ROOT/Customer/Order/OrderDetail',2)
       WITH (OrderID       int          '../@OrderID',
             CustomerID  varchar(10) '../@CustomerID',
             OrderDate   datetime    '../@OrderDate',
             ProdID      int         '@ProductID',
             Qty         int         '@Quantity')
```

结果显示如下：

```
OrderID CustomerID              OrderDate                   ProdID    Qty
------------------------------------------------------------------------
10248     VINET        1996-07-04 00:00:00.000   11        12
10248     VINET        1996-07-04 00:00:00.000   42        10
10283     LILAS        1996-08-16 00:00:00.000   72        3
```

我们还可以指定一个具有多个文本节点的 XML 文档。如果你在一个 XML 文档中具有多个文本节点，那么采用 *ColPattern*（text()）方式的 SELECT 语句只返回第一个文本节点，而不是所有节点。例如：

```
DECLARE @h int
EXEC sp_xml_preparedocument @h OUTPUT,
        N'
        <root xmlns:a="urn:1">
          <a:Elem abar="asdf">
            T<a>a</a>U
          </a:Elem>
        </root>',
        '<ns xmlns:b="urn:1" />'

SELECT * FROM openxml(@h, '/root/b:Elem')
      WITH (Col1 varchar(20) 'text()')
```

该 SELECT 语句返回 T 作为结果，而不是 TaU。

还可以从多个属性中提取单一值。一个 XML 文档可以具有多个值的属性，例如 IDREFS 属性就可以具有多个值。在一个 XML 文档中，多值属性值被指定为一个用空格分开的字符串值。在下面的 XML 文档中，<Student>元素的属性 attends 和<Class>元素的 attendedBy

属性就是多值的。从一个多值的 XML 属性中提取单个值，并将它存储在数据库中的独立行中时，需要做很多额外的工作。

下面的例子就显示了这种处理过程，这个 XML 文档由以下两个元素组成：

- <student> 由 id（学生标识号）、name 和 attends 属性组成。其中 attends 属性是多值属性。
- lass> 由 id、name 和 attendedBy 属性组成，其中 attendedBy 是一个多值属性

<student>中的 attends 属性和<Class>中的 attendedBy 属性是 Student 和 Class 表之间的一个 m:n 关系。也就是说，一个学生可以选修多门课程，一门课程可以由多个学生选修。假定你想将这个文档拆分，并以下列格式存储在数据库中：

- 将<student>数据保存在 Students 表中。
- 将<class>数据保存在 Courses 表中。

那么，可以将 m:n 关系的数据（学生与课程之间）保存在 CourseAttendence 表中。需要做的额外工作就是提取这些值。要提取这些信息并将它们存储在表中，可以使用下列存储过程：

- Insert_Idrefs_Values 将课程标识号和学生标识号插到 CourseAttendence 表中。
- Extract_Idrefs_Values 从每个<course>元素中抽取学生的标识号，并使用一张嵌入表提取这些值。

采取步骤如下：

```
DROP TABLE CourseAttendance
DROP TABLE Students
DROP TABLE Courses
GO
CREATE TABLE Students(
            id   varchar(5) primary key,
            name varchar(30)
            )
GO
CREATE TABLE Courses(
            id      varchar(5) primary key,
            name    varchar(30),
            taughtBy varchar(5)
)
GO
CREATE TABLE CourseAttendance(
          id        varchar(5) references Courses(id),
          attendedBy varchar(5) references Students(id),
          constraint CourseAttendance_PK primary key (id, attendedBy)
)
go
Create these stored procedures:
DROP PROCEDURE f_idrefs
GO
```

```
CREATE PROCEDURE f_idrefs
   @t      varchar(500),
   @idtab  varchar(50),
   @id     varchar(5)
AS
DECLARE @sp int
DECLARE @att varchar(5)
SET @sp = 0
WHILE (LEN(@t) > 0)
BEGIN
   SET @sp = CHARINDEX(' ', @t+ ' ')
   SET @att = LEFT(@t, @sp-1)
   EXEC('INSERT INTO '+@idtab+' VALUES ('''+@id+''', '''+@att+''')')
   SET @t = SUBSTRING(@t+ ' ', @sp+1, LEN(@t)+1-@sp)
END
Go

DROP PROCEDURE fill_idrefs
GO
CREATE PROCEDURE fill_idrefs
   @xmldoc     int,
   @xpath      varchar(100),
   @from       varchar(50),
   @to         varchar(50),
   @idtable    varchar(100)
AS
DECLARE @t varchar(500)
DECLARE @id varchar(5)

/* Temporary Edge table */
SELECT *
INTO #TempEdge
FROM OPENXML(@xmldoc, @xpath)

DECLARE fillidrefs_cursor CURSOR FOR
   SELECT CAST(iv.text AS nvarchar(200)) AS id,
          CAST(av.text AS nvarchar(4000)) AS refs
   FROM  #TempEdge c, #TempEdge i,
          #TempEdge iv, #TempEdge a, #TempEdge av
   WHERE  c.id = i.parentid
   AND   UPPER(i.localname) = UPPER(@from)
   AND   i.id = iv.parentid
   AND   c.id = a.parentid
   AND   UPPER(a.localname) = UPPER(@to)
   AND   a.id = av.parentid
```

```
OPEN fillidrefs_cursor
FETCH NEXT FROM fillidrefs_cursor INTO @id, @t
WHILE (@@FETCH_STATUS <> -1)
BEGIN
   IF (@@FETCH_STATUS <> -2)
   BEGIN
      execute f_idrefs @t, @idtable, @id
   END
   FETCH NEXT FROM fillidrefs_cursor INTO @id, @t
END
CLOSE fillidrefs_cursor
DEALLOCATE fillidrefs_cursor
Go
```

This is the sample document that is shredded and the data is stored in the preceding tables.

```
DECLARE @h int
EXECUTE sp_xml_preparedocument @h OUTPUT, '
<Data>
  <Student id = "s1" name = "Student1"  attends = "c1 c3 c6"  />
  <Student id = "s2" name = "Student2"  attends = "c2 c4" />
  <Student id = "s3" name = "Student3"  attends = "c2 c4 c6" />
  <Student id = "s4" name = "Student4"  attends = "c1 c3 c5" />
  <Student id = "s5" name = "Student5"  attends = "c1 c3 c5 c6" />
  <Student id = "s6" name = "Student6" />

  <Class id = "c1" name = "Intro to Programming"
        attendedBy = "s1 s4 s5" />
  <Class id = "c2" name = "Databases"
        attendedBy = "s2 s3" />
  <Class id = "c3" name = "Operating Systems"
        attendedBy = "s1 s4 s5" />
  <Class id = "c4" name = "Networks" attendedBy = "s2 s3" />
  <Class id = "c5" name = "Algorithms and Graphs"
        attendedBy =  "s4 s5"/>
  <Class id = "c6" name = "Power and Pragmatism"
        attendedBy = "s1 s3 s5" />
</Data>'

INSERT INTO Students SELECT * FROM OPENXML(@h, '//Student') WITH Students

INSERT INTO Courses SELECT * FROM OPENXML(@h, '//Class') WITH Courses
/* Using the edge table */
EXECUTE fill_idrefs @h, '//Class', 'id', 'attendedby', 'CourseAttendance'

SELECT * FROM Students
SELECT * FROM Courses
```

```
SELECT * FROM CourseAttendance

EXECUTE sp_xml_removedocument @h
```

可以看到，我们能够从层次中的不同点得到 XML 数据，而且还可以使用 XPath 操纵 XML 树中需要检索数据的任何点。

既然我们已经有了一种获得 XML 查询结果，并将 XML 转换成相关数据的方法，下面就介绍更优秀的成员——与 SQL Server 的 XML 特性交互的方法。

12.5.5 XML 语法规则

XML 文档和 HTML 脚本类似，也是用标记来标识内容的。创建 XML 文档必须遵守下列一些重要规则。

1. 必须有 XML 声明语句

这一点我们在本章前面已经提到过，声明是 XML 文档的第一条语句，其格式如下：

```
<?xml version="1.0" standalone="yes/no" encoding="UTF-8"?>
```

声明的作用是，告诉浏览器或者其他处理程序：这个文档是 XML 文档。声明语句中的 version 表示文档遵守的 XML 规范的版本；standalone 表示文档是否附带 DTD 文件，如果有，则参数为 no；encoding 表示文档所用的语言编码，默认是 UTF-8。

2. 是否有 DTD 文件

如果文档是一个良构的 XML 文档（见本章前面），那么文档一定要有相应 DTD 文件，并且严格遵守 DTD 文件指定的规范。DTD 文件的声明语句紧跟在 XML 声明语句后面，格式如下：

```
<!DOCTYPE type-of-doc SYSTEM/PUBLIC "dtd-name">
```

其中，!DOCTYPE 指你要定义一个 DOCTYPE；type-of-doc 是文档类型的名称，由你自己定义，通常于 DTD 文件名相同；SYSTEM/PUBLIC 这两个参数只用其一。SYSTEM 指文档使用的私有 DTD 文件的网址，而 PUBLIC 则指文档调用一个公用的 DTD 文件的网址。dtd-name 就是 DTD 文件的网址和名称，所有 DTD 文件的后缀名为.dtd。

我们还是用上面的例子进行说明，应该写成这样：

```
<?xml version="1.0" standalone="no" encode="UTF-8"?>
<!DOCTYPE filelist SYSTEM "filelist.dtd">
```

3. 注意大小写

在 XML 文档中，大小写是有区别的。<P>和<p>是不同的标识，在写元素时，前后标识大小写要保持一样。例如，把<Author>ajie</Author>写成<Author>ajie</author>是错误的。

最好养成一种习惯，或者全部大写，或者全部小写，或者大写第一个字母，这样可以减少因为大小写不匹配所产生的文档错误。

4. 给属性值加引号

在 HTML 代码里面，属性值可以加引号，也可以不加。例如：

```
<font color=red>word</font>
```

跟下面的写法等同：

```
<font color="red">word</font>
```

它们都可以被浏览器正确解释。但是在 XML 中则规定，所有属性值必须加引号（可以是单引号，也可以是双引号），否则将被视为错误。

5. 所有的标识必须有相应的结束标识

在 HTML 中，标识可能不是成对出现的，比如
。而在 XML 中规定，所有标识必须成对出现，有一个开始标识，就必须有一个结束标识，否则将被视为错误。

6. 所有的空标识也必须被关闭

空标识就是标识对之间没有内容的标识，比如
, <img>等标识。但在 XML 中规定，所有标识必须有结束标识。针对这样的空标识，XML 中处理的方法是在原标识最后加一个/就可以了。例如：

```
<br>
```

应写为：

```
<br />
```

而下面的：

```
<META name="keywords" content="XML, SGML, HTML">
```

应写为：

```
<META name="keywords" content="XML, SGML, HTML" />;
```

下面的：

```
<IMG src= "cool.gif">
```

则应写为：

```
<IMG src= "cool.gif" />
```

12.5.6 元素的语法

元素由一对标识以及其中的内容组成，就像这样：ajie。元素的名称和标识的名称是一样的，标识可以用属性来进一步描述。

XML 中没有任何保留字，所以你可以随心所欲地使用任何词语来作为元素名称，但是必须遵守下列规范：

- 名称中可以包含字母、数字以及其他字母。
- 名称不能以数字或_开头。
- 名称不能以字母 xml（或 XML、Xml 等）开头。
- 名称中不能包含空格。
- 名称中间不能包含冒号。

为了使元素更容易阅读理解和操作，我们还有一些建议：

- 名称中不要使用句点。

- 名称尽量简短。
- 名称的大小写尽量采用同一标准。
- 名称可以使用非英文字符，比如中文，但有些软件可能不支持。

另外，HTML 中的属性可以用来定义元素的显示格式，比如<font color="red"> word </font>将把 word 显示为红色。而在 XML 中，属性只是对标识的描述，与元素内容的显示无关。例如，同样的一句<font color="red"> word </font>，并不会将 word 显示为红色。

12.5.7 注释的语法

注释是为了便于阅读和理解，在 XML 文档里添加附加信息，不会被程序解释或者浏览器所显示。注释的语法如下：

```
<!-- 这里是注释信息 -->
```

可见，它和 HTML 中的注释语法是一样的，非常容易。养成良好的注释习惯，将使你的文档更加便于维护、共享，看起来也更专业。

12.5.8 CDATA 语法

CDATA 全称 character data，翻译为字符数据。我们在写 XML 文档时，有时需要显示字母、数字和其他的符号本身，比如<。而在 XML 中，这些字符已经有特殊的含义，我们该怎么办？这就需要用到 CDATA 语法。其语法格式如下：

```
<![CDATA[这里放置需要显示的字符]]>
```

例如：

```
<![CDATA[<AUTHOR sex="female">ajie</AUTHOR>]]>
```

在页面上显示的内容将是：<AUTHOR sex="female">ajie</AUTHOR>。

12.5.9 Namespaces 语法

Namespaces 翻译为名字空间。名字空间有什么作用呢？当我们在一个 XML 文档中使用其他人或者多个 DTD 文件时，就会出现这样的矛盾：因为 XML 中的标识都是自己创建的，在不同的 DTD 文件中，标识名可能相同但表示的含义却不同，这就可能引起数据混乱。

比如在一个文档中，<table>wood table</table>里的<table>表示桌子，而在另一个文档的<table>namelist</table>中，<table>却表示表格。如果需要同时处理这两个文档，就会发生名字冲突。

为了解决这个问题，我们引进了 namespaces。名字空间通过给标识名称加一个网址（URL）定位的方法来区别这些名称相同的标识。

Namespaces 同样需要在 XML 文档的开头进行声明，其语法如下：

```
<document xmlns:yourname='URL'>
```

其中，yourname 是由你定义的 namespaces 名称，URL 就是名字空间的网址。

假设上面的桌子<table>文档来自 http://www.zhuozi.com，我们就可以声明为：

```
<document xmlns:zhuozi='http://www.zhuozi.com'>
```

然后在后面的标识中使用定义好的名字空间：

```
<zhuozi:table>wood table</table>
```

这样就将这两个<table>区分开来了。要注意的是，设置 URL 并不是说这个标识真的要链到那个网址去读取，而仅仅作为一种区别的标识而已。

12.5.10 entity 语法

entity 翻译为实体，它的作用类似于 word 中的宏，也可以理解为 DW 中的摸板。你可以预定义一个 entity，然后在一个文档中多次调用，或者在多个文档中调用同一个 entity。

entity 可以包含字符、文字等，使用 entity 的好处在于：

- 可以减少差错，文档中多个相同的部分只需要输入一遍就可以了。
- 提高维护效率。比如你有 40 个文档都包含 copyright 的 entity，如果需要修改这个 copyright，则不需要对所有文件做修改，只要改最初定义的 entity 语句就可以了。

XML 定义了两种类型的 entity：一种是这里说的普通 entity，在 XML 文档中使用；另一种是参数 entity，在 DTD 文件中使用。

entity 的定义语法为：

```
<!DOCTYPE filename [
<!ENTITY entity-name "entity-content">
]
>
```

例如：

```
<!DOCTYPE copyright [
<!ENTITY copyright "…">
]
>
```

如果要和其他人共享一个 XML 文件，那么也可以使用外部调用的方法。语法如下：

```
<!DOCTYPE copyright [
<!ENTITY copyright SYSTEM "…">
]
>
```

对已经定义的 entity 在文档中的引用语法为：&entity-name。例如，上面定义的版权信息，调用时写作：©right。完整的例子如下，你可以 copy 下来存为 copyright.xml 观看实例：

```
<?xml version="1.0" encoding="GB2312"?>
<!DOCTYPE copyright [
<!ENTITY copyright "…">
]>
<myfile>
<title>XML</title>
<author>ajie</author>
<email>wu@sina.com.cn</email>
```

```
<date>20040115</date>
&copyright;
</myfile>
```

12.6 小　结

你已经历了 XML、DTD、schema 和 XSL 转换的旋风之旅。本章不可能讨论所有与 XML 相关的话题及技术。但是，希望这些内容至少可以帮助你理解什么是 XML，并掌握有关 XML 的最基础的应用。我们将在下一章获得一些处理 XML 数据并应用特种 XML 文档来创建查询，再从 SQL Server 直接回到网页的经验，而本章这些问题也将再次印入你的脑海。XML 是最近 10 年（或更多）冲击商业的最重要技术之一，它提供了灵活的、便携式描述数据的方法。这种简易的描述，不仅促进了很多网站的开发，而且对商业渴求已久的后台信息交换也很有帮助。

这里需要理解 XML 的许多成员，而且根据传统要考虑很多问题。

现在，XML 是开发领域的大事。虽然可以想象.NET 将在今后的几年中，在行业方面给 XML 以挑战，但仍然可以确信 XML 将居于很多事情的核心位置，尤其是涉及数据和 Web 技术。

SQL Server 已经集成了功能强大的 XML。微软已经把 XML 功能放到 Web 发行中，这将导致你要学习很多内容，而且 SQL Server 的功能已得到飞速发展。

如果你觉得这里介绍的 XML 方面的相关知识还不够用，那么你可以到一些网站上访问相应的资源，一定会得到理想的结果。

13

SQL Server 2005 高级查询

本章讨论的重点在于英文查询。为了让读者充分理解英文查询的知识，笔者有必要介绍如何在 SQL Server 2005 中使用 XML（虽然我们在第 12 章中已经讨论了不少关于 XML 的内容），并讨论在 SQL Server 2005 中使用本机 XML Web 服务，在数据库引擎体系结构中使用 XML 的场景和内置 XML 库。在充分理解如何用 SQL Server 集成的.NET 框架下的公共语言运行时（Common Language Runtime ，CLR）建立数据库对象的基础上，结合高级查询的知识，由于 SQL Server 2005 已经停止对中文查询的支持，而且也无法进行安装和升级，所以本章不再讨论有关中文查询的知识。

13.1 在 SQL Server 2005 中使用 XML

在 SQL Server 2005 下，对 XML 的支持已被集成到 SQL Server 的所有组件中，包括：

- 支持 XML 数据类型。
- 可以指定针对 XML 类型的列和变量中存储的 XML 数据的 XQuery 查询。
- 增强了 OPENROWSET，允许大容量加载 XML 数据。
- 增强了 FOR XML 子句和 OPENXML 函数的功能。

本节将介绍以下内容：

- XML 数据类型表示形式。
- XML 数据类型。
- XML 数据类型列的索引。
- 管理服务器上的 XML 架构集。
- 使用 FOR XML 和 OPENXML 发布和处理 XML 数据。
- 客户端 XML 功能。

13.1.1 XML 数据类型

在 SQL Server 2005 的数据库示例 AdventureWorks 中，包含了若干 XMLl 类型列，这些列中大多数都是类型化的 XML 列。这些主题提供了用来类型化这些列的 XML 架构集合。若要了解针对它们指定的查询，应查看存储在这些列中的 XML。具体内容见表 8-1。

有关这些列及表的具体内容，请读者参考联机帮助。

XML 数据类型使你可以在 SQL Server 数据库中存储 XML 文档和片段。XML 片段是缺少单个顶级元素的 XML 实例，你可以创建 XML 类型的列和变量，并在其中存储 XML 实例。请注意，XML 数据类型实例的存储表示形式不能超过 2GB。

表 8-1　XML 类型列

主　题	说　明
Contact.AdditionalContactInfo xml 列	AdventureWorks 数据库中有两类客户：分销商和单个客户。此列将有关分销商的其他联系信息存储为 XML
Store.Demographics xml 列	存储分销商调查数据
Individual.Demographics xml 列	存储单个客户调查数据
ProductModel.Instructions xml 列	存储有关产品型号的生产说明。当前存储了有关多个不同自行车型号的说明
ProductModel.CatalogDescription xml 列	将产品型号目录说明存储为 XML
Illustration.Diagram xml 列	将生产图解存储为 XML（SVG 格式）
JobCandidate.Resume xml 列	将雇员简历存储为 XML 文档

你可以选择将 XML 架构集合与 XML 数据类型的列、参数或变量相关联。集合中的架构用于验证和类型化 XML 实例。在这种情况下，XML 是类型化的。XML 数据类型和关联的方法有助于将 XML 集成到 SQL Server 的关系框架中。

XML 数据类型是 SQL Server 中内置的数据类型，它与其他内置类型（例如 int 和 varchar）有些相似。创建表作为变量类型、参数类型、函数返回类型时，可以在 CAST 和 CONVERT 中，像使用其他内置类型那样使用 XML 数据类型作为列类型。例如，下列代码创建了一个 XML 类型的列：

```
CREATE TABLE T1(Col1 int primary key, Col2 xml)
```

下列代码创建了一个 XML 类型的变量：

```
declare @x xml
```

下列代码通过指定 XML 架构集合创建了一个类型化的 XML 变量：

```
declare @x xml (Sales.StoreSurveySchemaCollection)
```

下列代码将 XML 类型的参数传递到存储过程：

```
CREATE PROCEDURE SampleProc(@XmlDoc xml) as ...
```

可以使用 XQuery 来查询存储在列、参数或变量中的 XML 实例，还可以使用 XML 数据操作语言（XML DML）对 XML 实例进行更新。在开发时由于 XQuery 标准没有定义 XQuery DML，因此 SQL Server 向 XQuery 引入了 XML 数据操作语言扩展插件，这些扩展插件使你可以执行插入、更新和删除操作。

在表中，可以将默认的 XML 实例分配给 XML 类型的列。可以使用以下所示的两种方法之一来提供默认的 XML。例如，下面的例子提供 B 默认的 XML 作为 XML 常量（字符串将隐式转换为 XML 类型）：

```
CREATE TABLE T (XmlColumn xml default N'<element1/><element2/>')
```

下面的例子以显式转换到 XML 的方式提供默认的 XML：

```
CREATE TABLE T (XmlColumn xml
               default cast(N'<element1/><element2/>' as xml))
```

SQL Server 还支持针对 XML 类型列的 NULL 和 NOT NULL 约束。例如：

```
CREATE TABLE T (XmlColumn xml NOT NULL)
```

创建 XML 类型的列时，可以定义列级约束或表级约束。但是，指定约束时不能使用 XML 数据类型方法。另一种方法是创建用户定义函数作为包装来包含 XML 数据类型方法，并在检查约束中指定用户定义函数。下面的例子针对 Col2 的约束，指定存储在此列中的每个 XML 实例都必须具有一个包含 ProductID 属性的<ProductDescription>元素。用户定义函数将强制执行此约束：

```
CREATE FUNCTION my_udf(@var xml) returns bit
AS BEGIN
RETURN @var.exist('/ProductDescription/@ProductID')
END
Go
```

注意：如果实例中的<ProductDescription>元素包含 ProductID 属性，则 XML 数据类型的 exist()方法将返回 1，否则返回 0。

现在，你就可以创建带有列级约束的表，如下所示：

```
CREATE TABLE T (
   Col1 int primary key,
   Col2 xml check(dbo.my_udf(Col2)=1))
Go
```

ALTER TABLE 语句支持 XML 数据类型。例如，你可以将任一字符串类型列改为 xml 数据类型。在这种情况下，文档必须具有正确的格式。另外，如果要将列的类型从字符串改为类型化的 XML，则根据指定的 XSD 架构来验证列中的文档。例如：

```
CREATE TABLE T (Col1 int primary key, Col2 nvarchar(max))
go
INSERT INTO T
VALUES (1, '<Root><Product ProductID="1"/></Root>')
go
ALTER TABLE T
ALTER COLUMN Col2 xml
go
```

可以将 XML 类型列从非类型化的 XML 改为类型化的 XML。例如：

```
CREATE TABLE T (Col1 int primary key, Col2 xml)
go
INSERT INTO T
values (1, '<p1:ProductDescription ProductModelID="1"
xmlns:p1="http://schemas.microsoft.com/sqlserver/2004/07/adventure-work
s/ProductModelDescription">
          </p1:ProductDescription>')
```

```
go
-- 通过指定一个架构集合使其编程一个xml类型的列
ALTER TABLE T
ALTER COLUMN Col2 xml (Production.ProductDescriptionSchemaCollection)
Go
```

此脚本将针对 AdventureWorks 数据库来运行，因为 XML 架构集合 Production.Product DescriptionSchemaCollection 是作为 AdventureWorks 数据库的一部分来创建的。

在上一个示例中，存储在列中的所有实例都将根据指定集合中的 XSD 架构来验证和类型化。如果列包含一个或多个相对于指定架构无效的 XML 实例，则 ALTER TABLE 语句就会失败，你不能将非类型化的 XML 列改为类型化的 XML 列。

对于大型表，修改 XML 类型列的开销会很大，因为必须检查每个文档格式是否正确，还必须验证每个文档是否为类型化的 XML。

另外，你还可以在视图和计算列中使用 XML，在此就不一一示例说明了。

13.1.2　XML 数据类型列索引

XML 实例作为二进制大型对象存储在 XML 类型列中，这些 XML 实例可以很大，并且存储的 xml 数据类型实例的二进制表示形式最大可以为 2 GB。如果没有索引，运行时将拆分这些 BLOB 以计算非常耗时的查询。如果在应用程序环境中经常查询 XML BLOB，则对 XML 类型列创建索引很有用，但在数据修改过程中维护索引会带来开销。

XML 索引分为两个类别：主 XML 索引和辅助 XML 索引。XML 类型列的第一个索引必须是主 XML 索引。使用主 XML 索引时，支持 3 种类型的辅助索引，这些类型包括 PATH、VALUE 和 PROPERTY。根据查询类型不同，这些辅助索引可能有助于改善查询性能。

主 XML 索引是 xml 数据类型列中的 XML BLOB 的已拆分和持久的表示形式。对于列中的每个 XML BLOB，索引将创建几个数据行，该索引中的行数大约等于 XML BLOB 中的节点数。

每行存储以下节点信息：

- 标记名（比如元素名称或属性名称）。
- 节点值。
- 节点类型（比如元素节点、属性节点或文本节点）。
- 文档顺序信息（由内部节点标识符表示）。
- 从每个节点到 XML 树的根的路径，搜索此列可获得查询中的路径表达式。
- 基表的主键。基表的主键复制到了主 XML 索引中，用于向后和基表进行联接，并且基表的主键中的最大列数限制为 15。

此节点信息用于计算和构造指定查询的 XML 结果。出于优化的目的，标记名和节点类型信息的编码应为整数值，而且 Path 列使用同样的编码。另外，路径以相反的顺序存储，以便在仅知道路径后缀的情况下能够匹配路径。

有了主 XML 索引才能创建辅助索引，因有关辅助索引的内容已超出本书范围，所以不在这里详细描述。

13.1.3 管理服务器上的 XML 架构集

SQL Server 使用 XML 数据类型来对 XML 数据进行本机存储，你可以选择通过 XML 架构集合将 XSD 架构与 XML 类型的变量或列关联。XML 架构集合存储导入的 XML 架构，然后用于执行以下操作：

- 验证 XML 实例。
- 类型化在数据库中存储的 XML 数据。

XML 架构集合是一个类似于数据库表的元数据实体，你可以创建、修改和删除它们。CREATE XML SCHEMA COLLECTION（T-SQL）语句中指定的架构将自动导入到新建的 XML 架构集合对象中，通过使用 ALTER XML SCHEMA COLLECTION 语句可以将其他架构或架构组件导入到数据库中的现有集合对象。

此外，SQL Server 使用相关联的 XML 架构集合（在类型化的 xml 的情况下）来验证 XML 实例。如果 XML 实例符合架构，则数据库允许该实例存储在包含其类型信息的系统中，否则它将拒绝该实例。

SQL Server 提供各种 DDL 语句管理数据库中的架构，但是必须首先导入 XML 架构集合，然后才可以使用它。

若要将 XML 架构集合导入数据库，必须具有权限。可以使用内部函数 XML_SCHEMA_NAMESPACE 检索数据库中存储的架构集合，还可以使用 XML 架构集合类型化 XML 变量、参数和列。

13.1.4 使用 FOR XML、OPENXML 发布和处理 XML 数据

可以执行 SQL 查询将结果返回为 XML，而不是标准行集。这些查询可以直接执行，也可以从存储过程和用户定义函数中执行。若要直接检索结果，首先要使用 SELECT 语句的 FOR XML 子句，然后在 FOR XML 子句中指定 XML 模式：RAW、AUTO、EXPLICIT 或 PATH。

例如，下面的 SELECT 语句将从 AdventureWorks 数据库的 Sales.Customer 和 Sales.SalesOrderHeader 表中检索信息，此查询在 FOR XML 子句中指定了 AUTO 模式。

```
USE AdventureWorks
GO
SELECT Cust.CustomerID,
       OrderHeader.CustomerID,
       OrderHeader.SalesOrderID,
       OrderHeader.Status,
       Cust.CustomerType
FROM Sales.Customer Cust
INNER JOIN Sales.SalesOrderHeader OrderHeader
ON Cust.CustomerID = OrderHeader.CustomerID
FOR XML AUTO
```

虽然可以使用 FOR XML 子句检索 XML 文档形式的数据，但也可以使用 T-SQL OPENXML 函数插入以 XML 文档形式表示的数据。OPENXML 是一个行集提供程序，类似于表或视图，提供内存中 XML 文档上的行集。OPENXML 通过提供 XML 文档内部表示

形式的行集视图，允许访问 XML 数据，就像它是关系行集一样，行集中的记录可以存储在数据库表中。OPENXML 可在用于指定源表或源视图的 SELECT 和 SELECT INTO 语句中使用。

下面的示例说明了 OPENXML 在 INSERT 和 SELECT 语句中的用法，示例 XML 文档包含<Customers>和<Orders>元素。

首先，sp_xml_preparedocument 存储过程分析 XML 文档，分析后的文档是 XML 文档中各节点（元素、属性、文本和注释）的树表示形式，然后 OPENXML 引用此经过分析的 XML 文档并提供此 XML 文档的全部或部分内容的行集视图。使用 OPENXML 的 INSERT 语句可将数据从此类行集插入数据库表，可以使用多个 OPENXML 调用来提供 XML 文档各个部分的行集视图，并对它们进行处理，例如将它们插入不同的表中，此过程也称为将 XML 拆分到表中。

在下面的示例中，一个 XML 文档被这样拆分：使用两个 INSERT 语句将 <Customers>元素存储在 Customers 表中，并将<Orders>元素存储在 Orders 表中。此例还说明了带有 OPENXML 的 SELECT 语句从 XML 文档中检索 CustomerID 和 OrderDate，该过程的最后一步是再次调用 sp_xml_preparedocument，这样做是为了释放已分配的内存，以包含在分析阶段创建的内部 XML 树表示形式。

```
-- 使用OPENXML创建表，用于存储输出结果
CREATE TABLE Customers (CustomerID varchar(20) primary key,
               ContactName varchar(20),
               CompanyName varchar(20))
go
CREATE TABLE Orders( CustomerID varchar(20), OrderDate datetime)
go
DECLARE @docHandle int
declare @xmlDocument nvarchar(max) -- or xml type
set @xmlDocument = N'<ROOT>
<Customers CustomerID="XYZAA" ContactName="Joe" CompanyName="Company1">
<Orders CustomerID="XYZAA" OrderDate="2000-08-25T00:00:00"/>
<Orders CustomerID="XYZAA" OrderDate="2000-10-03T00:00:00"/>
</Customers>
<Customers CustomerID="XYZBB" ContactName="Steve"
CompanyName="Company2">No Orders yet!
</Customers>
</ROOT>'
EXEC sp_xml_preparedocument @docHandle OUTPUT, @xmlDocument
-- 使用OPENXML以提供客户数据组成的行集
INSERT Customers
SELECT *
FROM OPENXML(@docHandle, N'/ROOT/Customers')
  WITH Customers
--使用OPENXML以提供订单数据的行集
INSERT Orders
SELECT *
```

```
    FROM OPENXML(@docHandle, N'//Orders')
      WITH Orders
    -- 在SELECT语句中使用OPENXML
    SELECT  *  FROM  OPENXML(@docHandle,  N'/ROOT/Customers/Orders')  WITH
(CustomerID nchar(5) '../@CustomerID', OrderDate datetime)
    -- 删除该XML文档的内部表现形式
    EXEC sp_xml_removedocument @docHandle
```

图 13-1 显示了以前使用 sp_xml_ preparedocument 创建的 XML 文档的分析后的 XML 树。

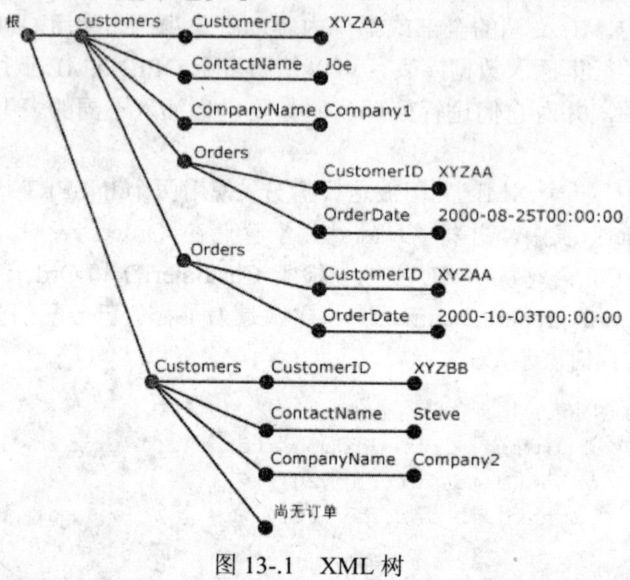

图 13-.1　XML 树

13.1.5　客户端 XML 功能

SQL Server 2000 曾提供了 SQLXML 3.0，作为提供额外的客户端 XML 功能并加强现有特性的 Web 版本，例如注释的 XSD 架构、XML 大容量加载、支持 Web 服务（SOAP）和更新程序等。SQL Server　2005 引入了 SQLXML 4.0，它不仅提供了 SQLXML 3.0 的功能，而且增加了很多新特性，主要有：

- 可以在安装 SQL Server 2005 服务器端和通知服务的工具时自动安装，而不需要删除早期版本的 SQLXML。
- 不安装 MSXML，它使用 SQL Server 2005 安装的 MSXML 6.0。
- 支持 SQL OLE DB 和 SQL Native Client（SQLNCLI）提供商，但 SQLNCLI 是其推荐的提供商，应为该提供商支持 SQL Server 2005 的新特性，比如 XML 数据类型。
- 支持 SQL Server 2005 中引入的 xml 数据类型。
- SQLXML 4.0 的注册键发生了变化。
- 需要对原有的 VB 程序进行移植。

例如：

```
CREATE TABLE T( Col1 int, Col2 nvarchar(100))
GO
-- 插入含制表位、换行和回车的数据
```

```
INSERT INTO T VALUES (1, 'This is a tab    . This is a line feed and CR
 more text')
GO
-- 测试这一查询（无注册键）
SELECT * FROM T
FOR XML AUTO
-- 返回结果（没有特殊字符编码）
<?xml version="1.0" encoding="utf-8" ?>
<r>
  <T Col1="1"
     Col2="This is a tab    . This is a line feed and CR
 more text"/>
</r>
-- 增加注册键值0并再次执行查询
-- 注意在属性值中包含回车、换行和制表位的编码
<?xml version="1.0" encoding="utf-8" ?>
<r>
  <T Col1="1"
     Col2="This is a tab &#x09;. This is a line feed and CR &#x0D;&#x0A; more
text"/>
</r>

-- 更新查询并直接指定ELEMENTS
SELECT * FROM T
FOR XML AUTO, ELEMENTS
-- 只有返回的回车被编码了
<?xml version="1.0" encoding="utf-8" ?>
<r>
   <T>
      <Col1>1</Col1>
      <Col2>This is a tab    . This is a line feed and CR &#x0D;
 more text</Col2>
   </T>
</r>
```

感兴趣的读者可以参阅联机帮助中的《SQLXML 4.0 编程》，并参阅 Microsoft .NET 中的 Xquery 支持。

13.2　使用本机 XML Web 服务

SQL Server 2005 通过使用以下开放标准在整个数据库引擎中提供本机 XML Web 服务：

- 超文本传输协议（HTTP）　作为 Internet 所基于的核心协议，HTTP 提供了一种与平台无关的基于 Web 的数据交换（要支持 HTTP 必须具有 HTTP 侦听器 Http.sys。Http.sys 只在 Windows Server 2003 和 Windows XP Service Pack 2 上可用）。
- SOAP　定义了如何使用 XML 和 HTTP 来访问服务、对象和服务器（无需考虑操作系统）。

- Web 服务定义语言（WSDL） WSDL 是一种 XML 文档格式，它可以用于描述基于 Web 的服务。

在 SQL Server 2005 中使用本机 XML Web 服务时，可以通过 HTTP 将 SOAP 消息处理请求发送到 SQL Server 2005 实例，以运行：

- T-SQL 批处理语句（带参数或不带参数）。
- 存储过程、扩展存储过程和标量值用户定义函数。

13.2.1 本机 XML Web 服务工作原理

若要使用 SQL Server 中的本机 XML Web 服务，必须在服务器上建立 HTTP 端点，此端点实质上是基于 HTTP 的客户端可以通过其查询服务器的网关。建立 HTTP 端点后，可以添加存储过程或用户定义函数，或者使其可用于端点用户，创建或更新端点后可以执行此操作。启用过程和函数后，它们将被指定为 Web 方法。设计为一起使用的 Web 方法的集合可以称为 Web 服务。

可以使用 WSDL 格式来描述这些 Web 服务。WSDL 格式由 SQL Server 实例生成，并返回到启用了 WSDL 的任何 HTTP 端点的 SOAP 客户端，如图 13-2 所示。如果需要，WSDL 格式可以是自定义解决方案，而不是 SQL Server 生成的解决方案；还可以将端点配置为不应答 WSDL 请求。

按照此过程，可以实现启用 SQL Server 的 Web 服务的集合，并将其用于帮助建立和填充面向服务的体系结构（SOA）。

可作为自身的 XML Web 服务运行的 SQL Server 实例，提供了下列优点：

- 任何 Web 服务应用程序都可以访问 SQL Server 的实例，这是主要好处。因为本机 XML Web 服务基于大家熟知的技术（例如 XML 和 HTTP），所以可以分析 XML 并提交 HTTP 请求的任何设备现在都可以访问 SQL Server，这允许在异类环境中对 SQL Server 进行更好的访问（在异类环境中，在非 Windows 操作系统上运行的应用程序可能需要连接到 SQL Server）。在这些情况下，一直以来，使用 Java 数据库连接（JDBC）或 ODBC 驱动是唯一可用的解决方案。SQL Server 中的本机 XML Web 服务提供了另一个低成本的替代方案。例如，如果数据库管理员要使用用 Perl 编写的，在非 Windows 操作系统上运行的脚本来管理 SQL Server 资源，此功能可能非常有用。

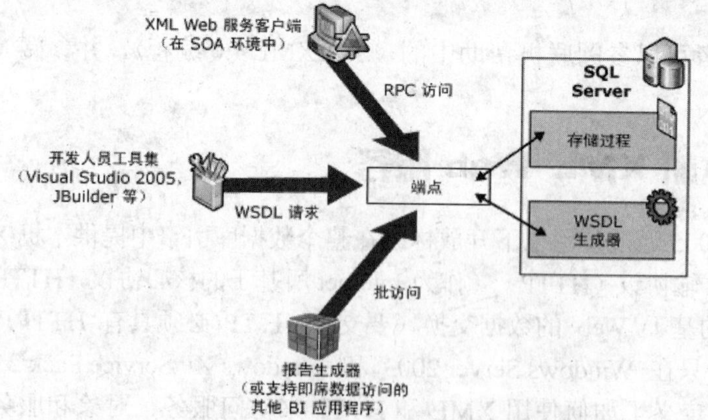

图 13-2 本机 XML Web 服务工作原理图

- 改进与 Microsoft 以及第三方 Web 开发工具集的集成　使用本机 XML Web 服务，SQL 查询结果将以 XML 格式返回。通过使用预定义的架构，具有内置 SOAP/HTTP 支持的智能集成开发环境（IDE），例如 Visual Studio 2005 或 JBuilder）可以利用本机 XML Web 服务来帮助生成代理代码，以便提取与 SQL Server 实例的通信。大多数情况下，IDE 都能生成并提供对象，供客户端应用程序用来进行基于 Web 的数据访问。
- 更好地支持间歇或松散连接的移动客户端　使用本机 XML Web 服务，还允许随时随地访问 SQL Server 实例，使得开发用于移动设备或间歇连接设备的应用程序更加容易。在建立连接且服务器开始处理请求之后，可以使用现有机制来监视服务器，这些机制可用于使用 TDS 和 SQL Server Net-Library 的基于传统网络的客户端。
- 服务器内建立的安全措施，可以减少实现其他防火墙的需要　SQL Server 2005 中的本机 XML Web 服务为 Web 访问提供内置级别的安全性。和一般 Web 服务器不同，为供 SQL Server 使用而创建的 HTTP 端点不允许匿名用户访问。若要创建端点，首先需要具有服务器的系统级管理特权，并且只提供配置端点时公开的存储方法。

13.2.2　启用本机 XML Web 服务

启用本机 XML Web 服务应遵循以下步骤：

（1）了解 SQL Server 2005 中提供的本机 XML Web 服务。

（2）了解应用程序的要求。例如，在进行到此步骤时，提出以下问题是很有帮助的。应用程序是用于高吞吐量 OLTP 还是仅偶尔使用？存储过程是否包含大量业务逻辑？

（3）确定要支持的客户端操作系统的类型。例如，在进行到此步骤时，提出这些问题是很有帮助的。客户端操作系统是基于 Windows 的操作系统还是基于非 Windows 的操作系统？是否具有异类环境？

（4）确定是将应用程序部署为供 Intranet 使用还是供 Extranet 使用吗？

（5）选择最适合与端点部署一起使用的身份验证类型。

（6）确定正确的环境 WSDL 策略，默认、简单、自定义或无。

（7）创建 HTTP 端点以允许 SQL Server 实例侦听 HTTP 请求。

（8）向端点授予权限。

（9）将存储过程或用户定义函数公开为 Web 方法。

（10）测试来自端点的默认 WSDL 响应。

（11）（可选）根据需要更新或重新创建端点。

13.2.3　本机 XML Web 服务的安全方法

当部署 SQL Server 2005 中的本机 XML Web 服务时，请考虑下列安全性最佳方法建议：

- 使用 Kerberos 身份验证。
- 限制端点与特定用户或组的连接权限。
- 使用安全套接字层来交换敏感数据。
- 使用防火墙保护 SQL Server。

- 验证在服务器上已禁用 Windows Guest 帐户。
- 根据需要控制和更新端点状态。
- 尽可能使用安全端点默认值。

13.2.4 设置服务器以侦听本机 XML Web 服务请求

将 SQL Server 2005 实例设置为可以侦听本地 HTTP SOAP 请求的 Web 服务时，需要创建一个 HTTP 端点（URL 命名空间），以及定义该端点的属性和该端点的公开方法。

为用于 SQL Server 2005 而创建的 HTTP 端点，可以侦听和接收用于万维网服务的 IIS 所使用的同一 TCP 端口（端口 80）上的请求，因为每个 URL（不论它用于 SQL Server 还是 IIS）都在 Windows Server 2003 系统中注册以用于系统 HTTP 侦听器进程（Http.sys）。

例如，假设你创建了一个带 URL 的端点 http://MyServer/MySql endpoint，此端点随后在 Http.sys 中进行了注册。当向此端点发送 SOAP 请求时，该请求将首先转到 URL 中所标识的服务器（MyServer）。收到请求后，服务器上的 Http.sys 层会将 URL 的其余内容与已注册端点进行对照，并跳过 IIS 而直接将请求转发给 SQL Server 实例。此外，通过使用 Internet 服务管理器（Inetmgr.exe）控制台，还可以创建一个虚拟目录，该目录与用于 IIS 的带有不同 URL 的 HTTP 端点等同，例如 http://MyServer/MyVDir。

13.2.5 使用 WSDL

Web 服务描述语言（WSDL）用于为所有在 HTTP 端点上公开的 RPC 函数定义 Web 接口定义，并且还说明了端点的SQL批处理功能。客户端可以请求来自 SQL Server 的 WSDL 响应，并使用它生成对服务器的 RPC 和 SQL 批处理请求，方法是通过使用已配置为支持 WSDL 类型的 HTTP 端点。WSDL 响应实际上是基于请求时与端点关联的 RPC 函数而动态生成的 XML 文档。

13.2.6 SOAP 技术

为向 SQL Server 2005 的实例发送 SOAP 请求而编写 Visual Studio 2005 客户端应用程序时，不需要知道交换的 SOAP 请求和响应消息的内容。Visual Studio 2005 将创建所需的代理类，而你可以像请求其他方法一样请求 SOAP 操作。来自 Visual Studio 2005 客户端的方法调用，将自动生成相应的 SOAP 请求。SQL Server 2005 实例将在内部处理请求并返回相应的结果，例如一个对象数组或一个 DataSet 对象。

你可以不依赖 Visual Studio 2005 提供的默认实现，编写生成自己的请求并处理响应的 SOAP 客户端应用程序。若要编写自己的 SOAP 客户端应用程序，你必须了解 SOAP 请求消息的格式和 SOAP 响应的结构。

1. SOAP 请求消息结构

如果希望 SOAP 客户端生成自己的 SOAP 请求，而不是使用 Visual Studio 2005 提供的代理类，则必须使用下列消息格式。

存储过程和用户定义类型的 SOAP 请求消息格式。下面的示例显示了发送到 SQL Server 2005 实例的一个典型 SOAP 请求。在 SOAP 消息中请求了 GetCustomerInfo 操作。请注意，只会显示 HTTP 标头的一部分。

```
POST /url HTTP/1.1
Host: HostServerName
Content-type: text/xml; charset=utf-8
Content-length: 350
SoapAction: http://tempUri.org/GetCustomerInfo
...

<?xml version="1.0" encoding="utf-8" ?>
<soap:Envelope
   xmlns:soap="http://schemas.xmlsoap.org/soap/envelope/"
   xmlns:xsi="http://www.w3.org/2001/XMLSchema-instance"
   xmlns:xsd="http://www.w3.org/2001/XMLSchema">
 <soap:Body>
   <GetCustomerInfo xmlns="http://tempUri.org/">
<CustomerID>1</CustomerID>
<OutputParam />
  </GetCustomerInfo>
</soap:Body>
</soap:Envelope>
```

- HTTP 标头　在前面的代码中，SoapAction HTTP 标头字段的值是其命名空间后面的方法名称。此值与添加到端点（使用 CREATE ENDPOINT 创建的）的方法和命名空间相同。请注意，这是一个可选字段。Host HTTP 标头字段标识接收 HTTP 请求的服务器。
- <soap:Envelope> 元素　SOAP 请求的详细信息包含在 SOAP 信封的 <Body> 元素中。上面的示例请求了 GetCustomerInfo 方法。<GetCustomerInfo> 中的 xmlns 属性与为此方法指定的命名空间相同，此方法是使用 CREATE ENDPOINT 创建端点的方法。

下列方法参数将作为 <GetCustomerInfo> 元素的子元素传入：

- 值为 1 的 <CustomerID> 元素是输入参数。
- <OutputParam> 元素是输出参数。

输入参数的处理方法如下：

- 如果 SOAP 方法需要输入参数，并且此参数未包含在 SOAP 请求中，则不会有任何值传入调用的存储过程，此时将执行存储过程中定义的默认操作。
- 如果 SOAP 方法需要输入参数，并且此参数包含在请求中但未赋值，则该参数将用一个空字符串作为其值传入存储过程。请注意，该值不是 NULL。
- 如果 SOAP 操作需要输入参数，并且你要为此参数发送 NULL 值，则必须在 SOAP 请求中将 xsi:nil 属性设置为 true。例如：

```
<GetCustomerInfo xmlns="http://tempUri.org/" >
  <CustomerID xsi:nil="true" />
  <OutputParam />
</GetCustomerInfo>
```

- 在 Visual Studio 2005 中，将 NULL 值传入字符串变量时，将在 SOAP 请求中生成 xsi:nil="true" 属性。但是，为类型为 integer 和 float 类型（值类型）的参数传递 NULL 值时，Visual Studio 2005 不会生成 xsi:nil="true" 属性，而是为这些参数提供默认值。例如，为 integer 类型的参数提供 0，为 float 类型的参数提供 0.0，等等。因此，如果要将 NULL 值传入这些类型的参数，那么必须使用 xsi:nil="true" 属性在应用程序中生成 SOAP 消息。
- 你可以为参数指定几个方面。本主题后面显示了一个表，其中列出了在请求即席 SQL 查询时可以指定的几个方面。在此表中，为 <Value> 节点指定的所有方法，均可作为 RPC 方法的参数节点指定。

请求即席 SQL 查询时的 SOAP 请求消息格式。为执行即席 SQL 查询发送 SOAP 请求时，必须调用 sqlbatch 方法并传递查询以及可能需要的所有参数。

在下面的示例中，HTTP SOAP 请求调用了 sqlbatch 方法。请注意，只会显示 HTTP 标头的一部分。

```
Content-length: 656
SoapAction: http://schemas.microsoft.com/sqlserver/2004/SOAPsqlbatch
...

<?xml version="1.0" encoding="utf-8" ?>
 <soap:Envelope xmlns:soap="http://schemas.xmlsoap.org/soap/envelope/"
 xmlns:xsi="http://www.w3.org/2001/XMLSchema-instance"
 xmlns:xsd="http://www.w3.org/2001/XMLSchema">
 <soap:Body>
 <sqlbatch xmlns="http://schemas.microsoft.com/sqlserver/2004/SOAP">
<BatchCommands>
SELECT EmployeeID, FirstName, LastName
FROM Employee
WHERE EmployeeID=@x
FOR XML AUTO;
</BatchCommands>
<Parameters>
   <SqlParameter Name="x" SqlDbType="Int" MaxLength="20"
   xmlns="http://schemas.microsoft.com/SQLServer/
    2001/12/SOAP/types/SqlParameter">
  <Value xsi:type="xsd:string">1</Value>
   </SqlParameter>
</Parameters>
  </sqlbatch>
  </soap:Body>
  </soap:Envelope>
```

- HTTP 标头　在 HTTP 标头中，请注意 SoapAction HTTP 标头字段值为客户端用于指定 SQL 查询的方法名 (sqlbatch)。请注意，此标头是可选的。
- <soap:Envelope> 元素　SOAP 请求详细的信息显示在 <Body> 元素中。SOAP

<Body> 元素只有一个子元素 (<sqlbatch>)，用于标识所请求的方法。在元素中标识的命名空间是定义 sqlbatch 操作的位置。<salp:Envelope>元素有下列子元素：

- <BatchCommands> 元素指定要执行的单个查询或多个查询（由分号分隔）。
- <Parameters> 元素提供了可选参数列表。在上面的示例请求中，只有一个参数传入了查询。每个参数都作为 <Parameters> 元素的一个 <SqlParameter> 子元素被添加到 SOAP 消息中。在传递参数时，必须至少传递参数名称（<SqlParameter> 元素的 Name 属性）和参数值（<SqlParameter> 元素的 <Value> 子元素）。

为了避免发生意外转换，请提供尽可能多的参数信息。表 13-2 列出了可以为 <SqlParameter> 元素指定的其他参数方面。你可以为 <Value> 元素指定其中的某些方面，在指定 <Value> 元素时，这些方面必须位于 http://schemas.microsoft.com/sqlserver/2004/sqltypes 命名空间中，如下面示例所示：

```
<Value xsi:type="xsd:string" sqltypes:maxLength="100" xmlns:sqltypes="
http://schemas.microsoft.com/sqlserver/2004/sqltypes">1</Value>
```

表 13-2　SqlParameter 元素的属性

参数方面	注　释	可以指定的节点
direction	指定参数方向（Input、InputOutput），默认值为 Input	<SqlParameter>
localeID	定义字符类型排序规则的 Windows 区域设置。等于 COLLATIONPROPERTY 内部返回的 LCID 值	<SqlParameter> <Value>
maxLength	<SqlParameter> 元素属性提供了参数值的最大长度。默认值为 1	<SqlParameter> <值>
name	<SqlParameter> 元素属性提供了参数名	<SqlParameter>
outputRequested	可以应用到参数元素，以指示是否应该发出输出。默认行为取决于所使用的 parameterMode，而与其是显式还是默认无关。 如果将输入参数的该属性设置为“true”，则将生成一个错误	<Value>
precision	<SqlParameter> 元素属性提供了参数值的精度，默认值为 18	<SqlParameter> <值>
scale	<SqlParameter> 元素属性提供了参数值的小数位数。默认值为 0	<SqlParameter> <Value>
sqlCompareOptions	定义用于字符类型排序规则的比较选项。它是可以合并的值的枚举，与 COLLATIONPROPERTY 内部返回的 ComparisonStyle 值相匹配	<SqlParameter><Value>
sqlDbType	指定参数类型	<SqlParameter>
typeName	用于指定用户定义类型参数。typeName 必须包含由三部分构成的名称	<SqlParameter> <Value>

（续表）

参数方面	注 释	可以指定的节点
useDefaultValue	指示应该使用参数的默认值，既可以从列表中省略参数元素，也可以指定值为 true 的布尔值属性 useDefaultValue。如果包含元素，则此属性的默认值为 false；如果省略了元素，则此属性的默认值为 true	<SqlParameter> <Value>
XmlNamespace	指定与 XML 类型参数关联的 XML 架构命名空间	<SqlParameter> <值>
xsi:type	指定值类型	<Value>

2. SOAP 响应消息结构

SQL Server 2005 实例返回的 SOAP 响应消息可能包含下列一项或多项：

- SELECT 查询的结果集。
- 存储过程和用户定义函数的返回代码。
- 行计数，这是受查询影响的行数。
- 输出参数值。
- 错误消息或警告。

下面是运行存储过程后 SQL Server 返回的 SOAP 响应结构的片段：

```
<?xml version="1.0" encoding="utf-8" ?>
<SOAP-ENV:Envelope xmlns:xsd="http://www.w3.org/2001/XMLSchema"
  ...>
  <SOAP-ENV:Body>
  <method:MethodNameResponse>
  <method:MethodNameResult xmlns=""
 xsi:type="sqlresultstream:SqlResultStream">
<!--
  the results are returned here
-->
  </method:MethodNameResult>
  <method:OutputParam>Value</method:OutputParam>
  </method:MethodNameResponse>
  </SOAP-ENV:Body>
  </SOAP-ENV:Envelope>
```

操作结果将包装在 SOAP 主体的<MethodNameResponse>元素中。<MethodNameResponse>元素可能包含下列子元素：

- <MethodNameResult> 包含结果、行计数值以及错误消息和警告。
- <OutputParameter> 包含存储过程返回的输出参数（如果有）。

<MethodNameResult> 元素　操作的结果在 <MethodNameResult> 元素中返回，其中 MethodName 是存储过程或用户定义函数的名称，或者是即席批处理查询的 sqlbatch。sqlbatch 是用来运行即席查询的方法。在 <MethodNameResult> 元素中，结果按如下所示

进行序列化：

- SELECT 语句的结果被包装在 <SqlRowSet> 元素中。在 <SqlRowSet> 元素中序列化的结果，将使用 DiffGram 序列化格式。DiffGram 格式是在.NET Framework 的 DataSet 组件中引入的。在这种情况下，响应还在数据前包含一个 XSD 架构（如果创建端点时已启用架构）。在 Visual Studio 2005 客户端，结果将作为 System.Data.DataSet 对象返回。

若要在使用 Visual Studio 2005 时将 SOAP 结果加载到 System.Data.DataSet 对象中，那么 SQL Server 2005 必须在它返回给客户端的 SOAP 响应中包含内联架构。可以通过在创建端点时省略 SCHEMA 关键字，或者指定 SCHEMA=STANDARD 为端点启用此行为。有关详细信息，请参阅 CREATE ENDPOINT (T-SQL)。

- SELECT...FOR XML 语句的结果被包装在 <SqlXml> 元素中。如果返回了多个结果集（比如带有多个 SELECT...FOR XML 查询的存储过程），每个结果集都包装在自己的 <SqlXml> 元素中。同时，每个结果后面都有一个 <SqlRowCount> 元素。此元素返回受查询影响的行数，如以下响应片段所示：

```
<tns:MethodNameResponse>
  <tns:MethodNameResult xmlns=""
xsi:type="sqlsoaptypes:SqlResultStream">
    <sqlresultstream:SqlXml xsi:type="sqlsoaptypes:SqlXml" >
 <SqlXml>
    <!-- XML result -->
 </SqlXml>
</sqlresultstream:SqlXml>
<sqlresultstream:SqlRowCount xsi:type="sqlrowcount:SqlRowCount">
   <sqlrowcount:Count>NoOfRowsAffected</sqlrowcount:Count>
</sqlresultstream:SqlRowCount>
<sqlresultstream:SqlXml xsi:type="sqlsoaptypes:SqlXml" >
  <SqlXml>
   <!-- XML Document that maps to XMLElement object
  in the client-->
  </SqlXml>
</sqlresultstream:SqlXml>
<sqlresultstream:SqlRowCount xsi:type="sqlrowcount:SqlRowCount">
   <sqlrowcount:Count>NoOfRowsAffected</sqlrowcount:Count>
</sqlresultstream:SqlRowCount>

    <!-- more results ...-->
  </tns:MethodNameResult>
  <tns:OutputParam>Value</tns:OutputParam>
</tns:MethodNameResponse>
```

- 如果 SELECT...FOR XML 查询要通过指定 XMLSCHEMA 选项来请求 XSD 架构，那么 XSD 架构将作为 <SqlXml> 元素的第一个子元素返回。在 Visual Studio 2005 客户端，结果作为 System.Xml.XmlElement 对象返回。

- 存储过程和用户定义函数的返回代码值包装在 <SqlResultCode> 元素中，如下面响应片段所示。

```
<tns:MethodNameResponse>
  <tns:MethodNameResult xmlns=""
xsi:type="sqlsoaptypes:SqlResultStream">
  <!--
   results
  -->
    <sqlresultstream:SqlResultCode
xsi:type="sqlsoaptypes:SqlResultCode">
   ReturnCodeValue
    </sqlresultstream:SqlResultCode>
  </tns:MethodNameResult>
  <tns:OutputParam>Value</tns:OutputParam>
</tns:MethodNameResponse>
```

在 Visual Studio 2005 客户端，返回代码作为对象返回。

- SQL Server 2005 错误消息、警告和其他信息性消息包装在 <SqlMessage> 元素中，如下面 SOAP 响应片段所示。

```
<tns:MethodNameResponse>
  <tns:MethodNameResult xsi:type="sqlresultstream:SqlResultStream">
    <sqlresultstream:SqlMessage>
   <!-- Error message returned as SqlMessage object
 in the client -->
</sqlresultstream:SqlMessage>
 ...
  </tns:MethodNameResult>
  <!-- followed by one or more return parameters ->
   ...
</tns:MethodNameResponse>
```

以下 SOAP 响应片段是通过运行 GetCustomerInfo 存储过程返回的，存储过程中的第一个 INSERT 语句失败。这将导致以下响应：

```
<method:GetCustomerInfoResponse>
 <method:GetCustomerInfoResult
   xsi:type="sqlresultstream:SqlResultStream">
   <sqlresultstream:SqlMessage>
    <sqlresultstream:SqlMessage xsi:type="sqlmessage:SqlMessage">
<sqlmessage:Class>16</sqlmessage:Class>
<sqlmessage:LineNumber>12</sqlmessage:LineNumber>
<sqlmessage:Message>Cannot insert the value NULL into column
'CompanyName', table 'Northwind.dbo.Customers';
column does not allow nulls. INSERT fails.
</sqlmessage:Message>
    <sqlmessage:Number>515</sqlmessage:Number>
```

```
      <sqlmessage:Procedure>GetCustomerInfo</sqlmessage:Procedure>
      <sqlmessage:Server>SQLServerName</sqlmessage:Server>
      <sqlmessage:Source>MicrosofTransact-
SQL/9.0</sqlmessage:Source>
      <sqlmessage:State>2</sqlmessage:State>
     </sqlresultstream:SqlMessage>
     <sqlresultstream:SqlRowCount xsi:type="sqlrowcount:SqlRowCount">
  <sqlrowcount:Count>0</sqlrowcount:Count>
     </sqlresultstream:SqlRowCount>
     <sqlresultstream:SqlResultCode
   xsi:type="sqlsoaptypes:SqlResultCode">-6
     </sqlresultstream:SqlResultCode>
   </method:GetCustomerInfoResult>
   <!-- followed by one or more output parameters ->
  </method:GetCustomerInfoResponse>
</tns:MethodNameResponse>
```

在 Visual Studio 2005 客户端，这些结果作为 SqlMessage 类型对象返回。

<OutputParameter> 元素的每个输出参数值在返回时都包装在一个元素中，元素名称就是输出参数的名称。请注意，此元素作为 <MethodNameResponse> 元素的最后一个子元素将显示在 <MethodNameResult> 元素之后。以下 SOAP 响应片段将返回两个输出参数：

```
<tns:MethodNameResponse>
   <tns:MethodNameResult xsi:type="sqlresultstream:SqlResultStream">
     <!-- results, error messages and warnings -->
   </tns:MethodNameResult>
   <tns:OutputParam1>Value</tns:OutputParam1>
   <tns:OutputParam2>Value</tns:OutputParam2>
</tns:MethodNameResponse>
```

3. SOAP 错误消息结构

SOAP 请求的响应可以采取两种形式之一：成功响应或错误响应。对于错误响应，响应可以包含 HTTP 或 SOAP 错误，而成功响应始终为 SOAP 消息。

对于 HTTP 错误，可能包含一个 HTTP 错误代码：400 错误的请求（例如，标头格式无效）。

但是，当请求在 HTTP 协议层上成功后，将由 SOAP 语言管道来处理，而且不会生成 HTTP 级别的错误响应。该语言管道开始处理请求后，可以生成的唯一错误就是 SOAP 错误。

生成 SOAP 错误后，它们将作为 HTTP 500 错误返回。在下列情况下，分析包含在请求中的 SOAP 信封时将生成这些错误：

- SOAP 信封无效，例如分析错误、缺少元素等。
- 分析期间出现内存不足的情况。
- SQL Server 登录失败。
- 不支持的 SOAP 操作，例如未找到存储过程或指定了未知操作。
- 由于在请求中执行存储过程或用户定义函数而传递并转换的其他错误，例如指定的参数个数无效。

在 SOAP 错误响应的结构中，<faultcode> 和 <detail> 元素提供了有关错误的特定补充信息。<faultcode> 元素遵循 SOAP 1.1 和 SOAP 1.2 错误代码规范。但是，<detail> 元素包含超出 SOAP 规范的修改，它通过在 SOAP 1.1 错误的 <detail> 节点中嵌入完整的 SOAP 1.2 错误结构，为 SOAP 1.2 和 SOAP 1.1 客户端提供有关 SOAP 错误的相同的详细信息。

所有 SOAP 错误都属于下列 4 种情况之一：

- 提供了详细的 SOAP 错误代码信息，但没有提供 SQL Server 错误消息。出现这种情况后，SOAP 结果将映射到相应的 SOAP 错误。
- 提供了详细的 SOAP 错误代码，还在 detail 节点中提供了更详细的 SQL Server 错误消息。一些 SQL Server 错误消息被显式处理并映射到相应的 SOAP 错误。
- 返回"未知 SQL 错误"的 SOAP 错误代码，并在 <detail> 节点中返回更详细的 SQL Server 错误消息。出现这种情况后，将在该代码中的某个位置生成一个 SQL 错误，但没有专门映射到特定的 SOAP 错误。
- 返回"未知 SQL 错误"的 SOAP 错误代码，但不返回 SQL Server 错误消息。出现这种情况后，未知结果将返回某处并映射到"未知 SQL 错误"的 SOAP 错误。

SOAP 1.1 错误示例：

```
    <SOAP-ENV:Fault
xmlns:sqlsoapfaultcode="http://schemas.microsoft.com/sqlserver/2004/SOAP/Sql
SoapFaultCode">
      <faultcode>SOAP-ENV:Client</faultcode>
      <faultstring>There was an error in the incoming SOAP request packet:  Client,
InvalidXml</faultstring>

<faultactor>http://schemas.microsoft.com/sqlserver/2004/SOAP</faultactor>
      <detail xmlns:SOAP-1_2-ENV="http://www.w3.org/2003/05/soap-envelope">
        <SOAP-1_2-ENV:Code>
          <SOAP-1_2-ENV:Value>SOAP-1_2-ENV:Sender</SOAP-1_2-ENV:Value>
          <SOAP-1_2-ENV:Subcode>

<SOAP-1_2-ENV:Value>sqlsoapfaultcode:InvalidXml</SOAP-1_2-ENV:Value>
          </SOAP-1_2-ENV:Subcode>
        </SOAP-1_2-ENV:Code>
        <SOAP-1_2-ENV:Reason>
          <SOAP-1_2-ENV:Text xml:lang="en-US">There was an error in the incoming
SOAP request packet:  Sender, InvalidXml</SOAP-1_2-ENV:Text>
        </SOAP-1_2-ENV:Reason>
        <SOAP-1_2-ENV:Node>http://MyServer:80/sql</SOAP-1_2-ENV:Node>

<SOAP-1_2-ENV:Role>http://schemas.microsoft.com/sqlserver/2004/SOAP</SOAP-1_
2-ENV:Role>
        <SOAP-1_2-ENV:Detail>
          <sqlresultstream:SqlMessage xsi:type="sqlmessage:SqlMessage">
```

```
          <sqlmessage:Class>16</sqlmessage:Class>
          <sqlmessage:LineNumber>0</sqlmessage:LineNumber>
          <sqlmessage:Message>XML parsing: line 3, character 0, incorrect
document syntax</sqlmessage:Message>
          <sqlmessage:Number>9422</sqlmessage:Number>
          <sqlmessage:Source>Microsoft-SQL/9.0</sqlmessage:Source>
          <sqlmessage:State>1</sqlmessage:State>
        </sqlresultstream:SqlMessage>
      </SOAP-1_2-ENV:Detail>
    </detail>
  </SOAP-ENV:Fault>
```

SOAP 1.2 示例：

```
    SOAP-ENV:Fault
xmlns:sqlsoapfaultcode="http://schemas.microsoft.com/sqlserver/2004/SOAP/Sql
SoapFaultCode">
      <SOAP-1_2-ENV:Code>
        <SOAP-1_2-ENV:Value>SOAP-1_2-ENV:Sender</SOAP-1_2-ENV:Value>
        <SOAP-1_2-ENV:Subcode>

<SOAP-1_2-ENV:Value>sqlsoapfaultcode:InvalidXml</SOAP-1_2-ENV:Value>
        </SOAP-1_2-ENV:Subcode>
      </SOAP-1_2-ENV:Code>
      <SOAP-1_2-ENV:Reason>
        <SOAP-1_2-ENV:Text xml:lang="en-US">There was an error in the incoming
SOAP request packet:  Sender, InvalidXml</SOAP-1_2-ENV:Text>
      </SOAP-1_2-ENV:Reason>
      <SOAP-1_2-ENV:Node>http://MyServer:80/sql</SOAP-1_2-ENV:Node>

<SOAP-1_2-ENV:Role>http://schemas.microsoft.com/sqlserver/2004/SOAP</SOAP-1_
2-ENV:Role>
      <SOAP-1_2-ENV:Detail>
        <sqlresultstream:SqlMessage xsi:type="sqlmessage:SqlMessage">
          <sqlmessage:Class>16</sqlmessage:Class>
          <sqlmessage:LineNumber>0</sqlmessage:LineNumber>
          <sqlmessage:Message>XML parsing: line 3, character 0, incorrect document
syntax</sqlmessage:Message>
          <sqlmessage:Number>9422</sqlmessage:Number>
          <sqlmessage:Source>Microsoft-SQL/9.0</sqlmessage:Source>
          <sqlmessage:State>1</sqlmessage:State>
        </sqlresultstream:SqlMessage>
      </SOAP-1_2-ENV:Detail>
    </SOAP-ENV:Fault>
```

默认情况下，SQL Server 2005 将准备 SOAP 1.2 错误信息，其中包含 SOAP 1.1 错误格式不支持的附加错误信息。一些附加的 SOAP 1.2 相关错误的详细信息可作为溢出嵌入在 SOAP 1.1 <Details> 节点中，SOAP 1.1 客户端应用程序可以在此处分析和检索这些信息。

下列示例代码演示了从 SQL Server 2005 返回的 SOAP 1.1 错误中分析出此 SOAP 1.2 错误信息的一种可能的方法。事实上，此代码将用作 C# 控制台应用程序的一部分。

将分析和检索 SOAP 1.2 错误的详细信息将被集成到用 C# 编写的 SOAP 1.1 应用程序中。

将以下代码块复制到用作 SOAP 1.1 客户端的 C# 控制台应用程序的现有函数中。

```
    try
    {
    ...
    }
    catch (System.Web.Services.Protocols.SoapException soapE)
    {
        // SOAP 1.1 Fault info
        Console.WriteLine("SOAP 1.1 fault...");
        Console.WriteLine("Code: " + soapE.Code.ToString());
        Console.WriteLine("Actor: " + soapE.Actor);
        Console.WriteLine("Detail: " + soapE.Detail.InnerXml);

        // Extract SOAP 1.2 Fault info from the Details node
        System.Xml.XmlNode fault12 = soapE.Detail;

    // Setup the namespace manager to use with XPath query
        System.Xml.NameTable nsTbl = new System.Xml.NameTable();
        System.Xml.XmlNamespaceManager nsMgr = new System.Xml. XmlNamespace
Manager(nsTbl);
        nsMgr.AddNamespace("SOAP-1_2-ENV",
"http://www.w3.org/2003/05/soap-envelope");

        Console.WriteLine("\r\nSOAP 1.2 fault...");

        // Fault Code
        // Using SelectNodes() method because SOAP 1.2 fault code are allowed
to have sub-codes,
        // this way all the fault codes are retrieved at the same time.
        System.Xml.XmlNodeList myNodes = fault12.SelectNodes ("./SOAP-1_2-ENV:
Value", nsMgr);
        foreach (System.Xml.XmlNode n in myNodes)
        {
            Console.WriteLine(n.ParentNode.LocalName + ": " + n.InnerText);
        }

        // Fault Reason
        // SOAP 1.2 fault reason can be in multiple languages which represented
as sibling "Text" child
        // nodes under the "Reason" node
        myNodes          =          fault12.SelectNodes("./SOAP-1_2-ENV:Reason/
SOAP-1_2-ENV:Text", nsMgr);
```

```
    foreach (System.Xml.XmlNode n in myNodes)
    {
        Console.WriteLine(n.ParentNode.LocalName + ": " + n.InnerText);
    }

    // Fault Node
    System.Xml.XmlNode faulNode = fault12.SelectSingleNode(". //SOAP-1_2-
ENV:Node", nsMgr);
    Console.WriteLine(faulNode.LocalName + ": " + faulNode.InnerText);

    // Fault Role
    faulNode = fault12.SelectSingleNode(".//SOAP-1_2-ENV:Role", nsMgr);
    Console.WriteLine(faulNode.LocalName + ": " + faulNode.InnerText);
}
```

将 try { ... } 代码块的内容替换为用来向 SQL Server 2005 发送 SOAP 1.1 请求消息的代码。如果有必要，还可以将 Console.WriteLine()方法调用替换为应用程序中任何适于异常处理的方法调用。

有关 SOAP 技术的话题还很多，比如 SOAP 会话支持、通过 SOAP 的 SQL Server 认证、SOAP 请求与相应使用的命名空间等，我们可以用一整章来介绍该技术，而不是一节，限于篇幅，就不一一讨论了。

13.3 公共语言运行时

我们已经多次提到了 CLR（Common Language Runtime，公共语言运行时）了。运行在 SQL Server 内部的管理代码被称为 CLR 程序。公共语言运行时是一种环境，它通过提供线程的核心服务和内存管理，负责在应用程序运行时管理代码。面向运行时设计的代码称为托管代码，而不使用运行时的代码则称为非托管代码或本机代码。用于智能设备的本机应用程序是使用 Visual C++ for Devices 生成的，而托管应用程序是使用一种.NET 编程语言（包括 Visual Basic 和 Visual C#）生成的。你可以使用 SQL Server 下集成的.NET 框架的公共语言运行时建立数据库对象。.NET Compact Framework 类库提供了可重用的类，从用户界面开发到线程管理，再到数据库访问，这些类可以缩短开发时间和简化许多常规编程任务。

运行在 SQL Server 内部的 CLR 程序包括：

- Scalar-valued user-defined functions (scalar UDFs)
- Table-valued user-defined functions (TVFs)
- User-defined procedures (UDPs)
- User-defined triggers

在被管理代码上，CLR 程序具有相同的结构，它们被映射为类的公共、静态（在 Visual Basic .NET 内共享）方法。除了程序块以外，UDT（User-Defined Types，用户定义类型）和用户定义聚集函数也可以用.NET 框架定义。UDT 和用户定义聚集被映射为完整的.NET 框架类。

每种类型的.NET 框架程序块都具有 T-SQL 声明，而且只要在 SQL Server 内可以使用

T-SQL，而后在对应的地方使用.NET 框架程序块。例如，标量用户定义函数（scalar UDFs）可以用在任何标量表达式中，而 TVF 则可以用在任何 FROM 从句中。过程可以在 EXEC 语句中调用，也可以从客户端应用程序调用。

13.3.1 开始使用 CLR

如果使用 SQL Server 2005 集成的.NET 框架中的 CLR 编译数据库对象，到底需要哪些命名空间和库？怎样编写、编译和运行在 Visual C#中写的一个简单 CLR 存储过程呢？

开发基本的 CLR 数据库组件被安装在 SQL Server 2005 中，实际上是被封装在一个叫做 system.data.dll 的文件中，该文件是.NET 框架的一部分。该文件可在 GAC（Global Assembly Cache）中找到，也可以在.NET 框架的目录下找到。可以在命令行下使用该文件，也可以在 Visual Studio 中运行该文件，因此不需手工进行添加。

system.data.dll 文件包含了编译 CLR 数据库对象所需要的下列命名空间：

- System.Data。
- System.Data.Sql。
- Microsoft.SqlServer.Server。
- System.Data.SqlTypes。

下面开始编写一个简单的存储过程，将下列 VC 或 VB 代码复制、粘贴到一个文本编辑器中，并将其存储为 helloworld.cs 或 helloworld.vb。

VC 代码：

```
using System;
using System.Data;
using Microsoft.SqlServer.Server;
using System.Data.SqlTypes;

public class HelloWorldProc
{
    [Microsoft.SqlServer.Server.SqlProcedure]
    public static void HelloWorld()
    {
        SqlContext.Pipe.Send("Hello world!\n");
    }
}
```

VB 代码：

```
Imports System
Imports System.Data
Imports Microsoft.SqlServer.Server
Imports System.Data.SqlTypes

Public Class HelloWorldProc
    <Microsoft.SqlServer.Server.SqlProcedure> _
    Public Shared  Sub HelloWorld()
        SqlContext.Pipe.Send("Hello world!\n")
```

```
    End Sub
End Class
```

该程序包含了公共类上的一个简单静态方法（该方法使用了 SqlContext 和 SqlPipe 两个新类，用于使被创建的管理数据库对象输出一个简单的文本消息），可以在 SQL Server 中定义这一方法为存储过程，然后以执行 T-SQL 的相同方式运行。

编译该程序为一个库文件，并加载到 SQL Server 中，然后像运行一个存储过程那样执行该文件。

默认情况下，SQL Server 安装了 Microsoft .NET 框架的重分发文件（包括 VB、VC 程序的命令行编译器文件 csc.exe 和 vbc.exe）。为了编译上面的例子，必须将路径变量修改为指向包含 csc.exe 或 vbc.exe 文件的目录。下面的路径是.NET 框架的默认安装路径：

C:\Windows\Microsoft.NET\Framework\(version)

Version 包含了被安装的.NET 框架重分发的版本号。例如：

C:\Windows\Microsoft.NET\Framework\v2.0.31113

一旦将.NET 框架目录添加到路径下，就可以用下列命令将示例存储过程编译成一个集合文件。对于 VC 源文件，使用命令：

csc /target:library helloworld.cs

对于 VB 文件，使用命令：

vbc /target:library helloworld.vb

一旦上面示例的存储过程被成功编译，就可以在 SQL Server 中进行测试了。要进行测试，只要打开 SQL Server 管理向导，并创建一个新的查询，然后连接到测试数据库（比如 AdventureWorks）上的一张合适表就可以了。创建该动态库文件，从而可以访问这一存储过程。在这一例子中，假定你在 C:\下已经创建了一个 helloworld.dll 文件，在查询中增加下列语句：

```
CREATE ASSEMBLY helloworld from 'c:\helloworld.dll' WITH PERMISSION_SET =
SAFE
```

一旦创建了该动态库文件，就可以使用创建的过程语句访问 HelloWorld 方法了。我们将这一存储过程叫做 hello：

```
CREATE PROCEDURE hello
AS
EXTERNAL NAME helloworld.HelloWorldProc.HelloWorld
```

如果创建成功，就可以像调用在 T-SQL 中编写的存储过程一样进行调用了。执行下列命名：

```
EXEC hello
```

这样，在 SQL Server 管理向导下就会出现：

Hello world!

删除该存储过程的命令如下：

```
drop procedure hello
```

一旦删除存储过程成功，就可以删除动态库文件了，只要执行下列命令即可：

```
drop assembly helloworld
```

13.3.2 .NET 框架中的应用

SqlTypes 库是.NET 框架的基本类库的一部分，设计它是为了提供 SQL Server 数据库中语义、精度相同的数据类型。

另外，使用.NET 框架下的 CLR，可以使用任何.NET 框架语言创建 CLR 触发器。普通的触发器利用 UPDATE 某一列和 COLUMNS_UPDATED()函数，可以激活表或视图上的更新操作。需要注意的是，CLR 语言编写的触发器与 CLR 的其他集成对象在许多方面存在明显的不同，主要表现在：

- 在 INSERTED 和 DELETED 表中引用数据。
- 决定哪些列被修改为 UPDATE 操作的结果。
- 访问数据库对象的信息受执行的 DDL 语句影响。

这些能力在查询语言中具有继承性，可以由 SqlTriggerContext 类提供。下面介绍如何使用这个类。

SqlTriggerContext 类不能是公共构建的，只能通过访问 sqlContext 获得。TriggerContext 是 CLR 触发器整体的一部分，通过调用 SqlContext.TriggerContext 属性激活 SqlContext，便可以获得 SqlTriggerContext 类。

```
SqlTriggerContext myTriggerContext = SqlContext.TriggerContext;
```

SqlTriggerContext 类提供了有关触发器的上下文信息，这些上下文信息包括激活触发器的行为类型以及哪些列在更 UPDATE 操作中将被修改。在 DDL 触发器下，XML EventData 结构描述了触发的操作。

一旦得到了 SqlTriggerContext，就可以通过 SqlTriggerContext 类的 TriggerAction 属性，准确确定激活触发器的行为类型了。对于 DML 触发器，TriggerAction 属性可以是下列值之一：

- TriggerAction.Update (0x1)。
- TriggerAction.Insert (0x2)。
- TriggerAction.Delete(0x3)。
- 对于 DDL 触发器，TriggerAction 的可能值比较长，需要查看有关.NET 框架 SDK 中的 TriggerAction 枚举以获得更多信息。

在 DML 触发器语句中使用了两种特殊的表：inserted 和 deleted 表。SQL Server 2005 自动创建和管理这些表，你可以使用这些临时表以测试修改某种数据所带来的影响，也可以设置 DML 触发器行为产生的条件，但是不能在这些表中直接更改数据。

CLR 触发器可以通过 CLR 进程提供商访问 inserted 和 deleted 表，这是通过从 SqlContext 对象获得 SqlCommand 对象来实现的。例如，在 C++下，你可以编写下列代码：

```
SqlConnection connection = new SqlConnection ("context connection = true");
connection.Open();
SqlCommand command = connection.CreateCommand();
command.CommandText = "SELECT * from " + "inserted";
```

而在 VB 下的代码为：

```
Dim connection As New SqlConnection("context connection=true")
Dim command As SqlCommand
connection.Open()
command = connection.CreateCommand()
command.CommandText = "SELECT * FROM " + "inserted"
```

你还可以使用 SqlTriggerContext 对象的 ColumnCount 属性，以决定 UPDATE 操作所修改的列的数量。当然，你也可以使用 IsUpdatedColumn 方法，它包含了列序作为输入参数，以决定该列是否被更新。如果该方法显示的值为 True，则表示该列已经被更新。例如，下列的代码列出了所有被更新的列。

C#

```
reader = command.ExecuteReader();
reader.Read();
for (int columnNumber = 0; columnNumber < triggContext.ColumnCount;
columnNumber++)
{
  pipe.Send("Updated column "
    + reader.GetName(columnNumber) + "? "
  + triggContext.IsUpdatedColumn(columnNumber).ToString());
 }

 reader.Close();
```

VB 下：

```
reader = command.ExecuteReader()
reader.Read()
Dim columnNumber As Integer

For columnNumber=0 To triggContext.ColumnCount-1

  pipe.Send("Updated column " & reader.GetName(columnNumber) & _
  "? " & triggContext.IsUpdatedColumn(columnNumber).ToString() )

Next

reader.Close()
```

像常规的触发器一样，DDL 触发器会激活存储过程以响应某一个事件。但是，不像 DML 触发器，它们不会因表或视图上执行的 UPDATE、INSERT 或 DELETE 语句而被激活。相反，它们会对各种 DDL 语句产生响应，就像最基本的 CREATE、ALTER 和 DROP 语句，也会激活这些触发器。DDL 触发器可以被用来管理任务，比如审核和监视数据库操作和架构修改。

事件激活 DDL 触发器的信息将被存储在 SqlTriggerContext 类的 EventData 属性中，这一属性包含了 xml 值。该 xml 架构包含了下列信息：

- 激活事件。
- 触发器被执行时的系统进程 ID（SPID）。
- 激活触发器的事件类型。

根据事件类型的不同，该架构还包含了其他一些信息。例如，事件发生所在的数据库、事件对象以及事件的 T-SQL 命令。

下面的 DDL 触发器例子将返回原始的 EventData 属性。在本例子中，通过 SqlPipe 对象发送结果和消息，只是出于演示的目的，而且通常不建议在进行 CLR 编程时采用这样的代码，因为被返回的附加数据会产生意料不到的结果，甚至导致应用程序错误。

C#代码如下：

```
using System;
using System.Data;
using System.Data.Sql;
using Microsoft.SqlServer.Server;
using System.Data.SqlClient;
using System.Data.SqlTypes;
using System.Xml;
using System.Text.RegularExpressions;

public class CLRTriggers
{
   public static void DropTableTrigger()
   {
       SqlTriggerContext triggContext = SqlContext.TriggerContext;

       switch(triggContext.TriggerAction)
       {
           case TriggerAction.DropTable:
           SqlContext.Pipe.Send("Table dropped! Here's the EventData:");
           SqlContext.Pipe.Send(triggContext.EventData.Value);
           break;

           default:
           SqlContext.Pipe.Send("Something happened! Here's the EventData:");
           SqlContext.Pipe.Send(triggContext.EventData.Value);
           break;
       }
   }
}
```

Visual Basic 代码如下：

```
Imports System
Imports System.Data
Imports System.Data.Sql
Imports System.Data.SqlTypes
```

```
Imports Microsoft.SqlServer.Server
Imports System.Data.SqlClient

'The Partial modifier is only required on one class definition per project.
Partial Public Class CLRTriggers

    Public Shared Sub DropTableTrigger()
        Dim triggContext As SqlTriggerContext
        triggContext = SqlContext.TriggerContext

        Select Case triggContext.TriggerAction
           Case TriggerAction.DropTable
              SqlContext.Pipe.Send("Table dropped! Here's the EventData:")
              SqlContext.Pipe.Send(triggContext.EventData.Value)

           Case Else
              SqlContext.Pipe.Send("Something  else  happened!  Here's  the
EventData:")
              SqlContext.Pipe.Send(triggContext.EventData.Value)

        End Select
    End Sub
End Class
```

有关 CLR 触发器的例子，笔者放到第 15 章再作介绍。

13.4 高级查询

即使你没有太多的过程化编程经验，也会把复杂的问题分成一个个小问题（子过程——逻辑步骤），而不是作为一个整体（集合或 SQL 方式）进行处理，但你首先要把问题当作一个整体来考虑。确信你可以将问题分解成单个查询，即使你不能思考出一种完整的方法，通常也可以把问题分成几个小查询然后拼接为一个大查询，从而完成整个任务。尽量把问题当作一个整体，如果不能当成一个整体，那么你还可以把它继续拆分，最后再尽可能将这些小部分重新组装成一个尽可能大的整体。

在本章中，我们将看到在一个查询中处理多个问题的方式。本质上，我们将了解一下把多个查询组合成一个执行单元的方法，另外，我们还要讨论查询性能，并掌握要得到大部分的查询结果需要干些什么。

本节还要讨论的内容有：

- 嵌套子查询。
- 关联子查询。
- 衍生表。
- 使用 EXISTS 操作符。
- 优化查询性能。

我们将看到如何使用子查询，使表面上不可能的事情成为可能，而且怎样使查询的性能大大提高。

子查询（subquery）通常是嵌套在另一个查询中（使用圆括号分开的）的 T-SQL 查询，用一个 SELECT 语句充当另一个查询的部分数据或条件。

子查询通常用于：

- 把一个查询拆分成多个逻辑步骤。
- 提供一个含有[IN | EXISTS | ANY | ALL]的 WHERE 子句的目标清单。
- 提供父查询中被单个独立记录驱动的查询。

很容易想到一些子查询并创建相应的 SQL 语句，但有一些子查询则非常复杂，通常由内部（子）和外部（上层/父辈）的复杂程度决定子查询的复杂程度。

值得注意的是，大部分子查询（但明显不全是这样）可以使用联接来实现，而且可能使用连接通常是最好的选择。

现在我们了解了理论上的子查询，下面看一些具体类型和例子。由于下面的例子主要是为了介绍高级嵌套子查询，从而为.xml 开发所用，因此笔者采用了最简单的例子，而且使用了 SQL Server 2005 下所带的 Northwind 数据库和 Pubs 数据库，只要明白了其中的原理，就可以编写自己的高级嵌套查询了。

13.4.1 建立嵌套子查询

嵌套子查询（nested subquery）是只以一个方向进行的子查询：要么可能是外部查询返回一个值，要么为 IN 操作符使用查询提供一个完整清单。如果你希望直接使用=操作符，那么将使用返回一个值的查询语句，这意味着从一行中得到一列。如果你期待返回一个清单，就需要在外部查询语句中使用 IN 操作符。

查询语句有以下两个语法模板：

```
SELECT <SELECT list>
FROM     <SomeTable>
WHERE    <SomeColumn> = (
          SELECT <single column>
          FROM <SomeTable>
          WHERE <condition that results in only one row returned>)
或：
SELECT <SELECT list>
FROM <SomeTable>
WHERE <SomeColumn> IN (
              SELECT <single column>
              FROM <SomeTable>
              [WHERE <condition>])
```

显然，真正的语法会发生改变，不但因为代替 SELECT 清单和具体的表名，而且因为你在内部或外部存在多表联接或者两者都有。

1. 使用单值 SELECT 语句嵌套查询

下面用一个直接的例子进行说明。例如，假设我们希望知道系统中第一天销售的每个产品项目的 ProductIDs。如果你已经知道了系统中第一天的订购单，那么就没有问题了。查询语句如下所示：

```
USE Northwind

SELECT DISTINCT o.OrderDate, od.ProductID
FROM Orders o
JOIN [Order Details] od
  ON o.OrderID = od.OrderID
WHERE OrderDate = '7/4/1996'  --This is first OrderDate in the system
```

现在假设我们要从系统中有规律地清除数据，而且仍然希望该问题成为自动报表的一部分。因为报表是自动产生的，所以我们不能运行一个查询找出系统中的第一天是什么，而要手工把它放到查询中。没有问题！只要添加一个变量并使它成为批处理的一部分就可以了。

```
DECLARE @FirstDate smalldatetime

SELECT @FirstDate = MIN(OrderDate) FROM Orders

SELECT DISTINCT o.OrderDate, od.ProductID
FROM Orders o
JOIN [Order Details] od
   ON o.OrderID = od.OrderID
WHERE o.OrderDate = @FirstDate
```

虽然这样也能实现（你可能会得到相同的结果），但可以把它们组合成一条语句，从而使它更简洁。

```
SELECT DISTINCT o.OrderDate, od.ProductID
FROM Orders o
JOIN [Order Details] od
   ON o.OrderID = od.OrderID
WHERE o.OrderDate = (SELECT MIN(OrderDate) FROM Orders)
```

这样既简单又快速。内部查询（SELECT MIN…）提取单个值用于外部查询中，因为我们使用了=符号并在括号中包含了内部查询，所以内部查询绝对必须从单行返回唯一的列，否则会产生运行错误。

2. 使用子查询返回多个值的嵌套查询

大概最常见的子查询是提取某种形式域清单并用作查询的基础。

下面切换到使用 pubs 数据库，就像在第 3 章一样（联接表），我们希望得到具有折扣记录的所有库存清单，当然得用库存表 stores，折扣表为 discounts。

我们可以写出如下代码：

```
USE pubs
```

```
SELECT stor_id AS "Store ID", stor_name AS "Store Name"
FROM stores
WHERE stor_id IN (SELECT stor_id FROM discounts)
```

执行以后，只会给我们返回一行，令人感兴趣的是，确实与我们在第 3 章看见的内部联接的查询相同。该查询是：

```
SELECT discounttype, discount, s.stor_name
FROM discounts d
JOIN stores s
  ON d.stor_id = s.stor_id
```

无论采用任何一种方法，都得到了相同的结果（尽管列有所不同）。

这里显示的查询类型都可以用 INNER JOIN 而不用嵌套的 SELECT 来完成。例如，我们可以通过运行这个简单的联接得到以前子查询中相同的结果。

```
SELECT s.stor_id AS "Store ID", stor_name AS "Store Name"
FROM stores s
JOIN discounts d
   ON s.stor_id = d.stor_id
```

出于性能的考虑，如果你没有特殊的原因非得使用嵌套的 SELECT，就应该使用联接的方法作为默认的解决方法；本章结束前还要详细讨论这一问题。

3. 使用嵌套的 SELECT 查找孤儿记录

在下面的例子中，使用嵌套的 SELECT 几乎与以前的例子相同，但我们增加了一个 NOT 操作符。不同的是，我们在联接上使用了外部连接而不是内部连接。

在使用嵌套的 SELECT 的语法之前，先复习一下第 3 章中外部联接的一个例子，那时想找到在 pubs 数据库中没有匹配的折扣记录的所有库存。

```
USE pubs

SELECT s.stor_name AS "Store Name"
FROM discounts d
RIGHT OUTER JOIN stores s
              ON d.stor_ID = s.stor_ID
WHERE d.stor_ID IS NULL
```

一般说来，事情应该以这种方式完成，但这不是完成事情的常用方式。因为使用联接需要考虑更多的问题，所以我们通常要用嵌套的 SELECT 语句。

试试看，能否编写自己的嵌套 SELECT 语句。请注意生成这个语句有一些技巧，即使你创建了这个查询，也应看看下列语句。

语法看起来应如下所示：

```
SELECT stor_id AS "Store ID", stor_name AS "Store Name"
FROM stores
WHERE stor_id NOT IN
   (SELECT stor_id FROM discounts WHERE stor_id IS NOT NULL)
```

这确实产生了相同的五条记录，而且每一行都增加了 store_id 字段。笔者猜想你第一次练习时，可能没有在内部查询中使用 NOT NULL 比较条件。

是否需要包括 NOT NULL 限制，取决于表能否接受 NULL 以及实际期望的结果。如果省略了这种比较，那么我们会产生错误，结果将包含没有库存和折扣的记录（实际会存在这种情况），这就是不得不进行 NULL 值比较的原因。如果我们省略了 NOT NULL，那么清单中将包含了 NULL 记录。如果在结果中有一个 NULL 记录，那么比较的结果总是错误结果（与 NULL 比较得 NULL），这也意味着 WHERE 子句都把每一行的值估计为 NULL。在 IN 清单中，要非常小心地处理可能存在 NULL 值的情况。

4. ANY、SOME 和 ALL 操作符

到目前为止，我们只寻找了在（IN）清单中的项目。也就是说，清单中至少有一个值与我们要查找的值相匹配。但问题往往比这复杂，如果我们希望得到的结果不仅仅用=号来执行相等操作的精确匹配值，该怎么办？如果我们希望得到一个更完整的操作符清单呢？没有问题。

有人会问：如果想看看清单中的每个值是否都匹配，该怎么办？还是没有问题。

ANY 和 SOME 的功能相同，无论哪一个关键词都行，建议使用 SOME，因为它与 ANSI 兼容。老实说，在本节的其余内容中，笔者也会只使用 SOME，但完全可以用 ANY 代替，应该能得到相同结果。

ANY 和 SOME 操作符允许你在生成子查询的清单上使用一些其他操作符，通常它们也可以与比较操作符（比如 >=、 <= 、 <> 、!>等等）一同使用。

用 > 符号作为例子。>SOME 意味着大于任何一个值，即大于最小值，所以 >SOME (1,2,3)意味着大于 1。如果将 SOME 或 ANY 与=一起使用，那么其功能就等于 IN 操作符。

下面采用一个简单的老调重弹的 NOT IN 查询作为例子来证实这一点。我们将用这个例子显示 SOME 与 IN 操作符的相似性，然后再看一看 SOME 给我们提供的灵活性。只需要修改两个语法（NOT IN 变成 !=SOME）：

```
SELECT stor_id AS "Store ID", stor_name AS "Store Name"
FROM stores
WHERE stor_id != SOME
   (SELECT stor_id FROM discounts WHERE stor_id IS NOT NULL)
```

虽然一切正常，但结果有些乱。下面看看如何进行修改，这次我们要将查询改为：

```
SELECT stor_id AS "Store ID", stor_name AS "Store Name"
FROM stores
WHERE stor_id < SOME
(SELECT stor_id FROM discounts WHERE stor_id IS NOT NULL)
```

这个查询结果应该是 stor_id 小于最大的 stor_id 且没有折扣的库存。

实际上，笔者不是特别喜欢这个关键词，因为它没有用途，而且容易产生混淆。SOME（或 ANY）完成的任务可以分成两类：第一类不包含能用 SOME 处理却不能用其他语法处理的问题（根据经验，其他语法非常简洁）；第二类是 <>SOME 的情况。有些地方将 NOT IN (A,B,C) 逻辑解释为 <>A AND <> B AND <> C，<>SOME 得到 <>A OR <> B OR <> C。最后一个选项没有用处。考虑一下：任何在 <>SOME 上的比较将给你产生没有过滤的清

单。通过定义，=A 就是 <>B。

简而言之，如果你有理由使用它就更好了，笔者到目前还没有看见任何可以用 SOME 完成的事而不能用其他结构来完成，而且可以得到更好的性能（这根据你希望匹配的 SOME 特性而定）。

ALL 操作符与 SOME 和 ANY 操作符的相似之处在于操作符的范围。在以前>的例子中使用 ALL 语句，我们会看到它们之间的差别。>ALL 意味着比所指定的每一个值都要大。例如，>ALL (1,2,3)意味着大于 3。

13.4.2 关联子查询

要特别注意这一节！这是另外一片天，如果你真正理解了它，就能灵活运用了。掌握它不仅指要理解它怎样工作，也包含理解下面的信息有多重要和多么有用。

关联子查询能让不可能的事情成为可能。更多的是，它们通常用一行代码完成几行代码所完成的任务，而且性能会得到相应提高，问题在于它们需要用一个本质完全不同的思考方式。关联子查询大概是 SQL 中最易学会、理解但也最易忘记的概念，因为它与你思考问题的方法不一样。如果你记住了其核心内容，那么你将成为解决难题的少数人之一。尤其在需要尽可能提高查询性能时，你将成为利用复杂的工具解决这一问题的人之一。

1. 关联子查询是怎样工作的

关联子查询与嵌套子查询不同的是，信息传播是双向的而不是单向的。在嵌套子查询中，仅处理内部查询一次，并向外部查询传递信息，本质上提供相同值或者列出你录入的清单。

但是，内部查询利用关联子查询涉及外部查询提供的信息，反之亦然。这种说法似乎有点令人混淆（谁先产生的问题），但它可以分为三步进行处理：

（1）外部查询得到一条记录并传递到内部查询中。

（2）内部查询基于输入值执行。

（3）内部查询然后把返回值输出给外部查询中，并用这些值结束内部查询。

2. WHERE 子句中的关联子查询

举例说明。回到 Northwind 数据库中，查看系统中第一天的订单。这次我们知道系统中每个客户的第一个订单的 OrderID(s)和 OrderDate，也就是说我们希望提取客户第一天的订单和这些订单的 ID。

首先，我们需要提取 OrderDate、OrderID 和 CustomerID 字段。所有这些信息都可以在 Orders 表中找到，因此至少有一部分查询基于该表。

下一步我们需要知道系统中每个客户的第一个日期，这是有技巧的。在嵌套子查询中，我们只查找整个文件的第一个日期，现在需要知道每个客户的发出订单的第一个日期。

如果我们要用两种不同的查询方法，这不会成为大问题。我们可以创建一个临时表，然后联接回来。语法如下：

```
USE Northwind

SELECT CustomerID, MIN(OrderDate) AS OrderDate
```

```
INTO #MinOrderDates
FROM Orders
GROUP BY CustomerID
ORDER BY CustomerID

SELECT o.CustomerID, o.OrderID, o.OrderDate
FROM Orders o
JOIN #MinOrderDates t
  ON o.CustomerID = t.CustomerID
  AND o.OrderDate = t.OrderDate
ORDER BY o.CustomerID

DROP TABLE #MinOrderDates
```

与以前一样，如果你的结果与这里显示的结果不同，也不要烦恼，这只是意味着你从 Northwind 中得到的数量比笔者得到的数量多一点或者少一点。

这里产生的两个完全独立的结果集以结果面板（一个在顶端，一个在底端）中两条不同的 row(s) affected 语句显示，这或多或少会对性能产生一些负面影响。讨论完这个选项以后，我们还会对此进行深入地探讨。

有时使用两个查询是唯一不使用游标的处理方法，这不是其中的一次。

如果我们运行其中一个查询，就需要找到一种查找每个客户的方法。可以利用基于外部查询的当前 CustomerID 的内部查询实现这一目的，然后需要给外部查询返回一个值，使外部查询可以基于最早的订单日期映射一些数据。

语句如下：

```
SELECT o1.CustomerID, o1.OrderID, o1.OrderDate
FROM Orders o1
WHERE o1.OrderDate = (SELECT Min(o2.OrderDate)
                     FROM Orders o2
                     WHERE o2.CustomerID = o1.CustomerID)
ORDER BY CustomerID
```

利用这个子查询，得到相同的 89 条记录。

需要注意：

- 我们只能看到 89 row(s) affected 语句一次，因为我们只需要执行一个查询计划，所以提取的行只显示一次。通过观察，我们就可以猜到这个查询语句可能比两个查询的语句要快，而且实际就是如此。稍后我们会再介绍这一结果。
- （例子中的）外部查询看起来更像嵌套子查询，但内部查询对外部查询有直接的引用（注意使用了 O1 的别名）。
- 即使看起来外部查询不需要别名，在两个查询中也使用了别名，因为从其他查询中地引用一列都需要别名（内部查询引用外部查询的列，反之亦然）。

最后一点中有关需要别名的问题最容易令人混淆。有时候需要别名，而有时候则不需要。虽然我们在了解本章前面的嵌套子查询时没有使用它们，但在处理关联子查询的时候，笔者对每个列都标以别名。

注意：必须对被其他查询引用的表（和相关的列）标注别名，问题是很快就会使人混淆。安全的方法是对所有的列都标以别名，这样对查询中需要从哪张表上得到信息有积极意义。

在这个特定的查询中，外部查询只在 WHERE 子句中引用内部查询——它也可以在 SELECT 清单中包括从内部查询中获得的数据。

通常根据自己的意愿决定是否希望使用别名，但对关联子查询，则必须使用别名，这种查询很大程度上显示了为什么内部查询和外部查询都建立在同一张表上。两个查询都从彼此之间获得信息，如果没有别名，那么它们就不会知道你对哪张表的数据感兴趣。

3. SELECT 清单中的关联子查询

子查询也可以用于为选择结果提供不同结果，这通常发生在要查找的信息基本与查询中的其他数据不同步的情况下。例如，在一个字段上执行聚集操作，但不希望它会成为影响其他返回的字段。

要想测试，只要修改上一节中使用的查询就可以了。这里要查找客户的名字以及他/她在哪一天第一次订购了商品。

这个查询语句需要做很大的改动。现在要查找客户姓名，这意味着我们必须采用 Customer 表。另外，我们不需要在查询中建立任何条件，只要查找所有客户（没有限制），而且希望知道他们的第一个订单日期。

这个查询语句实际上比上一个语句要简单一点，语法如下：

```
SELECT cu.CompanyName,
   (SELECT Min(OrderDate)
          FROM Orders o
          WHERE o.CustomerID = cu.CustomerID)
          AS "Order Date"
FROM Customers cu
```

注意：如果你浏览所有的数据，就会发现 OrderDate 列有一些行存在 NULL 值。为什么会这样？因为 Orders 表没有与 Customers 表匹配的当前记录（外部查询），所以需要了解一下特别有利于处理这种情况的函数 ISNULL()。

4. 处理 NULL 值数据——ISNULL 函数

实际上有一些函数专门用于处理 NULL 值数据，其中特别有用的就是 ISNULL()函数。ISNULL()接受变量或者表达式并为此测试 NULL 值，如果该值确实为空，那么函数返回一些预先说明的值；如果原始值不为 NULL，就返回原始值。语法也非常直接：

```
ISNULL(<expression to test> ,<replacement value if null>)
```

ISNULL()函数的其他形式及返回值见表 13-3。

表 13-3 ISNULL 函数及其返回值

ISNULL 表达式	返回值
ISNULL(NULL, 5)	5
ISNULL(5, 15)	5

（续表）

ISNULL 表达式	返回值
ISNULL(@MyVar, 0) where @MyVar IS NULL	0
ISNULL(@MyVar, 0) where @MyVar =3	3
ISNULL(@MyVar, 0) where @MyVar ='Fred Farmer'	Fred Farmer

下面看看该查询是怎样工作的。

```
SELECT cu.CompanyName,
   ISNULL(CAST ((SELECT MIN(o.OrderDate)
           FROM Orders o
           WHERE o.CustomerID = cu.CustomerID)AS varchar), 'NEVER ORDERED')
           AS "Order Date"
FROM Customers cu
```

现在，对 OrderDate 的两行空值记录，我们由：

. . .
FISSA Fabrica Inter. Salchichas S.A.　NULL
...
Paris spécialités　NULL
...

得到一些有用的数据：

...
FISSA Fabrica Inter. Salchichas S.A.　NEVER ORDERED
...
Paris spécialités　NEVER ORDERED
...

注意：笔者同时使用了 CAST() 函数，原因是不得不处理计算并执行隐式类型转换。因为第一行先返回一个有效日期，所以假设 OrderDate 列为 DateTime 类型（对整个结果集）。但是，当得到第一个 NULL 值时，系统就产生了错误，因为 ISNULL 函数被 Never Order 所替代且不能转换为 DateTime 数据类型。记住 CAST()，它可以帮助你避免这样的麻烦。本章后面还要进一步讨论有关内容。

目前，我们已经看见了关联子查询为两个 WHERE 子句提供的信息。如果你愿意，还可以在同一查询中混合使用这两种方式。

13.4.3　衍生表

有时，虽然你想使用查询的结果，但目前所讲的子查询都不能提供。例如，对给定表的每一行，虽然子查询中有许多结果，但你在执行比 IN 操作符更复杂的行为。本质上，笔者意在讨论在子查询中有时需要使用 JOIN 操作符。

我们需要花点时间讨论 SQL 中鲜为人知的结构——衍生表（derived table）。衍生表是由查询结果集的列和行组成，即带有列、行、数据、类型等等，就像正常的表一样，所以你为什么不使用呢！

假设你想得到订购特定产品的客户清单，也没有问题，语句看起来就像：

```
USE Northwind
SELECT c.CompanyName
FROM Customers AS c
JOIN Orders AS o
  ON c.CustomerID = o.CustomerID
JOIN [Order Details] AS od
  ON o.OrderID = od.OrderID
JOIN Products AS p
  ON od.ProductID = p.ProductID
WHERE p.ProductName = 'Chocolade'
```

非常简单！现在，在结尾添加一些内容。假设不仅想获得订购 Chocolade 的所有客户，还包含订购 Vegie-spread 的所有客户。笔者说的是他们都订购了这两种产品，现在有麻烦了。你的第一个倾向可能是写出像 WHERE p.ProductName = 'Chocolade'这样的脚本代替：

```
WHERE p.ProductName = 'Chocolade' AND p.ProductName = 'Vegie-spread'
```

但是，它不会工作。每一行都针对单个产品，它们怎么能同时有 Chocolade 和 Vegie-spread 呢？办不到，所以你不会得到预期的结果。实际上，运行这个查询的时候，你不会得到结果。

这里真正需要处理的是：从中找到购买了 Chocolade 的人，再找到 Vegie-spread 的买主，然后把结果联接起来。但是，我们怎样才能把结果联接在一起呢？就像本节标题所说的那样，可以使用衍生表。

要创建衍生表，需要完成两件事情：

- 把产生结果的查询语句放在括号中。
- 对查询的结果标注别名。

语法如下：

```
SELECT <select list>
FROM (<query that returns a regular result set>) AS <alias name>
JOIN <some other base or derived table>
```

现在采用这个语法并应用到查询中，我们希望得到同时订购了 Chocolade 和 Vegie-spread 的所有公司名称。查询语句如下所示：

```
SELECT DISTINCT c.CompanyName
FROM Customers AS c
JOIN
   (SELECT CustomerID
        FROM Orders o
        JOIN [Order Details] od
          ON o.OrderID = od.OrderID
        JOIN Products p
          ON od.ProductID = p.ProductID
        WHERE p.ProductName = 'Chocolade') AS spen
          ON c.CustomerID = spen.CustomerID
JOIN
```

```
  (SELECT CustomerID
       FROM Orders o
       JOIN [Order Details] od
         ON o.OrderID = od.OrderID
       JOIN Products p
         ON od.ProductID = p.ProductID
       WHERE ProductName = 'Vegie-spread') AS spap
         ON c.CustomerID = spap.CustomerID
```

运行该脚本以后，我们只得到一个客户：

```
CompanyName
--------------
Ernst Handel

(1 row(s) affected)
```

如果你想证实这一点，只要分别查询这两张衍生表并比较结果就行了。

对于这个特定的查询，我们需要使用 DISTINCT 关键词。如果在语句中没有使用这个关键词，那么就有可能对每一个客户产生多行记录。例如，Ernst Handel 两次订购了 Vegie-spread，而我们对每次订购都得到一条记录，但我们只希望掌握哪个客户购买了这两个商品，而不是他们已经订购的次数。

可见，我们能够使看上去不可能的查询成为可能，而且执行得合情合理。

记住，衍生表不是所有问题的解决方案。例如，如果结果集相对大而且具有很多要联接的记录，那么你就要思考使用临时表并在临时表上建立索引的解决方案（衍生表没有索引）。虽然情况会有所不同，但我们又多了一个工具。

13.4.4 EXISTS 操作符

笔者把 EXISTS 叫做操作符，但所有联机手册都称它为关键词，这可能是因为它违背了某些描述。它就是一个更像 IN 关键词的操作符，但它的工作方式有所不同。

使用 EXISTS 并不表示希望返回数据，相反它会依据现有的数据是否满足 EXISTS 语句操作的查询标准而返回一个简单的 TRUE/FALSE 值。

下面看一个有关应用 EXISTS 操作符的例子，这里要查询至少有一个订单的客户清单（不关心有多少订单）。

```
USE Northwind
SELECT CustomerID, CompanyName
FROM Customers cu
WHERE EXISTS
   (SELECT OrderID
         FROM Orders o
         WHERE o.CustomerID = cu.CustomerID)
```

结果获得了本章中与其他处理相同的 89 条记录。

我们也可以简单地使用联接来完成这件事：

```
USE Northwind
SELECT DISTINCT cu.CustomerID, cu.CompanyName
FROM Customers cu
JOIN Orders o
   ON cu.CustomerID = o.CustomerID
```

例如，第二个语句应该产生完全相同的结果（可能排序方式不同）。为什么还要使用新的语法呢？原因在于其性能：朴素而简单。使用 EXISTS 关键词时，SQL Server 不必执行行与行之间的联接。相反，它可以查阅记录，一旦找到了第一条匹配的记录，就在找到的地方停止。只要有一条记录匹配，那么 EXISTS 的值就为 TRUE，因此可以终止查询。

简单地看一看其他方式：如果我们希望获得没有订购商品的客户，该怎么办？根据第 5 章介绍的联接方法，我们必须在获得数据的方法上做明显修改。首先，我们不得不使用外部联接，然后还需要比较 Order 记录是否为 NULL。

这看起来像：

```
USE Northwind

SELECT c.CustomerID, CompanyName
FROM Customers c
LEFT OUTER JOIN Orders o
              ON c.CustomerID = o.CustomerID
WHERE o.CustomerID IS NULL
```

返回了两行：

```
CustomerID        CompanyName
--------------    ----------------------------
PARIS             Paris spécialités
FISSA             FISSA Fabrica Inter. Salchichas S.A.

(2 row(s) affected)
```

在使用 EXISTS 的时候，我们只需要添加一个词 NOT 就可以完成相同的修改。

```
SELECT CustomerID, CompanyName
FROM Customers cu
WHERE NOT EXISTS
   (SELECT OrderID
         FROM Orders o
         WHERE o.CustomerID = cu.CustomerID)
```

而且也确实得到了相同的结果。如下所示：

```
CustomerID        CompanyName
------------      --------------------------------
FISSA             FISSA Fabrica Inter. Salchichas S.A.
PARIS             Paris spécialités

(2 row(s) affected)
```

这里的性能差别比内部联接更明显。SQL Server 只在 EXISTS 语句上应用了小小的反逻辑操作就实现了相同的效果。在使用 NOT EXISTS 的情况下，SQL 只要找到了匹配的记录就停止查找，这里的唯一差别是查询后返回一个 FALSE，而不是 TRUE。就性能而言，查询的其余部分都是一样。

在其他方式下使用 EXISTS

如果你使用 EM 创建脚本，那么它给你提供了是否包含 DROP 语句的选项。假设你选择了这个选项，就会注意到它给创建每张表的脚本添加了一些奇怪的东西。看起来像：

```
IF EXISTS (SELECT * FROM sysobjects WHERE id = object_id(N'[dbo].[Shippers]')
AND OBJECTPROPERTY(id, N'IsUserTable') = 1)
DROP TABLE [dbo].[Shippers]
GO

CREATE TABLE [dbo].[Shippers] (
   [ShipperID] [int] IDENTITY (1, 1) NOT NULL ,
   [CompanyName] [nvarchar] (40) NOT NULL ,
   [Phone] [nvarchar] (24) NULL
)
GO
```

实际上，这与使用 INFORMATION SCHEMA 的处理方法相反，但它仍然显示了 EXISTS 的常用用途。也就是说，含 IF…ELSE 语句，后面将会介绍。

EXISTS 只返回 TRUE 或 FALSE，它可以作为一个很好的条件表达式。在前面的例子中，如果表存在，则只运行 DROP TABLE 代码；否则就跳过这些语句，进入 CREATE 语句中。这避免了在运行脚本时显示的两个错误之一：首先，它将不能运行 CREATE 语句，因为对象已经存在。如果要在脚本中运行 CREATE 语句而创建了依赖这张表的其他表，就可能会产生其他问题。第二，不可能删除这张表，因为该表不存在（这可能会产生一些使客户迷惑的信息）；你已经看到了这两种实例。

例如，我们编写一些经常自行跳过自己的 CREATE 脚本——数据库本身。因为 EM 将产生创建表的脚本（假设你已经用 New Table…命令或脚本创建了表等），所以很容易完成这部分工作。但是，创建数据库通常产生一些神秘的指向，例如一些“创建数据库调用了 XXX”的信息。有趣的是，在安装数据库的时候（他们通常不知道自己在干什么）包含了引号，否则创建的数据库会太小，也有可能产生此时很容易处理的其他可能性错误，这是笔者希望你拥有一个好的技术支持部的一点建议。

我们将建立脚本以创建可以与 Northwind 一起运行的数据库对象。因安全起见，我们称这个数据库对象为 NorthwindCreate。因为我们感兴趣的是 EXISTS 操作符而不是 CREATE 语句，所以也将尽可能使该语句最短。

```
USE master

GO
```

```
IF NOT EXISTS (SELECT 'True' FROM INFORMATION_SCHEMA.SCHEMATA WHERE
   CATALOG_NAME = 'NorthwindCreate')
BEGIN
   CREATE DATABASE NorthwindCreate
   ON
   ( NAME = NorthwindCreate,
     FILENAME = 'c:\Program Files\Microsoft SQL
Server\mssql\data\NorthwindCreate.mdf' )
END
ELSE
BEGIN
   PRINT 'Database already exists. Skipping CREATE DATABASE Statement'
END
GO
```

第一次运行的时候，不存在 NorthwindCreate 数据库（除非在这之前你已经创建了叫该名字的一些对象），因此你会得到一些反馈信息：

The CREATE DATABASE process is allocating 0.63 MB on disk 'NorthwindCreate'.

The CREATE DATABASE process is allocating 0.49 MB on disk 'NorthwindCreate_log'.

数据库看起来比较小，因为我们没有指定具体尺寸，所以文件将基于 Model 数据库的大小而创建。实际上，你最好指定哪种尺寸合适。

现在第二次运行脚本，产生变化如下所示：

Database already exists. Skipping CREATE DATABASE Statement

可见我们已经添加了一个使产品安装更加简单的小脚本，这可能使最终用户来购买你的最新产品。可喜的是，我们已经有了一个完整的脚本。

实际上，EXISTS 是一个非常方便的关键词，它可以使一些查询运行更快，而且可以简化一些查询和脚本。

在传统思想上容易产生另一个误区。虽然 EXISTS 是一个有效的结构并在大量查询中剔除了其他选项，但并非一直如此。例如，衍生表查询的例子也可以用一组 EXISTS 操作符来编写（每个产品一条）。尽管衍生表的运行速度刚好快两倍，但这明显不符合规则，EXISTS 在关心性能的时候通常胜过衍生表。记住，有时要打破常规。

13.4.5 混合数据类型 CAST 和 CONVERT

我们经常使用 CAST 和 CONVERT 函数。实际上，我们已经在全书的许多地方简要讨论了这两种函数。现在似乎是看看这两个函数的最好时机。

CAST 和 CONVERT 都能执行数据类型的转换。在大多数情况下，它们完成的功能相同，但 CONVERT 能提供一些日期格式转换而 CAST 不能。

问题很快就产生了：如果 CONVERT 完成了 CAST 所完成的任务而且 CONVERT 也提供了日期转换，那么为什么还要使用 CAST？答案很简单：ANSI 兼容性。CAST 与 ANSI 兼容，而 CONVERT 则与 ANSI 不兼容。

下面分别看一看它们的语法。

CAST (*expression* AS *data_type*)

CONVERT(*data_type*, *expression*[, *style*])

虽然大家对优先采用哪个函数以及 CONVER 上的附加格式选项（具有 Style 参数）还存在一些争议，但它们的语法基本一样。

当 SQL Server 不能执行隐式转换的时候，CAST 和 CONVERT 可以处理你需要的大范围数据类型转换，例如把数字转换成字符串是非常普通的。举例如下：

```
USE Northwind
SELECT 'The Customer has an Order numbered ' + OrderID
FROM Orders
WHERE CustomerID = 'ALFKI'
```

将产生一个错误信息：

Server: Msg 245, Level 16, State 1, Line 1

Syntax error converting the varchar value 'The Customer has an Order numbered ' to a column of data type int.

但已改变代码为首先执行数字转换：

```
USE Northwind
SELECT 'The Customer has an Order numbered ' + CAST(OrderID AS varchar)
FROM Orders
WHERE CustomerID = 'ALFKI'
```

结果就不一样：

```
----------------------------------------
The Customer has an Order numbered 10643
The Customer has an Order numbered 10692
The Customer has an Order numbered 10702
The Customer has an Order numbered 10835
The Customer has an Order numbered 10952
The Customer has an Order numbered 11011

(6 row(s) affected)
```

这种转换很直观。假设你希望转换 timestamp 列为常规的数字，因为 Timestamp 是一个二进制数字，所以转换不是问题。

```
CREATE TABLE ConvertTest
(
  ColID   int   IDENTITY,
  ColTS   timestamp
)

INSERT INTO ConvertTest
  DEFAULT VALUES

SELECT ColTS AS "Unconverted", CAST(ColTS AS int) AS "Converted"
FROM ConvertTest
```

产生结果如下（实际数据将有所改变）：

(1 row(s) affected)

Unconverted   Converted
-------------   -------------
0x00000000000000C9 201

(1 row(s) affected)

也可以转换日期：

```
SELECT OrderDate, CAST(OrderDate AS varchar) AS "Converted"
FROM Orders
WHERE OrderID = 11050
```

结果如下（根据系统对日期的设置，具体的格式可能会改变）：

OrderDate   Converted
----------------------   --------------------
1998-04-27 00:00:00.000   Apr 27 1998 12:00AM

(1 row(s) affected)

CAST 能执行日期转换，但你无法控制 CONVERT 的日期转换格式。例如：

```
USE Northwind
SELECT OrderDate, CONVERT(varchar(12), OrderDate, 111) AS "Converted"
FROM Orders
WHERE OrderID = 11050
```

产生结果如下：

OrderDate   Converted
--------------   ---------------
1998-04-27 00:00.00   2000/10/11

(1 row(s) affected)

这与 CAST 所完成的任务有所不同。实际上，我们可以转换成 34 位不带世纪数位（2 位）或带世纪数位（4 位）的年份格式。例如：

```
USE Northwind
SELECT OrderDate, CONVERT(varchar(12), OrderDate, 5) AS "Converted"
FROM Orders
WHERE OrderID = 11050
```

产生结果如下：

OrderDate   Converted
----------------------   -------------
1998-04-27 00:00:00.000   27-04-98

(1 row(s) affected)

需要在 CONVERT 函数后面提供一行代码（前面例子中的 111 是日本标准，含有世纪年份格式；5 代表意大利标准，不含有世纪年份格式）来说明你希望采用哪种格式。任何在 100 年之外的年份都是带世纪格式，任何少于 100 年的年份都是不含世纪格式的。从联机手册上，可以找到 COMVERT 或 CASE 的可用的格式。

13.4.6　性能考虑

在本章中，我们已经接触到了宏观的“什么是最好要做的事情”的问题，但是与往常一样，并不是如此简单。笔者在这里希望为你的查询提供一些性能问题需要考虑的快速参考意见。以帮助你尽量写出好的查询。

这部分将要讨论的问题是常用的方法，这句话在这里非常有效。在 SQL 中很少有规则能 100%正确，但在完全异常的世界中，SQL 不得不成为异常处理世界的顶点，当你试图描述 SQL Server 的性能时，异常处理就是小巫见大巫的问题。

简而言之，你需要测量给定查询的性能的重要性。如果性能要求非常严格，那么就不要过于拘泥于这些规则。相反，用它们当作一个起点，然后反复测试。

联接与子查询？这是本章早期提到的问题，笔者曾经就此问题与同事展开了激烈的争论。你可以想象，当两个人都有这样的信念并有这样的对照观点以后，两者在某种程度上都达到了共识（无论对错，都采用了相同的观点）。

有关子查询的长期存在的传统观点总是教育你最好不要使用联接（如果能做到），这是绝对正确的。实际上，这由大量的因素决定。表 13-4 列出了性能依赖的一些问题，哪个使用联接、哪个使用子查询，或者什么都可以。

表 13-4　使用联接或子查询的情况

状　　况	支　　持
从子查询中返回的值将与外部查询中的每一行相同	预查询。声明变量，然后给变量选择需要的值，允许执行一次自己的子查询，而不是在外部表中为每条记录都执行一次子查询
两张表都相对小（也就是说 10 000 记录或者更少）	子查询。虽然笔者不知道确切的原因，但已经过多方测试，而且每次子查询都具有相当的优势。笔者猜测问题在于查询与联接之间谁的过量开销更小
在考虑了所有标准之后，匹配操作将只返回一个值	子查询。再次，与联接整张表相比，其过量开销更小，而且只找到一条记录，并取代它
在考虑了所有标准之后，匹配操作将只返回相关的很少值，而且在查找列上没有索引	子查询。单个查询或一些查询通常将比杂乱的联接占用的过量开销更少
查找表相对较小，但基表很大	如果可以应用，就采用嵌套子查询；如果与关联子查询比较，就采用联接。对子查询，查找工作将执行一次，而且过量开销相对较小。但是，你多次循环关联子查询——此时，联接就是最好的选择

（续表）

状　况	支　持
关联子查询与联接	联接。内在地，关联查询将会创建嵌套循环。这会产生一些过量开销，在大部分实例中，子查询本质上比游标要快，但是比其他可以使用的选项要慢
使用衍生表	典型地，衍生表会产生大量的过量开销，所以处理时要谨慎。要记住的是，它们都运行一次，然后都放在内存中，所以，大部分的过量开销都在初始创建中产生，而且大量的结果集缺少索引。由实际情况决定它们的速度快慢。在这编码之前先多思考这些问题
使用 EXISTS	EXISTS。它并不一定要处理多次查找，一旦为特定的行找到了一个匹配行，就自动移到下一个查询中，这可以大大减少过量开销

这些内容只是要点。实际上，不同的混合可能性和附加情况也是没完没了的。

难以强调有多重要，当你有所怀疑，甚至在你不怀疑而只关心性能的时候，对问题的竞争性解决方案要进行合理的测试。大部分时间中，地毯式规则会很好，但也有例外。通过执行合理的测试，你能确定自己做出了最好的选择。

此版本已停止使用英文查询。无法安装或升级英文查询。如果你对包含英文查询的 SQL Server 2000 安装进行升级，则英文查询不会受影响。

13.5 小　结

本章围绕高级查询探讨了在 SQL Server 2005 中如何集成 XML 技术，并探讨了在本机中如何使用 XML Web 服务，介绍了公共语言运行方面的知识和高级查询的知识，从而对 SQL Server 2005 下的.NET 开发有一个完整的认识，下一章将介绍数据仓库方面的内容。

14

数据仓库

随着全球性竞争的加剧，越来越多的企业认识到正确及时的决策是企业生存和发展的关键所在。因此，充分利用现代信息技术，自动、快速获取有用的决策信息，为企业提供快速、准确的决策支持，已成为大多数成功企业的共识。

数据仓库的出现，给企业带来更好的发展动力。数据仓库一词最早出现于 20 世纪 90 年代初，目前已趋于成熟。据 IDC 调查，数据仓库的平均投资回报率在 401%。另据调查，幸福 500 中已经有 85%的企业建成或正在建立数据仓库。数据仓库与 Internet 一样，正在成为最快的 IT 增长点。

根据 Bill.Inmon 的定义：数据仓库是面向主题的、集成的、稳定的、随时间变化的，主要用于决策支持的数据库系统。读者可以将数据仓库理解为在企业管理和决策中，面向主题的、集成的、与时间相关的、不可修改的数据集合。数据仓库是一个环境，而不是一件产品，提供用户用于决策支持的当前和历史数据，这数据在传统的操作型数据库中很难或不能得到。数据仓库技术是为了有效地把操作数据集成到统一的环境中，以提供决策型数据访问的各种技术和模块的总称。其所做的一切都是为了让用户更快更方便查询所需要的信息，提供决策支持。

市场的激烈竞争和管理过程的复杂性，决定了一个企业为了生存与发展，就需要对客户关系、市场营销、产品工程、投资分析等方面的历史数据进行提取与分析，从中找到对企业进一步发展有价值的潜在信息。不仅如此，数据仓库还能够把企业的内部数据和外部数据进行有效集成，为企业各层决策提供数据依据。尽管企业已经有了大量的数据积累，但是企业现有的系统不能提供更多的决策信息，通过构造一种体系化的数据存贮环境，将分析决策所需的大量数据从传统的操作环境中分离出来，使分散的、不一致的操作数据转换成集成的、统一的信息，从而为市场营销和客户分析提供基本的信息源和辅助工具，并实现对产品、部门、机构的利润与成本分析，规范管理流程、优化业务处理、提高资本利用率。

数据仓库的构架由三部分组成：数据源、数据源转换/装载形成新数据库、OLAP（On-line Analytical Processing，联机分析处理）。数据仓库的实施过程大体可分为 3 个阶段：数据仓库的项目规划、设计和实施、维护调整。

从数据仓库的构架和实施过程出发，数据仓库的构建可以分为以下几个步骤：

- 明确目标，统筹安排　根据企业的发展目标和市场变化规律，用战略发展的眼光，创立一个信息架构方案，使公司的商业目标与所需要的数据保持一致。
- 统一规划，分步实施　建设和维护一个企业数据仓库，是一项费时费力、投资大的工程。所以应该先设计好一个整体信息架构，制定出分期实施计划，然后再逐步实施，重点放在重要的商业事件所需要的数据中心或数据传递机制上。

- 构造技术环境、建立支撑平台　建立技术环境，选择实现数据仓库的软、硬件资源，包括开发平台、DBMS、网络通信、开发工具、终端访问工具以及建立服务水平目标（可用性、装载、维护及查询性能）的选择等。
- 建好模型，选好工具　通过数据模型的构建，企业可以从中得到完整而又清晰的描述信息，数据模型为企业多应用的数据源提供统一的标准。模型的设计需要企业信息工作人员与业务人员紧密配合，规划出对企业有实际价值的应用模型，这个模型要具有一定的智能性，能够根据实际业务的发展不断调整自身的参数，最终找到企业运作过程中的规律，从而为企业带来效益。
- 加强管理，搞好维护　数据仓库的安全问题不容忽视，通过操作系统和数据库的安全机制，加强数据仓库操作权限的管理。对数据仓库中的相关数据及时备份，并利用 RAID 配置备份数据仓库，以提高数据仓库的安全性和可用性。

在商业上，利用所有可能的数据快速而正确地做出决策；用户是业务领域的专家，而不是计算机专业人员；企业数据每 18 个月翻一番，需要有一种有效的访问这些数据的方法；在商业智能和有利用效企业数据方面，竞争正在加剧。技术上，计算机的计算能力越来越强壮（MIPS 价格的下跌）；存储介质的价格下跌。随着网络带宽的增长，网络的传输能力越来越便宜；整个企业的计算机环境越来越复杂，各个时代、各个不同厂家的应用系统同时存在；新的应用要访问其他应用的数据。因此，企业建立自己的数据仓库的时机也日趋成熟。

本章将要讨论的内容有：

- 数据仓库的基本概念。
- 数据仓库建模技术。
- 仓库的结构设计。
- 数据仓库的开发过程。
- 数据仓库元数据管理。

14.1 基本概念

在 SQL Server 2005 中，数据仓库的构建与分析涉及许多基本概念，主要包括：多维数据集、维度、度量值、元数据、级别、数据挖掘、多维 OLAP、关系 OLAP、混合 OLAP、切块、切片、数据钻取和数据挖掘模型。有关数据挖掘模型的知识，请参阅《数据挖据概念的技术》一书。

多维数据集是联机分析处理（OLAP）中的主要对象，是一项可以对数据仓库中的数据进行快速访问的技术。多维数据集是一个数据集合，通常从数据仓库的子集构造，并组织和汇总成一个由一组维度和度量值定义的多维结构。

维度是多维数据集的结构性特性，它们是事实数据表中用来描述数据分类的有组织层次结构（级别），这些分类和级别描述了一些相似的成员集合，用户将基于这些成员集合进行分析。

在多维数据集中，度量值是一组值，这些值基于多维数据集的事实数据表中的一列，而且通常为数字。此外，度量值是所分析的多维数据集的中心值，即度量值是最终用户浏览多维数据集时重点查看的数字数据。你所选择的度量值取决于最终用户所请求的信息类型，一些常见的度量值有 sales、cost、expenditures 和 production count 等。

不同 OLAP 组件中的数据和应用程序的结构模型。元数据描述 OLTP 数据库中的表、数据仓库和数据集市中的多维数据集这类对象，还记录哪些应用程序引用不同的记录块。

级别是维度层次结构的一个元素，描述了数据的层次结构，从数据的最高（汇总程度最大）级别直到最低（最详细）级别。

数据挖掘使你得以定义包含分组和预测规则的模型，以便应用于关系数据库或多维 OLAP 数据集中的数据。之后，这些预测模型便可用于自动执行复杂的数据分析，以找出帮助识别新机会并选择有获胜把握的机会的趋势。

- 多维 OLAP（MOLAP）存储模式使得分区的聚合和其源数据的复本以多维结构存储在分析服务器计算机上。根据分区聚合的百分比和设计，MOLAP 存储模式为达到最快查询响应时间提供了潜在可能性。总而言之，MOLAP 更加适合于频繁使用的多维数据集中的分区和对快速查询响应的需要。
- 关系 OLAP（ROLAP）存储模式使得分区的聚合存储在关系数据库的表（在分区数据源中指定）中。可以为分区数据使用 ROLAP 存储模式，而不在关系数据库中创建聚合。
- 混合 OLAP（HOLAP）存储模式结合了 MOLAP 和 ROLAP 二者的特性。
- 粒度是数据汇总的层次或深度。
- 聚集是预先计算好的数据汇总，由于在问题提出之前已经准备了答案，聚集可以改进查询响应时间。

由多个维的多个成员限定的分区数据称为一个切块，由一个维的一个成员限定的分区数据称为一个切片。

最终用户从常规多维数据集、虚拟多维数据集或链接多维数据集中选择单个单元，并从该单元的源数据中检索结果集以获得更详细的信息，这个操作过程就是数据钻取。

数据挖掘使你得以定义包含分组和预测规则的模型，以便应用于关系数据库或多维 OLAP 数据集中的数据。之后，这些预测模型便可以用于自动执行复杂的数据分析，以找出帮助识别新机会并选择有获胜把握的机会的趋势。

14.2 数据仓库的组成

数据仓库主要由以下几个部分组成：

- 数据仓库数据库。
- 数据抽取、数据净化和数据载入。
- 信息发布系统。
- 操作型数据和外界数据。
- 数据集市。
- 报表、查询、EIS 工具。
- OLAP 工具。
- 数据挖掘工具。

数据仓库数据库是整个数据仓库环境的核心，是数据存放的地方并提供对数据检索的支持。相对于操纵型数据库来说，其突出的特点是对海量数据的支持和快速检索技术。

数据抽取工具把数据从各种各样的存储方式中拿出来，进行必要的转化、整理，再存放到数据仓库内。对各种不同数据存储方式的访问能力是数据抽取工具的关键，应能生成COBOL 程序、MVS 作业控制语言（JCL）、UNIX 脚本、和 SQL 语句等，以访问不同的数据。数据转换都包括：删除对决策应用没有意义的数据段，转换到统一的数据名称和定义，计算统计和衍生数据，给缺值数据赋给缺省值，把不同的数据定义方式统一。

信息发布系统把数据仓库中的数据或其他相关的数据发送给不同的地点或用户。基于Web 的信息发布系统，是对付多用户访问的最有效方法。

元数据是描述数据仓库内数据的结构和建立方法的数据，可以将其按用途不同分为两类：技术元数据和商业元数据。技术元数据是数据仓库设计和管理人员用于开发管理日常数据仓库时所用的数据。包括：数据源信息，数据转换的描述，数据仓库内对象和数据结构的定义，数据清理和数据更新时用的规则，源数据到目的数据的映射，用户访问权限，数据备份历史记录，数据导入历史记录，信息发布历史记录等。

商业元数据从商业业务的角度描述了数据仓库中的数据。包括业务主题的描述：数据、查询、报表。元数据为访问数据仓库提供了一个信息目录（information directory），这个目录全面描述了数据仓库中都有什么数据，这些数据怎么得到的以及怎么访问这些数据等问题。它是数据仓库运行和维护的中心，数据仓库服务器利用它来存贮和更新数据，用户通过它来了解和访问数据。

数据集市（Data Marts）是为了特定的应用目的或应用范围，而从数据仓库中独立出来的一部分数据，也可称为部门数据或主题数据（subject area）。在数据仓库的实施过程中，往往可以从一个部门的数据集市着手，以后再用几个数据集市组成一个完整的数据仓库。需要注意的是在实施不同的数据集市时，同一含义的字段定义一定要相容，这样在以后实施数据仓库时才不会造成大麻烦。

访问工具为用户访问数据仓库提供手段。有数据查询和报表工具，应用开发工具，管理信息系统（EIS）工具，在线分析（OLAP）工具以及数据挖掘工具。

数据仓库管理包括安全和特权管理，跟踪数据的更新，数据质量检查，管理和更新元数据，审计和报告数据仓库的使用和状态，删除数据，复制、分割和分发数据，备份和恢复以及存储管理。

14.3 数据仓库建模技术

实际上，笔者在第 2 章已经使用了大量篇幅探讨了有关数学建模的问题，这里要探讨的是如何建立数学模型。

14.3.1 数据仓库建模原则

模型是对现实事物的反映和抽象，可以帮助我们更加清晰地了解客观世界。数据仓库建模在业务需求分析之后开始，是数据仓库构造工作正式开始的第一步，正确而完备的数据模型是用户业务需求的体现，也是数据仓库项目成功与否最重要的技术因素。

医院信息系统具有业务复杂、机构复杂、系统庞大的特点，因此其数据仓库建模必须考虑多方面的问题，但本着“满足用户需求、兼顾效率与粒度、支持需求变化、减少对业务系统的影响、可扩展”等原则进行。

医疗行业的业务流程十分复杂，数据仓库系统涉及的业务用户众多，在进行数据模型设计的时候，必须兼顾不同业务产品、不同业务部门、不同层次、不同级别用户的信息需求。

数据仓库应该支持单位的各种业务，比如对医疗行业应该考虑收费管理、财务管理、患者信息、物资管理、药品管理等不同业务的特点。不同的业务部门对信息的需求各有不同，应考虑各个部门的需要。不同层次的组织所关心的信息不同，数据模型应支持社区医院、中心医院和总医院的信息需求。医疗企业是知识密集型的企业，知识密集型企业的显著特征是单位员工分类复杂，数据仓库必须支持所有相关员工的信息需求，包括医院领导、中层领导和普通员工。

数据粒度和查询效率从来都是矛盾的，细小的数据粒度可以保证信息访问的灵活性，但同时却降低了查询的效率并占用大量的存储空间，数据模型设计必须在这矛盾的两者中取得平衡，优秀的数据模型设计既可以提供足够详细的数据支持，又能够保证查询的效率。

用户信息需求随着市场的变化而变化，所以需求的变化只有在市场竞争停顿的时候才会停止，而且随着竞争的激烈化，需求变化会越来越频繁。数据模型设计必须考虑如何适应和满足需求的变化。

医疗企业的数据仓库系统是一个每天都在长大的庞然大物，它的运行很容易占用很多资源，比如网络资源、系统资源，在进行数据模型设计的时候，也需要考虑如何减少对业务系统性能的影响。

数据仓库系统是一个与企业同步发展的有机体，数据模型作为数据仓库的灵魂，必须提供可扩展的能力。在进行数据模型设计时，必须考虑未来的发展，更多的非核心业务数据（比如人事数据、市场数据、竞争对手数据）等，必须可以方便地加入到数据仓库，而不需要对数据仓库中原有的系统进行大规模的修改。

14.3.2　数据模型的技术功能结构划分

大规模的数据仓库系统，特别是医疗行业数据仓库的数据结构。从技术角度划分应当包含 3 个部分：分段存储区、基础数据仓库和数据集市，如图 14-1 所示。

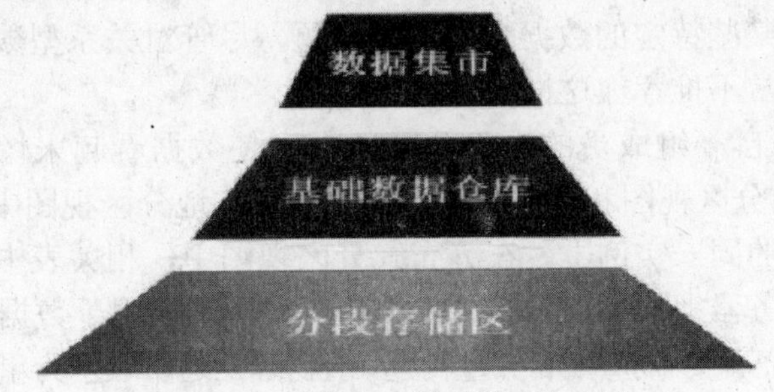

图 14.1　数据仓库数据模型的划分

1. 分段存储区（Staging Area）

由于数据仓库中的数据结构和组织方式具有很大差异，因此所有原始业务系统的数据都必须经过严格地抽取、映射和转换。数据的整合过程变得十分复杂，通常会耗费比较长的处理时间。如果从业务系统直接抽取数据到数据仓库，则必定会占用许多业务系统的资源和时间，为了避免影响业务系统的运行，我们在数据模型设计中引入分段存储区的概念。

分段存储区（Staging Area）是为了保证数据移动的顺利进行而开设的阶段性数据存储空间，它是业务系统原始数据进入数据仓库前的缓存区。需要进入数据仓库的各个业务系统的数据，首先直接快速传输到分段存储区，再从分段存储区经过清洗、转换、映射等复杂的数据移动处理，转移到目标数据仓库中。从业务系统到分段存储区的数据传输，应尽量避免进行复杂的数据处理，以保证数据的快速导入而尽量减小对业务系统造成的压力。分段存储区的数据有关系数据库和文件两种不同存储方式，它们分别对应于不同运营系统的数据源。数据成功导入数据仓库之后，应清空分段存储区中的数据。

在数据仓库系统的运行和使用过程中，分段存储区的作用主要体现在以下几个方面：

- 可以减少对业务系统资源的占用，避免复杂数据转换对业务系统的影响。
- 根据经验，跨越网络特别是广域网络的数据库操作会大大降低数据处理的效率，而且处理的复杂程度越高，网络对处理效率的影响越严重，分段存储区可以大大加速数据仓库后台数据处理过程的实现。
- 分段存储区作为数据缓存区，可以在一定程度上屏蔽业务系统变化对数据移动整合系统的影响。
- 如果在数据处理过程中发生系统故障，那么作为数据仓库系统的备份数据，可以直接从分段存储区进行数据仓库数据恢复，而不必再从业务系统原始数据开始。

关系型数据仓库和分析服务多维数据集都支持数据分区。分区的逻辑概念在 SQL Server 的两个引擎中是相同的：通过键（例如日期）对数据进行水平分区。在关系型数据库中，分区是通过创建单独的物理表（例如为每个月的数据创建一个表）并且定义一个成员表的联合视图来实现的。与此类似，SQL Server Enterprise Edition 中的分析服务支持显式的多维数据集分区。在关系型数据库和联机分析处理 (OLAP) 引擎中，物理存储的复杂性对于分析用户是不可见的。

数据仓库分区可以大大缩短查询时间、减少加载时间，改善数据库的可维护性，并解决从活动数据库中删除旧数据时出现的数据修剪问题。

因为有效的分区计划可以极大地改善查询性能，所以我们极力建议你对大型分析服务系统进行分区。对于某些特定的数据仓库维护问题，尽管对关系型数据仓库进行分区是有效的解决方案，但通常不推荐你这样做。

分区视图联接来自一组成员的水平分区数据，使数据看起来像来自同一张表。SQL Server 2005 区分本地分区视图和分布式分区视图。在本地分区视图中，所有相关表和视图驻留在 SQL Server 的同一实例上。在分布式分区视图中，相关表中至少有一张表驻留在其他某个（远程）服务器上。建议你不要将分布式分区视图用于数据仓库应用程序。

矢量数据仓库围绕事实（标量）和矢量构建，从物理上通常表示为星形架构和雪花形架构，极少有同时包含事实和矢量的完全非正交化的平面表。由于矢量架构是最常见的关系型数据仓库结构，本节集中讨论这类架构的分区。下面的建议也适用于其他通用数据仓库架构。

许多数据仓库管理员会定期地将陈旧的数据归档。例如，一个单击流数据仓库可能只将详细数据联机保留 3～4 个月，而其他常见的规则可能是联机保留 13～37 个月或 10 年，当旧数据不在活动窗口中时就归档并从数据库中删除，这种滚动窗口结构是大数据仓库通常采取的做法。

在没有分区表的情况下，从数据库中删除旧数据的进程需要一个很大的 DELETE 语句，例如：

```
DELETE FROM fact_table
WHERE date_key < 19990101
```

执行该语句的开销会非常大，可能比同一张表的加载进程需要更多的时间。相反，对于分区表，管理员重新定义 UNION ALL 视图以排除最旧的表，然后将该表从数据库中删除（假设已确保备份该表），这个过程几乎可以在瞬间完成。

后面我们会讨论到维护分区表的费用也很高。如果数据修剪是采用分区的唯一原因，那么设计者应考虑以数据分解的方式从未分区的表中删除旧数据。在低优先级进程上连续运行一个每次删除 1000 行（用 set rowcount 1000 命令）的脚本，直至删除所有希望删除的数据。该技术可以在大系统上有效运用，比创建必要的分区管理系统更为直接。根据加载量和系统使用状况，该技术适合于某些系统，并应该考虑在系统上进行基准测试。

加载数据最快的方法是将数据加载至空表或没有索引的表。通过加载至较小的分区表，渐变加载进程的效率将大大提高。

一旦已建成支持分区的数据仓库分段应用程序，那么整个系统将变得容易维护。维护活动（包括加载数据、备份和还原表）可以并行地执行，这样可以极大地改善性能。渐变填充下行数据流多维数据集的进程可以被加速和简化。

查询速度不应该作为对数据仓库关系型数据库进行分区的理由。对于分区和未分区的事实表，查询性能都差不多。在正确设计的分区数据库中，关系引擎仅在查询计划中包括解析查询所需的相关分区。例如，如果数据库按月分区，查询条件为 2000 年 1 月，则查询计划仅包括 2000 年 1 月的分区。结果查询将对分区表正确执行，与在分区键上带有簇索引的已索引合并表上执行大体相同。

分区的主要缺点是，需要管理员创建应用程序来管理分区。在尚未设计、测试和试运行应用程序来管理分区之前，将在关系型数据库中使用水平分区的数据仓库投入正式运行是不恰当的。

要获得最佳的查询性能，所有的查询都应将条件直接放在事实表中的筛选键上，而把约束放在第二张表（例如以日期为矢量的表）的查询将包括所有分区。

典型情况下，矢量数据仓库的管理员仅对事实表进行分区，对矢量表进行分区几乎没有什么好处。在某些情况下，对包含多于 1000 万个成员的大型矢量表进行分区会有些好处。也可以对非矢量关系型数据仓库进行分区，本文中的一般观点仍然适用。

只有充分考虑系统体系结构和设计目标，才能制订有效的分区计划。即使使用相同的架构设计，仅用于填充服务分析多维数据集的关系型数据仓库也可能采用一个不同于分析员直接查询的数据仓库的分区结构。带有滚动窗口的系统必须按时间分区，其他系统则不一定。当数据仓库包括分析服务多维数据集时，Microsoft 建议关系型数据仓库和分析服务数据库中的分区应该为并行结构。维护应用程序被简化了：应用程序在关系型数据库中创建新表的同时创建一个新多维数据集分区。管理员仅需要掌握一种分区策略。不过，一个应用程序也可能有充分的理由对两个数据库以不同方式进行分区，唯一降低的将是数据库维护应用程序的复杂性。

SQL Server 数据库中的分区表，可以使用可更新的或可查询（不可更新）的分区视图。在两种情况下，表分区都是由每个分区都包含正确数据的 CHECK 约束来创建的。一个可更新的分区视图支持对视图进行 INSERT（UPDATE 或 DELETE）操作，并将操作推入至正确的基础表，这很有益处。但数据仓库应用程序通常需要进行批量加载，而这是无法通过视图执行的。

以下代码示例用来说明定义成员表和联合视图，以及将数据插入视图的语法：

```
-- 创建 2006 年事实表
CREATE TABLE [dbo].[sales_fact_20060101] (
[date_key] [int] NOT NULL
CHECK ([date_key] BETWEEN 20060101 AND 20061231),
[product_key] [int] NOT NULL ,
[customer_key] [int] NOT NULL ,
[promotion_key] [int] NOT NULL ,
[store_key] [int] NOT NULL ,
[store_sales] [money] NULL ,
[store_cost] [money] NULL ,
[unit_sales] [float] NULL
)
ALTER TABLE [sales_fact_20060101]
ADD PRIMARY KEY (
[date_key], [product_key], [customer_key], [promotion_key], [store_key])
;
-- 创建 2007 年事实表
CREATE TABLE [dbo].[sales_fact_20070101] (
[date_key] [int] NOT NULL
CHECK ([date_key] BETWEEN 20070101 AND 20071231),
[product_key] [int] NOT NULL ,
[customer_key] [int] NOT NULL ,
[promotion_key] [int] NOT NULL ,
[store_key] [int] NOT NULL ,
[store_sales] [money] NULL ,
[store_cost] [money] NULL ,
[unit_sales] [float] NULL
)
ALTER TABLE [sales_fact_20070101]
ADD PRIMARY KEY (
[date_key], [product_key], [customer_key], [promotion_key], [store_key]
```

2. 基础数据仓库（BaseLine）

基础数据仓库存储所有最详细的业务数据。该层数据直接来源于对分段存储区数据的清洗和加工，属于未经汇总的数据，但数据的组织方式可能已经完全不同于原始的业务系统。根据业务需求的不同，基础数据仓库的组织形式以第三范式模型为主，在有的系统中也可能采用星型或雪花模型。

在金融企业的数据仓库系统中，基础数据仓库数据通常包括未经汇总的客户交易数据、用户资料数据、客户服务数据等，此外一些相关数据（比如网络利用、竞争对手、成本投资数据）也被包括在内。由于基础数据仓库数据是对原始业务数据的原形再现，所以数据量会非常庞大，根据不同业务的需要，数据保留的时间在 6 个月到两年不等。

3. 数据集市（Data Mart）

根据业务需求将数据仓库数据分类成几个不同的数据集市，每个数据集市完成不同的分析和查询需求，数据集市中的数据通常由基础数据仓库的详细数据聚合而来，根据数据聚合程度的不同包含轻度聚合、中度聚合和高度聚合三种不同的层次。汇总的方式将依据数据量的大小和使用频度综合考虑。

14.3.3 概念模型

数据模型设计的第一步是对用户需求的归纳，需要综合考虑业务划分和用户组织两方面的问题。在明确需求的基础上，可以进行逻辑数据模型的设计，大致需要分为 3 个步骤：

高层模型设计即概念模型设计，确定数据仓库的主要主题及相互关系。中层模型设计，明确各主题域的实体。底层模型设计明确各个实体的属性。

概念模型的意义在于体现用户需求和基本的数据组织结构，在实际模型设计过程中，可能需要根据实际的业务情况进行模型的拆分。

详细业务数据是数据仓库的基础，对于医疗企业来说，对业务发展宏观情况的把握是比详细的患者分析更为迫切的需求，所以在初期任何金融行业数据仓库的应用都以对聚合数据的分析为主。聚合数据存储在数据集市中，数据集市的数据直接通过查询工具提供给最终用户，所以数据集市的设计直接关系到数据仓库应用的成败，因此数据集市的设计是数据模型设计最重要的环节。数据集市的数据结构可以按照数据粒度和数据所体现的业务范围划分。

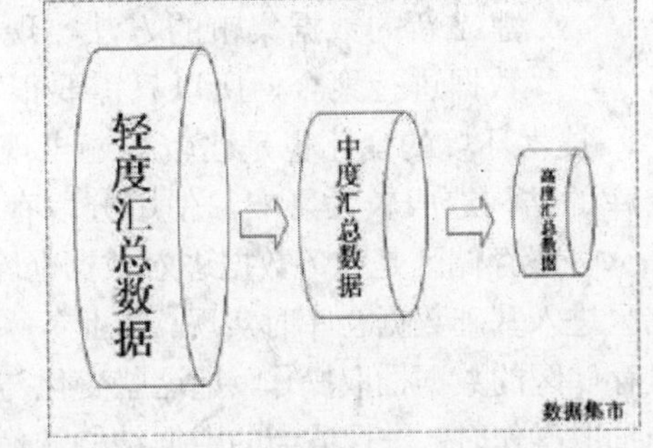

图 14-2　按照数据粒度划分的数据集市结构

数据集市按照数据粒度的大小可以划分为 3 个部分：轻度汇总、中度汇总、高度汇总。汇总程度越高，数据粒度越大，数据在线保留时间越长，所体现的业务事实越宏观，如图 14-2 所示。

轻度汇总数据可以支持很多对客户个体的业务分析，比如从基础数据仓库就诊记录汇总生成每个患者一段时间的病程记录；中度汇总数据在业务分析中经常被用到，大多数情况用于对宏观客户群体的业务分析，比如制定保费政策时，可以通过中度汇总数据了解不同险种不同时间的发展和收益情况。高度汇总数据用于了解保险公司业务整体的运营和发展情况。在实际模型的设计中，可以根据用户需求决定针对不同的业务采用不同的数据粒度。

按照业务进行数据集市结构的划分，可以把数据集市从总体上分为两个模块：综合业务分析模块和独立业务分析模块。综合业务分析主要面向单位整体业务的分析，从综合业务分析可以了解单位的用户构成情况、医疗收入发展情况、病种分析情况、资产负债情况、历年情况。从综合业务模块可以了解各个业务的总体发展情况，但由于各个业务属性的差异，详细的业务分析必须进入独立业务分析模块。由于业务的差异性，不同角色所关心的信息也不尽相同，所以各个业务在独立业务分析模块构成不同的分析主题。除此之外，对有共性的业务进行综合构成综合的业务分析主题。

14.3.4 发展与扩充

数据仓库数据模型的设计在满足目前业务需求的基础上，必须考虑未来的业务情况和需求，需要认真考虑以下两方面的问题：

- 适应未来业务需求和技术环境的改变。
- 数据仓库本身涉及业务范围的扩展。

分段式数据仓库结构可以大大提升数据仓库适应变化的能力。未来可能对数据仓库产生影响的变化无外乎两种：

- 业务需求的变化引致对信息需求的变化。
- 技术环境的变化。

根据用户需求变化的程度和对数据仓库系统的影响可分为两个不同的层次：可自适应的变化和需要调整的变化。可自适应的变化即信息需求虽然有所变化，但利用已经存储在数据集市中的数据仍然可以支持，需要改变的只是数据访问和信息展现的方式，这不需要对数据仓库的数据结构进行修改就可以实现。进行数据模型设计时，在保证查询效率的前提下，要尽量使各个业务主题满足最多的信息需求。需要调整的变化即数据集市的数据虽然无法满足信息的需求，但可以从基础数据仓库中获得数据，针对这样的变化有两种处理方法：

- 如果这个变化只是偶尔出现，可以直接从基础数据仓库的数据中进行数据的查询和分析，这样可能会牺牲一些性能，但不需对数据仓库的结构和数据模型进行修改。
- 另一种方法是针对以后将频繁使用的新业务需求，可以采取修改现行数据集市和建立新的数据集市的方法实现，由于数据集市只是对基础数据仓库中相关的详细数据进行聚合，所以只需要很小的工作量就可以调整数据仓库实现新的需求。

技术环境的变化也是比较普遍出现的变化，比如业务系统的升级或迁移，可能对数据仓库的结构造成较大影响，使用分段存储区和基础数据仓库可以把这种风险降到最小。

分段存储区是业务数据进入数据仓库之前的缓存区，复杂的数据转换、清洗工作在分段存储区进入基础数据仓库时实现。当业务系统的数据结构发生变化时，可以利用从业务系统到分段存储区的数据抽取操作，把这些变化与数据清洗转换操作隔离，即在对新的业务系统进行数据抽取操作时，进行适当的数据结构转换，使分段存储区中的数据与原来保持一致，避免对数据仓库的数据结构和主要的后台处理程序造成影响。从业务系统到分段存储区的数据抽取程序，只需十分简单地修改就可以实现需要的功能。元数据管理系统可以大大提高数据仓库系统适应变化的能力。元数据记录数据仓库过程中设计的业务规则、数据结构、数据移动规则等，一旦上述某一点发生变化，则可以通过元数据管理工具，进行影响分析，定位需要修改的目标。

14.4 数据仓库逻辑建模

14.4.1 存储内容

各业务系统需要存储的内容各不相同，本章只能以商业银行的例子予以说明。

目前各商业银行都已经建设或者开始建设各自的数据仓库系统，期望能够将分散在已有各种会计系统、国际结算系统、资金系统、信贷系统和信用卡等系统中大量、完整的数据进行有效的整合，建立全行范围内数据的单一视图，实现客户关系管理、绩效考核分析、风险管理等应用，真正发挥数据仓库的作用，为银行创造新的价值。

本节将从建设数据仓库系统的目标出发，结合实施数据仓库系统的经验，对应保留的各种客户信息进行分类说明，主要包括内容如图 14-3 所示。

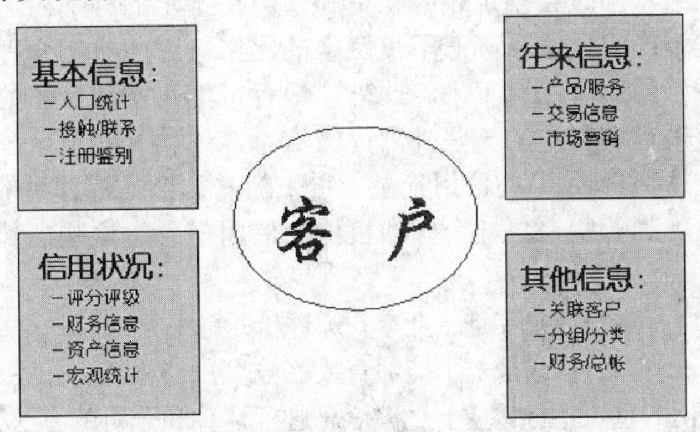

图 14-3　业务系统存储的信息

1. 基本信息

主要记录客户的一些静态信息，能够为银行提供最基本的客户轮廓分析，是实现客户细分的重要基础，同时也为后续进行的各种复杂分析提供数据支持（比如风险管理、目标营销等）。这部分信息又主要分为 3 种：

- 人口统计学信息　银行的客户主要包括个人客户和企业客户两类，他们之间可能有一些共同的属性，包括名称、状态、创建机构、创建时间等，但是由于各自的性质不同，个人客户还需要记录性别、出生年月、婚姻状况、学历、职业等信息；而企业客户则需要存储行业、经济性质、法律类型、企业规模等重要信息。
- 接触、联系信息　银行要和客户进行各种往来，就需要采集客户的各种联络信息，比如住址（家庭地址、通信地址、单位地址等）、电话（住宅电话、办公电话、BP 号、手机、紧急联络电话等）、电子邮箱、网址等。这些信息从某种程度上也是进行客户细分的一种途径（如居住地是富人区的客户通常具有同类的喜好，具有同样住宅电话的几个客户之间可能存在家庭关系），同时也是将来银行提供客户个性化服务的必要支持（如通过发送手机短信提供余额变动提醒服务），尽管目前各银行采集这部分数据比较困难而且质量不一定很好，但的确是客户基本信息中不可或缺的一部分。
- 注册、鉴别信息　银行在为客户开立客户账号的过程中，一个很重要的处理流程就是利用一些可以唯一标识客户的鉴别信息来识别客户，并为其分配唯一客户账号。对于个人客户来说，可能是身份证、护照、军官证、士兵证、回乡证、户口簿、个人驾驶证等，而企业客户则需要记录营业执照、税务登记证、技术监督局代码、企业法人证书代码等重要信息。在数据仓库系统中保留此类信息，可以帮助银行很方便地识别客户，同时便于快速识别有过黑名单和其他不良记录的客户，有效控制风险。

2. 信用状况

银行要实现对客户的全面分析，除了静态的基本信息以外，更重要的还应该包括和客户信用相关的信息，比如：

- 信用评分/评级　每家银行可能都会根据一定的规则，对和本行有信贷往来的客户进行评分评级，同时会指定相关人员和部门在指定的周期内进行回顾，最大程度地保证信贷资产的质量，降低不良资产的比例，因此数据仓库中应该把这类重要的数据质量好的信息保存下来。此外，银行可能为实现全面的客户评价，会利用不同的渠道采集到客户的一些外部评级信息，比如一些上市公司在权威评级机构（比如穆迪、标准普尔）的信用记录。将来随着社会征信体系的建立和完善，银行还可能会采集到一些来自社会评估机构的信用信息，这些也都应该保存在数据仓库系统中。
- 财务信息　进行客户（尤其是企业客户）评价时，很重要的一个方面就是对客户的财务状况进行评价，因为这是一个能够直接影响客户偿还能力，从而导致银行资金流和资产质量变化的重要指标。基于财务信息进行计算和分析的方法很多，但是数据仓库系统应该采用一种灵活的方式来存放可能采集到的各种不同的财务信息。
- 资产信息　客户申请抵押贷款时，银行往往要求客户提供一些拥有资产的证明，同时在发放贷款时加大抵押的力度，最大程度地保证在贷款发生违约时，能够尽可能多地挽回损失。这些客户的资产信息包括所拥有的不动产（住宅、厂房、物业等）、流动资产（现金、证券等）、库存品、珠宝等各种高价值的资产。银行如果能够及时监控这些资产的价值变动，适当配合贷款利率的调整，不失为一种进行风险规避的有效手段。
- 宏观信息　除了客户级别的这些和信用相关的信息以外，要实现全面分析，数据仓库系统中可能还需要根据一些特别的要求存放相关的宏观信息，比如企业所属行业的发展状况、境内有分公司的外商所在国家的经济情况等，这些在商业银行经营管理都是必要而且重要的参考信息。

3. 往来信息

如果说客户的静态基本信息采集在某个时点或者某些时点就可以完成，那么对于银行来说更为重要，发生更为频繁、采集难度最大的就是客户和银行的各种往来信息，例如：

- 购买产品、享受服务　客户会通过各种渠道或者基于自己的某种特殊需要，了解并购买银行的某种金融产品或者使用某种服务，比如在银行开立活期存款，有需要时进行支取；或者将短期暂时不会动用的大额资金存成定期获取高收益；在有大额支出需求时通过银行进行融资。同时还可以利用银行提供的各种服务手段和渠道进行股票、债券的买卖、各种费用的代缴等。整个过程中，客户可能会向银行进行申请，然后双方讨价还价，就各种条款达成协议之后，签订一个正式的合同/协议（标明期限、利率、计息周期等），开立一个核算账户（记录开立日期、币种、余额、利息等）。数据仓库系统保存这些信息，可以更清晰地了解客户对银行提供金融产品和服务的满意度和使用度，例如什么产品通常都被具有什么特征的客户所持有？持有 A 产品的客户往往还持有其他什么产品？下个月到期的人民币

1 年期定期存款有多少？具有什么特征的客户通常容易转成不动户？

- 交易信息　客户开立了账户之后，就可以利用银行的各种渠道以及营业网点进行各种交易了，这种交易是多样化的，可以是在自助设备上进行普通的存取款交易（和账户有关，和钱有关），也可以是通过 call center 进行简单的咨询和投诉（和账户无关，和钱无关），客户还可以通过网上银行对某个账户的余额、交易进行查询（和账户有关，和钱无关）。当然，客户拿着现金在柜台进行的外汇买卖也属于（和账户无关，和钱有关）要记录的交易信息的一部分。
- 市场营销　银行和客户往来最为密切的交易要属市场营销行为。银行是如何定义和规划一个营销事件？客户是否参与到某个市场营销活动中？他在整个活动周期内的表现如何？传统的营销模式都是进行大众营销，现在的市场部分就可以综合利用数据仓库系统记录的各种信息为营销活动提供一个相对比较清晰的目标营销的客户清单，有效提高市场营销的反馈率，降低营销成本。

4. 其他信息

- 客户关联　客户之间的各种复杂关系对于银行来说，是进行风险控制和管理非常必要和重要的信息，比如信用卡附属卡的申请人和持卡人，贷款的联合申请人、大额贷款的担保人等。对于企业来说，集团客户、业务往来频繁的企业（经常有转帐交易发生的两个企业客户）以及主管企业和下属企业之间的这些信息都可以帮助银行进行各种复杂的关联分析，也可以在某企业信用状况恶化或发生违约的概率变大时及时监控与其相关的其他企业，减少银行的各种损失。这些信息同时还可以帮助银行利用交易数据进行反洗钱的侦测。
- 分组/分类　银行出于内部管理的各种需要，比如市场营销、风险管理等，总是希望能够基于各种不同的标准对客户进行分组和分类，当然，在不同时期这些标准和客户所属的分组都会不一样，数据仓库系统应该保存这些分组/分类的历史信息，了解客户的发展趋势。
- 总帐/财务数据　银行的总帐/财务数据虽然不是和客户直接相关，但进行客户盈利分析时，必然会需要一些相关的财务信息，比如成本分摊等计算就需要总帐中相关的成本数据。数据仓库系统为实现全面的客户分析，应保存此类数据。需要注意的是，此类信息的保存应尽量简单，不要期望能够替代或者覆盖功能丰富的财务分析系统。需要明确的是，财务/总帐数据的选择和存储是为了在数据仓库系统中进行客户分析、风险管理、绩效考核。

一个设计良好和全面的数据仓库系统，应该采用一种有效的数据组织方式来存储上述这些重要的信息，并清晰地表达相互之间的关系，准确反映业务应有的规则，真正帮助银行发掘数据的价值，达到信息的有效使用，提供实现各种分析应用的数据支持，为银行创造价值。

14.4.2　逻辑建模

对于传统的 OLTP 系统，我们总是按照其应用来建立它的模型。换言之，OLTP 系统是面向应用的，而数据仓库则一般按照主题（Subject）来建模，它是面向主题的。何谓应用？何谓主题？让我们来看一个简单的例子：

在银行中，一般都有对私（个人储蓄）、对公（企业储蓄）、信用卡等多种业务系统，它们都是面向应用，所支持的交易类型简单而且固定。由于实施的先后等原因，这些系统可能运行在不同的平台上，相互之间没有什么关系，各系统之间的数据存在冗余。比如每个系统中都会有客户的数据，当针对银行建立其数据仓库应用时，要把上述生产系统中的数据转换到数据仓库中来。从整个银行的角度来看，其数据模型不再面向个别应用，而是面向整个银行的主题，比如客户、产品、渠道等。因此，各个生产系统中与客户、产品、渠道等相关的信息，将分别转换到数据仓库中相应的主题中，从而在整个银行的业务界面上提供一个一致的信息视图。

逻辑建模是数据仓库实施中的重要一环，因为它能直接反映业务部门的需求，同时对系统的物理实施有着重要的指导作用。目前较常用的两种建模方法是所谓的第三范式（详见本书第 2.3.4 节）和星型架构（详见《SQL Server 2005 初学者指南》），我们将重点讨论两种方法在数据仓库系统中的适用场合。

星型架构是一种多维的数据关系，它由一个事实表（Fact Table）和一组维度表（Dimension Table）组成。每个多维表都有一个维作为主键，所有这些维组合成事实表的主键，换言之，事实表主键的每个元素都是维表的外键。事实表的非主属性称为事实（Fact），它们一般都是数值或其他可以进行计算的数据；而维大都是文字、时间等类型的数据。

大多数人在设计中央数据仓库的逻辑模型时，都按照第三范式来设计；而在进行物理实施时，则由于数据库引擎的限制，不得不对逻辑模型进行降低范式化处理，以提高系统的响应速度，这当然是以增加系统的复杂度、维护工作量、磁盘使用比率（指原始数据与磁盘大小的比率）并降低系统执行动态查询能力为代价的。

根据数据仓库的测试标准 TPC-D 规范，在数据仓库系统中，对数据库引擎最大的挑战主要是这样几种操作：多表连接、表的累计、数据排序、大量数据的扫描。下面列出了一些 DBMS 在实际系统中针对这些困难所采用的折中处理办法：

- 避免多表连接　在设计模型时对表进行合并，即所谓的预连接。当数据规模小时，也可以采用星型架构，这样能提高系统速度，但增加了数据冗余量。
- 避免表的累计　在模型中增加有关小计数据的项。这样也增加了数据冗余，而且如果某项问题不在预建的累计项内，需临时调整。
- 避免数据排序　对数据事先排序。但随着数据仓库系统的运行，不断有新的数据加入，数据库管理员的工作将大大增加。大量的时间将用于对系统的整理，系统的可用性随之降低。
- 避免大表扫描　通过使用大量的索引，可以避免对大量数据进行扫描。但这也将增加系统的复杂程度，降低系统进行动态查询的能力。

这些措施大都属于降低范式化处理。根据上面的讨论，当把规范的系统逻辑模型进行物理实施时，由于数据库引擎的限制，常常需要进行降低范式化处理。举例来说，当系统数据量很小，比如只有几个 GB 时，进行多表连接之类复杂查询的响应时间是可以忍受的。设想一下，如果数据量扩展到很大，到几百 GB 甚至上 TB，一个表中的记录往往有几百万、几千万，甚至更多，这时进行多表连接这样的复杂查询，响应时间长得不可忍受。这时就有必要把几个表合并，尽量减少表的连接操作。当然，降低范式化处理的程度取决于数据库引擎的并行处理能力。用户在选择数据库引擎时，除了参考一些相关的基准测试结果外，最好是能根据自己的实际情况设计测试方案，从几个数据库系统中选择最适合自己企业决策要求的一种。

由于中央数据仓库的数据模型反映了整个企业的业务运行规律，在这里进行降低范式化处理容易影响整个系统，不利于今后的扩展。降低范式化处理产生的数据冗余，将使整个系统的数据量迅速增加，同时将增加 DBA 的工作量和系统投资。因此，当系统性能下降而进行降低范式化处理时，比较好的办法是选择问题较集中的部门数据集市来实施这种措施。这样既能有效地改善系统性能，又不至于影响整个系统。在国外一些成功的大型企业级数据仓库案例中，基本上都是采用这种方法。

在中央数据仓库中是否可以采用星型架构来进行模型设计呢？我们知道，星型架构中有一个事实表和一组维度表，我们可以把事实看成是各个维度交叉点上的值。例如，一个汽车厂在研究其销售情况时，可以考察汽车的型号、颜色、代理商等多种因素，这些因素就是维度，而销售量就是事实。这种多维模型能迅速给出基于各个维度的报表，但你必须事先确定这些维度。

星型架构之所以速度快，在于其针对各个维度作了大量的预处理，比如按照维进行预先的统计、分类、排序等。在上面的例子中，就是按照汽车的型号、颜色、代理商进行预先的销售量统计。在星型架构设计的数据仓库中，作报表的速度虽然很快，但由于存在大量的预处理，其建模过程相对来说就比较慢。当业务问题发生变化，原来的维度不能满足要求时，需要增加新的维度。由于事实表的主键是由所有维度表的主键组成的，所以这种维度的变动将是非常复杂、非常耗时的。星型架构另一个显著的缺点是数据的冗余量很大。综合这些讨论，不难得出结论，星型架构比较适合于预先定义好的问题，例如需要产生大量报表的场合；但不适合于动态查询多、系统可扩展能力要求高或者数据量很大的场合。因此，星型架构在一些要求大量报表的部门数据集市中有较多的应用。

14.5　SQL Server 数据仓库设计

数据仓库和我们常见的 RDBMS 系统有关，但它又有所不同。如果你没有实施过数据仓库，那么从设定目标到给出设计，从创建数据结构到编写数据分析程序，再到面对挑剔的用户的评估，整个过程都会带给你一种与以往的项目管理完全不同的体验。如果你试图以原有的方式创建数据仓库，那么你所面对的不是预算超支就是所建立的数据仓库无法良好运作。

在处理一个数据仓库项目时需要注意的问题很多，但同时也有很多参考意见可以帮助你更顺利地完成任务。开放思维，不断尝试新的途径，对于找到一种可行的数据仓库实现方法是必要的。下面是一些相关的意见：

- 配备一个全职的项目经理或你自己全面负责项目管理。通常情况下，项目经理都会同时负责多个项目的实施，这么做完全是出于资金和 IT 资源方面的考虑。对于数据仓库项目管理来说，绝对不能出现一人身兼数个项目的情况。由于你所处的领域和你的团队之前没有涉足过，有关数据仓库的一切（数据分析、设计、编程、测试、修改、维护）全都是崭新的，如果项目经理能全心投入，则对于项目的成功会有很大帮助。

- 将项目管理职责推给别的项目经理。由于数据仓库实现过程太困难，你可以在当前阶段的项目完成后将项目管理职责分配给别的项目经理。当然，这个项目经理一定要符合第一条所说的具有全职性。为什么要这么做呢？首先，从项目经理的角度看，数据仓库实施过程的任何一个阶段都很复杂。从物理存储设备的开发到Extract-Transform-Load 的实现，从设计开发模型到 OLAP，所有阶段都明显比以前接触的项目更加困难。每个阶段不但需要新的处理和管理方法，还需要创新性的观点，所以将管理职责分配给别的项目经理不但不会对项目有损害，还可以起到帮助作用。
- 与用户进行沟通。这里所讲的内容远比一篇文章本身要重要的多。你必须明白，在数据仓库的设计阶段，那些潜在用户不清楚他们到底需要数据仓库做什么。他们在不断地探索和发现自己的需求，而你的开发团队也在和客户的接触中做着同样的事情。更加频繁地与客户接触，多做记录，并让你的团队更关注于项目需求讨论的结果而不是讨论过程本身。既然你和客户的交流是为了解存储的数据是何种类型以及如何有效存储数据，你也许需要（和你的用户一起）采用一种新的方法来观察数据，而不是直接处理数据。你可以尝试从中找出隐藏的信息，比如在一段时期内的数字涨落等。不要试图追寻项目需求的答案，而要让答案找上门来。
- 以技术/信息库作为领导。由于数据仓库实施的各个阶段都有很大的不同，因此你需要有人能起到维持整个项目的连续进行的作用，不过这个职责并不需要那种全职性。项目实施有 3 个重要方面——架构、技术和业务。将架构作为重点，可以保证在整个项目中，数据仓库的架构从物理层往上，都会受到良好的维护。而我们应该将技术作为重点，因为开发团队和关键用户都在使用他们以前从未用过的工具，必须有人监督开发过程以及工具使用的一致性。最后，在数据仓库的应用过程中浮现出来的业务需求，必须被详细分析和记录，以促进开发过程持续下去。如果用户不能很好地与开发人员以及其他用户沟通，那么数据分析和度量方面的开发进程就会延期，所以必须有人关注业务方面的开发，推动开发进入更高级别。
- 跳出反复修改程序的陷阱。第一次实现的数据仓库肯定不会是最终交付的版本。为什么？实际上在真正见到产品前，你无法确定的知道自己的目标是什么。或者说，最终用户只有在使用数据仓库产品一段时间后，才能明确告诉你这个产品是不是他所希望的。与你以往处理的项目不同，业务智能还处于发展的初期，每个公司对业务智能都有不同的解释，因此你的项目决不会一次成功。为了以正确的格式获得数据，你需要在不断变化的状况中摸索前进。BI 具有很强的个性，不同的环境、不同的市场以及不同的企业都有不同的 BI。这又代表什么呢？表示你需要把数据库管理员放在一个消息相对封闭的环境中，不要让他知道数据仓库的数据结构以及 ETL 程序在不断的改变。对此没有别的办法，这样可以减轻你和 DBA 所承受的压力。
- 对大量的前端资源进行数据源分析。在数据仓库实现过程中，你不得不在旧有的数据中艰难跋涉，这些数据来自老的数据库、老的磁带机以及远程的数据。它们中的大部分都凌乱不堪，并且难以获取。你要对这些数据进行大量处理，并且还要设计 ETL 程序来寻找其中的有用信息。如果你希望整个项目做起来比较顺利，并且找到一种方法能够一次成功，那么就需要你的开发人员必须花费足够的时间来充分研究这些旧有数据，将凌乱的数据规则化，并尽力设计和实现强壮的数据采集和转换过程。数据仓库的 ETL 部分会占用整个项目资源的 80%，所以一定要确定你的资源都用在刀刃上。

- 将人际关系处理放在首位。在数据仓库实现过程中，真正的地狱不是来自技术或者开发方面，而是来自你周围的人。你也许会遇到一个对项目并不乐观而又没时间听你陈述的领导；你也许会遇到一些开发人员将进度拖延太长时间还抱怨为什么不能用老方法实施；你也许还会遇到一些抱有不切实际愿意幻想的用户，他们希望轻点鼠标就能实现想象中的功能，但却不愿多做一些智力投资，更好地培训他们的员工。使你疲惫不堪，鼓励投资，以及在开发团队和用户（甚至老板）中推广新的开发技巧。

除了以上内容之外，本节重点探讨 SQL Server 数据仓库设计的 6 个关键环节和相关注意事项。

- 异种数据源集成。
- ODS 层的设计。
- ETL 过程的设计。
- 仓库模型设计。
- 元数据管理。
- 专题数据挖掘。
- 相关注意事项。

14.5.1　异种数据源集成

企业在经营分析与决策支持系统的建设时，必须将遗留系统（Legacy System）进行高效全面的集成。由于遗留系统是在企业发展的不同时期建设的，往往缺乏全局规划，所以拥有不同的操作系统、不同的数据库、不同的网络通信机制等，形成了所谓的信息孤岛。

系统中采用异种数据源企业应用集成接口来实现对异种数据源的透明访问，包括数据源元数据访问及业务操作数据访问。数据源分为在线数据源和离线数据源，在线数据源是指允许在线抽取的业务数据源，比如营业数据；离线数据源是指不允许直接在线抽取的数据源，比如计费样单数据就是采用脱机文件数据格式或 FTP 方式集成进系统的。

对数据源实现元数据级的管理，数据源的连接类型（ODBC、OLEDB、JDBC、Native）、连接字符串，以及数据结构信息都以元数据的形式存储于元数据库中，通过控制台对其进行业务语义定义，使用户对整个企业的信息系统有了全面的掌握。

14.5.2　ODS 层的设计

操作数据存储 ODS（Operation Data Storage）是一个集成了来自不同数据库数据的环境。ODS 是数据仓库体系结构中的一个可选部分，具备数据仓库的部分特征和 OLTP 系统的部分特征，其目的是为终端用户提供一致的企业数据集成视图。它可以帮助用户轻松应对跨多个商业功能的操作挑战，是面向主题的、集成的、近实时的数据存储。在一般的数据仓库应用系统中，根据系统体系结构的不同，数据仓库设计的内容和范围不尽相同，并且设计方法也不尽相同。下面重点介绍带有 ODS 的体系结构中数据仓库的设计方法。

设计 ODS 层的目的在于改善对关键操作数据库的存取，用户能获得收益、客户等主题的企业级完整视图，有利于更好地通观全局。近实时的数据存储提供了查询与服务能力，并以更高的性能生成操作报告。设计 ODS 的核心是实现焦点主题全局视图应用，比如企业的客户管理系统，可以建立以客户为中心的 ODS 客户主题视图，向上层提供高效的服务。而对于话费结算则采取了从综合结算系统中直接抽取到数据仓库的方式，抽取周期为结算周期，能完全满足决策分析的时间窗要求。

一般在带有 ODS 的系统体系结构中，ODS 都设计为如下几个作用：

（1）在业务系统和数据仓库之间形成一个隔离层。

一般的数据仓库应用系统都具有非常复杂的数据来源，这些数据存放在不同的地理位置、不同的数据库、不同的应用之中，从这些业务系统中对数据进行抽取并不是一件容易的事。因此，ODS 用于存放从业务系统直接抽取出来的数据，这些数据从数据结构、数据之间的逻辑关系上都与业务系统基本保持一致，在抽取过程中极大地降低了数据转化的复杂性，而主要关注数据抽取的接口、数据量大小、抽取方式等方面的问题。

（2）转移一部分业务系统细节查询的功能。

在数据仓库建立之前，大量的报表、分析是由业务系统直接支持的，在一些比较复杂的报表生成过程中，对业务系统的运行将产生相当大的压力。ODS 数据从粒度、组织方式等各个方面都保持了与业务系统的一致性，那么原来由业务系统产生的报表、细节数据的查询自然能够从 ODS 中进行，从而降低业务系统的查询压力。

（3）完成数据仓库中不能完成的一些功能。

一般来说，带有 ODS 的数据仓库体系结构中，DW 层所存储的数据都是进行汇总过的数据，并不存储每笔交易产生的细节数据，但是在某些特殊的应用中，可能需要对交易细节数据进行查询，这时就需要把细节数据查询的功能转移到 ODS 来完成，而且 ODS 数据模型按照面向主题的方式进行存储，可以方便地支持多维分析等查询功能。

在一个没有 ODS 层的数据仓库应用系统体系结构中，数据仓库中存储的数据粒度是根据需要而确定的。一般来说，最为细节的业务数据也是需要保留的，实际相当于 ODS，但与 ODS 所不同的是，这时的细节数据不是“当前、不断变化的”数据，而是“历史的，不再变化的”数据。

在 ODS 的概念定义中，已经描述了 ODS 的功能和特点，实际上 ODS 设计的目标就是以这些特点作为依据的。ODS 与 DW 设计在着眼点上有所不同，ODS 重点考虑业务系统数据是什么样子的，关系如何，在业务流程处理的哪个环节，以及数据抽取接口等问题。

（1）数据调研。

根据软件工程设计的调研规范进行详细处理，此处不予讨论。

（2）确定数据范围。

确定数据范围实际上是对 ODS 进行主题划分的过程，这种划分是基于对业务系统调研的基础上而进行的，并不十分关心整个数据仓库系统上端应用需求，但是需要把上端应用需求与 ODS 数据范围进行验证，以确保应用所需的数据都已经从业务系统中抽取出来，并且得到了很好的组织。一般来讲，主题划分是以业务系统的信息模型为依据的，设计者需要综合各种业务系统的信息模型，并进行宏观的归并，得到企业范围内的高层数据视图，加以抽象，划定几个逻辑的数据主题范围。在这个阶段，以 ER 模型表示数据主题关系最为恰当。

（3）根据数据范围进行进一步的数据分析和主题定义。

在第一步中定义了企业范围内的高层数据视图，以及所收集到的各种业务系统的资料。在这一步中，需要对大的数据主题进行分解，并进行主题定义，直到每个主题能够直接对应一个主题数据模型为止。这个阶段将把第一步生成的每个 ER 图中的实体进行分解，分解的结果仍以 ER 表示为佳。

（4）定义主题元素。

在此处要定义维度、度量、主题、粒度、存储期限。

- 定义维度的概念特性　维度名称，名称应该能够清晰表示出这个维的业务

含义；维度成员，也就是这个维所代表的具体的数据；维度层次，就是维度成员之间的隶属与包含的层次关系，每个层次需要定义名称。

- 定义度量的概念特性　度量名称，名称应该能够清晰标书这个度量的业务含义。
- 定义主题的概念特性　主题名称和含义，说明该主题主要包含哪些数据，用于什么分析；主题所包含的维和度量；主题的事实表，以及事实表的数据。

定义粒度：主题中事实表的数据粒度说明，这种粒度可以通过对维的层次限制加以说明，也可以通过对事实表数据的业务细节程度进行说明。

- 定义存储期限　主题事实表中的数据存储周期。

（5）迭代，归并维、度量的定义。

在 ODS 中，因数据来自于多个系统，数据主题划分时虽然对数据概念进行了一定程度上的归并，但具体业务代码所形成的各个维以及维成员等还需要进一步进行归并，把概念统一的维定义成一个维，但不允许同一个维存在不同的实体表示（象不同的业务系统中一样）。

（6）物理实现。

定义每个主题数据抽取周期、抽取时间、抽取方式、数据接口、抽取流程和规则。

物理设计不仅仅是 ODS 部分的数据库物理实现，除了要设计数据库参数、操作系统参数、数据存储设计之外，有关数据抽取接口等问题也必须清晰定义。

14.5.3 ETL 过程设计

数据抽取、转换和加载是数据仓库实现过程中数据由数据源系统向数据仓库加载的主要方法。

（1）数据抽取

从数据源抽取数据仓库系统所需的数据，数据抽取采用统一的接口，可以从数据库抽取数据，也可以从文件抽取。对于不同数据平台、源数据形式、性能要求的业务系统，以及不同数据量的源数据，可能采用的接口方式不同。为保证抽取效率，减少对生产运营的影响，对于大数据量的抽取，采取数据分割、缩短抽取周期的原则；对于直接的数据库抽取，采取协商接口表的方式，保障生产系统数据库的安全。

（2）数据转换

数据转换是指对抽取的源数据根据数据仓库系统模型的要求，进行数据的转换、清洗、拆分、汇总等，保证来自不同系统、不同格式的数据和信息模型具有一致性和完整性，并按要求装入数据仓库。

（3）数据加载

数据加载是将转换后的数据加载到数据仓库中，可以采用数据加载工具，也可以采用API 编程进行数据加载。数据加载策略包括加载周期和数据追加策略，对于电信企业级应用，采用对 ETL 工具 DataStage 进行功能封装，向上提供监控与调度接口的方式。数据加载周期要综合考虑经营分析需求和系统加载的代价，对不同业务系统的数据采用不同的加载周期，但必须保持同一时间业务数据的完整性和一致性。

（1）抽取程序

- 用抽取程序能将数据从高性能联机事务处理方式中转移出来，需要总体分析数据时，就与联机事务处理性能不发生冲突。
- 用抽取程序能将数据从联机事务处理范围内移出时，数据的控制方式就发生了转变。

但是，我们面临着蜘蛛网问题。

（1）数据缺乏可信性。

- 数据无时基。
- 数据算法上的差异。
- 抽取的多层次。
- 外部数据问题。
- 无起始的公共数据源。

（2）生产率低

- 根据全部数据生成企业报表。
- 定位数据需要浏览大量文件。
- 抽取程序很多，并且每个都是定制的，不得不克服很多技术上的障碍。

（3）数据转化为信息的不可行性

- 数据没有集成化。
- 缺乏将数据转化为信息所需的历史数据。

要想实现数据抽取、转换与加载，最好对历史数据进行校对和核对处理。

14.5.4 仓库模型设计

由于经营分析需求的不断变化，数据仓库中数据的存储必须采用主题分域的方式，即尽可能小的业务单元进行数据的组织和存储，以满足数据仓库的灵活性。此外，任何一个信息系统都具有整体性、结构性、层次性、相对性、可变性，数据仓库的目标逻辑结构的设计要体现这些特征。

例如，某业务可以按照不同的主题域分为八类：客户、账务、资源、服务、客服、营销、服务使用、结算。客户主题包含与客户相关的基本信息，比如客户的自然属性（姓名、年龄、职业等），分类信息（现有客户、潜在客户、大客户等），重要属性信息（信用度、忠诚度、消费层次等）。

账务主题中包含了与客户相关的费用信息，例如明细账单、综合账单、账本、账户、付费记录、销账流水等；资源主题中包含网络资源和服务资源信息及占用情况；服务主题包含产品、套餐、资费与优惠规则等的信息；客服主题包含与客户服务相关的部门信息、流程信息、分类信息等；营销主题包含销售机会、营销渠道、促销活动等相关信息；服务使用主题描述客户购买和使用服务产品的信息，包括用户、服务使用记录、清单等；结算主题包含结算清单、结算明细账单、合作服务方等信息。对于主题的建模采用星型结构，以事实表或概要表加相关维度表构成。

在数据仓库设计方法和信息模型建模方法中，前人的著作对各种思路和方法都做过大量的研究、对比，重点集中在 ER 模型和维模型的比较和应用上。根据我们的实践经验，ER 模型和维模型在数据仓库设计中并非绝对对立，尤其在 ODS 设计上。从宏观的角度来看，数据之间的关系以 ER 模型最为清晰，但从实现出来的数据结构上看，用维模型更加符合实际的需要。孤立地看 ER 模型或者维模型都缺乏科学客观的精神，需要从具体应用上去考虑如何应用不同的设计方法，但目标是一定的，就是能够把企业的数据从宏观到微观清晰地表达出来。

14.5.5 元数据管理

按照传统的定义，元数据（Metadata）是关于数据的数据，也是关于数据、操纵数据的进程，以及应用程序的结构、意义的描述信息，其主要目标是提供数据资源的全面指南。元数据是描述数据仓库内数据结构和建立方法的数据，可以将其按用途分为三类：技术元数据（Technical Metadata）、业务元数据（Business Metadata）和内联映射元数据(Inter-Mapping Metadata)。

通常把元数据分为技术元数据(Technical Metadata)和业务元数据(Business Metadata)。技术元数据是描述关于数据仓库技术细节的数据，这些元数据应用于开发、管理和维护数据仓库；业务元数据从商业和业务的角度描述数据仓库的数据，提供了良好的语义层定义，业务元数据使业务人员能够更好地理解数据仓库分析出来的数据。

元数据贯彻于建立数据仓库的整个过程，而不仅仅是 ETL 过程需要元数据的支持，如图 14-4 所示。

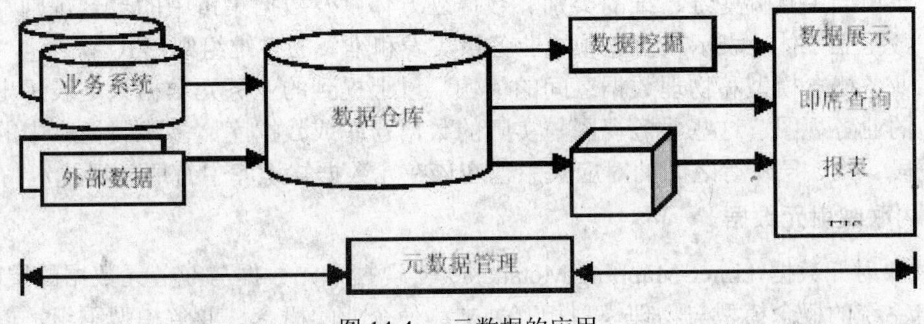

图 14-4　元数据的应用

在使用元数据时，随着数据仓库市场的发展，业界出现许多数据仓库管理和分析的工具，各种工具使用不同的元数据标准来表示和处理，不同系统之间的迁移、数据交换变得困难。于是，我们希望用一种单一的元数据标准，使得各种组织的元数据具有单一的元模型（MetaModel），因此需要建立一种标准，使得不同的数据仓库和商业智能系统之间可以相互交换元数据。

1. 技术元数据

技术元数据是存储关于数据仓库系统技术细节的数据，是用于开发和管理数据仓库的数据。

技术元数据主要包括以下信息：

- 数据仓库结构的描述（各个主题的定义，星型架构或雪花型模式的描述定义等），包括仓库模式、视图、维、层次结构和导出数据的定义，以及数据集市的位置和内容。
- ODS 层的企业数据模型描述（以描述关系表及其关联关系为形式），包括业务系统、数据仓库和数据集市的体系结构和模式。
- 对数据稽核规则的定义。汇总用的算法，包括度量和维定义算法，数据粒度、主题领域、聚集、汇总、预定义的查询与报告。
- 数据集市定义描述与装载描述（包括 Cube 的维度、层次、度量以及相应事实表、概要表的抽取规则），由操作环境到数据仓库环境的映射，包括源数据和它们的内容、数据分割、数据提取、清理、转换规则和数据刷新规则、安全（用户授权和存取控制）。

另外，安全认证数据也作为元数据的一个重要部分进行管理。

2. 业务元数据

业务元数据从业务角度描述了数据仓库中的数据，它提供了介于使用者和实际系统之间的语义层，使得不懂计算机技术的业务人员也能够理解数据仓库中的数据。业务元数据包括：使用者的业务术语所表达的数据模型、对象名和属性名；访问数据的原则和数据来源；系统所提供的分析方法及公式、报表信息。具体包括以下信息：

- 企业概念模型　这是业务元数据所提供的重要信息，表示企业数据模型的高层信息、整个企业的业务概念和相互关系。以这个企业模型为基础，不懂数据库技术和 SQL 语句的业务人员对数据仓库中的数据也能做到心中有数。
- 多维数据模型　这是企业概念模型的重要组成部分，它告诉业务分析人员在数据集市当中有哪些维、维的类别、数据立方体以及数据集市中的聚合规则。这里的数据立方体，表示某主题领域业务事实表和维表的多维组织形式。
- 业务概念模型和物理数据之间的依赖　以上提到的业务元数据只是表示出了数据的业务视图，这些业务视图与实际的数据仓库或数据库、多维数据库中的表、字段、维、层次等之间的对应关系也应该在元数据知识库中有所体现。

3. 内联映射元数据

内联映射元数据（Inter-Mapping Metadata）实现技术元数据与业务元数据的层间映射，使得信息系统的概念模型与物理模型相互独立，使企业的概念、业务模型重组，以及物理模型的变化相互透明。内联映射元数据从技术上为业务需求驱动、企业数据驱动的双驱动建设模型提供了重要保证，使信息系统的建设具有更高的灵活性与适应性。

4. 元数据的作用

在数据仓库系统中，元数据机制主要支持以下五类系统管理功能：

（1）描述哪些数据在数据仓库中。

（2）定义要进入数据仓库中的数据和从数据仓库中产生的数据。

（3）记录根据业务事件发生而随之进行的数据抽取工作时间安排。

（4）记录并检测系统数据一致性的要求和执行情况。

（5）衡量数据质量。

与其说数据仓库是软件开发项目，还不如说是系统集成项目，因为它的主要工作是把所需的数据仓库工具集成在一起，完成数据的抽取、转换和加载，OLAP 分析和数据挖掘等。它的典型结构由操作环境层、数据仓库层和业务层等组成。

其中，第一层（操作环境层）是指整个企业内有关业务的 OLTP 系统和一些外部数据源；第二层是通过把第一层的相关数据抽取到一个中心区而组成的数据仓库层；第三层是为了完成对业务数据的分析而由各种工具组成的业务层。其中元数据管理起到了承上启下的作用。

元数据管理的主要任务有两个方面：一是负责存储和维护元数据库中的元数据；二是负责数据仓库建模工具、数据获取工具、前端工具等之间的消息传递，协调各模块和工具之间的工作。

5. 相关工具

元数据几乎可以被称为是数据仓库乃至商业智能（BI）系统的灵魂，正是由于元数据在整个数据仓库生命周期中有着重要的地位，各个厂商的数据仓库解决方案都提到了关于对元数据的管理。遗憾的是，对于元数据的管理，各个解决方案都没有明确提出一个完整的管理模式，它们提供的仅仅是对特定的局部元数据的管理。当前市场上与元数据相关的数据仓库工具大致可分为四类：

- 数据抽取工具　把业务系统中的数据抽取、转换、集成到数据仓库中，比如 Ardent 的 DataStage，CA（原 Platinum）的 Decision Base 和 ETI 的 Extract 等。这些工具仅提供了技术元数据，几乎没有提供对业务元数据的支持。
- 前端展现工具　包括 OLAP 分析、报表和商业智能工具等，比如 MicroStrategy 的 DSS Agent、Cognos 的 PowerPlay、Business Objects 的 BO，以及 Brio 等。它们通过把关系表映射成与业务相关的事实表和维表来支持多维业务视图，进而对数据仓库中的数据进行多维分析。这些工具都提供了业务元数据与技术元数据相对应的语义层。
- 建模工具　为非技术人员准备的业务建模工具，这些工具可以提供更高层的与特定业务相关的语义。比如 CA 的 ERwin、Sysbase 的 PowerDesigner 以及 Rational 的 Rose 等。
- 元数据存储工具　元数据通常存储在专用的数据库中，该数据库就如同一个黑盒子，外部无法知道这些工具所用到和产生的元数据是如何存储的。还有一类被称为元数据知识库（Metadata Repository）的工具，它们独立于其他工具，为元数据提供一个集中的存储空间。包括微软的 Repository，CA 的 Repository，Ardent 的 MetaStage 和 Sybase 的 WCC 等。

6. 元数据标准

没有规矩不成方圆。元数据管理之所以困难，一个很重要的原因就是缺乏统一的标准。在这种情况下，各公司的元数据管理解决方案各不相同。近几年，随着 OMG 组织的公共仓库模型 CWM（Common Warehouse Model）标准和元数据联盟 MDC（Meta Data Coalition）

的开放信息模型 OIM（Open Information Model）的逐渐完善，以及 MDC 和 OMG 组织的合并，为数据仓库厂商提供了统一的标准，从而为元数据管理铺平了道路。

从元数据的发展历史不难看出，元数据管理主要有两种方法：

（1）对于相对简单的环境来说，按照通用的元数据管理标准建立一个集中式的元数据知识库。

（2）对于比较复杂的环境来说，分别建立各部分的元数据管理系统，形成分布式元数据知识库，然后通过建立标准的元数据交换格式，实现元数据的集成管理。

下面介绍元数据的 CWM 标准。

OMG 于 2001 年颁布元数据标准 CWM 1.0（Common Warehouse Metamodel Version 1.0）。CWM 定义一个描述数据源、数据目的、转换、分析的元数据框架，以及定义建立和管理数据仓库的过程和操作，提供使用信息的继承。

目前宣布支持 CWM 的厂商包括：IBM、Oracle、Hyperion、Dimension EDI、Genesis IONA、HP、NCR 和 Unisys 等。

CWM 基于 3 个工业标准：

- UML - Unified Modeling Language，OMG 建模标准。
- MOF - Meta Object Facility，OMG 建立元模型和模型库的标准，提供在异构环境下的数据交换的接口。
- XMI - XML Metadata Interchange，OMG 元数据交换标准。

其中，UML 在 CWM 中得到充分的应用，担任 3 个不同的角色：

（1）UML 用来作为与 MOF 对应的 meta-metamodel。UML 相当于 MOF Model、UML Notation 和 OCL（Object Constraint Language）），被用来做为建模语言、图形符号、约束语言，定义和描述 CWM。

（2）UML 用来创建元模型。UML，特别是 Object Model 包描述的子集，可以用来从其他元模型继承等级和关联以建立 CWM。

（3）UML 作为面向对象元模型（object-oriented metamodel）。UML 被用来描述面向对象的数据。

CWM 元模型包括大量的子元模型（sub-Metamodel），这些子元模型描述了建立数据仓库和商业智能的各个主要部分的通用数据仓库元数据。主要包括：

- 数据资源　包括各个元模型，描述了面向对象数据、关系数据库、记录、多维和 XML 等数据。
- 数据分析　包括描述数据转换、OLAP、数据挖掘、信息展现、商业术语等的元模型。
- 数据仓库管理　这包括数据仓库过程以及数据仓库操作结果的元模型。

CWM 元数据模型如图 14-5 所示。

CWM 元模型设计的目的是最大化地重用对象模型 Object Model（UML 的子集），尽可能共享通用的模型构建。最典型的是，CWM 重用/依赖对象模型来描述面向对象的数据资源。另外，其他类型的数据资源的主要 Metamodel 元素，在对象模型中都有相同的模型元素与之相对应。

CWM 标准包括技术元数据和业务元数据的定义，涉及数据仓库生命周期的所有阶段，所以不只是实施工程师和实施顾问使用 CWM，最终用户也会受益于 CWM。

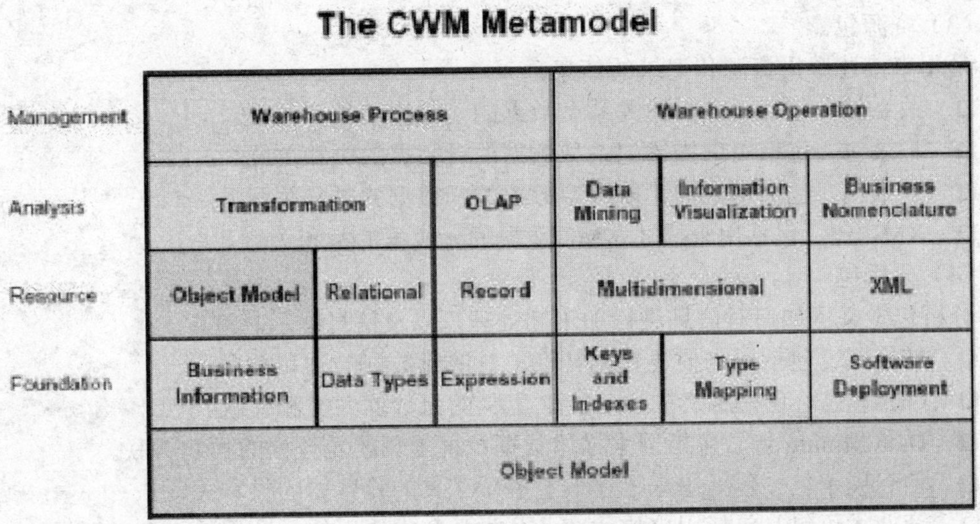

The CWM Metamodel

Management	Warehouse Process			Warehouse Operation		
Analysis	Transformation		OLAP	Data Mining	Information Visualization	Business Nomenclature
Resource	Object Model	Relational	Record	Multidimensional		XML
Foundation	Business Information	Data Types	Expression	Keys and Indexes	Type Mapping	Software Deployment
	Object Model					

图 14-5　CWM 元数据模型

CWM 的目标使用者包括六类人员：数据仓库平台和工具供应商、专业服务咨询商、数据仓库开发者、数据仓库管理员、最终用户和信息技术主管（CIO）。

CWM 的目标使用者将会参与到开发和使用基于 CWM 的数据仓库的过程中。但并不是所有的角色需要参与整个过程，而是参与到下面列举的的 4 个阶段中的一个或多个：

（1）Establishment　实现和配置 CWM，包括建立一个通用资料库。

（2）Build　使用 CWM 定义一个基线数据仓库配置（建立数据源和目的的交换路径）。

（3）Operation　操作和使用基于 CWM 的数据仓库。

（4）Maintenance　维护使用了 CWM 定义的数据仓库的配置。

CWM 元模型使用包（package）和包等级结构来控制复杂性、提高理解性、支持重用。模型元素包括下面的包：

（1）对象模型包。

对象模型包是构建和描述其他 CWM 包的元模型类的基础。

- 核心包　包括 CWM 核心对象模型的类和关联，被其他 CWM 包使用。
- 行为包　包括用来描述 CWM 对象的行为的类和关联。·
- 关系包　包括用来描述各个 CWM 对象之间关系的类和关联。
- 实例包　包括用来描述 CWM 实例的类和关联。

（2）基础包

表示 CWM 概念和架构的模型元素。

- 商业信息包　包括用来描述关于模型元素的商业信息的类和关联。
- 数据类型包　包括用来描述创建模型需要的特定数据类型构建的类和关联。
- 表达式包　包括用来描述表达树（expression trees）的类和关联。
- 关键字和索引包　包括用来描述主键和索引的类和关联。
- 软件部署包　包括用来描述软件在数据仓库中如何部署和配置的类和关联。
- 类型映射包　包括用来描述两个系统之间数据类型映射关系的类和关联。

（3）资源包。

是用来描述数据资源和记录的信息。

- 关系包　包括用来描述关系型数据的元数据的类和关联。
- 记录包　包括用来描述记录型数据的元数据的类和关联。
- 多维包　包括用来描述多维型数据的元数据的类和关联。
- XML 包　包括用来描述 XML 数据的元数据的类和关联。

（4）分析包

分析包定义了如何对信息进行加工和处理，以及信息展示。

- 转换包　包括用来描述数据转换工具的元数据的类和关联。
- OLAP 包　包括用来描述 OLAP 工具的元数据的类和关联。
- Data Mining 包　包括用来描述数据挖掘工具的元数据的类和关联。
- 信息展示包　包括用来描述信息展示工具的元数据的类和关联。
- 商业术语包　包括用来描述商业分类学和术语表的元数据的类和关联。

（5）管理包

用于数据仓库管理和维护。

- 仓库过程包　包括用来描述数据仓库过程的元数据的类和关联。
- 仓库操作 包括用来描述数据仓库操作和查询结果的元数据的类和关联。

元数据库是用于存储元数据的地方，元数据库最好选用主流的关系数据库管理系统，而且支持 CWM 标准。一个元数据库还包含那些用于操作和查询元数据的机制。建立元数据库的主要好处是提供了统一的关键数据结构和业务规则，易于将企业内部的多个数据集市有机地结合起来。特别是现在一些客户倾向建立多个数据集市，而不是一个庞大无比的数据仓库。

在建立数据仓库（或数据集市）之前，可以考虑先建立一个用于描述数据的用于应用集成的元数据库，做好数据仓库实施的初期支持工作，对后续开发和维护有很大的帮助。

在拥有不同厂商、不同功能和不同元数据库的环境下，要实现两种产品之间的元数据同步是非常富有挑战性的工作。因为必须从一种产品中获得足够详细的元数据，将其映射到另一种产品中，再指出两者意义或编码的差别。通常系统有数百、数千个元数据，必须对每个元数据重复这一过程。

在整个数据仓库环境中，元数据管理工具可以从各个数据仓库组件中收集元数据，先存储到元数据库中，然后向业务用户传递和展示正确的信息。采集、集成和描述元数据可以扩展到十分广泛的范围。在设计和建模的过程，可以在数据转换、清洗和过滤的过程中进行，也可以在数据移植的过程中进行。可以从数据库、数据存储软件以及前端展示工具中得到元数据。

元数据库为整个企业的宝贵信息提供了详细的记录，保存数据存储位置和商业含义、生成和维护数据的主体、数据驱动的应用处理、与其他数据的关系以及数据的转换过程等。元数据库保证了数据仓库数据的一致性和准确性，为企业进行数据质量管理提供数据依据。

另外，元数据库还支持强大的查询和报表生成工具，用户使用报表工具可以查询元数据库，从元数据库获得重要的决策支持信息。

14.5.6 专题数据挖掘

在长期信息化建设过程中企业积累了大量业务运营数据和业务管理数据，一般的企业数据量已超过 TB 级。市场的激烈竞争和管理的复杂性，决定了企业需要对客户关系、市场营销、产品工程、投资分析等方面的历史数据进行提取与分析，将数据转化为有用的信息。数据挖掘一般用于在海量数据集中发现间接、隐藏、新颖的规律，数据挖掘技术的优势在于，通过对数据集进行有限步骤的采集、整理、分析、推理、比较等分析手段，揭露埋藏数据内部的有用信息。数据挖掘常用的算法包括：关联规则、聚类检测、决策树、神经网络、遗传算法、支持向量机等。在 SAS、IM8 等数据挖掘工具中，支持的算法包括决策树、聚类分析、神经网络、回归分析等。

大型企业的数据仓库系统建设是一项复杂的系统工程，通过上述实例中的实施，用户形成了一套有自己特色的，涵盖企业客户、产品、账务等主题的数据模型，建立了企业级的数据仓库，并进行数据模型和数据仓库的运行验证，产生报表的速度、质量、数据分析结论都基本上达到数据仓库应有的效能，为企业的经营分析与决策提供了科学的依据。

无论是商业企业、科研机构或者政府部门，在过去若干年的时间里，都积累了海量的、以不同形式存储的数据资料。

当面对越来越多迅速膨胀的超级数据库时，人们却无从着手去理解数据中包含的信息，更难以获得有价值的知识！原有的决策支持系统（DSS）和领导执行系统（EIS）已不能满足需要。数据挖掘概念的提出，使人们有能力克服这些困难，去发掘出蕴藏在数据中的信息和知识。数据挖掘是目前国际上数据库和信息决策领域的最前沿研究方向之一，引起了学术界和工业界的广泛关注。一些国际上高级别的工业研究实验室（比如 IBM Almaden 和 GTE）和众多的学术单位（比如 UC Berkeley），都在这个领域开展了各种各样的研究计划。

人们对数据挖掘还存在认识上的偏差，比如对数据挖掘和知识发现、数据挖掘与数据仓库等的关系存在一定观点上的分歧。本节总结了目前学术界和工业界的认识和观点，并进行了比较和总结。就与数据挖掘有关的挖掘过程、数据挖掘在商业中的实现等方面阐述了自己的观点。

下面从探寻知识发现（Knowledge Discovery in Database）和数据挖掘的关系入手理解数据挖掘。

1. 数据挖掘的概念

数据挖掘与知识发现是存在交叉的两个概念。对这两个概念之间的关系，流行着两种观点：一种观点认为数据挖掘与知识发现是等同的概念，只不过在不同的领域叫法不同而已。在科研领域，知识发现使用较多的就是在工程应用领域多称之为数据挖掘。另一种观点认为，数据挖掘是知识发现的一个阶段，而且是核心阶段。该观点给出的定义是：知识发现，就是从大型数据库中的数据中提取人们感兴趣的知识，这些知识是隐含的、事先未知的、潜在有用的信息。

下面从知识产生的过程这一角度看待知识发现和数据挖掘，得出以下结论：

（1）知识发现是把低级别的数据转化为高级别数据的整个过程。所谓高级别数据，就是具有特殊含义的数据。在工程应用中，根据不同的使用阶段和价值，又细分为信息和知识。信息可被理解为有特殊意义的数据，知识则表达为在特定应用领域，通过使用有价值的信息而在人脑中形成的、具有概括和总结特性的认识。

知识可以表示为概念（concepts），规则（rules）、规律（regulations）、模式（patterns）等形式。从知识发现的整个过程来看（见图 14-6），数据挖掘是知识发现实现从数据到信息和知识转变的关键一步。数据挖掘是从大量数据中提取可信的、新颖的、有效的模式的高级处理过程。

模式是一个用语言 L 来表示的一个表达式 E，可用来描述数据集 F 中数据的特性，E 所描述的数据是集合 F 的一个子集 。E 作为一个模式，要求比列举数据子集中所有元素的描述方法简单。

模式是知识发现中的知识的一部分，它给出了数据的特性或数据之间的关系，是对数据所包含信息的更抽象描述。模式的表示方式很多，有时或者经常无法用显式的方法进行描述，比如用神经网络挖掘出来的模式是通过连接权值体现出来的。知识发现的最后一步——结果表达和解释负责将挖掘的模式用更容易理解的方式，比如图形、自然语言和可视化技术等展现在用户面前。

（2）如果把知识发现理解为一个过程或系统，数据挖掘是这一过程或系统的一个可自动执行的工具。挖掘算法是数据挖掘重要的组成部分。为解决特定的商业问题，一种或多种算法需要被选择、编译，在适于挖掘的数据环境下实施挖掘任务。从图中可以看出，知识发现是需要人工参与的多环节的过程。

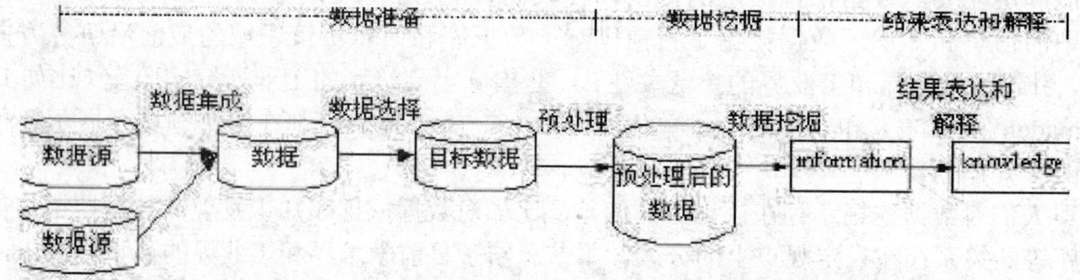

图 14-6　知识发现的过程

除以上谈到的知识发现与数据挖掘的区别外，澄清存在于 OLAP 和数据挖掘之间认识上的混淆会有助于对数据挖掘的理解：

Gartner Group 等组织把 OLAP 视为数据挖掘的一部分，数据挖掘包含数据描述和数据建模。OLAP 系统可以提供数据仓库中数据的一般描述，但更多的认识把 OLAP 和数据挖掘当作互不相交的两部分。OLAP 是数据汇总/聚集工具，它帮助简化数据分析。

OLAP 的功能基本上是用户参与的汇总和比较（上钻、下钻、旋转、切片和其他操作），数据挖掘自动发现隐藏在大量数据中的模式等有价值的知识。图 14-7 从数据、信息和知识的角度形象地描述出 OLAP 和数据挖掘的逻辑关系。

另外，OLAP 大多是限于数据仓库中的数据。数据挖掘既可以分析现存的、比数据仓库提供的汇总数据粒度更细的数据，也可以分析事务的、文本的、空间的和多媒体数据。

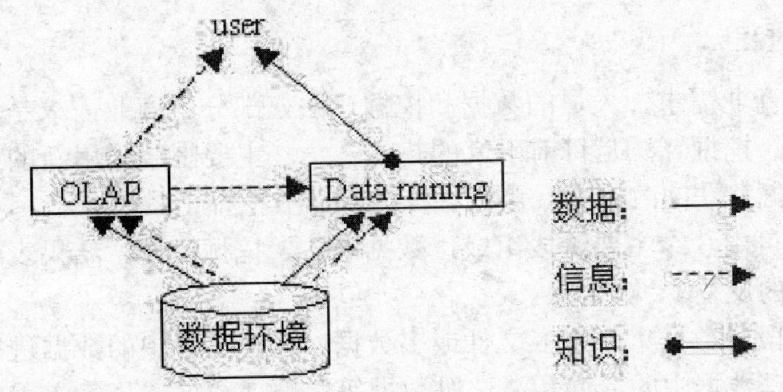

图 14-7　OLAP 与数据挖掘的关系

2. 数据挖掘分类

数据挖掘涉及的学科领域和方法很多，有人工智能、数据统计、可视化、并行计算等。

数据挖掘有多种分类方法。根据挖掘任务，可将数据挖掘分为分类模型发现、聚类、关联规则发现、序列分析、偏差分析、数据可视化等。

- 分类（Classification）　其旨在生成一个分类函数或分类模型，该模型能把数据库中的数据项映射到给定类别中的某一个。既可以用此模型分析已有的数据，也可以用它来预测未来的数据。
- 聚集（Clustering）　聚集是对记录分组，把相似的记录放在一个聚集里。聚集和分类的区别是聚集不依赖于预先定义好的类，不需要训练集。
- 数据可视化（Description and Visualization）　数据可视化严格地讲不是一个单独的数据挖掘任务，它被用来支持其他挖掘任务。可视化是采用图形、图表等易于理解的方式表达数据挖掘结果。
- 关联规则（Affinity grouping or association rules）　关联规则是寻找数据库中值的相关性，主要是寻找在同一个事件中出现的不同项的相关性，比如在一次购买活动中所买不同商品的相关性。
- 序列分析（Sequence Analysis）　序列模式分析同样也是试图找出数据之间的联系，但它的侧重点在于分析数据之间前后（因果）关系，因此对数据往往要求引入时间属性。序列模式分析非常适于寻找事物的发生趋势或重复性模式。
- 偏差分析（Deviation Analysis）　是用来发现与正常情况不同的异常和变化，并进一步分析这种变化是否是有意的诈骗行为，还是正常的变化。如果是异常行为，则提示预防措施；如果是正常的变化，那么就需要更新数据库记录。

根据挖掘对象，可将数据挖掘分为关系数据库、面向对象数据库、空间数据库、时态数据库、文本数据源、多媒体数据库、异质数据库以及环球网 Web。

根据挖掘方法，可粗略地分为：机器学习方法、统计方法、神经网络方法、决策树、可视化、最近邻技术等。在机器学习中，可细分为归纳学习方法（决策树、规则归纳等）、基于范例学习、遗传算法等;在统计方法中，可细分为:回归分析（多元回归、自回归等）、判别分析（贝叶斯判别、费歇尔判别、非参数判别等）、聚类分析（系统聚类、动态聚类等）、探索性分析（主元分析法、相关分析法等）等。

3. 知识发现过程

数据挖掘包括商业需求、大量的数据和挖掘算法三部分。商业需求是真正的数据挖掘前期要明确的工作。挖掘算法是目前研究的热点之一，主要围绕采用新的挖掘算法解决特定商业问题和对挖掘算法的改进上。由挖掘算法可形成挖掘工具。

知识发现过程可由 3 个主要阶段组成：数据准备、挖掘操作、结果表达和解释，知识发现是这 3 个阶段的反复。

在数据准备阶段，数据集成将多文件或多数据库运行环境中的数据进行合并处理，解决语义模糊性、处理数据中的遗漏和清洗脏数据等问题。数据选择确定需要分析的数据集合，提高数据挖掘的质量。预处理是为了克服目前数据挖掘工具的局限性。

在数据挖掘阶段：

（1）先决定如何产生假设。让数据挖掘系统为用户产生假设，还是用户自己参照数据库可能包含的知识提出假设。前一种称为发现型（discovery-driven）的数据挖掘，后一种称为验证型（verification-driven）的数据挖掘。

（2）选择合适的工具。

（3）数据挖掘操作。

（4）证实发现的知识。

在结果表述和解释阶段，需要把提取的信息进行分析，通过决策支持工具提交给决策者。这一阶段不仅把结果表达出来，而且知识发现系统会采用解释和推理机制，将这些知识直接提供给决策者，也可以提供给领域专家，修正已有知识库，供系统共享。如果不满意，需要重复以上知识发现的过程。

4. 数据挖掘的研究热点

目前，数据挖掘的研究热点围绕挖掘算法展开。数据挖掘是综合了机器学习、人工智能、数据统计等学科的研究领域。随着数据挖掘工具在实际应用中的迅速增长，相关学科成熟的算法不断地加入到数据挖掘中来。挖掘算法的研究还包括对现有挖掘算法的优化和改进，比如使用全局搜索算法优化神经网络学习过程。除此以外，数据挖掘还有以下研究热点：

（1）数据挖掘原语。

我们可以把数据挖掘原语理解为有效辅助数据挖掘实施知识发现功能的思想和做法，它是知识发现的辅助工具。数据挖掘原语的研究是为了支持有效的知识发现，为了让用户更加易于理解挖掘出来的知识。用户能够通过数据挖掘原语与数据挖掘系统通信，从不同的角度和深度审查发现结果，并指导挖掘过程。这组原语包括数据库说明部分或用户感兴趣的数据集，要挖掘的知识类型，用于指导挖掘过程的背景知识，模式评估和度量，以及如何显示所发现的知识等。

（2）数据挖掘语言及标准。

数据挖掘行业是高度分散的，公司和研究机构独立地开发各自的数据挖掘系统和平台，没有形成开放性的标准。同时数据挖掘本身是一门多学科综合跨度非常大的技术，这些造成了数据挖掘在通用性方面存在一系列问题：

- 各种数据挖掘问题及挖掘方法，基于不同的模型和技术，彼此互相孤立，联系很少。
- 缺少简明精确的问题描述方法，挖掘的语义通常是由实现方法决定的。

- 数据挖掘系统仅提供孤立的知识发现功能，难于嵌入大型应用。
- 数据挖掘引擎与数据库系统是松散耦合的。
- 数据挖掘语言和标准的开发有望解决上述问题。

目前，已实现的数据挖掘语言有 DMQL、MSQL 和 MINE RULE 等，以及数据挖掘语言标准有 PMML（DMG，数据挖掘组织协会）和 OLE DB for Data Mining（微软）。

（3）数据挖掘系统。

知识发现是一个有机的整体，各个部分之间有着密切的关系。我们称围绕某一数据挖掘任务的知识发现过程为数据挖掘系统。应该说所有的算法是为某一个挖掘系统服务的。数据挖掘系统的研究是为了建立科学的系统结构，利于挖掘算法的重用、嵌入，利于算法与系统其他模块有机结合。图 14-8 是一个挖掘系统的原型结构。

（4）基于数据仓库的数据挖掘。

把数据挖掘建立在数据仓库之上，一方面能够提高数据仓库系统的决策支持能力。另一方面，由于数据仓库完成了数据的清洗、ETL（抽取，转换，装载），数据挖掘面对的是经过初步处理的数据，更加有利于数据挖掘功能的发挥。这方面的研究集中在基于数据仓库的数据挖掘系统结构的探讨上。

（5）OLAM。

OLAM 将 OLAP 和数据挖掘功能集成在一起，可以实现数据挖掘功能的联机选择，为用户选择所期望的数据挖掘功能、动态地改变数据挖掘任务提供了灵活性。OLAM 和 OLAP 通过图形用户界面 GUI 接受用户指令，对数据立方体 Cube 进行数据分析、挖掘。由于 OLAM 服务器可以执行多种数据挖掘任务比如关联、分类、预测、聚类、时序分析等，所以它通常由多个集成的数据挖掘模块组成。

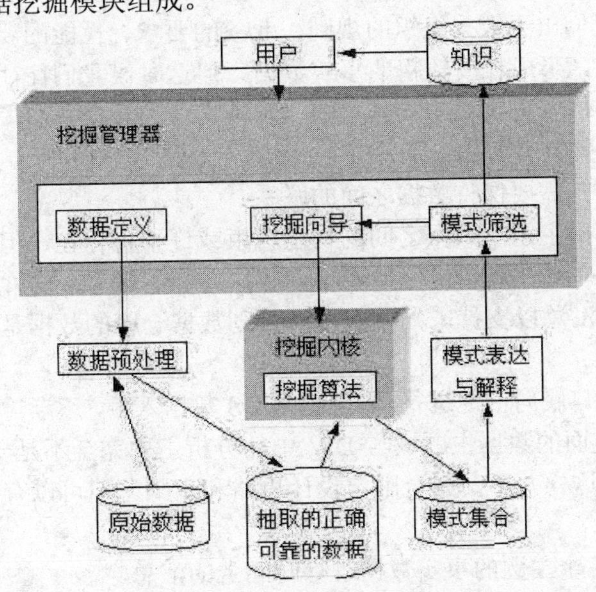

图 14-8　挖掘系统的原型结构

（6）数据挖掘与具体应用的结合。

数据挖掘目前在医学、电信、零售业等多个应用领域均有成功的应用案例。随着越来越多的业务需求被不断明确，数据挖掘应用的领域和解决的问题会越来越广泛；一些应用系统（例如 ERP、SCM、HR 等）也逐渐与数据挖掘集成起来，用以提高系统的决策支持能力。这方面的研究热点包括数据挖掘与商业智能（BI）、CRM、Web 应用的结合。

14.5.7 注意事项

过去我们一直使用的 OLTP 技术也许隐藏着许多严重的缺陷。数据仓库的实现并不是一个简单的任务，你会发现以前积累下来的丰富经验，并不适合处理每个数据仓库的独特需求。

在 DW 设计过程中，尽管我们看到过很多关于“不考虑应用，先建立数据平台”的说法，但建立一个万能的东西是不可能的，所以数据仓库的设计必须参照应用范围、应用类型，例如要考虑到系统用于报表、OLAP、数据挖掘的哪些模型等，不同的应用对数据仓库的设计有不同的要求。

在数据仓库设计中，时刻不能忘记下面列举的几个问题。

（1）数据粒度和数据组织。

数据仓库的每个主题都必须知道所限定的维的层次、事实数据的粒度。事实数据存储的期限，过期数据的处理方法。

（2）维度和度量的唯一性和公用性。

千万不要在不同的主题中定义多个表示同一内容的维度，尤其是对业务代码类型的维度，如果一个业务代码形成了多个维度表，那么在元数据维护过程中将困难重重。在整个系统范围内，要不断检视维定义是否唯一。如果有可能，那么一个维度表要尽量被多个主题引用。

（3）数据粒度一旦变粗，就要考虑多个主题的融合汇总。

在数据仓库中，我们出于数据组织的规则、业务的要求、性能的要求，可能对一个主题的事实数据进行汇总，形成粒度较粗的事实数据。但这时候我们往往忘记了粒度变粗的事实数据为最终用户提供了更宏观的数据视图，这种宏观的数据视图，当然需要进行跨主题的数据融合，才能更加具有应用价值。

（4）不论如何归并，需要保持数据之间的联系。

在数据仓库中，不同主题的数据之间的物理约束或许不再存在，但无论这些数据如何变化，要知道必须有一些键在逻辑上保持着不同数据之间的联系，这样可以保证有联系的主题数据之间能够进行汇总以支持未知的应用，否则数据仓库的数据是一潭死水，不可能灵活支持各种应用的。

数据仓库设计可以自底向上地进行，从汇总 ODS 数据入手，逐渐过渡到应用主题上面去（也就是说，ODS 里面的数据主题域与 DW 中的分析主题完全不是一回事）。我们仍然按部就班地逐项设计，这样并不是完全限定设计思路和步骤，但可以有效地提醒设计者有哪些事情要做。

（1）对 ODS 中的各个主题的事实数据进行时间上的汇总。

ODS 的事实数据是纯细节的交易数据，进入 ODS 的第一步就是要按照时间维进行汇总，以实现初步的信息沉淀。这种汇总不是只进行一次，而是要制定下来汇总的级别，比如日汇总信息保留 3 个月，月汇总信息保留两年，年汇总信息长期保存（当然在时间粒度变粗的同时一般都伴随着其他维粒度的变粗或者舍弃），最终一定要定义到何种程度的数据可以在数据仓库中永久保存为止的地步。

（2）按照业务逻辑的规则，对数据进行归并。

把 ODS 中不同主题中的表示相同业务的数据（来自不同的业务系统）进行归并，例如一般企业的客服系统（Call Center）都受理一部分业务，而这些业务受理与在营业厅或销售店的受理是一样的，因此这类数据要归并到一起。

（3）把包含细节过多的交易记录进行拆分。

事实上，一个交易记录所包含的信息内容非常丰富，往往超越了某个人或部门的分析需求，但不同的人有不同的需求。

下面列出的条款是你在实现数据仓库过程中一定会面对的问题，其中一些看起来并没有想象的那么严重，但是你仍然应该尽量避免出现类似问题。数据仓库并不是一个事务处理系统，它没有一定的标准也不会实现某个特定的应用，但它本质上是非常有组织性的。总之，每个单位所建立的数据仓库都是唯一的，并且每一次数据仓库的实现方法都不是一成不变的。在实现数据仓库时，需要注意的不仅是"应该如何处理"，更要注意"不该如何处理"。下面就是"不该如何处理"的注意事项：

- 不要编写自己无法快速修改的代码。你所要编写的程序主要用于数据分析，而不是处理事务。你的用户并非真正知道他们自己想要一个什么样的程序，你不得不反复修改代码好几次，才会明白用户到底需要一个什么样的程序。如果你编写的程序具有良好的结构和灵活性，就算需要修改也不会太费力气。反之，你会把自己累死。
- 不要使用无法修改的数据库访问 API。过去，你的数据库可以为大量的客户提供稳定的数据查询服务。而如今，你的程序必须能够应付更多的数据查询，使得重新改写程序以使每个查询请求都能得到最大的数据量成为势在必行的工作。一般来说，这种代码修改都不会一次成功，所以只有选择合适的可以修改的 API，才能使程序尽快适应新的需求。
- 不要设计任何无法扩展的东西。在联机处理过程（OLTP）应用中，数据分析并不是一个真正的应用程序。实际上，数据分析的关键是获取大量旧的数据，从中提取数据模型，并以此模型推断出新的信息。而你所编写的访问潜在信息的代码应该具有可扩展性，可以附加新的数据，但千万别在支持数据分析的代码中假定数据都是固定格式的。
- 不要附加不必要的功能。一个仓库要做的是恰到好处的服务，用户走进仓库，从货架上取得自己所需的信息，仅此而已。由于业务智能、分析以及规律性的问题都有各自的处理程序，因此你的客户唯一的需要就是获取信息。他们需要一种应用环境，可以让他们快速地从数据仓库中取得分析过程所需的数据，而不论这个数据是什么样子的。也许你想帮助他们精炼一下获得的数据，但最好不要这么做。一定要记住，不要给客户的数据分析程序添加任何会影响数据访问性能的功能。
- 不要简化数据清除和数据源分析的步骤。在实现数据仓库过程中，最应该注意的地方就是为 Extract-Transform-Load 机制分析数据源，以及为优化负载而清除数据。安全的做法是，假设项目经理在这个阶段会需要整个项目资源的一半以上。相反，如果你在这方面进行了简化，那么稍后肯定会后悔，所以就算系统工作缓慢，也不要简化清理旧的数据的过程。

- 不要避免颗粒度和分区问题。在数据仓库设计过程中，有两个最大的数据存储问题，第一是如何给转换数据定位一个恰当的颗粒度等级，第二是如何将数据绝对的分区。为什么这两点问题如此重要呢？因为整个数据仓库的响应能力受颗粒度影响，并且数据访问的效率直接与数据分区性能有关，因此这是具有关键性的工作，不要试图避免面对这些问题。
- 不要在没考虑业务问题前就使用 OLAP。用户在亲眼见到程序前，通常都不知道自己到底想要一个什么样的程序。因此他们的观点有不少错误，比如他们希望分析结果会忠实反应性能度量，或者希望程序会使他们部门或公司的业务工作有所不同。你必须跳出自己的职责范围，从 IT 管理者的角度考虑用户部门直至整个企业的运行方式，才能在开发过程中避免这类问题。在通常的 OLTP 开发中，你可以比较方便地理解业务流程。在联机分析处理（OLAP）领域，任何事情都需要亲自考察，在你周围工作的人也许并不会发现你对业务方面存在的误解。因此，不要自以为已经了解了足够的信息，只有不断地询问才能使你真正了解业务流程。

14.6 实例构建过程与分析

（1）打开 Visual Studio 2005 新建项目，选择 Analysis Services 项目，如图 14-9 所示。

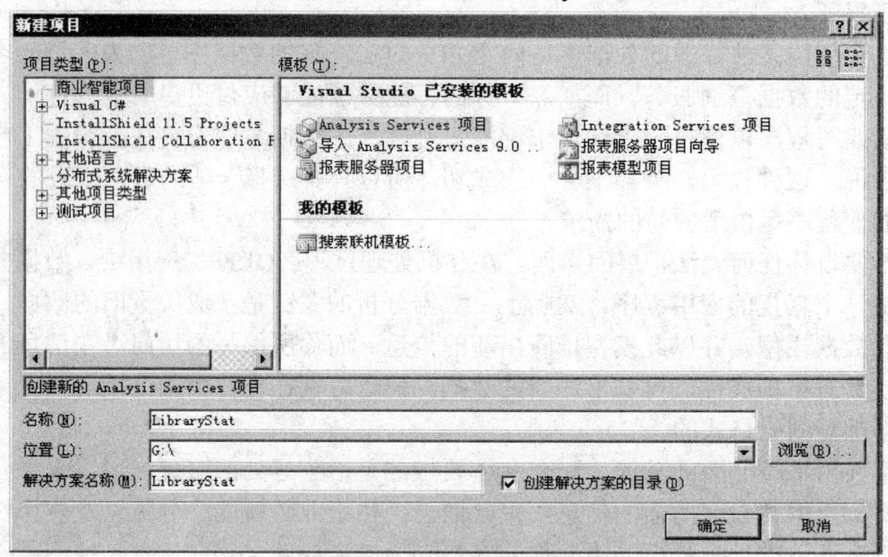

图 14-9 新建分析服务项目

（2）选择数据源文件夹，新建数据源，如图 14-10 所示。

（3）新建数据源向导启动，出现如图 14-11 所示界面。

（4）点击 New 按钮，出现配置连接对话框，如图 14-12 所示。

（5）配置方法与链接数据库相同，如图 14-13 所示。

（6）配置连接数据源的帐号，以后就是一路单击 Next 按钮就可以了。

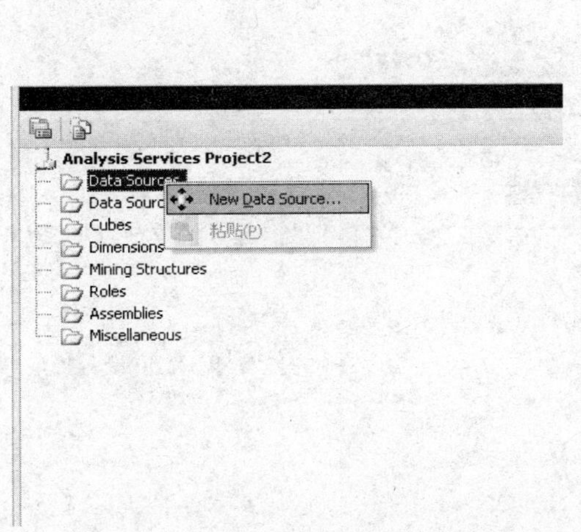

图 14-10　新建数据源

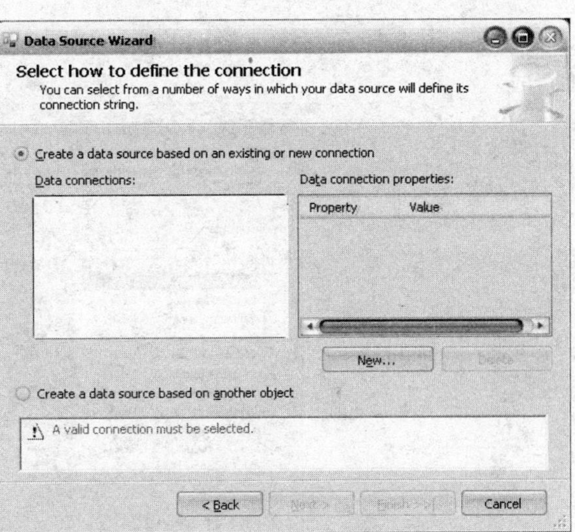

图 14-11　选择如何定义连接

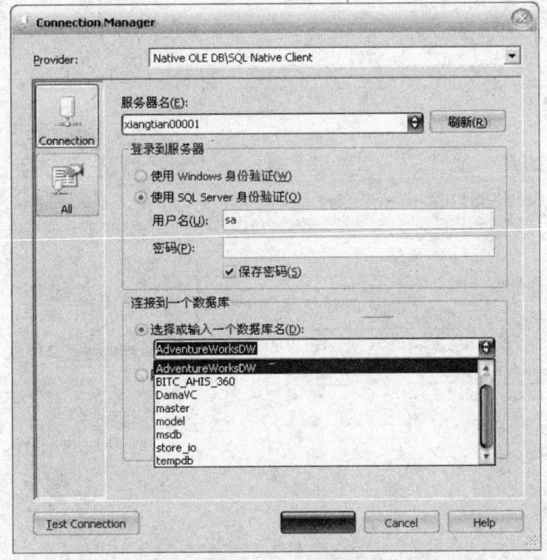

图 14-12　配置连接

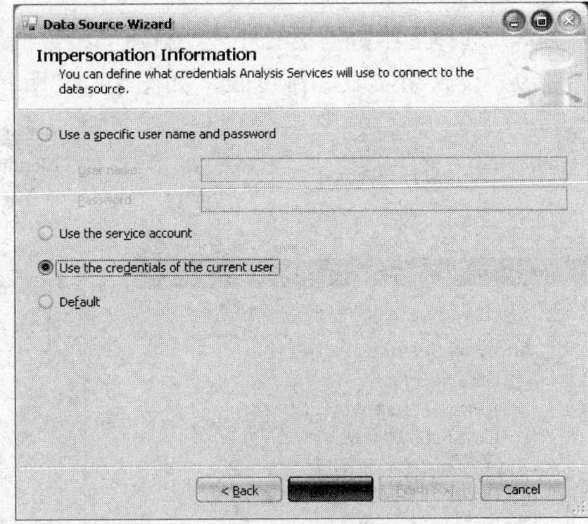

图 14-13　配置连接数据源的帐号

（7）选择数据源视图文件夹，新建一个数据源视图，如图 14-14 所示。

图 14-14　新建数据源视图

系统出现选择含有统计数据的表，如图 14-15 所示。以后就是一路单击 Next 按钮，直到完成。

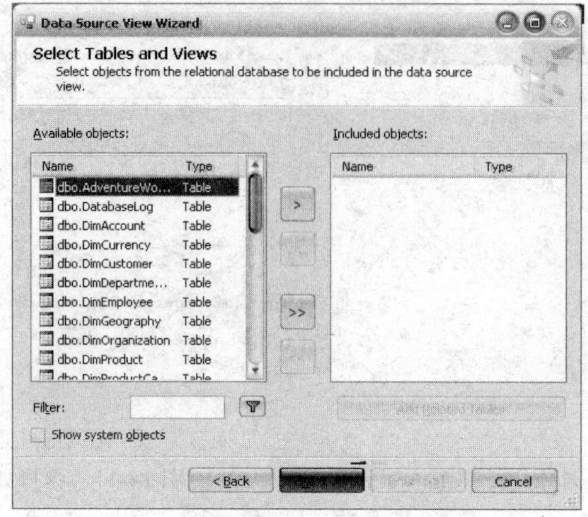

图 14-15　选择含有统计数据的表

（8）选择多维数据集文件夹，新建多维数据集，也就是新建一个 Cube，如图 14-16 所示。

（9）设置事实表和维度表，如图 14-17 所示。

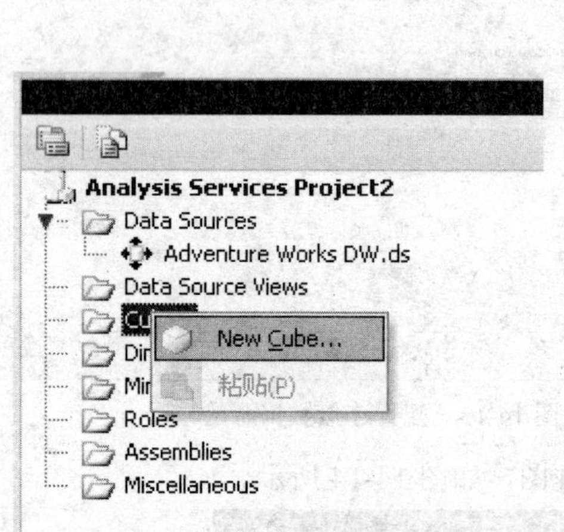

图 14-16　新建多维集

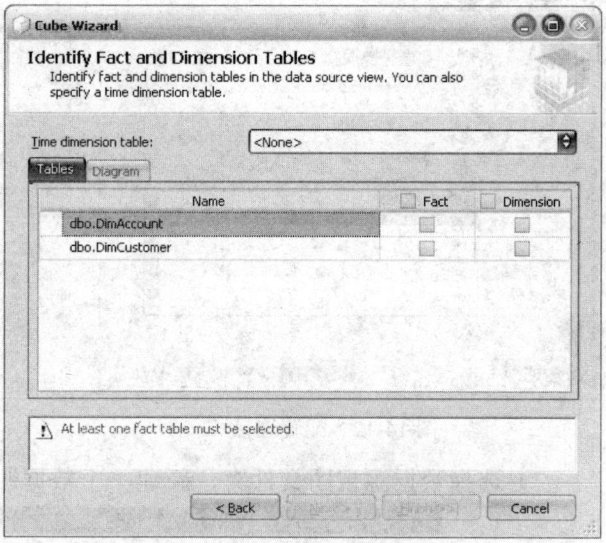

图 14-17　设置事实表和维度表

（10）选择度量值，如果是 SQL，则需要 count、sum 等要统计的数据，如图 14-18 所示。

（11）取消所有选项，然后选择维度也就是 SQL 里面 GROUP by 的字段，如图 14-19 所示。

这不是最终结果，后面还要手工编辑。以后就是一路选择 Next 按钮，直到结束。

通过浏览打开编辑维度，如图 14-20 所示。

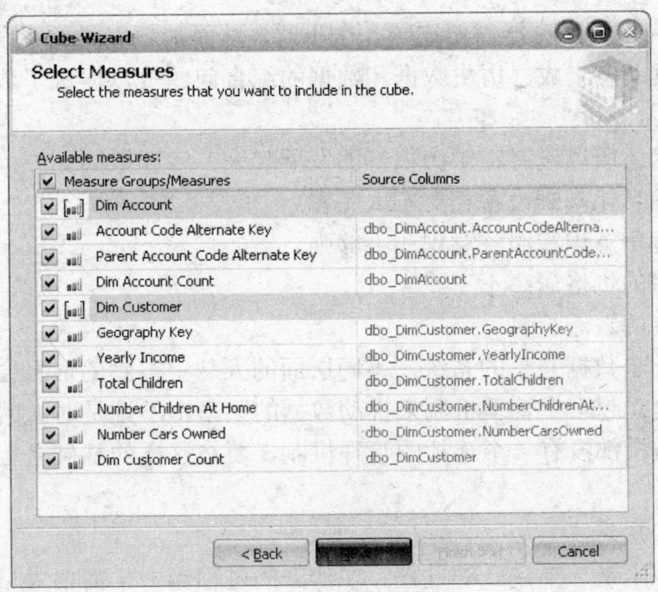

图 14-18　选择度量值

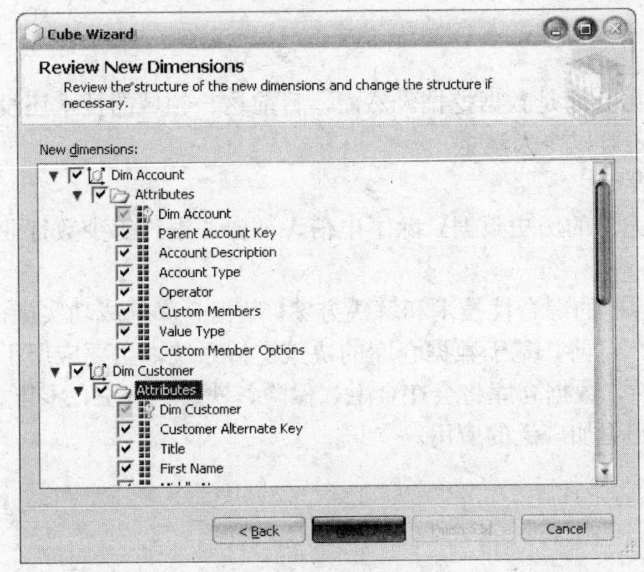

图 14-19　选择维度

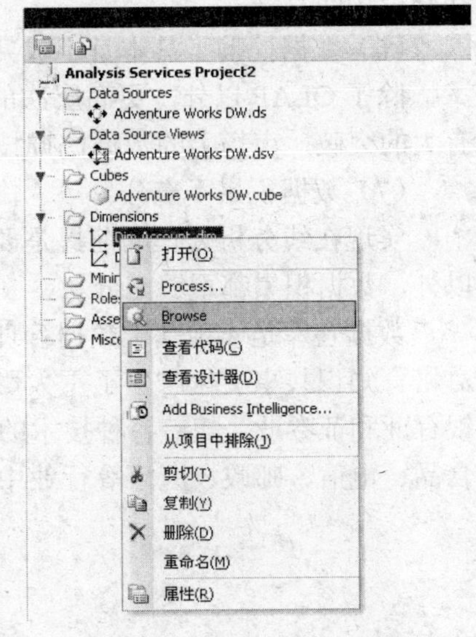

图 14-20　通过浏览打开维度

随后建立一个层次结构，可以进行重命名，切换到浏览器，拖放相应字段到行位置，再拖放最新状态到行，并拖放显示的数据，也就是明细。拖放完毕后，设置显示为百分比，从而得到最终效果，利用打开 SQL Server 2005 的 SQL Server Management Studio 连接到分析服务，新建查询，得到查询结果，就完成了整个构建过程。

14.7　小　结

本章讨论了事务处理环境不适宜 DSS 应用的原因，事务处理和分析处理的性能不同，操作型处理对数据的存取操作频率高，而且每次操作处理的时间都非常短。在分析处理环境中，某个 DSS 应用程序可能需要连续几个小时，从而消耗大量的系统资源。另外还讨论了数据集成、数据动态集成、历史数据和数据的综合问题等，促进了数据仓库技术的进一步发展。

数据仓库技术之所以没有在中国很好的发展起来，主要原因如下：

（1）我国的信息化基础设备相对不太完善。

（2）企业的竞争意识和服务意识还不够强。

（3）数据仓库的价格居高不下。

（4）管理机制的缺乏。

数据仓库是一个数据共享的系统，不同层面的人从中得到的信息会是不一样的。但目前中国企业没有建立起一个管理机制来推动数据的共享，不论是对人的能力、企业的组织制度，还是数据质量都没有一个连续的管理机制，要在这样的基础之上建立好用的数据分析是非常困难的。

（5）技术人才缺乏。

数据仓库的应用是一个建立的过程。在建立的过程当中，需要大量的技术支持人员。从国内情况来看，真正能够完整实施数据仓库方案的人才还很缺乏，因而制约了国内数据仓库市场的发展。

（6）数据挖掘工具本身不成熟。

除了 OLAP 以外，更高层次的数据仓库是数据挖掘。然而，目前这一领域的技术还没有大的突破，市场上的数据挖掘技术还难以令人满意。

（7）数据积累不充分。

实现在线分析处理的前提是要有大量的历史数据。除了电信、证券、银行等少数行业以外，数据积累都不够充分。

数据仓库是一项基于数据管理、运用的综合性技术和解决方案。数据仓库的成功实施，对培育知识共享文化产生了重大影响。目前，基于数据仓库的决策支持系统，主要应用于银行业和证券业。随着各种技术的成熟，数据仓库将会在金融、保险、铁路、航空、零售、食品、电信、邮政、医疗等行业中得到更加广泛的应用。

15

案例精解

在本章中，鉴于微软提供的示例数据库过于经典，因此笔者将针对 SQL Server 2005 的 AdventureWorks 数据库进行详细介绍，讨论其设计过程，并围绕本书中提到的内容进行总结，从而使读者从理论走向实践，彻底掌握 SQL Server 2005 的管理和应用设计知识。

本章将要介绍的内容有：

- AdventureWorks 设计基础。
- AdventureWorks 总体设计。
- AdventureWorks 设计示例。

在 AdventureWorks 设计基础中，笔者将要讨论 Adventure Works Cycles 公司的业务需求。在总体设计中，笔者要探讨有关 AdventureWorks 的总体结构设计。在设计示例中，笔者要围绕数据库应用探讨具体的例子。

15.1 AdventureWorks 设计基础

在设计数据库的时候，必须先考虑业务需求，然后才能进行数据库总体结构设计，并结合前台开发工具，开发相应的软件（本书不讨论有关前台开发工具的内容）。下面，我们分析一下 Adventure Works Cycles 这个虚构公司的业务需求。此公司及其业务方案、雇员和产品是下列示例数据库的基础：

- AdventureWorks 示例 OLTP 数据库。
- AdventureWorksDW 示例数据仓库。
- AdventureWorksAS 示例分析服务数据库。

假定 Adventure Works Cycles 是一家大型跨国生产公司，该公司生产金属和复合材料的自行车，产品远销北美、欧洲和亚洲市场。公司总部设在华盛顿州的伯瑟尔市，拥有 299 名雇员，而且拥有多个活跃在世界各地的地区性销售团队。

在 2000 年，Adventure Works Cycles 购买了位于墨西哥的小型生产厂 Importadores Neptuno。Importadores Neptuno 为 Adventure Works Cycles 产品生产多种关键子组件，这些子组件将被运送到伯瑟尔市进行最后的产品装配。2001 年，Importadores Neptuno 转型成为专注于旅行登山车系列产品的制造商和销售商。

实现一个成功的财务年度之后，Adventure Works Cycles 希望通过以下方法来扩大市场份额：专注于向高端客户提供产品，通过外部网站扩展其产品的销售渠道，通过降低生产成本来削减其销售成本。

如果你是系统设计师，该怎样设计这样的数据库呢？

显然，与客户和销售相关的信息是 AdventureWorks 示例数据库的重要组成部分。同时，需要分析与销售、营销环境以及客户，还需要对公司的产品进行管理，理清采购需求和供应商关系，并处理生产环境。这样，需要我们对销售和营销方案进行处理，同时要生成产品方案、采购方案和供应商方案，并最终构建生产方案。

作为自行车生产公司，我们首先考虑要设计几个所有者。既要考虑人力资源的管理，又要考虑对应人员的管理，还要考虑与产品的关系。同时，我们需要考虑相应的业务，比如销售和购买的记录等。

Adventure Works Cycles 拥有两种客户：

- 个人　从 Adventure Works Cycles 在线商店购买产品的消费者。
- 商店　从 Adventure Works Cycles 销售代表处购买产品后进行转售的零售店或批发店。

不容置疑，每位客户在 Customer 表中都有一条记录。如何区分到底是个人还是客户呢？在设计中，可以考虑采用 CustomerType 列进行标识，如果客户是个人消费者，则 CustomerType = 'I'，否则是商店（CustomerType = 'S'）。这些客户类型所特有的数据，分别在 Individual 和 Store 表中进行维护。与个人相关的表有哪些？与商店相关的信息有哪些？

作为自行车生产公司，Adventure Works Cycles 提供以下四类产品：

- Adventure Works Cycles 公司生产的自行车。
- 自行车组件（替换零件），例如车轮、踏板或刹车部件。
- 从供应商购买的转售给 Adventure Works Cycles 客户的自行车装饰。
- 从供应商购买的转售给 Adventure Works Cycles 客户的自行车附件。

怎么管理这些产品呢？

采购部门需要购买 Adventure Works Cycles 自行车生产中所使用的原材料和零件，而且 Adventure Works Cycles 也购买一些产品以进行转售。例如，自行车装饰件和自行车附件，像水瓶和打气筒。如何存储、管理有关的产品及其供应商的信息呢？

假定在 AdventureWorks 示例数据库中，表结构应支持下面典型的生产区。

（1）生产过程。

- 物料清单　列出产品使用或包含的其他产品。
- 工作订单　按生产车间安排的生产顺序。
- 位置　定义主要的生产区和库存区（例如，用于框架成型、油漆、装配的区域）。
- 生产车间使用的产品生产和装配说明。

（2）产品库存

某个产品在仓库或生产区中的实际位置和可用数量。

（3）工程文档

自行车或自行车组件的技术规范和维护文档。

该如何处理呢？

15.2 AdventureWorks 总体设计

为了实现对这些业务的管理，在进行系统设计时，首先要考虑采用哪些所有者来进行管理，并用相应所有者下放置的表来存储对应的数据。在数据库的总体设计中，必须结合业务需求，整理相应的关系图，最终定义每张表的字段（比如类型、可空性等）。鉴于 AdventureWorks 的表过多，所以笔者只讨论所有者与相关表，而不对表字段的定义做过多阐述。

在设计数据库时，必须先确定数据库所需的表，每个表中数据的类型以及可以访问每个表的用户。在创建表及其对象之前，最好先规划出你的计划，并确定表的下列特征：

- 表包含的数据的类型。
- 表中的列数，每一列中数据的类型和长度（如果必要）。
- 哪些列允许空值。
- 是否要使用以及何处使用约束、默认设置和规则。
- 所需索引的类型，哪里需要索引，哪些列是主键，哪些是外键。

创建表的最有效的方法是同时定义表中所需的所有内容，包括表的数据限制和其他组件。在创建和操作表后，将对表进行更为细致的设计。

创建表的有用方法是：创建一个基表，向其中添加一些数据，并使用这个基表一段时间。这种方法使你可以在添加各种约束、索引、默认设置、规则和其他对象形成最终设计之前，发现哪些事务最常用，哪些数据经常输入。

设计完数据库后就可以在数据库中创建存储数据的表。数据通常存储于永久表中，不过你也可以创建临时表。表存储于数据库文件中，任何拥有所需权限的用户，都可以对其进行操作，除非已将其删除。

每个表至多可定义 1024 列。表和列的名称必须遵守标识符的规定，在特定表中必须是唯一的，但同一数据库的不同表中可使用相同的列名。

尽管对于每个架构在一个数据库内表的名称必须是唯一的，但为每张表指定不同的架构，则可以创建多个具有相同名称的表。可以创建名为 employees 的两个表并分别指定 Jonah 和 Sally 作为其架构。当你必须使用某一 employees 表时，可以通过指定表的架构以及表的名称来区分这两个表。

临时表与永久表相似，但临时表存储在 tempdb 中，当不再使用时会自动删除。

临时表有两种类型：本地和全局，它们在名称、可见性以及可用性上有区别。本地临时表的名称以单个数字符号#打头，它们仅对当前的用户连接是可见的，当用户从 SQL Server 实例断开连接时则被删除。全局临时表的名称以两个数字符号##打头，创建后对任何用户都是可见的，当所有引用该表的用户从 SQL Server 断开连接时则被删除。

例如，如果创建了 employees 表，则任何在数据库中有使用该表的安全权限的用户都可以使用该表，除非已将其删除。如果数据库会话创建了本地临时表 #employees，则仅会话可以使用该表，会话断开连接后就将该表删除。如果创建了 ##employees 全局临时表，则数据库中的任何用户均可使用该表。如果该表在你创建后没有其他用户使用，则当你断开连接时该表删除。如果你创建该表后另一个用户在使用该表，则 SQL Server 将在你断开连接并且所有其他会话不再使用该表时将其删除。

临时表的许多用途可由具有 table 数据类型的变量替换。创建表之后，可以更改最初创建表时定义的许多选项。这些选项包括：

- 添加、修改或删除列。例如列的名称、长度、数据类型、精度、小数位数以及为空性均可进行修改，不过有一些限制而已。

- 如果是已分区的表，则可以将其重新分区，也可以添加或删除单个分区。
- 可以添加或删除 PRIMARY KEY 和 FOREIGN KEY 约束。
- 可以添加或删除 UNIQUE 和 CHECK 约束以及 DEFAULT 定义和对象。
- 可以使用 IDENTITY 或 ROWGUIDCOL 属性添加或删除标识符列。虽然表中一次只能有一列具有 ROWGUIDCOL 属性，但是也可以将 ROWGUIDCOL 属性添加到现有列或从现有列删除。
- 表及表中所选定的列已注册为全文索引。

表的名称或架构也可以更改。执行此操作时，还必须更改使用该表的旧名称或架构的所有触发器、存储过程、Transact-SQL 脚本或其他程序代码中表的名称。重命名表采用 sp_rename（Transact-SQL）来完成，可以使用 Visual Database Tools 修改表属性，还可以用 ALTER SCHEMA 更改已创建好的表的架构。

15.2.1 所有者

在 AdventureWorks 示例数据库中，系统设计为下列几个所有者：HumanResources、Person、Production、Purchasing 和 Sales，分别管理人力资源、人员、产品、购买和销售等业务。这些所有者下具有不同的表，我们看一下具体的名单，见表 15-1。

表 15-1 表的所有者

所有者	表中文名	表英文名	作 用
DBO	示例库版本	AWBilidVersion	AdventureWorks 数据库的版本
	客户注释	CustomerNotes	记录注释信息
	数据库日志	DatabaseLog	记录对数据库进行修改操作的日志信息
	错误日志	ErrorLog	记录数据库发生错误的日志信息
Human Resources	部门	Department	记录公司具有的部门
	雇员	Employee	记录公司具有的员工
	雇员地址	EmployeeAddress	记录员工所在地址
	雇员所在部门历史记录	EmployeeDepartment History	记录员工在公司的哪些部门任职
	雇员薪水支付记录	EmployeePayHistory	记录支付给员工薪水的具体情况
	候选工作	JobCandidate	记录哪些岗位缺人
	交接时间	Shift	记录交班时间段

Person 所有者下拥有的表很多，见表 15-2。

表 15-2 Person 拥有的表

表中文名	表英文名	作 用
地址	Address	
地址类型	AddressType	
联系方式	Contact	
联系类型	ContactType	

（续表）

表中文名	表英文名	作　用
国家和地区	CountryRegion	记录全世界国家和地区的列表
州、省列表	StateProvince	记录部分国家的州和省
原料价格	BillOfMaterials	记录原料采购价格
产品文化	Culture	记录具体为哪国产品
文档管理	Document	管理文档存放位置及文档类型
图解	Illustration	记录产品图像
产品位置	Location	记录产品出于生产线上的具体位置
产品	Product	记录与产品特征有关的信息
产品分类	ProductCategory	记录公司销售产品的具体分类
产品价值历史记录	ProductCostHistory	记录产品的历史价值表
产品描述	ProductDescription	记录对具体产品的描述信息
产品文档	ProductDocument	记录具体产品的文档编号
库存表	ProductInventory	记录产品库存的数量
产品历史价表	ProductListPriceHistory	记录产品在以前每一阶段的价格情况
产品模型	ProductModel	存储产品不同类型的模型描述
产品模型图解	ProductModelIllustration	记录模型的图形标识
产品模型及产品描述文化	ProductModelProductDescriptionCulture	对产品文化和模型进行描述
产品照片	ProductPhoto	记录反映产品的照片
产品与产品照片关联表	ProductProductPhoto	记录具体的产品与哪张照片关联，哪张照片对应哪个产品
产品回顾	ProductReview	记录谁对该产品进行了回顾
产品子类	ProductSubcategory	记录产品子类信息
废弃原因	ScrapReason	淘汰该产品的原因
交易记录	TransactionHistory	记录产品交易的过程及情况
交易记录归档	TransactionHistoryArchive	对交易记录进行归档整理
计量单位	UnitMeasure	记录衡量产品的单位，如盒、英寸等
工作单	WorkOrder	记录工作单内容
工作单路由	WorkOrderRouting	记录工作单所经过的过程

Purchasing 所有者下拥有的表，如表 15-3 所示。

表 15-3　Purchasing 拥有的表

表中文名	表英文名	作　用
卖主	ProductVendor	记录销售产品的情况
购买单明细	PurchaseOrderDetail	记录购买单的详细情况
购买单头记录	PurchaseOrderHeader	记录购买单总体情况

（续表）

表中文名	表英文名	作　用
运输方式	ShipMethod	记录货运方式
卖主	Vendor	记录卖主的详细个人信息
卖主地址	VendorAddress	记录卖主所在地址
卖主联系方式	VendorContact	

Sales 所有者下拥有的表，如表 15-4 所示。

表 15-4　Sales 拥有的表

表中文名	表英文名	作　用
联系信用卡	ContactCreditCard	记录信用卡号
国家与地区货币	CountryRegionCurrency	表明国家币种
信用卡详细信息	CreditCard	记录信用卡相关的信息
货币	Currency	记录货币具体名称
汇率	CurrencyRate	记录某一时间的汇率情况
客户	Customer	记录客户类型及账号
客户地址	CustomerAddress	记录客户所在地址
个人	Individual	记录个人信息
销售订单明细	SalesOrderDetail	记录销售订单的详细情况
销售订单头信息	SalesOrderHeader	记录销售订单的整体情况
销售原因	SalesOrderHeaderSalesReason	记录销售该产品的原因
销售业绩	SalesPerson	记录个人销售业绩
销售业绩配额历史	SalesPersonQuotaHistory	记录历史销售配额
销售原因	SalesReason	记录产品销售的几种情况
销售税率	SalesTaxRate	记录销售税的具体情况
售地	SalesTerritory	记录销售该产品所在的地域
售地历史	SalesTerritoryHistory	记录谁在哪个地域进行销售
销售单项目	ShoppingCartItem	
特供情况	SpecialOffer	记录特殊供应的情况
特供产品	SpecialOfferProduct	记录哪些产品是特供产品
库房	Store	记录库房所在位置
库房联系方式	StoreContact	

15.2.2 相关表

上面确定的表与一系列的业务有关，具体说来，与客户相关的表如表 15-5 所示。

表 15-5　客户表

客户类型	主要表	其他信息
个人	Person.Contact Sales.Customer Sales.Individual Sales.SalesOrderHeader Sales.SalesOrderDetail	已对销售和统计数据进行处理，以应用于数据挖掘方案。 统计数据（收入、爱好、车辆数目等）以 xml 格式存储在 Individual 表的 Demographics 列中
商店	Person.Contact Sales.Customer Sales.Store Sales.StoreContact Sales.SalesOrderHeader Sales.SalesOrderDetail	已对数据进行处理，以应用于 Analysis Services 方案。 商店按规模可分为：大型、中型和小型。 统计数据以 xml 格式存储。 商店联系人是与 Adventure Works Cycles 销售代表联系的商店雇员。例如，通常与 Adventure Works Cycles 销售人员联系的人员为店主或采购经理

表 15-6 简要说明了与产品相关的表中存储的数据。

表 15-6　产品表

Schema.Table	包含以下内容	注　释
Production.BillOfMaterials	用于制造自行车和自行车子部件的所有组件的列表	ProductAssemblyID 列表示父级产品（即主产品），ComponentID 表示用来组成父级部件的子级零件（即独立零件）
Production.Culture	列出使用了哪些语言来本地化产品说明	提供了阿拉伯语、英语、法语、希伯来语、简体中文和泰语的产品说明
Production.Location	列出 Adventure Works Cycles 中产品和零件的库存位置。例如，油漆既贮藏在仓库的 Paint Storage 处，又储藏在制造中心 Paint Shop（自行车骨架在这里上漆）	
Production.Product	由 Adventure Works Cycles 销售或用来制造 Adventure Works Cycles 自行车和自行车组件的各种产品的信息	FinishedGoodsFlag 列指示产品是否可供出售。不供出售的产品是出售产品的组件。例如，可以出售一辆自行车，但不会出售用于制造自行车的金属材料
Production.ProductCategory	产品最常规的分类。例如，自行车或附件	
Production.ProductCostHistory	列出不同时间点的产品成本	

（续表）

Schema.Table	包含以下内容	注　释
Production.ProductDescription	列出各种语言的详细产品说明	提供了阿拉伯语、英语、法语、希伯来语、简体中文和泰语的产品说明
Production.ProductInventory	按地点统计的产品库存量。请参阅前面介绍的 Production.Location	
Production.ProductListPriceHistory	列出不同时间点的产品价格	
Production.ProductModel	与产品关联的产品型号。例如，Mountain-100 或 LL Touring Frame	CatalogDescription 列包含 xml 数据类型的附加产品信息。Instructions 列通过使用 xml 数据类型给出产品生产说明
ProductModelProduct DescriptionCulture	给出产品型号、产品说明及其本地化后的语言之间的交叉引用	
Production.ProductPhoto	列出 Adventure Works Cycles 所售产品的图像	图像是使 varbinary(max) 数据类型存储的
Production.ProductReview	给出客户对 Adventure Works Cycles 产品的评价	
Production.ProductSubcategory	产品类别的子类别。例如，山地自行车、平地自行车和旅行登山车是自行车类别的子类别	

与供应商和采购业务相关的表如表 15-7 所示。

表 15-7　采购业务表

Schema.Table	包含以下内容	注　释
Person.Address	所有客户的通信地址信息。客户可能会有多个地址。例如，客户可能有一个帐单地址和一个不同的发货地址	关联表 VendorAddress 将供应商映射到其地址。Address 表也包含了 Adventure Works Cycles 雇员和客户的地址信息
Person.Contact	供应商雇员的姓名，Adventure Works Cycles 采购代理向这些供应商雇员订购产品 一个供应商可能有多个联系人。例如，一个销售代理和一个销售经理。Adventure Works Cycles 采购代理可能将销售代理作为客户的主要联系人，将销售经理作为第二联系人	关联表 VendorContact 将联系人映射到供应商。 AdditionalContactInfo 列包含了联系人特有的数据，例如，其他联系方式（手机、传真等）。该列中的数据为 xml 数据类型。有关详细信息，请参阅关于 Contact.Additional ContactInfo xml 列

（续表）

Schema. Table	包含以下内容	注　释
Production.ProductVendor	将供应商映射到其提供的产品。一种产品可能由多个供应商提供，一个供应商也可能提供多种产品	
Purchasing.PurchaseOrderDetail	采购订单的详细信息，例如，订购的产品、数量和单价	
Purchasing.PurchaseOrderHeader	采购订单的摘要信息，例如，应付款总计、订购日期和订单状态	PurchaseOrderHeader 表与 PurchaseOrderDetail 表共同构成主-从关系
Purchasing.ShipMethod	用于维护产品标准发货方法的查找表。	ShipMethodID 列包含在 PurchaseOrder Header 表中
Purchasing.Vendor	供应商的详细信息，例如，供应商的名称和帐号	
Purchasing.VendorAddress	将客户链接到 Address 表中的地址信息	按类型对地址进行分类，例如，开票地址、家庭住址、发货地址等。AddressTypeID 列映射到 AddressType 表中
Purchasing.VendorContact	所有客户的通信地址信息。客户可能会有多个地址。例如，客户可能有一个帐单地址和一个不同的发货地址	这是一个关联表。请参阅 Contact 和 Vendor

与生产相关的表如表 15-8 所示。

表 15-8　生产表

Schema. Table	包含以下内容	注　释
Production.BillOfMaterials	用于制造自行车和自行车部件的所有组件的列表	物料清单结构本身是一种嵌套结构，指示父级产品和构成该产品的组件之间的关系。例如，如果父级产品是自行车，则第一级组件可能是车轮部件。而车轮部件又具有自己的组件（例如，反光罩、轮圈、轮辐、轮胎和内胎）。ProductAssemblyID 列表示父级产品（即主产品），ComponentID 表示用来组成父级部件的子级零件（即独立零件）。BOM_Level 列指示 ComponentID 相对于 ProductAssemblyID 的级别。在前面的示例中，车轮部件的 BOM_Level 为 1；车轮部件的组件的 BOM_Level 为 2，依次类推

（续表）

Schema.Table	包含以下内容	注 释
Production.Document	工程规范和其他技术文档	DocumentSummary 列使用 varchar(max) 数据类型。Document 列使用 varbinary(max) 数据类型
Production.Illustration	自行车生产图	ProductModel 表中的生产说明包含这些图。该列使用 xml 数据类型
Production.Location	Adventure Works Cycles 中的一系列库存区和生产区，产品和零件作为库存存放在这些区域中或者是在这些区域中进行生产。例如，油漆既贮藏在仓库的 Paint Storage 处，又储藏在制造中心 Paint Shop（自行车骨架在这里上漆）	
Production.Product	由 Adventure Works Cycles 销售或用来制造 Adventure Works Cycles 自行车和自行车组件的各种产品的信息	FinishedGoodsFlag 列指示产品是否可供出售。不供出售的产品是出售产品的组件。例如，可以出售一辆自行车，但不会出售用于制造自行车的金属材料
Production.ProductInventory	按地点统计的产品库存量。请参阅前面介绍的 Production.Location	
Production.ProductModel	与产品关联的产品型号。例如，Mountain-100 或 LL Touring Frame	CatalogDescription 列包含 xml 数据类型的附加产品信息。Instructions 列通过使用 xml 数据类型给出产品生产说明
Production.ScrapReason	生产过程中拒绝自行车或自行车零件的常见原因列表。例如，在“上漆”生产车间，废弃未上好漆的自行车框架的原因是“上漆失败”	WorkOrderRouting 表将按产品跟踪废弃的数量和废弃的原因。 需要根据问题的严重程度，对产品进行修理或替换，然后才可以将产品移交到下一个生产车间
Production.WorkOrder	定义为了满足当前和未来销售的需要而必须生产的产品及其数量	
Production.WorkOrderRouting	每一工作订单的详细信息，包括在生产或装配过程中产品经历的生产车间的顺序。例如，自行车手柄在“框架成型”生产车间生产。生产出来后，再将它们移交到“框架焊接”生产车间进行其他作业，然后移送到“装配”生产车间将其装配到自行车框架上	

限于篇幅，笔者无法对每张表的具体字段进行详细描述，也无法讨论其中有关范式化设计的内容。但是，读者必须明白，AdventureWorks 数据库在设计的时候，采用了范式化设计的思想，在构建每一个字段并考虑字段类型和长度的时候，都经过了精雕细琢。如果你想知道每一张表具体包含哪些字段，请参考联机帮助。

下面我们开始探讨相关的例子。

15.3 AdventureWorks 示例

下面，笔者将针对前面提到的 AdventureWorks 数据库，列举应用示例。

15.3.1 查询示例

你可以将 SELECT 与列标题和列计算一起使用下面的示例返回 Product 表中的所有行。第一个示例返回每种产品的总销售额与总折扣。在第二个示例中，计算每种产品的总收入。

```
USE AdventureWorks ;
GO
SELECT p.Name AS ProductName,
NonDiscountSales = (OrderQty * UnitPrice),
Discounts = ((OrderQty * UnitPrice) * UnitPriceDiscount)
FROM Production.Product p
INNER JOIN Sales.SalesOrderDetail sod
ON p.ProductID = sod.ProductID
ORDER BY ProductName DESC ;
GO
```

下面的查询将计算每个销售订单中每种产品的收入。

```
USE AdventureWorks ;
GO
SELECT 'Total income is', ((OrderQty * UnitPrice) * (1.0 - UnitPriceDiscount)), ' for ',
p.Name AS ProductName
FROM Production.Product p
INNER JOIN Sales.SalesOrderDetail sod
ON p.ProductID = sod.ProductID
ORDER BY ProductName ASC ;
GO
```

你还可以使用 SELECT INTO 创建表。

```
--在 tempdb 中创建一个名为 #Bicycles 的临时表。若要使用该表，则必须使用与下面显示的
名--称完全相同的名称进行引用。这包括数字符号 #。
USE AdventureWorks ;
GO
DROP TABLE #Bicycles ;
GO
SET NOCOUNT ON
```

```
SELECT *
INTO #Bicycles
FROM Production.Product
WHERE ProductNumber LIKE 'BK%'

SET NOCOUNT OFF

SELECT name
FROM tempdb..sysobjects
WHERE name LIKE '#Bicycles%' ;
GO
--利用前面生成的临时表创建永久表 NewProducts
USE AdventureWorks ;
GO
IF OBJECT_ID ('dbo.NewProducts', 'U') IS NOT NULL
DROP TABLE dbo.NewProducts ;
GO
ALTER DATABASE AdventureWorks SET RECOVERY BULK_LOGGED ;
GO

SELECT * INTO dbo.NewProducts
FROM Production.Product
WHERE ListPrice > $25
AND ListPrice < $100

SELECT name
FROM sysobjects
WHERE name LIKE 'New%'

USE master ;
GO

ALTER DATABASE AdventureWorks SET RECOVERY FULL ;
GO
```

你还可以使用相关子查询。以下示例显示了语义等价的查询并说明了使用 EXISTS 关键字和 IN 关键字的区别。两个都是有效子查询示例，用于检索产品型号为长袖标志运动衫且 ProductModelID 编号在 Product 和 ProductModel 两个表中相匹配的每种产品名称的实例：

```
USE AdventureWorks ;
GO
SELECT DISTINCT Name
FROM Production.Product p
WHERE EXISTS
(SELECT *
FROM Production.ProductModel pm
```

```
WHERE p.ProductModelID = pm.ProductModelID
AND pm.Name = 'Long-sleeve logo jersey') ;
GO

-- 或者

USE AdventureWorks ;
GO
SELECT DISTINCT Name
FROM Production.Product
WHERE ProductModelID IN
(SELECT ProductModelID
FROM Production.ProductModel
WHERE Name = 'Long-sleeve logo jersey') ;
GO
```

你还可以将 SELECT 语句与 CUBE 一起使用：

```
--使用 CUBE 运算符从 SELECT 语句返回结果集。由于使用 CUBE 运算符，该语句将返回一个额
--外的行
USE AdventureWorks ;
GO
SELECT ProductID, SUM(LineTotal) AS Total
FROM Sales.SalesOrderDetail
WHERE UnitPrice < $5.00
GROUP BY ProductID, OrderQty
WITH CUBE
ORDER BY ProductID ;
GO
--结果中的NULL 表示 ProductID 列中的所有值。结果集返回每种产品的售出数量值和所有产品
--的销售总量值。应用 CUBE 运算符或 ROLLUP 运算符将返回相同的结果。
--以下代码使用 CubeExample 表说明 CUBE 运算符如何影响结果集及使用聚合函数 (SUM)。
--CubeExample 表包含产品名称、客户名称以及每个客户对某个特定产品下的订单数。
USE AdventureWorks ;
GO
IF OBJECT_ID ('dbo.CubeExample', 'U') IS NOT NULL
DROP TABLE dbo.CubeExample ;
GO
CREATE TABLE dbo.CubeExample(
ProductName VARCHAR(30) NULL,
CustomerName VARCHAR(30) NULL,
Orders INT NULL
)

INSERT dbo.CubeExample (ProductName, CustomerName, Orders)
VALUES ('Filo Mix', 'Romero y tomillo', 10)
```

```
INSERT dbo.CubeExample (ProductName, CustomerName, Orders)
VALUES ('Outback Lager', 'Wilman Kala', 10)
INSERT dbo.CubeExample (ProductName, CustomerName, Orders)
VALUES ('Filo Mix', 'Romero y tomillo', 20)
INSERT dbo.CubeExample (ProductName, CustomerName, Orders)
VALUES ('Ikura', 'Wilman Kala', 10)
INSERT dbo.CubeExample (ProductName, CustomerName, Orders)
VALUES ('Ikura', 'Romero y tomillo', 10)
INSERT dbo.CubeExample (ProductName, CustomerName, Orders)
VALUES ('Outback Lager', 'Wilman Kala', 20)
INSERT dbo.CubeExample (ProductName, CustomerName, Orders)
VALUES ('Filo Mix', 'Wilman Kala', 30)
INSERT dbo.CubeExample (ProductName, CustomerName, Orders)
VALUES ('Filo Mix', 'Eastern Connection', 40)
INSERT dbo.CubeExample (ProductName, CustomerName, Orders)
VALUES ('Outback Lager', 'Eastern Connection', 10)
INSERT dbo.CubeExample (ProductName, CustomerName, Orders)
VALUES ('Ikura', 'Wilman Kala', 40)
INSERT dbo.CubeExample (ProductName, CustomerName, Orders)
VALUES ('Ikura', 'Romero y tomillo', 10)
INSERT dbo.CubeExample (ProductName, CustomerName, Orders)
VALUES ('Filo Mix', 'Romero y tomillo', 50) ;
GO
--首先，发出一个带 GROUP BY 子句和结果集的典型查询,GROUP BY 使结果集在组内形成组。
USE AdventureWorks ;
GO
SELECT ProductName, CustomerName, SUM(Orders)
FROM CubeExample
GROUP BY ProductName, CustomerName
ORDER BY ProductName ;
GO
--然后，使用 CUBE 运算符发出一个具有 GROUP BY 子句的查询。结果集应为每个 GROUP BY 列
--包含相同的信息和超聚合信息
USE AdventureWorks ;
GO
SELECT ProductName, CustomerName, SUM(Orders)
FROM CubeExample
GROUP BY ProductName, CustomerName
WITH CUBE ;
GO
```

CUBE 运算符的结果集包含上一个简单 GROUP BY 结果集的值，并添加了 GROUP BY 子句中的每一列的超聚合信息。NULL 表示结果集中为其计算了聚合的所有值。

下面是结果集：

```
ProductName                    CustomerName
---------------------------- ---------------------------- -----------
Filo Mix                       Eastern Connection            40
Filo Mix                       Romero y tomillo              80
Filo Mix                       Wilman Kala                   30
Filo Mix                       NULL                          150
Ikura                          Romero y tomillo              20
Ikura                          Wilman Kala                   50
Ikura                          NULL                          70
Outback Lager                  Eastern Connection            10
Outback Lager                  Wilman Kala                   30
Outback Lager                  NULL                          40
NULL                           NULL                          260
NULL                           Eastern Connection            50
NULL                           Romero y tomillo              100
NULL                           Wilman Kala                   110
(14 row(s) affected)
```

结果集的第 4 行表明所有客户总共对 Filo Mix 下了 150 份订单。

结果集的第 11 行表明所有客户对所有产品下的订单总数为 260。

结果集的第 12～14 行表明各个客户对所有产品下的订单总数分别为 100、110 和 50。

以下示例使用 MERGE UNION 查询提示：

```
USE AdventureWorks ;
GO
SELECT *
FROM HumanResources.Employee e1
UNION
SELECT *
FROM HumanResources.Employee e2
OPTION (MERGE UNION) ;
GO
```

你还可以使用简单 UNION。在以下示例中，结果集同时包含 ProductModel 和 Gloves 表中的 ProductModelID 与 Name 列中的内容：

```
USE AdventureWorks ;
GO
IF OBJECT_ID ('dbo.Gloves', 'U') IS NOT NULL
DROP TABLE dbo.Gloves ;
GO
-- Create Gloves table.
SELECT ProductModelID, Name
INTO dbo.Gloves
FROM Production.ProductModel
WHERE ProductModelID IN (3, 4) ;
GO
```

```
-- Here is the simple union.
USE AdventureWorks ;
GO
SELECT ProductModelID, Name
FROM Production.ProductModel
WHERE ProductModelID NOT IN (3, 4)
UNION
SELECT ProductModelID, Name
FROM dbo.Gloves
ORDER BY Name ;
GO
/*将 SELECT INTO 与 UNION 一起使用.
--在以下示例中，第二个 SELECT 语句中的 INTO 子句指定名为 ProductResults 的表保存
ProductModel和 Gloves表中的指定列的并集（最终结果集）。注意，Gloves表是由第一个 SELECT
语句创建的。*/
USE AdventureWorks ;
GO
IF OBJECT_ID ('dbo.ProductResults', 'U') IS NOT NULL
DROP TABLE dbo.ProductResults ;
GO
IF OBJECT_ID ('dbo.Gloves', 'U') IS NOT NULL
DROP TABLE dbo.Gloves ;
GO
-- 创建Gloves表.
SELECT ProductModelID, Name
INTO dbo.Gloves
FROM Production.ProductModel
WHERE ProductModelID IN (3, 4) ;
GO

USE AdventureWorks ;
GO
SELECT ProductModelID, Name
INTO ProductResults
FROM Production.ProductModel
WHERE ProductModelID NOT IN (3, 4)
UNION
SELECT ProductModelID, Name
FROM dbo.Gloves ;
GO

SELECT *
FROM dbo.ProductResults ;
/*下面示例显示与 ORDER BY 一起使用两个 SELECT 语句的 UNION。在 UNION 子句中使用的
某些参数的顺序非常重要。以下示例通过两个 SELECT 语句说明 UNION 的错误用法和正确用法（在这
两个语句的输出中将重命名一个列）：*/
```

```
USE AdventureWorks ;
GO
IF OBJECT_ID ('dbo.Gloves', 'U') IS NOT NULL
DROP TABLE dbo.Gloves ;
GO
-- 创建Gloves表.
SELECT ProductModelID, Name
INTO dbo.Gloves
FROM Production.ProductModel
WHERE ProductModelID IN (3, 4) ;
GO

/* 不正确 */
USE AdventureWorks ;
GO
SELECT ProductModelID, Name
FROM Production.ProductModel
WHERE ProductModelID NOT IN (3, 4)
ORDER BY Name
UNION
SELECT ProductModelID, Name
FROM dbo.Gloves ;
GO

/* 正确 */
USE AdventureWorks ;
GO
SELECT ProductModelID, Name
FROM Production.ProductModel
WHERE ProductModelID NOT IN (3, 4)
UNION
SELECT ProductModelID, Name
FROM dbo.Gloves
ORDER BY Name ;
GO
/*下面的示例显示地使用了3个 SELECT 语句的 UNION 来说明 ALL 和括号的作用
```

下列代码使用 UNION 来组合具有相同 5 行数据的3个表的结果。第一个示例使用 UNION ALL显示重复记录，返回所有的 15 行。第二个示例使用不带 ALL 的 UNION，删除3个 SELECT 语句的组合结果中的重复行，返回 5 行。

第三个示例将 ALL 用于第一个 UNION，并用括号将第二个没有使用 ALL 的 UNION 括起来。第二个 UNION 因位于括号内而首先得到处理，并且因为没有使用 ALL 选项，所以重复行被删除而返回 5 行。通过使用 UNION ALL 关键字将这 5 行与第一个 SELECT 的结果组合在一起。这不会删除两个 5 行结果集之间的重复行。最终结果有 10 行。*/

```
USE AdventureWorks ;
GO
IF OBJECT_ID ('EmployeeOne', 'U') IS NOT NULL
```

```
DROP TABLE EmployeeOne ;
GO
IF OBJECT_ID ('EmployeeTwo', 'U') IS NOT NULL
DROP TABLE EmployeeTwo ;
GO
IF OBJECT_ID ('EmployeeThree', 'U') IS NOT NULL
DROP TABLE EmployeeThree ;
GO

SELECT c.LastName, c.FirstName, e.Title
INTO EmployeeOne
FROM Person.Contact c JOIN HumanResources.Employee e
ON e.ContactID = c.ContactID
WHERE ManagerID = 66 ;
GO
SELECT c.LastName, c.FirstName, e.Title
INTO EmployeeTwo
FROM Person.Contact c JOIN HumanResources.Employee e
ON e.ContactID = c.ContactID
WHERE ManagerID = 66 ;
GO
SELECT c.LastName, c.FirstName, e.Title
INTO EmployeeThree
FROM Person.Contact c JOIN HumanResources.Employee e
ON e.ContactID = c.ContactID
WHERE ManagerID = 66 ;
GO
-- Union ALL
SELECT LastName, FirstName
FROM EmployeeOne
UNION ALL
SELECT LastName, FirstName
FROM EmployeeTwo
UNION ALL
SELECT LastName, FirstName
FROM EmployeeThree ;
GO

SELECT LastName, FirstName
FROM EmployeeOne
UNION
SELECT LastName, FirstName
FROM EmployeeTwo
UNION
SELECT LastName, FirstName
FROM EmployeeThree ;
```

```
GO

SELECT LastName, FirstName
FROM EmployeeOne
UNION ALL
(
SELECT LastName, FirstName
FROM EmployeeTwo
UNION
SELECT LastName, FirstName
FROM EmployeeThree
) ;
GO
```

15.3.2 分区表和分区索引示例

下面探讨在 AdventureWorks 数据库中进行分区。通过对表或索引进行分区，可以使用 Transact-SQL ALTER TABLE...SWITCH 语句按以下方式快速有效地移动数据子集。

- 将某个表作为分区添加到现存的已分区表中。
- 将分区从一个已分区表切换到另一个已分区表。
- 删除分区以形成单个表。

如果需要定期向已分区表添加新数据以及从同一已分区表中删除旧数据，可以使用这些方案。此操作会涉及各种方案中的大量或少量数据，如果必须加载、清除或转换要添加的新数据，则在将新数据作为分区添加之前可以将其视为独立的实体。可以将旧数据存档或存入数据仓库，无论集合有多大，都能快速有效地进行传输，因为并不以物理方式移动数据，这与 INSERT INTO SELECT FROM 语句不同。只有关于存储位置的元数据会从一个分区变为另一个分区。

在 AdventureWorks 示例数据库的分区方案下，Adventure Works Cycles 通过在 TransactionHistory 与 TransactionHistoryArchive 表之间切换分区，将位于前一个表中的旧数据存档到后一个表中。可通过根据 TransactionDate 字段对 TransactionHistory 进行分区来执行此操作。每个分区的值范围为一个月，TransactionHistory 表维护年度中最新的事务，而 TransactionHistoryArchive 维护以前的事务。通过按这种方式对表进行分区，可以将一年期数据的单月值每月从 TransactionHistory 传输到 TransactionHistoryArchive。

在每个月开始，TransactionHistory 表中当前具有的最早一个月的数据将被切换到 TransactionHistoryArchive 表中。若要完成此任务，应符合以下要求：

（1）TransactionHistoryArchive 表必须与 TransactionHistory 表具有相同的设计架构，还必须具有空白分区用来接收新数据。在这种情况下，TransactionHistoryArchive 是一个仅由两个分区组成的已分区表。一个分区包含 2003 年 9 月之前的所有数据，另一个分区包含 2003 年 9 月及以后的所有数据，后一个分区是空的，如图 15-1 所示。

（2）修改 TransactionHistoryArchive 表的分区函数，以便将该表的空白分区拆分为两个分区，并将其中一个分区定义为接收 2003 年 9 月数据的新分区，如图 15-2 所示。

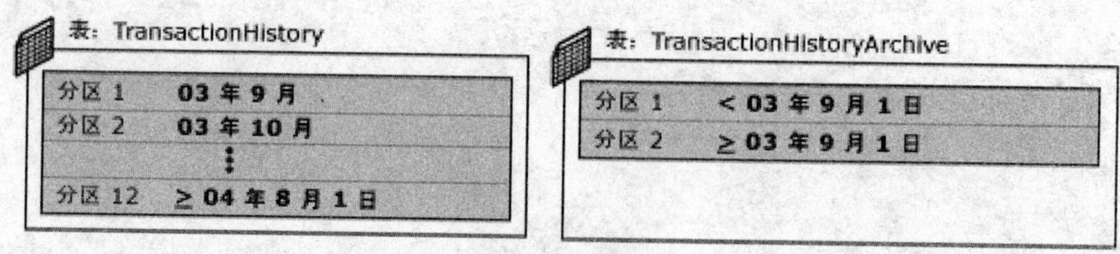

图 15-1　表分区

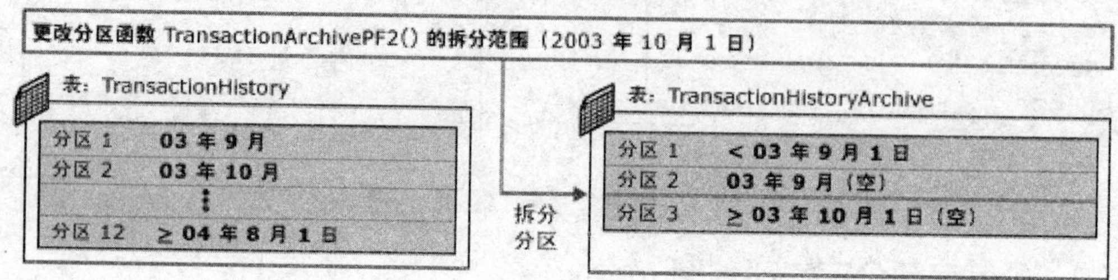

图 15-2　更改分区拆分范围

（3）将 TransactionHistory 表的第一个分区（其中包含 2003 年 9 月期间创建的所有数据）切换为 TransactionHistoryArchive 表的第二个分区。请注意，必须对 TransactionHistory 表定义检查约束以指定没有早于 9 月 1 日(TransactionDate >= '9/01/2003') 的数据，此约束可确保分区 1 仅包含 2003 年 9 月的数据，并确保该分区已准备好切换为 TransactionHistoryArchive 表的仅包含 2003 年 9 月的数据的分区。还请注意，在切换之前必须删除或禁用任何与它们各自的表未对齐的索引，但在切换之后可以重新创建这些索引，如图 15-3 所示。

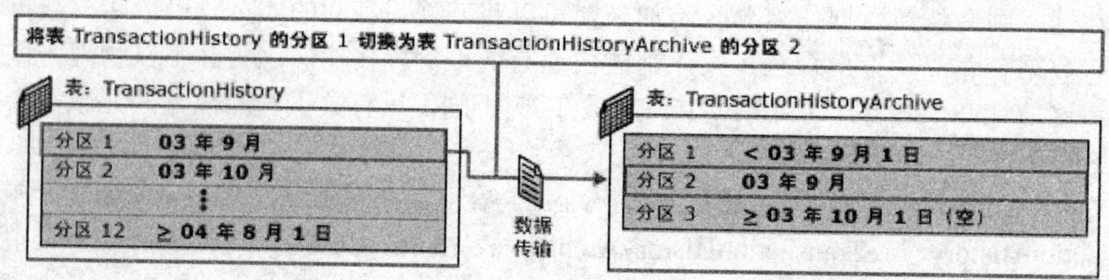

图 15-3　切换表分区

（4）修改 TransactionHistory 表的分区函数，以便将其前两个分区合并为一个分区。假设现有检查约束被更改为指定没有早于 10 月 1 日(TransactionDate>= '10/01/2003') 的数据，则此分区（现在为分区 1）包含 2003 年 10 月创建的所有数据并将在下个月准备好切换为 TransactionHistoryArchive，如图 15-4 所示。

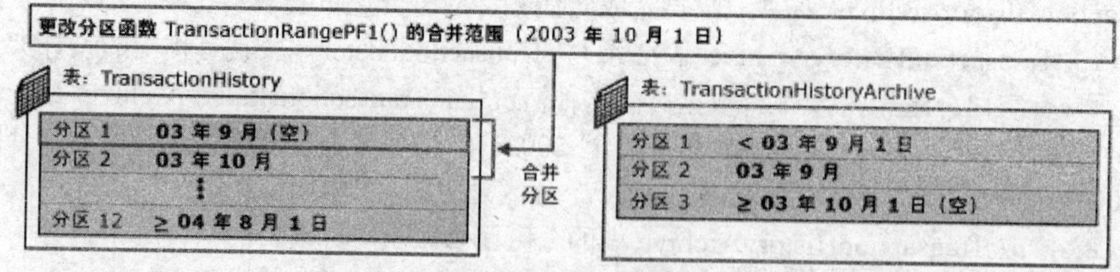

图 15-4　合并分区

（5）再次修改 TransactionHistoryArchive 表的分区函数，以便将其第二个分区（包含刚刚添加的 9 月份数据）与第一个分区合并。此操作将使 TransactionHistoryArchive 表回到其初始状态，即第一个分区包含所有数据而第二个分区为空，如图 15-5 所示。

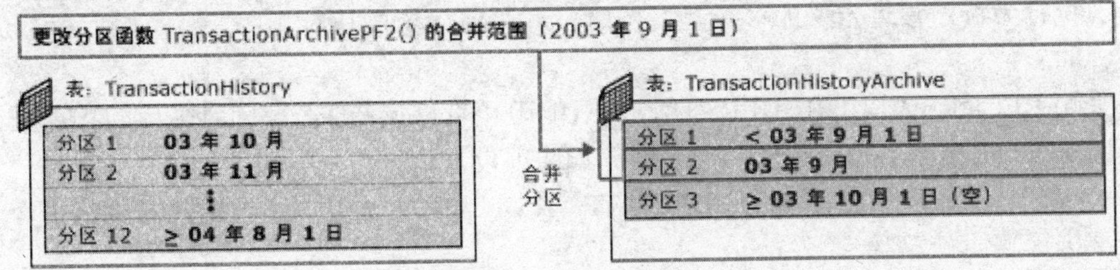

图 15-5　更改合并分区

（6）再次修改 TransactionHistory 表的分区函数，以便将其最后一个分区拆分为两个分区，以使最新月份的数据与以前月份的数据分开并使分区准备好接收新数据，如图 15-6 所示。

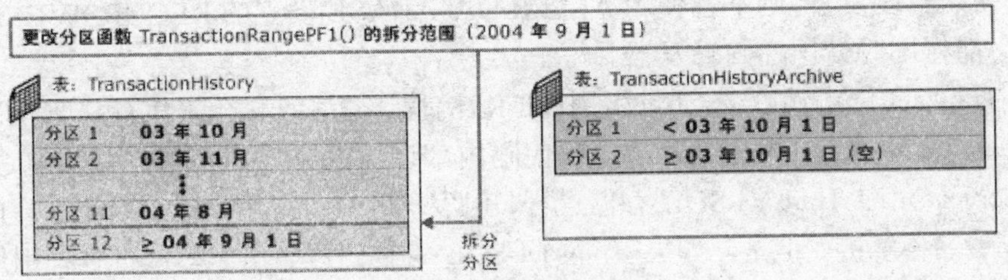

图 15-6　更改及拆分分区

可在 Readme_SlidingWindow 中找到实现此方案的完整的 Transact-SQL 脚本（在 SQL Server Management Studio 中，打开文件 Sliding.sql。默认的安装目录是 C:\Program Files\Microsoft SQL Server\90\Samples\Engine\Administration\SlidingWindow\Scripts，再单击执行）。

在 SQL Server 2005 中，数据库中的所有表和索引都视为已分区表和索引，即使这些表和索引只包含一个分区。实际上，分区构成了表和索引的物理结构中的基本组织单位。这意味着表及索引的逻辑与物理结构由单个分区表及索引的多个分区镜像组成。

15.3.3 CLR 触发器

在 10.13 节的结尾部分，笔者提到要介绍有关 CLR 触发器的例子。下面介绍一下具体内容。

如果使用 ALTER DATABASE 启动了 RECURSIVE_TRIGGERS 设置，则 SQL Server 还允许递归调用触发器。

递归触发器可以采用下列递归类型：

- 间接递归　在间接递归中，一个应用程序更新了表 T1。这触发了触发器 TR1，从而更新了表 T2。在这种情况下，将触发触发器 T2，从而更新 T1。
- 直接递归　在直接递归中，应用程序更新了表 T1。这触发了触发器 TR1，从而更新了表 T1。由于表 T1 被更新，将再次触发触发器 TR1，依此类推。

以下示例同时使用了间接和直接触发器递归。假设对表 T1 定义了两个更新触发器 TR1 和 TR2，触发器 TR1 以递归方式更新表 T1，UPDATE 语句各执行 TR1 和 TR2 一次。另外，执行 TR1 将触发执行 TR1（递归）和 TR2。指定触发器的 inserted 和 deleted 表，包含仅与调用触发器的 UPDATE 语句对应的行有关。

仅当使用 ALTER DATABASE 启用了 RECURSIVE_TRIGGERS 设置时，才能发生前述行为。执行为特定事件定义的多个触发器时，并没有确定的执行顺序。每个触发器都应是自包含的。

禁用 RECURSIVE_TRIGGERS 的设置只能阻止直接递归。若要同时禁用间接递归，则请使用 sp_configure 将 nested triggers 服务器选项设置为 0。

如果任一触发器执行了 ROLLBACK TRANSACTION 语句，则无论嵌套级是多少，都不会再执行其他触发器。

触发器最多可以嵌套 32 级。如果一个触发器更改了包含另一个触发器的表，则第二个触发器将被触发，然后该触发器又可以调用第三个触发器，依此类推。如果链中任意一个触发器引发了无限循环，则会超出嵌套级限制，从而导致取消触发器。若要禁用嵌套触发器，则请用 sp_configure 将 nested triggers 选项设置为 0（关闭）。默认配置允许嵌套触发器。如果关闭嵌套触发器，则不管使用 ALTER DATABASE 设置的 RECURSIVE_TRIGGERS 设置如何，都将同时禁用递归触发器。

如果 Transact-SQL 触发器通过引用 CLR 例程、类型或聚合来执行托管代码，则此引用只算 32 级嵌套限制中的一级。从托管代码内部调用的方法，不根据此限制进行计数。

SQL Server 允许 Transact-SQL 存储过程、触发器和批处理引用编译时不存在的表，这种功能称为延迟名称解析。但是，如果 Transact-SQL 存储过程、触发器或批处理引用了存储过程或触发器中定义的表，则仅当容级别被设置为 65 时，才会在创建时发出警告。如果使用了批处理，则将在编译时发出警告。如果引用的表不存在，则将在运行时返回错误消息。

1. 使用包含提醒消息的 DML 触发器

如果有人试图在 Customer 表中添加或更改数据，则下列 DML 触发器将向客户端显示一条消息：

```
USE AdventureWorks
IF OBJECT_ID ('Sales.reminder1', 'TR') IS NOT NULL
  DROP TRIGGER Sales.reminder1
GO
CREATE TRIGGER reminder1
ON Sales.Customer
AFTER INSERT, UPDATE
AS RAISERROR ('Notify Customer Relations', 16, 10)
GO
```

2. 使用包含提醒电子邮件的 DML 触发器

如果 MaryM 表发生更改，那么以下示例将向指定人员（MaryM）发送电子邮件：

```
USE AdventureWorks
IF OBJECT_ID ('Sales.reminder2','TR') IS NOT NULL
  DROP TRIGGER Sales.reminder2
GO
CREATE TRIGGER reminder2
ON Sales.Customer
```

```
AFTER INSERT, UPDATE, DELETE
AS
   EXEC master..xp_sendmail 'MaryM',
      'Don''t forget to print a report for the sales force.'
GO
```

3. 使用 DML 触发器在 PurchaseOrderHeader 和 Vendor 表之间强制实现业务规则

由于 CHECK 约束只能引用定义了列级或表级约束的列，表间的任何约束（在本例中是业务规则）都必须定义为触发器。

以下示例将创建一个 DML 触发器。如果有人试图将一个新采购订单插入到 PurchaseOrderHeader 表中，那么此触发器将进行检查以确保供应商具有良好的信用等级。若要获取供应商的信用等级，则必须引用 Vendor 表。如果信用等级太低，则显示信息，并且不执行该插入操作。

```
IF OBJECT_ID ('Purchasing.LowCredit','TR') IS NOT NULL
   DROP TRIGGER Purchasing.LowCredit
GO
CREATE TRIGGER LowCredit ON Purchasing.PurchaseOrderHeader
AFTER INSERT
AS
DECLARE @creditrating tinyint,
   @vendorid int
SELECT @creditrating = v.CreditRating, @vendorid = p.VendorID
FROM   Purchasing.PurchaseOrderHeader   p   INNER   JOIN   inserted   i   ON
p.PurchaseOrderID =
   i.PurchaseOrderID JOIN Purchasing.Vendor v on v.VendorID = i.VendorID
IF @creditrating = 5
BEGIN
   RAISERROR ('This vendor''s credit rating is too low to accept new
      purchase orders.', 16, 1)
ROLLBACK TRANSACTION
END
```

4. 使用延迟名称解析

以下示例将创建两个触发器，用于阐释延迟名称解析。、

```
USE AdventureWorks
IF OBJECT_ID ('HumanResources.trig1','TR') IS NOT NULL
   DROP TRIGGER HumanResources.trig1
GO
-- Creating a trigger on a nonexistent table.
CREATE TRIGGER trig1
on HumanResources.Employee
AFTER INSERT, UPDATE, DELETE
AS
   SELECT e.EmployeeID, e.BirthDate, x.info
   FROM HumanResources.Employee e INNER JOIN does_not_exist x
```

```
      ON e.EmployeeID = x.xID
GO
-- Here is the statement to actually see the text of the trigger.
SELECT t.object_id, m.definition
FROM sys.triggers t INNER JOIN sys.sql_modules m
   ON t.object_id = m.object_id
WHERE t.type = 'TR' and t.name = 'trig1'
AND t.parent_class = 1
GO

-- Creating a trigger on an existing table, but with a nonexistent
-- column.
USE AdventureWorks
IF OBJECT_ID ('HumanResources.trig2','TR') IS NOT NULL
   DROP TRIGGER HumanResources.trig2
GO
CREATE TRIGGER trig2
ON HumanResources.Employee
AFTER INSERT, UPDATE
AS
   DECLARE @fax varchar(12)
   SELECT @fax = 'AltPhone'
   FROM HumanResources.Employee
GO
-- Here is the statement to actually see the text of the trigger.
SELECT t.object_id, m.definition
FROM sys.triggers t INNER JOIN sys.sql_modules m
   ON t.object_id = m.object_id
WHERE t.type = 'TR' and t.name = 'trig2'
AND t.parent_class = 1
GO
```

5. 运用具有数据库作用域的 DDL 触发器

以下示例将使用 DDL 触发器来阻止从数据库中删除任何同义词。

```
USE AdventureWorks
IF EXISTS (SELECT * FROM sys.triggers
    WHERE parent_class = 0 AND name = 'safety')
DROP TRIGGER safety
ON DATABASE
GO
CREATE TRIGGER safety
ON DATABASE
FOR DROP_SYNONYM
AS
   PRINT 'You must disable Trigger "safety" to drop synonyms!'
   ROLLBACK
```

```
GO
DROP TRIGGER safety
ON DATABASE
GO
```

6. 运用具有服务器作用域的 DDL 触发器

在以下示例中，如果当前服务器实例出现任何 CREATE LOGIN、ALTER LOGIN 或 DROP LOGIN 事件，则将使用 DDL 触发器来打印消息，并使用 EVENTDATA 函数来检索相应的 Transact-SQL 语句的文本。

```
IF EXISTS (SELECT * FROM sys.server_triggers
    WHERE name = 'ddl_trig_login')
DROP TRIGGER ddl_trig_login
ON ALL SERVER
GO
CREATE TRIGGER ddl_trig_login
ON ALL SERVER
FOR DDL_LOGIN_EVENTS
AS
    PRINT 'Login Event Issued.'
    SELECT EVENTDATA().value('(/EVENT_INSTANCE/TSQLCommand/ CommandText)
[1]','nvarchar(max)')
GO
DROP TRIGGER ddl_trig_login
ON ALL SERVER
GO
```

7. 查看导致触发触发器的事件

以下示例将查询 sys.triggers 和 sys.trigger_events 目录视图，以确定是哪个 Transact-SQL 语言事件导致触发了触发器 safety，其中 safety 是在前一个示例中创建的。

```
SELECT TE.*
FROM sys.trigger_events AS TE
JOIN sys.triggers AS T
ON T.object_id = TE.object_id
WHERE T.parent_class = 0
AND T.name = 'safety'
GO
```

8. 获取示例数据库中的 DDL 触发器

若要获取 AdventureWorks 示例数据库中的 DDL 触发器示例，则请打开 SQL Server Management Studio 对象资源管理器中的数据库触发器文件夹（位于 AdventureWorks 数据库的可编程性文件夹中）。右键单击 ddlDatabseTriggerLog 并选择“编写数据库触发器脚本为”。默认情况下，禁用 DDL 触发器 ddlDatabseTriggerLog。

EVENTDATA 函数用来捕获有关激发 DDL 触发器的事件信息，该函数返回一个 XML 值。XML 架构包含以下信息：

- ❑ 事件时间。
- ❑ 执行了触发器的连接的系统进程 ID（SPID）。
- ❑ 激发触发器的事件类型。

根据事件类型的不同，架构会包括一些其他信息，例如发生事件的数据库、事件发生对象和事件的 Transact-SQL 命令。有关在 EVENTDATA xml 架构中捕获各种事件信息的详细说明，请参阅下面的 EVENTDATA（Transact-SQL）。

例如，假设在 AdventureWorks 数据库中创建了以下 DDL 触发器：

```
 CREATE TRIGGER safety
ON DATABASE
FOR CREATE_TABLE
AS
    PRINT 'CREATE TABLE Issued.'
    SELECT                    EVENTDATA().value('(/EVENT_INSTANCE/TSQLCommand/
CommandText)[1]','nvarchar(max)')
   RAISERROR ('New tables cannot be created in this database.', 16, 1)
   ROLLBACK
;
```

然后运行以下 CREATE TABLE 语句：

```
CREATE TABLE NewTable (Column1 int);
```

DDL 触发器中的 EVENTDATA() 语句捕获到不允许的 CREATE TABLE 语句的文本，这是通过对由 EVENTDATA 生成的 xml 数据使用 XQuery 及检索 <CommandText> 元素来完成的。

可以使用 EVENTDATA 函数来创建事件日志。在下面的示例中，创建了一个表来存储事件信息，然后对填充该表的当前数据库创建一个 DDL 触发器，该表存储发生数据库级别的 DDL 事件的以下信息：

- ❑ 事件时间（使用 GETDATE 函数）。
- ❑ 其会话上发生事件的数据库用户（使用 CURRENT_USER 函数）。
- ❑ 事件类型。
- ❑ 构成事件的 Transact-SQL 命令。

接下来对由 EVENTDATA 生成的 XML 数据使用 XQuery 来捕获最后两项。

```
USE AdventureWorks;
GO
CREATE TABLE ddl_log (PostTime datetime, DB_User nvarchar(100), Event
nvarchar(100), TSQL nvarchar(2000));
GO
CREATE TRIGGER log
ON DATABASE
FOR DDL_DATABASE_LEVEL_EVENTS
AS
DECLARE @data XML
```

```
SET @data = EVENTDATA()
INSERT ddl_log
   (PostTime, DB_User, Event, TSQL)
   VALUES
   (GETDATE(),
   CONVERT(nvarchar(100), CURRENT_USER),
   @data.value('(/EVENT_INSTANCE/EventType)[1]', 'nvarchar(100)'),
   @data.value('(/EVENT_INSTANCE/TSQLCommand)[1]', 'nvarchar(2000)') ) ;
GO
--Test the trigger
CREATE TABLE TestTable (a int)
DROP TABLE TestTable ;
GO
SELECT * FROM ddl_log ;
GO
```

- 建议优先使用 XQuery value() 方法来返回事件数据，而不是使用 query() 方法。query() 方法在输出中返回 XML 和无&符的回车符和换行符（CRLF）实例，而 value() 方法在输出中返回不可见的 CRLF 实例。AdventureWorks 示例数据库中有一个类似的 DDL 触发器示例，该示例位于 SQL Server Management Studio 对象资源管理器中 AdventureWorks 数据库的 Programmability 文件夹下的 Database Triggers 文件夹中。右键单击 ddlDatabseTriggerLog 并选择“编写数据库触发器脚本为”。默认情况下，DDL 触发器 ddlDatabseTriggerLog 处于禁用状态。

下面的例子假定你要让用户选择他所需要的 ID，但是你想掌握录入了 E-mail 地址作为 ID 的用户，哪些下面的触发器就监测到了这一信息，并将这一信息存到审核表中。

```
/*这些采用了SqlPipe对象显示发送结果和消息，实际不鼓励这样处理，因为这样会返回意料不到的数据，而且会导致应用程序出错。*/
```

--下面的代码是 C#下的代码

```
using System;
using System.Data;
using System.Data.Sql;
using Microsoft.SqlServer.Server;
using System.Data.SqlClient;
using System.Data.SqlTypes;
using System.Xml;
using System.Text.RegularExpressions;

public class CLRTriggers
{
   [SqlTrigger(Name = @"EmailAudit", Target = "[dbo].[Users]", Event = "FOR INSERT, UPDATE, DELETE")]
   public static void EmailAudit()
   {
      string userName;
```

```
string realName;
SqlCommand command;
SqlTriggerContext triggContext = SqlContext.TriggerContext;
SqlPipe pipe = SqlContext.Pipe;
SqlDataReader reader;

switch (triggContext.TriggerAction)
{
  case TriggerAction.Insert:
  // Retrieve the connection that the trigger is using
  using (SqlConnection connection
    = new SqlConnection(@"context connection=true"))
  {
    connection.Open();
    command = new SqlCommand(@"SELECT * FROM INSERTED;",
      connection);
    reader = command.ExecuteReader();
    reader.Read();
    userName = (string)reader[0];
    realName = (string)reader[1];
    reader.Close();

    if (IsValidEMailAddress(userName))
    {
      command = new SqlCommand(
        @"INSERT [dbo].[UserNameAudit] VALUES ('"
        + userName + @"', '" + realName + @"');",
        connection);
      pipe.Send(command.CommandText);
      command.ExecuteNonQuery();
      pipe.Send("You inserted: " + userName);
    }
  }

  break;

  case TriggerAction.Update:
  // Retrieve the connection that the trigger is using
  using (SqlConnection connection
    = new SqlConnection(@"context connection=true"))
  {
    connection.Open();
    command = new SqlCommand(@"SELECT * FROM INSERTED;",
      connection);
    reader = command.ExecuteReader();
    reader.Read();
```

```
            userName = (string)reader[0];
            realName = (string)reader[1];

            pipe.Send(@"You updated: '" + userName + @"' - '"
              + realName + @"'");

            for (int columnNumber = 0; columnNumber < triggContext.ColumnCount;
columnNumber++)
            {
              pipe.Send("Updated column "
                + reader.GetName(columnNumber) + "? "
                + triggContext.IsUpdatedColumn(columnNumber).ToString());
            }

            reader.Close();
          }

          break;

          case TriggerAction.Delete:
            using (SqlConnection connection
              = new SqlConnection(@"context connection=true"))
              {
                connection.Open();
                command = new SqlCommand(@"SELECT * FROM DELETED;",
                  connection);
                reader = command.ExecuteReader();

                if (reader.HasRows)
                {
                  pipe.Send(@"You deleted the following rows:");
                  while (reader.Read())
                  {
                    pipe.Send(@"'" + reader.GetString(0)
                    + @"', '" + reader.GetString(1) + @"'");
                  }

                  reader.Close();

                  //alternately, to just send a tabular resultset back:
                  //pipe.ExecuteAndSend(command);
                }
                else
                {
                  pipe.Send("No rows affected.");
```

```
                    }
                }

                break;
            }
        }

        public static bool IsValidEMailAddress(string email)
        {
            return      Regex.IsMatch(email,      @"^([\w-]+\.)*?[\w-]+@[\w-]
+\.([\w-]+\.)*?[\w]+$");
        }
    }--下列代码是Visual Basic下的代码
    Imports System
    Imports System.Data
    Imports System.Data.Sql
    Imports System.Data.SqlTypes
    Imports Microsoft.SqlServer.Server
    Imports System.Data.SqlClient
    Imports System.Text.RegularExpressions

    'The Partial modifier is only required on one class definition per project.
    Partial Public Class CLRTriggers

        <SqlTrigger(Name:="EmailAudit", Target:="[dbo].[Users]", Event:="FOR
INSERT, UPDATE, DELETE")> _
        Public Shared Sub EmailAudit()
            Dim userName As String
            Dim realName As String
            Dim command As SqlCommand
            Dim triggContext As SqlTriggerContext
            Dim pipe As SqlPipe
            Dim reader As SqlDataReader

            triggContext = SqlContext.TriggerContext
            pipe = SqlContext.Pipe

            Select Case triggContext.TriggerAction
              Case TriggerAction.Insert
                Using connection As New SqlConnection("context connection=true")
                  connection.Open()
                  command = new SqlCommand("SELECT * FROM INSERTED;", connection)

                  reader = command.ExecuteReader()
                  reader.Read()
```

```
                userName = CType(reader(0), String)
                realName = CType(reader(1), String)

                reader.Close()

                If IsValidEmailAddress(userName) Then
                   command = New SqlCommand("INSERT [dbo].[UserNameAudit]
VALUES ('" & _
                     userName & "', '" & realName & "');", connection)

                   pipe.Send(command.CommandText)
                   command.ExecuteNonQuery()
                   pipe.Send("You inserted: " & userName)

                End If
             End Using

          Case TriggerAction.Update
             Using connection As New SqlConnection("context connection=true")
                connection.Open()
                command    =    new    SqlCommand("SELECT    *    FROM    INSERTED;",
connection)

                reader = command.ExecuteReader()
                reader.Read()

                userName = CType(reader(0), String)
                realName = CType(reader(1), String)

                pipe.Send("You updated: " & userName & " - " & realName)

                Dim columnNumber As Integer

                For columnNumber=0 To triggContext.ColumnCount-1

                   pipe.Send("Updated column " & reader.GetName(columnNumber) & _
                     "?          "          &          triggContext.IsUpdated
Column(columnNumber).ToString() )

                Next

                reader.Close()
             End Using

          Case TriggerAction.Delete
             Using connection As New SqlConnection("context connection=true")
```

```
                connection.Open()
                command = new SqlCommand("SELECT * FROM DELETED;", connection)

                reader = command.ExecuteReader()

                If reader.HasRows Then
                  pipe.Send("You deleted the following rows:")

                  While reader.Read()

                    pipe.Send( reader.GetString(0) & ", " & reader.
GetString(1) )

                  End While

                  reader.Close()

                  ' Alternately, just send a tabular resultset back:
                  ' pipe.ExecuteAndSend(command)

                Else
                 pipe.Send("No rows affected.")
                End If

              End Using
          End Select
       End Sub

       Public Shared Function IsValidEMailAddress(emailAddress As String) As
Boolean

          return  Regex.IsMatch(emailAddress,  "^([\w-]+\.)*?[\w-]+@[\w-]
+\.([\w-]+\.)*?[\w]+$")
       End Function
    End Class

    --假定在下面的定义中两张表都存在
    CREATE TABLE Users
    (
       UserName nvarchar(200) NOT NULL,
       RealName nvarchar(200) NOT NULL
    );
    GO CREATE TABLE UserNameAudit
    (
       UserName nvarchar(200) NOT NULL,
       RealName nvarchar(200) NOT NULL
```

```
    )

    /*那么在SQL Server中创建触发器的T-SQL语句将如下所示，而且假定SQLCLRTest在当前SQL
Server 数据库中已经被注册。*/
    CREATE TRIGGER EmailAudit
    ON Users
    FOR INSERT
    AS
    EXTERNAL NAME SQLCLRTest.CLRTriggers.EmailAudit
```

15.4　数据挖掘算法

数据挖掘的算法很多，下面介绍一些具体的算法。

15.4.1　决策树算法

Microsoft 决策树算法是由 SQL Server 2005 Analysis Services （SSAS）提供的分类和回归算法，用于对离散和连续属性进行预测性建模。

对于离散属性，该算法根据数据集中输入列之间的关系进行预测，它使用这些列的值或状态预测来指定的可预测列的状态。具体地说，该算法标识与可预测列相关的输入列。例如，在预测哪些客户可能购买自行车的方案中，假如在十名年轻客户中有九名购买了自行车，但在十名年龄较大的客户中只有两名购买了自行车，则该算法从中推断出年龄是自行车购买情况的最佳预测因子。决策树根据朝向特定结果发展的趋势进行预测。

对于连续属性，该算法使用线性回归确定决策树的拆分位置。

如果有多个列设置为可预测列，或输入数据包含设置为可预测的嵌套表，则该算法将为每个可预测列分别生成一个决策树。

1. 示例

Adventure Works Cycle 公司的市场部需要标识其以前客户的特征，这些特征可以指示这些客户以后是否有可能购买其产品。AdventureWorks 数据库存储了描述其以前客户的人口统计信息，通过使用决策树算法分析这些信息，市场部可以生成一个模型，该模型根据有关特定客户的已知列的状态（比如人口统计或以前的购买模式）可以预测该客户是否会购买产品。

2. 算法原理

Microsoft 决策树通过在树中创建一系列拆分（也称为节点）来生成数据挖掘模型。每当发现输入列与可预测列密切相关时，算法便会向该模型中添加一个节点。该算法确定拆分的方式不同，主要取决于它预测的是连续列还是离散列。

3. 预测离散列

通过柱状图可以演示决策树算法为可预测的离散列生成树的方式。下面的关系图显示了一个根据输入列 Age 绘出可预测列 Bike Buyers 的柱状图，该柱状图显示了客户的年龄，可帮助判断该客户是否将会购买自行车，如图 15-7 所示。

该关系图中显示的关联将会使决策树算法在模型中创建一个新节点，如图 15-8 所示。

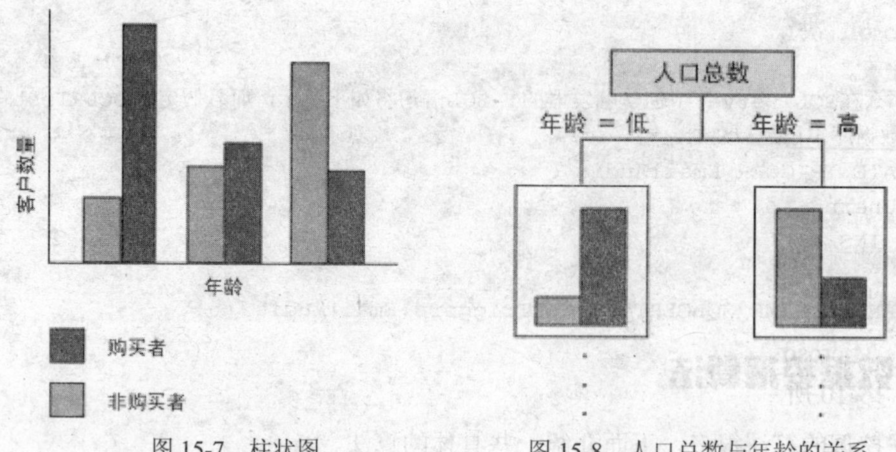

图 15-7 柱状图　　图 15-8 人口总数与年龄的关系

随着算法不断向模型中添加新节点，便形成了树结构，该树的顶端节点描述了客户总体可预测列的分解。随着模型的不断增大，该算法将考虑所有列。

4. 预测连续列

当 Microsoft 决策树算法根据可预测的连续列生成树时，每个节点都包含一个回归公式。拆分出现在回滚公式的每个非线性节点处。例如，请看图 15-9 所示的关系图。

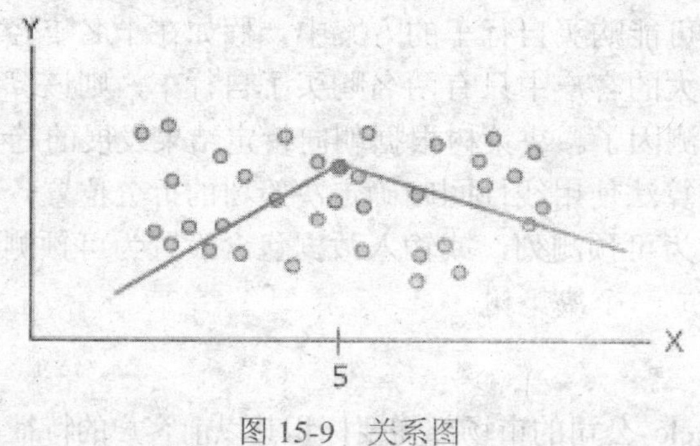

图 15-9 关系图

该关系图包含可通过使用一条或两条连线建模的数据。不过，一条连线将使得模型表示数据的效果较差。相反，如果使用两条连线，则模型可以更精确地逼近数据。两条连线的相交点是非线性点，并且是决策树模型中的节点将拆分的点。例如，与图 15-9 中的非线性点相对应的节点可以由图 15-10 所示的关系图表示。两个等式表示两条连线的回归等式。

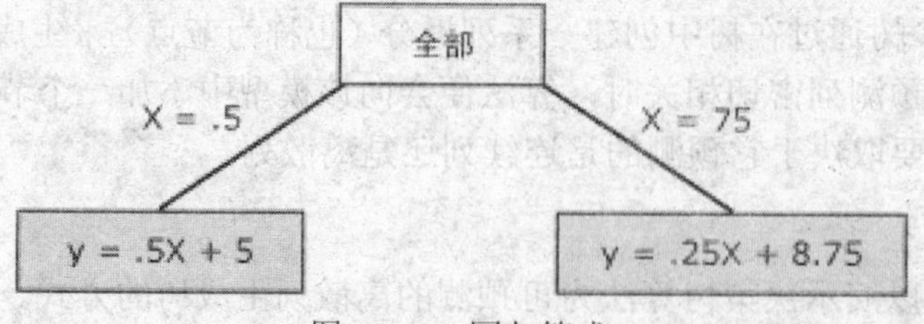

图 15-10 回归等式

5. 使用算法

决策树模型必须包含一个键列、若干输入列和一个可预测列。

Microsoft 决策树算法支持特定的输入列内容类型、可预测列内容类型和建模标识，如表 15-9 所示。

表 15-9　决策树算法功能

分类	对象
输入列内容类型	Continuous、Cyclical、Discrete、Discretized、Key、Table 和 Ordered
可预测列内容类型	Continuous、Cyclical、Discrete、Discretized、Table 和 Ordered
建模标识	MODEL_EXISTENCE_ONLY、NOT NULL 和 REGRESSOR

所有 Microsoft 算法均支持一些通用的函数。但 Microsoft 决策树算法还支持其他函数，如表 15-10 所示。

表 15-10　决策对算法

通用函数	其他函数
IsDescendant	PredictNodeId
IsInNode	PredictProbability
PredictAdjustedProbability	PredictStdev
PredictAssociation	PredictSupport
PredictHistogram	PredictVariance

Microsoft 决策树算法支持使用预测模型标记语言（PMML）创建挖掘模型。

Microsoft 决策树算法支持多个参数，这些参数会对所生成的挖掘模型的性能和准确性产生影响。表 15-11 对各参数进行了说明。

表 15-11　决策树算法参数

参数	说明
MAXIMUM_INPUT_ATTRIBUTES	定义算法在调用功能选择之前可以处理的输入属性数。如果将此值设置为 0，则表示关闭功能选择，默认值为 255
MAXIMUM_OUTPUT_ATTRIBUTES	定义算法在调用功能选择之前可以处理的输出属性数。如果将此值设置为 0，则表示关闭功能选择，默认值为 255
SCORE_METHOD	确定用于计算拆分分数的方法。可用选项包括：Entropy (1)、Bayesian with K2 Prior (2) 或 Bayesian Dirichlet Equivalent (BDE) Prior (3)，默认值为 3
SPLIT_METHOD	确定用于拆分节点的方法。可用选项包括：Binary (1)、Complete (2) 或 Both (3)，默认值为 3
MINIMUM_SUPPORT	确定在决策树中生成拆分所需的叶事例的最少数量，默认值为 10
COMPLEXITY_PENALTY	控制决策树的增长。该值较低时，会增加拆分数；该值较高时，会减少拆分数。默认值基于特定模型的属性数：对于 1～ 9 个属性，默认值为 0.5。对于 10～ 99 个属性，默认值为 0.9。对于 100 或更多个属性，默认值为 0.99。
FORCED_REGRESSOR	强制算法将指示的列用作回归量，而不考虑算法为这些列计算出的重要性，此参数只用于预测连续属性的决策树

15.4.2 时序算法

Microsoft 时序算法是 SQL Server 2005 Analysis Services（SSAS）提供的回归算法，用于创建数据挖掘模型以预测连续列，例如预测方案中的产品销售额。其他 Microsoft 算法创建依靠给定输入列来预测可预测列的模型（比如决策树模型），而时序模型的预测则仅根据算法在创建模型时从原始数据集派生的趋势。图 15-11 所示的关系图显示了一个典型模型，用于预测各个时间的销售额。

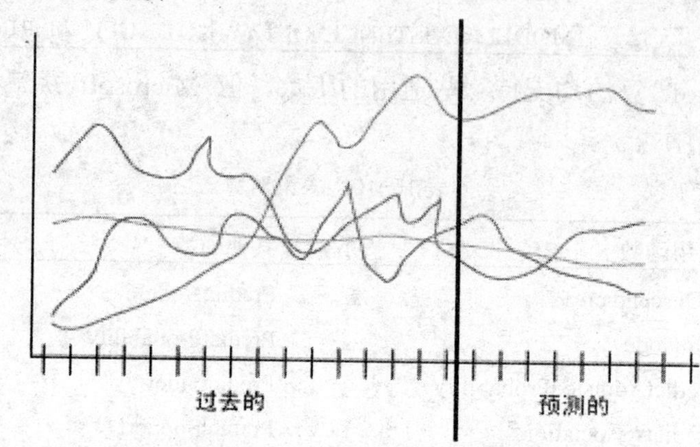

图 15-11 时序算法典型模型

关系图中显示的该模型由两部分组成：历史信息以红色显示，预测信息以蓝色显示。红色数据代表算法用于创建模型的信息，而蓝色数据则代表模型作出的预测。由红色数据和蓝色数据联合形成的线称为序列。每个预测模型必须包含一个事例序列，即区分序列列中不同点的列。例如，因为关系图中的数据显示了几个月中的历史和预测销售额序列，因此数据列为事例序列。

Microsoft 时序算法的一个重要功能就是可以执行交叉预测。也就是说，如果使用两个单独但相关的序列为该算法定型，那么就可以使用得到的模型根据其他序列的行为预测一个序列的结果。例如，一个产品的实际销售额可能会影响另一个产品的预测销售额。

1. 示例

Adventure Works Cycle 公司的管理层希望预测来年的自行车每月销售额。该公司尤其关注的是不同型号的自行车的销售是否彼此相关，一种自行车型号的销售情况是否可用于预测另一种型号的销售情况。通过对过去 3 年的历史数据使用 Microsoft 时序算法，该公司可以生成一个数据挖掘模型，用于预测未来的自行车销售情况。此外，该公司还可以执行交叉预测，以查看各个自行车型号的销售趋势是否相关。

2. 算法原理

Microsoft 决策树算法通过使用自动回归决策树来为模型定型。每个模型都包含一个 KEY TIME 列，该列定义了模型将定义的时间段。该算法将过去的项的可变数目关联到要预测的每个当前项目。有关 Microsoft 时序算法如何运行的，笔者在此不进行详细说明，但可以用两种方式定义 Microsoft 时序模型的输入数据。为了解第一种方法，请考虑表 15-12 中的输入事例。

表 15-12　销售表记录

TimeID	Product	Sales	Volume
1/2001	A	1000	600
2/2001	A	1100	500
1/2001	B	500	900
2/2001	B	300	890

表中的 TimeID 列包含一个时间标识符，每个日期有两个条目。Product 列定义数据库中的产品。Sales 列说明指定产品一天的毛利润，Volume 列说明仓库中保存的指定产品的数量。在本例中，模型可以包含两个可预测列：Sales 和 Volume。

此外，时序模型的输入数据可定义为如表 15-13 所示。

表 15-13　产品表记录

TimeID	A_Sales	A_Volume	B_Sales	B_Volume
1/2001	1000	600	500	900
2/2001	1100	500	300	890

在表 15-13 中，Sales 和 Volume 列分别被拆分成两列，每个列都用产品名称作前缀。结果是 TimeID 列中每天只有一个条目。该模型包含了 4 个可预测列：A_Sales、A_Volume、B_Sales 和 B_Volume。

这两种定义输入数据的方法都会使模型中显示相同信息，而输入事例的格式将改变定义挖掘模型的方式。

3. 使用算法

时序算法要求要预测的列必须是连续的。每个模型只允许使用一个事例序列。

Microsoft 时序算法支持特定输入列内容类型、可预测列内容类型和建模标识，这些类型和标识如表 15-14 所示。

表 15-14　时序算法功能

分　类	对　象
输入列内容类型	Continuous、Key、Key Time 和 Table
可预测列内容类型	Continuous 和 Table
建模标识	NOT NULL 和 REGRESSOR

所有 Microsoft 算法均支持一些通用的函数。但是，Microsoft 时序算法还支持其他函数：Lag、PredictTimeSeries、PredictNodeId、PredictVariance 和 PredictStdev。

Microsoft 时序算法不支持使用预测模型标记语言（PMML）创建挖掘模型。

Microsoft 时序算法支持多个参数，这些参数可影响生成的挖掘模型的性能和准确性。表 15-15 对各参数进行了说明。

表 15-15　时序算法参数

参　数	说　明
MINIMUM_SUPPORT	指定在每个时序树中生成一个拆分所需的最小时间段数，默认值为 10
COMPLEXITY_PENALTY	控制决策树的增长。减少该值将增加拆分的可能性。增加该值将降低拆分的可能性，默认值为 0.1
PERIODICITY_HINT	提供算法的有关数据周期的提示。例如，如果销售逐年变化，序列中的度量单位是月，则周期为 12。此参数采用 {n [, n]} 的格式，其中 n 是任意正数。方括号 [] 中的 n 是可选项，可以按需重复多次，默认值为 {1}
MISSING_VALUE_SUBSTITUTION	指定用于填充历史数据中空白的方法。默认情况下，数据中不允许存在不规则的空白或参差不齐的边缘。以下是可用来填充不规则空白或边缘的方法：使用以前的值、使用平均值或使用特定数值常量
AUTO_DETECT_PERIODICITY	指定一个介于 0 和 1 之间的数字值，用于检测周期。如果将此值设置为更接近于 1 的数，则允许查找许多接近周期的模式并允许自动生成周期提示。处理大量的周期提示可能会导致模型定型时间明显加长，模型更准确。如果将此值设置为更接近于 0 的数，则只检测周期性强的数据的周期，默认值为 0.6
HISTORIC_MODEL_COUNT	指定将要生成的历史模型的数量，默认值为 1
HISTORICAL_MODEL_GAP	指定两个连续的历史模型之间的时间间隔。例如，如果将此值设置为 g，则以 g、2*g、3*g （依此类推）的时间间隔为被时间段截断的数据生成历史模型，默认值为 10

周期提示对模型质量很敏感。如果给出的提示与实际周期不同，则结果会受不良影响。

15.4.3　聚类分析算法

Microsoft 聚类分析算法是由 SQL Server 2005 Analysis Services（SSAS）提供的分段算，该算法使用叠代技术将数据集中的事例分组为包含类似特征的分类。在浏览数据、标识数据中的异常及创建预测时，这些分组十分有用。

聚类分析模型标识数据集中，可能无法通过随意观察在逻辑上得出的关系。例如，在逻辑上可以得知，骑自行车上下班的人的居住地点通常离其工作地点不远，但该算法可以找出有关骑自行车上下班人员的其他并不明显的特征。在下面的关系图中，分类 A 表示有关通常开车上班人员的数据，而分类 B 表示通常骑自行车上班人员的数据，如图 15-12 所示。

聚类分析算法不同于 Microsoft 决策树算法等其他数据挖掘算法，区别在于无需指定可预测列便能生成聚类分析模型。聚类分析算法严格地根据数据以及该算法所标识的分类中存在的关系定型。

1. 示例

考虑这样一组人员，他们共享类似的人口统计信息并从 Adventure Works 公司购买类似的产品。这组人员就表示一个数据分类，数据库中可能存在多个这样的分类，通过观察构成分类的各列，可以更清楚地了解数据集中的记录如何相互关联。

2. 算法原理

Microsoft 聚类分析算法首先标识数据集中的关系并根据这些关系生成一系列分类。散点图是一种非常有用的方法，可以直观地表示算法如何对数据进行分组，如图 15-13 的关系图所示。散点图可以表示数据集中的所有事例，图中每个事例就是一个点。分类对该图中的点进行分组，并阐释该算法所标识的关系。

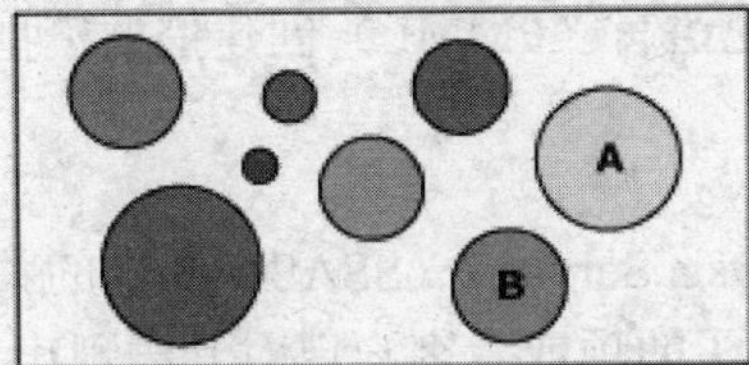

图 15-12 聚类分析模型表示

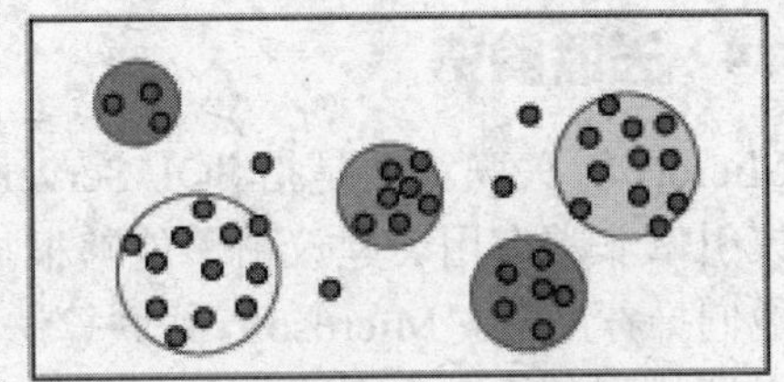

图 15-13 聚类分析模型关系图

在最初定义分类后，算法将通过计算确定分类表示点分组情况的适合程度，然后尝试重新定义这些分组以创建可以更好地表示数据的分类。该算法将循环执行此过程，直到它不能再通过重新定义分类来改进结果为止。

Microsoft 聚类分析算法提供两种方法来计算点在分类中的适合程度：Expectation Maximization（EM）和 K-Means。对于 EM 聚类分析，该算法使用一种统计方法来确定分类中存在数据点的概率。对于 K-Means，该算法使用距离度量值将数据点分配给其最接近的分类。

生成分类时不使用其用法设置为只预测的列。在生成分类后，将计算这些列在分类中的分布。

3. 使用算法

聚类分析模型必须包含一个键列和若干输入列，还可以将输入列定义为可预测列。该算法支持特定输入列内容类型、可预测列内容类型和建模标识，如表 15-16 所示。

表 15-16 重建分析算法功能

分 类	对 象
输入列内容类型	Continuous、Cyclical、Discrete、Discretized、Key、Table 和 Ordered
可预测列内容类型	Continuous、Cyclical、Discrete、Discretized、Table 和 Ordered
建模标志	MODEL_EXISTENCE_ONLY 和 NOT NULL

所有 Microsoft 算法均支持一些通用的函数。但是，Microsoft 聚类分析算法还支持表 15-17 中列出的其他函数。

表 15-17　聚类分析算法法的函数

通用函数	其他函数
Cluster	PredictCaseLikelihood
ClusterProbability	PredictNodeId
IsDescendant	PredictProbability
IsInNode	PredictStdev
PredictAdjustedProbability	PredictSupport
PredictAssociation	PredictVariance
PredictHistogram	

Microsoft 聚类分析算法支持使用预测模型标记语言（PMML）创建挖掘模型。

15.4.4 关联算法

Microsoft 关联算法是指 SQL Server 2005 Analysis Services（SSAS）提供的关联算法，对建议引擎非常有用。建议引擎能够根据客户已购买的项或者客户已对其表现出兴趣的项来向他们推荐产品，Microsoft 关联算法对购物车分析也非常有用。

关联模型基于包含各事例的标识符及各事例所包含项的标识符的数据集生成，事例中的一组项称为项集。关联模型由事例中一系列项集和说明这些项如何分组的规则组成，算法标识的规则可用于根据客户购物车中已有的项来预测客户将来可能购买的产品。关系图 15-14 显示了项集中的一系列规则。

规则
Road Bottle Cage = 现有的, Cycling Cap = 现有的 -> Water Bottle = 现有的
Mountain-200 = 现有的, Mountain Tire Tube = 现有的 -> HL Mountain Tire = 现有的
Mountain-200 = 现有的, Water Bottle = 现有的 -> Mountain Bottle Cage = 现有的
Touring-1000 = 现有的, Water Bottle = 现有的 -> Road Bottle Cage = 现有的
Road-750 = 现有的, Water Bottle = 现有的 -> Road Bottle Cage = 现有的
Touring Tire = 现有的, Sport-100 = 现有的 -> Touring Tire Tube = 现有的

图 15-14　关联算法规则

正如图中所示，Microsoft 关联算法可能会在数据集中找到许多规则，该算法使用两个参数（support 和 probability）来说明项集以及该算法生成的规则。例如，如果 X 和 Y 表示购物车中可能有的两个项，则 support 参数是数据集中包含 X 和 Y 这两项组合的事例的数目。通过将 support 参数与用户定义的 MINIMUM_SUPPORT 和 MAXIMUM_SUPPORT 参数结合使用，该算法可控制生成的项集数。probability 参数也称为置信度，表示数据集中既包含 X 也包含 Y 的一部分事例。通过将 probability 参数与 MINIMUM_PROBABILITY 参数结合使用，该算法可控制生成的规则数。

1．示例

Adventure Works Cycle 公司正在重新设计其网站的功能，重新设计的目的是提高产品的零售量。由于该公司在事务数据库中记录了每个销售，因此它们可以使用 Microsoft 关联算法来标识倾向于集中购买的产品集，然后可以根据客户购物车中已有的项预测客户可能感兴趣的其他项。

2. 算法的原理

Microsoft 关联算法遍历数据集以查找同时出现在某个事例中的项，该算法将最少出现了由 MINIMUM_SUPPORT 参数指定的最少事例次数的关联项分为项集。例如，项集可以为 Mountain 200=Existing, Sport 100=Existing，并且支持的数目可以为 710，那么该算法将根据项集生成规则。可以使用这些规则根据是否存在该算法标识为重要项的其他特定项，预测数据库中的某项是否存在。例如，某规则可以为 if Touring 1000=existing and Road bottle cage=existing, then Water bottle=existing，并且其概率可能为 0.812。在此例中，该算法发现由于购物篮中存在 Touring 1000 轮胎和水壶套，因此预测购物车中也可能存在水壶。

3. 使用算法

关联模型必须包含一个键列、多个输入列以及一个可预测列，输入列必须为离散列，关联模型的输入数据通常包含在两个表中。例如，一个表可能包含客户信息，而另一个表可能包含客户购物情况。你可以使用嵌套表将该数据输入到模型中。

Microsoft 关联算法支持表 15-18 中列出的特定输入列内容类型、可预测列内容类型以及建模标识。

表 15-18　关联算法功能

分　类	对　象
输入列内容类型	Cyclical、Discrete、Discretized、Key、Table 和 Ordered
可预测列内容类型	Cyclical、Discrete、Discretized、Table 和 Ordered
建模标识	MODEL_EXISTENCE_ONLY 和 NOT NULL

所有 Microsoft 算法均支持一些通用的函数。但是，Microsoft 关联算法还支持表 15-19 中列出的其他函数。

表 15-19　关联算法支持的函数

通用函数	其他函数
IsDescendant	PredictHistogram
IsInNode	PredictNodeId
PredictAdjustedProbability	PredictProbability
PredictAssociation	PredictSupport

Microsoft 关联算法不支持使用预测模型标记语言（PMML）创建挖掘模型。

15.4.5 顺序分析和聚类分析算法

Microsoft 顺序分析和聚类分析算法是由 SQL Server 2005 Analysis Services（SSAS）提供的一种顺序分析算法，你可以使用该算法来研究包含可通过下面的路径或顺序链接到的事件的数据。该算法通过将相同的顺序分到一组或一类中来查找最常见的顺序，这些顺序可以采取多种格式，包括：

- 说明用户浏览网站时的点击路径的数据。
- 说明客户将商品添加到在线零售商的购物车中的顺序的数据。

该算法类似于 Microsoft 聚类分析算法。不过，Microsoft 顺序分析和聚类分析算法不是查找包含类似属性的事例的分类，而是查找顺序中包含类似路径的事例的分类。

该算法创建的挖掘模型在数据中包含了最常见顺序的说明，你可以使用这些说明来预测新顺序的下一个可能步骤。在对记录进行分类时，该算法还在数据中对与顺序没有直接关系的列进行了说明。因为该算法包括了非相关列，所以你可以使用得到的模型来识别顺序数据和没有出现在顺序中的数据之间的关系。

1. 示例

Adventure Works 公司的网站收集有关站点用户访问什么页面的信息和有关网页访问顺序的信息。因为该公司提供在线订购，所以用户必须登录到此站点，这可以为该公司的各个客户配置文件提供点击信息。通过对此数据使用 Microsoft 顺序分析和聚类分析算法，该公司可以查找具有相同的点击模式或点击顺序的客户组或分类，然后可以使用这些分类来分析用户如何在网站中移动，以识别哪些页面与特定产品的销售关系最密切及预测接下来哪些页面最有可能被访问。

2. 算法的原理

该算法采用期望最大化（EM）聚类分析方法来识别分类及其顺序。该算法明确地使用某种概率性方法来确定某个数据点存在于某个分类中的概率。

Microsoft 顺序分析和聚类分析算法使用的输入列之一是一个嵌套表，该表中包含序列数据，此数据是某个数据集（例如产品购买或 Web 点击）中的各个事例的一系列状态转换。为确定哪个顺序列用作聚类分析的输入列，该算法度量该数据集中所有可能顺序之间的差异或距离。在度量完这些距离后，该算法将该顺序列用作聚类分析的 EM 方法的输入。

3. 使用算法

顺序聚类分析模型需要一个用来标识记录的键和一个包含顺序相关列（例如标识顺序中的事件的网页标识符）的嵌套表。每个顺序只允许有一个顺序相关列，且每个模型中只允许有一种类型的顺序。若要在本主题前面提到的示例方案中创建一个模型，你需要创建一个包含两个表的数据源。第一个表用来包含订单，第二个表用来包含订单放置到购物车的顺序。

Microsoft 顺序分析和聚类分析算法支持表 15-20 中列出的特定输入列内容类型、可预测列内容类型和建模标识。

表 15-20　顺序分析、聚类分析算法功能

分　类	对　象
输入列内容类型	Continuous、Cyclical、Discrete、Discretized、Key、Key Sequence、Table 和 Ordered
可预测列内容类型	Continuous、Cyclical、Discrete、Discretized、Table 和 Ordered
建模标识	MODEL_EXISTENCE_ONLY 和 NOT NULL

所有 Microsoft 算法均支持一些通用的函数。不过，Microsoft 顺序分析和聚类分析算法支持表 15-21 中列出的其他函数。

表 15-21　支持函数

通用函数	其他函数
Cluster	PredictHistogram
ClusterProbability	PredictNodeId
IsDescendant	PredictProbability
IsInNode	PredictSequence
PredictAdjustedProbability	PredictStdev
PredictAssociation	PredictSupport
PredictCaseLikelihood	PredictVariance

Microsoft 顺序分析和聚类分析算法不支持使用预测性模型标记语言（PMML）来创建挖掘模型。

Microsoft 顺序分析和聚类分析算法支持几个影响所得到的挖掘模型的性能和准确性的参数，表 15-22 对各参数进行了说明。

表 15-22　算法参数

参　数	说　明
CLUSTER_COUNT	指定将由算法生成的大致分类数。如果无法基于相应的数据生成该大致数目的分类，则算法将生成尽可能多的分类。如果将 CLUSTER_COUNT 设置为 0，则算法将使用试探性方法最准确地确定要生成的分类数，默认值为 10
MINIMUM_SUPPORT	指定每个分类中的最小事例数，默认值为 10
MAXIMUM_SEQUENCE_STATES	指定一个顺序可以拥有的最大状态数。将该值设置为大于 100 的数将导致算法创建一个不提供有意义的信息的模型，默认值为 64
MAXIMUM_STATES	指定算法支持的非顺序属性的最大状态数。如果某个非顺序属性的状态数大于该最大状态数，则算法将使用该属性最常见的状态并将剩余状态视为不存在，默认值为 100

15.5　Xquery 语言

Transact-SQL 支持用于查询 xml 数据类型的 XQuery 语言的子集，此 XQuery 实现符合 2004 年 7 月的 XQuery 工作草案。该语言正在由 World Wide Web 联合会（W3C）开发，所有主要数据库供应商和 Microsoft 也参与此开发。由于 W3C 规范在成为 W3C 建议之前还可能进行修订，因此此实现可能与最终的建议有所不同。本节概要介绍了 SQL Server 2005 中所支持的 XQuery 子集的语义和语法。

XQuery 是一种可以查询结构化或半结构化 XML 数据的语言。由于 SQL Server 2005 数据库引擎中提供 xml 数据类型支持，因此可以将文档存储在数据库中，然后使用 XQuery 进行查询。

XQuery 基于现有的 XPath 查询语言，并支持更好的迭代、更好的排序结果以及构造必需的 XML 的功能。XQuery 在 XQuery 数据模型上运行，此模型是 XML 文档以及可能为类型化也可能为非类型化的 XQuery 结果的抽象概念。类型信息基于 W3C XML 架构语言所提供的类型，如果没有可用的类型化信息，XQuery 将按照非类型化处理数据，这与 XPath 1.0 版处理 XML 的方式相似。

若要查询 xml 类型的变量或列中存储的 XML 实例，则可以使用 xml 数据类型方法。例如，可以声明一个 xml 类型的变量，然后使用 xml 数据类型的 query() 方法来查询此变量。

```
DECLARE @x xml
SET @x = '<ROOT><a>111</a></ROOT>'
SELECT @x.query('/ROOT/a')
```

在下面的示例中，查询是针对 AdventureWorks 数据库中 ProductModel 表的 xml 类型的 Instructions 列指定的。

```
SELECT   Instructions.query('declare   namespace   AWMI="http://schemas.
microsoft.com/sqlserver/2004/07/adventure-works/ProductModelManuInstructions
";
    /AWMI:root/AWMI:Location[@LocationID=10]
') as Result
FROM  Production.ProductModel
WHERE ProductModelID=7
```

XQuery 包含命名空间声明（declare namespace AWMI=...）和查询表达式（/AWMI:root/AWMI:Location[@LocationID=10]）。

15.6 HTTP 访问

迄今为止，我们已经通过数据库引擎访问了所有的 XML。查询分析器（QA）碰巧是 XML 的一个工具，它刚好在元素中间增加了空格（以回车的形式），而且没有 XML 有效性检验，因此在 QA 中处理 XML 不是一件好事。尽管这也可行，但明显 QA 不是为这个任务设计的。我们将在本节和下一节介绍其他工具。

访问 XML 格式化的结果也可以通过 HTT 进行半直接的访问，这种访问需要你运行 IIS（尽管不一定要在同一台服务器上）。SQL Server 提供了一个优秀的管理工具以帮助你设置基于 HTTP 的访问，随后我们会简要介绍这个工具。

基于 URL/HTTP 的访问结构有点复杂，如图 15-15 所示。

可见，HTTP 访问需要一个特殊的 ISAPI DLL。有人计划今后完全把该功能集成到 SQL Server 中，但是 ISAPI 解决方案现在是有效的，而且允许这个功能迅速得到应用，而不是等待不确定的事情。令人惊奇的是，它们可以探究这么多的访问方法而无需更多的测量。

了解一下这个图是很好的，但在深入探究 HTTP 访问方法之前，我们需要访问系统上的一些设置。

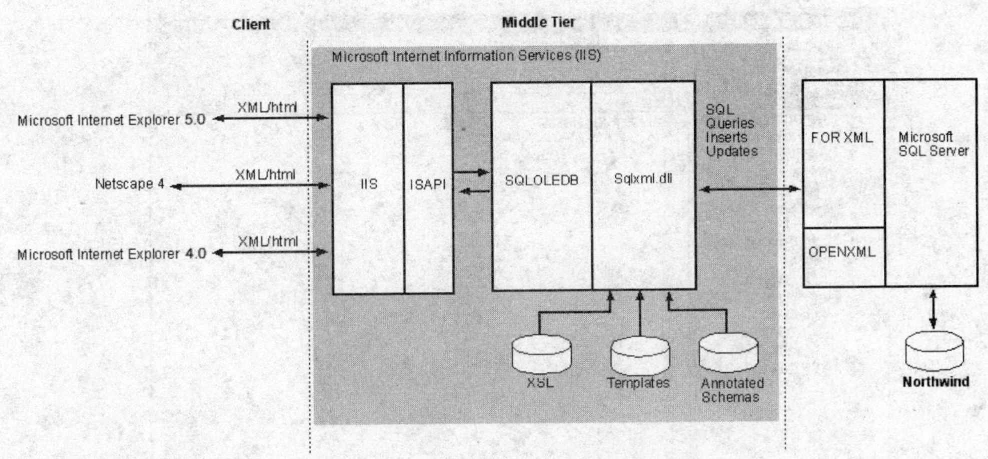

图 15-15　基于 URL/HTTP 的访问结构

15.6.1　设置 HTTP 访问

SQL Server 提供了一个设置 HTTP 访问的工具。实际的访问通过使用 Web 服务器上的虚拟目录实现，这种虚拟服务器是关于 IIS 如何指出在 HTTP 访问 SQL Server 时所需要的 ISAPI DLL。

要设置这个虚拟目录，需要在 IIS 中选择 Configure SQL XML Support，通过开始菜单下的 SQL Server Start | Programs 菜单进入，如图 15-16 所示。

图 15-16　进入 SQL Server 的虚拟目录管理器

系统显示图 15-17 所示的画面。

虽然本节的所有例子都假设你通过默认 web 站点访问 IIS，但是 SQL Server 将在一个非默认的 web 站点上工作（实际上，笔者第一次设置支持 HTTP 访问的时候是在一个非标准端口的单独 web 上进行的）。

要创建一个用于访问 SQL Server 的虚拟目录，只需在 Default Web Site 上右击鼠标并选择新建 | 虚拟目录，如图 15-18 所示。

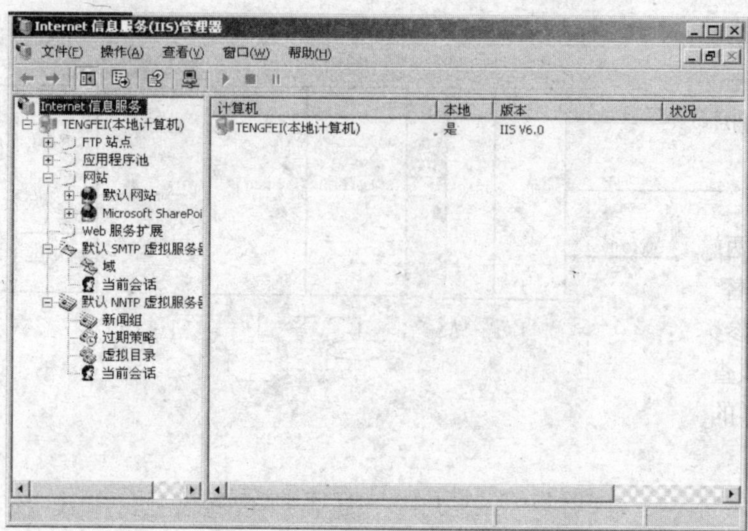

图 15-17　SQL Server 的虚拟目录管理器

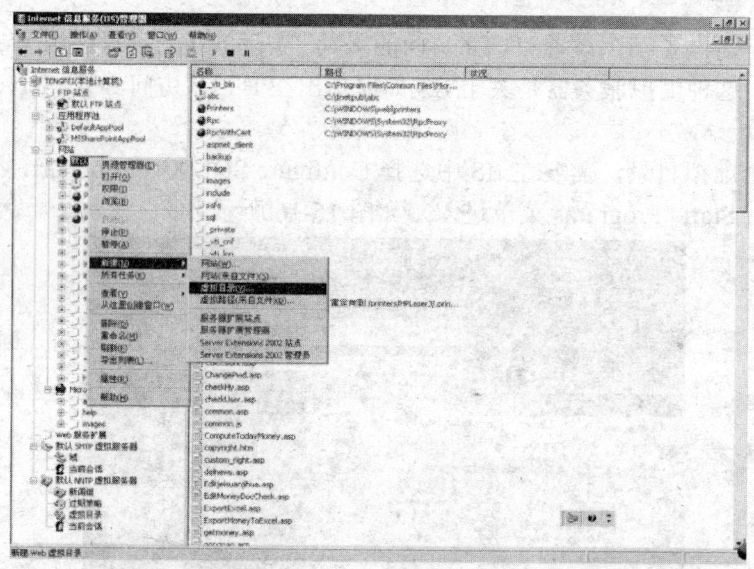
图 15-18　创建新虚拟目录

按照相应的步骤建立网站的虚拟目录，并查看对应属性就可以设置相关访问。

15.6.2　基于 URL 的查询

我们已经看见，基于 URL 的查询是 HTTP 访问的部分选项，即你可以从浏览器中直接录入基于 URL 的查询。

例如：

http://exampleWebServerName/reportserver?/foldercontainingreports/orders&division=mail order®ion=west&sales:isnull=true

笔者的服务器名为 Tengfei，如果采用 IE6 或更好的浏览器，则可以在 URL 中录入以下内容：

http://tengfei/reportserver?/foldercontainingreports/orders&division=mailorder®ion=west&sales:isnull=true

在这个查询中值得注意：

- 末尾的&root=ROOT 显式定义了根元素为 ROOT，但并不一定是 ROOT（也可以是 Billclinton 或其他，只要唯一就行）。在传递到客户端之前，SQL Server 关心在 XML 两端封装新的根节点。
- +号代替了空格。%20 是 URL 中非常普通的编码，而且也是有效的编码。
- SQL=参数标记了查询的开头。
- 除了该查询根据指令提供了根节点以外，它产生了与本章早期使用的原始 RAW 查询一样的结果。

也可以代替适当的 SQL 语句，模拟上一节的 AUTO 和 EXPLICIT 查询。

我们可以应用一系列的参数来改变输出结果，如表 15-23 所示。

表 15-23 查询参数

参　数	描　述
?template	它将代替?SQL。它允许你发送原始文本，该文本充当了一个查询生成 XML 的模板。模板通常存储在文件中，但模板文件的内容可以很简单地直接放置在 URL 上（但不安全）。在 6.2.3 中将要介绍模板的有关内容
&xsl	应用到作为结果的XML上的样式化表单路径。你可以用XSL把输出转换成HTML或另一种 XML 格式，甚至可以改变编码方案（还与 outputencoding 参数有关）
&root	该参数提供了根元素名。如果提供了该参数，那么 SQL Server 将创建根元素并命名它为该参数值。如果没有指定@root，那么客户端就清楚该 XML 不是良构的，而且需要额外的处理
&outputencoding	该参数用于改变输出文档的字符编码。默认情况是 UTF-8，但任何 W3C 认可的编码方案都行
&contenttype	提供了文本类型 HTTP 头信息的值。这对客户端怎样接收数据会产生很大的差别。例如，IE5 将假设扩展名为.xml 的文档是一个 XML 文档。你可以用该选项给客户端显示你希望以一些其他风格看待数据

可以混合使用这些参数，但只有模板参数是确实需要的。

总是希望基于直接在 IE 中执行的查询可以在 URL 下使用&root，否则 IE 不会把它视为良构的 XML（没有根）。但是，如果你正在编写一个完成 HTTP 请求的应用程序，那么你可能很想返回没有根元素的数据，随后再添加它（大概在你添加了额外的 XML 到文档中之后）。

15.6.3 使用模板

模板允许我们为了简化维护和安全的目的封装更多的查询逻辑。创建模板就像定义一个列出基本结构的 XML 文档一样简单，并提供了组成结果的一个或多个查询。

模板的基本布局采用下列格式：

<ROOT xmlns:sql="urn:schemas-microsoft-com:xml-sql"

```
        sql:xsl='XSL FileName' >
  <sql:header>
     <sql:param>..</sql:param>
     <sql:param>..</sql:param>...n
  </sql:header>
  <sql:query>
     sql statement(s)
  </sql:query>
  <sql:xpath-query mapping-schema="SchemaFileName.xml">
     XPath query
  </sql:xpath-query>
</ROOT>
```

这里提供了一个模板，你可以参照该模板的例子书写自己的模板：

```
<ROOT xmlns:sql="urn:schemas-microsoft-com:xml-sql">
  <sql:query>
    SELECT CustomerID, CompanyName
    FROM   Customers
    FOR XML AUTO
  </sql:query>
</ROOT>
```

Root 元素的 xmlns 属性显示了该元素中的内容（此时就是 Root 元素）利用了微软管理的 xml-sql 命名空间。其目的是：确保在随后的文档中使用单词 query 时，不会与其他命名空间中也使用的单词 query 的意思引起冲突。记住，一个 XML 文档可以有多个命名空间，而且每个命名空间都必须具有显示在哪里能找到为该命名空间设置规则的参考文档的定义。

如果我们要把上面的模板代码添加到 file1.xml 模板中，并将它存储在物理存储“模板”虚拟名的目录下，则可以通过 URL 参考来调用 http://localhost/mywind/template/file1.xml。需要注意的是，必须在 virtual names 标签页下新建对应的模板和架构。

结果包含了我们以前用一页或两页的 URL 查询获得的相同数据（相同的查询）。

1. 参数化模板

还不止这些可能性。如果需要，我们可以对模板实现参数化。例如，我们创建一个具有参数的模板，并将该文件存储为 file2.xml。

```
<ROOT xmlns:sql="urn:schemas-microsoft-com:xml-sql">
  <sql:header>
      <sql:param name='CustomerID'>ALFKI</sql:param>
    <sql:param name='EmployeeID'>1</sql:param>
  </sql:header>
  <sql:query>
    SELECT  CustomerID,CompanyName
    FROM    Customers
    WHERE   CustomerID=@CustomerID
```

```
    FOR XML AUTO
  </sql:query>
  <sql:query>
    SELECT EmployeeID,LastName,FirstName
    FROM Employees
    WHERE EmployeeID=@EmployeeID
    FOR XML AUTO
  </sql:query>
</ROOT>
```

接下来我们可以采用下列 URL 运行该模板。

http://localhost/mywind/template/file2.xml

结果显示：

```
<ROOT xmlns:sql="urn:schemas-microsoft-com:xml-sql">
  <Customers CustomerID="ALFKI" CompanyName="Alfreds Futterkiste" />
  <Employees EmployeeID="1" LastName="Davolio" FirstName="Nancy" />
</ROOT>
```

此时模板中的参数采用的是默认值。我们也可以通过 URL 传递一个参数，让另一个参数接受默认值，然后在浏览器中执行。

http://localhost/mywind/template/file2.xml?CustomerID=BERGS

结果将显示：

```
<ROOT xmlns:sql="urn:schemas-microsoft-com:xml-sql">
  <Customers CustomerID="BERGS" CompanyName="Berglunds snabbköp" />
  <Employees EmployeeID="1" LastName="Davolio" FirstName="Nancy" />
</ROOT>
```

我们还可以同时通过 URL 提供两个参数。

http://localhost/mywind/template/file2.xml?CustomerID=BERGS&EmployeeID=2

在这一点上，值得提醒的是，因为 XML 区分大小写，所以参数名也区分大小写。实际参数是否区分大小写取决于 SQL Server 的设置（该部分就像在查询分析器的查询中工作一样）。

2. 模板中的存储过程和 UDF

这些内容可能会使你考虑 sproc 和 UDF。在模板中使用成块的代码不是很容易，你可以根据自己的意愿仅使用存储过程或函数调用，以便在查询分析器中返回结果。

例如，我们先建立一个 sproc：

```
IF EXISTS (SELECT name FROM sysobjects
   WHERE name = 'CategoryInfoWithInputParam' AND type = 'P')
   DROP PROCEDURE CategoryInfoWithInputParam
GO
CREATE PROCEDURE CategoryInfoWithInputParam
                  @CategoryName varchar(35)
AS
```

```
SELECT    CategoryName, Description
FROM     Categories
WHERE    Categories.CategoryName = @CategoryName for xml auto
```

建议你为存储过程的命名转换增加可辨认的 XML 输出。因为它们的用途不同，所以笔者猜测许多应用程序会有某种过程的两个版本：常规版本和输出 XML 的版本。采用一种容易区分它们的策略区分它们！

既然我们已经拥有了一个可工作的 sproc，就可以用它代替参数化模板例子中的查询。要提供：

```
<ROOT xmlns:sql='urn:schemas-microsoft-com:xml-sql'>
  <sql:header>
    <sql:param name='CategoryName'>Condiments</sql:param>
  </sql:header>
  <sql:query >
     exec CategoryInfoWithInputParam @CategoryName
  </sql:query>
</ROOT>
```

这次，我们将把文件保存为 File3.xml。可以像操纵 File3.xml 一样进行处理，并提供默认值作为@CategoryName 的参数，然后采用 URL 执行。

http://localhost/mywind/template/File3.xml

现在我们已经拥有一个返回 XML 的 sproc。除了 sproc 提供的性能和封装的好处外，你也可以让 sproc 运行多个 XML 查询，而且它们都应返回到该文档中。你可以用这个存储过程作为在 XML 模板中安放多个查询的一种方法，随后将看到这一点。

3. 从多个查询中建立 XML

相当简单。唯一技巧是记住你的文档只能有一个根节点，因而所有的结果必须放在一个根节点中。除此以外，只要一直在模板中添加多个查询（在独立的查询标签中）就可以了。

15.6.4 POST

你也可以邮寄（post）模板。在虚拟目录中，启用邮寄设置了两个功能：

- 把 HTTP POST 表单变量当成 HTTP GET 变量（也与基于 URL 模板使用的变量相同）。
- 从 HTTP 表单下邮寄模板的能力。

虽然第一个功能非常理想，而第二个功能是一个安全性的问题（但此时，不能执行某种形式的 NT 安全性）。非常不幸的是，你不能用一个功能而不用另一个功能。

如果你激活了 POST 查询，就要记住：任何可以发送 HTTP 流到服务器上都的人将拥有虚拟目录别名用户所具有的权限。唯一的限制是在虚拟目录用户上放置约束，并限制接受的邮包长度。

如果你选择了启用该选项，那么建议你设置可接受的 POST 应用程序可以处理的最小长度，这至少限制了被单个查询所产生的损害。

与往常一样，我们要进行测试。为了完成这个任务，我们必须进入精彩的 HTML 领域。我们需要创建一个能用于提交查询的表单，完成这个任务的 HTML 非常简单。

```
<head>
<TITLE>Sample Form </TITLE>
</head>
<body>
For a given employee ID, employee first and last name is retrieved.
<form action="http://localhost/mywind" method="POST">
<B>Employee ID Number</B>
<input type=text name=EmployeeID value='1'>
<input type=hidden name=contenttype value=text/xml>
<input type=hidden name=template value='
<ROOT xmlns:sql="urn:schemas-microsoft-com:xml-sql" >
<sql:header>
   <sql:param name="EmployeeID">1</sql:param>
</sql:header>
<sql:query>
  SELECT FirstName, LastName
  FROM   Employees
  WHERE   EmployeeID=@EmployeeID
  FOR XML AUTO
</sql:query>
</ROOT>
'>
<p><input type="submit">
</form>
</body>
```

你可以在记事本或者其他 HTML 编辑器中录入这些文本，并将它存储在自己的 Web 服务器的根目录中（通常是 C:\Inetpub\wwwroot 下），然后通过 Web 服务器导航它。

选择你喜欢的 EmployeeID 并提交查询，这样处理的优点在于你没有看见 URL 上的参数。如果我们确实担心安全性，那么可以将所有文档封装在一个安全包事务（Secure Sockets transaction）中并阻止相关的用户（仍然是一个老方法，但现在已经发生了明显的变化，而不是简单的 URL 变化），但这样处理存在副作用，启用 POST 似乎就是能用一个不顾其他设置的邮寄来完成所有任务。

要演示这个问题，让我们建立另一个 HTML 表单，该表单与前一个表单大体相同，只是这次我们要直接从表单中（而不是从参照文件中）提交 XML 模板。我们将探讨关闭 XML 模板选项的效果，并探讨只要模板仍然是通过 POST（而不是通过文件）发送，POST 就能处理模板。

让我们建立一个新 HTML 表单：

```
<head>
<TITLE>Sample Form submit for template query</TITLE>
</head>
<body>
```

```
For a given CustomerID, the Company Name and Orders are retrieved.
<form action="northwind/" method="POST">
<input type=hidden name=contenttype value=text/xml>
<input type=hidden name=template value='<Root xmlns:sql="urn:schemas-
microsoft-com:xml-sql">
  <sql:header>
    <sql:param name="CustomerID">ALFKI</sql:param>
  </sql:header>
  <sql:query>
    SELECT Customers.CustomerID,
           Customers.CompanyName,
           Orders.OrderID,
           Orders.OrderDate
    FROM Customers
    JOIN Orders
      ON Customers.CustomerID = Orders.CustomerID
    WHERE Customers.CustomerID = @CustomerID
    ORDER BY Customers.CustomerID
    FOR XML AUTO
  </sql:query>
</Root>
'>
<B>CustomerID</B>
<input type=text name=CustomerID value="ALFKI">

<input type="submit">
</form>
</body>
```

并将该模板存储为 file5.htm，然后放置在 file4.htm 的相同目录下。这是一个完全参数化的查询，就像在模板一节运行的查询一样。我们本可以在这个表单中放置一些语句，如果在这种方式下接受了一个模板，则绝对没有办法可以阻止用户绘制自己的 HTML（像我们刚才做的一样），但在模板中放置了一条不同的命令[即 DELETE * FROM（Order Details）]。

为了证明它起作用了，我们保存这个文档为 File5.htm 并放在 Web 服务器的根目录下，然后导航这个网页并提交。

迄今为止，一切正常。但是，如前所述，这已经变成了 POST 安全性（而不是模板的安全性）的一部分。也就是说，我们可以关闭模板访问。但是，因为我们通过 POST 提交了模板，所以 SQL Server 仍然会接受它。

下面再确定一下刚才的说法。再次进入 IIS 管理应用中的 Configure SQL XML Suppoort，并切换到虚拟目录中的 Settings 标签页。

关闭模板访问，并应用它。现在回头导航我们在上一节中使用的模板（不是 POST）：

http://localhost/mywind/template/file2.xml?CustomerID=BERGS&EmployeeID=2

因为我们已经关闭了模板，所以 IIS 不为该页服务，我们得到了一个页错误。

现在，我们可以简单地思考已经关闭的所有形式的模板，但不是这种情况。下面后退到 file5.htm 页，我们会看见，只要是直接通过邮寄（而不是通过参照文件），就仍然可以提交模板。

尽管我们已经说过不希望允许模板，但仍然允许一个模板通过了。这意味着有人提交了该表单，倘若知道如何建立一个 HTML 表单，就能提交他们期望的查询，而且只要设置 HTTP 访问的登录用户具有充足的许可权（mywind 是笔者在本章开头使用的），那么提交表单的人就能获得他们期望的结果。

笔者非常希望这个功能得到修补，也非常喜欢通过 POST 提交模板要求及参数的概念，它隐藏了用户的信息。你也可以保留一些参数信息（比如过滤当前用户并阻止他们看见其他用户的信息）。如果你特别关心给它上锁，就可以使用安全包阻止细小的信息发送到服务器上。不幸的是，这个漏洞（接受特殊的模板）太大了，推荐你关闭使用 POST 特性。

既然我们已经看到了这些结果，请把模板访问功能打开，以支持本章后面的例子。

15.6.5　XPath

根据 XML 集成的新 Web 发布格式，XML 集成性部分已成为普受关注的问题。对更新程序的下一步，XPath 的功能大概是该产品中尚未完成的最大部分，目前只支持一小部分的 Xpath 方言用于编写这一功能。

SQL Server 现在还支持被广泛接受的 XPath 查询语言，XPath 在处理复杂的 XML 查询时特别有用。XPath 的元素已经被分成用于 XSLT（这现在是一种正常的推荐）和 Xpointer（作为本书所写的推荐侯选人）的元素，允许很多（但不是所有的）FOR XML EXPLICIT 提供的同等灵活选项，但查询方式更简易。

XPath 在 SQL Server 中的用途可以分成两类：

- 直接在基础数据库对象上查询。
- 在注释的架构上查询，这允许在架构上将 XPath 查询映射为数据库的字段，这些字段不必在相同的表中。

上面的查询都需要在 SQL XML 设置中选中 Xpath 方框，以完成一些特殊的设置，下面分别介绍。

1. 数据库对象上的 XPath

为了允许 XPath 可以在数据库对象上存在，我们需要执行必要的特殊设置，这些工作我们已经在前面完成。这些必要设置是：

- 在设置 SQL 虚拟根时，必须启用 Settings 标签页上的 Allow XPath 选项。
- 必须设置虚拟名，从而让 SQL Server 和 IIS 知道你希望直接在数据库对象上操作。

当前，该 XPath 的实现并不支持一些相当常见的 XPath 操作符，包括像联合|这样的操作符，这意味着在数据库对象上直接执行查询时，一次只能限制一个属性。

过去，我们不得不在 ADO 中采用程序分块，或者其他一些客户库文件，以检索二进制数据并放在 Web 或其他一些目标上。现在，你可以只用一个直接连接就能立即将图像或其他二进制数据嵌入到数据库中。

下面通过引用 NancyDaValio（Northwind EmployeeID 1）的非常简单的 HTML 页的例子来验证这一结论。

```
<html>
<head>
<TITLE>Sample xpath</TITLE>
</head>
<body>
Hi! This is the photo:
<img src="mywind/dbobject/Employees[@EmployeeID='2']/@Photo" />
</body>
</html>
```

再次将上面的语句保存为 Web 服务器的根目录下（可能是 C:\Inetpub\wwwroot）的 file6.htm，并导航 http://localhost/file6.htm。

虽然这是连接二进制数据的一个非常方便的方法，但在处理这类事情上要特别注意安全性问题。除非限制用户就在该数据库对象的该列上，然后能提交自己的 XPath，并有可能使他们看见不该看见的信息……当然还有其他可能性。

在长时间运行中，因为微软新增了支持 XPath 的功能，所以基于 URL 的 XPath 将对那些不熟悉 SQL 但富有 XPath 经验的开发者具有相当大的吸引力。

2. 使用注释架构

在 SQL Server 注释架构中使用 Xpath，其本质上与在视图上相似（而不是我们已经看见的直接对象方法）。一个映射或注释架构（annotated schema）需要与关系结构中的表或 XDR（XML Data Reduced）架构相关，BizTalk Server（如果你需要处理外部数据源时，就确实需要值得看一看）也使用 XDR。XDR 本身是一个非常简单的话题，我们不会花费太多的时间讨论超出基本内容和怎样指定映射之外的内容。

更像 Xpath，微软将继续在这个问题上采用过去的一些建议。涉及 XDR 相关的概念已经被移植到 W3C 影响的 XML 架构推荐书中。XDR 是微软唯一实现的 XML 架构，微软计划应用更多的行业标准的 XML 架构。但是，因为还没有推荐它，所以微软已经明确决定继续采用目前可用的产品，而且随后再作更改。

注释架构就像其他 XDR 文档，只有两点例外：

- 它们使用微软的数据类型和 xml-sql 命名空间。
- 它们使用注释告诉 SQL Server 如何映射 Xpath 节点到 SQL Server 表和列中。映射是可选的，也就是说，你可以选择只映射表或视图中的几个列，也可以选择完全映射。

即使是最简单的架构，命名空间也给我们提供了需要建立的一组属性和一个元素。

（1）从数据类型命名空间。

dt:type　使该数据与特定数据类型相关。

（2）从 xml-sql 命名空间。

- sql:relation　它使一个元素与特定的表或视图相关。
- sql:field　它使该元素的属性与特定字段相关，该命名字段必须存在于由元素的相关属性显示的表或视图中。

- sql:relationship　这是一个包含定义关系的属性的元素，它嵌套在要定义子关系元素的元素中。
- sql:key-relation　sql:relationship 的这一属性将成为外部键中的引用表（父表）的表名。
- sql:key　外部键关系引用的列，这是 sql:relation 的一个属性，而且该列必须存在于键关系属性指定的表中。
- sql:foreign-relation　sql:relationship 的这一属性是指关系中的参照（子）表。
- sql:foreign-relation　sql:relationship 的这一属性是显示在哪一列上放置了外部键约束。

注意：所有与属性相关的外部键都声明在参照元素的声明中。

我们将从一个极其简单的映射开始。我们已经用于检索一些二进制数据的 Employees 表，此时将映射许多行，但为了简明起见，在结果中省略了 Photo 字段。

```
<?xml  version="1.0" ?>
<Schema     xmlns="urn:schemas-microsoft-com:xml-data"
          xmlns:dt="urn:schemas-microsoft-com:datatypes"
          xmlns:sql="urn:schemas-microsoft-com:xml-sql" >
 <ElementType name="Employee" content="mixed" sql:relation="Employees">
   <AttributeType name="EmployeeID" dt:type="int" />
   <AttributeType name="LastName" dt:type="string" />
   <AttributeType name="FirstName" dt:type="string" />
   <AttributeType name="Title" dt:type="string" />
   <AttributeType name="TitleOfCourtesy" dt:type="string" />
   <AttributeType name="BirthDate"  dt:type="date" />
   <AttributeType name="HireDate" dt:type="date" />
   <AttributeType name="Address"  dt:type="string" />
   <AttributeType name="City"  dt:type="string"  />
   <AttributeType name="Region" dt:type="string" />
   <AttributeType name="PostalCode"  dt:type="string" />
   <AttributeType name="Country" dt:type="string" />
   <AttributeType name="HomePhone"  dt:type="string" />
   <AttributeType name="Extension"  dt:type="string" />
   <AttributeType name="Notes"  dt:type="string" />
   <AttributeType name="ReportsTo"   dt:type="int" />
   <AttributeType name="PhotoPath" dt:type="string" />

   <attribute type="EmployeeID"  sql:field="EmployeeID"/>
   <attribute type="LastName"  sql:field="LastName"/>
   <attribute type="FirstName" sql:field="FirstName"/>
   <attribute type="Title"  sql:field="Title"/>
   <attribute type="TitleOfCourtesy"  sql:field="TitleOfCourtesy"/>
   <attribute type="BirthDate"   sql:field="BirthDate"/>
   <attribute type="HireDate"   sql:field="HireDate"/>
   <attribute type="Address"   sql:field="Address"/>
   <attribute type="City"   sql:field="City"/>
```

```
    <attribute type="Region"  sql:field="Region"/>
    <attribute type="PostalCode"  sql:field="PostalCode"/>
    <attribute type="Country"  sql:field="Country"/>
    <attribute type="HomePhone"  sql:field="HomePhone"/>
    <attribute type="Extension"  sql:field="Extension"/>
    <attribute type="Notes"  sql:field="Notes"/>
    <attribute type="ReportsTo"  sql:field="ReportsTo"/>
    <attribute type="PhotoPath"  sql:field="PhotoPath"/>
  </ElementType>
</Schema>
```

将其保存为 file7.xdr，并放在我们设置 HTTP:访问时指向的架构虚拟根的物理目录下就是 C:\\Inetpub\wwwroot）作为备份。

现在，让如何导航这样的架构。它看上去非常像直接在数据库对象上执行的查询，但允许省略一些架构中包含的信息。例如，直接对象查询需要我们命名一个属性（而且只能是一个）。当在一个模式上查询的时候，我们可以省略该属性，而且 SQL Server 将假设我们希望得到所有的映射的属性。

http://localhost/file7.xdr

需要注意的是，该 xdr 没有根节点，如果执行返回多条件的查询，则必须使用根节点。

15.6.6 设计结果样式

XML 最好的一件事情是它很容易被样式化，这些样式可以是 HTML（非常常用的样式）、不同的 XML 格式，或者甚至是一些完全不同的事情。

我们将在这一节快速介绍如何基于 HTTP 查询应用样式化。

1. 基于 URL 设计查询样式

相当容易，只要以下列形式添加 XSL 参数：

&xsl=<{path to xsl file}>

要使用这个例子，可以建立下列样式的表单并命名为 file8.xsl：

```
<?xml version='1.0' encoding='UTF-8'?>
<xsl:stylesheet xmlns:xsl="http://www.w3.org/1999/XSL/Transform"
 version="1.0">

   <xsl:template match = '*'>
      <xsl:apply-templates />
   </xsl:template>
   <xsl:template match = 'Customers'>
     <TR>
       <TD valign="top"><a>
    <xsl:attribute name="href">../../Login.asp?CustomerID=
     <xsl:value-of select='@CustomerID'/>
   </xsl:attribute>
   <xsl:value-of select="@CustomerID"/></a></TD>
       <TD align="left" width="300"><B>
```

```
<xsl:value-of select = '@CompanyName'/><br/>
    <xsl:value-of select='@Address'/><br/>
    <xsl:value-of select="@City"/>,
<xsl:value-of select="@Region"/>
<xsl:value-of select="@PostalCode"/>
    </B>
 </TD>
     </TR>
   </xsl:template>
   <xsl:template match = '/'>
    <HTML>
      <HEAD>
   <TITLE>Northwind Traders Customers</TITLE>
      </HEAD>
      <BODY>
   <TABLE cellpadding="0" cellspacing="0" border="0">
    <TR>
      <TD>
  <IMG alt="Northwind Traders" src="../../images/Logo.jpg"
    border="0"/>
 </TD>
      <TD><FONT face="Arial" size="6" > Mywind Traders Online</FONT>
      </TD>
    </TR>
    <TR>
      <TD bgcolor="Aqua" colspan="2">
        <HR width="*"/>
    </TD>
    </TR>
    <TR>
    <TD valign="top" bgcolor="Aqua">
    </TD>
    <td>
    <TABLE border='1'  width="*">
            <TR><TH colspan='2'>Customers</TH></TR>
            <TR><TH>Customer ID</TH><th>Company</th></TR>
            <xsl:apply-templates select = 'Root' />
         </TABLE>
   </td>
  </TR>
</TABLE>
   </BODY>
     </HTML>
   </xsl:template>
</xsl:stylesheet>
```

将该文件保存在 mywind 虚拟目录设计的存储位置下。

记住，XSL 和 XML 区分大小写，即使是很小的差别也会导致错误！如果你希望看一看该部分所指的图形，则还需要下载相应的图形文件，并在 images 的目录下安装图形，该目录应该刚好在你站点的根目录下。

利用这个文件，我们准备运行一个查询，该查询将为列出我们的 Northwind 客户的网页提供数据。

http://localhost/Mywind?sql=SELECT+CustomerID,+CompanyName,+Address,+City,+Region,+PostalCode+FROM+Customers+ORDER+BY+CustomerID+FOR+XML+AUTO&xsl=file8.xsl&root=Root

如果所有的内容都被存放在正确的位置，就应得到一个好看的网页，而且没有 ASP 代码。

2. 设计模板样式

如果创建上一个样式非常简单的话（只是在正确的位置保存了 XSLT 文档并在查询中添加了 xsl 参数），那么你就会认为创建这一个样式将更容易。我们需要在模板的根元素上添加一个属性，该属性将引用 XSLT 文档，而且应该具有下列格式：

sql:xsl="<path to style sheet>"

这次采用一个例子，下面将 URL 查询转换成叫做 file9.xml 的 Customers 模板。我们将利用相同的 XSLT 文档，并改变相应的路径。

```
<Root xmlns:sql="urn:schemas-microsoft-com:xml-sql" sql:xsl="../customers.
 xsl">
  <sql:query>
    SELECT CustomerID,
      CompanyName,
      Address,
      City,
      Region,
      PostalCode
    FROM Customers
    ORDER BY CustomerID
    FOR XML AUTO
  </sql:query>
</Root>
```

现在，我们应该能够调用 file9.xml 文件并得到刚才基于 URL 查询时看到的那个网页，但会碰到一个小问题，浏览器提示该页无法访问。

这个阶段你会得到一些类似于 HTML 的标签，这是同一错误的另一种形式，问题产生的原因在于服务器的配置不同。

这里的问题在于内容类型(content-type)，内容类型是某种嵌入在 HTTP 标题中的信息，它告诉浏览器你正在处理什么样的数据。对迄今为止本章中所做的这些事情，SQL Server 已经确信内容类型信息与文档相关，所以我们就不必担心了。但我们正在应用转换，所以 SQL Server 无法确定你期望的准确内容类型。你不得不显式说明它到底在哪里，有两种方法可以说明内容类型：

- URL 中的 contenttype 参数。
- 离 XSLT 文档顶部很近的一个 xsl:mediatype 特殊元素（刚好就在声明命名空间后）

contenttype 参数在你希望能以多个内容类型输出时很有意义。例如，如果你想把一个文档转换成 XHTML 样式（正常情况下，你会为此需要一个 text/HTML 的内容类型，从而使浏览器将它当作 HTML），那么就希望这样处理，但偶尔你也希望把 XHTML 当成 XHTML（可能你将在该文档上执行第二种转换）。要利用 contenttype，如果是第一个参数或唯一的参数，就只要把？前缀添加到 URL 的后面就可以了，如果不是第一个参数，则只要使用&就可以了。

在这一阶段，我们可以应用 xsl:output 元素的 media-type 属性来修改 customers.xsl 文件。这一属性定义了输出文件的介质类型，而且使你能运行以前的查询并得到相同的结果，但是不需要结合查询中的 contentype 参数。

非常简单，我们也可以通过提供在 URL 上引用的新 XSLT 文档而不考虑模板中的 XSLT 转换。如果一个 XSLT 文档既在模板中又在 URL 中引用了，那么就采用 URL 版本。

15.7 使用 IcommandStream 设置 XML 命令

OLE DB 接口（2.0 版）IcommandStream 将一条命令当作一个流对象，而不是一个字符串，该接口可以采用能被 XML 分析器理解的各种编码。当调用 Icommand::Execute 时，系统将从流中直接读取命令文本，不需要做任何转换。因此，使用 IcommandStream 接口执行 XML 命令的效率非常高。下面就 OLE DB 接口探讨一下如何利用 IcommandStream 将 XML 设置为命令的形式，并将检索的结果当作一个 XML 文档。

下列 XML 模板组成的 Xpath 查询被指定为 ICommandStream 使用的一条命令：

```
<ROOT xmlns:sql="urn:schemas-microsoft-com:xml-sql">
<sql:xpath-query mapping-schema="Schema.xml">Employees</sql:xpath-query>
</ROOT>
```

在下列架构上执行上面模板中的 Xpath 查询：

```
<?xml version="1.0" ?>
<Schema xmlns="urn:schemas-microsoft-com:xml-data" xmlns:dt ="urn:schemas-
microsoft-com:datatypes" xmlns:sql="urn:schemas-microsoft-com:xml-sql">
<ElementType name="Employees" >
<AttributeType name="EmployeeID" />
<AttributeType name="FirstName" />
<AttributeType name="LastName" />
<attribute type="EmployeeID" />
<attribute type="FirstName" />
<attribute type="LastName" />
</ElementType>
</Schema>
```

该查询返回所有的员工元素。利用默认的映射关系，<Employees>元素将被映射 Northwind 数据库中的 Employees 表。

要设置 XML 为一条命令，并提取结果为一个 XML 文档，需要按以下几步进行：

（1）初始化并建立数据库联接。

（2）在 Icommand 上得到 IcommandStream 接口。

（3）设置必要的命令树立。在这个例子中，提供商指定了将 SSPROP_STREAM_BASEPATH 属性放到对应的架构文件和模板文件下存储起来。

（4）使用 IcommandStream::SetCommandStream 指定该命令流。在这个例子中，需要从一个文件中读取被执行的 XML 模板，这一方法对执行大的 XML 模板非常有用。

（5）使用 Icommand::Execute 执行 XML 命令，请求得到 IID_IsequentialStream 接口 ID。

（6）处理结果。在这个例子中，将把该 XML 从流中读取的内容显示在屏幕上。

```
void InitializeAndEstablishConnection();
void SetCommandProperties();
void ProcessResultSet();

#define UNICODE
#define _UNICODE
#define DBINITCONSTANTS
#define INITGUID

#include <stdio.h>
#include <tchar.h>
#include <stddef.h>
#include <windows.h>
#include <iostream.h>
#include <oledb.h>
#include <SQLOLEDB.h>

class CSequentialStream : public ISequentialStream
{
  private:
    ULONG      m_cRef;            // reference count
    HANDLE     m_hFile;        // handle to the file
    LPWSTR     m_wszFileName;      // the file name

  public:
    CSequentialStream( LPWSTR );
    virtual ~CSequentialStream();

    // IUnknown Methods
    STDMETHODIMP_(ULONG)    AddRef();
    STDMETHODIMP_(ULONG)    Release();
    STDMETHODIMP QueryInterface( REFIID, LPVOID* );

    // ISequentialStream Methods
    STDMETHODIMP Read(
          /* [out] */ void __RPC_FAR*,
          /* [in]  */ ULONG,
```

```
        /* [out] */ ULONG __RPC_FAR* );

    STDMETHODIMP Write(
        /* [in] */ const void __RPC_FAR*,
        /* [in] */ ULONG,
        /* [out]*/ ULONG __RPC_FAR* );
};

IDBInitialize*        pIDBInitialize       = NULL;
IDBProperties*        pIDBProperties       = NULL;
IDBCreateSession*     pIDBCreateSession    = NULL;
IDBCreateCommand*     pIDBCreateCommand    = NULL;
ICommand*             pICommand            = NULL;
ICommandStream*       pICommandStream      = NULL;
ICommandProperties*   pICommandProperties = NULL;
IColumnsInfo*         pIColumnsInfo        = NULL;
ISequentialStream*    pIXMLOutput          = NULL;
DBCOLUMNINFO*         pDBColumnInfo        = NULL;
IAccessor*            pIAccessor           = NULL;
DBPROP                InitProperties[4];
DBPROPSET             rgInitPropSet[1];
ULONG                 i, j;
HRESULT               hr;
LONG                  cNumRows = 0;
ULONG                 lNumCols;
WCHAR*                pStringsBuffer;
DBBINDING*            pBindings;
ULONG                 ConsumerBufColOffset = 0;
HACCESSOR             hAccessor;
ULONG                 lNumRowsRetrieved;
HROW                  hRows[10];
HROW*                 pRows = &hRows[0];
BYTE*                 pBuffer;
CSequentialStream     XMLInput( L"Query.xml" );

CSequentialStream::CSequentialStream
(
  LPWSTR     wszFileName
)
:
  m_cRef( 0 ),
  m_hFile( NULL ),
  m_wszFileName( NULL )
{
   // The constructor AddRefs.
   AddRef();
```

```
    // Allocate memory for the file name.
    m_wszFileName = (LPWSTR) CoTaskMemAlloc( ( wcslen( wszFileName ) + 1 ) * 2 );

    // Copy the file name.
    wcscpy( m_wszFileName, wszFileName );
}

CSequentialStream::~CSequentialStream
(
    ...
)
{
    // Free any allocated memory.
    if( m_wszFileName )
        CoTaskMemFree( m_wszFileName );

    // Close the file.
    if( m_hFile )
        CloseHandle( m_hFile );
}

ULONG
CSequentialStream::AddRef
(
    ...
)
{
    return ++m_cRef;
}



ULONG
CSequentialStream::Release()
{
    if(--m_cRef)
        return m_cRef;

    delete this;
    return 0;
}

HRESULT
CSequentialStream::QueryInterface
(
    REFIID riid,
    void** ppv
```

```
)
{
    *ppv = NULL;

    if (riid == IID_IUnknown)
        *ppv = this;

    if (riid == IID_ISequentialStream)
        *ppv = this;

    if(*ppv)
    {
        ((IUnknown*)*ppv)->AddRef();
        return S_OK;
    }

    return E_NOINTERFACE;
}

HRESULT
CSequentialStream::Read
(
   void *pv,
   ULONG cb,
   ULONG* pcbRead
)
{
   ULONG   cBytesRead = 0;

    // Parameter checking.
    if(pcbRead)
        *pcbRead = 0;

    if(!pv)
        return STG_E_INVALIDPOINTER;

    if(cb == 0)
        return S_OK;

    // Do we need to open the file?
    if( m_hFile == NULL )
    {
      // Open the file.
      m_hFile   =   CreateFile(   m_wszFileName,    GENERIC_READ,    0,    NULL,
OPEN_EXISTING, 0, NULL );
```

```
        // If the file failed to open, return E_FAIL.
        if( m_hFile == INVALID_HANDLE_VALUE )
          return E_FAIL;
    }

    // Clear the buffer.
    ZeroMemory( pv, cb );

    // Read cb bytes from the stream.
    if( !ReadFile( m_hFile, pv, cb, &cBytesRead, NULL ) )
      return E_FAIL;

    // Inform the user of how many bytes to read.
    if( NULL != pcbRead )
      *pcbRead = cBytesRead;

     if(cb != cBytesRead)
        return S_FALSE;

     return S_OK;
}

HRESULT
CSequentialStream::Write
(
    const void *pv,
    ULONG cb,
    ULONG* pcbWritten
)
{
    // For this example, only a read-only stream is needed.
    return STG_E_CANTSAVE;
}

void main()
{
    // Call a function to initialize and establish a connection.
     InitializeAndEstablishConnection();

     // Create a session object.
     if(FAILED(pIDBInitialize->QueryInterface(
                               IID_IDBCreateSession,
                               (void**) &pIDBCreateSession)))
     {
        cout << "Failed to obtain IDBCreateSession interface.\n";
     }
```

```
        if(FAILED(pIDBCreateSession->CreateSession(
                                NULL,
                                IID_IDBCreateCommand,
                                (IUnknown**) &pIDBCreateCommand)))
        {
            cout << "pIDBCreateSession->CreateSession failed.\n";
        }

        // Access the ICommand interface.
        if(FAILED(pIDBCreateCommand->CreateCommand(
                                NULL,
                                IID_ICommand,
                                (IUnknown**) &pICommand)))
        {
            cout << "Failed to access ICommand interface.\n";
        }

       // Get an ICommandStream interface.
       if(FAILED(pICommand->QueryInterface(   IID_ICommandStream,    (void**)
&pICommandStream)))
       {
          cout << "Failed to get an ICommandStream interface.\n";
       }

       // Get an ICommandProperties interface.
       if(FAILED(pICommand->QueryInterface( IID_ICommandProperties, (void**)
&pICommandProperties)))
       {
          cout << "Failed to get an ICommandProperties interface.\n";
       }

       // Set the command properties.
       SetCommandProperties();

        // Use SetCommandStream() to specify the command stream.
        if(FAILED(pICommandStream->SetCommandStream(IID_ISequentialStream,
DBGUID_DEFAULT, (ISequentialStream*) &XMLInput )))
        {
            cout << "Failed to set command stream.\n";
        }

        // Execute the command.
        if(FAILED(hr = pICommand->Execute(NULL,
                                IID_ISequentialStream,
                                NULL,
```

```
                                    &cNumRows,
                                    (IUnknown **) &pIXMLOutput )))
    {
        cout << "Failed to execute command.\n";
    }

    // Process the result set.
    ProcessResultSet();

    // Free memory.
    if( pIXMLOutput )
      pIXMLOutput->Release();
    pICommandProperties->Release();
    pICommandStream->Release();
    pICommand->Release();
    pIDBCreateCommand->Release();
    pIDBCreateSession->Release();

    if(FAILED(pIDBInitialize->Uninitialize()))
    {
        /*Uninitialize is not required, but it fails if an interface
        has not been released. This can be used for debugging.
        cout << "Problem uninitializing.\n"; */
    } // endif.
    pIDBInitialize->Release();

    // Release the COM library.
    CoUninitialize();
};

//-----------------------------------------------------------------------
void InitializeAndEstablishConnection()
{
    // Initialize the COM library.
    CoInitialize(NULL);

    // Obtain access to the SQLOLEDB Provider.
    hr = CoCreateInstance(CLSID_SQLOLEDB,
                    NULL,
                    CLSCTX_INPROC_SERVER,
                    IID_IDBInitialize,
                    (void **) &pIDBInitialize);
    if(FAILED(hr))
    {
        printf("Failed to get IDBInitialize interface.\n");
    } // end if
```

```
/*
Initialize the property values needed
to establish the connection.
*/
for(i = 0; i < 4; i++)
    VariantInit(&InitProperties[i].vValue);


// Server name.
InitProperties[0].dwPropertyID  = DBPROP_INIT_DATASOURCE;
InitProperties[0].vValue.vt     = VT_BSTR;
InitProperties[0].vValue.bstrVal=
                    SysAllocString(L"Server");
InitProperties[0].dwOptions     = DBPROPOPTIONS_REQUIRED;
InitProperties[0].colid         = DB_NULLID;

// Database.
InitProperties[1].dwPropertyID  = DBPROP_INIT_CATALOG;
InitProperties[1].vValue.vt     = VT_BSTR;
InitProperties[1].vValue.bstrVal= SysAllocString(L"northwind");
InitProperties[1].dwOptions     = DBPROPOPTIONS_REQUIRED;
InitProperties[1].colid         = DB_NULLID;

// Username (login).
InitProperties[2].dwPropertyID  = DBPROP_AUTH_USERID;
InitProperties[2].vValue.vt     = VT_BSTR;
InitProperties[2].vValue.bstrVal= SysAllocString(L"Login");
InitProperties[2].dwOptions     = DBPROPOPTIONS_REQUIRED;
InitProperties[2].colid         = DB_NULLID;

// Password.
//  InitProperties[3].dwPropertyID  = DBPROP_AUTH_PASSWORD;
//  InitProperties[3].vValue.vt     = VT_BSTR;
//  InitProperties[3].vValue.bstrVal= SysAllocString(L"Password");
//  InitProperties[3].dwOptions     = DBPROPOPTIONS_REQUIRED;
//  InitProperties[3].colid         = DB_NULLID;

/*
Now that the properties are set, construct the DBPROPSET structure.
(rgInitPropSet). The DBPROPSET structure is used to pass an array
of DBPROP structures (InitProperties) to the SetProperties method.
*/
rgInitPropSet[0].guidPropertySet = DBPROPSET_DBINIT;
// rgInitPropSet[0].cProperties    = 4;
rgInitPropSet[0].cProperties    = 3;
```

```
    rgInitPropSet[0].rgProperties   = InitProperties;

    // Set initialization properties.
    hr = pIDBInitialize->QueryInterface(IID_IDBProperties,
                              (void **)&pIDBProperties);
    if(FAILED(hr))
    {
       cout << "Failed to get IDBProperties interface.\n";
    }

    hr = pIDBProperties->SetProperties(1, rgInitPropSet);
    if(FAILED(hr))
    {
       cout << "Failed to set initialization properties.\n";
    } // end if

    pIDBProperties->Release();

    // Establish the connection to the data source.
    if(FAILED(pIDBInitialize->Initialize()))
    {
       cout << "Problem establishing connection to the data source.\n";
    }
} // End of InitializeAndEstablishConnection.
void SetCommandProperties()
{
//    for(i = 0; i < 4; i++)
       VariantInit(&InitProperties[0].vValue);


    // Server name.
    InitProperties[0].dwPropertyID  = SSPROP_STREAM_BASEPATH;
    InitProperties[0].vValue.vt     = VT_BSTR;
    InitProperties[0].vValue.bstrVal=
                         SysAllocString(L"C:\\MyDir");
    InitProperties[0].dwOptions     = DBPROPOPTIONS_REQUIRED;
    InitProperties[0].colid         = DB_NULLID;


    /*
    Now that the properties are set, construct the DBPROPSET structure
    (rgInitPropSet). The DBPROPSET structure is used to pass an array
    of DBPROP structures (InitProperties) to the SetProperties method.
    */
    rgInitPropSet[0].guidPropertySet = DBPROPSET_SQLSERVERSTREAM;
    rgInitPropSet[0].cProperties    = 1;
```

```
    rgInitPropSet[0].rgProperties   = InitProperties;

    // Set initialization properties.
    hr = pICommandProperties->SetProperties(1, rgInitPropSet);
    if(FAILED(hr))
    {
       cout << "Failed to set command properties.\n";
    } // end if
} // End of InitializeAndEstablishConnection.

//-------------------------------------------------------------
// Retrieve and display data resulting from a query.
void ProcessResultSet()
{
   CHAR   szBuf[1000];
   ULONG   ulNumRead;
   HRESULT   hr;

   if( pIXMLOutput == NULL )
     return;

   // Read from the stream.
   ZeroMemory( szBuf, 1000 );
   while( ( hr = pIXMLOutput->Read( szBuf, 1000, &ulNumRead ) ) == S_OK )
   {
     cout << szBuf;
   }
} // Process resultset.
```

我们还可以向模板中传递参数，该例子显示如何向 XML 命令传递参数值。这一 XML 模板被指定为一条命令。

```
    <ROOT xmlns:sql='urn:schemas-microsoft-com:xml-sql'>
    <sql:header><sql:param
name='CategoryName'>Confections</sql:param></sql:header>
    <sql:query>select * from Categories where CategoryName = @CategoryName for
XML AUTO</sql:query>
    </ROOT>
```

该模板包含了 SQL 查询，该查询中的参数@CategoryName 需要参数值。如果不提供参数，则采用默认值（Condiments）。在传递参数值时，必须同时指定参数名和参数值，代码如下：

```
#define UNICODE
#define _UNICODE
#define DBINITCONSTANTS
#define INITGUID
```

```
#include <stdio.h>
#include <tchar.h>
#include <stddef.h>
#include <windows.h>
#include <iostream.h>
#include "oledb.h"
#include "SQLOLEDB.h"

HRESULT InitializeAndEstablishConnection(IDBInitialize ** ppIDBInitialize);
HRESULT SetCommandProperties(ICommand * pICommand);
HRESULT ProcessResultSet(ISequentialStream * pStreamOutput);

//-----------------------------------------------------------------
// Structure Definition Section
//-----------------------------------------------------------------
struct COLUMNDATA
{
    DBLENGTH    dwLength;   // The length of the data field
    DBSTATUS    dwStatus;   // The status value
    BYTE        bData[1];   // The start of the data field
};

class CSequentialStream : public ISequentialStream
{
    private:
        ULONG       m_cRef;             // reference count
        HANDLE      m_hFile;            // handle to the file
        LPWSTR      m_wszFileName;      // the file name

    public:
        CSequentialStream( LPWSTR );
        virtual ~CSequentialStream();

        // IUnknown Methods
        STDMETHODIMP_(ULONG)    AddRef();
        STDMETHODIMP_(ULONG)    Release();
        STDMETHODIMP QueryInterface( REFIID, LPVOID* );

        // ISequentialStream Methods
        STDMETHODIMP Read(
                /* [out] */ void __RPC_FAR*,
                /* [in]  */ ULONG,
                /* [out] */ ULONG __RPC_FAR* );

        STDMETHODIMP Write(
                /* [in] */ const void __RPC_FAR*,
```

```
              /* [in] */ ULONG,
              /* [out]*/ ULONG __RPC_FAR* );
};

CSequentialStream::CSequentialStream
(
    LPWSTR      wszFileName
)

    m_cRef( 0 ),
    m_hFile( NULL ),
    m_wszFileName( NULL )
{
    // The constructor AddRef's.
    AddRef();

    // Allocate memory for the file name.
    m_wszFileName = (LPWSTR) CoTaskMemAlloc( ( wcslen( wszFileName ) + 1 ) * 2 );

    // Copy the file name
    wcscpy( m_wszFileName, wszFileName );
}

CSequentialStream::~CSequentialStream
(
    ...
)
{
    // Free any allocated memory.
    if( m_wszFileName )
        CoTaskMemFree( m_wszFileName );

    // Close the file.
    if( m_hFile )
        CloseHandle( m_hFile );
}

ULONG
CSequentialStream::AddRef
(
    ...
)
{
    return ++m_cRef;
}
ULONG CSequentialStream::Release()
{
    if(--m_cRef)
```

```
        return m_cRef;

    delete this;
    return 0;
}

HRESULT CSequentialStream::QueryInterface
(
    REFIID riid,
    void** ppv
)
{
    *ppv = NULL;

    if (riid == IID_IUnknown)
        *ppv = this;

    if (riid == IID_ISequentialStream)
        *ppv = this;

    if(*ppv)
    {
        ((IUnknown*)*ppv)->AddRef();
        return S_OK;
    }

    return E_NOINTERFACE;
}

HRESULT CSequentialStream::Read
(
    void *pv,
    ULONG cb,
    ULONG* pcbRead
)
{
    ULONG   cBytesRead = 0;

    // Parameter checking.
    if(pcbRead)
        *pcbRead = 0;

    if(!pv)
        return STG_E_INVALIDPOINTER;

    if(cb == 0)
```

```
        return S_OK;

    // Do we need to open the file?
    if( m_hFile == NULL )
    {
        // Open the file.
        m_hFile  =  CreateFile(  m_wszFileName,  GENERIC_READ,  0,  NULL,
OPEN_EXISTING, 0, NULL );

        // If we failed to open the file, return E_FAIL.
        if( m_hFile == INVALID_HANDLE_VALUE )
            return E_FAIL;
    }

    // Clear the buffer.
    ZeroMemory( pv, cb );

    // Read cb bytes from the stream.
    if( !ReadFile( m_hFile, pv, cb, &cBytesRead, NULL ) )
        return E_FAIL;

    // Inform the user how many bytes were read.
    if( NULL != pcbRead )
        *pcbRead = cBytesRead;

    if(cb != cBytesRead)
        return S_FALSE;

    return S_OK;
}

HRESULT CSequentialStream::Write
(
    const void *pv,
    ULONG cb,
    ULONG* pcbWritten
)
{
    // For purposes of this example, only a read-only stream is needed.
    return STG_E_CANTSAVE;
}
void main()
{
    HRESULT                 hr = S_OK;
    IDBInitialize          * pIDBInitialize          = NULL;
    IDBCreateSession       * pIDBCreateSession       = NULL;
```

```
IDBCreateCommand      * pIDBCreateCommand      = NULL;
ICommand              * pICommand              = NULL;
ICommandStream        * pICommandStream        = NULL;
ICommandWithParameters* pICommandWithParameters = NULL;
ICommandText          * pICommandText          = NULL;
IAccessor             * pIAccessor             = NULL;
const ULONG             nParams = 1;
DBPARAMS              * pParams                = NULL;
DBPARAMS                params;
DBBINDING               acDBBinding[nParams];
DBBINDSTATUS            acDBBindStatus[nParams];
DBORDINAL               rgParamOrdinals[1];
DBPARAMBINDINFO         rgParamBindInfo[1];
const WCHAR           * wszParamName =      L"@CategoryName";
const WCHAR           * wszDataSourceType = L"DBTYPE_WCHAR";
BYTE                    sprocparams[1000];
COLUMNDATA            * pCol = (COLUMNDATA *) sprocparams;
ISequentialStream     * pStreamOutput       = NULL;
DBCOLUMNINFO          * pDBColumnInfo       = NULL;
HACCESSOR               hAccessor;
CSequentialStream       XMLInput( L"TemplateFile.xml" );

typedef struct tagSPROCPARAMS
{
   WCHAR CategoryName[25];
} SPROCPARAMS;

CoInitialize(0);

// Call a function to initialize and establish connection.
if (FAILED(hr = InitializeAndEstablishConnection(&pIDBInitialize)))
   goto Cleanup;

//Create a session object.
if(FAILED(hr = pIDBInitialize->QueryInterface(
                         IID_IDBCreateSession,
                         (void**) &pIDBCreateSession)))
{
   cout << "Failed to obtain IDBCreateSession interface.\n";
   goto Cleanup;
}

if(FAILED(hr = pIDBCreateSession->CreateSession(
                              NULL,
                              IID_IDBCreateCommand,
                              (IUnknown**) &pIDBCreateCommand)))
```

```
        {
            cout << "pIDBCreateSession->CreateSession failed.\n";
            goto Cleanup;
        }

        //Access the ICommand interface.
        if(FAILED(hr = pIDBCreateCommand->CreateCommand(
                                    NULL,
                                    IID_ICommand,
                                    (IUnknown**) &pICommand)))
        {
            cout << "Failed to access ICommand interface.\n";
            goto Cleanup;
        }

        // Get an ICommandStream interface
        if(FAILED(pICommand->QueryInterface(   IID_ICommandStream,   (void**)
&pICommandStream)))
        {
            cout << "Failed to get an ICommandStream interface.\n";
            goto Cleanup;
        }

        //Use SetCommandStream() to specify the command stream.
        if(FAILED(hr=pICommandStream->SetCommandStream(IID_ISequentialStream,
DBGUID_DEFAULT, (ISequentialStream*) &XMLInput )))
        {
            cout << "Failed to set command stream.\n";
            goto Cleanup;
        }

        // Set the command properties.
        if (FAILED(hr = SetCommandProperties(pICommand)))
            goto Cleanup;

        //****************************************
        pCol->dwStatus = DBSTATUS_S_OK;
        wcscpy( (LPWSTR) pCol->bData, L"Condiments" );
        pCol->dwLength = wcslen( (LPWSTR) pCol->bData) * sizeof(WCHAR);

        /*Describe the consumer buffer by filling in the array.
        of DBBINDING structures.  Each binding associates
        a single parameter to the consumer's buffer.*/
        acDBBinding[0].iOrdinal      = 1;
        acDBBinding[0].obLength      = offsetof( COLUMNDATA, dwLength );
        acDBBinding[0].obStatus      = offsetof( COLUMNDATA, dwStatus );
```

```
        acDBBinding[0].pTypeInfo      = NULL;
        acDBBinding[0].pObject        = NULL;
        acDBBinding[0].pBindExt       = NULL;
        acDBBinding[0].dwPart              =   DBPART_VALUE  |  DBPART_STATUS  |
DBPART_LENGTH;
        acDBBinding[0].dwMemOwner     = DBMEMOWNER_CLIENTOWNED;
        acDBBinding[0].dwFlags        = 0;
        acDBBinding[0].bScale         = 0;
        acDBBinding[0].obValue        = offsetof( COLUMNDATA, bData );
        acDBBinding[0].eParamIO       = DBPARAMIO_INPUT;
        acDBBinding[0].cbMaxLen       = 50;
        acDBBinding[0].wType          = DBTYPE_WSTR;
        acDBBinding[0].bPrecision     = 0;

        rgParamOrdinals[0]                = 1;
        rgParamBindInfo[0].bPrecision    = 0;
        rgParamBindInfo[0].bScale        = 0;
        rgParamBindInfo[0].dwFlags       = DBPARAMFLAGS_ISINPUT;
        rgParamBindInfo[0].pwszDataSourceType = (WCHAR *)wszDataSourceType;
        rgParamBindInfo[0].pwszName      = (WCHAR *)wszParamName;
        rgParamBindInfo[0].ulParamSize   = 35;

        if (FAILED(hr = pICommandStream->QueryInterface(
                        IID_ICommandWithParameters,
                        (LPVOID *)&pICommandWithParameters)))
        {
           cout << "Error.\n";
           goto Cleanup;
        }

        if (FAILED(hr = pICommandWithParameters->SetParameterInfo(
                        nParams,
                        rgParamOrdinals,
                        rgParamBindInfo)))
        {
           cout << "Error.\n";
           goto Cleanup;
        }

        //Create an accessor from the above set of bindings.
        if (FAILED(hr = pICommandStream->QueryInterface(
                                   IID_IAccessor,
                                   (void**)&pIAccessor)))
        {
           cout << "Failed to get IAccessor interface.\n";
           goto Cleanup;
```

```
    }

    if (FAILED(hr = pIAccessor->CreateAccessor(
                        DBACCESSOR_PARAMETERDATA,
                        nParams,
                        acDBBinding,
                        sizeof(SPROCPARAMS),
                        &hAccessor,
                        acDBBindStatus)))
    {
        cout << "Failed to create accessor for the defined parameters.\n";
        goto Cleanup;
    }
    /*
    Fill in DBPARAMS structure for the command execution. This structure
    specifies the parameter values in the command and is then passed
    to Execute.
    */
    params.pData = sprocparams; //pCol->bData; //sprocparams;
    params.cParamSets = 1;
    params.hAccessor = hAccessor;

    pParams = &params;

    //****************************************
    //Execute the command.
    if(FAILED(hr = pICommand->Execute(NULL,
                              IID_ISequentialStream,
                              pParams,
                              NULL,
                              (IUnknown **) &pStreamOutput )))
    {
        cout << "Failed to execute command.\n";
        goto Cleanup;
    }

    //Process the result set.
    if (FAILED(hr = ProcessResultSet(pStreamOutput)))
    {
        goto Cleanup;
    }

Cleanup:
    //Free up memory.
    if( pStreamOutput )
        pStreamOutput->Release();
```

```
    if (pICommandStream)
        pICommandStream->Release();
    if (pICommand)
        pICommand->Release();
    if (pIDBCreateCommand)
        pIDBCreateCommand->Release();
    if (pIDBCreateSession)
        pIDBCreateSession->Release();
    if (pIDBInitialize)
        pIDBInitialize->Release();

    if (hr)
    {
        IErrorInfo* pErrorInfo = NULL;
        BSTR        bstrDesc = NULL;
        GetErrorInfo(0, &pErrorInfo);
        if (pErrorInfo)
        {
            pErrorInfo->GetDescription(&bstrDesc);
            printf ("\r\nError: %S\r\n", bstrDesc ? bstrDesc : L"Unknown error");
            SysFreeString(bstrDesc);
            pErrorInfo->Release();
        }
    }

    //Release the COM library.
    CoUninitialize();
};

//--------------------------------------------------------------------------
HRESULT InitializeAndEstablishConnection(IDBInitialize ** ppIDBInitialize)
{
    HRESULT          hr = S_OK;
    IDBInitialize * pIDBInitialize = NULL;
    IDBProperties * pIDBProperties = NULL;
    DBPROP           rgIDBProps[4];
    DBPROPSET        rgIDBPropSet[1];
    int              ii;

    if (!ppIDBInitialize)
        return E_INVALIDARG;

    *ppIDBInitialize = NULL;

    /*
    Initialize the property values needed
```

```
    to establish the connection.
    */
    for(ii = 0; ii < 4; ii++)
        VariantInit(&rgIDBProps[ii].vValue);

    //Obtain access to the SQLOLEDB provider.
    if(FAILED(hr = CoCreateInstance(CLSID_SQLOLEDB,
                        NULL,
                        CLSCTX_INPROC_SERVER,
                        IID_IDBInitialize,
                        (void **) &pIDBInitialize)))
    {
        printf("Failed to get IDBInitialize interface.\n");
        goto Cleanup;
    }

    //Server name.
    rgIDBProps[0].dwPropertyID  = DBPROP_INIT_DATASOURCE;
    rgIDBProps[0].vValue.vt     = VT_BSTR;
    rgIDBProps[0].vValue.bstrVal= SysAllocString(L"server");
    rgIDBProps[0].dwOptions     = DBPROPOPTIONS_REQUIRED;
    rgIDBProps[0].colid         = DB_NULLID;

//Database.
    rgIDBProps[1].dwPropertyID  = DBPROP_INIT_CATALOG;
    rgIDBProps[1].vValue.vt     = VT_BSTR;
    rgIDBProps[1].vValue.bstrVal= SysAllocString(L"Northwind");
    rgIDBProps[1].dwOptions     = DBPROPOPTIONS_REQUIRED;
    rgIDBProps[1].colid         = DB_NULLID;

//User name (login).
    rgIDBProps[2].dwPropertyID  = DBPROP_AUTH_USERID;
    rgIDBProps[2].vValue.vt     = VT_BSTR;
    rgIDBProps[2].vValue.bstrVal= SysAllocString(L"sa");
    rgIDBProps[2].dwOptions     = DBPROPOPTIONS_REQUIRED;
    rgIDBProps[2].colid         = DB_NULLID;

//Password.
//    rgIDBProps[3].dwPropertyID  = DBPROP_AUTH_PASSWORD;
//    rgIDBProps[3].vValue.vt     = VT_BSTR;
//    rgIDBProps[3].vValue.bstrVal= SysAllocString(L"password");
//    rgIDBProps[3].dwOptions     = DBPROPOPTIONS_REQUIRED;
//    rgIDBProps[3].colid         = DB_NULLID;

    /*
    Now that the properties are set, construct the DBPROPSET structure
```

```
    (rgInitPropSet). The DBPROPSET structure is used to pass an array
    of DBPROP structures (rgIDBProps) to the SetProperties method.
    */
    rgIDBPropSet[0].guidPropertySet = DBPROPSET_DBINIT;
//  rgInitPropSet[0].cProperties    = 4;
    rgIDBPropSet[0].cProperties    = 3;
    rgIDBPropSet[0].rgProperties   = rgIDBProps;

    //Set initialization properties.
    if (FAILED(hr = pIDBInitialize->QueryInterface(IID_IDBProperties,
                              (void **)&pIDBProperties)))
    {
        cout << "Failed to get IDBProperties interface.\n";
        goto Cleanup;
    }

    if (FAILED(hr = pIDBProperties->SetProperties(1, rgIDBPropSet)))
    {
        cout << "Failed to set initialization properties.\n";
        goto Cleanup;
    } //end if


    //Now establish the connection to the data source.
    if(FAILED(hr = pIDBInitialize->Initialize()))
    {
        cout << "Problem in establishing connection to the data source.\n";
        goto Cleanup;
    }

    *ppIDBInitialize = pIDBInitialize;

Cleanup:
    for(ii = 0; ii < 4; ii++)
        VariantClear(&rgIDBProps[ii].vValue);

    if (pIDBProperties)
        pIDBProperties->Release();
    return hr;
} //End of InitializeAndEstablishConnection.

HRESULT SetCommandProperties(ICommand * pICommand)
{
    HRESULT      hr = S_OK;
    DBPROP       rgProps[1];
    DBPROPSET    rgPropSet[1];
```

```
    ICommandProperties* pICommandProperties = NULL;

    VariantInit(&rgProps[0].vValue);

    //Server name.
    rgProps[0].dwPropertyID  = SSPROP_STREAM_BASEPATH;
    rgProps[0].vValue.vt     = VT_BSTR;
    rgProps[0].vValue.bstrVal= SysAllocString(L"D:\\Test");
    rgProps[0].dwOptions     = DBPROPOPTIONS_REQUIRED;
    rgProps[0].colid         = DB_NULLID;

    /*
    Now that the properties are set, construct the DBPROPSET structure
    (rgInitPropSet). The DBPROPSET structure is used to pass an array
    of DBPROP structures (rgProps) to the SetProperties method.
    */
    rgPropSet[0].guidPropertySet = DBPROPSET_SQLSERVERSTREAM;
    rgPropSet[0].cProperties    = 1;
    rgPropSet[0].rgProperties   = rgProps;

    // Get an ICommandProperties interface.
    if(FAILED(pICommand->QueryInterface( IID_ICommandProperties, (void**)
&pICommandProperties)))
    {
       cout << "Failed to get an ICommandProperties interface.\n";
       goto Cleanup;
    }

    //Set initialization properties.
    if(FAILED(hr = pICommandProperties->SetProperties(1, rgPropSet)))
    {
       cout << "Failed to set command properties.\n";
       goto Cleanup;
    }
 Cleanup:
    VariantClear(&rgProps[0].vValue);
    if (pICommandProperties)
       pICommandProperties->Release();
    return hr;
 }

 //--------------------------------------------------------------------
 //Retrieve and display data resulting from a query.
 HRESULT ProcessResultSet(ISequentialStream * pStreamOutput)
 {
    CHAR   szBuf[1000];
```

```
    ULONG   ulNumRead;
    HRESULT hr;

    if( pStreamOutput == NULL )
       return E_INVALIDARG;

    // Read from the stream
    ZeroMemory( szBuf, 1000 );
    while( ( hr = pStreamOutput->Read( szBuf, 1000, &ulNumRead ) ) == S_OK )
    {
       cout << szBuf;
       cout.flush();
    }
    return hr;
} //ProcessResultSet.
```

15.8 小 结

本章介绍了许多例子，主要是为了验证本书前面各章节的内容。这些例子具有一定的代表性，希望读者好好掌握。